Geschichte
der organischen
Chemie
seit 1880

Paul Walden

Geschichte der organischen Chemie seit 1880

Springer-Verlag
Berlin Heidelberg GmbH 1972

ISBN 978-3-662-27210-7   ISBN 978-3-662-28693-7 (eBook)
DOI 10.1007/978-3-662-28693-7

Library of Congress Catalog Card Number 70-177352.

GESCHICHTE DER ORGANISCHEN CHEMIE SEIT 1880

ZWEITER BAND

ZU

C. GRAEBE: GESCHICHTE DER
ORGANISCHEN CHEMIE

VON

PAUL WALDEN

SPRINGER-VERLAG
BERLIN HEIDELBERG GMBH 1941

Vorwort.

Über das erste Auftreten des Begriffs und der Bezeichnung „organische Chemie" herrschen irrtümliche oder ungenaue Angaben. So berichten übereinstimmend z. B. C. Schorlemmer (1879), A. Ladenburg (Vorträge über die Entwicklungsgeschichte der Chemie, 1887), Th. E. Thorpe (History of Chemistry, 1914), A. Bernthsen (Kurzes Lehrbuch der organischen Chemie, 1924), daß die Trennung der unorganischen Stoffe von den organischen, bzw. eine Scheidung der Chemie je nach diesen Stoffen in eine anorganische und eine organische Chemie zuerst von dem französischen Apotheker N. Lémery (in dessen „Cours de Chymie, 1675) durchgeführt worden sei. P. Walden [Z. angew. Ch. 40, 7—16 (1927)] zeigte dokumentarisch diese irrtümliche Angabe auf, gab die allgemeine begriffliche Wandlung des Wortes „organisiert" in „organisch", und wies nach, daß erstmalig J. J. Berzelius in einem chemischen Werk (Förelösningar i Djurkemien, 1806) die Bezeichnung „organisk kemi" als Einteilungsprinzip gebraucht, nachher (1808, 1812, 1814) weiter ausführt und zu organischen Verbindungen und Atomen (Molekülen) und deren elementarer Zusammensetzung ausweitet. Es ist jedoch zu beachten, daß schon vor 1800 in der deutschen Literatur die Bezeichnung „organische Chemie" durch den Romantiker Novalis (von Hardenberg) gebraucht wird, wobei zwischen „organisch" und „organisiert" kein Unterschied gemacht wird [E. O. v. Lippmann, Chem.-Ztg. 56, 501 (1932); 58, 1009, 1031 (1934)].

Als erstes deutsches chemisches Lehrbuch, das die Bezeichnung „organische Chemie" als Titel trägt, ist das „Handbuch der theoretischen Chemie" von Leopold Gmelin zu kennzeichnen, dessen II. Band den Untertitel führt: „Chemie der organischen Verbindungen oder organische Chemie" (1817 und 1822). Vollends populär wurde die Bezeichnung seit der durch Fr. Wöhler besorgten deutschen Ausgabe von Berzelius' klassischem Lehrbuch, dessen III. Band die „Organische Chemie im allgemeinen" bringt (1827).

Die erste ausführliche Geschichte der organischen Chemie verdanken wir H. Kopp (1817—1892), der im IV. Teil seiner „Geschichte der Chemie" (S. 233—411. 1847) eine geschichtliche Schilderung der organischen Verbindungen lieferte, und zwar nach den ver-

schiedenen Körperklassen: Alkohole (2) nebst „Äthern" (dazu auch
Ester) und dem Aldehyd; organische Säuren (insgesamt 18); Fette,
Öle und Derivate; Farbstoffe (Lackfarben und Indigo); Zucker (4)
und Stärkemehl; Alkaloide (zusammen 7). Nachdem im Jahre 1879
C. Schorlemmer (1834—1892) in einem schmalen Büchlein, unter
dem Titel „The rise and development of organic chemistry", die
theoretische Entwicklung geschildert und F. Henrich (seit 1908 in
seinem Werk „Neuere theoretische Anschauungen auf dem Gebiete
der organischen Chemie", V. Aufl. „Theorien der organischen Chemie,
1924) gerade die jüngste Periode erschöpfend behandelt hatten, war
es Edv. Hjelt, der erstmalig das Gesamtgebiet der organischen
Chemie in seiner „Geschichte der organischen Chemie von ältester
Zeit bis zur Gegenwart" (556 Seiten, Braunschweig 1916) historisch
beleuchtete. Von diesem Werk sagte die Deutsche Chemische Gesellschaft anläßlich der Verleihung der Ehrenmitgliedschaft an Hjelt
(1917), daß er „die organische Chemie als einsichtsvoll abwägender
Geschichtsforscher und feinsinniger Schriftsteller in ihrem Werdegang
ausführlich darstellte [B. 51, Sonderheft, 152 (1918)]. Nun folgten
C. Graebes großangelegte „Geschichte der organischen Chemie"
(1920), sowie die eigenartigen und erschöpfenden „Zeittafeln zur
Geschichte der organischen Chemie" (1921) von E. O. v. Lippmann.
Reichhaltiges historisch-biographisches Material bringt das von G.
Bugge herausgegebene Sammelwerk „Das Buch der großen Chemiker"
(2 Bände, 1929 und 1930). Umfangreiches historisch-kritisches Material
bringt auch das zweibändige Werk von W. Hückel, „Theoretische
Grundlagen der organischen Chemie" (II. Aufl. 1934 und 1935). Auch
R. Meyers „Vorlesungen über die Geschichte der Chemie" (1922)
widmen eine eingehende Betrachtung den Hauptvertretern der organischen Chemie.

Graebes meisterhafte „Geschichte der organischen Chemie"
(Berlin: Verlag von Julius Springer 1920) schildert die Periode „von
1770 bis zu Anfang der achtziger Jahre des vorigen Jahrhunderts"
(vgl. Vorwort, S. III), also die kämpferische Jugendzeit oder Sturm-
und Drangperiode der wissenschaftlichen organischen Chemie; diese
neue Disziplin glich einem neuentdeckten chemischen Territorium, für
welches es zuerst galt, die Erforschung zu systematisieren und die
entdeckten Gegenstände zu klassifizieren, sowie durch eigene Gesetze
die Wechselbeziehungen nach Maß, Zahl und Gewicht festzulegen.
Es ist die Periode der grundlegenden Theorien: ihr folgte die Periode
des Ausbaus, der besinnlichen Durchforschung des neuen Gebietes
und der reichen wissenschaftlichen und praktischen Ernte. Die geschichtliche Schilderung dieser zweiten Periode von den achtziger
Jahren bis zur Gegenwart stellte eine noch nicht gelöste Aufgabe dar,
die nicht nur reizvoll und lehrreich zu sein versprach, sondern auch

als eine Ehren- und Dankespflicht gegenüber allen den Forschern erschien, die an diesem gewaltigen Ausbau Anteil genommen hatten.

Graebe begann als 70jähriger die Vorarbeiten zu seiner „Geschichte der organischen Chemie", als 79jähriger schrieb er (Dezember 1919) das Vorwort dazu. Es liegt wohl ein tieferer Sinn in der Tatsache, daß eine historische Rückschau und Zusammenfassung von Geschehnissen gerade in weit vorgeschrittenem Lebensalter anzutreffen ist. „Geschichte schreiben ist eine Art, sich das Vergangene vom Halse zu schaffen," so schrieb Goethe, und er war bereits in das siebente Lebensjahrzehnt eingetreten, als er seine überaus umfangreichen und sorgfältigen „Materialien zur Geschichte der Farbenlehre" (1810), sowie sein Werk „Dichtung und Wahrheit" (1811 u. f.) herausgab. Wilh. Ostwalds dreibändige „Lebenslinien" wurden von dem 73jährigen verfaßt (1926), H. Kopp gab seine zweibändige „Alchemie in älterer und neuerer Zeit" als 69jähriger heraus (1886), M. Berthelot unternahm die Herausgabe der 4 Bände „La chimie au moyen age" (1889 u. f.) im Alter von 62 Jahren, und in demselben Lebensalter verfaßte E. O. v. Lippmann (1857—1940) „Die Entstehung und Ausbreitung der Alchemie" (1919), während Leop. Ranke mit 86 Jahren seine vielbändige „Weltgeschichte" herauszugeben begann (1881). Es ist wohl so, wie es Schopenhauer von dem Alter sagt: „Man hat Zeit und Gelegenheit gehabt, die Dinge von allen Seiten zu betrachten und zu bedenken, hat jedes mit jedem zusammengehalten und ihre Berührungspunkte und ihre Verbindungsglieder herausgefunden; wodurch man sie allererst jetzt so recht im Zusammenhange sieht."

Carl Graebe (1841—1927) war erst nach dem Ausscheiden aus seinem Genfer Lehramt zu chemiehistorischen Studien gelangt, den Anstoß gab das 40jährige Jubiläum der Deutschen Chemischen Gesellschaft in Berlin, als deren Präsident er einen kurzen rückschauenden Vortrag über die „Entwicklung der organischen Chemie" hielt [B. 40, 4638 (1907)]. Es folgten eine eingehende Lebensschilderung von M. Berthelot [B. 41, 4805 (1908)] und eine Monographie über die Avogadrosche Theorie [J. pr. Chem. (2) 87, 145—208 (1913)]. Aus dem tiefempfundenen Nachruf von P. Duden und H. Decker [B. 61 (A), 9—46 (1928)] erfahren wir, daß C. Graebe seine „Geschichte der organischen Chemie" auf mehrere Bände berechnet hatte; nach dem Abschluß des I. Bandes zeigt er aber in dem Vorwort an, daß er die Fortsetzung seines geplanten Werkes in jüngere Hände legen müßte, und zwar habe er — auf den Rat Emil Fischers — Herrn Prof. Dr. K. Hoesch dazu bestimmt, im Anschluß an den I. Band „ein ganz selbständig von Herrn Professor Hoesch verfaßtes Werk" zu liefern. Als Herr Prof. K. Hoesch am 27. Nov. 1932 im Alter von 50 Jahren starb [B. 66 (A), S. 16 (1933)], war dieses Werk noch nicht geschrieben.

Im Frühjahr 1931 hatte die Verlagsbuchhandlung Julius Springer mir den ehrenvollen Auftrag erteilt, die immer noch ausstehende Fortsetzung der „Geschichte der organischen Chemie" bis zur Gegenwart zu verfassen. Ich nahm damals den Auftrag mit Freuden an, einmal wegen des nach Eigenart und Umfang historisch reizvollen Gegenstandes, hatte ich doch jenes Halbjahrhundert der Entwicklung der Chemie in Lehre und Forschung aktiv miterlebt, dann aber auch im Hinblick auf meine frühzeitig (1894) begonnenen chemiegeschichtlichen Veröffentlichungen. Die Stereochemie, bzw. die historische Schilderung „Fünfundzwanzig Jahre stereochemischer Forschung" [Naturwiss. Rundschau 15, Nr. 12—15 (1900), sowie ein Nekrolog M. Berthelots (Chem.-Zeitg. 31, Nr. 29; Sonderdruck 23 Seiten. 1907), ferner die Monographie „Die Lösungstheorien in ihrer geschichtlichen Aufeinanderfolge" (Stuttgart 1910) waren historisch-biographische Arbeiten, die einen eigenartigen Synchronismus mit den genannten Studien C. Graebes erkennen lassen. Durch meine eigenen wissenschaftlichen Experimentalarbeiten (seit 1887) war ich von der physikalischen Chemie her in die organische Chemie gelangt, bzw. aus dem „wilden Heer der Ionier", um Wilh. Ostwald und Sv. Arrhenius in das Lager der geschmähten „Raumchemiker" um J. H. van't Hoff und J. Wislicenus geraten: seit mehr als einem Halbjahrhundert war ich nun mitbeschäftigt an dem Einbau der physikalischen und Elektro-Chemie in die organische Chemie, bzw. an der „Elektrifizierung" der organischen sog. Nichtelektrolyte. Die entwicklungsgeschichtliche Seite der klassischen organischen Chemie wurde dabei nicht vernachlässigt und führte wiederholt zu Veröffentlichungen, z. B. „Über freie Radikale" [Rec. Trav. chim. Pays-Bas 41, 530—556 (1922)] und das Buch „Chemie der freien Radikale" (1924); „Fünfzig Jahre stereochemischer Lehre und Forschung" [B. 58, 237—265 (1925)]; „Vergangenheit und Gegenwart der Stereochemie" [Naturwiss. 13, Nr. 15—18 (1925)]; „100 Jahre Benzol" [Z. angew. Chem. 39, 125 (1926)]; „Aus der Lebensgeschichte einiger organischer Radikale" [Z. angew. Chem. 39, 601 (1926)]; „Von der Jatrochemie zur organischen Chemie" [Z. angew. Chem. 40, 1 (1927)]; „Die Bedeutung der Wöhlerschen Harnstoff-Synthese" [Naturwiss. 16, Heft 45—47 (1928)] usw.

Mit dieser über mehrere Jahrzehnte sich erstreckenden Erfahrung in chemiehistorischen Fragen der organischen Chemie ausgerüstet, glaubte ich, den mir erteilten Auftrag binnen wenigen Jahren erfüllen zu können; leider wurden es viele Jahre. Einerseits bedingte meine Lehrtätigkeit (bis zu meiner Emeritierung 1934) eine häufige Unterbrechung der Vorarbeiten, andererseits traten andersartige literarische Arbeiten sowie Verpflichtungen öffentlichen Charakters dazwischen. Dann aber war es das im Schrifttum des verflossenen Halbjahrhunderts niedergelegte chemische Wissen selbst, dessen vielsprachige Lektüre viel Zeit erforderte und dessen Systematisierung und Berücksichtigung um so größere Schwierigkeiten bereitete, je mehr ich mich der Gegenwart näherte. Das jüngste Jahrzehnt der Entwicklung der organischen Chemie ist ungewöhnlich durch das Tempo der Experimentalarbeiten, durch die Fülle der Erfolge und die Hereinbeziehung moderner physikalischer Methoden und Denkmittel. Wie ließ sich dies alles historisch berücksichtigen und in sinngemäßer Gliederung darstellen? Sollte diese Darstellung etwa dem System der Lehrbücher der organischen Chemie folgen, oder vollzieht sich die Entwicklung der organisch-chemischen Forschung nach Eigengesetzen, die jeweils Natur und Leben in den Vordergrund stellen? Ein Goethe-Wort lehrt: „Die Natur hat kein System, sie hat, sie ist Leben und Folge aus einem unbekannten Zentrum zu einer nicht erkennbaren Grenze." Und so wurde eine Anordnung und Darstellung gewählt, die dem Grundsatz der lebensvollen Entwicklung der wissenschaftlichen organischen Chemie folgt, sowohl hinsichtlich dieser Chemie als Ganzheit als auch in bezug auf die großen Gruppen der künstlich dargestellten, wie der von der Natur erzeugten organischen Verbindungen. Als Hauptziel wurde erstrebt: nicht nur die großen Linien und die Entstehung der grundlegenden Forschungen hervortreten zu lassen, sondern auch möglichst vollständig die Objekte der chemischen Arbeit, die Tatsachen und die Forscher selbst, unter genauer Angabe der Literatur (meist bis 1940 einschließlich) in das historische Blickfeld der Gegenwart zu bringen. Daß bei der erdrückenden Fülle des Tatsächlichen eine Beschränkung — und damit ein Zurückstellen und Nichterwähnenkönnen mancher wichtigen Leistungen — unvermeidlich war, muß der Verfasser mit Bedauern feststellen.

Und so entstand nun das vorliegende Werk, das in vielen Beziehungen sich von dem klassischen I. Bande Graebes und den anderen genannten Vorgängern unterscheidet. Durchweg ist der Leitgedanke befolgt worden, daß das Gegenwärtige und Erreichte nur einen zeitweiligen Haltepunkt in der Entwicklungsbahn bedeutet, daß es bewußt oder unbewußt das vorausgegangene Alte ergänzt und vervollkommnet und die Bahn für künftige Errungenschaften offenläßt. Es ist ein an Einzelheiten reiches Werk, eine Art Lehrbuch der organischen Chemie von einem abweichenden Typus geworden, denn es lehrt mit anderen Mitteln diese Chemie, wobei es die Wachstumserscheinungen dieses Wissensbaumes während einer längeren Zeitperiode zu veranschaulichen bemüht ist: Wie mit einer „Zeitlupe" bzw. einem „Zeitraffer" will es das nach- und nebeneinander erfolgende Hervortreten neuer Zweige, Blätter und Blüten an diesem Wunderbaum vorführen. Dann aber ist das Werk auch eine Art Handbuch der Probleme der organischen Chemie, indem es neben der Schilderung des Erreichten zugleich die weite Problematik des noch Erreichbaren und Erstrebten erkennen läßt [1]).

Einen besonderen Dank möchte der Verfasser noch der Verlagsbuchhandlung Julius Springer aussprechen, die es ermöglicht hat, daß inmitten des gewaltigen Völkerringens dieser geschichtliche, dem stillen wissenschaftlichen Wettbewerb der Forscher aller Völker gewidmete Bericht gedruckt und herausgegeben wurde. Dankbar muß der Unterzeichnete auch der mühevollen Mitarbeit von Herrn Dr.-Ing. Paul Rosbaud bei der Zusammenstellung des Namenverzeichnis gedenken.

---

[1]) Über die Methodik unterrichtet das 3 bändige „Lehrbuch der organisch-chemischen Methodik" von H. Meyer. Wien: Julius Springer 1938—1940.

Seestadt Rostock, Januar 1941.

P. Walden.

Inhaltsverzeichnis.

Fünfter Abschnitt:
Chemische Erforschung organischer Naturstoffe.

Sechster Abschnitt:

Künstliche Farbstoffe, Naturstoffe und Chemotherapeutika.

Siebenter Abschnitt:

Synthesen unter physiologischen Bedingungen.

Schlußwort.

Die hauptsächlichsten Abkürzungen bei den Literaturangaben

(s. auch S. 20—22).

A. . . . . (Liebigs) Annalen der Chemie.
A. ch. (ph.) . . . . . . Annales de chimie et de physique.
Am. . . . . The Journal of the American Chemical Society.
Ar. . . . . Archiv der Pharmazie und Berichte der Deutschen Pharmaz. Ges.
B. . . . . Berichte der Deutschen Chemischen Gesellschaft.
Bl., Bul. . . . . Bulletin de la Société chimique de Paris (de France).
C. . . . . Chemisches Zentralblatt.
C. r. . . . . Comptes rendus de l'Académie des Sciences.
G. . . . . Gazetta chimica Italiana.
Gr. . . . . C. Graebe, Geschichte der organischen Chemie. I, 1920.
H. . . . . (Hoppe-Seylers) Zeitschrift für physiologische Chemie.
Helv. . . . . Helvetica Chimica Acta.
J. pr. Ch. . . . . . . Journal für praktische Chemie.
M. . . . . Monatshefte für Chemie.
Ph. Ch. (oder Z. ph. Ch.) Zeitschrift für physikalische Chemie, begründet von Wilh. Ostwald.
Soc. . . . . Journal of the Chemical Society (London).
Z. El. (oder El.) . . . Zeitschrift für Elektrochemie und angewandte physikalische Chemie.
Ж. . . . . Journal der allgemeinen Chemie (russisch).

Erster Abschnitt.

Allgemeine Charakteristik der organischen Chemie im Zeitraum seit 1880.

1. Neuorientierung der Ziele und Neudimensionierung der Objekte. Mikrochemie und makromolekulare Chemie.

> „Die Wissenschaften entfernen sich im
> ganzen immer vom Leben und kehren nur
> durch einen Umweg dahin wieder zurück."
> Goethe.

Die Geschichte der modernen Chemie kennt keinen Stillstand oder Rückgang, ihre Entwicklung als ein Wachstumsvorgang ist eine Funktion der Zeit, und ihre Problemstellung wird sichtbar beeinflußt und gelenkt von der wissenschaftlichen Umwelt, sowie von dem gesamten Zeitgeschehen. Die Epoche der klassischen organischen Chemie war gekennzeichnet durch geistige Kämpfe um theoretische Grundlagen, durch die Schaffung und Vervollkommnung der Arbeitsmethoden, durch die Klassifizierung der organischen Individuen und die Bestimmung der Molekulargrößen derselben, um alsdann die Aufgabe der Konstitutionsbestimmung behutsam in den Brennpunkt der chemischen Forschung zu rücken. Diese Aufgabe wurde ausreichend auf dem Gebiete der aromatischen Chemie gelöst und führte zu Synthesen von künstlichen organischen Farbstoffen, die auf einer breiten Bahn die volkswirtschaftliche Bedeutung der organischen Chemie bekundeten und zur Schaffung einer Industrie solcher synthetischen Farbstoffe hinführten. Die Konstitutionsaufklärung der großen Klassen organischer Naturstoffe war nur in einigen einfacheren Fällen gelöst und durch die Synthese bestätigt worden.

Die organische Chemie des letztverflossenen Halbjahrhunderts. etwa seit 1880, hat nun bewußt die Erforschung der Naturstoffe in Angriff genommen, und als besonderes Kennzeichen ihrer Forschung kann die chemische Synthese und die der Wirklichkeit und Lebensnähe zugewandte Blickrichtung gelten. Folgerichtig ergab sich diese Wandlung im Wesen und Ziel der organischen Chemie durch eine immer enger werdende Beziehung einerseits zur Physik, andererseits zur Technik. Was ein Goethe ersehnte — eine physikalische Chemie oder eine „chemische Physik" —, ist inzwischen Wirklichkeit geworden, und was ein Liebig erstrebte, ist in Erfüllung gegangen: die deutsche chemische Technik ist organisierte Wissenschaft geworden, es liegt also eine Symbiose von Chemie mit Physik und Technik vor. Diese umgeformte Chemie hat sich im besonderen der Pflege der synthetischen

Methoden zugewandt, sie hat diese Methoden auf chemisch-technische Großprobleme übertragen, und sie hat dabei das (durch die früheren Erfolge der Anilinfarben vernachlässigte) Gebiet der aliphatischen Verbindungen in ungeahnter Weise technisch-wirtschaftlich ausgebaut. Ein weiterer Unterschied gegenüber früher beruht in der Wahl und Beherrschung der Ausgangsmaterialien: es sind nicht nur die komplizierten aromatischen Kohlenstoffverbindungen des Steinkohlenteers, sondern in steigendem Maße die einfachsten anorganischen Naturstoffe, oft Abfallprodukte der Wirtschaft und Technik: Kohle, Wasser, Kohlenoxyd, Kohlensäure, Wassergas, Methan, Luftstickstoff und -sauerstoff u. dgl. Die moderne organische Chemie vollzieht nun ihre Synthesen mit Hilfe eines Mittels von außerordentlicher Wirkungsweite und Wirkungsweise, nämlich des Katalysators, bzw. der Katalyse. Das Gebiet der Katalyse wurde theoretisch neubelebt und wissenschaftlich leistungsfähig gemacht durch die Errungenschaften der physikalischen Chemie am Ende des neunzehnten Jahrhunderts, insbesondere durch die chemische Statik und Dynamik, praktisch wirkungsvoll wurde es dank der gleichzeitigen Entwicklung der Metalltechnik, die ein besonders widerstandsfähiges Material (z. B. Edelstähle) für den Bau der Apparaturen lieferte, — galt es doch, alle chemischen Zerstörungen der letzteren durch die gasförmigen Reaktionsprodukte bei den Versuchsbedingungen auszuschalten. Diese Versuchsbedingungen stellten aber — im Gegensatz zu den früher bevorzugten Umsetzungen im flüssigen Zustande — eine Bevorzugung der gasförmigen Systeme (heterogene Gaskatalyse) unter Anwendung von hohen Temperaturen und hohen Drucken dar, damit ergaben sich auch in mechanischer Beziehung gesteigerte Anforderungen an die Apparatur, um die Betriebssicherheit und Betriebskontinuität zu gewährleisten. (Vgl. C. Bosch, Nobelpreis-Vortrag, 1931.) Während früher die organisch-chemische Arbeit das Endziel in der Darstellung einerseits kristallisierter und kristallisierbarer, andererseits (unzersetzt) destillierbarer neuer Verbindungen erblickte bzw. behufs Bestimmung der Individualität, Zusammensetzung und Erforschung erblicken mußte, hat das 20. Jahrhundert dieser klassischen Stoffwelt der „Kristalloide" noch die Welt der „Kolloide" bewußt beigesellt. Denn diese Welt der organischen Kolloide umfaßt das Baumaterial der organischen Welt mit ihren Lebensäußerungen. Diese Lebensnähe der organischen Chemie wurde systematisch gepflegt und experimentell ausgebaut durch eine neue, im früheren Zeitraum von Chemikern nur gelegentlich beschrittene Forschungsrichtung, die Biochemie: Die Betrachtung der Lebensvorgänge im Lichte chemischen Geschehens bzw. in ihrer Abhängigkeit von chemischer Stoffnatur und Stoffwandlung. Indem man einerseits die Darstellung synthetischer Heilmittel weiterentwickelte, betrat man andererseits einen neuen Weg zur Bekämpfung der Infektionskrankheiten und schuf die Chemotherapie, und indem man, drittens, die Krankheitserscheinungen zu der Zusammensetzung der Nahrung in Beziehung setzte („Mangelkrankheiten"), entdeckte man die Vitamine; schließlich führte die Gemeinschaftsarbeit der Organotherapie und der Chemie zur Isolierung der Hormone, denen die Entdeckung der Wuchsstoffe (oder Pflanzenhormone) folgte. Ganz allgemein: es entstand eine Chemie und Therapie der „Biokatalysatoren". Wurde so die organische Chemie eine Helferin und Beschützerin der Menschheit gegen Ansteckung und in Krankheit, so ist sie wirklichkeitsnahe auch in der Gegenwart, wenn das Gebot der Zeit sie zur Mitschöpferin neuer wirtschaftlicher Güter zum Wohl und zur Erhaltung des Eigenlebens von Volk und Staat wandelt.

Die Hinwendung der modernen organischen Chemie zur Kolloid[1])- und Biochemie hat dieser Forschungsrichtung zwei besondere Merkmale aufgeprägt, zwei Gegensätze geschaffen, nämlich einerseits die durch die biochemische Forschung bedingte Arbeitsweise mit außerordentlich kleinen Stoffmengen der Endprodukte, — dies führte zur Schaffung einer Mikrotechnik in der organischen Chemie, andererseits trat immer mehr eine für die Biologie und Technik bedeutungsvolle synthetische Darstellung von Stoffen mit außerordentlich großen Molekülen hervor, und dies führte zu einer „makromolekularen Chemie" (H. Staudinger) mit neuen Arbeitsmethoden.

Eine besondere Bedeutung hat die von Fritz Pregl (1869—1930) geschaffene „quantitative organische Mikroanalyse"[2]) erlangt (seit 1914). An ihr hat sich das alte Sprichwort „Not ist die Mutter der Erfindungen" bewahrheitet, denn Pregl wurde auf dieses Arbeitsgebiet „aus Mangel an Material bei seinen Gallensäureforschungen, vor allem bei der Aufklärung der chemischen Zusammensetzung der Choloidansäure gedrängt" [vgl. H. Lieb, Fritz Pregl: B. 64, A. 113 (1931)]; dasjenige Instrument, welches zum Gelingen seines Werkes beitrug, war die „Probierwaage für Edelmetalle" von Kuhlmann (Hamburg). Friedr. Emich (1860—1940), selbst ein Vorkämpfer der Mikrochemie [vgl. seinen Vortrag B. 43, 10 (1910)], kennzeichnet

---

[1]) Vgl. z. B.: Organische Chemie und Kolloidchemie. Verhandlungsbericht der Kolloid-Gesellschaft 1930. Dresden: Theodor Steinkopff 1930.

[2]) Fritz Pregl u. Dr. Hubert Roth: Die quantitative organische Mikroanalyse, 1. Aufl. 1917. Berlin: Julius Springer 1935.

Josef Lindner: Mikromaßanalytische Bestimmung des Kohlenstoffs und Wasserstoffs. Berlin: Verlag Chemie G. m. b. H. 1935.

Friedr. Emich: Mikrochemisches Praktikum, 2. Aufl. München 1931.

A. Benedetti-Pichler: Die Fortschritte der Mikrochemie in den Jahren 1915 bis 1926. Wien 1927.

Vgl. auch die Zeitschrift: Mikrochimica Acta. Wien 1937 u. f.

(1929) die allgemeine Bedeutung der Mikro-methoden in folgenden Worten: „Unzählige Untersuchungen rein wissenschaftlicher, physiologischer, medizinischer und technischer Richtung sind seit Einführung der Mikroanalyse überhaupt erst ermöglicht worden... Die Ersparnisse an Material, Zeit und Mühe haben das Tempo des Fortschrittes der Wissenschaft erheblich beschleunigt, und die Mikromethoden sind längst zu einem unentbehrlichen Rüstzeug der Chemiker geworden.'' Welche neuen Dimensionen diese biochemische Spurenforschung in die Arbeitsmethodik einführt, sei durch ein Beispiel aus der Auxinuntersuchung Fr. Kögls belegt: Zur Gewinnung von 800 mg kristallinischer Auxine (im Laufe von 3 Jahren) bedurfte es einer 300 000facher Anreichung in den Ausgangsmaterialien (Maisöl oder Malz), die erreichte höchste physiologische Wirksamkeit der Kristallisate betrug 50×10^9 A.-E. (Avena-Einheiten) pro Gramm: die 800 mg waren genügend, um funktionelle Derivate darzustellen, Abbauprodukte zu bereiten und die chemische Konstitutionsbestimmung durchzuführen [Kögl, B. 68, A. 16 (1935); Chemiker-Zeit. 61, 25 (1937)].

Entwicklungsgeschichtlich beachtenswert ist es, daß dieser neue Forschungsabschnitt der organischen Chemie — die Aufsuchung und Gewinnung von Mikromengen neuartiger chemischer Individuen aus Makromengen natürlicher Rohstoffe — sein Vorbild in der anorganischen Chemie hat: Wir verweisen nur auf Rob. Bunsens spektralanalytische Entdeckung und experimentelle Gewinnung des Elements Caesium (1860), dem Bunsen und Kirchhoff (1861) das Rubidium folgen ließen. Wir erinnern an die Edelgase der Luft (Rayleigh und Ramsay, 1894—1898), an die Entdeckung des Radiums (P. und M. Curie, 1898) und die Radioaktivität mit den sich überstürzenden neuen Tatsachen und neuen Begriffsbildungen usw. Die Physik bot hierbei der Chemie neben der klassischen Spektralanalyse neue und überaus empfindliche elektrische und Strahlenmeßmethoden für die Ermittlung der anorganischen Stoffspuren. Sinngemäß entwickelte sich eine „Wissenschaft der fünften Dezimale'' und eine „chemische Technik im Gebiete der fünften Dezimale'' [vgl. K. Quasebart, Z. angew. Chem. 50, 719 (1937)].

Die biochemische Spurenforschung hatte die Aufsuchung und Isolierung organischer Naturstoffe zum Ziel, für diese versagten jedoch die meisten der vorhin genannten physikalischen Erkennungsmethoden.

Es bedeutete daher einen gewaltigen Schritt vorwärts, daß man zur Erkennung solcher „Wirkstoffe'' die physiologische Wirksamkeit derselben heranzog und physiologische Testmethoden ausarbeitete, die, an Stelle der (genaueren) physikalischen Methoden, durch ihre konstitutionsspezifische Empfindlichkeit die Anreicherung und Reinheit des betreffenden Stoffes anzeigten. Hier war es die

Zusammenarbeit der Biologen und Physiologen mit dem Chemiker bzw. organischen Synthetiker, welche auch auf dem Gebiete der organischen Chemie zu einer „Wissenschaft" bzw. „Technik der fünften Dezimale" hinüberleitete.

Eine ungewöhnliche wissenschaftliche und technische Entwicklung nahm in jüngster Zeit die makromolekulare Chemie oder Chemie der Hochpolymeren, und zwar bedingt durch wirtschaftspolitische Momente: sie mündete aus in die technische Großproduktion von (synthetischen) Kunststoffen[1]), z. B. Kunstharzen, künstlichem Kautschuk und Erdöl, künstlichen Textilstoffen usw., d. h. von Edelprodukten, die mengen- und wertmäßig die Naturprodukte vertreten können. Der Weg zu diesen organischen Kolloiden und Hochpolymeren führt über die Polymerisation und Kondensation mittels Katalysatoren.

2. Das Künstlerische in der synthetischen Chemie.

> „Ich habe noch nie einen großen Forscher kennengelernt, ... der nicht im Grunde eine Art von Künstler gewesen wäre, mit reicher Phantasie und kindlichem Sinn. Wissenschaft und Kunst schöpfen aus derselben Quelle."
> Th. Billroth.

> „Etwas vom Schauen des Dichters muß auch der Forscher in sich tragen."
> H. v. Helmholtz.

Ist nicht die Natur sowohl Vorbild als auch Erzieherin nicht allein des Künstlers .(des Malers, des Bildhauers usw.), sondern auch des Chemikers, des letzteren in noch höherem Maße, da er sein Ziel weiter steckt? Durch seine Synthese will er die von der lebenden Natur erzeugten chemischen Verbindungen nachschaffen, er will aber auch den Bildungschemismus, den Werdegang dieser Körper in der lebenden Zelle erfassen und nachahmen, und weiterhin will und kann er auch die Natur ergänzen, indem er Stoffe schafft, die von der Natur nicht erzeugt werden. Das Wesen der chemischen Synthese kann ganz allgemein als ein Kunstschaffen gedeutet werden. Man kann, in Weiterentwicklung dieser Gedankenreihe, die erweiterte Frage stellen: Gilt nicht auch für die großen Leistungen der modernen

---

[1]) Ein interessantes Bild von „Entwicklung, Umfang, Bedeutung und Chemie der Kunststoffe" gaben G. Kränzlein [Z. angew. Chem. **49**, 917 (1936)] und K. Mienes [Z. angew. Chem. **51**, 673 (1938)].

Vgl. auch das Werk: R. Houwink: Chemie und Technologie der Kunststoffe. Leipzig 1939.

Die Kondensation von Phenol mit Acetaldehyd zu einem Harz wird 1872 von A. Baeyer beobachtet; daß Formaldehyd sich ebenso äußert, findet 1891 Kleeberg. Doch erst 1909/10 wird durch Baekeland die technische Auswertung bzw. eine Industrie der Kunstharze von Amerika aus begründet. Vgl. auch die Monographie: Carleton Ellis: The chemistry of synthetic resins. In 2 Bänden. New York: Reinhold Publishing Corporation 1935.

Chemie, was für die großen Werke der nationalen Kunst gilt, daß sie aus der rassischen Eigenart und den schöpferischen Kräften des Volksganzen hervorgehen, zugleich aber den Zeit- und Lebensfragen dieses Volksganzen wesensmäßig verpflichtet sind?

In einem Briefe an Wöhler wünschte Liebig, daß sein großer Gegner Berzelius „etwas empfänglicher gewesen wäre für das Schaffen durch den Gedanken, was ich die Poesie des Naturforschers nenne". Bei der eingehenden Analyse der schöpferischen Wege, die in neuartige Forschungsgebiete einmündeten, begegnen wir nur zu oft einer charakteristischen Äußerung des glücklichen Forschers: „Ich kam auf den Gedanken." Und ist hier nicht die Phantasie des Wissenschaftlers katalytisch beschleunigend und zugleich lenkend tätig? Wer wollte die Rolle der Phantasie verkennen sowohl bei einem Dürer (Apokalypse usw.) wie bei einem Goethe (Urpflanze; Zwischenkieferknochen), sowohl bei einem Joh. Kepler (Harmonice mundi) wie bei einem Aug. Kekulé (Vierwertigkeit des C-Atoms; Benzolsechseck): der Künstler wie der Dichter, der Astronom wie der Chemiker stehen alle unter dem Banner der Phantasie. Wilh. Ostwald sagt von Liebig, daß er durch seine „dichterische Einbildungskraft" seine Gedanken beflügelt und dadurch gegen die Zeitströmungen gesichert habe. Ideenbildung und Werk des Chemikers bedürfen einer dichterischen Fernschau, sie ruhen auf der „Poesie des Naturforschers".

Die moderne organische Chemie als erfolgreiche Schöpferin der Hunderttausende ihrer synthetischen Produkte ist auch eine Gestalterin derselben; nicht mehr wie einst genügt ihr die Summenformel, sie will die Konstitution des chemischen Moleküls erkennen sowie den inneren Aufbau, die Architektonik jedes ihrer Moleküle unter Zuhilfenahme der Atomsymbole graphisch veranschaulichen. Beachtet man, daß die verschiedenen Elementaratome, z. B. in den hochkomplizierten organischen Naturstoffen, ihrer Zahl und Natur nach oft sehr mannigfaltig sind, indem die Summenformel etwa des Hämins $C_{34}H_{32}O_4N_4FeCl$ aus sechs verschiedenen Atomarten und 76 Einzelatomen zusammengesetzt ist, so wird ohne weiteres verständlich, daß die chemische Forschung hier vor einer Aufgabe steht, die alle Geistesfunktionen auf den Plan ruft: Die Ermittelung der Strukturformel eines solchen Gebildes ist dann eine schöpferische Tat besonderer Prägung.

Diese Architektonik — nach I. Kant ist sie soviel wie synthetische Methode — wird dann in dem Geiste des synthetisierenden Chemikers eine darstellende Kunst[1]), welche die Zusammenfügung der ver-

---

[1]) Wenn „Kunst" zu Können gehört, und wenn einst die Alchemie die großen Maler (Dürer, Rembrandt, Teniers u. a.) zu bildlichen Darstellungen anregte, — wie viel mehr „Kunst" entspricht dann dem Können der gegenwärtigen Chemie! Bezeichnung und Begriff „chemische Kunststoffe" in der modernen Chemie sind

schiedenen Atombausteine zu einem Molekül bezweckt, wobei jedem Atom und jeder Atomgruppe der entsprechende geometrische, durch die chemischen Funktionen bedingte Ort zugewiesen ist, indem gleichzeitig die durch innermolekulare Kräfte geforderte Stabilität, Statik und Symmetrie der Molekulararchitektur berücksichtigt werden. Intuition[1]) und künstlerisches Empfinden sind bewußt oder unterbewußt auch bei diesem Werk des Chemikers mitwirkend. Zu welchen Hochleistungen diese Funktionen den Chemiker befähigen können, wissen wir aus den Bekenntnissen, die der ehemalige Architekturstudent Aug. Kekulé in bezug auf den Schöpfungsakt seiner Struktur- und Benzoltheorie mitgeteilt hat [B. 23, 1306 (1890)]. Und ist das Erschauen des räumlichen Kohlenstoffatoms durch J. H. van't Hoff und der symmetrischen Anordnung der Valenzen im Tetraeder weniger künstlerisch und intuitiv?

Dieses metaphysische Symmetriegesetz im Erschauen des Molekülbaues soll durch einige Formelbilder veranschaulicht werden:

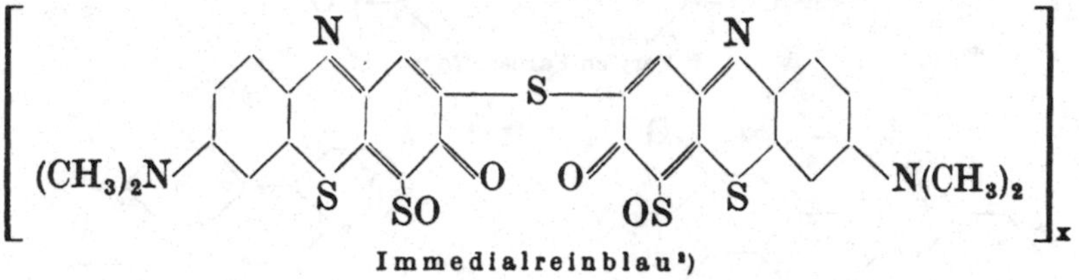

Immedialreinblau[2])

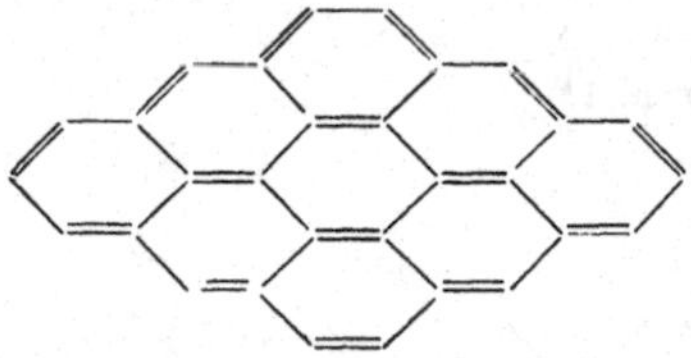

Dibenzcoronen[3])

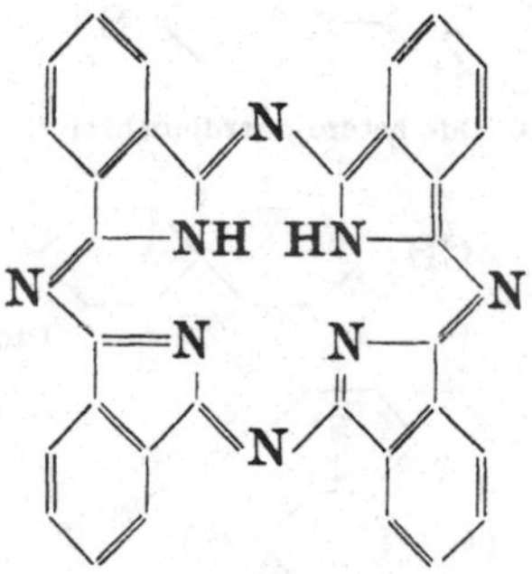

Phthalocyanin[4]) $C_{32}H_{18}N_8$

Künder von Großleistungen, sind Zeugen einer neuen Kultur, — nicht mit Vorurteilen, sondern mit Bewunderung und Dankbarkeit sollten wir diesen „chemischen Kunststoffen" entgegentreten.

[1]) „Das Erschauen der Symmetrie des ‚Porphinkerns' durch W. Küster (1907, 1913) ist eine geniale Intuition wie das Erschauen der Symmetrie des Benzolkerns durch Kekulé" (W. Hückel: Theoretische Grundlagen der organischen Chemie, 2. Aufl., Bd. 1, S. 100. 1934).

[2]) A. v. Weinberg: B. 63 (A), 122 (1930).

[3]) R. Scholl: B. 43, 352 (1910); 67, 1233 (1934).

[4]) R. P. Linstead (Soc. 1934, 1016, 1033; XIV. Mitt., Soc. 1938, 1157): Die Röntgenuntersuchung bestätigte die zentrale 16-Ringformel, die sichtlich der Küsterschen Porphyrinformel [s. a. Hämin vergl. u.)] anzureihen ist (J. M. Robertson: Soc. 1935, 615; 1936, 1195; 1937, 219).

Hämin[1])

Violanthren[2]) (Indanthren dunkelblau)

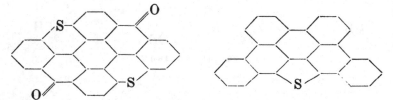

Perylen-Farbstoffe[3])

Disulfido-hetero-coerdianthron[3])

Flavophen[4])

$CH_3 \cdot$ ⬡⬡⬡⬡⬡⬡ $\cdot CH_3$

Dimethyl-sexiphenyl[5])

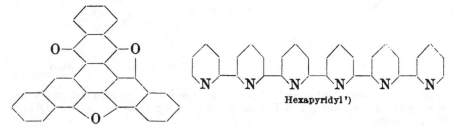

Hexapyridyl[7])

Trinaphthobenzoltrioxyd[6])

[1]) H. Fischer: Z. angew. Chem. **49**, 461 (1936).
[2]) G. Kränzlein: Werden, Sein und Vergehen der künstlichen organischen Farbstoffe, S. 13, 17. 1935.
[3]) R. Scholl: B. **67**, 599 (1934).
[4]) W. Steinkopf: A. **519**, 297 (1935).
[5]) R. Pummerer u. Mitarb.: B. **64**, 2479 (1931).
[6]) Ch. Marschalk: Bull. (5) **5**, 304 (1938).
[7]) Fr. H. Burstall: Soc. **1938**, 1662.

... —NH·R·CO·NH·R′·CO·NH·R·CO·NH·R′·CO—...

Seide (Polypeptid): [K. H. Meyer und H. Mark: B. 61, 1932 (1928)].

Cellulose [W. N. Haworth, B. 65 (A), 43 (1935)].

Symm. Di-3-phenanthryltetraphenyl-äthan
[W. E. Bachmann u. Kloetzel, J. org. Chem. 2, 356 (1937)].

„Fourneau 309" (? Germanin, 1924).

Daß alle diese chemischen Molekülbilder neben ihrem wissenschaftlichen Inhalt auch durch ihre Form, rein äußerlich, und zwar ästhetisch, wirken, wird wohl ohne weiteres zugegeben werden. Unausgesprochen betätigt sich hier der chemische Forscher als Künstler, der seinen Bauentwürfen aus der organischen Molekülwelt die Gesetze der Symmetrie und Schönheit aus der Natur aufprägt.

Neben dieser künstlerischen Formgebung der Strukturformeln für seine künstlichen Moleküle ist es auch die chemische Arbeitsweise selbst, die in den modernen Laboratorien der Forschung immer mehr wesensmäßig künstlerisch und eine „Kunst" wird. Nannte doch schon der große G. E. Stahl (1729) die Chemie die „alleredelste Kunst"

Pyocyanin [F.Wrede, B. 62, 2051 (1929)].

P. Pfeiffer, Z. angew. Chem. 53, 95 (1940).

P. Pfeiffer u. Mitarb., Z. angew. Chem. 53, 97 (1940).

und schrieb: „Die würckende Ursache oder causa efficiens der Chymie, die sie ausübet, ist der Künstler oder der Chymicus selbst!" Dem Chemiker und seinem Werk in dessen künstlerischer Ausprägung folgt, als drittes, die technische Umwandlung dieses Werkes in soziale Güter größtmöglicher Ausmaße: es ist die moderne chemische Industrie, die nach ihrer Anlage und Organisation, nach ihren maschinellen und ingenieurtechnischen Hilfsmitteln, nach ihrer ökonomischen Arbeitsgliederung zwischen dem schöpferischen Menschen und der schaffenden Energie ein Kunstwerk an sich darstellt bzw. neue Typen der „Kunst" schafft. Denn diese moderne chemische Industrie ist nicht nur lebensnah, sondern sie leiht auch dem Leben neue Grundlagen und neuen Inhalt, sie entspricht ihrem Wesen nach dem Philosophenwort: „Die Kunst ist das Organ des Lebensverständnisses" (W. Dilthey).

Andererseits vermag die Aufstellung eines architektonischen Prinzips heuristisch fruchtbar zu werden, zu neuen Forschungen anzuregen und neue Zusammenhänge verschiedener Stoffklassen auffinden zu lassen. Beispiele einer solchen „architektonisch-chemischen" Denkweise und ihrer Fruchtbarkeit gibt z. B. R. Robinson in seinem

Vortrage „The molecular architecture of some plant products" [IX. Intern. Kongreß f. reine und angew. Chem., t. V, Gruppe IV, Sekt. A u. B, S. 17. (1934) Madrid]. Und eine lehrreiche Veranschaulichung des Wertes der sog. „Isoprenhypothese" gibt L. Ruzicka in seinem Vortrage über „die Architektur der Polyterpene". [Z. angew. Chem. **51**, 5 (1938).] Nach dem Psychophysiker E. Mach hat das menschliche Gehirn eine lebhafte Neigung zur Symmetrie. Diese Neigung findet sich auch wieder in der Deutung des chemischen Aufbaues der Moleküle. War es nicht so, daß die sinnfälligen Formen und Symmetrieeigenschaften der Kristalle (XVIII. Jahrh., Hauy) einen Wollaston beim Ausbau der Atomgruppierung veranlaßten (1808), für das Verhältnis 4:1 ein stabiles Gleichgewicht im regulären Tetraeder zu konstruieren, oder einen Ampère (1814) beim Ableiten der Molekulartheorie (unter Bevorzugung der Tetraeder und Oktaeder) inspirierten? Das Problem der intramolekularen Symmetrieverhältnisse wurde aktuell durch das optische Drehungsvermögen (Biot, 1815) und durch die asymmetrischen Moleküle (Pasteur, 1860); es folgte das „asymmetrische Kohlenstoffatom" mit dem Tetraedergrundgerüst, wo infolge des symmetrischen Molekülbaues das Drehungsvermögen verschwindet (J. H. van't Hoff, 1875, die d- und l-Weinsäure und die symmetrische Mesoweinsäure). „An der Wiege der Stereochemie steht somit die damals als Selbstverstandlichkeit angesehene Annahme der Herrschaft des Symmetrieprinzips," schreibt P. Niggli (1930). Und als A. Werner den Begriff der Koordinationszahl schuf (1893), daraus seine Oktaedertheorie entwickelte (1907) und eine Stereochemie der Komplexverbindungen begründete, leitete ihn dieselbe Intuition des symmetrischen Baues der Komplexionen. „Die Wernersche Neuschöpfung der anorganischen Chemie ist ihrem Kern nach nichts anderes als der glückliche Versuch, die Formeln anorganischer Verbindungen symmetrischer zu gestalten" [P. Niggli: B. **63**, 1824 (1930)].

Das Streben eines freibeweglichen Systems von Molekülen nach Symmetrie äußert sich auch wohl im Aggregatzustand, in der Flüchtigkeit usw., ebenso aber auch in der Zusammenlagerung mit fremden Molekülen zwecks Ausgleichs der Symmetrieverhältnisse [vgl. dazu O. Ruff: B. **52**, 1231 (1919)].

Experimentelle Methoden zur Bestimmung der Molekularsymmetrie lieferte die moderne Physik [vgl. P. Debye: Z. angew. Chem. **50**, 3 (1937)], und die qantenmechanische Betrachtungsweise sowie die röntgenographischen Methoden (mit der Fourier-Analyse) führten zu neuen Vorstellungen in der Valenztheorie und zu neuen Aussagen über die chemische Bindung [vgl. G. B. Bonino: B. **71**, A., 129 (1938); R. Brill: Z. angew. Chem. **51**, 277 (1938)]. Einen eindrucksvollen Beweis für die Reichweite der Röntgenuntersuchung beim Molekülbau einer hochkomplizierten organischén

Verbindung stellt das Beispiel des Phthalocyanins (vgl. oben) dar, das nicht nur zur Stützung der Küster-Fischerschen Porphinformel beigetragen hat, sondern auch den Ausgangspunkt für eine neue Farbstoffklasse bildet; von dieser sagte der Entdecker Linstead [B. 72 (A.), 103 (1939)], „daß diese makrocyclischen Farbstoffe eine neue Klasse organischer Verbindungen darstellen von eigenartigem, komplexem Molekülbau mit wundervoller Symmetrie".

3. Die großen wissenschaftlichen Pioniere der modernen organischen Chemie.

> „Es gibt keinen isolierten Forscher. Jeder hat auch praktische Ziele, jeder lernt auch von anderen und arbeitet auch zur Orientierung anderer."   Ernst Mach (1838—1916.)

Fragen wir uns nun, wer waren jene Künstlerchemiker, die das neue Halbjahrhundert der organischen Chemie einleiteten, die Traditionen der klassischen Zeit weitergaben und neue Werte schufen, sei es in der reinen Forschung, sei es in der technischen Anwendung ?

Das letzte Jahrzehnt des scheidenden XIX. Jahrhunderts hatte die organische Chemie, insbesondere in Deutschland, im Zustande hoher Blüte hinterlassen. Das neue Jahrhundert übernahm ein wohlgeordnetes und reiches Erbe, das scheinbar nur zu wahren und in der üblichen Weise zu mehren war. Die theoretischen Grundlagen vom Bau der Moleküle und von der wechselseitigen Bindung und Anziehung der Atome in den Molekülen schienen valenzchemisch, stereochemisch und energetisch befriedigend geklärt zu sein. Klassische Reaktionen ermöglichten die Übergänge zwischen den verschiedenen Körperklassen und die Synthesen neuer Typen, und die Technik der Darstellung, Reinigung und Kennzeichnung „neuer Körper" war gut durchgearbeitet und erprobt worden. Die Konstitutionsbestimmung der letzteren führte ebenfalls zum Ziel. Der Reichtum an neuen Stoffen war wohl sehr groß, gelegentlich empfand man ein Gefühl der Not aus Überfluß an den neuen Körpern. Die Namengebung für dieselben wurde aber durch die „internationale Nomenklatur" (1892) geregelt, und die Systematisierung und Sicherung des ganzen Bestandes der organischen Verbindungen hatte F. Beilstein (1838—1906) in einem Monumentalwerk „Handbuch der organischen Chemie" (4 Bände, 1893—1899) niedergelegt [1]. Noch wirkte lebendig nach das schöpferische Ringen um die Begründung der organischen Chemie, — noch war frisch das Andenken an die großen Gestalten eines Liebig (1803—1873), Schönbein (1799—1868) und Wöhler (1800—1882), eines Wurtz (1817—1884) und Dumas

---

[1] Vgl. F. Richter: K. F. Beilstein, sein Werk und seine Zeit. B. 71 (A), 35 (1938).

(1800—1884), eines Chevreul (1786—1889) und A. Cahours (1813 bis 1891), eines Rob. Bunsen (1811—1899) und H. Kopp (1817 bis 1892), eines A. Williamson (1824—1904) und W. Odling (1829 bis 1921), eines Edw. Frankland (1825—1899) und H. Kolbe (1818 bis 1884), eines A. Geuther (1833—1889) und V. Meyer (1848—1897), eines M. Butlerow (1828—1886) und A. Saytzeff (1841—1910), eines L. Pasteur (1822—1895) und Ch. Friedel (1832—1899), eines A. W. Hofmann (1818—1892) und A. Kekulé (1829—1896), eines M. Berthelot (1827—1907) und St. Cannizzaro (1826—1910). Auf den Schultern dieser chemischen Altmeister stehend, führten deren Schüler und Nachfolger das große Werk des Ausbaues der organischen Chemie experimentell und theoretisch weiter, über den alten Rahmen hinaus und ins zwanzigste Jahrhundert hinein. Größer wurde die Forschungsintensität, mannigfaltiger die Problemstellung und zahlreicher die Schar der bahnbrechenden Forscher. Indem wir die bekanntesten Namen anführen, wollen wir in Dankbarkeit der verdienstvollen Taten gedenken. Angelo Angeli (1864—1931), R. Anschütz (1852—1937), H. E. Armstrong (1855—1937), O. Aschan (1860 bis 1939), K. v. Auwers (1863—1939), A. v. Baeyer (1835—1917), E. Bamberger (1857—1932), Ph. Barbier (1848—1922), L. Bouveault (1864—1909), I. Bredt (1855—1937), Ed. Buchner (1860—1917). Giac. Ciamician (1857—1922), L. Claisen (1851—1930), Th. Curtius (1857—1928), O. Doebner (1850—1907), K. Elbs (1858—1933), C. Engler (1842—1925), E. Erlenmeyer sen. (1825—1909), E. Fischer (1852—1919), R. Fittig (1835—1910), A. P. N. Franchimont (1844—1919), M. Freund (1863—1920), H. Goldschmidt (1857 bis 1937), C. Graebe (1841—1927), V. Grignard (1871—1935), E. Grimaux (1838—1900), G. Gustavson (1842—1908), Alb. Haller (1849—1925), Arth. Hantzsch (1857—1935), C. Harries (1866 bis 1923), L. Henry (1834—1913), Edv. Hjelt (1855—1921), J. H. van 't Hoff (1852—1911), F. Kehrmann (1864—1929), L. Knorr (1859 bis 1921), W. Koenigs (1851—1906), Wilh. (G.) Koerner (1839 bis 1925), St. v. Kostanecki (1860—1910), Wilh. Küster (1863 bis 1929), A. Ladenburg (1842—1911), H. Landolt (1831—1910). J.-A. Le Bel (1847—1930), C. Liebermann (1842—1914), A. Lieben (1836—1914), A. C. Lobry de Bruyn (1857—1904), W. Lossen (1838—1906), J. Meisenheimer (1876—1934), A. Michaelis (1847 bis 1916), E. Mohr (1873—1926), Ch. Moureu (1863—1929), J. Nef (1862—1915), M. Nencki (1847—1901), C. Paal (1860—1935), A. Paternó (1847—1935), H. v. Pechmann (1850—1902), W. H. Perkin sen. (1838—1907), W. H. Perkin jun. (1860—1929), A. Pictet (1857 bis 1937), W. Pope (1870—1939), R. Pschorr (1868—1930), Thom. Purdie (1843—1916), Ira Remsen (1846—1927), F. W. Semmler (1860—1931), H. Schiff (1834—1915), I. B. Senderens (1856—1937),

Zd. Skraup (1850—1910), C. Tanret (1847—1917), Joh. Thiele (1865—1918), F. Tiemann (1848—1899), W. Tilden (1842—1926), B. Tolléns (1841—1918), A. Tschirch (1856—1939), L. Tschugaeff (1873—1922), I. Volhard (1834—1910), G. Wagner (1849—1903), O. Wallach (1847—1931), Alfr. Werner (1866—1919), Joh. Wislicenus (1835—1910), Wilh. Wislicenus (1861—1922), Th. Zincke (1843—1928). Angeschlossen sei der jüngst verschiedene O. Dimroth (1872—1940).

Es ist erschütternd, zu sehen, wie groß die Verluste an schöpferischer Energie gerade im XX. Jahrhundert in der Welt der Chemiker gewesen sind.

So unvollständig auch diese Aufzählung sein möge, so ausreichend ist sie aber, um zu erweisen, daß in der ganzen Kulturwelt ein außerordentliches Interesse für die organische Chemie vorherrschte; dasselbe war ausgelöst nicht allein durch den wissenschaftlichen Anreiz, den die gestaltenreiche organische Chemie ausübte, sondern auch durch die praktischen Erfolge, die sie bisher auf dem Gebiete der Farbstoffe, der künstlichen Heilmittel usw. erwiesen hatte. Aus der Aufzählung tritt zugleich eindeutig die Tatsache hervor, daß dem deutschen schöpferischen Genius eine hervorragende bzw. überragende Rolle in dieser Entwicklungsphase der organischen Chemie zukommt. Tatsächlich waren ja die chemischen Institute der deutschen Hochschulen die Lehrstätten für die künftigen chemischen Forscher und Meister aller Nationen, diese Institute und ihre Arbeitsmethoden wurden Vorbilder in der chemischen Welt; der deutsche chemische Forscher aber war ein praeceptor mundi. Das deutsche chemische Buch, die deutschen chemischen Zeitschriften, Apparate, Präparate — sie alle nahmen den Weg in die Forschungs- und Lehrstätten der Welt.

Als im Jahre 1887 an der Leipziger Universität durch Wilh. Ostwald (1853—1932) das erste physikalisch-chemische Institut geschaffen worden war, wurde auch dieses deutsche Institut die Schule für die Physikochemiker der Welt. Dann wirkte Wilh. Ostwald noch als ein außerordentlich fruchtbarer Organisator der physikalischen Chemie, einerseits durch die Herausgabe eines klassischen „Lehrbuches der allgemeinen Chemie“, das die Sammlung und Ordnung der bisherigen Ergebnisse brachte, andererseits durch die Begründung einer eigenen „Zeitschrift für physikalische Chemie, Stöchiometrie und Verwandtschaftslehre“ (1887) als Sammelstelle für neue Forschungsergebnisse. Wohl gab es schon vorher vereinzelte Forscher, welche die Übertragung der Arbeits- und Denkmethoden der Physik auf die Chemie anstrebten und pflegten, um Rückschlüsse auf die chemische Konstitution, auf die Zustände und Vorgänge der Stoffe zu machen. Breite Gebiete erfassen die Arbeiten eines C. M. Guldberg (1836—1902) und P. Waage (1833—1900) sowie eines I. D. van

der Waals· (1837—1923). Umsetzungsreaktionen organischer
Verbindungen wurden von Lothar Meyer (1830—1895) messend
verfolgt und nachher von N. Menschutkin (1842—1907) vielseitig
untersucht. Von den physikalischen Eigenschaften organischer
Verbindungen in Beziehung zur Konstitution hatte das optische Verhalten ein besonderes Forschungsproblem dargeboten, und zwar:
das Lichtbrechungsvermögen [I. H. Gladstone (1827—1902)
und Dale, seit 1858; H. Landolt, seit 1862; I. W. Brühl (1850—1911),
seit 1880; R. Nasini (1854—1931), seit 1882]; alsdann das optische
Drehungsvermögen [H. Landolt, seit 1873; Oudemans (1827
bis 1906), seit 1880], dann die Lichtabsorption im Ultravioletten:
W. N. Hartley (1846—1913), seit 1878. Das elektromagnetische
Drehungsvermögen organischer Verbindungen hatte W. H. Perkin
sen. (seit 1882) experimentell bearbeitet [Z. physik. Chem. 21, 450,
561 (1896); 27, 447 (1898)], während Th. E. Thorpe (1845 bis
1925) die spezifischen Gewichte und die Ausdehnung vorbildlich
untersucht hatte (seit 1880). Auf dem Gebiete der Thermochemie
lagen (seit 1879) sorgfältige Messungen der Verbrennungs- und Bildungswärmen organischer Verbindungen von Friedr. Stohmann (1832
bis 1897) vor. Hier wie in den vorigen Fällen war man allmählich
von der nächstliegenden Annahme eines additiven Charakters zu
Ausnahmen, und — von der Deutung der letzteren durch konstitutive
Einflüsse, zu konstitutiven Eigenschaften gelangt. Für elektrochemische Untersuchungen schienen die organischen Verbindungen
keine geeigneten Angriffspunkte zu bieten, teils wegen ihres Charakters
als „Nichtelektrolyte", teils wegen ihrer ungenügenden Löslichkeit
in Wasser, — dementsprechend finden wir in den grundlegenden
Untersuchungen eines Friedr. Kohlrausch (1840—1910) nur die
Leitfähigkeitswerte von Essigsäure und Weinsäure (1876) bzw. von
deren Salzen. Erst durch W. Ostwalds „elektrochemische Studien"
(1884 und 1885) kamen organische Säuren und Basen in den Arbeits-
bereich der Elektrochemie, indem Beziehungen zwischen den Affinitäts-
eigenschaften, z. B. der Säuren und der elektrischen Leitfähigkeit
ihrer wässerigen Lösungen, sowie zwischen der Leitfähigkeit und
Konstitution aufgedeckt wurden.

An diese Untersuchungen sollte nun vornehmlich die Weiterentwicklung der physikalischen Chemie im Leipziger Institut anknüpfen.
Im Jahre 1887 erschien die klassische Arbeit von Sv. Arrhenius (1859
bis 1927) über die elektrolytische „Dissoziation der in Wasser gelösten
Stoffe" und nahezu gleichzeitig — die andere klassische Untersuchung
von J. H. van't Hoff (s. o.) über „die Rolle des osmotischen Druckes
in der Analogie zwischen Lösungen und Gasen" (1887): die erstere
eröffnete ein Zeitalter der Ionen, die andere einen neuartigen Macht-
zuwachs der organischen Chemie durch die Schaffung von Methoden

der Molekulargewichtsbestimmungen von gelösten chemischen Verbindungen. Unabhängig hatte F. M. Raoult (1830—1901) empirisch das gleiche Ziel angestrebt und wichtige Beziehungen abgeleitet. Das Verdienst der Ausarbeitung von Laboratoriumsmethoden zur Molekulargewichtsbestimmung (seit 1888) gebührt E. Beckmann (1853—1923). Für homogene Flüssigkeiten wurden durch W. Ramsay (1852—1916) auf Grund der Temperaturkoeffizienten der Oberflächenenergie die Assoziationsfaktoren erschlossen (1893).

Die Elektrochemie wirkte sich sogleich und verstärkt auf die organische Synthese aus. Wohl lag seit 1884 ein elektrolytisches Verfahren von E. Schering zur Darstellung von Jodo-, Bromo- und Chloroform vor. Doch erst im Jahre 1891 setzt eine bewußte Ausarbeitung von elektrolytischen Methoden ein, und zwar durch K. Elbs (1858—1933) für Reduktionsverfahren von Nitroverbindungen [J. pr. Chem. **43**, 39 (1891) u. f., vgl. auch sein Buch: „Übungsbeispiele für die elektrochemische Darstellung chemischer Präparate", 1902], und durch Alex. Crum Brown (1838—1922) gemeinsam mit I. Walker (1863 bis 1932) zwecks Darstellung von Dicarbonsäureestern durch Elektrolyse der Salze von zweibasischen Estersäuren [A. **261**, 107 (1891); **274**, 41 (1894)]. Es folgte L. Gattermann (1860—1920) mit elektrochemischen Reduktionsverfahren [B. **26**, 1844 (1893); **29**, 3040 (1896); Gattermann ist auch Verfasser eines Buches „Die Praxis des organischen Chemikers", dessen 23. Auflage 1933 von H. Wieland besorgt wurde]. Dann griffen W. v. Müller (seit 1894) und H. Hofer auf die schon von H. Kolbe (1849) ausgeführte Elektrolyse der Alkalisalze von Carbonsäuren zurück und kombinierten·sie mit der Crum-Brown-Walker-Methode (1895 u. f.). Seit 1899 trat Jul. Tafel (1862—1918) mit erfolgreichen Reduktionsversuchen an Xanthinen, Acylaminen usw. hervor [B. **32**, 68, 3194 (1899), während Fr. Fichter (seit 1907) seine Versuche über elektrochemische Reduktion und Oxydation sowie Elektrolyse auf die verschiedenen Körperklassen ausgedehnt hat [vgl. seinen zusammenfassenden Vortrag: Bl. **1934**, 1, 1585; s. a. Helv. chim. Acta 22, 1529 (1939)].

4. Bahnbrecher der deutschen technischen Chemie.

Nannten wir vorhin die wissenschaftlichen Baumeister der organischen Chemie — „Topfgucker der Natur", „Herren vom Tiegel und der Retorte" nennt sie A. Schopenhauer —, so wollen wir jetzt auch aus der Ehrenliste der technischen Chemie einige Namen anführen — „Industriekapitäne" nannte man sie einst. Es war wohl das 20jährige Ringen um die Indigosynthese, das gleichzeitig wissenschaftlichen Scharfsinn, wirtschaftliche Opferfreudigkeit und technischen Wagemut herausforderte und den Grund zu der in den Dauerzustand übergegangenen Symbiose von chemischer Wissenschaft und chemischer Technik legte: Dieser Zustand wirkte befruchtend auf beide Partner, und die entstandene Lebensgemeinschaft erhob die deutsche Farbstoffindustrie zu einer Monopolstellung in der Welt. Aus jener denkwürdigen und an hervorragenden Gestalten reichen Zeit am Ende des neunzehnten Jahrhunderts nennen wir einige der schöpferischen und organisatorischen deutschen Farbstoffchemiker, die die Traditionen der kämpferischen Zeit hinüberleiteten in das scheinbar ruhige neue Jahrhundert: Aug. Bernthsen (1855—1931), René Bohn (1862—1922), Heinr. v. Brunck (1847—1911), Heinr. Caro (1834 bis 1910), Carl Duisberg (1861—1935), P. Friedländer (1857 bis 1923), C. Glaser (1841—1935), P. Julius (1862—1931), Bernh. Lepsius (1854—1934), Rud. Nietzki (1847—1917), Franz Oppenheim (1852—1930), O. N. Witt (1853—1915). Ihnen seien angereiht Emilio Nölting (1850—1922) und Fréd. Reverdin (1849—1931), F. Raschig (1863—1928; Hydrazin, Phenol, Sprengstoffe usw.), St. v. Kostanecki (1860—1910), Rob. E. Schmidt (1864—1938; Anthrachinonfarbstoffe).

Biographisches.

A. Bernthsen: Fünfzig Jahre Tätigkeit in chemischer Wissenschaft und Industrie. 1925.

R. Bohn (entdeckte 1901 Indanthren und Flavanthren) s. a. Vortrag B. 43, 757, 987 (1910); Nekrolog B. 56, A. 13 (1923).

H. v. Brunck: Technische Durchführung des künstlichen Indigos, B. 44, 3571 (1911); Nachruf von C. Glaser B. 46, 353—389 (1913).

Über H. Caro, Nietzki, Witt vgl. Graebe I.

C. Duisberg: Meine Lebenserinnerungen, 1933; Nachruf von A. Stock B. 68, A. 111—148 (1935).

P. Friedländer [1]): Thioindigo; Nekrolog von A. v. Weinberg B. 57, A. 13 bis 29 (1924). Friedländer begründete das Werk „Fortschritte der Teerfarbenfabrikation", Teil 1—15 (1888—1926), seitdem fortgesetzt von H. E. Fierz-David (Teil 21 vom Jahre 1937).

C. Glaser: Nekrolog B. 68, A. 166 (1935).

P. Julius: B. 64, A. 49 (1931). Julius schuf das klassische Werk „Farbstofftabellen" (1888), das nachher gemeinsam mit Gust. Schultz und in 7. Aufl. (1929 bis 1933; 1. u. 2. Erg.-Bd. 1934 u. 1939) von L. Lehmann herausgegeben worden ist.

Fr. Oppenheim: Nekrolog von R. Willstätter B. 64, A. 133 (1931).

E. Nölting: Nekrolog. Helv. ch. A. 6, 110; F. Reverdin: Nachruf von F. Ullmann B. 64, A. 106 (1931).

Den notwendigen anorganischen Unterbau für diese machtvoll aufblühende organische Industrie bilden u. a. Soda, Schwefelsäure und Chlor. Die Entwicklung dieser Anorganika vollzog sich teils selbständig, teils in enger Zusammenarbeit mit der Farbstoffindustrie. Für die Soda war entscheidend das 1863 von Ernest Solvay (1838 bis 1922) entdeckte Ammoniakverfahren, das erst durch die Mitarbeit

---

[1]) Für die von P. Friedländer [B. 42, 765 (1909)] nachgewiesene Konstitution des antiken Purpurs der Purpurschnecke gaben R. Majima und M. Kotake [B. 63, 2237 (1930)] eine neue Synthese aus 6-Brom-indol-3-carbonsäure, die mittels Ozon in 6.6'-Dibrom-indigo $(BrC_8H_4ON)_2$ überging.

von Ludwig Mond (1839—1909) technisch beherrschbar wurde
(1880). Die Schwefelsäurefabrikation erfuhr (seit 1890) eine Umwälzung durch das Kontaktverfahren von Rud. Knietsch (1854—1906),
der auch die Industrie des flüssigen Chlors schuf (1888). Die Chlorfabrikation und Ätznatron durch Elektrolyse von Kochsalz wurde
(1891) durch Ignaz Stroof (1838—1920) gelöst.

Die deutsche reine und angewandte Chemie hat jüngst einen ihrer
hervorragendsten Vertreter, Carl Bosch (27. 8. 1874 bis 27. 4. 1940)
verloren; sein Name ist durch die technischen Großsynthesen des
Ammoniaks sowie des Erdöls verewigt.

Biographisches.
L. Mond: Nekrolog von C. Langer B. 43, 3665—3682 (1911).
R. Knietsch: Nekrolog von H. v. Brunck B. 39, 4479—4489 (1906); Vortrag
von Knietsch über die Kontaktschwefelsäure B. 34, 3463, 4069 (1901).
    J. Stroof: Nachruf von B. Lepsius B. 54, 101—107 (1921). Siehe auch B. Lepsius: Die Elektrolyse in der chemischen Großindustrie. Vortrag B 42, 2892 (1909)
und die Monographie: Deutschlands chemische Großindustrie 1888—1913. Berlin 1914.
Bernh. Lepsius (1854—1934), Nachruf B. 67, A. 167—169 (1934).

Das Ende des Jahrhunderts bescherte der experimentellen Chemie
noch zwei ausgezeichnete Hilfsmittel; erstens: den elektrischen Ofen
(Cowles 1885; Borchers 1888 u. f., Willson 1891; H. Moissan
1892), dieser erschloß die Chemie der höchsten Temperaturen und
neue Körperklassen, z. B. die Carbide (CaC_2 und Acetylen 1892), und
zweitens: die Verflüssigung der Luft (C. Linde 1895), wodurch eine
Chemie der tiefsten Temperaturen und die getrennte technische
Darstellung von Stickstoff und Sauerstoff aus der Luft ermöglicht
wurden.

5. Statistisches aus dem chemischen Schrifttum.

Betrachtet man den gesamten chemisch-wissenschaftlichen Betrieb
als eine Art lebenden Organismus[1]), so muß dieser eine durch Zeit und
Umwelt bedingte Metamorphose erfahren. Analysiert man von
diesem Gesichtspunkt aus die Entwicklung der organischen Chemie
im Verlauf des letzten Halbjahrhunderts, so tritt uns diese chemische
Metamorphose in den Zielsetzungen und Methoden, ebenso aber auch
in der Art und im Umfang der Auswirkung entgegen. Zur Veranschaulichung der stattgefundenen Umbildung wählen wir die Anzahl der
Referate, die bis 1895 dem Referatenteil der ,,Berichte der Deutschen
chemischen Gesellschaft", alsdann (seit 1896) dem ,,Chemischen
Zentralblatt" entnommen sind.

Die Anzahl der referierten wissenschaftlich beachtenswerten Arbeiten kann als ein ausreichender Maßstab der chemisch-schöpferischen
Leistung angesprochen werden. Wir erkennen unschwer aus unserer

---

[1]) Schon Emil Fischer hatte (1900) die Wissenschaft mit einem lebenden Organismus verglichen, ,,der auf der höheren Stufe der Entwicklung anders und reichhaltiger
ernährt werden muß als in der Jugend".

Jahrgang	Anzahl der Referate:				
	Organische Chemie	Physio-logische Chemie	Biochemie	Allgemeine und physi-kalische Chemie	Angewandte Chemie
1884	408	155	—	320	—
1891	652	297	—	412	—
1895	629	171	—	488	(1290 Patente)
1897	1461	326	—	379	295 (846 Patente)
1898	1481	308	—	—	—
1900	1480	—	500	350	1400
1910	etwa 1600	—	650	450	1800
1914	„ 1900	—	1750	1190	2100
1919	„ 700	—	1400	460	1900
1924	„ 2390	—	4000	1480	11800
1927	„ 2440	—	4600	3800	18500
1929	„ 2500	—	4200	4180	21000
1934	2835	—	—	—	—

[Vgl. B. 28, 3304 (1895); 37, 3780 (1904); insbesondere B. 62, A. 142 (1929).]

kleinen Statistik, daß im Laufe des Halbjahrhunderts tatsächlich eine tiefgehende Metamorphose der Chemie sich vollzogen hat: am alten Stamm haben neue vorher kaum beachtete Zweige zu einer ungeahnten Größe sich entwickelt. Wohl weisen alle angeführten Abschnitte der Chemie qualitativ eine Zunahme auf, doch quantitativ unterscheiden sich die Wachstumsgewinne ganz erheblich. Die Jahre nach 1919 erweisen sich als besonders entscheidend für die Entwicklung der Biochemie, der allgemeinen und physikalischen Chemie, sowie der angewandten Chemie, die sprunghafte Wachstumsbewegung der letzteren möchte man fast als Hypertrophie bezeichnen, wenn man sie mit den anderen chemischen Zweigen vergleicht.

Sowohl die Wachstumserscheinungen als solche, wie auch die Verschiebung des Interesses und der Verwendung der chemischen Einzelgebiete kann auch an der folgenden Zusammenstellung zahlenmäßig abgelesen werden:

	1883	1893	1903	1913	1923
Gesamtzahl der Referate	1176 (a)	1634 (a)	7030	11219	23410
a) Wissenschaftlich .	—	—	—	10272	9410
b) Technisch	—	1003 (Patente)	—	947	14000

	1929	1933	1934	1936	1939
Gesamtzahl der Referate	37622	58290	61336	67348	70525
a) Wissenschaftlich .	—	—	—	—	—
b) Technisch	12842 (Patente)	26113	28936 (Patente)	29003	24069

Man muß neben diesen und den yorher mitgeteilten statistischen Daten, die uns die Entwicklung der Chemie während eines Halbjahrhunderts veranschaulichen, nicht die Quelle, das „Chemische Zentral-

blatt" selbst vergessen. Wenn wir bedenken, daß zwecks der Berichterstattung z. B. 1897 rund 1 2 0, jedoch 1923 schon über 5 0 0, dann
1929 bereits über 8 0 0 Zeitschriften des In- und Auslandes und die
gesamte Patentliteratur geistig bearbeitet, geformt und geordnet
werden mußten, um das „Chemische Zentralblatt" zu dem zuverlässig-
sten und vollständigsten Referatenorgan der Weltliteratur zu gestalten, dann werden wir auch als Chemiehistoriker das Chemische
Zentralblatt zu den klassischen Werken der Chemie rechnen. Die Entwicklungsgeschichte dieses Standardorgans hat, anläßlich der Hundert-
jahresfeier seines Bestehens (seit 1830), der Redakteur Max. Pflücke
geschildert [B. 62, A. 132—144 (1929)].

Dem allgemeinen Bilde von der zeitlichen Zunahme der chemischen Leistungen, wie diese durch die Anzahl der Veröffentlichungen
(und Referate) in den Zeitschriften des In- und Auslandes erfaßt werden,
muß sinngemäß ein Überblick über diese Zeitschriften selbst, dann
aber auch über die Zahl der schaffenden Chemiker angegliedert
werden. Ausgehend von der ersten selbständigen chemischen
Zeitschrift — Lorenz Crells „Chemisches Journal", 1778 — hat sich
die deutsche chemische Zeitschriftenliteratur in der Folgezeit vorbildlich entwickelt und gegliedert [s. auch P. Walden, Chemiker-Zeitung
59, 874 (1935)]. Wir beschränken uns nur auf die Nennung der folgenden
führenden Organe (die Bändezahl ist bis 1 9 3 8 registriert):

Chemisches Zentralblatt (s. o.), seit 1830, bisher erschienen im 109. Jahrgang (1938).

	Seit	Bändezahl 1938
Liebigs Annalen	1832	536
Journal f. praktische Chemie	1834	N. F. (1870) 151 [mit Bd. 155 (1940) mit besonderer Berücksichtigung der makromolekularen Chemie].
Archiv d. Pharmazie	1836	276
Fresenius Zeitschr f. analyt. Chemie	1862	116
Berichte d. Deutschen Chem. Ges., Berlin .	1868	etwa 183
Zeitschr. f. physiol. Chemie von Hoppe-Seyler	1877	256
Chemiker-Zeitung (Köthen-Anh.)	1877	(62. Jahrg.)
Chemische Industrie.	1878	61
Monatshefte f. Chemie (Wien)	1880	72
Zeitschr. f. physikal. Chemie (A).	1887	182
„ „ „ „ (B).	1928	41
Mercks Jahresberichte.	1887	
Zeitschr. f. angewandte Chemie (V.D.Ch.) . .	1888	51
„ „ anorgan. u. allgem. Chemie . . .	1892	239
„ „ Elektrochem. usw. (D. Bunsen-Ges.)	1894/95	44
Österreich. Chemiker-Zeitung (Wien)	1898	41
Kolloid-Zeitschrift	1906	85
„ „ , Beihefte	1909	—
Biochemische Zeitschrift.	1906	299
Kunststoffe	1911	28

	Seit	Bandzahl 1938
Kunstseide und Zellwolle	1919	20
Naturwissenschaften.	1913	26
Mikrochemie	1923	jährlich 1 Bd.

Daneben bestehen noch Spezialzeitschriften für einzelne technische Arbeitsgebiete.

Die Englische „Chemical Society" hat seit 1841 (anfangs unter wechselnder Bezeichnung, dann seit 1871 fortlaufend) das Journal of the Chemical Society herausgegeben, bestehend aus den „Transactions" und den „Abstracts"[1]), seit 1924 erscheinen die beiden in getrennten Bänden. Außerdem veröffentlicht sie noch alljährlich (beginnend mit 1904) inhaltreiche „Annual Reports on the Progress of Chemistry" [für 1938 erschien Bd. XXXV (1939)].

Ferner:

Chemical News, seit 1859; jährlich 2 Bde.

Nature, seit 1870; 142 Bde. bis 1938.

Transactions of Faraday Society, seit 1904; 34 Bde. bis 1938.

Journal of the Soc. of Chem. Industry, seit 1882; 57 Bde. bis 1938.

Biochemical Journal, seit 1906; 32 Bde. bis 1938.

Die Amerikanische Chemische Gesellschaft verfügt über die folgenden chemischen Organe:

The Journal of the American Chemical Society (wissenschaftliche Mitteilungen), seit 1879; bisher 60 Bde. (1938).

Chemical Abstracts, seit 1907; ferner

Industrial and Engineering Chemistry, seit 1909, und

The Journal of Physical Chemistry, gegründet 1896, seit 1923 gemeinsam mit der Londoner Chemical Soc. (42 Bde. 1938).

The Journal of Chemical Education, seit 1924 (bis 1938 15 Bde).

Chemical Reviews, seit 1924.

Chemical Monographs, seit 1920.

Diese auf die Förderung und Verbreitung der reinen und angewandten Chemie gerichtete literarische Tätigkeit der Amer. Chem. Soc. verdient wegen ihrer Ausdehnung und Organisation eine besondere Beachtung.

Aus neuerer Zeit:

Journal of Biological Chemistry, seit 1905 (bis 1938 125 Bde.).

Journal of Chemical Physics, seit 1933 (6 Bde. 1938).

Journal of Organic Chemistry, seit 1937 (3 Bde. bis 1938).

Belgien verfügt über das Bulletin de l'Acad. Royale de Belgique (seit 1835), über das Bulletin de la Société chimique de Belgique (47 Bde. bis 1938).

Frankreich weist die nachstehenden weitbekannten Zeitschriften auf:

Seit 1789 Annales de chimie (et de physique); [11. série], 10 Bde. (1938).

„ 1835 Comptes rendus; 207 Bde. (1938).

„ 1858/59 Bullet. de la Soc. chim. de France [5. série], 5 Bde. (1938).

„ 1903 Joun. de chim. phys.; 35 Bde. (1938).

Zu nennen ist auch: Bullet. de la Soc. de chim. biol.; 20 Bde. (1938).

Italien als das Land der ältesten abendländischen Akademien (R. Accademia dei Lincei, 1603) veröffentlicht deren Atti bzw. Rendiconti, ebenso die Mem. d. Reale Accademia d'Italia; Nuovo Cimento (ca. 1923, Bologna), erschienen 15 Bde. (1938); das chemische Spezialorgan ist die Gazzetta chimica italiana, seit 1871; die Bändezahl 68 gehört zu 1938. Technisch: Ann. Chim. applicata (28 Bde. bis 1938).

Jugoslawien hat sein Bull. soc. chim. Royaume Jougoslavie (9 Bde. 1938).

Die Niederlande weisen als führende chemische Organe auf:

Recueil des Travaux chimiques des Pays-Bas, seit 1882, bisher 57 Bde. (1938).

Chemisch Weekblad, seit 1903/04 (35 Bde bis 1938).

---

[1] Die Gesamtzahl der Referate in den Britischen „Abstracts" betrug:

1935 31 349 (davon wissenschaftlich 16 655), im Jahre 1936 34 321 (davon wissenschaftlich 17 398).

Rußland. An die im Jahre 1868 erfolgte Gründung der Russischen Chemischen Gesellschaft (mit insgesamt 47 Mitgliedern) schloß sich die Herausgabe des „Journals" dieser Organisation (Ж. 1, 1869); vom Jahre 1873 an führte es die Bezeichnung „Journal der Russ. chemischen und physikalischen Gesellschaft", alsdann von 1879 an „Journ. der Russ. physiko-chem. Ges." (Ж. 11, 1879). Durch eine (etwa um 1930 erfolgte) Abgrenzung der Einzeldisziplinen wurden aus dem früheren Journal folgende Zeitschriften neugebildet:

Der allgemeine Titel ist: Chemisches Journal (Химический Журнал); es teilt sich

in die Sektion A, Журнал общей Химии, bis 1938 sind 8 Bände erschienen, in Fortführung der Bändezahl des ursprünglichen Ж. entspricht Bd. 8 dem Bd. (Jahrg.) 70;

in die Sektion B, Журнал прикладной Химии (angewandte Chemie, 10 Bde. (1938),

und in die Sektion W, Журнал физической Химии (physikal. Chemie), 10 Bände bis 1938.

Weiter sind zu nennen: Acta physicochim., 10 Bde. (1938); Коллоидная химия (Kolloidchemie), 4 Bde. (1938), Биохимия (Biochemie), 3 Bde. (1938).

Darüber hinaus bringen auch die Akademien der Wissenschaften Berichte über chemische Forschungen.

Rumänien besitzt in dem Bullet. Soc. Chim. România [20 (1938)] ein chemisches Spezialorgan.

Die Schweiz hat ihr eigenes chemisches Organ in den Helvetica chimica Acta, seit 1918; 21 Bde bis 1938.

Die nordisch-skandinavischen Länder übermitteln die Untersuchungen ihrer Chemiker vornehmlich durch die Publikationen ihrer wissenschaftlichen Akademien, z. B. durch

das Arkiv för Kemi (seit 1904), Mineralogi och Geologi der Svenska Vetenskapsakademien, Stockholm (12 Bde. 1938) bzw. die

Skrifter utgitt av det Norske Videnskaps-Akademi i Oslo bzw.

Kon. Danske Videnskabernes Selskab, Mathem.-fysiske Meddelelser, Kopenhagen, bzw.

Suomen Kemistilehti (Acta Chemica Fennica), Helsinki.

Dann erscheinen noch:

Svensk kem. Tidskrift (seit etwa 1888), bisher 50 Bde. (1938) bzw.

Tidsskrift for Kjemi og Bergvesen, bisher 18 Bde. (1938) bzw.

Dansk Tidsskrift f. Farmaci, seit 1926 [12 (1938)].

Spanien ist vertreten z. B. durch die Anales de la Sociedad Española Fisica y Quimica bzw. Quimica et Industria [34 (1936)].

Asien mit den alten Kulturreichen China, Japan und Indien hat in den verflossenen Jahrzehnten ebenfalls eigene Publikationsorgane für die moderne chemische Forschung geschaffen. So z. B. hat

China: Journal of the Chinese Chemical Society and Chinese Journal of Physics.

Japan: Journal of the Pharmaceutical Society of Japan [57 Bde. 1937; 58 (1938)].

Journal of Biochemistry (13 Bde. bis 1938).

Bulletin of the Chemical Society of Japan, seit 1926 (13 Bde. bis 1938).

Journal of the Society of Chem. Industry, Japan (41 Bde. bis 1938).

Proceed. of the Imp. Acad. Tokyo, seit 1924 (14 Bde. 1938).

Indien: Journal of Ind. Chemical Society, seit 1924 (15 Bde. bis 1938).

Journal of Ind. Institute of Science, Ser. A, etwa seit 1918.

Proceedings of the Ind. Academy of Science, Sect. A (8 Bde. bis 1938).

Indian Journal of Physics, seit 1926/27.

Die vorstehende Übersicht mußte absichtlich unvollständig ausfallen, denn zur Wiedergabe aller chemischen Zeitschriften aller Länder und Völker bedarf es eines eigenen Buches: bringt doch z. B. das „Chemische Zentralblatt" für die Jahre 1930—1934 in seinem Generalregister 279 259 Referate aus rund 2000 Zeitschriften von etwa 100 000 Autoren und Patentnehmern, und rechnete man im Jahre 1937 bereits mit nahezu 3000 Zeitschriften u. ä. als Quellen für

chemische Referate[1]). Unsere Übersicht sollte in bescheidenem Maße
zeigen, eine wie allgemeine Verbreitung das chemische Wissen, die
chemische Forschung und die chemische Technik z. B. in Europa,
Amerika und Asien gefunden haben. Sie läßt weiter ersehen, welchen
literarischen Ausdruck und in welcher Zeitfolge die Chemie z. B. in
Deutschland, England und Frankreich als den historischen Förderern
der Chemie gefunden und wie vergleichsweise sich der Entwicklungsvorgang zu immer neuen Sondergebieten vollzogen hat. Kulturgeschichtlich interessant ist auch der verschiedene Zeitpunkt der Einverleibung der modernen Chemie in die Geisteswelt der orientalischen
Länder.

Eine Sonderstellung wegen seines einzigartigen wissenschaftlichen
Charakters nimmt ein deutsches „Handbuch" der organischen
Chemie ein, das zugleich einen internationalen Ruf und eine Dauer-
geltung besitzt und als „Beilstein" allbekannt ist. Ein „Handbuch
der organischen Chemie" in 2 Bänden schrieb Friedr. Beilstein
1881/83; nach einem Jahrzehnt gab noch er allein die 3. Auflage
dieses bereits 4bändigen Werkes heraus (1893—1899). Der „Beilstein"
wurde ein chemischer Begriff und das Handbuch wurde ein unentbehrliches Rüstzeug, das nieversagende Gedächtnis der Weltgemeinde
der Organiker. Seit 1918 wird von der Deutschen Chemischen Gesellschaft die 4. Auflage dieses Monumentalwerkes herausgegeben[2]), und
dieser neue „Beilstein" umfaßte bereits 1937 mit seinen 27 Bänden
etwa drei Viertel des Gesamtwerkes, dabei enthält er nur die Literatur
bis 1910, während ein paralleles Ergänzungswerk von 27 Bänden (1938)
die Literatur von 1910—1919 gebracht hat; daran ist eine mehrbändige Abteilung „Naturstoffe" angeschlossen worden.

Zu den „Zeichen der Zeit" über die Auffassung des geistigen Eigen-
tums gehört die Tatsache, daß (in Schanghai) von diesen deutschen
Standardwerken unberechtigte photomechanische Vervielfältigungen
in den Handel gebracht wurden [vgl. B. 70 (A), 153 (1937)].

Die chemische Nomenklatur stellt mit der zahlenmäßigen Zunahme der synthetischen Verbindungen und deren Kompliziertheit
ein ernstes Problem dar, dessen Bearbeitung nicht nur mit wissenschaftlichen (auch philologischen) Schwierigkeiten verknüpft, sondern wegen
des internationalen Charakters der Chemie eine Art von chemischer
Weltsprache bilden und neben der Genauigkeit auch eine Allgemein-
verständlichkeit sichern muß. Eine Revision und internationale Ver-
einheitlichung wurde im Jahre 1892 in Genf veranstaltet. [Vgl.
F. Tiemann, B. 26, 1595 (1893), M. M. Richter, B. 29, 586 (1896).]
Für die organische Chemie hat nachher die sog. „Internationale

---

[1]) Vgl. die Monographie: M. Pflücke: Periodica chimica. Berlin: Chemie 1939.
[2]) Begonnen von B. Prager und P. Jacobson, fortgeführt von Fr. Richter;
s. a. dessen Beilstein-Biographie B. 71 (A), 35 (1938).

Union für reine und angewandte Chemie" im Jahre 1930 Reformvor-
schläge unterbreitet (vgl. Soc. **1931**, 1610). Mit einer neuen Chemischen
Nomenklatur trat dann Cl. Smith (Soc. **1936**, 1067—1078) hervor.

6. Organisation der Chemiker [1]).

Ein anderes Bild tritt uns entgegen, wenn wir von der internationalen chemischen Produktion zu der nationalen Gliederung
der literarisch hervortretenden und technisch tätigen Chemiker übergehen. Von einer strengen Scheidung beider muß abgesehen werden,
und wir betrachten die einzelnen Gruppen der Mitgliederzahlen (z. B.
in Deutschland, England, USA.) als die geistigen Reservoire für die
schöpferischen Kräfte der betreffenden Völker. Gleichzeitig sollen
uns die nachfolgenden Zahlen die Entwicklung während längerer Zeit-
räume veranschaulichen.

Deutsche Chemische Gesellschaft, Berlin:

Gegründet	1868	1885	1888	1890	1897	1912	1934	1935	1936	1937	1938
Mitgliederzahl	257	3144	3358	3440	3215	3356	3723	3676	3595	3585	3464

Verein Deutscher Chemiker (gegründet 1887):

1888	1890	1900	1910	1915	1920	1925	1931	1936	1937	1939
237	429	2096	4131	5410	6001	7369	8760	9637	9594	rund 10000

Während die „Deutsche Chemische Gesellschaft" satzungsgemäß
die Pflege der chemischen Wissenschaft und die Förderung ihrer
Entwicklung als Aufgabe betrachtet, ist der „Verein Deutscher
Chemiker" ein Bund der wissenschaftlich und technisch tätigen
Chemiker, der in seinen Gliederungen nach Fachgebieten wesentlich
die Vermittlung neuer Erkenntnisse in reiner und angewandter
Chemie erfolgreich pflegt (sein Organ ist die Zeitschr. „Angewandte
Chemie"). Es ist beachtenswert, daß die rein wissenschaftliche Gesellschaft im Zeitraum von 50 Jahren ihre Mitgliederzahl nur unwesentlich verändert hat, während gleichzeitig der Bestand des mehr technisch
gerichteten „Ver. D. Ch." eine ganz bedeutende Zunahme erfahren
hat. Man könnte daraus schließen, daß die Zahl der reinen Wissenschaftler nur unbedeutenden Änderungen unterworfen gewesen ist,
während in demselben Halbjahrhundert die chemische Industrie und
Technik durch ihre Entwicklung einen verstärkten Bedarf an Chemikern
und eine gesteigerte Heranbildung derselben ausgelöst hat.

Vergleich der ausländischen chemischen Gesellschaften
und ihres Mitgliederbestandes mit der Deutschen Chemischen Gesellschaft. Die englische Chemical Society in London
wurde 1841 gegründet, ihr folgte 1857 die Société chimique de

---

[1]) Vor dem Kriege, im Jahre 1911, betrug die Gesamtzahl der Chemiker in
13 Kulturländern rund 18000 [vgl. B. **45**, 1456 (1912)], gegenwärtig kann man etwa
50000 annehmen.

France in Paris, 1868 die Deutsche chemische Gesellschaft[1]) in Berlin und 1876 die American Chemical Society (mit 183 Mitgliedern).

Amer. Chem.

Society . .	1890	1900	1905	1910[1])	1915	1920	1925	1931	1932	1935	1936
Mitgliederzahl.	238	1715	2919	5081	7417	15582	14381	14787	14316	14363	15443

Chemic. Society, London . .	1912	1914	1921	1925	1931	1935	1937	1938
Mitgliederzahl	3202	3205	3912	4083	3775	3725	3775	3799

Société chimique de France	1904/05	1911/12	1925
Mitgliederzahl	1500	1100	400 (bzw. 5000 in der Soc. de chim. industr.)

Der Wesensart nach kann die „Chemical Society" (London) mit der „Deutschen chemischen Gesellschaft" (Berlin) verglichen werden, bemerkenswert ist für beide die praktische Konstanz der Mitgliederzahl, sowie die praktische Übereinstimmung der Aufgaben. Die „American Chemical Society" dagegen ähnelt in der Zusammensetzung und den Zielen (s. vorhin die Zeitschriften) dem „Verein Deutscher Chemiker". Die Zahlenreihe der Mitglieder von 1890—1936 redet eine gar deutliche Sprache, sie offenbart uns einen gewaltigen Aufschwung der chemischen Industrie und Forschung in Amerika. Vielsagend ist der Sprung von 7417 auf 15582 in den Jahren 1915/1920. Die chemische Forschungsarbeit ist ebenfalls im stetigen Aufstieg begriffen, sie wird nicht allein in den chemischen und biologischen Instituten der vielen hundert Hochschulen gepflegt, sondern auch in zahlreichen Fabriklaboratorien, gab es doch (nach einer Mitteilung von E. R. Weidlein und W. A. Hamor 1931) 1600 „industrial-research laboratories", die Ausgaben für industrielle Forschung betrugen 1939 etwa 215 Mill. $ (Hamor).

7. Sondermaßnahmen zur Förderung der Chemie in Deutschland.

> „Nur da, wo die wissenschaftlicheForschung mit dem wirklichen Leben im Bunde bleibt, werden die großen Fortschritte der Kultur gewonnen."
>
> Herm. Diels, Antike Technik (1920).

Von grundlegender Bedeutung für die Entwicklung der organischen Chemie bzw. der Chemie überhaupt war die Organisation des chemischen Unterrichts und der Ausbildung der Chemiker[2]). Zuerst wäre zu bemerken, daß eine Lösung dieses Problems sinngemäß

---

[1]) Zur Geschichte der Deutschen Chemischen Gesellschaft vgl. die Festschrift von B. Lepsius zur 50jährigen Feier, B. 51, Nr. 17 (1918).

[2]) Die Bezeichnung „Chemiker" kommt erst seit 1792 in Gebrauch, und zwar im Zusammenhang mit der deutschen Übertragung der Lehren und der Nomenklatur der „antiphlogistischen" Chemie (K. v. Meidinger, Hermbstädt, Girtanner, N. v. Scherer), teilweise noch wechselnd mit „Chemist", „Chymist" [lat. chemicus, chymicus; engl. chymist (1661); franz. „les chymistes" oder „les chymiques" (1615)].

von der Zeit und dem Ort abhängig ist, bzw. den jeweiligen äußeren
Bedürfnissen, sich anpassen muß. Solange es noch keine eigentliche
Nachfrage nach Chemikern von seiten der Praxis und der Industrie
gab, war es den großen Lehrern und Forschern der Chemie an den
Hochschulen überlassen, ganz persönlich, im Sinne eigener Anlagen
und Arbeitsrichtungen die Lehre und den Unterricht in der Chemie
zu gestalten. Anders als ein Liebig hatten ein Wöhler, ein Bunsen,
ein Kolbe, ein Kekulé oder ein A. W. Hofmann den Laboratoriums-
unterricht organisiert. Mit der Begründung einer bodenständigen
organisch-chemischen Industrie und ihrer Entwicklung in Deutschland wurde nun auch ein neues Betätigungsgebiet für den schöpferischen
Chemiker allmählich erschlossen. Im Jahre 1860 hatten K. Oehler
in Offenbach, 1863 Friedr. Bayer[1] & Co. in Elberfeld, ferner W. Kalle
in Biebrich a. Rh. die Fabrikation von Anilinfarben begonnen, 1862/63
wurden die Höchster Farbwerke (durch E. Lucius, A. Brüning, L. A.
Müller und W. Meister) ins Leben gerufen, 1865 erfolgte die Gründung
der Badischen Anilin- und Sodafabrik, 1873 entstand die Aktiengesellschaft für Anilinfabrikation (Agfa) in Rummelsburg-Treptow (nachher
Wolfen). Weitblickende Betriebserweiterungen vollzogen im Jahre
1888 die Farbenfabriken vorm. Friedr. Bayer & Co. in Elberfeld (durch
eine eigene pharmazeutische Abteilung, und im Jahre 1889 die Agfa
durch die Angliederung einer photographischen Abteilung (und
1909 einer Filmfabrik).

Schon 1877 organisiert sich der „Verein zur Wahrung der
Interessen der Chemischen Industrie Deutschlands", während 10 Jahre später der „Verein Deutscher Chemiker"[2] entsteht,
um die Interessen der angestellten Fachgenossen zu vertreten. Neben
die nationale und wirtschaftliche Bedeutung der chemischen Industrie
tritt auch die Frage der sozialen Stellung des Chemikers in den Vordergrund. Der Titel „Chemiker" als Berufsbezeichnung ist gesetzlich
ungeschützt. Zuerst bringt die „Chemiker-Zeitung" (Köthen) im
Jahre 1879 eine Staatsprüfung für Chemiker in Vorschlag, nachher
(seit 1888) vertritt der „Verein Deutscher Chemiker" aus Standes-
interessen diesen Gedanken, und (seit 1889) wird der Wunsch nach
einer staatlichen Regelung der Chemikerprüfung von seiten des „Vereins zur Wahrung der Interessen usw." an die preußische Regierung

---

[1] Vgl. die zur 75. Wiederkehr des Gründungstages herausgegebene „Werkgeschichte
1938", die ein stolzes Zeugnis deutscher chemischer Forschung und Wirtschaft des
Zeitraumes 1863—1938 darstellt.
Eine vortreffliche Darstellung der Entwicklung der chemischen Industrie Deutschlands während des Jahrhunderts, seit Friedrich Ferdinand Runge 1833 in Oranien-
burg die durch Oxydation des Kyanols (Anilins) entstehende Farbstoffbildung entdeckte, ist von G. Bugge gegeben worden [Chem. Fabrik 12, 262—270 (1939)].
[2] Die Geschichte des „Vereins..." von 1887—1912 hat B. Rassow in einem Fest-
bericht geschildert, die Entwicklung von 1912—1937 bis zur Eingliederung in den
NSBDT. gibt P. Duden [Z. angew. Chem. 50, 501 (1937)].

herangetragen, um 1894—1897 in parlamentarischen Körperschaften lebhaften Debatten unterworfen zu werden. Gleichzeitig ruft diese Frage auch einen schriftlichen Meinungsaustausch für und wider die Staatsprüfung — in den Hochschulkreisen selbst hervor (vgl. die vom Verein Deutscher Chemiker vorgeschlagene Prüfungsordnung, Zeitschr. f. angew. Chem. **1896**, 405; dazu z. B. die Monographie von A. Naumann, Die Chemikerprüfung, 1897). Eine in ihrem Verlauf dramatische Diskussion auf der IV. Hauptversammlung der Deutschen Bunsen-Gesellschaft in München (1897) beendete diese fast 20jährige Streitfrage. A. v. Baeyer, V. Meyer und Wilh. Ostwald lehnten energisch die Staatsprüfung ab, befürworteten die „wissenschaftliche Selbständigkeit", deren Entwicklung allein die Leistungsfähigkeit der künftigen Chemiker steigern könne und begründeten den „Verband der Laboratoriumsvorstände" (seit April 1898 in Tätigkeit) mit der „Verbandsprüfung" (Zeitschr. f. Elektrochem. 1897/98, S. 5—12, 19—29). Diese verbindliche Ordnung der chemischen Ausbildung, als deren Abschluß die wissenschaftliche experimentelle Doktorarbeit gilt, hat sich in der Folgezeit bewährt. Erst 1926 fand der Verein Deutscher Chemiker (auf seiner Hauptversammlung in Kiel) es für geboten, wiederum eine eingehende Erörterung der Frage der „Ausbildung der Chemiker" vorzunehmen (Vorträge von P. Walden, W. Biltz, E. Berl, H. G. Grimm, W. Böttger, vgl. Zeitschr. f. angew. Chem. **1926**, 969 u. f.).

An Einzelereignissen, die eine erhebliche Rückwirkung auf die Entwicklung der Chemie gerade in Deutschland gehabt haben, möchten wir nennen:

1. Die Errichtung eines neuen vielgestaltigen Chemischen Institutes an der Berliner Universität durch Emil Fischer im Jahre 1900[1]).

2. Die Gründung und Eröffnung des „Hofmann-Hauses"[2]) der Deutschen Chemischen Gesellschaft in Berlin, im Jahre 1900.

3. Die einer Initiative von E. Fischer[3]), Walter Nernst und Wilh. Ostwald entspringende, im Jahre 1905 im Hofmann-Hause beschlossene Gründung einer „Chemischen Reichsanstalt", die 1911 hinüberleitete in die „Kaiser Wilhelm-Gesellschaft zur Förderung der Wissenschaften"; bereits im Jahre 1912 konnte diese das „Kaiser Wilhelm-Institut für Chemie" in Berlin-Dahlem eröffnen, und zwar mit E. Beckmann[4]) als Direktor und mit den Mitarbeitern R. Willstätter

---

[1]) E. Fischer: Eröffnungsfeier des neuen I. Chemischen Instituts der Universität Berlin am 14. Juli 1900. Berlin 1901.

E. Fischer u. M. Guth: Der Neubau des Ersten Chemischen Instituts der Universität Berlin. Berlin 1901.

[2]) B. Lepsius: Festschrift zur Feier des 50jährigen Bestehens der Deutschen Chemischen Gesellschaft, S. 51. 1918 (B. 51, Nr. 17, Sonderheft).

[3]) K. Hoesch: Emil Fischer. B. 54, Sonderheft, 160 (1921).

[4]) G. Lockemann: Ernst Beckmann (1853—1923), S. 44. Verl. Chemie, Berlin 1927.

(organische Abteilung), O. Hahn (radioaktive Forschung), sowie das Kaiser Wilhelm-Institut für physikalische und Elektrochemie mit Fr. Haber (1868—1934) als Direktor; im Jahre 1914 folgte die Eröffnung des Kaiser Wilhelm-Instituts für Kohleforschung in Mülheim a. d. Ruhr mit Franz Fischer als Direktor. Aus diesen Anfängen haben sich inzwischen etwa 33 Kaiser Wilhelm-Institute zur Förderung der Wissenschaften entwickelt (vgl. A. Binz, Die Kaiser Wilhelm-Gesellschaft, zu ihrem 25. Jahrestag am 11. Jan. 1936. Z. angew. Chem. 49, 45 (1936)].

4. Das Jahr 1920 ist denkwürdig durch die Gründung dreier Gesellschaften, die gleichsam die „Blutspenderinnen" wurden für den zusammengebrochenen Organismus der deutschen wissenschaftlichen Chemie der Nachkriegszeit, es waren dieses: die „Justus-Liebig-Gesellschaft zur Förderung des chemischen Unterrichts", die „Emil-Fischer-Gesellschaft zur Förderung der chemischen Forschung" und die „Adolf-Baeyer-Gesellschaft zur Förderung der chemischen Literatur", sowie viertens die „Notgemeinschaft der Deutschen Wissenschaft", später umgebildet in die „Deutsche Forschungsgemeinschaft" (1937 Reichsforschungsrat), die eine Förderung wissenschaftlicher Arbeiten und eine Pflege des wissenschaftlichen Nachwuchses zum Zweck hat.

5. Die wirtschaftliche Leistungskraft der deutschen chemischen Industrie erfuhr nun ihrerseits einen schöpferischen Auftrieb[1]) durch die ebenfalls von Carl Duisberg [2]) [3]) (1905 erst unter 3 Firmen, 1916 unter 5 weiteren, endlich 1925 unter Anschluß der übrigen) vollbrachte Zusammenschließung zu einer Interessengemeinschaft der deutschen Farbenindustrie, kürzer „I.-G. Farbenindustrie Aktiengesellschaft", oder einfach die „I.-G.". Diese „I.-G." ist zum Symbol geworden für ähnlich erstrebte Selbstorganisationen von Wirtschaftszweigen, zur Erzielung der größtmöglichen Leistung für das Gesamtwohl. Duisberg, selbst ein wissenschaftlicher Erfinder von etwa 30 Farbstoffen [2]) und deren Zwischenprodukten, trat auch begeistert und begeisternd für die wissenschaftliche Durchdringung der chemischen Industrie ein: „Bei jeder Fabrik und bei jeder großen Abteilung in der Fabrik sollten die wissenschaftlichen Laboratorien, die anregend, belehrend und vor allem forschend wirksam sind, erhalten bleiben ..." (1904). Mittlerweile ist diese von weiser Voraussicht

---

[1]) Den ersten großen Ansatz zur produktiven Gemeinschaftsarbeit bildet die oben erwähnte Gründung (1877/78) des „Vereins zur Wahrung der Interessen der chemischen Industrie", deren erster Vorsitzender der Fabrikbesitzer Fritz Kalle in Biebrich a. Rh. war.

[2]) A. Stock: Carl Duisberg (1861—1935). Nachruf. B. 68, A., 111—148 (1935); s. auch B. 54, A. 86 (1921).

[3]) Carl Duisberg: Meine Lebenserinnerungen. Herausgeg. von J. v. Puttkammer. Leipzig 1933.

diktierte Forderung im weitesten Umfang erfüllt worden; nicht nur sind die bestehenden Laboratorien erhalten und erweitert, sondern auch neue großangelegte Forschungsstätten in den Industriewerken geschaffen worden. Diese wissenschaftlichen Werkslaboratorien sind mit ihren Sonderproblemen neue Forschungszentren geworden, die mit aller wissenschaftlicher Methodik und Exaktheit die Chemie erweitern und eine wahre Svmbiose von Wissenschaft und Technik darstellen.

6. Aus der jüngsten Vergangenheit ragt in die Gegenwart hinein (und bestimmt wohl auch Abschnitte der Zukunft der deutschen Chemie) der Vierjahresplan des Führers: Hier geht es nicht nur um die Zusammenfassung und nicht nur um den nach einheitlichen Gesichtspunkten geordneten Einsatz aller schöpferisch verfügbaren Kräfte, sondern auch um deren Ausrichtung auf weite Sicht sowie um eine höchstmögliche Aktivierung von chemischer Forschung und Technik überhaupt. Denn es gilt, die von der lebenden Natur erzeugten sowie an Zeit und Ort gebundenen Rohstoffe durch chemisch-technische Groß-Synthesen zu ersetzen, die organischen Naturstoffe durch vollwertige Kunststoffe zu verdrängen und damit die bisherige Abhängigkeit oder Hörigkeit der Wirtschaft von Wachstum und Ernte, Handel und Politik zu beseitigen oder zu verringern. Auf dieser wirtschafts- und weltpolitischen Plattform stehend muß die deutsche Chemie als ein nationales Machtmittel schöpferisch tätig sein.

8. Wachstumserscheinungen der organischen synthesierten Verbindungen.

„Es ist jedes Menschen Pflicht, ein Stückchen Schöpfung schöner, weiser, besser zu machen.''   Th. Carlyle.

Jede neue synthetische Verbindung ist ein „Stückchen Schöpfung'' und geht über das Werk und lebendige Wirken der Natur hinaus. Einen zahlenmäßigen Ausdruck dieser schöpferischen Kraft können wir in der Zunahme der Anzahl registrierter organischer Verbindungen während des verflossenen Halbjahrhunderts (1880 bis 1937) finden:

	1880	1884	1896	1899	1910	1937
Anzahl:	15000	20294	60000	74174	144150	etwa 450000 bekannte organische
		(Beilstein, 1. Aufl.)			(Beilstein, 3. Aufl.)	Verbindungen (Z. angew. Chem. 50, 957 (1937).

E. Fischer hat (1911) angenommen, daß jährlich etwa 8—9000 Verbindungen hinzukommen, und er macht daraufhin die folgende Aussage für die Zukunft: „Es läßt sich deshalb ausrechnen, daß am Ende dieses Jahrhunderts die organische Chemie den Formenreichtum der

Lebewelt, Pflanzen- und Tierreich zusammengenommen, erreicht haben wird"[1]).

Man hat die Entwicklung der experimentellen Naturwissenschaften im verflossenen Jahrhundert gelegentlich als den Vorgang einer „Erweiterung unserer Sinne" bezeichnet; die zahlreichen neuen physikalischen Apparate stellen gewiß solche erweiterte, verfeinerte „Organe" dar, die alten und neuen mechanischen Werkzeuge sind ebenfalls zielgerichtete „künstliche Organe". Die Chemie dürfte jedoch nicht ohne weiteres diesem Entwicklungsschema zuzuordnen sein. Denn die Hunderttausende der von der Experimentalchemie künstlich dargestellten „neuen Körper" sind meistenteils naturfremde Gebilde, die weder ihrer Tendenz noch ihrer Wirkung nach eine „Erweiterung unserer Sinne" bedeuten, vielmehr aber àls eine „Erweiterung der Natur" gelten oder als Erzeugnisse einer „Ultranatur" betrachtet werden könnten; sie vermögen trotzdem lebensnahe zu sein, wenn sie — wie es die moderne Kunststoffindustrie usw. beweist — neue lebenswichtige Rohstoffe darstellen und fehlende Naturstoffe ersetzen.

Das unverminderte zahlenmäßige Ansteigen der neu erschlossenen Verbindungen hat neben der Freude über die neuen Stoffe und die damit verbundene Erweiterung unserer Kenntnisse auch seine bedenklichen Seiten. Die geistige Beherrschung des ungeheuren Stoffreichtums wird schon gegenwärtig dem einzelnen zur praktischen Unmöglichkeit gemacht, infolgedessen mehrt sich — unter Aufgabe des allgemeinen Überblickes und des Zusammenhanges — das Spezialistentum, das mit eigenen Interessen und Problemen zwangsläufig eine eigene Literatur, ein enges Eigendasein usw. zu führen bestrebt ist. Hat doch z. B. der „Verein Deutscher Chemiker" bereits sich in 22 Fachgruppen oder -gebiete gegliedert [vgl. Z. angew. Chem. 49, 533 und 598 (1936)].

Lehr- und Handbücher der organischen Chemie. Mehreren Generationen heranwachsender Chemiker hat das Lehrbuch von

---

[1]) Daß der synthetischen Arbeit noch weite Grenzen und Möglichkeiten offenstehen, kann durch die nachstehenden Berechnungen veranschaulicht werden, sie betreffen die theoretisch mögliche Anzahl von Strukturisomeren in aliphatischen gesättigten kettenförmigen Verbindungen [H. R. Henze und C. M. Blair: Am. 56, 157 (1934)]:

Anzahl der C-Atome	Kohlenwasserstoffe	Alkohole	Ester	Halogenderivate $C_nH_{2n}X_2$
5	3	8	9	21
10	75	507	599	2 261
15	4 347	48 865	57 564	312 246
20	366 319	5 622 109	6 589 734	46 972 357

Gegenüber diesen beängstigenden Möglichkeiten der organischen Synthese der Zukunft ist es lehrreich, sich zu erinnern, daß die Bezeichnung „Synthese" in bezug auf organische Stoffe erstmalig von H. Kolbe im Jahre 1845 gebraucht wurde!

V. v. Richter und R. Anschütz „Chemie der Kohlenstoffverbindungen oder organische Chemie" vortreffliche Führerdienste geleistet.
Die neunte umgearbeitete Auflage konnte noch R. Anschütz 1900
in zwei Bänden herausgeben, — die zwölfte Auflage beanspruchte
schon zahlreiche Spezialisten als Mitarbeiter, und der Zuwachs an
neuen Erkenntnissen vermehrte den Umfang des Werkes auf vier
Bände (1928—1935).

Nachdenklich stimmt es uns, wenn wir im Angesicht dieser verstärkten experimentellen Arbeit und der dadurch gesteigerten Zahl
„neuer Körper" den Schöpfer der organischen Synthese — Friedrich
Wöhler — das folgende Urteil über die organische Chemie (um
1880) fällen hören:

„... manchmal kommt sie mir wie ein Stickmuster vor, in dem
nach gewissen Zeichnungen durch geschickte Escamoteure die Maschen
ausgefüllt werden ... Ich lese ungeheuer viel, Romane, Geschichte,
Reisen usw., — nur keine Abhandlungen über organische Chemie"
[B. 15, 3268 (1882)].

Nach einem Vierteljahrhundert (1904) nimmt ein bedeutender
Synthetiker — Zd. Skraup (Chinolinsynthese 1880, Cocain 1885,
Chinaalkaloide, Kohlenhydrate, Hydrolyse der Eiweißstoffe 1904 u. f.)
Stellung zu dem synthetischen Stoffreichtum der organischen Chemie;
in einer Rede über „die Chemie in der neuesten Zeit" sagt er:

„Wenn man die gegenwärtige Stellung der organischen Chemie
durch einen Vergleich kennzeichnen soll, so kann man sagen, sie
befindet sich in der Lage eines reichen Erben, dessen Vermögen durch
den Zuwachs an Zinsen sich wohl unablässig vermehrt, der aber
durch die Verwaltung seines überkommenen Reichtums derart in
Anspruch genommen ist, daß er nicht dazu kommt, sich in neue
glückliche Unternehmungen von der Art einzulassen, wie sie sein Vermögen begründet haben ... die früher nie geahnte und später hoch-
willkommene Mannigfaltigkeit der chemischen Formen beginnt aber
geradezu unbequem zu werden. Die Milliardäre verlieren das Interesse
an weiteren Millionen ... In der chemischen Technik ist der Strom
der synthetischen Prozesse auch noch weit von dem Versiegen entfernt,
und wenn auch bei ihr die physikalische Chemie immer mehr Einfluß
erringen wird, bleibt die Führung der Synthese doch noch lange
gesichert" (1904).

Und wieder ist nahezu ein weiteres Vierteljahrhundert verflossen,
als (1926) der langjährige Herausgeber des Journ. Amer. chem.
Soc. und Verfechter der Elektronentheorie in der chemischen Valenzlehre, Will. A. Noyes, schrieb, daß die meisten Vertreter der organischen Chemie gar nicht „der Tatsache bewußt zu sein scheinen, wie
detailliert und rein empirisch das Wissen ist, auf dessen Führung
wir uns in den organischen Synthesen verlassen müssen. Unter den

zweihunderttausend organischen Verbindungen ... haben wir fast keine grundlegenden Prinzipien ..." [J. Amer. chem. Soc. 48, 539 (1926)].

Wenn wir das Bild des „chemischen Organismus" beibehalten. könnten wir vielleicht den Schluß ableiten, daß dieser Organismus der chemischen Synthese einerseits an „Überernährungs"schmerzen (infolge des Zuviel an künstlichen Verbindungen) leidet, andererseits über „Mangel"krankheiten (infolge des Zuwenig an grundlegenden Theorien oder großen Ideen) klagt. Geklagt wurde schon 1827 von L. Gmelin — und klagen wird man wohl auch in kommenden Jahrhunderten — ungeachtet dessen hat die synthetische organische Chemie ihren Weg siegreich fortgesetzt. Gegen die „Mangel"krankheiten sucht sie sich zu wehren durch zielbewußte Herübernahme der Denk- und Forschungsmittel der modernen physikalischen Chemie und Physik. Die „Überernährungsschmerzen" braucht der kräftige Organismus der organischen Chemie nicht allzu tragisch zu nehmen, arbeitet doch auch die lebende Natur selbst scheinbar verschwenderisch, und trotzdem sagte der große Denker Immanuel Kant: „Die Natur tut nämlich nichts überflüssig und ist im Gebrauch der Mittel zu ihren Zwecken nicht verschwenderisch ... Alles, was die Natur selbst anordnet. ist zu irgend einer Absicht gut."

Die Zahl der synthetischen organischen Verbindungen wird sicherlich auch weiterhin eine Steigerung erleben. Dieser Zuwachs wird einerseits von der Arbeitsmethodik der klassischen synthetischen Chemie geleistet werden; die bewährten Verfahren können auf neue Elementenkombinationen ausgedehnt und zu neuen kristallisierbaren oder durch Destillation abtrennbaren Verbindungen vereinigt oder umgruppiert werden. Dann aber wird voraussichtlich — mit dem verstärkten Einlenken der chemischen Forschung in das große Gebiet der Biochemie — die Arbeitsweise und das Arbeitsmaterial eine Umstellung erfordern. Die lebende Natur schafft bei niedrigen Temperaturen in wässerigen Lösungen ein neues Reich von chemischen Systemen, die als Zwischenprodukte, Molekularverbindungen. Kolloide usw. relativ leicht Umwandlungen unterliegen. Diese zu isolieren und zu kennzeichnen erfordert andere Arbeitsmethoden und andere physiko-chemische Kennzeichnungen. Einst galt es als unerläßlich, ein kolloides Reaktions- oder Naturprodukt zum Kristallisieren zu bringen (A. W. Hofmann rühmte die besondere Arbeitszähigkeit eines seiner Mitarbeiter durch das Urteil: „Er bringt es fertig, einen Limburger zum Kristallisieren zu bringen"). In der Gegenwart ist der kolloide Zustand nicht nur keine unerwünschte Begleiterscheinung, sondern direkt ein erstrebtes Ziel der Synthese, — man denke nur an die von der chemischen Industrie erzeugten Kunstharze, Kunstfasern, künstlichen Kautschuk. „organisches Glas" usw., die als Beispiele aus der neu entstandenen „Kunststoffchemie" genannt sein mögen. Allen diesen (durch die Natur vorgebildeten — Cellulose, Kautschuk usw. — oder durch Kettenpolymerisation aus ungesättigten Verbindungen künstlich erhaltenen) Gebilden kommt ein hohes Molekulargewicht zu, und viele dieser Makromoleküle besitzen eine Fadenform. Die hohe technische Bedeutung derartiger Stoffe — mit Fadenmolekülen — bedingt und fördert zugleich ihre wissenschaftliche Erforschung. Infolgedessen vollzieht sich in der Gegenwart die begriffliche und experimentelle Neubildung einer „makromolekularen Chemie" (H. Staudinger, 1936), die auch eine neue Brücke zur Biologie zu schlagen berufen sein dürfte. Und so wird auch von dieser Seite her ein neuer Zuwachs durch neuartige Moleküle erfolgen, durch Makromoleküle, die die große Welt der chemisch-organischen Mikromoleküle vermehren werden. „Trotz der großen Zahl von organischen Körpern, die wir heute schon kennen, stehen wir so erst am Anfang der Chemie der eigentlichen organischen chemischen Verbindungen und haben nicht etwa einen Abschluß erreicht" (H. Staudinger, 1926).

Doch noch ein anderer Weg und Anreiz zur weiteren Steigerung der übergroßen Anzahl organischer chemischer Individuen hat sich unlängst dargeboten: Es ist dies die Verwendung der isotopen Elemente in der Synthese. So ist bereits seit der Gewinnung des schweren Wassers" D_2O und des Deuteriums D_2 eine Reihe von organischen Deuteriumverbindungen synthetisch dargestellt worden, und die Zahl der letzteren nimmt ständig zu. Sollte nicht auch die Gewinnung des isotopen Kohlenstoffs C^{13} bzw. der Verbindungen desselben gelingen? Oder der Halogene Chlor Cl^{35} und Cl^{37} bzw. Br^{79} und Br^{91}?

9. Wesen und Wandlungen der Synthese von organischen Naturstoffen.

> „Die organische Chemie hat zur Aufgabe, die Erforschung der chemischen Bedingungen des Lebens und der vollendeten Entwicklung aller Organismen." Justus Liebig (1840).

Mit dieser Sinngebung leitete Liebig sein bahnbrechendes Werk „Die organische Chemie in ihrer Anwendung auf Agrikultur und Physiologie" (1840) ein.

In Abwandlung des bekannten Faust-Wortes könnte man vielleicht sagen: „Im Anfang war — die Synthese[1]." Noch waren Name und Begriff der „organischen Chemie" nicht geprägt, als bereits Scheele

---

[1] Die Bezeichnung „chemische Synthese" bürgert sich erst allmählich in dem deutschen Schrifttum ein; ganz nebenher gebraucht z. B. J. Liebig (Chemische Briefe, S. 89. 1844) das Wort „Synthese", wenn er „die künstliche Darstellung des Lasursteins" schildert.

(1782) die Synthese der Blausäure (bzw. KCN) ausführte, T. Lowitz (1797) eine Synthese des Zuckers (durch Reduktion der Essigsäure mittels Phosphors) versuchte, und ebenso bewußt wurde von I. W. Döbereiner (1824) die Zuckersynthese aus Alkohol und Kohlensäure mit Hilfe des Platinkatalysators gewagt!

In seinem Sterbejahr (1832) schrieb Goethe an den Jenaer Chemiker Wackenroder (der 1831 im Möhrensaft das Carotin entdeckt hatte): „Es interessiert mich höchlich, inwiefern es möglich sei, der organisch-chemischen Operation des Lebens beizukommen, durch welche die Metamorphose der Pflanzen ... auf die mannigfaltigste Weise bewirkt wird." Das Wunschziel des Dichters wurde gleichsam Losung und Arbeitsprogramm der organischen synthetischen Chemie während des kommenden Jahrhunderts.

Als im Jahre 1802 eine deutsche Ausgabe von A. F. Fourcroys „System der chemischen Kenntnisse" durch Friedr. Wolff besorgt wurde, hob der letztere (im III. Bande) bei den „organischen Stoffen" ausdrücklich hervor, „daß er zwischen organischen und chemischen Kräften einen wesentlichen Unterschied anerkennen müsse, welchen Fourcroy anzunehmen nicht geneigt ist". „In dem organisierten Körper ruhen gleichsam alle chemische Verwandtschaften und sind unthätig, so lange die organischen Kräfte thätig sind."

Im Jahre 1827 entdeckte der englische Botaniker Rob. Brown eine eigenartige Erscheinung, die sog. „Brownsche Bewegung", die sogleich eine wissenschaftliche Bewertung erfuhr in einem Werk des Freiburger Physiologen C. A. S. Schultze: „Mikroskopische Untersuchungen über R. Browns neueste Entdeckungen lebender Teilchen im lebenden Körper und über die Erzeugung der Monaden" (Karlsruhe und Freiburg 1828). Im selben Jahr wurde, statt der Synthese der Monaden, von Friedr. Wöhler die Synthese des Harnstoffs [1] vollzogen (1828). Beide gleichzeitige Entdeckungen, so verschiedenen Denk- und Arbeitsbezirken sie auch entsprangen, trafen sich zusammen in dem gleichen Problem, in der künstlichen Erzeugung von stofflichen Gebilden, die als ein Vorrecht des lebenden Körpers galten.

Drei grundsätzliche Fragen haben sich an den Anfang der organischen Synthese geheftet. Die eine derselben war weltanschaulicher Art, nämlich: ist die künstliche (durch chemisch-physikalische Mittel bewirkte) Darstellung der im lebenden Organismus gebildeten organischen Verbindungen überhaupt möglich? Zweitens, im Falle der Bejahung der ersten Frage, trat das stoffliche Problem entgegen: Aus welchem Rohmaterial muß diese Synthese organischer Naturstoffe durchgeführt werden? Drittens mußte die Frage nach der Methode der synthetischen Darstellung in den Kreis der Betrachtung

---

[1] Vgl. auch P. Walden: Die Bedeutung der Wöhlerschen Harnstoffsynthese. Naturwiss. **16**, Heft 45, 46, 47 (1928).

gezogen werden. Ob überhaupt? Woraus und wie? Diese Fragen
ziehen sich wie rote Fäden durch die hundertjährige Entwicklungsgeschichte der organischen Synthese. Vom praktischen Standpunkt
gesehen war es nicht wesentlich, die zweite und dritte Frage besonders
zu beachten, es galt nur den Erfolg der Synthese zu sichern und die
etwaige wirtschaftliche Verwertung des synthetischen Naturproduktes
(z. B. der Salicylsäure oder des Indigos) zu ermöglichen. Eine andere
Bedeutung haben aber die Fragen Woraus? und Wie? vom erkenntnistheoretischen Standpunkt aus. Die Chemie kann ja nur dann die
Wissenschaft sein, welche die Natur nachahmt und mit ihr in der Erzeugung organischer Naturstoffe rivalisieren kann, wenn sie mit den
gleichen Ausgangsmaterialien unter gleichen oder vergleichbaren Bedingungen — wie die Natur — die gleichen Naturstoffe auch tatsächlich
erzeugt.

Vor rund hundert Jahren sprachen Wöhler und Liebig in ihren
denkwürdigen „Untersuchungen über die Natur der Harnsäure" (1838)
die Überzeugung aus: „. . . daß die Erzeugung aller organischen
Materien, insoweit sie nicht mehr dem Organismus angehören,
in unseren Laboratorien nicht allein wahrscheinlich, sondern als ganz
gewiß betrachtet werden muß. Zucker, Salicin, Morphin werden künstlich hervorgebracht werden". Und in seinen „Chemischen Briefen"
erweitert Liebig (1844) dieses Programm, indem er vorhersagt: „Es
sind Erfahrungen genug, um die Hoffnung zu begründen, daß es uns
gelingen wird, Chinin und Morphin, die Verbindungen, woraus das
Eiweiß oder die Muskelfaser besteht, mit allen ihren Eigenschaften
hervorzubringen." Daselbst heißt es: „Alle Stoffe, welche Anteil
an dem Lebensprozeß nehmen, sind niedere Gruppen von einfachen
Atomen, die durch den Einfluß der Lebenskraft zu Atomen höherer
Ordnungen zusammentreten. Die Form, die Eigenschaften der einfachsten Gruppen von Atomen bedingt die chemische Kraft unter der
Herrschaft der Wärme, die Form und Eigenschaften der höheren,
der organischen Atome (d. h. Molekeln) bedingt die Lebenskraft"
(1844, ebenso in der Ausgabe vom Jahre 1865).

Jahrzehnte chemischen Fortschrittes waren inzwischen verstrichen,
als die Königl. Preuß. Akademie der Wissenschaften die Preisfrage
für das Jahr 1870 stellte, um die synthetische Erzeugung der vege-
tabilischen Alkaloide anzuregen: „Die Akademie glaubt, daß der
Zeitpunkt für die Lösung dieser Aufgabe gekommen ist und sie bietet
einen Preis von 100 Dukaten für die Synthese des Chinins, Cinchonins,
Strychnins, Brucins oder Morphins" [B. 2, 468 (1869)]. Auch Akademien können sich gelegentlich täuschen.

Während Ch. Gerhardt noch 1843 zwischen der Lebenskraft bzw.
den „organischen Kräften" und den chemischen Kräften einen Gegen-

satz erblickt, lehrt er zehn Jahre später folgendes: „Die natürlichen Verbindungen und die Kunstprodukte unserer Laboratorien sind Ringe einer Kette, durch welche die nämlichen Gesetze aneinander gefesselt sind, wie es durch zahlreiche Nachahmungen von Naturprodukten in der neueren Zeit bewiesen worden ist" (Gerhardt-Wagner: Lehrbuch der organischen Chemie, Bd. I, S. 6. 1854). Gerhardt gibt der organischen Chemie die folgende Arbeitsrichtung:

„Die organische Chemie beschäftigt sich mit dem Studium der Gesetze, nach welchen die Verbindungen, aus denen die Thiere und Pflanzen bestehen, Umwandlungen erleiden; sie macht uns mit denjenigen Methoden bekannt, durch welche die organischen Substanzen außerhalb des lebenden Organismus zusammengesetzt werden können" (a. a. O., S. 3).

Nach wie vor gilt hier die Tier- und Pflanzenwelt als der chemische Brunnen, aus dem die organische Chemie ihr stoffliches Versuchsmaterial schöpft, der lebende Organismus ist noch der große Synthetiker, der die Prototypen für die Synthesen im chemischen Laboratorium, ohne Lebenskraft, liefert. Einen neuen Schritt vorwärts tat H. Kolbe, als er (1860) die Frage nach dem Ausgangsmaterial weit vorausschauend beantwortete: „Die chemisch-organischen Körper sind durchweg Abkömmlinge unorganischer Verbindungen und aus diesen, zum Teil direkt, durch wunderbar einfache Substitutionsprodukte entstanden" [A. 113, 293 (1860)]. Tatsächlich bewiesen ja auch die klassischen Synthesen M. Berthelots (mittels Elektrizität, thermischer Zersetzung, Polymerisation usw.) die Entstehung organischer Verbindungen aus Elementen und anorganischen Stoffen. Und so schrieb Berthelot in seinem Werk „Chimie organique fondée sur la synthèse" (1860):

„La chimie crée son objet. Cette faculté créatrice, semblable à celle de l'art lui même, la distingue essentiellement des sciences naturelles et historiques."

Ein neuer Akkord mischte sich damit in die bisherige klassische Symphonie der organischen Synthese: nicht mehr und nicht allein Nachbildung der chemischen Prototypen der lebenden Natur, sondern eigenes chemisches Schöpfertum! Ein ergiebiges Betätigungsfeld für dieses Schöpfertum bot sich bald dar, und zwar, dank der genialen Benzoltheorie Aug. Kekulés (1865), auf dem neuerschlossenen Arbeitsgebiet der aromatischen Verbindungen. In dem Maße nun, als die Synthesen (bzw. die Darstellung immer „neuer Körper") sich vermehrten, entfernten sie sich von ihren Prototypen, und die „organische Chemie" von einst oder die Chemie der „Verbindungen, aus denen die Tiere und Pflanzen bestehen", wurde zu einer umfangreichen Chemie der Kohlenstoffverbindungen. Es fügte sich aber noch, daß der

„Zufall"[1]) — dieser freiwillige Mitarbeiter und stille Teilhaber vieler
genialer Entdeckungen — wiederum zu einer Entdeckung verhalf,
die bahnbrechend wirkte: es war die Entdeckung des ersten künstlichen
Anilinfarbstoffs „Mauvein" durch den jungen Hofmann-Schüler
W. H. Perkin (1856), der das Chinin synthetisieren wollte. Nicht nur
leitete diese Entdeckung eine große chemische Industrie der künstlichen organischen Farbstoffe ein (also eine Epoche der „Kunststoffe"!), nicht nur führte sie zu neuen wissenschaftlichen Forschungen
und wirtschaftlichen Erfolgen, sondern auch zu einer Hegemonie der
deutschen Chemie. Dann aber ließ sie zeitweilig zurücktreten das
ursprüngliche Ziel der Synthese von Naturstoffen und führte zu einer
neuen grundsätzlichen Erkenntnis, nämlich, daß die chemische Synthese über die natürlichen Vorbilder hinausgehen und hochwertige Kulturgüter künstlich erzeugen kann, die die Naturprodukte
qualitativ nicht nur erreichen, sondern sogar übertreffen, wie z. B.
die künstlichen farbenprächtigen „Anilinfarben".

Der „Zufall" führte auch zur Entdeckung eines künstlichen Süß-
stoffs, der an Süßkraft weit über Honig und Zucker hinausging
[Saccharin: I. Remsen und C. Fahlberg (1879)]. Und der „Zufall"
vermittelte auch die Erschließung naturfremder organischer Heilmittel.

Künstliche Heilmittel. Unter Bezugnahme auf dieses bedeutsame Forschungsgebiet der neuzeitlichen organischen Chemie sei
an die programmatischen Worte zweier Jatrochemiker erinnert;
Paracelsus (um 1530) schrieb: „Die Alchimia (Chemie) ist die Vollendung der Natur." Und sein Anhänger Osw. Croll sagte (1623) von
der chemischen Kunst: „Die Kunst folget der Natur und ersetzt
derselbigen Mangel, verbessert, hülfft und befördert ja sie übertrifft
auch die Natur."

Um die volkswirtschaftliche Bedeutung dieser Industrieerzeugnisse
(Heilmittel oder ganz allgemein pharmazeutische Präparate) zu veranschaulichen, sollen sie zusammen mit den künstlichen (Teer-) Farben
und deren Zwischenprodukten verglichen werden, indem wir den
Welterzeugungswert beider in Millionen Goldmark hierhersetzen:

	1913	1927
Teerfarben	350	700
Pharmazeutika . . .	1750	3000

Die Pharmazeutika mit 3 Milliarden GM. übertreffen also um das
4fache den Produktionswert der Teerfarben. Mit Berücksichtigung
der deutschen Chemiewirtschaft wollen wir die deutsche Chemie-
ausfuhr der genannten Produkte veranschaulichen, und zwar in
Millionen GM.:

---

[1]) Über die Rolle des Zufalls bei chemischen Entdeckungen und Erfindungen
vgl. auch A. Schmidt: Die industrielle Chemie, S. 715—811. 1934.

	1890	1929	1932	1933
Teerfarben . . .	50,8	211,6	136,7	136,7
Pharmazeutika . .	—	131,1	102,4	105,8

Diese künstlichen Heilmittel spielen demnach in der Menschenheilkunde und in der Volkswirtschaft eine hervorragende Rolle. Es handelt sich hierbei aber vorwiegend um Stoffe, die naturfremd, d. h. weder in der Pflanzen- noch in der Tierwelt vorgebildet und die auch dem menschlichen Organismus körperfremd sind. Man kann es keineswegs als „selbstverständlich" bezeichnen, daß der Chemiker seinerseits imstande sei, künstlich organische Stoffe zu machen, die bei ganz abweichender Entstehung und Zusammensetzung die gleichen Heilwirkungen wie die organischen Naturstoffe haben sollen, oder die „Natur vollenden" (Paracelsus) bzw. „die Natur übertreffen" (Crollius).

Wir können ja auch verfolgen, wie seit der ersten Synthese Wöhlers (1828) immer nur auf die Möglichkeit der künstlichen Darstellung von organischen Naturstoffen, die mit spezifischen Eigenschaften ausgestattet und deswegen besonders begehrenswert sind, hingewiesen wird. Diese spezifischen Eigenschaften galten als besondere Attribute jener chemischen Individuen. Ein Umbruch der chemischen Grundvorstellungen mußte erst erfolgen, bevor man daran denken konnte, Stoffe mit ähnlichen oder gleichen spezifischen Eigenschaften, aber von anderem chemischen Bau künstlich darzustellen. Als nun durch Zufallsfügung zuerst die Mauveinentdeckung Perkins die Schranke gegenüber den Naturfarbstoffen durchbrochen hatte und man erkennen lernte, daß bestimmte chemische Gruppen und Radikale oder allgemeiner, die chemische Konstitution das farbstoffbedingende Prinzip darstellen, da entstand die Anschauung, daß das Hinzufügen oder die Wegnahme solcher stofflichen Elemente die betreffenden Eigenschaften beeinflussen. Die glänzenden Fortschritte der Teerfarbensynthese wirkten sich naturgemäß auch auf die Heilstoffe aus. Die Frage war hier: Welche stofflichen Gruppen, Radikale, Bindungsverhältnisse usw. bedingen die spezifischen Eigenschaften, z. B. des Chinins, des Morphins usw.? Theoretisch war hier, wie bei den Farbstoffen, keine Auskunft möglich; nur der Versuch, das Probieren und der Zufall konnten auch hier die ersten Hinweise liefern.

Als 1871 A. W. Hofmann in einem Vortrag (über „Die organische Chemie und die Heilmittellehre", Berlin 1871) den Ärzten die Vorteile darlegte, die die Arzneimittellehre aus der Entfaltung der organischen Chemie gezogen hat, da war das chemische Arsenal solcher Heilmittel noch klein. Trotzdem sah sich der Pharmakolog R. Buchheim (1876) in einem programmatischen Aufsatz genötigt, von der chemischen Industrie zu sagen, daß „sie mancherlei Stoffe gewinne, für welche sich vorläufig kein Absatz finde, da läge denn der Gedanke nahe,

ob sich nicht die produzierten Stoffe als Arzneimittel verwerten ließen"?
R. Buchheim (1820—1879) hat durch die systematische Verwendung
des Tierexperiments die Wirkungsweise der chemischen Arzneimittel zu bestimmen gelehrt und dadurch der modernen experimentellen
Pharmakologie die Wege geebnet. Ein interessantes Beispiel stellt
die Salicylsäure dar. Kulturgeschichtlich erwähnenswert ist die
Angabe von Konr. von Megenberg (etwa um 1350), daß der Saft
aus den Blüten der Weide Salix „einen Menschen, der ohne Hitze
fiebert", gesund macht. Chemiegeschichtlich wertvoll ist die Isolierung
der Salicylsäure aus dem Glykosid Salicin (Piria, 1838) und aus
Spiraea ulmaria (Löwig, und Weidemann 1840). Dann folgt die
klassische Synthese der Salicylsäure [aus Phenolnatrium und Kohlensäure (H. Kolbe, 1874)], darauf die technische Darstellung nach
einem verbesserten synthetischen Verfahren (R. Schmitt, 1884;
Fabrik von Heyden), schließlich die Kombinierung mit dem giftigen
Phenol zum Salicylsäurephenylester („Salol", R. Seifert, 1888), der
als Antirheumatikum, Antiseptikum, bei Cholera usw. verordnet wird.
Für zahlreiche weitere Salicylsäurederivate (z. B. Acetylsalicylsäure =
Aspirin) ist nun der Weg gewiesen.

Es war dann Buchheims Schüler [1]) Osw. Schmiedeberg, der
Hauptbegründer der Pharmakologie, der aus dem Vergleich der Stoffe
mit betäubender und schlafmachender Wirkung den Schluß zog, daß
ihnen allen gemeinsam war der Gehalt an aliphatischen Kohlen-
wasserstoffgruppen: die narkotische Wirkung wurde daher an die
Anwesenheit bestimmter chemischer Gruppen gebunden (1885):
Paraldehyd, Amylenhydrat, Äthylurethan (mit der Amingruppe)
wurden von ihm geprüft und wirksam gefunden.

Daraus entstand in der Folgezeit die Anschauung (welche auch als
Leitmotiv für die Entdeckung neuer Heilmittel wirkte), daß es schlafmachende, antifebrile, haptophore, toxophore usw. Atomgruppen gibt [2]).

---

[1]) Kultur- und entwicklungsgeschichtlich bedeutungsvoll ist es, daß diese Begründung der Pharmakologie durch Buchheim und Schmiedeberg ihren Ausgang
in der ehemaligen Dorpater Universität bzw. von der physiologisch-chemischen Schule
von Carl Schmidt und H. F. Bidder nahm: Ihr entstammen auch der physiologische
Chemiker G. v. Bunge (1844—1920), die Chemiker Wilh. Ostwald (1853—1932),
G. Tammann (1861—1938) u. a. Das erste pharmakologische Laboratorium wurde
in Dorpat von R. Buchheim (1847) gegründet.

[2]) Odorophore, osmophore Gruppen: H. Rupe: B. 33, 3401 (1900); J. v. Braun:
B. 56, 2268 (1923); 57, 373 (1924). Dulcigene Gruppen: H. P. Kaufmann: B. 55,
1499 (1922); vor allem die für die Entwicklung der Farbstoffchemie so wertvolle Vorstellung der chromophoren Gruppen (vgl. Farben u. Farbstoffe). Es handelt sich hierbei
um ein Grundproblem der Erkenntnislehre; auch Stahls „Phlogiston" stellt den stofflichen Träger der Brennbarkeit dar, dessen Abwesenheit oder Eintritt die Eigenschaften eines Körpers gänzlich umwandeln kann, und — ein Jahrtausend weiter
zurück — vertritt die Idee des „philosophischen Steins" die Färbung und Umwandlung
der unedlen Metalle in edle durch das Hinzufügen des Trägers der gewünschten
Qualitäten.

Doch auch die chemischen Synthetiker regten sich zu jener Zeit. Hatte nicht Liebig wiederholt die künstliche Darstellung des Chinins als möglich und bald bevorstehend vorausgesagt? Durch Destillation des Chinins mit Kali hatte Ch. Gerhardt (1842) Chinolin erhalten, — ihrerseits hatten W. Koenigs (aus Allylanilin, 1879) und Zd. Skraup (aus Nitrobenzol usw., 1880) die Synthese des Chinolins geschaffen. Eine Zeit der „Chininschmerzen" bricht an, indem — gleichzeitig mit ihren Chinolinsynthesen — Skraup und Koenigs auch die Erforschung der chemischen Konstitution der Chinaalkaloide in Angriff nehmen, andererseits aber die Synthese „chininähnlicher Stoffe" aus Chinolinbasen durch Methylierung, Hydrierung usw. versucht wird. Otto Fischer hat 1883 ein „Orthooxyhydroäthylchinolin" dargestellt, dessen salzsaures Salz unter dem Namen „Kairin A" (Höchster Farbwerke) als Chininersatzmittel in den Handel kommt. Im selben Jahr meldet der 24jährige Ludw. Knorr in Erlangen ein Patent auf die Darstellung von Chinolinderivaten an, diese „sollen zur Darstellung von Farbstoffen und Medikamenten Verwendung finden", gleichzeitig [B. 16, 2597 (1883)] beschreibt er die Darstellung eines „Oxymethylchinizin" genannten Kondensationsproduktes von Phenylhydrazin mit Acetessigester, aus welchem beim Erhitzen mit Methyljodid das Dimethyloxychinizin entsteht [B. 17, 546 (1884)]. Auch hier wurde die pharmakologische Prüfung (von Filehne) vorgenommen und ergab sehr günstige Resultate; wiederum übernahmen die Höchster Farbwerke das neue Präparat, das wegen seiner ausgezeichneten fieberwidrigen Eigenschaften doch dem Chinin konstitutionsverwandt sein, also als eine technische Alkaloidsynthese angesprochen werden könne. [Vgl. auch die Biographie Knorrs: B. 60, 3 (1927).] Die Bezeichnung „Antipyrin" wurde von Knorr gewählt und das vermeintliche Dimethyloxychinizin = Antipyrin als Phenyl-dimethyl-pyrazolon erkannt.

Dieser ersten Zufallsentdeckung eines künstlichen Heilmittels, das chemisch unähnlich, doch medizinisch ähnlich wirkend dem Fiebermittel Chinin war, folgte 1887 in Straßburg eine andere, die — an Stelle des Naphthalins — versehentlich das Acetanilid (als „Antifebrin" nachher in Gebrauch) in den Kreis der therapeutischen Untersuchung brachte. Man erkannte, daß man durch Einführung bestimmter chemischer Gruppen einem giftigen Stoff (Anilin) antipyretische Eigenschaften verleihen kann. Wenn aber im (alkalischen) Darmsaft durch Spaltung wieder Anilin frei wird, müssen dann nicht schädliche Nebenwirkungen eintreten? Der nächste gedankliche Kurzschluß folgt sogleich: 1. Man muß die Grundsubstanz Anilin durch etwas anderes, aber Ähnliches, ersetzen, z. B. durch Äthoxyanilin $C_2H_5O \cdot C_6H_4 \cdot NH_2$, und dieses acetylieren, — ein neues Fiebermittel mit modifizierten physiologischen Wirkungen, muß dann resultieren, und

2. man kann dazu das als lästiges Nebenprodukt abfallende p-Nitrophenol $p\text{-}NO_2 \cdot C_6H_4 \cdot OH$ verwenden. Es ist C. Duisberg, der diese Überlegungen bzw. Anregungen seinem Mitarbeiter O. Hinsberg mitteilt, und als Ergebnis ist (1888) die Erfindung des Phenacetins (= $p\text{-}C_2H_5O \cdot C_6H_4 \cdot NH \cdot COCH_3$). Dieses noch jetzt im Gebrauch befindliche Antipyreticum „wurde der Ausgangspunkt für die von den Farbenfabriken dann so erfolgreich gepflegte Synthese pharmazeutischer Stoffe" (A. Stock). Hatte so der Zufall zur Entdeckung der eigenartigen antipyretischen Wirkung der Acetylgruppe geführt, so war es ein anderer Zufall, der E. Baumann 1886 die Disulfone $\begin{matrix} R \\ R \end{matrix} \!\!>\!\! C \!\!<\!\! \begin{matrix} SO_2 \cdot C_2H_5 \\ SO_2 \cdot C_2H_5 \end{matrix}$ darstellen und damit zur Entdeckung der hypnotischen Wirkung (durch Kast, 1888) des „Sulfonals" gelangen ließ [B. **19**, 2808 (1886)]; die verstärkende Wirkung der Äthylgruppen führte weiterhin zu Trional und Tetronal. Im Jahre 1860 hatte Niemann im Wöhlerschen Laboratorium das Cocain rein dargestellt, und Wöhler berichtete: Das Cocain „übt auf die Zungennerven die eigentümliche Wirkung aus, daß die Berührungsstelle vorübergehend wie betäubt, fast gefühllos wird". Nach einem Vierteljahrhundert erfolgt durch den Wiener Augenarzt Koller (1884) die Wiederentdeckung des Cocains als lokales Anästhetikum. Unter der Annahme bestimmter Atomgruppierungen, welche die anästhesierende Wirkung hervorrufen, werden wiederum künstliche Anästhetika erzeugt: Eucain (Schering, 1895).

Daß die schlafmachende und nervenberuhigende Wirkung des Sulfonals auch durch ganz anders geartete chemische Gruppen erreicht oder sogar übertroffen wird, bewies die Entdeckung des Veronals von Emil Fischer und J. v. Mering (1903). Nach Mering sollten Harnstoff und Äthylgruppen in geeigneter chemischer Kombination schlafmachend wirken (vgl. oben Schmiedeberg): es resultierte die Diäthylbarbitursäure (= Veronal) $(C_2H_5)_2C\!\!<\!\!\begin{matrix} CO \cdot NH \\ CO \cdot NH \end{matrix}\!\!>\!\!CO$ [s. auch E. Fischer und A. Dilthey: A. **335**, 334 (1904)] bzw. deren Na-Salz „Medinal", denen das „Luminal" (Phenyl-äthyl-barbitursäure) folgte. Chemische Forschung, klinische Untersuchung und technische Synthese arbeiteten zusammen und schufen eine große Industrie künstlicher Heilmittel. Die Bedeutung derselben für Volkswohl und Volkswirtschaft kann vielleicht auch daraus ermessen werden, daß z. B. bis zum Jahre 1912 über 5000 chemische Präparate als Heilmittel angeboten wurden. Eine Richtungsänderung in der Synthese derselben war inzwischen durch die Organtherapie, insbesondere durch die Chemotherapie, jüngst durch die Vitamin- und Hormonforschung eingeleitet worden.

Die anfangs gehegte Ansicht von dem ausschlaggebenden Einfluß bestimmter chemischer Gruppen auf bestimmte Arzneiwirkungen bzw. von der Möglichkeit der Aufstellung von Gesetzmäßigkeiten zwischen chemischer Konstitution und physiologischer Wirkung hat sich nicht oder nur in engeren Gebieten bestätigen lassen. Schon P. Ehrlich mußte 1907 resigniert sagen: „Wer Chemotherapie treiben will, der wird sich klar zu machen haben, daß die Auffindung irgendeiner Substanz, die gegen eine gewisse Infektion eine Wirkung ausübt, immer Sache des Zufalls sein wird." Und als nach zwei Jahrzehnten ein Vertreter der experimentellen Pharmakologie, H. H. Meyer, die Beziehungen derselben zur chemischen Wissenschaft klarlegte (1927), kam er zu dem Ergebnis, „daß die primären pharmakologischen Wirkungen solcher Stoffe (d. h. Arzneimittel) sich in der Regel nicht sowohl additiv aus den, ihren verschiedenen Atomgruppen [1]) mit mehr oder weniger Begründung zugeschriebenen Einzelwirkungen zusammensetzen, als vielmehr durch den einheitlichen Gesamtcharakter des Stoffes, d. h. konstitutiv bestimmt werden. Diese Annahme stützt sich auf die Erfahrung, „daß die unmittelbaren molekularen Wirkungen der Pharmaka am Lebenden überhaupt nicht eigentlich chemisch, sondern physikalisch, und daß ihre besonderen Wahlverwandtschaften zu bestimmten Körperzellen oder Zellbestandteilen wesentlich physikalisch bedingt sind" [H. H. Meyer: Vortrag. B. 60, 26 (1927)].

Das Jahrzehnt 1880—1890 hat eine grundlegende Bedeutung für die chemische Synthese gehabt. Die soeben mitgeteilten Beispiele haben bereits ein Ineinandergreifen von synthetischer Chemie und Medizin dargetan. Der Problemkomplex „organische Synthese und Biologie" trat nicht unvermittelt auf, sondern war vielseitig durch Forschungen von Medizinern, Bakteriologen und Physiologen in die Ebene der wissenschaftlichen Gemeinschaftsarbeit vorgeschoben worden. Die künstlichen Farbstoffe hatte ein Rob. Koch seit 1882 zur Färbung zwecks Erkennung und Nachweises von Krankheitserregern angewandt. Gleichzeitig waren Physiologen erfolgreich tätig gewesen in der chemischen Erforschung bzw. Isolierung chemischer Individuen in Tier- und Pflanzenstoffen. Fel. Hoppe-Seyler (1825—1895) hatte das Studium des Blutfarbstoffs in Angriff genommen (1864, 1870 u. f.), ihm folgte seit 1884 Marc. Nencki (1847—1901); das Chlorophyll untersuchten Hoppe-Seyler sowie A. Gautier (1879), A. Tschirch (1884), E. Schunck sowie A. Arnauld (seit 1885). Andere Gebiete erschlossen nun A. Kossel (Nucleine, 1881 u. f.), W. Kühne („Enzyme", 1878; Albumosen und Peptone aus Eiweißkörpern durch Pepsin, 1884), ferner E. Schulze (Aminosäuren durch Hydrolyse der

---

[1]) Vgl. dazu die Einschränkung bei J. v. Braun: B. 55, 1670 (1922).

Eiweißkörper, 1881 u. f.). Und noch eine andere Erscheinung verdient hervorgehoben zu werden: man untersuchte auch die menschlichen Ausscheidungen (Harn und Kot). So entdeckte Ludw. Brieger (1849—1919) in den Exkrementen das Skatol (1877), in den Fäulnisprodukten tierischer Organe die Ptomaine Putrescin und Cadaverin [B. **16**, 1188, 1405 (1883)]. Im Harn hatte O. Schmiedeberg (1879) die Glycuronsäure und Camphoglycuronsäure entdeckt, E. Baumann (1846—1896) hatte schon 1876 Aetherschwefelsäure, mit L. Brieger 1879 Indoxylschwefelsäure isoliert, L. Brieger fand (1880) flüchtige Phenole, und O. Minkowski entdeckte (1884) im Diabetikerharn eine linksdrehende β-Oxybuttersäure. Man hatte damit gleichsam den Eingang zu einem verlassenen alten Stollen wiedergefunden. Im 17. Jahrhundert, als man noch den Harn als Heilmittel gebrauchte, schrieb der Chemiker Lefebure (1660): „Obgleich der Urin ein Exkrement ist, das man täglich auswirft, so ist in ihm doch ein Stoff enthalten, der ganz geheimnisvoll ist und Tugenden enthält, die wenigen Personen bekannt sind." Und im 20. Jahrhundert wurde dasselbe Exkrement als Quelle von Stoffen mit ganz „geheimnisvollen Tugenden" (Hormonen u. a.) wiederentdeckt!

In die Zeit um 1880 fiel auch die Aufstellung der Theorie von J. H. van't Hoff über „die Lagerung der Atome im Raume" (die deutsche Bearbeitung erschien 1877), die in dem optischen Drehungsvermögen gerade der zahlreichen Naturstoffe des Tier- und Pflanzenreiches eine charakteristische physikalische Konstante und mit ihr neue Momente für die Konstitutionsfrage lieferte. Gleichzeitig konnte (1883) A. Baeyer als Ergebnis seiner Untersuchung des natürlichen Farbstoffs Indigo mitteilen, daß „jetzt der Platz eines jeden Atoms im Molekül auf experimentellem Wege festgestellt" sei.

Aus dieser eigenartigen, durch biologische und chemische Entdeckungen hochgespannten Atmosphäre heraus beginnen nun, wenn auch noch vereinzelt, die organischen Chemiker, sich der Konstitutionsforschung und Synthese von organischen Naturstoffen in zielgerichteter Weise zu widmen. Es sind zu nennen die Alkaloide (voran das Chinin und Cinchonin: Zd. Skraup, seit 1878; Wilh. Koenigs, seit 1879; dann folgt A. Ladenburg: Atropin, 1883; Coniin-Synthese, 1886); die Cellulose (Cross und Bevan, seit 1879/80); Zuckerarten (H. Kiliani, seit 1881) und Stärke (Brown und Heron, seit 1885); insbesondere die Terpene und Campher (O. Wallach, seit 1884). Unter den Forschern nimmt durch die Vielseitigkeit der Probleme und die vorbildliche Bearbeitung derselben Emil Fischer eine Sonderstellung ein: die Untersuchungen in der Puringruppe (seit 1882) und Untersuchungen über Kohlenhydrate und Fermente (seit 1884) machten ihn zum großen Pionier in der biochemischen Forschung — Untersuchungen über Aminosäuren, Polypeptide und

Proteine (seit 1899) sowie über Depside und Gerbstoffe (seit 1908) erweiterten das Forschungsprogramm E. Fischers.

Und so wandelte sich gegen Ende des verflossenen Jahrhunderts die Zielsetzung der organischen Chemie, indem sie sich zur Biochemie erweiterte und den Weg zu den organischen Naturstoffen als den einstigen Ausgangsstoffen zurückfand.

Im Jahre 1900 gab J. H. van't Hoff eine Schilderung von der „Entwicklung der exakten Naturwissenschaften im 19. Jahrhundert"; dabei sagte er: „Die künstliche Darstellung, die Synthese, erscheint im Stande auch die subtilste Verbindung darzustellen. Zweimal schien sie auf diesem Wege halt machen zu müssen, einmal vor der Grenze, welche organische, sagen wir im Organismus hergestellte Verbindungen von anorganischen trennt; durch Wöhlers Synthese des Harnstoffs fiel in der officiellen Meinung diese Einschränkung fort. Dann aber war es kein geringerer als Pasteur, der die Herstellung von optisch aktiven Körpern für das Leben in Anspruch nahm, aber wir kennen seitdem bis in Einzelheiten den Weg, der auch zur Lösung dieser Aufgabe führt, und der Chemiker ist überzeugt, daß er gehen wird bis an die Zelle, die als organisierte Substanz dem Biologen zufällt." Nachdem er die verschiedenen synthetischen Großtaten genannt hatte, schloß er: „ . . . nur die Eiweißkörper und die Enzyme stehen noch aus. Das sind aber eben gerade die speziellen Handwerkszeuge des Lebens". Auch Emil Fischer vermeinte (1902) beim Rückblick auf die eigenen Zuckersynthesen, daß „das chemische Rätsel des Lebens nicht gelöst werden (wird), bevor nicht die organische Chemie ein anderes, noch schwierigeres Kapitel, die Eiweißstoffe, in gleicher Art wie die Kohlenhydrate bewältigt hat".

Als eine Art Erweiterung dieses Programms könnte man vielleicht dasjenige des Physiologen A. Kossel bezeichnen, der 1906 schrieb: „ . . . es ergibt sich mit Wahrscheinlichkeit, daß jeder Art von Gewebszellen, z. B. den roten Blutkörperchen, den Zellen der Leber, der Speicheldrüsen, im ruhenden Zustand eine ganz bestimmte chemische Zusammensetzung zukommt. Freilich ist es bisher nur in einzelnen besonderen Fällen möglich gewesen, diese Gesetzmäßigkeit klarzulegen und die eigenartige chemische Zusammensetzung eines tierischen Gewebes, wie die eines Gesteins festzulegen . . . Ich habe mich bemüht, zu zeigen, daß die Biochemie zu Auffassungen und Betrachtungen kommen muß, welche den anatomischen analog sind, und ich glaube, daß die Darlegung dieser Bestrebungen die Bezeichnung ‚deskriptive Biochemie' rechtfertigt" („Probleme der Biochemie", 1906). In seiner Faraday-Lecture „Organische Synthese und Biologie" (1907/08) nimmt auch Emil Fischer Stellung zu der Biochemie: „Gewiß wird die organische Chemie niemals zur bloßen Dienerin der Biologie werden . . . Aber daß ihr Verhältnis zur Biologie sich wieder ebenso innig gestalten wird, wie es zu Zeiten von Liebig und Dumas gewesen ist, halte ich für wahrscheinlich und sogar für wünschenswert, denn nur durch gemeinsame Arbeit ist die Aufklärung der großen chemischen Geheimnisse des Lebens möglich."

Wie hat sich diese so vielfach herbeigewünschte Gemeinschaftsarbeit in Wirklichkeit gestaltet ?

Wir wollen beispielshalber die wissenschaftliche Forschungsarbeit der amerikanischen Chemiker näher betrachten. Seit 1908 hat die Amer. Chem. Soc. eine besondere Sektion für physikalische und anorganische Chemie, seit 1909 eine solche für organische und seit 1913 eine für biologische Chemie. Das wissenschaftliche Organ der Gesellschaft (The Journal of the Amer. Chem. Soc.) enthielt im Jahre 1925 3100 Textseiten, und die wissenschaftlichen Forschungen behandelten mit rund 50 % des Umfangs die „allgemeine, physikalische und anorganische Chemie", während die anderen 50 % des Textes von der „organischen und biologischen Chemie" ausgefüllt wurden. Beide großen Forschungsgruppen sind also mit gleichen Beträgen an dem Fortschritt der Chemie in Amerika beteiligt. Die biologische Chemie erfreut sich dabei einer weitgehenden Beachtung in den Hochschulen und Forschungsinstituten, sie weist hervorragende Vertreter auf (z. B. J. J. Abel, Adams, Carrel, Dakin, Heidelberger und Jacobs, E. C. Kendall, P. Levene u. a.).

Die Entwicklung in Deutschland scheint auf einer anderen Linie sich bewegt zu haben. Fast möchte man mit Bedauern feststellen, daß so wenige Chemiker Biologen, oder auch — daß so wenige Biologen Chemiker sind. Doch noch ein anderer Umstand dürfte die wissenschaftliche Synthese von Chemie und Biologie hemmend beeinflußt haben. Ein Urteil aus jüngster Zeit von maßgebender (medizinischer bzw. physiologisch-chemischer) Seite sei hierhergesetzt:

„Die natürliche organische Chemie ist die Biochemie, die Chemie der Lebensvorgänge . . ." „Die Biochemie . . . ist in Deutschland, verglichen mit anderen Ländern, bis heute recht stiefmütterlich behandelt. Sie hat ihren Ausgang von physiologischen und medizinischen Problemen genommen, aber in den medizinischen Fakultäten bis heute nur eine bescheidene Stätte gefunden: 23 deutsche Universitäten besitzen ganze 4 Ordinariate, während es von anorganischen, organischen, physikalisch-chemischen usw. Abteilungen jeweils mehr als das 10fache an vollwertigen Arbeitsstätten gibt" [F. Knoop: Z. angew. Chem. 49, 558 (1936)].

Und aus seinem Werdegang leitet ein Organiker, der aus eigener Kraft sich zum führenden Biochemiker durchrang, das folgende Mahnwort ab: „ . . . ich habe lange darunter gelitten, daß man in Deutschland nicht Biochemie studieren kann, sondern sich selbst zusammensuchen muß, was man als Rüstzeug für die Arbeit in diesem Wissenszweig benötigt. Heute bin ich noch mehr davon überzeugt, daß in der Organisation eines Studiums der Biochemie eine große Aufgabe an Deutschlands Hochschulwesen liegt" [A. Butenandt: Chem.-Zeitung **61**, 16 (1937)].

Wenn wir unter Biologie etwa den Haushalt der Lebewesen (Organismen) verstehen und die Funktionen der Organe an ihre Formen gebunden sein lassen, so kann man nicht umhin, die Funktionen und Formen auch mit den stofflichen Bestandteilen der betreffenden Organe zu verbinden. Die stoffliche Struktur muß ja der Leistung des Organs entsprechen. Bei der chemischen Erforschung der organischen Naturstoffe sollte man dann auch die morphologischen und biologischen Gegebenheiten derselben mitberücksichtigen. Daß chemisch definierte Stoffe wesentlich für Zellstreckung und Zellteilung sind, haben ja die Entdeckungen der Auxine (Phytohormone) u. ä. bewiesen [s. auch K. Noack: Z. angew. Chem. **49**, 510 (1936)].

Die erste unserer drei grundsätzlichen Fragen über die Synthese organischer Naturstoffe ist demnach durch die obigen Ausführungen und die inzwischen bewerkstelligten Synthesen bejaht worden; man denke z. B. an die künstliche Darstellung von Kohlenhydraten, Terpenen und Camphern, Alkaloiden, Pflanzenfarbstoffen und Blutfarbstoff, Vitaminen, Hormonen, Kautschuk usw. Man hat die Synthese bis zur lebenden Zelle vorgeschoben und — mit Goethe und E. Fischer — „die organisch-chemische Operation des Lebens" oder „die großen chemischen Geheimnisse des Lebens" als Ziel der Aufklärungsarbeit durch die Biochemie hingestellt. Es bedarf dann noch der Klärung die Frage: Woraus sollen die Naturstoffe künstlich erzeugt werden? Und drittens: Wie soll diese Synthese bewerkstelligt werden? Als Friedr. Wöhler 1828 seine Harnstoffsynthese Berzelius meldete, schrieb er, daß sie „ein Beispiel von der künstlichen Erzeugung eines organischen, und zwar sog. animalischen Stoffes aus unorganischen Stoffen darbietet". In diesem Urtypus sind neben dem „Was" auch das „Woraus" und das „Wie" vorgezeichnet: der organisch-animalische Stoff ist aus einfachen anorganischen Komponenten (Ammoniak und Cyansäure), und zwar durch gelinde Erwärmung in wässeriger Lösung künstlich erzeugt worden.

Die allgemeine große Aufgabe war gegeben: „Die künstliche Bildung der in der Natur sich findenden Stoffe kann man als das Ziel ansehen, nach welchem die organische Chemie strebt." So schrieb 1854 A. Strecker, welcher die Synthese des Taurins aus Ammoniak, Äthylen und Schwefelsäure verwirklichte. Für die historische Weiterentwicklung der organischen Synthese ist es wichtig, auf die Worte „der in der Natur sich findenden Stoffe" zu achten: Die Synthese blieb in einer Bindung mit der Natur, indem sie die in der Natur vorgebildeten Stoffe künstlich — ohne

Lebenskraft — nachzubilden bestrebt war. Das bedeutsame „Woraus"
und „Wie" tritt uns besonders klar in den Worten Friedr. Mohrs
entgegen: „Es handelt sich nicht darum, Stärke, Zucker, Chinin aus
organischen oder unorganischen Stoffen herzustellen, sondern den
Weg zu finden, auf welchem die Natur diese Stoffe aus
Kohlensäure, Wasser und Ammoniak bildet. Diesen Weg
werden wir aber gewiß nicht finden, wenn wir mit Kalium, Kalihydrat, Schwefelsäure, glühendem Kupfer, Temperaturen von 250⁰
arbeiten" (1868). Mohr verkennt nicht den Nützlichkeitswert der
auf solchen heroischen Wegen erzwungenen Synthesen, indem er
sagt: „Eine Bereitungsart von Chinin aus Sägespänen und Leder
würde für die Medizin und die kranke Menschheit von hoher Wichtig-
keit sein, in der organischen Chemie aber nur eine einzelne Tatsache
bleiben."

Es war C. F. Schönbein, welcher (1863) über die Arbeitsweise
bei der Erforschung des Organischen sich folgendermaßen äußerte:

„Die Ergebnisse der Versuche, welche wir mit organischen Stoffen
in unsern Laboratorien anstellen, können wohl auf die chemischen
Vorgänge, wie sie im lebenden Organismus stattfinden, bisweilen
einiges Licht werfen; indessen will es mir doch scheinen, als ob in der
Regel die Art und Weise, wie der Chemiker mit diesen Materien umgeht,
im Vergleich zu den Umständen, unter welchen in Pflanzen und Tieren
die Stoffbildungen und Wandlungen zustande kommen,·so gewaltsam
sei, daß bis jetzt nur in wenigen Fällen vom Chemismus des Laboratoriums auf denjenigen der lebendigen Natur geschlossen werden
könnte und man leider von dem Erfolg unserer mühevollsten Arbeiten
dieser Art mit dem Dichter nur zu oft sagen muß: „Zum Teufel ist
der Spiritus, das Phlegma nur geblieben!" (Sitzungsber. königl. bayr.
Acad. d. Wiss. 1863 II, 168).

Etwa zwei Jahrzehnte später umreißt L. Barth v. Barthenau
„die nächsten Aufgaben der chemischen Forschung". „Durch die
Ausbildung der chemischen Synthese ist die organische Chemie ein
stolzer Bau geworden ... Was wir, von einer Hypothese ausgehend,
gedacht, kombiniert, versucht und endlich zustande gebracht haben,
bleibt in Ewigkeit eine Errungenschaft, die durch nichts mehr aufgehoben wird ... Aber gerade unsere beste Errungenschaft nöthigt zu
ernster Überlegung. Wir haben die Synthese so vieler Körper begonnen
und durchgeführt — auf unsere Weise ... Es wird eine unserer
wichtigsten Aufgaben sein, die Wege der Pflanze genauer zu verfolgen,
zu versuchen, uns mehr ihre synthetischen Methoden zu eigen
zu machen ... Schwierig freilich sind diese Probleme, ja ohne ander-
weitige Hilfe kaum je zu lösen" (Wien, 1880).

Inzwischen ist die technische Synthese mit Hilfe ihrer drastischen
Methoden und Mittel zu einer ansehnlichen Zahl von organischen

Naturstoffen aus den einfachsten anorganischen Stoffen vorgedrungen, z. B. aus Kalk und Kohle über Acetylen zu Aldehyden, Alkoholen, Säuren, Estern bzw. von Acetylen über Butadien bis zum Buna-Kautschuk (1936), oder von Kohle, oder Kohlenoxyd oder Kohlendioxyd durch Hydrierung zu Naturkohlenwasserstoffen usw. Es erwies sich, daß C. F. Schönbein richtig vorausahnte, als er (1862) an J. v. Liebig schrieb, daß auch „der Stickstoff nicht der tote Hund ist, für welchen man ihn so lange gehalten"; man denke nur an Calciumcyanamid, an die katalytische Blausäurebildung usw., ganz zu schweigen von der Großsynthese des Ammoniaks. Damit hat die Technik den Weg betreten, den die Natur wählt, indem nunmehr beide die einfachsten anorganischen Stoffe — Wasser, Kohlendioxyd, Stickstoff, Sauerstoff, Mineralstoffe — zu den Stofflieferanten für ihre Synthese bestimmt haben.

Doch immer noch unterscheiden sich die Arbeitsmethoden der Chemie von denen der Natur. Die Chemie mit den hohen Temperaturen, Drucken, Konzentrationen usw. geht gewaltsam vor, um in kurzer Zeit große Leistungen zu erzwingen: die Natur dagegen arbeitet unter gewöhnlichen Bedingungen und führt ihre Synthesen im stillen, unauffälligen und stetigen Kleinbetrieb der lebenden Zellen aus, sie bevorzugt die „ruhigen Wirkungen. die denn doch der Natur am allergemäßesten sind" (Goethe), und indem sie mikrochemisch arbeitet, schafft sie durch Summationsleistung ebenfalls eine Makrostoffwelt.

Die Überbrückung dieses Unterschieds wird immer wieder gefordert. „Überall ist die Beihilfe der Synthese notwendig, um volle Klarheit über die Struktur und die Metamorphosen zu gewinnen. Die Mittel, deren sie sich bedient, sind allerdings verschieden von den Agentien, die in der Lebewelt zur Anwendung kommen. Aber in neuerer Zeit tritt doch auch bei den Synthetikern die Neigung hervor, die Verwandlungen der Kohlenstoffverbindungen durch sog. milde Reaktionen und unter Bedingungen herbeizuführen, die den Verhältnissen im Organismus vergleichbar sind. Es genügt, auf die Ausbildung mancher katalytischer Prozesse oder an die von G. Ciamician[1]) unternommenen umfangreichen Studien über die Wirkung des Lichtes auf organische Stoffe hinzuweisen" (E. Fischer: Organische Synthese und Biologie. 1908).

Es handelt sich ja nicht allein um eine gefühlsmäßige und gedankliche Umstellung, sondern vielmehr um die Ausbildung einer neuen experimentellen Chemie, die in den Vorgängen der lebenden Natur ihr Vorbild hat. Noch unlängst formulierte ein Meister der synthetischen Forschung diese unerläßliche Umorientierung der bio-

---

[1]) Vgl. G. Ciamician: Die Photochemie der Zukunft. Stuttgart 1913. — Ciamician u. P. Silber: Chemische Lichtwirkungen. B. 33—47 (1900—1915).

chemischen Synthese: „Zu derselben Zeit, wo die technische Chemie ihre Resultate erreicht durch die Anwendung von meist drastischen Methoden, durch enorme Drucke bis zu Hunderten von Atmosphären und durch hohe Temperaturen, muß die organische und physiologische Chemie sich immer mehr den meistenteils verfeinerten und milden Methoden zuwenden. **Die komplexen Probleme der Physiologie erfordern für das Hervorbringen chemischer Reaktionen die zartesten Mittel, welche den Bedingungen im lebenden Organismus entsprechen**" (R. Willstätter: Problems and Methods in Enzyme Research. 1927). Es ist nun in jüngster Zeit und in zielgerichteter Arbeitsweise diese Synthese unter zellmöglichen oder „physiologischen Bedingungen" erheblich gefördert worden, z. B. durch R. Robinson, insbesondere durch Cl. Schöpf [vgl. Z. angew. Chem. **50**, 779 u. 797 (1937)].

Dies ist wohl das nächste große Ziel der **wissenschaftlichen** Synthese organischer Naturstoffe: neben das bisher erreichte **technische Können** der Synthese muß das erreichbare **theoretische und experimentelle Kennen der natürlichen Synthese** treten. Erst dann wird das große Problem der künstlichen Darstellung organischer Naturstoffe grundsätzlich und erkenntnistheoretisch bejaht' werden können, und erst dann wird die Chemie beginnen, die Vorgänge im lebenden Organismus den Bedingungen derselben entsprechend zu lenken und zum Wohl des Menschen zu gestalten.

Zweiter Abschnitt.
Physikalische Chemie und organische Chemie.
Erstes Kapitel.
Molekulargewicht.

> „Bis in unsere Tage hat der weitere Ausbau der Molekularhypothese so ungemein häufig unerwartet reiche Früchte positiver Bereicherung unseres Wissens getragen."
> W. Nernst, Theoretische Chemie (1893—1926).

Fr. Mohr schrieb (1868) das vielsagende Wort: „Es ist am Ende leichter, ein Molekül zu machen als es zu begreifen."

Zu den Hauptpfeilern der organischen Chemie gehören der **Molekularbegriff** und **die Valenzlehre**. Die Kenntnis der Molekulargröße ist die Grundbedingung für das chemische Symbol, die chemische Formel, die als Ausdruck für die Natur und Zahl der das betreffende Molekül zusammensetzenden Elementaratome dient. Mit Hilfe der Valenzlehre dringen wir in die gegenseitigen Bindungs- und Zuordnungsverhältnisse der Atome in dem Molekül ein und versuchen die Konstitution desselben zu entschleiern. Die chemische

Konstitution vermittelt den Einblick in das chemische Verhalten der gegebenen Molekülgattung und weist den Weg zur chemischen Synthese dieser sowie neuer Abkömmlinge derselben.

Die von Avogadro (1811) und Ampère (1814) geschaffene Molekulartheorie hat in ihrer Auswirkung sich als „ein fast unerschöpfliches Füllhorn" erwiesen (W. Nernst).

Aus der Schar der Definitionen des Begriffes „Molekül" heben wir einige hervor. Im Jahre 1835 nimmt Ampère Bezug auf die früher gemachte Unterscheidung zwischen Partikeln, Molekülen und Atomen und sagt: „Moleküle nenne ich eine Gruppe von Atomen, welche unter sich entfernt gehalten werden durch attraktive und repulsive Kräfte eines jeden einzelnen Atoms . . . Aus dieser Definition von Molekülen und Atomen folgt, daß das Molekül starr ist, der Körper, welchem es angehört, mag übrigens fest, flüssig oder gasförmig sein, und daß die Moleküle eine polyedrische Gestalt haben, in welcher ihre Atome, oder doch gewisse ihrer Atome, die Ecken einnehmen" [A. ch. ph. 58, 432 (1835)]. Wie in dieser Definition, so tritt auch in der folgenden, die Ch. Gerhardt (1848) gibt, das sterische Moment in den Vordergrund:

„Wir betrachten jeden Körper, ob einfach oder zusammengesetzt, als ein Gebäude, als ein alleiniges System, das gebildet ist, durch Vereinigung — nach bestimmter, jedoch unbekannter Ordnung — von unendlich kleinen und unteilbaren Partikeln, die Atome genannt werden. Dieses System heißt das Molekül eines Körpers" (Introduction à l'étude de la chimie. Paris 1848, S. 55).

Wie erfährt man nun die Größe dieses Systems „Molekül"? Wohl hatte A. Kekulé in seinem Lehrbuch der organischen Chemie ausgeführt, daß „die chemischen Moleküle identisch sind mit den physikalischen Gasmolekülen" (1859), und es hatte schon Avogadro (1811) gelehrt, daß in gleichen Volumina aller Gase unter gleichen Temperatur- und Druckverhältnissen die gleiche Anzahl von Molekülen vorhanden sei. Wohl fand jene denkwürdige Versammlung in Karlsruhe 1860 statt; Stan. Cannizzaro trat durch Wort und Schrift für die Avogadrosche Lehre ein und zeigte, wie aus den bestimmbaren Gasdichten der Stoffe unter Zugrundelegung einer Bezugseinheit (etwa Wasserstoff mit dem Molekulargewicht $= 2$) die gesuchten Molekulargewichte gefunden werden können. Der Begriff „Molekulargewicht" tritt uns hier klar entgegen. Doch dieser erste internationale Chemikerkongreß hatte keinen greifbaren Erfolg. Man lese etwa die historischen Dokumente über die Tagung, z. B. in dem Werk von R. Anschütz, August Kekulé, 2 Bde, 1929, oder die Monographie von A. Stock, der internationale Chemikerkongreß Karlsruhe, 3.—5. September 1860. Verlag Chemie 1933. Ungeachtet dessen hatte der Kongreß Einzelerfolge. Es sei nur auf das „Lehrbuch der physikalischen und theoretischen Chemie" von Buff, Kopp und Zamminer verwiesen (1862); in dem von H. Kopp bearbeiteten 2. Band (Theoretische Chemie) wird ein Schlußkapitel (S. 352—378) gebracht, „Neuere Ansichten über Molekulargewicht, Atomgewicht und Äquivalentgewicht". Mit allem Vorbehalt heißt es: „Sofern die Molekulargewichte die relativen kleinsten Mengen der Körper sind, welche im freien Zustande existieren können, müssen sie auch die kleinsten Mengen der Körper angeben, welche an chemischen Vorgängen ... Anteil nehmen können." Er spricht vom Essigsäure-„Molecul", von „Molecularformeln" usw. Dann hat ja Loth. Meyer durch sein Werk „Die modernen Theorien der Chemie" (zuerst 1864 erschienen) für die Klärung und Verbreitung der Molekulartheorie (gerade unter den deutschen Chemikern) nachhaltig gewirkt.

Der geistige Zustand in der chemischen Welt während des auf den Kongreß folgenden Jahrzehnts sei durch einige Tatsachen veranschaulicht. Noch 1868 bemängelt Friedr. Mohr in Bonn die beiden Begriffe Atom und Molekül, das letztere bezeichnet er als ein „imaginäres Gebilde" ... „Es ist am Ende leichter ein Molekül zu machen als zu begreifen" (Mechanische Theorie der chemischen Affinität, S. 145, 347. Braunschweig 1868). Noch 1869 mußte Prof. Williamson in der Londoner „Chemical Society" vor den führenden Chemikern Englands die Atom- und Molekulartheorie verteidigen — Brodie, Frankland, Odling traten gegen dieselben auf [vgl. B. 2, 315, 616 (1869)].

Noch 1877 bekämpfte ein Meister der Chemie, M. Berthelot [C. r. 84, 1189 (1877)] den Vertreter der Atomtheorie, A. Wurtz, und fragte: „Wer hat jemals ein Gasmolekül oder ein Atom gesehen? Der Begriff des Moleküls ist — vom Standpunkt unserer positiven Kenntnisse — unbestimmt, während gleichzeitig der andere Begriff — das Atom — rein hypothetisch ist."

Während die einen die Atome und Moleküle verneinen und — etwa wie Fr. Mohr — wohlmeinend raten: „Wir müssen uns des Begriffs „Lagerung der Atome" vollkommen entschlagen, wenn wir nicht ins Ungereimte fallen wollen" (zit. S. 286. 1868), erwägen zur selben Zeit die anderen die Anwendungsmöglichkeiten und -notwendigkeiten dieser „Lagerung der Atome". So entwirft H. Limpricht [B. 2, 211 (1869)] ein Tetraedermodell für den hypothetischen Ring $(CH)_4$. So namentlich 1869 auf der 43. Versammlung deutscher Naturforscher in Innsbruck, als J. Wislicenus seinen Vortrag über die optisch aktive Fleischmilchsäure mit dem Ausblick beschließt: „Derlei feinere Isomerien würden sich wohl durch räumliche Vorstellung über die Gruppierung der Atome, also durch „Modellformeln deuten lassen" [B. 2, 551, 620 (1869)], oder als A. Kekulé über die „Constitution der Salze" spricht und die Frage erörtert, „ob in den Molekülen mehrbasischer Säuren die verschiedenen Wasser-

stoffatome an benachbarten Orten befindlich, also ein und demselben
Atom eines mehrwertigen Metalls auch zugänglich seien?" Er
gelangt zu dem Schluß, daß bei ,,möglichst symmetrischer Stellung
im Raum" in zweibasischen Säuren die beiden Wasserstoffatome
polar, für dreibasische in triangulärer Stellung, für vierbasische
in tetraedrischer Stellung gelagert seien; aus dieser räumlichen
Vorstellung leitet dann Kekulé eine Reihe von Schlußfolgerungen
über die Zusammensetzung der Salze und ,,Form der Moleküle" ab
[B. 2, 652 (1869)]. Die kommende ,,Stereochemie" wirft also ihre
Schatten voraus! Was gedankenmöglich, mit der Erfahrung vereinbar
und für eine chemisch-anschauliche Darstellung dienlich war, errang
sich trotz allem seine Stellung in der Chemie.

Als durch J. H. van't Hoff und Le Bel 1874 die ,,Lagerung der
Atome im Raume" zu einem System geformt wurde und seit 1877 die
Raumchemie immer mehr Anhänger gewann, wurde der Molekül-
begriff immer wichtiger und die Konstitutionsfragen traten immer
dringender an die chemische Forschung heran. Die Kenntnis der
Molekulargröße für optische und razemische, sowie cis- und trans-
Isomerien wird eine vordringliche Forderung. Neue Probleme folgten:
die Tautomerieerscheinungen (seit 1886), die Dissoziation in freie
Radikale (seit 1900), dann die Polymerie, insbesondere das Kautschukproblem (Harries, 1905) und die Hochpolymeren (H. Staudinger,
1926), — sie alle waren ursächlich mit der Frage nach der Molekulargröße verknüpft.

Klassische Methoden der Molekulargewichtsbestimmung.

Im Jahre 1868 entdeckt A. W. Hofmann die Synthese der ,,Senf-
öle" [B. 1, 25, 169 (1868)], er wählt diese Bezeichnung für die neuen
Verbindungen ,,ihrer Analogie mit dem ätherischen Öle des schwarzen
Senfes halber". (Vor etwa zwei Jahrhunderten hatte das letztere der
französische Apotheker N. le Febure [in seinem Traité de la chymie,
Paris 1660, t. I, p. 475] beschrieben.) Um die Dampfdichte dieser
neuen Verbindungen in einfacher Weise und auch bei höheren
Temperaturen genügend genau zu bestimmen, ersinnt er seine
Apparatur, die die Ermittlung des Gasvolumgewichts in der Baro-
meterleere gestattet [B. 1, 198 (1868)]. Bei seinen Bemühungen um
die Verbesserung dieser Methode kommt A. W. Hofmann auch zum
Vorschlag einer Luftverdrängungsmethode [B. 11, 1684 (1878)].
Dieses gibt V. Meyer die Veranlassung, seine auf demselben Prinzip
beruhende Methode und die bisher erzielten Ergebnisse derselben
mitzuteilen [B. 11, 1867; 2253 (1878)]. Es ist lehrreich zu sehen,
wie aus einem alten Vorlesungsversuch Bunsens zur Elektrolyse der
Salzsäure (das Chlor wird durch Messung des von ihm verdrängten
Luftvolumens gemessen) und aus Andeutungen von Dumas und

Dulong über Dampfdichtebestimmungen [C.r. 78, 536 (1874)] eine Methode herauswächst, die, gar bald für hohe Temperaturen umgestaltet, die Spaltung der Moleküle von Elementen in Atome (z. B. $J_2 \rightleftarrows 2\,J$) ergeben sollte! Diese V. Meyersche Methode der Dampfdichtebestimmung, ebenso wie die vielen Abänderungen derselben haben der organischen Chemie bei der Ermittlung der Molekulargröße **unzersetzt flüchtiger** Verbindungen ganz wesentliche Dienste geleitet. Mit dem schnellen Fortschreiten der synthetischen organischen Chemie nahm die Zahl der nicht unzersetzt flüchtigen Stoffe zu, außerdem waren ja schon zahlreiche und äußerst wichtige nichtflüchtige Naturstoffe bekannt (z. B. Zucker, Alkaloide), deren Molekulargewichte bisher unbekannt geblieben waren. Eine neue Methode für diese Klasse von Stoffen war das Gebot des Tages. Da begann 1882 F. M. Raoult [C. r. 95, 1032 (1882)] Gefrierpunktsmessungen an wässerigen und nichtwässerigen Lösungen; indem er molekulare Mengen der verschiedenen Stoffe, in 100 g gelöst, verglich, fand er, daß sie nahezu um gleiche Grade den Gefrierpunkt des Lösungsmittels erniedrigten. Unabhängig davon schuf J. H. van't Hoff (1886), ausgehend von den Beobachtungen W. Pfeffers (1877), seine **osmotische Lösungstheorie** [Ph. Ch. 1, 481 (1887)], welche die theoretischen Grundlagen für neue Methoden der Molekulargewichtsbestimmung für **jeden löslichen Stoff** darbot. Zur selben Zeit hatte die Struktur- und Stereochemie neue Probleme zu lösen begonnen: Cis- und Transisomerie, Tautomerie, Isomerie der Oxime usw. Und so begann 1888 unter dem Zwange der Tagesprobleme von vielen Seiten eine Ausarbeitung neuer Methoden der Molekulargewichtsbestimmung: A. F. Holleman (1888), J. F. Eykman (1888), E. Beckmann (1888), V. Meyer und K. Auwers (1888). Insbesondere hat E. Beckmann durch die Schaffung einer geeigneten Apparatur die Einbürgerung der Gefrier- und Siedepunktsmethoden, gefördert. J. H. van't Hoff hat diese Rückwirkung gekennzeichnet, indem er schrieb (Theorie der Lösungen, S. 19. Stuttgart 1900): „In dieser Beziehung ist zu erwähnen, daß die Molekulargewichtsbestimmung für die Entwicklung der **Stereochemie**... ein unentbehrliches Hilfsmittel gewesen ist, indem sie von vorneherein festzustellen hatte, daß es sich um Differenzen von gleich zusammengesetzten Molekülen handelte.‟ Und ebenso bedeutsam war die osmotische Molekulargewichtsbestimmung, als die moderne chemische Forschung sich immer mehr der Untersuchung von organischen Naturstoffen zuwandte und neue Klassen von Stoffen analytisch und synthetisch erschloß; man denke nur an die freien Radikale, insbesondere an die Sterine, Carotinoide, Vitamine, Hormone.

Bei der Molekulargewichtsbestimmung kleiner Mengen kostbarer Substanzen — namentlich aus den scheinbar unbegrenzten Vorräten der organischen Natur — hat sich die Schaffung von **Mikromethoden** zwangsläufig ergeben, z. B. von C. Drucker und Schreiner [Biol. Zentralbl. **33**, 99 (1913)] und besonders von K. Rast [B. **55**, 1051, 3727 (1922); s. auch H. Carlsohn: B. **60**, 473 (1927)] für die Kryoskopie, ebenso von H. Jörg [B. **60**, 1141 (1927)], für Dampfdruckmessungen von G. Barger [B. **37**, 99 (1913); s. auch K. Rast: B. **54**, 1979 (1921)], sowie für die Ebullioskopie — von F. Pregl (Die quantitative organische Mikroanalyse, 2. Aufl., S. 194. 1923) und A. Rieche [B. **59**, 2181 (1926)]. Neben dem von Rast empfohlenen Campher hat J. Pirsch [B. **67**, 1115 (1934)] andere niedrig schmelzende Solvenzien mit großer Depressionskonstante vorgeschlagen.

Ebenso bildeten sich — neben der organischen Mikroanalyse und Molekulargewichtsbestimmung usw. — auch Mikromethoden, z. B. für Isopropyliden-, Acetyl-, Benzoyl- und C-gebundene Methylgruppen-Bestimmungen heraus [vgl. R. Kuhn und H. Roth: B. **65**, 1285 (1932); **66**, 1274 (1933)]. Für thermische Untersuchungen leistet die von W. A. Roth [Z. f. Elektrochem. **30**, 417, 609 (1924); B. **60**, 643 (1927)] konstruierte Mikrobombe vorzügliche Dienste.

Bestimmung des „Molekulargewichts" von Hochmolekularen.

Der Entwicklungsweg der Chemie führte zwangsläufig von den unzersetzt flüchtigen (elementaren und zusammengesetzten) Molekeln zu den nichtflüchtigen zersetzlichen, — für die letzteren mußten neue Grundlagen zur Molekulargewichtsbestimmung (im Lösungszustand) geschaffen werden. Dieser Entwicklungsweg mußte ebenso zwangsläufig von den niedrig molekularen (echte Lösungen liefernden) Verbindungen zu den Hochmolekularen und Hochpolymeren (die kolloidale Lösungen bilden) führen. Es ergab sich die Frage: Wie bestimmt man nun das Molekulargewicht dieser Klasse von Stoffen? Im einzelnen: Sind die üblichen (osmotischen) Methoden der Molekulargewichtsbestimmung auch uneingeschränkt auf die Hochmolekularen übertragbar, und — im Hinblick auf die Empfindlichkeit der Hochpolymeren, z. B. gegen Temperatur — ist der Begriff „Molekül" ohne weiteres auch für sie anwendbar?

Nach der Begriffsbestimmung von Wilh. Ostwald „bedeutet für wissenschaftliche Zwecke ein Molekulargewicht eines Stoffes immer nur eine Menge, für die die Konstante R in der Gasgleichung (d. h. $p \cdot v = R \cdot T$) einen bestimmten, von der Natur des Gases unabhängigen Wert hat". Nachdem J. H. van't Hoff (1886) gezeigt hatte, daß man bei gelösten Stoffen den osmotischen Druck durch dieselbe Formel darstellen kann, welche den Druck der Gase wiedergibt, ist es möglich, den Begriff der Molekulargröße auch auf Lösungen zu übertragen. „Eine Molekulargewichtsbestimmung bedeutet grundsätzlich für Gase und Lösungen eine Auszählung bewegter Stoffteilchen von bekannter Massensumme, wobei es völlig gleichgültig ist, ob man diese Teilchen Moleküle, Molekülaggregate, Micellen oder Submikronen zu bezeichnen Ursache hat. Wie die Bestimmung auch immer ausgeführt wird, sie kann nichts aussagen über die Konstitution innerhalb dieser Massenteilchen, also auch nichts über die in ihnen wirkenden Kräfte" [W. Biltz: Z. El. 40, 450 (1934)]. Definitionsgemäß haben wir also bei den niedermolekularen Stoffen nur mit einer Art von Molekülen und mit einem einzigen Molekulargewicht zu tun. Anders liegen die Dinge mit dem „Molekulargewicht" von Kolloiden.

Während die „Micellen" [1]) Nägelis (1858) den kleinen Kristalliten in organisierten Stoffen entsprechen, ist in der Chemie der Hochmolekularen der Begriff der Micelle anders zu formulieren: „Unter einer Micelle ist ein Kolloidteilchen zu verstehen, das aus zahlreichen kleineren Molekülen aufgebaut ist, die unter sich durch van der Waalssches Kräfte zusammengehalten werden" [H. Staudinger: B. 68, 1686, 2359 (1935)]. A. Kekulé hatte seinerzeit die Bezeichnung gewählt: „Massenmolekeln, von welchen man vielleicht die weitere Annahme machen darf, daß sie, durch fortwährende Umlagerung mehrwertiger Atome einen steten Wechsel der verknüpften Einzelmolekeln zeigen..." Denn „die Hypothese vom chemischen Wert (z. B. Valenz) führt weiter noch zu der Annahme, daß auch eine beträchtlich große Anzahl von Einzelmolekeln sich durch mehrwertige Atome zu netz- und, wenn man so sagen will, schwammartigen Massen vereinigen könne, um so jene der Diffusion widerstrebenden Molekularmassen zu erzeugen, die man, nach Grahams Vorschlag, als kolloidal bezeichnet... Dabei muß angenommen werden, daß die zu einer Molekel vereinigten, also in bezug auf ihren Wert gesättigten Atome nicht nur aufeinander, sondern auch auf Atome benachbarter Molekeln Anziehung ausüben... Nur so erklärt sich der Vorgang bei chemischen Zersetzungen und die Existenz jener endlosen Anzahl komplizierterer Dinge, die man als Molekularadditionen oder als Molekeln höherer Ordnung auffaßt. Dieselbe Ursache spielt unstreitig eine Rolle bei den sog. Massenwirkungen und katalytischen Zersetzungen. Auf sie ist die Bildung der Lösungen zurückzuführen, die ... zweckmäßiger molekulare Gemenge genannt werden" (A. Kekulé: Die wissenschaftlichen Ziele und Leistungen der Chemie. Rektoratsrede 1877. Bonn 1878. S. 22—24.) Es ist bewundernswert, wie weitausschauend diese Gedankenreihen Kekulés sind und wie tiefwirkend sie in der Folgezeit sich erwiesen haben.

---

[1]) Nach Nägeli bestehen die kolloiden Lösungen aus Teilchen, „Micellen", die bei der Koagulation in unregelmäßiger Weise zusammentreten, indem sie sich beliebig bald mehr baumartig, bald mehr netzartig aneinander hängen.

Die ebullioskopische und die kryoskopische Methode geben bei niedermolekularen und auch bei fadenförmigen relativ hochmolekularen Verbindungen in verdünnten Lösungen die theoretischen Molekulargewichte, so z. B. Tristearin [in Aceton und Benzol: P. Walden: Z. ph. Chem. **75**, 561 (1910); Bull. Acad. Sci., Petersburg **1914**, 1166; P. Pfeiffer und W. Goyert: J. pr. Chem. (2) **136**, 299 (1933); K. H. Meyer: Helv. **18**, 307 (1935)]. Irrtümer entstanden, als bei der Ebullioskopie die Schwankungen des Luftdruckes nicht berücksichtigt wurden, und unzureichend war auch wohl der gutgemeinte Rat, „daß man bei unruhigem Wetter besser keine ebullioskopischen Messungen machen soll" [B. **42**, 2810 (1909)].

Die osmotische (d. h. kryoskopische) Methode gab z. B. bei den homöopolaren Polyacrylsäureestern nur für die niedrigst molekularen Typen (Mol.-Gewicht M etwa bis 2000) befriedigende Übereinstimmung mit den viscosimetrischen M-Werten [A. **502**, 213 (1933)]. Im allgemeinen bemißt H. Staudinger [B. 67, 1247 (1934)] die Anwendbarkeitsgrenzen der kryoskopischen Methode bei Polymeren bis zu Molekulargewichten M etwa 10000, während die osmotische Methode bis $M = 60000$ bis etwa 100000 hinaufreicht bzw. nur bei Mesokolloiden bis $M = 100000$ mit einiger Sicherheit anwendbar ist [Staudinger: B. **68**, 2322 (1935)].

Der Vergleich der osmotisch und viscosimetrisch ermittelten Molekulargewichte in polymer-homologen Reihen ergab ausreichende Übereinstimmung der Zahlenwerte, z. B. bei Nitrocellulosen in Aceton (bis $M = 450000$), bei Methlycellulosen in Wasser (bis $M = 90000$), bei Balata und Hydrokautschuk in Toluol (bis $M = 40000$), bei Polyäthylen-oxyden in Wasser (bis $M = 90000$) [H. Staudinger und G. V. Schulz: B. **68**, 2320, 2336 (1935)].

Bei kryoskopischen Messungen traten schon früher Anomalien entgegen. So z. B. fanden Bruni und Berti [Gazz. chim. **30**, II (1900)] in Ameisensäurelösungen für aromatische Nitroverbindungen (Kohlenwasserstoffe, Ester) zu niedrige Molekulargewichte, die in verdünnter Lösung auf eine scheinbare Dissoziation bis 50 % und mehr hinwiesen. In Chloralhydrat (ebullioskopisch) und in Bromalhydrat (kryoskopisch) ergab Rohrzucker nur das halbe Molekulargewicht [E. Beckmann und M. Maxim: B. **47**, 2875 (1914)]. Bei den osmotisch-kryoskopischen Molekulargewichtsbestimmungen der verschiedenen Hochmolekularen traten solche Anomalien entgegen, teils in starken Änderungen der gefundenen Molekülgrößen bei geringen Konzentrationsverschiebungen, teils in zu niedrigen Werten der M-Werte, z. B. für die Cellulose und ihre Derivate, in Eisessig [M. Bergmann und Mitarbeiter: A. **452**, 144 (1927); **458**, 93 (1927); B. **63**, 323 (1930)], für Kautschuk in Menthol und Benzol [R. Pummerer: B. **60**, 2167 (1927); **62**, 2628 (1929); K. H. Meyer und H..Mark:

B. 61, 1945 (1928); H. Staudinger und Mitarbeiter: B. 61, 2579 (1928)].

Ebenso wurden anomale Erscheinungen beobachtet bei Stärkeacetaten in Dioxanlösungen, während niedermolekulare Zuckeracetate normale Gefrierpunktserniedrigungen zeigten [Staudinger und H. Eilers: B. 69, 844 (1936)], und ganz geringe Molekulargewichte ($M = 100$—300) an Stelle der viscometrischen Werte $M = 20000$—30000 ergaben Stärkenitrate in Dioxanlösungen (vgl. S. 847). Für das offensichtliche Versagen dieser Methode sind Solvatbildung und Abscheidung von Mischphasen als störende Faktoren angeführt worden; auf die absolute Reinheit des Eisessigs als Vorbedingung reproduzierbarer Werte hat K. Heß hingewiesen [B. 63, 518 (1930)], die Vermeidung von Kristallisationsverzögerung und die chemische Einheitlichkeit des polymeren Körpers fordert K. Freudenberg [B. 63, 535 (1930); 62, 3078 (1929)].

Bemerkenswerterweise führt die von M. Ulmann [Z. phys. Chem. (A.) 156, 419 (1931); 164, 368 (1933)] ausgearbeitete osmometrische Methode (auf Grund vergleichender Dampfspannungsmessungen) in sehr verdünnten Eisessiglösungen für die typisch-polymeren Kohlenhydrate zu einer mit der Verdünnung rasch zunehmenden Dispergierung, z. B. wiesen Acetyl-cellulosen ein Absinken der Molekulargröße von $(C_6)_{32}$ bzw. $(C_6)_{16}$ — bis auf $(C_6)_2$ auf [B. 67, 818, 2131 (1934); 68, 134, 1217 (1935)]. H. Staudinger [B. 68, 476 (1935)] sieht in diesen Anomalien eventuell eine reversible Veränderung des Lösungsmittels [s. auch B. 68, 2350 (1935)]. Auch Naphthalin als kryoskopisches Lösungsmittel für Poly-propenylbenzol und dessen Derivate (Polyanethole) weist außerordentliche Anomalien auf [Staudinger und Mitarbeiter: A. 517, 73 (1935); B. 68, 2348 (1935)]; so standen z. B. einem viscosimetrischen Mol.-Gew. $= 23000$ ein aus ultrazentrifugalen Bestimmungen abgeleitetes $M = 24000$ gegenüber, während kryoskopisch $M = 51$ bis 303 für dasselbe Poly-anethol betrug. Anomalien anderer Art wiesen die „Amylosane" $(C_6H_{10}O_5)_x$ bei der Ebullioskopie in Wasser auf: 1%ige Lösungen gaben statt der Siedepunktserhöhung eine Erniedrigung um 0,025 bzw. 0,04° [A. Steingroever: B. 62, 1358 (1929)].

Die erwähnten Anomalien der polymeren Stoffe in den verschiedenartigsten Lösungsmitteln stellen daher für die praktische Auswertung der experimentellen Molekulargewichte bisher nicht bekannte Grenzen dar, und in theoretischer Hinsicht müssen sie den Anstoß für neue Untersuchungen auf dem Gebiete der verdünnten Lösungen homöopolarer Stoffe bieten. Man führt diese Anomalien auf einen neuen „osmotischen Effekt" zurück [vgl. auch F. Klages: A. 520, 71 (1935)]. Solche Anomalien in Abhängigkeit von dem Bau (ringförmige Bausteine, die durch Brückenatome verbunden sind) und vom Lösungsmittel fand F. Klages [und Mitarbeiter: A. 541, 17 (1939)] bei Polydepsiden. Experimentelle Beiträge zur Anpassung hochmolekularer Lösungen an die van't Hoffsche osmotische Theorie hat durch eine Reihe von Mitteilungen G. V. Schulz geliefert [vgl. Z. angew. Chem. **49**, 549 (1936) und Diskussionen; VII. Mitteilung (gleichzeitig als 224. Mitteilung über makromolekulare Verbindungen Staudingers) Z. f. Elektrochem. **45**, 652 (1939)].

Die Ermittelung des Molekulargewichts durch Endgruppenbestimmung ist namentlich in polymerhomologen Reihen und bei nicht allzu hochmolekularen Verbindungen durchgeführt worden, — bei sehr hochmolekularen nimmt die Endgruppe gegenüber dem Gesamtmolekül einen immer geringeren Anteil an und kann daher zu falschen Ausdeutungen führen [vgl. H. Staudinger und M. Lüthy: Helv. **8**, 41 (1925); Staudinger und Freudenberger: B. **63**, 2334 (1930) u. A. **501**, 173 (1933); R. Pummerer und Mitarbeiter: B. **64**, 809 (1931), dazu H. Staudinger: B. **64**, 1407 (1931); Haworth und Machemer: Soc. **1932**, 2270; **1935**, 1299, dazu H. Staudinger: B. **69**, 825, 1184 (1936)]. Die von Haworth und Machemer (Zit. S. 2270, 1932) gegebene „Endgruppenmethode" [Nachweis bzw. quantitative Bestimmung von Acetyl- bzw. Tetramethyl-glucose in den Hydrolysenprodukten der Methylcellulose (oder -stärke) und Rückschlüsse auf die Gestalt und Größe des Cellulose- (oder Stärke-) Moleküls] ist von K. Heß und F. Neumann [B. **70**, 710—733 (1937)] angezweifelt und durch ein verbessertes Verfahren ersetzt worden. Während nun F. J. Averil und S. Peat (Soc. **1938**, 1244), sowie E. L. Hirst und G. T. Young (Soc. **1938**, 1247) die Genauigkeit der Haworthschen Methode aufrechterhalten, weist K. Heß [mit D. Grigorescu: B. **73**, 499, 505 (1940)] erneut auf deren Unzweckmäßigkeit hin und belegt die Genauigkeit seiner Methode.

Zur Kennzeichnung der hydrolytischen und acetolytischen Abbauprodukte der Cellulose haben M. Bergmann und H. Machemer [B. **63**, 316, 2304 (1930)] eine „Jodzahl-Methode" vorgeschlagen, die auf der Reduzierbarkeit alkalischer Jodlösungen durch freie Aldehydgruppen beruht; sie ist [nach Staudinger und Freudenberger: B. **63**, 2334 (1930)] auch bei Derivaten vom Polymerisationsgrad 20—60 brauchbar.

Die Dialysenmethode Brintzingers [Z. anorg. Chem. **196**, 33 (1931) u. f.; **235** (1937); mit K. Maurer und J. Wallach: B. **65**, 988 (1932)] versagte bei den hemikolloiden homöopolaren Fadenmolekülen der Polyäthylenoxyde, so ergab sie z. B. Molekulargewichte $M = 625$ bis $6\,250\,000$, während viscosimetrisch und kryoskopisch dieselben Polymerisate nur $M = 414$ bis 12000 aufwiesen [Staudinger und H. Lohmann: B. **68**, 2316 (1935)]; die Ursache für diese Diskrepanz dürfte in der fadenförmigen Gestalt der Teilchen liegen [Kraemer und Lansing: J. Am. Ch. Soc. **55**, 4319 (1933)]. Es wurde wiederholt gezeigt, daß das Ficksche Gesetz nur für die Diffusion kugelförmiger Teilchen, nicht aber für diejenige der fadenförmigen Teilchen gilt [D. Krüger und Grunsky: Z. phys. Chem. (A.) **150**, 115 (1930); R. O. Herzog: Z. phys. Chem. (A.) **172**, 239 (1935)]. Auf den Einfluß der chemischen Konstitution (Molekulstruktur, Molekülgröße) selbst von einfachen Molekülen auf die Ergebnisse der Membran-Diffusionsmethode wiesen auch F. Klages [A. **520**, 71 (1935)] und W. Rathje [mit K. Heß und M. Ulmann: B. **70**, 1403 (1937); **71**, 880 (1938)] hin. Verbesserungen der Methode gaben G. Jander und H. Spandau [Z. physik. Chem. (A.) **185**, 325 (1939)].

Die viscosimetrische Molekulargewichtsbestimmung H. Staudingers hat sich stufenweise aus den Erfahrungen über die Zunahme der inneren Reibung mit der Zunahme der Komplexität gelöster Kolloide entwickelt.

E. Berl und R. Bütler [Z. ges. Schieß- u. Spr. **5**, 82 (1910)] hatten erstmalig versucht, aus der inneren Reibung von Stärkenitratlösungen Rückschlüsse auf die Größe des Micellgewichtes zu ziehen, und dementsprechend hatten sie nach fallenden Viscositätswerten die folgende Reihe der abfallenden Micellgewichte aufgestellt: Kartoffelstärke → Weizen- → Reis- → lösliche Stärke. Nach Verlauf eines Vierteljahrhunderts [A. **520**, 286 (1935)] stellen E. Berl und W. C. Kunze folgendes fest: „Offensichtlich steht die verschieden hohe Viscosität der einzelnen Stärkenitratsorten in keinem Zusammenhange mit dem Micellgewicht, sondern sie ist durch die Unterschiede der Bestandteile der Stärkekörner bedingt." Ebenfalls 1910 hatte Wilh. Biltz beobachtet, daß „ein höherer Dispersitätsgrad ... ein geringeres Anwachsen der inneren Reibung zur Folge" hat, und 1913 stellte er folgendes fest: „Das Ergebnis, wonach die innere Reibung mit der Molekular- oder Teilchengröße wächst, scheint innerhalb gewisser Grenzen des Dispersitätsgrades ... allgemeiner zu gelten ..." „Die sehr einfach auszuführende Bestimmung der inneren Reibung gibt also eine willkommene Möglichkeit, sich sehr schnell über die Zugehörigkeit eines Dextrins (die Untersuchungen wurden an Abbauprodukten der Stärke ausgeführt) zu einer der Dextrinklassen zu unterrichten". Es sei noch auf die Viskositätsmessungen von H. Ost (1913) an Abbauprodukten der Cellulose, von Duclaux und Wollmann (1920) ebenfalls an Nitrocellulosen verwiesen.

Es ist das Verdienst von H. Staudinger, mit der begrifflichen Erfassung der „Makromolekülkolloide" bzw. der Klasse der Hochpolymeren die theoretische und praktische Bedeutung der Molekulardimensionen dieser Stoffe erkannt und hervorgehoben zu haben, zugleich aber auch bestrebt gewesen zu sein, auf einem neuen Wege eine physikalische Methode zur zahlenmäßigen Bestimmung des Molekulargewichts dieser Makromoleküle zu schaffen. In der klassischen

Kolloidchemie waren Viscositätsbestimmungen von jeher üblich (s. auch die vorhin angeführten Forscher). Und so treten schon in den ersten Untersuchungsreihen Staudingers als Kennzeichnung der Polymerieprodukte Angaben über deren Viscosität entgegen [B. 59, 3031 (1926)], es wird hervorgehoben, daß die hochpolymeren Eukolloide viskoser sind als die Hemikolloide sowie daß die bei niedriger Temperatur entstandenen Polymerisate [Poly-vinylacetate, Metastyrole, B. 60, 1782 (1927)]; hochmolekular und hochviskos sind [B. 62, 245, 249 (1929)]. „Erhitzt man eine Lösung von eukolloidem Polystyrol, so wird die Viscosität geringer, und zwar nimmt sie um so mehr ab, je höher wir die Temperatur steigern. Aus diesen Viscositätsänderungen schließen wir ... auf einen Abbau der Moleküle, denn diese Viscositätsänderung ist irreversibel." Die bisher angewandten Ausflußzeiten nahmen die Form der relativen Viscosität $\eta_r = \dfrac{t_1}{t_L} \cdot \dfrac{s_1}{s_L}$ an (t_1 und t_L sind die Ausflußzeiten der Lösung bzw. des Lösungsmittels, s_1 bzw. s_L die entsprechenden spezifischen Gewichte). Beim Vergleich von Polymeren mit annähernd gleichem (kryoskopisch bestimmtem) Molekulargewicht tritt die neue Erkenntnis hinzu, daß die relative Viscosität von der Gestalt der Moleküle mitbedingt ist [B. 62, 2400 (1929)]. Während nun alle diese Aussagen über den Zusammenhang zwischen Molekulargewicht und Viscosität nur einen qualitativen Charakter hatten, erscheinen erstmalig 1930 von H. Staudinger und V. Heuer [B. 63, 222 (1930)] quantitative Beziehungen zwischen Viscosität und Molekulargewicht. Die relative Viscosität η_r wird ersetzt durch $(\eta_r - 1) = \eta_{sp}$, spezifische Viscosität, diese bedeutet die Viscositätserhöhung, die der gelöste Stoff in einem Lösungsmittel hervorruft. Aus der Einsteinschen Formel wird für die Konzentration C die Beziehung $\eta_{sp/C} = K$ abgeleitet und für polymer-homologe Reihen gleichkonzentrierter Lösungen mit dem gesuchten Molekulargewicht M zu der Formel verknüpft:

$$\eta_{sp/C} = K_m \cdot M .$$

Die Konstante K_m ist für eine Zahl von Hemikolloiden bei geringer Konzentration (und kryoskopisch gemessenen M-Werten) direkt bestimmbar. Läßt man diese Beziehung auch für die hochpolymeren Systeme (Eukolloide) gelten, indem man dieselbe Konstante K_m auch auf sie überträgt, so gelangt man z. B. für Poly-styrole zu der Formel:

(„Viscositätsgesetz"): $\qquad M = \dfrac{\eta_{sp}}{C_{gm} \cdot K_m}.$

K_m ist eine für jede polymerhomologe Reihe charakteristische Konstante [s. auch Staudinger: Z. angew. Chem. 45, 276 (1932); 49, 804 (1936)]. Die wissenschaftlichen Auseinandersetzungen über die nach dieser Staudingerschen Methode ermittelten Molekulargrößen und Zustände der Makromolekulare sind noch im Flusse.

Über die Ableitung dieser weittragenden Beziehungen sowie über deren Zusammenhänge mit den Formeln von Arrhenius (1917), Duclaux und Wollmann (1920) u. a., vgl. noch H. Staudinger: Kolloid-Z. 51, 71 (1930); B. 63, 921 (1930); 64, 1692 (1931); Heß und Sakurada: B. 64, 1183 (1931); H. Mark: El. 40, 449 (1934); Geltung für bewegliche Stäbchenmoleküle: M. L. Huggins: J. physic. Chem. 43, 439 (1933). Staudingers Viscositätsgesetz fordert, daß Moleküle gleicher Kettenlänge bei gleicher Konzentration ihrer Lösungen gleiche Viscosität hervorrufen [B. 65, 267 (1932); A. 502, 220 (1933); zur Gültigkeit: B. 67, 92 (1934); Z. El. 40, 434 (1934); s. auch B. 68 (1935) u. f. Voraussetzung ist, daß Fadenmoleküle vorhanden sind, die sich wie starre Gebilde verhalten; der spezielle Bau der Moleküle tritt zurück, und nur die Kettenlänge ist entscheidend. Bedeutet η_{sp} (äqu) die spezifische Viscosität einer kettenäquivalenten Lösung, z. B. in Benzol, so ist η_{sp} (äqu) $= K$ (äqu) $\cdot M = 0,83 \cdot 10^{-4} \cdot M$; für 1,4% Lösungen gilt die Beziehung η_{sp} (1,4%) $= y \cdot n$ (wenn η = Viscosität eines Kettenatoms, n = Kettengliederzahl), wobei für Kohlenwasserstoffe und ähnliche homöopolare Verbindungen in Benzol der Wert $y = 1,3 \cdot 10^{-3}$ ist. Diese Beziehungen sind für die verschiedensten Klassen von Verbindungen (Paraffinen, Säuren, Estern, Nitrilen usw.) mit stabförmigen Molekülen geprüft worden [Staudinger mit W. Kern: B. 66, 373 (1933); mit F. Staiger: B. 68, 707 (1935); mit H. Moser: B. 69, 208 (1936)].

Eine Sonderstellung nimmt die The Svedbergsche Methode des Ultrazentrifugierens ein. Die Methode ermöglicht Molekulargewichtsbestimmungen an hochmolekularen Stoffen niederer Dichte von $>$ 6 000 000 bis etwa 1000 herunter und an niedrigmolekularen Stoffen höherer Dichte bis etwa 200 herunter zu machen [The Svedberg: B. 67,. A., 117 (1934)]. The Svedberg konnte feststellen, daß z. B. die nativen Eiweißkörper im Gegensatz zu den synthetischen Kolloiden außerordentlich homogen sind und auch bei Veränderung des p_H der Lösung innerhalb gewisser Grenzen einheitlich bleiben. „Jeder Eiweißkörper hat sein eigenes wohldefiniertes p_H-Stabilitätsgebiet. Beim Überschreiten der Stabilitätsgrenzen tritt Zerfall des Moleküls in kleinere Bruchstücke oder Aggregation zu größeren Teilchen ein" (vgl. S. 124). So besteht z. B. Limulus-Hämocyanin am isoelektrischen Punkt aus 4 Komponenten vom Mol.-Gew. $M \sim$ 3 300 000, 1 600 000, 400 000 und 100 000. Das Mol.-Gew. von Hämoglobin aus Menschenblut ist $M = 69000$. Ferner hat sich gezeigt, daß der Assoziationszustand des Eiweißmoleküls auch von der Verdünnung und Anwesenheit anderer Proteine abhängig ist. Nach dieser Methode haben Kraemer und Lansing (1934) auch die Cellulose untersucht und z. B. für native Cellulose durch Extrapolation Molekulargewichte von etwa 300 000 ermittelt. Die Poly-styrole wurden von R. Signer und H. Groß [Helv. 17, 59, 335, 726 (1934); 18, 701 (1935)] eingehend untersucht, wobei die einzelnen Fraktionen sich als ziemlich inhomogen herausstellten, es ergab sich aber eine deutliche Parallelität zwischen Molekulargewicht und Viscosität. Die Molekulargewichte bewegten sich z. B. bei einem mittleren Wert $M = 80\,000$, zwischen $25\,000$ bis $155\,000$ und steigerten sich in einzelnen Fraktionen auf $M = 300\,000$ bis $1\,000\,000$. Für Polyanethole wurden Zahlen von $M = 12\,000$ bzw. $24\,000$ ermittelt. O. Lamm [Kolloid-Z. 69, 44 (1934) hat Lösungen von Stärke untersucht und je nach der Vorbehandlung Molekulargewichte von der Größenordnung $M = 60\,000$ (Amylose) bis $200\,000$ (Amylopektin) erhalten.

Von grundsätzlicher Bedeutung ist erstens: daß diese physikalisch genau begründete Methode The Svedbergs zu Molekulargewichten M von der außerordentlichen Größe $M = 100\,000$ bis $1\,000\,000$ und mehr führt, und zweitens: daß die osmotische und die Ultrazentrifuge-Methode M-Werte ergeben, die mit den nach Staudingers viscosimetrischer Methode erhaltenen M-Werten größenordnungsmäßig übereinstimmen [vgl. auch Staudinger: Z. angew. Chem. 49, 804 (1936)]. Den nach dieser Methode ermittelten Zahlenwerten, z. B. für die Molekulargewichte bzw. für den Polymeriegrad der verschiedenen Kunststoffe, kommt offenbar eine reale Bedeutung und ein praktischer Wert zu.

Anmerkung. Zu dem erörterten Problemkomplex bildet die nachbenannte Monographie einen Beitrag: Dr. M. Ulmann: Molekülgrößenbestimmungen hochpolymerer Naturstoffe. Dresden u. Leipzig: Theodor Steinkopff 1936/37.

S. auch Prof. Dr. The Svedberg u. Dr. K. O. Pedersen: Die Ultrazentrifuge. Dresden u. Leipzig: Theodor Steinkopff 1940.

Zweites Kapitel.
Physikalische Chemie und chemische Konstitutionsforschung.

„Wer nichts als Chemie versteht, versteht auch die nicht recht."
G. Chr. Lichtenberg (1742—1799).

Anderthalb Jahrhunderte nach diesem Ausspruch des Physikers Lichtenberg konnte ein tiefschürfender Chemiker sagen: „In Wirklichkeit haben die verschiedenen physikalischen und physikalisch-chemischen Verfahren zur Erforschung des Molekülbaues bei sachgemäßer und kritischer Anwendung in weitestem Umfange die Vorstellungen, wie sie sich der organische Chemiker seit langem gebildet hatte, bestätigt" [W. Hückel: Z. f. physikal. u. chem. Unterricht 51, 121, s. auch 78 (1938)].

Die Wechselbeziehungen zwischen organischer und physikalischer Chemie haben sich in dem letzten Halbjahrhundert nicht nur wesensmäßig, sondern auch dem Umfange nach in sichtbarer Weise geändert und gesteigert. In dem Maße, wie die Zahl der neuen organischen Individuen und gleicherweise die Kompliziertheit derselben zunahm, wuchsen auch die Bedürfnisse nach den Unterscheidungs- und Kennzeichnungsmethoden der einzelnen Stoffe sowie ihrer Umwandlungen. Waren einst nur wenige physikalische Konstanten verfügbar und ausreichend (z. B. Schmelz- und Siedepunkt, Dichte), so mußten nach und nach neue physikalische Trennungs- und Reinigungsmethoden sowie immer mannigfaltigere Charakterisierungsverfahren aus der Experimentalphysik zu Hilfe genommen werden. Ein eindrucksvolles Bild dieses Entwicklungs- und Wachstumsprozesses vermittelt ein Vergleich des Umfanges und Inhaltes von dem Standardwerk „Landoldt-Börnstein: Physikalisch-chemische Tabellen": Das Hauptwerk umfaßte 1923 die Seitenzahl 1695, der erste Ergänzungsband vom Jahre 1927 wies 919 Seiten auf, der nach einem neuen Quadriennium 1931 erforderliche zweite Ergänzungsband brachte bereits 1707 Seiten, während abermals nach einem Jahrviert 1935 (1936) der dritte Ergänzungsband 3039 Seiten füllte.

Neben den erweiterten Stoffkonstanten und neuen Meßmethoden sind es nun auch die Denkmittel und Theorien der modernen Physik, die sich in die einzelnen Gebiete der organischen Chemie Eingang verschafft haben, namentlich dort, wo es sich um Deutungen valenzchemischer Fragen in labilen Systemen, um energetische Probleme, um Lösungsmitteleinflüsse, um Farbe und Spektrum usw. handelt.

Im nachfolgenden sollen einzelne der physikalischen Methoden in ihrer Anwendung auf Fragen der chemischen Konstitution kurz geschildert werden. Voran stellen wir die von der modernen Physik erschlossenen Methoden.

Die Röntgenspektroskopie, ausgehend von Röntgens Entdeckung (1895) der neuen Strahlenart, entstand nach der Entdeckung der Beugung dieser Strahlen (M. v. Laue, 1912) und der Atomspektren (H. Moseley, 1913) durch die Forschungen von W. H. und W. L. Bragg (1914 u. f.) sowie von P. Debye und Scherrer (1916 u. f.). Sir W. Bragg [Soc. 121, 2766 (1922)] entwickelte die Grundlagen für die Deutung der Röntgenbilder, indem er die Kristallmoleküle als identisch mit den chemischen Molekülen annahm, er gab die Raumbilder von Benzol, Naphthalin und Anthracen (vgl. auch 1923). Theoretische Entwicklungen lieferten auch R. W. G. Wyckoff (1922) und G. Shearer (1923). Eine ausgedehnte Untersuchung erfuhren dann die langgestreckten aliphatischen Säuren, Kohlenwasserstoffe, Ketone durch A. Müller und G. Shearer, R. E. Gibbs (1925), J. J. Trillat (1925 u. f.), A. R. Normand, J. Ross und E. Henderson (1926), A. R. Ubbelohde (1938). A. Müller und Shearer [Soc. 123, 3156 (1923)] hatten röntgenographisch die trans-Form der Elaidin- bzw. Brassidinsäure (in den Säurepaaren Olein- und Elaidinsäure bzw. Eruca- und

Brassidinsäure) festgestellt; für die gesättigten und ungesättigten Carbonsäuren in Kristallform ergaben sich Doppelmoleküle. Die zickzackförmige Anordnung $\diagup\diagdown\diagup\diagdown\diagup$ der langgestreckten aliphatischen Verbindungen wurde von A. Müller (1928) und J. Hengstenberg (1928) auch für die Paraffine bis $C_{80}H_{162}$ gefunden und die mittlere Entfernung zwischen den C—C-Atomen $= 1,9\ \text{Å}$ bestimmt. Messungen an hochmolekularen Paraffinen (C. W. Bunn, 1939) sowie an hochmolekularen Äthern und Estern [R. Kohlhaas: B. 73, 189 (1940)] ergaben aber den Wert 1,539 Å für die Entfernung zweier C-Atome der Kette. Nach K. Yardley [Soc. 127, 2207 (1925)] hat die Maleinsäure im Kristallmolekül vier, die Fumarsäure sechs chemische Moleküleinheiten.

Organische Naturstoffe (Cellulose, Seidenfibroin, Chitin u. a.) wurden ebenfalls röntgenographisch untersucht von R. O. Herzog (seit 1920), H. Mark (seit 1923), J. R. Katz (1880—1938) [seit 1924, gestreckter Kautschuk zeigt Faserstruktur; vgl. auch L. Hock (1924); zeitliche Wirkung: P. Thiessen (1935), K. H. Meyer (1928 u. f.), W. T. Astbury und O. L. Sponsler (1923 u. f.)]. Eine Gitterbestimmung des Kautschuks sowie der nativen und der Hydratcellulose hat E. Sauter [Z. physik. Chem. (B) 43, 292 (1939)] durchgeführt. Molekülverbindungen wurden von E. Hertel [Z. physik. Chem. (B) 7, 188 (1930); 11, 68 (1931)] experimentell und theoretisch untersucht. Andere Beispiele sind bei den ringförmigen Verbindungen, Phthalocyaninen u. ä. zu finden. Hinsichtlich der Reichweite der Aussagen der Röntgen-Analyse gelten die Worte: „Die Röntgen-Analyse ist beschreibender Art und hat sich von jeher der Strukturchemie anpassen müssen, nicht umgekehrt. In einem Punkte kann die Röntgen-Optik allerdings vielleicht einen Beitrag zur Strukturchemie liefern, in der Frage nach der Kettenlänge", so urteilte K. Freudenberg im Anschluß an die Frage über die hochpolymere Cellulose [B. 69, 1630 (1936)].

Elektroneninterferenzen sind zuerst von R. Wierl [Ann. Phys. (5) 8, 521 (1931); 13, 453 (1932)] zur Lösung von Konstitutionsfragen herangezogen worden. Dann haben L. Pauling und Brockway [Am. 59, 1223 (1937)] mittels der Kathodenstrahlen die C—C-Abstände in einfachen Kohlenwasserstoffen gemessen, und F. Rogowski [B. 72, 2021 (1939)] hat die Spirannatur eines Kohlenwasserstoffs C_5H_8 (Gustavson und Zelinsky) festgestellt; Tetranitromethan wurde von A. J. Stosick [Am. 61, 1127 (1939)] untersucht. G. Bruni und G. Natta haben (1934) für Kautschuk. Polystyrole, Kollodium, Bakelit kristallinische Struktur festgestellt.

Beachtenswerte Betrachtungen und Beispiele zu der Frage nach dem Bindungscharakter und der interatomaren Distanz, wie sie durch die Diffraktion der Röntgenstrahlen und der Elektronen sowie durch die Quantentheorie ausgewertet werden, hat J. M. Robertson [Soc.

1938, 131] mitgeteilt; er sagt: „But none of these methods is capable at present of general application to the whole range of molecules known to chemistry. Each is to some extent restricted to a special field."

Raman-Spektrum und seine Anwendung in der organischen Chemie.

Nachdem C. V. Raman 1928 den von A. Smekal schon vier Jahre früher vorausgesagten optischen Effekt entdeckt hatte, ist dieser „Raman-Effekt" (bzw. das „Schwingungsspektrum" der Moleküle) etwa seit 1930 auch zur Mithilfe bei der Entscheidung chemischer Konstitutionsfragen in ausgedehntem Maße herangezogen worden, besonders ausführlich durch die Grazer Forscher A. Dadieu und A. W. F. Kohlrausch [vgl. die Zusammenfassungen: Dadieu: Z. angew. Chem. **43**, 800 (1930); **49**, 344 (1936). — Kohlrausch: B. **71** (A), 171 (1938)]. Die Anwendung des Raman-Effektes in der anorganischen Chemie schildert eingehend A. Simon [Z. angew. Chem. **71**, 783, 808 (1938)]. Daß auch Auftreten und Zustand von Molekülverbindungen ramanspektroskopisch verfolgt werden können, haben Untersuchungen von G. Briegleb und W. Lauppe erwiesen [Z. physik. Chem. (B) **28**, 154 (1935) u. f.].

Der Magnetismus als ein modernes Hilfsmittel in der organischen Chemie.

Die ersten Untersuchungen über das Verhalten (diamagnetischer) organischer Verbindungen in einem inhomogenen Magnetfeld wurden von P. Pascal (1908—1914) ausgeführt und ergaben im allgemeinen das Bild einer der Molekularrefraktion ähnlichen additiven Eigenschaft. Es war das Verdienst von G. N. Lewis, der 1924 in seiner „magnetochemischen Theorie" es ausführte, daß Moleküle mit einer ungeraden Elektronenzahl paramagnetisch sein müssen. Die erste qualitative Bestätigung dieser Theorie wurde von Lewis und N. W. Taylor (1925) an dem freien Radikal α-Naphthyldiphenylmethyl in Benzollösung erbracht. Eine quantitative Auswertung wurde ermöglicht, als neue theoretische Grundlagen geschaffen worden waren [E. Hückel, 1933; Z. f. Elektrochem. **43**, 827 (1937; L. Pauling, 1933].

Genaue Messungen sind seither an zahlreichen Individuen und Typen durchgeführt worden, insbesondere von Eug. Müller (seit 1934), und haben gezeigt, daß „der sichere Nachweis der Radikalnatur einer Verbindung überhaupt erst (mit Hilfe der magnetischen Methode) gebracht werden kann" [E. Müller: Z. angew. Chem. **51**, 657 (1938). E. Müller, Neuere Anschauungen der organ. Chemie. X, 391 Seiten. Berlin: Julius Springer 1940. Vgl. auch Z. f. Elektrochem. **45**, 593 (1939)]. Eine eingehende Darstellung der Meßmethodik usw. gibt das Werk: W. Klemm: Magnetochemie. Leipzig: Akademische Verlagsgesellschaft 1936.

Es sei auch auf das in jüngster Zeit erschlossene neue physikalisch-chemische Forschungsmittel, den Ultraschall, hingewiesen [vgl. z. B. G. Schmid: Z. angew. Chem. **49**, 117 (1936); H. Schultes und H. Gohr: Z. angew. Chem. **49**, 420 (1936)].

Unter den physikalischen Forschungsmitteln seien genannt: das Ultramikroskop von Siedentopf und Zsigmondy (1903), dann insbesondere das Elektronenmikroskop („Siemens-Übermikroskop"), das von B. v. Borries und E. Ruska (1933 und 1937) gebaut wurde und elektronenoptisch Vergrößerungen bis über 20 000fach bzw. lichtoptisch nachvergrößert bis 60 000fach, liefert. [Vgl. auch F. Krause und Mitarbeiter: Z. angew. Chem. **51**, 331 (1938).] Das „Universal-Elektronenmikroskop" von M. v. Ardenne gestattet eine 75 000fache Vergrößerung [vgl. M. v. Ardenne und B. Beischer: Z. angew. Chem. **53**, 103 (1940)].

Lichtbrechungsvermögen („Spektrochemie" nach Brühl).

Unter den physikalischen Methoden der Konstitutionsbestimmung gegebener Moleküle nimmt die Bestimmung der Molekularrefraktion zeitlich und sachlich eine bevorzugte Stellung ein. Nachdem zuerst Gladstone und Dale (1858 f.) [1]) empirisch an einer größeren Zahl von Flüssigkeiten innerhalb weiter Temperaturgrenzen die Beziehung $n — 1/d$ (n-Brechungsexponent) gefunden und sie auch als annähernd gültig für Mischungen erwiesen hatten, formulierten sie den Satz: „Jede Flüssigkeit hat ein spezifisches Brechungsvermögen, zusammengesetzt aus den spezifischen Brechungsvermögen der in die Verbindung tretenden Elemente, modifiziert durch die Art der Verbindung" (1863). In diesem Satz ist bereits das Prinzip der Additivität des Brechungsvermögens und der Einfluß der Konstitution auf dasselbe enthalten. Die Entwirrung des gesetzmäßigen Zusammenhanges gelang erst nach jahrzehntelanger Untersuchungsarbeit. Den ersten Schritt dazu tat H. Landolt [2]) (1862—1864), indem er von dem spezifischen Brechungsvermögen zu molekularen Verhältnissen überging und das „Refraktionsäquivalent" $= \dfrac{n-1}{d} \cdot P$ (P = Molekulargewicht des Stoffes) einführte. Durch den Vergleich geeigneter Stoffe miteinander leitete er erstmalig die Refraktionsäquivalente der Elemente Kohlenstoff, Wasserstoff und Sauerstoff ab und konnte das Gesetz aufstellen: „Das Refraktionsäquivalent einer Verbindung ist die Summe der Refraktionsäquivalente ihrer

---

[1]) Gladstone u. Dale: Phil. Trans. **148**, 887 (1858); **153**, 321 (1863).
[2]) Landolt: Pogg. Ann. **117**, 353 (1862); **122**, 545 u. **123**, 595 (1864).

Bestandteile" (1864), d. h. das Refraktionsäquivalent R aller Verbindungen $C_m H_n O_p$ ist typisch additiv und gleich

$$R = m \cdot r_c + n \cdot r_h + p \cdot r_0 = m \cdot 5,00 + n \cdot 1,30 + p \cdot 3,00.$$

Allerdings konnte Landolt, ebenso wie Gladstone und Dale, beobachten, daß isomere Verbindungen nicht immer dieselben R-Werte aufwiesen, also auch konstitutive Einflüsse gleichzeitig wirksam waren. Mit dem Jahre 1880 tritt die Untersuchung des Refraktionsvermögens in eine neue Phase, und zwar erfolgt die neue Anregung von zwei Seiten her. Von theoretischer Seite wirken L. Lorenz und H. A. Lorentz (1880), die unabhängig für die spezifische Refraktion die Gleichung

$$r = \frac{n^2 - 1}{n^2 + 2} \cdot v = \frac{n^2 - 1}{(n^2 + 2)d}$$

ableiten.

Alsdann beginnt — auf Veranlassung von H. Landolt — J. W. Brühl[1]) eine erneute experimentelle Untersuchung des Lichtbrechungsvermögens unter besonderer Berücksichtigung der Beziehungen zur chemischen Konstitution der Stoffe. Er führt für

das Landoltsche „Refraktionsäquivalent" $\left(\frac{n-1}{a} \cdot P \right)$ die Bezeichnung „Molekularrefraktion" ein und findet die „Atomrefraktion" des Kohlenstoffs veränderlich von seiner Bindungsweise, doch auch der Sauerstoff erweist sich als veränderlich (1880). H. Landolt (1882) wendet nun die n^2-Formel zur Prüfung der bisherigen stöchiometrischen Beziehungen an und findet diese bestätigt, alsdann wird von Brühl (1886 u. f.) die n^2-Formel als die geeignetste angewandt und empfohlen. Die Untersuchungen von R. Nasini (1884) ergaben — namentlich an Naphthalinderivaten — Abweichungen, die ihn veranlaßten, die Brühlschen Regeln als eine Illusion zu bezeichnen, während Jul. Thomsen (1886) gegen den „vermeintlichen Einfluß der mehrfachen Bindungen auf die Molekularrefraktion der Kohlenwasserstoffe" auftrat. Eine Umrechnung der bis 1889 vorliegenden Refraktionswerte auf die D-Linie (Na-Licht) und die n^2-Formel führte Conrady[2]) aus, wobei er fand, daß neben dem Hydroxyl- und Keto-Sauerstoff (Brühl) auch der Äther-Sauerstoff eine eigene Atomrefraktion besitzt.

Ein neuer Abschnitt wurde durch die quantitative Erfassung der Rolle der Dispersion eingeleitet. Schon Nasini und insbesondere Gladstone[3]) (1884) hatten die starken Abweichungen der aromatischen Polycyclen beobachtet; Gladstone schuf den Begriff der „moleku-

---

[1]) Brühl: B. 12, 2135 (1879); A. 200, 139 (1880).
[2]) Conrady: Z. physik. Chem. 3, 210 (1889).
[3]) Gladstone: Soc. 45, 241 (1884).

laren Dispersion" $(n_H - n_A) \cdot P/d$. Die Weiterführung dieses Gedankens unter Anwendung der n^2-Formel übernahm dann Brühl[1]) (1891 u. f.), wobei er die beiden Wasserstofflinien H_γ und H_α zugrunde legte. Hiernach bedeuteten:

spezifische Dispersion: Molekulardispersion: Atomdispersion:

$$\frac{n_\gamma^2-1}{n_\gamma^2+2} \cdot \frac{1}{d} - \frac{n_\alpha^2-1}{n_\alpha^2+2} \cdot \frac{1}{d} = \Re_\gamma - \Re_\alpha; \qquad \mathfrak{M}_\gamma - \mathfrak{M}_\alpha; \qquad \mathfrak{r}_\gamma - \mathfrak{r}_\alpha.$$

Brühl findet diese Ausdrücke für einen bestimmten Körper annähernd konstant bei verschiedenen Temperaturen, Dichten und Aggregatzuständen. Für die Doppel- und dreifache Bindung schlägt er

Atomrefraktionen für die α-Wasserstoff- und D-Natriumlinie $\mathfrak{r}_\alpha$ und $\mathfrak{r}_D$ (auf die n^2-Formel bezogen):

	1882 Landolt	1886 Brühl	1889[1]) Conrady	1891 Brühl	1910—1912; 1923[3]) Eisenlohr		1926 Scheibler		1930 Straus	1935[4]) Auwers
	$\mathfrak{r}_\alpha$	$\mathfrak{r}_\alpha$	$\mathfrak{r}_D$	$\mathfrak{r}_\alpha$	$\mathfrak{r}_\alpha$	$\mathfrak{r}_D$	$\mathfrak{r}_\alpha$	$\mathfrak{r}_D$	$\mathfrak{r}_\alpha$	$\mathfrak{r}_D$
Elementaratome . H	1,04	1,04	1,051	1,103	1,092	1,100	—	—	—	—
C_{IV}	2,48	2,48	2,501	2,365	2,413	2,418	—	—	—	—
O(—H)	1,58	1,58	1,521	1,506	1,522	1,525	—	—	—	—
$O{<}^C_C$	—	—	1,683	1,655	1,639	1,643	—	—	—	—
O(=C)	2,34	2,34	2,287	2,328	2,189	2,211	—	—	—	—
Doppelbindung $\mathord{\mid}^=$	—	1,97 (2,18)	1,707	1,836	1,686	1,733	—	—	—	—
Acetylenbindung $\mathord{\mid}^\equiv$	—	—	—	2,22	2,328	2,398	—	—	2,316	2,329 (2,543)
$C_{II}{<}$	—	—	—	—	—	—	5,95	5,98	—	—

Atomdispersionen $\mathfrak{r}_\gamma - \mathfrak{r}_\alpha$:

	1891 Brühl	1911/12 Eisenlohr	1926 Scheibler	1930 Strauß	1935 Auwers[3])
Einfach gebundener C'	0,039	0,056	—	—	—
Wasserstoff H	0,036	0,029	—	—	—
Hydroxylsauerstoff O'	0,019	0,015	—	—	—
Äthersauerstoff $O{<}^C_C$	0,012	0,019	—	—	—
Carbonylsauerstoff O=C . . .	0,086	0,078	—	—	—
Doppelbindung $\mathord{\mid}^=$	~0,23	0,200	—	—	—
Acetylenbindung $\mathord{\mid}^\equiv$	0,19	0,171	—	0,159	0,149 (0,186)
Zweiwertiger Kohlenstoff C$\langle$.	—	—	0,19	—	—

[1]) Brühl: Z. physik. Chem. 7, 140 (1891).

[2]) Diese alten Atomrefraktionen finden sich noch in neuen französischen Lehrbüchern (vgl. C. Moureu: Chimie organique, p. 114. 1928).

[3]) In Landolt-Börnsteins Physikalisch-chemischen Tabellen, S. 985, 1923, sowie in den Ergänzungsbänden; s. auch J. Eggert u. L. Hock: Lehrbuch der physikalischen Chemie, S. 213. 1937.

[4]) K. v. Auwers: B. 68, 1636 (1935): für R.C:CH ist 2,329 (bzw. 0,149), für R.C:C R' dagegen 2,543 (bzw. 0,186).

die Zeichen ⊩ bzw. ⊫ vor und gibt eine Neuberechnung der Atomrefraktionen sowie erstmalig die Werte der Atomdispersionen. Er
schließt: „Die Molekulardispersion hat sich als eine vorzugsweise
konstitutive Eigenschaft erwiesen, noch entschieden empfindlicher
gegen strukturelle Einflüsse als die Molekularrefraktion." Mit Hilfe
der neuberechneten Atomrefraktionen und der erstmalig ermittelten
Atomdispersionen konnte nun Brühl die von ihm „Spektrochemie"
genannte Untersuchungsmethode für Konstitutionsforschung und
Reinheitsprüfung ausbauen und weiterhin empfehlen; eine besonders
eingehende Untersuchung erforderten die Stickstoffverbindungen, für
welche Brühl zuerst etwa 32 verschiedene optische Äquivalente aufstellen zu müssen glaubte.

In ein neues Stadium trat die Spektrochemie, als 1910 Eisenlohr[1])
und Auwers[1]) sich derselben zuwandten. Eisenlohr[2]) unternahm
eine kritische Sichtung und experimentelle Ergänzung des Beobachtungsmaterials und führte eine Neuberechnung der Atomrefraktionen
für alle vier Linien H_α, H_β, H_γ und den D-Strahl durch, er schuf
damit die noch gegenwärtig geltenden Zahlenwerte für Atomrefraktion
und -dispersion. Die vorstehende Zusammenstellung veranschaulicht
an den drei Elementen C, H und O den allmählichen Werdegang der
Atomrefraktionen und -dispersionen (Tabelle S. 68).

Die spektrochemische Untersuchungsmethode hat wegen ihrer
bequemen Handhabung und des geringen Stoffverbrauches eine sehr
ausgedehnte Anwendung bei den organischen Strukturforschungen
erfahren. Lange Zeit war sie das bevorzugte physikalische Hilfsmittel
in der Erforschung der Terpene und Campher, und zwar angefangen mit den Arbeiten von J. Kanonnikow (1883), der auf
Grund der Molekularrefraktion die 1.4-Brückenbindung im Campher
(und Borneol) ableitete. Es folgten O. Wallach (1889 u. f.), F. W.
Semmler (seit 1890), Brühl (1891), Tiemann (1895), Harries,
Perkin jun., Barbier und Bouveault (1896), die alle mit den Aussagen der refraktometrischen Methode operierten. Andererseits hat
A. v. Baeyer in seinen 25 Abhandlungen über Ortsbestimmungen in
der Terpenreihe (1893—1899) diese optischen Charakteristiken nicht
beachtet. Diese Ablehnung war bei dem damaligen Stande der Spektrochemie nicht ganz unbegründet; so gelangte z. B. Semmler bei der
Untersuchung der Sesquiterpene zu größeren Molekularrefraktionen
als die Berechnung sie ergab, er schloß daraus, daß bei der Verwertung
dieser Daten „besondere Vorsicht geboten war", — tricyclische
Terpenverbindungen wiesen noch größere Inkremente auf [B. 40, 1120

---

[1]) Auwers u. Eisenlohr: B. 43, 806, 827 (1910); J. prakt. Chem. (2) 82, 65 (1910);
84, 1—121 (1911).

[2]) Eisenlohr: Z. physik. Chem. 75, 585 (1910/11); 79, 129 (Stickstoff) (1912).

(1907)]. Als 1910 Auwers und Eisenlohr (s. oben) ihre großangelegte Untersuchung „über Refraktion und Dispersion von Kohlenwasserstoffen, Aldehyden, Ketonen, Säuren und Estern mit einem Paar konjugierter Doppelbindungen" unternahmen, schlossen sie: „Am wenigsten klar liegen leider die Verhältnisse bis jetzt auf dem Gebiet, auf dem eine erweiterte Verwertung der Spektrochemie für die Konstitutionschemie am meisten zu wünschen ist, nämlich bei den Terpenen und sonstigen hydroaromatischen Kohlenwasserstoffen."

Durch diese Untersuchungen von Auwers und Eisenlohr wurde die besondere Wirkung der verschiedenen Arten von Konjugation — insbesondere die als Exaltationen bezeichneten Überschüsse der gefundenen Refraktions- und Dispersionswerte gegenüber den berechneten — zahlenmäßig erfaßt. Es wird nun der Begriff der spezifischen Refraktionen Σ_α (Σ_D oder Σ_γ) $=$ $\frac{\text{molek. Refrakt.}}{\text{Molargewicht}} \cdot \frac{100}{M} = \frac{M_\alpha}{M} \cdot 100$ empfohlen; die Exaltationen (z. B. für die D-Linie) sind $E\,M_D = (M_D$ gef. $— M_D$ ber.), aus ihnen werden die spezifischen Exaltationen gebildet: $E\,\Sigma_D = \frac{E\,M_D \cdot 100}{M}$.

Eine verfeinerte Methodik setzte nun ein. Die Spektrochemie hat in der Folgezeit viele wertvolle Dienste der Konstitutionsforschung geleistet, indem sie teils in Zweifelsfällen entscheidend eingriff, teils überhaupt erst die Konstitution vorausschaute. Es sei insbesondere auf ihre Mithilfe bei der Erforschung der Keto-Enol-Tautomerie, Ketimid-Enamin-Tautomerie, der Oxyaldehyde und Oxyketone usw. hingewiesen. Als ein Hauptvertreter dieser „spektrochemischen" Konstitutionsforschung ist K. v. Auwers (1863—1939) zu nennen, er meisterte vorbildlich die Methode und die Reichweite ihrer Ergebnisse in Konstitutionsfragen schwieriger Art, und zwar seit 1910 bis 1938 [B. 71, 1260 (1938)].

Von F. Eisenlohr ist unter der Bezeichnung „molekularer Brechungskoeffizient" das Produkt ($M \cdot n_D^{20}$) vorgeschlagen worden, dasselbe zeigt ein additives Verhalten und ist zugleich sehr empfindlich gegenüber konstitutiven Nuancen [B. 53, 1746, 2053 (1920); 54, 299 (1921); 57, 1808 (1924)]. Dazu K. v. Auwers [B. 55, 21 (1922)]; über Anwendungen des Ausdrucks zur Reinheitsprüfung s. A. Skita und A. Schneck: B. 55, 147 (1922). Als „Refraktivity Intercept" schlagen S. S. Kurtz jun. und A. L. Ward [J. Franklin Inst. 222, 563 (1936)] den Ausdruck $n — d/2$ vor, der für homologe Reihen von Kohlenwasserstoffen wertvoll sei. Von H. Suida und R. Planckh [B. 66, 1445 (1933)] wurde der Eisenlohrsche „molekulare Brechungskoeffizient" für hochmolekulare Iso-paraffine bis zu C_{47}-Atomen hinauf ·als gut stimmend gefunden.

Lichtabsorption im Ultraviolett. (Echte und Pseudo-carbonsäuren.)

Mit W. N. Hartley[1]) (1878 u. f.) beginnt die außerordentlich fruchtbare Anwendung des ultravioletten Spektrums zur Identifizierung und Konstitutionsbestimmung organischen Verbindungen[1]). Während die aliphatischen Alkohole, die Fettsäuren und deren Ester keine besonderen oder regelmäßigen Beziehungen erkennen ließen, wiesen die aromatischen Verbindungen charakteristische, noch in großer Verdünnung wahrnehmbare Absorptionsbanden auf; diese waren für o-, m- und p-Derivate verschieden, und Hartley zog aus dem Absorptionsspektrum des Tyrosins den Schluß, daß dasselbe eher als Oxyphenyl-amidopropionsäure und nicht als ein Derivat der p-Oxybenzoesäure aufzufassen sei (1879): Es waren Erlenmeyer und Lipp, die (1883) die Synthese des Tyrosins aus p-Aminophenyl-alanin → p-Oxyphenylalanin ausführten. Auch Pyridin-, Picolin- und Chinolinderivate sowie ätherische Öle wurden von Hartley untersucht und mit Konstitutionsfragen[2]) verknüpft, er empfahl z. B. die Absorptionsspektren zur Untersuchung und Identifizierung von Alkaloiden. Von anderen wichtigen Naturstoffen wurden dieser Untersuchungsmethode zugeführt der Blutfarbstoff (von M. Nencki, seit etwa 1890), Carotin bzw. Chlorophyll (von N. A. Monteverde, 1893; E. Schunck und L. Marchlewski, seit 1894). Wertvolle Erkenntnisse lieferte die Methode für die Untersuchung der Alkaloidkonstitution; so z. B. schlossen J. J. Dobbie und Lauder [Soc. 83, 606 (1903)] aus der Ähnlichkeit der Spektren von Laudanosin, Tetra-hydropapaverin und Corydalin auf eine ähnliche Konstitution derselben, — die Synthese des Laudanosins durch A. Pictet [B. 42, 1979 (1909)] erwies dasselbe als ein N-Methyltetrahydropapaverin, und alle drei Alkaloide enthielten den Isochinolinring. ·Als Hantzsch (1899) aus Leitfähig-

---

[1]) Hartley hatte die Ursache der Absorption in die Schwingungen intramolekularer Teilchen verlegt. Mit der Einbürgerung der Lehre von den elektrischen Elementarquanten, die ihre Energie auf die Materie übertragen, wurde die Absorption als ein Elektronenphänomen von den Physikern, z. B. Drude, Wien, Stark, behandelt und mit den Valenzelektronen verknüpft. Chemiker unternahmen dann die Auffindung der Zusammenhänge zwischen der Absorption und dem chemischen Bau der betreffenden Stoffe.

[2]) Vgl. auch H. Ley: Beziehungen zwischen Farbe und Konstitution. Leipzig 1911.

V. Henri: Etudes de Photochimie. Paris 1919.

K. F. Bonhoeffer u. P. Harteck: Grundlagen der Photochemie. Dresden u. Leipzig 1933.

R. Kremann (mit M. Pestemer): Zusammenhänge zwischen physikalischen Eigenschaften und chemischer Konstitution. Dresden u. Leipzig 1937.

keitsmessungen zu der Aufstellung der Lehre von den Pseudobasen gelangt war, z. B.

Methyl-Phenylacridiniumhydrat   →   Methylphenylacridol
starker Elektrolyt, Base   (←) Nichtelektrolyt, Pseudobase

wiesen Dobbie und Tinkler [Soc. 87, 269 (1905) diese Umwandlung an der Verschiedenheit der Absorptionskurven nach und zeigten, daß in alkoholischer Lösung die Pseudobase bestrebt ist, Ammoniumstruktur anzunehmen. Für das Cotarnin wurde die von Decker (1893) befür-wortete Carbinolformel $C_8H_6O_3 \big\langle \begin{smallmatrix} CH(OH)-N \cdot CH_3 \\ CH_2 \underline{\quad\quad} CH_2 \end{smallmatrix}$ als Pseudobase, gegen-über der echten Base bzw. dem Salz (Chlorid) $C_8H_6O_3 \big\langle \begin{smallmatrix} CH=N \cdot (CH_3)Cl \\ CH_2-CH_2 \end{smallmatrix}$ erwiesen, sowie die Umwandlung des Carbinols in die Ammonium-base durch die Absorption verfolgt, das nach Hantzsch [B. 32, 3109 3131 (1899)] nichtleitende „Cotarnincyanid" zeigte tatsächlich ein von dem starken Elektrolyten Cotarninchlorid ganz verschiedenes, jedoch dem Hydrocotarnin ähnliches Spektrum [Dobbie u. Mitarb.: Soc. 85, 598 (1903)]. Hervorzuheben sind dann noch die Unter-suchungen von E. C. C. Baly, der (mit Desch, 1904 u. f., bzw. Ste-wart, 1906) die Absorption der Gruppe —$CH_2 \cdot CO$—, der Isonitroso- und Nitrosokörper usw. untersuchte [vgl. Z. phys. Chem. 55, 317 (1906)], auch die Diketone und das chinoide System sowie (mit N. Collie, 1909) die Pyrone mit Hilfe der Absorptionsspektren studierte. Seit 1909 hat alsdann A. Hantzsch seine bisherige Methodik (Leitfähigkeit, Molrefraktion) durch die Einfügung der Absorptionsmethode erweitert.

A. Hantzsch hat wesentlich zur Einbürgerung dieser Methode in der organischen Chemie beigetragen, er hat von Anfang an (1909) auf die größere Empfindlichkeit der Absorptionsmethode gegenüber der Refraktionsmethode hingewiesen, sie zur Reinheitsprüfung emp-fohlen, ebenso ihre Überlegenheit beim Erkennen und Bestimmen der Lösungsgleichgewichte bzw. beim Studium der Tautomerieprobleme usw. verteidigt [vgl. B. 43, 3075 (1910); 45, 559 (1912); 50, 1457 (1917)]. Nachdem J. Stark (1907 u. f.) auf den Zusammenhang zwischen Fluoreszenz und selektiver Absorption bei organischen (aromati-schen) Verbindungen hingewiesen hatte — die Bandenspektren werden mit Ortsänderungen der Valenzelektronen verknüpft, und „die Ab-sorption des Lichts in einem Bandenspektrum hat die Erscheinung der Fluoreszenz zur Folge" — hat H. Ley (gemeinsam mit K. von Engel-hardt [B. 41, 2509 (1908)] die beiden Erscheinungen in ihrer Ab-hängigkeit von der chemischen Konstitution und unter dem Einfluß der Lösungsmittel untersucht. [Über die Abhängigkeit der Absorptions-spektren von der Doppelbindung: A. v. Weinberg: B. 52, 932 (1919)].

An allgemeineren Ergebnissen lagen vor: die von Hartley und ·Dobbie (1898 u. f.) festgestellte starke selektive Absorption von aromatischen (cyclischen) Verbindungen und die Regel, daß Substanzen mit nahe verwandtem Charakter Absorptionskurven ähnlicher Art besitzen, ferner der Befund von Magini (1904) und Stewart (1907), daß Nichtsättigung die kontinuierliche Absorption der Fettalkohole und -säuren außerordentlich verstärkt, sowie daß die geometrisch isomeren Säuren der Fumar- und Maleinsäurereihe ein verschiedenes Absorptionsvermögen (fumaroide Formen ein größeres als malenoide) haben, dagegen absorbieren (nach Stewart) optische Antipoden gleich stark, in konzentrierten Lösungen jedoch die d-Weinsäure schwächer als die Traubensäure und diese schwächer als die meso-Weinsäure; sorgfältig gereinigtes Limonen (d- oder l-Form) sowie Dipenten und razem. d,l-Limonen gaben (nach A. Hantzsch, 1912) keine identischen Absorptionskurven und auffallenderweise gehorchten die (äthylalkoholischen) Lösungen der Terpene und Campher nicht streng dem Beerschen Gesetz [B. 45, 554 (1912)]. Dann hatten Stewart und Mitarbeiter (1911; 1917) gefunden, daß mit zunehmender Nähe der Doppelbindung (z. B. gegenüber dem Benzolring) die Absorptionen wachsen, andererseits stellten Stobbe und Ebert (1911) fest, daß Stoffe mit Doppelbindung stärker absorbieren als solche mit dreifacher Bindung. [Diesen Einfluß des Sättigungsgrades der mit dem asymm. C-Atom verbundenen Radikale hatte P. Walden (1896) in derselben Reihenfolge für das Drehungsvermögen $[\alpha]_D$ gefunden: $\geqslant C\!\!-\!\!C\!\!\leqslant \langle\ \rangle C\!:\!C\!\langle\ \rangle\!\!-\!\!C:C\!\!-\!.$]

Einen ausgedehnten Gebrauch von den Absorptionsspektren zu Konstitutionsforschungen hat A. Hantzsch mit Mitarbeitern gemacht, z. B. in den Fällen der Chromotropie (1909 u. f.), oder über Isomeriegleichgewichte des Acetessigesters: „Er absorbiert in indifferenten Lösungsmitteln um so stärker, je kleiner deren Dielektrizitätskonstante wird", und die Keto-Enolgleichgewichte werden „. . . mit Zunahme der Dielektrizitätskonstanten der Lösungsmittel nach der Seite der viel schwächer absorbierenden und brechenden Ketoformen verschoben" [B. 43, 3049 (1910); s. auch 45, 559 (1912)], oder über die Charakterisierung der Terpene [B. 45, 553 (1912)]. — Zu dieser Zeit erfolgte eine Verwissenschaftlichung des bisher qualitativen Verfahrens der Absorptionsmessungen für Konstitutionszwecke: V. Henri (gemeinsam mit J. Bielecki) ging zu „quantitativen Untersuchungen über die Absorption ultravioletter Strahlen" über [B. 45, 2819 (1912); 46, 1304, 2596, 3650 (1913); 47, 1690 (1914)]; Alkohole, Fettsäuren, Ester, Aldehyde, Ketone wurden erneut untersucht, um den Einfluß der charakteristischen Gruppen dieser (ungefärbten) aliphatischen Verbindungen auf das Ultraviolettspektrum genau zu ermitteln.

Wohl im Zusammenhang mit den ebengenannten Studien hat A. Hantzsch seit 1913 [zuerst gemeinsam mit E. Scharf: B. 46, 3570 (1913)] seine „optischen Studien über Carbonsäuren oder Thiocarbonsäuren, ihre Salze und Ester" begonnen. Diese Untersuchungen von Hantzsch weiteten sich später immer mehr aus, indem sie in eine Ideenverknüpfung mit seinen teils früheren, teils gleichzeitig ausgeführten Arbeiten über echte und Pseudosalze bzw. Pseudosäuren traten, um schließlich in eine neue Theorie der „Säuren" überhaupt auszumünden. In dieser ersten Mitteilung wird (1913) festgestellt, daß 1. die typische Absorption der Fettsäure durch die ungesättigte Carboxylgruppe bedingt wird, wie solches V. Henri und Bielecki (1912) ausgesprochen hatten; 2. die Assoziation keinen Einfluß ausübt, 3. die Dissoziation ebenfalls ohne Einfluß ist (Säuren und ihre Salze haben die gleiche Absorption), 4. die Lösungsmittel keine optische Veränderung der Säureester bewirken, die freien Säuren aber (wie es schon V. Henri gefunden hatte) in Alkoholen eine Verschiebung nach dem Rot erleiden, 5. die Veränderung der Absorption bei der Salzbildung sehr gering ist, 6. die Fettsäureester stets etwas stärker absorbieren als die zugehörigen Säuren. Es ordnen sich die Hydroxyl-Substitutionsprodukte der Fettsäuren nach steigender Absorption folgendermaßen:

Salze⟨ Säuren⟨ Ester⟨ Anhydride⟨ Chloride.

Die ausführliche Mitteilung vom Jahre 1917 [Hantzsch: B. 50, 1422—1457 (1917)] bringt die theoretische Auswertung der Absorptionsspektren bzw. zieht wesentlich nur aus diesen optischen Beobachtungen die weitestgehenden Schlüsse über die Konstitution der Carbonsäuren, Ester und Salze. Eine Art Schlüsselstellung in der ganzen Ableitung nimmt die Trichloressigsäure ein, deren Verhalten durch die nachstehende Zusammenfassung, die auch die geänderte Symbolik der Säuren bringt, veranschaulicht wird:

I. Gruppe. Optisch identisch.		II. Gruppe. Optisch identisch (und verschieden von Gruppe I)	
Ester	Pseudo-carbonsäure	echte Carbonsäure	echte Salze
$CCl_3 \cdot C{<}^O_{OC_nH_{2n+1}}$	$CCl_3 \cdot C{<}^O_{OH}$	$CCl_3 \cdot C{<}^O_O{\rceil}H$	$CCl_3 \cdot C{<}^O_O{\rceil}Me$
in allen Medien	in Alkohol u. Äther	in H_2O u. Ligroin	in Wasser

Die übrigen Carbonsäuren ordnen sich dem folgenden Schema unter (Gleichgewicht):

in Pseudo- oder esterähnlicher   ⇄   echte salzähnliche
      Hydroxyform   ⇄   Koordinationsform

homogen flüssig oder in H_2O und Petroläther

oder kurz und anders formuliert: homogene Säuren $R \cdot CO \cdot OH \rightleftharpoons R \cdot CO_2 : H$, in wässeriger Lösung aber als Hydrat[1]), z. B. $CCl_3 \cdot C {\langle}^O_O {|} H, (OH_2)$ n, in Alkohol als Alkohol-Solvate.

Auch die echten Salze werden durch Alkohol partiell in „Pseudosalze" umgewandelt:

$$R \cdot C {\langle}^O_O {|} Me \xrightarrow{\text{Alkohol}} R \cdot C {\langle}^{O \cdots\cdots H}_{O \cdot Me \cdots OC_2H_5}$$
      echtes Salz   Pseudosalz

Daß dieser neuen Systematik und Charakteristik der Säuren, Salze und Lösungsmittel eine erhebliche Einseitigkeit zukommt, hat A. Hantzsch nicht übersehen. Denn es widersprach zu offensichtlich allen Erfahrungen und Ansichten über die elektrolytische Dissoziation, daß z. B. die in wässeriger Lösung so starke Trichloressigsäure in dem Isolator Ligroin ebenso stark sein sollte, ist doch die Säure in Wasser nahezu vollständig dissoziiert, in Ligroin aber als Dimolekül gelöst [vgl. H. Ley: B. **59**, 524 (1926)]. Es wird daher von Hantzsch [B. **50**, 1443 (1917)] die weitere Behauptung aufgestellt, „daß der ionogene Zustand, also die gleichzeitige Bindung des ionisierbaren Wasserstoffs (oder Metalls) an die zwei Sauerstoffatome der echten Carbonsäuren $R \cdot CO_2$: H wesentlicher ist als der ionisierte Zustand, also als ionisierter Wasserstoff". Als Beweis wird der „Fundamentalversuch" mit Diazo-essigester angeführt: dieser wird durch Trichloressigsäure in Petroläther sehr schnell, in Alkohol langsam, in Äther gar nicht zersetzt. [Vielleicht könnte man die Beweiskraft bezweifeln und dementgegen behaupten, daß (in Ligroin) dem Doppelmolekül $(CCl_3 \cdot COOH)_2$ etwa als Polypol eine spezifische katalytische Wirksamkeit zukommt, dagegen in den sauerstoffhaltigen Medien Alkohol und Äther die Säure zwangsläufig komplexe Solvate bilden muß und demgemäß ganz anders wirken kann.]

Daß die Lichtabsorption keineswegs zu so weitgehenden Schlüssen berechtigt bzw. so eindeutige Resultate ergibt, haben namentlich

---

[1]) Nach A. Hantzsch [B. **60**, 1934 (1927); s. auch **50**, 1451 (1917)] sind in Wasser alle Säuren partiell als Hydroxoniumsalze gelöst: I XH + $H_2O \rightleftharpoons X \cdot H_3O$; II X · $H_3O \rightleftharpoons X' + H_2O \ldots H^\cdot$ [B. **50**, 1452 (1917)]. Schon 1909 hatte P. Walden [Trans. Farad. Soc. VI, I Part, 6 (1910)] experimentell die Ansicht zu belegen versucht, daß ein Nichtelektrolyt in der Lösung ein Elektrolyt werden kann, wenn „zwischen Gelöstem und Lösungsmittel ein chemischer Kontrast besteht", so daß der gelöste Stoff mit dem „Solvens eine Art Salz bilden wird". Offenbar entspricht die Hantzschsche Formulierung demselben Gedanken und das Wasser entspricht der Base des Hydroxoniumsalzes.

H. v. Halban [Z. f. Elektrochem. 29, 434 (1923)] und H. Ley [B. 59, 518 (1926)] gezeigt, beide Forscher lehnen die Hantzschschen Ableitungen ab; H. Ley folgert aus seinen optischen Messungen (auch an Trichloressigsäure und -ester): „Es liegt kein Grund zu der Annahme vor, daß die bei den Säuren beobachteten Lösungsmitteleffekte durch Umlagerung (Säure ⇌ Pseudosäure) zu erklären sind."

Für die zuerst aus den Dampfdichtebestimmungen an der Essigsäure bekanntgewordenen, dann von Playfair und Wanklyn (1862) sowie von A. Naumann (1870) richtig gedeuteten Vorgänge des Zerfalls von Doppelmolekülen in einfache: $C_4H_8O_4 \rightleftharpoons 2\ C_2H_4O_2$ wurde durch die Molekulargewichtsbestimmungen in Lösungen neues Belegmaterial erbracht; ganz allgemein ergab sich, daß die (schwachen) Carbonsäuren — namentlich in indifferenten Lösungsmitteln — in mäßiger Konzentration in Doppelmolekülen vorkommen. Eine Deutung dieser Eigenart der Monocarbonsäuren ist auf verschiedenen Wegen unternommen worden. So läßt P. Pfeiffer [B. 47, 1580 (1914)] den Zusammentritt auf Grund der Affinitätsabsättigung am Sauerstoff erfolgen:

$$2\,RCOOH \rightarrow R-\underset{OH}{C}{=}O \cdots HO-\underset{\overset{\|}{O}}{C}-R \quad \text{oder} \quad R-C{<}{\overset{O\cdots HO}{OH\cdots O}}{>}C-R.$$

Die ungesättigte Natur des Carbonyl-Sauerstoffs wurde anfangs [Z. f. Elektrochem. 29, 228 (1923)] auch von A. Hantzsch (ähnlich wie von Pfeiffer) der Assoziation zugrunde gelegt, später jedoch [B. 60, 1944, 1948 (1927)] wegen der stärkeren Ultraviolett-Extinktion der dimolaren Form in die Wirkung der Hydroxylgruppen verlegt, z. B.

$$\underset{O}{\overset{CH_3}{>}}C-O{<}\overset{H}{\underset{H}{}}O-C{<}\overset{CH_3}{\underset{O}{}} \rightleftharpoons \left[CH_3\cdot C{<}\overset{OH}{\underset{OH}{}}\right]\left[\overset{O}{\underset{O}{}}{>}C\cdot CH_3\right].$$

nicht leitend   „Acetyliumacetat"

Ganz allgemein muß hervorgehoben werden, daß die Absorptionsspektroskopie nicht immer eindeutige oder entscheidende Schlußfolgerungen bei der Konstitutionsbestimmung gewährleistet. So ist neuerdings bei der Deutung gewisser Tautomeriefälle mit der Gruppe · CO · NH von H. Ley [mit H. Specker: B. 72, 192 (1939)] ein Versagen der Methode festgestellt worden, und H. Biltz [B. 72, 807 818 (1939)] hat am Beispiel der Harnsäure und Cyanursäure die Widersprüche zwischen den chemischen und absorptionsspektroskopischen Befunden hervorgehoben. Eine erschöpfende Übersicht über die Beziehungen zwischen den Ultraviolettspektren und der Konstitution organischer Verbindungen gab jüngst K. Dimroth [Z. angew. Chem. 52, 545 (1939)].

Elektrochemie. Chemische Bindung.

„Da im totalen dynamischen Prozeß, dem sog. chemischen, auch der partielle, der elektrische, enthalten ist ..., so darf die Ankündigung nicht befremden, daß das System der Elektrizität zugleich das System der Chemie und umgekehrt werden wird."   J. W. Ritter (1798).

„Die Elektrizitäten sind ganz allgemein das ‚Primum movens' aller chemischen Tätigkeit."   J. J. Berzelius.

„Die von dem großen Berzelius in so geistreicher Weise entwickelte elektrochemische Theorie ... hat sich als unzulänglich erwiesen. Aller Wahrscheinlichkeit nach wird sie in einer demnächstigen Entwicklungsperiode der Wissenschaft wieder aufgegriffen werden, um dann, in verjüngter Form, auch Früchte zu bringen."   A. Kekulé (1877).

Wie Kekulé vorausgeschaut hatte, so geschah es. Das Gesetz der „Erhaltung der Ideen" bewährte sich auch hier. Schon 1811 hatte Berzelius eine atomistische Auffassung der Elektrizität im Auge, er betrachtete „die Elektrizitäten, welche den nämlichen Gesetzen gehorchen, als die ponderablen Materien, in Hinsicht der Proportionen, nach welchen sie sich mit den Körpern vereinigen" [Gilb. Ann. 38, 194 (1811)]. Er stellt die Frage: „Sind die Elektrizitäten ... Materien?" und bejaht sie: „Wir können uns also die Elektrizitäten... als Körper vorstellen, welche gegen die Erde nicht gravitieren (oder wenigstens nicht in einem für uns bemerkbaren Grade), welche aber gegen die gravitierenden Körper Verwandtschaften äußern ..." (1812). Es war dann H. Helmholtz, der 1881 in seinem Vortrag „über die neuere Entwicklung von Faradays Ideen über Elektrizität" zu der Schlußfolgerung gelangt, „daß jede Affinitätseinheit mit einem Äquivalent Elektrizität, entweder positiver oder negativer, geladen ist", also die Elektrizität selbst eine atomistische Struktur hat. Es folgte die elektrolytische Dissoziationstheorie von Sv. Arrhenius [1884; Z. phys. Chem. 1, 631 (1887)], durch welche die Elektrolyte, dann die Halbelektrolyte erfaßt wurden, um immer weitergehend auch die sog. Nichtelektrolyte bzw. die organischen Verbindungen und deren Umsetzungen gleichsam zu „elektrifizieren", auf Ionenbildung zurückzuführen. Grundlegend wurden sowohl in experimenteller als auch theoretischer Beziehung die von W. Ostwald (1888/89) ausgeführten Leitfähigkeitsmessungen an den wässerigen Lösungen von 243 Säureindividuen bzw. die Aufstellung (1888) seines Verdünnungsgesetzes $K = (\lambda_\infty - \lambda_v) \cdot \lambda_\infty / \lambda_v^2 \cdot v$. Der Zweck dieser bahnbrechenden Untersuchungen ist aus deren Titel ersichtlich: „Über die Affinitätsgrößen organischer Säuren und ihre Beziehungen zur Zusammensetzung und Konstitution derselben" [Z. phys. Chem. 3, 170, 241, 369 (1889)]. Gleichzeitig (1889) prägt er die Begriffe „komplexe Salze" und „komplexe Säuren" und scheidet sie von den sog. „Doppelsalzen" auf Grund ihrer individuellen Ionenreaktionen, und ebenso werden den additiven Eigenschaften die konstitutiven gegenübergestellt.

In schneller Folge werden von Bethmann (1890), Bader (1890), Walden (1889, 1891 u. f.), Hantzsch (und Miolati, 1892 u. f.) usw. — die verschiedenartigsten Säuretypen auf ihre Affinitätsgrößen (Dissoziationskonstanten) durchforscht; erstmalig wird der Einfluß der Natur der verschiedenen Substituenten, des Orts derselben im Säuremolekül, der Art der C—C-Bindung, der Isomerieverhältnisse usw. durch Maßzahlen erfaßt[1]); bei mehrbasischen Säuren wird die stufenweise Dissoziation erkannt, kurz, eine neue Konstante von eminent konstitutiver Eigenschaft wird für die organischen Säuren geschaffen. Zu diesen Säuren gehören nicht allein die typischen Carbonsäuren, sondern auch Phenole und deren Substitutionsprodukte, Amidosulfonsäuren, Acylcyanamide (Bader), organische Ester (z. B. Cyanessigester, Acetessigester, Nitrobenzoylmalonsäureester; Walden, 1891). Für die organischen Basen lieferte G. Bredig (1894) erstmalig die genauen Maßzahlen.

Aus diesen Leitfähigkeitsmessungen an wässerigen Lösungen am Ende des 19. Jahrhunderts war es bereits offensichtlich geworden, daß der anfängliche Begriff der Elektrolyte = Säuren, Basen und Salze zu eng gezogen war bzw. daß auch gewisse organische Nicht-elektrolyte (z. B. Ester) einer Ionenbildung fähig sind. Um die Wende des Jahrhunderts trat infolgedessen wiederholt die Ansicht entgegen, daß neben den sehr schnell verlaufenden anorganischen Ionenreaktionen auch die langsam verlaufenden Umsetzungen der organischen Verbindungen an das Vorhandensein von Ionen — wenn diese oft auch in sehr geringen Konzentrationen vorliegen — gebunden sind (vgl. R. Abegg, 1899), daß also kein grundsätzlicher Gegensatz zwischen „Elektrolyten" und „Nichtelektrolyten" besteht (H. v. Euler, 1901). Und Sv. Arrhenius prägte (1901) den Satz: „Man kann sogar so weit gehen, zu behaupten, daß nur Ionen chemisch reagieren können."

Es bedeutete daher einen Schritt vorwärts, als P. Walden (seit 1899) das Wasser als Lösungsmittel für organische „Nichtelektrolyte" durch ein nichtwässeriges Solvens, das flüssige Schwefeldioxyd ersetzte: dieses löste anorganische Salze und organische Verbindungen

---

[1]) Daß es möglich sein müßte, aus den Dissoziationskonstanten auch Rückschlüsse auf die räumlichen Verhältnisse innerhalb des Moleküls zu machen, hatte Ostwald (1889) ausgesprochen. Einen mathematischen Ansatz zur Lösung dieser Frage gab N. Bjerrum für Dicarbonsäuren [Z. physik. Chem. **106**, 219 (1923)]. Weitere experimentelle und theoretische Beiträge hierzu wurden von R. Gane und C. K. Ingold (1928 u. f.), R. Kuhn und A. Wassermann (1928 u. f.) geliefert. Über die rechnerische Erfassung der Wirkung von Substituenten auf die K-Werte hat R. Wegscheider (1902) gearbeitet; eine Weiterentwicklung dieses Problems durch Einbeziehung der Dipolmomente substituierter Atome oder Gruppen hat A. Eucken [Z. angew. Chem. **45**, 203 (1932)] angebahnt.

und erwies sich als ein gutes Ionisierungsmittel für typische Nichtleiter, z. B. Triphenylcarbinol, Triphenylmethylhalogenide, Carbonsäurechloride und -bromide, Dipentenhydrojodide, tertiäre aromatische Amine, Dimethylpyron usw. Alle diese „abnormen Elektrolyte" zeigten in Schwefeldioxydlösungen (bei 0^0) bei den Leitfähigkeitsmessungen das Verhalten von typischen anorganischen Elektrolyten. Im einzelnen ergab sich erstens: daß das an organische C-Atome gebundene Halogen, z. B. $(C_6H_5)_3C \cdot Hal.$, ebenso leicht in den Ionenzustand übergeht wie in den Salzen Tetraalkylammoniumbromid oder Jodkalium; zweitens: daß Komplexbildung, z. B. in der Form $(C_6H_5)_3C \cdot Cl \cdot SnCl_4$, die Elektrolytnatur erheblich steigert[1]), und drittens: daß die generell als „indifferent" bezeichneten Lösungsmittel einer Eigenionisation oder „Autoionisation" [2]) fähig sind und mit einem geeigneten Lösungsgenossen-Nichtelektrolyten zu Komplexverbindungen-Elektrolyten zusammentreten können, was an einer zeitlichen Zunahme der Leitfähigkeit (und Farbvertiefung) erkenntlich wird. Viertens ließ sich zeigen, daß die Halogene auch als Kationen auftreten können, z. B. $I_2 \rightleftharpoons I^- + I^+$, oder $ICl \rightleftharpoons I^+ + Cl^-$. Fünftens erwiesen sich auch die in der organischen Chemie für Substitutionen gebräuchlichen Körper: PX_3 und PX_5, SnX_4, S_2X_2, SO_2Cl_2 usw. in geeigneten (eventuell Komplexbildungen begünstigenden) Lösungsmitteln als Elektrolyte, etwa im Sinne von $PCl_5 \rightleftharpoons PCl_4^+ + Cl^-$

---

[1]) Die Verstärkung des Elektrolytcharakters durch Anlagerung eines „Neutralteiles" und Bildung einer Komplexverbindung hebt R. Abegg [Z. anorg. Chem. **39**, 360 (1904)] sowie A. Werner (Neuere Anschauungen auf dem Gebiete der anorganischen Chemie, 1. Aufl., 1905; 2. Aufl., S. 79. 1908) hervor, wobei „eines der Atome, infolge der Absättigung der Nebenvalenzen, eine Änderung seines Affinitätsinhaltes erfährt" und eine „ionogene Bindung" annimmt. Eine chemircle Gegensätzlichkeit zwischen dem gelösten Nichtleiter und dem indifferenten Lösungsmittel als Voraussetzung für die Zusammenlagerung beider zu salzartigen Komplexen, die nunmehr Stromleiter sind, hatte P. Walden [Trans. Faraday Soc., VI, I (1910)] gefordert; Verbindungen, „die erst durch eine entsprechende (chemische oder physikalische) Wechselwirkung mit dem ansprechenden Lösungsmittel zum Elektrolyten werden", wurden „Krypto- oder Pseudoelektrolyte" (P. Walden: Elektrochemie nichtwässeriger Lösungen, S. 219. 1923/24) oder „Solvo-Elektrolyte (P. Walden, 1934) genannt. H. Meerwein [A. **453**, 33; **455**, 227 (1927)] hat ganz allgemein das Problem der „Vergrößerung der Ionisationsfähigkeit schwacher Elektrolyte durch Komplexbildung" bearbeitet und ihre Bedeutung für katalytische Prozesse hervorgehoben, als Solvatbildner mit den Ionen werden auch die Lösungsmittel zu Katalysatoren; die organischen Reaktionen können gleichfalls als Ionenreaktionen bzw. als Kryptoionenreaktionen (bei äußerst geringer Ionenkonzentration) aufgefaßt werden.

Ch. Prevost und A. Kirrmann [Bull. soc. chem. (4) **49**, 194—243 (1931)] übertragen die Ionenbildung nahezu auf alle organischen Reaktionen; sie führen den Begriff der „Synionie" ein, wobei die ionisierten Tautomeren ein und dasselbe Ion liefern.

Die wissenschaftliche Fruchtbarkeit des Denkmittels der Ionendissoziation bei organischen Substitutions- bzw. Additionsreaktionen ist z. B. ersichtlich aus den Untersuchungen von W. Hückel [Z. angew. Chem. **53**, 50 (1940)].

[2]) Die moderne elektrochemische Entwicklung hat für diese „Autoionisation" des reinen Mediums die Bezeichnung „Autoprotolyse" vorgeschlagen und schreibt sie folgendermaßen: $2M \rightarrow M^\oplus + M^\ominus$ [J. N. Brönsted: Z. phys. Chem. (A) **169**, 52 (1934)].

[P. Walden: B. **35**, 2019 (1902); Z. physik. Chem. **43**, 385 (1902); **46**, 103 (1930)]).

An das Triphenylmethylchlorid und die Färbung des Carboniumkations $(C_6H_5)_3C^+$ knüpft A. v. Baeyer (1905) seine Lehre von der „ionisierbaren" Carboniumvalenz. Es folgen die ausgedehnten Untersuchungen von F. Straus [und Mitarbeiter, seit 1906: B. **39**, 2978 (1906); vgl. auch B. **42**, 2168 (1909) und mit A. Dützmann: J. prakt. Chem. (2) **103**, 1—68 (1921)] über ionogen gebundene Halogenatome in Derivaten des Diphenylmethans, des 1.3-Diphenylpropens, des 1.5-Diphenylpentadiens-2.4. Sie alle zeigten „qualitativ überraschende Übereinstimmung mit dem Verhalten des Triphenylchlormethans", z. B. in Schwefeldioxyd gaben sie unter Färbung Solvate, diese gefärbten Lösungen wiesen eine meßbare, oft sehr große Leitfähigkeit auf; eine zeitliche Zunahme der letzteren zeigte eine allmählich sich vollziehende Komplexbildung und fortschreitende Ionenbildung, und ein Vergleich dieser Leitfähigkeitswerte mit dem Hydrolysegrad (bzw. Austausch des Halogens gegen die OH-Gruppe) ergab eine vollkommene Parallelität.

Um diese Zeit vollzog sich ein historischer Umbau der Elektrizitätslehre, und das Problem vom Wesen der chemischen Lösungsmittel erhielt eine neue Beleuchtung. W. Nernst (1893) und J. J. Thomson wiesen gleichzeitig nach, daß die elektrostatischen Anziehungskräfte der entgegengesetzt geladenen Ionen eines Elektrolyten zwangsläufig um so mehr geschwächt werden müssen, je größer die Dielektrizitätskonstante D.-K. des Lösungsmittels ist. Gleichzeitig erfolgte die Entdeckung Ph. Lenards (1894): die Kathodenstrahlen gehen durch dünne Metallblättchen hindurch und führen dabei eine negative elektrische Ladung mit sich (negative Elektrizitätsatome, nach dem Vorschlage von Stoney „Elektronen" genannt). Die Ionen erschienen hiernach als eine Art chemischer Verbindungen zwischen Atom oder Radikal und Elektron. R. Abegg und G. Bodländer (1899) bzw. Abegg[1] (1904) entwickeln nunmehr eine Theorie, nach welcher die chemische Verwandtschaft der Atome auf die Verwandtschaft dieser letzteren zu den Elektronen (Elektronen- oder Elektroaffinität) zurückzuführen ist; die Elektroaffinität ist polarer Natur und führt zu zwei Grenztypen, die als heteropolare (z. B. Elektrolyte-Salze) oder homöopolare Verbindungen (organische Stoffe) unterschieden werden, als „Molekularverbindungen" werden in dieses System auch Assoziationen, Kristallsolvate, Lösungen, Komplexionen usw. einbezogen.

---

[1] Ausgehend von dem periodischen System der Elemente stellt Abegg den Grundsatz auf: „Jedes Element besitzt sowohl eine positive wie eine negative Maximalvalenz, die sich stets zur Zahl 8 summieren"; in dieser Zahl 8 darf man wohl eine Vorläuferin der nachherigen Oktetttheorie erblicken.

Weitere Anregungen gehen von einer „stereo-elektrischen Theorie" D. Vorländers aus [A. 320, 120 (1902); B. 36, 1488 (1903)], die bei Additionsvorgängen (an Kohlenstoffverbindungen u. ä.) wesentlich zwei Zustände unterscheidet, und zwar A.: bei der Addition zweier entgegengesetzt geladener Körper kommt es zu keinem vollen Ausgleich der Elektrizitäten, die beiden Komponenten bleiben getrennt (durch ein Dielektrikum), aber die Elektrizitäten sind räumlich verdichtet und in Spannung (Elektrolyte), B.: die Körper berühren einander und werden dabei entladen; System A. ist unbeständiger, eventuell gefärbt, System B. ist beständig und bedingt Entfärbung. Diese Ansicht wird dann [von D. Vorländer und C. Tubandt: B. 37, 1644, 2397 (1904)] als „Additionsisomerie" bezeichnet und durch die Begriffe „Molekülionen" und „Atomionen" erweitert.

Inzwischen hat sich die Entdeckung des Radiums (M. und P. Curie, 1898) vollzogen, dessen rätselvolle Strahlung durch E. Rutherford geklärt wird (1902: α-, β- und γ-Strahlen), während E. Rutherford und F. Soddy eine „Zerfallstheorie" der Radioaktivität aufstellen (1902: spontaner Zerfall des Radiumatoms in Atome anderer Elemente unter Energieabgabe). Das Problem „Stoff und Kraft"? wird wieder lebendig, die alte Frage: Was ist „Materie"? tritt unter ganz neuen Begleiterscheinungen an die Wissenschaft heran. J. J. Thomson (Buch „Electricity and Matter", 1904), E. Rutherford (Buch „Radioactivity", 1904) u. a. unternehmen es, diese Fragen zu beantworten und ein neues Bild vom Bau der Atome zu entwerfen.

Es ist dann Joh. Stark, der (zuerst 1908, dann in dem Buch „Die Elektrizität im chemischen Atom", Leipzig 1915, in der Monographie „Natur der chemischen Valenzkräfte", Leipzig 1922, ferner „Fortschritte und Probleme der Atomforschung", Leipzig 1931) die chemische Valenzlehre auf atomistisch-elektrischer Basis entwickelt. Nachdem die Forschung neue Erfahrungen über die elektrischen Quanten und ihr Vorkommen in den chemischen Atomen gewonnen hatte, unternahm Stark den Versuch, „die alte Hypothese von Berzelius von der elektrischen Natur der chemischen Valenzkräfte auszubauen". Starks Hypothese sieht an der Oberfläche des Atoms eines jeden Elements einige wenige Elektronen vor, „welche ausgezeichnet vor den übrigen elektrischen Quanten aus seiner Oberfläche hervorspringen und durch ein den elektrischen Charakter der Atomoberfläche bestimmendes Kraftlinienfeld an das positive Atominnere (positive Sphären) geknüpft sind; diese Oberflächenelektronen vermitteln in erster Linie die wechselseitige chemische Bindung zweier chemischer Atome, indem sie ihre Kraftlinien zum Teil an eine positive Stelle des eigenen, zum Teil an eine positive Stelle des fremden Atoms geheftet halten". Diese mit einer besonderen chemischen Funktion bedachten Oberflächenelektronen werden „Valenzelektronen" genannt und ruhend gedacht, und als „Valenzzahl" eines chemischen Elements gilt die Zahl der an der Oberfläche liegenden Valenzelektronen.

Der Begriff der Valenzelektronen wurde von der Rutherford-Bohrschen Atomtheorie übernommen (1912 u. f.). An das Bohrsche Atommodell knüpften sich die verschiedenen Versuche zur Deutung der Valenzkräfte und der wechselseitigen Bindung von chemischen Atomen: W. Kossel (heteropolare Verbindungen, z. B. vom NaCl-Typus, 1916), G. N. Lewis (1913/16), J. Langmuir (Oktetttheorie, 1919 u. f.), R. Kremann (Restfeldtheorie der Valenz, 1923), G. N. Lewis (Die Valenz und der Bau der Atome und Moleküle. Braunschweig 1927), N. V. Sidgwick (The electronic Theory of Valency, 1927). Neue Schreibweisen (z. B. statt eines Valenzstriches zwei punktförmige Elektronen) und neue Begriffe (z. B. „einsames Elektronenpaar" statt „latente" oder „nicht-betätigte Valenzen"; „Kovalenz" — ein bei unitarischer Bindung (Atombindung) mitwirkendes Elektron, „Elektrovalenz" — ein bei heteropolarer Bindung (Ionenbindung) ablösbares Elektron) bürgern sich teilweise ein[1]). Noch unlängst konnte, rückblickend auf Berzelius, folgendes gesagt werden: „, . . . ich freue mich, . . . aussprechen zu können, daß Berzelius' Gedanken sich so brauchbar gezeigt haben, wie man nur irgend erwarten konnte" (W. Kossel, 1930). Und wir wiederholen deshalb die Grundgedanken von Berzelius' dualistischer Theorie (1812, 1818), nach welcher jede chemische Verbindung „ihrem Grunde nach ein elektrisches Phänomen (ist), das auf der elektrischen Polarität der Partikeln beruht", und zwar derart, „daß bei jeder chemischen Verbindung eine Neutralisation der entgegengesetzten Elektrizitäten stattfindet"; es hat nämlich jedes Atom beide Elektrizitäten getrennt, und es kann „in Beziehung auf einen anderen Körper ˜negativ und in Beziehung auf einen dritten positiv sein", doch auch der neuentstandene Körper (erster Ordnung) ist noch polarelektrisch und kann seinerseits mit anderen polarelektrischen Molekülen zu Verbindungen höherer Ordnung zusammentreten. „Die Elektrizität . . . scheint sonach die letzte Triebfeder aller Wirksamkeit in der ganzen uns umgebenden Natur zu sein" (1819)[2]).

Das Denkmittel der elektrischen Gegensätze, durch Berzelius (1818) geschaffen, kehrte also über die Kationen und Anionen Faradays (1833), über die elektrolytische Dissoziationstheorie von Arrhenius (1887), über die Elektronenaffinität von Abegg und Bodländer

---

[1]) Vgl. die kritischen Betrachtungen von W. Hückel: Theoretische Grundlagen der organischen Chemie,. I. Bd. (2. Aufl.), S. 20 u. f. 1934.

Andererseits bringen große Lehrbücher der organischen Chemie, z. B. von Richter-Anschütz (3 Bde., 1928—1935) sowie von P. Karrer (1936) keine elektronenchemischen Formelbilder.

[2]) J. J. Berzelius: Versuch über die chemischen Proportionen und über die chemischen Wirkungen der Elektrizität. Dresden 1820.

(1899 u. f.) und die stereo-elektrische Theorie von D. Vorländer (1902 u. f.) wieder in der Lehre J. Starks von den Valenzelektronen (1908 u. f.), es findet eine neue Ausdrucksform in der Dipoltheorie von P. Debye (1912 u. f.), und die moderne Elektronentheorie sucht nun dasjenige Gebiet der Chemie zu beherrschen, welches der alten elektrochemischen Theorie einst versagt war und für sie verhängnisvoll wurde, nämlich die organischen Verbindungen (Nichtleiter).

Eine besondere Art dieser Wirksamkeit äußert sich physikalisch in den Abweichungen gewisser Stoffe gegenüber dem Grundgesetz von Boyle-Mariotte-Avogadro. In seiner Theorie hatte 1881 D. van der Waals [1]) seine berühmte Gleichung gegeben: $\left(p + \dfrac{a}{v^2}\right)$ $(v - b) = RT$; in derselben bedeutet a ein Maß für die anziehenden Kräfte, b ein Maß für die Raumerfüllung der Moleküle. Als eine Folge dieser ·anziehenden (Kohäsions- oder) van der Waalsschen Kräfte wurden zahlreiche Anomalien im physikalischen Verhalten einzelner Stoffklassen — z. B. der Alkohole, Säuren, Ketone, Cyan-, Amido- und Nitrokörper — angesehen und auf Molekularassoziationen zurückgeführt.

Farbänderungen in Lösungen ließen sich vielfach auf eine Wirkung der van der Waalsschen Kräfte der Lösungsmittelmoleküle zurückführen, diese Änderungen sind dann reversibel, Verdünnung und Temperaturzunahme wirken gleichsinnig [G. Scheibe: Angew. Chem. 50, 212 (1937)]. Zur Erkennung und Messung des sog. Assoziationsgrades homogener Flüssigkeiten sind verschiedene Methoden herangezogen worden, indem man gewisse Regelmäßigkeiten sog. normaler Flüssigkeiten (Kohlenwasserstoffe und deren Halogenderivate, Äther, Ester u. ä.) zugrunde legte, z. B. die Troutonsche Regel (1884): $\dfrac{M \cdot \lambda}{T_s} = 20 \cdot 7 = \dfrac{\text{molek. Verdampfungswärme}}{\text{absol. Siedepunkt}}$, für die assoziierten Stoffe war $\dfrac{M \cdot \lambda}{T_s} \geqq 20{,}7$. Eine ausgedehnte Anwendung fanden die Kapillaritätsmethoden; nach dem Vorgang von R. Eötvös (1886) entwickelten W. Ramsay und Shields [Ph. Ch. 12,

---

[1]) D. van der Waals: Die Kontinuität des gasförmigen und flüssigen Zustandes. Leipzig 1881. Aus Streuversuchen (sog. Rayleigh-Streuung mit monochromatischem Licht) folgert P. Debye: „... daß trotz der unbestreitbaren Kontinuität zwischen dem gasförmigen und flüssigen Zustande doch in der Flüssigkeit auch Ähnlichkeit mit dem festen Zustande besteht, sowohl bezüglich des Bewegungszustandes, wie in bezug auf die räumliche Anordnung der Moleküle [Debye: Struktur der Materie, S. 40. 1933; vgl. seinen Vortrag „Über quasi kristalline Flüssigkeiten". Z. f. Elektrochem. 45, 174—184, 813 (1939)]. Vorausgegangen waren die sog. „flüssigen Kristalle" (O. Lehmann, 1889) bzw. die „kristallinischen Flüssigkeiten" (R. Schenck, 1897; Monographie 1905; ausführlich bearbeitet von D. Vorländer, seit 1902, Monographien. 1908 und 1924); in neuer Betrachtung werden sie als „anisotrope Flüssigkeiten" behandelt [vgl. W. Kast: Z. f. Elektrochem. 45, 184—202 (1939)]. Auch C. V. Raman hatte (1923) die Ähnlichkeit zwischen fest — flüssig betont.

433 (1893)] eine Methode, die aus dem Temperaturkoeffizienten ($K = 2 \cdot 121$ für normale Flüssigkeiten) der molekularen Oberflächenenergie $\gamma \cdot \left(\dfrac{M}{v}\right)^{2/3}$ Rückschlüsse auf die Assoziation ($K \langle 2 \cdot 121$) gestattete [1]). Bevorzugt ist die Bildung von Doppelmolekülen, jedoch weisen die niederen Glieder der aliphatischen Alkohole verdoppelte bis vierfache M-Werte auf.

Sinngemäß war es nun, die modernen Vorstellungen vom Bau der Atome und von den elektrischen Kräften derselben auch auf die gegenseitigen Wirkungen der Moleküle zu übertragen bzw. zu prüfen, inwieweit diese van der Waalsschen oder Molekularkräfte der ungeladenen organischen Gebilde sich auf die Wirkung von Coulombschen (elektrostatischen Ladungs-) Kräften zurückführen lassen.

Dipolmomente: P. Debye [2]) trat (1912) an das Problem der Elektrizitätsverteilung im Molekül heran; fragt man sich, „wie man mit Hilfe elektrischer Ladungen ein neutrales Gebilde herstellen kann, so drängt sich als einfachste Möglichkeit das Bild eines Dipols [3]) auf: Eine positive und eine gleich große negative Ladung in gewissem Abstande voneinander fixiert". Zunächst galt es, die Existenz solcher Dipolmoleküle experimentell nachzuweisen; als Ausgangspunkt dient die dielektrische Polarisation P, für welche ein Maß in der Clausius-Mosottischen Gleichung $\dfrac{\varepsilon - 1}{\varepsilon + 2} \cdot \dfrac{M}{d} = P$ gegeben ist. Diese Gesamtpolarisation P zerlegt nun Debye in zwei additive Bestandteile P' und P'', also $P = P' + P'' \cdot f(T)$, wobei P' von der Temperatur unabhängig (und die eigentliche Verschiebungs- oder Elektronenpolarisation) ist, während P'' die temperaturabhängige Orientierungspolarisation darstellt. Ob die betreffenden Moleküle Dipolcharakter haben, ergibt eine Untersuchung über die Temperaturabhängigkeit der Dielektrizitätskonstante ε, und durch Anwendung des Temperaturgesetzes erhält man die Größe des permanenten Dipols. Aus dem Dipol folgt das Dipolmoment $\mu = e \cdot \alpha$ (Ladung des Elektrons mal Abstand der Ladung im Molekül, erstere von der Größenordnung 10^{-10} C.S.-Einheiten, letzterer etwa 10^{-8} cm entsprechend den Mole-

---

[1]) Vgl. dazu P. Walden u. R. Swinne: Z. phys. Chem. **82**, 290 (1913). Eine Zusammenstellung der Methoden und Ergebnisse findet sich in dem Buch von P. Walden: Molekulargrößen von Elektrolyten, S. 45—70. Dresden u. Leipzig 1923.

Auf das Vorhandensein von assoziierten Molekülen neben einfachen hatte P. Walden [B. **38**, 404 (1905)] aus dem Verhalten der optisch aktiven homogenen Flüssigkeiten geschlossen. H. B. Baker (Soc. **1927**, 949) folgerte aus dem Verhalten der höchsttrockenen Flüssigkeiten, daß sie, ähnlich dem Stickstofftetroxyd, aus dissoziablen Komplexen bestehen. Über die Anomalien des Wassers und der „assoziierten" Flüssigkeiten vgl. H. Ulich: Z. angew. Chem. **49**, 279 (1936).

[2]) P. Debye: Physik. Z. **13**, 97 (1912); Buch: Polare Molekeln. Leipzig 1929; Nobelvortrag 1936: Z. angew. Chem. **50**, 3 (1937).

[3]) Entwicklungsgeschichtlich interessant ist es, daß der Begriff des elektrischen „Dipols" als Ausdruck der chemischen Valenz (in der Atomhülle befindlich) bereits 1888 geprägt wird (V. Meyer und E. Riecke: B. **21**, 946, 1620 (1888)].

küldimensionen), demnach ist μ von der Größenordnung 10^{-18}. Einer chemischen Verbindung von formelmäßig symmetrischem Bau, z. B. CH_4, entspricht auch eine elektrische Symmetrie und ein Dipolmoment $\mu = 0$, während ein unsymmetrisches Molekül Dipolcharakter und einen meßbaren μ-Wert hat. Dipolmoleküle können nun sich aneinanderlagern und die Erscheinung der Assoziation[1]) hervorrufen, z. B. der Bildung von Doppelmolekülen, Komplexen aus vier Molekülen, Kettenmolekülen usw.:

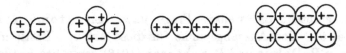

„Es ist also schließlich kein Grund mehr vorhanden, an der Möglichkeit einer elektrischen[2]) Deutung der van der Waalsschen Attraktionskräfte zu zweifeln" (Debye, 1926).

Der nächste Schritt führt von der Assoziation als einer Vorstufe der chemischen Umsetzung zu den chemischen Reaktionen selbst. Daß man auch hier „die Lage des Dipols und die Größe des Dipolmoments" mitberücksichtigt bzw. für die Reaktionsgeschwindigkeit als ausschlaggebend ansieht, zeigt das Vorgehen von H. Meerwein [B. 61, 1840 (1928); s. auch H. Ulich und W. Nespital: Z. angew. Chem. 44, 750 (1931)]. Die Wirkung der Katalysatoren bei Reaktionen zwischen rein „homöopolaren" Verbindungen wird hierbei auf die Bildung neuer oder Vergrößerung vorhandener Dipolmomente durch Induktion oder Komplexbildung zurückgeführt.

Die Dipolmomente vermitteln auch Aussagen über Fragen der eigentlichen Molekülstruktur[3]). Im Einklang mit dem van't Hoffschen Bilde vom regulären Tetraeder des C-Atoms haben die symmetrischen Typen CH_4 und CCl_4 das Moment Null, während die Zwischenglieder CH_3Cl, CH_2Cl_2 und $CHCl_3$ ihrer Unsymmetrie entsprechend Dipolmomente aufweisen (R. Sänger, 1926). Dem Bilde des regulären Benzolsechsecks entspricht es, daß Benzol selbst unpolar ist, Monochlorbenzol aber ein Moment ($\mu = 1 \cdot 56 \cdot 10^{-18}$) hat, p-Dichlorbenzol wiederum das Moment Null, und die Momente von m- und o-Dichlorbenzol annähernd vorhergesagt werden können (J. J. Thomson, 1923). Nimmt man die Kohlenstoffdoppelbindung als fest an, so entspricht der asymmetrischen Trans-Konfiguration CHX:CHX das Moment Null, während das Cis-Isomere ein beträchtliches Moment hat (J. Errera, 1926). Besteht das Bild von der freien Drehung der einfach gebundenen Kohlenstoffatome C—C zu Recht, so kann z. B.

[1]) Vgl. A. E. van Arkel u. J. H. de Boer: Chemische Bindung als elektrostatische Erscheinung. Leipzig 1931.
[2]) Vgl. dazu W. Hückel: Theoretische Grundlagen usw., Bd. II, S. 107. 1935.
[3]) Vgl. auch die Monographie: G. Briegleb: Zwischenmolekulare Kräfte und Molekülstruktur. Stuttgart 1937.

Dichloräthan $CH_2Cl \cdot CH_2Cl$ die beiden Chloratome sowohl in eine Trans-Stellung als auch in eine Cis-Stellung dirigieren, im ersteren Fall wäre das Moment $= 0$, tatsächlich ist aber ein Moment vorhanden und verändert sich mit der Temperatur (L. Meyer, 1930; C. T. Zahn, 1931). „Die Überzeugung der Chemiker, daß die Strukturformel in der Tat eine der Natur entsprechende Zeichnung der räumlichen Atomanordnung im Molekül ist, wird offenbar durch die vorstehende Aufzählung glänzend bestätigt" [P. Debye: Z. angew. Chem. 50, 7 (1937)].

Dann entsteht die weitere Frage nach den Atomabständen im Molekül. Den Ausgangspunkt für diese Art von Bestimmungen bot die von P. Debye und P. Scherrer (1916) gemachte Entdeckung der Interferenzen von Kristallpulvern und Flüssigkeiten bei Bestrahlung mit Röntgenstrahlen; nachdem die Streuversuche mit Röntgenstrahlen gezeigt hatten, daß Interferenzen am Einzelmolekül erhalten werden können, gelangten H. Mark und R. Wierl (1929) mit Hilfe von Kathodenstrahlen zu einer zweiten Methode. Gegenwärtig liegen genaue Abstandsangaben von mehr als hundert Substanzen vor [vgl. Hengstenberg und Wolf: Hand- und Jahrbuch der chemischen Physik, 6. Bd., 1935; Brockway: Rev. mod. Phys. 8 (1936)].

Die Bestimmung und Verwendung der Dipolmomente organischer Verbindungen zur Konstitutionsforschung hat inzwischen eine erhöhte Pflege gefunden. Insbesondere haben sich experimentell betätigt: L. Ebert [Ph. Ch. 113, 1 (1924)], J. Errera (etwa seit 1924), K. Hójendahl (Studies of Dipole-Moment. København, 1928), C. P. Smyth und Mitarbeiter (insbesondere seit 1928; vgl. auch sein Buch: Dielectric Constant and Chemical Structure. New York 1931), J. W. Williams (1928 u. f.), O. Werner und P. Walden (1929), K. L. Wolf und Mitarbeiter (etwa seit 1929; vgl. die Monographie von K. L. Wolf und O. Fuchs in Freudenbergs Stereochemie, S. 191 bis 308. 1932), H. A. Stuart (Molekülstruktur. Berlin 1934), W. Hückel (Theoretische Grundlagen der organ. Chemie, Bd. II, S. 24—60. 1935). Als ein auffälliges Ergebnis muß hervorgehoben werden, daß Verbindungen mit gleichen chemischen Funktionen nahezu die gleichen Dipolmomente aufweisen; z. B. (wenn R = aliphatisches Radikal:

$R \cdot OH$	$R \cdot CHO$	$\frac{R}{R} > CO$	$R \cdot SNC$	$R \cdot CN$	$R \cdot NO_2$
(Alkohole)	(Aldehyde)	(Ketone)	(Rhodanide)	(Nitrile)	(Nitro-verbindungen)
gef. μ 10^{18} 1,7	2,5	2,7	($<$ 3,4 ?)	3,4 (3,2)	3,8 (3,0)

Es ergibt sich, daß das Moment des ganzen Moleküls allein der charakteristischen Gruppe (Hydroxyl-, Aldehyd-, Keto- usw.) zuzuschreiben ist. Dieses Ergebnis für die Dipolmomente entspricht dem Ergebnis für die Dielektrizitätskonstanten ε, sofern man den Einfluß der chemischen Natur der Elemente und Gruppen auf die Größe von ε in Betracht zieht: P. Walden [Z. phys. Chem. 46, 183 (1903)] fand z. B. für die Reihenfolge der verstärkenden Wirkung: $>CO$, $OH < SNC < CN < NO_2$ [,,dielektrophore" Gruppen, P. Walden: Z. phys. Chem. 70, 569 (1910)]:

z. B. $R = CH_3$:

Acetaldehyd	Aceton	Methanol	Rhodanid	Nitril	Nitro-methan
$CH_3C{<}^O_H$	${}^{CH_3}_{CH_3}{>}C{=}O$	$CH_3 \cdot OH$	$CH_3 \cdot SNC$	$CH_3 \cdot CN$	$CH_3 \cdot NO_2$
D.-K. $= 21{,}1$	$20{,}7$	$32{,}5$	$35{,}9$	$35{,}8$	$38{,}2$

Es sind dies die sog. negativen (elektro-negativen) Gruppen.

Als Grenzzustände der elektronen-theoretischen Bindungsarten ergeben sich: einerseits die Ionenbindung (oder heteropolare), andererseits die Atombindung (oder homöopolare Bindung), und als Zwischenform die semipolare (oder halbpolare) Doppelbindung. Daß Übergänge zwischen diesen drei Bindungsarten möglich und namentlich durch die chemische Natur des Lösungsmittels auslösbar sind, lehrt das Verhalten der sog. Nichtelektrolyte in geeigneten Ionisierungsmitteln.

Über die Zurückführung der verschiedenen chemischen Bindungsarten auf die Grundsätze der Quantenmechanik liegen von mehreren Seiten wertvolle Beiträge vor, z. B. von H. Fromherz [Z. angew. Chem. 49, 429 (1936)], F. Arndt und B. Eistert [B. 69, 2381 (1936)], B. Eistert [B. 69, 2393 (1936)], insbesondere von E. Hückel [Z. angew. Chem. 49, 543 (1936); Z. f. Elektrochem. 43, 752, 827 (1937)]. Nach E. Hückel kann die Bedeutung der neueren Quantentheorie für die Chemie in zweierlei Hinsicht formuliert werden, erstens: in einer Erweiterung der experimentellen Forschungsmethoden, und zwar der modernen physikalischen, aus den Lehren der Atomphysik abgeleiteten (Spektren, Raman-Spektren, Elektroneninterferenzen u. a.), und zweitens: in einer Erweiterung der bisherigen Vorstellungen über die Konstitution der Moleküle und die zwischen den Atomen wirkenden Kräfte, im einzelnen bei den aromatischen Verbindungen. Dabei wird aber nicht verkannt, daß einer fruchtbaren Anwendung der Theorie noch erhebliche Schwierigkeiten im Wege stehen, und zwar in der Kompliziertheit der organischen Systeme überhaupt, dann aber darin, ,,daß der Chemiker die Theorie und ihre Handhabung wegen ihrer nicht ganz einfachen mathematischen Form nicht beherrschen kann, während andererseits dem theoretischen Physiker die chemischen Fragestellungen und die Denkweise des Chemikers meist fern liegen". H. Fromherz weist auch auf die praktisch erreichte Grenze der Anwendbarkeit dieser modernen Vorstellungen der chemischen Bindung hin. „Diese Begrenzung ist im wesentlichen dadurch bedingt, daß alle quantitativen Durchrechnungen komplizierterer Moleküle auf unüberwindliche mathematische Schwierigkeiten stoßen und von vornherein dazu verurteilt sind, Näherungsrechnungen darzustellen, über deren Gültigkeitsbereich man oft im Dunkeln tastet" (Fromherz, S. 437;).

Beachtet man all dieses, so wird man vielleicht die Zurückhaltung verstehen, die von seiten führender Experimentalchemiker bzw. Synthetiker diesen modernen Denkmitteln gegenüber geübt wird; man wird es auch verstehen, wenn Lehrbücher der organischen Experimentalchemie die altbewährte, einfache und anschauliche Darstellungsweise der chemischen Bindung usw. bevorzugen. Die synthetische Chemie ist nach wie vor eine besondere „Kunst", die zugleich Intuition und Praxis erfordert. Der Synthetiker als Finder und Erfinder ist zugleich ein hervorragender Mehrer geistiger und materieller Güter; seine Bedeutung für sein Volk hebt sich besonders hervor in Zeiten außerordentlicher nationaler Not, die in erster Reihe nach den sichtbaren, praktisch verwertbaren Erfolgen der schöpferischen chemischen Leistung fragt. Und so ist auch die folgende Mahnung aus der Mitte der neuschaffenden chemischen Technik zu beherzigen:

„Noch mehr als bisher sollte meines Erachtens die klassische Chemie wieder zur Geltung kommen und mehr experimentiert als gerechnet werden, unter Beachtung der Warnung Alexander v. Humboldts vor über 100 Jahren, ‚vor einer Chemie, in der man sich nicht die Hände naß macht' " [O. Nicodemus: Z. angew. Chem. 49, 794 (1936)].

Jedenfalls sollte man sich vor einer Überschätzung, ebenso wie vor einer Unterschätzung hüten; die klassische Chemie hat noch viele Aufgaben zu erledigen, muß noch fernerhin präparativ und neuschaffend wirken, kann und muß daher zuerst gelehrt und erlernt werden, ohne daß sie die neue Chemie in ihrer Entwicklung hindert und ihre neuen Vorstellungen zurückweist.

Thermochemie. Verbrennungs- und Bildungswärmen.

Die von Herm.-Heinr. Heß 1840—1842 begründete wissenschaftliche Thermochemie fand ihre weitere Entwicklung durch die klassischen Untersuchungen von Jul. Thomsen (1826—1909), Marc. Berthelot (1827—1907) und Friedr. Stohmann (1832—1897). Jul. Thomsen in Kopenhagen begann seine Untersuchungen 1852 und schloß sie ab mit dem Werk „Thermochemische Untersuchungen", 4 Bde., 1882—1886. Er prägte den Begriff „Wärmetönung" (1853) als „ein Maß für die bei der Wirkung entwickelte chemische Kraft; die Wärmetönung bei der Zersetzung der Salze durch Säuren gibt ein Maß für die Stärke der Säuren; das „Bestreben der Säuren nach

Neutralisation" nennt er „Avidität" (1869), und nun beginnt die Epoche der Affinitätsmessungen von Säuren und Basen, die neben Jul. Thomsen auch einen C. M. Guldberg mit P. Waage (1867, 1879) und einen Wilh. Ostwald (seit 1876) auf den Plan ruft, um 1883 einzumünden in die Theorie von Sv. Arrhenius über den Zerfall der gelösten Elektrolyte in Ionen.

M. Berthelots thermochemische Arbeiten beginnen 1864 und dauern bis 1897. Mit der von ihm erdachten „calorimetrischen Bombe" hat er (unter Mitarbeit von Sabatier, Matignon, Delépine, André, Luginine, Ogier u. a.) zahlreiche Verbrennungswärmen[1]) der verschiedenartigsten organischen Verbindungen durchgeführt und sie zur Berechnung der Bildungswärmen verwertet. Er führte die Bezeichnungen „exotherme" und „endotherme" Reaktionen ein. Die erste theoretische Veröffentlichung vom Jahre 1865 lautet „Recherches de Thermochimie", ihr folgen 1873 die ersten eigenen Experimente. Sein „erstes thermochemisches Prinzip" (1865, 1875) besagt, daß der Wärmeeffekt eines chemischen Vorganges nur vom Anfangs- und Endeffekt des Systems, und nicht von den Zwischenzuständen, abhängt (Satz von Heß, s. auch Thomsen, 1853); der „zweite Energiesatz" (1875) lautet dahin, daß die Wärmeentwicklung beim chemischen Prozeß ein Maß der chemischen und physikalischen Arbeit ist (entspricht dem Satz von J. R. Mayer, 1842); der dritte Satz oder das vielbesprochene Berthelotsche „principe du travail maximum" (1873, 1875) bestimmt, daß jede chemische Umwandlung, welche ohne Dazwischentreten einer fremden Energie stattfindet, zur Bildung desjenigen Stoffes oder Systems von Stoffen strebt, bei denen die meiste Wärme entwickelt wird [schon 1854 von J. Thomsen[2])] in der Form ausgesprochen, daß die chemischen Reaktionen im Sinne der positiven Wärmeentwicklung verlaufen. Entwicklungsgeschichtlich muß dieses Prinzip die Namen Thomsen-Berthelot tragen, sachlich ist es nicht aufrechtzuerhalten[3]), obgleich es in vielen Fällen anwendbar ist. Seine Hauptbedeutung liegt darin, daß es seinerseits die Entdeckung des dritten Wärmesatzes von W. Nernst[4]) (1906) ausgelöst hat, nachdem man erkannte, daß das Prinzip nur beim absoluten Nullpunkt exakt ist. Dieser dritte Hauptsatz der Thermodynamik lautet:

$$\lim \frac{dA}{dt} = \lim \frac{dU}{dt} = 0 \ (\text{für } T = 0^0),$$

---

[1]) Thomsens Kritik von Berthelots Zahlenwerten: Z. physik. Chem. **53**, 53 (1905). Die Thomsenschen Zahlen haben noch heute ihre Geltung (Swietoslawski: Thermochemie, S. 64. 1928).

[2]) Thomsens Prioritätsansprüche gegenüber Berthelot: B. **6**, 423 (1873).

[3]) Die umfangreiche Diskussion schildert W. Ostwald: Lehrbuch der allgemeinen Chemie II. Thermochemie, S. 91. 1896—1902.

[4]) W. Nernst: Die theoretischen und experimentellen Grundlagen des neuen Wärmesatzes, 2. Aufl., Halle a. S. 1924.

worin $+ A$ die vom System geleistete äußere Arbeit, $+ U$ die Abnahme der Gesamtenergie ($=$ abgegebene Wärme) bedeutet.

Berthelot hat seine Messungsergebnisse und seine Methoden in folgenden Werken niedergelegt: Essai de Mécanique chimique fondée sur la thermochimie (2 Bde., 1877 und 1879); Thermochimie. Donnés et lois numérique (2 Bde., 1887); Traité pratique de Calorimétrie chimique (1893); Calorimétrie chimique (1905). Sowohl Berthelots als auch Thomsens umfangreiche Messungsberichte sind durch die Eigenart beider Klassiker gekennzeichnet, fast nur die eigenen calorimetrischen Methoden und Bestimmungen zu bringen und zu benutzen.

Während Jul. Thomsen — wohl beeinflußt von der Naturphilosophie seines berühmten Lehrers H. Christ. Örsted — seine thermochemischen Studien aus erkenntnistheoretischen Beweggründen begann, und während Berthelots Thermochimie nur eine Fortsetzung seiner klassischen mit Péan de St. Gilles ausgeführten ,,Recherches sur les affinités. De la formation et de la décomposition des éthers'' (1862—1863) bildete, wurde Friedr. Stohmann durch die Erfordernisse seiner physiologischen Arbeiten über die Oxydationswärme der wichtigsten Nährstoffe und Körperbestandteile zu thermochemischen Arbeiten hingeleitet Er begann dieselben 1879 [1]) und führte sie ununterbrochen bis zum Jahre 1895 fort, unterstützt namentlich von Kleber, Langbein, Offenhauer. Zu seinen Messungen verwandte er die ,,Berthelotsche Bombe'', deren Handhabung er unmittelbar im Berthelotschen Laboratorium erlernt hatte und die in seinen Händen ,,genauere Resultate gab als der Erfinder selbst sie zu erhalten gewohnt war'' [Ostwald: B. **30**, 3219 (1897)]. Aus der großen Zahl der von Stohmann untersuchten Körperklassen und Einzelstoffe heben wir nur die Ergebnisse an struktur- und geometrisch-isomeren Säuren hervor, hier ließen sich die Abweichungen vom additiven Schema am deutlichsten erkennen·und der konstitutive Einfluß dahin formulieren, daß die Verbrennungswärmen in der Reihenfolge o-$\rangle$ m-$\rangle$ p- sinken, ebenso bei maleinoiden $\rangle$ famaroiden oder cis-$\rangle$-trans-Formen; die energieärmeren Formen sind also die trans-Isomeren. Weiterhin wies Stohmann darauf hin, daß die gleiche Abstufung auch für die Ostwaldschen Dissoziationskonstanten der Säuren besteht, oder daß die größere Dissoziationskonstante K mit der größeren Verbrennungswärme verbunden ist [Stohmannsche Regel: J. prakt. Chem. (2) **40**, 357 (1889); **46**, 535 (1892)].

Durch die experimentellen Arbeiten der genannten drei klassischen Forscher war bis zur Jahrhundertwende ein sehr umfangreiches Zahlenmaterial über die verschiedenartigen Körperklassen beigebracht worden, leider stimmten die Zahlenangaben der Meister für ein und denselben

---

[1]) Stohmann: J. prakt. Chem. (2) **19**, 115 (1879), dann von **31**, 273 (1885) fortlaufend bis **52**, 59 (1895).

Stoff nicht immer miteinander überein, was zu gegenseitigen Kritiken führte, wobei jeder seine Methode und seine Zahl als die maßgebenden bezeichnete und verteidigte. Es bedurfte einiger Jahrzehnte, bis eine Standardsubstanz für Eichung international angenommen wurde. Untersuchungen von E. Fischer und Fr. Wrede (1904, 1908), Swietoslawski (1914 u. f.), Dickinson (1914), W. A. Roth (1914, 1928), Jaeger und Steinwehr (1924, 1928), Verkade (1923—1926) gingen voraus, bis Roth berichten konnte, daß die Benzoesäure mit der von ihm bestimmten Verbrennungswärme $U = 6323$ cal. pro Gramm als Standardsubstanz sich eingebürgert hat. Roth ist auch der Erfinder einer calorimetrischen Bombe aus nichtrostendem Kruppschem Stahl (1926) sowie einer „Mikrobombe" (1924), — mit derselben können Verbrennungswärmen mit wenigen Dezigrammen Substanz und einer Unsicherheit von etwa $1/2 \,^0/_{00}$ bestimmt werden [Roth: B. 60, 645 (1927)[1])].

Verkade (seit 1922) schloß schon 1925 aus seinen Messungen, daß die Verbrennungswärme nicht als eine additive Größe aus verschiedenen Gruppenwerten betrachtet werden kann. Die Präzisionsmessungen von F. D. Rossini (seit 1931) erbrachten den Beweis, daß sogar in der Reihe der normalen Paraffine und prim. Alkohole die Energien aller C—C- und C—H-Bindungen im gegebenen Molekül nicht untereinander gleich sind, daß also die übliche Vorstellung von der Additivität der Bildungswärmen homöopolar gebauter Stoffe nur eine bedingte Gültigkeit hat. Die Verbrennungswärmen (und hiernach auch die Bildungswärmen) der Paraffine besitzen nicht einen konstanten Zuwachs für die CH_2-Gruppe vom Methan aufwärts bis C_5, erst mit C_6 und aufwärts gilt die Additivität. Der konstitutive Einfluß tritt also in den Gliedern C_1 bis C_5 entgegen[2]). Die Abweichungen vom additiven Schema sind allerdings nur bei Präzisionsmessungen erkennbar.

Zieht man nun den inhomogenen Charakter der meisten bisher vorliegenden Zahlenwerte für die Verbrennungswärmen in Betracht, und beachtet man die durchschnittliche Gültigkeit des Additivitätsgesetzes für die thermochemischen Charakteristiken der einzelnen Atombindungen, so wird man dem Urteil Swietoslawskis[3]) bedingt beistimmen, „daß die Hoffnungen so manchen Chemikers, gerade auf Grund thermochemischer Untersuchungen die Struktur vieler organischer Verbindungen aufzuklären, getäuscht wurden... Die Struktur einer gegebenen Verbindung kann mittels anderer chemischer oder

---

[1]) Vgl. auch W. A. Roth: Thermochemie. Berlin 1932. Artikel Thermochemie (im Handwörterbuch der Naturwissenschaften, IX. Bd. Jena 1934).

[2]) Rossini: Bur. of Stand., J. Res. 12, 735 (1934); 13, 121, 189.

[3]) Swietoslawski: Thermochemie, S. 138 (1928); Bd. VII von Ostwald-Drucker-Walden: Handbuch der allgemeinen Chemie.

physikalisch-chemischer Untersuchungen leichter aufgeklärt werden, als dies durch die Verbrennungswärmemessungen geschehen kann". Andererseits ist das allgemeine Ergebnis bedeutsam: „Die durch die thermochemischen Untersuchungen festgestellten Untersuchungen scheinen den Standpunkt der klassischen Strukturchemie der·organischen Verbindungen nicht nur nicht zu schwächen, sondern vielmehr zu stärken. Im Lichte dieser Untersuchungen erscheinen die Atombindungen als selbständige Kräftezentren, die vom Rest des Moleküls in hohem Maße unabhängig sind"[1].

Die Nachprüfung der oben erwähnten Stohmannschen Regel für Strukturisomere hat sowohl zu Bestätigungen als auch zu Abweichungen geführt, so z. B. für stereoisomere Cumar- und Zimtsäuren usw. [W. A. Roth und R. Stoermer: B. 46, 266; Roth und Östling: B. 46, 317 (1913)], für welche der Parallelismus zwischen Verbrennungswärme und Dissoziationskonstante gilt, oder: für Dekalin und Dekalon [Roth: A. 441, 48 (1925); 451, 117, 132 (1926)], und Methyl-cyclohexanol [A. Skita und W. Faust: B. 64, 2883(1931)], bei denen die Verbrennungswärme von der Cis->Trans-Form ist. Doch bei Tetramethyl-butendiol ist die α- oder malenoide Form energieärmer als die β- oder fumaroide Form mit der größeren Verbrennungswärme [Roth und Fr. Müller: B. 60, 643 (1927)], andererseits zeigen die Ester der Hexahydro-isophthalsäure [A. Skita und R. Rößler: B. 72, 265 (1939)], sowie die beiden Formen des Azobenzols [R. J. Corruccini und E. C. Gilbert: Am. 61, 2283 (1939)] für die Verbrennungswärme die Beziehung cis->trans-Form. Für verschiedene Typen von Stereoisomeren bestimmten auch: E. Berner (1919 und 1926) sowie P. E. Verkade (mit J. Coops, 1925, 1929) die Verbrennungswärmen; diese wiesen die nachstehende Reihenfolge auf:

Meso-Weinsäure > Rechts- > raz. Weinsäure (Coops und Verkade)

Dimethylester: Meso-Weinsäure >d- >d,l-Weinsäure ⎫
Diäthylester: Meso-Weinsäure >d-Weinsäure ⎪
Ebenso bei: Dimethylbernsteinsäure- und ⎪
    Diphenylbernsteinsäure-diäthylester ⎬ E. Berner
    meso-Form >razem. (d,l-)Form ⎪ (1926).
Hydrobenzoin (meso-) >Isohydrobenzoin (d, l-) ⎪
ferner: Isostilben (cis-) >Stilben (trans-). ⎭

Dann: d-Isohydrobenzoin = l-Isohydrobenzoin (Verkade, 1929).

Für die Weinsäuren versagt die Stohmannsche Regel vom Parallelismus der Verbrennungswärme mit der Dissoziationskonstante, da diese der Reihenfolge, d- = d,l- > meso-Form gehorcht.

---

[1] Swietoslawski: Daselbst S. 246.

Seit den zwanziger Jahren dieses Jahrhunderts hat die klassische Thermochemie eine neuartige Ergänzung erhalten, die eine Reihe von experimentellen und erkenntnistheoretischen Forschungen ausgelöst hat. Es ist dies der Komplex der atomaren Bildungswärmen (Wärmetönungen bei der Dissoziation in die Atome) oder Bindungsenergien. Es sei: Q — die Verbrennungswärme der Verbindung, P — diejenige von den darin enthaltenen Elementen, z. B. Kohlenstoff- und Wasserstoff als Graphit, H_2-Gas), dann ist die Bildungswärme B_i der daraus entstandenen Verbindung $B_i = P - Q$. Bezeichnen wir nun mit At diejenige Wärmemenge, welche zur Umwandlung (Spaltung, Dissoziation) der entsprechenden Menge von Graphit, H_2-Gas usw. in Atome erforderlich ist, so ist die Bildungswärme B_m von 1 Gramm-Molekül dieser Verbindung aus den Atomen: $B_m = At + (P - Q)$ gleich der Gesamtenergie bei der Bildung aller Bindungen im Molekül, und zwar um so größer (und das Molekül um so stabiler), je kleiner Q ist. An der quantitativen Erfassung dieser Bindungsenergien der Atome in Kohlenstoffverbindungen beteiligte sich als einer der ersten Forscher A. v. Weinberg (1919f.), der aus der Analyse der Verbrennungswärme der Kohlenwasserstoffe und des festen Kohlenstoffs zu Aussagen über die Natur der Kräfte im letzteren gelangte und zahlenmäßige Beziehungen zwischen dem Energieinhalt verschiedener organischer Verbindungen aufstellte. Durch diese Untersuchungen angeregt, haben dann insbesondere K. Fajans (1920f.), ferner W. Hückel (1920f.), A. v. Steiger (1920f.), H. G. Grimm[1] und H. Wolff (1922f.), A. Eucken (1924f.), O. Schmidt[2] (1932f.) das Problem eingehend bearbeitet; Grimm und Wolff haben einfache Gleichungen für die Vorausberechnung von Bildungswärmen aus den Bindungsenergien für Kettenverbindungen aufgestellt, auch F. G. Soper[3] hat hierzu Beiträge geliefert.

Adsorptionsmethode. Enzyme.

Auch scheinbar neue Arbeitsmethoden haben oft eine recht lange Vergangenheit, während welcher sie in einem latenten Zustande vorlagen. Die chemische Forschung benutzt und bevorzugt nämlich die erprobten Methoden, und außergewöhnliche Umstände und Stoffarten müssen auftreten, wenn zwangsläufig nach neuen Arbeitsverfahren Ausschau gehalten, oder wenn alte und gelegentlich angewandte Verfahren gleichsam im chemischen Schrifttum „ausgegraben" werden. Gerade die beiden glänzenden Gebiete der modernen Forschung, die

---

[1] Grimm u. Wolff: Z. angew. Chem. 48, 133 (1935): Bildungswärmen von Kettenverbindungen.

[2] O. Schmidt: B. 67, 1870 (1934); 68, 793 (1935): Innere Energieverhältnisse ... bei aromatischen, carbocyclischen Verbindungen.

[3] F. G. Soper: Soc. 1936, 1126 u. f.

präparative Enzym- und Carotinoidchemie, bieten Beispiele für die
Notwendigkeit, die Wiederbelebung und die wissenschaftliche Tragweite solcher alter Arbeits- und Untersuchungsmethoden. Da ist es
zuerst das Problem der Trennung bzw. Isolierung der Enzyme mittels
Adsorption, eine Aufgabe, die in jüngster Zeit von R. Willstätter
und seinen Mitarbeitern [B. 55, 3610 (1922); s. auch Vortrag B. 59, 9
(1926)] vorbildlich bearbeitet worden ist [A. 425, 1 (1921); 427, 111
(1922)]. Die Methode der Enzymadsorption wurde schon 1861 von
E. Brücke [Wien. Akad. Ber. 43, 801 (1861)] geschaffen, als er es
unternahm, Pepsin „mechanisch an kleine feste Körper zu binden"
(z. B. Calciumphosphat, Schwefel oder an Cholesterin) und zugleich
die Loslösung des Enzyms aus dem Adsorbat einesteils mit phosphor-
säurehaltigem Wasser, andernteils (wenn Cholesterin das Adsorbens
war) mit Äther zu bewirken. Dann hat A. Danilewsky (1862, in
Kühnes Laboratorium in Berlin) den Pankreassaft zu zergliedern
versucht und Kollodium als Adsorbens und Alkohol als Eluierungsmittel
angewandt. Erwähnt sei noch der Versuch von O. Hammarsten
(1872) zur Enzymtrennung mittels Adsorption. Und nun ging die
Forschung den Weg des „geringeren Widerstandes", indem sie die
Enzymuntersuchung mehr summarisch vornahm. Ein neuer Antrieb
erfolgte, als man gegen Ende des Jahrhunderts — namentlich seit
der Entdeckung der Zymase durch E. Buchner (1896u. f.) — die sog.
Stofftheorie der Enzyme zu vertreten, die enzymatischen Reaktionen
als durch Stoffindividuen bewirkt zu deuten und im Sinne der
Katalyse quantitativ zu untersuchen begann. Gleichzeitig erfolgte
eine Ideendurchdringung der Enzymchemie von seiten der im Anfang
des 20. Jahrhunderts sich erneuernden Kolloidchemie, besonders
hat Bayliss[1]) die Betrachtung der Enzyme als Kolloide in den Vordergrund gerückt. Dabei verschob sich allerdings das Problem, indem
die spezifischen Wirkungen der Enzyme als „Biokolloide" (A. Fodor,
1922) den besonderen Dispersitätsgraden der letzteren, also den
physikalischen Zuständen und nicht der chemischen Konstitution,
zugeschrieben wurden. Ein neues Moment für das Adsorptions-
verhalten, den Charakter und die Wirksamkeit der Enzyme wurde
erschlossen, als H. Iscovesco (1907) seine „Studien über Kataphorese von Fermenten und Kolloiden" und L. Michaelis und
M. Ehrenreich (1908) ihre Untersuchungen „über die Adsorptionsanalyse der Fermente" veröffentlichten, der elektrische Ladungssinn
von Adsorbenzien und adsorbierten Substanzen wurde ermittelt
(Tonerde = elektropositiv, Kaolin = elektronegativ). Von maßgeben-
dem Einfluß erwies sich die Acidität, und dank der von Sörensen
(1909) ausgearbeiteten Methodik hat die Messung der Konzentration

---

[1]) Vgl. die Monographie: W. M. Bayliss: Das Wesen der Enzymwirkung.
Dresden 1910.

der Wasserstoffionen in der enzymhaltigen Lösung (p_H-Bestimmung) allgemeinen Eingang gefunden.

Für den Zusammenhang scheinbar getrennter Gebiete und für die gegenseitige Befruchtung derselben bietet die Untersuchung der Adsorptionsvorgänge der Enzyme noch ein weiteres lehrreiches Beispiel. Als R. Willstätter und H. Kraut [B. **56**, 149, 1117 (1923); **57** (1924); **58** (1925)] das Aluminiumhydroxyd eingehender untersuchten, fanden sie, daß dessen Adsorptionsvermögen von der Darstellungsweise in beträchtlichem Maße abhängig ist, sowohl ein und demselben Enzym gegenüber als auch gegen verschiedene Enzyme: Hydroxylionenkonzentration, Erhitzungsdauer und Verdünnungsgrad beim Fällen erwiesen sich von Einfluß [1]).

Als eine Abart dieser Willstätterschen Adsorptions- und Elutionsmethode kann die „adsorptive Filtration" von H. Fink [1933, vgl. B. **70**, 1477 (1937)] bzw. „Adsorptionsanalyse" von W. Koschara [1934; B. **67**, 761 (1934)] angesprochen werden, — beide eignen sich unter anderem zur Isolierung geringer Mengen von Farbstoffen usw. aus Körperflüssigkeiten.

Chromatographische Analyse.

Während die Adsorptionsmethode mit einem gegebenen Adsorbens gegenüber einem (farblosen) Gemisch, z. B. von verschiedenen Enzymen und Begleitstoffen (Ko-adsorbenzien) arbeitet, ist die von dem russischen Botaniker M. Tswett (1906) — anläßlich seiner Untersuchungen über die Farbstoffe grüner Blätter — ersonnene „chromatographische Analyse" eine Art Kombination der (besonders von Schönbein und Goppelsroeder geübten) Kapillaranalyse mit der Adsorptionsmethode: beim Filtrieren der (gefärbten) Lösungen durch pulverförmige, in senkrechten Röhren befindliche Adsorptionsmittel (z. B. Aluminiumoxyd, Calciumoxyd, Magnesiumoxyd) werden die Molekülarten in der Abstufung ihrer „Adsorptionsaffinitäten" in aufeinanderfolgenden Zonen („Chromatogrammen") niedergeschlagen. Die aus den einzelnen Zonen herausgelösten Farbstoffe werden dann spektroskopisch untersucht; Tswett erkannte bereits die hohe Leistungsfähigkeit der „chromatographischen Adsorptionsanalyse" und empfahl sie z. B. zur Prüfung „von jedem als einheitlich angegebenen Farbstoff" [B. **43**, 3141 (1910)]. Wiederbelebt und zu neuer Leistungsfähigkeit gebracht wurde diese Methode seit 1931, als R. Kuhn und E. Lederer [B. **64**, 1349 (1931)] mit ihrer Hilfe das bald als inaktiv, bald als linksdrehend angesprochene „Carotin" in das hoch rechtsdrehende α-Carotin und das optisch inaktive β-Carotin zerlegten und dann noch ein γ-Carotin abtrennten [B. **66**, 407 (1933)].

---

[1]) Über die Struktur und Wirkung in adsorbierenden festen Oberflächen vgl. O. Ruff: B. **60**, 411, 426 (1927).

Weitere Arbeiten von R. Kuhn, P. Karrer, H. v. Euler, L. Zechmeister, A. Winterstein und deren Schülern haben ein reichhaltiges neues Material erbracht [vgl. die Zusammenstellung von G. Hesse: Z. angew. Chem. 49, 315 (1936)]. Eine Variation der chromatographischen Methode besteht in der Beobachtung der Adsorptionsschichten im Ultraviolettlicht; diese „Ultrachromatographie" dient auch zur Trennung fluoreszierender Substanzen [s. auch Z. angew. Chem. 49, 624 (1936)].

Die Monographie von L. Zechmeister und L. v. Cholnoky „Die chromatographische Adsorptionsmethode" (2. Aufl. Wien: Julius Springer 1938) gibt ein erschöpfendes Bild von der Methodik und den vielen bisherigen Anwendungsgebieten (Chlorophyll, Carotinoiden, Porphyrinen, Flavinen, Vitaminen, Hormonen, Enzymen, Sterinen, Sapogeninen, Terpenen usw.). Aus jüngster Zeit stammt eine Zusammenfassung von H. Brockmann: Z. angew. Chem. 53, 384 (1940).

Verteilung zwischen zwei oder mehreren miteinander nicht mischbaren Flüssigkeiten.

Entsprechend der verschiedenen Löslichkeit (Solvatation, Assoziation usw.) der Einzelkomponenten eines (natürlichen) Gemisches in einem System von mehreren miteinander nicht mischbaren Lösungsmitteln erfolgt eine Verschiebung des ursprünglichen Komponentenverhältnisses und eine ungleiche Verteilung der Bestandteile auf die einzelnen flüssigen Phasen. Dieses Verfahren wurde zuerst von dem englischen Physiker Stokes (1864) bei der spektroskopischen Untersuchung des Chlorophylls versucht. Der Grundgedanke der Entmischung wurde nachher von Sorby (1867 u. f.) und von G. Kraus (1872) wiederentdeckt und zu einem Verfahren der Entmischung des grünen Blattfarbstoffes ausgearbeitet.

Diese Methode hat dann bei der Isolierung des Chlorophylls, die R. Willstätter gemeinsam mit E. Hug, M. Isler und A. Stoll (1911—1912) gelang, eine Glanzleistung ermöglicht [A. 380, 154, 177 (1911); 390, 269 (1912)]. Ihre weitere Anwendung hat sie ebenfalls nach R. Willstätter bei der Charakterisierung der natürlichen Anthocyanine gefunden, und zwar als sog. „Verteilungszahl" [A. 412, 208 (1917)].

Die Verteilungszahlen wurden nachher von R. Robertson zur Identifizierung der von ihm (1926 u. f.) künstlich dargestellten Anthocyanine mit den natürlichen verwendet.

Dritter Abschnitt.
Hilfsstoffe der organischen Synthese.
Erstes Kapitel.
Eigentliche Hilfsstoffe.

> „Jedes Objekt, von welcher Art es auch sei,
> z. B. jede Begebenheit in der wirklichen Welt,
> ist allemal notwendig und zufällig zugleich:
> notwendig in Beziehung' auf das Eine, das
> ihre Ursache ist; zufällig.in Beziehung auf
> alles Übrige."   A. Schopenhauer.

Die organische Chemie ist reich an Beispielen, wo durch „Zufall" ganz neuartige Stoffe, neuartige Reaktionen, außerordentliche „Wirkstoffe" oder Hilfsstoffe für chemische Synthesen entdeckt worden sind. Dieser sog. „blinde Zufall" setzt aber primär ein bestimmtes Suchen voraus, das dann sekundär, durch ein geniales oder hellseherisches Erfassen des von der Voraussetzung Abweichenden, zum Entdecken eines Neuartigen führt. Unter den nachstehend aufgeführten Vertretern von Hilfsstoffen finden wir auch Beispiele für solche durch „Zufall" gemachten grundlegenden Entdeckungen, sie sind wertvolle Materialien für die Erkenntnistheorie.

Quecksilber.

In dem Jahrzehnt 1870—1880 sind zahlreiche russische Chemiker mit Untersuchungen über die Acetylen- und Äthylen-Kohlenwasserstoffe beschäftigt. So z. B. arbeitet A. Ssabanejeff (1874 u. f.) über Verbindungen des Acetylens, M. Kutscheroff (1875) über Umsetzungen des Vinylbromids, M. Lwoff (1878 u. f.) über photochemische Polymerisation von Vinylbromid, G. Lagermark und A. Eltekoff [Ж. 9, 227 (1877)] über die Umwandlung von Acetylen durch konzentrierte Schwefelsäure in Acetaldehyd und Crotonaldehyd sowie von Allylen in Aceton, ferner über die Wirkung von Bleioxyd und Wasser auf Äthylen- bzw. Isobutylen- und Amylenbromid [Aldehyd- bzw. Ketonbildung: Ж. 10, 211 (1878)]. Im Jahre 1881 tritt nun inmitten dieser spezifischen Arbeitsprobleme wiederum Kutscheroff (geb. 1850, gest. 1911) hervor; zuerst ist es das Vinylbromid [Ж. 13, 533 (1883)] dann folgt eine Untersuchung über ein „neues Verfahren zur Hydratation der Acetylene" [Ж. 13, 542; B. 14, 1540 (1881) und 17, 13 (1884)].

Die Entdeckung geht auf eine Beobachtung von Saytzeff und Glinsky zurück (1867), wonach Vinylbromid durch feuchtes essigsaures Quecksilberoxyd schon bei gewöhnlicher Temperatur Acetaldehyd gibt. Kutscheroff untersucht nun [B. 14, 1532 (1881)] das Vinylbromid auch in seinem Verhalten zu den Salzen von Kalium, Blei und Silber und findet, daß diese ganz allgemein keine Substitution, sondern

Dissoziation $C_2H_3Br \rightarrow C_2H_2 + HBr$ bewirken. Daraus zieht er den Schluß, daß auch die Quecksilbersalze primär den gleichen Zerfall bedingen; wenn dabei — statt Acetylen — Acetaldehyd erhalten werde, so besage das, daß die Wasseranlagerung an das primär gebildete Acetylen „unter der Einwirkung des Bromquecksilbers vor sich gehe . . ." „Der Versuch hat meine Voraussetzung glänzend bestätigt" (S. 1539). War es „Zufall" oder der experimentelle Abschluß einer Substitutionsuntersuchung, die durch abweichende, der Erwartung widersprechende Resultate neue Gedankengänge, neue Fragen auslöste ?

Als Fortsetzung der klassischen Synthesen Berthelots (1860 u. f.), insbesondere von aromatischen Verbindungen aus Acetylen, wiesen diese unter milden Bedingungen verlaufenden Synthesen neue Wege zu einer elementaren Synthese, z. B. von Aldehyden und Ketonen:

$$
\begin{array}{c}
CH \\
\| \| \\
CH
\end{array}
+
\left.\begin{array}{c} H_2 \\ O \end{array}\right|
=
\begin{array}{c} CHH_2 \\ | \\ CHO \end{array}
;
\quad
\begin{array}{c} CH_3 \\ | \\ C \\ \| \| \\ CH \end{array}
+
\left.\begin{array}{c} O \\ H_2 \end{array}\right|
=
\begin{array}{c} CH_3 \\ | \\ CO \\ | \\ CH_3 \end{array}
;
\quad
\begin{array}{c} C_2H_5 \\ | \\ C \\ \| \| \\ CH \end{array}
+
\left.\begin{array}{c} O \\ H_2 \end{array}\right|
=
\begin{array}{c} C_2H_5 \\ | \\ CO \\ | \\ CH_3 \end{array}
$$

Acetylen   Acetaldehyd   Allylen   Aceton   Äthylacetylen   Methyläthylketon

Als Zwischenprodukte, die durch Säuren in Aldehyd oder Keton zerlegt werden, konnten eigenartige Verbindungen isoliert werden, z. B. mit Allylen C_3H_4 und Mercurichlorid $HgCl_2$ die Verbindung [3 $HgCl_2 \cdot$ 3 HgO $\cdot$ 2 C_3H_4], für deren Entstehung und Zerfall Kutscheroff die folgende Gleichung gibt:

$$6\,HgCl_2 + 3\,H_2O + 2\,C_3H_4 = ([3\,HgCl_2 \cdot 3\,HgO \cdot 2\,C_3H_4].+ 6\,HCl) =$$
$$6\,HgCl_2 + 2\,CH_3COCH_3 + H_2O.$$

Er stellte diese Wirkung der Mercurisalze den ..Fällen der Fermentation" gleich, indem hier „ein mineralischer Körper die Rolle eines Ferments (wie Diastase, Emulsin. Synaptase) spielt" [B. 17. 17 (1884)]: Damit wurde er ein Vorläufer der Lehre von den „anorganischen Fermenten" (1899 u. f.). — Dann konnte Kutscheroff [B. **42**, 2759 (1909)] zeigen, daß auch die wässerigen Lösungen von Zink- und Cadmiumsalzen die Hydratation der Acetylenkohlenwasserstoffe herbeiführten, namentlich bei höherer Temperatur (150⁰), wobei keine metallorganischen Zwischenprodukte auftraten; mit Zinksalzen wurde aus Acetylen neben Acetaldehyd. noch Crotonaldehyd gebildet. Die genauere Untersuchung der Trimercurialdehyde lieferte K. A. Hofmann [B. **32**, 874 (1899); **38**, 663 (1906)].

Aus diesen von rein wissenschaftlichem Interesse geleiteten Versuchen Kutscheroffs erwuchs eine große chemische Industrie mit den Produkten: Acetaldehyd (aus Acetylen. N. Grünstein. D.R.P. 250356, 1910) → Äthylalkohol → Essigsäure → Aceton oder Äthylidendiacetat [aus C_2H_2 + 2 CH_3COOH; Griesheim, D.R.P. 271 381 (1912)], oder Aldol → Krotonaldehyd → Butanol (aus Acetaldehyd). Der Weltkrieg wirkte in diesen deutschen Industrieleistungen als ein wirtschaftlich-technischer Katalysator. Die Bedeutung dieser Synthesen des Carbidsprits usw. wird vielleicht erst in Zukunft voll zur Geltung kommen, wenn die Frage der Volksernährung eine gesteigerte Schonung der pflanzlichen Nahrungsmittel fordern wird. Das Studium der Kohlenwasserstoffe der Acetylenreihe ist nachher von A. Béhal (seit 1886), R. Lespieau (seit 1905), P. Lebeau (1913) u. a. erfolgreich ausgeweitet worden.

Der „Zufall" (Zerbrechen eines Quecksilber-Thermometers) schenkte dem besinnlichen Chemiker auch einen die Oxydation des Naphthalins zu Phthalsäureanhydrid mittels rauchender Schwefelsäure stark beschleunigenden Katalysator in Gestalt der Quecksilbersalze (A. Sapper, 1895). Diese einfache Darstellungsweise des Phthalsäureanhydrids vermittelte nun die technische Großsynthese des künstlichen Indigos (über Phthalimid und Anthranilsäure) und führte zum Siege dieses Kunstprodukts über den Naturindigo.

Eine eigenartige Duplizität des Erfindertums fügte es auch, daß zwei Farbstoffchemiker unabhängig und von ihrer Beschäftigung mit Anthrachinon her zu dem Katalysator Quecksilber geführt wurden, um die technisch wertvolle α-(ortho-)Anthrachinonsulfosäure zu gewinnen [R. E. Schmidt, D.R.P. vom 28. 12. 1902; M. Iljinski: B. 36, 4194 (1903)]. Hervorzuheben ist, daß derselbe Katalysator (Hg), gemäß der Theorie, nicht nur die Bildungs-, sondern auch die Zerfallsreaktion beschleunigt, indem (laut D.R.P. 1905) die Abspaltung von Sulfogruppen aus Anthrachinon-α-Sulfosäuren mit Hydrolysierungsmitteln bei Gegenwart von Hg oder Hg-Salzen leicht gelingt [vgl. auch Z. angew. Chem. 41, 41, 80 (1928)]. Es sei erwähnt, daß nach A. F. Holleman (1901) die Bildung verschiedener Isomeren gleichzeitig, aber mit verschiedener Reaktionsgeschwindigkeit erfolge (tatsächlich bilden sich bei der gewöhnlichen Sulfierung des Anthrachinons neben viel β-Säure wenig α-Säure). Das Quecksilber würde also katalytisch die Bildung gerade der α-Säure (durch Dirigierung der Sulfogruppe in die o-Stellung) außerordentlich beschleunigen. Entwicklungsgeschichtlich ist es bemerkenswert, wie zurückhaltend damals die technischen und wissenschaftlichen Kreise dem Ausdruck „katalytisch" gegenüber waren; so besagt das obige Patent: „Zur Erzielung dieser Ergebnisse genügen schon ganz kleine Mengen Quecksilber, so daß die Wirkung des letzteren als eine sog. katalytische aufgefaßt werden kann;" C. Liebermann (1904) spricht von dem „katalytischen" Einfluß des Quecksilbers und meint: „Die ‚katalytische' Wirkung dürfte sich ... wohl bald als ein rein chemischer Vorgang herausstellen' " [B. 37, 646 (1904)]. Interessant ist die katalysierende Rolle der Mercurisalze bei der Asparaginsäurebildung aus Fumarsäure (nicht aber Maleinsäure) in konzentriertem wässerigen Ammoniak [J. Enkvist: B. 72, 1927 (1939)].

Alkalimetalle.

Während die Schwermetalle schon seit vielen Jahrzehnten als Katalysatoren eine Verwendung finden, sind die Alkalimetalle erst spät in den Kreis wirksamer katalytischer Agenzien einbezogen worden. Ausschlaggebend dafür war die Erkenntnis der polymerisierenden Wirkung des Natriums auf Isopren (Natrium-kautschuk, Harries sowie Matthews und Strange, 1910). Patentschwierigkeiten leiteten die B.A.S.F. zur Anwendung metallorganischer Verbindungen (D.R.P. 255786), während wiederum andere Erfinder Na-amid vorschlugen. W. Schlenk [B. 47, 473 (1914)] konnte dann zeigen, daß Alkalimetalle eine Additionstendenz an mehrfache Bindungen haben, wobei gleichzeitig auch Polymerisation eintreten kann (z. B. Styrol in glasiges Metastyrol); daß Natrium oder Lithium ganz allgemein sich an mehrkernige aromatische Verbindungen anlagern, wiesen Schlenk und M. Bergmann nach [A. 463, 88 (1928)]. Bei einem kritischen Studium der Hydrierung mit Natrium-amalgam gelangte R. Willstätter [B. 61, 871 (1928)] zu dem Schluß, daß hierbei nicht — wie A. Kekulé (1861), H. Kolbe (1864), A. Baeyer [A. 269, 170 (1892)] es angenommen hatten — der „nascierende" Wasserstoff (aus dem durch das Amalgam zersetzten Wasser) sich an reaktionsfähige Atomgruppen anlagere, sondern „daß die Reduktion einer organischen Verbindung durch dasselbe (Natrium-amalgam) in der Addition von Natrium an die Orte der Partial-affinität ... und im Ersatz der Natriumatome durch Wasserstoff bei der Einwirkung von Wasser besteht". Gleichzeitig entdeckte K. Ziegler [mit K. Bähr: B. 61, 253 (1928)] die Addition der alkalimetall-organischen Verbindungen (z. B. des Phenyl-isopropyl-kaliums) an eine reine C:C-Doppelbindung [s. auch Ziegler: A. 473, 40, (1929); 479, 90 (1930)]. R. Kuhn [Inst. Chim. Solvay 4, 337 (1931)] nimmt an, daß es einen „gestörten Äthylenzustand" gibt, in dem das eine C-Atom 8 Elektronen, das andere nur 7 hat, daher diese Form paramagnetisch sein und mit anderen paramagnetischen Substanzen (z. B. mit Alkalimetallen, dissoziierten Halogenatomen, NO₂, Tri-phenylmethyl) leicht reagieren muß; die Umlagerung der Cis- in die Trans-Formen, die Reduktion mit Na-amalgam nach primärer Addition ist eine Folge davon.

Unter den Alkalimetallen ist neuerdings das Lithium durch Sondereigenschaften hervorgetreten (ähnlich dem Magnesium gegenüber seinen Nachbarn Zn, Cd usw. bzw. den Grignard-Verbindungen gegenüber den Saytzeffschen). Angebahnt durch die Untersuchungen von W. Schlenk (1917), F. Hein (1924), W. Schlenk jun. (1929) hat dann K. Ziegler (und Mitarbeiter) durch ausgedehnte Untersuchungen die unterschiedliche Reaktionsweise der Lithium-alkyle und -aryle klargestellt [A. **479**, 135 (1930 u. f.); vgl. seine Zusammenfassung: Z. angew. Chem. **49**, 455, 499 (1936)]. Von G. Wittig (1935) wurde Lithium-phenyl als das **empfindlichste Reagens** auf CO-Gruppen erkannt [vgl. auch über die Austauschbarkeit von aromatisch gebundenem Wasserstoff gegen Lithium: B. **71**, 1903 (1938); **72**, 89 (1939)].

Metall-organische Verbindungen[1]). Grignards Reagens.

Der Entwicklungsweg der metall-organischen Verbindungen nimmt seinen **geistigen** Ausgang von den Kakodylverbindungen R. Bunsens (1842—1843) und hat seinen **experimentellen** Ursprung in dem Laboratorium Bunsens (1849): Edw. Frankland wollte aus Zinkmetall und Jodalkylen die **freien** Alkylradikale gewinnen und entdeckte dabei **Zinkmethyl** und **Zinkäthyl** [A. **71**, 213 (1849); **85**, 329 (1852)]. Damit wird erstmalig die Verbindungsfähigkeit eines typischen Metalls mit einem **organischen** (nicht negativen) Rest erwiesen. Die neuerschlossene Reaktion und die neuartige Klasse von Verbindungen löste sofort zahlreiche Übertragungen auf andere Metalle aus; in schneller Aufeinanderfolge werden dargestellt: die Äthylverbindungen von Antimon, Zinn und Blei (C. Löwig, 1850—1853), von Wismut (Breed, 1852), Quecksilber (G. Buckton, 1858, auch Mercuridimethyl), ferner von Natrium, Kalium und Lithium (J. A. Wanklyn, 1858), von Magnesium und Aluminium (A. Cahours, 1859), dann auch die Methylverbindungen von Zinn und Blei (Cahours, 1859 bzw. 1861).

Eine Anwendung der **zinkorganischen** Verbindungen (bzw. Zn + R J) zu synthetischen Zwecken wurde angebahnt von Frankland und B. Duppa (1864) auf Oxalsäureester sowie von A. Butlerow (1864 u. f.) auf Säurechloride zur Darstellung von tertiären Alkoholen, dann von A. Saytzeff (1841—1910), der aus Ameisensäureäther (1874) bzw. Aldehyden die **sekundären** Alkohole, aus Aceton (1876) und den Ketonen (1885) die **tertiären** Alkohole darzustellen lehrte[2]).

---

[1]) Literatur:
    E. Krause u. A. von Grosse: Die Chemie der metall-organischen Verbindungen. Berlin 1937.
    F. Runge: Organo-Metallverbindungen, Tl. I, Organomagnesiumverbindungen, 1932.
    F. Runge u. Jul. Schmidt: Organo-Metallverbindungen, 2 Bde., 1932—1934.
    F. Hein: Neuere Erkenntnisse auf dem Gebiete der metallorganischen Verbindungen. Z. angew. Ch. **51**, 503 (1938).
    [2]) Die Saytzeffsche Zinkmethode wurde erfolgreich von S. Reformatsky 1860—1934) zur Synthese von β-Oxysäuren angewandt (1890 u. f.).

Die Na-organischen Verbindungen (bzw. Na + Alkyljodid) wurden in den Interessenkreis gerückt ebenfalls durch Frankland und Duppa [A. **135**, 217 (1865); **138**, 206 (1866)], die durch Einwirkung auf Essigsäureester ein „Na-acetonkohlensaures Äthyl" erhalten hatten, zur selben Zeit als A. Geuther die Einwirkung von Natrium auf Essigsäureester untersuchte. Die Aufklärung dieser Reaktion und des Reaktionsproduktes (Acetessigsäureäthylester) erfolgte durch J. Wislicenus [vgl. A. **186**, 161 (1877)], und „Acetessigester-Synthesen" sowie die von M. Conrad, gemeinsam mit C. A. Bischoff [A. **204**, 121 (1880 u. f.)] erschlossenen „Malonester-Synthesen" mit Hilfe der Mono- oder Dinatriumverbindungen führten zu zahlreichen neuen Körperklassen: Der Wasserstoff des zwischen negativen Gruppen befindlichen Methylens — CH_2 — erwies sich ersetzbar durch Na-Atome (und diese durch Alkyle, Säurereste usw.) auch im Cyanessigsäureester [A. Haller: C. r. **105**, 169; bzw. L. Henry: C. r. **104**, 1628 (1887)]:

$$\text{Acetessigester} \quad \rightarrow \quad \text{Malonester} \quad \rightarrow \quad \text{Cyanessigsäureester.}$$

$$H_2C\begin{smallmatrix}\diagup COCH_3 \\ \diagdown COOC_2H_5\end{smallmatrix} \quad \rightarrow \quad H_2C\begin{smallmatrix}\diagup COOC_2H_5 \\ \diagdown COOC_2H_5\end{smallmatrix} \quad \rightarrow \quad H_2C\begin{smallmatrix}\diagup CN \\ \diagdown COOC_2H_5\end{smallmatrix}$$

Die Bedeutung der alkalimetallorganischen Verbindungen bei der Polymerisation (z. B. des Butadiens) und den Mechanismus dieser Vorgänge hat eingehend K. Ziegler mit seinen Mitarbeitern aufgezeigt [vgl. Zusammenfassung: Z. angew. Chem. **49**, 455, 499 (1936)]. Die Kinetik dieser Polymerisation durch Natrium ist von A. Abkin und S. Medvedev [Trans. Faraday Soc. **32**, 286 (1936)] behandelt worden.

Die alten Methoden der zinkorganischen Verbindungen sollten in eigenartiger Weise zu der Entdeckung einer neuen Methode von außerordentlicher Ergiebigkeit den Anlaß bieten.

Das sog. Grignardsche Reagens verdankt seine Entdeckung den folgenden kleinen Lebens- und Nebenumständen: Victor Grignard (1871—1935) beabsichtigt (1898) als Assistent von Prof. Ph. Barbier eine selbständige Arbeit über Kohlenwasserstoffe, die gleichzeitig Äthylen- und Acetylenbindungen besitzen, auszuführen, sie soll seine Doktordissertation werden. Barbier hatte vergebens versucht, das natürlich vorkommende Methylheptenon $(CH_3)_2C:CH \cdot CH_2 \cdot CH_2 \cdot CO \cdot CH_3$ durch Einwirkung von Jodmethyl mittels Zink [1]) (nach Saytzeff) in das Dimethylheptenol $(CH_3)_2C:CH \cdot CH_2 \cdot CH_2 \cdot C(OH) \cdot (CH_3)_2$ überzuführen, der Versuch wurde daher abgeändert und das Zink durch Magnesium ersetzt, gab jedoch keine regelmäßigen Resultate. Barbier beauftragt nun seinen Assistenten Grignard, diese Versuche mit Magnesium fortzusetzen und — macht diesen zum Schöpfer

---

[1]) Siehe Fußnote 2 auf S. 101.

einer der fruchtbarsten synthetischen Methoden! Grignard erinnert sich eines alten Versuches von Frankland und Wanklyn, die bei der Darstellung von organischen Zinkverbindungen sich des wasserfreien Äthers als Verdünnungsmittel bedienten (in den 60er Jahren). Und schon 1900 kann er feststellen, daß Magnesium in Gegenwart von wasserfreiem Äther bereits bei gewöhnlicher Temperatur und ohne Druck sich mit Alkyl- und Arylhalogeniden zu meist ätherlöslichen Organomagnesiumverbindungen R—Mg—X vereinigt. Die Gewinnung und Anwendung dieser Verbindungen zu Synthesen wird eingehend untersucht und in seiner Doktorthese 1901 niedergelegt: „Sur les combinaisons organomagnésiennes mixtes et leur applications à des synthèses" [s. auch Bl. (4) **13**, 1 (1913)].

Eine ausgedehnte Anwendung der magnesiumorganischen Verbindungen machte seit 1901 N. Zelinsky [B. **34**, 2879 (1901); **35**, 2683—2694, 4415 (1902)] zwecks Synthese von Cyklopentan- bzw. von cyclischen Polymethylenverbindungen und Carbonsäuren (durch Anlagerung von CO_2). Gleichzeitig synthetisierten J. Houben und L. Kesselkaul [B. **35**, 2519, 3695 (1902)] bzw. J. Houben [B. **36**, 2897 (1903); B. **38**, 3796 (1905)]; derselbe lehrte auch die Synthese von Kohlenwasserstoffen durch Hinzunahme von Dimethylsulfat [B. **36**, 3083 (1903)] und Thiosäuren mittels Schwefelkohlenstoff, sowie die Esterbildung mittels der Chlormagnesiumalkoholate der Terpenreihe u. a. [B. **39**, 1736 (1906)]. Houben erweiterte die Grignard-Verbindungen durch die Entdeckung der Organo-magnesium-chloride [1902; s. auch B. **69**, 1766 (1936)].

Eine neue allgemeine Darstellungsmethode der Aldehyde erschloß A. E. Tschitschibabin [B. **37**, 186 (1903)] bei der Einwirkung der magnesiumorganischen Verbindungen auf den Ameisen- und Orthoameisensäureester. Zur selben Zeit begann J. W. Brühl [B. **37**, 746 (1904)] seine magnesiumorganischen Synthesen der Acylcampher [s. auch G. Oddo: B. **37**, 1569 (1904)]. Magnesium-Pyrrolverbindungen wurden von Bern. Oddo [seit 1909, Gazz. chim. Ital. **39** I, 649 (1909); B. **43**, 1012 (1910)] zu zahlreichen Synthesen ausgebaut und auf Derivate des Magnesyl-Indols und -Carbazols übertragen (Zusammenfassung, 1923); weitere Synthesen (Serie II) mit Magnesylpyrrol wurden angeschlossen.

Daß die Alkyl- und Arylmagnesiumverbindungen auch mit Metallhalogeniden reagieren, hatten Pope und Peachey beobachtet. Als eine allgemeine Methode zur Darstellung von Metallalkylen und -arylen wurde diese Umsetzung von P. Pfeiffer und Mitarbeitern [B. **37**, 319, 1126, 4620 (1904); **44**, 1269 (1911)] erkannt, die nach der Reaktion: $MX_n + m\,RMgX = MR_m X_{n-m} + m\,MgX_2$ Verbindungen des Zinns, Antimons, Bleies gewinnen konnten. In gleicher Weise stellten W. Dilthey [B. **37**, 1139 (1904)] und F. St. Kipping [Proc.

chem. Soc. **19**, 15 (1904)] Phenyl- bzw. Alkylsiliciumverbindungen
dar. Den weiteren Ausbau dieses Gebietes übernahm Gerh. Grüttner
(1889—1918), der seit 1914, teils gemeinsam mit E. Krause [B. **47**
bis **51** (1918)] Quecksilber-, Antimon-, Blei-, Silicium- und Zinn-
verbindungen (Hexaalkyldistannane, 1917) darstellte. E. Krause
führte (seit 1917) die Untersuchungen weiter (Cd-, Sn-, Pb-, Borverbindungen) und gelangte unter anderem zum Triarylblei als einer
Parallele zum Triphenylmethyl und zu tiefroten Bleidiarylen
[B. **52**, 2165 (1919); **54**, 2060 (1921); **55**, 888 (1922)], zu einem intensiv
gefärbten Triphenylboryl-natrium [B. **57**, 216 (1924); **59**, 777 (1926)],
zu neuen Alkyl- und Aryl-Thalliumverbindungen [B. **58**, 272, 1933
(1925)]; ebenso ließen sich Tetra-α-thienylzinn und -blei gewinnen
[B. **60**, 1582 (1927)]. W. Steinkopf [B. **54**, 844 (1921)] gelangte
mit Hilfe der Grignard-Verbindungen zu Trialkylarsinen.

  An diese Synthesenklasse wollen wir auch die Versuche von
R. Schwarz und Mitarbeitern [B. **64**, 2352 (1931)] anschließen,
nämlich die Darstellung von asymmetrischen Germaniumsalzen
und die Aktivierung des Phenyl-äthyl-isopropyl-germaniumions.
Es sei hervorgehoben, daß die Grignardschen Verbindungen in den
Untersuchungen von K. Ziegler (mit seinen Mitarbeitern) die Darstellung zahlreicher neuer Triarylmethylradikale ermöglicht haben
[A. **434**, 34 (1923) bis A. **479**, 292 (1930)]. Abschließend sei erwähnt,
daß die Grignardierung auch bei der Aufklärung der Konstitution der
Carotinoide (Polyenfarbstoffe) wertvolle Dienste geleistet hat, so
z. B. bei der Totalsynthese des Perhydro-norbixins [P. Karrer und Mitarbeiter: Helv. ch. Acta **15**, 1399 (1932)] bzw. beim Abbau desselben
zum Perhydro-crocetin [H. Raudnitz und J. Peschel: B. **66**, 901
(1933)] bzw. beim Aufbau der Kohlenstoffkette des Perhydrovitamins A
ausgehend vom β-Ionon [Helv. ch. Acta **15**, 878 (1932); **16**, 557 (1933)].

  Einen ausgedehnten Gebrauch hat das Grignard-Reagens CH_3MgJ
durch die von Th. Zerewitinoff [B. **40**, 2023 (1907); **41**, 2233 (1908)]
geschaffene Methode zur Bestimmung des „aktiven Wasserstoffs‟
(OH-, SH-, NH_2-, NH-, CH_2-Gruppe) in den organischen Molekülen
gefunden.

  So erfolgreich die Anwendungen der magnesiumorganischen Verbindungen zu Synthesen der verschiedenartigsten Stoffklassen waren,
so umstritten war die Frage nach der chemischen Konstitution der
Grignardschen Körper. Nach den Analysen von E. E. Blaise (1901)
und V. Grignard (1901) kam ihnen die Zusammensetzung Alk·Mg·
Hlg + $(C_2H_5)_2O$ zu. Grignard wies dabei dem Äther die Rolle
von Kristallisationsäther zu, doch weder er noch Blaise konnten die
Verbindungen ätherfrei erhalten. Geleitet von der Annahme der
Vierwertigkeit des Sauerstoffs, formulierten A. Baeyer und V. Villiger [B. **35**, 1201 (1902)] diese Verbindungen dementsprechend, z. B.

$$\begin{matrix} C_2H_5 \\ C_2H_5 \end{matrix}\!\!>\!\!\underset{IV}{O}\!\!<\!\!\begin{matrix} Mg\cdot CH_3 \\ J \end{matrix}.$$ Oxoniumverbindungen nahmen auch F. B. Ah-

rens und A. Stapler [B. 38, 3259 (1905)] anläßlich der Grignardschen

Reaktion bei Dihalogeniden an: $\begin{matrix} C_2H_5 \\ C_2H_5 \end{matrix}\!\!>\!\!O\!\!<\!\!\begin{matrix} Br \\ Mg\cdot CH_2\cdot CH_2\cdot Br \end{matrix}$ und

$\begin{matrix} C_2H_5 \\ C_2H_5 \end{matrix}\!\!>\!\!O\!\!<\!\!\begin{matrix} Br \\ MgBr \end{matrix}$. Eine Abänderung der Oxoniumformel hatte Grig-

nard (1903) vorgeschlagen, und zwar $\begin{matrix} C_2H_5 \\ C_2H_5 \end{matrix}\!\!>\!\!O\!\!<\!\!\begin{matrix} Alk \\ Mg\cdot Hlg \end{matrix}$. Dann

wurde von W. Tschelinzeff [B. 38, 3664 (1905); s. auch Chem.
Zentralbl. 1938 I, 2342] die Möglichkeit einer Formulierung vom
Standpunkt der Wernerschen Koordinationslehre erwogen, z. B.
$\left(\begin{matrix} R \\ R \end{matrix}\!\!>\!\!O \dots Mg\cdot R\right)X$; auf Grund der thermochemischen Befunde
(Bildungswärme der Grignardschen Verbindungen aus ihren Kompo-
nenten) kommt er aber zu der Baeyerschen Formulierung als der am
besten begründeten zurück. Eine Theorie der Grignardschen Reaktionen auf Grund der Wirkung polarer Valenzen von $R\cdot Mg\cdot Hlg$ entwickelt gleichzeitig R. Abegg [B. 38, 4112 (1905)]. Experimentelle
Belege für die Einlagerungsverbindungen von $MgHlg_2$ mit organischen
Sauerstoffverbindungen vom Typus $[Mg\cdot(org.\ Verb.)_6]Hlg_2$ werden
von B. Menschutkin (1906 u. f.) erbracht, nachdem er schon vorher
(1903) mit $MgBr_2$ und MgJ_2 unter Äther gebildete Ätherverbindungen
$MgX_2, 2 C_4H_{10}O$ gefunden hatte. Einen neuen Weg nahm das Problem,
als Tschelinzeff [B. 39, 773, 1674—1690 (1906); 41, 646 (1908)] nachwies, daß die nach der üblichen Grignardschen Methode dargestellten
Magnesiumverbindungen eine andere Zusammensetzung haben als
Blaise und Grignard ihnen zugeschrieben hatten, nämlich, daß sie
zwei Moleküle Äther enthalten: damit werden die Grundlagen der
bisherigen Formulierungen für die Konstitution hinfällig, und Tsche-

linzeff schlägt die folgende Formel vor: $\begin{matrix} C_2H_5 \\ C_2H_5 \end{matrix}\!\!>\!\!O\!\!<\!\!\begin{matrix} Mg\cdot Alk \\ Hlg:O \end{matrix}\!\!<\!\!\begin{matrix} C_2H_5 \\ C_2H_5 \end{matrix}.$

[Vgl. auch G. Stadnikoff: B. 44, 1157 (1911); jedoch Th. Zerewitinoff: B. 41, 2244 (1908).] Die Problematik dieser Formulierung
ist augenscheinlich, die Frage bleibt aber offen, bis endlich J. Meisenheimer [und J. Casper, B. 54, 1655 (1921)] die Konstitution auf eine
andere Grundlage stellt: die Grignardschen Magnesiumverbindungen
werden „als Komplexverbindungen des Magnesiums betrachtet, in
denen das Magnesium als Zentralatom mit der Koordinatenzahl 4

auftritt": $\begin{matrix} (C_2H_5)_2O \\ (C_2H_5)_2O \end{matrix}\!\!>\!\!Mg\!\!<\!\!\begin{matrix} Alk \\ Hlg \end{matrix}$. Zur Annahme einer „Molekülverbin-

dung" waren auch K. Heß und H. Rheinboldt [B. 54, 2043 (1921)]
gelangt, und Rheinboldt und H. Roleff [B. 57, 1921 (1924)]

formulieren das ätherfreie Additionsprodukt als eine primäre Molekül-

verbindung $\begin{smallmatrix} R \\ R_1 \end{smallmatrix} \hspace{-0.5em} \diagdown \hspace{-0.5em} C:O \ldots Mg \hspace{-0.5em} \diagup \hspace{-0.5em} \begin{smallmatrix} X \\ R_2 \end{smallmatrix}$.

J. Meisenheimer [B. **61**, 708 (1928)] konnte weitere Beispiele für die Zusammensetzung RMHlg · 2 Äther beibringen und gleichzeitig [B. **61**, 720 (1928)] die von ihm und Casper (1921) aufgestellte Formel gegen die von A. Terentjew (1926) bzw. von P. Jolibois (1912) verdoppelte Konstitutionsformel verteidigen — die Mol.-Gew. des Methylmagnesiumjodids in verdünnten ätherischen Lösungen wiesen auf das einfache Mol.-Gew. hin. Da der Äther ein Lösungsmittel von ganz geringer ionisierender Kraft ist, so können die Leitfähigkeitsmessungen von N. W. Kondyrew (1925, 1929) sowie von W. V. Evans und F. H. Lee (1933) keinen Beitrag über die Natur der Ionen liefern. Bemerkenswerte Aufklärung erbrachten aber die (teils durch Fällung mittels Dioxan, teils durch Kristallisation bei tiefen Temperaturen gewonnenen) Untersuchungsergebnisse von W. Schlenk und Wilh. Schlenk jun. [B. **62**, 920 (1929); **64**, 734, 736, 739 (1932)]: „Die sog. Grignardschen Lösungen repräsentieren Gleichgewichte folgender Art: 2 R · Mg · Hlg $\rightleftarrows$ Mg(R)$_2$ + Mg(Hlg)$_2$.“ [Vgl. auch H. Gilman und R. E. Fothergill: Am. **51**, 3149 (1929).]

Aluminiumchlorid (Friedel-Craftssche Reaktion).

Schon vor sechs Jahrzehnten sprach A. Baeyer (1879) von der „Chloraluminiummethode“, daß sie „in bezug auf die Mannigfaltigkeit der Erfolge fast an das Märchen von der Wünschelrute“ erinnere. In der Zwischenzeit hat sie sich infolge der proteusartigen Wandlungsfähigkeit der Wirkungsweise des Aluminiumchlorids zu einer Art Universalmethode entwickelt, und es ist wohl beachtenswert, was gerade von maßgebender technischer Seite über dasselbe gesagt wird: „Man gewinnt den Eindruck, daß das Aluminiumchlorid in der organischen Chemie eigentlich erst in jüngster Zeit in seiner vollen Bedeutung erkannt wurde, und daß auf diesem Gebiete noch weitere wertvolle Forschungsergebnisse zu erwarten sind“ (G. Kränzlein 1932). Im Hinblick auf diese überragende Bedeutung des Aluminiumchlorids in der chemischen Forschung und Großindustrie der Gegenwart ist es vielleicht lehrreich, sich des bescheidenen wissenschaftlichen Zieles zu erinnern, das Friedel und Crafts sich gesteckt hatten (1877): Im Jahre 1874 hatte der russische Chemiker G. Gustavson (1842 bis 1908), in Fortsetzung seiner Studien über den gegenseitigen Austausch der Halogene bei Abwesenheit von Wasser, den Ersatz des Chlors in CCl$_4$ mittels Aluminiumjodids in Schwefelkohlenstoff (als Verdünnungsmittel wegen der heftigen Reaktion) durchgeführt und dabei CJ$_4$ erhalten.

1877 wollen Friedel und Crafts nach demselben Jodierungsverfahren das Amylchlorid in Amyljodid umwandeln; als sie statt des fertigen Aluminiumjodids das Gemisch aus Al und Jod anwenden, beobachten sie eine reichliche Chlorwasserstoffentwicklung. Was geht hier vor? Es wird nun die Jodmenge verringert, dann Aluminiumfeile allein benutzt, doch auch in diesen Fällen tritt eine lebhafte HCl-Entwicklung ein, die sich in dem Maße steigert, als das Aluminium verschwindet und in Aluminiumchlorid übergeht, wobei gleichzeitig gasförmige und flüssige Kohlenwasserstoffe entstehen. Die Versuche zur Darstellung des Amyljodids sind also mißlungen („die Reaktion geht nicht", heißt es meistenteils), und die Frage könnte damit als erledigt gelten. Anders bei Friedel: er erschaut in den Ergebnissen ein neues Problem, nämlich die Einwirkung von Aluminiumchlorid auf Amylchlorid, wobei er sich des von Zincke (1871) benutzten Verdünnungsmittels Benzol erinnert [Th. Zincke, (1843—1928), hatte bei der Einwirkung von Zinkstaub auf Benzylchlorid in Benzollösung Diphenylmethan erhalten)]: Friedel und Crafts erhalten nun aus Amylchlorid und Aluminiumchlorid in Benzol das Reaktionsprodukt Amylbenzol, — damit war das erste Beispiel und der Prototyp der Friedel-Craftsschen Synthesen gegeben.

Die mannigfaltigen Anwendungsformen dieser Synthesen schildert die Monographie: G. Kränzlein: Aluminiumchlorid in der organischen Chemie. 3. Aufl. Berlin: Verlag Chemie 1939. Als Ergänzung: P. Kränzlein: Fortschritte der Friedel-Craftsschen Reaktion und ihre technische Verwertung. Z. angew. Chem. 51, 373 (1938).

Das Aluminiumchlorid besitzt im freien Zustande kein Dipolmoment, dagegen weisen die Komplexverbindungen $AlX_3 \cdot C_x$ (C_x = Äther, Ketone, Säurechloride) ungewöhnlich hohe Momente auf (μ bis $9 \cdot 13 \cdot 10^{-18}$), was eine Beachtung bei der Deutung des Reaktionsmechanismus der Aluminiumhalogenide verdient [H. Ulich und W. Nespital: Z. angew. Chem. 44, 750 (1931)]. A. Wohl und E. Wertyporoch [B. 64, 1357, 1369 (1931)] führen die Wirkung von AlX_3 auf die intermediäre Bildung von stromleitenden Solvaten zurück. Eine Lenkung der katalytischen Wirkung durch bestimmte Zusätze (z. B. Wasser, Aceton) fanden C. Nenitzescu und J. Cantuniari [B. 65, 1449 (1932)], während E. Ott und W. Brugger [Z. f. Elektrochem. 46, 105 (1940)] bei dem Zusatz von Chloriden $MeCl_4$ (z. B. $SnCl_4$, $TiCl_4$) eine Aktivierung des Aluminiumchlorids entdeckten.

Über das dem $AlCl_3$ ähnlich wirkende Berylliumchlorid $BeCl_2$ vgl. H. Bredereck, G. Lehmann, E. Fritzsche und Chr. Schönfeld: Z. angew. Chem. 52, 445 (1939).

Borsäure.

Eine eigenartige von R. E. Schmidt (Bayer & Co.) entdeckte Wirkung kommt der Borsäure zu, namentlich in der Technik der Oxy-anthrachinone, zur Dirigierung der Hydroxyl- bzw. Sulfogruppe im Anthrachinon usw. [D.R.P. 81481 (1893) und 81961 (1893) u. f., s. auch Borsäure + HgO, D.R.P. 162035 (1904)]. Es handelt sich hierbei wohl um eine Beeinflussung der Reaktionsgeschwindigkeit infolge intermediärer Bildung von Borsäureestern. O. Dimroth und Th. Faust [B. 54, 3020 (1921) haben solche Borsäureester von Oxyanthrachinonen in kristallisierter Form dargestellt. [Zu dieser Borsäureverwendung s. auch C. Deichler: B. 36, 547 (1903); K. Holdermann: B. 39, 1250 (1906).]. Einen aufschlußreichen Überblick über seine Synthesen auf dem Gebiete der Anthrachinonfarbstoffe hat R. E. Schmidt (1928) gegeben [Z. angew. Ch. 41, 41 und 80 (1928)]. Ein Verfahren, mittels der Borsäure Alkohole aus Gemischen in Form ihrer Borate leicht abzuscheiden, hat O. Zeitschel patentieren lassen [B. 59, 2302 (1926)]. Aus der jüngsten Zeit sei auf die wirkungsvolle Rolle des Borsäurezusatzes bei der Flavinsynthese durch R. Kuhn und F. Weygand [B. 68, 1282 (1935); 70, 778 (1937); Ztschr. angew. Chem. 49, 10 (1936)] hingewiesen.

Selen-Dehydrierung.

Die Entdeckung des Selens als eines radikalen Dehydrierungsmittels durch O. Diels [A. 459, 1 (1927); B. 60, 2323 (1927)] knüpfte einerseits an dessen frühere Untersuchungen (1903) über das Cholesterin an, andererseits war sie beeinflußt von der seit längerer Zeit (z. B. Vesterberg 1903) mit Erfolg benutzten Dehydrierung mittels Schwefel: „Die allzu starke Wirkung dieses Elements und vor allem seine Neigung, sich in den dehydrierten Molekülen selbst einzunisten, machten ihn für den gewünschten Zweck unbrauchbar. Ich dachte mir nun, daß ein Element, wie das Selen, das dem Schwefel zwar ‚nahe verwandt‘ ist, in dem aber dessen leidenschaftlicher Charakter gebändigt erscheint, vielleicht für die Dehydrierung geeigneter sei" [O. Diels: B. 69 (A), 203 (1936)]. Der Dehydrierungsversuch des Cholesterins mit Selen ergab nun (1927) den aromatischen Ringkohlenwasserstoff γ-Methylcyclopenteno-phenanthren, — und in wenigen Jahren führten die Versuche mit anderen Sterinen, Gallensäuren, Vitaminen, Hormonen, Geninen zu der grundlegenden Erkenntnis, daß sie sämtlich sich vom Cyclopentano-phenanthren-Skelet ableiten.

Dien-Synthese.

Die 1928 von O. Diels und K. Alder [A. 460, 98 (1928); Z. angew. Ch. 42, 911 (1929)] entdeckte Dien-Synthese hat sich zu einer Standardreaktion entwickelt, die sowohl „als unvergleichliches

Aufbauprinzip, sondern auch als feinstes Forschungsinstrument bei der Aufklärung kompliziert gebauter Stoffe zu dienen vermag"; diese Synthesen verlaufen im allgemeinen freiwillig, bei Zimmertemperatur, ohne Mitwirkung von Säuren, Alkalien oder anderen „Kondensationsmitteln". O. Diels [zusammenfassender Vortrag: B. 69 (A) 195 (1936)] gibt die folgende Definition: „Die ,Dien-Synthese' in ihrem typischen Verlauf ist ein Vorgang, der wohl als schönste Bestätigung des Thieleschen Theorems der 1.4-Addition gelten darf. Er besteht darin, daß sich an „Diene" geeignete Reaktionspartner mit doppelter oder dreifacher Bindung — „philodiene Komponenten" — unter Ausbildung hydroaromatischer Sechsringe anlagern:

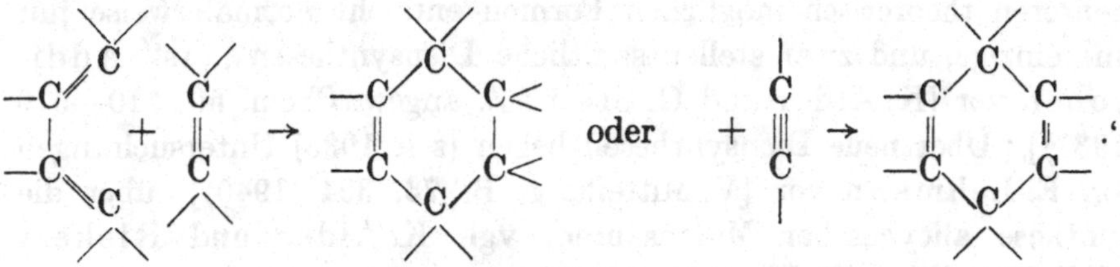

O. Diels hat seine Untersuchungen bis zur 32. Mitteilung [B. 71, 1186 (1938)] bzw. 33. Mitteilung [A. 543, 79 (1939/40)] verfolgt.

Wie war nun die Genesis dieser „Dien-Synthese"?

Den Anlaß gibt eine von W. Albrecht [A. 348, 31 (1906)] über die Anlagerung von Cyclopentadien an p-Chinon ausgeführte Untersuchung, deren Ergebnisse als Cyclopentadienchinon (I) und Di-cyclopentadienchinon (II) formuliert werden:

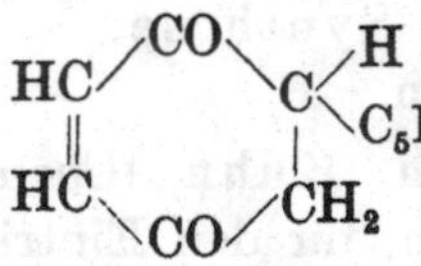

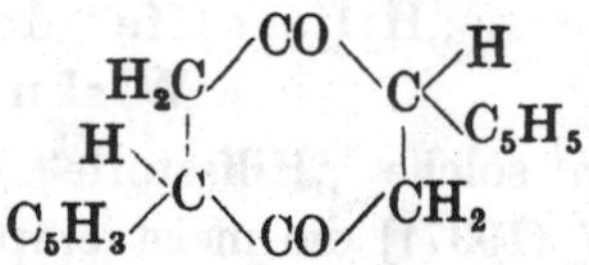

Andererseits hatte O. Diels [mit Mitarbeitern: A. 443, 242 (1925)] gezeigt, daß Cyclopentadien sich „an die in ihrem Bau einem Halbchinon vergleichbaren Azoester ... unter Einlagerung einer Methylenbrücke addiert" ... „Bei der Ähnlichkeit im Verhalten der Azoester mit den Chinonen gegen Cyclopentadien und andere Kohlenwasserstoffe erschien es nicht ausgeschlossen, daß sich die letzteren auch mit den Anhydriden der Malein-, Citracon- und Itaconsäure zu beständigen Verbindungen vereinigen werden." Die formale Analogie ist ja vorhanden:

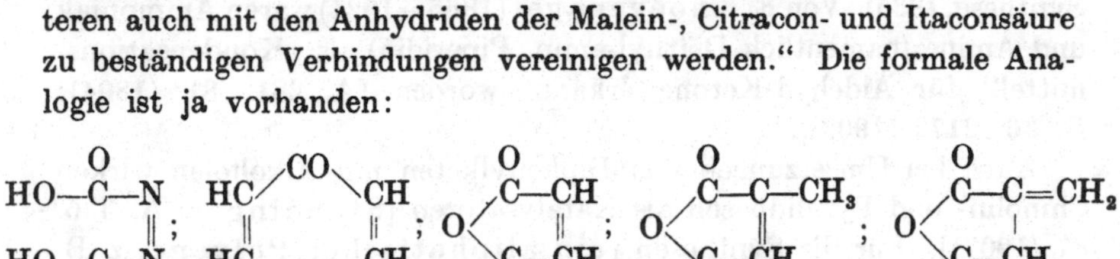

Der Versuch, der durch diese Analogieschlüsse nahegelegt wird, ergibt eine glänzende Bestätigung; am Anfang steht auch hier der Zweifel, der durch die verschiedenartige Deutung ähnlicher Anlagerungsvorgänge ausgelöst worden ist.

Eine Zusammenfassung „Die Methoden der Dien-Synthese" gab K. Alder (im Handbuch der biologischen Arbeitsmethoden. Berlin 1933). Eine bedeutsame Erweiterung der Erkenntnisse über den Verlauf der Dien-Synthese wurde durch K. Alder [gemeinsam mit G. Stein, 1933 u. f.; A. 514, 1 u. f. (1934); 515, 165 u. f.; 525, 183 u. f. (1936)] gegeben, und zwar durch die Mitberücksichtigung der stereochemischen Faktoren: es wurde eine ausgesprochene, stereochemische Selektivität der Diensynthese festgestellt, — von mehreren theoretisch möglichen Formen entsteht normalerweise nur eine einzige, und zwar stellen sämtliche Diensynthesen „cis"-Additionen vor [K. Alder und G. Stein: Z. angew. Chem. 50, 510—519 (1937)]. Über neue Diensynthesen liegen (seit 1935) Untersuchungen von E. Lehmann vor [V. Mitteilung, B. 73, 304 (1940)]: über die Synthese alicyclischer Malonsäuren, vgl. K. Alder und Rickert [XIV. Mitteilung, B. 72, 1983 (1939)].

Den Einfluß des Lösungsmittels bzw. der polaren Natur des letzteren wiesen R. A. Fairclough und C. N. Hinshelwood (Soc. 1938, 236) durch die Gegenüberstellung der Reaktionsgeschwindigkeit in Benzol und Nitrobenzol nach. Über den sterischen Verlauf von Additions- und Substitutionsreaktionen: K. Alder und E. Windemuth: A. 543, 56 (1940).

„Hilfsstoffe" der organischen Synthese;
Wirkung von Aminen.

Als solche „Hilfsstoffe" bezeichnet Rich. Kuhn [Chem.-Zeit. 61, 17 (1937)] die meist empirisch gefundenen, für den Eintritt und Verlauf der betreffenden Umsatzreaktion wesentlichen, ihrer Wirkungsweise nach jedoch undurchsichtigen Fremdstoffe, die ihm gelegentlich seiner Synthesen entgegengetreten sind. So z. B. Bleioxyd (bei der Synthese von Diphenylpolyenen), eine Spur Säure (Flavin-Synthese), Salmiak [Synthese von o-Nitranilinglucosiden; R. Kuhn und R. Ströbele: B. 70, 775 (1937)], Borsäure (Lactoflavin-Synthese, 1935). Von E. Knoevenagel (1865—1921) waren Ammoniak und Amine (namentlich Diäthyl-amin, Piperidin) als „Kondensationsmittel" für Aldehyd-Ketone erkannt worden [A. 281, 81 (1894); B. 36, 2172 (1903)].

Auch bei Umsetzungen von Diphenylketen mit Alkoholen wirken Chinolin- und Pyridinbasen als Katalysatoren [Staudinger: A. 356, 87 (1907)]. Für die Synthesen rein aliphatischer Polyene, z. B. aus Crotonaldehyd, erwies sich Piperidinsalz (bzw. -acetat) als besonders wirksames Kondensationsmittel [R. Kuhn und M. Hoffer, 1930; Kuhn, W. Badstüber und C. Grundmann: B. 69, 98 (1936); s. auch 70, 1318 (1937)]. Lehrreich ist der Weg, der zur Auffindung der Piperidinsalzwirkung hinführte [zit. S. 99 (1936); s. auch F. G. Fischer: B. 70, 370 (1937)]. C. Mannich [und Mitarbeiter: B. 69, 2112 (1936)] fand bei der Umsetzung des Crotonaldehyds mit Piperidin bei niedriger Temperatur die Bildung von 1-Piperidino-3-methyl-allen $CH_3 \cdot CH:C:CH \cdot NC_5H_{10}$; diese von W. Langenbeck als 1-Piperidino-butadien erkannte Verbindung erwies sich als Katalysator ebenso wirksam wie Piperidin selbst (X. Inter. Kongr. f. reine u. angew. Chemie, Rom, Bd. III, S. 230. 1939). Es sei daran erinnert, daß schon 1906 von M. Kutscheroff die Chinolinsalze zur Isomerisation von Dimethylallen zu Isopren angewandt wurden.

Die katalytische Wirkung der Amine äußert sich auch in andersgearteten Fällen und Reaktionen, so z. B. bei der Isolierung der „individuellen magnesiumorganischen Verbindungen" Grignards in indifferenten Lösungsmitteln (Benzol und Benzin) unter Zusatz von tertiären Aminen [W. Tschelinzeff: B. 37, 4534 (1904)]. Hierher gehört auch die Beobachtung von Fr. Hofmann (mit Gottlob und Bögemann), daß geringe Mengen von organischen Basen (Anilin, Pyridin, Piperidin, Chinolin, Dimethylamin usw.) die beschleunigte Oxydation der synthetischen Kautschukarten verhindern. Zu erinnern wäre auch an die Klasse der Antioxygene bzw. Inhibitoren (Moureu und Dufraisse u. a.).

Zu solchen Hilfsstoffen bei Reaktionen in homogenen flüssigen Systemen gehört ganz allgemein das Lösungsmittel selbst. Dieses wirkt, je nach seiner chemischen Natur, durch sein Ionisierungsvermögen oder durch die Dipole seiner Moleküle, indem es Dissoziationen bzw. Assoziationen der gelösten Stoffe oder Anlagerungen des Lösungsmittels an Gelöstes bzw. Umlagerungen und Elektronenwanderungen innerhalb der Moleküle (vgl. Tautomerisation, Racemisierung, Waldensche Umkehrung) befördert. Als ein interessantes Beispiel diene das flüssige Ammoniak.

Flüssiges Ammoniak als Lösungsmittel und Reagens.

Durch H. P. Cady (1897) und E. C. Franklin (1862—1937) ist das flüssige Ammoniak als ein dem Wasser überaus ähnliches Lösungsmittel erkannt worden (Franklin und Ch. A. Kraus, 1899 u. f.), und wie man ein Aquo-System von Säuren, Basen und Salzen hat, so hat Franklin (seit 1912) auch ein entsprechendes Ammonosystem aufgestellt [vgl. auch L. F. Audrieth: Z. angew. Chem. 45, 385 (1932); Findlay: Soc. 1938, 588].

Als Lösungsmittel bei synthetischen Arbeiten hat sich flüssiges Ammoniak einer zunehmenden Verwendung erfreut. Schon 1901 wandte es E. Fischer [mit E. Fourneau: B. **34**, 2868 (1901); **35**, 1095 (1902)] an, als er seine Polypeptidsynthesen begann, und (durch Herausnahme des Broms) mit flüssigem Ammoniak stellte E. Abderhalden [mit A. Fodor: B. **49**, 561 (1916)] ein aus 19 Bausteinen bestehendes Polypeptid dar. Umsetzungen in flüssigem Ammoniak zwischen $NaNH_3$ und Acetylen (bzw. $CH \vdots CNa$) mit Alkyljodiden zu alkyliertem Acetylen führten P. Lebeau und Picon (1913) aus. Umsetzungen mit Triphenylmethan bzw. Triphenylmethylchlorid oder -natrium lehrte Ch. A. Kraus [Am. **45**, 769, 2756 (1923)] kennen.

In der Zuckerchemie ist es von J. E. Muskat (1934), L. Zechmeister (1935) zu Umsetzungen verwendet worden. Neuerdings hat J. v. Braun [B. **70**, 979 (1937)] die Einwirkung des flüssigen Ammoniaks auf organische Halogenverbindungen untersucht, diese „Ammonolyse" ist am Chlorbenzol von K. H. Meyer und F. Bergius (1914) nachgewiesen worden; auch F. W. Bergstrom, R. E. Wright und Mitarbeiter haben diese Umsetzungen an Arylhalogeniden studiert [J. org. Chemistry **1**, 170 (1936)], ebenso N. N. Woroshzow und W. A. Kobelew [C. **1939** II, 3396]. W. Hückel und H. Bretschneider [A. **540**, 157 (1939)] verwandten das flüssige Ammoniak als Lösungsmittel zu Umsetzungen von ungesättigten und mehrkernigen aromatischen Kohlenwasserstoffen mit Natrium und Calcium (bei etwa -75^0), wobei die Deutung der Ergebnisse sich der Annahme von heteropolaren (mesomeren) Radikalanionen einordnete. Zur Reduktion hatten H. H. Schlubach und H. Miedel [B. **57**, 1682 (1924)] Natrium und NH_4Cl in flüssigem Ammoniak benutzt.

Anhang.
Anwendung von Isotopen[1]) in der chemischen Forschung. Radioaktive Elemente.

Die Entdeckung des schweren Wasserstoffisotopes D (= Deuterium) durch Urey (1932) und die inzwischen erfolgte technische Gewinnung von 100% deuteriumhaltigem Wasser D_2O haben in den wenigen Jahren bereits eine ansehnliche Zahl von neuen deuteriumhaltigen organischen Verbindungen gezeitigt. Über den Umfang, die Forschungsmethoden und die Probleme dieser „Chemie der Deuteriumverbindungen" orientieren die Vorträge der Spezialforscher (z. B. K. F. Bonhoeffer, K. Clusius, H. Erlenmeyer, K. H. Geib, C. K. Ingold und Chr. L. Wilson, J. A. V. Butler, E. Bartholomé, O. Reitz u. a.) auf einer Diskussionstagung der Deutschen Bunsen-Gesellschaft [Z. f. Elektroch. **44**, 1—98 (1938)]. Von besonderem Interesse erscheinen die unmittelbaren Austauschreaktionen in dem Lösungsmittel „schweres Wasser"; wenn z. B. durch Lösen in schwerem Wasser Ammoniumchlorid alle Wasserstoffatome, Zucker

---

[1]) Vgl. auch K. H. Seib: Z. angew. Chem. **51**, 622 (1938).

etwa die Hälfte, Anilin etwa zwei gegen Deuterium austauscht, so lehrt dies ganz allgemein, daß das „Lösungsmittel" gegenüber dem Gelösten eine oft weitgehende chemische Wirkung ausübt. [Dieser Austausch ist durch das Raman-Spektrum erkennbar. A. Dadieu: Z. angew. Ch. 49, 348 (1936).] Sagte nicht schon Boerhaave (1732), daß Solvens und Gelöstes reziprok aufeinander wirken?

Die Versuche mit anderen Isotopen sind nicht zahlreich. Mit dem Sauerstoffisotop O^{18} wurden Austauschreaktionen im Acetaldehyd, Aceton, in Carbonsäuren erzielt (Urey, 1938; Herbert und Lauder 1938). Radioaktive Halogene bzw. Halogenionen geben schnell verlaufende Austauschreaktionen, z. B. mit Brom (Grosse, 1935), mit Chlor (Olson, Porter, 1936); mit radioaktivem Brom (in LiBr) wurde bestätigt, daß der Halogenaustausch in α-Halogenpropion-säuren unter Waldenscher Umkehrung erfolgt [E. D. Hughes und Mit-arbeiter: Soc. 1938, 209]. Über die Einführung radioaktiver Halogene (Brom bzw. Jod) in organische Moleküle haben auch N. Brejneva, S. Roginsky und A. Schilinsky ausführlich gearbeitet (C. 1937 I, 4484); Chr. Wilson, Th. P. Nevell und E. de Salas (Soc. 1939, 1188) verwandten Deuterium-Radiochlorid zur Aufklärung der Wagner-Meerwein-Umlagerung (Camphenhydrochlorid → Isobornylchlorid). Radioaktiver Phosphor ist für biologische Untersuchungen be-nutzt worden (G. v. Hevesy: Soc. 1939, 1213).

Als ein wertvolles Reagens bei der Bestimmung des Radikal-charakters ist der p-Wasserstoff erkannt worden [G. Schwab und N. Agliardi: B. 73, 95 (1940); dazu B. 73, 279 (1940), und Schwab und E. Agallidis: Z. physik. Chem. B. 41, 59 (1938)], nachdem sich erwiesen hatte, daß unter dem Einfluß des jede freie Valenzstelle (unpaares Elektron) umgebenden inhomogenen Magnet-feldes p-Wasserstoff in Gleichgewichtswasserstoff umgelagert wird; die p-Wasserstoffmethode kann also „gewissermaßen die einzelnen Valenzstellen abtasten".

Mit einer Anzahl dieser synthetischen „Hilfsmittel" haben wir bereits das Gebiet derjenigen Reaktionshelfer betreten, die in ihren Ausmaßen der Anwendung und tech-nischen Bedeutung tatsächlich eine Art des „Steins der Weisen" der modernen Chemie verkörpern: Es sind dies die „Katalysatoren".

Zweites Kapitel.
Vom alten „Ferment" zum modernen „Katalysator".

> „Ferment macht das Corpus lück, daß es aufgehet und der Spiritus Platz findet, damit es zum Backen geschickt werde ... Hermes sagt: Ferment weiset das (alchemistische) Werk, sonst wird nichts daraus."
>
> Ruhland (1612).

Diese Verknüpfung des Fermentbegriffs einerseits mit der Gär-wirkung der Hefe, andererseits mit der Wirkung des philosophischen

Steins ist uralt. So lehrten schon die griechisch-alexandrinischen
Alchemisten (etwa 300 n. Chr.): Hermes stellte das Xerion (bzw.
den Stein der Weisen) her, das seit Äonen Gesuchte, und verwandelte
mit ihm die gemeinen Metalle in Gold, wie die körperlich Siechen in
Gesunde. Es wirkt nach Art einer Hefe (= ζύμης χάριν; dazu ζύμη =
Sauerteig, Enzym, Zymase); wie die kleinste Zutat Hefe eine
große Menge Teig in Gärung versetzt und umwandelt, so wird auch schon
durch eine Kleinigkeit Xerion die ganze Masse fermentiert und zu Gold
gewandelt (vgl. E. O. v. Lippmann: Alchemie, S. 80, 84, 345, 366.
1919). Wenn auf Grund einer umgebildeten Lehre des Aristoteles
die Metalle gewachsene und wachsende Gebilde und einander nah-
verwandt sind, so ist es folgerichtig, eine künstliche Umwandlung
aus einer niederen Wachstums- oder Entwicklungsstufe in eine höhere
für durchführbar anzunehmen bzw. den langsam verlaufenden Natur-
vorgang abzukürzen oder zu beschleunigen. Das Mittel dazu
sollte jenes Xerion, Stein der Weisen, sein, dessen verschiedenen
Gütegraden eine verschiedene Umwandlungszeit entsprach (vgl.
H. Kopp: Alchemie, Bd. I, S. 188. 1886). Der große Dschâbir
(um 800 n. Chr.) rühmte sein Präparat, das statt viele Jahre Umwandlungszeit nur wenige Tage, ja nur den einen Augenblick erforderte,
bis das „Ferment" hinzugetan wurde (E. O. v. Lippmann: Alchemie,
S. 364). So kennzeichnete auch der berühmte Roger Baco (13. Jahrhundert) in den ihm zugeschriebenen alchemistischen Schriften den
„Stein der Philosophen" als das Mittel, „in wenig Zeit dasjenige zu
machen, wozu die Natur eine viel längere Zeitdauer braucht" (F. Hoefer:
Histoire de la chimie I, p. 399. 1866), wobei die Wirkung von 1 Teil
des „Steins" auf 1000 · 1000 Teile und mehr des unedlen Metalls sich
erstreckt (Kopp, zit. S. 24). Im 16. Jahrhundert berichtete Birin-
guccio (Pirotechnia, 1540), daß die Alchemisten behaupten, mit ihrer
Kunst „die gesetzmäßigen Naturvorgänge umkehren zu können".
Im 17. Jahrhundert übertrug Franz Sylvius de le Boë Ferment
und Fermentation auf das Gebiet des menschlichen Stoffwechsels
und machte den Speichel und Magensaft sowie die Galle zu Haupt-
trägern der Fermente. Beim Anbruch des 18. Jahrhunderts übernahm
G. E. Stahl den Gedanken der Beschleunigung hinsichtlich der
Wirkung des „Gärungsmittels oder Ferments": das in innerer Bewegung
befindliche Ferment wirkt „nicht allein vermittelst eines einfachen
und bloßen Anstoßens .... sondern auch vermittelst des An-
hängens und Einwickelns... Das Ferment befördert und beschleunigt nur den Actum... Endlich so muß die gebrauchende
Quantität nur mäßig sein" (Sperrdruck im Original: „Zymotechnia
Fundamentalis", S. 291, 296, 298. Ausgabe vom Jahre 1734).
    Die Auffassung: Philosophischer Stein = Ferment = Beschleuniger
tritt auch gen Ende des 18. Jahrhunderts entgegen; es ist Ant. Jos.

Pernety (zeitweiliger Bibliothekar Friedrich des Großen), der die Alchemie definiert als „eine Wissenschaft und die Kunst der Bereitung eines fermentativen Pulvers, das unvollkommene Metalle in Gold verwandelt und als eine Universalmedizin für alle Krankheiten der Menschen, Tiere und Pflanzen dient ... Das Ferment beschleunigt nur eine Reinigung (z. B. der unvollkommenen Metalle), für welche die Natur lange Zeit braucht" [Pernety: Dictionnaire Mytho-Hermétique. Paris 1758 (1787)]. Der Philosophische Stein ist demnach auch ein „Biokatalysator" und im vollen Sinne ein „anorganisches Ferment". — Überprüft man diese historischen Dokumente vom Standort unserer gegenwärtigen Ansichten über die Wirkung der „anorganischen Fermente" und der organischen Katalysatoren [Enzyme [1])], so wird man unschwer die geistige Verwandtschaft zwischen dem Einst und dem Jetzt zugeben und die gemeinsame Entwicklungslinie beider erkennen; man wird auch besinnlich die Deutungen Stahls von dem Reaktionsmechanismus des Ferments mit den gegenwärtigen Definitionen des Katalysators vergleichen und vielleicht in jenen bereits die Vorstufen zu diesen erblicken: „Anhängen und Einwickeln" hieß es vordem, intermediäre chemische Vereinigung heute; Beschleunigung und Beförderung des Gärungsaktes einst, Beschleunigung der Reaktionsgeschwindigkeit heute.

Es ist ein denkwürdiges Ereignis, daß die (hydrolytische) Umwandlung der Stärke in Glucose-Zucker sowohl durch die katalytische Säurewirkung (1812) als auch durch die Fermentwirkung des Malzauszuges (1814) von ein und demselben Forscher Constantin-Gottl. Sigism. Kirchhoff (geb. 1764 in Teterow [Meckl.], gest. 1833 in St. Petersburg) entdeckt wurde. Die Isolierung und nähere Untersuchung dieses wirksamen Stoffes im Malz bzw. in keimender Gerste wurde von Payen und Persoz (1833) durchgeführt; sie gaben ihm den Namen „Diastase" (Διαστάσις, Trennung, Spaltung). Die Kirchhoffschen Entdeckungen riefen unmittelbar ein allgemeines Interesse hervor, da sie in die praktische Frage der Stärkezuckerbereitung hinübergriffen; theoretisch wirkten sie sich aus, indem sie erstmalig an einem zusammengesetzten organischen Naturstoff (Stärke) die Gleichsinnigkeit der anorganisch-chemischen Reagenzien (Mineralsäuren) mit dem biochemischen Reagens (Malzauszug, Diastase) erwiesen, und die grundlegende Bedeutung dieser Entdeckungen trat besonders hervor, als J. J. Berzelius (1835) bei der Begriffsbildung der „Katalyse" in der unbelebten und „in der lebenden Natur" gerade auf diese Beispiele zurückgriff. Beachtet man diese Analogisierung in Betreff der Wirkung der „katalytischen Kraft",

---

[1]) Die Bezeichnung der ungeformten Fermente als „Enzyme" (ἐν ζύμῃ, in der Hefe) wurde von W. Kühne (Erfahrungen und Bemerkungen über Enzyme und Fermente. Heidelberg 1878) vorgeschlagen.

so erscheint die dauernde Ablehnung desselben Berzelius gegenüber der Synthese von organischen Stoffen ohne „Lebenskraft" nicht ganz begründet.

Die Weiterentwicklung des Problemkomplexes „Fermente-Katalysatoren" verlief nun während eines Halbjahrhunderts vorwaltend außerhalb der Chemie; die Fermentforschung erfuhr Pflege und Förderung durch Physiologen und Biologen, und nur in der Diskussion über das Wesen der alkoholischen Gärung fand auch ein Eingreifen der Chemiker statt. Von chemischer Seite erfolgte erst um 1890 ein planmäßiges Vordringen in diesen Komplex, und zwar einerseits durch die physikalische Chemie bzw. die Lehre vom chemischen Gleichgewicht, andererseits durch die organische Chemie bzw. Synthese der Zucker.

Erkenntnistheoretisch ist es beachtenswert, wie der alte Begriff des „Xerion" bzw. der schon von Aristoteles gebrauchte Begriff des Brotteiges ($\mu\tilde{\alpha}\zeta\alpha$) sich bei den Lateinern in das Wort massa und schon in der frühesten alchemistischen Literatur zu der $\mu\tilde{\alpha}\zeta\alpha$ $\dot{\alpha}\nu\acute{\epsilon}\varkappa\lambda\epsilon\iota\pi\tau\sigma\varsigma$ (unerschöpfliche Masse) wandelt, „ . . . und so ist dieser alchemistische Terminus (d. h. Massa, Masse) zu einem der gewöhnlichsten Ausdrücke der europäischen Sprachen geworden" (H. Diels: Antike Technik, S. 141. 1920): er ist aber auch ein Grundbegriff der modernen Chemie geworden, und zwar im „Gesetz der Erhaltung der Masse", in den „aktiven Massen" der reagierenden Stoffe, im „Massenwirkungsgesetz" von Guldberg und Waage (1867). Seit dem Erscheinen des letzteren datiert eine neue Epoche der theoretischen Chemie, die Lehre vom chemischen Gleichgewicht, es beginnt die Messung der Geschwindigkeit chemischer Vorgänge, insbesondere seit den Arbeiten von J. H. van't Hoff (1884) und Wilh. Ostwald (seit 1883), der nun den Berzeliusschen Begriff „Katalyse" dahin erläutert (1891), daß die Katalyse solche Vorgänge betrifft, „welche durch die Gegenwart bestimmter Stoffe (Katalysatoren) ohne nachweisbare Beteiligung derselben an Verbindungen hervorgerufen oder beschleunigt werden". Im Jahre 1897 wird jenes uralte Hefeferment durch E. Buchner entschleiert und auf einen chemischen Stoff „Zymase" zurückgeführt. G. Bredig führt dann den Beweis (1899, 1901), daß kolloidale Metallsuspensionen (z. B. des Edelmetalls Platin) als Katalysatoren eine vielseitige Analogie mit dem charakteristischen Verhalten der organischen Fermente (Enzyme) aufweisen. Im 20. Jahrhundert endlich erhebt sich das reaktionskinetische Studium chemischer Vorgänge unter Verwendung von heterogenen Katalysatoren (z. B. Metallen, Metalloxyden, Salzen, Enzymen usw.) zu einer bedeutenden Vormachtstellung und führt zu technischen Anwendungen von ungeahnter Ausdehnung und Bedeutung (technische Synthesen des Ammoniaks. des Harnstoffs, der Salpetersäure, des Alkohols bzw. der

Fettalkohole und Glycole, der Essigsäure, des Kautschuks, der Benzine und Schmieröle, der „Kunststoffe" usw.). Ein eigenartiger Kreislauf des Geschehens offenbart sich: begrifflich und wirkend nimmt es als „Ferment" seinen Ausgang von der primitiven Technik der Vergangenheit (Brotbacken, Metallschmelzen und „Goldmachen"), und nach zwei Jahrtausenden flutet es unter der siegreichen Fahne „katalytischer Reaktionen" wieder zur Wissenschaft und Technik zurück. Symbolhaft verhieß das geheimnisvolle „Xerion" der grauen Vergangenheit auch „die große Krankheit der Armut" zu heilen, und tatkräftig vermag der moderne „Katalysator" in der deutschen Gegenwart die wirtschaftlichen Nöte, die den Lebenslauf des Volkes bedrohen, niederzukämpfen.

Wodurch wurde diese katalytische Entwicklung ausgelöst? Um die Wende des Jahrhunderts summieren sich zerstreute Tatsachen auf getrennt arbeitenden Forschungsgebieten der physiologischen, anorganischen und organischen Chemie, Mikrobiologie und Technik zu einem neuen wissenschaftlichen Problemkomplex, der von dem gemeinsamen Begriff „Katalyse" beherrscht wird. Wodurch wurde dieser Zusammenschluß bewirkt? Um die Weihnachtszeit des Jahres 1897 war in Leipzig das neuerbaute Physikalisch-chemische Institut eröffnet worden, und der Leiter desselben, Wilh. Ostwald, hielt Umschau nach neuen Arbeitsgebieten, die sowohl spezifisch als auch ergiebig genug für eine intensive Forschungstätigkeit des Instituts sein konnten. Er selbst berichtet also [1]): „Ein Stückchen Urwald wenigstens müssen wir haben, und das Glück des Vordringens ins möglichst Unbekannte wollen wir um keinen Preis missen. Und von allen Richtungen, die wir zu diesem Zwecke einschlagen konnten, schien mir keine dankbarer und hoffnungsreicher als die Katalyse." Eigene Arbeiten hatten ihn schon wiederholt auf „katalytische" Vorgänge stoßen lassen (z. B. bei der Verseifung des Methylacetats durch Säuren, 1883), er erkennt auch das Vorkommen „autokatalytischer" Vorgänge (1890) in der Lösung und kennzeichnet die Oxydationswirkungen tierischer Gewebe als katalytische Erscheinungen (1896); im Jahre 1898 unterwirft er in seiner Dekanatsschrift „Ältere Geschichte der Lehre von den Berührungswirkungen" die früheren Ansichten über katalytische Erscheinungen einer kritischen Sichtung und gelangt zu dem Schluß. daß sie „als Beschleunigungen bzw. Verzögerungen vorhandener Vorgänge aufgefaßt werden" können. Gleichzeitig werden in dem neuen Institut von einer Reihe von jüngeren Mitarbeitern (Th. S. Price, 1898; M. Bodenstein, Habilitationsschrift, 1899; G. Bredig und Müller v. Berneck, 1899; J. Brode, 1901; Bredig, Habilitationsschrift, 1901; Bredig und Brown 1903) grundlegende experimentelle

---

[1]) Wilhelm Ostwald: Lebenslinien, II. Bd., S. 270. 1927.

Arbeiten beigesteuert, an homogenen und heterogenen Lösungen und Gasen.

Neue Tatsachen strömten auch von anderer Seite zu, z. B. die katalytische Wirkung der Neutralsalze (J. Spohr, 1885), der Lösungsmittel (N. Menschutkin, 1887 u. f.), der Wasserstoff- und Hydroxylionen (Sv. Arrhenius, 1889). Andersgeartete Beispiele liefert die Enzymchemie [Buchners Entdeckung der Zymase, (1897), P. E. Duclaux Traité des Microbiologie (1899)]. Die chemische Großindustrie steuert in der Kontaktschwefelsäure ein klassisches Beispiel bei (R. Knietsch, 1901). Diese experimentelle Vielgestaltigkeit wird nun von Wilh. Ostwald (1901) in einem Vortrag vor dem zuständigen Forum der Naturforscher und Ärzte (Hamburg) erstmalig einheitlich gedeutet und dem Begriff der Katalyse und des Katalysators untergeordnet. Er definiert den Katalysator als einen Stoff, „der ohne im Endprodukt einer chemischen Reaktion zu erscheinen, ihre Geschwindigkeit verändert". Dieser Begriffsbestimmung ordnet er die folgenden Kontaktwirkungen oder Katalysen unter: 1. Auslösungen in übersättigten Lösungen, 2. Katalysen in homogenen Gemischen (katalytische Rolle der Lösungsmittel; Wasserstoff- und Hydroxylionen als Katalysatoren; zahllose katalytische Vorgänge (oft unter Bildung von Zwischenprodukten); Autokatalyse; bemerkenswert die Tatsache, „daß zwei Katalysatoren bei gemeinsamer Wirkung oft eine ganz unverhältnismäßig viel größere Beschleunigung bewirken, als sich aus der Summierung ihrer Einzelwirkungen berechnet" (Th. S. Price, 1898; J. Brode, 1901); 3. heterogene Katalyse (Prototyp: Wirkung des Platins auf verbrennliche Gasgemenge; Bredigs (1899) kolloidale Metalle), 4. die Enzyme, „die sich gleichfalls immer im Zustande kolloidaler Lösung oder Suspension befinden"; nach den grundlegenden Arbeiten Bredigs über „Anorganische Fermente" (Leipzig 1901) besteht eine weitestgehende Übereinstimmung zwischen den metallischen kolloidalen Katalysatoren und den organischen Enzymen (Fermenten); Ostwald hebt dann noch die Rolle der Enzymreaktionen für den normalen Ablauf der Lebensvorgänge hervor und betont die Notwendigkeit weiterer quantitativer Forschung auf diesem so fruchtbaren Gebiet, das nicht nur von chemisch-wissenschaftlichem Interesse ist, nicht nur physiologische Anwendungen bietet, sondern auch wirtschaftliche Vorteile bringt. Denn die Beschleunigung der Reaktionen durch katalytische Mittel erfolgt ohne Aufwand von Energie, also in solchem Sinne gratis und unter Zeitgewinn, es ist daher der Schluß berechtigt, „daß die systematische Benutzung katalytischer Hilfsmittel die tiefgehendsten Umwandlungen in der Technik erwarten läßt". Und so ist es auch tatsächlich eingetroffen.

Für die Weiterentwicklung der Katalyse im 20. Jahrhundert haben einen heuristischen Wert gehabt: bestimmte Vorstellungen

über den inneren Vorgang bei der Katalyse, dann die Stoffnatur
des Katalysators (spezifische Lenkung der Reaktion sowie die Wirkung
von Mehrstoffkatalysatoren) und die Beeinflussung der Reaktionsgeschwindigkeiten und Gleichgewichte (im heterogenen System) durch
Druck- und Temperaturänderungen. Ein Eingehen auf die
Vorgeschichte dürfte auch Prioritätsfragen klären.

Das Denkmittel der „Zwischenreaktionen", „Zwischenverbindungen", „Stufenfolgen" usw. durchzieht die wissenschaftliche
Chemie seit mehr als einem Jahrhundert. Schon 1794 vertrat
Mrs. Fulham (An Essay on Combustion etc. London) die Ansicht,
daß die Anwesenheit des Wassers bei allen Oxydations- und Reduk-
tionsvorgängen notwendig sei, da primär z. B. der Wasserstoff des
Wassers sich mit dem Oxydationsmittel verbinde und nun der frei-
gewordene Sauerstoff die Oxydation vollführe. Diese alte Vorstellung
erscheint wieder z. B. bei M. Traube (1882 u. f.), Dixon (1882 u. f.)
und Baker (1885 u. f.), die sämtlich die Gegenwart des Wassers bei
(freiwilligen) Oxydationsvorgängen usw. als unerläßlich ansehen, ferner
bei W. Ipatiew (1901 u. f.) zur Deutung der katalytischen Aldehyd
bildung aus Alkohol durch leicht oxydierbare Metalle. Der Zwischen
reaktionsmechanismus tritt 1806 in der Deutung der Schwefelsäure
bildung (mittels des Katalysators NO) durch Clément und Désorme
entgegen; W. C. Henry (1835), Kuhlmann (1840), Mitscherlich
(1841) verwenden dieses Modell zur Veranschaulichung der Kontaktwirkung. Dann sind es J. Mercer (1842) und Sir Lyon Playfair
(1848), die bestimmter als Kuhlmann die Wirkung des Katalysators
auf chemische (wenn auch schwache) Affinitäten zurückführen
und damit — der wissenschaftlichen Entwicklung vorausgreifend —
„eine Synthese von Katalyse und chemischer Reaktion" (A. Mittasch
und E. Theis) vollziehen. Die Vorstellung von den Zwischenreaktionen
wird alsbald von der reinen Chemie übernommen und vielseitig angewandt (s. nachher). Dieselbe Vorstellung geht auch ein in die von
Wilh. Ostwald (um 1900) begründete neue Epoche katalytischer
Forschung. Als er 1907 einen Überblick seiner erfolgreichen katalytischen Versuche „Über die Herstellung von Salpetersäure aus Ammoniak" (Kattowitz O.-S. 1907) gab, erwähnte er auch das unerwünschte Auftreten des freien Stickstoffs bei der Oxydation und
schrieb: „Hier nun trat eines der Zusammentreffen ein, von denen
wissenschaftliche wie technische Erfolge so oft abhängen. Ich hatte
kurz zuvor die Theorie der Zwischenreaktionen ausgesprochen
und entwickelt. Dieser Theorie zufolge führt eine Reaktion im allgemeinen nicht unmittelbar zu dem letzten Gleichgewichtszustande,
der unter den gegebenen Bedingungen möglich ist, sondern sie geht
über alle Zwischenstufen, die zwischen den Ausgangsstoffen und den
endgültigen, nicht weiter veränderlichen Produkten liegen." Dem

Endprodukt der Ammoniakoxydation, dem Stickstoff muß man also zuvorkommen, indem man die Zwischenprodukte (die Stickoxyde) vorher abfängt bzw. sie so schnell wie möglich der weiteren Einwirkung des Katalysators entzieht! Auch in seinem Nobel-Vortrage 1909 hebt W. Ostwald hervor, daß unter den Theorien der Katalyse „keine sich lebensfähiger erwiesen (hat) als die bereits von Clément und Désormes (1806) aufgestellte der Zwischenreaktionen".

Die Welt der katalytischen Vorgänge ist zu groß und zu mannigfaltig, als daß eine beschränkte Theorie ihr gerecht werden könnte. Immerhin ist es einer besinnlichen Betrachtung wert, daß und wie die erste technische homogene Katalyse (Schwefelsäuregewinnung, Clément und Désormes, 1806) diesen Zwischenreaktionsmechanismus ins Leben rief; daß es die erste technische heterogene Katalyse (Deacons Chlordarstellung, 1868 u. f.) war, die ebenfalls, wenn auch nur „in der Idee", den Reaktionsverlauf über Zwischenverbindungen gehen ließ; daß Ostwald, wie erwähnt, bei der heterogenen Katalyse der Ammoniakoxydation zu Salpetersäure solche Zwischenprodukte herausfing; daß Sabatier bei der Entdeckung der Nickelhydrierungsmethode (1900 u. f.) sich des instabilen Nickelhydrids als eines Zwischenprodukts der Hydrogenisationskatalyse bediente (vgl. Nobelpreisvortrag, 1912), und schließlich, daß die Entdeckung jener technisch so wirksamen Mischkatalysatoren durch Bosch und Mittasch (1910 u. f.) auch durch die Annahme von einem Eisennitrid als Zwischenprodukt ausgelöst wurde.

Zur Vorgeschichte der Mischkatalysatoren sei auf das folgende hingewiesen.

An sich ist weder die Verwendung der Mischkatalysatoren noch die Idee der Verstärkung der Katalysatorwirkung durch Zusatzstoffe neu. Um nur einige Beispiele zu nennen, sei an die Beobachtung von Garden (1823) und Döbereiner (1824) erinnert, wonach das Knallgas nicht durch Iridium, sondern erst durch einen Zusatz von Osmium zu Iridium zur Explosion gebracht werden kann. Döbereiner beobachtete die Erhöhung der katalytischen Wirkung des Platins durch Alkali (1844), dieselbe verstärkende Wirkung von Platinsol durch Alkali stellten (1899) G. Bredig und Müller von Berneck fest, und 1908 wird die Verstärkerrolle von Natron auch gegenüber dem Nickelkatalysator in dem Scheringschen Patent (Borneol → Campher) unterstrichen. Oxydgemische als Katalysatoren treten ebenfalls schon frühzeitig entgegen, so z. B. ein $CuO \div Cr_2O_3$-Kontakt aus dem Jahre 1852 von Fr. Wöhler und Mahla [A. 81, 255 (1852)] für die Oxydation von Schwefeldioxyd. Nachdem Kupferoxyd, Eisenoxyd, Chromoxyd einzeln als Kontakte geprüft worden sind, heißt es: „Ganz besonders kräftig wirkt ein durch Fällung bereitetes Gemenge von Kupferoxyd und Chromoxyd ... Die Schwefel-

säurebildung geht so leicht und in solcher Menge vor sich, daß
es aussieht, als müsse man von diesem Verhalten praktische Anwendung machen können." Diese Anwendung blieb
jedoch jahrzehntelang aus, die Mischkatalysatoren erscheinen erst
um 1900 wieder: Fe_2O_3 + Pt (1899, Patent der Ver. Chem. Fabriken,
Mannheim) bzw. Fe_2O_3, CuO, Cr_2O_3 oder deren Gemenge als Träger
für Platin (1901, Patent der B.A.S.F.). Neutralsalze als Verstärker
der Katalysatoren sind bereits in dem historischen Deaconprozeß
(1873) vertreten: Na_2SO_4 als Zusatz zum $CuSO_4$ zwecks Oxydation
von Chlorwasserstoff. Noch ein andersgeartetes, jedoch bahnbrechendes
Beispiel sei hier angegliedert. Es war im Jahre 1891, als der Öster-
reicher Carl Auer von Welsbach eine Beobachtung gemacht hatte,
die die Tatsache der verstärkenden Wirkung von Nebenstoffen — im
vollen Sinn des Wortes — ins grellste Licht stellte: es war die durch
synthetische Versuche gelungene Erfindung des Thor-Cer-Glüh-
körpers, in welchem der Zusatz von 1% Ceroxyd zum reinsten
Thoroxyd ein Optimum der Helligkeit hervorruft. Es war wohl selbstverständlich, daß dieser aufsehende Befund erneut die Aufmerksamkeit
auf die Rolle von Beimengungen in den Katalysatoren lenkte. Vorhin
nannten wir einige Oxydgemische, anfügen wollen wir das österreichische
Patent von Hlavati (1895), der für die Ammoniaksynthese den Katalysator Titan im Gemisch mit Platin u. dgl. beanspruchte.

Eine andere Gruppe der Verstärkerwirkung bot die chemische
Kinetik dar, es war die sog. Neutralsalzwirkung, die sich darin
äußerte, daß die katalytische Inversionsgeschwindigkeit bei Säuren
durch Zusatz von Neutralsalzen erhöht wird (J. Spohr, 1885; Sv. Arrhenius, 1887 u. f.); ebenso wird der Rotationsrückgang, z. B. der
Dextrose durch Zusatz von Neutralsalzen beschleunigt (H. Trey,
1895 u. f.).

Eine gewisse Tragik begleitet oftmals den Lebensweg bedeutender
Entdeckungen. „Es ist viel mehr schon entdeckt als man glaubt,"
sagte Goethe schon vor einem Jahrhundert. Ist es nicht eine tiefe
Tragik, wenn z. B. nach außerordentlich mühevollen und zahlreichen
Versuchen endlich (1910) die hochwichtige Erkenntnis der Mischkatalysatoren (bei der Ammoniaksynthese) gelungen ist und man her-
nach feststellen muß, daß die Bedeutung der Tonerdebeimischung
zum Metallkatalysator bereits lange vorher entdeckt und bekanntgemacht worden war? Hatte doch schon 1825 G. Magnus diese
aktivierende Wirkung bei den pyrophoren Metallen Eisen, Nickel und
Kobalt sowie Kupfer nachgewiesen und geschlossen, „daß der Zusatz
der unschmelzbaren Tonerde nur insofern wirke, als derselbe das
Zusammenschmelzen des Metalls erschwert". Die Geschichte
der Chemie ist reich an solchen Beispielen von Wiederentdeckungen:
eine neue Generation bahnt sich mit neuen Hilfsmitteln neue Zugangs-

wege und stößt auf einen alten ergiebigen Stollen mit verwachsenen einstigen Zugangswegen. So z. B. beim Durchmustern der noch älteren Versuche von Deimann, van Troostwyk, Bondt und Lauwenbourgh vom Jahre 1795, die bei der Wiederholung des Priestleyschen Versuches 1. im „Tobakspfeifenstiel" dasselbe Äthylen aus Alkohol erhielten, dagegen 2. im Glasrohr keine Zersetzung des Alkohols bewirken konnten, die Zersetzung trat aber wieder auf, als sie 3. das Glasrohr mit kleinen Stückchen einer Tonpfeife beschickten: „Wir mußten daher" — so schrieben diese holländischen Chemiker — „den Schluß machen, daß die Tonerde, woraus die Röhre verfertigt ist, auf die Natur des Gases einen Einfluß habe." Wie die Tonerde wirkte auch die Kieselsäure, dagegen versagten neben Glas auch CaO, CaCO₃, MgO, K₂CO₃, Kohle und Schwefel. Damit war die spezifische Dehydratationswirkung der Tonerde auf Alkohol entdeckt. Und noch eine andere Tatsache sei in Erinnerung gebracht.

Schon vor hundert Jahren schrieb M. Faraday (Chemische Manipulationen, S. 382. Weimar 1828): „Manche Substanzen haben auf die Zersetzung, sowie auch auf die Verbindung von Gasen und Dämpfen einen merkwürdigen Einfluß, obwohl sie selbst nicht die geringste Neigung zeigen, sich mit den zusammengesetzten oder einfachen Substanzen zu verbinden, und aus diesem Grunde wirken Röhren von verschiedenem Materiale auf die durch dieselben geleiteten Gase oder Dämpfe verschieden;" er fügt hinzu, daß man statt der entsprechenden Röhren auch irdene oder Glasröhren benutzen kann, in welche man die betreffenden (Kontakt-)Substanzen zerkleinert eingetragen hat. Hier ist die Kontaktwirkung des Materials der Gefäßwände klar erkannt und formuliert.

Temperatursteigerung unter Druckerhöhung fanden — zwecks Erzwingung chemischer Umsetzungen — sowohl in technischen als auch in wissenschaftlichen Kreisen schon in früheren Zeiten Anwendung. Erinnert sei an die Versuche von V. Merz und W. Weith [B. 13, 1298 (1880)] über die Umwandlung von Phenol in Anilin durch Erhitzen mit Chlorzink-Ammoniak bei 280—300⁰, sowie an die Wiederholung dieser Versuche durch V. Merz und P. Müller [B. 19, 2901 (1886)] in Einschmelzröhren und Autoklaven, bei $t = 330$—340⁰, wobei der Druck 25 und mehr Atmosphären betrug und die Ausbeute an Anilin und Diphenylamin bis über 80% stieg. Die technische Darstellung der Salicylsäure (Rud. Schmitt, 1884/85) aus Phenolnatrium bei 100⁰ unter Zuführung von Kohlensäure bei 6 Atm. ist ebenfalls ein klassisches Beispiel. Es ist entwicklungsgeschichtlich bemerkenswert, daß schon 1880 Tellier in einem englischen Patent die Ammoniaksynthese mit titanisiertem Eisen bei einem Überdruck von 10—19 Atm. erreichen will. Ferner ist es der Meister der Gleichgewichtslehre selbst, Le Chatelier (1850—1936), der in einem französischen Patent 1901 diese Synthese aus den Elementen mit Hilfe von

Kontaktkörpern ebenfalls unter Druck zu verwirklichen beansprucht. Daß auch für die Hydrierung organischer Stoffe (Fetthydrierung) die Anwendung des Druckes (von 6 Atm.) bereits vor einem Halbjahrhundert in Gebrauch genommen worden ist, beweist das österreichische Privileg Nr. 10400 vom 19. Juli 1886, das dem Seifenfabrikanten Josef Weineck erteilt wurde; ähnlich hydrierten Magnier, Brangier und Tissier (D.R.P. 1899) die Oleinsäure bei Drucken von 3—5 Atm: Die Anilinfarbenindustrie benutzte seit längerer Zeit schmiedeeiserne Autoklaven für Umsetzungen bis etwa 280⁰ und bei Drucken bis 100 Atm., auch waren in der Technik Destillationsapparate mit Überdruck im Gebrauch (vgl. z. B. D R.P. 37728, Apparat von Krey), und einen solchen Apparat verwandte auch C. Engler bereits 1888, als er seine Untersuchungen „über die Bildung von Erdöl" mit der Destillation von Fischtran bei Anfangsdrucken von etwa 10 Atm. und bei $t > 320^0$ begann [B. 21, 1816 (1888)]. Es sei auch erwähnt, daß D. P. Day [Amer. Pat. vom 17. Juli 1906) Erdölkohlenwasserstoffe mit Pd- oder Pt-Katalysatoren bzw. Zinkstaub und Fullererde, bei Drucken über 50 Atm., mit Wasserstoff oder Methan veredeln wollte.

Aus dem Dargelegten folgt, daß um die Jahrhundertwende das Problem des Druck- und Temperatureinflusses bei chemischen Umsetzungen sowohl theoretisch erschöpfend geklärt war als auch in der chemischen Praxis Beachtung und Anwendung gefunden hatte. Eine Erweiterung der gebräuchlichen Verfahren konnte nur durch neue Bedürfnisse bedingt werden, und solche wurden gerade durch das neuerwachte Interesse für die Ammoniaksynthese im ersten Jahrzehnt dieses Jahrhunderts ausgelöst[1]).

---

[1]) Literatur:

Carleton Ellis: Hydrogenation of organic substances, 3rd ed. New York 1930.

W. Frankenburger: Katalytische Umsetzungen in homogenen und enzymatischen Systemen. Leipzig: Akademische Verlagsgesellschaft 1937.

W. Frankenburger u. F. Dürr: Katalyse (Sonderdruck aus Fr. Ullmanns Enzyklopädie). Berlin 1930.

W. N. Jpatiew: Aluminiumoxyd als Katalysator in der organischen Chemie. Übers. II. Bearb. von C. Freitag. 1929.

W. N. Ipatiew: Catalytic Reactions at high Pressions and Temperatures. New York 1936.

A. Mittasch u. E. Theis: Von Davy und Döbereiner bis Deacon. Berlin 1932.

A. Mittasch: Über katalytische Verursachung im biologischen Geschehen. Berlin 1935.

A. Mittasch: Kurze Geschichte der Katalyse in Praxis und Theorie. Berlin 1939.

W. Ostwald: Über Katalyse. Herausgeg. von G. Bredig. (Ostwalds Klass. d. exakt. Wissensch., Nr. 200). 1923.

P. Sabatier: Die Katalyse in der organischen Chemie. 2. Aufl. von H. Häuber, 1927.

J. Schmidt: Über die organischen Magnesiumverbindungen und ihre Anwendung zu Synthesen, Bd. I, 1905; Bd. II, 1908.

G. M. Schwab: Die Katalyse vom Standpunkt der chemischen Kinetik, 1931.

G. M. Schwab: Handbuch der Katalyse. In 7 Bänden. Erscheint seit 1940.

A. Skita: Über katalytische Reduktionen organischer Verbindungen. Stuttgart 1912.

Ammoniak-Synthese und Wiederentdeckung
der Mischkatalysatoren.

Die weltwirtschaftliche und weltpolitische Bedeutung der technischen Ammoniak-Synthese läßt es als berechtigt erscheinen, daß wir dem Ursprung und Sinn derselben nachgehen. Im Jahre 1898 hält William Crookes als Präsident der Brit. Association in Bristol einen Vortrag unter dem Titel „The Wheat Problem"; auf Grund der statistischen Berechnungen des Amerikaners D. Wood (1895) über die Zunahme der brotessenden Bevölkerung der Erde gelangt Crookes zu dem Ergebnis, daß etwa 1930 die gesamte für den Ackerbau geeignete Bodenfläche angebaut und hiernach eine intensive Bodenkultur notwendig sein wird, um der rapide zunehmenden Bevölkerung das tägliche Brot zu liefern. Die Intensivierung des· Ackerbaues bedingt nun eine immer größere Stickstoffdüngung mit Chilesalpeter, also einen steigenden Bedarf und Marktwert desselben, die Vorräte in Chile reichen aber nur für 20—30 Jahre, bestenfalls für 50 Jahre: Die weiße brotessende Menschheit steht also in absehbarer Zeit vor einer Hungerkatastrophe mit unabsehbaren Folgen, — es sei denn, daß die wissenschaftliche chemische Forschung neue Wege zur Darstellung der lebensnotwendigen Stickstoffverbindungen entdeckt. Der Warnruf Crookes' findet einen lauten Widerhall in der Kulturwelt, er löst auch eine stille Forschungsarbeit in den Laboratorien aus. „Stickstoff eine Lebensfrage," so lautet ein aufsehenerregender Artikel von Wilh. Ostwald (1903); und Phil. A. Guye schreibt über das „Dilemme de Sir Will. Crookes": „Un de problèmes économiques les plus importants de notre temps consistera donc à parer aux conséquences de l épuisement des gisements de nitrates du Chili et à créer·des ressources d'azote équivalentes" (1906).

Die Atmosphäre bot ja unbegrenzte Mengen des freien Stickstoffes als Rohstoff dar, es galt nur, ihn in eine chemische und den Pflanzen genehme Verbindung überzuführen. Wie konnte das geschehen? Zwei Wege schienen um die Wende des Jahrhunderts dafür geeignet zu sein: die Elektrochemie und die Katalyse. Den elektrischen Weg — Oxydation des Luftstickstoffs auf Kosten des Sauerstoffs, unter der Wirkung von elektrischen Entladungen — hatte bereits 1892 Crookes selbst beschritten; es folgten Guye und Guye (Genf, 1896 u. f.), Bradley und Lovejoy (Niagara, 1902), Kowalski und Moscicki (1903, Freiburg-Schweiz), Eyde und Birkeland (Norwegen, 1903), B.A.S.F. (1904; Schönherr). Den katalytischen Weg wählten: Wilh. Ostwald (Salpetersäure durch NH_3-Oxydation, 1905 bis 1906), Frank-Caro-Polzenius (Kalkstickstoff, 1905), F. Haber (Ammoniaksynthese, 1906—1908). In stetiger Entwicklung hatten deutsche Forschung und Industrie das große Friedenswerk der Sicherstellung der Stickstoffdüngung auf synthetischem Wege vollbracht,

und 1913 wurde das Werk Oppau in Betrieb gesetzt, wobei die Jahresproduktion auf 7000 t gebundenen Stickstoff festgesetzt war, — noch
1914 betrug sie nur 8000 t gebundenen Stickstoffs. Damit war „das
Dilemma von Sir Will. Crookes" behoben! Eine weltgeschichtliche
Leistung zur Abwendung einer Weltkatastrophe war zuerst von der
deutschen Chemie vollbracht worden, trotzdem die Chemiker aller
Kulturvölker sich im die Lösung des großen Problems bemühten.
Zugleich war es eine Art Leistungsprüfung der von Deutschland aus-
gegangenen physikalischen Chemie, deren zielbewußte Anwendung auf
das Ammoniakgleichgewicht (Wärme, Druck, Katalysator) den wissenschaftlichen Erfolg sicherte.

(Dieser gewaltigen praktischen und theoretischen Bedeutung steht
gegenüber die auf Bluff berechnete, von kleinlicher Eifersucht ein-
gegebene Geschichtsschreibung der Nachkriegszeit, die jene Ammoniaksynthese als eine bewußte Kriegsvorbereitung darzustellen sucht.)

Die Entwicklungsgeschichte dieser technischen Großsynthese
ist dauernd mit den zwei Namen verknüpft: Carl Bosch (1874—1940)
und Alwin Mittasch.

Es war eine glückliche Zufallsfügung, daß Mittasch gerade ein
aus der Leipziger Ostwald-Schule hervorgegangener Physikochemiker
war, der dort „bei Bodenstein (um 1900) das Gebiet der Katalyse
kennen- und lieben gelernt hatte"[1], „mitten in einer von Ostwald
und seinen Assistenten Bredig, Luther und Bodenstein geschaffenen Atmosphäre eifrigster Beschäftigung mit Fragen der Katalyse"[2]. Als er seine Assistententätigkeit (1902—1903) bei Ostwald
mit derjenigen in der B.A.S.F. (seit 1904—1931) vertauscht hatte,
begann er unter der Leitung von C. Bosch die Reihe jener katalytischen Untersuchungen, die (seit 1909) in die Klasse jener Mehrstoffkatalysatoren (oder Mischkatalysatoren) einmündeten, die der technischen Ammoniaksynthese für ihren Siegeszug durch die Welt den
„Triumphwagen" — glänzender und dauerhafter als der des Antimonii
eines seligen Basilii Valentini — schufen. Carl Bosch war Maschinen-
ingenieur und zugleich organischer Chemiker aus der Leipziger Schule
eines J. Wislicenus. Und so konnte dann die oft ans Wunderbare
grenzende Wirkung der Mischkatalysatoren auch auf die Probleme
der organischen Synthese ausgedehnt werden. Die Genesis dieser
epochemachenden Auffindung ist interessant genug, um sie kurz zu
schildern. Sie nimmt ihren Ausgang von einer irrtümlichen, zum
mindesten unbewiesenen Voraussetzung, indem sie als Reaktions-
vermittler bei der Ammoniaksynthese eine chemische Zwischenverbin-
dung, Eisennitrid annimmt, — die Bildung einer solchen Verbindung
aus elementarem Stickstoff und Eisen unter den bei der NH_3-Synthese

---

[1] A. Mittasch: Z. El. **36**, 569 (1930).
[2] A. Mittasch: B. **59**, 13, 15, 22 (1926).

obwaltenden Versuchsbedingungen [1]) ist aber trotz vieler Bemühungen bis heute nicht einwandfrei festgestellt worden [2]). Zu dieser Annahme waren Bosch und Mittasch hingeleitet worden durch ihre Untersuchungen (1906—1909) über die Stickstoffbindung an Metalle [vgl. B. 59, 15 (1926); Z. El. 36, 570 (1930)]: katalytisch beeinflußte Bildung von Titannitrid, Siliciumnitrid, Aluminiumnitrid durch Zusatz von Alkalien, Alkali- und Metallsalzen; daß Alkalizusatz die Katalysatorwirkung verstärkt, hatten ja schon Döbereiner (1844) und Bredig (1899) beobachtet. Und so wurde denn das Eisen (bzw. Eisenpräparate) verschiedener Herkunft als Katalysator versucht, indem man als Verstärker Ätznatron, Borax, Flußspat und dgl. zusetzte: der Erfolg blieb launisch, bald ergab sich eine Erhöhung, bald aber keine. Da wies [3]) eine ,,zufällige Beobachtung'' (November 1909) den Suchenden einen neuen Weg: als der Versuch mit einer Probe gekörnten schwedischen Magnetits gemacht wurde, ergab sich ,,eine überraschend gute und nachhaltige Wirkung''. Die Zusammensetzung des Magnetits ermitteln und einen künstlichen Magnetit als Katalysator gewinnen, damit war der Sprung in das Gebiet der Mehrstoffkatalysatoren getan, in kurzer Zeit war durch eine systematische Absuchung [4]) die Wirkung aller in Betracht kommenden Elemente geklärt, sowohl in Hinsicht ihrer verstärkenden als auch der hemmenden Rolle (Vergiftung). Es ergab sich, daß reines Eisen u. dgl. in seiner Aktivität wesentlich verbessert wird durch eingelagerte schwer reduzierbare und hochschmelzende Metalloxyde, wie Tonerde und Magnesia, und so konnte bereits Anfang 1910 (im D.R.P. 249447 vom 9. Januar 1910) ein Verfahren zur Darstellung von Ammoniak aus seinen Elementen bzw. die Hydrierung des Stickstoffs mit Hilfe von Eisen + Zusätze, z. B.: Al_2O_3 + Alkali usw. angemeldet werden; im selben Jahre folgten weitere Ergänzungspatente, z. B. D.R.P. 254437, 258146, 261507, 262823 [5]).

Hierdurch war grundlegend und allgemein festgestellt, daß der Hydrierungskatalysator Eisen durch zahlreiche Beimengungen metallischer oder oxydischer Art (z. B. Al_2O_3 u. a.) in seiner katalytischen Wirkung in bezug auf Stärke und Dauerhaftigkeit verbessert wird. Diese Wirkung wird als eine ,,Aktivierung'' und der entsprechende Zusatzstoff als ,,Aktivator'' (in den englisch-amerikanischen Patenten als ,,promoter'') bezeichnet.

Chronologisch folgt jetzt eine am 7. Oktober 1910 in der Sitzung der Russischen physiko-chemischen Gesellschaft in Petersburg von

---

[1]) Vgl. auch C. Bosch: Nobelpreisvortrag, 1931.
[2]) A. Mittasch: Z. El. 35, 924 (1929).
[3]) A. Mittasch: Z. El. 36, 571 (1930).
[4]) A. Mittasch: B. 59, 13, 15, 22 (1926).
[5]) S. auch A. Mittasch u. W. Frankenburger: Z. El. 35, 922 1929).

W. Ipatiew gemachte Mitteilung, betitelt: „Einfluß von Nebenstoffen auf die Aktivität der Katalysatoren" [vgl. Ж. 42, 1331 (1910)]. Die ausführliche Veröffentlichung erscheint bald darnach [Ж. 42, 1557 (1910); sowie B. 43, 3387; eingegangen November 1910, veröffentlicht 10. Dezember 1910)] und bekundet, daß die glatte Wirksamkeit des Katalysators Kupferoxyd zwecks Hydrogenisation der Äthylenbindung aliphatischer Verbindungen [vgl. B. 42, 2090 (1909)] in unerwarteter Weise anders verlief, „als in einem Falle ganz zufällig statt des kupfernen Apparates ein Apparat mit einem eisernen Rohr angewandt wurde", — hierbei wurden auch die Doppelbindungen im Benzolkern hydrogenisiert, und dasselbe Ergebnis erhält man, wenn man in das kupferne Rohr außer Kupfer noch Eisenspäne bringt. Als Ursache dieses Verhaltens wird entweder eine Vergiftung des Kupfers als Katalysator (d. h. der kupfernen Wandungen) angenommen, oder „man könnte auch zugeben, daß ein Katalysator seine volle Aktivität nur in Gegenwart eines zweiten Stoffes — erlangen kann, und dann haben wir eine besondere Art konjugierter katalytischer Wirkungen vor uns, welche bis jetzt noch nicht untersucht worden waren. Die Arbeit wird fortgesetzt". Der Hinweis auf die „konjugierten Reaktionen" bezieht sich auf die Untersuchungen von R. Luther und N. Schilow [Z. ph. Ch. 34, 488 (1900); 36, 385 (1901)].

Wenn man überhaupt die Frage nach der Priorität in der Entdeckung der Mischkatalysatoren stellt, so kann sie auf Grund der obigen Urkunden nur dahin beantwortet werden, daß 1. zeitlich sowie weit umfassender und in systematischer Weise die B.A.S.F. vor Ipatiew die Wirkung der Mischkatalysatoren bzw. der Aktivatoren festgestellt hat, 2. seinerseits W. Ipatiew unabhängig und einige Monate später die gleichartigen Wirkungen entdeckte, 3. die Entdeckung Ipatiews durch ihre Veröffentlichung bereits Ende 1910 bekannt wurde, 4. tatsächlich eine Duplizität der Entdeckung vorliegt und jede Stelle in selbständiger Weise die Weiterentwicklung der neuen Erkenntnis gefördert bzw. ausgewertet hat. Die Bedeutung der Arbeiten Ipatiews rechtfertigt eine gesonderte Betrachtung der Entstehungsumstände dieser Forschungen.

Eine hervorragende Tätigkeit in der Anwendung von Katalysatoren hat W. Ipatiew entfaltet. Lehrreich ist auch in diesem Fall die Genesis dieser — bis zur Gegenwart fortgesetzten — Untersuchungen. Seit den 80er Jahren bildeten die Kohlenwasserstoffe der Acetylen- und Allenreihe ein bevorzugtes wissenschaftliches Problem der russischen Chemiker[1]. Aus dieser chemischen Problemstellung heraus hatte auch W. Ipatiew (1895) seine Arbeiten begonnen und 1897 die Konstitutionsaufklärung und Synthese des Isoprens durchgeführt. Zwecks Fort-

---

[1] Siehe oben, S. 97.

setzung dieser Isoprenforschungen benötigte nun Ipatiew (1900)
auch des Divinyls (Butadiens), dessen Darstellung kurz vorher J.Thiele
[A. **308**, 337 (1899)] mitgeteilt hatte.

Ipatiew wiederholt den Versuch, indem er dampfförmigen Iso-
amylalkohol durch ein zur Rotglut (720—750^0) erhitztes eisernes
Rohr streichen läßt: es entstehen (gesättigte und ungesättigte) Gase
und eine Flüssigkeit, die sich als Isovaleraldehyd (etwa 40% Ausbeute)
erweist. Der Isobutylalkohol gab unter denselben Versuchsbedingungen
den Isobutylaldehyd und der Äthylalkohol — den Acetaldehyd.
Beim Erhitzen im Glasrohr ($t = 660$—700^0) erlitt der Äthylalkohol
nur eine geringe Zersetzung. H. Jahn [B. **13**, 983 (1880)] hatte bei
der pyrogenetischen Zersetzung des Äthylalkohols Methan, Kohlenoxyd und Wasserstoff erhalten. Also: 1. Gesucht wurde Divinyl,
statt dessen wurde eine Aldehydbildungsreaktion entdeckt:

$R \cdot CH_2OH$—H_2 → $R \cdot CHO \cdot$ [Ж. **33**, 85, 143 (1901); B. **34**, 596 (1901)];

2. man gedachte eine schon lange geübte pyrogenetische Reaktion
zu wiederholen, und statt dessen entdeckte man eine bemerkenswerte
Kontaktwirkung: die Wirkung des Materials der Gefäßwände;

3. man verwandte eine einfache Laboratoriumseinrichtung — den
Gasverbrennungsofen für Elementaranalysen, ein schwer schmelz-
bares Glasrohr und ein Eisenrohr, und stabilisierte dadurch die relativ
hohe Versuchstemperatur von 660—750^0.

Es ist diese Kontaktwirkung der Gefäßwände, welche
Ipatiew veranlaßte, die pyrogenetischen Reaktionen organischer
Körper zu untersuchen [Ж. **33**, 144 (Januar 1901)].

Zur selben Zeit führte der Student A. Grigorjew unter.der Leitung
von W. Tischtschenko Versuche über die thermische Zersetzung
von Aluminiumalkoholaten aus: er findet, daß das Äthyl- und Propyl-
alkoholat in Gegenwart von Aluminiumoxyd bei 310^0 glatt in
Äthylen und Propylen zerfallen, ebenso zerfielen auch Isobutylalkohol und Äthylalkohol (bei 310^0 bzw. 340^0) in Gegenwart von Al_2O_3
fast glatt in Äthylenkohlenwasserstoff und Wasser, dagegen ergab
der Äthylalkohol beim Durchleiten durch ein schwach glühendes
mit zerstoßenem Glas gefülltes Rohr Acet- und Formaldehyd [Ж. **33**,
173 (1901)]. Die Versuche werden nun systematisch weiter ausgebaut,
indem nach den stofflichen „Erregern der pyrogenetischen Dissoziation" gefahndet wird: Metalle (besonders Zink und Messing) und
Metalloxyde (Zinkoxyd, Eisonoxyd) erweisen sich als günstig.für
die Aldehydabspaltung des Äthylalkohols [Ж. **33**, 357, 632 (1901);
34, 182 (1902); B. **34**, 3579 (1901)]. Gibt es auch einen Katalysator,
der die Alkoholspaltung nur nach der Richtung der Äthylenkohlen-
wasserstoffbildung lenken kann? Versuche mit der Masse von
einem Graphittiegel (aus Graphit, Ton und etwas Eisen) geben bei
600^0 reichliche Bildung von Äthylenkohlenwasserstoffen, dagegen

reiner Graphit und reine Kohle keinen Zerfall des Alkohols in Äthylen [Ж. **34**, 315 (1902); B. **35**, 1047 (1902)]. Der nächste Schritt betrifft nun die Entscheidung der Frage: Welcher Einzelbestandteil der Graphittiegelmasse (Kieselsäure oder Tonerde) die günstige Wirkung verursacht? Es erweist sich, daß gefälltes und ausgeglühtes Aluminiumoxyd schon bei **350—360⁰** eine glatte Spaltung von C_2H_5OH in $C_2H_4 + H_2O$ herbeiführt [B. **36**, 1990—2019 (1903)]. Um bei den Versuchen tunlichst auch konstante Drucke bei verschiedenen Temperaturen zu haben, konstruiert Ipatiew einen Hochdruckapparat (p bis 400 Atm.) [B. **37**, 2961, 2986 (1904); Ж. **35**, 1269 (1903); **36**, 786, 813 (1904)]. Unter diesen Bedingungen ergab sich, daß alle primären und sekundären Alkohole als Zwischenform die Äther bilden, und zwar gemäß der umkehrbaren Reaktion, z. B.:

$$2\ C_2H_5OH \rightleftarrows H_2O + C_2H_5 \cdot O \cdot C_2H_5.$$

Bei gesteigerter Temperatur erfolgt die Reaktion: $C_2H_5 \cdot O \cdot C_2H_5 = H_2O + 2\ C_2H_4$ (Äthylen).

Äthyl-alkohol	Katalysierendes Rohrmaterial	Zugefügter Katalysator	Versuchs-temperatur	Druck in Atmosphären	Reaktion
	Eisen +	Al_2O_3	$< 450^0$	1	Äthylen + Wasser
	„ +	„	$> 520^0$	1	Äthylen und Aldehyd
	„ +	„	400^0	70	nur Äther + Wasser
	„ +	„	$> 450^0$	> 120	Äthylen + Wasser

Die Bedeutung dieser Kontaktsubstanz Al_2O_3 für chemische Großprobleme ist ersichtlich aus den zahlreichen Patenten, die — im Zusammenhang mit der technischen Synthese des Kautschuks — zur Gewinnung von Isopren, Butadien u. a. durch Wasserabspaltung aus Aldehyden, Glycolen, Pinakonen usw. erteilt worden sind. (Eine Zusammenfassung seiner weitausgreifenden katalytischen Untersuchungen im Zeitraum 1901—1936 gibt W. Ipatiew in dem vorhin angeführten englischen Buch 1936.)

Katalytische Hydrierung organischer Stoffe; P. Sabatier.

Ein hervorragender Förderer der heterogenen Katalyse (Hydrierung durch den Katalysator Nickel) ist Paul Sabatier (geb. 1854). Belehrend für die Biologie grundlegender Entdeckungen sind der äußere Anlaß und die gedanklichen Grundlagen derselben, und so auch in diesem Fall. L. Mond und C. Langer hatten (1888) ein Verfahren zur katalytischen Wasserstoffdarstellung mittels Ni entdeckt: CO +

$H_2O \rightleftarrows CO_2 + H_2$. Dasselbe Nickel gab mit Kohlenoxyd die merkwürdige niedrigsiedende Flüssigkeit „Nickelcarbonyl" $Ni(CO_4$, welches
1890 von Mond, Langer und F. Quincke entdeckt wurde Diese
Verbindung löst in Sabatier die experimentell zu prüfende Idee aus,
daß ähnlich dem ungesättigten CO-Molekül auch andere ungesättigte
gasförmige Moleküle, z. B. NO und NO_2, sich mit Nickel vereinigen
könnten: Versuche mit NO verliefen negativ, dagegen gab NO_2 mit Cu,
Co und Ni wahre nitrierte Metalle (1894). Seinerseits hatte Moissan,
durch die letztgenannten Erfolge angeregt, die Anlagerung des Acetylens an dieselben Metalle versucht, dabei aber neben Kondensationsprodukten des Acetylens (Benzol und Homologe) Wasserstoff und Kohle
gefunden (Moissan und Moureu, 1896). Sabatier ging wiederum
von der Vorstellung „einer wahren chemischen Verbindung der
Oberfläche des Metalls mit dem umgebenden Gase" aus,
stellte (mit Senderens) den Versuch mit Äthylen an, das bei 300⁰
über frisch reduziertes Ni, Co oder Fe geleitet wurde, und erhielt
neben einem Beschlag von Kohlenstoff ein Gas, das nicht Wasserstoff
(wie Moissan angenommen hatte), sondern hauptsächlich Äthan war:
„Dieses letztere aber konnte nur durch eine Hydrierung unzersetzten
Äthylens entstanden sein, und diese Hydrierung war durch das Metall
hervorgerufen worden." Der direkte Versuch — Überleiten von Äthylen
bzw. Acetylen, im Gemisch mit Wasserstoff über eine Schicht reduzierten
Nickels — ergab tatsächlich Äthan (1899), und diese hydrierende
Wirkung konnte auch für die schwächer wirkenden Metalle Co, Fe, Cu
sowie Pt nachgewiesen werden (1900). Den Prüfstein für ihr kata-
lytisches Hydrierungsverfahren erblickten Sabatier und J. B. Senderens (1856—1937) in der Ende 1900 gelungenen Hydrierung des
schwer hydrierbaren Benzols zu Cyclohexan, im Kontakt mit
Nickel bei etwa 180⁰, und sie formulierten ihre Entdeckung (Anfang 1901, C. r. **132**, 210) folgendermaßen:
„Man leitet über frisch reduziertes Nickel bei passender Temperatur
— gewöhnlich zwischen 150 und 200⁰ — den Dampf der Substanz gleichzeitig mit einem Überschuß von Wasserstoff."
Dieser weittragende Befund stellt sich folgerichtig als eine Fortsetzung der unzureichenden Beobachtung Moissans dar, von welcher
Sabatier bekannte: „Für mich hingegen ist sie zu einer ganz besonderen Anregung geworden" [Nobelpreis-Vortrag 1912; vgl. auch
B. **44**, 3180 (1911)]. Dieser Reduktion des Benzols schloß Sabatier
(1901) die Hydrierung von Benzolhomologen an und leitete damit eine
allgemeine Naphthensynthese ein; die Terpene wurden zu Menthan,
Naphthalin zu Tetrahydronaphthalin, Nitrobenzol zu Anilin hydriert
[C. r. **132**, 566, 1254 (1901); **133**, 321 (1901)]. Dann dehnten Sabatier
und Senderens die Hydrierung auch auf Kohlenoxyd und Kohlensäure aus, wobei Methan (und Wasser) resultierte [C. r. **134**, 514,

689 (1902)], ferner auf Acetylen, das schon früher (1900) mit Kupfer als Katalysator den kupferhaltigen Kohlenwasserstoff Cupren $(C_7H_6)_x$ geliefert hatte, nunmehr mit dem Nickelkatalysator und Wasserstoff in flüssige Kohlenwasserstoffe umgewandelt wird, die je nach der Temperatur (200 bis über 300⁰) und Wasserstoffmenge dem amerikanischen, russischen naphthenhaltigen oder (oberhalb 300⁰) dem galizischen an aromatischen Kohlenwasserstoffen reichen [1]) Petroleum ähneln [C. r. **134**, 1185 (1902)]. Eine Zwischenserie von Versuchen befaßt sich mit der pyrogenen Spaltung (in Gegenwart von Cu) von Alkoholen in Aldehyd und Wasserstoff (1903). Die Fortsetzung der Ni-Hydrierungsversuche erstreckt sich dann auf die Aldehyde und Ketone (zu Alkoholen, 1904), Nitrile (zu Aminen, 1905) usw. Sabatier und A. Mailhe haben (seit 1906) die Ni-Hydrierung auch auf aromatische Halogenderivate, Oxime, Amide, Isocyanate, Kresole, Chinone, Dioxybenzole, Säuren (mit Manganoxyd, 1914), Essigester (1919), Pinen (1919) ausgedehnt; mit M. Murat wurde die katalytische Hydrierung auch der Benzoesäureester zu Estern der Hexahydrobenzoesäure (1912), der Zimtsäureester und Phenylessigester, der Diarylketone (1914) usw. durchgeführt.

Der katalytischen Hydrierung mit Nickel war Jahrzehnte früher eine solche mit Platinmetallen vorausgegangen. So hatte 1872 M. Saytzeff im Kolbeschen Laboratorium Palladium in Gegenwart von Wasserstoff zur Reduktion von organischen Verbindungen, teils im dampfförmigen Zustand (Benzoylchlorid, Nitrobenzol), teils flüssig (Nitromethan) verwandt. Mit Platinschwarz führte 1874 de Wilde Reduktionsversuche von Acetylen und Äthylen mittels Wasserstoff zu Äthylen und Äthan aus. N. Zelinsky [B. **31**, 3203 (1898)] benutzte auf Zink niedergeschlagenes Palladium in salzsaurer Lösung und erhielt mit de: Zink-Palladium-Reduktionsmethode günstige Resultate bei Jodiden und Bromiden cyclischer Alkohole. E. Orlow [ЖK. **40**, 1588 (1908); B. **42**, 893 und 895 (1909)] wandte einen aus Ni + Pd bestehenden Kontaktkörper an, um aus Kohlenoxyd und Wasserstoff Äthylen zu erhalten.

Eine andere Methode bahnte sich 1904 an, als C. Paal (1860—1935) unter Verwendung von Schutzkolloiden die Hydrosole des Palladiums, Platins, Iridiums usw. dargestellt und sie zu Reduktionskatalysen von Nitrokörpern, Aldehyden, Ketonen, ungesättigten Verbindungen (Fetten u. ä.) in (alkoholischen) Lösungen bei gewöhnlicher Temperatur angewandt hatte [B. **37**, 124 (1904); **38**, 1398, 1406, 2414 (1905); **40**, 2209 (1907); **41**, 2273, 2282 (1908); **42**, 1541 (1909)]; Magne-

---

[1]) Eine pyrogene Kondensation des Acetylens (50% + Wasserstoff 50%) beim Durchleiten durch innenglasierte Porzellanröhren (Kontaktwirkung?) bei etwa 650⁰ ergab einen an aromatischen Kohlenwasserstoffen reichen Teer [R. Meyer: B. **45**, 1609 (1912)].

siumoxyd als Träger des niedergeschlagenen Palladiums wirkte verstärkend [B. 46, 3074 (1913)], und palladiniertes Nickelpulver als Katalysator wurde durch organische Lösungsmittel passiviert in der Reihenfolge Benzol $\rangle$ Aceton ... $\rangle$ Äther $\rangle$ Alkohol [B. 44, 1017 (1911)]. Gleichzeitig hatte S. Fokin (1906) seine Hydrierungsuntersuchungen mittels der (Hydrüre bildenden) Metalle der Platingruppe begonnen, ihm gelang die direkte Umwandlung der Ölsäure in Stearinsäure in ätherischer Lösung bei gewöhnlicher Temperatur mittels Palladiumbzw. Platinschwarz (1907), die Wirkung des letzteren erwies sich als abhängig vom Lösungsmittel, indem günstig wirkten: Wasser, wasserlösliche Alkohole, Äther, wasserlösliche Säuren, dagegen weniger günstig: Benzine, aromatische Kohlenwasserstoffe, hochmolekulare Alkohole und Säuren (1908). [Das Lösungsmittel wirkt demnach auch hier, wie bei anderen chemischen Vorgängen, katalytisch bzw. wie ein Zusatzkatalysator.] Im Anschluß an Fokin hat dann R. Willstätter (1908 u. f.) eine wirksame Reduktionsmethode mit Platinschwarz in ätherischen Lösungen, bei gewöhnlicher Temperatur, ausgearbeitet und insbesondere auf den aromatischen Kern und höhermolekulare ringförmige Gebilde, z. B. Phytol, Cholesterin, Cyclooctadien, Cycloocten usw. angewandt [B. 41, 1475, 2199 (1908); 43 (1910); 44 (1911); 45 (1912) u. f.]. Willstätter empfiehlt den Eisessig als Lösungsmittel bei Hydrierungen mit Platinmohr, weist dabei dem Sauerstoff eine maßgebende Rolle zu und nimmt als Überträger ein Superoxydhydrür

$$\mathrm{\begin{matrix} H \\ H \end{matrix}} \!\!\diagdown\!\! Pt \!\!\diagup\!\! \mathrm{\begin{matrix} O \\ | \\ O \end{matrix}}$$ an [B. 54, 120 (1926); vgl. dazu Skita: B. 55, 139];

hinsichtlich der Hydrierung mit Natrium-amalgam (in Wasser) wies er nach, „daß die Reduktion einer organischen Verbindung durch dasselbe in der Addition von Natrium an die Orte von Partialaffinität ihres Moleküls und im Ersatz der Natriumatome durch Wasserstoff bei der Einwirkung von Wasser besteht" [B. 61, 871 (1928)]. Von A. Skita und Mitarbeitern ist (1909) eine noch einfachere Hydrierungsmethode vorgeschlagen worden: die wässerige oder wässerig-alkoholische Lösung der zu reduzierenden Substanz wird mit wenig Palladiumchlorür und Gummi arabicum versetzt, auf diese Lösung läßt man nun unter einem geringen Überdruck Wasserstoff einwirken [B. 42, 1627 (1909)]. Die Reduktion z. B. des Phenols, nach Sabatier mit Nickel, ergab eine Folge von Gleichgewichten zwischen Hydrierung und Dehydrierung:

$$\underset{\text{Phenol}}{C_6H_5OH} \; \rightleftarrows \; \underset{\text{Cyclohexanon}}{C_6H_{10}O} \; \rightleftharpoons \; \underset{\text{Cyclohexanol}}{C_6H_{11}OH} \; \rightleftarrows \; \underset{\substack{\text{Tetra-}\\\text{hydrobenzol}}}{C_6H_{10}} \; \rightleftarrows \; \underset{\substack{\text{Hexa-}\\\text{hydrobenzol}}}{C_6H_{12}} \; \rightleftharpoons \; \underset{\text{Benzol}}{C_6H_6}$$

[Skita: B. 44, 668 (1911)].

Gleichzeitig hatten D. Zelinsky und Glinka [B. 44, 2305 (1911)] die Disproportionierung (durch Palladiumschwarz) von Tetrahydroterephthalsäureester in die Ester der Hexahydro-terephthalsäure und der Terephthalsäure beobachtet. Solche als „irreversible Katalyse" bezeichnete Umgruppierung der Wasserstoffatome hat Zelinsky mittels Palladium- und Platinmohr auch fernerhin kennen gelehrt, z. B. für Cyclohexen in der Dampfphase:

$$3\,C_6H_{10} \rightarrow 2\,C_6H_{12} + C_6H_6,$$

Cyclohexen   Cyclohexan   Benzol

oder Cyclohexadien (das bei gewöhnlicher Temperatur explosionsartig Dehydrierung und Hydrierung erleidet):

$$2\,C_6H_8\ \text{(Cyclohexadien)} \xrightarrow{\text{Katalysator}} C_6H_{10}\ \text{(Cyclohexen)} + C_6H_6\ \text{(Benzol)},$$

oder Pinen $C_{10}H_{16}$, das in Dihydropinen $C_{10}H_{18}$ und p-Cymol $C_{10}H_{14}$ sich umwandelt: $C_{10}H_{14} \leftarrow 2\,C_{10}H_{16} \rightarrow C_{10}H_{18}$. Unabhängig hatte H. Wieland [B. 45, 484 (1912)] an Dihydro-naphthalin (in Benzollösung, mittels Pd-Schwarz) eine Disproportionierung: $2\,C_{10}H_{10} \rightarrow C_{10}H_{12} + C_{10}H_8$ nachgewiesen.

Daß mit Wasserstoff beladenes Palladium β-Pinen in α-Pinen umwandelt, also eine wirkliche katalytische Isomerisation auslöst, wies Fr. Richter [mit W. Wolff: B. 59, 1733 (1926); s. auch B. 64, 871 (1931)] nach. Die am Pinen auftretenden molekularen Änderungen deutet N. Zelinsky [B. 58, 864, 2755 (1925); 66, 1420 (1933)] als Beweis der „Formänderung des Moleküls bei der Katalyse". Es muß hervorgehoben werden, daß unter den Erklärungsversuchen bereits eine 1886 von D. Mendelejeff [B. 19, 456 (1886)] entwickelte Auffassung über die Zustandsänderungen in den Berührungsflächen der am katalytischen Vorgang betätigten Stoffe vorlag; daß unabhängig F. Raschig [Z. angew. Chem. 19, 1985, 2049 (1906)] eine solche Formänderung der Moleküle in die Diskussion warf sowie daß M. Bodenstein [A. 440, 177 (1924)] eine Deformation der Wasserstoffmoleküle in dem Kraftfelde der Katalysatoroberfläche seinen Betrachtungen über den Mechanismus der Wasserstoffvereinigung mit Sauerstoff durch Platin zugrunde legte.

„Aktive Stellen", „aktive Zentren" u. ä. in der Katalysatoroberfläche wurden vielfach postuliert (Langmuir, 1922; H. S. Taylor, 1926; K. Packendorff, 1935), andererseits wurde im Inneren des metallischen Katalysators, „in der metallischen Lösung" eine Aktivierung des Wasserstoffs (als Proton) angenommen (O. Schmidt, 1935).

Anmerkung. E. Clemmensen [B. 46, 1837 (1913)] hat für die Reduktion von Ketonen und Aldehyden zu den entsprechenden Kohlenwasserstoffen amalgamiertes Zink in roher Salzsäure vorgeschlagen. Von W. Awe mit H. Unger [B. 70, 472 (1937)] wurde eine besonders zur Überführung von Isochinolinbasen in Tetrahydroisochinolin-Derivate geeignete Verbesserung durch die Anwendung von amalgamiertem Zink-Cadmium vorgeschlagen, — sie hat sich auch zur Reduktion der Berbintypen als geeignet erwiesen [G. Hahn und Schuls: B. 71, 2137 (1938)].

Drittes Kapitel.

Autoxydationen.

Die Erscheinungen der freiwillig und langsam verlaufenden Oxydationsvorgänge bzw. der Autoxydation sind an den Zustandsänderungen von Stoffen der anorganischen Welt längst beobachtet und in ihrer volkswirtschaftlich schädlichen Rolle, namentlich durch das „Rosten" des Eisens, entsprechend gewertet worden. Dem Wesen nach eine langsame Verbrennung bei gewöhnlicher Temperatur, mußte die Autoxydation auch bei organischen Stoffen stattfinden. Wie kommt nun die Wirkung des molekularen (Luft-)Sauerstoffs zustande, wie ist der Mechanismus dieses Vorganges? Schon Schönbein hatte (1859) hierbei als Vorstufe die Umwandlung bzw. Bildung von Ozon und „Antozon" angenommen. Nicht eine Spaltung des Sauerstoffmoleküls, sondern diejenige des gleichzeitig anwesenden Wassermoleküls nahm M. Traube (1882) als erforderlich an; wenn R den autoxydablen Körper bedeutet, so besteht die folgende Reaktion:

$$R + \underset{\substack{\text{OH·H}\\ \text{OH·H}\\ \text{2 Mol.·H}_2\text{O}}}{} + \underset{\ddot{O}}{\overset{O}{\cdots}} \rightarrow R\underset{\text{OH}}{\overset{\text{OH}}{\diagup}} + \underset{\substack{\text{H·O}\\ \text{H·O}\\ \text{Hydroperoxyd}}}{}$$

Das stete Auftreten von Hydroperoxyd ist charakteristisch, es wurde bereits 1864 von Schönbein bei der langsamen Verbrennung des Bleies entdeckt. Traube gab diesen von selbst eintretenden Oxydationen (bei Gegenwart von Wasser) durch molekularen Sauerstoff die Bezeichnung „Autoxydation" und benannte die dazu fähigen Körper als autoxydable [B. 15, 659, 2433 (1882)]. Die bemerkenswerte Rolle von Feuchtigkeitsspuren bei Gasreaktionen wurde alsdann von Dixon (1884) und insbesondere von H. B. Baker (1885; 1895 u.f.) experimentell verfolgt.

Erneut wurde das Problem der Sauerstoffaktivierung auf Grund des Zerfalls des O_2-Moleküls in elektrisch entgegengesetzte Atome aufgerollt durch J. H. van't Hoff (1895), Ewan (1896), Jorissen (1896). Gleichzeitig hatte C. Engler (mit W. Wild) eine Nachprüfung der Schönbeinschen Antozonbildung bzw. eine Widerlegung derselben unternommen (1896) und ganz allgemein die Frage der „Aktivierung" des Sauerstoffes der Prüfung unterworfen. Durch Versuche wurde festgestellt [B. 30, 1669 (1897); 33, 1090—1111 (1900)], daß bei der Autoxydation die ganzen Sauerstoffmoleküle aufgenommen werden und nachher aus der gebildeten Superoxydverbindung ein

Sauerstoffatom an andere oxydable Stoffe („Akzeptor") abgegeben
wird:

$$
\begin{matrix} R \\ R \end{matrix} + \ddot{\ddot{O}} = \begin{matrix} R \cdot O \\ R \cdot O \end{matrix} \left(\text{oder } \ddot{R} \Big\langle \begin{matrix} \cdot O \\ \cdot O \end{matrix} \right), \quad \text{bzw.}
$$

$$
\begin{matrix} C_6H_5C \diagup^O_{\diagdown H} \\ \\ C_6H_5C \diagdown^H_{\diagdown O} \end{matrix} + \begin{matrix} O \\ \| \\ O \end{matrix} + \begin{matrix} O \\ \| \\ O \end{matrix} = \begin{matrix} C_6H_5C \diagup^O_{\diagdown O} \\ \\ C_6H_5C \diagdown^O_{\diagdown O} \end{matrix} + \begin{matrix} HO \\ | \\ HO \end{matrix}
$$

Unabhängig hatte zur selben Zeit A. Bach [C. r. **124**, 951 (1897)]
die Untersuchung der langsamen Oxydation vorgenommen und insbesondere die Rolle der Peroxyde in der Chemie der lebenden Zelle
aufzuklären begonnen [mit R. Chodat: B. **35**, 1275 (1902 u. f.)], er
war ebenfalls zur primären Bindung des Sauerstoffmoleküls und
Bildung eines Peroxyds gelangt, das mit Wasser sich zu Hydroperoxyd HO·OH umsetzt; die Bildung des letzteren wird als ein
konstanter Faktor der Lebensäußerung der Zelle angesehen, wobei
einerseits die Katalase das Hydroperoxyd katalytisch zersetzt, andererseits die Peroxydase dasselbe zu aktivieren hat. Die Oxydationsvorgänge mit Hilfe des von H. Caro (1898) entdeckten Reagens
(„Carosche Säure") nahmen A. v. Baeyer und V. Villiger auf [B. **32**,
3625 (1899)] und untersuchten sie vorwaltend bei Ketonen. Brodie
hatte 1858 durch Einwirkung von Säurechloriden oder -anhydriden
auf Bariumsuperoxyd die Säure- oder Acylsuperoxyde entdeckt;
H. v. Pechmann und L. Vanino haben (1894) die Darstellung derselben aus Hydroperoxyd (in alkalischer Lösung) gelehrt. Baeyer
und Villiger haben nun das Benzoylperoxyd $C_6H_5CO \cdot O \cdot O \cdot COC_6H_5$
durch Natriumäthylat in die neue Verbindung Benzoylwasser-
stoffsuperoxyd (Benzopersäure) $C_6H_5CO \cdot O \cdot OH$ umgewandelt
[B. **33**, 858, 1569 (1900), zu deren Darstellung s. auch H. Wieland
und Bergel: A. **446**, 28 (1928); Pummerer und Reindel: B. **66**,
336 (1933)]. Die Einwirkung von Sauerstoff z. B. auf Benzaldehyd
wird nun von Engler und Weißberg (Kritische Studien über die
Vorgänge der Autoxydation, S. 89. Braunschweig 1904) so gedeutet,
daß das Sauerstoffmolekül sich direkt an die ungesättigte Carbonylgruppe unter Bildung eines unbeständigen Moloxydes anlagert, das
dann erst sekundär sich umlagert (nach A. Michael, 1899, kann man
das Sauerstoffmolekül als eine ungesättigte Verbindung betrachten):

$$
\begin{matrix} H \\ C_6H_5 \cdot C = O \\ \vdots \quad \vdots \end{matrix} + \begin{matrix} O = O \\ \vdots \quad \vdots \end{matrix} \rightarrow \begin{matrix} H \\ C_6H_5 \cdot \dot{C} - O \\ | \quad | \\ O - O \end{matrix} \rightarrow C_6H_5 \cdot C \diagup^O_{\diagdown OOH} \cdot
$$

Benzoyl-wasserstoffperoxyd

Nach der Annahme von Baeyer und Villiger (B. **33**, 1569, 1900;
s. auch Staudinger, 1913) erfolgt die Zusammenlagerung des Sauer-

stoffmoleküls und des Aldehyds derart, daß die Aldehydgruppe unter Abdissoziieren des Wasserstoffs sich an das Sauerstoffmolekül anlagert:

$$C_6H_5 \cdot C{\overset{O}{\underset{H}{\big<}}} + O=O \rightarrow C_6H_5 \cdot C{\overset{O}{\underset{O \cdot O \cdot H}{\big<}}}.$$

Da aus Beobachtungen Staudingers über die Autoxydation der Ketone gefolgert werden kann, daß das Sauerstoffmolekül primär nicht symmetrisch, sondern asymmetrisch angelagert wird, so läßt sich — unter der Bildung eines Zwischenproduktes — die letzte Gleichung auch folgendermaßen formulieren [Staudinger: B. 46, 3533 (1913)]:

$$C_6H_5 \cdot C{\overset{O}{\underset{H}{\big<}}} + {\big>}O=O \rightarrow C_6H_5 \cdot C{\overset{O}{\underset{\underset{H}{\overset{|}{O=O}}}{\big<}}} \xrightarrow{\text{Umlagerung}} C_6H_5 \cdot C{\overset{O}{\underset{O \cdot OH}{\big<}}}$$

Eine andere Formulierung für die Oxydation der Aldehyde (mit Luftsauerstoff) gibt A. Rieche [Z. angew. Ch. 50, 520 (1937)]: Das Sauerstoffmolekül lagert sich nicht an die Doppelbindung des C:O an, sondern schiebt sich zwischen C und H ein bzw. es addieren sich die hypothetischen Radikale R·C:O und H- an O_2 [s. auch oben Baeyer; Haber und Willstätter: B. 64, 2844 (1931)].

Durch Ullmanns Untersuchungen (1900) über das Dimethylsulfat als Alkylierungsmittel wurden A. v. Baeyer und V. Villiger angeregt, auf diesem Wege die Peroxyde der Alkohole darzustellen, und es wurden erstmalig (mittels Diäthylsulfat) Diäthylperoxyd $C_2H_5 \cdot O \cdot O \cdot C_2H_5$ [B. 33, 3387 (1900)] und Monoäthylperoxyd $C_2H_5O \cdot OH$ und Monomethylperoxyd $CH_3O \cdot OH$ gewonnen [B. 34, 738 (1901)]. Eine Fortsetzung dieser Untersuchungen und zugleich eine Erweiterung durch refraktometrische Messungen lieferte A. Rieche [B. 61, 951 (1928); 62, 218 (1929)], der das sehr explosive Dimethylperoxyd $CH_3 \cdot O \cdot O \cdot CH_3$, sowie das Methyläthylperoxyd isolierte; die ätherartige Formulierung $R \cdot O \cdot O \cdot R$ wird durch $R \cdot O \vdots O \cdot R$ ersetzt. Das rein dargestellte Monomethylperoxyd und Diäthylperoxyd gaben kryoskopisch die einfache Molekulargröße [B. 62, 2458 (1929)]. Ferner stellte A. Rieche Monooxy-dialkylperoxyde $R \cdot CH(OH) \cdot OO \cdot R$ [B. 63, 2642 (1930)], Oxyalkyl-hydroperoxyde $R \cdot CH(OH) \cdot OO \cdot H$ [B. 64, 2328 (1931)] dar[1]).

C. Engler hatte [in der 4. Mitt. seiner Untersuchungen über die Aktivierung des Sauerstoffs, B. 33, 1090 (1900)] auch die Autoxydation des Terpentinöls und einiger anderer ungesättigter Verbindungen untersucht. Es lag nahe, daß diese Untersuchungsmethode und ihre Ergebnisse auch die eigentlichen Campher- und Terpenforscher interessierten. Und

---

[1]) Vgl. auch die Monographie: A. Rieche: Die Bedeutung der organischen Peroxyde für die chemische Wissenschaft und Technik. Stuttgart: Ferdinand Enke 1936.

so sehen wir, daß C. Harries [B. **34**, 2105 (1901)] mit einer Untersuchung über die „Autoxydation des Carvons" $C_{10}H_{14}O$ hervortritt. Von
hier bis zur Oxydation mittels Ozon (bei den Untersuchungen des ungesättigten Kautschuks) war ein kleiner Schritt: „Ich wurde zur Bearbeitung dieses Gebietes durch meine Studien über Autoxydation geführt",
sagt Harries selbst [B. **36**, 1933 (1903)]. Auf Anregung von C. Engler
hatte auch H. Staudinger (etwa seit 1910) Untersuchungen „über
die Autoxydation organischer Verbindungen" ausgeführt [I. Mitt.:
B. **46**, 3530 (1913)]; in Betracht kamen: aromatische Aldehyde;
Benzoinbildung (zit. S. 3535); asymmetrisches Diphenyläthylen, das

1 Mol. Sauerstoff unter Bildung eines Peroxyds $\left[\begin{array}{c}(C_6H_5)_2C-CH_2 \\ | \qquad | \\ O-O \end{array}\right]_x$

aufnimmt, dieses verhält sich wie eine hochmolekulare Verbindung
[B. **58**, 1075 (1925)]; Autoxydation der Ketene [mit K. Dyckerhoff,
H. W. Klever und L. Ruzicka (Dissertation von 1911), B. **58**, 1079
(1925)], z. B. Diphenylketen $(C_6H_5)_2 \cdot C{:}CO$ ist sehr autoxydabel,
wobei sich bilden:

monomeres und unbeständiges Moloxyd → monomeres unbeständiges Keten-oxyd →

$(C_6H_5)_2C-CO$ → $(C_6H_5)_2C-C$ →

→ beständige hochpolymere Keten-oxyde

In der V. Mitt. [B. **58**, 1088 (1925) werden die Konstitution der bei
der Einwirkung von Ozon auf ungesättigte Verbindungen aus den
primären unbeständigen Mol-Ozoniden entstehenden Ozonide, deren
Umlagerungsprodukte, Polymerisationen usw. behandelt, z. B.

Molozonid → Polymere:

Ox-ozonid

Die Autoxydation von $\alpha \cdot \beta$-ungesättigten Ketonen wurde von
W. Treibs eingehend untersucht [I. Mitt.: B. **63**, 2423 (1930);
VII. Mitt.: B. **66**, 1483 (1933)]; im alkalisch-alkoholischen Medium
wurde z. B. für Carvon und Piperiton eine Stufenfolge der Reaktion
gefunden, indem das Keton zuerst eine Anlagerung von molekularem

Sauerstoff, dann eine Abspaltung von H_2O_2 erleidet, worauf das letztere das noch unveränderte Keton zur Keto-oxydoverbindung umwandelt, während diese ihrerseits eine Umlagerung oder Anlagerung von Alkohol (zu einem Äther) erfährt, beim Carvon also:

Carvon → Carvon-oxyd   Keto-oxydo-Verbindung   Ätherverbindung

Autoxydabel erwiesen auch die Kohlenwasserstoffe, z. B. Fulven (J. Thiele, 1900), Cyclopentadien (Engler, 1900), Inden (Weger und Billmann, 1903), Terpene (A. Blumann und O. Zeitschel, 1913 und 1929; H. Wienhaus und P. Schumm, 1924), Cyclohexen (R. Willstätter und E. Sonnenfeld, 1913) und Methylcyclohexene (R. Dupont, 1936), dann aber auch gesättigte cyclische Kohlenwasserstoffe (G. Chavanne, 1931 u. f.). Die Autoxydation der Alkyläther sei ebenfalls in Erinnerung gebracht.

Ein besonderes Interesse erweckten die Autoxydationen der von M. Gomberg (1900) entdeckten freien Triarylmethyle [B. **33**, 3154 (1900) und deren schnelle Peroxydbildung:

$$(Ar)_3C \cdot C(Ar)_3 \rightarrow 2 (Ar)_3C \xrightarrow{+O_2} Ar)_3C \cdot O \cdot O \cdot C(Ar)_3.$$

Diese Peroxyde geben beim Erhitzen keinen Sauerstoff ab (Ch. Dufraisse und L. Enderlin, 1930); dagegen verhält sich das von Ch. Moureu (1926) entdeckte Rubren $C_{42}H_{28}$ (= Tetraphenyl-ruben) ganz eigenartig: unter Einwirkung von Licht nimmt der orangerote Kohlenwasserstoff Sauerstoff auf und geht in das farblose Peroxyd über, das aber beim Erwärmen (100°) unter Ausstrahlung von Licht den Sauerstoff abgibt und sich wieder in das gefärbte Rubren zurückverwandelt [Ch. Dufraisse: Bl. (4) **51**, 799, 1486 (1932); s. auch B. **67**, 1020 (1934); **69**, 1228 (1936)], es stellt also das Beispiel eines **reversiblen Oxydationsvorganges** dar, unter gleichzeitiger Umwandlung (durch Licht) in ein Biradikal [A. Schönberg: B. **67**, 633, 1404 (1934); **69**, 532 (1936)].

[Über Vergleiche mit dem ebenfalls reversiblen Oxydationsvorgang des Hämoglobins: Dufraisse: Bl. (4) **53**, 844 (1933).] Für die Rubrene wurde alsdann die Konstitution der (Tetraphenyl-)Naphthacene wahrscheinlich gemacht (1934 u. f.). Parallel wurde gefunden, daß auch Anthracenderivate eine reversible Oxydierbarkeit zeigen (1935 u. f.), z. B. das 9-Phenylanthracen und 9,10-Diarylanthracene; dem Photoxyd des Phenylanthracen-methylesters wird die folgende Konstitution I erteilt [C. r. **203**, 327 (1936)]:

$$\text{I} \qquad (= C_{22}H_{16}O_4) \qquad \text{II}$$

Das gelbe 1,4-Dimethoxy-9,10-diphenylanthracen nimmt bei Bestrahlung 1 Molekül O_2 auf, und das gebildete farblose **Photoxyd (II)** wandelt sich in der Dunkelheit bzw. beim Stehen unter O_2-Verlust in das Ausgangsmaterial um [Dufraisse: C. r. **208**, 1822 (1939)].

Ein Beispiel besonderer Sauerstoffempfindlichkeit in gelöster Form fanden P. Pfeiffer und de Waal [A. **520**, 185 (1935)] in dem

tiefblau - violetten p - Dimethylaminoanil
$$\begin{array}{l} \text{CH} \cdot C_6H_5 \\ \text{C} : \text{N} \cdot C_6H_4\text{N}(CH_3)_2, \\ \text{CO} \end{array}$$

das bei der Autoxydation in ein Isochinolinderivat übergeht (vgl. auch A. Schönberg und R. Michaelis: Soc. **1937**, 109). Ebenso zeigen Hydro-polyen-carbonsäureester auffallende Farbreaktionen und Autoxydation: nach R. Kuhn und P. J. Drumm [B. **65**, 1458, 1785 (1935)] geht z. B. der gelbe Dihydro-crocetin-dimethylester in Pyridin durch wenig alkoholische Natronlauge in das indigblaue Natriumsalz über, durch eine Spur Sauerstoff schlägt die Farbe sofort nach orangerot (Crocetin-ester) um.

Die Autoxydation der Hydrazone führt in alkoholischen Lösungen zu Hydro-tetrazonen $R \cdot CH : N \cdot NR \cdot NR \cdot N : CH \cdot R$ [H. Stobbe und R. Nowak: B. **46**, 2887 (1913)], d. h. zu **Oxydationen mit Polymerisation**, während in dipolfreien Medien eine echte Peroxydbildung

$$\begin{array}{l} R \cdot CH \cdot N \cdot NH \cdot R \\ \quad | \qquad | \\ \quad O\!-\!O \end{array}$$

stattfindet [M. Busch und W. Dietz: B. **47**, 3277 (1914)].

Ganz allgemein kann gesagt werden, daß jeder organische (kohlen- und wasserstoffhaltige) Körper verbrennlich oder oxydierbar ist, wobei die sinnfällige Verbrennung (unter Lichtentwicklung) je nach dem Stoff und dessen Zustand bei verschiedenen Temperaturen eintritt. Unterhalb dieser (Entzündungs-)Temperatur wird die Oxydierbarkeit nicht aufgehoben, sondern nur die Reaktionsgeschwindigkeit entsprechend verringert.

Man denke nur an die ungezählten biologischen Oxydationen, die Atmungsvorgänge usw.

Bei gewöhnlicher Temperatur wird daher jeder organische Körper, namentlich in Pulverform bei großer Oberfläche, bei Luft- und Lichtzutritt und Luftfeuchtigkeit, einer allmählichen Autoxydation unterliegen. Die oberflächliche Veränderung farbloser Präparate bei lang dauernder Aufbewahrung und die Selbstentzündung von Steinkohle beim Lagern sind Beispiele für solche Autoxydationen in festem Zustande. Über Tieftemperatur-Oxydationen in der Oberfläche der Holzkohle (bzw. deren Autoxydation bei 40^0 und 50^0) hat E. K. Rideal Untersuchungen angestellt [Soc. **127**, 1347 (1925); **1926**, 1813, 3182; **1927**, 3117].

„Antioxygene" (Antikatalysatoren)[1]). Stabilisatoren. Inhibitoren.

Das Gegenspiel der vorher behandelten „Aktivierung" des Sauerstoffs bildet das Phänomen der Inaktivierung bzw. der „Antioxygene". Dieses eigenartige und verwickelte Phänomen betrifft die Verhinderung (Verlangsamung) der Autoxydation durch Zusatz geringer Mengen gewisser Stoffe („Antioxygene"). Den Anstoß zu diesen sehr ausgedehnten Untersuchungen gab der Weltkrieg. „On sait que, dès le début de la guerre des gaz, au printemps de 1915, l'emploi de l'acroléine, dont les propriétés agressives sont bien connues, fut envisagé. Or, cette substance est éminemment altérable, se transformant spontanément, et parfois très rapidement, tantôt en une résine insoluble (disacryle), tantôt en une résine soluble (altération visqueuse). Il fallait donc, avant toutes choses, trouver le moyen de la stabiliser" [Ch. Moureu et Ch. Dufraisse: Bull. soc. ch. (4) **31**, 1153 (1922)]. Als durch fraktionierte Destillation des Acroleins neben flüchtigen Fettsäuren auch Phenol und Benzoesäure isoliert und als Stabilisatoren erkannt worden waren [C. r. **169**, 1068 (1919)], wurden ganz allgemein die Verbindungen mit Phenolfunktion[2]), insbesondere Brenzcatechin,

---

[1]) Vgl. auch die Monographie: K. Weber: Inhibitorwirkungen. Stuttgart: Ferdinand Enke 1938.

[2]) Ein französisches Patent (1905) beansprucht den Schutz der Seidenfabrikation durch Thioharnstoff, Hydrochinon und deren Derivate vor den Wirkungen des Lichts, der Wärme und der Atmosphärilien. Die Badische Anilin- und Sodafabrik (D.R.P., 1918) schützt den synthetischen Kautschuk gegen Autoxydation durch Zusatz

Hydrochinon, Pyrogallol und Gallussäure auf ihre stabilisierende Wirkung untersucht und noch bei 0,025 % als wirksam erkannt [C. r. 170, 26 (1920)]. Weiter ergab sich die Tatsache, daß eine vorangehende Autoxydation des Acroleins die Vorbedingung für die Polymerisation zu Disacryl $(C_3H_4O)x$ ist, daß aber beim Überschuß von Sauerstoff die Umwandlung des Acroleins in Disacryl nicht mehr stattfindet. Dann folgte die neue Erkenntnis, daß dieselben Stoffe (Stabilisatoren), welche die Polymerisation zu Disacryl verhindern, auch als Katalysatoren die Autoxydation des Acrolins praktisch aufheben: sie wirken als „Antioxygene" [Moureu und Dufraisse: C. r. 174, 258; 175, 127 (1922): eine Spur z. B. des sich leicht oxydierenden Pyrogallols macht den Sauerstoff unwirksam gegenüber dem ebenfalls leicht oxydierbaren Acrolein. Gleichzeitig wird darauf hingewiesen, daß dieselben „Antioxygene" auch biologisch — als Antiseptika, Antithermika usw. — wirksam sind. Praktisch sind diese Antioxygene bedeutsam, sie hemmen die Vorgänge, die mit der Autoxydation verknüpft sind, z. B. Schwarzfärbung des Furfurols, Trübung des Acroleins, Verharzung des Styrols durch Bildung von Metastyrol, Erhärtung des Leinöls, Ranzigwerden der Fette u. a. Als wirksame Antioxygene erwiesen sich bei Aldehyden auch [C. r. 176, 797 (1923); 178, 824, 1497)] Jod sowie [C. r. 178, 1862; 179, 237 (1924)] auch Schwefel und Schwefelverbindungen RSH, R_2S, RS—SR [1]); es wurden auch mehr als 200 Stickstoffverbindungen geprüft [C. r. 176 bis 183 (1926)].

Die Autoxydation des Acroleins deuten die beiden Forscher (1925 u. f.) derart, daß sie neben der gewöhnlichen Form A des Acroleins noch eine tautomere aktivere A′ annehmen, die sich sowohl in Disacryl umwandeln als auch mit Sauerstoff verbinden kann, der letztere wird ebenfalls aktiviert und gibt nun unter Energieaufnahme primär das Peroxyd $A[O_2]$, welches seinerseits das Antioxygen B zum Peroxyd B[O] umwandelt und dabei in das niedere Peroxyd A[O] übergeht; diese Peroxyde wirken nun aufeinander reduzierend und regenerieren die Moleküle A, B und O_2:

$$A \xrightarrow{+ O_2} A[O_2]; \ A[O_2] \xrightarrow{+ B} A[O] + B[O]; \ A[O] + B[O] \rightarrow A + B + O_2.$$

[Vgl. auch C. r. 185, 1545; 186, 196 (1928).] Moureu und Dufraisse übertragen ihre Betrachtungen über Autoxydation und Antioxygene auch auf die Erscheinungen („Chok") in den Verbrennungsmotoren und die „Antiklopfmittel" [C. r. 184, 413 (1927 u. f.)]. Als solche

von phenolartigen Stoffen. Moureu weist auf die Wirkung der Antioxygene (bzw. der bei der Rauchbehandlung der Kautschukmilch gebildeten phenolartigen Stoffe) im natürlichen Kautschuk hin (1928).

[1]) Von den biologisch wichtigen Schwefelverbindungen Cystein und Glutathion wies A. Schöberl nach, daß sie als Antioxygene oder Antikatalysatoren bei Oxydationen mit molekularem Sauerstoff wirken [B. 64, 546 (1931)].

„Antiklopfmittel" hatten Midgley und Boyd (1922) Tetraäthylblei und -zinn, Diäthyltellur und -selen u. a. entdeckt, während die B.A.S. das Eisencarbonyl empfahl (1924).

Daß die Antioxygene bzw. Antikatalysatoren die Iso- sowie die Hetero-Polymerisation verhindern, also ein oxydativer Vorgang die Polymerisation katalysiert, fanden auch Staudinger und Ritzenthaler [B. 68, 463 (1935)] für das System Schwefeldioxyd-Butadien. Weitere Beziehungen zwischen Autoxydationen, Fluorescenzerscheinungen und photochemischen Reaktionen hebt K. Bodendorf [B. 66, 1608 (1933)] hervor unter Hinweis auf die gleichsinnige reaktionshemmende Wirkung der „Inhibitoren"[1]. Die stabilisierende Wirkung des Hydrochinons auf die Wärmepolymerisation des Styrols hat J. W. Breitenbach [B. 71, 1438 (1938); s. auch Monatsh. d. Chem. 71, 275 (1938)] viskosimetrisch verfolgt. Beziehungen von „Peroxydeffekt" zu der Anlagerung von unterchloriger Säure bzw. Bromwasserstoff an ungesättigte Kohlenwasserstoffe (Alkene) und die Wirkung von Diphenylamin als „Antioxydans" hat A. Michael untersucht [J. org. Chemistry 4, 519, 531 (1939)]. Zusammenhänge zwischen Racemisierung und Autoxydation der optisch aktiven o,o'-Diäthoxybenzoine wurden von A. Weißberger und Mitarbeitern [B. 62, 1949 (1929); 64, 427, 1200 (1931); 65, 1815 (1932); A. 502, 74 (1933)] experimentell verfolgt.

Biologische Oxydationsvorgänge[2]). (Dehydrierungen.)

Die Lehre von der Aktivierung des Sauerstoffs als der unmittelbaren Ursache der Oxydationsvorgänge (im Tierkörper) hatte einen Hauptvertreter in dem Physiologen Hoppe-Seyler' (1881). Gegen diese von der physiologischen Chemie vertretene Anschauung wandte sich (1882) M. Traube und stellte ihr seine (oben erwähnte) Lehre von der Autoxydation entgegen. Jahrzehnte vergingen, an die Stelle des aktivierten Sauerstoffs traten bei den Chemikern bald die O_2-Moleküle, bald Ozon usw. Da erschien 1909 eine Untersuchung von G. Bredig [mit F. Sommer: Z. physik. Ch. 70, 35 (1909)] unter dem Titel: „Anorganische Fermente V. Die Schardingersche Reaktion und ähnliche enzymatische Katalysen". Die Wirkung des von Schardinger in der frischen Milch gefundenen dehydrierenden Enzyms wird durch „anorganische Fermente" nachgebildet und gefunden, daß beide „mit großer Leichtigkeit den Sauerstoff des Methylenblaus auf oxydierbare Stoffe wie Formaldehyd oder, wie man es wohl besser ausdrückt, den Wasserstoff des letzteren auf

---

[1]) Siehe Fußnote 1 und 2 S. 140.
[2]) Vgl. auch: C. Engler und R. O. Herzog: Zur chemischen Erkenntnis biologischer Oxydationsreaktionen [H. 59, 327 (1909)].
H. Wieland: Über den Verlauf der Oxydationsvorgänge. Stuttgart 1933.

reduzierbare Stoffe wie obigen Farbstoff zu übertragen vermögen..." [s. auch Bredig: B. 47, 546 (1914)]. Diese Grundgedanken, die Arbeitsmethode und die Beziehung der Ergebnisse auf biologische Oxydationsvorgänge konnten nicht ohne geistige Resonanz bleiben. Es ist das Verdienst von H. Wieland (seit 1912), durch ein weitausgreifendes systematisches Studium des „Mechanismus der Oxydationsvorgänge" die letzteren dahin geklärt zu haben, daß der Sauerstoff seine bisherige Stellung als „primum movens" an den Wasserstoff abtreten oder durch diesen sich strittig machen lassen mußte.

Entwicklungsgeschichtlich reizvoll und erkenntnistheoretisch lehrreich ist es auch, daß den Ausgangspunkt für diese neue Deutung der Oxydationsvorgänge die Erscheinungen bei der Hydrierung und Dehydrierung bilden. Es sind die Gleichgewichte z. B. von der Form $CH_2:CH_2 + H_2 \rightleftarrows CH_3 \cdot CH_3$, die bei bestimmten höheren Grenztemperaturen sich einstellen. Fein verteilte Metalle (Nickel, Kupfer, Platin, Palladium usw.) wirken als Katalysatoren bei der Hydrierung mittels Wasserstoff. Nun wirken aber dieselben Metalle [Kupfer nach W. Ipatiew, Nickel nach Sabatier, Palladium nach Knoevenagel (1903) und Zelinsky (1912)] auch wasserstoffabspaltend bei Alkoholen und hydroaromatischen Systemen, ebenfalls bei erhöhter Temperatur. Die von Paal (1905) ersonnene Hydrierungsmethode mit kolloidalem Palladium läßt auch bei gewöhnlicher Temperatur die Wasserstoffanlagerung zu. Im Falle der Umkehrbarkeit der durch Palladium katalysierten Hydrierung müßte demnach auch bei gewöhnlicher Temperatur die Einstellung eines Gleichgewichtes von seiten der hydrierten Verbindung — durch Wasserstoffspaltung — erreichbar sein, z. B. Hydrochinon $\xrightarrow{+ Pd}$ Chinon[1]) $+ H_2$. Für die Hydrierung-Dehydrierung in Gegenwart des Metallkatalysators nimmt Wieland die Bildung einer Zwischenstufe an, und zwar (wenn PdH_2 das Symbol für Palladiumwasserstoff ist):

$$-R:R- + PdH_2 \rightleftarrows \begin{bmatrix} -R-R- \\ \dot{H} \ \ PdH \end{bmatrix} \rightleftarrows \begin{matrix} -R-R- \\ \dot{H} \ \ \dot{H} \end{matrix} + Pd$$

[B. 45, 488 (1912); 46, 3329 (1913)].

Geht man von einem primären Alkohol aus und behandelt ihn unter Ausschluß von Sauerstoff mit Palladiumschwarz, so wird der Wasserstoff der Alkoholgruppe aktiviert; es entsteht nach und nach Aldehyd und (Palladium-)Wasserstoff, d. h. die Oxydation des primären Alkohols zu Aldehyd ist dem Wesen nach ein Dehydrie-

---

[1]) In anderen Gedankenwegen bewegt sich die Deutung der Oxydationsvorgänge durch A. Bach [B. 64, 2769 (1931)]; er geht auf die Traubesche Theorie der Wasserspaltung zurück, nimmt die Unentbehrlichkeit des Wassers für das Zustandekommen der oxydierenden Wirkung des Chinons an und formuliert den Vorgang folgendermaßen: $C_6H_4O_2$(Chinon) $+ 2 H \cdot OH + CH_3 \cdot CH_2 \cdot OH = C_6H_4(OH)_2 + CH_3 \cdot CH(OH)_2 + H_2O$.

rungsvorgang. Der Übergang von Aldehyd in Säure wird gewöhnlich durch Einführung von Sauerstoff erklärt:

$$R \cdot H \cdot C{:}O \xrightarrow{\;+\,O\;} \begin{array}{c} R \cdot C{:}O \\ \cdot \\ OH \end{array}.\; \text{Anders nach der Wielandschen Auf-}$$

fassung. Wird feuchter Aldehyd bei Ausschluß von Luft mit Palladiumschwarz geschüttelt, so erhält man Säure und Wasserstoff [letzteren im Palladium gebunden[1])]:

$$R \cdot H \cdot C{:}O + H_2O \rightarrow R \cdot H \cdot C{\begin{array}{c} OH \\ OH \end{array}} \xrightarrow{\;+\,Pd\;} R \cdot C{\begin{array}{c} O \\ OH \end{array}} + H_2(—Pd)$$

Aldehyd   Aldehyd-Hydrat   Säure

Der Wasserstoff kann durch Luftsauerstoff verbrannt werden, und die Dehydrierung der Aldehydhydrats kann weiter gehen. „Die Rolle des Luftsauerstoffs können hier aber auch Benzochinon, Methylenblau oder andere chinoide Verbindungen übernehmen" [Wieland: B. 45, 2606 (1912)]. Es sei vermerkt, daß Bredig und Sommer [Ph. Ch. 70, 34 (1909); s. auch B. 47, 546 (1914)] bereits die Reduktion von Methylenblau durch Metallsole katalytisch beschleunigt haben. Weiterhin hat Wieland gezeigt [B. 46, 3327 (1913); 47, 2085 (1914); 54, 2353 (1921)], daß auch eine Nachahmung des biologischen Oxydationsvorganges ohne Sauerstoffbeteiligung gelingt, und zwar sowohl mittels des Palladiums als auch mit Hilfe eines organischen Ferments. So ließ sich Traubenzucker mittels Palladiumschwarz allein oder mit ihm und chinoiden Verbindungen (als Wasserstoffakzeptoren) bei niedrigen Temperaturen verbrennen, und ebenso ließ sich Alkohol durch das Ferment der Essigsäurebakterien, ohne eine Spur von Sauerstoff — durch Methylenblau oder Chinon — direkt in Essigsäure überführen. Wenn [Ka] den Katalysator und M = Methylenblau, MH_2 = Leukomethylenblau bedeutet, so gilt die Gleichung:

$$[Ka]H_3C \cdot CH_2 \cdot OH + 2\,M + H_2O = H_3C \cdot COOH + 2\,MH_2.$$

[Vgl. auch Wieland und Bertho: A. 467, 95—157 (1928).]

Oxydation (des Alkohols) und Reduktion (des Farbstoffs oder etwa des molekularen Sauerstoffs) sind demnach Äußerungen eines Vorganges, der Dehydrierung. Als dritte Reaktion kommt noch die Disproportionierung zweier Moleküle Aldehyd zu Säure und Alkohol, die sog. Cannizzarosche Reaktion [A. 88, 129 (1853)] in Betracht, die — nach Parnas (1910) sowie Battelli und Stern (1910) — durch ein Ferment bewirkt wird, auch sie kann als eine besondere Form der Dehydrierungsreaktion gedeutet werden:

$$[Ka]R \cdot C{\begin{array}{c} OH \\ \!\!-OH \\ H \end{array}} + O{:}CH \cdot R \rightarrow R \cdot C{\begin{array}{c} OH \\ O \end{array}} + HO \cdot CH_2 \cdot R.$$

---

[1]) Anders ausgedrückt: es erfolgt eine Protonenwegnahme durch Palladium.

[Zu der Cannizzaroschen Reaktion vgl. noch besonders: Wieland und Macrae: A. 483, 244 (1930).]

Dem oxydativen Abbau der Alkohole und Zucker als der einen grundlegenden Gruppe von biologischem Verbrennungsmaterial fügte dann T. Thunberg (1916) noch die andere Gruppe, die Fettsäuren mit den Mitteln der Dehydrierung zu; er konnte Bernsteinsäure durch Muskelgewebe mit Methylenblau als Wasserstoffakzeptor zu Fumarsäure dehydrieren (C. 1916 II, 53):

$$HOOC \cdot CH_2 \cdot CH_2 \cdot COOH + M \rightarrow HOOC \cdot CH:CH \cdot COOH + MH_2.$$

Gegen diese „Succino-Dehydrase" wendet sich A. Bach [B. 60, 827 (1927)].

In der Zelle werden ungesättigte Fettsäuren unter Wasseranlagerung in Oxysäuren übergeführt (Dakin; Friedmann; Battelli und Stern), diese können wiederum durch Zellgewebe sauerstofflos dehydriert werden [Thunberg: C. 1920, III, 390; weiteres dazu Wieland und Frage: A. 477, 1 (1929)].

Wieland [B. 54, 2375 (1921)] schließt, „daß oxydierende und reduzierende Fermente identisch sind. Das heißt, wir bezeichnen einen Vorgang als Oxydation, wenn der aktivierte Wasserstoff vom Sauerstoff-Molekül aufgenommen wird. Die subjektiv eindrucksvollere Dehydrierung durch einen Farbstoff, der dabei entfärbt wird, bezeichnen wir als Reduktion." Die anaerobe Dehydrierung der Citronensäure durch Hefe führt zur Essigsäure, Kohlendioxyd und Ameisensäure (bzw. Wasserstoff und Acetaldehyd: Wieland und R. Sonderhoff: A. 520, 150 (1935)].

Die im Pflanzenreich viel vertretenen Peroxydasen sind gleich den Katalasen auf Hydroperoxyd eingestellt. Die Hydroperoxydzersetzung stellt einen typischen Dehydrierungsprozeß dar: je ein Molekül gleicher Art bildet Substrat wie Wasserstoffakzeptor, „indem die locker sitzenden Wasserstoffatome von a durch exothermische Reaktion der spaltenden Hydrierung von b vom Sauerstoff weggenommen werden" [Wieland: B. 55, 3647 (1922)]:

$$\begin{array}{cc} O\,H & O\,H \\ | & | \\ O\,H & O\,H \\ a & b \end{array} \quad \longrightarrow \quad \begin{array}{c} O \\ \| \\ O \end{array} + \begin{array}{c} H_2O \\ H_2O \end{array}$$

Das Hydroperoxyd tritt als intermediäres Produkt der enzymatischen Dehydrierung auf:

$$R\!\!\begin{array}{c} \diagup H \\ \diagdown H \end{array} + \begin{array}{c} O \\ \| \\ O \end{array} \longrightarrow R + \begin{array}{c} H \cdot O \\ | \\ H \cdot O \end{array}.$$

Sein Nachweis glückt da, wo katalasefreie Fermente in Funktion sind, bei anaeroben Bakterien und namentlich bei der aeroben Dehydrierung von Purinbasen und Aldehyden durch die Enzyme der Milch [vgl. Wieland und Mitarbeiter: A. 477, 32 (1929); 483, 217

(1930)]. In diesen Fällen diente zum quantitativen Nachweis des Hydroperoxyds das Abfangreagens Cer-hydroxyd; im Gang der aeroben Oxydation verschiedener Stoffe durch Muskelgewebe ist die Wirkung der Katalasen zu groß gegenüber der Wirkung der Dehydrase, und der Nachweis gelingt nicht [A. 485, 193 (1931)]. Th. Wagner-Jauregg und H. Ruska [B. 66, 1298 (1933)] wiesen zuerst nach, daß die im Tier- und Pflanzenreich weitverbreiteten wasserlöslichen Flavine bei enzymatischen Prozessen als Wasserstoffakzeptoren fungieren können, wobei sie, ähnlich dem zellfremden Methylenblau, in Leukoverbindungen übergehen, die nun wieder durch Sauerstoff zu Flavinen dehydriert werden. Insbesondere hängt die Wirksamkeit des Lacto-flavins als Vitamin B_2 mit seinem Reduktions-Oxydationsverhalten eng zusammen und man kann es als „Methylenblau der Zelle" ansprechen [R. Kuhn und Wagner-Jauregg: B. 67, 361 (1934); vgl. dazu K. G. Stern: B. 67, 654 (1934)].

Über die biochemischen Zusammenhänge zwischen Formaldehyd, Zuckern und Pflanzensäuren hat H. Schmalfuß Untersuchungen, Modellversuche und Betrachtungen angestellt; als ein neuartiges Stoffwechsel- und Umwandlungsprodukt wurde das Diacetyl erkannt [vgl. Ztschr. angew. Chem. 43, 500 (1930)].

Aus jüngster Zeit stammen noch die Theorien von A. Szent-György [H. 236 (1935 u. f.)] und H. A. Krebs (1937) über die biologische Oxydation der Kohlenhydrate; als Zwischenstufen spielen die Säuren Oxalessigsäure (Brenztraubensäure) ⇌ Äpfelsäure, Fumarsäure ⇌ Bernsteinsäure mit den reversiblen Reaktionen eine Rolle. Szent-György [vgl. Vortrag B. 72 (A), 53 (1939)] hat in den Mittelpunkt seiner Theorie der Zellatmung (am Muskel) 1. die Theorie der Wasserstoffaktivierung von H. Wieland gestellt, wonach im tierischen Körper alle Nährstoffe dehydrierend oxydiert werden, und 2. die Theorie von Warburg, nach welcher der Sauerstoff unmittelbar mit gewissen Metallatomen reagiert und dadurch eine Reaktivierung erfährt, — die Wasserstoff aktivierenden Fermente heißen Dehydrasen oder Dehydrogenasen, während nach Warburg das „Atmungsferment" der den Sauerstoff aktivierende Katalysator ist. Das folgende Schema verdeutlicht die Rolle und Wanderung des Wasserstoffs H vom Donator zur Oxalessigsäure über die Äpfelsäure zur Bernsteinsäure, die ihn auf das Metall des Cytochroms überträgt:

Vierter Abschnitt.
Zur chemischen Typologie organischer Verbindungen.

Erstes Kapitel.
Molekülverbindungen, Lösungsmittelgemische, Zwischenverbindungen. Innere Metallkomplexsalze.

> „Stets ist das Ganze [1]) noch etwas anderes
> als die Summe der einzelnen Teile."
>
> M. Planck (1935.)

Das Problem der Molekülverbindungen, ihrer Entstehung und ihren Wandlungen in der Lösung tritt uns vor hundert Jahren (1837/38) entgegen, und zwar bei Biot (1774—1862) im Zusammenhang mit seiner bahnbrechenden Entdeckung des optischen Drehungsvermögens organischer Verbindungen. Das Terpentinöl bewahrte sein Drehungsvermögen dem Sinne und der Größe nach, sowohl im flüssigen und gelösten als auch im dampfförmigen Zustande (1817): diese Erscheinung war also eine den Molekülen als solchen innewohnende Eigenschaft und unveränderlich, „sans altérer intimement leur constitution... Mais lorsque les groupes moléculaires actifs éprouvent un changement de constitution ou de composition chimique, on voit généralement leur pouvoir changer et acquérir des valeurs très-différentes". Die Untersuchung der rechtsdrehenden Weinsäure im Wasser bei verschiedener Konzentration und Temperatur zeigt ein veränderliches Drehungsvermögen, und dasselbe bewirkt der Zusatz von Borsäure oder Borax (einen „Boraxweinstein" oder Tartarus boraxatus hatte 1732 Le Fevre dargestellt), — Biot schließt hieraus, daß in der Weinsäurelösung eine chemische Reaktion bzw. eine Bildung von „groupes moléculaires mixtes" stattgefunden hat [Mém. de l'Acad. 15 und 16 (1837)]. Im Zusammenhang mit der optischen Drehung tritt dann die Borsäure wiederum 1873 entgegen, als de Vignon (C. r. 77, 1191) durch Boraxzusatz die Rechtsdrehung des (scheinbar inaktiven) Mannits entwickelt. Einen neuen Beitrag stellt die Beobachtung von W. R. Dunstan (1883) dar, der die saure Reaktion der Lösungen von Borax beim Zusatz von polyatomigen Alkoholen (Glycerin, Glycol, Erythrit, Mannit, Dextrose, Lävulose) beobachtete. Dieses Sauerwerden der Borax- und Metawolframatlösungen in Gegenwart von mehrwertigen Alkoholen (nicht aber Rohrzucker, Dextrin) entdeckt auch D. Klein [C. r. 99, 144 (1884)].

---

[1]) Daß das Ganze nicht gleich, sondern in seinen Wirkungen etwas ganz anderes ist als die Summe seiner Bestandteile, erweisen die Mischkatalysatoren bzw. der Auer-Glühstrumpf, erweisen aber auch die biologischen Ergebnisse von R. Kuhn [mit F. Moewus u. A.: Z. angew. Chem. 53, 3 (1940)] an dem cis- und trans-Crocetindimethylester über deren Wirkung auf die Geschlechtszellen von Grünalgen.

D. Gernez griff nun wieder auf die optische Drehung zurück, indem er (seit 1887) diese „zum Studium der Verbindungen" verwandte, welche sich bei der Einwirkung von Alkalimolybdaten (C. r. 104, 783) bzw. Alkaliwolframaten [C. r. 106, 1527 (1888)] auf gelöste Weinsäure bilden; auch die Äpfelsäure wies beim Zusatz von Molybdaten enorme Änderungen des Drehungsvermögens auf [C. r. 109, 151 u. f. (1889)]. Welcher Art waren nun die Vorgänge und die neuen Komplexe ?

Die experimentelle Klärung beginnt mit Hilfe der Methoden der 1887 begründeten physikalischen Chemie. Es sind die Untersuchungen von G. Magnanini [Gazz. 20 (1890); 21 (1891)], durch welche kryoskopisch die Bildung von komplexen Molekülen zwischen Borsäure und Mannit und konduktometrisch der Säurecharakter dieser Komplexverbindung erwiesen wurde; eine Erhöhung der elektrischen Leitfähigkeit bei Borsäurezusatz ergab sich auch für die Weinsäurelösungen sowie bei anderen Oxysäuren, Brenzkatechin, Pyrogallol usw.

Diese Leitfähigkeitserhöhung durch Borsäurezusatz ist dann von J. Böeseken (seit 1912) zu einer Methode der Konfigurationsbestimmung von Polyoxyverbindungen erweitert worden [B. 46, 2612 (1913); s. auch 56, 2411 (1923)]: Zwei HO-Gruppen in 1,2- (oder 1,3-) Stellung in günstiger (cis-) Orientierung bilden die stromleitenden Komplexe, etwa unter Fünf- (oder Sechs-)Ringbildung im Sinne J. H. van't Hoffs (1894): $\begin{array}{c}>C-O\\>C-O\end{array}\Big\rangle B-O-H$. So ergab sich für die α-Glucose, daß die Hydroxyle von 1 und 2 in cis-Stellung stehen.

P. H. Hermans hat [1922; s. auch Z. ph. Ch. 113 338 (1924); vgl. jedoch Rec. Trav. chem. Pays-Bas 57, 333, 645 (1938)] die richtige Struktur der Borsäurekomplexe festgestellt, indem er sie als Derivate des fünfwertigen (bzw. koordinativ vierwertigen) Bors auffaßte: $\begin{bmatrix}>C-O\\>C-O\end{bmatrix}B\begin{array}{c}O-C<\\O-C<\end{array}\Big]H$, er wies auf die Möglichkeit der Spaltbarkeit in optische Antipoden hin, und J. Böeseken gelang (1924) die Aktivierung der Borsalicylsäure.

Doch kehren wir zurück zu der Zeit um 1890 und zu der Verwendung der elektrischen Leitfähigkeit. W. Ostwald hatte (1887) die Valenzregel $(\mu_{1024}-\mu_{32}) = 10 \cdot n_1 \cdot n_2$ gefunden (nachher zur Ostwald-Walden-Bredig-Regel erweitert), worin n_1 und n_2 die Wertigkeit des Anions und Kations bedeuten. Mittels dieser Regel prüfte P. Walden (1887) das Verhalten der Salze Kaliumeisencyanür und Kaliumeisencyanid. H. Kolbe formulierte dieselben als Doppelcyanide $4\,KCN\cdot Fe(CN)_2$ bzw. $3\,KCN\cdot Fe(CN)_3$, während andererseits (vgl. Handwörterbuch der Chemie von A. Ladenburg, Bd. III, S. 99 u. f. 1885) die Formeln $Fe_9(CN)_{12}K_8$ bzw. $Fe_2(CN)_{12}K_6$ vorgeschlagen wurden, — die erwähnten Leitfähigkeitsmessungen ergaben für beide

Stoffe das Verhalten typischer Salze vier- bzw. dreibasischer Säuren, d. h. $[Fe(CN)_6] \cdot K_4$ bzw. $[Fe(CN)_6] \cdot K_3$; ebenso beständig erwiesen sich die Salze $[Pt(CN)_4] \cdot Na_2$ und $[PtCl_6] \cdot K_2$ (Walden, 1888). Komplexe Chromoxalate hatte W. Kistjakowski (1890) untersucht.

Als 1897 P. Walden in den Uranylsalzen ein weiteres, die optische Drehung steigerndes Mittel gefunden hatte (B. **30**, 2889), konnten Rimbach und Schneider (1903) auch in der Titansäure und in den Zirkonsalzen solche komplexbildende Mittel gegenüber den optisch aktiven Oxysäuren ermitteln. Gleichzeitig konnte auch präparativ die Isolierung dieser Metallkomplexe der Oxysäuren (Rosenheim u. a.) durchgeführt werden.

Inzwischen vollzog sich von der anorganischen Chemie her ein neuer machtvoller Impuls.

Im Jahre 1893 begann A. Werner seine klassischen Arbeiten über die anorganischen Metallkomplexverbindungen, die eine Erweiterung des Valenzbegriffes bzw. eine neue anorganische Strukturlehre und den Begriff der Haupt- und Nebenvalenzen sowie der Koordinationszahl auslösten. Hierbei verlegte er den Schwerpunkt seines wissenschaftlichen Beweismaterials über die Konstitution der Metallammoniaksalze in die Bestimmung des vorhandenen oder fehlenden elektrischen Leitvermögens [Z. ph. Ch. **12**, 35 (1893 u. f.); Untersuchungen mit A. Miolati], demselben schlossen sich ebullioskopische Molekulargewichtsbestimmungen an (1897). Werner griff dabei zurück auf die schon von Berzelius eingeführte Bezeichnung ,,Verbindungen höherer Ordnung'' und gliederte sie in Anlagerungs- und Einlagerungsverbindungen.

Das elektrolytische Leitvermögen und die Ionentheorie hatten sich also in kurzer Zeit als sehr wertvolle Forschungs- und Denkmittel auch in der organischen Chemie erwiesen, indem sie das große Gebiet der ,,Molekülverbindungen'' auf eine neue Grundlage gestellt und dabei einen Einblick in die Vorgänge und Zustände in der Lösung (z. B. bei den Borsäurekomplexen) eröffnet hatten, ferner aber war der Begriff der ,,Säure'' ganz wesentlich erweitert und auf neue Körperklassen ausgedehnt worden: das Wasserstoffion und die Ionenspaltung gewannen damit auch in der Denkweise der organischen Chemiker einen sich erweiternden Raum. Es war die Zeit, wann Stereochemie und physikalische nebst Elektrochemie neue Ideen brachten und neue Taten vollbrachten, und es war zu dieser Zeit, daß organische Chemiker zu experimentierenden Physikochemikern wurden. Zu erinnern ist an A. Werner, der unter der Leitung seines Lehrers A. Hantzsch die Isomerie der Oxime und eine Stereochemie des dreiwertigen Stickstoffs schuf (1890), dann an E. Beckmann, der als Assistent von J. Wislicenus *die* Untersuchung der Ketoxime ausführte und die ,,Beckmannsche Umlagerung'' entdeckte (1886), um nachher als

Assistent W. Ostwalds (seit 1887) die praktischen Methoden der (osmotischen) Molekulargewichtsbestimmung zu schaffen, zu verbessern und bis kurz vor seinem Tode zu erweitern (1921). Dann ist besonders A. Hantzsch zu nennen, der als Organiker noch 1890 mit A. Werner die Oxime bearbeitet, 1893 einen ,,Grundriß der Stereochemie" verfaßt, aber vom Jahre 1895 ab in konsequentester Weise und bis zu seinem Tode (1935) die verschiedenartigsten Methoden der physikalischen Chemie zur Lösung der Konstitution organischer Verbindungen des mannigfaltigsten Typus angewandt (vgl. Pseudosalze, -säuren, -basen u. a.).

Die Fähigkeit der organischen Verbindungen zur Bildung innerer Metall-Komplexsalze ist verbreiteter als im allgemeinen bekannt ist. Nimmt man als ein sinnfälliges Zeichen des Vorhandenseins solcher Salze die starke Färbung, die geringe Leitfähigkeit (oder geringe Ionenbildungstendenz), die Flüchtigkeit, die Löslichkeit in organischen Lösungsmitteln an, so kann auf folgende Beispiele hingewiesen werden:

Die längst bekannte tiefgefärbte Fehlingsche Lösung [H. Fehling: A. 72, 106 (1849)].

Acetylaceton und Metalle: A. Werner, 1901; W. Biltz (dreiwertige seltene Erden), 1904; A. Rosenheim, 1906; W. Dilthey, 1903—1906 (mit Si und Ti).

Berylliumverbindungen, sublimierbare basische Acetate (Urbain und Lacombe; H. Steinmetz, 1907).

Berylliumbenzoat, löslich in Benzol (Tanatar, 1908).

Hydrazincarbonsäure H_2N—NH—COOH (A. Callegari, 1906).

Dithiocarbaminsäure und Homologe (M. Delépine, 1908).

α-Oxycarbonsäuren (H. Ley und O. Erler, 1908).

Hydrazoketone und Oximidoketone (J. Lifschitz, 1914).

Formoxim und dreiwertige Metalle (K. A. Hofmann, 1913).

Farbloses schwerlösliches Eisen(3)-Natriumlactat (K. A. Hofmann, 1920).

Ricinolsaures Kupfer und Nickel, löslich in $CHCl_3$ und C_6H_6 (P. Walden, 1915).

Farbige Ferrisalze der Enole [A. Hantzsch: A. 392, 292 (1912); W. Dieckmann: B. 55, 1379 (1917)].

Auf Grund der auffallend geringen Leitfähigkeit der Salze in wässerigen Lösungen ist der Rückschluß auf innere Komplexsalzbildung naheliegend:

Citronensaure Magnesia (P. Walden, 1887).

Oxalsaures Beryllium (A. Rosenheim, 1897).

Apfelsaures Kupfer (Calame, 1898).

Uranyloxalat (C. Dittrich, 1899).

Weinsaures Kupfer und Nickel (O. T. Tower, 1900).

Malonsaures Kupfer (Ives und Riley, 1931).

Die anomale Rotationsdispersion der gefärbten Lösungen von Kupfertartrat und Chromtartrat (Cotton-Effekt, 1896) tritt auch bei aktiven Kupfer-, Nickel- und Cobalt-lactaten [H. Volk: B. **45**, 3744 (1912)] auf und steht wohl im Zusammenhang mit der Komplexform dieser Salze.

Über die magnetische Susceptibilität der komplexen Verbindungen haben L. Cambi und L. Szegö Untersuchungen ausgeführt.

Durch die relativ leichte Bildung des Triphenylmethyls $(C_6H_5)_3C$ wurde um 1900 eine Reihe von grundlegenden Fragen neubelebt. Nicht allein das Dogma von der Vierwertigkeit des C-Atoms erlitt eine Erschütterung, auch die Auffassung von dem Wechsel der Valenzzahl [1]) um zwei Einheiten (z. B. 2:4:6 oder 3:5:7) erwies sich beim dreiwertigen Kohlenstoff als nicht erfüllt. Ganz allgemein trat aber das Problem der Wirkungsweise der Methankohlenstoffvalenzen in den Kreis der Erörterung, oder noch weiter gefaßt: Sind in einer valenzchemisch gesättigten Kohlenstoffverbindung alle Valenzen kompensiert bzw. ist der Affinitätswert einfacher Bindungen veränderlich? Sind nun in den Verbindungen mit Äthylenbindung alle Affinitätskräfte der vier Valenzen $(R)_2C=C(R)_2$ gegenseitig abgesättigt? Es lag allerdings schon ein älterer Hinweis des Thermochemikers J. Thomsen (1887) vor, „... daß bei der Äthylenbindung nicht alle Energie der beteiligten Kohlenstoffvalenzen verausgabt ist, d. h. daß an demselben noch ein Affinitätsrest, d. h. eine Partialaffinität vorhanden ist". J. Thiele hat dann [A. **306**, 87 und **308**, 333 (1899)] eine Theorie von den „Partialvalenzen", d. h. von den bei der Doppelbindung verbleibenden Bruchteilen der Affinitätskräfte entwickelt; in Übertragung dieser Gedankengänge auf das Triphenylmethyl nahm er an [A. **319**, 134 (1901)], daß die drei Phenylgruppen in $(C_6H_5)_3C$ noch mit je einem Affinitätsrest auf die Methanvalenzen wirken und demnach die Bindekraft der vierten C-Valenz schwächen. A. Werner [B. **39**, 1278 (1906)] ging von der Grundvorstellung aus, „daß die Valenz keine unveränderliche Einzelkraft sei, ... der Affinitätswert der Lückenbindung (d. h. Äthylenbindung) von einer Verbindung zur anderen wechselt ... Es wäre nämlich denkbar, daß dem einfachen Valenzstrich (d. h. bei einfacher Bindung der Atome) in verschiedenen Verbindungen ein verschiedener Affinitätswert entspräche". In der Verbindung Me·X könnten, je nach dem Partner Me, „am X gewisse Affinitätsbeträge unabgesättigt" bleiben und „Anlaß zu neuen Atombindungen geben, indem sie sich als Nebenvalenzen am Aufbau von Molekülverbindungen betätigen; man sollte des-

---

[1]) S. auch Fritz Ephraim: Chemische Valenz- und Bindungslehre. Leipzig 1928.
H. Kauffmann: Die Valenzlehre. Stuttgart 1911.
F. Henrich: Theorien der organischen Chemie, 5. Aufl. Braunschweig 1924.

halb in solchen Fällen die Entstehung von Additionsverbindungen
Me·X . . . A erwarten dürfen". Zugleich Anlaß und Beweis für diese
Vorstellungen sind die längst bekannten anorganischen Metall-
Halogenverbindungen; doch auch für Triphenylmethylverbindungen
liegt Prüfungs- und Belegmaterial vor, und zwar: Additionsprodukte von
Triphenylmethan mit Benzol (Hintze, 1886), oder von Tetraphenyl-
äthan mit Benzol und von Tetranitrophenyläthan mit Anilin (H. Biltz,
1897) oder von Triphenylmethylchlorid $(C_6H_5)_3C·Cl$ mit anorganischen
Halogeniden (Norris und Sanders, 1901; F. Kehrmann, 1901).
Aus diesen Beispielen und eigenen Versuchen folgert nun Werner,
daß nicht die Negativität der mit dem Carbinolkohlenstoffatom verbundenen Gruppen, sondern die besonders starke Beanspruchung der
drei Methanvalenzen die vierte Bindung schwächt und den Methan-
wasserstoff des Triphenylmethans und analoger Verbindungen zur
Bildung von Molekülverbindungen befähigt. Daß auch die freien
Triarylmethyle eine ausgesprochene Neigung zur Bildung von
Molekülverbindungen besitzen, hat M. Gomberg [B. 38, 1333, 2447
(1905 u. f.)] besonders am Triphenylmethyl festgelegt, das sich mit
Äthern, Estern, Nitrilen, aliphatischen und aromatischen Kohlenwasserstoffen, Schwefelverbindungen u. ä. verbindet. Interessant ist die Tatsache, daß auch die vollkommen gesättigten Grenzkohlenwasser-
stoffe (z. B. Heptan, Octan) und hydroaromatischen Kohlenwasserstoffe (z. B. Cyclohexan, Methylcyclohexan) Molekülverbindungen
bilden, obwohl sie dipolfrei sind, — dieser wohl wenig untersuchten
Gruppe stehen die elektrochemisch verwerteten Molekülverbindungen
mit Schwefeldioxyd gegenüber (Walden, Gomberg, Schlenk,
Ziegler, G. Jander).

Neben den durch die oben erwähnte Leitfähigkeitsmethode zu
verfolgenden Vorgängen in der Statik und Dynamik der Molekülverbindungen gab es gerade auf dem Gebiete der organischen
Körper Bildungsmöglichkeiten von Molekülkomplexen, die keinen
oder nur einen sehr geringen Elektrolytcharakter besaßen. Für solche
Systeme gelangte — nach dem Vorbilde der Untersuchung der Verbindungen zwischen Metallen [G. Tammann[1]), 1903 u. f.] — die
„thermische Analyse" zur Anwendung [B. Menschutkin (seit 1904),
R. Kremann[2]) (seit 1904) u. a.].

Die sog. „indifferenten" organischen Lösungsmittel sowie ganz
allgemein die Flüssigkeitsgemische wurden mit Rücksicht auf die
Bildung von Molekülverbindungen bzw. die wechselseitigen Be-
einflussungen physikalisch-chemisch untersucht, so z. B. eingehend

---

[1]) Vgl. auch G. Tammann: Lehrbuch der heterogenen Gleichgewichte. Braunschweig 1924.
[2]) Vgl. auch R. Kremann: Über die Anwendung der thermischen Analyse zum
Nachweis chemischer Verbindungen. Stuttgart 1909.

von R. Kremann[1]). Eine bevorzugte Verwendung fand die Methode der Absorptionsspektren im Ultraviolett, namentlich durch G. Scheibe [z. B. B. 57, 1330 (1924); 58, 590 (1925 u. f.)]. Daß auch Raman-Spektren sowohl an Einzelstoffen als auch an Gemischen (z. B. synthetischen Benzinen) in gleicher Richtung verwendet werden können, zeigte J. Goubeau [Z. angew. Chem. 51, 11 (1938)].

Ein neues Forschungsmittel zur Lösung von Konstitutionsfragen ergab sich in der Bestimmung der Dipolmomente; im einzelnen ist es das Phänomen der Assoziation von organischen Molekülen (z. B. K. L. Wolf, 1929 u. f.) sowie die Konstitution und Konfiguration von Molekülverbindungen (z. B. H. Ulich, 1931 u. f.), die Solvat- bildung u. ä., die mit dieser Methode eine neue Beleuchtung erfahren (vgl. auch A. Chrétien, 1931 u. f.; F. Eisenlohr, 1938).

Gemische von Lösungsmitteln verhalten sich oft wie neue Lösungsmittel.

Zeaxanthin $C_{40}H_{56}O_2$ — etwa 100 mg — in 5 oder 10 ccm Eisessig suspendiert, wird nach Zugabe von 5 ccm Hexan sofort klar gelöst, obwohl Hexan allein Zeaxanthin gar nicht aufnimmt: „Ähnliche Be- obachtungen wurden mit Gemischen von Methanol und Petroläther sowie von Äther und Alkohol gemacht" [R. Kuhn: B. 63, 1493 (1930)]. Die Mutarotation der Tetramethylglucose wird durch Pyridin und durch Kresol verhindert, jedoch durch ein Gemisch beider beschleunigt (Th. M. Lowry: C. 1933 I, 206). — Es können chemische Um- lagerungen oder Solvatbildungen oder Solvolysen in dem jeweiligen System sich abspielen, oder elektrostatische Dipolkräfte der Mole- küle (polare zu polaren bzw. polare zu nichtpolaren Molekülen) von Gelöstem und Lösungsmittel üben eine Feldwirkung aus, oder — wenn beide elektro-symmetrisch sind — es treten van der Waalssche Kräfte in Tätigkeit, um z. B. Veränderungen des Spektrums sogar bei Gemischen von dipolfreien Lösungsmitteln herbeizuführen [C. Scheibe: B. 59, 2618, 2625 (1926); Z. angew. Ch. 50, 215 (1937)]. So löst sich Indigo (bzw. Anetholindigo) in wasserhaltigem Methylalkohol blau, dagegen in Tetrachlorkohlenstoff rot infolge der Wirkung van der Waalsscher Kräfte (C. Scheibe, zit. S. 215). Rhodo- xanthin $C_{40}H_{50}O_2$, ein natürlicher Carotinfarbstoff, löst sich in Schwefel- kohlenstoff blaustichig rot, in Alkohol rein rot, während die Benzin- lösung orangegelb ist, — Dihydro-rhodoxanthin $C_{40}H_{52}O_2$ dagegen

[1]) Vgl. R. Kremann: Die Eigenschaften der binären Flüssigkeitsgemische. Stuttgart 1916.

R. Kremann: Die Restfeldtheorie der Valenz auf Grund der organischen Molekül- verbindungen. Stuttgart 1922/24.

R. Kremann: Mechanische Eigenschaften flüssiger Stoffe. Leipzig 1928.

R. Kremann (mit M. Pestemer): Zusammenhänge zwischen physikalischen Eigenschaften und chemischer Konstitution. Dresden u. Leipzig 1937.

zeigt in Alkohol-, wie in Benzinlösung die gleiche Nuance [R. Kuhn und H. Brockmann: B. **66**, 828 (1933)].

Das Gebiet der **festen**, nach stöchiometrischen Verhältnissen zusammengesetzten rein organischen **Molekülverbindungen** (meist im Verhältnis 1 Mol:1 bzw. 2 Mol) hat einen derartigen Umfang angenommen, daß eine Zusammenfassung, Systematisierung und valenzchemische Deutung der einzelnen bekannten Beispiele bereits Spezialwerke erfordert [1]). Ein hervorragender Anteil kommt hier P. Pfeiffer zu; aus der Schule A. Werners stammend, hat er insbesondere die **Koordinationstheorie der Kristallstrukturen** aufgestellt, an dem Beispiel zahlreicher Molekülverbindungen den Nachweis für die Lokalisation der Restaffinitäten organischer Moleküle erbracht, für die Molekülverbindungen aromatischer **Nitrokörper** Isomerien theoretisch und experimentell festgestellt usw.; grundlegend ist Pfeiffers Buch: „Organische Molekülverbindungen" (2. Aufl., Stuttgart 1927). [Einen Rückblick auf die von ihm und seinen Mitarbeitern geleisteten Beiträge zur Chemie der Molekülverbindungen gibt P. Pfeiffer in der Chem.-Zeitung **61**, 22 (1937).]

Die Komplexbildung zwischen Polynitroverbindungen und aromatischen Kohlenwasserstoffen bzw. Basen hat eine Fortsetzung in den Untersuchungen von D. L. Hammick (und Mitarbeiter: Soc. **1935**, VI. Mitteil. **1938**, 1350) erfahren, indem durch Schmelzpunktkurven und kolorimetrisch der Einfluß sowohl der chemischen Natur und des (sterischen) Raumfaktors als auch der elektrischen Induktions-

$$\text{wirkung — etwa im folgenden Sinne}\quad X-N \begin{smallmatrix} O \uparrow CH \\ \parallel \\ O \quad CH \end{smallmatrix} \rightarrow X-N \begin{smallmatrix} O-CH \\ \\ O-CH \end{smallmatrix}\text{,}$$

untersucht wird. Polynitrokomplexe mit heterocyclischen Basen (Derivaten des 1-Ketotetrahydrocarbazols) haben A. Kent und McNeil (Soc. **1935**; **1938**, 8) in fester Form und verschiedenen Molekularverhältnissen isoliert. Vgl. auch G. M. Bennett und R. L. Wain: Soc. **1936**, 1108, 1114. Über die **Darstellung** von Molekülverbindungen sind von O. Dimroth [A. **438**, 74 (1924)] vom Standpunkt der chemischen Gleichgewichtslehre grundsätzliche Ausführungen gemacht worden.

Zu den ältesten und vielfach erörterten organischen Molekülverbindungen gehört das von Friedr. Wöhler (1844) entdeckte **Chinhydron** (Chinon + Hydrochinon), das durch E. Biilmann (1921) als Chinhydronelektrode verwandt wird. Ein Beispiel besonderer Art stellen auch die Molekülverbindungen der **Gallensäuregruppe** dar. Im Jahre 1806 entdeckt **Thénard** in der Menschengalle die

---

[1]) Vgl. auch R. Weinland: Einführung in die Chemie der Komplexverbindungen, 2. Aufl. Stuttgart 1924.

„Choleinsäure", durch ein ganzes Jahrhundert führt sie das Dasein eines chemischen Individuums, das umkristallisiert und in gut kristallisierte Salze übergeführt werden kann. Und erst 1916 enthüllen H. Wieland und H. Sorge [Z. physiol. Ch. 97, 1 (1916)] diese stabile Säure als eine verkappte Molekülverbindung, die aus 8 Mol. Desoxycholsäure + 1 Mol. Fettsäure (Stearin- und Palmitinsäure) zusammengesetzt ist! Auch die niederen Fettsäuren, sogar aromatische Kohlenwasserstoffe, Aldehyde, Ketone, Phenole u. a. vereinigen sich mit Desoxycholsäure zu „Choleinsäuren", die unzersetzt aus Alkohol umkristallisiert werden können („Choleinsäuretypus", „Choleinsäureprinzip"). Ein anderes Beispiel findet F. Boedecker [B. 53, 1853 (1920)] in der Apocholsäure. Durch Aufnahme der Schmelzdiagramme wird dann von H. Rheinboldt [A. 451, 258 (1927); 473, 253 (1929)] nachgewiesen, daß diese „Choleinsäuren" wahren chemischen Verbindungen entsprechen. Auffallenderweise verändern aber die Choleinsäuren nicht ihr Röntgenspektrum bei mengenmäßig wechselndem Vorhandensein von Fettsäuren (Go und Kratky, 1936). „Choleinsäuren" mit aliphatischen Kohlenwasserstoffen, z. B. 8 Mol. Desoxycholsäure: 1 Mol. n-Tritetracontan, $C_{235}H_{408}O_{32} = [C_{43}H_{88}(C_{24}H_{40}O_4)_8]$, hat H. Rheinboldt neuerdings als kristallisierte Molekularverbindungen untersucht [J. prakt. Chem. N. F. 153, 313 (1939)].

Bemerkenswert ist auch die Wechselbeziehung zwischen Saponinen und Cholesterin (bzw. anderen Alkoholen): unter Bildung schwerlöslicher Verbindungen (z. B. 1 Mol. Digitonin: 1 Mol. Cholesterin) erfolgt eine Entgiftung der Saponine [A. Windaus: B. 42, 238 (1909)]. Die Bedeutung der Molekülverbindungen für biologische Vorgänge wird durch das Auffinden von drei verschiedenen Reduktionsstufen von Lactoflavin durch R. Kuhn und R. Ströbele [B. 70, 753 (1937)] in den Vordergrund des Interesses gerückt, es ergab sich das Verdo-Flavin als eine Molekülverbindung von 1 Flavin + 1 Chloroflavin, und das Rhodo-flavin als Molekülverbindung von 1 Leukoflavin + 1 Chloro-flavin. Die Stufenreaktion führt über die folgenden isolierbaren und verschieden gefärbten Zwischenstufen bzw. Molekülverbindungen):

Flavin ⇌ Verdo-flavin ⇌ Chloro-flavin ⇌ Rhodo-flavin ⇌ Leuko-flavin.
$(C_{17}H_{20}N_4O_6)$ $(C_{17}H_{21}N_4O_6)$ $(C_{17}H_{22}N_4O_6)$
gelb .... bronzierend grün ..... grasgrün .... karmoisinrot .... weiß

Zu solchen isolierbaren „Molekülverbindungen" aus der Biochemie kann man formal auch das Hämoglobin (= Globin + Hämochromogen) rechnen, dann noch die Fermente bzw. die „Zymase" (= Holozymase ⇌ Apo-zymase + Co-zymase) [1]). Es sei auch an das eigenartige Verhalten

---

[1]) Vgl. H. v. Euler u. C. Neuberg: Biochem. Z. 240, 245 (1931); H. Albers: Z. angew. Chem. 49, 449 (1936).

der Alkaloidsalze der „Nucleinsäuren" erinnert [1]). Auf die Neben-
valenzkräfte der Porphyrine, Pyrrole und Pyrrolfarbstoffe weisen auch
Molekülverbindungen derselben hin [A. Treibs: A. 476, 1 (1926);
513, 65 (1934)].

Damit haben wir eine neue Problemgruppe angeschnitten: Molekülverbindungen als „Vorverbindungen" und Zwischenformen
bei Substitutionen, Umlagerungen usw.

Um den Mechanismus des chemischen Austausches zu versinnbild-
lichen, hat man immer wieder zu dem Modell von A. Kekulé (1858)
gegriffen, das den Umtausch zwischen zwei Molekülen aa_1 und bb_1
darstellt:

vor der Reaktion,   während   und   nach der Reaktion

$$\begin{array}{c|c} a & b \\ a_1 & b_1 \end{array} \qquad \begin{array}{cc} a & b \\ a_1 & b_1 \end{array} \qquad \frac{\begin{array}{cc} a & b \end{array}}{\begin{array}{cc} a_1 & b_1 \end{array}}$$

I   II   III

Kekulé·sagt dazu: „Man kann sich denken, daß während der
Annäherung der Moleküle schon der Zusammenhang der Atome in
denselben gelockert wird, weil ein Teil der Verwandtschaftskraft durch
die Atome des anderen Moleküls gebunden wird. Bei dieser Annahme
gibt die Auffassung eine gewisse Vorstellung von dem Vorgang bei
Massenwirkung und Katalyse" [A. 106, 129, 140 (1858)].

Zugunsten einer solchen Reaktionsfolge wird auf die von Wilh.
Ostwald (1897) aufgestellte „Stufenregel" zurückgegriffen: es
bildet sich zuerst die labilste und energiereichste Form, die dann
erst in die stabile übergeht. H. Meerwein [A. 455, 227 (1927)] hat
in der Komplexbildung schwacher Elektrolyte und in der dadurch
bewirkten Vergrößerung der Ionisationsfähigkeit ein wesentliches
Moment für katalytische Prozesse erblickt, und für die Additionsvorgänge rein homöopolarer Verbindungen nimmt er als Vorbedingung
die Induzierung eines Dipols bzw. die Vergrößerung eines bereits
vorhandenen Moments an [B. 61, 1840 (1928)].

Die Kekulésche Symbolisierung des Substitutionsvorganges ist
anschaulich und einfach, sie zieht sich wie ein roter Faden durch die
Chemie. So äußert sich (1894) Th. Zincke: „Ich bin geneigt, alle
Substitutionserscheinungen in ähnlicher Weise (d. h. durch
vorherige Additionsprodukte) zu erklären, eine direkte Substitution also nicht mehr anzunehmen, sondern immer zunächst
Addition eines Moleküls, sei es Halogen, Salpetersäure oder Schwefelsäure, und dann Austritt von Halogenwasserstoff bzw. Wasser. Bei
den sog. ungesättigten Verbindungen, in welchen wir zur Zeit doppelte
Kohlenstoffbindungen oder freie Affinitäten annehmen, ist ein
solcher Vorgang ohne weiteres verständlich ... Bei den sog. gesättigten
Verbindungen wird man allerdings mit dem Dogma von der Vier-

---

[1]) E. Peiser: B. 58, 2051 (1925).

wertigkeit des Kohlenstoffs brechen müssen, da sonst eine Anlagerung in demselben Sinne wie bei den ungesättigten nicht denkbar ist" [B. 27, 2753 (1894)]. Es ist bewundernswert, wie eindeutig hier das unzulängliche Gegenwärtige und das unausbleibliche Künftige der chemischen Valenzlehre gekennzeichnet sind.

Auch A. Michael bewegte sich in einer ähnlichen Gedankenrichtung, er schreibt — in Anlehnung an die Einwirkung von Salpetersäure auf Benzol: „Es scheint mir, daß bei allen „Substitutionen", wobei ein sauerstoffhaltiges Radikal an die Stelle von an Kohlenstoff gebundenem Wasserstoff tritt, eine Additionserscheinung vorliegt. Bei diesen Reaktionen handelt es sich um die Addition von einem lockeren Wasserstoffe an ungesättigten Sauerstoff, und die dadurch freiwerdenden Affinitäten der beiden Moleküle sättigen sich" [B. 29, 1795 (1896)]. Eine Übertragung dieser Vorstellungen auf die Substitutionsvorgänge in der Fettreihe veranlaßt Michael [B. 34, 4028 (1901)], die oben angeführte Grundauffassung Kekulés vom Standpunkt des Massenwirkungsgesetzes zu betrachten und statt einer einzigen Reaktion mehrere Vorgänge zuzulassen, denn „wie sich die schwächste Säure bei Gegenwart selbst der stärksten Säure mit einem geringen ... Anteil der zur Sättigung der gesamten Säuremenge ungenügend vorhandenen Base verbindet, so wird auch das schwächste mit dem stärksten Atom um den Affinitätsausgleich konkurrieren[1]), vorausgesetzt, daß es sich dabei um die Bildung einer existenzfähigen Verbindung und um einen unter Entropievermehrung vor sich gehenden Zerfall handelt". Ein Vierteljahrhundert später sagt H. Wieland:

„Alle Umsetzungen organischer Stoffe, die sich zwischen zwei Komponenten abspielen, verlaufen zweifellos auf dem Wege der gegenseitigen Addition ... Die beiden Moleküle sind trotz ihrer formalen Absättigung von einem Kraftfeld umgeben, in das sie beim gegenseitigen Zusammenstoß geraten" [Rec. Trav. chim. P.-Bas 41, 576 (1922)]. Und die Untersuchung von Fr. Ebel [B. 60, 2079 (1927)] über „die Bildung von Additionsverbindungen als Vorstufe chemischer Umsetzungen" gelangt wiederum zu der Auffassung. „daß es eigentliche Substitutionsvorgänge nicht gibt, sondern daß jede Reaktion auf dem Wege über ein Reaktionsknäuel schließlich auf eine einfache Abspaltung hinausläuft".

Zugunsten einer solchen vorherigen Zusammenlagerung sprechen die vielfach in Kristallform erhaltenen „Molekülverbindungen", z. B. Hydrate, Solvate u. ä. bei Salzen, die isolierbaren Zwischenformen,

---

[1]) Auf solche „Konkurrenzreaktionen" macht W. Hückel eindringlich aufmerksam, indem er die bisherigen Beweise für die Bildung der molekularen Zwischenprodukte (Additionsverbindungen u. ä.) und die Bedeutung der „Aktivierungsenergien" kritisch behandelt (W. Hückel: Theoretische Grundlagen. Bd. I, 2. Aufl., S. 425 u. f. 1934; Bd. II, 2. Aufl., S. 278. 1935).

z. B. aus Anthracen[1]) und Salpetersäure, aus aromatischen Ketonen [2]) und Salpetersäure. Als Arbeitshypothese hat man diesen Zweistufen-(vielleicht auch Mehrstufen-)mechanismus mit den „Vorverbindungen" benutzt, um grundlegende chemische Vorgänge und Reaktionsprodukte gleichsam mit einer chemischen „Zeitlupe" zu analysieren, z. B. die Bildung des Acetessigesters und dessen Acetylierung [Claisen[3])], Synthesen mit Natriumacetessigester [A. Michael[4])], Esterbildung und Esterverseifung [R. Wegscheider, 1895 u. f.; s. auch F. Feigl[5])], cis-trans-Umlagerungen [J. Wislicenus, 1887 u. f.], Nitrierung aromatischer Körper [A. Michael[4])], Bromierung nach Hell-Volhard (1888) und Zelinsky [O. Aschan[6])], Oxydationen [M. Traube; C. Engler u. a.], katalytische Hydrierung durch Nickel [Sabatier, 1901; Ipatiew, 1901; W. Schlenk[7])], Hydrierung und Dehydrierung [H. Wieland[8]) [PdH$_2$]] bzw. in Gegenwart von Schwefelsäure [K. Kindler[9])], Hydrierung mittels Na-amalgam [R. Willstätter[10])], Darstellung und Reaktionen von Säurehaloiden [A. Werner, 1904; H. Staudinger[11])], Friedel-Crafts-Gustavsonsche Reaktion mit Aluminiumchlorid [Böeseken, 1911 u. f.; J. Meisenheimer[12]), H. Wieland[12])], Grignardsche[13]) Reaktion [Tschelinzew[14])], J. Meisenheimer[14])], Waldensche Umkehrung [E. Fischer[15]); A. Werner[15])], Razemisierung mit (alkoholischen) Alkalien [McKenzie[16]), W. Hückel[16])]. Aus jüngster Zeit seien noch angefügt: die Molekülverbindungen von Oxy-azokörpern mit Säurehalogeniden [W. M. Fischer[17]) und Mitarbeiter], die Molekülverbindungen polycyclischer Kohlenwasserstoffe und ihrer Chinone mit Polynitroverbindungen und Metallsalzen [K. Brass[18]) und Mitarbeiter,

---

[1]) Meisenheimer: B. **33**, 3547 (1900); **34**, 219.

[2]) Reddelien: B. **45**, 2904 (1912); J. pr. Ch. (2) **91**, 213 (1915).

[3]) Claisen: B. **21**, 1154 (1888); A. **291**, 106 (1896); **297**, 2 (1897).

[4]) A. Michael: J. pr. Ch. (2) **37**, 473 (1888); B. **29**, 1794 (1896); s. auch **34**, 4028 (1901).   [5]) F. Feigl: B. **58**, 1483 (1925).

[6]) O. Aschan: A. **387**, 9 (1911); B. **45**, 1913 (1912); **46**, 2162 (1913).

[7]) W. Schlenk: B. **56**, 2230 (1923).

[8]) H. Wieland: B. **45**, 484 (1912); **46**, 3327 (1913).

[9]) K. Kindler: A. **511**, 209 (1934); **519**, 291 (1935).

[10]) R. Willstätter: B. **61**, 872 (1928).

[11]) H. Staudinger: B. **46**, 1417 (1913).

[12]) Meisenheimer: B. **54**, 1665 (1921); **61**, 708 (1928); Wieland: B. **55**, 2246 (1922); s. auch R. Pummerer: B. **55**, 3105 (1922); H. Ulich: B. **72**, 620 (1939); A. Wohl: B. **64**, 1357 (1931).

[13]) Hierbei spielen sich die folgenden 3 konkurrierenden Reaktionen (a $>$ b $>$ c) ab: a) RI + Mg = R · MgI; b) 2 RI + Mg = R$_2$ + MgI$_2$ (Wurtzsche Reaktion); c) 2 RI + Mg = RH + R′H + MgI$_2$ (Disproportionierung). (J. W. H. Oldham u. A. R. Ubbelohde: Soc. **1938**, 201).

[14]) Tschelinzew: B. **37**, 3534 (1904 u. f.).

[15]) E. Fischer: B. **40**, 496 (1907); A. Werner: B. **44**, 873 (1911).

[16]) A. McKenzie: Soc. **107**, 702, 1681 (1915 u. f.); W. Hückel: B. **58**, 447 (1925).

[17]) W. M. Fischer u. Mitarb.: B. **64**, 236 (1931).

[18]) K. Brass u. Mitarb.: B. **69**, 1 (1936).

die Borfluoridverbindungen von H. Meerwein[1]). Ferner die Wurtz -
Fittigsche Synthese:

$$\text{I. } R \cdot Halg. + 2\, Na = \underbrace{R \cdot Na} + Na \cdot Halg.,$$

$$\text{II. } \underbrace{R \cdot Na} + Halg. \cdot R = R\!-\!R + Na \cdot Halg.$$

[H. Schlubach[2]); K. Ziegler und Colonius[2])]. Bei der durch
Pyridin und α-Picolin bewirkten Polymerisation, z. B. des p-Chinons,
ließen sich die Zwischenprodukte als Phenolbetaine fassen [O. Diels
und H. Preiß: A. 543, 94 (1939/40)].

Die sterische Spezifität der Enzyme bei enzymatischen
Katalysen wird durch die Annahme der Bildung intermediärer
Enzym-Substratverbindungen gestützt, wobei die Kupplung
an mehreren Gruppen (Zwei-Affinitätstheorie von H. v. Euler und
K. Josephson, 1923) Platz zu greifen scheint [E. Waldschmidt-
Leitz: B. 64, 45 (1931)]. Ähnlich wird auch für die enzymatische
Verseifung die vorherige Bindung des Substrates an das Enzym, nachher
die durch Wasser erfolgende Verseifung des gebildeten Komplexes
angenommen (P. Rona und R. Ammon, 1927; E. Bamann, 1928).
Auch für die Wirkung der synthetischen organischen Katalysatoren wird die Bildung von „Zwischenstoffen" wahrscheinlich gemacht [W. Langenbeck: Chemiker-Zeit. 60, 953 (1936)].

Der einfache Reaktionsmechanismus nach Kekulé kann unter
Umständen auch durch einen anders gearteten ersetzt werden, nämlich,
wenn man das Modell der „Kettenreaktionen" heranzieht. Nach
Kekulé besteht der primäre Vorgang in einer intermolekularen
Additionsreaktion (II), auf welche sekundär, infolge eines inneren
energetischen Ausgleiches, eine intramolekulare Dissoziation
bzw. eine Neubildung von stabileren, energieärmeren Molekülen folgt.
Man kann nun aber zuerst als primäre Reaktion die Dissoziation
eines Reaktionspartners unter Bildung eines reaktionsfähigen Stoffes
(eines Atoms oder Radikals u. ä.) annehmen und diesen dann durch
Addition über die Reaktionskette zu den mehr oder weniger einheitlichen Substitutionsprodukten hinleiten lassen. Solche Reaktions-
ketten im Gaszustande sind von M. Bodenstein [1913 u. f.; s. auch
B. 70 (A), 17 (1937)], J. A. Christiansen und H. A. Kramers
(„Kettenreaktionen", 1923) u. a. erforscht worden; Bodenstein hat
für die Oxydationsvorgänge eine Theorie unter Zugrundelegung
von Kettenreaktionen entwickelt [Z. ph. Ch. (B) 12, 141 (1931);
s. auch B. 70 (A), 27 u. f. (1937)], und ebenso wurde von F. Haber
und R. Willstätter [B. 64, 2844 (1931)] ein Bild mittels Radikal-

---

[1]) H. Meerwein: B. 66, 411 (1933).
[2]) Schlubach: B. 52, 1910 (1919); 55, 2889 (1922); K. Ziegler: A. 479, 135 (1930);
desgl. F. Krafft (1886 u. f.), J. U. Nef (1899), F. S. Acree (1903).

ketten vom Ablauf der Oxydations- und Reduktionsvorgänge (in Anwesenheit von Enzymen) gegeben[1]).

Innere (Metall) Komplexsalze.

Wenn bei den Farbstoffsalzen das Schwergewicht auf die Entstehung und Deutung des farbigen Ions gelegt wurde, so ist gleichsam
die Umkehrung des Phänomens, d. h. die Entstehung und theoretische
Begründung eines tieffarbigen nichtionisierten Moleküls die
Grundvoraussetzung für die inneren Komplexsalze. Den Ausgangspunkt bildete die Ionenlehre. Die elektrolytische Dissoziationstheorie
hatte unter ihren Folgerungen und Forderungen auch die nachstehenden
abgeleitet: Die Eigenschaften eines in verdünnter wässeriger Lösung
befindlichen Metallsalzes (z. B. die Farbe der Lösung) sind bedingt
durch die Eigenschaften seiner freien Ionen (z. B. der blauen Kupfer-
vitriollösung durch die blaugefärbten Kupferionen); ferner: der Parallelismus zwischen der elektrischen Leitfähigkeit und der chemischen Reaktionsfähigkeit ist eines der wichtigsten Hilfsmittel zur Beurteilung
des Ionenzustandes. Das Ausbleiben dieser beiden Kriterien bei gewissen Kupfersalzen war nun der Anlaß für die Schaffung des Begriffes
„inneres Metallkomplexsalz" durch H. Ley (1904). In diesem Jahre
hatten G. Bruni und C. Fornara [Atti R. Accad, Roma (5) **13** (13),
26 (1904)] Untersuchungen „über Kupfer und Nickelsalze von Aminosäuren" ausgeführt und gefunden, daß z. B. wässerige Lösungen der
Kupfersalze aliphatischer Aminosäuren ihre eigene intensive Blaufärbung auf Zusatz von Ammoniak nicht wesentlich verändern:
sie schlossen daraus, daß in diesen Lösungen die Cu^{+}-Ionenkonzentra-
tion äußerst gering sein muß, da sich im anderen Fall der Cupri-Am-
moniak-Ionenkomplex bilden und durch Farbverstärkung kundtun
müßte. Das Kupfer hat demnach in diesen Salzen eine andere Bindung,

z. B. $\begin{bmatrix} NH_2-CH_2COO' \\ Cu \\ NH_2-CH_2COO' \end{bmatrix}$. Gleichzeitig und unabhängig hatte H. Ley

[Z. El. **10**, 954 (1904)] dasselbe Problem — Kupfersalze der Aminosäuren — in Bearbeitung genommen; die äußerst geringe Ionenspaltung des Glycocoll-Kupfers wird durch Messungen der Leitfähigkeit nachgewiesen, und durch Verteilungsversuche sowie durch
Überführungsversuch wird eine Anwesenheit und Wanderung des beständigen $Cu-NH_3$-Kations bewiesen. Die Art der primären Bindung
des Kupfers durch Hauptvalenzen (Sauerstoffbindung) und außerdem
noch eine Bindung des Metalls durch Nebenvalenzen mit der Aminogruppe wird als gesichert angesehen und daraufhin die folgende Formu-

---

[1]) Vgl. auch W. Hückel: Theoretische Grundlagen usw. Bd. II, 221. 1935, wo
auch die Möglichkeit solcher Kettenreaktionen zwischen organischen Molekülen
erwogen wird.

lierung aufgestellt:
$$\text{Cu} \underset{NH_2-CH_2\cdot CO\cdot O}{\overset{NH_2-CH_2\cdot CO\cdot O}{<}}$$
. Diese Art von Salzen wird von

H. Ley „innere Metallkomplexsalze" genannt (1904). Neue „Beiträge zur Theorie der inneren Komplexsalze liefert H. Ley [B. **42**, 354, 3894 (1909)]; es wird die Stereoisomerie bei inneren Komplexsalzen entdeckt: Kobalti-glycocoll, ferner [B. **45**, 372 (1912)] α-Alanin-Kobalt, sowie [B. **50**, 1123 (1917)] Kobaltisalze der α-Picolinsäure, die in roten und violetten Formen vorkommen und als cis- und cis-trans-Isomere unterschieden werden. Weiterhin wurden [B. **59**, 2712 (1926)] mit aktiven Aminosäuren optisch-aktive Innerkomplexsalze, ebenfalls in je zwei isomeren Formen, erhalten; auch das zweiwertige Eisen gibt [B. **57**, 349 (1924)] mit α-Picolin-, Chinaldin- oder Chinolinsäure rot-gelbe bis tiefviolette Innerkomplexsalze. Die allgemeine Formulierung aller dieser Salze ist (1924):

$$\text{Me}\left(\underset{O-X}{\overset{N-R}{<}}\right)_3 \qquad \text{Me}\left(\underset{O-X}{\overset{N-R}{<}}\right)_2 \qquad$$
(Me = Co)   (Me = Cu)

Neben diesen ringförmigen Strukturen der inneren Metallkomplexsalze hat H. Ley [B. **57**, 1707 (1924)] auch eine dem Zwitterion

$NH_3 \cdot R \cdot COO'$ analoge Konstitution $R \underset{CO'_2}{\overset{NH_2 \ldots Me]^{\cdot}}{<}}$ für gewisse

Aminosäuren erwogen.

L. Tschugaeff hat zuerst die Komplexsalzbildung der α-Mono- und Dioxime mit Schwermetallen festgestellt [1]) [s. auch Z. anorg. Chem. **46**, 144 (1905) und russische Monographie, Moskau 1906] und den reaktions-chemischen Unterschied der stereoisomeren Modifikationen, z. B. der Di- und Monoxime des Benzils, erkannt [B. **41**, 1678, 2219 (1908)]: nur die α- (syn-, also die höher schmelzenden) Oxime oder Dioxime geben mit Co, Ni u. a. innere Komplexsalze, also nur die Formen

$$\underset{N\cdot OH}{Ar\cdot C}-CO\cdot Ar \qquad bzw. \qquad \underset{N\cdot OH \quad HO\cdot N}{Ar\cdot C——————C\cdot Ar}$$. Ebenso fand er für die

Säuren [C. r. **151**, 1361 (1910)], daß die Tendenz zur Bildung innerer Komplexsalze am größten ist bei den α-Aminosäuren mit Fünfring. Die Formulierung derartiger Verbindungen erfolgte unter der Annahme, daß das Metallatom an den Sauerstoff des Oximrestes gebunden ist:

$$\underset{N\diagdown_{O\cdot Me}\diagup O}{R\cdot C——————C\cdot R} \qquad und \qquad \left[\text{Me}\left(\underset{NH_2-CH_2}{\overset{O—OC}{<}}\right)_n\right].$$

---

[1]) Bei dieser Gelegenheit entdeckte Tschugaeff [B. **38**, 2520 (1905)] auch das charakteristische Nickelreagens Dimethylglyoxim (scharlachrotes Ni-Komplexsalz).

Th. W. J. Taylor (Soc. 1926, 2818) findet beim Studium zahlreicher Oxime in bezug auf ihre Fähigkeit zur Bildung von Metallkomplexen, daß diese Fähigkeit bestimmt wird durch die Anwesenheit einer reaktionsfähigen Carbonylgruppe; den Mechanismus der Reaktion läßt er beginnen mit der koordinativen Bindung zwischen dieser CO-Gruppe und dem Metallion, worauf Ringschluß (eventuell unter HX-Abspaltung) erfolgt:

$$
\begin{array}{ccc}
\underset{\underset{\text{MeX}}{\overset{\|}{\text{O}}}}{\text{R·C}}\text{———}\underset{\overset{\|}{\text{NOH}}}{\text{C·R}} & \longrightarrow & \underset{\underset{\text{Me—O}}{\overset{\|}{\text{O}}}}{\text{R·C}}\text{———}\underset{\text{N}}{\text{C·R}} + \text{HX.}
\end{array}
$$

P. Pfeiffer [B. 61, 103 (1928)] geht von der entgegengesetzten Annahme aus: das Metallatom sitzt am Stickstoff des Oximrestes, demnach erhält das Tschugaeffsche Kobaltisalz des α-Benzilmonoxims

die Formulierung: $\left[\text{Co}\left(\begin{array}{c}\overset{\cdot\cdot}{\text{O}}\\ \text{N=C·C}_6\text{H}_5\\ |\\ \text{O=C·C}_6\text{H}_5\end{array}\right)_3\right]$, und das Tschugaeffsche

Reagens Dimethylglyoxim (anti-Form P. Pfeiffer, B. 63, 1811, 1930):

$$
\begin{array}{ccc}
\underset{\text{CH}_3\text{—C=N}}{\overset{\overset{\text{O}}{\|}}{}} & & \overset{\overset{\text{O}}{\|}}{\underset{\text{N=C—CH}_3}{}} \\
& \text{Ni} & \\
\underset{\overset{|}{\text{OH}}}{\text{CH}_3\text{—C=N}} & & \underset{\overset{|}{\text{OH}}}{\text{N=C—CH}_3} \\
\end{array},
$$

Für das komplexchemische Verhalten stereoisomerer Oxime stellt W. Hieber [B. 62, 1839 (1929)] die Forderung nach einem reaktionsfähigen Stickstoffatom auf, zuerst entsteht eine koordinative Bindung zwischen Oxim-N und Metallatom, sodann erst tritt salzartige Bindung unter Abspaltung von Säure ein.

Innere Komplexsalze der Di-indyl- und Di-pyrryl-methene mit einwertigem Kupfer hat O. Schmitz-Dumont [B. 61, 580 (1928)] beschrieben.

Innere Vanadin-Komplexsalze vom Typus I und solche des vierwertigen Titans (II) haben jüngst P. Pfeiffer und H. Thielert dargestellt [J. pr. Chem. (2) 149, 217 (1937); B. 71, 119 (1938)]:

$$
\begin{array}{cc}
\left[\begin{array}{c}
\underset{\text{CH=N}}{\overset{\text{O}}{\diagup}}\underset{\text{N=CH}}{\overset{\text{O}}{\diagdown}}\\
\text{V}
\end{array}\right] & \text{O}\left[\begin{array}{c}
\underset{\text{CH=N}}{\overset{\text{O}}{\diagup}}\underset{\text{N=CH}}{\overset{\text{O}}{\diagdown}}\\
\text{Ti}
\end{array}\right]_x (\text{OH})\\
\text{I.} & \text{II.}
\end{array}
$$

Die weitere Auswirkung des Begriffs der inneren Komplexsalze greift hinüber in die Konstitutionsprobleme, die das Chlorophyll und das Hämin betreffen. Es liegt hier ein Schulbeispiel vor, erstens:

für den geistigen Zusammenhang von anorganischer und organischer Chemie, zweitens: für die — oft erst nach längerer Zeit sich äußernde — Wirkung scheinbar nebensächlicher Erkenntnisse auf die Lösung der größten, weil verwickelten chemischen Probleme. A. Werner stellt für die Bildung und Konstitution der anorganischen Salze eine Bindung durch Haupt- und Nebenvalenzen fest Die nahe Beziehung zwischen den komplexen Cu-Ammoniaken und den in der Lösung gleichgefärbten Cu-Salzen aliphatischer Aminosäuren löst in H. Ley (1904) die Idee ähnlicher Bindungsweisen mit Nebenvalenzbetätigung (im Sinne Werners) aus:

Kupferacetat-Ammoniak:

$$NH_3 \quad CH_3 \cdot CO \cdot O$$
$$\searrow Cu \diagdown$$
$$NH_3 \quad CH_3 \cdot CO \cdot O$$

Glycinkupfer:

$$NH_2 \cdot CH_2 \cdot CO \cdot O$$
$$\searrow Cu \diagdown$$
$$NH_2 \cdot CH_2 \cdot CO \cdot O$$

Das chemische Modell aus der anorganischen Chemie wird auf die organischen Verbindungen übertragen und geht als wesentlicher Bestandteil in den Begriff „innere Metallkomplexsalze" ein. Die experimentelle Forschung greift den neuen Begriff auf und fördert in schneller Folge eine reiche Schar neuer Typen solcher Innerkomplexsalze zutage. So findet H. Ley [B. **40**, 697, 705 (1907); **46**, 4040 (1913)] und L. Tschugaeff [B. **40**, 1973 (1907)], daß Oxyamidine, Säureimide u. ä. innere Metallkomplexsalze bilden, z. B.:

$$O=C-NH \qquad HN-C=O$$
$$NH \qquad Me \qquad NH$$
$$HN=C-NH_2 \quad H_2N-C=NH$$

Im Verlaufe der klassischen Untersuchung des Chlorophylls entdeckt R. Willstätter (1906/07), daß dem Magnesium eine stöchiometrische Beteiligung am Aufbau des Chlorophyllmoleküls zukommt; das Chlorophyll enthält Pyrrolkerne, und in Übertragung der obigen Formulierung der N-haltigen inneren Komplexsalze auf das Molekül des Chlorophylls ergibt sich dessen Skelett [A. **371**, 33 (1909) bzw. **385**, 156 (1911)]:

$$\begin{array}{c} -C \\ -C \end{array} > N \qquad N < \begin{array}{c} C- \\ C- \end{array}$$
$$Mg$$
$$\begin{array}{c} -C \\ -C \end{array} > N \qquad N < \begin{array}{c} C- \\ C- \end{array}$$

Es harrte damals noch ein anderes großes Problem der Lösung, nämlich der Blutfarbstoff Hämin $C_{34}H_{32}O_4N_4FeCl$; welchen chemischen Ort nahm das Fe- und Cl-Atom in dem Hämin-Molekül ein? Wenn

11*

W. Küster (bereits 1907, dann 1912) dem Häminkern die Struktur beilegt:

$$-\overset{\|}{C}\quad \overset{\|}{C}-\quad =\overset{|}{C}\quad \overset{|}{C}=$$
$$N\qquad\qquad N$$
$$N\quad\overset{\cdot\cdot}{Fe}\cdot\cdot\quad N$$
$$Cl$$
$$=\overset{|}{C}\quad \overset{|}{C}-\quad =\overset{|}{C}\quad \overset{|}{C}-$$

wird man nicht auch hier die Beeinflussung durch die Innerkomplexsalz-Theorie wiedererkennen? Und wenn H. Fischer [A. **468**, 106 (1928)] auf Grund vorbildlicher experimenteller Untersuchungen die von W. Küster kühn entworfene Struktur des Hämins bestätigen bzw. beweisen kann, ist dann nicht der große heuristische Wert auch der anfangs vereinzelt und gering erscheinenden Beobachtungen eindringlich veranschaulicht?

Diese beiden Grundstoffe des Lebens — Chlorophyll und Hämin — vermögen auch ins Reich der organischen Mineralstoffe hinüberzuwandern bzw. als Porphyrine in Ölschiefern, Erdölen, Steinkohlen u. a. aufzutreten [A. Treibs: A. **509**, 103; **510**, 42 (1934); **517**, 172 und **520**, 144 (1935)], diese Entdeckung vermittelte die überraschende Auffindung im Schweizer Mergel eines neuartigen Porphyrinkomplexes, der an Stelle von Mg oder Fe das Element Vanadium

$$=N-\quad -N-$$

enthält, etwa in der Form $\quad\overset{}{\underset{N\quad N}{\diagup V \!\!\Leftarrow\!\! O}}\quad$ [A. Treibs: Z. angew. Ch.

49, 683 (1936)]. Porphyrin ist neuerdings auch in gefärbtem Kalkspat und Aragonit spektroskopisch beobachtet worden [H. Haberlandt: Naturwiss. **27**, 613 (1939)].

Zu den in der Natur vorgebildeten Innerkomplexsalzen ist wohl auch die Cochenille (bzw. der Cochenillekarmin) zu rechnen, ein Al—Ca-Salz, das diese Metalle nicht durch die üblichen Fällungsmittel abscheiden läßt [C. Liebermann: B. **18**, 1974 (1885)]. Als der färbende Bestandteil ist die Carminsäure $C_{22}H_{20}O_{13}$, ein optisch aktives Oxyanthrachinonderivat, erkannt worden [O. Dimroth und H. Kämmerer: B. **53**, 471 (1920)].

Die Übertragung dieser Gedankengänge auf andere Stoffklassen nimmt ihren Fortgang. Auch Indigo liefert mit Metallen Komplexsalze [K. Kunz: B. **55**, 3688 (1922)], so z. B. kommt ein Cu auf 4 Pyrrolkerne des Indigblaues: „Man kann deshalb die Bindungsverhältnisse des Cu-Indigos in derselben Weise festlegen, wie dies von Willstätter im Einklang mit Wernerschen Anschauungen beim Chlorophyll geschehen ist." Die von Kunz gegebenen Formulierungen [zit. S. 3689; **56**, 2027 (1923); **58**, 1860 (1925); **60**, 367 (1927)] werden durch die Untersuchung von R. Kuhn [und H. Machemer: B. **61**, 118 (1928)] durch den Nachweis berichtigt, daß die Komplexbildung durch den Ersatz 2 aktiver Wasserstoffatome mittels des zweiwertigen Metalls stattfindet, etwa im Sinne folgender Formulierung:

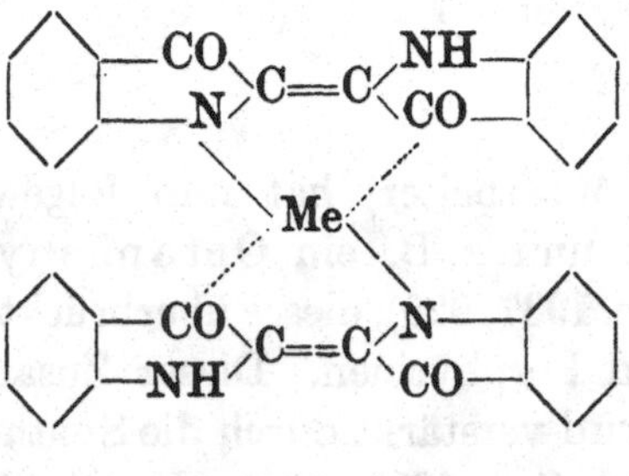

Diese Formulierungen sollten nun auch ihrerseits eine geistige Nachwirkung ausüben, und zwar im nachstehenden Sonderfall.

Den natürlichen Porphyrinen stehen hinsichtlich der Struktur sowie Bildung von Metallkomplexen nahe die künstlichen, von R. P. Linstead 1934 entdeckten Phthalocyanine (Soc. **1934**, 1016 u. f.). Lehrreich ist der Weg, der zu dieser neuen Klasse von Farbstoffen hingeführt hat: durch Zufall war im Jahre 1928 bei der technischen Herstellung von Phthalimid (beim Einleiten von NH_3 in geschmolzenes Phthalsäureanhydrid) in einem eisernen Kessel eine tiefblaue, sehr beständige eisenhaltige „Verunreinigung" gefunden worden! Die eingehende Untersuchung dieser Verunreinigung ergab nun jene Phthalocyanine, die ähnlich dem Hämin Komplexe mit Fe, Cu, Ni, Pt usw. bilden. Die Konstitutionsformeln dieser Komplexe „sind analog den alternativen Darstellungen der komplexen Metallderivate des Indigo" (Linstead: Zit. S. 1035). Von besonderer Beständigkeit erwies sich das Kupfer-phthalo-cyanin (A), das ähnlich dem Kupfer-phytochlorin und -phytorhodin gebaut ist:

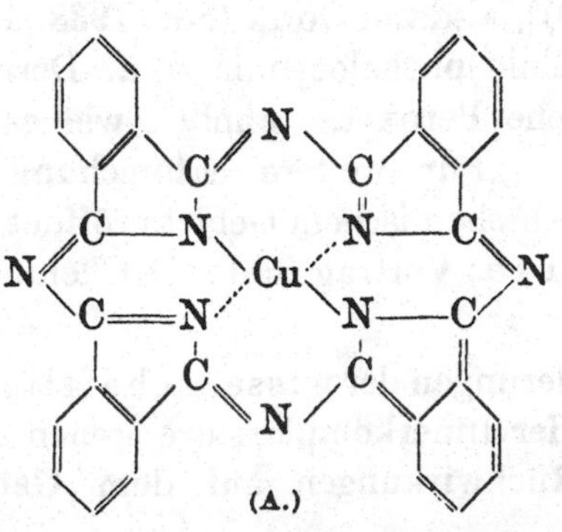

(A.) 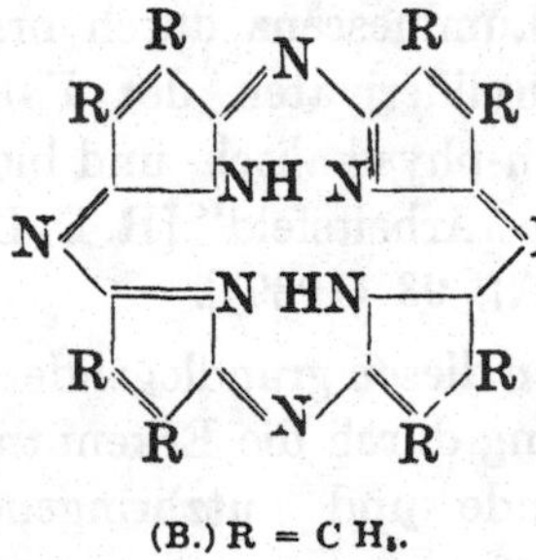   (B.) R = C H₃.

(C.)

(D.)

Linstead (und Mitarbeiter) hat nun folgeweise diese Phthalocyanine ausgewertet und z. B. ein Octaphenylporphyrazin (B) synthetisiert (vgl. Soc. **1937**, 929), dieses überbrückt eine Lücke zwischen Phthalocyaninen und Porphyrinen. Dieser Zusammenhang zwischen den beiden Klassen wird verstärkt durch die Synthese des Tetrabenzporphyrins (C) [vgl. Soc. **1937**, 933). H. Fischer [mit A. Müller u. a.: A. **521**, 122; **523**, 154 (1936); **527**, 1 und **528**, 1, sowie **531**, 245 (1937)] hatte seinerseits solche Bindeglieder synthetisiert, die sowohl Stickstoffe als auch CH-Brücken enthielten. Linstead hat im Hinblick auf die technischen Anwendungen diese große Gruppe als „makrocyclische Farbstoffe" bezeichnet, mit C. E. Dent (s. auch Soc. **1938**, 1), P. A. Barrett u. a. hat er neue Farbstoffe dargestellt. Gleichzeitig hat J. H. Helberger [A. **529**, 205 und **531**, 279 (1937); **533**, 197 und **536**, 173 (1938)] die Synthese dieser „Benzoporphine" genannten Körper bewerkstelligt und für die Farbstoffringe mit Stickstoff als Brückenatom die Bezeichnung „Azaporphine" vorgeschlagen (ein Tetrabenzazaporphin ist durch D gegeben); das Linstead sche Cu-Phthalocyanin (A) heißt hiernach Kupfer-Tetrabenzo-tetrazaporphin. Die Ähnlichkeit mit den natürlichen Porphyrinfarbstoffen hat an diesen synthetischen Porphinen auch die Entdeckung katalytischer Eigenschaften vermittelt; so hat A. H. Cook (Soc. **1938**, 1761 u. f.), z. B. am Eisen-Phthalocyanin, Katalase- und Oxydaseeigenschaften ähnlich den Häminwirkungen beobachtet. Helberger und J. B. Hevér [Naturwiss. **26**, 316 (1938); B. **72**, 11 (1939)], alsdann Cook (Soc. **1938**, 1845) entdeckten für Magnesium- (und Zink-)phthalocyanin u. ä. Derivate starke Luminescenz durch organische Peroxyde, ähnlich wie es bei Chlorophyllderivaten der Fall ist. „Für weitere Erforschung auf organisch-physikalisch- und biologisch-chemischem Gebiet eröffnet sich ein weites Arbeitsfeld" [R. P. Linstead: Vortrag in der D. Chem. Ges. B. **72** (A), 93 (1939)].

Neben diesen grundlegenden Förderungen der wissenschaftlichen Forschung durch die Erkenntnisse der Innerkomplexsalze stehen auch bedeutende und nutzbringende Rückwirkungen auf dem Gebiete der angewandten Chemie. An erster Stelle verweisen wir auf die Aufklärung, die der Theorie der Beizenfarbstoffe[1]) zugute kam: Von L. Tschugaeff war hervorgehoben worden [J. pr. Ch. (2) **75**, 88 (1907)], daß die beizziehenden Eigenschaften der Isonitrosoketone auf einer Bildung von inneren Komplexverbindungen beruhen. A. Werner [B. **41**, 1062, 2383 (1908)] hat dann durch Versuche nachgewiesen, daß allgemein die zur Bildung von inneren Komplexsalzen befähigten Verbindungen auch die Eigenschaft haben, gebeizte Stoffe anzufärben, so z. B. die β-Diketone, die α-Isonitrosoketone, die α-Diketone, die Amidoxime, die Hydroxamsäuren. Die Farblacke sind darnach als innere Metallkomplexsalze aufzufassen, in denen das Metall gleichzeitig durch Haupt- und Nebenvalenz gekettet ist. Bei den als vorzügliche Beizenfarbstoffe bekannten o-Oxyanthrachinonen [2]) käme dem Farblack die folgende Formulierung zu:

Daß die Bildung lackähnlicher Verbindungen („Farblacke") von Oxyketonen und Oxychinonen tatsächlich auf der Bildung von inneren Komplexsalzen beruht, wurde nachher von P. Pfeiffer [B. **44**, 2653 (1911); A. **398**, 138 (1913)] experimentell dargetan.

Eine andersgeartete Anwendung der inneren Komplexsalze liegt auf dem Gebiete der analytischen Chemie [3]). Diese Richtung wurde eingeleitet durch das von Tschugaeff (1905) entdeckte und seither bewährte Fällungsmittel für Nickel, das Dimethyloxim; ein anderes Nickelreagens wurde in Dicyandiamid gefunden [H. Großmann: B. **39** (1906)]. Als ein allgemeines Trennungsmittel in der analytischen

---

[1]) Zur Theorie der Beizfärbungen hatte C. Liebermann [B. **26**, 1574 (1893)] sich dahin geäußert, daß als Bedingung für das Zustandekommen der Salz- bzw. Lackbildung eine Bindung der Metallaffinitäten mit den orthoständigen O-Atomen der Hydroxylgruppen gefordert werden müsse, z. B. für die Tonerdeverbindung des Chinizarins:

In einem Beitrage zur Kenntnis der Farblacke weist W. Biltz [B. **38**, 4143 (1905)] besonders auf die kolloidchemischen Faktoren (Adsorptionserscheinungen) hin. S. auch R. Möhlau: B. **46**, 443 (1913).

[2]) Anthrachinon (Hoelit) und ein Derivat des Hexaoxyanthrachinons (Graebeit) sind unlängst als Zufallsbefund im Mineralreich (!), und zwar im Tonschiefer entdeckt worden [A. Treibs u. H. Steinmetz: A. **506**, 171 (1933)].

[3]) Vgl. die Monographie: W. Prodinger: Organische Fällungsmittel in der quantitativen Analyse. Stuttgart 1937.

E. Merck: Organische Metallreagenzien. Darmstadt 1939.

Chemie wird das „Oxin" (o-Oxychinolin) empfohlen. Einen Vorganger hatte man allerdings in dem Nitroso-β-naphthol für Kobalt sowie Eisen [G. v. Knorre und M. Glinski: B. 18, 699, 2728 (1885)]. Zur Trennung von Eisen und Kupfer von anderen Metallen wurde Nitrosophenylhydroxylamin vorgeschlagen [O. Baudisch: Chem.-Zeit. 33, 1298 (1909)], als „Cupferron" ist es im Gebrauch, für Kupfertrennung wurde Benzoinoxim empfohlen [F. Feigl: B. 56, 2083 (1923)]; als spezifisches Reagens findet es unter dem Namen „Cupron" Verwendung, und Feigl gibt dem Komplexsalz die Formel

$$C_6H_5\text{—}C\text{—}C\text{—}C_6H_5$$
$$\begin{array}{cc} O & ON \\ & \searrow \\ & Cu \end{array}$$

Von einer großen Anwendbarkeit in der chemischen Analyse hat sich das „Dithizon" (Diphenylsulfocarbazon $C_6H_5N:N\cdot CS\cdot NH\cdot NHC_6H_5$) erwiesen [vgl. Hellm. Fischer: 1926 u. f.; vgl. auch Z. angew. Chem. 50, 919 (1937)].

Aus dem Safte der Zuckerrüben (Beta vulgaris) erhielt (1866) C. Scheibler eine neue „Pflanzenbase", „Betain" $C_5H_{11}NO_2$ [B. 2, 292 (1869)]; dieselbe „Base" wurde synthetisch aus Chloressigsäure und Trimethylamin von O. Liebreich [B. 2, 167 (1869)] gewonnen. Die ersten aromatischen „Betaine" wurden aus Amidobenzoësäure von P. Grieß [B. 6, 585 (1873)] synthetisch dargestellt. Es wurde nachher die Auffassung gebräuchlich, das Betain als ein „inneres Salz"

$$\begin{array}{l} H_2C\cdot N(CH_3)_3 \\ \quad | \quad \diagdown \\ \quad CO\cdot O \end{array}$$

zu kennzeichnen. Erstmalig wurde durch G. Bredig (1894), dann durch Küster (1897) für die wässerigen Lösungen der Betaine sinngemäß die Existenz von Ionen mit gleichzeitiger positiver und negativer Ladung aufgestellt („Zwitterionen" nach F. W. Küster), z. B. $^+(H_3\cdot N)\cdot CH_2\cdot COO^-$ oder $^+(CH_3)_3N\cdot COO^-$. Durch P. Pfeiffer [B. 55, 1762 (1922)], H. Ley [B. 42, 359 (1909)] wurden dann — im Sinne der Wernerschen Theorie — für die Aminosäuren auch Formeln als Innerkomplexe erwogen, etwa $R\diagdown\begin{array}{l}NH_2\cdots H \\ CO\text{——}O\end{array}$. Es war P. Pfeiffer [B. 55, 1762 (1922)], der insbesondere die Konstitution der aromatischen Betaine behandelte, die Betainmoleküle generell als „dipolartige Gebilde" betrachtete und die Dipolformel $^+H_3N\text{—}R\text{—}\overset{\text{II}}{C}OO^-$ befürwortete. Von N. Bjerrum [Z. ph. Ch. 104, 147 (1923); vgl. auch A. Thiel: B. 56, 1667 (1923)] wurde eine auf moderner Grundlage beruhende Theorie der Amino-säuren („Ampholyte") gegeben, während H. Ley [B. 57, 1700 (1924)] mittels Absorptionsspektren die Konstitution der Amino-säuren erforschte und die Möglichkeit von „intramolekular dissoziierten Salzen" $R\diagdown\begin{array}{l}NH_2\cdots Me]^+ \\ CO_2^-\end{array}$.

offenließ. Das thermische Verhalten der Betaine [R. Willstätter: 1902 u. f.) hat R. Kuhn an Betainen von ungewöhnlicher Kettenlänge geprüft und ihre fast quantitative Isomerisation zum Ester erwiesen, z. B.

$$(H_3C)_3\overset{+}{N}—[CH_2]_{16}—CO\overset{-}{O} → (CH_3)_2N—[CH_2]_{16}—COOCH_3$$

[B. 68, 387 (1935)]. Diese glatte Umwandlung im Schmelzfluß spricht für eine intermolekulare Erscheinung; einen Rückschluß auf die starre, gestreckte Form dieser und ähnlicher Aminosäuren aus dielektrischen Messungen hält R. Kuhn [B. 67, 1526 (1934)] für unzulässig.

Wiederum aus Messungen der Lichtabsorption ist L. Dede [mit Mitarbeiter: B. 67, 147 (1934 u. f.)] zur Aufstellung von „inneren Molekülverbindungen" gelangt und hat diese in einen Parallelismus zu Leys inneren Metallkomplexen gestellt, z. B. die Nitraniline, Nitrophenole, Aminobenzoesäuren u. a. [Zu der Annahme einer inneren Komplexbildung der Nitraniline auf Grund der Leitfähigkeit in Hydrazin war gleichzeitig auch P. Walden geführt worden. Z. ph. Ch. (A) 168, 424 (1934).]

Eine interessante neue Analogie zwischen der Wirkung von Adsorption an oberflächenaktiven Stoffen und von Komplexbildung unter Auftreten von Farbe hat E. Weitz [mit Fr. Schmidt: B. 72, 1740 (1939)] experimentell abgeleitet, die vorher homöopolaren Körper werden hierbei heteropolar [B. 72, 2099 (1939)], und die auftretende Farbtiefe hängt mit der Aktivität des Adsorbens, d. h. der Stärke der Polarisation, zusammen.

Ein interessantes, natürlich vorkommendes Betain ist Hypaphorin, das als ein Betain des Tryptophans erkannt worden ist (1911):

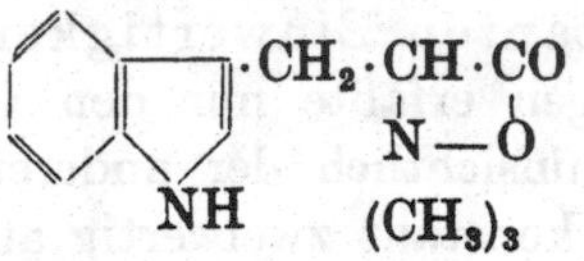

Zweites Kapitel.

Oniumverbindungen.

A. Jodoniumverbindungen.

Daß die sog. negativen Phenylreste dem negativen Jod die Eigenschaften eines alkaliähnlichen Metalls verleihen und eine starke Base $(C_6H_5)_2J·OH$ erzeugen könnten, war gewiß durch keine Erfahrung oder Überlegung vorauszusehen, wirkte daher um so überraschender. Der Weg zu dieser Entdeckung ist in seinen einzelnen Etappen einfach und lehrreich.

1885 beobachtet C. Willgerodt die Bildung aromatischer Jodidchloride, z. B. $C_6H_5JCl_2$ [J. pr. Ch. 33, 154 (1886)].

1892 führt V. Meyer die Jodbenzoesäure mittels Salpetersäure in Jodosobenzoesäure $C_6H_4(JO) \cdot COOH$ über[1]), die Gruppe —J:O wird als „Jodosogruppe" bezeichnet [B. 25, 2632 (1892)]; hierdurch veranlaßt, nimmt 1892 C. Willgerodt die Umsetzungen seiner Jodchloride wieder auf und entdeckt das basische „Jodosobenzol" C_6H_5JO, dessen Salz $C_6H_5J{\Big\langle}{\substack{OOC \cdot CH_3 \\ OOC \cdot CH_3}}$ (Acetat), und das neutrale „Jodobenzol" $C_6H_5 \cdot JO_2$ [B. 25, 3494 (1892); weitere Abkömmlinge: B. 26, 1802 (1893) u. f.; s. auch A. 385 (1911) und 389 (1912)]. V. Meyer hat auch eine Jodobenzoesäure $C_6H_4(JO_2) \cdot COOH$ dargestellt [B. 26, 1727—1744 (1893)].

1894 entdeckte V. Meyer [mit C. Hartmann: B. 27, 426, 502, 1592 (1894)] die Base **Diphenyljodoniumhydroxyd** $(C_6H_5)_2J \cdot OH$ und deren Salze, Verbindungen, welche „die größte Ähnlichkeit mit **den Abkömmlingen gewisser schwerer Metalle, namentlich des Thalliums, zeigen**" (S. 506); beide, freie Base und Salze, erweisen sich in wässeriger Lösung als sehr starke Elektrolyte [E. C. Sullivan: Z. ph. Ch. 28, 523 (1899)].

1909 entdeckt J. Thiele **aliphatische und fettaromatische Verbindungen mit mehr- (drei- und fünf-)wertigem Jod, Jodoso- und Jodoniumverbindungen** [A. 369, 119—156 (1909)], — ein grundsätzlicher Unterschied — auch gegenüber dem Jod — besteht demnach nicht zwischen den aromatischen und aliphatischen Verbindungen.

Die Bedeutung dieser Entdeckungen des drei- und fünfwertig auftretenden Jods in organischen Verbindungen geht über den Einzelfall hinaus: Die Lehre von dem nur einwertig wirkenden und einem Wasserstoffatom äquivalenten Jodatom war erschüttert worden, die Theorie von der konstanten Einwertigkeit dieses Elementes in organischen Verbindungen erfaßte nur den Grenzfall. Folgerichtig mußten Zweifel auch hinsichtlich der anderen Elementaratome, so z. B. in betreff des als konstant zweiwertig auftretenden Sauerstoffatoms oder des konstant vierwertig aufgefaßten C-Atoms, ausgelöst werden oder neue Impulse empfangen. War dies aber nicht gleichbedeutend mit einer anbrechenden Revolution in der „Philosophie der Chemie", die diese konstante Wertigkeit zu einem Dogma gemacht und mit diesem Dogma die klassische Periode der organischen Chemie geschaffen hatte? Oder bedeutete es nur eine zeitgemäße Evolution der Ansichten, wenn neben den alten und bewährten Valenzzahlen noch die Möglichkeit und Wahrscheinlichkeit des Auftretens etwa eines zweiwertigen C-Atoms oder eines vierwertigen O-Atoms erwogen und dem Experiment unterzogen wurden?

---

[1]) Die Jodosobenzoesäure besitzt eine Dissoziationskonstante, die „viel kleiner als die der schwächsten Carbonsäuren" ist (W. Ostwald, 1893; sie ist wohl amphoter und in der Lösung als inneres Salz vorhanden? P. W.).

Tatsächlich ist die Zeit in den neunziger Jahren des vorigen Jahrhunderts gekennzeichnet durch verstärkte theoretische und experimentelle Untersuchungen — neben der Valenz des Jods — über die Zweiwertigkeit des Kohlenstoffs, namentlich durch J. Nef in Amerika (seit 1892), dann über die Vierwertigkeit des Sauerstoffs (Collie und Tickle in England, 1899; A. v. Baeyer, 1901 u. f.) sowie über die Dreiwertigkeit des Kohlenstoffs (Gomberg in Amerika, 1900 u. f.).

B. Oxoniumverbindungen.

Schon wiederholt [1]) hatten einzelne Chemiker den Gedanken von der Vierwertigkeit des Sauerstoffatoms geäußert und seine basischen Eigenschaften erwogen, namentlich seitdem Oefele (in Kolbes Laboratorium, A. **132**, 82 (1864)] die Bildung der Sulfoniumsalze [2]) mit vierwertigem Schwefel entdeckt hatte. In den neunziger Jahren mehren sich in der organischen Chemie die Beispiele, in denen Strukturformeln mit Hilfe von vierwertigem Sauerstoff erwogen werden, so

z. B. das Oxazol $\overset{N\diagdown\diagup C}{\underset{\cdot C\diagdown\diagup C}{}}\!\!>\!O$ von E. Bamberger [B. **24**, 1758 und 1897

(1891)], oder die zahlreichen Salze der natürlichen (stickstofffreien) Farbstoffe Myricetin $C_{15}H_{10}O_8$, Quercetin $C_{15}H_{10}O_7$, Morin $C_{14}H_{10}O_7$ usw., die A. G. Perkin [Soc. **67**, 644 (1895); **69**, 1439 (1896)] dargestellt hatte.

Insbesondere ist es die Untersuchung von J. N. Collie und Th. Tickle [Soc. **75**, 710 (1899)], die von historischer Bedeutung wurde. L. Feist hatte 1890 das Dimethylpyron entdeckt [A. **257**, 273 (1890 u. f.)], schon 1891 hatte Collie Anlagerungsprodukte von Säuren an Dimethylpyron erhalten, doch erst 1899 zog er die Schlußfolgerung aus der Existenz dieser kristallinischen Verbindungen von konstanter Zusammensetzung: „Wenn der Sauerstoff den Phosphor, Schwefel, Stickstoff in Basen vertreten kann, so kann man diese Sauerstoffverbindung als Derivat einer hypothetischen Base, des Oxoniumhydroxyds $H_3O\cdot OH$ annehmen", d. h. ähnlich den Basen $NH_4\cdot OH$, $PH_4\cdot OH$, $SH_3\cdot OH$, $JH_2\cdot OH$.

Das Dimethylpyron $OC\!\!\diagup\!\!\overset{\text{H CH}_3}{\underset{\text{H CH}_3}{\overset{C=C}{\underset{C=C}{}}}}\!\!\diagdown\!O$ sollte hiernach das Chlor-

hydrat $O:C\!\!\diagup\!\!\overset{\text{H CH}_3}{\underset{\text{H CH}_3}{\overset{C=C}{\underset{C=C}{}}}}\!\!\overset{H}{\underset{Cl}{O\diagup}}$ bilden. Angeregt durch Collie und

---

[1]) Über die Vorgeschichte (von 1864—1901) der Vierwertigkeit sowie Ein- und Sechswertigkeit des Sauerstoffs finden sich Angaben bei P. Walden: B. **34**, 4185 (1901); **35**. 1764 (1902).

[2]) Die Bezeichnung „Sulfoniumbase" (oder -salz), z. B. $(CH_3)_3 = S—OH$, schlug V. Meyer vor [B. **27**, 505 (1894)].

Tickle und in Anlehnung an ihre Benennung „Oxonium" für den vierwertigen basischen Sauerstoff gelangt 1899 F. Kehrmann [B. **32**, 2603

(1899)] zur Aufstellung der „Azoxonium"-Farbstoffe $C_6H_4 \diagdown \begin{smallmatrix} N \\ O \cdot Br \end{smallmatrix} \diagup C_6H_4$,

sowie der „Azthionium"-Farbstoffe mit vierwertigem basischem

Schwefel, z. B. $H_2N \diagdown \begin{smallmatrix} H_2N & N \\ & \\ & S \cdot Cl \end{smallmatrix}$ (Lauths. Violett).

Das Jahr 1901 bringt nun den eigentlichen Taufakt bzw. die
offizielle Aufnahme des vierwertigen basischen Sauerstoffs in den
Bestand der organischen Chemie: zuerst tritt F. Kehrmann [B. **34**,
1623 (1901)] mit seiner Auffassung der „Azoxoniumverbindungen"
auf; es folgen A. v. Baeyer und V. Villiger [B. **34**, 2679, 3612 (1901)],
die — ausgehend vom Dimethylpyron — ganz allgemein das Problem
von den „basischen Eigenschaften des Sauerstoffs" angriffen
und mittels komplexer Säuren die Salzbildung nachwiesen 1. für
Körper mit Äthersauerstoff, 2. für Alkohole, 3. für Carbonsäuren
und Ester, 4. für Aldehyde und Ketone. Als dritter tritt A. Werner
mit einer Untersuchung „über Carboxonium- und Carbothioniumsalze"
auf [B. **34**, 3300 (1901)]; indem er an die Dimethylpyronsalze von
Collie und Tickle sowie an die von Kehrmann entdeckten Azoxo-
niumsalze anknüpft, verbreitert er das Gebiet der vorhandenen Oxoniumsalze durch den Hinweis auf die aus Naturstoffen gewonnenen
Farbstoffe des „Morins, Quercetins, Luteolins, Fisetins, Rhamnetins
usw.", und fügt neu hinzu die Carboxonium. und Carbothionium-
körper, z. B. Carboxoniumverbindungen:

Xanthon[1])   →   Xanthhydrol[1])

Pseudo-xanthoxoniumbase

Xanthoxoniumbase   Xanthoxoniumchlorid

---
[1]) Xanthon wurde von C. Graebe untersucht und benannt [A. **254**, 265 (1889)];
durch Reduktion führte es R. Meyer [B. **26**, 1276 (1893)] in Xanthhydrol über.

In gleicher Weise werden die Salze der Fluoresceingruppe sowie die Rhodamin-, Rosamin- und Pyroninfarbstoffe als Oxoniumsalze aufgefaßt (S. 3310); in den Carbothioniumsalzen nimmt der vierwertige Schwefel die Stelle des vierwertigen O-Atoms ein.

Aus dem Jahre 1901 stammt auch die physikalisch-chemische Untersuchung des Dimethylpyrons durch P. Walden [B. **34**, 4190 bis 4202 (1901); s. auch **35**, 1771 (1902)]: das Problem wird erweitert, indem der Nachweis geführt wird, daß Dimethylpyron ein amphoterer Elektrolyt ist, also sowohl als eine (schwache) Base als auch als eine (schwache) Säure[1]) wirken kann.

Während das Problem „Oxoniumverbindungen" noch in der Schwebe ist, gesellt sich ihm ein neues bei: „Carboniumsalze"; die Bearbeitung beider überschneidet sich oder verläuft parallel, ihre Erforschung beansprucht eine jahrzehntelange Arbeitsleistung und erbringt neue Beiträge zu dem Problem „Farbe und chemische Konstitution", wobei der Begriff der „Halochromie" eine Art geistiger Querverbindung zwischen Oxonium-, Carbonium- und Ammoniumsalzen bzw. Pseudo- und echten Salzen bildete.

C. Carboniumverbindungen.

Schon vor hundert Jahren bildeten die so verschiedenen Modifikationen des Kohlenstoffs ein vielerörtertes Problem, denn „während der Kohlenstoff im Diamanten gleich den übrigen Nichtmetallen durchsichtig und ein Isolator der Elektrizität ist, erscheint er in

Für das Methylendiphenylenoxyd $C_6H_4{<}{CH_2 \atop O}{>}C_6H_4$ (C. Graebe) wurde von St. v. Kostanecki die Bezeichnung Xanthen vorgeschlagen [B. **26**, 72 (1893)]. Auf die basischen Eigenschaften des Dinaphtho-xanthens wies R. Fosse (1901) hin; für den Rest $-O{<}{CH-CH \atop CH=CH}{>}CH$ mit vierwertigem Sauerstoff hatte er die Bezeichnung „Pyrylium" vorgeschlagen (1903 u. f.).

Das „Fluoran" [so benannt von R. Meyer (1894) als Muttersubstanz des Fluoresceins] gibt ein beständiges Sulfat und Nitrat (Hewitt, 1902). Als Stammsubstanz der Fluorescein-, Rosamin- und Rhodaminfarbstoffe gelten neben Fluoranen noch „Fluorone" und „Fluorime" (nach der Benennung von R. Möhlau [B. **27**, 2887 (1894)]:

Fluoran $C_6H_4{<}{O \atop C}{>}{C_6H_4 \atop O}$ (mit CO-Ring)

Fluorone $O:C_6H_3{<}{O \atop C \atop R}{>}C_6H_4$

Fluorime $HN:C_6H_3{<}{O \atop C \atop R}{>}C_6H_4$.

---

[1]) Im Pyron konnten R. Willstätter und R. Pummerer [B. **37**, 3740 (1904)] die Säurefunktion durch die Bildung von Verbindungen mit Natrium- und Kaliummethylat vom Typus $O{<}{CH:CH \atop CH:CH}{>}C{<}{OK \atop OCH_3}$ nachweisen. Für eine Säurefunktion spricht auch die Anlagerung der Alkalimetalle an Dimethylpyron unter Bildung von Metallketyl $>$ COK(Na) [W. Schlenk und Thal: B. **46**, 2840 (1913); das gleiche zeigt $N(C_2H_5)_4$: Schlubach und Miedel: B. **56**, 1892 (1923)]. Über die Anlagerung von Na-malonsäureester an Dimethylpyron vgl. D. Vorländer: B. **37**, 1645 (1904).

Graphit und Kohle undurchsichtig, metallglänzend und als guter elektrischer Leiter, ist also den Metallen nähergerückt, daher Döbereiner (1816) den Graphit als ein Metall, Carbonium, bezeichnet" (L. Gmelin: Handbuch der anorgan. Chemie, Bd. I, S. 538. 1852). Ist es nicht eigenartig, daß nach Ablauf einer fast hundertjährigen Entwicklung der organischen Chemie gerade aus ihrer Mitte heraus der Begriff einer metallischen oder Carboniumvalenz als notwendig erkannt wird (A. v. Baeyer, 1902)? Oder ist es nicht bedeutsam und stimmt es nicht nachdenklich, daß in unseren Tagen diese Metallnatur des Graphits gleichsam wiederentdeckt werden mußte, indem Ulr. Hofmann (1934/36) salzartige (blaue) Verbindungen des Graphits, Graphit-Bisulfat-Nitrat-Perchlorat, feststellte, oder indem O. Ruff (1933/34) das mattgraue kristallinische $(CF)_x$ isolierte?

Als im Jahre 1900 M. Gomberg das freie gelbgefärbte Triphenylmethyl $(C_6H_5)_3C$ entdeckt hatte, begann ein Rätselraten über die Konstitution dieser unerwarteten Bereicherung der organischen Chemie. Norris und Sanders (1901) sowie gleichzeitig F. Kehrmann und F. Wentzel [B. **34**, 3815 (1901)] zeigten nun, daß die farblosen Verbindungen Triphenylcarbinol und Triphenylmethylchlorid in farbloser konzentrierter Schwefelsäure ähnlich gelbgefärbte Lösungen geben, sowie daß $(C_6H_5)_3CCl$ mit $AlCl_3$ oder $SnCl_4$ orangegefärbte feste Komplexe liefert. Beide Forscherpaare erteilen daraufhin dem gelben Triphenylmethyl eine chinoide Struktur mit zweiwertigem, zugleich basischem Kohlenstoff:

$$\begin{matrix} C_6H_5 \\ \\ C_6H_5 \end{matrix}\Big\rangle C = \bigcirc = C\Big\langle \;\; ; \text{ das farb-}$$

lose Triphenylmethylchlorid ist $(C_6H_5)_3 \cdot CCl$, während die gelben Salze

die Konstitution $(C_6H_5)_2C = C\begin{matrix}\diagup CH=CH \diagdown \\ \\ \diagdown CH=CH \diagup\end{matrix} C\begin{matrix}\diagup H \\ \\ \diagdown X\end{matrix}$ haben sollen.

Kohlenstoffkationen $(R)_3C^+$. Eine neue Betrachtungsweise greift Platz, als im Jahre 1902 A. v. Baeyer seine Untersuchungsreihe „Dibenzalaceton und Triphenylmethan" beginnt [gemeinsam mit V. Villiger: B. **35**, 1189; s. auch 3013 (1902)]. An den farbigen (Oxonium-) Salzen des Dibenzalacetons mit Säuren wird der Begriff der „Halochromie", d. h. der am ganzen Komplex, nicht an einer chinoiden Gruppe haftenden Färbung, geschaffen. Das Triphenylmethyl wird als „ein zusammengesetztes Metallatom" aufgefaßt; „Triphenylcarbinol ist keine Base, mit Schwefelsäure liefert es jedoch ein Salz", und „negativen Chloriden gegenüber verhält sich das Chlorid (des Triphenylcarbinols) wie ein Salz ... In beiden Fällen muß das Triphenylmethyl metallähnliche Eigenschaften annehmen" (S. 1195), ferner: „Man braucht nur die Basizität des Triphenylmethyls zu erhöhen (z. B. durch Einführung von Methoxy-Gruppen), um demselben den Charakter eines positiven Metallatoms zu verleihen" (S. 1196), es entstehen dann „Carboniumsalze des Triphenylmethyls", die Halochromie besitzen. An diese (vom März 1902 datierten) grundlegenden Untersuchungen schließen sich die (unabhängig angestellten, im Mai abgeschlossenen) Messungen von P. Walden [B. **35**, 2018 (1902)], „über die basischen Eigenschaften des Kohlenstoffs"; im flüssigen Schwefeldioxyd als Lösungsmittel geben sowohl Triphenylcarbinol als auch Triphenylmethylchlorid und -bromid gelbgefärbte Lösungen, die Elektrolyte sind, beispielshalber ist $(C_6H_5)_3C \cdot Br$ ein ebenso guter Stromleiter wie das typische starke Ammoniumsalz $N(CH_3)_4 \cdot Br$. Auf Grund dieses analogen Verhaltens wird der Ionenzerfall $(C_6H_5)_3C \cdot Br \rightarrow [(C_6H_5)_3C]^+ + Br^-$ angenommen; das Triphenylcarbinol wird als Base Triphenylcarboniumhydroxyd, das Chlorid $(C_6H_5)_3C \cdot Cl$ und Bromid $(C_6H_5)_3C \cdot Br$ als Triphenylcarboniumchlorid und -bromid, d. h. als Salze mit dem gefärbten Kation $(C_6H_5)_3C^+$ angesprochen. M. Gomberg [B. **35**, 2405 (1902) gelangt auch seinerseits, gleichzeitig, zu der Annahme der Basennatur des Triphenylcarbinols und des gelben „Pseudoions" $(C_6H_5)_3C^+$ in den Salzen $(C_6H_5)_3C$—X, für welche er den Namen „Carbylsalze" vorschlägt.

A. v. Baeyer knüpft nun [B. **38**, 569 (1905)] an die soeben erwähnten Beobachtungen von P. Walden bzw. Gomberg über die Elektrolytnatur bzw. die Färbung des Carboniumkations (Walden) an; gleichzeitig schlägt er für die ganze Klasse der den Ammoniumbasen analogen Verbindungen die Bezeichnung „Oniumbasen" vor. Er geht davon aus, daß z. B. $(C_6H_5)_3C \cdot Cl$ in einem farblosen, nicht ionisierten und in einem gefärbten ionisierten Zustand, also in einer „Ionoisomerie" auftreten kann; zur Kennzeichnung der ionisierbaren Valenz (er nennt sie „Carboniumvalenz") benutzt er einen Zickzackstrich, also $(C_6H_5)_3 \, \dot{:} \, C\!\sim\!\sim$ und erteilt den Wernerschen Carboxoniumverbindungen die Struktur von Carboniumsalzen:

nach Werner   Carboniumsalz

Werner   Carboniumsalz   Carbinol

A. Hantzsch [B. 38, 2143 (1905)] wiederum betrachtet die Deutung mittels Oxoniumsalzen, ebenso auch unter Zuhilfenahme der Carboniumvalenzen als zu weitgehend, er nimmt an, . . . „daß die Addition von Säuren am Sauerstoff nur dann stattfindet, wenn nicht stärker salzbildende Aminogruppen im Molekül vorhanden sind . . . Ganz Ähnliches dürfte aber meines Erachtens auch für die ‚Carboniumsalze‘ gelten." Er deutet demnach auch die Oxazin- und Thiazinfarbstoffe (entgegen Kehrmann) nicht als „Oniumsalze", sondern als chinoide Ammoniumfarbstoffe, — als Ursache der Körperfarbe bei an sich farblosen Verbindungen nimmt er (wie bereits 1899) eine „intramolekulare Umlagerung" an. Die Frage nach der Konstitution des „Carboniumions" beschäftigt weiterhin die Forscher, um das Auftreten der Farbe in den salzartigen Verbindungen der Triphenylmethanderivate zu deuten. Im Gegensatz zu A. v. Baeyer hat M. Gomberg seine ursprüngliche Ansicht von der chinoiden Gruppierung der gefärbten freien Radikale

(sowie der Salze) bis jetzt verteidigt: z. B. $\begin{array}{c} C_6H_5 \\ C_6H_5 \end{array}\!\!\Big\rangle C = \!\!\Big\langle\!\!\!\Big\rangle\!\!= \!\! H$.

Die Bestimmung der Absorptionskurven im Ultraviolett hatte F. Baker (1907) eine Ähnlichkeit der Carboniumsalze mit dem Fuchson $\begin{array}{c} C_6H_5 \\ C_6H_5 \end{array}\!\!\Big\rangle C = \!\!\Big\langle\!\!\!\Big\rangle\!\!:O$ erkennen lassen. Ein wichtiges Hilfsmittel bei der weiteren Untersuchung erstand in der Entdeckung von K. A. Hofmann [B. 42, 4856 (1909); 43, 178 u. f. (1910)], die unabhängig auch M. Gomberg machte [A. 370, 142 (1909)], daß die Überchlorsäure $HClO_4$ gut krystallisierende[1]) gefärbte Salze $R_3C \cdot ClO_4$ der Triarylcarbinole liefert; Hofmann zeigte, daß diese Perchlorate auch in schlecht ionisierenden Medien sich wie Elektrolyte verhalten. Der Salzcharakter der Carboniumverbindungen vom Typus $R_3C \cdot X$ steht unzweifelhaft fest. Namentlich hat K. Ziegler [mit H. Wollschütt: A. 479, 90—110 (1930)] ausgedehnte Leitfähigkeitsmessungen (in Schwefeldioxydlösungen) von Perchloraten, Chloriden gemacht und den weitgehenden Dissoziationszustand bestimmt. Von J. Lifschitz [B. 61, 1473 (1928)] wurde an verschiedenen Triphenylmethanderivaten (Perchloraten, Rhodaniden u. a.) in Alkohol, Aceton, Acetonitril, Nitrobenzol das Leitvermögen bestimmt. Dann haben P. Walden und Birr [Z. ph. Ch. (A) 168. 107 (1933)] das Diphenylanisylperchlorat in Benzonitril und Nitrobenzol bei 25⁰, bis $v = \infty$ gemessen und die Leitfähigkeitskurven dieses Salzes mit denjenigen von $N(C_2H_5)_4J$ und $N(C_2H_5)_4 \cdot ClO_4$ als einander parallel verlaufend gefunden: Tetraalkylammonium- und Triarylcarboniumsalze stimmen also elektrochemisch weitgehend miteinander

---

[1]) Die Perchlorsäure hat auch bei der Isolierung und Untersuchung der Oxoniumsalze [vgl. A. v. Baeyer: B. 43, 2338 (1910)], der „Polymethinium"-Farbstoffe [W. König u. Regner: B. 63, 2825 (1930)] u. a. wertvolle Dienste geleistet.

überein. Diese Übereinstimmung offenbarte sich auch bei der Elektrolyse; die tetraalkyliérten Ammoniumsalze gaben im flüssigen Ammoniak an der Kathode Abscheidung des (kurzlebigen, die Lösung blaufärbenden) Ions R_4N [W. Palmaer, 1902; Ch. A. Kraus, 1913; H. H. Schlubach: B. 53, 1689 (1920); 56, 1892 (1923)], andererseits lieferte die Elektrolyse von Triphenylmethylbromid $(C_6H_5)_3C \cdot Br$ in flüssigem Schwefeldioxyd in der Kathodenflüssigkeit freies Triphenylmethyl [W. Schlenk und Mitarbeiter: A. 372, 11 (1910)].

H. Decker (1869—1939) hat die Oxoniumtheorie durch neue Typen erweitert und begründet; er untersuchte die Phenylxanthonium- und Thioxanthoniumbasen [B. 37, 2931 (1904)] und wies die Ionisation der farbigen „Xanthonium"salze — oder verbessert „Xanthylium"salze [B. 38, 2495 (1905)] — nach. Die Umwandlungen z. B. der Benzylxanthyliumsalze werden folgendermaßen dargestellt:

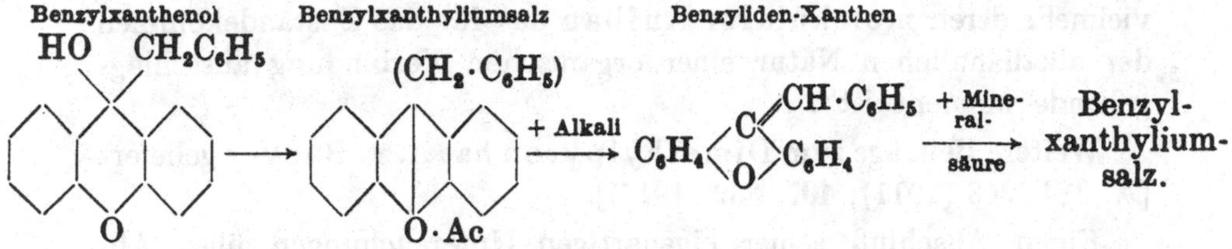

Benzylxanthenol   Benzylxanthyliumsalz   Benzyliden-Xanthen

Benzylxanthyliumsalz.

Als ein Xanthonderivat wurde das Mangostin $C_{23}H_{24}O_6$ — der gelbe Farbstoff aus den Fruchtschalen des Garcinia mangostana — erkannt [J. Dragendorff: A. 482 (1930); 487 (1931); M. Murakami: A. 496, 122 (1932)]. (Die abgeleitete Konstitutionsformel weist ein asymmetrisches C-Atom auf; optische Aktivität?)

Die Untersuchungen von H. Decker (mit Th. v. Fellenberg) über Phenopyryliumverbindungen [A. 356, 281 (1907); 364, 1 (1909); B. 40, 3815 (1908)] brachten den Strukturbeweis für die Oxoniumkörper und wurden grundlegend für die Erforschung der Anthocyane des Pyryliumtypus durch R. Willstätter (1913) sowie R. Robinson und W. H. Perkin (1907 u. f.). Deckers Bezeichnung

„Pyryliumjodid" für das Salz des Grundtypus

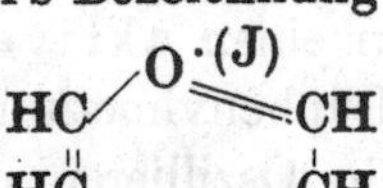

hatte A. v. Baeyer durch „Pyroxoniumjodid" ersetzt [B. 43, 2340 (1910)], — beide Bezeichnungen haben sich erhalten. Die ursprüngliche Phenopyryliumformel Deckers hat W. H. Perkin (1908) abgeändert, wodurch der Benzolkern orthochinoid wird:

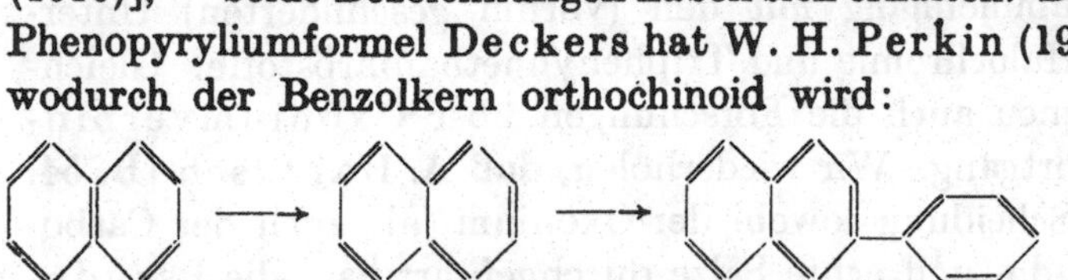

Grundkern der Anthocyanidine

(Decker)   (Perkin)

[Vgl. auch weitere Untersuchungen Deckers über Phenopyrylium-derivate: B. **41**, 2997 (1908); Hydrolyse der Anthocyanidine: B. **55**, 375 (1922).]

Als ein Beispiel für Oxoniumbasen von dem Charakter der Alkalien (trotzdem aber nur aus C, H und O bestehend) hat F. Kehrmann [B. **47**, 3052 (1914)] die nebenan formulierte Base und das wasserbeständige neutrale gelbe Chlorid sowie ein festes Bicarbonat dargestellt:

$$\begin{array}{c} \text{C}\cdot\text{C}_6\text{H}_5 \\ \text{CH}_3\text{O}\cdot \cdot\text{OCH}_3 \\ \text{CH}_3\text{O}\cdot \cdot\text{OCH}_3 \\ \text{O}\cdot\text{Ac} \end{array}$$

Er kommt zu dem Schluß, daß für die Oniumverbindungen ... „nicht die Art der die Verbindung zusammensetzenden Elemente, sondern vielmehr deren molekularer Aufbau das für das Zustandekommen der alkaliähnlichen Natur einer organischen Verbindung ausschlaggebende Moment ist".

Weitere Beiträge zum Dimethylpyron hat A. v. Baeyer geliefert [A. **384**, 208 (1911); **407**, 332 (1915)].

Einen Abschluß seiner eigenartigen Untersuchungen über Abkömmlinge des Triphenylcarbinols bietet A. v. Baeyer 1907—1910 dar [A. **354**, 152; **372**, 80 (1910); B. **40**, 3083 (1907); **42**, 2624 (1909)]. In der letztgenannten Arbeit weist er besonders auf die mit der Färbung verknüpfte Schwächung der vierten Valenz des Zentralkohlenstoffs und gleichzeitige Zunahme der Reaktionsfähigkeit des Triphenylmethylchlorids hin, letzteres „verhält sich in den gefärbten Verbindungen einerseits wie ein Salz und andererseits wie Aluminiumchlorid oder Benzotrichlorid" (S. 2632), und die Rolle des die Färbung hervorrufenden Lösungsmittels (Schwefeldioxyd nach Walden, Phenole nach Baeyer) spricht für „eine auffallende Ähnlichkeit mit den katalytischen Erscheinungen ... Das Phenol verwandelt das Chlorid in einen aktiven Zustand" [Baeyer, B. **42**, 2632 (1909)]. Für die Triphenylmethanfarbstoffe nimmt A. v. Baeyer [A. **354**, 164 (1907)] ein Oszillieren des chinoiden Zustandes zwischen den vorhandenen Benzolkernen an [s. dagegen Schlenk: A. **368**, 292 (1909)].

Die weitere Entwicklungslinie der Carboniumverbindungen verläuft im Zusammenhang mit den (vorhin geschilderten) Untersuchungen über Halochromie und Triphenylmethanfarbstoffe. Gleichzeitig damit nehmen auch die Forschungen über Oxoniumverbindungen ihren Fortgang. Wir wiederholen, daß A. Hantzsch [B. **54**, 2573 (1921)] die Scheidung sowohl der Oxonium- als auch der Carboniumsalze in Pseudo- und echte Salze durchgeführt hat; die Pseudosalze sind Derivate des strukturell normal vierwertigen Sauerstoffs bzw. Kohlenstoffs, an welche (in den Haloiden) das Halogen direkt gebunden ist, sie sind daher Nichtelektrolyte. Die echten Salze sind Komplexsalze mit O- und C- als Zentralatom, und das Halogen oder der Säurerest befindet sich als Anion in der zweiten Sphäre:

Oxoniumhaloide   Carboniumhaloide

Pseudohaloidsalze $\quad R \cdot \overset{\displaystyle R}{\underset{\displaystyle R}{O}} \cdot X \qquad C_6H_5 \cdot \overset{\displaystyle C_6H_5}{\underset{\displaystyle C_6H_5}{C}} \cdot X$

echte Haloidsalze $\quad \left[R \cdot O \!\!\big\langle {}^{R}_{R} \right] X \qquad \left[C_6H_5 \cdot C \!\!\big\langle {}^{C_6H_5}_{C_6H_5} \right] X.$

Triarylmethylanionen $(R)_3 C^-$. Schon M. Hanriot [mit O. Saint-Pierre: C. r. 108, 1119 (1889)] hatte aus Triphenylmethan (bei 200°) und Kalium unter Wasserstoffentwicklung die rote Kaliumverbindung $(C_6H_5)_3 C \cdot K$ erhalten. Aus Triphenylchlormethan in Ätherlösung unter Zusatz von Na-amalgam erhielt W. Schlenk [mit R. Ochs: B. 49, 608 (1916)] die intensiv rotbraune Lösung von Triphenylmethyl-natrium $(C_6H_5)_3 C$—Na. Als Triphenylcarboniumsalze $\left[C_6H_5 \cdot C \!\!\big\langle {}^{C_6H_5}_{C_6H_5} \right]^{-} (Na)^{+}$ definierte A. Hantzsch [B. 54, 2 618 (1921)] diese Alkaliverbindungen. Auffallend ist die leichte Spaltbarkeit einzelner Kohlenwasserstoffe durch eine flüssige Kalium-Natriumlegierung [K. Ziegler und Fr. Thielmann: B. 56, 1740 (1923)], wodurch in ätherischer Lösung bei Zimmertemperatur die tiefgefärbten Triarylmethyl-Kaliumsalze erhalten werden. Die bisherigen elektrochemischen Untersuchungen sind nicht ausreichend, um über die Natur der tiefgefärbten Anionen dieser Salze sichere Auskunft zu geben.

Die große wissenschaftliche Anregung, die vor bald vier Jahrzehnten von der Entdeckung der Salzbildung[1]) des Dimethylpyrons und deren Zurückführung auf die Vierwertigkeit des Sauerstoffs ausgegangen ist, findet einen auffallenden Gegensatz in der Unsicherheit, die hinsichtlich der Konstitution dieser Salze herrscht und eine Schar von Formulierungen bedingt hat. Nachstehende Zusammenstellung der wesentlichsten Vorschläge soll dies veranschaulichen.

Collie u. Tickle (1899)   A. Werner [B. 34, 3309 (1901)]   F. Kehrmann [B. 39, 1299 (1906)]

[1]) Daß bei der Elektrolyse des salzsauren Salzes das Dimethylpyron mit dem Wasserstoff zur Kathode wandert, hat A. Coehn [B. 35, 2673 (1902)] nachgewiesen.

Aus den Absorptionsspektren leiten Baly, Collie und Watson [Soc. **95**, 144 (1909)] nachstehende Formeln ab [vgl. dagegen R. Willstätter und R. Pummerer: B. **37**, 3740 (1904); **38**, 1461 (1905); **42**, 3554 (1909)]:

Dimethylpyron   Dimethylpyron-chlorhydrat   Dimethylpyron-natriumäthylat

Auf Grund chemischer Umsetzungen spricht sich A. v. Baeyer [B. **43**, 2337 (1910)] für die folgenden Formeln aus:

Dimethylpyron   Dimethyl-pyron-chlorhydrat   Salz des Dimethyl-p-methoxy-pyroxoniums (oder pyryliums)

Aus den Absorptionsspektren und im Einklang mit seiner Lehre von den echten und Pseudosalzen gelangt auch A. Hantzsch [B. **52**, 1536, 1564 (1919)] zu denselben Konstitutionen, die er folgendermaßen formuliert:

Dimethylpyron   echtes Pyroxoniumsalz   echtes Methoxy-4-dimethyl-2.6-pyroxonium-Salz

Eine andere Ausdrucksform wählt F. Arndt [B. **57**, 1905 (1924); mit L. Lorenz: **63**, 3125 (1930)]; in Anlehnung an Collie wird z. B. für die freien Pyrone (besonders für die 4-Thio-pyrone) eine Art innerer Salzbildung zwischen basischem Ring-Sauerstoff und „saurem" γ-Sauerstoff (Betainformel) angenommen:

Dimethylpyron   Dimethylpyron-hydrochlorid

Außerdem wird eine „Zwischenstufe" zwischen der üblichen und der Betainformel der Pyrone angenommen [Arndt: B. **63**, 2963 (1930)].

Messungen der Dipolmomente von Dimethyl-γ-Pyron (und Dimethylthio-γ-pyron) führten E. C. Hunter und J. R. Partington

(Soc. **1933**, 87) zu dem Ergebnis, daß „Pyrone und Thiopyrone keine Äther- [1]) und Keto- (oder Thioäther- und Thioketo-) Gruppen enthalten, wie solches vorher vom chemischen Standpunkt aus angenommen worden war"; die viel zu großen Werte (für Dimethylpyron ist $\mu = 4{,}05$ gef., statt 1,75 berechn.) weisen auf das Vorhandensein von polaren Bindungen hin, etwa im Sinne der Formeln von

Arndt und Lorenz, z. B. $\rightarrow$

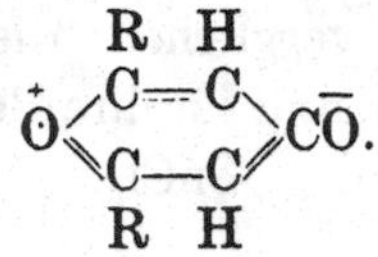

$$\overset{+}{O} \underset{\underset{R \ H}{C-C}}{\overset{\overset{R \ H}{C=C}}{\Big\langle}} C\overset{-}{O}.$$

Dieselbe Formulierung gibt auch Rau (C. **1937** I, 4489).

Im Sinne der „Mesomerie" sind noch die folgenden Strukturen maßgebend [Arndt und Eistert, s. auch E. Hückel: Z. f. Elektroch. **43** 768 (1937)], hierbei bedeutet $\times\times$ ein einem Atom zugehöriges Elektronenpaar mit entgegengesetzten Spins:

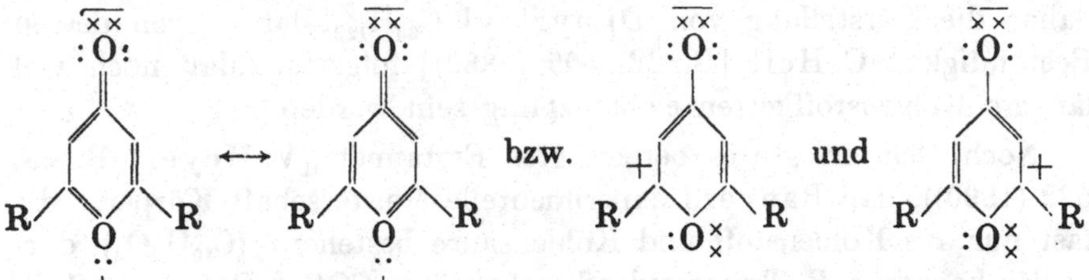

Die Entstehung von Elektrolyten durch vorangehende Anlagerung von Halogenwasserstoff bzw. Bildung von Oxoniumhalogeniden aus Äthern, Alkoholen, Carbonsäuren u. ä. wiesen McIntosh, Steele und Archibald (1905) für flüssigen Chlor-, Brom- und Jodwasserstoff als Lösungsmittel nach. Besonders eingehend konnte K. Fredenhagen [mit G. Cadenbach: Z. physik. Chem. (A) **146**, 245 (1930 u. f.)] den gleichen Vorgang in flüssigem Fluorwasserstoff als Lösungs- und Ionisierungsmittel untersuchen, z. B.

$$R \cdot OH + HF \rightarrow \left[R \cdot O \underset{\underset{F}{H}}{\overset{H}{\Big\langle}} \right] \rightarrow \left[R \cdot O \underset{H}{\overset{H}{\Big\langle}} \right]^{+} + F^{-}.$$

Neuartige tertiäre Oxoniumsalze, deren Bildungsweise, Eigenschaften und Umsetzungen hat H. Meerwein (1937) erschlossen [mit E. Battenberg, H. Gold und E. Pfeil: J. prakt. Chem. (N. F.) **154**,

---

[1]) Die Untersuchung des Raman-Spektrums von $\dfrac{CH_3}{CH_3}\!\!\Big\rangle O \cdot HCl$ im flüssigen Zustand sowie von Dimethylpyron frei und als Oxoniumsalz mit HCl in Wasser ergab keinen Hinweis auf eine etwaige Valenzerhöhung des Sauerstoffs im Sinne der Oxoniumtheorie (M. Wolkenstein und Syrkin: C. **1937** II, 39; **1939** II, 3051). Umgekehrt fanden G. Briegleb und W. Lauppe [Z. physik. Chem. (B) **28**, 154 (1935)], daß bei —40° eine starke Veränderung des Raman-Spektrums der Verbindung HBr-Äthyläther im Vergleich zu dem der Komponenten auftritt, ebenso für die Verbindung SnCl₄-Äther.

83 (1939)], z. B. $\begin{matrix} CH_2 \\ | \\ CH_2 \end{matrix}\!\!\!> O + 2\ \begin{matrix} R \\ \\ R \end{matrix}\!\!\!> O \ldots . \ MeCl_n = \begin{matrix} CH_2-O-MeCl_{n-1} \\ | \\ CH_2-OR \end{matrix} +$

$[R_3O]MeCl_{n+1}$. Als analog dem BF_3 dieser Reaktion verhielten sich nur $SbCl_5$, $FeCl_3$ und $AlCl_3$. Die Oxoniumsalze $[(Alk)_3O]BF_4$ wurden in flüssigem SO_2 durch Leitfähigkeitsmessungen auf ihre Elektrolytnatur untersucht und mit derjenigen von $[(C_2H_5)_3S]BF_4$ bzw. $[(C_2H_5)_4N]BF_4$ und KJ verglichen; die Trialkyloxoniumsalze spalten sehr leicht Alkylionen ab, und für ihre Beständigkeit gilt die Reihenfolge $SbCl_6' > BF_4' > FeCl_4' > AlCl_4' > SnCl_6''$.

Drittes Kapitel.
Kohlenstoffketten und Kohlenstoffringe.

Vor fünfzig Jahren sah man noch für die normale Verkettung der C-Atome die Zahl 30 als Grenze an; einen Fortschritt stellte daher die Darstellung von Dimyricyl $C_{60}H_{122}$ dar, wegen dessen Beständigkeit C. Hell [B. **22**, 505 (1889)] folgerte, „daß noch viel längere Kohlenstoffketten existenzfähig sein werden".

Noch 1890 erregte es berechtigtes Erstaunen [V. Meyer: B. **23**, 582 (1890)], daß Baeyers experimentelle Meisterschaft Körper, „die fast nur aus Kohlenstoff und Kohlensäure bestehen" ($C_{10}H_2O_4$), darstellen konnte, z. B. Tetracetylendicarbonsäure $COOH \cdot C \vdots C \cdot C \vdots C \cdot C \vdots C \cdot C \vdots C : COOH$ [A. v. Baeyer: B. **18**, 2269 (1885)].

Die Fähigkeit zur Bildung von Kohlenstoffketten wird veranschaulicht, einerseits durch die synthetisierten Fettsäuren (und deren Derivate), z. B.:

n-Tetratriacontansäure $C_{33}H_{67}COOH$ bzw. n-Hexatriacontansäure $C_{35}H_{71}COOH$, n-Octatriacontansäure $C_{38}H_{76}O_2$ bzw. Hexatetracontansäure $C_{46}H_{92}O_2$ (Fr. Francis, King und Willis: Soc. **1937**, 999), 13-Ketodotetracontansäure $CH_3 \cdot [CH_2]_{28} \cdot CO \cdot [CH_2]_{11} \cdot COOH$ (Mrs. G. M. Robinson: Soc. **1934**, 1543), andererseits durch die natürlich vorkommenden ungesättigten Fettsäuren, z. B.:

Clupanodonsäure $C_{22}H_{34}O_2$, aus japanischem Sardinenöl (Toyama und Tsuchiya: Bull. Chem. Soc. Japan **1935**), Docosahexaensäure $C_{22}H_{32}O_2$, aus Lebertran (E. H. Farmer und van den Heuvel: Soc. **1938**, 427), oder Cerebronsäure $CH_3(CH_2)_{21} \cdot CH(OH) \cdot COOH$ [vgl. A. Müller: B. **72**, 615 (1939), dort Synthese und optische Spaltung].

Ein auffallendes Beispiel der Bindefähigkeit der Kohlenstoffatome lieferte auch die Kohlenwasserstoffsynthese (aus $CO + H_2$) nach F. Fischer und Tropsch; hierbei bilden sich Moleküle mit 70 bis etwa 600 Kohlenstoffatomen und mit Molekulargewichten von über 1000 bis etwa 8500 [F. Fischer: B. **71** (A), 65 (1938); H. Pichler: Z. angew. Chem. **51**, 412 (1938)].

Über die Synthese hochmolekularer Iso-paraffine haben H. Suida und R. Planckh [B. 66, 1445 (1933)] berichtet. Die Synthese normaler Paraffine bis $C_{34}H_{70}$ (Pollard, Smith, Williams: Biochem. J. 1931, 2072) bzw. $C_{36}H_{74}$ usw. (J. W. H. Oldham und A. R. Ubbelohde: Soc. 1938, 201) ist ebenfalls erfolgreich bearbeitet worden, wobei die Reinheit röntgenographisch und calorimetrisch bestimmt wurde.

Die langkettigen Fettsäuren kommen in polymorphen Formen vor (vgl. F. Dupré la Tour, 1930 u. f.). P. A. Thiessen hat mittels optischer und dielektrischer Untersuchungen die Umwandlungen organischer Verbindungen (z. B. der Stearinsäure) in festem Zustande verfolgt [gemeinsam mit C. Stüber: B. 71, 2103 (1938); s. auch 72, 1962 (1939)]; die Stabilität langkettiger Paraffine hat Th. Schoon röntgenographisch untersucht [B. 72, 1821 (1939)]. Röntgenographische Strukturuntersuchungen an n-Paraffinen mit mehr als 130 Kohlenstoffatomen (130, 350, 3000 C-Atome) hat C. W. Bunn [Trans. Faraday Soc. 35, 482 (1939)] ausgeführt, während R. Kohlhaas [B. 73, 189 (1940)] übereinstimmende Dimensionen (Winkel zwischen CH_2-Gruppen, Entfernung der C-Atome der Kette u. a.) auch für den Dicetyläther $CH_3 \cdot (CH_2)_{15} \cdot O \cdot (CH_2)_{15} \cdot CH_3$ fand, dessen Molekül mit dem eines n-Paraffins $CH_3 \cdot (CH_2)_{31} \cdot CH_3$ fast identisch ist.

Schmelzpunktsanomalien. Der zur Identifizierung organischer Substanzen gebräuchliche Mischschmelzpunkt erweist sich bei den langkettigen Verbindungen als unsicher. So z. B. in dem System der Fettsäuren: Palmitin-, Stearin- und Margarinsäure [R. L. Shriner und Mitarbeiter: Am. 55, 1494 (1933)]; Tricosan- und Tetracosansäure $C_{23}H_{46}O_2$ und $C_{24}H_{48}O_2$ (R. Robinson und Mitarbeiter: Soc. 1936, 283);· Fettsäurederivate der Zucker [K. Heß und E. Meßmer: B. 54, 505 (1921)].

Diese Anomalien sind auch wiederholt bei aromatischen Verbindungen festgestellt worden, z. B. bei Pikraten von Kohlenwasserstoffen [R. und W. Meyer: B. 52, 1249 (1919)] und bei aromatischen Halogenderivaten [G. Lock und G. Nottes: B. 68, 1200 (1935)]. Eine Bildung von konstant kristallisierenden Gemischen ist auch bei den Hexahydroisophthalsäuren und -terephthalsäuren (cis-trans) festgestellt worden [R. Malachowski und Mitarbeiter: B. 67, 1783 (1934)]. Auch die Diphenyläther $C_6H_5O \cdot (CH_2)x \cdot OC_6H_5$, wo $x = 2$ bis 12, weisen in einzelnen Paaren praktisch .die gleichen Schmelzpunkte auf [J. v. Braun und Mitarbeiter: B. 45, 1975 (1912)]. Beispiele ähnlichen Verhaltens treten auch bei der thermischen Analyse aromatischer binärer Gemische entgegen, wo durch Mischkristallbildung die zweiwertigen Atome O und S, sowie CH_2 sich isomorph vertreten können [A. Lüttringhaus und K. Hauschild: B. 73, 145 (1940)].

Theorie der Ringschließung
(„Spannungstheorie" von A. Baeyer, 1885).

> „This remarkable Theory, published in August 1885 (B. **18**, 2278), occupies only two pages of print and its description always seems to me to be a striking example of how much can be said in a very small place."
>
> W. H. Perkin jun. (Soc. **1929**, 1359).

„Wenn eine Kette von 5 und 6 Gliedern sich leicht, eine von weniger oder mehr Gliedern sich schwierig oder auch gar nicht schließen läßt, so müssen dafür offenbar räumliche Gründe vorhanden sein", so schrieb 1885 A. Baeyer und kennzeichnete damit das Gebiet der Ringschließung. Wenige Jahre vorher hatte auch V. Meyer [A. **186**, 192 (1877)] sein Befremden darüber geäußert, daß der Kohlenstoff, der so leicht die beständigen, aus sechs Atomen bestehenden Ringe bildet, in allen Fällen, wo z. B. ein Dreiring entstehen sollte, sich in ungesättigte offene Ketten umgruppiert, sowie daß ein solches Verhalten von vornherein durch die theoretischen Vorstellungen über die Struktur organischer Verbindungen erklärlich sein müßte. Und J. H. van't Hoff stellte noch 1881 als Erfahrungstatsache fest, „daß auf dem so vielseitig bearbeiteten Gebiete der einfacheren Kohlenstoffverbindungen bis jetzt kein Fall hervorgetreten ist, welcher die Annahme der Existenz eines drei- bis fünfatomigen Kohlenstoffringes notwendig macht" (Ansichten über die organische Chemie, II. Teil, S. 204. 1881).

Es war also einmal — und zwar vor etwas mehr als fünfzig Jahren — eine organische Chemie, die sich scharf in zwei getrennte Abschnitte gliederte: die Kohlenstoffverbindungen mit offenen Ketten (sog. aliphatische Verbindungen), und die ringförmigen (aromatischen) des Benzols und seiner Derivate. Es bedeutete daher gewiß ein gewagtes Beginnen, als der 22jährige W. H. Perkin jun. (der 1882 im Münchener Laboratorium Baeyers arbeitete), unter Bezugnahme auf V. Meyers obige Arbeit, diesem den Plan zur Darstellung der nichtexistierenden Drei-, Vier- und Fünfkohlenstoffringe vortrug. Es ist auch verständlich, daß V. Meyer dem jungen Chemiestudenten den Rat erteilte, in einem so frühen Stadium der wissenschaftlichen Laufbahn lieber etwas zu bearbeiten, das mehr verspricht und leichter zu positiven Ergebnissen führt. Perkin (Soc. **1929**, 1347 u. f.) berichtet nun weiter, wie auch Baeyer und E. Fischer ihm die Aussichtslosigkeit der geplanten Ringsynthesen schilderten, da solche Ringe bisher in der Natur nicht gefunden worden sind bzw. wenn sie existierten, so wegen ihrer geringen Beständigkeit schwerlich als Beweismaterial dienen könnten. Dessenungeachtet beharrte Perkin auf seinem Plan, er begann dessen experimentelle Durchführung, er erzwang dessen erfolgreiche Verwirklichung, damit lieferte er Grundlagen für eine neue theoretische Vorstellung über die Ringbildung (vgl. Baeyer) und bahnte den Weg zu einer Chemie der Cycloparaffine (Polymethylenverbindungen).

Die von W. H. Perkin jun. benutzte und von Erfolg gekrönte Methode bestand in der Wechselwirkung von Äthylen- bzw. Propylen- und Trimethylen-bromid mit Natriummalonsäureester [1]. Die Reaktion mit Trimethylenbromid führte zu einer **Tetramethylen**carbonsäure [B. **16**, 1787 (1883)]:

$$Br \cdot CH_2 \cdot CH_2 \cdot CH_2Br + Na_2C \Big\langle {}^{COOC_2H_5}_{COOC_2H_5} \rightarrow$$

$$\rightarrow CH_2 \Big\langle {}^{CH_2}_{CH_2} C \Big\langle {}^{COOC_2H_5}_{COOC_2H_5} \cdots \rightarrow CH_2 \Big\langle {}^{CH_2}_{CH_2} C \Big\langle {}^{COOH}_{H}$$

Die Umsetzung mit Äthylenbromid ergab eine **Trimethylen**-carbonsäure [B. **17**, 54, 323 (1884)]:

$$\begin{matrix} CH_2 \cdot Br \\ | \\ CH_2 \cdot Br \end{matrix} + \begin{matrix} Na \\ \\ Na \end{matrix} C \Big\langle {}^{COOC_2H_5}_{COOC_2H_5} \rightarrow \begin{matrix} CH_2 \\ | \\ CH_2 \end{matrix} C \Big\langle {}^{COOC_2H_5}_{COOC_2H_5} \cdots \rightarrow$$

$$\rightarrow \begin{matrix} CH_2 \\ | \\ CH_2 \end{matrix} C \Big\langle {}^{COOH}_{COOH} \rightarrow \begin{matrix} CH_2 \\ | \\ CH_2 \end{matrix} C \Big\langle {}^{H}_{COOH}$$

Das Tetramethylenbromid war damals nicht zugänglich, und so gelangte Perkin über einen Umweg (Dinatriumverbindung des Pentantetracarbonsäureesters + Br_2) zu der **Pentamethylen-1.2-dicarbonsäure** [B. **18**, 3246 (1885)]:

$$H_2C \Big\langle {}^{CH_2 \cdot C \langle {}^{(COOC_2H_5)_2}_{Na}}_{CH_2 \cdot C \langle {}^{Na}_{(COOC_2H_5)_2}} + Br_2 \rightarrow H_2C \Big\langle {}^{CH_2 \cdot C = (COOC_2H_5)_2}_{CH_2 \cdot C = (COOC_2H_5)_2} \longrightarrow H_2C \Big\langle {}^{CH_2 \cdot C \langle {}^{H}_{COOH}}_{CH_2 \cdot C \langle {}^{COOH}_{H}}$$

Die Synthese des **Fünf**- bzw. **Sechs-Rings** war Perkin gemeinsam mit A. Baeyer schon 1884 gelungen und hatte zu Hydrindonaphthen- bzw. Naphthalinderivaten geführt [B. **17**, 122 und 448 (1884)], und zwar unter Verwendung von o-Xylylenbromid und Natriummalonester bzw. Natriumacetylentetracarbonsäureester:

$$C_6H_4 \Big\langle {}^{CH_2Br}_{CH_2Br} + \begin{matrix} Na \\ \\ Na \end{matrix} C \Big\langle {}^{COOC_2H_5}_{COOC_2H_5} \rightarrow C_6H_4 \Big\langle {}^{CH_2}_{CH_2} C \Big\langle {}^{COOC_2H_5}_{COOC_2H_5} \rightarrow$$

$$\rightarrow C_6H_4 \Big\langle {}^{CH_2}_{CH_2} C \Big\langle {}^{COOH}_{COOH} \rightarrow C_6H_4 \Big\langle {}^{CH_2}_{CH_2} C \Big\langle {}^{H}_{COOH} \rightarrow$$

(1894; Inden), bzw.

---

[1] Die hervorragende Eignung des Malonsäureesters zu Synthesen hatte M. Conrad (1848—1920) entdeckt und gemeinsam mit C. A. Bischoff, M. Guthzeit u. a. ausgebaut [A. **204**, 121 (1880 u. f.)]. Vgl. auch S. 102.

$$C_6H_4 \begin{matrix} CH_2Br \\ CH_2Br \end{matrix} + \begin{matrix} NaC\!\!=\!\!(COOC_2H_5)_2 \\ NaC\!\!=\!\!(COOC_2H_5)_2 \end{matrix} \rightarrow C_6H_4 \begin{matrix} CH_2-C\!\!=\!\!(COOC_2H_5)_2 \\ CH_2-C\!\!=\!\!(COOC_2H_5)_2 \end{matrix} \rightarrow$$

$$\rightarrow C_6H_4 \begin{matrix} CH_2-C \\ \\ CH_2-C \end{matrix} \begin{matrix} H \\ COOH \\ COOH \\ H \end{matrix} \rightarrow \quad \text{(1884; Naphthalin).}$$

Damit hatte nun Perkin in kurzer Zeit seinen Plan verwirklicht und durch die Darstellung der fehlenden Tri-, Tetra- und Pentamethylenverbindungen den bisherigen leeren Raum zwischen den aliphatischen und aromatischen Stoffklassen überbrückt. Dazu kam noch die von A. Freund (1882) ausgeführte Darstellung des Trimethylens selbst [das allerdings erst nachher, durch G. Gustavson (1887) und R. Willstätter (1907), rein gewonnen wurde]. Und so schloß sich dann (1885) an dieses Tatsachenmaterial die „Spannungstheorie" Baeyers. Perkin baute das von ihm so erfolgreich erschlossene Gebiet in immer größerer Ausweitung aus, und anläßlich seines (1902 in der D. Chem. Ges. gehaltenen) zusammenfassenden Vortrages [B. **35**, 2091 (1902)] sagte E. Fischer: „Sie haben in fast 20jähriger unermüdlicher Arbeit das Problem der Kohlenstoff-Ringschließung in einer Weise gelöst, die mich an das Märchen von der Wünschelrute erinnert, und im Zusammenhange dargestellt, präsentieren sich die zahlreichen Einzelresultate wie eine neue große und reiche Provinz der organischen Chemie" (B. **35**, 1707). Tatsächlich griffen diese konsequent und systematisch verfolgten Arbeiten in die verschiedenen Problemgebiete hinüber; die Fragen der cis-trans-Isomerie fanden ihre Berücksichtigung bei den Isomerenpaaren: der Tetramethylen-1.2-dicarbonsäure (1887) und Tetramethyl-1.3-dicarbonsäure (1898), der Pentamethylen-1.2-dicarbonsäure (1894), der Hexamethylen-1.3-dicarbonsäure (1891; sie erwiesen sich identisch mit den cis- und trans-Hexahydroisophthalsäuren von Baeyer und Villiger), der Methylhexamethylencarbonsäure (1895, die sich als identisch mit einer reduzierten o-Toluylsäure Markownikows erwies); ebenso stellte die Hexamethylencarbonsäure den Zusammenhang mit der Benzolreihe her, da sie sich als identisch mit Aschans Hexahydrobenzoesäure erwies. Durch seine synthetischen Versuche an bicyclischen Ringen (mit Brückenbildung) wurde Perkin zwangsläufig zu der Campher- und Terpenchemie hingeführt, — Versuche zur Synthese der Camphoron- und Camphersäure (seit 1897, gemeinsam mit J. F. Thorpe), sowie zur Synthese der Terpene (1904—1911), des Sylvestrens (1913 u. f.; mit W. N. Haworth), des Epicamphers (1913, mit J. Bredt) kennzeichnen diese Ausweitung der Untersuchungen Perkins über Ringbildung.

Die Bedeutung und Verbreitung der Cycloparaffine trat auch durch andersgeartete Untersuchungen immer mehr hervor. Die bereits von Glauber (1648) und von Rob. Boyle (1661) angewandte Methode der trockenen Destillation der essigsauren Metall- (Zink- oder Blei-) Salze hatte erstmalig die Bildung eines „subtilen Spiritus" (Glauber) = Aceton erkennen gelehrt. Nach zwei Jahrhunderten stellte A. Williamson fest, daß ganz allgemein bei der Destillation fettsaurer Calciumsalze Ketone gebildet werden [A. 81, 87 (1852)]. Es ist eigentümlich, daß die bewußte Übertragung dieser Methode auch auf die Kalksalze der aliphatischen Dicarbonsäuren bzw. der Bernsteinsäurereihe erst vier Jahrzehnte später erfolgte, dann aber gleichzeitig von ganz verschiedenen Gesichtspunkten aus sich als notwendig erwies und zur Entdeckung der Ringketone führte, diese vermittelten ihrerseits die Isolierung neuer Ringkohlenwasserstoffe (Polymethylene oder Cycloparaffine): Dann aber ist es beachtenswert, daß sowohl die Methode selbst als auch typische Vertreter der Ringketone [„Suberon", von Boussingault (1836) und Tilley (1844) durch Destillation von Korksäure mit Ätzkalk und „Dumasin" oder Essigbrenzöl von Kane (1838) und Heintz (1846) erhalten] bereits jahrzehntelang zum Inventar der organischen Chemie gehörten. Diese bewußte Anwendung der Destillation der Kalksalze der Dicarbonsäuren setzte erst um 1890 ein. Es sei F. W. Semmler [B. 25, 3517 (1892)] genannt, der im Verlaufe seiner Untersuchungen über Campher und Terpene das Problem der Ketopentamethylene (Campherphorone) und Ketohexamethylene (Menthon, Pulegon) bearbeitete und durch Destillation von β-Methyladipinsäure das β-Methylketopentamethylen

$$CH_3 \cdot CH \cdot CH_2 \atop CH_2 \cdot CH_2 \Big\rangle CO$$

darstellte. Das Studium der hydrierten Derivate des Benzols veranlaßte dann A. v. Baeyer [B. 26, 231 (1893)], durch Destillation von Pimelinsäure mit Natronkalk das Ketohexamethylen

$$CH_2 \Big\langle {CH_2 \cdot CH_2 \atop CH_2 \cdot CH_2} \Big\rangle CO$$

zu isolieren. Bei seinen Untersuchungen über die Konstitution der Erdölkohlenwasserstoffe (Naphthene) hatte wiederum W. Markownikow [C. r. 110, 466 (1890); 115, 462 (1892); B. 26, R. 813 (1893)] durch Destillation der Korksäure mit Kalk das Suberon

$$ {CH_2 \cdot CH_2 \cdot CH_2 \atop CH_2 \cdot CH_2 \cdot CH_2} \Big\rangle CO = $$

Ketoheptamethylen erhalten und zu Cycloheptan C_7H_{14} reduziert.

In Fortsetzung seiner stereochemischen Untersuchungen und im Anschluß an die „Spannungstheorie" Baeyers hatte Joh. Wislicenus bereits 1889 die Darstellung der Fünferringketone in Angriff genommen, und zwar durch Destillation der Kalksalze (Gesellsch. d. Wissensch., Bd. 41. Leipzig 1889). Hierbei wurden erhalten:

α-Hydrindon (1899), β-Hydrindon (1889), Adipinketon [Ketopenten, Ketopentamethylen, 1892; ist identisch mit dem Holzöl-Keton „Dumasin" C_5H_8O; vgl. auch D. Vorländer: B. **31**, 1885 (1898)]:

$$C_6H_4{<}{\overset{CH_2}{\underset{CO}{}}}{>}CH_2 \qquad C_6H_4{<}{\overset{CH_2}{\underset{CH_2}{}}}{>}CO \qquad {\overset{CH_2{\cdot}CH_2}{\underset{CH_2{\cdot}CH_2}{}}}{>}CO,$$

aus dem letzteren Pentamethylen selbst, sowie Cyclopenten C_5H_8. Ferner:

$$CH_2{<}{\overset{CH_2{\cdot}CH_2}{\underset{CH_2{\cdot}CH_2}{}}}{>}CO \qquad {\overset{CH_2{\cdot}CH_2{\cdot}CH_2}{\underset{CH_2{\cdot}CH_2{\cdot}CH_2}{}}}{>}CO \qquad CH_2{<}{\overset{CH_2{\cdot}CH_2{\cdot}CH_2}{\underset{CH_2{\cdot}CH_2{\cdot}CH_2}{}}}{>}CO$$

Ketohexamethen Suberon (1890) Azelainketon (1890)
(aus Pimelinsäure, 1890) (aus Korksäure, [Azelaon, s. auch B. 31
   Ketoheptamethen) 1957 (1898)]

[Die zusammenfassende Mitteilung über diese Ringketone und deren Derivate: J. Wislicenus: A. **275**, 309—382 (1893)].

Das zum Azelaon oder Cyclooctanon gehörige Cyclooctan (zuerst von R. Willstätter 1908 dargestellt) wurde nachher direkt aus Azelaon bereitet [N. Zelinsky: B. **63**, 1485 (1930)], nachdem die Destillation des Thoriumsalzes der Azelainsäure eine größere Ausbeute des Azelaons ergeben hatte [L. Ruzicka: Helv. chim. Acta **9**, 339 (1926)]. Einen Vorstoß zum 9 gliedrigen Ring erbrachte die Destillation des sebacinsauren Kalziums: Cyclononanon ${\overset{CH_2{\cdot}CH_2{\cdot}CH_2{\cdot}CH_2}{\underset{CH_2{\cdot}CH_2{\cdot}CH_2{\cdot}CH_2}{}}}{>}CO$ und Cyclononan [N. Zelinsky: B. **40**, 3277 (1907); s. auch R. Willstätter: B. **40**, 3876 (1907)].

Die bisher ausgeführten Synthesen der hochgliedrigen Ringketone waren grundsätzlich wertvolle wissenschaftliche Beiträge zur Prüfung der sog. „Spannungstheorie" auf ihren Geltungsbereich. Einen von der Seite der chemischen Praxis kommenden Anstoß erhielten die hochmolekularen Ketone durch die Entdeckung des „Muscons" $C_{16}H_{30}O$ im Moschus [H. Walbaum: J. pr. Ch. **73**, 488 (1906)] sowie des aus Zibet isolierten Ketons „Zibeton" $C_{17}H_{30}O$ [E. Sack: Chem.-Zeitung **39**, 538 (1914)], beide Ketone waren die Träger der charakteristischen Gerüche.

Die Konstitutionsaufklärung dieser Naturprodukte erfolgte erst in einer neuen Phase der Ringketonforschung, die zugleich auch in systematischer und theoretischer Hinsicht einen Fortschritt brachte. Es war L. Ruzicka, der seit 1926 mit seinen synthetischen Arbeiten die neue Richtung einleitete, indem er das alte klassische Verfahren der Destillation der zweibasischen Kalksalze durch die Destillation der Thorium-(und Yttrium-) Salze der Dicarbonsäuren mit 11 und mehr Kohlenstoffatomen ersetzte: dabei erhielt er erstmalig cyclische Ketone mit 10- bis 30(34)gliedrigem Ring $(CH_2')_{x-2}{<}{\overset{CH_2}{\underset{CH_2}{}}}{>}CO$ [Helv. chim. Acta **9**—17 (1934); Ruzicka: Helv. **17**, 1308], z. B. Zibeton (Ruzicka)

$$\begin{array}{c} CH \cdot (CH_2)_7 \\ CH \cdot (CH_2)_7 \end{array}\!\!\!\diagdown CO \text{ bzw. Muscon} \quad \begin{array}{c} CH_3 \cdot CH \!-\!\!\!-\! CH_2 \\ (CH_2)_{12} \cdot CO \end{array} \text{(K. Ziegler: A. 512,}$$

164).

Einen anderen Weg beschritt K. Ziegler [A. 504, 94 (1933); 511, 1; 512, 164 und 513, 43 (1934); vgl. auch den Vortrag: B. 67 (A), 139 (1934)]; er ging von Dinitrilen aus, mit Phenyläthyllithiumamid als Kondensationsmittel, wobei über Iminonitrile zu Ketonitrilen und (durch deren Verseifung) zu Ringketonen vorgeschritten wurde, z. B. bei der Synthese des Muscons (1934):

$$[CH_2]_{12}\!\!\diagup^{\displaystyle C\!:\!N}_{\displaystyle\diagdown\!\!\begin{array}{c}CH_2C\!:\!N\\CH\cdot CH_3\end{array}} \rightarrow [CH_2]_{12}\!\!\diagup^{\displaystyle C\!:\!NH}_{\displaystyle\diagdown\!\!\begin{array}{c}CH\cdot CN\\CH\cdot CH_3\end{array}} \rightarrow [CH_2]_{12}\!\!\diagup^{\displaystyle C\!:\!O}_{\displaystyle\diagdown\!\!\begin{array}{c}CH_2\\CH\cdot CH_3\end{array}}.$$

Ähnlich ein 17-Ring $(CH_2)_{15}\!\!\diagup^{\displaystyle CH_2}_{\displaystyle\diagdown\! CO}$, sowie $(CH_2)_6 \cdot O \cdot \diagup\!\!\diagdown\!\!\diagdown\!\!\diagup O (CH_2)_6$

$$\underset{\displaystyle \overset{\displaystyle C}{O}}{\underline{}}$$

[Ziegler und A. Lüttringhaus: A. 511, 1 (1934)].

Ferner wurden synthetisiert die Ringsysteme

$$O\!\!-\!\!\diagup\!\!\diagdown\!\!-\!\!O$$
$$\underline{}(CH_2)n\underline{}$$

$$\overset{\displaystyle X}{\diagup\!\!\!\diagdown}$$
$$O\!\!-\!\!-\!\!(CH_2)n\!\!-\!\!-\!\!O$$

[Lüttringhaus und Ziegler: A. 528, 155 (1937); Lüttringhaus: ebenda 181], wo X = O bzw. S oder CH_2 bedeutet, n steigt bis $(CH_2)_{10}$; die Abhängigkeit der Ausbeute von dem Lösungsmittel ist erheblich, die Cyclisation steigt an von Benzol < Alkohol < Wasser [Lüttringhaus, B. 72, 887, 908 (1939); s. auch B. 73, 137 (1940)].

Erkenntnistheoretisch bedeutsam war die Feststellung von K. Ziegler, daß eine Grundbedingung für den günstigen Verlauf der Cyclisation eine hohe Verdünnung (zwecks Verringerung der molekularen Zusammenstöße) ist [s. auch Ruggli: A. 392 (1912) und 399 (1913); Carothers: Am. 55, 5044 (1933)].

Bemerkenswert ist die Tatsache, daß der moschusähnliche Geruch auch bei anderen cyclischen (vielgliederigen) Verbindungen vorkommt. So fand M. Kerschbaum [B. 60, 902 (1927)] in den Lactonen

$$(CH_2)_{13}\!\!\diagup^{\displaystyle CH_2}_{\displaystyle\diagdown\! CO}\!\!\diagdown O \text{ (des Angelica-Wurzelöls) sowie}$$

$$O \cdot CH_2(CH_2)_7CH = \overset{\frown}{C}H(CH_2)_5 \cdot CO \text{ (Ambrettolid, im Moschuskörneröl)}$$
$$\underline{}$$

wie nach Moschus riechenden natürlichen Grundlagen. Andererseits diesen J. W. Hill und W. H. Carothers [Am. 55, 5039 (1933)] nach,

daß cyclische Anhydride und Ester mit Ringen aus etwa 14 bis
15 Atomen ebenfalls Moschusgeruch besitzen, z. B.:

$$\text{Anhydride} \qquad \text{Carbonate} \qquad \text{Malonat}$$

$$[CH_2]_x \bigg\langle{}^{CO}_{CO}\bigg\rangle O \qquad [CH_2]_{12}\bigg\langle{}^{O}_{O}\bigg\rangle CO \qquad [CH_2]_{10}\bigg\langle{}^{O-CO}_{O-CO}\bigg\rangle CH_2 .$$

Während die Anhydride sich freiwillig unter Einbuße des Geruchs
polymerisieren, sind die Ester beständig und erhalten den Geruch (ihr
Siedepunkt liegt dabei sehr hoch, etwa 117° bei 3 mm Druck!).

Die Existenzmöglichkeit dieser (nach der Spannungstheorie un-
möglichen) Ringsysteme, die sogar bei hohen Temperaturen beständig
sind, wird durch die theoretischen Ausführungen von H. Sachse
(1890/92) und E. Mohr [J. pr. Ch. (2) **98**, 315 (1918)] verständlich
gemacht, die Ringkohlenstoffatome liegen nicht in einer Ebene,
sondern sind räumlich zu Systemen mit geringer Spannung angeordnet:
experimentelle Stützen für die Sachse-Mohr-Theorie hatte schon
J. Böeseken [mit H. G. Derx: Rec. Trav. chim. **39** (1920) bis **41** (1922)]
beigesteuert. Im Einklang mit dem spannungsfreien und multiplanaren
Bau dieser Riesenringe Ruzickas steht auch deren Verbrennungswärme, wobei (von 10 Ringgliedern aufwärts) auf jede CH_2-Gruppe
rund 157 kcal. entfallen, also übereinstimmend mit dem bei aliphatischen
Verbindungen gefundenen Wert [L. Ruzicka und P. Schläpfer:
Helv. chim Acta **16**, 162 (1933)].

Die Darstellung eines Cyclodekans
$$\begin{matrix} CH_2-CH_2-CH_2-CH_2-CH_2 \\ | \qquad\qquad\qquad\qquad\qquad | \\ CH_2-CH_2-CH_2-CH_2-CH_2 \end{matrix}$$
(Schmelzp. 9,6°) ist W. Hückel [gemeinsam mit A. Gercke und
A. Groß: B. **66**, 563 (1933)] gelungen; die Verbrennungswärme für
eine CH_2-Gruppe betrug auch hier 158,6 kcal und sprach für die
Spannungslosigkeit dieses Ringsystems. Eigenartige bicyclische
Systeme haben auf verschiedenen Wegen O. Diels und K. Alder
[A. **478**, 137 (1930)] bzw. K. Alder und G. Stein [A. **514**, 13 (1934)]
sowie G. Komppa [B. **68**, 1267 (1935)] synthetisiert, und zwar in
dem bicyclo-[2.2.2]-Octanon und -Octan:

$$\begin{matrix} CH_2-CH-CH_2 & & CH_2-CH-CH_2 \\ | \quad\; CH_2 \;\quad | & & | \quad\; CH_2 \;\quad | \\ | \quad\; CH_2 \;\quad | & \xrightarrow{\text{reduziert}} & | \quad\; CH_2 \;\quad | \\ CH_2-CH-CO & & CH_2-CH-CH_2 \end{matrix}$$

Der Kohlenwasserstoff schmilzt bei 168° und ist äußerst flüchtig.

Betrachtungen über die Ringspannung sowie über die Energieverhältnisse liegen vor von K. Alder und G. Stein [B. **67**, 613 (1934)],
Verbrennungswärmen von W. A. Roth und G. Becker (B. **67**, 627)
und J. Pirsch [vgl. B. **67**, 1303 (1934)] vor. Die Aussagen des Raman-

Spektrums in Beziehung zur Spannungstheorie hat K. W. F. Kohl-rausch [mit R. Seka: B. 69, 729 (1936)] ausgewertet.

Eigenartige Ringsysteme mit Sauerstoff als Ringglied haben auch M. Stoll und W. Scherrer [Helv. chim. Acta 19, 735 (1936)] durch Destillation des Ceriumsalzes der Dicarbonsäure $HOOC \cdot (CH_2)_4 \cdot O \cdot (CH_2)_{10} \cdot COOH$ synthetisiert:

$$O \Big\langle {{(CH_2)_4} \atop {(CH_2)_{10}}} \Big\rangle CO \xrightarrow{\text{reduziert}} O \Big\langle {{(CH_2)_4} \atop {(CH_2)_{10}}} \Big\rangle CH_2 .$$

(Das Oxyketon besitzt einen starken, wenn auch modifizierten Moschusgeruch.)

Die klassischen aromatischen Ringe. Benzol.

„Für den einen Gedanken der Benzoltheorie gebe ich alle meine experimentellen Arbeiten her." A. W. Hofmann.

Die Benzolformel Kekulés zeigt die Eigenart, daß sie in präpara-tiver und technischer Beziehung zu gewaltigen Erfolgen hingeführt, in theoretischer Hinsicht aber immer wieder zu neuen Bedenken, Vorschlägen, Abänderungen und Hypothesen Anlaß geboten hat[1]). Die „zentrische Formel" des Benzols hatte A. Baeyer [A. 245, 120 (1888)] vertreten, gleichzeitig auch den in die Zukunft weisenden Satz geprägt: „Der Kohlenstoff im Benzol ist dreiwertig." Für eine solche Formulierung waren Armstrong (1887) sowie Marsh (1888), auch Loschmidt (1890) eingetreten, und von Erlenmeyer jun. (1901) wird sie für das beste Benzolmodell erklärt. Ein anderes räum-liches Bild vertrat Vaubel (1891) bzw. schlug Chicandard (1901) vor, während J. Thiele [A. 319, 136 (1901)] seinerseits das Modell von Sachse (1888) für das geeignetste hält. In einer kritischen Behandlung der „Stereochemie des Benzols" kommt C. Graebe zu dem Ergebnis, daß keines der genannten Modelle den Tatsachen so gut Rechnung trägt, wie das Kekulésche Modell [B. 35, 526 (1902)]. Die Frage über die Identität der 1.2- und 1.6-Stellung, die Kekulé durch die Oszilla-tionstheorie erklärt, deutet Graebe dahin um, daß je nach der Natur der Substituenten zuerst die eine oder die andere Stellung eingenommen und nachher durch Verschiebung der doppelten Bindung die stabile Form erreicht wird.

Von den verschiedenen nichtsterischen Erklärungsversuchen für die Wirkung der o-Substituenten seien einige erwähnt. Rich. An-schütz (1906) hat gefunden, daß die phenolische Hydroxylgruppe o-substituierter Salicylsäuren mit Phosphorpentachlorid nicht reagiert, während gleichzeitig die Carboxylgruppe angegriffen wird, es entsteht

---

[1]) Man vgl. z. B. die zahlreichen Benzolmodelle in G. Wittigs Stereochemie, S. 157 u. f. 1930.

$C_6H_3X \cdot (OH)COCl$; er nimmt an, daß zwischen dem Chlor des Säure-chlorids und dem Phenolwasserstoff eine Nebenbindung von „nicht zu vernachlässigender Stärke" sich ausbildet und dadurch die HO-Gruppe schützt. Andererseits verlegt J. v. Braun (1918) die Wirkung des o-Substituenten in die unmittelbare Beanspruchung der Valenz des Nachbaratoms. Wiederum anders valenzchemisch deutet K. v. Auwers (1926) diese Erscheinungen, indem er das Thiele-Wernersche Prinzip der wechselnden Valenzbeanspruchung bzw. eine Valenz-verteilung im Molekül benutzt. Denkbar erscheint auch die von Vávon (1926) herangezogene Deutung, daß z. B. von den beiden Valenzen eines doppeltgebundenen Atoms (z. B. O $\langle$) die eine vom Nachbaratom etwa eines Ringsystems anders beansprucht und sterisch behindert wird als die zweite Valenz. Im Zusammenhang mit andersgearteten Vorstellungen über die Natur der Valenz selbst sind die Deutungs-versuche von H. Kauffmann (1907) und Joh. Stark (1908) sowie H. Pauly [J. pr. Ch. (2) **98**, 106 (1918)], die ein übereinstimmendes ebenes Benzolmodell auf Grund der Elektronentheorie konstruieren. Auf Grund der Verbrennungswärmen hatte Stohmann (1893) erklärt: „Im Benzolkern können nicht drei gleichwertige Doppelbindungen vorhanden sein." Und nach M. F. Barker (1925) können die thermo-chemischen Daten Stohmanns und Roth-Auwers für Benzol und teilweise hydrierte Benzole am besten durch die Prismenformel er-klärt werden. Durch Beweismittel chemischer Art haben W. H. Mills und Nixon (1930) wiederum die Kekulésche Formel mit den alter-nierenden Doppelbindungen gestützt (Soc. **1930**, 2510); zu einer nahezu fixierten o-Bindung führten auch die Versuche von W. Baker und Lothian (Soc. **1935**, 628).

D. Vorländer hat [B. **52**, 263, 274 (1919)] im Zusammenhang mit seiner „Lehre von den innermolekularen Gegensätzen" auch eine Theorie des Benzols mit wechselnden positiv-negativen Gegen-sätzen bzw. Spannungen entwickelt, je nach den positiven und nega-tiven Radikalen am Benzolkern (positive Radikale sind Nitrogruppe

und Carbonyl bzw. Carboxyl) z. B. $\overset{+\,-}{NO_2}$ Nitrobenzol, dagegen $\overset{-\,+}{NH_2}$ Anilin.

Dann hat A. v. Weinberg das Benzolproblem einer eingehenden Untersuchung unterzogen [B. **52**, 928, 1501 (1919); **53**, 1353 (1920); **54**, 2168, 2171 (1921)]; nach Umwertung der thermischen Werte (Verbrennungswärme, Dissoziierungsarbeit usw.) und unter der An-nahme, „daß bei der Doppelbindung je zwei Valenzen eines Atoms zwei Valenzen eines Nachbaratoms infolge einer oszillierenden Bewegung der Atomkerne abwechselnd sättigen oder zu sättigen suchen", gelangt er zu einer kinetischen Benzolformel; aus dieser Theorie der intramolekularen Bewegungen leitet er auch eine symmetrische Naphthalin- und Anthracenformel ab.

C. K. Ingold [Soc. 121, 1133 (1922)] legt der Deutung des Benzols eine Intra-ringtautomerie, d. h. eine dynamische Auffassung des Moleküls zugrunde und gibt das folgende Bild:

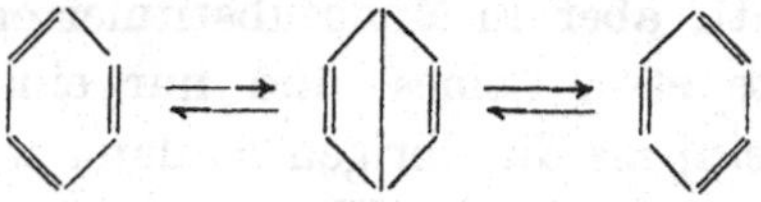

I und Ia sind Kekulés (Oszillations-) Formeln, II ist de Dewarsche Formel.

Hiernach stellt Benzol (und Derivate) ein Gemisch von Tautomeren dar. Nach der „Resonanztheorie" kommen L. Pauling und G. W. Wheland [J. chem. Phys. 1, 362 (1933)] zu dem Ergebnis, daß von solchen Dewar-Strukturen im Benzolmolekül etwa 7,5% vorhanden seien. Andererseits führt die Anwendung des Parachors auf das Benzolmolekül zu der Kekuléschen Formel I, gleichzeitig aber auch zu einer Formulierung mit Elektronentripletts [S. Sugden und H. Wilkins: Soc. 127, 2517 (1925)]. W. O. Kermack und R. Robinson hatten auf der Grundlage der Elektronentheorie die folgenden Symbolisierungen (A mit Tripletts, B nach Kekulés Formel) aufgestellt, wobei infolge von Vibrationen ein Übergang oder Gleichgewicht durch Elektronenbewegung von A → B stattfinden kann [Soc. 121, 437 (1922)]:

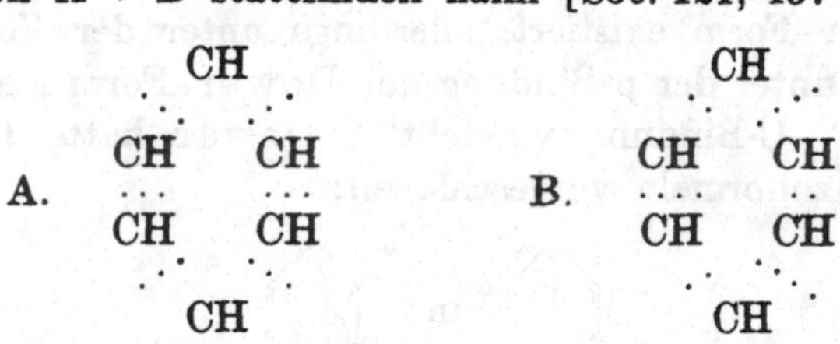

R. Reinicke [Z. El. 35, 878 (1929)] konstruierte ein Raummodell des Benzols, das hochsymmetrisch, mit lauter gleichwertigen Kohlenstoffen und Wasserstoffen ist; für das Naphthalinmodell ergeben sich daraus Ungleichheiten in den beiden ortho-kondensierten Ringen.

Debye folgert unter Bezugnahme auf die Ergebnisse der Untersuchungen mit interferometrischen Methoden: „Für das Benzolmolekül, und besonders schön bei Hexachlorbenzol, kann nachgewiesen werden, daß der Sechsring eben ist und dem Kohlenstoffring im Graphit und nicht dem im Diamant entspricht. Das drückt sich auch in dem C—C-Abstand selbst aus, der in aliphatischen Verbindungen 1,54 Å, dagegen in aromatischen Verbindungen 1,41 Å beträgt. Noch kleiner wird dieser Abstand bei Doppel- oder gar Dreifachbindungen" [Z. angew. Ch. 50, 9 (1937)].

Die modernen physikalischen Methoden führen aber nicht einheitlich zu dem klassischen Benzolschema von Kekulé. Die hexagonale Symmetrie des Benzols soll — nach den Raman-Spektren (Weiler, 1934) — trigonal sein.

Dadieu und Kohlrausch [B. 63, 267 (1930)] hatten im Benzol eine Raman-Frequenz bei 2920 gefunden, die sonst nur bei aliphatischer C—H-Bindung auftritt, aber in Monosubstituierten des Benzols verschwindet (es könnte etwa „eines, und nur eines, der 6 H-Atome lockerer gebunden [sein] als die übrigen 5; dann wird sich jeder Substituent an dieser Stelle kleinsten Widerstandes ansetzen"). In Zusammenfassung aller Beobachtungen hatte dann Kohlrausch ausgesprochen, daß die Erfahrungen an den Raman-Spektren von Benzol und etwa 280 seiner Derivate sich nur dann untereinander vereinbaren lassen, wenn dem Ring selbst hexagonale Symmetrie zugeschrieben, die Kekulésche Formulierung mit trigonaler Symmetrie also ausgeschlossen wird [B. 69, 527 (1936)]. Aus Betrachtungen der inneren Energieverhältnisse stellt sich O. Schmidt [B. 67, 1882 (1934)] das Benzol „als einen Ring von 6 Kohlenstoffatomen vor, in dessen Innern komplanar ein Ring von 6 B-Elektronen eingelagert ist. Dieser Ring ist durch die Kopplung von Elektronenpaaren entgegengesetzten Spins in o- und p-Stellung zusammengehalten". E. Clar wiederum folgert aus den Absorptionsspektren (B. 69, 607. Aromatische Kohlenwasserstoffe, 20. Mitteil. 1936), daß die von ihm gefundene Gesetzmäßigkeit nur dann möglich ist, „wenn Benzol in der Kekulé- und in der Dewar-Form existiert, allerdings unter der Voraussetzung, daß man sich unter der p-Bindung der Dewar-Form keine normale aliphatische C—C-Bindung vorstellt". Dewar hatte (1866/67) die folgenden Benzolformeln vorgeschlagen:

Die Struktur eines ebenen Sechsecks ergibt sich auch aus der Nichtspaltbarkeit von Benzolderivaten in optische Antipoden, — andererseits wurde auf Grund der Röntgenaufnahmen für das im Kristallgitter gebundene Benzolmolekül auf eine leicht gewellte Form des Sechsrings geschlossen [W. H. und W. L. Bragg: Soc. 121, 2783 (1922); E. C. Cox, 1928; s. auch H. Mark: B. 57, 1826 (1924)]. Speziell das Braggsche Benzolmodell stellte eine Art Wannenform dar. Doch die jüngst von P. L. F. Jones [Trans. Farad. Soc. 31, 1036 (1935)] am dampfförmigen Benzol durchgeführten Untersuchungen nach der Elektronendiffraktions-Methode erwiesen sich wiederum im Einklang mit der Vorstellung eines ebenen Moleküls mit regulärer hexagonaler Struktur des C_6H_6-Kerns. Jedoch aus energetischen Betrachtungen glaubte W. G. Penney (1934) zu dem Schluß berechtigt zu sein, daß das C_6H_6-Molekül leicht „gebuckelt" (buckled) wäre.

Auch nach R. Kremann (1936) deuten alle physikalischen Methoden auf die Ausgeglichenheit der Benzolformel hexagonaler Symmetrie und nicht auf die starre Kekulé-Formel mit trigonaler Symmetrie hin [Naturwiss. **40**, 635 (1936)].

Aus dem Ultrarotspektrum von C_6D_6 schlossen Barnes und Brattain (1935) auf ein ebenes symmetrisches Benzolmolekül, und ebenso folgerte J. Lecomte (1937) aus dem Infrarotspektrum des Benzols, daß eine tri- oder hexagonale Symmetrie vorliege. Die eingehende experimentelle Messung von Raman-, Infrarot-, Fluorescenz- und Resonanz-Emissionsspektren von C_6H_6 und C_6D_6 führte C. K. Ingold, C. L. Wilson und Mitarbeiter (Soc. **1936**, 912—987) zu dem Ergebnis, daß am meisten ein ebenes, reguläres, hexagonales Modell dem physikalischen Verhalten entspricht. Auf Grund der neuen Quantentheorie gibt E. Hückel [Z. f. Elektrochem. **43**, 758 (1937)] für den Grundzustand des Benzolmoleküls an, „daß beide Strukturen K_1 und K_2 gleichzeitig in gleichem Betrage" vorhanden sind, „daneben sind dann noch, ebenfalls in untereinander gleichem Maße, aber in geringerem Betrage als die Kekulé-Strukturen, die drei Dewar-Strukturen im Grundzustand des Moleküls enthalten":

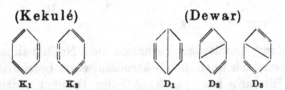

(Kekulé)   (Dewar)

K_1 K_2 D_1 D_2 D_3

Schon G. B. Bonino [Gazz. **65**, 371 (1935); s. auch B. **71** (A), 139 (1938)] gelangte aus dem vergleichenden Studium der Spektren (unter Einschluß der infraroten und Raman-) und der Aussagen der Quantenmechanik zu dem Ergebnis, daß es noch kein Strukturbild des Benzols gibt, das gleichzeitig annehmbar vom physikalischen Standpunkt und zweckdienlich für die Wiedergabe des chemischen Verhaltens der cyclischen Verbindungen wäre. Man wird aus dieser historischen Übersicht schließen müssen, daß ungeachtet aller im verflossenen Halbjahrhundert aufgewandten „chemischen Philosophie" und modernen „chemischen Physik" das Benzolmolekül ein großes Rätsel ist; nach wie vor wird aber der präparative Chemiker das Benzolsechseck Kekulés benutzen, wohl wissend, daß es nicht alles „erklärt", sondern daß es am meisten zur Lenkung und Klärung des chemischen Geschehens an der Stoffart „Benzol" beigetragen hat, — in theoretischer Hinsicht bleibt der Benzolring ein „chemisches Paradoxon".

Naphthalin und Anthracen.

Auch der Naphthalindoppelring hat ein reichliches Maß von Kopfzerbrechen bereitet.. Neben die zuerst von E. Erlenmeyer sen. (1866) aufgestellte und von C. Graebe (1869) begründete Strukturformel I, die aus spektrochemischen Gründen in II umgeändert werden kann (Auwers, 1923), sind nacheinander getreten: die „zentrische" Formel III von E. Bamberger (1890) und die Formel IV von H. E. Armstrong (1890 u. f.), von J. Thiele (1899) die Formel V, von C. Harries (1905) und R. Willstätter (1911) die Formel VI:

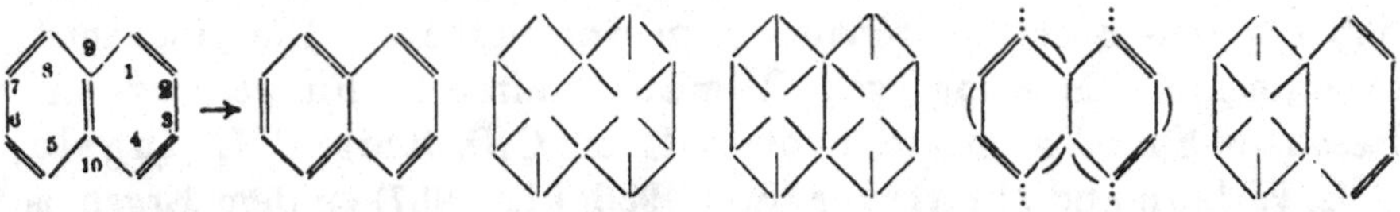

Gelegentlich waren noch andere Symbole vorgeschlagen worden, z. B. die Formel VII von A. Claus (1882), die Formel VIII von Berthelot und Ballo (1888), die Formel IX von F. Wreden (1876):

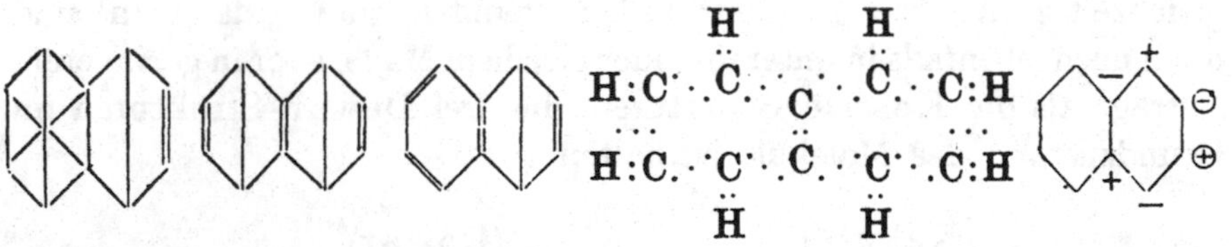

Die aus dem chemischen Verhalten des Naphthalins abgeleitete Struktur hat nachher auch die Elektronentheorie beschäftigt. Für die aromatische Bindung bzw. für Naphthalin (Benzol, Anthracen usw.) wurde von J. Stark (1910), dann unabhängig von Kermack und Robinson [Soc. 121, 438 (1922)] eine symmetrische Elektronenverteilung zugrunde gelegt und mit Dreierbindungen (in den Außenseiten, und nur an den mittelständigen C:C-Atomen eine Zweierbindung) die Elektronenformel X entworfen; wegen des instabilen Elektronensystems an diesen zentralen 9.10-C-Atomen muß eines derselben stark positiv sein, daher die Formel XI.

Eine Überprüfung der Struktur des, Naphthalins vom Standpunkt der chemischen Reaktionen haben L. F. Fieser und W. C. Lothrop [Am. 57, 1459 (1935)] durchgeführt, mit dem Ergebnis, daß die klassische symmetrische Formel I am ehesten mit den Versuchen übereinstimmt.

Die Röntgenanalyse hat für Naphthalin und Anthracen ebene Sechsringe mit einem Abstand der C-Atome von 1,41 Å (also wie im Benzol) ergeben (J. M. Robertson, 1933). Die früheren Messungen (1930) hatten auf eine Zickzackstruktur des Naphthalins hingewiesen, ebenso ergaben Dipolmessungen ein positives Dipolmoment. Eine Wiederholung der Messungen hat aber für Naphthalin sowie für 2,6-Dichlor-naphthalin das Dipolmoment ~ 0 ergeben [J. W. Williams und Mitarbeiter: Am. **53**, 2096 (1931); N. Nakata: B. **64**, 2059 (1931)]. Auch G. C. Hampson und A. Weißberger (Soc. **1936**, 393) fanden für 1,5- sowie 2,6-Dichlor-naphthalin das Dipolmoment = 0. Die symmetrische Struktur (Formelbild I) des Naphthalins steht auch im Einklang mit den Befunden von K. W. F. Kohlrausch [B. **68**, 893 (1935)] auf Grund des Ultrarot- sowie des Raman-Spektrums. Ähnliches ergaben auch die Monosubstitutionsprodukte: J. Lecompte: J. Physique Radium (7) **10**, 423 (1939). Ein Vergleich der Ultraviolettspektren und der refraktometrischen von Naphthalin und o-Divinylbenzol erwies eine große Ähnlichkeit im optischen Verhalten und also auch im Bau:

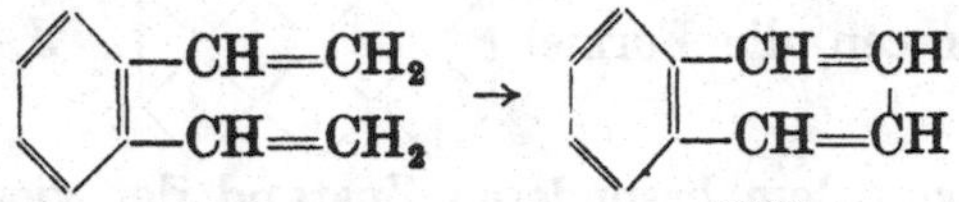

XII.   XIII.

[K. Fries und H. Bastian: B. **69**, 713 (1936).]

Nach W. N. Ufimzew [B. **69**, 2188 (1936)] weisen aber die chemischen Vorgänge auf ein Gleichgewicht zwischen den beiden Formeln I und II (s. oben) hin.

Die genauen Auswertungen der interatomaren Distanzen im Naphthalin ergeben das folgende Bild (J. M. Robertson: Soc. **1938**, 136):

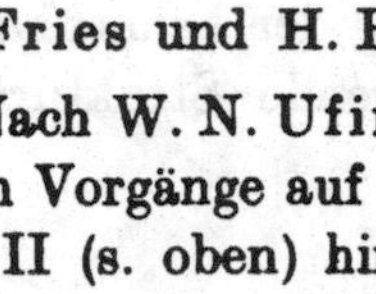

Pauling, 1933. 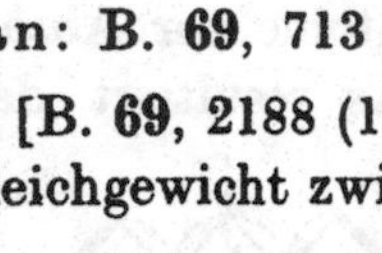   Sherman, 1934. 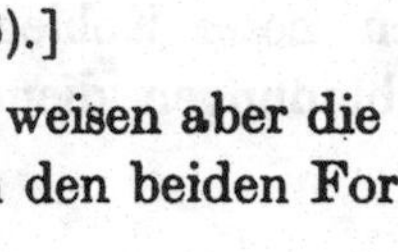   Penney, 1937.

E. Clar [B. **64**, 1676, 2196 (1931)] schreibt dem Anthracen die Neigung als Biradikal zu, indem es sich durch das Auftreten freier Valenzen an den 9- und 10-Stellungen (auch in den entsprechenden [,,Meso-"] Derivaten) auszeichnet. Während O. Diels und K. Alder [A, **486**, 191 (1931)] die Ergebnisse der Anlagerung von Maleinsäureanhydrid an Anthracen im Einklang finden mit dem Verhalten eines typischen ,,Diens", entsprechend den Formeln I oder II[1]), gelangt Clar [s. auch B. **65**, 503 (1932)] zu der Annahme einer Gleichgewichtsformel zwischen diesen Symbolen und einer Radikalformel III:

[1]) 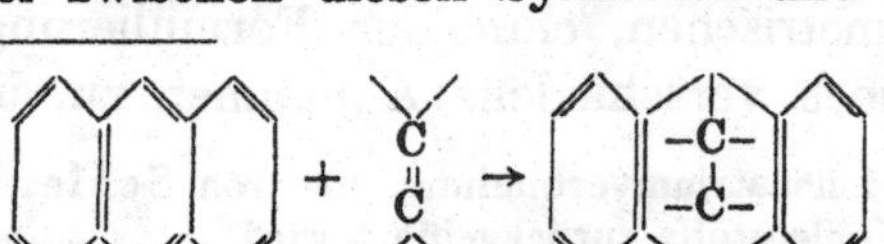 [Vergl. a. O. Diels, B. **69** (A), 196, 1936.]

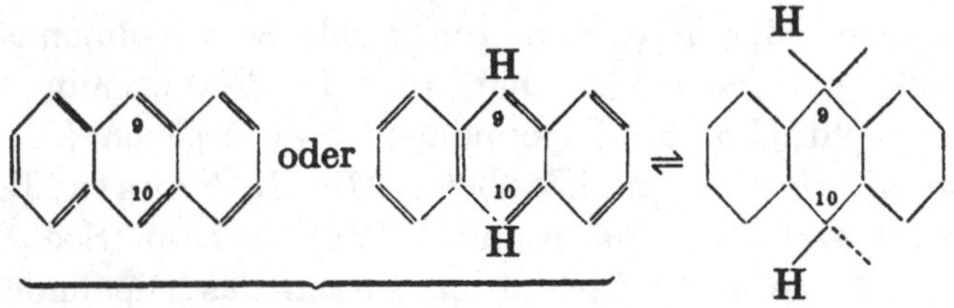

I.   II.   III.
Armstrong, 1890   (Hinsberg, 1901)   Clar, 1931

Die „orthochinoide" Konfiguration Armstrongs wird auch durch die spektrochemischen Befunde gestützt (K. v. Auwers, 1920 u. f.). Auch die leichte Anlagerung von Natrium an 9,10-C-Atome spricht für diese Struktur [W. Schlenk: B. 47, 479 (1914)] [1].

Unter der Annahme von „potentiellen Valenzen", die den besonderen aromatischen Zustand hervorrufen, erteilt E. Bamberger (1890 u. f.)

z. B. dem Anthracen die Formel 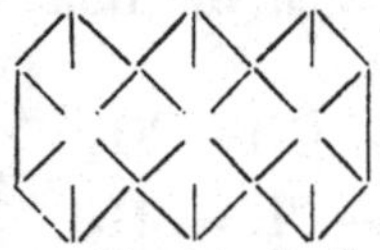 . J. Thiele (1899)

wiederum geht von dem besonderen Zustand der vierten Valenz an den 9,10-Kohlenstoffatomen aus und läßt einen Teil der Partialvalenzen dieser Kohlenstoffatome zur Absättigung der benachbarten Doppelbindungen dienen. Es resultiert das folgende Strukturbild:

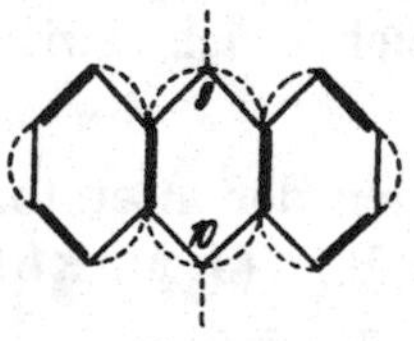

Aus Messungen der Absorptionsspektren von Anthracen schließt K. Lauer (1936) auf die 9,10-Stellungen als Angriffspunkte der Induktionswirkung der Lösungsmittel.

Eine Elektronenformel für Anthracen (wie für Benzol, Naphthalin usw.) gab zuerst J. Stark (1910); in moderner Schreibweise ist sie von Robinson (1922) etwas geändert mit Elektronentripletts wiedergegeben:

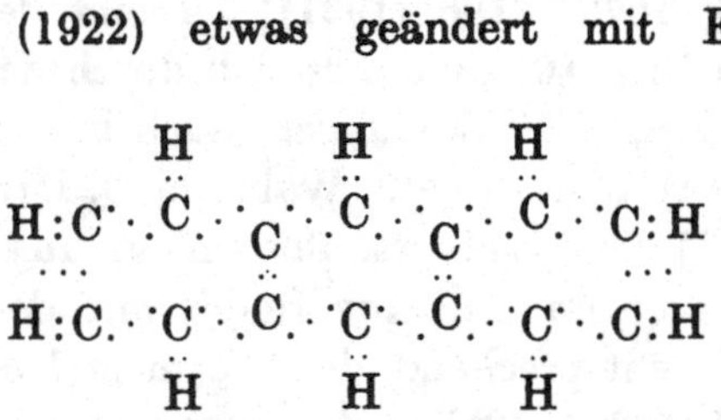

R. Scholl [B. 67, 1230 (1934)] spricht sich gegen „die noch ziemlich allgemein benutzten plansymmetrischen, chinoiden Formulierungen" aus, das „läßt aber immer noch verschiedene Annahmen zu, unter

---

[1] Zuerst entsteht eine blaue Mononatriumverbindung, die von Schlenk auf die Bildung eines dreiwertigen Kohlenstoffs zurückgeführt wird.

anderem auch die ... Auffassung, daß die aromatische C—C-Bindung durch 3 Elektronen gebildet wird".

Auf Grund der Resonanztheorie (Elektronenpaar-Oszillationen) bzw. des Mesomeriebegriffes stellt B. Eistert [B. 69, 2398 (1936)] das folgende Mesomeriebild des Anthracens auf:

(Der Strich / bedeutet ein unverbundenes Elektronenpaar.)

Die vom chemischen Standpunkt durchgeführte Prüfung der Strukturformeln des Anthracens hat L. F. Fieser und W. C. Lothrop [Am. 58, 749 (1936)] zu der alten klassischen Formulierung mit den Kekuléschen Benzolringen zurückgeführt, wobei sie der obigen Armstrongschen Formulierung II den Vorzug geben; damit nehmen sie wieder den Standpunkt ein, zu dem einst Hinsberg (1901), K. H. Meyer (1911), R. Scholl (1908), W. Schlenk (1914) u. a. durch chemische Momente gelangt waren.

Viertes Kapitel.

Lagerung der Atome im Raume (Stereochemie)[1]).

> „Die Strukturformeln der Stereochemie geben in so wundervoller Weise das chemische Verhalten der dargestellten Substanzen wieder, daß auch der Physiker nicht daran zweifeln kann, daß hier in der Tat die wirkliche Architektur des Atomaggregates in den wesentlichen Zügen dargestellt ist."
>
> P. Debye, Struktur der Materie. 1933.
>
> „Als allgemeines Ergebnis der vorstehenden Ausführungen möchte ich hervorheben, daß die besprochenen physikalischen Methoden neben einer Präzisierung eine glänzende Bestätigung der auf rein chemischem Wege zuerst gewonnenen Ansichten über den räumlichen Bau der Moleküle geliefert haben."
>
> P. Debye, Nobelvortrag 1936 [Z. angew. Ch. 50, 3 (1937)].

Die wissenschaftliche Reichweite chemischer Intuition und chemischer Experimentalforschung auf dem Gebiete des räumlichen

---

[1]) Zur Literatur über die Stereochemie seien genannt:

1. aus der älteren Zeit die beiden klassischen Werke: J. H. van't Hoff: Lagerung der Atome im Raume, 2. Aufl. 1894; 3. Aufl. 1908, und A. Werner: Lehrbuch der Stereochemie. 1904; dann auch die umfangreiche Zusammenfassung von C. A. Bischoff und P. Walden: Stereochemie. 1893/94.

2. aus der letzten Zeit: G. Wittig: Stereochemie. 1930; St. Goldschmidt: Stereochemie. 1933; F. M. Jaeger: Lectures on the Principle of Symmetrie. 1920; insbesondere die grundlegende Enzyklopädie: K. Freudenberg: Stereochemie. 1933.

Baues der Moleküle kann nicht besser bewertet und bemessen werden, als durch die voranstehende Beurteilung von seiten eines führenden Atomphysikers. Dieses Urteil gilt einem Gedankenbild, das vor sechs Jahrzehnten als eine Phantasterei abgelehnt, bespöttelt wurde, inzwischen aber — mit dem Fortschreiten der chemisch-wissenschaftlichen Erschließung der organischen Naturstoffe — eine zentrale Stellung sich gesichert hat.

Wenn einst — nach H. Kolbe — eine Stereochemie undenkbar war und Probleme betraf, „welche wohl niemals gelöst werden", so ist heute eine Chemie ohne Stereochemie undenkbar, denn gerade die jüngste und an Überraschungen so reiche Erforschung der organischen Naturstoffe und die Biochemie erweisen die engste Verknüpfung von Wirkungen der lebenden Zelle und stereochemischem Bau der organischen Verbindungen. Der lebende Organismus ist der hervorragendste Synthetiker und Stereochemiker, der mit Vorliebe gerade die optisch-aktiven Stoffe für seine Zwecke aufbaut: sterische Spezifität kennzeichnet die Zelle, wie die Enzyme (Fermente, Biokatalysatoren). Das Reich des Lebens und der geheimnisvoll in den winzigsten Mengen gewaltige biologische Leistungen auslösenden „Wirkstoffe" scheint nach Ursache und Wirkung bedingt zu sein durch stereochemische Faktoren.

Von zwei jungen wissenschaftlichen Romantikern — dem 22jährigen J. H. van't Hoff und dem 27jährigen J.-A. Le Bel — ersonnen, hat die stereochemische Theorie vornehmlich durch die jüngere Generation chemischer Meister ihre Prüfung, ihren Ausbau und ihre Erweiterung erfahren; es seien nur genannt: seit 1877 Joh. Wislicenus (42jährig) und H. Landolt (46jährig), seit 1884 Emil Fischer (32jährig) und O. Wallach (37jährig), seit 1885 A. Baeyer (50jährig), seit 1887 V. Meyer (39jährig) und K. Auwers (24jährig), seit 1889 A. Werner (25jährig), A. Hantzsch (37jährig).

Demgegenüber ist es chemiegeschichtlich erwähnenswert und für die Biologie großer Chemiker kennzeichnend, daß gerade die Schöpfer

3. Historische Überblicke gab P. Walden: Fünfundzwanzig Jahre stereochemischer Forschung. Naturwiss. Rundschau 15, Nr. 12—16 (1900).
Fünfzig Jahre stereochemische Lehre und Forschung. B. 58, 237 (1925).
Vergangenheit und Gegenwart der Stereochemie. Naturwiss. 18, Nr. 15 u. f. (1925).
4. Versuche zur Umbildung der klassischen Stereochemie lieferten u. a.:
E. Knoevenagel: Entwicklung der Stereochemie zu einer Motochemie, 1907;
A. v. Weinberg: Kinetische Stereochemie der Kohlenstoffverbindungen, 1914;
A. Schleicher: Formale Stereochemie, 1917; K. Weißenberg: Geometrische Grundlagen der Stereochemie. B. 59, 1526 (1926) [vgl. dazu W. Hückel: B. 59, 2826 (1926)]. Zur Stereochemie ringförmiger Gebilde: insbesondere H. Sachse (1890 u. f.) und E. Mohr (1903; 1918 u. f.). Über „dynamische Stereochemie" vgl. H. Erlenmeyer: Helv. chim. Acta 13, 731 (1930).
5. Die stereochemische Wirklichkeit des in der dreidimensionalen Welt wirkenden Experimentalchemikers verschwindet in der höheren vierdimensionalen Welt, da in dieser die optischen Antipoden und ihre entgegengesetzten Drehungen identisch werden sollen [Chem. News 131, 373 (1925)].

und Vertreter der klassischen organischen Chemie so wenig Anteilnahme für das Wesen und die Entwicklung der neuen Richtung bezeugten, so z. B. A. Butlerow (gestorben 1886) und A. Kekulé (gestorben 1896), oder A. W. Hofmann (gestorben 1892) und F. Beilstein (gestorben 1906), oder Pasteur (gestorben 1895), Dumas (gestorben 1884) und Wurtz (gestorben 1884), — dabei waren gerade Pasteur, Butlerow, Kekulé die Vorbereiter dieser Neuorientierung der Chemie gewesen.

Aus den früheren Lebensdaten der Stereochemie seien kurz die folgenden erwähnt:

1879 erscheint H. Landolts Buch „Das optische Drehungsvermögen";

1884 beginnt E. Fischer seine Zuckersynthesen und O. Wallach seine Campher- und Terpenforschungen;

1885 stellt A. Baeyer in Erweiterung der van't Hoff-Le Bel-Theorie seine „Spannungstheorie" auf [1]);

1887 veröffentlicht Joh. Wislicenus seine Untersuchungen über „die räumliche Anordnung der Atome in organischen Molekülen und ihre Bestimmung in geometrisch-isomeren ungesättigten Verbindungen", — Lossen, A. Michael widersprechen den Folgerungen von Wislicenus, und Michael lehnt die van't Hoffsche Lehre ab [J. prakt. Chem. 46, 400 und 424 (1892) und 52, 308, 365];

1888 gibt A. Baeyer seine Untersuchungen über die Konstitution des Benzols bekannt; aus dem Begriff der „relativen Asymmetrie" entwickelt er für die Hexahydroterephthalsäuren eine der Malein- und Fumarsäure ähnliche cis- und trans-Isomerie (A. 245, 103); gleichzeitig beginnt C. A. Bischoff die Prüfung der van't Hoffschen Theorie an synthetisierten symmetrisch substituierten Dialkylbernstein- und -glutarsäuren;

1890 H. Sachse entwickelt spannungsfreie Ringmodelle, insofern die Ringglieder nicht in einer Ebene liegen.

Inzwischen bahnte sich neben der Stereochemie der Kohlenstoffverbindungen noch eine solche des dreiwertigen Stickstoffs an, und zwar ausgehend von der Entdeckung isomerer Oxime (H. Goldschmidt, 1883; E. Beckmann, 1887), für welche V. Meyer und K. Auwers (1888) eine Kohlenstoffisomerie auf Grund einer beschränkten Drehbarkeit um die C—C-Achse vorschlugen. Es waren A. Werner und A. Hantzsch [B. 23, 11 (1890)] die das von J. H. van't Hoff für den zweifach gebundenen Kohlenstoff entwickelte Prinzip auch auf die Doppelbindungen $>C=N-$ und $-N=N-$

---

[1]) Beachtenswert ist der Befund [A. Lüttringhaus und K. Buchholz: B. 73, 136 (1940)], daß in der J. H. van't Hoff geschaffenen Lehre vom regulären Kohlenstofftetraeder dem von A. Baeyer zugrunde gelegten Tetraederwinkel von rund 110° (bzw. 109° 28′) „eine wesentlich höhere Realität zukommt als bisher angenommen wurde, und als auch die Begründer der Tetraederlehre selbst zu erwarten gewagt hatten".

übertrugen und damit ein neues fruchtbares Teilgebiet der Stereochemie begründeten.

Für den fünfwertigen Stickstoff waren seit van't Hoff (1877) wiederholt Raumbilder vorgeschlagen worden (C. Willgerodt, 1888; Behrend, C. A. Bischoff, Vaubel); bemerkenswert war eine Beobachtung LeBels (1891), daß Pilzkulturen das Salz (iso-C_4H_9)-(C_3H_7)(C_2H_5)(CH_3)N·Cl aktiviert hatten (was von anderen Autoren aber nicht reproduziert werden konnte). Einen bündigen Beweis gestattete erstmalig das von E. Wedekind dargestellte asymmetrische Benzyl-phenyl-allyl-methyl-ammoniumjodid, das von W. J. Pope und Peachey [Soc. 75, 1127 (1899)] mittels der Camphersulfosäure (in Acetonlösung) in die optischen Antipoden zerlegt werden konnte. Damit war grundsätzlich die Asymmetrie des fünfwertigen Stickstoffs festgelegt. Den weiteren experimentellen Ausbau hat dann E. Wedekind (1870—1938) in verschiedenen Kombinationen (mit 2 Stickstoffatomen oder N-Atomen mit C-Atom kombiniert usw.) durchgeführt und mit der van't Hoffschen Theorie im Einklang gefunden (vgl. auch seine Monographie: Die Entwicklung der Stereochemie des fünfwertigen Stickstoffs.. (1909) und seine bis 1934 fortgeführten Untersuchungen „über das asymmetrische Stickstoffatom" [60. Mitt.: B. 67, 2007 (1934)].

Einen anderen Typus des optisch-aktiven fünfwertigen Stickstoffs erschloß J. Meisenheimer (1876—1934), indem er (1908, 1922 u.f.) die asymmetrischen Amin-oxyde $R_1R_2R_3$(OH)N·OH bzw. deren α-Bromcamphersulfonate spaltete und die aktiven Kationen [$R_1R_2R_3$(OH)N]$^+$ erhielt; ebenso gelang ihm die Darstellung der analogen optisch aktiven Phosphinoxyde $R_1R_2R_3$P:O [1911; A. 449, 213 (1926)].

Eine kleine Statistik soll zur Veranschaulichung des stofflichen Entwicklungsganges der Stereochemie dienen.

1874 begründete J. H. van't Hoff seine Theorie mit etwa 20 optisch-
   aktiven Verbindungen;

1879 konnte H. Landolt bereits gegen 140 aktive Individuen auf-
   führen (Optisches Drehungsvermögen, 1879);

1898 bei einer Neuauflage dieses Werkes, wurden von ihm schon etwa
   700 optisch-aktive Substanzen registriert;

1904 konnten bereits mehr als 900 aktive Körper gezählt werden
   [P. Walden: B. 38, 348 (1905)].

Und wenn 1874 J. H. van't Hoff für seine Theorie und Stoffinventur nur 11 Seiten seiner holländischen Broschüre bedurfte, umfaßte im Jahre 1933 die von K. Freudenberg herausgegebene Enzyklopädie „Stereochemie, eine Zusammenfassung der Ergebnisse, Grundlagen und Probleme" mehr als 1500 Seiten im Lexikonformat. Wenn einst das Drehungsvermögen nur ganz allgemein, als optischer Indikator des asymmetrischen C-Atoms, gewertet wurde, wobei die

Größe und das Vorzeichen der Rotation eine neben- oder unter-
geordnete Bedeutung hatten, so hat in der Folgezeit das wissenschaftliche Interesse gerade in der optischen Drehung einen besonderen
Anreiz gefunden. Nicht nur ergab das Experiment eine ungeahnte
Spannweite zwischen der Rechts- und Linksdrehung der Stoffe von
$[\alpha] > 0$ bis zu $\pm 2000^0$ und darüber. Nicht nur offenbarte sich der
Einfluß der Natur der am asymmetrischen C-Atom befindlichen Atome
auf die Größe und den Sinn der Drehung, auch die Natur des Lösungsmittels, der Lichtart usw., ja, selbst einfache Substitutionsvorgänge
prägten sich tiefgreifend in der Drehung aus („Waldensche Umkehrung") und verschleierten die Rückschlüsse auf die Konfiguration
der Substitutionsprodukte.

Neue Impulse für die Stereochemie gingen von der Entdeckung neuartiger Tatsachen sowie von der Ausbildung neuer Ideen über die räumlichen Zustände im Molekül aus.

1896 Entdeckung der „Waldenschen Umkehrung" bei Substitutionen
am asymmetrischen C-Atom (P. Walden).

1900 Erstmalige optische Spaltungen einer Sulfoniumverbindung
$R_1R_2R_3 \cdot S \cdot X$ (W. J. Pope).

1900 Erstmalige Spaltung einer Verbindung mit zentralem Metallatom: $R_1R_2R_3Sn \cdot J$ (W. J. Pope).

1904 Asymmetrische Synthesen (W. Marckwald; Al. McKenzie).

1907 Asymmetrische Katalyse (G. Bredig).

1907 Oktaedertheorie und cis-trans-Isomerie der Metallkomplexsalze [A. Werner: B. 40, 58; A. 386, 1 (1912)].

1907 Räumliche Auffassung von Diphenyl- und Naphthalinderivaten,
deren cis-trans-Isomerie gefordert (F. Kaufler: B. 40, 3250 u. f.).

1909 Erste Spaltung des Allentypus; Molekül-Asymmetrie (W. H.
Perkin jun., W. J. Pope und O. Wallach).

1911 Optische Isomerie bei Metallkomplexsalzen [A. Werner: B. 44,
1887 (1911)].

1918 Spannungsfreie Modelle bicyclischer Verbindungen mit cis-trans-
Isomerie; Raummodell des Cyclohexans mit beweglichen Ring-
gliedern [E. Mohr: J. pr. Chem. (2) 98, 315, 322 u. f. (1918);
B. 55, 230 (1921)].

1922 Cis- und trans-Isomerie der Cyclodiole, erste Spaltung des trans-
Cyclohexandiols-1,2 [J. Böeseken und H. G. Derx: Rec. Trav.
chim. P.-B. 41, 334 (1922); B. 56, 2410 (1923)].

1922 Erste optische Spaltung von Diphenylderivaten (J. Kenner
und Christie).

1923 Cis- und trans-Dekahydronaphthalin werden dargestellt (W. Hük-
kel: Nachr. K. Ges. Wiss., Göttingen 1923, 43).

1925 Entdeckung der optischen Spaltbarkeit von Sulfoxyden und Sulfinsäureestern vom Typus $\dfrac{R_1}{R_2}\!\!>\!\!S\!=\!O$ mit dem asymmetrischen Zentralatom, das nur 3 Substituenten trägt [H. Phillips und J. Kenyon, Soc. 127, 2552; 1926, 2079 u. f.].

1926 Erste optische Spaltung heterocyclischer Verbindungen: cis- und trans-Oktahydroacridin gespalten (W. H. Perkin jun. und W. G. Sedgwick: Soc. 1926,' 438).

Eine besondere Stütze für ihre Grundanschauungen über den inneren Bau der Moleküle erfuhr die Stereochemie durch die röntgenographische Strukturbestimmung der kristallisierten Stoffe, wobei neben einer Bestätigung noch eine Erweiterung der chemischen Kenntnisse durch eine intramolekulare Dimensionierung gewonnen wurde. Hinsichtlich des Kohlenstoffs selbst ergab sich, daß im Diamanten eine tetraedrische Anordnung seiner Atome vorliegt, was ihn als Prototyp der aliphatischen Verbindungen bzw. des Tetraedermodells des C-Atoms von J. H. van't Hoff erscheinen läßt: wie im Diamantgitter der Abstand zweier Kohlenstoffatome $1\cdot54\cdot10^{-8}$ cm beträgt, so ist auch in den aliphatischen Ketten der Abstand zwischen benachbarten C-Atomen $1\cdot54\cdot10^{-8}$ cm (W. A. Caspari, 1928). Der Graphit hat eine Sechseckanordnung der Kohlenstoffatome, was wiederum an das Benzolschema Kekulés erinnert, und ebenso wie im Graphit, beträgt auch in den aromatischen Verbindungen der Abstand der Kohlenstoffatome $1\cdot45\cdot10^{-8}$ cm.

Dann war es die Untersuchung der Quarzgitter (R. E. Gibbs, 1926) und der Kaliumchloratgitter (W. H. Zachariasen, 1929); an den beiden optischaktiven Formen des Quarzes ließ sich deutlich die Lagerung der Tetraeder im Sinne einer linksdrehenden bzw. einer spiegelbildlichen rechtsdrehenden Schraubenachse feststellen. Ebenso ließ sich die Lagerung der Atome in den Wernerschen Komplexverbindungen röntgenographisch erschauen und eine Übereinstimmung der Koordinationslehre mit der oktaedrisch-symmetrischen Verteilung (z. B. im Salz K_2PtCl_6; P. Scherrer, 1922; R. W. G. Wyckoff, 1921 u. f.) dartun. Auch für die kein asymmetrisches Kohlenstoffatom besitzenden Spirane ließ sich ein tetragonales Kristallgitter bzw. das Vorhandensein von Schraubenachsen nachweisen, z. B. für das 1-Spiro-5,5-dihydantoin (W. J. Pope; J. D. Bernal, 1931). Vgl. auch den chemischen Beweis für die tetraedrische Gruppierung um das asymmetrische N-Atom, W. H. Mills: Soc. 127, 2507 (1925).

„Der Zufall, dieser große Förderer aller physikalischen Neuheiten" (nach Biots Worten) hat die Stereochemie vielfach begünstigt. Die Stereochemie nahm ihren Ausgang von der Kristallographie: von der Entdeckung der links- und rechtsdrehenden Quarzkristalle (1813) und der optischen Drehung gelöster organischer Stoffe (1815)

durch J. B. Biot, von E. Mitscherlichs kristallographischen Untersuchungen des trauben- und weinsauren Natrium-Ammoniumsalzes
(1844) zu L. Pasteurs Wiederholung dieser Untersuchungen und der
dabei entdeckten spontanen Spaltung des traubensauren Na—NH$_4$-
Salzes in Kristalle mit Rechtshemiedrie und Linkshemiedrie, von
denen die ersteren in Lösung eine Rechtsdrehung, die anderen aber
eine Linksdrehung zeigten (1848): damit war die Brücke zwischen der
Kristallasymmetrie und der Molekülasymmetrie geschlagen, und
die asymmetrische Anordnung der Atome wird räumlich als eine
rechts- bzw. linksgedrehte Spirale, oder in Form eines unregelmäßigen
Tetraeders symbolisiert (Pasteur, 1860); mit Hilfe kristallographischer
Modelle mit spiralförmiger Anordnung gestaltet dann J. H. van't Hoff
(1874) die Deutung der optischen Drehung seiner asymmetrischen
Tetraeder in der „chimie dans l'espace". Die oben kurz angedeutete
röntgenographische Untersuchung der Atomanordnung der Kristalle
stellt daher nur die jüngste bewundernswerte Entwicklungsstufe der
Gemeinschaftsarbeit von Stereochemie und Kristallographie dar.
Man vergleiche z. B.

P. Niggli: Zur Stereochemie der Kristallverbindungen. B. 63,
1823 (1930), sowie Ztschr. Krist. 1930 u. f.; K. Freudenberg:
Stereochemie, S. 1—82. 1932. — W. Biltz: Raumchemie der festen
Stoffe, 1934. — Zur „Kristallgitterstereoisomerie", vgl. E. Hertel:
Z. f. Elektrochem. 40, 407 (1934).

Geometrische (cis-trans-) Isomerie.

Im Jahre 1886 erfuhr die junge Lehre von der „Lagerung der
Atome im Raume" eine uneingeschränkte Ablehnung einerseits
durch A. Michael [B. 19, 1383 (1886)], andererseits durch E. Erlenmeyer [B. 19, 1936 (1886)]; beide beriefen sich auf das gleiche experimentelle Material, die Säuren z. B. der Malein-Fumarsäurereihe und die
vier isomeren Bromzimtsäuren. Nach Michael „muß man die frühere
Vorstellung, daß chemisch isomere Verbindungen durch verschiedene
Strukturformeln repräsentiert werden müssen, rückhaltslos aufgeben",
und für diese Art von Isomerie, die zu erklären „unsere jetzigen
Theorien unfähig sind", schlägt er die Bezeichnung „Alloisomerie" vor
[vgl. auch B. 34, 3644 (1901); 39, 203 (1906)]. Erlenmeyer dagegen
erblickt das Wesen dieser Isomerie in der Polymerie, nach ihm ist z. B.
die Fumarsäure gewiß aus zwei Molekülen Maleinsäure zusammengesetzt. Ohne weiteres ist hieraus ersichtlich, für wie unwichtig oder
unwahrscheinlich die geometrischen Gründe für diese Isomerien gehalten
werden, da sie nicht einmal erwähnt werden, aber auch, wie wichtig
eine Methode der Molekulargewichtsbestimmung sein mußte, um die
Frage der Polymerie dieser strittigen Säuren in Lösung zu entscheiden.
Das Jahr 1887 brachte nun durch die osmotische Lösungstheorie von

J. H. van't Hoff neue Methoden der Molekulargewichtsbestimmungen sowie durch die klassischen Untersuchungen von J. Wislicenus „Über die räumliche Anordnung der Atome in organischen Molekülen" neue Grundsätze für die Bestimmung dieser Anordnung und ein reiches Tatsachenmaterial über geometrische Isomerie ungesättigter Verbindungen.

Dem klassischen Beispiel der Malein- und Fumarsäure hatte van't Hoff die folgende Veranschaulichung gegeben: $\begin{matrix} H \cdot C \cdot COOH \\ \| \\ H \cdot C \cdot COOH \end{matrix}$

Maleinsäure, $\begin{matrix} HOOC \cdot C \cdot H \\ \| \\ H \cdot C \cdot COOH \end{matrix}$ Fumarsäure; maßgebend hierbei war, „daß die benachbarte Lagerung der Carboxylgruppen (im Formelbild der Maleinsäure) leicht zur Abspaltung von Wasser und Bildung des Anhydrids führen muß" (1875). Diese Leichtigkeit bzw. größere Reaktionsgeschwindigkeit der benachbarten Gruppen war der eine Grundsatz für die Konfigurationsbestimmung (die Bezeichnung „Konfiguration" schlug Wunderlich vor: Configuration organischer Moleküle. Würzburg. 1886), und Wislicenus benutzte ihn für die Beurteilung der Konfiguration zweiwertig miteinander verbundener Kohlenstoffsysteme auf Grund der Leichtigkeit, mit welcher unter Abspaltung von Wasser oder Halogenwasserstoff diese Systeme in Körper mit dreifacher Bindung übergingen. Der andere Grundsatz war, daß — umgekehrt — bei der Addition an Körper mit dreifacher Bindung zwei von den drei miteinander verbundenen Eckenpaaren der Kohlenstoffbindung unverändert bleiben (J. H. van't Hoff, 1884), demnach „beim Übergange einer dreiwertigen Bindung zweier Kohlenstoffatome in zweiwertige ... die zwei von vornherein an die Kohlenstoffatome angelagerten Radikale auf dieselbe Seite der gemeinschaftlichen Achse beider Systeme fallen müssen" (J. Wislicenus, 1887), z. B.

$$\begin{matrix} a \\ \cdot \\ C \\ \|\| \\ C \\ \cdot \\ a \end{matrix} + 2\,c = \begin{matrix} a \cdot C \cdot c \\ \| \\ a \cdot C \cdot c \end{matrix} \left(\underset{}{\overset{}{\rightleftharpoons}} \begin{matrix} a \cdot C \cdot c \\ \| \\ c \cdot C \cdot a \end{matrix} \right).$$

$$\quad\quad\quad\quad\quad\quad I \quad\quad\quad\quad II$$

Durch Licht, Katalysatoren u. a. kann nun I sich in II umlagern. Für die Konfiguration I (maleinoid) hat Wislicenus die Bezeichnung „plansymmetrisch", für II (fumaroid) „zentrisymmetrisch" vorgeschlagen (1887), eingebürgert haben sich jedoch die von A. Baeyer [A. 245, 130 (1888)] vorgeschlagenen Kennzeichnungen cis- (für I) und trans- (für II).

Das chemische Problem der sicheren Zuteilung der Stereoisomeren zur cis- oder trans-Konfiguration hat sich — sowohl hinsichtlich der immer weiter anwachsenden Zahl und Mannigfaltigkeit solcher Isomeriefälle als auch hinsichtlich der Methodik der Zuordnung — ganz wesentlich von seiner ursprünglichen einfachen Form entfernt, indem es sich immer mehr dem Aufgabenkreis der physikalischen Chemie und Energielehre genähert hat.

Die katalytische Umwandlung dieser geometrischen Isomeren nimmt ihren Ausgang wohl von der vor hundert Jahren beobachteten Umwandlung der flüssigen Ölsäure in die feste Elaidinsäure durch salpetrige Säure [F. Boudet: A. 4, 1 (1832)]. Die Umwandlung der Maleinsäure in Fumarsäure durch wässerige Lösungen der Halogenwasserstoffe beobachtete A. Kekulé [A., Suppl. 1, 134 (1861)]; die Überführung der Maleinsäureester in Fumarsäureester durch eine Spur Jod entdeckte R. Anschütz [B. 12, 2282 (1879)]. Daß auch der Ablauf chemischer Vorgänge innerhalb der die Maleinsäure enthaltenden Lösung diese Säure, ohne sichtbare Einwirkung, in Fumarsäure umwandeln kann, zeigte Zd. Skraup [M. 12, 107 u. f. (1891)]; daß Zufuhr von Energie durch Belichtung die (labilen) Moleküle der Maleinsäure anregt und teilweise in Fumarsäure umlagert, wies G. Ciamician erstmalig nach [B. 36, 4266 (1903)]; Bestrahlung im Uviollicht ergab eine Bestätigung dieser Umwandlung [R. Stoermer: B. 42, 4870 (1909)].

Etwas Neues brachte die von C. Paal und W. Hartmann mit Palladiumsol durch Wasserstoff bei gewöhnlicher Temperatur ausgeführte katalytische Halbhydrierung der Phenylacetylencarbonsäure (Phenylpropiolsäure bzw. deren Natriumsalz) in wässeriger Lösung [B. 42, 3930 (1909)] gemäß der glatt verlaufenden Reaktion:

$$C_6H_5 \cdot C \vdots C \cdot COONa + H_2 = C_6H_5 \cdot CH \colon CH \cdot COONa.$$

Gemäß der obigen Formulierung von Wislicenus entsteht hier tatsächlich die maleinoide (cis-) oder Alloform der Zimtsäure vom Schmp. 38⁰ (mit nur etwa 0,5% trans-Zimtsäure vom Schmp. 133⁰).

Von Paal [und Mitarbeiter: B. 63, 766 (1930); 64, 1521 (1931)] wurde dann experimentell nachgewiesen, daß die labilen cis-Formen der Äthylencarbonsäuren katalytisch erregten Wasserstoff leichter aufnehmen als die trans-Formen. [Vgl. dagegen C. Weygand und Mitarbeiter: J. pr. Chem. (N. F.) 151, 231 (1938).]

Schon vorher (1905) hatte F. Straus bei der Reduktion von Diphenyl-diacetylen und von Tolan mittels verkupfertem Zinkstaub und Alkohol vorzugsweise eine cis-Anlagerung des Wasserstoffs beobachtet. Weitere Beispiele der katalytischen Halbreduktion von Acetylenderivaten lieferte J. Salkind [B. 56, 187 (1923); 60, 1125 (1927)], der mit kolloidalem Palladium aus Tetramethyl- bzw. Tetraphenyl-butindiol je zwei stereoisomere Butendiole erhielt, und zwar bei schneller Wasserstoffanlagerung vorwiegend die maleinoide

Konfiguration. M. Bourguel (1905) dagegen konnte bei der Halb-hydrierung von verschiedenen Acetylenderivaten nur die cis-Form feststellen. E. Ott und R. Schröter haben die Halbhydrierung verschiedener Acetylenverbindungen mit verschiedenen Katalysatoren, unter verschiedenen Vorbehandlungen derselben, durchgeführt und Aktivitätsänderungen der Katalysatoren bzw. die Proportionalität zwischen Aktivität des Katalysators und Reaktionsgeschwin-digkeit festgestellt. Da bei den Reduktionen mit großer Reaktions-geschwindigkeit „stets zu mindestens 90%, meist aber darüber, die labilen Formen der Äthylenverbindungen aus den Acetylenen gebildet werden, unabhängig davon, welche Konfiguration ihnen zukommt, so ist ... zu erkennen, daß die Gesetzmäßigkeit, die dem Verlauf der Wasserstoffadditionen an Acetylenbindungen zugrunde liegt, keine stereochemische sein kann, wie man bisher ausnahmslos angenommen hatte, sondern daß sie eine rein energetische ist" [B. 60, 624, 631 (1927); s. auch 61, 2119 (1928); 67; 1669 (1934)]. Die „labile" bzw. cis-Form ist meist die niedriger schmelzende, lös-lichere und immer die energiereichere (Ott).

Weitere Unterschiede der cis- und trans-Formen bzw. der orts- und raumisomeren Körper. Hydrierung und Auwers-Skitasche Regel.

Durch ausgedehnte spektrochemische Untersuchungen hat K. v. Auwers die allgemeine Tatsache festgestellt, daß sowohl an Abkömm-lingen des Cycloxexans bzw. der Benzolreihe die ortho- oder 1,2-Deri-vate, also bei Ortsisomerie [A. 419, 92 (1919)] als auch bei raum-isomeren Verbindungen die cis-Formen mit dem Aneinanderrücken von Seitenketten oder sonstigen Substituenten eine dichtere Lagerung derselben erfahren, in deren Auswirkung Dichte und Brechungs-indices wachsen, die Molekularrefraktion und -dispersion dagegen abnimmt [A. 420, 89 (1919); mit B. Ottens: B. 57, 437 sowie 446 (Oxime) (1924)]. Eine Prüfung dieser Regel an der Hand zahlreicher Beispiele hat A. Skita durchgeführt, und zwar an flüssigen stereo-meren cyclischen Kohlenwasserstoffen [B. 55, 144 (1922)], Aminen und Alkoholen [B. 53, 1242, 1792 (1920); 56, 1014 (1923)], Aldehyden und Carbonsäuren [A. 431, 1 (1923); s. auch 419, 92 und 420, 92 (1919)], — es ergab sich, daß sich die cis-Form „in Dichte und Brechungs-index durch größere und in der Molrefraktion durch kleinere Werte von der trans-Form unterscheidet". Parallel damit hatte Skita hinsichtlich der Bildungsbedingungen dieser Stereomeren die folgende Regel gefunden: „Besteht die theoretische Möglichkeit, einen ungesättigten cyclischen Stoff durch Hydrierung in stereoisomere Polymethylene umzuwandeln, so entsteht, falls nicht besonders labile Konfigurationen gebildet werden, bei der Reduktion in saurer Lösung vorwiegend die cis- und bei der Reduktion in neutralen oder alkalischen Medien vorwiegend die trans-Modifikation der Polymethylene." In Anpassung an die Rolle der Hydrierungsgeschwindigkeit (diese wird durch Temperatur, Wasserstoffüberdruck, Säuren und auch Basen gesteigert) wird nachher dieser Satz in folgender Formulierung mitgeteilt: „Besteht die Möglichkeit, einen ungesättigten cyclischen Stoff durch Wasserstoffanlagerung in raumisomere Verbindungen umzuwandeln, so entsteht im allgemeinen von der energiereicheren Modifikation um so mehr, je größer die Hydrierungsgeschwindigkeit ist" [Skita und W. Faust: B. **64**, 2878 (1931)]. Diese „Auwers-Skita-sche Regel" bewährte sich in den Untersuchungen von W. Hückel [A. **441**, 1 (1925); **451**, 453 (1927); **533**, 9 (1937)], G. Vavon [Bl. (4) **41**, 357 (1927) bis **47**, 901 (1930)], N. Zelinsky [B. **65**, 1613 (1932)], M. Godchot [mit G. Cauquil und R. Calus: Bl. (5) **6**, 1353—1374 (1939): bei der katalytischen Hydrierung mit Platin gab 3-Methyl-cyclopentanon die cis-Form, bei der Reduktion mit Na in Äther die trans-Form des 3-Methylcyclopentanols]. Durch Änderung der Katalysatoren und der Temperatur konnte Zelinsky (zit. S. 1613 u. f.) z. B. mit o-Xylol den folgenden Kreislauf durchführen:

o-Xylol

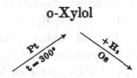

trans-o-Dimethylcyclohexan $\xleftarrow[t = 175°]{Ni}$ cis-o-Dimethyl-cyclohexan

Die präparative Schwierigkeit der Gewinnung reiner Formen zeigen die vergleichenden Untersuchungen von F. Eisenlohr [B. **57**, 1639 (1924)] an den nach verschiedenen Hydrierungsverfahren [nach W. Hückel; nach R. Willstätter und F. Seitz: B. **57**, 683 (1924)] gewonnenen cis- und trans-Dekahydro-naphthalinen.

Konjugierte Systeme in ihrem Verhalten bei der Reduktion, auch in Abhängigkeit von den reduzierenden Agenzien (gasförmiger Wasserstoff und Katalysator, Natrium bzw. Na-Amalgam usw.) haben eine eingehende Untersuchung erfahren durch Fittig (1888), Baeyer (1889), Thiele (1899), Adams (mit Kern und Shriner, 1925), Gillet (1927), G. Vavon (1926; Verbindungen mit konjugierten Doppelbindungen werden schwerer hydriert als mit einfachen Doppelbindungen), Kuhn und Winterstein (1928), Lebedew (1928), Ingold (mit Burton, 1929), Muskat (mit Knapp, 1931) usw.

Eine neue Frage wurde nun ausgelöst: Wie verhalten sich geometrisch-isomere Äthylenverbindungen bei der katalytischen Hydrierung? Ist dabei die Reaktionsgeschwindigkeit verschieden bei der cis- und trans-Konfiguration? Aus den Messungen von W. Ost-

wald (1889), P. Walden (1891) u. a. ergab sich für die Dissoziationskonstanten von Mono- und Dicarbonsäuren, daß die cis- (maleinoide)
Form die größere Dissoziationskonstante aufweist als die trans-
Form. F. Stohmann, C. Kleber und H. Langbein (1889, 1892)
hatten darauf hingewiesen, daß den größeren Dissoziationskonstanten
meist auch eine größere Verbrennungswärme im Isomerenpaar
entspricht; W. A. Roth hat durch Präzisionsmessungen (1913 u. f.)
weitere Zahlenwerte für die Verbrennungswärmen der cis-trans-Isomeren beigesteuert, und allmählich bildete sich der Erfahrungssatz
heraus, daß die energiereicheren Formen der cis-Konfiguration zukommen.   Als C. Paal (gemeinsam mit H. Schiedewitz) seine
katalytischen Hydrierungen von den Acetylenabkömmlingen auch auf
die cis-trans-Äthylenverbindungen übertrug (1927), erhielt er als
allgemeines Ergebnis, daß „die cis-Formen von durch Palladium
aktiviertem Wasserstoff unter gleichen Versuchsbedingungen (in
alkoholischen oder wässerigen Lösungen bei Zimmertemperatur)
leichter und rascher als die trans-Formen zu den betreffenden
gesättigten Säuren reduziert werden" [B. **60**, 1221 (1927)], also:
Maleinsäure $>$ Fumarsäure, Citrakonsäure $>$ Mesaconsäure, Ölsäure $>$
Elaidinsäure, flüssige und niedrigschmelzende Zimtsäure $>$ Zimtsäure
(Schmp. 133⁰); ferner [B. **63**, 766 (1930)]: Iso-crotonsäure (rascher) $>$
Crotonsäure, Erucasäure $>$ Brassidinsäure, Cumarinsäure $>$ o-Cumar-
säure, Äthyl-cumarinsäure $>$ Äthyl-o-cumarsäure, Iso-stilben $>$ Stilben,
und schließlich [B. **64**, 1521 (1931)]: β-Chlor-iso-crotonsäure (Schmp.
61⁰) $>$ β-Chlor-crotonsäure (Schmp. 94⁰). Ebenso wird unter gleichen
Versuchsbedingungen cis-Phenyl-butadien schneller reduziert als das
trans-Isomere [J. E. Muskat und B. Knapp: B. **64**, 779 (1931)].

Weitere Einblicke eröffneten sich, als E. Ott [B. **61**, 2124 (1928)]
Dimethyl-maleinsäure und -fumarsäure bzw. cis- und trans-Dimethyl-
stilben der Hydrierung unterwarf. Da hier beim Übergang von
der Äthylendoppelbindung zu den Äthanverbindungen je zwei
asymmetrische Kohlenstoffatome entstehen: $\begin{matrix} R' \\ R'' \end{matrix}\!\!>\!C\!:\!C\!<\!\!\begin{matrix} R' \\ R'' \end{matrix} + H_2 =$
$\begin{matrix} R' \\ R'' \end{matrix}\!\!>\!CH\cdot CH\!<\!\!\begin{matrix} R' \\ R''' \end{matrix}$, so können jedesmal die beiden entsprechenden Formen
(meso- und razemische Dimethylbernsteinsäure bzw. Diphenyl-
butane) auftreten, wobei nur die razemische Form in die optischen
Antipoden spaltbar ist.   Die höherschmelzende meso-Dimethylbern-
steinsäure hat nun eine größere Dissoziationskonstante (P. Walden,
1891) und ist energiereicher (E. Verkade, 1928) als die niedriger-
schmelzende razemische Modifikation.   In welcher Wechselbeziehung
stehen z. B. die cis-Formen zu den meso-Formen? Ott gelangte bei
der Untersuchung des Verlaufs der Hydrierung der Dimethyl-fumar-
und maleinsäure, sowie der beiden Dimethyl-stilbene zu genau dem

gleichen Ergebnis: „In beiden Fällen sind die reaktionsfähigeren, niedrigerschmelzenden und daher vermutlich auch energiereicheren cis-Formen sehr viel leichter und daher mit größerer Reaktionsgeschwindigkeit hydrierbar als die entsprechenden trans-Formen. Daher führt die Hydrierung der cis-Formen hier in beiden Fällen ganz oder vorzugsweise zu den hier ebenfalls in beiden Fällen energiereicheren meso-Formen":

$$\text{cis-Form} \xrightarrow[\text{(Pd oder Ni als Katalysator)}]{\text{bei groß. Reakt.-Geschw.}} \text{meso-Form (etwa 90\%)},$$

Dagegen
$$\begin{cases} \text{trans-Form} \xrightarrow[\text{(Ni-Katal. in neutraler Lösung}]{\text{bei kleiner Reakt.-Geschw.}} \text{razem. Form (bis 100\%)} \\ \text{trans-Form} \xrightarrow[\text{(Pd-Katalysator, saure Lösung)}]{\text{bei erhöhter Reakt.-Geschw.}} \text{meso-(etwa 60\%)} + \text{razem.} \\ \qquad\qquad\qquad\qquad\qquad\qquad \text{(etwa 40\%) Form.} \end{cases}$$

„Der Verlauf der Additionsvorgänge bei der Äthylenbindung ist abhängig von dem Energieunterschied der Additionsprodukte, vom Energieunterschied der beiden angewandten cis- und trans-Verbindungen und von der Reaktionsgeschwindigkeit des Additionsvorganges" (Ott, zit. S. 2130).

Die bei diesen katalytischen Vorgängen gewonnenen Erfahrungen, insbesondere die Möglichkeit der Verknüpfung der jeweils sich bildenden cis- und trans- bzw. meso- und razem. Formen mit der Reaktionsgeschwindigkeit, d. h. die Zurückführung stereochemischen Geschehens auf die Energiegehalte der Reaktionsgenossen hat E. Ott veranlaßt, die experimentelle Bearbeitung und energetische Deutung der „Waldenschen Umkehrung" in Angriff zu nehmen [A. 488, 186; 491, 287 (1931); B. 68, 1651, 1655 (1935)].

Zu interessanten Rückschlüssen über die Stereoisomerie und Ionenart (Monoionen $\rightleftarrows$ Polyionen) auf Grund der Änderungen des Lichtabsorptionsspektrums der wässerigen Lösungen von Polymethinfarbstoffen, z. B.

$$\left[\begin{array}{c} \text{S} \quad\quad \text{CH}_3 \quad \text{S} \\ \text{C=C—C} \\ \text{N} \quad \text{H} \quad\quad \text{H} \quad \text{N} \\ \text{C}_2\text{H}_5 \quad\quad\quad\quad \text{C}_2\text{H}_5 \end{array} \right] \text{Cl},$$

gelangte G. Scheibe [Z. angew. Chem. **52**, 631 (1939)].

„Sterische Hinderung"[1] („Orthoeffekt").

Im Jahre 1894 wollte V. Meyer[2] nach der üblichen Methode (durch Salzsäure und Methylalkohol) aus Mesitylencarbonsäure den

---

[1] Literatur: M. Scholtz: Einfluß der Raumgruppen usw. Stuttgart 1899.
L. Anschütz: Z. Angew. Chem. **41**, 691 (1928).
G. Wittig: Stereochemie, S. 333—361. 1930.
St. Goldschmidt: Stereochemie, S. 215—255. Leipzig 1933.
W. Hückel: Theoretische Grundlagen usw., Bd. II, S. 222—244. 1935.
[2] V. Meyer: B. **27**, 510 (1894).

Ester darstellen, die Ausbeute betrug jedoch kaum einige Prozente (0 bis 8—9%). Diese gelegentliche unscheinbare Beobachtung sollte der Ausgangspunkt für ein umfangreiches Kapitel stereochemischer und physiko-chemischer Untersuchungen werden, nämlich für das Kapitel der „sterischen Hinderung". V. Meyer und Sudborough[1]) zeigten, daß insbesondere die Esterifizierung — bei gewöhnlicher Temperatur — ausbleibt, wenn am Benzolring die Stellung 1,3,5 durch die Substituenten Br, NO_2, CH_3 usw. besetzt ist. Diese Erschwerung des Ersatzes von Wasserstoff der Carboxylgruppen durch ein Alkyl in den di-o-substituierten Benzoesäuren wurde auf Raumerfüllung (bzw. Größe des Atom- oder Radikalgewichtes) seitens der Substituenten zurückgeführt[1]), ferner wurde gefolgert, daß die Geschwindigkeit der Esterbildung und Esterverseifung isomerer Ester einander parallel gehen müssen[2]), weiterhin ergab sich, daß aus den Silbersalzen der di-o-substituierten Benzoesäuren die nach der Esterifizierungsmethode kaum erhältlichen Ester durch Jodalkyle in nahezu quantitativer Ausbeute[1]) gewonnen werden können, wobei das Ag-Atom des Salzes raumschaffend wirken sollte[2]). Diese Erscheinungsgruppe wurde von V. Meyer[3]) als sein „Estergesetz" oder seine „Esterregel" bezeichnet und in Übereinstimmung mit C. A. Bischoff als ein besonderer Fall einer allgemeinen Erscheinung, die man als „sterische Hinderung chemischer Reaktionen" bezeichnen kann[4]), betrachtet. In der Reihe der Durole gelten dieselben Hinderungsregeln für die Oxim-, Hydrazon- und Esterbildung[3]), so z. B. verzögern die Radikale F, OH und CH_3 die Esterbildung, während Cl, Br, J und NO_2 sie aufheben; auch Triphenylessigsäure $(C_6H_5)_3C \cdot COOH$ wird durch Salzsäure schwer verestert, und der Ester dieser Säure gibt kein Amid[4]).

Die Bedeutung dieser Beobachtungen V. Meyers hat sich in mehrfacher Hinsicht geäußert: erstens brachten sie frühere, unbeachtet gebliebene Beobachtungen wieder in Erinnerung, zweitens führten sie zwangsläufig zu Deutungsversuchen über die Ursachen dieser „Hinderungserscheinungen", drittens lösten sie messende Versuche über Veresterung und Verseifung aus [z. B. Edv. Hjelt (1896), R. Wegscheider (1895—1902)], ganz allgemein, sie schufen ein Problem, dessen Bearbeitung bis in die Gegenwart hinein dauert.

Schon A. W. Hofmann[5]) hatte beobachtet (1872), daß tertiäre Amine (Dimethylmesidin) und ein isomeres Dimethylxylidin kein Jodalkyl addieren, was er auf die „Anordnung der Materie im Molekül" zurückführt; gleichzeitig fand Kachler[6]), daß die Camphol-

[1]) V. Meyer u. J. J. Sudborough: B. 27, 1580, 1586, 3146 (1894).
[2]) V. Meyer: B. 28, 188, 1254 (1895).
[3]) V. Meyer: B. 29, 830, 839 (1896).
[4]) V. Meyer: B. 28, 2775, 2788 (1895).
[5]) A. W. Hofmann: B. 5, 704 (1872).
[6]) Kachler: A. 162, 263 (1872).

säure mit Salzsäure und Alkohol keinen Ester liefert. Daß die dem Tetramethyl- und Pentamethylamidobenzol entsprechenden Nitrile durch Salzsäure äußerst schwer verseifbar sind, hatte ebenfalls A. W. Hofmann[1]) beobachtet (1884). Dann folgte A. Baeyer (1885) mit seiner „Theorie der Ringschließung", wo wiederum auf die räumlichen Verhältnisse Bezug genommen wird; einleitend sagte er: „Die Ringschließung ist offenbar diejenige Erscheinung, welche am meisten über die räumliche Anordnung der Atome Auskunft geben kann" [B. 18, 2277 (1885)]. Durch die großangelegten Untersuchungen von J. Wislicenus[2]) (1887 u. f.) „über die räumliche Anordnung der Atome in organischen Molekülen" wurde für derartige Forschungen Schule gemacht. In diese Zeit fallen nun die Beobachtungen von F. Kehrmann[3]) über die Oximierung substituierter Chinone; auf Grund seiner Versuche will ihm scheinen, „als ob weniger die Natur der Substituenten (Halogen oder Alkyl) als vielmehr die Besetzung der neben dem Chinonsauerstoff befindlichen Orthostellen durch diese Gruppen letztere des Austausches gegen die Isonitrosogruppe unfähig macht" (1888).

Was nun die Deutung der „Esterregel" betrifft, so greift sinngemäß jeder Deutungsversuch zurück auf die Frage: Wie ist der Vorgang der Esterbildung bzw. der Esterverseifung überhaupt zu „erklären"? Wegen ihrer Anschaulichkeit hat die von Henry[4]) (als Sonderfall der verbreiteten allgemeinen Annahme, daß einer Umsetzung zweier Stoffe eine Anlagerung derselben vorausgeht) gegebene Formulierung die häufigste Anwendung gefunden:

A. Esterbildung:

$$\text{Säure} \quad + \text{Alkohol} \quad \rightarrow \text{Additionsprodukt}$$

$$1. \ R \cdot C {\overset{O}{\underset{OH}{<}}} \ + R' - OH \ \rightarrow \ R \cdot C {\overset{OR'}{\underset{OH}{\overset{|}{<}}}} {}_{OH}$$

$$2. \ R \cdot C {\overset{OR'}{\underset{OH}{\overset{|}{<}}}} {}_{OH} \ \rightarrow \ R \cdot C {\overset{OR'}{\underset{O}{<}}} \ + H_2O.$$

B. Ähnlich wäre dann die Verseifung zu formulieren:

$$1a. \ R \cdot C {\overset{OR'}{\underset{O}{<}}} + \overset{+}{K} \overset{-}{OH} \rightarrow \left(R \cdot C {\overset{OR'}{\underset{OK}{\overset{|}{<}}}} {}_{OH} \right) \rightarrow \left[R \cdots C {\overset{OR'}{\underset{O\ldots}{\overset{|}{<}}}} {}_{OH} \right]^{-} K^{+}$$

$$2a. \ \left[R \cdot C {\overset{OR'}{\underset{O\ldots}{\overset{|}{<}}}} {}_{OH} \right]^{-} K^{+} \rightarrow \left[R \cdot C {\overset{O}{\underset{O\ldots}{<}}} \right]^{-} K^{+} + HOR'$$

---

[1]) A. W. Hofmann: B. 17, 1415 (1884); 18, 1824 (1885); Küster u. Stollberg: A. 278, 207 (1894).

[2]) J. Wislicenus: Abhandl. d. Sächs. Akad. d. Wissensch. Leipzig 1887.

[3]) F. Kehrmann: B. 21, 3315 (1888); 23, 130, 135 (1890); 41, 435 (1908); J. prakt. Chem. (N. F.) 42, 134 (1890).

[4]) Henry: B. 10, 2041 (1877); s. auch A. Werner: Stereochemie, S. 401. 1904.

B'. Oder nach E. H. Ingold und C. K. Ingold: Soc. **1932**, 756:

$$1. \quad -C\diagdown^O_{OR} + OH^- \rightarrow -C\diagdown^{O^-}_{OH}_{OR} \rightarrow -C\diagdown^O_{OH} + \overline{O}R.$$

$$2. \quad \overline{O}R + H_2O \rightarrow HOR + \overline{O}H.$$

Dieses Esterbildungsschema B nehmen R. Wegscheider[1]) und A. Angeli[2]) an, um die „Hemmungen" in V. Meyers Versuchen zu deuten; die Nachbarschaft von R bzw. dessen Größe, chemischer Charakter usw. können die Anlagerungsfähigkeit des Alkohols bzw. die Geschwindigkeit der Additionsreaktion wesentlich beeinflussen, und, umgekehrt, wird die Verseifung im ähnlichen Sinne beeinflußt werden. Das besondere Verhalten der Silbersalze bei der Veresterung erklärt Wegscheider nicht durch die raumschaffende Wirkung des Ag-Atoms (V. Meyer), sondern durch den Ionenzustand des Silbersalzes, z. B.

$$\left[R \cdot C\diagdown^O_O\right]^- Ag^+ + CH_3J \rightarrow R \cdot C\diagdown^O_{OCH_3} + [Ag^+J^-].$$

Durch Anwendung von schwerem Sauerstoff (O^{18}) im Methanol wurde von H. C. Urey und J. Roberts [Am. **60**, 2391 (1938); **61**, 2584 (1939)] die durch Säure katalysierte Veresterung von Benzoesäure untersucht, um die Herkunft des gebildeten Wassers zu bestimmen, — dieses wurde als gewöhnliches H_2O^{16} erkannt, gemäß der Gleichung: $C_6H_5 \cdot CO OH + H O^{18}CH_3 = C_6H_5CO \cdot O^{18}CH_3 + H_2O$.

Die Frage nach dem Mechanismus der Alkaliverseifung der Ester haben (1934) M. Polanyi und Szabo (Trans. Farad. Soc. **30**, 508) mit Hilfe des Wassers H_2O^{18} experimentell gelöst; die beiden zuerst von J. H. van't Hoff (1899) diskutierten Möglichkeiten sind [vgl. auch Skrabal und Mitarbeiter: Ph. Ch. **111**, 127 (1924); M. **47**, 31 (1926); W. Hückel: Z. angew. Ch. **39**, 842 (1926)]:

$$a) \ R_1 - O - C - R_2 + HOH\Big|$$
$$\qquad\qquad \underset{O}{\|} \qquad\qquad\Big| \rightarrow R_1OH + R_2 - C - OH$$
$$oder \ b) \ R_1 - O - C - R_2 + HOH\Big| \qquad\qquad \underset{O}{\|}$$
$$\qquad\qquad\quad \underset{O}{\|}$$

Bei der Verseifung des Amylacetats mußte bestimmt werden, ob der Sauerstoff O^{18} zum Alkohol (a) oder zur Säure (b) gegangen war. Der gebildete Alkohol wurde isoliert, durch Überleiten bei 400⁰ über Bauxit in Pentan und Wasser gespalten und das Wasser auf seine Dichte geprüft. Es ergab sich, daß dieses Wasser normal war (H_2O^{16}), daß es also seinen Sauerstoff vom Alkohol genommen hatte. Die Reaktion

[1]) Wegscheider: M. **16**, 75 (1895); B. **28**, 1468 (1895).
[2]) Angeli: B. **29**, Ref. 591 (1896).

entsprach demnach dem Schema b mit der Sprengung der Sauerstoff-
brücke des Esters. Zu dem gleichen Ergebnis führte auch die saure
Verseifung im Wasser H_2O^{18} (Datta, Day und Ingold: Soc. 1939,
838). Schon vorher hatte B. Holmberg [B. 45, 2997 (1912); s. auch
60, 2185 (1927)] mit Hilfe eines Esters aus optisch aktivem Alkohol
und inaktiver Säure die Frage der Lösung zugeführt: wenn die Spaltung
nach Gleich. a) stattfindet, ist das Radikal R_1 bzw. sein vorher
mit dem O-Atom verbunden gewesenes asymmetrisches C-Atom
zeitweilig ungesättigt, muß also razemisiert werden oder eine Waldensche Umkehrung erleiden: weder das eine noch das andere trat ein,
demnach war R_1 in dauernder Bindung mit dem O-Atom geblieben,
d. h. die Verseifung entsprach dem Schema b. Gleiche Ergebnisse
erhielten auch O. R. Quayle und H. M. Norton (Am. 62, 1170,
1940). [Vgl. auch J. Kenyon und Mitarbeiter: Soc. 1938, 485; vgl.
jedoch die Untersuchungen über die Hydrolyse tertiärer Alkohole:
E. J. Salmi: B. 72, XXIII. Mitteil., 790 (1939).] Beiträge zur Aufklärung der Esterverseifung und Esterbildung unter Zuhilfe der Aktivierungsenergie lieferten Hinshelwood und Mitarbeiter (1936 u. f.),
und dieselben sowie Datta, Day und Ingold (zit. S. 838), ebenso
O. Mumm [B. 72, 1874 (1939)] schlugen neue Formulierungen des
Mechanismus dieser Reaktionen vor.

Daß die als „sterische Hinderung" bezeichneten, von V. Meyer
auf die Natur und Raumerfüllung der Substituenten und ihre Stellung
zu der reagierenden Gruppe zurückgeführten Phänomene nur eine
Frage der Reaktionsgeschwindigkeit sind, hat G. Bredig [1])
ausgesprochen. A. Michael [2]) führte die verschiedene Esterifizierungsgeschwindigkeit auf „das Affinitätsverhältnis zwischen Säure und
Katalysator" zurück, der Einfluß des Substituenten wird nicht
durch die Raumerfüllung, sondern durch die chemische Natur bestimmt.
Mittlerweile ist das auf dem Boden der organischen Chemie entstandene Problem in die Breite und Tiefe gegangen, indem daraus
ein Problemkomplex geworden ist, der nicht allein die Beziehung
zwischen räumlichem Bau und Reaktionsgeschwindigkeit, sondern
auch die Beziehungen zwischen der chemischen Konstitution (Natur
der Gruppen und Elemente) und Reaktionsfähigkeit der Moleküle,
oder letzten Endes das Wesen und die Gesetze der chemischen Umsetzungen überhaupt umfaßt. Diese Breite und Tiefe macht es verständlich, daß hier ein dauernder Entwicklungsvorgang der theoretischen Grundlagen zu beobachten ist. Gerade die jüngste Zeit hat
neues experimentelles Material und moderne theoretische Betrachtungsweise auch für dieses vielumstrittene Kapitel beigesteuert.

---

[1]) G. Bredig: Ph. Ch. 21, 154 (1896).
[2]) A. Michael: B. 42, 310, 317 (1909).

Ausführliche Untersuchungen zur „sterischen Hinderung" haben durchgeführt insbesondere: G. Vavon [Bl. (4) **39**, 666, 924, 1138 (1926); bis **51**, 644 (1932); s. auch **49**, 937 (1931)], W. Hückel [B. **61**, 1517 (1928); **67** (A), 129 (1934); Ph. Ch. (A) **178**, 113 und **181**, 239 (1937)], O. Zwecker [B. **68**, 1289 (1935)]; K. Kindler [A. **464**, 278 (1928), „Orthoeffekt], J. v. Braun [B. **46**, 3470 (1913 u. f.; **64**, 2465 (1931)]; G. Wittig und H. Petri [B. **68**, 924 (1935)], J. F. D. Dippy [mit Evans, Gordon, Lewis und Watson: Soc. **1937**, 1421, 1426, 1430; s. auch **1939**, 1348), J. W. Baker („Orthoeffekt", Soc. **1938**, 445). Dippy weist darauf hin, daß der Orthoeffekt sich vornehmlich in der Nachbarschaft von Elektronen spendenden Atomen bzw. von —COR, —CO_2R, —NR_2 auswirkt, so daß auch dieser Faktor in die komplexe Natur des Orthoeffektes hineinspielt, indem etwa eine „Wasserstoff-brückenbildung" auftritt. Aus den Wasserstoffaustauschreaktionen aromatischer tertiärer Amine schlossen W. G. Brown, A. H. Widiger und N. J. Letang [Am. **61**, 2597 (1939)] auf die sterische Natur des Orthoeffektes. Beispiele von sehr starken Reaktionshemmungen (o-Effekt bei Halogenaddition in Triarylphosphiten) über kern-ständige Atome hinaus konnte L. Anschütz [mit H. Kraft und K. Schmidt: A. **542**, 14 (1939)] erbringen, wobei nicht so sehr der elektronegative Charakter der o-ständigen Bromatome, als vielmehr die Raumerfüllung der aromatischen Reste bestimmend war. Für Nitro-verbindungen $+\langle\rangle=N\langle\begin{smallmatrix}O^-\\O^-\end{smallmatrix}$ besteht nach G. W. Wheland und

Danish Am. **62**, 1125 (1940)] eine sterische Hinderung für die Resonanz.

Der Einfluß der chemischen Konstitution auf die Reaktions-geschwindigkeit tritt immer wieder hervor; man erwog den Einfluß der Raumgrößen und deren etwaigen Wechsel im reagierenden System, den Wechsel der Affinitätsbeanspruchung, die gegenseitige Polarisier-barkeit und die Rolle der Dipolmomente. Insbesondere hat W. Hückel Beziehungen zwischen Konstitution, Aktivierungsenergie („Akti-vierungswärme", M. Trautz, 1909) und „Aktionskonstante" (W. Hückel, 1928), Orientierungsenergie zu ermitteln versucht. Die genaue Umschreibung der Wirkungen und Beziehungen dessen, was man chemische Natur und chemische Affinität nennt, scheint aber noch einer Vermehrung der bisherigen Funktionen zu bedürfen.

Die von Vavon (seit 1926) vertretene Ansicht hat einen bestim-menden Einfluß auf die Konfigurationsbestimmung der isomeren Menthole, Neomenthole, Iso- und Neo-isomenthole, Borneol, und Isoborneol ausgeübt; nach Vavon erfolgt infolge sterischer Wirkung bei einer cis-Stellung des Alkylradikals und der funktionellen Gruppe in den hydrierten cyclischen Alkoholen die Veresterung sowie die

Verseifung der Ester schwieriger als bei der trans-Stellung, — dieses Ergebnis steht auch im Einklang mit der Auwers-Skita-Regel (vgl. Read: Soc. **1934**, 317, 1779). Für stereoisomere 4,5-Dibromoctane wies W. G. Young [mit Mitarbeiter: Am. **59**, 403 (1937)] nach, daß die Umsetzungsgeschwindigkeit der meso-Form $>$ trans-Form ist. Ebenfalls durch kinetische Messungen wurde für die cis- und trans-Form ungesättigter Verbindungen gezeigt, daß allgemein die Reaktionsgeschwindigkeiten der trans-Formen $>$ als der cis-Isomeren, dagegen die Aktivierungsenergien bei trans $<$ cis-Formen sind [W. G. Young und Mitarbeiter: Am. **61**, 1640 (1939)].

Beschränkung der freien Drehung um die Achse C—C bzw. C—N.

Schon 1888 hatten V. Meyer und K. Auwers (B. **21**, 3510) das Vorkommen der zwei isomeren Dioxime des Benzils durch die Annahme erklärt, daß die van't Hoff-Wislicenusschen Anschauungen von der freien Rotation zweier Kohlenstoffatome $>$C—C$<$ um die Achse der verbindenden Valenz nicht ausschließlich durch den Eintritt doppelter oder dreifacher Bindung zwischen denselben bedingt werden, „sondern daß auch bei einfach gebundenen Kohlenstoffatomen unter gewissen Umständen diese freie Rotation aufgehoben ... werden kann" [B. **21**, 784, 3510 (1888)]. Das Bestehen zweier isomeren Modifikationen wird von dem Grade der Negativität der mit den C-Atomen verbundenen Atome oder Gruppen abhängig gemacht bzw. auf den orientierenden Einfluß der Affinitäten zurückgeführt [V. Meyer und E. Riecke: B. **21**, 954, 3528 (1888)]. Während V. Meyer noch an seiner Anschauung festhielt [B. **23**, 604 (1890)], trat C. A. Bischoff seinerseits mit anderen Argumenten für die „Aufhebung der freien Drehbarkeit von einfach verbundenen Kohlenstoffatomen" ein [B. **23**, 623 (1890)]. Auch hier war es stereochemischer Boden, auf dem diese Ansicht entstand. Zur Prüfung der van't Hoffschen Theorie und unter dem Eindruck der Untersuchungen von J. Wislicenus „Über die räumliche Anordnung der Atome usw., 1887" war von verschiedenen Seiten (C. A. Bischoff, 1885, 1887 u. f.; R. Otto und H. Beckurts, 1885 u. f.; C. Hell, 1880, insbesondere 1889; Edv. Hjelt, 1887; D. Zelinsky, 1887 u. f.) begonnen worden, die Umsetzung der (nach der Methode von Hell-Volhard, 1887, leicht zugänglichen und reaktionsfähigen) α-Bromfettsäureester durch feinverteiltes Silber bzw. mit Natriumalkylmalonsäureestern aufzuklären bzw. die dabei resultierenden dialkylierten Bernsteinsäuren auf ihre Konstitution festzulegen. Die Zahl der jeweils erhaltenen Isomeren (symmetrische para- und anti-Säuren) stimmten meistenteils mit der Theorie, jedoch hatte C. Hell (1877 und 1889) bei der Umsetzung der α-Bromisobuttersäureester „zwei isomere Tetramethylbernsteinsäuren" isoliert, was der Theorie (infolge der fehlenden asymmetrischen C-Atome) widersprach: er griff daher auf die V. Meyersche Anschauung (1888) von der Aufhebung der freien Rotation auch bei einfacher C—C-Bindung zurück [B. 22, 58 (1889)]. Diese Säuren hat C. A. Bischoff [B. 23, 631—644 (1890)] eingehend untersucht und die Frage gestellt, wie mit zunehmender Zahl und Größe der eintretenden Alkylkomplexe z. B. die Anhydridbildung beeinflußt und durch Temperatursteigerung erzwungen wird; wenn nun infolge verschiedener Raumerfüllung der Alkyle bei ihrer Häufung die Schwingungen eingeschränkt werden, so kann man unter gewissen Umständen zwei Systeme erhalten, „die man seither als frei drehbar um eine Achse angenommen hat", die „nur noch bis zu einer gewissen Grenze drehbar sind (rückläufige Bewegungen)": eine neue Art von Isomerie, „dynamische Isomerie" genannt, kann auftreten, und eine Zufuhr von Energie (Erhitzen) kann die Stöße der Atomkomplexe gegeneinander derart verstärken, daß der Widerstand überwunden, ein Aneinandervorbeigleiten dieser Komplexe und der Übergang der einen Form in die andere ermöglicht wird: „Umlagerung in der Wärme".

Während V. Meyer und Riecke die Ursache für die Aufhebung der „freien Drehbarkeit" in den chemisch-differenten Charakter und die daraus resultierende Anziehung der betreffenden substituierenden Radikale verlegen, sieht Bischoff „den Hauptgrund in der Raumerfüllung der Radikale und in der dadurch bedingten Verkürzung der Entfernung der Kohlenstoffatome voneinander" (zit. S. 624, 1890).

Der Begriff der „dynamischen Isomerie" (1890) von C. A. Bischoff hat in der Folgezeit manche Umwandlungen und Verwendungen erfahren müssen. Zuerst übertrug H. Sachse[1]) (1892) diese Bezeichnung auf die Isomerien bei Polymethylenringen, indem er darunter alle diejenigen Isomerien verstand, „ . . . deren Umwandlung ineinander ohne Aufhebung von Bindungen möglich „erscheint", und zwar „mit Aufwand eines gewissen Widerstandes" . . . „Wenn also solche Isomerien aufgefunden werden, so verdanken sie ihr Bestehen nur der Größe des Widerstandes, der sich der Ablenkung der Atome entgegensetzt." Dann war es T. M. Lowry[2]) (1899), der diesen Begriff „dynamische Isomerie" auf die interessanten Erscheinungen des Bromnitrocampher $C_8H_{14} \Big\langle \begin{matrix} CBr \cdot NO_2 \\ | \\ C=O \end{matrix}$ anwandte. Der letztere existiert in 2 isomeren Formen: die bei 142° schmelzende ist in Benzollösung anfangs stark rechtsdrehend, um nach wenigen Stunden linksdrehend zu werden, die andere (tetragonale) Form schmilzt bei 108° und ist linksdrehend, zeigt jedoch eine schwache Mutarotation von (l- → d-). Lowry fand, daß die beiden Formen (die normale und die Pseudoform) ein Gleichgewichtsgemisch bilden, da sie aus der Lösung nebeneinander auskristallisieren. In Anlehnung an das eigenartige Drehungsvermögen benannte er dasselbe „Mutarotation" (1899), an Stelle der früher (z. B. bei den Zuckern) gebrauchten Bezeichnungen „Birotation", „Multirotation" usw. Die „dynamische Isomerie" hat Lowry in etwa 30 Abhandlungen an Derivaten des Camphers und der Zuckerarten untersucht (J. chem. Soc. 1905—1928).

Es sei noch angeführt, daß bereits 1889 der Ausdruck „dynamische Isomerie" von S. Tanatar[3]) gebraucht wurde, um die Isomerie in einigen Fällen (z. B. Malein-

---

[1]) Sachse: Ph. Ch. 10, 240 (1892).   [2]) Lowry: Soc. 75, 223 (1899).
[3]) Tanatar: B. 29, 1297 (1896); A. 273, 54 (1893).

säure $\rightleftarrows$ Fumarsäure) auf einen verschiedenen Energiegehalt bzw. eine verschiedene Bewegungsgröße zurückzuführen. Dann erscheint 1894 der Ausdruck „l'isomérie dynamique" bei Berthelot[1]), um das Trimethylen C_3H_6 (mit der größeren Verbrennungswärme) gegenüber dem Propylen C_3H_6 (mit der kleineren Verbrennungswärme) zu charakterisieren [2]).

Mit Hilfe der Borsäure hatte seit 1913 J. Böeseken an mehrwertigen Alkoholen, z. B. vom Glykoltypus, die Frage der Bildung komplexer Boryl-Säuren durch Zunahme der elektrischen Leitfähigkeit studiert und das Ausbleiben der Komplexbildung auf die ungünstige trans-Stellung der Hydroxyle $\begin{array}{c} -\overset{|}{C}-OH \\ HO-\overset{|}{C}- \end{array}$ zurückgeführt, während der Eintritt der Komplexbildung auf cis-Stellung $\begin{array}{c} -\overset{|}{C}-OH \\ -\overset{|}{C}-OH \end{array}$ hinweist [B. 46, 2612 (1913) bis 56, 2411 (1923)]. Ähnliche Beschränkungen der freien Drehbarkeit in einem Äthanmolekül mit polaren Substituenten ergaben sich auf Grund der Temperaturabhängigkeit der Dipolmomente [K. L. Wolf: Ph. Ch. (B.) 3, 128 (1929); Bodenstein-Festband, S. 620. 1931; ferner L. Meyer: Ph. Ch. (B.) 8, 27 (1930); die trans-Lage erwies sich als bevorzugt für die Oszillationen]. Interferometrische Messungen mit Röntgenstrahlen von P. Debye ergaben für gasförmiges Äthylenchlorid $ClCH_2$—CH_2Cl, daß es wesentlich in der trans-Form vorliegt [Z. f. El. 36, 615, 745 (1930)]; andererseits ergaben Messungen mit Kathodenstrahlen für dieselbe Verbindung ein Gleichgewicht (ungefähr 50:50) zwischen cis- und trans-Form [H. Mark und R. Wierl: Z. f. El. 36, 675, 745 (1930)]. Raman-Spektren ergaben nach K. W. Kohlrausch [Z. Ph. Ch. (B) 18, 61 (1932); 29, 274 (1935)] an flüssigen Äthanderivaten vom Typus $XCH_2 \cdot CH_2Y$ ein von der Temperatur abhängiges Gleichgewicht zwischen zwei verschiedenen Formen, was auch B. Trumpy [Z. Physik. 93, 624 (1935)] gleichzeitig feststellte, jedoch ein Vorwiegen der trans-Form erkannte. Mizushima (und Mitarbeiter) konnte den Raman-Spektren von festem Äthylen-chlorid und -bromid entnehmen, daß im System XCH_2—CH_2X praktisch nur die trans-Lage vorliegt, in flüssigem Zustande oder in Lösung dagegen die freie Drehbarkeit um C—C wieder zu verschiedenen Zwischenlagen führt [Ch. C. 1937 I, 4489; vgl. auch Kohlrausch: B. 73, 159 (1940)]. Auch beim Äthan H_3C—CH_3 selbst haben A. Eucken und Weigert [Ph. Ch. (B) 23, 265 (1933)] aus der Schwingungsanalyse mit Hilfe der Molwärmen gefunden, daß bei sehr tiefen Temperaturen die freie Drehbarkeit stark eingeschränkt ist. Zu einer Behinderung der Rotation um die C—C-Achse im Äthan

---

[1]) Berthelot: C. r. 118, 1123 (1894); B. 27, Ref. 464.
[2]) Über „Alloergatie = dynamische Isomerie vgl. H. Klinger: B. 32, 2195 (1899).

kommen auch E. Gorin, J. Walter und H. Eyring [Am. **61**, 1876 (1939)]. Aneers wird das Bild im nächsten Fall. Die Messung der Dipolmomente von Verbindungen des Typus $C_6H_5 \cdot (CH_2)_x \cdot C_6H_5$, wenn $x = 1$ bis 8, in Benzollösungen führte zu dem Ergebnis, daß um alle C—C-Bindungen freie Drehbarkeit vorliegt [A. Riedinger: Physik. Z. **39**, 380 (1938)].

Während Isohydrobenzoin (meso-Form) und Hydrobenzoin (razemische Form) das gleiche Dipolmoment besitzen [O. Hassel: Z. f. El. **36**, 736 (1930)], weisen die zugehörigen Dichloride, α- und β-Stilbendichlorid, sehr verschiedene Momente auf [A. Weißberger: Z. f. El. **36**, 737 (1930)]: im ersteren Fall kann auf eine freie Drehbarkeit um die mittlere C—C-Bindung, im zweiten Fall muß auf eine Verhinderung derselben geschlossen werden.

Nach Messungen von H. O. Jenkins (1934) hat p-Dinitrobenzol kein Dipolmoment, was im Zusammenhang mit der genauen Röntgenaufnahme durch R. W. James (1935) nur erklärt werden kann, falls im festen wie im gelösten Zustande im p-Dinitrobenzol-Molekül keine freie Drehung in der C—N-Bindung besteht.

Die Existenz hochmolekularer organischer Verbindungen bzw. die Starrheit organischer stabförmiger Moleküle wird von H. Staudinger [Z. f. El. **40**, 425 (1934)] vornehmlich darauf zurückgeführt, „daß entgegen der landläufigen Meinung einfach gebundene Kohlenstoffatome nicht frei drehbar sind, sondern daß auch die einfache Bindung wie die Kohlenstoffdoppelbindung starr ist".

Für die 2,6-disubstituierten Acetanilide wird von L. Hunter und H. O. Chaplin [Nature **140**, 896 (1937)] die Beschränkung der freien Rotation der H—N—C-Achse (infolge der räumlichen Ausdehnung der beiden o-Substituenten) angenommen und mit der Assoziationsfähigkeit der Anilide verknüpft.

Es ist entwicklungsgeschichtlich lehrreich, die einzelnen Etappen nochmals zu überblicken und zu erkennen, wie chemische Ideen entstehen bzw. sich gegenseitig beeinflussen, zeitlich nachwirken, den Tatsachen vorauseilen. J. H. van't Hoff weist den Atomen eine Lagerung im Raume an, die Moleküle erlangen körperliche Gestalt und die Chemiker lernen in Raumbildern denken. Der alte Gedanke, die Chemie zur angewandten Mechanik zu machen, findet eine Wiederbelebung, und eine Statik und Mechanik der Atome im Molekül wird erwogen. A. Baeyer (1885) versucht mit den zur bildlichen Darstellung benutzten mechanischen Tetraedermodellen Ringsysteme aufzubauen und gelangt dabei zu einer Verzerrung der regulären Tetraeder bzw. einer „Spannung" in dem Ring. J. Wislicenus (1887) nimmt für zwei einfach „gebundene" Kohlenstoffatome C—C eine freie Drehung „um ihre gemeinsame Achse" an, sowie für Umlagerungen an doppeltgebundenen Kohlenstoffatomen einen „Platzwechsel", z. B. $\begin{smallmatrix}a\\b\end{smallmatrix}\!\!>\!C\!=\!C\!<\!\!\begin{smallmatrix}c\\d\end{smallmatrix}$

$\rightarrow \begin{smallmatrix}a\\b\end{smallmatrix}\!\!>\!C\!=\!C\!<\!\!\begin{smallmatrix}d\\c\end{smallmatrix}$. Nach V. Meyer und E. Riecke [B. **21**, 946, 1620 (1888)] kann jedoch ein einfach gebundenes Doppelatom C—C, sowohl drehbar als auch nicht drehbar sein, wenn die chemische Valenz als ein elektrischer „Dipol" ($\overset{+}{} = \overset{}{+}$) aufgefaßt wird, und zwar drehbar $\textcircled{C}\,\overset{+}{} = \overset{}{+}\,\textcircled{C}$, dagegen nicht drehbar: $\textcircled{C}\,\overset{+}{\underset{}{|}}\,\overset{}{\underset{+}{|}}\,\textcircled{C}$; infolgedessen können (bei dieser beschränkten Drehung) auch Isomerien bei einfacher C—C-Bindung auftreten (V. Meyer und K. Auwers, 1888; ihr Tatsachenmaterial ist aber nicht stichhaltig). Dann nimmt C. A. Bischoff (1890) auf Grund vermeintlicher überzähliger Isomerien die Raumerfüllung der Substituenten und der Verkürzung der Distanzen im C—C-System die Aufhebung der freien Drehung an. Im Jahre 1895 wird der Begriff der „sterischen Hinderung" oder „Abschirmung" („Orthoeffekt") eingeführt, der den räumlichen Bau bzw. die Architektur der Moleküle mit der Reaktionsgeschwindigkeit in Beziehung zu setzen versucht. Erst mit der geglückten optischen Spaltung eines Derivates des Diphenyls $\langle\!\!\!\!\bigcirc\!\!\!\!\rangle\!-\!\langle\!\!\!\!\bigcirc\!\!\!\!\rangle$ (J. Kenner, 1922) und der Zurückführung dieses Typus von Asymmetrie auf die „beschränkte freie Drehung" um die C—C-Achse (W. H. Mills, 1928) fand die vor vier Jahrzehnten ausgesprochene Hypothese ihre experimentelle Begründung in der Stereochemie. Nun folgten auch die Bestätigungen mittels der modernen physikalischen Meßmethoden (s. oben).

Die bisher als Asymmetriezentren untersuchten Elementaratome.

In Anlehnung an den klassischen Prototyp des asymmetrischen Kohlenstoffatoms $R_1R_2R_3CR_4$ mlt seiner Tetraedergruppierung wurden optisch gespalten bzw. in Antipoden zerlegt:

die Sulfoniumverbindungen $R_1R_2R_3S \cdot X$ (W. J. Pope, 1900;
      J. Smiles, 1900),
die Selenoniumsalze $R_1R_2R_3Se \cdot X$ (W. J. Pope, 1902),
die Telluroniumsalze $R_1R_2R_3Te \cdot X$ (Th. M. Lowry, 1929).
Ferner die asymmetrischen vierwertigen Elemente:
Zinn $R_1R_2R_3Sn \cdot X$ (W. J. Pope und Peachey, 1900),
Silicium $R_1R_2R_3Si \cdot X$ (St. Kipping, 1907—1910),
Germanium $R_1R_2R_3Ge \cdot X$ [R. Schwarz: B. **64**, 2352 (1931)].

Anläßlich der Sulfoniumverbindungen schrieb J. H. van't Hoff (Lagerung der Atome, 1908, S. 112):

„Wichtig ist auch, daß die Aktivität sich auch im Ion zeigt, sicher also eins der vier an Schwefel gebundenen Dinge abgetrennt und etwa durch eine elektrische Ladung ersetzt ist." (Dasselbe muß auch hinsichtlich der anderen angeführten Elemente gesagt werden, wobei allerdings die Möglichkeit einer Absättigung durch Solvatbildung nicht ausgeschlossen ist.)

An den Prototyp des fünfwertigen Stickstoffs $R_1R_2R_3R_4N \cdot X$ (E. Wedekind) schloß sich der Typus der asymmetrischen Aminoxyde $R_1R_2R_3N \cdot O$ bzw. $(R_1R_2R_3N \cdot OH) \cdot X$ (J. Meisenheimer, 1908) und Phosphinoxyde $R_1R_2R_3P \cdot O$ (J. Meisenheimer, 1911) sowie der Arsoniumsalze $R_1R_2R_3R_4As \cdot X$ (E. Turner und J. Burrows, 1921), des Arsinsulfides $R_1R_2R_3As \cdot S$ (H. Mills und R. Raper, 1925) und der Arsincarbonsäuren [E. Turner und M. S. Lesslie: Soc. **1934**, 1172; **1936**, 730; s. auch M. S. Lesslie: Soc. **1939**, 1050).

Einen Sonderfall stellen die optisch spaltbaren Sulfoxyde (I) und Sulfinsäureester (II) dar [H. Phillips: Soc. **127**, 2552 (1925); H. Phillips und J. Kenyon: Soc. **1926**, 2079]:

$$\begin{matrix} R_1 \\ R_2 \end{matrix} \Big> S{=}O \quad \text{bzw.} \quad \begin{matrix} R_1 \\ R_2 \end{matrix} \Big> \overset{+}{S}{-}\overset{-}{O} \qquad \begin{matrix} R_1 \\ RO \end{matrix} \Big> \overset{+}{S}{-}\overset{-}{O} \qquad \text{Sulfonium-ion} \quad \left[\begin{matrix} R_1 \\ R_2 \end{matrix} \Big> S \Big< \begin{matrix} R_3 \\ \end{matrix}\right]^{+}.$$

$$\qquad\qquad\text{I} \qquad\qquad\qquad\qquad \text{II}$$

Nach Phillips ist in I und II das S-Atom ein Asymmetriezentrum geworden, indem es an 3 verschiedene Gruppen gebunden ist und eine positive Ladung trägt bzw. 2 Elektronen zur Bindung des O-Atoms abgegeben hat (,,semipolare Doppelbindung" nach Th. M. Lowry, 1923). (Die Sulfoxyde lassen sich formal dem Sulfoniumion angliedern $\left[\begin{matrix} R_1 \\ R_2 \end{matrix} \Big> S \Big< \begin{matrix} O \\ \end{matrix}\right]^{+}$).

Dem Typus der Wernerschen Komplexsalze, an deren Spitze die von A. Werner (1911) entdeckte optische Spaltbarkeit des 1,2-Chloroammin-diäthylendiamin-kobaltisalzes $\left[\begin{matrix} Cl \\ NH_2 \end{matrix} Co\, en_2\right] X_2$ steht, gehören nun die zahlreichen Spaltungen der aus der Wernerschen Koordinationslehre abgeleiteten Komplexverbindungen der übrigen Elemente (Metalle) an, und zwar: Ag; Cu, Be, Zn, Cd; B, Al; Cr; Fe, Ni, Co; Pd, Ru, Rh, Pt, Ir. Eine erschöpfende Behandlung der Stereochemie dieser Komplexverbindungen wird von P. Pfeiffer (in Freudenbergs Stereochemie, S. 1200—1377. 1933) gegeben.

Zuerst war man noch unsicher in bezug auf die Entstehung optisch aktiver Verbindungen; als K. Auwers und V. Meyer (1889) die Existenz zweier isomerer Benzildioxime (aus Benzil $C_6H_5 \cdot CO \cdot CO \cdot C_6H_5$ und Hydroxylamin synthetisiert) zu deuten unternahmen und dabei auch eine Formulierung $> C \Big< \begin{matrix} NH \\ | \\ O \end{matrix}$ mit asymmetrischem C-Atom erwogen, schrieben sie, es ,,läge doch die Möglichkeit (Sperrdruck im Original) optischer Aktivität vor, und es erschien daher nicht überflüssig, die beiden Monoxime auch in dieser Richtung zu untersuchen", sie erwiesen sich sinngemäß als optisch völlig inaktiv [B. **22**, 548 (1889)]. In gleicher Weise hielt man es für angezeigt, das Reduktionsprodukt der stereoisomeren Benzilmonoxime (das Diphenyloxyäthylamin) und ähnl. auf ihre Aktivität zu prüfen [A. Hantzsch und Fr. Kraft: B. **24**, 3512 (1891); **23**, 2784 (1890)]. Es kam auch gelegentlich vor, daß man die Beweiskraft der optischen Drehung fälschlich deutete; so konnte es geschehen, daß z. B. die Zuckernatur des synthetisch aus Formaldehyd bzw. Trioxymethylen mittels Alkali gewonnenen Butlerowschen Methylenitans verneint wurde, weil es „nicht das polarisierte Licht dreht" [B. Tollens: B. **19**, 2133 (1886)].

Daneben galt es noch, einige irrtümliche Angaben zu widerlegen, z. B. die vermeintliche optische Aktivität bei Stoffen ohne asymmetrische Kohlenstoffatome (Styrol, J. H. van't Hoff; Propylalkohol, Henniger; Chlorfumar- und -maleinsäure, P. Walden usw.). Umgekehrt schienen Stoffe mit asymmetrischem C-Atom der optischen Spaltung zu widerstehen, so z. B. Phenyläthylamin (Kraft, 1890; jedoch durch J. M. Lovén gespalten, 1896), oder Methylbernsteinsäure (die nachher A. Ladenburg spalten konnte, 1896). Dann schien es anfangs, daß im Falle des Eintritts von Halogen in die vier Gruppen des asymmetrischen C-Atoms die optische Aktivität verschwindet, — ausführliche Untersuchungen von P. Walden (1893 u. f.) lieferten aber zahlreiche Beispiele solcher optisch aktiven Halogenverbindungen $R_1R_2R_3CX$. Eine weitere Ungewißheit lag gegenüber der Frage vor: Wie viele Kohlenstoffatome müssen vorhanden sein, um noch eine optische Aktivität zu erzeugen? Jahrzehnte hindurch war Propylenglycol $CH_3-C\diagdown^{\,H}_{OH}$ $\diagup\!^{\,H}$ der Prototyp der optischen Verbindungen $\diagdown CH_3 \cdot OH$ mit der geringsten Anzahl von Kohlenstoffatomen.

Daß bereits ein einziges C-Atom genügt, um die optische Aktivität hervorzurufen, zeigten W. J. Pope und J. Read [Soc. **105**, 811 (1914)] an der Chlor-jod-methan-sulfosäure (I), die stabil ist. Ebenso ließ sich die Fluor-chlor-brom-essigsäure (II) aktivieren (F. Swarts, 1896), auch diese ist stabil (H. J. Backer, 1931). Die Chlorsulfo-essigsäure (III), deren Spaltung J. W. Pope (1908; 1914) vergeblich versucht hatte, wurde verhältnismäßig leicht in die optischen Antipoden getrennt durch H. J. Backer und W. G. Burgers [Soc. **127**, 233 (1925)], mittels der „Kältekristallisation" der Yohimbin- und Strychninsalze, — die aktiven Säuren und Salze erleiden aber in wässeriger Lösung bei gewöhnlicher Temperatur eine relativ leichte Autorazemisierung, bzw. sehr leicht durch OH-Ionen:

$$\underset{\text{I}}{\underset{I}{Cl}\!\diagdown\!\!\underset{SO_3H}{C}\!\!\diagup^{\,H}} \qquad \underset{\text{II}}{\underset{F}{Cl}\!\diagdown\!\!\underset{COOH}{C}\!\!\diagup^{\,Br}} \qquad \underset{\text{III}}{\underset{H}{Cl}\!\diagdown\!\!\underset{COOH}{C}\!\!\diagup^{\,SO_3H}} \qquad \underset{\text{IV}}{\underset{Br}{Cl}\!\diagdown\!\!\underset{SO_3H}{C}\!\!\diagup^{\,H}}$$

Die Chlorbrommethan-sulfosäure (IV) zeigt bei ihrer Aktivierung Anomalien („potentielle optische Aktivität) und erleidet im freien Zustande sogleich eine Autorazemisierung [J. Read und A. M. McMath: Soc. **127**, 1572 (1925)]. Ein Spezialstudium solcher optisch-aktiven Sulfo-mono- und -dicarbonsäuren hat H. J. Backer (mit Mitarbeitern) durchgeführt. Derselbe Forscher hat (seit 1928) auch die Arson-carbonsäuren, z. B. $\overset{\displaystyle H}{\underset{\displaystyle C_2H_5}{\diagdown}}C\overset{\displaystyle CO_2H}{\underset{\displaystyle AsO_3H_2}{\diagup}}$, aktiviert, wobei die sekundären Bariumsalze die umgekehrte Drehungsrichtung ergaben wie die freien Säuren.

Neuartige stereochemische Probleme eröffnen sich, wenn man die präparative Verwendung von isotopen Elementaratomen, z. B. des Deuteriumatoms D an Stelle des Wasserstoffatoms H, in Betracht zieht. Wenn etwa in der Verbindung $R_1R_2CH_2$ ein Wasserstoffatom durch ein Deuteriumatom ersetzt wird, kann dann die entstandene Verbindung R_1R_2CHD in einer optisch aktiven Form existieren? Berücksichtigt man die gelungene Darstellung der optisch-aktiven Propyl-isopropyl-essigsäure bzw. Butyl-isobutyl-essigsäure durch E. Fischer [B. **45**, 247 (1912)], so läßt sich mit ziemlicher Gewißheit eine solche (wenn auch geringe) optische Aktivität der Verbindung R_1R_2CHD erwarten. Eine sichere Entscheidung ließ sich bisher nicht erbringen, die Ergebnisse waren negativ, trotzdem viele sorgfältige Versuche angestellt worden sind [vgl. E. Biilmann: B. **69**, 1031, 1947 (1936); Rog. Adams: Am. **58**, 1555 (1936); **60**, 1260 (1938); H. Erlenmeyer: Helv. chim. Acta **19**, 1199 (1936); Z. f. Elektroch. **44**, 10 (1938); J. Kenyon, S. M. Patridge und Coppock: Soc. **1938**, 1069; G. R. Clemo: Soc. **1936**, 808; **1939**, 431; Clemo und Swan, Soc. **1939**, 1960]. Neben anderen Isotopenpaaren (z. B.: Cl^{35} und Cl^{37}; Br^{79} und Br^{81}; O^{16}—O^{18}) kamen auch die radioaktiven Elemente zur Anwendung (vgl. die Waldensche Umkehrung).

Scheinbare stereochemische Widersprüche.

Zu den Erscheinungen von Drehungsanomalien gehört das Verhalten einzelner Kohlenhydrate. So z. B. zeigt der Mannit in wässeriger Lösung keine Drehung (Biot; s. auch Bouchardat, 1875), und diese wird erst hervorgerufen durch Zusatz von Borax (Vignon, 1873). Die gleichen Verhältnisse fand E. Fischer (und Mitarbeiter) beim d- und l-Sorbit, l-Arabit u. a. [B. **24**, 538, 2144 (1891)]. Eigenartig verhalten sich auch die l-α-Acylglycerine, die in Benzol keine erkennbare Drehung zeigen, in Pyridin aber linksdrehend sind; die gemischten Triglyceride mit Fettsäurekomponenten sind optisch inaktiv, aber nicht durch Razemisierung, während die gemischt-aromatischen, ziemlich stark drehten [E. Baer und Herm. O. L. Fischer: J. biol. Chem. **128**, 475 (1939)], nach diesen Forschern brauchen die natürlichen Triglyceride keine Razemate zu sein, wenn sie auch optisch inaktiv sind. Abnorm ist auch das Verhalten der Cellulose. Béchamp (1865 u. f.) hatte gefunden, daß die aus ihren Kupferlösungen „regenerierte" Cellulose in konzentrierter Salzsäure anfangs keine Drehung aufweist; dann zeigte Levallois (1884 u. f.), daß die Kupferhydroxyd-Ammoniaklösung der Cellulose stark linksdrehend ist. K. Hess und E. Messmer [B. 54, 834 (1921)] überprüften diese Angaben und fanden sie bestätigt; weiterhin beobachteten sie die optische Indifferenz der ätherischen Lösungen von Äthylcellulose, der wässerig-alkalischen Lösungen der Xanthogenatcellulose und der Quellungen von Cellulose in Neutralsalzlösungen. In allen diesen Fällen handelt es sich um eine „latente Asymmetrie".

Besondere Schwierigkeiten hat die Aufklärung des Falles „Pentaerythrit" $C(CH_2OH)_4$ bereitet. Auf Grund von röntgenographischen Untersuchungen hatten H. Mark und K. Weißenberg [Z. f. Physik 17, 301 (1923); H. Mark: B. 59, 2988 (1926)] geschlossen, daß die vier Substituenten CH_2OH nicht in den Ecken eines Tetraeders liegen. Dagegen zeigten J. Böeseken und B. Felix [B. 61, 787, 1855 (1928)], daß der Pentaerythrit im flüssigen Zustande tetraedrisch entwickelt ist [zur Konstitution vgl. K. Heß: B. 61, 538 (1928)]. Ebenso gelangten A. Schleede und A. Hettich [Z. anorgan. Chem. 172, 121 (1928)] bei der Auswertung des Röntgenogramms von Pentaerythritkristallen zu der Deutung einer Tetraederkonfiguration (vgl. auch H. Seifert, 1927); daß im Pentaerythritkristall das Zentralatom sich in der Mitte eines regulären Tetraeders befindet, bestätigten auch J. E. Knaggs (1929) sowie F. G. Llewellyn, E. G. Cox und T. H. Goodwin (Soc. 1937, 883) durch eingehende röntgenographische Messungen. Hiernach muß der Pentaerythrit aus der Zahl der Widersprüche gegen die van't Hoffsche Tetraedertheorie gestrichen werden.

Ein anderer Fall von Anomalie trat in der behaupteten optischen Aktivität von Diazobernsteinsäure bzw. deren Estern entgegen. P. A. Levene (1920 u. f.) sowie W. A. Noyes [1920; s. auch Am. 52, 5070 (1930)] hatten für die durch Diazotierung der Asparaginsäureester erhältlichen Diazobernsteinsäureester optische Drehung ermittelt, demnach ein aktives Asymmetriezentrum $\begin{smallmatrix} R_1 \\ R_2 \end{smallmatrix}\!\!>\!\!C:N:N$ angenommen. Schon P. Walden [Naturwiss. 13, 311 (1925)] hatte auf Verunreinigungen durch aktive Zwischenprodukte usw. hingewiesen, auch B. Holmberg [B. 61, 1895 (1928)] wies auf die Möglichkeit einer Beimischung hin, und A. Weißberger konnte solche eine Verunreinigung durch optisch-aktive Äpfelsäure-ester experimentell nachweisen [B. 64, 2896 (1931); 65, 265 (1932); 66, 559 (1933)]. Ein optischaktives sog. β-Naphthol-phenyl-diazomethan erledigte sich von selbst, da es keine Diazo-verbindung ist [F. E. Ray: Am. 54, 295, 4753 (1932)].

Der einfache Typus der Äpfelsäure (d-, l- und d,l-) schien ebenfalls einen Widerspruch gegen die Tetraedertheorie darzubieten als J. H. Aberson [B. **31**, 1432 (1898)] aus den Crassulaceen noch eine **dritte** optisch aktive Äpfelsäure isoliert hatte. P. Walden [B. **32**, 2706, 2849 (1899)] zeigte, daß die Vogelbeeren-Äpfelsäure durch partielle Anhydrisierung eine im **chemischen** Verhalten mit der Crassulaceen-Äpfelsäure identische Säure liefert, und H. Franzen [gemeinsam mit R. Ostertag: B. **55**, 3000 (1922)] wies in der Crassulaceen-Äpfelsäure selbst das Vorhandensein solcher Äpfelsäure-anhydride nach.

Auch die Chloräpfelsäuren (mit 2 ungleichen asymmetrischen C-Atomen) wiesen in der Literatur neben den zwei razemischen Formen sechs optisch-aktive (statt der theoretisch erforderten vier) Formen auf. Durch die eingehenden Untersuchungen von R. Kuhn und Th. Wagner-Jauregg [B. **61**, 481, 483 (1928)] wurden auch hier die überzähligen ,,Isomeren'' und Ausnahmen beseitigt.

Einen hartnäckig wiederkehrenden Ausnahmefall stellten die Zimtsäuren auch in optisch-aktiver Hinsicht dar. E. Erlenmeyer jun. [B. **38**, 3503 (1905); **39**, 285 (1906)] hatte mitgeteilt, daß synthetische Zimtsäure und Storax-Zimtsäure mit optisch-aktiven Basen sich je in zwei verschiedene Salze aufspalten lassen bzw. eine neue Art von optischer Asymmetrie ergeben; da die freigemachten Säuren optisch inaktiv sind, so ,,muß die Asymmetrie eines Moleküls in die Erscheinung treten, wenn man dasselbe mit entgegengesetzt-asymmetrischen Körpern verbindet . . .'' Eine Wiederholung dieser Versuche durch W. Marckwald und R. Meth [B. **39**, 1176 (1906)] fiel aber gegen die behauptete Spaltung der Zimtsäure aus.

In gedanklicher und experimenteller Fortführung dieser Versuche gelangte dann E. Erlenmeyer zu den durch ,,induzierte Asymmetrie'' optisch-aktiven Verbindungen Benzaldehyd und Zimtsäure [Biochem. Zeitschr. **43** (1912) bis **97**, 245 (1919) bis **133** (1922)]. Daß die Aktivität (Linksdrehung) des Benzaldehyds von hartnäckig zurückgehaltener Weinsäure herrührt, zeigte E. Wedekind [B. **47**, 3172 (1914)], daß das gleiche auch für die aktive Zimtsäure gilt, erwiesen Nachprüfungen von L. Ebert und G. Kortüm [B. **64**, 349 (1931)], und ebenso widerlegten F. Eisenlohr und G. Meier [B. **71**, 1004 (1938)] die vermeintliche ,,induzierte Aktivität'' der Methyl-äthylessigsäure.

Durch einen überzähligen Formenreichtum (im festen Zustande) und leichte wechselseitige Umwandlungen zeichnen sich gewisse Verbindungen aus, denen die Gruppierung $C_6H_5 \cdot C = C \cdot C = O$ zukommt; zu den historischen Beispielen dieser Art gehören die Zimtsäuren und Chalkone. Im Jahre 1890 entdeckte C. Liebermann [B. **23**, 141 (1890)] in den Nebenalkaloiden des Cocains neben der längst bekannten

Zimtsäure (Schmp. 133⁰) noch ein Isomeres (Schmp. 45—47 bzw. 57⁰), das er „Isozimtsäure" benannte, durch Erhitzen in Zimtsäure umwandelte und als die labilere geometrisch-isomere Form ansah:

$$C_6H_5-C-H \qquad \qquad C_6H_5-C-H$$
$$\qquad \qquad \text{und}$$
$$COOH-C-H \qquad \qquad H-C-COOH$$

(trans)-Zimtsäure   (cis-) Isozimtsäure

Eine weitere isomere Säure konnte aus denselben Rückständen gewonnen werden: sie wurde „Allozimtsäure" (Schmp. 68⁰) genannt [B. **23**, 2510 (1890)] und auch synthetisch dargestellt [B. **26**, 1571 (1893)]. Diesen zwei neuen Säuren von C. Liebermann fügte gleichzeitig E. Erlenmeyer sen. [B. **23**, 3130 (1890)] noch eine andere „Isozimtsäure" (Schmp. 38—46⁰) zu. Und so ergaben sich drei cis-Zimtsäuren [vgl. auch A. Michael: B. **34**, 3640 (1901)], während die van't Hoffsche Theorie nur eine cis- neben einer trans-Form vorsieht. E. Biilmann [B. **42**, 182, 1443 (1909); **43**, 568 (1910)] zeigte jedoch, daß hier keine chemische Isomerie, sondern eine Trimorphie (zwischen den cis-Säuren vom Schmp. 42⁰, 58⁰ und 68⁰) vorliegt, da ihre Schmelzen identisch sind und die Säuren in wässeriger Lösung die gleichen Dissoziationskonstanten, haben; sie entsprechen der cis-Form, zumal sie (ähnlich wie die Croton- und Maleinsäure) mit Mercurisalzen Komplexkörper geben [s. auch C. Liebermann: B. **26**, 1571 (1893); über die Identität und Polymorphie aller Säuren: Robinson und James: Soc. **1933**, 1453]; über die Metastabilität der cis-Formen: C. Weygand: B. **65**, 693 (1932); über die Existenz der 3 cis-Formen im gelösten Zustande: Fr. Eisenlohr: Z. physik. Chem. (A) **178**, 339 (1937), beschränkte freie Drehbarkeit der beteiligten Gruppen wird als Ursache angenommen:

$$H-C-C_6H_5 \qquad \qquad H-C-C_6H_5$$
$$H-C-COOH \qquad \qquad HOOC-C-H$$

Allo-, Iso- oder cis-Form   gewöhnliche oder trans-Zimtsäure

C. Paal hatte (1900) die beiden Stereoisomeren des Dibenzoyläthylens $C_6H_5CO \cdot CH:CH \cdot COC_6H_5$ dargestellt, H. Stobbe fügte (1901) dieser Reihe der ungesättigten Ketone die beiden stereoisomeren Benzaldesoxybenzoine $C_6H_5 \cdot CH:C(C_6H_5) \cdot CO \cdot C_6H_5$ bei (die Isoform kristallisiert auch gelb); Ch. Dufraisse isolierte (1914) das Isomerenpaar des Dibrom-benzal-acetophenons.

Für das Benzalacetophenon $C_6H_5 CH:CH \cdot COC_6H_5$ hatte St. v. Kostanecki [B. **32**, 1923 (1899)], wegen der Entstehung rotstichig gelber Farbstoffe, den Namen „Chalkon" vorgeschlagen. Das eingehende Studium der substituierten Chalkone durch Dufraisse (1914; 1922 u. f.), insbesondere gleichzeitig durch C. Weygand (seit 1924) hat ein neues Tatsachenmaterial mit neuen Typen und Isomerie-

verhältnissen ergeben, namentlich hat Weygand die genauen Bedingungen der Entstehung und Umbildung der zahlreichen Formen
festgestellt. Eine Zusammenstellung aus dieser „chemischen Morphologie" in homologen Reihen hat C. Weygand gegeben [B. 68, 1825,
1839 (1935)], ebenso entwickelte er die „Grundlagen und Methoden
einer chemischen Morphologie der Kohlenstoffverbindungen" [Z.
angew. Chem. 49, 243 (1936)]. Einige Beispiele sollen die Vielheit
der Formen veranschaulichen:

p'-Methyl-chalkone $C_6H_5 \cdot CH : CH \cdot CO \cdot C_6H_4 \cdot CH_3$ (-p):

Schmp. $44,5^0$, $46,5^0$, 48^0, $54,5^0$, $55,5^0$, $56,5^0$, $74,5^0$, dazu noch 6 weitere
unselbständige Formen [A. 469, 225 (1929); s. auch B. 57, 413 (1924);
A. 449, 29 (1926); 472, 143 (1929):

β-Äthoxy-chalkon $C_6H_5 \cdot C(OC_2H_5) : CH \cdot CO \cdot C_6H_5$:

Schmp. 63^0, 74^0, 78^0, 81^0 [B. 59, 2249 (1927); 62, 563 (1929)].

β-Methoxy-chalkon $C_6H_5 \cdot C(OCH_3) : CH \cdot CO \cdot C_6H_5$:

Schmp. 65^0, 78^0, 81^0, ? [Dufraisse: Bl. (4) 39, 443 (1926); Weygand: B. 62, 563 (1929)];

β-Oxychalkon [Dibenzoylmethan von A. Baeyer und W. H.
Perkin jun. (1883)]: $C_6H_5 \cdot C(OH) : CH \cdot CO \cdot C_6H_5$:

Schmp. 73^0, 78^0, 81^0 [Weygand: B. 59, 2250 (1926); 60, 2428 (1927);
62, 562 (1929); Dufraisse: A. ch. ph. (10) 4, 306 (1926); C. r. 183,
746 (1926)].

Ob dieses Material vom chemischen Standpunkt ausreichend ist
für eine Vorstellung, „daß im Grunde Äthylen - Stereomere nichts
anders sind als besonders beständige polymorphe Modifikationen"
(C. Weygand, 1929), oder ob das Bild der klassischen Stereochemie
beizubehalten und die vielen labilen und metastabilen Formen auf
besondere Zustände im Kristallgitter, auf Assoziationsvorgänge im
amorphen Zustande usw. zurückzuführen sind, kann nur durch weitere
Forschungen geklärt werden. C. Weygand und W. Lanzendorf
[J. pr. Chem. (N. F.) 151, 227 (1938)] konnten das β-Methoxychalkon
$C_6H_5 \cdot C(OCH_3) : CH \cdot CO \cdot C_6H_5$ in 2 wohldefinierten stereoisomeren Formen darstellen.

Eigenartige Dimorphie-Erscheinungen, die gelegentlich als Isomerien bzw. stereoisomere Formen des tertiären Stickstoffs angesehen
wurden, hatte G. Gadamer [Arch. Pharmaz. 240, 19 (1902)] in den
2 Modifikationen des Corydalins entdeckt. Als Analoga hierzu hatte
A. Pictet [mit St. Malinowski: B. 46, 2688 (1913)] die beiden Formen
α- und β-Coralydin beobachtet. Dann hatte G. Hahn [mit W. Kley:
B. 70. 685 (1937)] zwei ineinander umwandelbare Isomere, das α- und
β-Norcoralydin erhalten. Die gleichen Tatsachen fanden H. W. Bersch
und W. Seufert [B. 70, 1121 (1937)] beim Tetrahydro-berberin und
beim Canadin, während W. Awe [mit H. Unger, B. 70, 477 (1937)]
auch bei 9-R-Desoxy-berberinen das Auftreten in zwei polymorphen

Formen beobachteten. G. Hahn [mit H. J. Schuls: B. 71, 2135 (1938)] wiesen für die beiden Coralydine (bzw. deren Chlorhydrate) eine leichte Umwandlungsfähigkeit je nach dem Lösungsmittel, sowie einen Übergang der niedriger schmelzenden Form beim Stehenlassen in die höher schmelzende nach [vgl. auch die Ausführungen in Z. angew. Chem. 50, 409 (1937)]. Für die beiden Norcoralydine hatten schon vorher E. Späth und W. Gruber [B. 70, 1529 (1937)] die Dimorphie wahrscheinlich gemacht.

Über die Möglichkeit von Elektroisomerie im Gebiete der Polymorphie hat sich W. Madelung geäußert [Z. El. 37, 211 (1931)]. Nach J. Timmermans [J. chim. phys. 27, 71 (1930)] wiederum ist diese Polymorphie nur eine geschwächte Form der Tautomerie, und der Hauptfaktor der Differenzierung der polymorphen Strukturen ist stereochemischer Art.

In Anlehnung an die Befunde von Dufraisse (s. oben) hatte J. A. LeBel [C. r. 183, 889 (1926)], unter Verneinung der van't Hoffschen Stereochemie der Äthylenderivate, für die letzteren ein Dreier-Gleichgewicht zwischen den sich anziehenden und abstoßenden vier Radikalen der Moleküle abgeleitet und die Möglichkeit von drei Isomeren bejaht.

Optisches Drehungsvermögen[1]).

Das Interesse der Chemiker für das optische Drehungsvermögen der amorphen (gelösten, flüssigen) organischen Stoffe beschränkte sich anfangs nur auf die Feststellung, ob überhaupt eine solche Drehung vorhanden und von welchem Drehungssinn sie sei, alsdann ob in Lösung bei veränderter Konzentration sowie bei einem Wechsel des Lösungsmittels eine Änderung eintritt. Durch C. Oudemans (1879 u. f.) und H. Landolt (1873) wurde dann das sog. Landolt-Oudemanssche Gesetz begründet, daß die Molrotation von Elektrolyten (Salzen) bei annähernd vollständiger Dissoziation unabhängig ist von dem inaktiven Ion (H. Hädrich, 1893). Indessen ist dieses Gesetz nur bedingt gültig [vgl. J. H. van't Hoff: Lagerung usw., III. Aufl., S. 77 u. f. (1908); P. Walden: M. 53/54, 14 u. f. (1929)].

Das von J. H. van't Hoff aufgestellte Prinzip der Superposition[2]) (1894) besagt, daß die Molrotation sich additiv aus den Teil-

---

[1]) Abnorm hohe Werte des optischen Drehungsvermögens zeigen z. B. Nitromandelsäure mit $[\alpha]^{20}_{5461} = \pm 594^0$ in Aceton (A. McKenzie und P. A. Stewart: Soc. 1935, 104); von komplizierteren Gerüsten seien genannt die Derivate des Bisiminocamphers mit $[\alpha]$ bis zu $+ 2875^0$ [B. K. Singh, M. Singh und S. Lal: Soc. 119, 1971 (1921)] sowie das Crocin mit $[\alpha]^{21}_{Cd} = - 1760^0$ in Wasser [R. Kuhn und J. Wang: B. 72, 871 (1939)]; weitere Beispiele gibt M. Singh [J. Indian chem. Soc. 16, 19 (1939)]. Die Einführung der Nitrogruppe in den Benzolring bringt auch eine mehrfache Steigerung des Drehungswertes in der α-Phenoxy- ($[\alpha]_0 = + 39,3^0$) zu der d-o-Nitrophenoxy-propionsäure $NO_2 \cdot C_6H_4 \cdot O \cdot CH(CH_3) \cdot COOH$ mit $[\alpha]_0 = + 166,25^0$ hervor [E. Fourneau: Bl. (4) 31, 988 (1923)].

[2]) Über Mutarotation und optische Superposition vgl. das Kapitel Zucker.

drehungen der einzelnen Asymmetriezentren zusammensetzt. Beispiele hierzu lieferten Ph. A. Guye (1894), P. Walden (1894 u. f.),
L. Tschugaeff (1911 u. f.), E. Fischer [A. 270, 67 (1892)], A. Rosanoff (1906) u. a.; neuerdings H. Rupe [Helv. chim. Acta 23, 53
(1940)]. Mehr oder weniger erhebliche Abweichungen durch polare
Lösungsmittel, Konzentrationsänderungen u. ä., wie sie ganz allgemein für optische Drehungen gelten, werden auch die Superposition beeinflussen.

Eine neue Problemstellung erfolgte durch Alex. Crum Brown
(1838—1922) und .Phil. A. Guye (1862—1922), die gleichzeitig
1890 eine Beziehung zwischen der Drehungsgröße und dem Charakter
der vier am asymmetrischen C-Atom befindlichen Radikale aufzufinden
trachteten. Insbesondere baute Guye seine Ansichten zu der Hypothese vom „Asymmetrieprodukt" aus (1891), indem er die Differenzen der Gruppengewichte der vier Radikale in seine Gleichung
einsetzte. Da diese Beziehung eine Reihe von systematischen Untersuchungen auslöste, so war sie höchst wertvoll, obgleich sich bald
ihre Unzulänglichkeit erwies [vgl. P. Walden: Z. physik. Chem. 17,
245, 705 (1895)]. Demgegenüber betonte P. Walden (1894 u. f.)
die Rolle der chemischen Natur der vier Radikale; solche konstitutiven Einflüsse ändern die Abstände der Radikale voneinander,
also auch den Asymmetriegrad, die Ätherdichtigkeit, den Energieinhalt
[Z. physik. Chem. 17, 716 (1895)]; den Einfluß der Bindung (der
zwei- und dreifachen) belegte P. Walden [Z. physik. Chem. 20, 569
(1896)] durch den Nachweis, daß parallel einer abnormen Molekularrefraktion und einer stark gesteigerten Molekulardispersion auch ein
erhebliches Anwachsen der Molrotation zu verzeichnen ist [H. Rupe
hat alsdann den Einfluß der Konstitution bzw. der zwei- und dreifachen Bindung eingehend studiert (seit 1909); s. auch A. 442 (1926)].
J. H. van't Hoff (1908) wies noch auf die von A. W. Stewart
[Soc. 91, 1540 (1907)] festgestellte verschiedene Lichtabsorption hin.

Daß es nicht so sehr die Masse als vielmehr die chemische Natur
der Radikale ist, die für die Drehungsgröße bestimmend ist, erweisen
auch die folgenden Beispiele E. Fischers:

E. Fischer hat die Theorie des asymmetrischen Kohlenstoffatoms
weitestgehend bei seinen Zucker- und Polypeptidsynthesen benutzt und
die Postulate dieser Lehre bestätigt gefunden. Das Bedürfnis einer
Nachprüfung einzelner fundamentaler Konsequenzen wurde aber
nachträglich ausgelöst durch die Untersuchungen über die Waldensche Umkehrung und führte zur experimentellen Prüfung folgender
Grundsätze der Theorie:

1. Die optische Aktivität muß verschwinden, sobald zwei Gruppen
am asymmetrischen Kohlenstoffatom gleich werden. Die Prüfung
wurde an der optisch-aktiven Äthylisopropyl-malonaminsäure durch-

geführt und fiel bejahend aus [E. Fischer, A. Rohde und F. Brauns: A. 402, 364 (1914)]:

$$d- \begin{matrix} C_2H_5 \\ C_3H_7 \end{matrix} >C< \begin{matrix} CO \cdot NH_2 \\ COOH \end{matrix}$$
$$[\alpha]_D^{10} = +14,5° \text{ in Alkohol}$$

$$\xrightarrow{+ HONO} \begin{matrix} C_2H_5 \\ C_3H_7 \end{matrix} >C< \begin{matrix} COOH \\ COOH \end{matrix}$$
optisch inaktiv

$$\xrightarrow[\substack{bei\ 120°\ erhitzt \\ (-CO_2)}]{} \begin{matrix} C_2H_5 \\ C_3H_7 \end{matrix} >C< \begin{matrix} CO \cdot NH_2 \\ H \end{matrix}$$
optisch inaktiv

2. Ein Umtausch zweier Substituenten muß eine Umkehrung des Drehungsvermögens bewirken.

Auch diese Forderung wurde erfüllt, gab also „eine nicht unwichtige Bestätigung der Theorie" und zugleich „einen prinzipiell neuen Weg ... eine optisch-aktive Substanz ohne den Umweg über die Razemverbindung in den optischen Antipoden zu verwandeln" [E. Fischer: B. 47, 3181 (1914)], und zwar ausgehend von der d-Isopropyl-malonaminsäure [:$(\alpha)_D^{20} = +45°$ in Alkohol]:

$$d- \begin{matrix} C_3H_7 \\ H \end{matrix} >C< \begin{matrix} CONH_2 \\ COOH \end{matrix} \xrightarrow[\text{methan}]{+ Diazo-} d- \begin{matrix} C_3H_7 \\ H \end{matrix} >C< \begin{matrix} CONH_2 \\ COOCH_3 \end{matrix} \longrightarrow$$

$$\xrightarrow{+ HONO} l- \begin{matrix} C_3H_7 \\ H \end{matrix} >C< \begin{matrix} COOH \\ COOCH_3 \end{matrix} \xrightarrow{+ H_2N \cdot NH_2} l- \begin{matrix} C_3H_7 \\ H \end{matrix} >C< \begin{matrix} COOH \\ CO \cdot N_2H_3 \end{matrix} \longrightarrow$$

$$\xrightarrow{+ HONO} l- \begin{matrix} C_3H_7 \\ H \end{matrix} >C< \begin{matrix} COOH \\ CO \cdot N_3 \end{matrix} \xrightarrow{+ NH_3} l- \begin{matrix} C_3H_7 \\ H \end{matrix} >C< \begin{matrix} COOH \\ CONH_2 \end{matrix}$$
$$(\alpha)_D^{20} = -44,5° \text{ in Alkohol}$$

3. Die optische Aktivität wird nicht so sehr vom Gewicht der Substituenten, als vielmehr von der Struktur bedingt, d. h. gleich schwere, aber strukturverschiedene Radikale können die optische Asymmetrie hervortreten lassen; die Beweisführung gelang mit Hilfe der optisch-aktiven Propyl-isopropyl-cyan-essigsäure [E. Fischer und E. Flatau: B. 42, 2981 (1909)]:

$$d- \begin{matrix} C_3H_7 \\ iso\text{-}C_3H_7 \end{matrix} >C< \begin{matrix} CN \\ COOH \end{matrix}$$
$$[\alpha]_D^{20} = +11,4° \text{ in Toluol}$$

Ein anderes Beispiel stellte die Aktivierung der Butyl-isobutyl-essigsäure dar [E. Fischer, J. Holzapfel und H. v. Gwinner: B. 45, 247 (1912)] sowie andere Dialkylessigsäuren:

$$d- \begin{matrix} C_4H_9 \\ iso\text{-}C_4H_9 \end{matrix} >C< \begin{matrix} H \\ COOH \end{matrix} ; \quad d- \begin{matrix} C_3H_7 \\ iso\text{-}C_4H_9 \end{matrix} >C< \begin{matrix} H \\ COOH \end{matrix} ; \quad d- \begin{matrix} C_3H_7 \\ iso\text{-}C_3H_7 \end{matrix} >C< \begin{matrix} H \\ COOH \end{matrix}$$

flüssig, $[\alpha]_D^{21,5} = +5,73$ flüssig, $[\alpha]_D^{18} = +9,8°$ flüssig, $[\alpha]_D^{20} = +0,77°$.

Die vorherrschende Bedeutung der Struktur gegenüber dem Gewicht der Radikale tritt auch in der erheblichen Drehung der Allyl-

propyl-cyanessigsäure entgegen [E. Fischer und W. Brieger:
B. **48**, 1517 (1915)], mit ihr wurde zugleich der Beweis für die Gleichheit der vier Verbindungseinheiten (durch Überführung in die
inaktive Dipropylcyanessigsäure) verknüpft:

$$d - \begin{matrix} C_3H_5 \\ C_3H_7 \end{matrix} > C < \begin{matrix} CN \\ COOH \end{matrix} \xrightarrow{+ H_2 \,(Pt\text{-}Katal.)} \begin{matrix} C_3H_7 \\ C_3H_7 \end{matrix} > C < \begin{matrix} CN \\ COOH \end{matrix}$$

als Na-Salz, $[\alpha]_D^{21} = + 18{,}7^\circ$ inaktiv

Lösungsmitteleinfluß auf die optische Drehung.

In einer Zusammenfassung des optischen Drehungsvermögens
und bei einer kritischen Betrachtung über die möglichen Ursachen
seiner Veränderung durch das optisch inaktive Lösungsmittel hatte
P. Walden [B. **38**, 390 u. f. (1905)] gefolgert, daß dem Lösungsmittel
neben der die Assoziation der gelösten Moleküle beeinflussenden Kraft
noch eine spezifische, mit der Konstitution der Lösungsmittelmoleküle
verknüpfte Eigenschaft bzw. Wirkung zugesprochen werden muß;
die Lösung ist „als eine Summe von losen Verbindungen zwischen
gelöstem Stoff und Lösungsmittel" aufzufassen, wobei das Gleichgewicht durch Änderungen der Verdünnung, der Temperatur u. ä.
verschoben wird, und zwar führen steigende Verdünnung und Temperatur immer einfachere Verhältnisse für das ganze System herbei,
und das Drehungsvermögen nähert sich einem konstanten Grenzwert (S. 406).

Von den vielen physikalischen Größen, die zu den konstitutiven Eigenschaften von Gelöstem und Lösungsmittel in Beziehung
gesetzt werden können [vgl. Walden: zit. S. 403, sowie T. S. Patterson: Soc. **79** (1901 u. f.)] hat sich die Polarität der Moleküle (bzw.
Gruppen und Atome) als die am eindeutigsten hervortretende Eigenschaft erwiesen. Dieser Zusammenhang ist besonders durch die
umfangreichen Untersuchungen von H. G. Rule (seit 1924), in teilweiser Bestätigung der vorhin angeführten Ansichten Waldens
(vgl. Rule: Soc. **1933**, 1217), erwiesen worden. Betrachtet man den
optisch-aktiven Körper, z. B. den Menthylester R·CH$_2$·COO—
(l-)C$_{10}$H$_{19}$, und untersucht man den Einfluß der polaren Gruppen R
auf die Drehung der Ester, so ergibt sich die Reihenfolge R = CN > Cl >
Br > OH > OCH$_3$ > CH$_3$ > COOH > H [Rule: Soc. **127**, 2188 (1925);
129, 3202 (1926); Trans. Farad. Soc. **26**, 321 (1930)], — also wesentlich
die alte Reihe der elektronegativen Elemente, die z. B. entgegentritt
in den Affinitätsgrößen W. Ostwalds bei den substituierten Carbonsäuren (1889), oder in den polaren Reihen J. J. Thomsons (1907),
wo diese Korpuskeln die Elektronenempfänger sind. Betrachtet man,
z. B. nach M. Betti [1916 u. f.; Gazz. **53**, 417 (1923); Trans. Farad.
Soc. **26**, 337 (1930)] das Drehungsvermögen der Kondensationsprodukte

aus d-β-Naphthol-phenyl-amino-methan und substituierten Benzaldehyden im Zusammenhang mit den Dissoziationskonstanten (Affinitätsgrößen) K der diesen Benzaldehyden entsprechenden Carbonsäuren, so ist auch hier ein Parallelismus zwischen $[M]_D$ und K offensichtlich. Während Rule die optische Drehung mehr der Anordnung
der Dipole um das asymmetrische C-Atom zuschreibt, setzt M. Betti
das Drehungsvermögen direkt in Beziehung zur molekularen Polarisation.
Rule erweitert dann (1931) sein Arbeitsprogramm, indem er die Wirkung des Lösungsmittels auf die Drehungsgröße eines gegebenen
optisch-aktiven Körpers, unter dem Gesichtspunkt der polaren Natur
von Lösungsmittel und Gelöstem, untersucht (I. Mitteil.: Soc. 1931, 674;
XIII. Mitteil.: Soc. 1937, 145). Neben dem Zusammenhang zwischen
Drehungsgröße und Dipolmoment der Lösungsmittel wurde der
Einfluß der polaren Gruppen in den beiden Lösungsgenossen untersucht: einerseits äußert sich dieser Einfluß in der Assoziation der
Moleküle des Gelösten unter sich, andererseits aber führt er auch zur
Bildung von Assoziationsprodukten zwischen Gelöstem und Lösungsmittel und wirkt sich in den Änderungen der Drehungsgröße und des
Molekulargewichtes bei Konzentrations- und Temperaturänderungen
aus (Soc. 1933, 1217). Dann wurde auch die Beeinflussung der Drehungsgröße durch den Lichtbrechungsindex des Lösungsmittels experimentell untersucht (Soc. 1937, 138, 145). Auf die polare Natur der
gelösten Moleküle und die Bildung von Additionsverbindungen (Solvaten) in der Lösung weisen auch die polarimetrischen Untersuchungen
von A. McLean (Soc. 1934, 351; 1935, 229) hin. Messungen von
H. G. Rule und A. R. Chambers (Soc. 1937, 145) an d-Pinan, d-Pinen
und d-Limonen in 26 und mehr aliphatischen und aromatischen Lösungsmitteln zeigten, daß dem höheren Brechungsvermögen das höhere
Drehungsvermögen entspricht, daß aber sogar in nichtpolaren
Medien erhebliche Abweichungen von diesem Parallelismus entgegentreten. B. K. Singh und B. Bhaduri (C. 1940 I, 2779) stellten für
(nichtassoziierte) Methylencampher einen parallelen Gang zwischen
Rotationsvermögen und Dielektrizitätskonstante der Lösungsmittel fest.

Physikalische Theorien der optischen Drehung.

Die ersten physikalisch begründeten Betrachtungen über den Ursprung des Drehungsvermögens, wie sie 1915 gleichzeitig von M. Born
und C. W. Oseen entwickelt wurden, gingen davon aus, daß bei der
Einwirkung des Lichtes auf die Moleküle die Dimensionen der letzteren
gegen die Wellenlängen des einfallenden Lichtes mitberücksichtigt
werden müssen, sowie daß die im Molekül an verschiedenen Stellen
lokalisierten Resonatoren miteinander durch Koppelungskräfte in
Wechselwirkung stehen. R. Gans (1924) gab in betreff der Molekular-

refraktion eine Korrektur der Bornschen Formel. R. de Mallemann (1925) entwickelte auf Grund der molekularen Dimensionen und der Refraktion der aufbauenden Radikale, unter der Annahme von elektrodynamisch gekoppelten Resonatoren, eine andere Formel. S. F. Boys (1934) gelangte ebenfalls durch Verwendung der linearen Dimensionen des Moleküls und der Brechungsvermögen der vier Radikale (Atome) zu einer Formel, die für die einfachsten asymmetrischen Moleküle das Drehungsvermögen größenordnungsmäßig zu berechnen erlaubt [vgl. auch T.M.Lowry: Z. f. Elektroch. **40**, 475 (1934)]; bei Anwesenheit eines Carbonylradikals (Aldehyde, Ketone) ist nach Lowry die Hinzunahme eines zweiten Asymmetriezentrums innerhalb der chromophoren Gruppe („induzierte Asymmetrie", Lowry und Walker, 1924) erforderlich. Auf eine neue mathematische Basis hat dann M. Born (1935) seine Theorie gestellt, — seine erweiterte Formel bringt die molekularen Dimensionen mit der achten Potenz, die Frequenzen mit der, sechsten usw.

An der Ausarbeitung einer Theorie der optischen Drehung hat auch W. Kuhn einen hervorragenden Anteil genommen [Z. physik. Ch. (B) **4**, 14 (1929); **8**, 281, 445 (1930); B. **63**, 190 (1930); ausführlich in Freudenbergs Stereochemie, S. 317—434. 1932; vgl. auch W. Kuhn und K. Bein: Z. phys. Chem. (B) **20**, 325; **22**, 406 (1933); **24**, 335 (1934) sowie die Einwände von M. Born (1935)]. Das optische Drehungsvermögen wird als ein Effekt gedeutet, „der als eine winzige Störung der gewöhnlichen Brechungserscheinungen zu betrachten ist"; die optische Aktivität ist abhängig von der Lage, Stärke sowie vom Anisotropiefaktor der dem Molekül zugehörenden Absorptionsbanden, wobei die letzteren auf bestimmte Substituenten zurückgeführt werden; zwischen diesen am aktiven C-Atom befindlichen Substituenten wirken Kopplungskräfte als Ursache von Störungswirkung („vizinale Wirkung") auf die den einzelnen Substituenten zugehörigen Banden. „Das optische Drehungsvermögen einer Verbindung ist aufzufassen als Summe der Drehungsbeiträge, die von einzelnen Banden herrühren, die ihrerseits wieder bestimmten Substituenten zugeordnet werden können" [B. **63**, 207 (1930)].

An der Hand dieser neuen Grundlagen unternahmen dann W. Kuhn und K. Freudenberg [gemeinsam mit J. Wolf: B. **63**, 2367 bzw. (mit J. Bumann) 2380 (1930); alsdann B. **64**, 703 (1931)] eine Untersuchung des Drehungsvermögens konfigurativ verwandter Stoffe; die bereits von Pickard und Kenyon (1911) angewandte Methode der Rotationsdispersionskurven, mit Einbeziehung der Messungen im Ultravioletten, unter Auswertung der Drehungsbeiträge einzelner Banden der Substituenten und der Vizinalwirkung, diente zur Feststellung der Konfiguration in der Reihe der Halogenpropionsäure-Derivate sowie zur Prüfung der verschiedenen Regeln und der Superposition bei der optischen Drehung, insbesondere auf dem Gebiete der Zuckerchemie.

Über die Gültigkeit der Vizinalregel bzw. des Verschiebungssatzes der optischen Drehung, unter Berücksichtigung der nur „ähnlichen Verbindungen", hat K. Freudenberg [mit H. Biller: A. **510**, 230 (1934)] weiteres Material geliefert [vgl. auch die Einsprüche P. A. Levenes: Am. **56**, 244 (1934)].

Physikalische und chemische Eigenschaften von optischen Isomeren.

J. H. van't Hoff hatte hervorgehoben, daß „sämtliche physikalische Eigenschaften, die sich auf molekulare Dimensionen und Attraktionen zurückführen lassen, . . . bei den betreffenden Isomeren (d. h. Antipoden) identisch" sind, „also spezifisches Gewicht, kritische Temperatur, Maximaltension, Siedepunkt, Schmelzpunkt, latente Schmelz- und Verdampfungswärme usw.", gleiches gilt für die Löslichkeit (Lagerung der Atome im Raume, S. 7. 1894; S. 6. 1908). Ferner: „In chemischer Hinsicht läßt sich die völlig gleiche Stabilität, also die gleiche Bildungs- und Umwandlungsgeschwindigkeit bei gewissen Umsetzungen, Gleichgewicht beim Vorhandensein gleicher Menge, keine Umwandlungswärme derselben beim Übergang ineinander, somit gleiche Bildungswärme usw. voraussehen" (zit. S. 6, bzw. 7). „Eine Differenz schließlich tritt nur wegen der Dissymmetrie auf, und diese drückt sich physikalisch in der entgegengesetzten optischen Aktivität aus, in der sog. Links- und Rechtsdrehung, welche die Isomeren in amorphem, somit geschmolzenem, dampfförmigem, gelöstem Zustande (wobei diese Drehung also von der Molekular- und nicht von der Kristallstruktur herrührt), zeigen". . . . „In zweiter Linie drückt sich die Dissymmetrie in kristallographischer Hinsicht aus, und zwar zeigen die vom asymmetrischen Kohlenstoff herrührenden Isomeren eine ihrer Molekularstruktur entsprechende Enantiomorphie der Kristallform." . . . „Drittens zeigt sich die Verschiedenheit in chemischer und, dadurch veranlaßt, in physiologischer Hinsicht. Die chemische Identität (s. oben) hört auf, sobald die asymmetrischen Isomeren einem Körper gegenübergestellt werden, der selber asymmetrisch ist" (z. B.. Rechts- und Linksweinsäure mit aktiven Alkaloiden; physiologische Verschiedenheit gegenüber Enzymen, dem lebenden Organismus usw.).

Als in den letzten Jahrzehnten des vorigen Jahrhunderts das wissenschaftliche Studium der stereoisomeren und optisch aktiven Körper mit der Erforschung der Terpene und Campher bzw. der Alkaloide einen neuen Aufschwung nahm, ergab sich zwangsläufig die Nachprüfung der obigen Grundsätze.

I. Als eine der ersten Fragen war die folgende: Existieren flüssige (gelöste) Razemverbindungen?

Diese Problemstellung trat erstmalig beim Dipenten (= d,l-Limonen) entgegen. Für das d- und l-Limonen hatte O. Wallach den gleichen Siedepunkt 175—176⁰, für das Dipenten aber den Siedepunkt 180—182⁰ (1887) bzw. 178—180⁰ [A. 246, 221 (1888)] festgestellt: Hier hatte das d,l-Isomere einen anderen Siedepunkt als die optischen Komponenten. Für das synthetische inaktive Coniin hatte A. Ladenburg (1886) den gleichen Siedepunkt 166—167⁰ wie für das natürliche d-Coniin gefunden und die Bezeichnung r-(razemisch) angewandt [B. 27, 853 (1887)]. Gegen diesen vorausgesetzten Razemzustand wandte sich E. Fischer [B. 27, 1525 (1894)], da das flüssige inaktive Coniin keineswegs als eine wirkliche Verbindung, etwa vergleichbar der Traubensäure, zu charakterisieren wäre. Als die konstitutionellen Beziehungen des aktiven Sylvestrens (Siedep. 175—176⁰) zum inaktiven d,l-Sylvestren (= Carvestren, Siedep. 178⁰) erörtert wurden, trat dieselbe Frage auch an A. Baeyer heran [B. 27, 3491 (1894)]. Diese Unsicherheit in der Beurteilung der flüssigen inaktiven Isomeren äußerte sich darin, daß z. B. H. Landolt (1898) das Vorkommen flüssiger Razemverbindungen für unwahrscheinlich und unbewiesen, A. Ladenburg [1888 u. f.; s. auch A. 364, 270 (1909); B. 43, 2374 (1910)] prinzipiell für möglich und praktisch für nachgewiesen erklärt, während A. Werner (Lehrbuch der Stereochemie, S. 54. 1904) den Schluß, daß es überhaupt keine flüssigen razemischen Verbindungen gibt, für ebensowenig begründet hält wie die entgegengesetzte Annahme.

Messungen des Temperaturkoeffizienten der molekularen Oberflächenenergie ergaben keine Hinweise für ein Razemat: bei Trauben- und Weinsäuremethylestern (J. Gróh, 1912), bei aktiven und d,l-Carbinolen u. ä. [Cl. Smith: Soc. 105, 1703 (1914)]; für beide Klassen von Verbindungen hatte schon vorher F. B. Thole [Soc. 103, 19 (1913)] gleiche Viskositäten festgestellt. Durch Messungen der Ultraviolettabsorption zeigte A. Hantzsch [B. 45, 557 (1912)], daß zwischen Dipenten und Limonen reelle Unterschiede vorhanden sind, die Absorptionskurven aber mit zunehmender Reinigung sich nähern. Dagegen hatte P. Walden [Chem.-Zeit. 34, 333 (1910)] reelle Unterschiede, namentlich bei den homogenen hydroxylhaltigen Isomeren und bei tieferen Temperaturen, gegenüber dem Gang der Temperaturkoeffizienten der molekularen Oberflächenenergie beim langsamen Auf- und Absteigen der Temperaturen beobachtet; am deutlichsten waren aber die Unterschiede bei den alkalischen Lösungen der Kupfersalze von d-Weinsäure und Traubensäure, sowohl in betreff der Extinktionskoeffizienten als auch der elektrischen Leitfähigkeit (der konzentrierteren Lösungen), — die in der Lösung vorhandenen d-Weinsäure- bzw.

Traubensäuremoleküle verbinden sich also chemisch in verschiedener Weise mit Kupfer-Alkalihydroxyd bzw. das letztere trifft in der Lösung der Traubensäure andersgebaute Lösungsgenossen als in der Lösung der Weinsäure. Durch Messungen der Ester von Rechts-Weinsäure und Traubensäure hat A. N. Campbell (Soc. 1929, 1111) gefunden, daß ganz allgemein die Dichten, die Viscositäten und die Assoziation von d- > d, l-Formen sind. Durch Bestimmung der Infrarotabsorptionsspektren von zahlreichen l- und d,l-Aminosäuren hat N. Wright [J. biol. Chem. 127, 137 (1939)] Unterschiede zwischen den aktiven und razemischen Formen festgestellt, infolgedessen die letzteren nicht als Gemische von d- und l-Kristallen, sondern als einheitlich kristallinische Verbindungen betrachtet werden.

Daß tatsächlich auch in chemischer Hinsicht eine Verschiedenheit vorhanden ist, wird aus folgendem ersichtlich: Diphenylbernsteinsäureanhydrid (in aktiver und inaktiver Form) wurde mit n-Butylalkohol in Äthylbenzoatlösung unter den gleichen Versuchsbedingungen verestert; die inaktive r-Form ergab 12,6 % meso-Ester, die aktive d-Form des Anhydrids nur .1—9 % inaktive Razemprodukte (H. Wren und G. L. Miller: Soc. 1935, 157). Wenn die r-Form als ein Gemisch von den d- + l-Isomeren in der Lösung vorläge, sollte doch das Ergebnis der Veresterung dieses Gemisches gleich sein demjenigen des einzeln gelösten d-Antipoden? Andererseits ergaben Versuche von E. Ott dieselbe Schlußfolgerung für die Sonderexistenz von inaktiven r-Molekülen in der Lösung: razem. Chloräthylbenzol reagiert mit Natrium schneller (und liefert mehr razemischen Kohlenwasserstoff) als das optisch aktive Chlorid [E. Ott: B. 61, 2129 (1928)]; razemische Phenylmethyl-oxy-essigsäure reagiert mit Thionylchlorid mit größerer Reaktionsgeschwindigkeit als der d- oder l-Antipode, während umgekehrt die d- oder l-Phenylmethyl-chlor-essigsäure durch Wasserstoff schneller in die (aktive) Phenyl-methyl-essigsäure übergeführt wird als die Razemverbindung [Ott: B. 68, 1655 (1935)]. Die Energieverhältnisse sind offensichtlich verschieden bei der razemischen (inaktiven) und der aktiven Form, was den Rückschluß auf eine Verschiedenheit der Molekülstruktur bzw. Molekülgröße nahelegt.

In gelöster Form sind die Razemate gänzlich oder (unter Berücksichtigung der Assoziation) praktisch in die Komponenten zerfallen, sofern man die kryoskopischen Molekulargewichtsbestimmungen berücksichtigt (Raoult: Traubensäure in Wasser, 1887; Diacetyltraubensäureester in Eisessig; Pulfrich, 1888; Traubensäure-dimethylester in Dampfform; Anschütz, 1888; s. auch G. Bruni, 1902).

Die alkalische Verseifung der Ester von d- bzw. l- und d,l-Weinsäure verläuft nach A. Skrabal und L. Hermann [Wien. Monatsh. 43, 633 (1923)] gleich schnell, bei der Mesoweinsäure aber langsamer.

Auch in kristallographischer Hinsicht, in bezug auf das Vorkommen der **enantiomorphen Formen** bei den aktiven Verbindungen, stellt die Weinsäure bzw. Traubensäure eine der in der Entwicklungsgeschichte der chemischen Theorien mehrfach anzutreffenden bevorzugten — Zufälligkeiten dar. Diese Hemimorphie ist eine häufige Begleiterscheinung der aktiven Modifikation, sie fehlt aber ebenso häufig, und P. Walden [B. **29**, 1692 (1896); s. auch G. Wittig: Stereochemie, S. 19. 1930] leitete den Satz ab daß sie keine notwendige Äußerung der aktiven Moleküle ist.

II. Neuerdings trat die Frage entgegen: **Sind die optischen Antipoden wirklich in den physikalischen und chemischen Eigenschaften gleich?** Gewiß war in den vielen Beispielen von Antipoden keine völlige Übereinstimmung der physikalischen Konstanten (Siedepunkt, Schmelzpunkt, Dichte, Löslichkeit usw.) erreicht worden, doch war die Tatsache bekannt, daß mit zunehmender Reinigung die Differenzen immer geringer wurden, um schließlich Zahlenwerte zu ergeben, die innerhalb der Fehlergrenzen der Bestimmungsmethoden eine Gleichheit veranschaulichten. Damit war den an sich verständlichen theoretischen Forderungen van't Hoffs Genüge geleistet worden, und man verzichtete chemischerseits auf den (auch experimentell nicht eindeutigen) Nachweis der vollständigen Identität. Die moderne Quantenmechanik will kleine reelle Unterschiede vorhanden sein lassen, und A. N. Campbell [Trans. Farad. Soc. **26**, 560 (1930)] hat experimentell solche für die d- und l-Mandelsäure nachzuweisen versucht, — diese Beweise hat jedoch G. Kortüm [B. **64**, 1506 (1931); dazu Campbell: B. **64**, 2476 (1931)] abgelehnt. Auch die Bestimmung der molekularen Lösungsvolumen von optischen Antipoden in einem asymmetrischen Lösungsmittel lieferte nur Unterschiede, die von gleicher Größenordnung wie die Fehler sind (T. S. Patterson und Mitarbeiter: Soc. **1937**, 1453; W. H. Banks: Soc. **1937**, 1857). Auch in aktiven Lösungsmitteln sind die Löslichkeiten der Antipoden praktisch identisch [L. Ebert und G. Kortüm: B. **64**, 346 (1931)]. Einen interessanten Fall beschrieb A. McKenzie [Z. angew. Chem. **45**, 64 (1932)], wobei traubensaures Kali aus wässeriger Lösung von aktiver Äpfelsäure sich teilweise als saures Rechts-Tartrat ausschied.

Physikalische Eigenschaften von cis-trans-Isomeren
(vgl. auch S. 208 und 214).

Für die **Raumisomeren** der Fumar-Maleinsäurereihe hatten **Knops** (1888), **Gladstone** (1891), **Walden** (1896), **Brühl** (1896) das Lichtbrechungsvermögen bestimmt und im allgemeinen die n_D-Werte und Dichten bei cis $>$ trans gefunden [vgl. jedoch Auwers: B. **62**, 1678 (1929)]. Als **Auwers-Skita-Regel** ergab sich, daß „die cis-Konfiguration in Dichte und Brechungsindex sich durch größere und in der Molrefraktion durch kleinere Werte von der trans-Form unterscheidet" [A. Skita und W. Faust: B. **64**, 2878 (1931); Auwers: B. **56**, 725 (1923); A. **420**, 92 (1920); W. Hückel: cis-trans-Isomerie des Dekalins und Oktalins: B. **58**, 1452 (1925)]. In der Gruppe der ω-Brom-styrole, Stilbene, Zimtsäureester und Isoeugenole fand aber Auwers [B. **68**, 1346 (1935)], daß den trans-Formen höhere Dichten, sowie höheres Brechungs- und Zerstreuungsvermögen (n_D, M_D und $E\varSigma_D$ ist bei trans $\rangle$ cis) zukommen. In der Reihe cis-transisomerer Ester der Hexahydro-isophthalsäuren [A. Skita: B. **72**, 268 (1939)] sowie bei den aktiven und razemischen cis- und trans-3-Methylcyclopentanolen [M. Godchot: Bl. (5) **6**, 1366 (1939)] sind durchweg die Dichten und Brechungskoeffizienten n_{5893} für cis $\langle$ trans; ebenso bei den Pentensäuren [E. Schjånberg: Svensk. kem. Tidskr. **50**, 102 (1938)]. Für die stereoisomeren alicyclischen Alkohole haben die Untersuchungen von G. Vavon (1926 u. f.) ergeben, daß auch hier im allgemeinen die cis-Formen (die als Na-Verbindungen sich in die trans-Formen umlagern bzw. die bei der Veresterung und Verseifung langsamer reagieren) die kleinere Molrefraktion haben als die trans-Formen [vgl. Bull. soc. chim., France (4) **49**, 1007 (1931)]; ebenso ist bei den stereoisomeren Diazocyaniden die Molrefraktion von trans $\rangle$ cis (LeFèvre: Soc. **1938**, 433). Andererseits geben die optisch aktiven und razemischen Formen der cis- und trans-3-Methylcyclo-pentanole (Godchot, zit. S. 1366) durchweg bei aktiven und razemischen Formen für die cis-Konfigurationen sowohl kleinere Molrefraktion als auch geringere Verseifungsgeschwindigkeit (der p-Nitrobenzoesäureester) als für die trans-Modifikationen.

Es sei noch auf die folgenden Konstanten hingewiesen:

Dissoziationskonstanten K: für die geometrisch isomeren Carbonsäuren vom Typus z. B. der Malein-Fumarsäurereihe, der Isocroton- und Crotonsäurereihe, der Allo- und gewöhnlichen Zimtsäure gilt im allgemeinen die Beziehung, daß $K_{cis} \langle K_{trans}$ ist [W. Ostwald: Ph. Ch. **3**, 170, 241 369, (1889); P. Walden: B. **24**, 2025 (1891)]. Für die optischen Antipoden und deren Razemformen ist $K_l = K_d = K_{(d, l)}$ [P. Walden: B. **29**, 1692 (1897)].

Molekulares Drehungsvermögen: bei trans $\rangle$ cis [Walden: Ph. Ch. **20**, 377, 569 (1896)].

Absorption im Ultraviolett: trans $\rangle$ cis [J. Errera und V. Henri: C. r. **181**, 548 (1925); J. Errera: Physik. Zeitschr. **27**, 764 (1926)] bei geom. isomeren Äthylenderivaten, die Molekularrefraktion ebenso wie die Ultraviolettabsorption sind um so schwächer, je größer μ ist [vgl. auch B. Arends: B. **64**, 1936 (1931)].

Dipolmomente $\mu \times 10^{18}$: cis $\rangle$ trans (J. Errera, 1926; Smyth, 1931) bei Äthylenderivaten, bei Citracon- und Mesaconsäuremethyl-

estern [E. Briner und Mitarbeiter: Helv. chim. Acta **21**, 1312 (1938)],
ebenso bei den Estern der Hexahydro-isophthalsäuren [A. Skita
und Rößler: B. **72**, 269 (1939)], dagegen ist trans 〉 cis bei den Diazocyaniden (LeFèvre: Soc. **1938**, 432), bei den Hydrazonen [hier auch
Mol-Refraktion von cis 〉 trans, H. Bredereck und E. Fritzsche:
B. **70**, 804 (1937)] und bei den 3-Methylcyclohexanolen [A. Skita
und W. Faust: B. **72**, 1128 (1939)].

Parachor: cis 〉 trans [Sugden und Whittaker: Soc. **127**,
1868 (1925)].

Siedepunkte: trans 〉 cis [R. Stoermer: B. **53**, 1283, 1289 (1920);
A. Skita: B. **53**, 1797 u. f.; K. Auwers: B. **54**, 624 (1921); **56**, 724
(1923)]; vgl. jedoch cis ≧ trans [J. Errera: C. r. **182**, 1623 (1926)
sowie E. P. Carr und H. Stücklen: Am. **59**, 2138 (1937)].

Verbrennungswärme: cis 〉 trans (s. Thermochemie).

Viscosität η: trans 〉 cis, bei Verbindungen mit erheblicher
Restaffinität, z. B. mit Hydroxylgruppen [vgl. F. B. Thole: Soc.
105, 2004 (1914); A. E. Dunstan: Soc. **93**, 1820 (1908); trans- und
cis- (razem.)-Methyl-cyclohexanole: J. Kenyon und Mitarbeiter: Soc.
1926, 2056 sowie W. Hückel und Mitarbeiter: B. **64**, 2895 (1931)].
Im allgemeinen scheint auch bei den optischen Isomeren die Dichte,
die Assoziation und die Viscosität um ein Geringes verschieden zu sein
für die aktiven Modifikationen und die Razemformen, und zwar
aktiv 〉 razem., dabei steht das optische Drehungsvermögen im Verhältnis: trans- 〉 cis-Form (vgl. bei den optisch aktiven Methylcyclo-
hexanolen, Gough, H. Hunter und J. Kenyon: Soc. **1926**, 2052,
und bei den optisch aktiven Octahydroacridinen, W. H. Perkin jun. und
W. G. Sedgwick: Soc. **1926**, 438; ähnlich bei trans- und cis-Menthol,
trans- und cis-(Iso-)Borneol u. a.). Für die nicht- oder wenig assoziierten Flüssigkeiten scheinen die Beziehungen umgekehrt zu liegen;
so z. B. ist die Viscosität für die cis-trans-Dekalinie: cis 〉 trans
[W. Hückel: B. **66**, 567 (1933)], und zwischen den optisch aktiven und
razemischen Formen Limonen-Dipenten besteht das Verhältnis aktiv 〉
razem. Ebenso weisen die optisch aktiven und razemischen Formen
des cis- und trans-3-Methylcyclopentanols [M. Godchot: Bl. (5) **6**,
1358—1374 (1939)] für die Viscosität η^{280} (in Centipoise) die folgenden
Beziehungen auf:

razem.: (d, l)-cis-Form 〈 (d, l)-trans-Form, und
aktiv: l-cis-Form 〈 l-trans-Form.

Stereochemie alicyclischer Verbindungen.
Molekülasymmetrie.

A. Baeyer hatte [B. **1**, 119 (1868)] die „Umlagerung" der Hydro-
mellithsäure (oder Cyclohexan-1,2,3,4,5,6-hexacarbonsäure) $C_6H_6 \cdot$
$(COOH)_6$ durch Erhitzen mit Salzsäure in die „isomere" Isohydro-

mellithsäure beobachtet und dies dadurch erklärt, „daß Carboxyl und Wasserstoff ihre Plätze tauschen" . . . „und sich die sauerstoffhaltigen

Gruppen einander möglichst nähern", z. B.

$$
\begin{array}{ccc}
\diagdown\!\!\diagup H & & \diagdown\!\!\diagup H \\
\diagdown COOH & & \diagdown H \\
\diagup H & \rightarrow & \diagup COOH \\
\diagdown COOH & & \diagdown COOH
\end{array}
$$

J. H. van't Hoff gab dagegen 1875 („Chimie dans l'espace") für diese Umlagerung die stereochemische, der Malein-Fumarsäure-Isomerie entsprechende Erklärung, d. h. daß nicht ein Platzwechsel, sondern eine verschiedene räumliche Konfiguration die Ursache sei. Als A. Baeyer nach zwei Jahrzehnten zu seinen Untersuchungen über die Konstitution des Benzols zurückkehrte [A. 245, 103 (1888)] und zwei isomere Hexahydroterephthalsäuren $C_6H_{10}(COOH)_2$ entdeckte, entwickelte er ähnliche Anschauungen wie van't Hoff für diese Isomerie und schlug für die maleinoide Konfiguration die Bezeichnung „cis", für die fumaroide „trans" vor. Unter den cyclischen organischen Naturstoffen waren es die zahlreichen ätherischen Öle, Terpene und Campher, die schon frühzeitig untersucht und teils als optisch aktiv, teils als inaktiv erkannt worden waren, daher zwangsläufig sich einer stereochemischen Betrachtung darboten. So z. B. war es beim Aufsuchen einer entsprechenden Konstitutionsformel des Camphers und der Bewertung der älteren Formeln. So schrieb (1889) E. Beckmann[1] (vgl. ebenso L. Claisen, 1891), daß „in der Kekuléschen Campherformel kein nach den üblichen Anschauungen asymmetrisches Kohlenstoffatom vorgesehen und somit der optischen Aktivität nicht Rechnung getragen ist". Allerdings stimmte dieses nicht, da die Kekulésche

Formel war: $CH_3 \cdot C \diagdown \!\!\! \diagup \genfrac{}{}{0pt}{}{CH-CH_2}{CO-CH_2} \diagdown\!\!\!\diagup C \diagdown\!\!\!\diagup \genfrac{}{}{0pt}{}{H}{C_3H_7}$.

Von grundsätzlicher Bedeutung mußte jedoch der umgekehrte Fall sein, wenn der ursächliche Zusammenhang zwischen optischer Aktivität und asymmetrischem Kohlenstoffatom überhaupt in Zweifel gezogen wurde, d. h. einer tatsächlich vorhandenen optischen Drehung des gegebenen Terpens eine Konstitutionsformel desselben ohne asymmetrisches Kohlenstoffatom entsprechen sollte. Dieser Fall trat seinerzeit beim Limonen-Dipenten auf. A. v. Baeyer[2] hatte schon 1886 die Ansicht vertreten und durch seine klassischen Untersuchungen „über die Konstitution des Benzols" zu erhärten versucht, daß die Lösung solcher Fragen nicht durch physikalische Hilfsmittel gelingen kann, vielmehr die chemischen Methoden zur Bestimmung der Atomverkettung alle physikalischen an Sicherheit übertreffen. Als er im

---

[1] E. Beckmann: A. 250, 373 (1889); ebenso L. Claisen: Ber. d. Bayr. Akad. d. Wiss. 20, 451 (1891).
[2] A. v. Baeyer: B. 19, 1797 (1886).

Verlauf seiner „Ortsbestimmungen in der Terpenreihe" zu einer Di-
penten-(Limonen-)formel ohne asymmetrisches Kohlenstoffatom gelangt war, schloß er[1]): „Die optische Aktivität des Limonens
beruht auf einer Asymmetrie des Moleküls, welche nicht
an das Vorkommen eines asymmetrischen Kohlenstoffatoms im Sinne der Lebel- und van't Hoffschen Lehre gebunden ist" (Sperrdruck A. Baeyers). Eine weitere Stütze schien
durch die Untersuchungen Wallachs[2]) über die Konstitution des
Dipentens erbracht zu sein, die ebenfalls kein asymmetrisches Kohlenstoffatom vorsieht. Es ergaben sich also die folgenden Formeln für
Dipenten (Limonen):

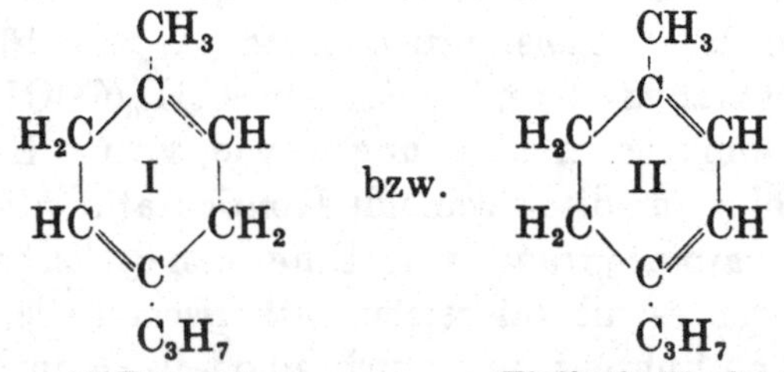

bzw.

(A. Baeyer)   (Wallach, II oder I)

Wallach gelangte daher zu dem Schluß (S. 139), daß das
Drehungsvermögen auf diesem Gebiet nicht der Leitstern des Chemikers
sein kann, sondern, daß umgekehrt, die Molekularphysiker ihre
Theorien nach den Resultaten des Chemikers gestalten müssen. Dieser
Forderung schloß sich Baeyer[3]) an und stellte wiederum fest, „daß
ein Terpentinöl optisch aktiv sein kann, ohne ein asymmetrisches
Kohlenstoffatom zu enthalten".

Ganz allgemein bewertet, haben A. Baeyer und O. Wallach mit
der Ansicht recht gehabt, daß das Drehungsvermögen nicht unbedingt
ein asymmetrisches Kohlenstoffatom voraussetzt, in dem besprochenen
Fall des Limonens (Dipentens) waren sie aber im Irrtum, da die chemische Untersuchung doch noch die Möglichkeit und Richtigkeit einer
anderen Formulierung mit asymmetrischem Kohlenstoffatom darbot
[G. Wagner[4]), F. Tiemann[5])], nämlich:

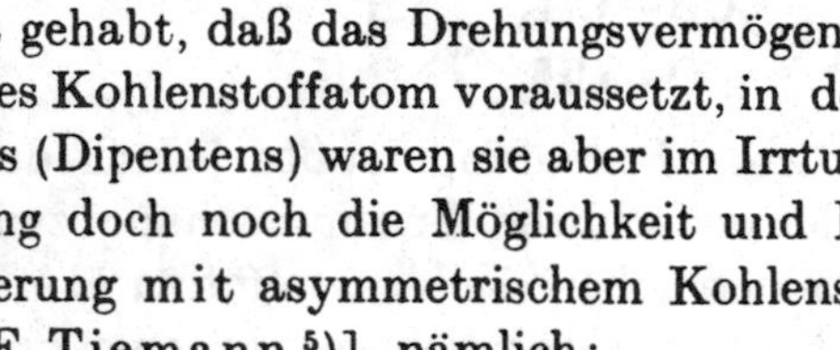

Hier trat erstmalig (1894) jene Verschiebung der Doppelbindung aus
der Stellung 4,8 (Terpinolenform) in die Stellung 8,9 (Limonenform) entgegen, eine Annahme, die in der Folgezeit von hervor-

[1]) A. v. Baeyer: B. **27**, 454 (1894).
[2]) O. Wallach: A. **281**, 127 (1894).
[3]) A. v. Baeyer: B. **27**, 3495 (1894).
[4]) G. Wagner: B. **27**, 1653 (1894).
[5]) S. auch Tiemann und Semmler: B. **28**, 2146 (1895).

ragendem Wert bei der Konstitutionsforschung in der Terpenchemie wurde. Danach trat A. v. Baeyer[1]) ohne weitere Einschränkung von seinen Bedenken gegen die „van't Hoffsche Regel" zurück (1896).

J. H. van't Hoff (1894) schloß dann diese cyclischen cis-trans-Isomerien auch in seine optische Isomerie ein, da unter bestimmten Bedingungen auch ohne ein eigentliches asymmetrisches C-Atom eine **Molekularasymmetrie** vorhanden sein kann. Im Falle der von A. Baeyer entdeckten **trans- und cis-Hexahydrophthalsäuren** folgerte van't Hoff, „daß die erste Anordnung (d. h. die trans-Konfiguration) einer enantiomorphen Form entspricht, und daß also eine Spaltung in die beiden entsprechenden Isomeren möglich sein muß. Die beiden erhaltenen Verbindungen (d. h. die Baeyerschen trans- und cis-Säuren) wären der Traubensäure und der inaktiven Weinsäure vergleichbar, denn man findet bei ihnen **zwei asymmetrische Kohlenstoffatome bei symmetrischer Gesamtformel**. Die vor kurzem erfolgte Entdeckung der beiden isomeren Hexaisophthalsäuren durch Perkin (Soc. **1891**, 814) hat obiges ergänzt" (Lagerung der Atome im Raume, S. 88. 1894).

Die nachstehend angeführten Beispiele bestätigen die Prognosen van't Hoffs:

trans-Hexahydrophthalsäure
(trans-Cyclohexan-1.2-dicarbonsäure)

$$CH_2-CH_2-CH\cdot COOH \atop CH_2-CH_2-CH\cdot COOH \Big\} \ [\alpha]_D = \pm 18.4^0.$$

Dimethylester: $[\alpha]_D = \pm 29^\circ$.

(A. Werner und H. Conrad B. **32**, 3050 (1899).

trans-Hexahydro-iso-phthalsäure (trans-1.3-Cyclohexan-dicarbonsäure)

$$CH_2 \Big\langle {CH_2-CH\cdot COOH \atop CH_2-CH\cdot COOH} \Big\rangle CH_2 \quad [\alpha]_D = \pm 23,5^0$$

[J. Böeseken und Peek: Rec. Trav. chim. P.-Bas: **44**, 841 (1925)].

Bicyclo-[2.2.2]-octan-dion-(2.5)-dicarbonsäure-(1.4)

$$OC \Big\langle {C-COOH \atop CH_2} \Big\rangle {CH_2 \atop CO} \quad [\alpha]_D = \pm 23,5^0 \ [\text{P. C. Guha} \atop \text{und Ranganathan:}}$$
$$H_2C \Big\langle {CH_2 \atop C-COOH} \quad \text{B. 72, 1379 (1939)].}$$

trans-Cyclopropan-1.2-dicarbonsäure

$$CH_2 \Big\langle {CH\cdot COOH \atop CH\cdot COOH} \Big\} \ [\alpha]_D = \pm 84,5^0$$

[E. Buchner und v. d. Heide: B. **38**, 3112 (1905)].

trans-Cyclopentan-1.2-dicarbonsäure

$$CH_2 \Big\langle {CH_2-CH\cdot COOH \atop CH_2-CH\cdot COOH} \Big\} [\alpha]_D = \pm 87^0 [\text{W. H. Perkin}$$

Diäthylester: $[\alpha]_D = \pm 70^\circ$.

und L. J. Goldsworthy: Soc. **105**, 2639 (1914)].

trans-3.3-Dimethylcyclopropan-1.2-dicarbonsäure (Caronsäure)

$$\Big| {CH_3 \atop CH_3} \Big\rangle C \Big\langle {CH\cdot COOH \atop CH\cdot COOH} \Big| [\alpha]_{5461} = \pm 34.7^0$$

---

[1]) A. v. Baeyer: B. **29**, 4 (1896).

(J. L. Simonsen und J. Owen: Soc. 1933, 1223; s. auch Staudinger und Ruzicka, 1924).

trans-Cyclobutan-1.2-dicarbonsäure $\left.\begin{array}{l}CH_2-CH\cdot COOH \\ CH_2-CH\cdot COOH\end{array}\right\}$ $[\alpha]_D = \pm 124^0$

Diäthylester: $[\alpha]_D = 78^0$.

[L. J. Goldsworthy: Soc. 125, 2012 (1924).]

trans-Cyclopropan-1.2.2.3-
tetracarbonsäure $\qquad HOOC\cdot CH\Big\langle\begin{array}{l}CH\cdot COOH \\ \quad\ \ \ COOH \\ C\\ \quad\ COOH\end{array}\Big\}$ $[\alpha]_D = 106,5^0$

[H. R. Ing und W. Perkin: Soc. 125, 1814 (1924)].

Die Drehungswerte der ringförmigen Dicarbonsäuren (in wässeriger Lösung) zeigen eine auffallende Abhängigkeit von dem Ringsystem, und zwar tritt ein Maximum beim Cyclobutanring entgegen. Während für die Ringgliederzahl $x = 3$ bis 6 die Valenzablenkung (nach der Baeyerschen Spannungstheorie) von $24^0\ 44' \to 9^0\ 44' \to 0^0\ 44' \to 0^0$ abfällt, wobei gleichzeitig die Verbrennungswärme für CH_2 von $168,5 \to 165,5 \to 159 \to 158$ cal absinkt (W. Hückel: Theoretische Grundlagen, Bd. I, S. 60. 1934), ist für die Drehungsgröße $[\alpha]_D$ bei $x = 3$ bis 6 die Reihe: $84,5^0 \to 124^0 \to 87^0 \to 18,4^0$.

Der spannungsfreie 6-Ring mit der geringsten Drehung nähert sich den Dialkylbernsteinsäuren, z. B. Dimethylbernsteinsäure $\left.\begin{array}{l}CH_3\cdot CH\cdot COOH \\ CH_3\cdot CH\cdot COOH\end{array}\right\}$ $[\alpha]_D = \pm 8^0$ [A. Werner und M. Bassyrin: B. 46, 3229 (1913); E. Ott: B. 61, 2130 (1928)], oder Homologen [E. Berner und R. Leonardsen: A. 538, 1 (1939)].

Es sollen hier noch zwei Gruppen von ringförmigen Dicarbonsäuren (Tetramethylenring) angeschlossen werden, die als Bestätigungen der van't Hoffschen Theorie dienen und wegen ihrer photochemischen Entstehung sowie ihres natürlichen Vorkommens interessant sind, es sind dies die isomeren (Dizimt-) Truxillsäuren und Truxinsäuren sowie die Truxonsäuren. Gelegentlich der Untersuchung der Nebenalkaloide des Cocains hatte C. Liebermann [B. 21, 2346 (1888)] zwei Säuren von der Zusammensetzung der Zimtsäure $C_9H_8O_2$ gefunden, sie als γ- und δ-Isatropasäuren bezeichnet und ihre Umwandlung (bei der Destillation) in Zimtsäure beobachtet [B. 22, 124 (1889)], gleichzeitig wurde die Bildung einer ε-Isatropasäure aus der γ-Säure beobachtet und eine Umbenennung in α-, β- und γ-Truxillsäuren vorgenommen [B. 22, 783 (1889)]. Osmotische Molekulargewichtsbestimmungen an den Estern der α-, β- und γ-Truxillsäure [B. 22, 2242 (1889)] ergaben die verdoppelte Formel der Zimtsäure und lösten die folgenden zwei Formulierungen über die Polymerisation der zwei Zimtsäuremoleküle aus:

$$\text{I.} \quad \begin{array}{c} C_6H_5 \cdot CH{-\!\!-}CH \cdot COOH \\ | \qquad | \\ C_6H_5 \cdot CH{-\!\!-}CH \cdot COOH \end{array} \quad \text{oder II.} \quad \begin{array}{c} C_6H_5{-\!\!-}CH{-\!\!-}CH \cdot COOH \\ | \qquad | \\ COOH{-\!\!-}CH{-\!\!-}CH{-\!\!-}C_6H_5 \end{array} \cdot \quad \text{Für}$$

die β-Truxillsäure wird die Formel I als gesichert angesehen [B. **26**, 834 (1893)]. Im Zusammenhang mit einer vierten δ-Truxillsäure werden folgende Übergänge festgestellt [B. **22**, 2244 (1889)]: α-Truxillsäure (Schmp. 274⁰) über ihr Anhydrid $\rightleftarrows$ γ-Truxillsäure (Schmp. 228⁰), β-Truxillsäure (Schmp. 209⁰) $\xrightarrow{\text{(KOH)}}$ δ-Truxillsäure (Schmp. 174⁰).

Zur selben Zeit hatte auch O. Hesse, der erfolgreiche Alkaloidfinder, die Alkaloide der Cocablätter untersucht und drei neue Säuren isoliert [A. **271**, 180 (1892)]:

Cocasäure (von Liebermann α-Truxillsäure genannt), Isococasäure (nach Liebermann β-Truxillsäure) und β-Isococasäure (nach Liebermann als δ-Truxillsäure bezeichnet), eine vierte Hessesche β-Cocasäure hat R. Stoermer wieder entdeckt und ε-Truxillsäure benannt [B. **52**, 1257 (1919)].

Eine neue Phase in der Erforschung dieser Isomerien bahnte sich durch die Photochemie an:

1895 beobachteten J. Bertram und R. Kürsten (J. pr. Chem. **51**, 316) die Umwandlung der trans-Zimtsäure durch Licht in ein Polymeres vom Schmp. 274⁰, vermutlich in α-Truxillsäure;

1902 fand C. N. Riiber (B. **35**, 2908) als Produkt der Belichtung von fester Zimtsäure die α-Truxillsäure, was G. Ciamician und P. Silber [B. **35**, 4128; **36**, 4266 (1903)] eingehender bestätigten;

1912 berichtete A. W. K. de Jong [Rec. Trav. chim. P.-Bas **31**, 262 (1912); s. auch B. **56**, 818 (1923)] über die durch Belichtung der cis-Zimtsäure erzielte Bildung der β-Truxillsäure (neben der α-Säure und der trans-Zimtsäure).

1919. Dieses Jahr bedeutet einen Wendepunkt in dem Problemkomplex „Truxillsäuren", einerseits durch die von H. Stobbe [B. **52**, 666 (1919)] begonnenen photochemischen Versuche, andererseits durch die grundlegenden stereochemischen Untersuchungen von R. Stoermer über die Truxillsäuren (seit 1919, B. **52**, 1255), Truxinsäuren [B. **54**, 77 (1921 u. f.)] und Truxonsäuren [B. **64**, 2796 (1931); **68**, 2124 (1935)].

Insbesondere wies H. Stobbe [B. **58**, 2415 (1925)] die Polymerisationen und Depolymerisationen durch Licht verschiedener Wellenlänge in dem nachstehenden Säurensystem nach:

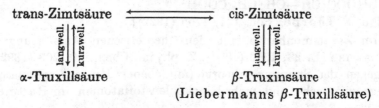

Ausgehend von den vier „Truxillsäuren" Liebermanns hat dann R. Stoermer eine Zuordnung derselben zu den zwei Grundtypen: „Truxillsäuren" (I) und „Truxinsäuren" (II) durchgeführt (1919, 1921):

$$I. \quad \begin{matrix} C_6H_5 \cdot CH-CH \cdot COOH \\ | \qquad | \\ HOOC \cdot CH-CH \cdot C_6H_5 \end{matrix} \qquad II. \quad \begin{matrix} C_6H_5 \cdot CH-CH \cdot COOH \\ | \qquad | \\ C_6H_5 \cdot CH-CH \cdot COOH \end{matrix}$$

(α- und γ-Truxillsäure Liebermanns und Stoermers)   (β- und δ-Truxillsäure Liebermanns bzw. β- und δ-Truxillsäure Stoermers).

Die genaue Aufarbeitung der Rohtruxillsäuren, die bei der Verarbeitung der Coca-Nebenalkaloide abfallen (Firma E. Merck, Darmstadt) führte zu zwei neuen Säuren und zu folgenden Mengenverhältnissen zwischen diesen fünf natürlichen Isomeren [B. 54, 83 (1921)]:

β-Truxinsäure (29%) > α-Truxillsäure (25%) > δ-Truxinsäure (10%) > ε-Truxinsäure (4,3%) > Neo-Truxinsäure (0,12%); gleichzeitig wird durch Umlagerung aus δ-Truxinsäure → ζ-Truxinsäure (Zetruxinsäure) gewonnen. Durch die Aufstellung von Raumformeln gelangt man zu Formelbildern von inaktiven Razemkörpern: die optische Spaltung wird durchgeführt an der ζ-Truxinsäure [B. 54, 94 (1921); 58, 1164 (1925)] sowie an der δ- und Neo-Truxinsäure [B. 55, 1866 (1922)]. Die aus dem natürlichen Rohsäuregemisch isolierten Truxinsäuren sind auffallenderweise optisch inaktiv, obgleich sie an das optisch aktive Ecgonin gebunden sind. (Wie wirkt sich die Alterung der Cocablätter, niedrige Reaktionstemperatur und milde Hydrolyse auf die Drehung der Rohsäuren aus?)

Für die Truxillsäuren ergeben die Stereoformeln theoretisch fünf Isomere [Stoermer und Fr. Bachér: B. 55, 1869 (1922); 57, 15 (1924)], die alle experimentell dargestellt und auf ihre Umwandlungen erforscht werden [B. 58, 2707 (1925)]:

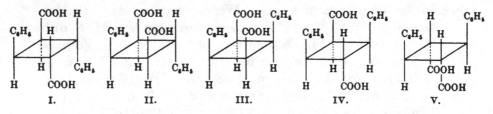

I.   II.   III.   IV.   V.

Ein Analogon zu den Truxillsäuren stellen die fünf synthetischen Isomeren der Cyclobutan-2.4-dicarbonsäure-1.3-diessigsäure dar:

$$\begin{matrix} HOOC \cdot CH_2 \cdot CH-CH \cdot COOH \\ | \qquad | \\ HOOC \cdot CH-CH \cdot CH_2 \cdot COOH \end{matrix}$$ [Chr. K. Ingold, E. A. Perren und J. F. Thorpe: Soc. 121, 1765 (1922)].

Im Zusammenhange mit den theoretischen Ausführungen von H. Sachse [B. 23, 1363 (1890); Z. physik. Chem. 10, 203 (1892)] die, entgegen der Spannungstheorie (mit ebenen Ringen) spannungsfreie Ringe mit sechs und mehr Ringkohlenstoffatomen im Raume bzw.

in cis- und trans-Formen zulassen, hat sich trotz der anfänglichen gegenteiligen experimentellen Befunde und der Ansichten A. Baeyers [A. **276**, 265 (1893)] eine Stereochemie der ringförmigen Polyoxy-verbindungen entwickelt. Es war O. Aschan (Chemie der alicyclischen Verbindungen, S. 328. 1905), der darauf hinwies, daß trotz des Ausfalls der Isomerien die Vorstellungen Sachses zulässig sein können, falls man die Atome in den Sechs-(Sieben- usw.)Ringen beweglich sein läßt, wodurch die im starren System möglichen Isomeren nicht realisiert werden können. J. Böeseken hatte 1913 begonnen [B. **46**, 2612 (1913)], mit Hilfe der Leitfähigkeitsmessungen der mit Borsäure versetzten Lösungen von Glycolen u. ä. „die Lagerung der Hydroxylgruppen ... im Raum" zu ermitteln. Diese Messungen leiteten hinüber zu der Untersuchung bzw. Darstellung von cis- und trans-Cyclodiolen und (1920) zur Annahme der „Nachgiebigkeit des Cyclohexanringes" (C. **1921** I, 811): es wurde das Raumbild der cis- oder Wannenform und der trans- oder Sessel-Form geschaffen [Rec. Trav. chim. **40**, 553 (1921); L. Orthner: A. **456**, 234 (1927)]. Es folgte die Isolierung der cis- und trans-Formen von 1.2-Diolen von Cyclohexan und Cycloheptan. Die optische Spaltung von trans-Cyclohexandiol-1.2 ergab für das d-Isomere $[\alpha]_D = +41,3^0$ [H. G. Derx: Rec. Trav. chim. **41**, 334 (1922); J. Böeseken: B. **56**, 2410 (1923)]. Über die drei (theoretisch möglichen) 1.2.3-Cyclohexantriole oder Pyrogallite haben H. Lindemann und A. de Lange [A. **483**, 31 (1930)] gearbeitet. Über Cyclohexantriole und das Cyclohexan-1.2.4.5-tetrol, vgl. auch N. Zelinsky und A. Titowa: B. **64**, 1399 (1931); über ein Cyclohexan-1.2.3.4-tetrol: F. Micheel: A. **496**, 96 (1932).

Dekalinsystem. Anläßlich der Diskussion über die Anzahl der theoretisch möglichen Isomeriefälle bei vollständig hydrierten Naphthalinderivaten hatten R. Willstätter und E. Waldschmidt-Leitz [B. **54**, 1420 (1921)] nur das cis-Dekahydronaphthalin, nicht aber das trans-Isomere als existenzfähig bezeichnet. Dagegen sprach sich E. Mohr [B. **55**, 230 (1922)] aus, indem er auf seine spannungsfreie Modelle für die cis- und trans-Dekahydro-naphthaline (vom Jahre 1918) hinwies und es als begründet hinstellte, „nach dem zweiten Dekahydro-naphthalin und seinen Derivaten zu suchen". Bald darauf konnten A. Windaus, W. Hückel und G. Reverey [B. **56**, 95 (1923)] die Tatsache der Stabilität des Anhydrids der trans-Hexahydro-homophthalsäure „als eine vorzügliche Stütze für die Ansicht von Mohr" auslegen, indem „ein Sechsring in 1.2-Stellung an einem Sechsring haftend sowohl in der cis- wie in der trans-Stellung spannungslos sein kann". Schlagartig setzte nun die großangelegte Untersuchungsreihe von W. Hückel ein (Nachr. K. Ges. Wiss. Göttingen **1923**, 43), durch welche eine Prüfung und experimentelle

Bestätigung der Mohrschen Theorie geliefert wurde. Auf die Isolierung der theoretisch geforderten cis- und trans-Form des Deka-
hydro-naphthalins oder „Dekalins" folgten [A. 441, 1 (1925); s. auch
N. Zelinsky: B. 58, 1292; W. Hückel: B. 58, 1449 (1925)] — in
Ergänzung der Befunde von Leroux (1910) und L. Mascarelli (1912)
— gemeinsam mit R. Mentzel die vier Razemformen des β-Dekalols
(I) oder Dekahydro-β-naphthols [s. auch A. 451, 109 (1926)], und ebenso

wurden gemeinsam mit E. Brinkmann die vier razem. α-Deka-
lole (II) [zit. S. 109 und A. 502, 99 (1932)] dargestellt, je 2 cis- und
2 trans-Formen. Die aus trans-β-Dekalol (Schmp. 75⁰) durch Oxydation
gewonnene d,1-trans-Cyclohexan-diessigsäure (Schmp. 167⁰) wurde

in die Antipoden gespalten [W. Hückel und H. Friedrich: A. 451,
132 (1926)]. Dieselben Forscher konnten auch (zit. Stelle) vom
Hexahydro-hydrinden die zwei theoretisch zu erwartenden, stereoisomeren cis-β-Hydrindanole und ein trans-β-Hydrindanol darstellen. Ferner erreichten W. Hückel und Fr. Stepf [A. 453, 163
(1927)] auch die Isolierung eines cis-Dekahydro-chinolins neben
der bekannten trans-Form. Über stereoisomere asymmetrische Octa-
hydrophenanthrene vgl. J. W. Cook, Hewett und A. M. Robinson (Soc. 1939, 168).

Unter Bezugnahme auf Hückels Entdeckung (1923) hatten
W. Borsche und E. Lange [A. 434, 219 (1923)] zwei raumisomere
β-Chlordekaline und zwei Dekalin-β-carbonsäuren isoliert (eine dritte
Säure beschrieben dann F. W. Kay und N. Stuart (Soc. 1926, 3038),
während L. Helfer [Helv. chim. Acta 9, 814 (1926)] zur Entdeckung
des ersten Beispiels aus der Reihe der Heterocyclen, des trans-cis-
Dekahydro-isochinolins veranlaßt wurde. Ein cis-trans-Naphtho-
dioxan wurde durch J. Böeseken [Rec. Trav. chim. 50, 909 (1931)]
bekannt. Drei stereoisomere Formen des 2.3-Dioxy-trans-Dekalins
konnte K. Ganapathi [B. 72, 1381 (1939)] darstellen.

Es sei auch auf die stereomeren 2-cis- und 2-trans- bzw. 3-cis- und 3-trans- sowie 4-cis- und 4-trans-Methyl-cyclohexanole verwiesen, um deren Bildungsweise und Reindarstellung sich A. Skita [A. **431**, 1 (1923)] verdient gemacht hat [vgl. A. Skita und W. Faust: B. **64**, 2878 (1931)]. Die Spaltung von 2-trans- bzw. 2-cis-Methyl-cyclohexanol ergab $[\alpha]_{5893}^{20°} = \pm 37,3°$ bzw. etwa —13° (J. Kenyon und Mitarbeiter: Soc. **1926**, 2070). Über stereoisomere Dimethyl-cyclohexanole vgl. A. Skita und W. Faust: B. **72**, 1127 (1939).

Von den substituierten Cyclohexanolen finden sich Vertreter auch unter den Naturstoffen, z. B. Menthol, Carvomenthol. Ebenso kommen Polycyclohexanole in isomeren Formen natürlich vor: Quercit und Inosit. Quercit (aus Eicheln 1849 von Braconnot isoliert), von Homann 1878 als fünfatomiger Alkohol, und zwar mit Ringstruktur (Prunier, 1878) erkannt, erhielt von J. Kanonnikow [J. d. russ. phys.-chem. Ges. **1883**, 434; vgl. Refer. B. **16**, 3048 (1883)] auf Grund der Molekularrefraktion die Formel eines „hydrogenisierten fünfwertigen Phenols $CH_2\big\langle\begin{smallmatrix} CH(OH)-CH(OH) \\ CH(OH)-CH(OH) \end{smallmatrix}\big\rangle CH(OH)$.

Die von Maquenne (1887) erschlossene Konstitution des Inosits (s. nachher) als eines Hexahydroxybenzols ließ nun den Quercit als den nächsten Verwandten des Inosits auffassen. Die von H. Kiliani und C. Scheibler (1889) vorgenommenen oxydativen Abbauversuche erschienen „schwer vereinbar mit der Formel Kanonnikows" [B. **22**, 520 (1889)]. Erst P. Karrer [Helv. chim. Acta **9**, 116 (1926); s. auch H. Kiliani: B. **64**, 2473 (1931)] hat die obige Formel als begründet erwiesen und stereochemisch vertieft:

$$\text{erwiesen und stereochemisch vertieft:} \quad \begin{matrix} OH\ OH \\ \langle\ ^2_1\ ^4_6\ ^5\ HO \rangle \\ HO\ H_2\quad OH \end{matrix}$$

Inosit. Dramatischer ist die Lebensgeschichte des Inosits. Im Jahre 1850 entdeckte der Liebig-Schüler J. Scherer im Herzmuskel einen neuartigen Zucker $C_6H_{12}O_6$, dem er den Namen „Inosit" = Muskelzucker gab [A. **73**, 322 (1850)]. Kurz darauf (1856) fand H. Vohl in grünen Bohnen einen ebenfalls süßschmeckenden, optisch inaktiven und der Alkoholgärung unfähigen Zucker $C_6H_{12}O_6$, den er „Phaseomannit" nannte [A. **99**, 125 (1856)], bald aber als identisch mit Inosit erkannte [A. **101**, 50 (1857)]. Zur selben Zeit gelang es Städeler und Frerichs [J. pr. Ch. **73**, 48 (1858)], aus Nieren, Leber und Milz der Haifische und Rochen einen schwerlöslichen Zucker zu isolieren. den sie „Scyllit" nannten und als dem Inosit verwandt ansahen. Dann konnte Girard [C. r. **67** 820 (1868)] aus dem Waschwasser des Kautschuks von Gabun (N'Dambo) einen Körper „Dambonit" isolieren, der die Zusammensetzung $C_6H_6(OH)_5 \cdot OCH_3$ aufwies und sich in „Dambose" $C_6H_{12}O_6$ (Schmp. 230⁰) überführen ließ, ähnlich erhielt er [C. r. **73**, 426 (1871)] aus dem Waschwasser des Borneo-Kautschuks einen kristallisierten „Bornesit" $C_6H_{13}O_6 \cdot CH_3$, der ebenfalls „Dambose" abspaltete. Weiterhin konnten Vincent und Delachanal [C. r. **104**, 1855 (1887)] aus den Mutterlaugen des Quercits (oder Cyclohexanpentols) einen ebenfalls optisch inaktiven schwerlöslichen Zucker $C_6H_{12}O_6$ als einen isomeren Inosit „Quercin" isolieren. Gleichzeitig wurde aus Nußblättern ein Zucker „Nucit", $C_6H_{12}O_6$, gewonnen [Tanret und Villiers: A. ch. (5) **23**, 389 (1881); Maquenne: Bl. (2) **47**, 291 (1887)]. Maquenne [zit. Stelle; vgl. auch C. r. **104**, 1853 (1887)] erklärt den „Nucit" und die „Dambose" als identisch mit dem Inosit (= Muskelzucker Scherers) und erkennt diesen als

Hexa-hydroxybenzol $CHOH\left\langle{{CHOH-CHOH}\atop{CHOH-CHOH}}\right\rangle CHOH$. Ferner zeigte

es sich, daß der in der Quebrachorinde vorkommende Quebrachit $C_6H_6(OH)_5 \cdot OCH_3$ einen linksdrehenden Inosit $C-C_6H_6(OH)_6$ liefert [Tanret: C. r. **109**, 908 (1889)], während der Pinit $C_6H_6(OH)_5 \cdot OCH_3$ die rechtsdrehende Modifikation des Inosits aufweist [Maquenne: C. r. **109**, 968 (1889)].

Für den l- und d-Inosit gab dann L. Bouveault [Bl. soc. chim. (3) **11**, 144 (1894)] die Raumbilder. Der natürliche Inosit von Scherer (= Phaseomannit Vohls, Dambose Girards, Nucit Tanrets) mit dem Schmp. 225—226⁰ ist die inaktive oder Mesoform; Scyllit, Quercin (Quercinit) und Cocosit sind identisch, optisch inaktiv, vom Schmp. 348,5⁰ [H. Müller: Soc. **101**, 2386 (1912); s. auch J. Müller: B. **40**, 1821 (1907); H. Wieland: B. **47**, 2084 (1914); L. Zechmeister: B. **54**, 172 (1921)]. Theoretisch sind 8 stereoisomere Inosite möglich, darunter aber nur eines spaltbar ist, — dieses kommt in der Natur als rechts- und linksdrehender Methyläther vor.

Es liegt hiernach in dem Inosit (bzw. in den „Inositen") ein in der organischen Natur außerordentlich verbreiteter Typus einer aromatischen Verbindung vor, man überblicke nur sein Vorkommen: im Herzmuskel, in Lunge, Leber, Nieren, Gehirn, Harn, in grünen Bohnen, unreifen Erbsen, Linsen, Citrusfrüchten, Kopfkohl, Spargel, Pilzen usw. Man suchte den Inosit im Tier- und Pflanzenreich und fand ihn in geringen Mengen überall. Ein halbes Jahrhundert nachher treffen wir ein ähnliches Suchen und finden z. B. auf dem Gebiete des „Vitamins" (bzw. der Vitamine, Carotinoide), der Hormone (Wuchsstoffe) an. Die physiologische Bedeutung des Inosits dürfte nicht gering sein. Als Phosphorsäureester [$C_6H_6(O \cdot PO_3H_2)_6$] stellt er den phosphororganischen Reservestoff „Phytin" der grünen Pflanzen vor [Posternak: C. r. **168**, 1216; **169**, 138 (1919)]; er ist als Wachstumsfaktor der Biosgruppe erkannt worden [Eastcott:

J. physiol. Ch. **32**, 1094 (1928); H. W. Buston und Mitarbeiter: Biochem. J. **25**, 1656 u. f. (1931); **27**, 1859 (1933)], und seine Entstehung aus den Hexosen wird untersucht [F. Micheel und Mitarbeiter: B. **68**, 1523 (1935); **70**, 850 (1937)]. So mündet der längst bekannte und so oft erörterte Inosit wiederum ein in das modernste Problem der Wuchsstoffe (Hormone) und Wachstumsfaktoren. (Interessant ist seine technische Gewinnung aus Mais: E. Bartow, 1938.)

Der „Inosit" hat auch in der Stereochemie bzw. der Lehre vom asymmetrischen Kohlenstoffatom eine grundlegende Rolle gespielt. Es liegt hier der Fall vor, „wo Abwesenheit von Symmetrie sich nicht, wenigstens nicht genügend evident, durch Vorhandensein des asymmetrischen Kohlenstoffs verrät" (J. H. van't Hoff, 1894). Die Auffindung der in Form ihrer Methylderivate in der Natur vorkommenden aktiven l- und d-Inosite durch Maquenne (1889) bedeutet daher den historischen Erstfall der „Molekülasymmetrie". Doch die Geschichte des Inosits reicht noch weiter zurück, sie ist zugleich ein Beitrag zur Geschichte der ersten organischen Synthesen aus den Elementen, ein mahnendes Beispiel für das Goethewort: „Es ist viel mehr schon entdeckt als man glaubt."

Im Jahre 1825 beschrieb Leop. Gmelin [Pogg. **4**, 35 (1825)] die auch von Wöhler und Berzelius beobachtete Bildung einer grauen flockigen Masse bei der Kaliumbereitung aus Kaliumcarbonat und Kohle („Krokonsäure"). Dann zeigte J. Liebig [A. **11**, 182 (1834)], daß das „Radikal" Kohlenoxyd beim Leiten über geschmolzenes Kalium sich mit diesem vereinigt und nachher durch Wasser „Krokonsäure" gibt: $nCO + nK = (COK)n$. Sechs Jahrzehnte später wurde die Brücke von jenem „Kohlenoxydkalium" zu dem Zucker Inosit in folgender Weise geschlagen. R. Nietzki und Th. Benckiser [B. **18**, 499, 1833 (1885)] zeigten die Beziehungen zwischen jener Krokonsäure Gmelins und den Hexaoxybenzolderivaten; aus dem Kohlenoxydkalium, für welches Brodie [A. **113**, 358 (1860)] die Zusammensetzung COK nachgewiesen hatte, erhielten sie unter anderem Hexaoxybenzol $C_6(OH)_6$ [s. auch Lerch: A. **124**, 20 (1862)] und schrieben: „Die zuerst von Liebig (1834) studierte Einwirkung des Kohlenoxyds auf Kalium wäre somit eine direkte Synthese von Benzolverbindungen aus rein (an)organischen Substanzen, wie sie einfacher bis jetzt nicht ausgeführt worden ist" (zit. S. 512). Diese denkwürdige Synthese Liebigs bildete nun die Vorstufe zu einer Totalsynthese des natürlichen (optisch inaktiven) Inosits, indem H. Wieland und R. S. Wishart [B. **47**, 2082 (1914)] das Hexaoxybenzol durch katalytische Hydrierung (mit Palladiumschwarz) in Hexahydro-hexaoxybenzol (= Inosit) überführten. Die folgenden zwei klassischen Synthesen des Inosits aus rein anorganischen Substanzen liegen also vor:

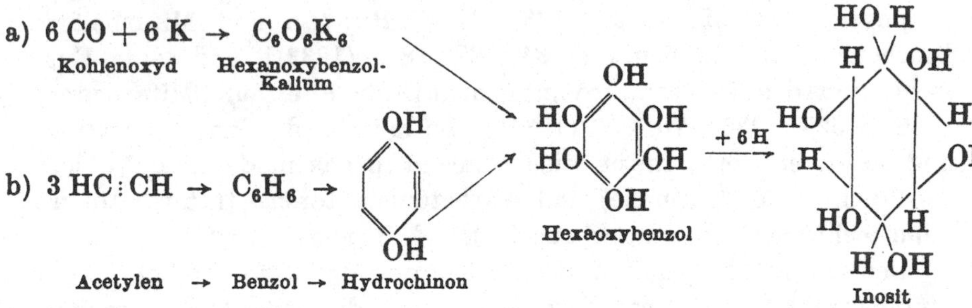

a) 6 CO + 6 K → C6O6K6
Kohlenoxyd
Hexanoxybenzol-Kalium
b) 3 HC⋮CH → C6H6 →
Acetylen → Benzol → Hydrochinon
Hexaoxybenzol
+ 6 H
Inosit

Zweiter Fall von optischer Aktivität (Allen-Typus und Spirane).

Schon 1875 hatte J. H. van't Hoff (La chimie dans l'espace, p. 29. 1875; Die Lagerung der Atome im Raume, S. 14, 45, 53. 1877) für die Kombination

$$R_1R_2C{=}C{=}CR_3R_4, \quad \text{oder allgemein} \quad R_1R_2C{=}C_{(2n+1)}{=}CR_3R_4$$

enantiomorphe Strukturen abgeleitet. Den ersten hierhergehörigen Fall, allerdings mit dem Ersatz der einen Doppelbindung durch einen Sechsring, stellt die von W. H. Perkin, W. Pope und O. Wallach [A. **371**, 180 (1909); s. auch Soc. **99**, 1510 (1911)] durchgeführte optische Spaltung der

Methyl-cyclohexyliden-essigsäure $\begin{matrix}H\\CH_3\end{matrix}\!\!>\!C\!<\!\begin{matrix}CH_2{-}CH_2\\CH_2{-}CH_2\end{matrix}\!>\!C{=}C\!<\!\begin{matrix}H\\COOH\end{matrix}$

dar.

Dieser Fall blieb trotz vieler Versuche der einzige, bis endlich 1935 E. P. Kohler, J. T. Walker und M. Tischler [Am. **57**, 1743 (1935)] mit dem Brucinsalz die Säure $\begin{matrix}C_6H_5\\C_{10}H_7\end{matrix}\!\!>\!C{:}C{:}C\!<\!\begin{matrix}C_6H_5\\CO\cdot O\cdot CH_2\cdot COOH\end{matrix}$ in die beiden optischen Antipoden zerlegten. Gleichzeitig gelangten P. Maitland und W. H. Mills (Soc. **1936**, 987) durch eine asymmetrische Katalyse, Dehydrierung des Alkohols I mit Hilfe der Reychlerschen l- und d-Camphersulfosäure in siedendem Benzol zu den beiden (sehr hoch drehenden) optisch aktiven Antipoden (II):

$$\underset{\text{I}}{\begin{matrix}C_6H_5\\C_{10}H_7\end{matrix}\!\!>\!C\!<\!\begin{matrix}OH\\CH{:}C\!<\!\begin{matrix}C_{10}H_7\\C_6H_5\end{matrix}\end{matrix}} \xrightarrow[\text{opt. Katalysator}]{(-H_2O)} \text{d- (bzw. l-)}\underset{\text{II}}{\begin{matrix}C_6H_5\\C_{10}H_7\end{matrix}\!\!>\!C{:}C{:}C\!<\!\begin{matrix}C_{10}H_7\\C_6H_5\end{matrix}} \quad [\alpha]_D^{20}=351^0.$$

Dieses aktive Allen wird beim mehrstündigen Erhitzen in Dekalin bei 190° nicht razemisiert; die Reaktion führt über den aktiven Camphersulfonsäure-ester, das aktive Carboniumion und dessen Zerfall zum aktiven Allen (neben H-Ion). Es sei erwähnt, daß H. Wuyts [Bull. Soc. chim. Belg. **30**, 30 (1921)] erstmalig die katalytische Aktivierung des Methylphenylcarbinols mittels Camphersulfosäure durchführte.

Ersetzt man in dem van't Hoffschen Allentypus die Doppelbindungen durch mehrgliedrige Ringe, so gelangt man zu den Spiranen $\overset{a}{\underset{b}{\diagdown}}C\overset{a}{\underset{b}{\diagup}}$ [diese Bezeichnung schuf A. v. Baeyer: B. **33**, 3771 (1900)].

Das erste Beispiel eines aktiven Spirans gab H. Leuchs [B. **46**, 2435 (1913)] in dem linksdrehenden ($[\alpha]_D = -65^0$ in Benzol) Dihydroisocumarin-1-hydrindon-3.2-Spiran: $C_6H_4 \overset{CH_2}{\underset{CO \cdot O}{\diagup}}C\overset{CH_2}{\underset{CO}{\diagdown}}C_6H_4$.

Durch optische Spaltung (mittels Alkaloiden bzw. Säuren) wurden weitere aktive Spirane erhalten: das Lacton der Benzophenon-2.4.2'.4'-tetracarbonsäure ($[\alpha]_D = \pm 19,5^0$; H. Mills und R. Nodder: Soc. **117**, 1407 (1920)]. Die aktiven Lactone haben den Schmp. 477^0(!).

$$HOOC \overset{CO-O}{\diagup}\diagdown \overset{}{-C-} \diagup\diagdown \overset{}{O-CO} COOH$$

H. Leuchs [und Mitarbeiter: B. **55**, 3131 (1921)] aktivierte die Bis-dihydrocarbostyril-3.3'-spiran-6.6'-di-sulfosäure:

$$HO_3S \qquad\qquad SO_3H$$
$$\overset{CH_2}{\underset{NH-CO}{}}C\overset{CH_2}{\underset{CO-NH}{}}$$
$$[\alpha]_D = \pm 234^0.$$

Ähnlich wurde von D. Radulescu (1923) und Val. Moga [C. **1939** II, 3036)] aktiviert:

$$H_2N \overset{CH_2}{\underset{NH-CO}{}}C\overset{CH_2}{\underset{CO-NH}{}} NH_2$$
$$[\alpha] = \pm 138,7^0.$$

Im Zusammenhang mit der Struktur des Pentaerythrits stellten J. Böeseken und Felix [B. **61**, 1855 (1928)] einen Dibrenztrauben-säure-pentaerythrit dar; dieses Spiran konnten sie mittels Strychnins spalten: $\overset{CH_3}{\underset{HOOC}{}}C\overset{O-CH_2}{\underset{O-CH_2}{}}C\overset{CH_2-O}{\underset{CH_2-O}{}}C\overset{COOH}{\underset{CH_3}{}}$ $\qquad [\alpha]_D = +6,87^0$ in Wasser.

W. J. Pope und J. B. Whitworth [Proc. R. Soc., A. **134**, 357 (1931)] haben das von H. Biltz [A. **413**, 79 (1916) dargestellte Spiro-5.5-dihydantonin mittels der Brucinsalze in die Rechts- und Links-Antipoden ($[\alpha]_D = \pm 98^0$ in Wasser) gespalten; die Kristallformen beider Antipoden sind gleich (d. h. ohne Hemiedrieflächen), die Gruppe — NH·CO·NH — existiert in einer Enol- sowie einer Keto-Form, die beide optisch-aktiv sind: $\overset{NH-CO}{\underset{CO-NH}{}}C\overset{NH-CO}{\underset{CO-NH}{}}$.

Weitere Beispiele:

$$H_2N\diagdown_{H}\diagup C\diagup^{CH_2}\diagdown_{CH_2}C\diagup^{CH_2}\diagdown_{NH_2}C\diagup^{H}$$

G. E. Janson und W. J. Pope (1932).

$$AsO_3H_2\cdot C_6H_4\diagdown_{H}C\diagup^{O\cdot CH_2}\diagdown_{O\cdot CH_2}C\diagup^{CH_2\cdot O}\diagdown_{CH_2\cdot O}C\diagup^{H}_{C_6H_4\cdot AsO_3H_2}$$

C. G. Gibson und B. Levin (1933).

Über das Brucinsalz wurden gespalten von H. J. Backer und H. G. Kemper [Rec. Trav. chim. Pays-B. 57, 761 (1938)]: die 2.6-Dibrom- und 2.6-Disulfo-4-spiroheptan-2.6-dicarbonsäure

$$Br\diagdown_{HOOC}C\diagup^{CH_2}\diagdown_{CH_2}C\diagup^{CH_2}\diagdown_{CH_2}C\diagup^{Br}\diagdown_{COOH} \quad und \quad HO_3S\diagdown_{HO_2C}C\diagup^{CH_2}\diagdown_{CH_2}C\diagup^{CH_2}\diagdown_{CH_2}C\diagup^{SO_3H}\diagdown_{CO_2H};$$

vgl. auch $HOOC\diagdown_{H}C\diagup^{CH_2}\diagdown_{CH_2}C\diagup^{CH_2}\diagdown_{CH_2}C\diagup^{COOH}\diagdown_{H}$ (H. J. Backer und Schuring, 1928).

Es ist bemerkenswert, daß bisher keine Vertreter dieser Klasse optischer Isomerie unter den organischen Naturstoffen gefunden bzw. gesichtet worden sind; ihre physiologische Wirkung ist ebenfalls unerforscht.

Dritter Fall der Aktivität (Isomerie infolge „beschränkter freier Drehung" bei einfacher Bindung, Atrop-Isomerie). Die Entdeckung dieses nicht vorausgesehenen Falles von optischer Aktivität bei Abwesenheit von asymmetrischen Kohlenstoffatomen ist ein lehrreiches Beispiel für die oft entgegentretende Rolle irrtümlicher Angaben älterer Forscher bei der Auffindung neuer Wahrheiten durch die Nachfahren. Im Jahre 1880 hatte G. Schultz eine „β-Dinitrodiphensäure" (Schmp. 303⁰) dargestellt, welche Ph. Schad (1893) als o-Dinitrodiphensäure angesprochen hatte und Jul. Schmidt (mit A. Kämpf, 1903) als o.o-Dinitrodiphensäure (Schmp. 303⁰) erwiesen zu haben glaubte. Im Jahre 1921 benötigen J. Kenner und W. V. Stubbings dieser Säure (6.6'-Dinitrodiphensäure), aber die von ihnen auf einem anderen Wege dargestellte Substanz schmilzt bei 263⁰, ist also ein Isomeres und wird als γ-6.6'-Dinitrodiphensäure unterschieden. Welches ist nun die Ursache dieser Isomerie? Verschiedene chemische Tatsachen machen die Annahme einer Stereoisomerie wahrscheinlich, so daß die β-Säure als die cis-Form, die neue γ-Säure als die trans-Form angesehen werden [Soc. **119**, 593 (1921)]. Da beide Säuren beständig sind, so folgt zwangsläufig, daß entweder die Ebenen beider Benzolringe (gegen eine dritte) geneigt sind, oder daß infolge der Spannung der beiden miteinander verbundenen C—C-Ringe, trotz der gemeinsamen Achse, die Ringe in verschiedenen Ebenen liegen, z. B. ⟨◯⟩—⟨◯⟩, bzw. keine freie Drehbarkeit besitzen. Beide Säuren könnten dann ohne Symmetrieebenen und daher optisch spaltbar sein. G. H. Christie und J. Kenner [Soc. **121**, 614 (1922)] unternehmen nun einen Spaltungsversuch ihrer γ- oder „trans"-Säure mittels Brucins und gelangen leicht zu einer rechtsdrehenden Dinitrodiphensäure (Na-Salz, $[\alpha]_D = +225^0$) und zu der entsprechenden Links-Säure. Dieselben Forscher führen noch die Spaltung der 4.6.4'.6'-Tetranitro- und der 4.6.4'-Trinitro-diphensäure durch [Soc. **123**, 779 (1923); **1926**, 470], als Na-Salz zeigt die erstere $[\alpha]_D = \pm 115^0$, dagegen die Trinitro-säure $[\alpha]_D = _{(-)}^{+} 157^0$, bemerkenswert ist hierbei der Drehungswechsel, den die letztgenannten Säure in Ätherlösung ($[\alpha]_D = -20^0$) zeigt! Endlich wird auch die vermeintliche „cis"- oder „β"-Dinitrodiphensäure, die ja die ganze Untersuchungs- und Entdeckungsreihe verursacht hatte, ihrem Wesen nach erkannt (J. Kenner, Christie und A. Holderness: Soc. **1926**, 671): sie ist weder eine o,o- noch eine cis-Dinitro-di-

phensäure, sondern die 4.6'-Dinitrodiphensäure ⟨◯⟩—⟨◯⟩ (mit NO₂, COOH, COOH, NO₂)

und wird als Chininsalz gespalten; die Na-Salze der aktivierten Säuren weisen $[\alpha]_D = _{(+)}^{-} 186^0$ auf, während die freien Säuren in Äther eine Drehungsumkehrung und -verringerung auf $[\alpha]_D = _{(-)}^{+} 27^0$ zeigen. [Vgl. auch R. Kuhn: A. **455**, 294 (1927).] Daß die Aktivierbarkeit nicht an die Nitrogruppe gebunden ist weisen J. Kenner und Mitarbeiter [Soc. **123**, 1948 (1923)] durch die Spaltung (mittels Brucins) der 6.6'-Dichlordiphensäure nach: die Drehung der Na-Salze betrug $[\alpha]_D = _{(-)}^{+} 21,4^0$, also stark abweichend von der Drehung ($[\alpha]_D = +225^0$) der entsprechenden 6.6'-Dinitro-diphensäure, während die 6.6'-Dimethoxy-diphensäure als Ammoniumsalz $[\alpha]_D = _{(+)}^{-} 291^0$ ergab (J. Kenner und H. A. Turner: Soc. **1928**, 2340). Der theoretische und experimentelle Abbau des stereochemischen Neulandes konnte nun beginnen.

W. H. Mills (1926; Soc. **1928**, 1291) führte das Auftreten der Asymmetrie in den obigen Diphensäuren auf die gehinderte freie Drehung der beiden Benzolringe um die gemeinsame Achse —C—C— infolge der beiden Substituenten in 6- und 6'-Stellung zurück und gab in der Spaltung des Benzol-sulfonyl-8-nitro-1-naphthylglycins einen anderen Typus der durch beschränkte freie Drehung um die Achse —C—N— entstehenden molekularen Asymmetrie:

$C_6H_5SO_2$ $CH_2 \cdot COOH$
NO_2 N

Die Kollisionen erfolgen
hier zwischen den Gruppen
in peri-Stellung

An dem 6.6'-Diamino-2.2'-ditolyl $\quad$ NH$_2$ $\quad$ NH$_2$ $\quad$ C—C $\quad$ CH$_3$ $\quad$ CH$_3$ $\quad$ konnte

J. Meisenheimer [B. **60**, 1425 (1927)] die Trennung in die optischen Antipoden durchführen (diese haben keine Neigung sich zu razemisieren); mit Mills ist er der Ansicht, daß Ursachen mechanischer Natur — Atomabstände und Raumerfüllung der substituierenden Gruppen — die freie Drehbarkeit um die —C—C—-Achse behindern. Durch R. Kuhn und O. Albrecht [A. **455**, 272; **458**, 221 (1927); **464**, 91; **465**, 282 (1928); s. auch **470**, 183 (1929)] wurden dann die verschiedenen nitrosubstituierten Diphensäuren, die isomeren Dianthrachinoyl-dicarbonsäuren, sowie die Dinaphthyl-dicarbonsäuren u. a. aktiviert und auf die Razemisierungsgeschwindigkeit untersucht.

Zahlreiches weiteres Beweismaterial wurde von R. Adams und seinen Mitarbeitern (1929 u. f.) beigebracht; die optische Spaltbarkeit bzw. Aufhebung der freien Drehbarkeit um die Achse —C—N—, wie —N—N— ist für die folgenden Dipyrryl-Derivate nachgewiesen worden [Am. **53**, 374, 2353 (1931)]:

CO_2H

$HO_2C \cdot C{=}C \cdot CH_3$ $\quad$ N $\quad$ und $\quad$ $HO_2C \cdot C{=}C \cdot (CH_3)$ $\quad$ $C \cdot (CH_3){=}C \cdot CO_2H$
$HC{=}C \cdot CH_3$ $\qquad\qquad\qquad\qquad$ $HC{=}C \cdot (CH_3)$ $\quad$ $N—N$ $\quad$ $C \cdot (CH_3({=}CH$

In dem Diphenylbenzoltypus wurden zwei Zentren der beschränkten Drehung (und zwei asymmetrische Zentren) verwirklicht sowie eine meso- und eine razemische (spaltbare) Form dargestellt [R. Adams und Mitarbeiter: Am. **56**, 2109 (1934)]:

Br CH$_3$ Br OH CH$_3$ $\qquad\qquad$ Br CH$_3$ Br OH H$_3$C Br

CH$_3$ $\qquad\qquad\qquad$ CH$_3$ $\qquad$ CH$_3$ $\qquad\qquad\qquad\qquad$ CH$_3$

H$_3$C HO Br H$_3$C Br $\qquad\qquad$ CH$_3$ HO Br CH$_3$
(meso-Form) $\qquad\qquad\qquad\qquad\qquad$ (razem., gespalten)

R. Adams [Am. **53**, 1575 (1931); **57**, 1565 (1935); **58**, 587 (1936); bis **61**, 2828 (1939)] untersuchte auch die Wirkung der Atom- und Gruppengröße auf die Aufhebung der Drehung und die nachherige Razemisierungsgeschwindigkeit (Aktivierungswärme $\sim$ 20000 cal).

Daß bereits einfacher substituierte Diphenylderivate demselben Grundsatz folgen, bewies die Spaltung der folgenden Typen:

CO_2H

$C(C_6H_5)_2OH$

A. Corbellini und C. Pizzi (1932)

SO_3H

SO_3H

E. E. Turner: Soc. 1932, 2394; 1933, 135.

und

$N(CH_3)_3J$

$N(CH_3)_2$

Von J. Meisenheimer [B. 65, 32 (1932)] wurde der folgende Typus gespalten:

HO_2C

Die gehemmte freie Drehung wurde von J. Meisenheimer [mit W. Theilacker und Beißwenger: A. 495, 249 (1932)] zum Konfigurationsnachweis der Oxime bzw. zur Prüfung der Hantzsch-Wernerschen Theorie verwandt, und optisch aktive Diphenyle dienten auch zum Studium des Mechanismus der Hofmannschen und der Curtiusschen Reaktionen [E. S. Wallis: Am. 55, 2598 (1933) und F. Bell: Soc. 1934, 835]; Bell konnte auch das rechtsdrehende Meisenheimersche 6.6'-Diamino-2.2'-ditolyl ([α]$_D$ = + 35⁰) über die Diazoverbindung in das rechtsdrehende 6.6'-Dijodo-2,2'-ditolyl ([α]$_D$ = + 24⁰) umwandeln, eine optische Umkehrung war also nicht eingetreten.

Beachtenswert ist die Schlußfolgerung, zu der R. Kuhn und O. Albrecht [A. 455, 272 (1927)] gelangten, nämlich, „daß es nicht möglich ist, das Diphenyl und seine Derivate mit einer einzigen Raumformel zu erklären" [vgl. auch R. Kuhn: B. 59, 488 (1926)]. Über das Diphenyl-System vgl. auch F. Kaufler [B. 40, 3250 (1907) und D. Vorländer: B. 58, 1893 (1925)]. Auf Grund der Theorie von G. Bonino hat A. Mangini (C. 1938 I, 4318) die Ringsubstitutionen im Diphenyl zu systematisieren versucht.

Ein zuerst als Beispiel einer beschränkten freien Drehung angesprochener stereochemischer Isomeriefall — das von E. Fischer und M. Bergmann (1920) entdeckte „γ-Methylrhamnosid-monoacetat" — wurde als strukturisomer erkannt [Haworth und Mitarbeiter: Soc. 1929, 2469; dagegen K. Freudenberg und E. Braun: B. 63, 1972 (1930) sowie Haworth und Mitarbeiter: Soc. 1930, 1395].

Es sei auch auf die optische Aktivierbarkeit von 2-Phenylpyridinderivaten hingewiesen (J. G. Breckenridge und O. C. Smith: C. 1938 II, 1407) (induzierte Asymmetrie):

$$\left[\begin{array}{c} R \cdot N \\ \\ COOH(R) \quad COOH(R) \end{array} \right]^+ J^-, \quad [α]_{5461} = + 156,7⁰.$$

Ein weiteres Beispiel von Drehungshinderung, die eine molekulare Asymmetrie bedingt, erbrachten W. H. Mills und G. H. Dazeley

(Soc. **1939**, 460) in dem o-($\beta\beta$-Dimethyl-α-isopropylvinyl)-phenyl-trimethyl-ammoniumjodid (I), das als Bromcamphersulfonat in die optischen Antipoden gespalten werden kann; die aktiven Jodide sind auch beim Erhitzen der Lösung beständig. Die $N(CH_3)_3$-Gruppe verhindert die benachbarte Alkylgruppe $(CH_3)_2C:C\cdot CH(CH_3)_2$ an der freien Drehung um die zum Benzol führende Achse:

I.

$$(CH_3)_2CH\diagdown C\diagup \overset{CH_3}{\underset{\diagdown CH_3}{C}}$$

$$\overset{+}{N}(CH_3)_3 \mid \bar{J}$$

Beachtenswert ist der Befund von E. S. Wallis [und Mitarbeiter: J. org. Chem. **3**, 611 (1939)], daß die gewöhnlich eine Razemisierung bewirkenden Stoffe bei optisch aktiven Diphenylderivaten (z. B. d-3,5-Dinitro-6-α-naphthylbenzoesäure) ohne Einfluß sind.

Razematbildung.

Für den **Mechanismus der Razemisierung** ist die intermediäre **Enolisierung** als Erklärung bzw. Arbeitshypothese bevorzugt worden:

$$\begin{matrix} R_1 \diagdown \\ R_2 \diagup \end{matrix} C \begin{matrix} \diagup H \\ \diagdown CO- \end{matrix} \rightleftarrows \begin{matrix} R_1 \diagdown \\ R_2 \diagup \end{matrix} C:C(OH)-.$$

Voraussetzung ist hierbei die Anwesenheit eines am asymmetrischen C-Atom befindlichen H-Atoms und einer Gruppe mit CO-Bindung (bzw. eine Nitril-, Nitro-, Sulfo-Gruppe). Durch diese Keto-Enol-tautomerie haben zuerst E. Beckmann (1889), Kipping und Hunter (1903), sowie O. Aschan (1912) und E. Mohr (1912) die Razemisierung gedeutet. Ein anschauliches Beispiel für die leichte Razemisierbarkeit mit enolisierbarem H-Atom am Asymmetriezentrum I und das Ausbleiben derselben beim Ersatz dieses H-Atoms durch Alkyl II gab D. Dakin [Am. **44**, 48 (1910)] mit den aktiven Hydantoinen:

$$I \quad \begin{matrix} NH-CO \diagdown \\ CO-NH \diagup \end{matrix} C \begin{matrix} \diagup H \\ \diagdown R \end{matrix} \qquad II \quad \begin{matrix} NH-CO \diagdown \\ CO-NH \diagup \end{matrix} C \begin{matrix} \diagup CH_3 \\ \diagdown C_2H_5 \end{matrix}$$

[vgl. auch die aktiven Diketo-thiazolidine: S. Kallenberg: B. **56**, 316 (1923)].

Am allseitigsten hat A. McKenzie diese Enoltheorie geprüft, insbesondere in bezug auf die katalytische Razemisierung durch **Spuren von Alkali** und **Alkaliäthylat** und unter Bildung von Anlagerungsprodukten [vgl. Soc. **85** (1904) bzw. B. **58**, 894 (1925 u. f.), mit J. A. Smith: ,,Asymmetrische katalytische Razemisation‟]; die Razembildung wird besonders begünstigt, wenn a) eine Phenylgruppe in direkter Bindung mit dem asymm. C-Atom, und b) ein Wasserstoffatom in α-Stellung zur Carbonylgruppe steht [vgl. auch Z. f. angew. Chem. 45, 60 (1932); s. auch B. 69, 861 (1936)]. Eine Keto-Enol-Keto-Theorie vertritt R. Ahlberg [B. 61, 817 (1928)] auch für die Razemisierung der aktiven Sulfon-Fettsäuren. Die Razemisierung aktiver Alkohole (mittels Na) ist nach W. Hückel [B. 64, 2137 (1931)] die Folge einer intermediären Bildung von Enolat. Daß Razemisierungen auch durch Halogenionen (vgl. bei der Waldenschen Umlagerung) sowie infolge von Additionsreaktionen als Zwischenprodukte (vgl. H. Meerwein, 1927) bewirkt werden, ist auch aus den Untersuchungen von K. Bodendorf [A. 516, 1 (1935)] und H. Böhme [B. 71, 2372 (1938)] ersichtlich. Daß die Enolisation nicht unbedingt die Zwischenstufe bei der Razemisierung zu sein braucht, folgert H. Erlenmeyer [mit A. Epprecht: Helv. chim. Acta 19, 1053 (1936)] aus dem Verhalten der Deuto-mandelsäure $C_6H_5CH(OD) \cdot COOD$, die in dem einen Fall ohne Razemisierung, im andern Fall unter Razemisierung aus l-Mandelsäure dargestellt wurde, — in beiden Fällen waren dieselben zwei H-Atome durch Deuterium D substituiert worden.

Autorazemisierung. An den optisch-aktiven Halogenbernsteinsäuren und deren Estern hatte P. Walden (1898) eine beim Stehenlassen freiwillig erfolgende Abnahme der Drehungsgröße beobachtet und diese Erscheinung als „Autorazemisierung" bezeichnet. Es lag nahe, diese freiwillige Razemisierung auf die auch bei gewöhnlicher Temperatur vorhandene Atombewegung um das Asymmetriezentrum und die Einstellung des Gleichgewichtes 2 l- → (l, d) ← 2 d- zurückzuführen. Daß dieses Phänomen von dem chemischen Aufbau (Natur der am asymm. C-Atom bzw. der am Asymmetrie-Zentrum befindlichen Gruppen), von der Temperatur, dem Lösungsmittel und katalytisch wirkenden Spurenbeimengungen beeinflußt wird, zeigen vielfache Beobachtungen [vgl. z. B. P. Walden, 1898; s. auch Optische Umkehrerscheinungen, 1919; Wagner-Jauregg: M. 53/54, 791 (1929)].

Die Autorazemisierung am asymm. C-Atom ist von E. Fischer [B. 40, 503 (1907)] an der l-Brompropion-, α-Bromisocapron- und α-Bromhydrozimtsäure, beim Stehenlassen derselben beobachtet worden, ebenso von H. J. Backer (1925 u. f.), J. Read (1926) an Halogensulfocarbonsäuren; eine schnelle Autorazemisierung stellte M. Bergmann [62, 1901 (1929)] für argininhaltige Aminosäureanhydride fest. Toluolsulfinsäureester unterliegen nicht einer „echten Autorazemisation", die Drehungsänderungen erfolgen aber bei Luftzutritt, durch Feuchtigkeit usw. [K. Ziegler und A. Wenz: A. 511, 109 (1934)].

Das Strychninsalz des Mono-n-propylphenylphthalats vermindert· seine Drehung beim Stehen im Exsikkator (t = 15°) nach wenigen Tagen [P. A. Levene und P. Mikeska: J. biol. Chem. 70, 357

(1926)]. Optisch aktive d-Mono-glyceride vermindern auch im kristallisierten Zustand beim längeren Stehen ihr Drehungsvermögen [E. Baer und Herm. O. L. Fischer: J. biol. Chem. 128, 475 (1939)]. Auch Spuren von Wasser können Razemisierung bewirken, z. B. gegenüber natürlichem reinstem Mandelsäurenitril [J. A. Smith: B. 64, 429 (1930); 67, 1307 (1934)].

Eine besondere Autorazemisierungstendenz offenbart sich auch in der Tatsache, daß man 1. bei optischen Spaltungen gewisser Verbindungen nahezu 100 % nur des einen Antipoden erhält, und 2. gewisse Verbindungen nur in Form ihrer optisch-aktiven Salze (mit Alkaloiden bzw. Camphersulfosäuren) kennt, indem sie beim Freiwerden aus den Salzen sich sofort razemisieren.

Daß die Naturstoffe, auch in ihrem Ursprungsort selbst, zeitlich durch Lagerung eine Razemisierung erleiden können, sei hervorgehoben, wie z. B. das d-Catechin alter Holzproben in d,l-Catechin übergegangen ist [K. Freudenberg: A. 483, 142 (1930)].

Es ist auch an die Tatsache zu erinnern, daß der Vorgang der Isolierung von chemischen, asymmetrisch gebauten Individuen aus den Naturstoffen meist unter Zerstörung der natürlichen Komplexverbindungen erfolgt und durch Ionenkatalyse (namentlich durch HO-Ionen) zu einer Autorazemisierung führen kann bzw. führt, — man vergleiche z. B. R. Adams: Am. 56, 2109 (1934); E. Späth: B. 69, 385, 755 (1936) (die Alkaloide Peganin, Peltotin, Anhalonidin); R. Duschinsky: C. r. 207, 753 (1938) (Citrullin aus Wassermelonen); S. H. Harper: Soc. 1939, 1099 (l-Ellipton aus der Derriswurzel). S. Takei: B. 66, 1828 (l-Deguelin); Sh. Fujise und A. Nagasaki: B. 69, 1894 (1936) (aktive Flavanone in den Pflanzen).

Die Autorazemisierung ist jedoch keine Sondereigenschaft des optisch aktiven asymmetrischen C-Atoms, sie wurde ebenso an aktiven Ammoniumsalzen des asymmetrischen fünfwertigen Stickstoffs beobachtet [E. Wedekind, 1906 u. f.; s. auch B. 61, 2471 (1928)] bzw. an den anderen asymmetrischen Elementen, wie auch an den optisch aktiven Metallkomplexsalzen (A. Werner, 1912 u. f.).

Razemisierung und Lösungsmitteleinfluß.

Im Anschluß an die „Autorazemisierung" der Ester der optisch aktiven Halogenbernsteinsäuren [P. Walden: B. 31, 1416 (1898)] hatte P. Walden auch den Einfluß der verschiedenen neutralen Lösungsmittel auf die Razemisierungsgeschwindigkeit untersucht und den allgemeinen Parallelismus der letzteren mit der tautomeririsierenden Kraft, Reaktionsgeschwindigkeit und den Dielektrizitätskonstanten der lösenden Medien aufgezeigt [B. 38, 403 (1905)], — die Razemisierungsgeschwindigkeit des d-Brombernsteinsäurediäthylesters in Gegenwart des Katalysators HBr war praktisch gleich Null in

C_6H_6, Schwefelkohlenstoff, Chloroform, um über Essigester zu Alkohol erheblich anzusteigen. Weitere ausgedehntere Messungen an den Estern (bzw. Säuren) der d- und l-Brombernsteinsäure (P. Walden: Optische Umkehrerscheinungen, S. 165 u. f. 1919) führten wiederum zu dem Ergebnis, daß organische Medien mit kleiner Dielektrizitätskonstante die Lebensdauer der aktiven Verbindungen begünstigen, während in Ketonen, Nitrilen u. ä. die Razemisierung mit meßbarer Geschwindigkeit erfolgt.

Einen Gegensatz zu diesen Befunden am optisch aktiven C-Atom bildete die Autorazemisierung der optisch aktiven Ammoniumsalze $R_1R_2R_3R_4N \cdot X$ [E. Wedekind: Z. physik. Ch. 45, 242 (1903); B. 38, 3441 (1905); Z. f. Elektroch. 12, 330 (1906)], indem die aktiven Jodide, z. B. α-Benzyl-allyl-phenyl-methyl-Ammoniumjodid oder Benzyl-äthyl-(oder propyl- oder isobutyl-)phenyl-methyl-Ammoniumjodid gerade in dem sonst indifferenten Lösungsmittel Chloroform eine rasche Inaktivierung erfahren (t = 25°!). Die Autorazemisierung trat auch in Bromoform, Äthylenbromid, Benzol- und Schwefelkohlenstoff an den gelösten aktiven Ammoniumbromiden auf [E. Wedekind: B. 41, 2663 (1908)], während in Alkohol und Wasser (selbst beim längeren Erwärmen auf 45°) keine Drehungsabnahme erfolgte. Die Aufklärung dieser sonderbaren Erscheinung wurde erst durch den Nachweis einer Spaltung (Solvolyse) des Salzes in Tertiärbase und Halogenaryl erbracht, z. B.

$$(R_1R_2R_3 \cdot C_7H_7)N \cdot J\,(od.\,Br) \rightleftharpoons R_1R_2R_3N + C_6H_5 \cdot CH_2J\,(od.\,C_6H_5 \cdot CH_2Br).$$

[Vgl. E. Wedekind, 1906 und B. 43, 1303 (1910) und 44, 1410 (1911); W. J. Pope und Harvey: Soc. 79, 828 (1901); H. v. Halban, 1907 und B. 41, 2417 (1908).] Da die tetrasubstituierten Ammoniumjodide in Chloroform deutlich ionisiert sind (P. Walden, 1912), so muß in der ersten Phase eine Jodionbildung angenommen werden, die Jodionen könnten dann katalytisch die Razemisierung sowie die Abspaltung des Benzylrestes aus dem aktiven Kation bedingen [vgl. auch E. Wedekind: B. 61, 1372 (1928).]

An dem linksdrehenden N-Methyl-N-allyl-tetrahydro-chinoliniumjodid konnte E. Wedekind [und Mitarbeiter: B. 61, 1364, 2471 (1928)] die echte Autorazemisierung in verschiedenen Lösungsmitteln feststellen; an diesem starken Elektrolyten tritt die Razemisierung in folgender Reihenfolge ein: Chloroform = Aceton (keine) ⟨ Äthylalkohol ⟨ Methylalkohol ⟨ Wasser, d. h. in den starken Ionisierungsmitteln bei vorhandener echter Ionenbildung $R_1R_2R_3N^+$ ist es wesentlich dieses aktive Kation, das der Razemisierung unterliegt.

In ähnlicher Weise verhielt sich der Elektrolyt l-Brombernsteinsäure, bei t = 50° verlief die Razemisierung in der Reihenfolge (in Methylalkohol findet Esterbildung statt): Wasser ⟩ Aceton   Acetonitril $\rangle$ Acetophenon $\rangle$ Acetal (praktisch keine) (P. Walden: Umkehrerscheinungen, S. 172. 1919). Nimmt man auch hier eine Ionisation an, und zwar am $-\overset{+}{C}\!\!\begin{array}{l} \diagup R_1 \\ \!\!-R_2 \\ \diagdown R_3 \end{array}$ (infolge der Bildung des Br-Ions), so besteht für die Wirkung der Lösungsmittel auf die Razemisierung der beiden Stofftypen die gleiche Beziehung zur ionisierenden Kraft der Medien und Bildung optisch-aktiver Kationen.

Th. Wagner-Jauregg [M. 53/54, 801 (1929)] trennt die Solventien in solche mit polaren Gruppen (oder großem Dipolmoment), die razemisierungsbeschleunigend wirken (z. B. Nitrile, Nitrokörper und Ketone), während solche mit $\mu = 0{,}1 \cdot 10^{-18}$ bis $1{,}8 \cdot 10^{-18}$ keine Reaktionsbeschleunigung hervorrufen.

Über die Wirkung der Lösungsmittel gibt die folgende Zusammenstellung einen Aufschluß: auf die Razemisierung wirken beschleunigend die Lösungsmittel mit erheblicher Ionisierungskraft bzw. erheblichen Dipolmomenten, auf die Enolatbildung (Keto→Enol) wirken beschleunigend die Lösungsmittel mit den kleinsten Dipolkonstanten, auf die trans-Umlagerung (cis → trans) wirken beschleunigend die Lösungsmittel mit großen Dielektrizitätskonstanten, auf die Isonitroso-Umlagerung in die Nitro-Form wirken beschleunigend die Lösungsmittel mit großen Dielektrizitätskonstanten, auf die (stereisomere) Umlagerung von l- in d-Acetochlorglucose wirken beschleunigend die Lösungsmittel mit größeren Dipolmomenten. Auf die Ionenbildung wirken beschleunigend die Lösungsmittel mit großen Dielektrizitätskonstanten.

Anmerkung. Die Keto-Enol-Tautomerie erwies sich als eine fruchtbare Arbeitshypothese bei den Razemisierungserscheinungen, dann auch für die Deutung der Bromierung von Fettsäuren nach Hell (1881) und J. Volhard (1887): die vorherige Enolisierung wurde von A. Lapworth (1904) und insbesondere von O. Aschan [B. 45, 1913 (1912); 46, 2162 (1913)] vertreten. Daß die Enolisierung nicht unbedingt vorausgehen muß bzw. daß z. B. die Bromierung von (optisch-aktiven) Ketonen nicht ausschließlich über die Enolformen (die eine intermediäre Aufhebung der Asymmetrie erfordern) führt, beweisen die Versuche von H. Leuchs [B. 46, 2435 (1913)] mit der d-Ketosäure I, die zur d-Bromsäure II hinüberleiteten:

$$\text{I. } C_6H_4\!\!\begin{array}{l}\diagup CH_2\!\!-\!\!CH\!\!-\!\!CH_2 \\ \qquad\quad | \qquad | \\ \diagdown COOH \;\; CO\!\!-\!\!C_6H_4\end{array} \rightarrow \text{II. } C_6H_4\!\!\begin{array}{l}\diagup CH_2\!\!-\!\!CBr\!\!-\!\!CH_2 \\ \qquad\quad | \qquad | \\ \diagdown COOH \;\; CO\!\!-\!\!C_6H_4\end{array}$$

(Vgl. auch Ingold und Wilson: Soc. 1934, 773.)

C. K. Ingold und Chr. L. Wilson haben gezeigt, daß für optisch aktive Stoffe mit einem tautomerisierenden Asymmetriezentrum der Betrag der Razemisierung äquivalent ist dem Betrage der Isomerisation (Enolisierung) sowie der Bromierung (Soc. 1934, 93, 98,

773). Versuche von R. H. Kimball [Am. 58, 1963 (1936)] ergaben ein Zurückbleiben der Enolisierung gegenüber der Razemisierung; nach L. Ramberg und J. Hedlund erfolgt auch die Razemisierung schneller als die Bromierung (C. 1939 II, 2907).

Eine Verknüpfung der Enolisierungs- bzw. Razemisierungsgeschwindigkeit mit der Geschwindigkeit der Autoxydation von Benzoinen gab A. Weißberger [B. 64, 1202 (1931); A. 502, 74 (1933)].

Die Razemisierungsgeschwindigkeit K kann, je nach der Natur der optischen Individuen (und den Versuchsbedingungen), zwischen den Grenzwerten $K > 0$ bis $< \infty$ liegen. Es liegen zahlreiche Belege für die Grenzfälle vor, und zwar gerade bei den spiegelbildlichen Diphensäuren und Analoga. So z. B. lassen sich nicht bzw. sehr schwer razemisieren: o.o'-Dinitro-diphensäure und o.p.o'.p'-Tetra-nitrodiphensäure; 2.4.6.2'.4'-Pentanitro-diphenyl-3-carbonsäure; 1.1'-Dinaphthyl-2.2'-dicarbonsäure (R. Kuhn und Albrecht, 1928); l-Butanol-(2) $CH_3CH_2 \cdot CH(OH) \cdot CH_3$ wird durch Erhitzen bei 612° beim Leiten über Pyrexglas nicht razemisiert [R. L. Burwell: Am. 59, 1609 (1937)]. Dieses Beispiel ist bemerkenswert, weil hier eine Wasserabspaltung und -wiederanlagerung möglich erscheint.

Stabil ist das aktive 6.6'-Diamino-2.2'-ditolyl (Meisenheimer).

Auffallend stabil ist auch das optisch-aktive Diaminodimesityl [H. Adkins, Waldeland und Zartman: Am. 55, 4234 (1933)], das unter einem Druck von 350 Atm. bei 225° mit Wasserstoff (und Ni-Katalysator) behandelt werden konnte, ohne den Schmelzpunkt und die optische Drehung zu ändern oder Wasserstoff anzulagern (Orthoeffekt?).

Beispiele für eine praktisch unbegrenzte Lebensdauer der optischen Aktivität bietet die Natur selbst dar, und zwar im Erdöl, in den Steinkohlen, Braunkohlen, im Bernstein. Anläßlich des ersten Vierteljahrhunderts des Bestehens der Stereochemie (1899) hatte P. Walden [Naturwissensch. Rundschau, XV, Nr. 12—16 (1900)] auf deren Beziehung auch zur Geologie hingewiesen, indem er aus einer vergessenen Angabe von Biot (etwa 1835) über die optische Aktivität des Erdöls schloß, daß dieses nicht aus Carbiden, sondern organischen Naturstoffen bei relativ niedrigen Temperaturen entstanden sein müßte. Inzwischen erfolgte Untersuchungen bestätigten die optische Drehung des Erdöls, und P. Walden [Chem.-Zeit. 30, Nr. 34 und 93 (1906)] erbrachte neues Material über die Erhaltung der optisch-aktiven Substanzen in Fossilien: stark rechtsdrehend erwiesen sich: Fichtelit $C_{18}H_{32}$ (aus einem bayerischen Torflager) bzw. Hartit; Rhetinit von Wanzleben und Braunkohlenbitumen; Bernstein-destillat und Krantzit, — hieraus folgerte P. Walden, daß es das Pflanzenreich sein dürfte, welches das Grundmaterial für die

Entstehung des aktiven Erdöls geliefert hat. In der Folgezeit ergab sich z. B., daß auch Urteer rechtsdrehend ist [Fr. Fischer und W. Gluud: B. 50, 113 (1917); 56, 1791 (1923)], ebenso synthetische Schwerbenzine und Mittelöle (Privatmitteil. der I.G. Farbenind.). Neuerdings sind im Erdöl auch Porphyrine als Komplexe gefunden worden, was einerseits die Entstehungstemperatur des Erdöls über 200⁰ ausschließt, andererseits auf das ursprüngliche Vorhandensein von Chlorophyll in Ölmuttergestein hinweist [A. Treibs: Z. angew. Chem. 49, 686 (1936); A. 510, 53 u. f. (1934)].

Dagegen erfolgt eine momentane Razemisierung beim Freiwerden der im Alkaloidsalz aktiven Säure, z. B. bei der Dinaphthyl-(1.2′)-carbonsäure [J. Meisenheimer: B. 65, 32 (1932)], bei der 4.4′-Dinitrodiphensäure [Kuhn und Albrecht: A. 455, 272 (1927)], bei der 4-Nitrodiphensäure (Bell und Robinson: Soc. 1927, 2234); ähnliche Verhältnisse liegen bei den von R. Adams [mit H. C. Yan: Am. 54, 2966, 4434 (1932)] aktivierten Derivaten des Diphenyls vor, die als freie Säuren sowie Brucin- und Cinchoninsalze in Lösung Mutarotation bzw. schnelle Razemisierung zeigen. Hierher dürften auch die von J. Böeseken [und J. A. Mys: Rec. Trav. chim. P.-B. 44, 758 (1925)] aktivierten Borverbindungen vom Spirantypus gehören, deren Alkaloidsalze beim Stehen der Lösungen eine Razemisierung des Borkomplexes erfuhren. Hervorzuheben sind die von P. Pfeiffer [mit K. Quehl: B. 64, 2667 (1931); 65, 560 (1932); s. auch 66, 415 (1933)] entdeckten Aktivierungen von Komplexsalzen in wässeriger Lösung durch die Ionen aktiver Säuren (Campher-β-sulfonsäure und α-Brom-campher-π-sulfonsäure): „Es hat durchaus den Anschein, daß die Drehungsänderungen auf die Entstehung neuer asymmetrischer Zentren zurückzuführen sind . . . Danach würde also das negative aktive Säureion im komplexen positiven Zinkion optische Aktivität induzieren" (zit. S. 2669). Diese Drehungsänderung (Mutarotation als Zeitreaktion und Ausdruck einer partiellen Aktivierung) wird von R. Kuhn [B. 65, 49 (1932)] den obigen Fällen mit der vorübergehenden Asymmetrie („asymmetrische Umlagerung erster Art") angereiht. Die aktiven gelösten Komplexe Pfeiffers erwiesen sich nach der Ausfällung als inaktiv, ebenso wie das aktive l-Hydroxyhydrindamin-l-chlor-brommethansulfonat nach dem Ausfällen als β-Naphthylaminsalz [J. Read und A. M. McMath: Soc. 127, 1596 (1925)], nach der Ansicht Reads wird z. B. die Säure ClBrHC·SO₃H unter dem Einfluß der aktiven Base „mehr oder weniger vollständig in eine der zwei möglichen optischen Modifikationen umgewandelt; wenn der asymmetrische Einfluß beseitigt ist, erleidet die im Überschuß vorhandene Form eine Autorazemisierung".

Ebenso führt der von F. Hein und H. Regler [B. 69, 1692 (1936)] entdeckte optisch-aktive Silber-oxychinolinkomplex (als d-Bromcamphersulfonat) nach der Abspaltung der Säure zu der **inaktiven** gelben Anhydrobase $C_9H_6N \cdot AgO \cdot OH \cdot C_9H_6N$.

D̈ie optischen Spaltungen führen bis zu 100% nur des einen Antipoden.

Die klassische statische Spaltungsmethode **Pasteurs** mittels der Alkaloidsalze (1852) — Bildung von Diastereomeren mit verschiedener Löslichkeit: $(d,l + Alk.) \rightarrow d, Alk. + l\text{-}Antip., Alkal.$ — führte voraussetzungsgemäß zu 50% des einen und 50% des anderen Antipoden. Überraschend war daher die erstmalig von W. J. Pope und S. J. Peachey (1900) bei der Spaltung von $(CH_3)(C_2H_5)(C_3H_7)Sn \cdot OH$ mittels Bromcamphersulfosäure beobachtete Abscheidung zu 100% ausschließlich der rechtsdrehenden schwerlöslichen Salzform: die nachbleibende l-Form geht leicht in (d,l) über, um eine neue Fällung als schwerlösliches Salz zu geben usw. Vorbedingung ist hier die große Autorazemisation des aktiven Zinnkomplexes [R. Wegscheider: B. **55**, 764 (1922)]. Weitere Beispiele waren die Alkaloidsalze der 4-Oximino-cyclo-hexancarbonsäure und Cyclo-hexanon-4-carbonsäure [W. H. Mills und A. M. Bain: Soc. **97**, 1869 (1910); **105**, 66 (1914)], der Cantharolsäure [J. Gadamer: Arch. d. Pharm. **258**, 171 (1919)], der Chlorbrommethansulfonsäure [mit l-Hydroxyhydrindamin kristallisiert alles als l-Säure aus: J. Read und A. M. MacMath: Soc. **127**, 1572 (1925); **1926**, 2186], ferner das Phenyltolyl-methyl-telluronium-ion [Th. M. Lowry und F. L. Gilbert: Soc. **1929**, 2867, dessen Bromcampher-π-sulfonat beim Eindampfen nur das Salz der (—)-Base gibt].

Zu dem Mechanismus der Razemisierung („asymmetrische Umlagerung", Leuchs, 1913) gab H. Leuchs [B. **46**, 2420 (1913); **54**, 830 (1921)] zwei Beispiele, die eine intermediäre **Enolisierung** — Verlust der Asymmetrie und rückläufige Razematbildung — veranschaulichen:

(—)-Säuresalz $\overrightarrow{\longleftarrow}$ Enolsäuresalz $\overrightarrow{\longleftarrow}$ (+)-Säuresalz $\longrightarrow$ Kristallisation.

und zwar

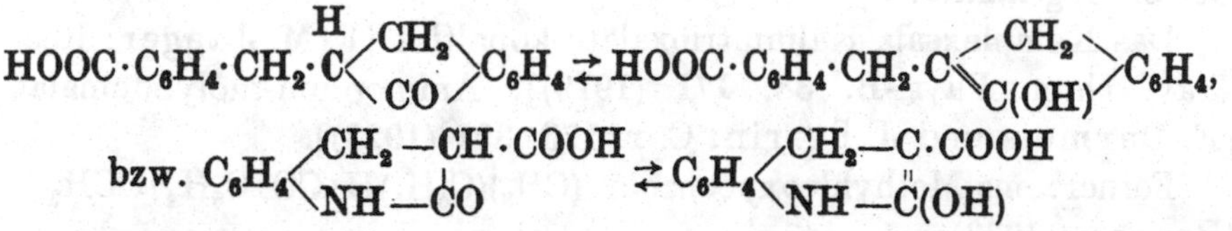

$$HOOC \cdot C_6H_4 \cdot CH_2 \cdot C\begin{smallmatrix}H\\ \diagup\ CH_2\\ \diagdown\ CO\end{smallmatrix}\!\!\diagdown C_6H_4 \rightleftarrows HOOC \cdot C_6H_4 \cdot CH_2 \cdot C\begin{smallmatrix}\diagup CH_2\\ \\ \diagdown C(OH)\end{smallmatrix}\!\!\diagdown C_6H_4,$$

$$\text{bzw. } C_6H_4\begin{smallmatrix}\diagup CH_2 - CH \cdot COOH\\ \diagdown NH - CO\end{smallmatrix} \rightleftarrows C_6H_4\begin{smallmatrix}\diagup CH_2 - C \cdot COOH\\ \diagdown NH - \overset{"}{C}(OH)\end{smallmatrix}$$

In beiden Fällen kristallisiert zu 95—100% das (+)-Säuresalz (von Brucin bzw. Chinidin) aus, die isolierten (+)-Säuren erlitten (in Eisessig bzw. Benzol) schnell eine Autorazemisierung.

Spontane Spaltung der Razemkörper.

Wie einerseits gewisse aktive Verbindungen eine freiwillige Razemisierung I. („Autorazemisierung") erleiden, so unterliegen umgekehrt gewisse Razemverbindungen bei der Kristallisation einem freiwilligen Zerfall in die optischen Antipoden II.:

I. 2 d-Formen → d,l- ← 2 l-Moleküle.   II. d,l-Mol. ⇄ d-Mol. + l-Molekül.

Ein lehrreiches Beispiel bietet das Rechts-Asparagin dar. Dasselbe wurde erst 1886 von A. Piutti [B. **19**, 1691 (1886)] entdeckt, obgleich es irrtümlich schon ein halbes Jahrhundert lang als bekannt angesehen worden war. Bemerkenswert ist sein gleichzeitiges Vorkommen mit dem Links-Asparagin, da es gerade bei der Gewinnung des letzteren kristallographisch erkannt bzw. als rechtshemiedrische Kristalle neben den linkshemiedrischen des gewöhnlichen Links-Asparagins mechanisch getrennt wurde: Aus 6500 kg Weizenkeimlingen wurden 20 kg Rohasparagin, und aus diesen schließlich 100 g reines Rechts-Asparagin isoliert. — Die Ausbeute ist also Rechts- zu Links-Asparagin wie 1 : 200. Dieses intensiv süßschmeckende Rechts-Asparagin wird ebenso wie sein gewöhnliches Links-Isomere in die rechtsdrehende bzw. linksdrehende Asparaginsäure umgewandelt, deren Gemisch 1:1 aus wässeriger Lösung als eine neue kristallographisch individuelle und optisch inaktive Verbindung erhalten werden kann, dagegen schieden sich die beiden Asparagine (1:1) aus der inaktiven wässerigen Lösung „immer wieder getrennt ab", so daß Piutti sogar die Möglichkeit ihrer „chemischen Verschiedenheit" erwog. Die Assoziationstendenz der beiden Antipoden des Asparagins zu der razemischen Form hat — offenbar infolge der Abschirmung der einen Carboxylgruppe — eine auffallende Abnahme erfahren. Nach Piutti [Gazz. chim. **18**, 476 (1888)] sollen beide Antipoden auch eine verschiedene Dichte haben, und zwar (—)-Asparagin: 1,548 und (+)-Asparagin: 1,528.

Ein nächstes Beispiel war das Gulonsäurelacton [E. Fischer: B. **25**, 1025 (1892)]; leicht spaltet sich auch bei der Kristallisation das Isohydrobenzoin [E. Erlenmeyer jun.: B. **30**, 1531 (1897); vgl. auch F. Eisenlohr: B. **70**, 942 (1937)]. Aus der letzten Zeit seien folgende Beispiele genannt:

Das Komplexsalz Kaliumtrioxalato-kobaltiat [F. M. Jaeger: Rec. Trav. chim. Pays.-B. **38**, 171 (1919)]; Ammonium-molybdomalat [E. Darmois und J. Perrin: C. r. **176**, 391 (1923)].

Ferner: ms-Methyldeoxybenzoin $(CH_3)(C_6H_5)H \cdot CO \cdot C_6H_4 \cdot OCH_3$ (Bruzau, 1933);

$$\text{Dilactyl-diamid} \quad \begin{matrix} CH_3 \cdot CH \cdot CO \cdot NH_2 \\ \diagdown O \\ CH_3 \cdot CH \cdot CO \cdot NH_2 \end{matrix} \quad (\text{P. Vièles, 1934}),$$

$$\text{d,l-Histidin-chlorhydrat} \quad \left[CH \diagup^{NH \cdot C—CH_2 \cdot CH(NH_2) \cdot COOH}_{N—CH} \right] \cdot HCl$$

(R. Duschinsky, 1934),

d,l-Pinennitrolbenzylamin (St. M. Delépine, 1934).

Verhalten der razemischen Isomeren zu asymmetrischen Reaktionspartnern.

Vorbildlich waren die beiden hierhergehörigen, von L. Pasteur entdeckten Systeme, erstens das verschiedene Verhalten der optischen Antipoden zu den salzbildenden Alkaloidbasen (1852), und zweitens das Verhalten zu den Pilzen, die für ihre Lebenstätigkeit nur den einen Antipoden verwenden können (1858). Dann gelangte E. Fischer (1894) zu der Formulierung des Begriffes der „stereochemischen Spezifizität" der Fermente, indem die letzteren auf strukturchemisch identische, aber stereochemisch verschiedene Substrate verschieden wirken, wobei sie etwa wie „ein Schloß zum Schlüssel" passen müssen, und gleichzeitig konnte er aus seinen Versuchen folgern, „daß der früher vielfach angenommene Unterschied zwischen der chemischen Tätigkeit der lebenden Zelle und der Wirkung der chemischen Agentien in bezug auf molekulare Asymmetrie .nicht besteht" [B. 27, 2992 u. f. (1894)]. Damit verschob sich das Problem immer mehr in die Ebene der chemischen Kinetik, wo Reaktionsgeschwindigkeit und Gleichgewicht maßgebend sind. So konnte J. H. van't Hoff vom Standpunkt der chemischen Gleichgewichtslehre die Erwartung aussprechen, daß die Enzyme rückwärts auch die Synthese der Glucoside bzw. Polysaccharide ermöglichen sollten.

W. Marckwald mit Al. McKenzie vermochten dann (1899) erstmalig nachzuweisen, daß von den beiden optischen Antipoden der razemischen d,l-Mandelsäure die d-Mandelsäure gegenüber l-Menthol die größere Esterifizierungsgeschwindigkeit aufweist und zu einer teilweisen Spaltung der inaktiven Form führt [B. 32, 2130 (1899 u. f.)]. Biochemische Spaltungsversuche von razemischen Verbindungen mittels Pilzwucherungen ergaben, daß auch hier Unterschiede der Reaktionsgeschwindigkeit des gegebenen Pilzes gegenüber den beiden Antipoden maßgebend sind bzw. daß beide Formen, aber in verschiedenem Betrage, angegriffen werden (McKenzie und Harden, 1903; S. Condelli, 1922). Daß z. B. die asymmetrische Spaltung von razemischen Polypeptiden auch durch abgetötete, also der Lebensfunktionen beraubte Bakterien bewirkt wird, zeigte T. Mito (1923), und daß andererseits lebende Zellen durch Anpassung auch razemische hochmolekulare und nicht in der Natur vorkommende α-Aminosäuren selektiv spalten können, wies E. Abderhalden (1923) nach. Die Hydrolyse asymmetrischer razemischer Ester durch Lipase ergab eine Bevorzugung des einen Antipoden vor dem anderen (Dakin, 1904), ebenso hydrolysierte Emulsin gegenüber d- und l-Borneol-d-glucosid die l-Form schneller als die d-Form [Mitchell: Soc. 127, 208 (1925)].

Das Problem der „asymmetrischen Ester-Hydrolyse durch Enzyme" [R. Willstätter, R. Kuhn und E. Bamann: B. 61, 886 (1928)]

hat zu der Erkenntnis geführt, daß das Verhältnis der Affinitäten des
Enzyms zu den optischen Antipoden, z. B. des razemischen Mandel-
säure-äthylesters, sowie die Zerfallsgeschwindigkeit der Reaktions-
Zwischenprodukte und die Konzentration des razemischen Substrats
einen bestimmenden Einfluß ausüben [E. Bamann und P. Laeverenz:
B. **64**, 897 (1931)].

Neben den ursprünglichen, optisch inaktiven Razemverbindungen —
nach dem Prototyp der Traubensäure = d- +1-Weinsäure gebildet —
gibt es noch die „partielle Razemie" [E. Fischer: B. **27**, 3225
(1894)], welche die Verbindung zweier nicht identischer Antipoden
[E. Fischer: B. **40**, 943 (1907)] bzw. die Molekülverbindung zweier
Diastereomeren [A. Ladenburg: A. **364**, 227 (1909)] bedeutet. Eine
weitere Klasse bilden die „optisch aktiven Razemate" [vgl.
M. Delépine: Bl. (4) 29, 656 (1921); (5) 1, 1256 (1934); A. Fredga:
Ark. f. Kemi usw. 11 B, Nr. 43 (1934); 12 B, Nr. 22 (1937)]. Wiederum
anders liegt der von M. Bergmann [mit M. Lissitzin: B. **63**, 310
(1930)] studierte Fall, bei dem die Antipoden nicht allein im Verhältnis von 1:1, sondern als Molekülverbindung 1:2 kristallisieren.
Dann hat Al. McKenzie [mit E. M. Luis: B. **69**, 1118 (1936)] eine
neue Art von Razemie der Diastereoisomeren von Mandelsäure-
menthylester beigesteuert, die optisch inaktiven Razemate [(+)-Mandel-
säure-(+)-menth. +(—)-Mandelsäure-(—)-menth.] und [(+)-Mandel-
säure-(—)-menth. +(—)-Mandelsäure-(+)-menth.] waren verschieden.
Eine Auswertung der partiellen Razemie für Konfigurationsbestimmungen unter Verwendung der Gefrierpunktskurven der Antipoden-
gemische hat J. Timmermans angebahnt [Rec. Trav. chim. Pays-Bas
48, 890 (1929 u. f.)], — nur die sterisch entgegengesetzten Säuren,
z. B. die d-Chlor- und l-Brombernsteinsäure, bildeten eine Molekülverbindung („Razemoide"). H. Lettré [B. **69**, 1594 (1936); Z. angew.
Ch. 50, 581 (1937)] hat dann die strukturellen Bedingungen für die
Existenz partieller Razemate aufzuklären versucht (die Antipoden
müssen strukturell einander nahe stehen und isomorph sein). Eine
interessante biologische Verknüpfung hat H. Lettré (zit. S. 584) vorgenommen; indem er die Bildung partieller Razemate im lebenden
Organismus voraussetzt, schließt er rückwärts auf das unterschiedliche physiologische Verhalten der Antipoden, insbesondere legt er
die partielle Razemie dem System der „Antigene mit ihren Anti-
körpern" und der „stereo-chemischen Spezifität der Fermente" zugrunde. [Vgl. auch G. Bruni: B. **73**, 763 (1940).]

Einen neuartigen Beitrag zur Kenntnis der typischen Razemverbindungen stellen die Untersuchungen von W. Hückel und C. Kühn
[B. **70**, 2479 (1937)] dar, indem sie die Tatsache bringen, daß ein und
derselbe Körper unter Umständen sowohl ein festes razemisches Gemisch als auch ein festes Razemat bilden kann bzw. daß die Bildung

eines Razemats eine Zeitreaktion ist, z. B. bei den optischen Antipoden des cis-β-Dekalols.

Existenz optisch aktiver Ionen und valenzchemisch ungesättigter Reste.

Daß die asymmetrische Gruppierung und optische Aktivität erhalten bleiben können, wenn eines der am Asymmetriezentrum befindlichen Reste (oder Atome) als Ion losgelöst wird, veranschaulichen die aus ihren Salzen abgetrennten Kationen

$$\begin{matrix} R_1 \\ \diagdown \\ R_2 \end{matrix} N \overset{R_3}{\underset{+}{-}} R_4 \quad \text{bzw.} \quad \begin{matrix} R_1 \\ \diagdown \\ R_2 \end{matrix} N \overset{R_3}{\underset{+}{-}} OH \quad \text{und} \quad \begin{matrix} C_2H_5 \\ \diagdown \\ CH_3 \end{matrix} S \overset{CH_2 \cdot COOH}{\underset{+}{\diagdown}}$$

[Die Möglichkeit einer Absättigung der freien Valenzen, z. B. des Sulfoniumions, ist hierbei zu berücksichtigen. P. Walden: Naturwiss. 15, 331 (1925).]

An dem Beispiel der Sulfoxyde hat H. Phillips (1925) gezeigt, daß ein Atom ein Asymmetriezentrum sein kann, wenn es mit drei verschiedenen Gruppen verbunden ist und eine positive Ladung trägt bzw. ein Elektron abgegeben hat, z. B.

$$\begin{matrix} R_1 \\ \diagdown \\ R_2 \end{matrix} S - O \quad \text{bzw.} \quad \begin{matrix} H_2N \cdot C_6H_4 \\ \diagdown \\ CH_3 \cdot C_6H_4 \end{matrix} \underset{+ \quad -}{S - O} \quad \text{oder} \quad \begin{matrix} R_1 : \overset{\cdot\cdot}{\overset{+}{S}} : R_2 \\ \underset{\cdot\cdot}{\cdot\cdot} \\ : \overset{\cdot\cdot}{O} : - \end{matrix}$$

(H. Phillips und J. Kenyon: Soc. 1926, 2079).

Für die Deutung zahlreicher Substitutionsvorgänge am asymm. C-Atom gewann eine besondere Bedeutung die Frage nach der Existenz freier optisch-aktiver Carboniumionen, da es sich hier, valenzchemisch gesehen, um ein ungesättigtes dreiwertiges C-Atom und um den möglichen Übergang aus der tetraedrischen in die ebene Konfiguration handelte. Der Begriff der Carboniumsalze und Carboniumionen stand seit 1902 fest (vgl. den Abschnitt Carboniumverbindungen). Auch hatte P. Walden (1902) aus der Gelbfärbung der Lösungen von $(Ar)_3C \cdot X$ in Schwefeldioxyd auf einen chemischen Vorgang beim Lösen geschlossen und eine Solvatbildung angenommen.

Nach der Oktetttheorie sind folgende Fälle für $R_1R_2R_3C \rightarrow$ möglich:

$$\begin{bmatrix} R_1 \\ R_2 : \overset{\cdot\cdot}{C} \cdot \\ R_3 \end{bmatrix} \qquad \begin{bmatrix} R_1 \\ R_2 : \overset{\cdot\cdot}{C} : \\ R_3 \end{bmatrix} \qquad \begin{bmatrix} R_1 \\ R_2 : \overset{\cdot\cdot}{C} \\ R_3 \end{bmatrix}$$

Freies Radikal　　　　　　Carbanion　　　　　　Carboniumion

Die Darstellung optisch aktiver Alkalisalze der aliphatischen Nitrokohlenwasserstoffe $\begin{matrix} R_1 \\ \diagdown \\ R_2 \end{matrix} C \begin{matrix} H \\ \diagdown \\ NO_2 \end{matrix}$ bzw. des 2-Nitrobutans [R. Kuhn

und H. Albrecht: B. 60, 1297 (1927)] und des 2-Nitrooctans [L. Shriner und H. Young: Am. 52, 3332 (1930)] schuf ein neues Problem;
in der üblichen Formulierung

$$\begin{matrix} R \\ R_1 \end{matrix} \Big\rangle C = N \Big\langle \begin{matrix} O \\ ONa \end{matrix} \xrightarrow{\text{Dissoz.}} \begin{matrix} R \\ R_1 \end{matrix} \Big\rangle C = N \Big\langle \begin{matrix} O \\ O^- \end{matrix} + Na^+$$

besitzt das optisch aktive Anion keine Asymmetrie, infolge dessen

erteilen ihm R. Kuhn und Albrecht die Formel $\begin{matrix} R \\ R_1 \end{matrix} \Big\rangle \bar{C} - \overset{+}{N} \Big\langle \begin{matrix} \bar{O} \\ O \end{matrix}$ mit

einer intramolekularen Verschiebung der semipolaren Doppelbindung
(die vierte Kohlenstoffvalenz ist nun mit einem Elektron besetzt).

C. K. Ingold (Soc. **1933**, 1126; **1935**, 1778) ersetzt diese Formel
durch eine „mesomere" Formulierung des Anions (mit einer Ver-

teilung der anionischen Ladung): $\begin{matrix} R_1 \\ R_2 \end{matrix} \Big\rangle C - \overset{+}{N} \Big\langle \begin{matrix} O \\ O \end{matrix} \Big\}^-$. Es sind noch

weitere Formulierungen möglich und vorgeschlagen worden, z. B. Einlagerung des Alkoholat-Anions [OR]⁻ in die aufgerichtete N=O-Doppel-
bindung des undissoziierten Nitrokörpers (die Salzbildung erfolgte
mit Natriummethylat):

$$\begin{matrix} R_1 \\ R_2 \end{matrix} \Big\rangle C \Big\langle \begin{matrix} N \nearrow O \\ H \searrow O \end{matrix} + Na^+[OR]^- = \left[\begin{matrix} R_1 \\ R_2 \end{matrix} \Big\rangle \underset{H}{C} - N \Big\langle \begin{matrix} O \\ \xleftarrow{} OR \\ O \end{matrix} \right]^- Na^+,$$

wobei das Asymmetriezentrum selbst keine Veränderung erfährt
[F. Arndt und B. Eistert: B. 72, 208 (1939)], oder das primär
gebildete Anion wird durch Solvatbildung stabilisiert [K. A. Jensen:

B. **72**, 209 (1939)]: $R_1R_2CHNO_2 + CH_3O^- \rightarrow R_1R_2\overset{(-)}{C} \searrow \begin{matrix} NO_2 \\ HOCH_3 \end{matrix}$. (Viel-

leicht ließe sich auch an eine Pseudoform $R_1R_2C \underset{O}{\overbrace{\qquad}} N - OH \rightarrow$

$[R_1R_2C \underset{O}{\overbrace{\qquad}} NO]^- + H^+$ denken?)

E. S. Wallis und F. H. Adams [Am. **54**, 4753 (1932); **55**, 3838
(1933)] wiesen an dem 12-Phenyl-β-benzoxanthen nach, daß ein
Triarylmethyl-anion $R_1R_2R_3C^-$ für eine gewisse Zeit in optisch
aktiver Form bestehen kann. Am Beispiel des $C_6H_5(CH_3)CHCl$ in flüssigem Schwefeldioxyd konnten E. Bergmann, M. Polanyi und A.
Szabo [Z. physik. Chem. (B) 20, 161 (1933)] die relative Stabilität
eines Carboniumkations $R_1R_2R_3C^+$ veranschaulichen. Versuche von
G. Karagunis und G. Drikos [Z. physik. Chem. (B) 26, 428 (1934)]
mit zirkularpolarisiertem Licht deuten ebenfalls auf die Möglichkeit
der Aktivierung der freien Triarylmethyle bzw. deren Kationen hin.

Das Weiterbestehen des optisch aktiven Asymmetriezentrums bei
intramolekularen Umlagerungen ist aus dem Übergang des
d-Benzylmethyl-acetazids in das d-Isocyanat ersichtlich:

$$(+)- \begin{array}{c} C_7H_7 \\ CH_3 \end{array}\!\!> C\!\!<\begin{array}{c} H \\ CO\cdot N_3 \end{array} \xrightarrow{\;t\,=\,35^\circ,\ \text{in}\ C_6H_6\;} \left(\begin{array}{c} C_7H_7 \\ CH_3 \end{array}\!\!> C\!\!<\begin{array}{c} H \\ CO\cdot N< \end{array}\!\!+N_2 \right) \longrightarrow$$

$$\longrightarrow (+)- \begin{array}{c} C_7H_7 \\ CH_3 \end{array}\!\!> C\!\!<\begin{array}{c} H \\ N\!=\!C\!=\!O \end{array}.$$

L. W. Jones und E. S. Wallis [Am. 48, 169 (1926)] nehmen an, daß das asymm. C-Atom nicht als freies Radikal auftritt, sondern bei der Entbindung von N_2 mit dem nachbleibenden 1-wertigen Stickstoffatom eine allmähliche Bindung sucht. Ebenso wurde durch den Hofmannschen Abbau des d-3.5-Dinitro-6-α-naphthylbenzoe-säureamids (ohne Razemisierung) das d-Amin erhalten: $-C-C{<}{\atop N H_2}^{O} \rightarrow$ $-C-NH_2$ [E. S. Wallis und W. W. Moyer: Am. 55, 2598 (1933)].

Zum Mechanismus der Hofmannschen Umlagerung haben auch C. L. Arcus und J. Kenyon (Soc. **1939**, 916) durch die Umwandlung des (+)-Hydratropamids $C_6H_5CH(CH_3)\cdot CONH_2$ in (—)-α-Phenyläthyl-amin $C_6H_5CH(CH_3)NH_2$ einen neuen Beitrag geliefert, — trotz der Umlagerung ist die optische Aktivität fast völlig erhalten geblieben, was im wesentlichen auf eine intramolekulare Reaktion schließen läßt.

Auch bei der Umlagerung optisch aktiver Alkylphenyläther (in Gegenwart von $ZnCl_2$ und Eisessig) in optisch aktive alkylierte Phenole bewahrt die intermediär auftretende positive Gruppe ihre asymmetrische Konfiguration [E. S. Wallis und M. M. Sprung: Am. 56, 1715 (1934)]:

$$CH_3{<}\!\!\bigcirc\!\!-O\overset{H}{\underset{CH_3}{-}}\!C-C_2H_5 \longrightarrow CH_3{<}\!\!\bigcirc\!\!-O-H$$

$$\underset{CH_3}{\overset{\;}{\underset{|}{C}}}{<}^{H}_{C_2H_5}$$

Nach R. Robinson (Chem. C. **1933** I, 203) verlaufen die obigen Reaktionen, z. B. mit dem Azid, über Ionen. K. Ingold, C. L. Wilson und Sh. K. Hsü (Soc. **1935**, 1778) untersuchten reaktionskinetisch die Tautomerisation der optisch-aktiven Methylenazomethine, z. B.:

$$\begin{array}{c} C_6H_5 \\ CH_3 \end{array}\!\!> C\!\!<\begin{array}{c} H \\ N:C \end{array}\!\!<\begin{array}{c} C_6H_5 \\ C_6H_5 \end{array} \rightleftarrows \begin{array}{c} C_6H_5 \\ CH_3 \end{array}\!\!> C:N\cdot CH\!\!<\begin{array}{c} C_6H_5 \\ C_6H_5 \end{array},$$ und folgerten, daß „die Ionisierungsprodukte dieser Systeme in keinem Zeitpunkt kinetisch frei werden", um bei der Umgruppierung die Asymmetrie zu vernichten bzw. wenn der Sitz der Dissoziation des Protons asymmetrisch ist, so ist das intermediäre mesomere Anion beständig.

Daß auch bei der Wasserabspaltung aus optisch aktiven Glycolen die optische Aktivität erhalten bleibt, obgleich als Zwischenstufe das asymmetrische C-Atom ungesättigt erscheint, beweist das nachstehende Beispiel [Al. McKenzie und W. S. Dennler: B. **60**, 220 (1927)]:

$$\begin{array}{l}C_6H_5\cdot CH_2 \\ C_6H_5\cdot CH_2\end{array}\!\!\!>\!\!C\underset{OH}{\overset{|}{}}\!\!-\!\!C\!\!<\!\!\overset{C_{10}H_7}{\underset{OH}{\overset{|}{H}}}\quad\xrightarrow{(-H_2O)}\quad\left(\begin{array}{l}C_6H_5CH_2 \\ C_6H_5CH_2\end{array}\!\!\!>\!\!C\underset{\underset{O-}{|}}{}\!\!-\!\!C\!\!<\!\!\overset{C_{10}H_7}{\underset{|}{H}}\right)\longrightarrow$$

In Aceton: $[\alpha]_{5461}^{16} = -100°$

$$\longrightarrow C_6H_5CH_2\cdot CO\cdot C\!\!<\!\!\overset{CH_2\cdot C_6H_5}{\underset{H}{\overset{|}{C_{10}H_7}}}$$

$[\alpha]_{5461}^{16} = -352°.$

Einen analogen Fall gibt McKenzie (Soc. **1926**, 779) durch das Zwischenglied $\begin{array}{l}C_6H_5 \\ C_6H_5\end{array}\!\!\!>\!\!C\underset{\underset{O-}{|}}{}\!\!-\!\!C\!\!<\!\!\overset{CH_3}{\underset{|}{H}} \rightarrow C_6H_5\cdot CO\cdot C\!\!<\!\!\overset{H}{\underset{C_6H_5}{CH_3}}$. (Es ließe sich

vielleicht die labile gesättigte Zwischenform $>\!\!C\underset{O}{\diagdown\diagup}C\!\!<\!\!\overset{CH_3}{H}$ denken?)

A. M. Ward (Soc. **1927**, 445) nimmt eine **zweiwertige Zwischen-phase** an, die infolge der Abspaltung von HX entsteht und nachher das Wasser stereochemisch verschieden anlagern kann, wobei diese ungesättigte Phase ihre Asymmetrie bzw. optische Aktivität bei-behält, z. B.

$$C_6H_5\cdot HC\!\!<\!\!\overset{Cl}{COO'}\quad\xrightarrow{-HCl}\quad \overset{C_6H_5}{\underset{'OOC}{\diagdown}}\!\!>\!\!C\!\!<\quad\xrightarrow{+HOH}\quad \overset{C_6H_5}{\underset{COO'}{\diagdown}}\!\!>\!\!C\!\!<\!\!\overset{H}{OH}\quad \text{oder}$$

$$\overset{C_6H_5}{\underset{CH_3}{\diagdown}}\!\!>\!\!C\!\!<\!\!\overset{H}{Cl}\quad\xrightarrow{-HCl}\quad \overset{C_6H_5}{\underset{CH_3}{\diagdown}}\!\!>\!\!C\!\!<\quad\xrightarrow{+H_2O}\quad \overset{C_6H_5}{\underset{CH_3}{\diagdown}}\!\!>\!\!C\!\!<\!\!\overset{H}{OH}\quad \text{oder}\quad \overset{C_6H_5}{\underset{CH_3}{\diagdown}}\!\!>\!\!C\!\!<\!\!\overset{OH}{H}$$

Asymmetrische Synthese
(partielle asymmetrische Synthese).

Das von E. Fischer [B. **27**, 3237 (1894)] als „das Rätsel der natürlichen asymmetrischen Synthese" gekennzeichnete Problem wurde zuerst von W. Marckwald [B. **37**, 349 (1904)] einer teilweisen Lösung zugeführt. Als „asymmetrische Synthesen" bezeichnet Marckwald (zit. S. 1369) solche, „welche aus symmetrisch konstituierten Ver-bindungen unter intermediärer Benutzung optisch aktiver Stoffe, aber unter Vermeidung jedes analytischen Vorganges, optisch aktive Stoffe erzeugen". Als Versuchsmaterial wurde Methyl-äthylmalon-säure benutzt, deren saures Brucinsalz dargestellt und in fester Form auf 170⁰ erhitzt wurde:

a) $\begin{array}{l}(CH_3) \\ (C_2H_5)\end{array}\!\!\!>\!\!C\!\!<\!\!\overset{COOH}{COOH\cdot Bruc.}\quad\xrightarrow{(170°)}\quad \overset{CH_3}{\underset{C_2H_5}{\diagdown}}\!\!>\!\!C\!\!<\!\!\overset{H}{COOH\cdot Bruc.}\quad\xrightarrow{+H_2SO_4}\quad \overset{CH_3}{\underset{C_2H_5}{\diagdown}}\!\!>\!\!C\!\!<\!\!\overset{H}{COOH}$

(linksdrehend)

F. Eisenlohr und G. Meier [B. **71**, 997 (1938)] geben diesem Ver-such der asymm. Synthese die Deutung, daß bei der Abscheidung des festen Salzes in kristallisierter Form eine Gleichgewichtsverschiebung der beiden Diastereomeren entsprechend ihrer verschiedenen Löslichkeit eintritt.

Ebenfalls im Jahre 1904 eröffnete Al. McKenzie [mit Mitarbeitern: Soc. **85**, 378, 1004, 1029 (1904); XI. Mitteil.: Biochem. Z. **250**, 376 (1932)] einen Weg zur asymmetrischen Synthese:

b) $C_6H_5 \cdot CO \cdot COOH \xrightarrow{\text{l-Menthol}} C_6H_5 \cdot CO \cdot COOC_{10}H_{19}$ (l-) $\xrightarrow{\text{Grignardier.}}$

$\longrightarrow \underset{CH_3}{\overset{C_6H_5}{>}}C\underset{COOC_{10}H_{19}}{\overset{OH}{<}} \longrightarrow \underset{CH_3}{\overset{C_6H_5}{>}}C\underset{COOH}{\overset{OH}{<}}$ -linksdrehend

[A. McKenzie: Soc. **85**, 1249 (1904)].

Durch Anwendung der Grignardschen Methode auf den l-Menthylester der Ketosäure entsteht ein neues Asymmetriezentrum, wobei die l-Menthylgruppe einen richtenden Einfluß ausübt und eine ungleiche Menge der Diastereomeren entstehen läßt; ebenso führt Reduktion zu ungleichen Mengen der Diastereomeren:

bb) $CH_3 \cdot CO \cdot COOH \xrightarrow{\text{l-Menthol}} CH_3 \cdot CO \cdot COOC_{10}H_{19}$ (l-) $\xrightarrow{\text{Reduktion}}$

$\longrightarrow CH_3 \cdot C{\overset{OH}{\underset{H}{<}}}COOC_{10}H_{19}$ (l-) $\longrightarrow \underset{H}{\overset{CH_3}{>}}C\underset{COOH}{\overset{OH}{<}}$ (l-)

[McKenzie: Soc. **87**, 1373 (1905)].

bbb) $\begin{matrix} H-C-COOH \\ \| \\ HOOC-C-H \end{matrix} \xrightarrow{\text{l-Borneol}} \begin{matrix} CH \cdot COOC_{10}H_{17} \text{ (l-)} \\ \| \\ CH \cdot COOH(K) \end{matrix} \longrightarrow$

$\longrightarrow \begin{matrix} CH(OH) \cdot COOC_{10}H_{17} \\ CH(OH) \cdot COOK \end{matrix} \longrightarrow$ l- $\begin{matrix} CH(OH) \cdot COOH \\ CH(OH) \cdot COOH \end{matrix}$

[McKenzie und Wren: Soc. **91**, 1218 (1909)].

bbbb) $CH_3O \cdot C_6H_4 \cdot CO \cdot COOC_{10}H_{19}$ bzw. $CH_3 \cdot CO \cdot COOC_{10}H_{19}$
$\qquad\qquad\qquad$ (−) $\qquad\qquad\qquad\qquad\qquad\qquad$ (−)

$+ CH_3MgJ \downarrow \qquad\qquad\qquad\qquad\qquad\qquad + CH_3O \cdot C_6H_4MgBr \downarrow$

$\underset{CH_3}{\overset{CH_3O \cdot C_6H_4}{>}}C\underset{COOH}{\overset{OH}{<}} \qquad\qquad \underset{CH_3O \cdot C_6H_4}{\overset{CH_3}{>}}C\underset{COOH}{\overset{OH}{<}}$

$[\alpha]_{5461}^{25} = -61{,}7° \qquad\qquad\qquad\qquad [\alpha]_{5461}^{25} = +61{,}0°$ (in Alkohol)

[McKenzie und P. B. Ritchie: Biochem. Z. **250**, 376 (1932)].

Ebenso bemerkenswert sind die asymmetrischen Synthesen von R. Roger (Soc. **1937**, 1048; **1939**, 108; vgl. auch Partridge: Soc. **1939**, 1201), die, von der linksdrehenden Mandelsäure ausgehend und je nach der Reihenfolge der durch das Grignardieren eingeführten Äthyl- und Phenyl-Radikale, über (α- und β-)Äthylhydrobenzoin $C_6H_5CH(OH) \cdot C(C_2H_5)(OH)C_6H_5$ durch Oxydation sowohl zur Links- als auch zur Rechtsform des Äthylbenzoins $\underset{C_2H_5}{\overset{C_6H_5 \cdot CO}{>}}C\underset{C_6H_5}{\overset{OH}{<}}$ hinführen [1].

---

[1] J. Böeseken und Langedyk (C. **1927** II, 1932) haben mittels der Lichtoxydation der Alkohole, z. B. durch Anwendung von photoaktivem Benzophenon-p-carbonsäure-l-menthylester, das razem. Methyläthylcarbinol aufspalten können.

Umgekehrt kann man ein Gemisch diastereomerer Ester, z. B. d, l-Mandelsäure-l-Menthyl, durch Thionyl- oder Phosphorpentachlorid im Gleichgewicht verschieben, wobei das eine Diastereomere (hier das links-Phenylchloressigsäure-Menthyl) angereichert wird und nach der Hydrolyse eine optisch aktive Säure, hier l-Phenylchloressigsäure, liefert [A. Shimomura und J. B. Cohen: Soc. **119**, 1816 (1921)]. Der Vorgang beruht auf einer Verschiebungsrazemisierung [A. McKenzie und J. A. Smith: Soc. **123**, 1962 (1923); s. auch B. **58**, 894 (1925)]. In Anlehnung hieran haben V. A. Rao und P. G. Guha [B. **67**, 1358 (1934)] einen Übergang von meso-Weinsäure-l-menthylester → (d- + l-) β-Chloräpfelsäure-Menthyl → l-Weinsäure versucht [s. auch dieselben: B. **67**, 741 (1934)].

Asymmetrische Katalyse. Es ist das Verdienst von G. Bredig (und Mitarbeitern K. Fajans, J. Creighton, W. Pastanogoff), seit 1907 durch **Modelle** sowohl den enzymatischen **Abbau** eines optisch inaktiven Gemisches zum optisch aktiven Stoff als auch in Nachbildung der Enzymwirkung den katalytischen **Aufbau** asymmetrischer aktiver Stoffe aus symmetrischem Material verwirklicht zu haben. So führte — durch **Chinin** (bzw. Chinidin) als Katalysator — die Kohlensäureabspaltung z. B. aus (d, l)-Camphocarbonsäure zum linksdrehenden Campher (aus der leichter dissoziierenden l-Camphocarbonsäure) neben einem Überschuß von d-Camphocarbonsäure [B. **41**, 752 (1908); Z. physik. Chem. **73**, 25; **75**, 232 (1910)], und mit Hilfe desselben Katalysators ließ sich optisch aktives Mandelsäurenitril aus Benzaldehyd und Blausäure aufbauen [Z. physik. Ch. **46**, 7 (1912)], — auch andere Aldehyde verhielten sich ähnlich (1925) und ergaben somit eine Übereinstimmung mit dem Mandelenzym, welches L. Rosenthaler (1909) zur enzymatischen Synthese solcher optisch aktiven Oxynitrile verwandt hatte. Ein weiteres organisches, stereochemisch relativ-spezifisches **Enzymmodell** von bekannter Zusammensetzung und von Faserstruktur, das ähnlich den Enzymen „aus einem kolloiden Träger und einer darauf verankerten spezifischen aktiven Gruppe" (R. Willstätter) besteht, fand G. Bredig [mit F. Gerstner: Biochem. Zeitschr. **250**, 414 (1932)] in **Diäthylaminocellulosefasern aus Baumwolle;** auch dieser Katalysator spaltete Kohlensäure aus β-Ketocarbonsäuren ab und lieferte, gleich dem Emulsin, aus Benzaldehyd und Blausäure optisch aktives (—)-Mandelsäurenitril.

Es muß beachtet werden, daß in allen aufgeführten Fällen eine **Mischung** von Links- und Rechts-Antipoden mit einem Überschuß des einen Antipoden entsteht; die asymmetrischen Synthesen durch Enzyme verlaufen aber vollständiger und führen gelegentlich zu quantitativen Ausbeuten bzw. einseitig zu optisch-reinen Antipoden (vgl. den Abschnitt „Enzyme"). Daß man auch mit entsprechend gewählten chemischen Katalysatoren die Reaktion weitgehend einseitig asymmetrisch orientieren kann, hat R. Wegler nachgewiesen [A. 498, 62 (1932); 506, 77 (1933); 510, 72 (1934); B. 68, 1055 (1935)]; so ließ sich z. B. der razem. α-Phenyläthylalkohol in Gegenwart von Brucin vorwiegend nur zu dem einen Antipoden verestern, wie auch weitgehend oder ganz ohne Razemisierung in das aktive Phenyläthylchlorid umwandeln; Wegler hat auch den Einfluß der Konstitution bzw. der Anhäufung der Asymmetriezentren in den Katalysatoren untersucht, um im Hinblick auf die Enzymchemie zur Schaffung von Enzymmodellen zu gelangen. Einen interessanten Fall asymmetrischer Katalyse stellt die von Sh. Fujise und H. Sasaki [B. 71, 342 (1938)] ausgeführten Synthese des d-Diacetyl-matteucinols aus dem Acetyl-chalkon dar, wobei durch die katalytische Wirkung der d-Camphersulfosäure eine Ringschlußreaktion unter Bildung eines optisch aktiven asymmetrischen C-Atoms erfolgt.

Totale asymmetrische Synthese.

Zahlreich sind die Versuche, durch asymmetrische physikalische Agenzien aus optisch inaktivem Versuchsmaterial direkt optisch aktive Reaktionsprodukte zu erhalten. Mit einem starken Magnetfelde hatte bereits Pasteur (1884) vergeblich einige äußerlich kompensierte (inaktive) Stoffe zu beeinflussen versucht, schon 1874 hatte er vermutet, daß es kosmische Kräfte seien, welche die Entstehung der asymmetrischen organischen Moleküle bedingen. Die experimentelle Forschung erhielt einen neuen Impuls durch den folgenden Hinweis von J. H. van't Hoff (1894):

„Höchstwahrscheinlich wird ... direkte Bildung aktiver Körper sich zeigen bei anderen unsymmetrischen Versuchsbedingungen, bei Umwandlungen z. B., die durch die Wirkung des rechts- oder linkszirkularpolarisierten Lichtes stattfinden oder durch aktive Verbindungen veranlaßt werden, vielleicht sogar in aktiven Lösungsmitteln vor sich gehen" (Lagerung der Atome im Raume, S. 30. 1894).

Hier ist das Arbeitsprogramm der totalen (absoluten) und partiellen asymmetrischen Synthese für die nachfolgenden Jahrzehnte vorgezeichnet. Mit zirkularpolarisiertem Licht arbeiteten:

1895 Al. McKenzie (Lösungen von razem. Silberacetat und -mandelat),

1896, 1909 A. Cotton („Cotton-Effekt" bzw. selektive Lichtabsorption, Kupferrazemate),

1904 J. Meyer (Reduktion von Benzoylameisensäure-amylester),

1904 A. Byk (Fehlingsche Lösung),

1907 (1909) P. Freundler (razem. o-Nitrobenzaldehyd-diamyl-acetal; Benzil in Amylalkohol),

1908 F. Henle und H. Haakh [CO_2-Abspaltung aus $(CH_3)(C_2H_5)(CN) \cdot C \cdot COOH$, katalysiert durch Uransalze],

1909 Ph. A. Guye und Drouginine (Bromierung von Fumar- und
Zimtsäureestern),

1909 M. Padoa (Bromierung von Angelicasäure),

1921 F. M. Jaeger und Berger (Zersetzungsgeschwindigkeit von
d- und l-Kaliumtrioxalato-kobaltiat),

1922 J. Pirak (Anlagerung von Blausäure an Acetaldehyd),

1923 G. Bredig (Zerfall von Diazocampher, Milchsäure und Kobalt-
amminen).

Alle genannten Fälle ergaben ein negatives Resultat, die
Reaktions-(Anlagerungs- und Zerfalls-)Geschwindigkeiten erwiesen sich für die d- und l-Formen gleich oder — unter den Versuchsbedingungen — nur wenig voneinander verschieden. (Wenn man
diese Versuche unter dem Gesichtspunkte der Substitutionsvorgänge
mittels inaktiver Reagenzien an optisch aktiven Stoffen betrachtet,
so könnte man vielleicht die obigen negativen Ergebnisse auf die bei
der Zimmer- [Versuchs-]Temperatur ungünstigen Verhältnisse der Bil-
dungsgeschwindigkeiten der d- und l-Formen zurückführen, — bei
der Waldenschen Umkehrung [vgl. diese] spielt erfahrungsgemäß die
[tiefe] Temperatur eine Rolle.)

W. Kuhn [mit Braun: Naturwiss. 17, 227 (1929)] hat mit Hilfe
der Zersetzung durch zirkularpolarisiertes Licht aus d, l-α-brom-
propionsaurem Äthyl ein aktives Produkt mit der Höchstdrehung
von ± 0,05° erhalten. Ausgehend von d,l-$CH_3 \cdot CHN_3 \cdot CO \cdot N(CH_3)_2$, gelangten dann W. Kuhn und E. Knopf [Z. physik. Ch. (B) 7, 292
(1930)] durch photochemische Zersetzung (N_2-Ausscheidung aus der
Azidogruppe und Bildung von Harnstoffen) nach der Abtrennung der
optisch inaktiven Zersetzungsprodukte zu einem unveränderten Dimethylamid der α-Azidopropionsäure, das je nach der vorhergegangenen
Bestrahlung durch rechts- bzw. linkszirkulares Licht die Drehung
$\alpha_{5791} = + 0,78°$ bzw. $—1,04°$ aufwies. Gleichzeitig hatte St. Mitchell
[Soc. 1930, 1829) die photochemische Zersetzung des razemischen
Humulen-nitrosits $>C(NO) \cdot C(O \cdot NO)(CH_3)_2$ versucht und dabei eine
Höchstdrehung von 0,30° erreicht.

In beiden Fällen handelt es sich um ansehnliche Drehungswerte,
die zweifelsohne für die Möglichkeit der Bildung eines optischen
Individuums durch rechts- bzw. linkszirkulares Licht — infolge Zerstörung des entgegengesetzt drehenden Antipoden — sprechen: das
photochemische Verfahren ähnelt also der Pasteurschen biologischen
Methode, bei welcher die niederen Organismen die Zerstörung des
einen Antipoden übernehmen. Man muß sich jedoch fragen, ob die
erwiesene Möglichkeit auch der Wahrscheinlichkeit einer Synthese in der Natur entspricht, die hiernach ihre ersten totalen asymmetrischen Synthesen über die Razemkörper durch eine Vernichtung des
einen Antipoden bewerkstelligt hätte? Al. McKenzie [Z. angew.

chem. **45**, 65 (1932)] meint, daß die genannten Entdeckungen von K u h n und M i t c h e l l „keine einseitige asymmetrische Synthese, wie sie in der Natur vollbracht wird", darstellen.

Die folgenden Fälle veranschaulichen die Ergebnisse von A u f b a u - reaktionen im Licht. Ein Beispiel totaler asymmetrischer Synthese erbrachten T. L. D a v i s und R. H e g g i e [Am. **57**, 377 (1935)], indem sie im rechtszirkular polarisierten Licht eine Bromanlagerung an 2.4.6-Trinitrostilben $(NO_2)_3C_6H_2 \cdot CH\!:\!CH \cdot C_6H_5$ untersuchten, — die erzielten Rechtsdrehungen schwankten zwischen 0 bis 0,040°. Bei Versuchen mit gasförmigen Stoffen (z. B. Propylen $CH_2\!:\!CH \cdot CH_3$), durch Anlagerung von Chlor bzw. Brom im rechts- bzw. linkszirkularpolaren Licht zu optisch aktiven Reaktionsprodukten zu gelangen, erhielten M. B e t t i und E. L u c c h i tatsächlich rechts- bzw. linksdrehende Halogenprodukte mit $\alpha_D = 0,06°$ bis 0,08° [Z. angew. Chem. **51**, 748 (1938) und C. 1939 II, 2908]. Einen anderen Weg weisen die folgenden Versuche.

G. M. S c h w a b und L. R u d o l p h [Naturwiss. **20**, 364 (1932); Kolloid-Z. **68**, 157 (1934)] verwendeten optisch aktiven Quarz, um durch die auf demselben niedergeschlagenen Metalle (Cu, Ni, eventuell Pt) eine optisch asymmetrische Katalyse, Dehydratation bzw. Oxydation von d,l-$(C_2H_5)(CH_3)CH(OH)$ durchzuführen: Tatsächlich wird eine optische Drehung nach der Zerstörung des einen Antipoden erzielt. Andererseits konnten R. T s u c h i d a, K o b a y a s h i und N a k a m u r a [J. Chem. Soc. Japan **56**, 1339 (1935)] eine selektive Adsorption des einen Antipoden eines razem. Kobaltamminsalzes durch gepulverten optisch aktiven Quarz beobachten.

Im Gegensatz zu diesen e x p e r i m e n t e l l e n Versuchen stehen die folgenden Ansichten. W. H. M i l l s stellt (1932) die Entstehung der optischen Aktivität der lebenden Substanz als eine notwendige Folge ihres Wachstums hin, wobei die Wahrscheinlichkeitsgesetze keineswegs die absolut gleiche Anzahl der Rechts- und Linksformen eines erstmalig gebildeten organischen Razemkörpers gewährleisten. Ähnlich äußert sich W. L a n g e n b e c k [Z. physik. Chem. (A) **177**, 401 (1936)], indem er eine optisch inaktive Welt gar nicht als existenzfähig ansieht, da in den unendlich langen Zeiträumen der Entwicklung ein Antipode vor dem anderen eine größere Bildungswahrscheinlichkeit erlangen muß.

Wenn wir hierbei die lenkende bzw. einseitig richtende Rolle einer außerirdischen Kraft (etwa des zirkularpolarisierten Lichtes) ausschalten, so muß man sich fragen: warum, z. B. bei aller geologischen und geographischen Verschiedenheit, es zur Bildung und Existenz nur e i n e r optischen Art von Chlorophyll auf der ganzen Erdoberfläche gekommen ist, wo doch der Zufall geologisch, klimatisch usw. auch ebenso ein rechtsdrehendes (statt des gewöhnlichen linksdrehenden)

Chlorophyll entstehen lassen konnte ? Ist es nicht so, daß das Problem der Herkunft des ersten optisch aktiven chemischen Individuums mit dem Rätsel der Entstehung der ersten lebenden Zelle ursächlich verknüpft zu sein scheint ?

Die anderen von van't Hoff angedeuteten Wege sehen die (katalytische) Mitwirkung von bereits aktiven Stoffen vor, weisen also in das Gebiet der partiellen asymmetrischen Synthese. Unter Zuhilfenahme optisch aktiver Lösungsmittel wurde eine optische Spaltung der razemischen Modifikation ergebnislos versucht von St. Tolloczko (1896), Goldschmidt und Cooper (1898), Cooper (1900), Jones (1907), Ebert und Kortüm (1931): die beiden Antipoden besaßen die gleiche Löslichkeit, und nur E. Schröer [B. 65, 966 (1932)] konnte einen Sonderfall (razem. Mandelsäure in Gegenwart von d- bzw. l-Carvon) auffinden. Ebenso ergebnislos verliefen die Versuche, in optisch aktiven Lösungsmitteln die Reaktionsgeschwindigkeit der d- bzw. l-Formen zu differenzieren, z. B. Boys (1896, Reduktion), P. Walden (1899, Chlorsubstitution), F. St. Kipping (1900; H·CN-Anlagerung bzw. Reduktion), E. und O. Wedekind (1908; Alkyljodidanlagerung zum 5wertigen asymm. Stickstoff). In den bisherigen Fällen war das optisch aktive Lösungsmittel chemisch indifferent. Eine deutliche katalytische Wirkung wurde erst erzielt, als G. Bredig (1907 u. f.) optisch aktive Basen[1]) als Katalysatoren verwenden lehrte (vgl. asymmetrische Katalyse). Den Weg der Kristallisation von gelösten Razemverbindungen, in Gegenwart von optisch aktiven Lösungsgenossen, zwecks Spaltung, verfolgte erfolgreich Al. McKenzie [mit N. Walker: Soc. 107, 440 (1915); 121, 349 (1922); 123, 2875 (1923); s. auch Z. angew. Chem. 45, 64 (1932)]; als er neutrale Alkalirazemate aus einer linksdrehenden Lösung der Äpfelsäure auskristallisierte, erwies sich das Kristallisat als rechtsdrehend und aus saurem Alkalirazemat und Alkalibitartrat bestehend. Hier tritt uns eine eigenartige Beeinflussung der Löslichkeit der Weinsäure durch die Äpfelsäure entgegen, und das schwerer lösliche „aktive Razemat" (mit dem Überschuß des einen Antipoden) kristallisiert aus.

Optische Induktion („asymmetrische Induktion").

Theoretisch ist es möglich, durch den Zusammentritt eines optisch aktiven Moleküls mit einem symmetrisch gebauten inaktiven Molekül in dem letzteren eine asymmetrische Umlagerung stattfinden zu lassen: solches mag auch in der Zelle für organische komplexe Naturstoffe gelten, die nachher bei der präparativen Zerlegung sich als optisch

---

[1]) Ähnlich dürfte der Fall von M. Betti und E. Lucchi (C. 1940 I, 2779) liegen, die z. B. aus Acetaldehyd mit C_6H_5MgBr in optisch-aktivem Dimethylbornylamin ein aktives Methylphenylcarbinol $C_6H_5CH(OH)·CH_3$, $\alpha_D = + 1,33^0$ erhielten.

inaktive Stoffe offenbaren. Seinerzeit hatte G. Schroeter [B. 49, ·2698 (1916)] die Ansicht ausgesprochen, daß man „vielleicht die optische Aktivität auch von der Asymmetrie der Molekularvalenzen bei Polymolekülen herleiten“ könnte. Den Einfluß der Bildung von Molekülverbindungen auf die Größe und den Sinn der optischen Drehung hatte schon P. Walden besonders betont [B. 38, 406 u. f. (1905)]. Ein beachtenswertes Beispiel bringen A. Grün und R. Limpächer [B. 60, 255 (1927)], in dem K-Salz der aktiven α-β-Distearin-schwefelsäure $CH_2(O \cdot CO \cdot C_{17}H_{35}) \cdot CH(O \cdot CO \cdot C_{17}H_{35}) \cdot CH_2 \cdot O \cdot SO_3K$, das in wässeriger Lösung bei 40^0 kaum oder überhaupt nicht, beim Abkühlen aber eine zeitlich zunehmende enorme Drehung ($[\alpha]_D$ gegen 10000^0) erlangt —, die Verfasser nehmen die Bildung von vielleicht räumlich orientierten Molekülaggregaten, unter Bestätigung von Nebenvalenzen, an.

Wenn man in den genannten Fällen von der Entstehung eines neuen Asymmetriezentrums durch intermolekulare Induktion sprechen kann, so ist andererseits auch die Möglichkeit einer intramolekularen asymmetrischen Induktion zu erwägen. Es sei daran erinnert, daß LeBel (1892) die optische Aktivität auch bei den ungesättigten Citracon- und Mesaconsäuren, sowie beim Styrol für möglich hielt. Es war dann E. Erlenmeyer jun. (1864—1921), der seit 1912 durch vielfache Versuche den von ihm geprägten Begriff der „induzierten molekularen Asymmetrie“ zu unterbauen unternahm, — das von ihm vorgebrachte Beweismaterial (vgl. Zimtsäure) hat bei der Nachprüfung nicht Stand gehalten. Im Jahre 1924 trat Th. M. Lowry (1874—1936) mit der Ansicht hervor, daß ungesättigte chromophore Gruppen (z. B. die CO-Gruppe) in optisch aktiven Molekülen „induzierte Asymmetrie“ hervorrufen (vgl. auch Optisches Drehungsvermögen).

Das Problem erfuhr eine Erweiterung und zugleich eine andere Richtung durch eine Reihe überraschender Beobachtungen, die man auch als „asymmetrische Umlagerungen“ bezeichnet hat. Hierbei handelt es sich um die Tatsache, daß gewisse Diphenylderivate in Verbindung z. B. mit optisch aktiven Basen bzw. Säuren optisch aktiv, also ein neues Asymmetriezentrum werden, jedoch bei dem Versuch der Abtrennung dieser aktiven Komponente wiederum nur inaktiv sind (vgl. Autorazemisierung sowie die von P. Pfeiffer und J. Read mitgeteilten Phänomene). Ein anderes bemerkenswertes Tatsachengebiet enthüllen die Arbeiten über die „asymmetrische Synthese“, hier ist insbesondere Al. McKenzie, dann auch R. Roger zu nennen. McKenzie [vgl. Z. angew. Chem. 45, 62 (1932); B. 70, 26 (1937); Soc. 1939, 1536] hat die [mit Mitchell: Biochem. Z. 208, 456 (1929) aufgestellte] Arbeitshypothese entwickelt, daß die Carbonylgruppe in α-Stellung eine asymmetrische Induktion erleidet bzw. „eine asymmetrische Umgebung annimmt“, — „Asymmetrie erzeugt Asymmetrie." R. Roger (Soc. **1934**, 1545; **1937**, 1048; **1939**, 108) entwickelt an' den α- und β-Formen der substituierten optisch aktiven Hydrobenzoine die Idee des induzierten Asymmetriezentrums und findet, „daß die asymmetrische Induktion einen bedeutenden Anteil an den Größenwerten der optischen Drehung des d(—)-Benzoins in den verschiedenen Lösungsmitteln hat", z. B. in Alkohol $[\alpha]_{5461}^{20} = -162,4^0$, in CS_2 aber —501^0.

Optisch aktive Stoffe und die lebende Natur.

> „Wie es die Materie macht, um zu leben, wissen wir nicht, bemühen wir uns also zu suchen, was sie macht."
>
> R. Virchow (1821—1902).

Ein Goethe-Wort lautet: „Wäre die Natur in ihren leblosen Anfängen nicht so gründlich stereometrisch, wie wollte sie zuletzt zum unberechenbaren und unermeßlichen Leben gelangen?"

Indem E. Fischer [B. **27**, 3231 (1894)] das aus optisch aktiven Stoffen zusammengesetzte Chlorophyllkorn als gegeben annimmt, läßt er aus dieser bereits vorhandenen Asymmetrie auch den optisch aktiven Zucker sich bilden, da „der Zuckerbildung die Entstehung einer Verbindung von Kohlensäure oder Formaldehyd mit jenen Substanzen vorausgeht und ... die Kondensation zum Zucker bei der schon vorhandenen Asymmetrie des Gesamtmoleküls ebenfalls asymmetrisch verläuft" ... „Selbstverständlich ist damit aber keineswegs die weitere Frage gelöst, warum die Natur nicht auch das chemische Spiegelbild zu der bestehenden Flora und Fauna geschaffen hat, da doch ursprünglich die Bedingungen dafür nach unserem Ermessen gleich gewesen sein müssen?" Diese Frage läßt sich auch anders formulieren: Wie ist ursprünglich überhaupt jenes optisch aktive „chemische Molekül des Chlorophyllkorns" entstanden?

Einer besinnlichen Betrachtung wert ist es, sich das bevorzugte Vorkommen der optisch-aktiven Stoffe in der lebenden Zelle zu vergegenwärtigen bzw. nach der Bedeutung gerade dieser Art von Isomeren und — unter ihnen — gerade der bestimmten natürlichen Antipoden zu fragen. Die Natur synthetisiert unablässig — gleichsam unbeeinflußt durch Zeit und Standort — ungeheure Quantitäten von Cellulose, Stärke, Rohrzucker, Traubenzucker, Eiweiß usw.: als ob sie „ewigen ehernen Gesetzen" folgt, legt sie übereinstimmend das rechtsdrehende Grundgerüst (Dextrose, Glucose) bzw. den Eiweißkörpern die links-Aminosäuren zugrunde. Sie legt allem Leben der Pflanzenwelt ein Chlorophyll zugrunde, und ein Blutfarbstoff ist gemeinsam den Menschen aller Zonen und Rassen. Sie schafft die zahlreichen ätherischen Öle, die vorwiegend optisch aktiv sind, ebenso wie sie die

scharfwirkenden Alkaloide erzeugt, die ebenfalls vorherrschend asym-
·metrische Kohlenstoffatome enthalten[1]).

Beachtenswert ist es ferner, daß die lebende Natur nicht nur
bestimmte optische Antipoden bevorzugt, sondern daß sie auch nur
bestimmte Arten von optischer Isomerie für ihre Synthesen verwendet.
Die Stickstoffisomerie, optisch am fünfwertigen und geometrisch am
dreiwertigen N-Atom, wird von der Natur augenscheinlich nicht gewertet. Ebenso scheinen wenig berücksichtigt zu werden die Möglichkeiten der Molekülasymmetrie (in der Art des inaktiven Inosits und
seiner optisch aktiven Ester), noch weniger vertreten sind aber die
optischen Isomerien vom Allen-Typus und der Spirane sowie die
durch beschränkte freie Drehung bedingten Isomerien.

Physiologisch reagieren die optisch aktiven Antipoden meist
verschieden. Die natürlich vorkommenden Bausteine der Eiweißkörper, die l-Aminosäuren haben einen faden Geschmack, während die
d-Antipoden süß schmecken (Piutti, 1886; Menozzi und Appiani,
1893; insbesondere E. Fischer, 1905 u. f.). Nach F. Tiemann und
R. Schmidt [B. 29, 694, 923 (1896)] ist der Geruch der optisch
aktiven Isomeren stärker als bei den razemischen Formen; J. v. Braun
[mit Mitarbeiter: B. 56, 2268 (1923 u. f.); IV. Mitteil.: B. 60, 2438 (1927)]
hat auch die Unterscheidung der Rechts- und Linksformen durch
die Geruchsnerven festgestellt. Für Derivate von Amino- und Bisamino-
methylencampher fanden B. K. Singh und A. B. Lal [Nature (London)
144, 910 (1939)] die Reihenfolge l-⟩(d,l-)⟩d-Isomeres, für die Nitro-
derivate ergab sich 3-Stellung⟩5-Stellung. Daß auch cis-trans-Isomerie
physiologische Unterschiede hervorruft, wurde an der Malein- und
Fumarsäure (E. A. Cooper, 1925 u. f.) erwiesen, die cis-Form erwies
sich hier, wie bei den Homologen, giftiger als die trans-Form [andere
Beispiele: E. Ott und F. Eichler: B. 55, 2657 (1922)]. Auch der
Geruch ist bei cis- und trans-Aminen verschieden [A. Skita: B. 56,
1015 (1923)].

Daß auch bei manchen Wirkstoffen oder Ergonen die beiden
optischen Antipoden eine (dem Grade, vielleicht auch der Art nach?)
verschiedene Wirksamkeit ausüben, ist durch die Erfahrungen, z. B.
an Adrenalin und Ephedrin (bei beiden ist die Linksform⟩Rechtsform)
oder an der α-(β'-Indolyl)-propionsäure [im Avenatest ist die (+)-Form
⟩(—)-Form] erwiesen worden. F. Kögl [Z. angew. Ch. 52, 212 (1939)]
hat nun auf sterische Ursachen das Krebsproblem zurückzuführen

---

[1]) Daß die Natur von gewissen Stoffklassen sowohl die d- als auch die l-Antipoden
erzeugt, tritt namentlich unter den „ätherischen Ölen" u. ä. entgegen, z. B. d- und
l-Linalool, d- und l-Citronellol, d- und l-Pinen, d- und l-Campher, d- und l-Borneol.
Neuerdings sind auch zwei Naphthochinonfarbstoffe als in der Natur vorkommende
optische Antipoden gefunden worden: l-Alkannin und d-Shikonin [H. Brockmann
und H. Roth, 1935; über die Synthese vgl. H. Brockmann und K. Müller:
A. 540, 51 (1939)].

versucht, indem er in den Tumorproteinen neben den gewöhnlichen (zur l-Reihe der Aminosäuren gehörenden) Bausteinen auch solche der d-Reihe feststellte, d. h. eine d-Glutaminsäure neben der l-Form. [Vgl. jedoch S. Graff: J. biol. Chem. 130, 13 (1939) sowie J. White: J. biol. Chem. 130, 435; C. Dittmar: C. 1940 I, 567; dagegen F. Kögl und H. Erxleben: H. 261, 141 und 154 (1939); 263, 107 (1940).]

Über die Beziehungen der Chemie zum Krebsproblem lieferten Beiträge: Butenandt, Dietrich, H. v. Euler, Gross, Hinsberg, Lettré, Schulemann [Z. angew. Ch. 53, 337—372 (1940)].

Beachtet man, daß alle biologischen Vorgänge sich an optisch aktiven Stoffen abspielen, so ist die Frage nach ihrer Bedeutung, nach ihrer spezifischen Mitwirkung im komplizierten biologischen Geschehen naheliegend. H. Lettré [Z. angew. Chem. 50, 587 (1937)] hat auf Grund der partiellen Razemie (bzw. der Anlagerungsverbindungen optisch aktiver Substanzen) eine wichtige Funktion herausgearbeitet und folgendermaßen gekennzeichnet: „Auf ihr beruht ein wesentlicher Abwehrmechanismus des tierischen Organismus gegen parenteral eingeführtes körperfremdes Eiweiß, sie ist eine notwendige Voraussetzung für die Entfaltung der katalytischen Wirkung von Enzymen und beeinflußt in spezifischer Weise die physiologische Wirkung von optisch aktiven Substanzen.“

W. Kuhn [Z. angew. Chem. 49, 215 (1936)] sieht als wesentlich für das dem biochemischen Geschehen koordinierte Entstehen optisch aktiver Verbindungen aus inaktivem Material erstens die Razematspaltung und zweitens die direkte aktive Synthese aus symmetrischen Ausgangsstoffen an, die beide enzymatisch bewirkt werden können; die stereochemische Spezifität und Reinheit eines Organismus wird durch die Annahme stereoautonomer „Pfeilersubstanzen“ verdeutlicht, welche zugleich die rein chemische Notwendigkeit der Einsinnigkeit des biochemischen Geschehens ergeben.

Tiefschürfend hat A. Butenandt [Z. angew. Chem. 51, 617 (1938)] die noch ungelösten oder neu entgegentretenden Probleme der biologischen Chemie gekennzeichnet; er hebt besonders hervor: die Frage nach den strukturellen, chemischen und physiologischen Zusammenhängen und Beziehungen zwischen den bisher einzeln untersuchten Wirkstoffen, z. B. auf dem Gebiete der Steroide, der Carotinoidfarbstoffe, des Porphyrinsystems, um dann die Wirkung und das Wesen der Erbfaktoren zu beleuchten. Noch unlängst konnte A. Butenandt [B. 72, 1866 (1939)] die experimentelle Verknüpfung der pflanzlichen Herzgifte mit der Oestrongruppe verwirklichen.

Während z. B. die in den Keimdrüsen der höheren Tiere erzeugten Sexualstoffe optisch aktiv sind und zu der Gruppe der Steroide gehören, erwiesen sich die Sexualstoffe der Grünalgen als Carotinoide, und die chemische Differenzierung der Geschlechter geht hier auf eine cis-trans-Isomerie zurück [R. Kuhn, F. Moewus und D. Jerschel: B. **71**, 1541 (1938)]: der die weiblichen Dunkelgameten kopulationsfähig machende Stoff erwies sich als ein Gemisch von 3 Teilen cis- und 1 Teil trans-Crocetin-dimethylester, während die männlichen Dunkelgameten durch ein Gemisch von 1 Teil cis- und 3 Teilen trans-Crocetin-dimethylester aktiviert wurden, cis-Ester allein und trans-Ester allein sind ohne jede Wirkung. Die Grenze der Wirksamkeit liegt bei einer Verdünnung von 1:33000000000 [R. Kuhn, F. Moewus und G. Wendt: B. **72**, 1702 (19 39); s. auch B. **73**, 547 (1940); R. Kuhn: Z. angew. Chem. **53**, 1 (1940)]. Optische und geometrische Isomerie sind also grundlegende Faktoren bei den höchsten biologischen Vorgängen.

Entgegen den Methoden und Denkmitteln der experimentellen chemischen Biologie will die „theoretische Biologie" durch mathematische Darstellungen, z. B. mit der Methodik der Integro-Differentialgleichungen, das totale Verhalten (Ganzheitsverhalten) lebender Systeme erfassen [vgl. z. B. F. G. Donnan: Z. angew. Chem. **52**, 469 (1939)]. Einst begeisterte man sich für die Laplace-Dubois-Reymondsche „Weltformel".

Fünftes Kapitel.

Stickstoffchemie, Ringbildungen, Stereochemie.

> „Der Stickstoff ist nicht der tote Hund, für welchen man ihn so lange gehalten hat."
> C. F. Schönbein, 1862.

Der sieghafte Vormarsch der Kohlenstoffverbindungen, insbesondere der ringförmigen aromatischen, hatte zwangläufig das wissenschaftliche Interesse für den synthetischen Einbau der anderen Elemente bis zu den achtziger Jahren des vorigen Jahrhunderts stark zurücktreten lassen, zumal diese Elemente, namentlich der Stickstoff, als wenig geeignet und zu träge galten. Doch gerade der Stickstoff sollte Überraschungen bringen.

Zu den wissenschaftlich glanzvollen Arbeits- und Leistungsgebieten der organischen Chemie gegen Ausgang des 19. Jahrhunderts gehört die synthetische Erschließung ganz eigenartiger Stickstoffverbindungen und Stickstoffbindefähigkeiten, Stickstoffringbildungen und Stickstoffumlagerungen. Die Entwicklungslinie dieses Forschungsgebietes knüpft an: einerseits bei den Hydroxamsäuren von W. Lossen, die dieser Forscher seit 1872 mittels des von ihm (1865) entdeckten Hydroxylamins darstellte, andererseits bei dem Phenylhydrazin $C_6H_5NH \cdot NH_2$ E. Fischers (1875), dem aromatischen Derivat des damals noch unentdeckten hypothetischen Hydrazins $H_2N \cdot NH_2$; durch Oxydation gelangt E. Fischer (1878) zu der Stickstoffkette $\begin{smallmatrix} R_1 \\ R_2 \end{smallmatrix}\!\!>\!\!N \cdot N : N \cdot N\!\!<\!\!\begin{smallmatrix} R_1 \\ R_2 \end{smallmatrix}$, die er „Tetrazone" nennt. Fischer erkennt sein Phenylhydrazin als Reagens auf Aldehyde und Ketone [B. **16**, 661 (1883)] und wendet es auf die Zucker an [Hydrazone, Osazone: B. **17**, 572, 579 (1884)], — andererseits hatte kurz vorher V. Meyer das Hydroxylamin als ein solches Reagens empfohlen [B. **15**, 1327, 1525 (1882)] und die Begriffe „Aldoxime" und „Ketoxime" geprägt. Die Darstellung von zwei isomeren Benzildioximen war H. Goldschmidt (1883) geglückt. Im selben Jahre konnte A. Baeyer als Abschluß seiner mühevollen Untersuchungen der Konstitution des Indigos mitteilen, daß „jetzt der Platz eines jeden Atoms im Molekül dieses Farbstoffes auf experimentellem Wege festgestellt" sei [B. **16**, 2188 (1883)]:

Indigo: [Strukturformel] bzw. in der trans-Stellung: [Strukturformel]

[Vgl. a. R. Scholl u. W. Madelung: B. **57**, 237 (1923); Th. Posner: B. **59**, 1799 (1926); über Indigofarbstoffe der cis-Reihe: R. Pummerer und H. Fieselmann A. **544**, 206 (1940), auch sie gelangen zu dem Schluß, daß man Indigo „nicht durch eine Formel darstellen kann".]

Das Studium des von Laurent (1844) durch Erhitzen von Hydrobenzamid gewonnenen Amarins $C_{21}H_{18}N_2$ und des (um 2 H-Atome ärmeren) Lophins führte E. Fischer [B. **13**, 706 (1880)] zur Aufstellung des beiden Körpern gemeinsamen Ringes

C_6H_5—C—N
C_6H_5—C—N $\rangle$C—C_6H_5. Kurz darauf stellte F. R. Japp (1882) mit Bezugnahme auf Lophin für das von Debus (1856) entdeckte

Glyoxalin die Formel HC=CH
N=CH $\rangle$NH auf, und A. Hantzsch gab diesem Ringsystem den Namen Imidazol [A. **249**, 2 (1888)], es ist isomer mit dem Pyrazol; dem Lophin hatte Japp die Konstitution

C_6H_5—C—N
C_6H_5—C—NH $\rangle$C·C_6H_5 erteilt. An Stelle dieser Kondensation von Glyoxal mit Ammoniak unternahm E. Fischer [B. **19**, 1563 (1886); A. **236**, 116 (1886); **239**, 242 u. f.] die Kondensation von Aldehyden, Ketonen und Ketonsäuren mit Derivaten seines Phenylhydrazins und gelangte damit zu seinen Indolsynthesen. Gemeinsam mit H. Kuzel hatte E. Fischer (1883) Verbindungen

des Chinazol-Ringes [Strukturformel] N·R untersucht, und aus seinem Erlanger Institut ging auch der Chinoxalin-Ring $C_6H_4\begin{smallmatrix}N=CH\\|\\N=CH\end{smallmatrix}$ hervor,

den O. Hinsberg [B. 17, 318 (1884)] durch Kondensation von Phenylendiamin mit Glyoxal CHO·CHO entdeckte und auf Toluylendiamin mit β-Naphthochinon [B. 18, 1228 (1885)] ausdehnte. Dieser Chinoxalinkörper gab O. N. Witt [B. 19, 441, 3121 (1886)] den Hinweis für die Konstitutionsaufklärung der von ihm (1885) entdeckten Farbstoffklasse der „Eurhodine" bzw. der (1879) entdeckten Farbstoffe der „Toluylenrot"-gruppe oder Amido-eurhodine. Gleichzeitig wies A. Bernthsen [mit H. Schweitzer: B. 19, 2604, dann 2690 (1886)] dem Toluylenrot und den Safraninen die chromophore Gruppe $C_6H_4\langle\begin{smallmatrix}N\\|\\N\end{smallmatrix}\rangle C_6H_4$, d. h. das „Azophenylen" von A. Claus [A. 168, 1 (1873)] zu, und unabhängig davon führte V. Merz [B. 19, 725 (1886)] die Kondensation von mehrwertigen orthoständigen Aminen und Phenolen durch, um zu ringförmigen Verbindungen des Typus $C_6H_4\langle\begin{smallmatrix}N\\|\\N\end{smallmatrix}\rangle C_6H_4$ zu gelangen; er gibt ihm die Bezeichnung „Phenazin" und erhält aus o-Toluylendiamin und Brenzcatechin das Methylphenazin $C_6H_4\langle\begin{smallmatrix}N\\|\\N\end{smallmatrix}\rangle C_6H_3·CH_3$, während sein Schüler C. Ris [B. 19, 2206 (1886)] aus o-Phenylendiamin und Brenzcatechin das Phenazin selbst (= Azophenylen von Claus) darstellt. In Beziehung zu diesen „Azinen" setzt nun wieder L. Wolff [B. 20, 433 (1887); s. auch 26, 721 (1893)] seine „Pyrazin" genannte

Base $\begin{smallmatrix}&N&\\HC&&CH\\||&&||\\HC&&CH\\&N&\end{smallmatrix}$, indem gleichzeitig V. Merz [B. 20, 267 (1888)]

von den Kondensationsprodukten der Diketone mit Diaminen ausgehend eine zweisäurige Nitrilbase „Pyrazin" und ihr Hexahydrür (das Diäthylendiamin) „Piperazin" festlegt.

Als im Jahre 1882 Th. Curtius — auf Veranlassung von H. Kolbe — sich eingehend mit der Synthese der Hippursäure und mit dem Glycocoll als deren Spaltungsprodukt zu beschäftigen begann, ahnte wohl niemand, daß diese Untersuchungen einerseits wegweisend zu dem Problemkomplex der synthetischen Polypeptide werden sollten [er gewann die Hippurylamidoacetylamidoessigsäure $C_6H_5CONH·CH_2CONH·CH_2CONH·CH_2COOH$, B. 16, 756 (1883)], andererseits aber ihn selbst zu der Entdeckung ganz neuartiger Stickstoffverbindungen und zum Aufbau einer neuen Stickstoffchemie veranlassen würden. Im Münchener Laboratorium wird 1883 aus dem salzsauren Amidoessigäthylester (Glycinester) mittels Nitrit Diazoessigester[1])

---

[1]) Curtius erteilte dem Diazoessigester die Konstitutionsformel $\begin{smallmatrix}N\\||\\N\end{smallmatrix}\rangle CH·COOC_2H_5$.

Die Diazoessigsäure ist die Monocarbonsäure des von H. v. Pechmann (1894) ent-

$N_2CH \cdot COOC_2H_5$ erhalten [B. 16, 2230 (1883); 17, 953 (1884)]; diese „Reaktion ist eine allgemeine", weitere Diazofettsäureester [1]) folgen und werden auf ihre Reaktionsfähigkeit untersucht [J. pr. Ch. (2) 38 (1888) u. f.]: „Es gibt nur wenige Körper, welche mit Diazoessigester nicht unter Stickstoffentwicklung in Reaktion gebracht werden können. Am heftigsten wirken Mineralsäuren [2]), Halogene, Halogenwasserstoff . . ." „Wenn Diazoessigsäure Stickstoff entwickelt, werden zwei Affinitäten am Methylkohlenstoff frei. Diese werden auf irgendeine Weise durch Reste der die Stickstoffabgabe bewirkenden Verbindung ersetzt, und zwar tritt vor allem das Bestreben hervor, eine dieser Affinitäten durch ein Wasserstoffatom zu befriedigen" [B. 29, 764 (1896)]. Durch eine zufällig aufgefundene Polymerisierung des Diazoessigsäuremoleküls zu Triazoessigsäure und deren Zerfall (beim Erwärmen mit Säuren unter Wasseraufnahme) wird Hydrazin (bzw. dessen Salze) entdeckt [B. 20, 1632 (1887)]: wiederum erschließen sich neue Probleme und Untersuchungen: „Das zweiwertige Radikal $(N_2H_6)<$ muß als solches den Erdalkalimetallen angereiht werden, wie das Ammonium zu den Alkalimetallen gehört." [Das wasserfreie Hydrazin N_2H_4 wird erstmalig von Lobry de Bruin (1895) isoliert und untersucht.] Als nun Benzoylhydrazin bzw. Hippurylhydrazin mit Salpetrigsäure behandelt werden, gelangt man zu der Entdeckung einer neuen Verbindung (die durch eine schwere Verletzung ihre ungewöhnliche Explosivität offenbart): des Stickstoffwasserstoffs oder Azoimids N_3H [B. 23, 3023 (1890); 24, 3341 (1891); 26, 1263 (1893)]. Durch Anlagerung des Hydrazins an β- und γ-Ketosäureester werden „die drei Stammsubstanzen zahlreicher wichtiger Verbindungen, das Pyrazol, das Pyrazolin und das Pyrazolon beschert". Die Säurehydrazide wurden entdeckt (1890), sie gaben Säureazide, und diese führten durch — Umlagerung — zu Aminbasen, gemäß den Gleichungen:

---

deckten, äußerst reaktionsfähigen Diazomethans CH_2N_2 bzw. $CH_2\underset{N}{\overset{N}{\langle}}$ [B. 27, 1888, (1894)]. Synthesen mit Diazomethan s. z. B. F. Arndt (seit 1927) (B. 60 und 61), R. Robinson (Soc. 1928) usw.

[1]) Die aliphatischen Diazoverbindungen wurden nachher von H. Staudinger eingehendst erforscht [B. 44, 2197 (1911); 45, 501 (1912); insbesondere 49, 1884—1994 (1916)].

[2]) Daß die Geschwindigkeit der katalytischen Zersetzung des Diazoessigesters durch (wässerige) Säuren proportional der Wasserstoffionenkonzentration ist, wies G. Bredig (Z. El. XI 1905, 525) nach. Dann aber zeigte H. Staudinger [B. 49, 1898 (1916)], daß „auch in nicht dissoziierenden Lösungsmitteln wie Cumol und Brombenzol eine Abhängigkeit besteht zwischen der Säurestärke und der Geschwindigkeit, womit Stickstoff aus der Diazoverbindung abgespalten wird"; auch die scheinbar undissoziierten Säuremoleküle als solche wirkten in ähnlicher Stärkeabstufung katalytisch: $CCl_3COOH > CHCl_2COOH > CH_2ClCOOH > CH_3COOH$. Von A. Hantzsch [B. 50, 1444 (1917); 60, 1948 (1927)] wurde dieses Verhalten der Säuren zur Unterscheidung der ionogenen Bindung $R \cdot CO_2{:}H$ von der Ionisation $R \cdot COO'H^+$ verwendet.

$$C_6H_5COOH \rightarrow C_6H_5COOC_2H_5 \rightarrow C_6H_5 \cdot CO \cdot NH \cdot NH_2 \rightarrow C_6H_5 \cdot CON_3 \rightarrow$$

Säure   Ester   Hydrazid   Azid

$$\rightarrow C_6H_5NH \cdot CO_2C_2H_5 \rightarrow C_6H_5NH_2$$

Urethan   Base (Amin)

[Curtiussche Umlagerung: J. pr. Ch. (2) 50, 289 (1895); B. 27, 778 (1894); 29, 1166 (1896)].

Zur Veranschaulichung der Ringsysteme seien einige Typen aus den Untersuchungen von Curtius [gemeinsam mit A. Darapsky und E. Müller: B. 48, 1614 (1915)] mitgeteilt, wobei gleichzeitig betont werden soll daß ein Pentazol N_5H durch Synthese nicht erhalten werden konnte:

Ditetrazyl-dihydro-tetrazin $C_4H_4N_{12}$

Bis-diammoniumsalz desselben $C_4H_{12}N_{16}$, gelb

Ditetrazyl-tetrazin $C_4H_2N_{12}$, carminrot

O. Wallach hatte (1877) die von den Säureamiden sich ableitenden „Amidine" $R \cdot C \overset{NH}{\underset{NH_2}{\big<}}$ einer erhöhten Beachtung unterzogen [A. 184, 121 (1877); 192, 46 (1878); B. 11, 753 (1878)]; aus Amidinen und Acetessigester erhielt dann A. Pinner (1885) die Oxypyrimidine I., denen der „Pyrimidinring" II zugrunde liegt [B. 18, 759 (1885); 20, 2361˙ (1887); 22, 1600 (1889)]:

I. $R \cdot C \overset{N-CO}{\underset{N=C}{\big<}} \overset{}{\underset{CH_3}{C}} CH_2 \rightleftarrows R \cdot C \overset{N-C(OH)}{\underset{N=C}{\big<}} \overset{}{\underset{CH_3}{C}} CH$ II. $HC \overset{N-CH}{\underset{N=CH}{\big<}} CH.$

Dann hat S. Gabriel das Pyrimidin (1889) und verschiedene Derivate dargestellt; ihm gelang auch die Verknüpfung der (Oxy- und Amino-)Pyrimidine mit den Uracilen und dem Purin (1900 u. f.). Die große biologische Bedeutung des Pyrimidin-(1.3-Diazin- oder Miazin-)Ringes trat hierbei hervor und wurde nachher noch verstärkt, als man die Spaltprodukte der Nucleinsäuren (Uracil, Thymin, Cytosin) isolierte und zur Synthese von Vitamin B_1 und B_2 sowie der Cozymase vordrang (vgl. diese). Als Benzopyrimidin (Benzometadiazin, Phenmiazin) oder

Chinazolin ist der Doppelring [Struktur] eingehend ausgebaut worden von Söderbaum und Widman (1888 u. f.), C. Paal und M. Busch (1889 u. f.), A. Bischler (1895 u. f.), S. Gabriel [mit R. Stelzner, 1896; B. 38, 3559˙ (1905)].

Zu den Paroxazinen gehört das Tetrahydroparoxazin oder „Morpholin" von L. Knorr [B. 22, 2083 (1889)]:

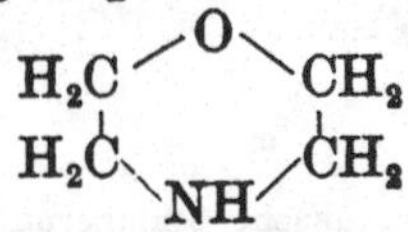

$$H_2C \diagup \overset{O}{\diagdown} CH_2$$
$$H_2C \diagdown \underset{NH}{\diagup} CH_2$$

Andersgelagerte Naturstoffe mit eigenartigen Stickstoffringen beschäftigten seit 1882 E. Fischer; die aus der klassischen Zeit eines Liebig und Wöhler ungelöst gebliebenen Fragen nach der Konstitution der Harnsäure und deren Umwandlungsprodukten werden in den „Untersuchungen in der Puringruppe 1882 bis 1906" durch Synthesen gelöst, z. B. sind die folgenden Formeln festgestellt:

Harnsäure

NH—CO

CO C—NH

           >CO

NH—C—NH

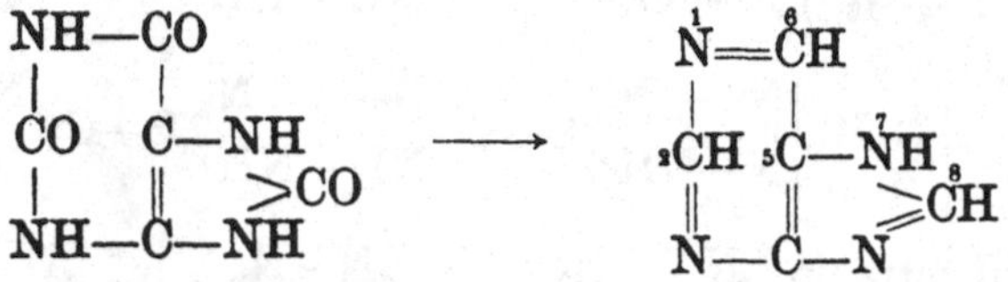

B. 28, 2473 (1895) und
80, 559 (1897).

$\longrightarrow$

Purin (Stammsubstanz)

N=CH

CH C—NH

         >CH

N—C—N

B. 17, 329 (1884).

Xanthin (Dioxypurin)

NH—CO

CO C—NH

        >CH

NH—C—N

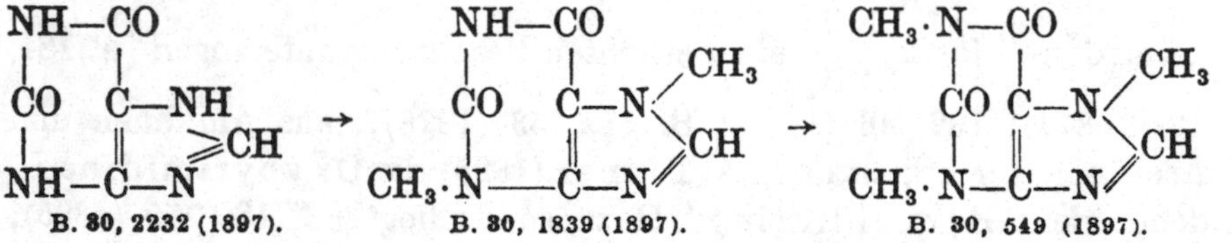

B. 80, 2232 (1897).

→

Theobromin

NH—CO

          CH₃

CO C—N

           CH

CH₃·N—C—N

B. 80, 1839 (1897).

→

Caffein (Thein)

CH₃·N—CO

         CH₃

CO C—N

          CH

CH₃·N—C—N

B. 80, 549 (1897).

Über die Synthesen dieser Körper vgl. auch W. Traube [B. 33, 1371, 3035 (1900)].

Die Konstitutionsformeln für Coffein, Xanthin u. ä. waren ursprünglich [A. 215, 313 (1882)] anders, die weitere experimentelle Forschungsarbeit führte dann Fischer zu den obigen, von L. Medicus 1875 auf spekulativem Wege abgeleiteten Formeln. Auch R. Behrend und Roosen (1888) hatten eine Harnsäuresynthese verwirklicht. Wiederum eine andere und reaktionsfähige Körperklasse hatte seit 1883 A. Pinner in den „Imidoäthern $R' \cdot C \diagdown_{OR''}^{NH}$ erschlossen [B. 16, 353, 1654 (1883 u. f.)], während gleichzeitig Th. Curtius durch die Entdeckung des Diazoessigesters $\overset{N}{\underset{N}{\diagdown}} CH \cdot COOC_2H_5$ einen Meisterwurf vollbrachte [B. 16, 2230 (1883)].

Es ist ein eigenartiger Zufall, daß zur selben Zeit, als E. Fischer die soebencherz geschilderten Untersuchungen ausführte, im Münchener Laboratoritionder junge (25jährige) Theod. Curtius seine Stickstoffforschungen begann (1883), damit nicht allein die Traditionen der Münchener Schule weiterentwickelte, sondern vielmehr den Boden für ein verstärktes wissenschaftliches Interesse gegenüber den Stickstoff-verbindungen urbar machte. Er selbst hat in zwei zusammenfassenden Vorträgen (vor der Deutschen Chemischen Gesellschaft in Berlin) Überblicke über diese in strenger Aufeinanderfolge sich abspielende Lebensarbeit geliefert, und zwar in dem Vortrag „Über Hydrazine [1], Stickstoffwasserstoff und die Diazoverbindungen der Fettreihe" [B. **29**, 759 (1896)] und zuletzt in dem Vortrag: „Die Reaktionen der starren und halbstarren Säureazide" [B. **59** (A), 37 (1926)].

Die längste Stickstoffkette liegt in dem (durch Oxydation des Diazobenzolphenylhydrazids $C_6H_5 \cdot N:N \cdot N \diagup{}^{NH_2}_{C_6H_5}$ erhaltenen) Bisdiazobenzoldiphenyltetrazen = Tetraphenyloktazen bzw. -oktazon [A. Wohl und H. Schiff: B. **33**, 2745 (1900)] vor:

$$C_6H_5 \cdot N:N \cdot N \cdot N:N \cdot N \cdot N:N \cdot C_6H_5$$
$$\quad\quad C_6H_5 \quad\quad C_6H_5$$, schwefelgelb, Schmp. 51—52⁰.

In anderer Anordnung kommen 8 N-Atome in offener Kette in der folgenden Verbindung vor: $N_3 \cdot CO \cdot NH \cdot NH \cdot CO \cdot N_3$, Hydrazindicarbonazid, farblos [R. Stollé: B. **47**, 724 (1914)].

Stollé hat seine Untersuchungen mit Hydrazin usw. seit 1899 weiter fortgesetzt. Das Carbodiazid $N_3 \cdot CO \cdot N_3$ hatte Curtius (1894) dargestellt.

Die Strukturchemie feierte mit den Ketten- und Ringsystemen sichtbare Triumphe. Kombinatorisch wurden die denkmöglichen 6- und 5-gliedrigen Ringe mit C-, O-, S- und N-Gruppen gleichsam vorentdeckt, um nachher präparativ dargestellt zu werden.

Das Fischersche Phenylhydrazin sollte die Muttersubstanz für viele neuartige Ringsynthesen werden. Diese neue Epoche der ringförmigen N-Verbindungen knüpft an das von E. Fischer (1878) dargestellte Dicyanphenylhydrazin an; J. A. Bladin wandelt dasselbe [B. **18**, 1544, 2907 (1885)] in Fünfringe mit 3 bzw. 4 Stickstoffatomen um und schafft den „Triazol"- bzw. „Tetrazol"-ring:

---

[1] Ein interessantes Beispiel für den Zusammenhang zwischen Fluorescenz und Chemiluminiscenz stellt das in Eisessiglösung prächtig blau fluorescierende 3-Amino-phthalsäure-hydrazid dar. Diese von A. J. Schmitz (1902) im Curtiusschen Laboratorium dargestellte Verbindung [s. auch Curtius: B. **46**, 1165 u. f. (1913)] zeigt nach Lommel bei der Oxydation in alkalischer Lösung eine intensive blaue Chemiluminiscenz (Albrecht, 1928). Seit 1934 tritt sie als Leuchtsubstanz „Luminol" entgegen. K. Gleu und K. Pfannstiel [J. pr. Ch. (2) **146**, 137 (1936)] wiesen dann nach, daß das Leuchten durch Oxydation mittels Wasserstoffsuperoxyd besonders angeregt wird bei Zugabe von etwas kristallisiertem Hämin. Darin ähnelt Luminol dem Lophin [2,4,5-Triphenyl-imidazol, s. auch M. Trautz: Z. ph. Ch. **53**, 67 (1905)], das ebenfalls in alkalischer Lösung durch Wasserstoffsuperoxyd nur beim Zusatz von Hämin zum Leuchten gebracht wird [J. Ville und E. Devrien: C. r. **156**, 2021 (1913)]. [S. auch W. Langenbeck und Mitarbeiter: B. **70**, 367 (1937).] Über Fluorescenz und chemische Konstitution, s. auch O. Mumm: B. **72**, 29 (1939).

$$-\overset{|}{\underset{\underset{\textstyle N}{}}{C}}\overset{N——N}{\underset{}{}}C—\ \text{bzw.}\ -\overset{|}{\underset{\underset{\textstyle N}{}}{C}}\overset{N——N}{\underset{}{}}\overset{|}{N}—\ \ [\text{B. 19, 2598 (1886)}].$$

Dann war S. Ruhemann (1888) zu einem „Tetrazin" genannten Ringsystem $R \cdot C \underset{N—N}{\overset{N=N}{\diagdown\diagup}} C \cdot R$ gelangt, indem er ebenfalls von Phenylhydrazin ausgegangen war. Während nun A. Hantzsch (seit 1888) sich mit der Synthese der „Azole" [A. 249, 1 (1888)] bzw. Oxazole, Thiazole usw. beschäftigte, gelangte A. Pinner [seit 1893; B. 27, 984 (1894); vgl. auch A. 297, 298 (1897)] durch Umsetzungen seiner Imidoäther mit Hydrazin zu dem genannten Tetrazin sowie zu Triazolen, Tetrazolen [identisch mit Lossens Tetrazotsäuren: A. 263, 101 (1891 u. f.)].

Insbesondere war es die Münchener Schule, welche der Pflege und Förderung der N-Ring-Chemie oblag. H. v. Pechmann stellte (seit 1888) die „Osotriazone" (I) und „Osotetrazone" (II), dann die „Osotriazole" (III) auf:

$$\underset{\text{I. [B. 21, 2751 (1888).]}}{R—C=N\diagdown \atop R—C=N\diagup N \cdot R}\quad \text{und}\ \underset{\text{II.}^{\circ}}{R \cdot C\diagdown{N——N\cdot R \atop C \cdot R=N}\diagup N \cdot R;}\quad \underset{\text{III. [A. 262, 265 (1891).]}}{\overset{—C=N}{\underset{—C=N}{\overset{|}{}}} {\overset{H}{\diagdown}\atop \diagup} N}$$

L. Claisen untersuchte die Nitrosoketone (1887 u. f.), die Pyrazole und Isoxazole (1891 u. f.). Zur Lebensaufgabe wird dann die Erforschung der Stickstoffverbindungen bei E. Bamberger (etwa seit 1891). Er prägt den Begriff „alicyclische Homologie" und gibt für die Konstitution der fünfgliedrigen Ringe — bei Benutzung zentrischer Formeln mit fünfwertigem Stickstoffatom — die folgenden Formeln, z. B.:

Pyrrol   Pyrazol   Oxazol   Triazol
(vierwertiges O-Atom!)

Osotriazol   Tetrazol   Furazan (O_{IV}!)

[B. 24, 1758, 1897 (1891); 26, 1946 (1893); gegen diese Formeln mit fünfwertigem Stickstoff äußerten sich W. Marckwald: A. 279, 8 (1894) sowie L. Knorr: Pyrazol, A. 279, 189 (1894)].

Gleichzeitig mit H. v. Pechmann [B. 25, 3175 (1892)] entdeckt er

[B. 25, 3201 (1892)] den Formazylwasserstoff $\begin{array}{c} C_6H_5N:N \\ C_6H_5 \cdot NH \cdot N \end{array} \Big\rangle CH$ bzw.

dessen Derivate (darunter die sog. „Triazine"), Phenylazoformazyl

$C \Big\langle\!\!\!= \begin{array}{c} N_2 \cdot C_6H_5 \\ N_2 \cdot C_6H_5 \\ N_2 \cdot C_6H_5 \end{array}$, Diformazyl $\begin{array}{c} C_6H_5 \cdot N_2 \\ C_6H_5 \cdot N_2 \end{array}\!\!\!\!\Big\rangle C\!-\!C\Big\langle\!\!\! \begin{array}{c} N_2 \cdot C_6H_5 \\ N_2 \cdot C_6H_5 \end{array}$ [B. 26, 2978 (1893);

27, 147—163 (1894 u. f.)].

Bamberger fand (1893) das feste Nitrosobenzol $C_6H_5 \cdot NO$ auf und fügte ihm weitere Nitrosoaryle bei (1901 und 1910); im festen Zustande farblos, färben sie sich beim Schmelzen, ebenso wie in Lösung beim Erwärmen blau oder blaugrün; die nach der Gefrier- und Siedemethode ermittelten Molgewichte weisen auf ein einfaches M_1 hin, nur Nitrosomesitylen und 2.6-Dimethynitrosobenzol sind in den Lösungen zu mehr als 50 % als Doppelmoleküle vorhanden (schützende Wirkung der zwei CH_3-Gruppen?). Es liegt ein Gleichgewicht $[Ar \cdot NO]_2 \rightleftharpoons$ 2 Ar·NO vor, bzw. auch in fester Form treten je nach dem aromatischen Rest die Nitrosoaryle von farblos bimerer bis zu blaugrüner nahezu monomolekularer Form (z. B. 3.4-Dimethylnitrosobenzol) auf [Bamberger: B. 34, 3877 (1901)]. P. Walden sprach die blaugefärbten Nitrosoaryle als freie Radikale an (Chemie der freien Radikale, S. 235. 1924); St. Goldschmidt [A. 442, 246 (1925)] fand das Verhalten des Nitrosobenzols ähnlich dem der freien Radikale. Bamberger hat dann auch die Zahl der tertiären Nitrosoverbindungen erweitert [B. 36, 685, 689 (1903)].

Es folgt dann Joh. Thiele (seit 1892; A. 270, 1 und 271, 127), der Tetrazolderivate (aus Diazotetrazotsäure), Triazolderivate, Nitramid (1894), Triazinderivate [A. 302 und 303 (1898)], Semicarbazid (gleichzeitig mit Curtius; 1894), Prozan (= Triazan) und dessen Derivate [A. 305, 80 (1899)] darstellte. Von der Anhäufung der N-Atome geben einige der von J. Thiele dargestellten Verbindungen ein Bild:

C-Amino-5-tetrazol (1892)
[vgl. auch C. Bülow,
1909; R. Stollé:
B. 62, 1118 (1929)]

Azo-tetrazol
[A. 303, 57 (1898)]

Tetrazylazoimid
[A. 287, 238
(1895)].

(Die letztgenannte Verbindung CN_7H enthält fast 90 % Stickstoff!)

Die Tradition der Münchener Schule wirkte sich auch auf diejenigen chemischen Forscher aus, die nur zeitweilig mit ihr in Berührung gekommen waren: auch sie wurden in den Bannkreis des Stickstoffs gezogen. Wir nennen aus der Zeit um 1890 u. f. nur die Namen A. Angeli (aus Italien), A. F. Holleman (aus Holland), O. Widman (aus

Schweden, 1852—1930), J. U. Nef (aus den Vereinigten Staaten). Dann sind es noch die Untersuchungen von O. Piloty (1866—1915), der, aus der Münchener Schule stammend, in Berlin (1898 u. f.) Untersuchungen über aliphatische Nitrosoverbindungen [gemeinsam mit O. Ruff u. a.: B. **31**, 218—225, 452—458 (1898)] sowie über Pseudonitrole $R_1R_2C{<}^{NO_2}_{NO}$ ausführte: Piloty gebührt das Verdienst, die mit Färbung verknüpfte Dissoziation derselben

(Bimeres)   Schmelzen, Lösung   (Monomeres)
farblos $\longleftarrow\!\!\!\longrightarrow$ blau

erstmalig (1898) durch die Molekulargewichtsbestimmung nachgewiesen und diese Dissoziation als eine zeitlich verlaufende Reaktion erkannt zu haben [Nitrosooctan in kaltem Benzol fast farblos und M ist doppelt. beim Stehen oder, schneller, nach gelindem Erwärmen wird M monomolekular; B. **31**, 456 (1898)]. Den gleichen Vorgang wies dann J. Schmidt [B. **33**, 875 (1900)] für Propylpseudonitrol [1]) nach: fest, weiß (bimolekular) $\xrightarrow{\text{geschmolzen, gelöst}}$ blau (monomolekular). Weitere Beispiele und Beweise erbrachten dann die Untersuchungen von O. Piloty und A. Stock [B. **35**, 3090—3101 (1902)], wobei gleichzeitig, in Abhängigkeit von dem aliphatischen Rest, die Abstufung der festen (oder ungelösten) Nitrosokörper von farblosen bis blauen Kristallen sich ergab. Die Bedeutung dieser Dissoziationsvorgänge als Vorläufer und Vorbilder für die nach 1900 sich mehrenden Erkenntnisse über die ebenfalls unter Verfärbung entstehenden freien Triarylmethyle darf man nicht unterschätzen. Piloty war auch der Entdecker des ersten freien Radikals mit vierwertigem Stickstoff [Porphyrexid, B. **34**, 1870, 2354 (1901); s. auch H. Wieland: B. **55**, 1800 (1922); über die Synthese von Porphyrexid und Porphyrindin, vgl. auch R. Kuhn und W. Franke: B. **68**, 1529 (1935)].

Stereochemie des dreiwertigen Stickstoffs.

Auch das Züricher Laboratorium stand — seit der Entdeckung der aliphatischen Nitrokörper (1872 u. f.), Nitrolsäuren und Pseudonitrole (1875), Oxime (1882 u. f.) durch V. Meyer — im Zeichen des Stickstoffs; Meyers Nachfolger A. Hantzsch (von 1885—1893 in Zürich), sowie dessen Nachfolger E. Bamberger (seit 1893) hatten die Erforschung der Stickstoffverbindungen weitergeführt. Auch Rol. Scholl folgte dort der herrschenden Richtung [1888, Pseudonitrolsynthese aus Ketoximen; 1896 Reduktion der Pseudonitrole zu Ketoximen; G. Born: Darstellung von flüssigen blauen (monomeren) Pseudonitrolen: B. **29**, 87—102 (1896); Nitrimine und Nitri-

---

[1]) Daß auch Pseudonitrole nur in einer festen blauen Form frei vorkommen können, zeigte H. Rheinboldt [B. **60**, 249 (1927)].

minsäuren: A. **338** (1905)]; als nun R. Bohn (1901) das berühmte Indanthren entdeckt hatte, betrat R. Scholl (seit 1903) das Gebiet der Farbstoffchemie mit seinen „Untersuchungen über Indanthren und Flavanthren" und wurde seinerseits Entdecker neuer Farbstoffe [vgl. dazu Chem.-Zeitung 6**1**, 26 (1937)].

Zu den Spitzenleistungen des Züricher Laboratoriums gehört aber das neue Sondergebiet der Stickstoffchemie, die Stereochemie des dreiwertigen Stickstoffs. Am Anfang derselben steht die Entdeckung der Oximbildung aus Aldehyden und Ketonen durch Hydroxylamin (1882) und die Darstellung des Benzildioxims

$$C_6H_5 \cdot \underset{\underset{HON}{\|}}{C} - \underset{\underset{NOH}{\|}}{C} \cdot C_6H_5$$

durch V. Meyer und H. Goldschmidt [B. **16**, 1616 (1883)]. Gleich darauf gelang aber H. Goldschmidt [B. **16**, 2176 (1883)] die Isolierung noch eines zweiten isomeren Benzildioxims. Das Problem wurde noch schwieriger, seitdem E. Beckmann (1887 u. f.) zwei isomere (als strukturverschieden betrachtete) Benzaldoxime gefunden hatte [B. **20**, 2766 (1887); s. auch **22**, 429, 514, 1531, 1591 (1889)], zumal V. Meyer und K. Auwers [B. **22**, 705 (1889)] noch ein drittes Benzildioxim isolieren konnten. In Anlehnung an die zwei Goldschmidtschen Dioxime waren schon K. Auwers und V. Meyer zu dem Ergebnis gelangt, daß diese beiden Oxime die gleiche Struktur besitzen und zu „einer neuen, bisher bestrittenen Art der stereochemischen Isomerie" hinführen, indem „auch bei einfach gebundenen Kohlenstoffatomen unter gewissen Umständen diese (nach van't Hoff) freie Rotation aufgehoben und so das Bestehen stereochemisch isomerer Körper ermöglicht werden kann" [B. **21**, 784, 3510 (1888)].

$$\alpha\text{-Dioxim} \quad \begin{array}{l} C_6H_5 - C = N - OH \\ C_6H_5 - C = N - OH \end{array} \quad \text{und } \beta\text{-Dioxim} \quad \begin{array}{l} C_6H_5 - C = N - OH \\ HO - N = C - C_6H_5 \end{array}$$

Es ist also eine etwas abgeänderte Grundvorstellung der Kohlenstoff-Stereochemie, die als „Erklärung" herangeholt wird.

Eine weitere Stütze für diese Art Stereoisomerie erblickten Auwers und V. Meyer in der Auffindung zweier strukturidentischer Monoxime des Benzils [B. **22**, 537 (1889)], die folgendermaßen formuliert wurden:

$$\begin{array}{l} C_6H_5 - C = N - OH \\ C_6H_5 - C = O \end{array} \quad \text{und} \quad \begin{array}{l} C_6H_5 - C = N - OH \\ O = C - C_6H_5 \end{array}$$

Daß die beiden Benzaldoxime Beckmanns nicht strukturverschieden sind, sondern in einem ähnlichen Isomerieverhältnis zueinander stehen, wie die Benzildioxime, bewies H. Goldschmidt [B. **22**, 3113 (1889)]: „eine Art stereochemischer Isomerie, welche jedoch durch die bisher bekanntgewordenen Hypothesen ihre Deutung nicht findet", wird als wahrscheinlich hingestellt. Anzeichen für ähnliche Isomeriefälle kann man auch in den verschiedenen merkwürdigen „Modifikationen" der Hydroxamsäuren erblicken, denen W. Lossen [A. 252, 170 (1889)] die Strukturformel $C_xH_y \cdot C\begin{smallmatrix} \diagup OH \\ \diagdown NOH \end{smallmatrix}$ beilegte. Und unerklärt standen die Fälle der zwei strukturidentischen Trinitroazotoluole $CH_3 \cdot (NO_2)C_6H_3 \cdot N:N \cdot C_6H_2(NO_2)_2 \cdot CH_3$ sowie der zwei p-Azoxytoluole $CH_3 \cdot C_6H_4 \cdot \overset{\diagup O \diagdown}{N\!-\!N} \cdot C_6H_4 \cdot CH_3$, welche J. Janovsky [M. 10, 583 (1889)] entdeckt hatte.

Überblickt man dieses gewiß nicht umfangreiche und teilweise auch anfechtbare Tatsachenmaterial, so muß man um so mehr den Mut und wissenschaftlichen Weitblick des 23jährigen Alfr. Werner bewundern, der unter der Aegide von A. Hantzsch im Dezember 1889 der Deutschen Chemischen Gesellschaft in Berlin seine Theorie ,,über die räumliche Anordnung der Atome in stickstoffhaltigen Molekülen" unterbreitete [B. 23, 11—30 (1890)]. Es ist reizvoll, sich zu erinnern, wie 15 Jahre zuvor (im September 1874) der 22jährige J. H. van't Hoff seine Raumchemie des Kohlenstoffs auf 11 Druckseiten schuf, wie beschränkt auch sein Tatsachenmaterial war, und wie für beide das Wort des großen Physikers G. Kirchhoff (1824—1887) gilt: ,,Jede neue wissenschaftliche Wahrheit muß so beschaffen sein, daß sie sich in gewöhnlicher Schrift auf dem Raum eines Quartblattes vollständig mitteilen läßt." Nicht minder bedeutsam sind die geistigen Zusammenhänge beim Entstehen einer neuen Wahrheit, die eine Art geistiger Kettenreaktionen darstellen: es ist J. Wislicenus, der bei van't Hoff die Gedankenreihen auslöst und nach der räumlichen Vorstellung hinlenkt, und es sind J. H. van't Hoff und J. Wislicenus, die wiederum die mentalen Reaktionen bei A. Werner richtunggebend beeinflussen. Unter ausdrücklicher Anlehnung an die geometrische Isomerie des Äthylentypus $>C:C<$ entwickelt Werner eine solche für die doppelt gebundenen Systeme $>C:N\!-\!$ und $-\!N:N\!-\!$ des dreiwertigen N-Atoms:

$$\begin{matrix} X\!-\!C\!-\!Y \\ \overset{\shortparallel}{N}\!-\!Z \end{matrix} \text{ und } \begin{matrix} X\!-\!C\!-\!Y \\ Z\!-\!\overset{\shortparallel}{N} \end{matrix} \text{, bzw. } \begin{matrix} N\!-\!X \\ \overset{\shortparallel}{N}\!-\!Y \end{matrix} \text{ und } \begin{matrix} N\!-\!X \\ Y\!-\!\overset{\shortparallel}{N} \end{matrix}.$$

Diesen Systemen gliedern sich nun — nach Werner und Hantzsch (1890) — ungezwungen alle vorhin genannten Isomeriefälle der Oxime, Azoverbindungen usw. ein; wenngleich anfangs noch Bedenken gegen die neue Theorie geäußert wurden [z. B. V. Meyer: B. 23, 596 (1890)], so konnte alsbald Werner [B. 25, 27 (1892)] auch die Hydroxamsäuren, bzw. deren Ester, z. B. $\begin{matrix} C_6H_5\!-\!C\!-\!OR \\ \overset{\shortparallel}{N}\!-\!O \cdot Ac \end{matrix}$ bzw. $\begin{matrix} C_6H_5\!-\!C\!-\!OR \\ Ac \cdot O\!-\!\overset{\shortparallel}{N} \end{matrix}$ als antibzw. syn-Konfiguration kennzeichnen und ebenso die stereoisomeren Formen der als ,,Hydroximsäuren" bezeichneten Verbindungen $Ar\!-\!C\begin{smallmatrix} \diagup OC_2H_5 \\ \diagdown N\!-\!OH \end{smallmatrix}$ fassen. [Die Bezeichnung syn- und anti-Form schlug

A. Hantzsch vor. B. **24**, 3479 (1891).] Die Zahl der experimentellen Belege für die junge Theorie war im ständigen Wachsen[1]), und so konnte A. Werner bereits 1904, in seinem klassischen „Lehrbuch der Stereochemie" (S. 228—301) einen gewissen Abschluß der Stereochemie der —C=N— und der —N=N—-Verbindungen feststellen.

I. Die junge Theorie fand auch ein geeignetes Stützmaterial in den von E. Fischer (1887 u. f.) entdeckten Hydrazonen der Zuckerarten. Nachdem Zd. Skraup [M. **10**, 401 (1889/90)] zuerst zwei isomere bei den d-Glucose-phenylhydrazonen, H. C. Fehrlin [B. **23**, 1574 (1890)] und A. Krause [B. **23**, 3617 (1890)] ebenfalls zwei Isomere Phenylhydrazone der 2-Nitrophenyl-glyoxylsäure, sowie A. Hantzsch und Fr. Kraft [B. **24**, 3525 (1891)] zwei isomere Phenylhydrazone des Anisylphenylketons aufgefunden hatten, unternahm es A. Hantzsch [B. **26**, 9 (1893)], die Stereoisomerie derselben zu beweisen, gemäß den Formeln:

$$\text{X·C·Y} \qquad \text{X·C·Y}$$
$$\underset{C_6H_5RN\cdot\overset{\parallel}{N}}{} \quad \text{und} \quad \underset{\overset{\parallel}{N}\cdot NRC_6H_5,}{}$$

indem er die stabilen hochschmelzenden Formen als α-Hydrazone, die labilen niedrigschmelzenden als β-Hydrazone bezeichnete. Auch auf diesem Gebiete erbrachte das Experiment in kurzer Zeit eine immer zunehmende Zahl von isomeren Hydrazonen und deren wechselseitigen Übergängen: labil (β-Form) $\rightleftarrows$ stabil (α-Form). Insbesondere waren tätig B. Overton (1893), O. Wallach (1895), R. Anschütz (1895), H. Biltz (1899) an der Darstellung der Hydrazone aus Ketonen und Diketonen, während H. Biltz (1894), J. Thiele (1898), E. Bamberger (1898 u. f.), G. Lockemann (1905 u. f.) u. a. die Aldehyd-hydrazone untersuchten.

Die Hydrazone der Dithiokohlensäure-ester sowie Untersuchungen zum Beweise der cis-trans-Isomerie der isomeren Hydrazone verdankt man M. Busch [vgl. B. **34**, 1119 (1901 u. f.); s. auch B. **57**, 1783 (1924)]. Als cis-trans-Hydrazone betrachtet auch H. Bredereck [B. **65**, 1833 (1932); **70**, 802 (1937)] die von ihm dargestellten verschieden gefärbten Isomeren, während E. Simon [Biochem. Ztschr. **247**, 171 (1932)] sowie W. Dirscherl [B. **73**, 448 (1940)] ähnliche gefärbte Isomerenpaare für verschiedene Modifikationen halten. Im Zusammenhang mit den nachstehenden Fällen dürfte eine eingehende Untersuchung all dieser Isomerien unter Heranziehung physiko-chemischer Methoden lohnend sein.

---

[1]) Nachdem ein Schüler A. P. N. Franchimonts in Leiden (P. van Romburgh) 1883 die Substitution des Wasserstoffs in der aromatischen Amingruppe durch den NO_2-Rest beobachtet hatte [darunter wurde auch Trinitro-triphenyl-nitramin $C_6H_2(NO_2)_3N\underset{NO_2}{\overset{R(CH_3)}{<}}$ (d. h. der Sprengstoff „Tetryl"), entdeckt, B. **16**, 2675 (1883)], gelang Franchimont [Rec. Trav. **7**, 343 (1888 u. f.)] die Darstellung der Alkylnitramine, und des festen Acetaldoxims (1893).

Lehrreich ist die Täuschung, welche sich mit dem Benzoylformalde-
hydrazon abspielte: E. Bamberger [B. 18, 2564 (1885)] hatte dasselbe in goldgelben Nadeln mit dem Schmp. 128,5⁰ beschrieben und
aus verdünntem Alkohol erhalten; als derselbe Forscher nach 16 Jahren
eineNeudarstellung derselbenVerbindung vornahm und diese aus heißem
Alkohol wiederholt umkristallisierte, erhielt er hellgoldgelbe Blättchen
vom Schmp. 136—140⁰, dieses β-Isomere ging durch Kochen der
Ligroinlösung in das α-Isomere (Schmp. 114⁰) über, beide Isomeren
gaben beim Schmelzen ein Gleichgewichtsgemisch vom Schmp. 127
bis 128⁰ [E. Bamberger: B. 34, 2005 (1901)].

Ein anderer Fall zeigt die gleichen Eigenheiten, wurde aber recht-
zeitig aufgeklärt. M. Busch [und Mitarbeiter: B. 64, 1589 (1931)]
erhielt ein Benzyl-phenyl-hydrazon des Phenacyl-p-toluidins vom
Schmp. 141⁰. Diese Verbindung trat immer entgegen, obgleich die
Darstellungsweise erheblich verändert wurde, — stets kristallisierte
aus Äther oder Benzol-Petroläther der orangegelbe Körper vom Schmp.
141⁰. Löste man denselben in Chloroform-Alkohol und ließ die verdünnte Lösung langsam kristallisieren, so erhielt man (beim Abdunsten
des Chloroforms) zuerst intensiv gelbe Nadeln (Schmp. 118⁰), nachher
die andere Komponente in hellgelben Nadeln vom Schmp. 127⁰: ein
Gemisch etwa 1 : 1 beider (stereoisomeren, anti- und syn-) Formen in
Benzol gibt beim Zusatz von Petroläther wiederum die bimolekulare
Verbindung vom Schmp. 140⁰, die schwerer löslich ist als die Komponenten (M. Busch weist hierbei auf die Ähnlichkeit mit den Razemverbindungen hin). Beachtenswert ist hier der hohe Schmelzpunkt
des Gemisches.

Die erwähnten Beispiele gehören der cis-trans-Isomerie an und
bedürfen wohl noch weiterer experimentell-theoretischer Beachtung.
Chemiegeschichtlich sind sie lehrreich, indem sie zur Vorsicht mahnen
sowohl bei „überzähligen" als auch bei fehlenden Isomerien. Die
maßgebende Rolle des Lösungsmittels (bzw. der Löslichkeit) bei der
Trennung solcher „Molekülverbindungen" in die Komponenten tritt
ja auch bei den Spaltungsvorgängen der Razemverbindungen (in deren
Salzformen mit optisch aktiven Basen bzw. Säuren) entgegen.

Auch die Isomerien der Benzalphenylhydrazone sind noch problematisch: α-Form (Schmp. 152⁰) ⇄ β-Form (Schmp. 136⁰). [J. Thiele und
Pickard, B. 31, 1249 (1898).] Jedoch konnten Lockemann und
Lucius [B. 46, 150 (1913)] die β-Form nicht erhalten, während
S. Bodfors [B. 59, 666 (1926)] noch eine orangerote γ-Form (Schmp.
154—155⁰) neben der fast farblosen, schwerer löslichen α-Form (Schmp.
157—158⁰) auffand, im chemischen Verhalten waren aber beide gleich.

II. Die stereochemische Deutung der Oxim-isomerie ist nicht ohne
Angriffe geblieben. So vermeinte F. W. Atack [Soc. 119, 1175 (1921)],
noch ein viertes Benzildioxim gefunden zu haben, — das Versagen

der Hantzsch-Wernerschen Theorie in diesem Falle veranlaßte ihn, an Stelle der räumlichen Vorstellung eine strukturelle Verschiedenheit (im Sinne von E. Beckmann, 1889) anzunehmen, z. B.

Oxim (anti-) und Iso-oxim (syn-), dazu eine dritte „Nitron"form

$$R \cdot R' \cdot C : NOH \qquad R \cdot R' \cdot C - NH \qquad\qquad R \cdot R' C : N \diagdown_O^H$$
$$\diagdown O \diagup$$

Allerdings wurde das vierte Benzildioxim durch Brady [Soc. **125**, 291 (1924)] widerlegt. Die dritte Form soll nach N. V. Sidgwick (1934) für die Ringbildung der Oxime (bimolekulare Assoziation) in Betracht kommen:

$$\begin{array}{c} R \\ R \end{array}\!\!> C = N \diagup^O \diagdown_H \diagup^{H} > N = C <\begin{array}{c} R \\ R \end{array}.$$

Noch weiter ging C. K. Ingold [Soc. **127**, 1698 (1925)], indem er die Isomerien und Reaktionen der Oxime durch Tautomerie deutete, z. B.:

$$[H]\overset{||}{N} : O \rightleftarrows \overset{||}{N} \cdot O[H], \text{ ähnlich wie } [H]C : N \rightleftharpoons C : N[H]$$

$$\text{oder } [H]C : \overset{|}{C} \rightleftharpoons C : \overset{|}{C}[H].$$

Dagegen hat O. L. Brady (mit Mitarbeitern; seit 1913) durch zahlreiche experimentelle Beiträge die räumliche Vorstellung geprüft und gestützt [vgl. Soc. **105**, 2112 (1914) bis **1933**, 1037].

Nicht eindeutig und erschöpfend bearbeitet sind die Dioxime, Trioxime usw. [vgl. G. Ponzio: Gazz. ital. **51** (1921) bis **61** (1931) u. f.; s. auch 108. Mitt.: Gazz. ital. **65**, 102, 124 (1935); **69**, 615 (1939); J. de Paolini (1928 u. f.)]; auf Grund seiner Untersuchungen [vgl. auch B. **61**, 1316 (1928)] lehnt Ponzio die Hantzsch-Wernersche Theorie ab. Die scharf ausgesprochene Individualität verschiedener Oxime bei der Reduktion (mit Palladium) legt für einige die Isoximform (s. oben) nahe [W. Gulewitsch: B. **57**, 1645 (1924)]. Eine „Pseudoxim"-Form ist von Th. Raikowa [B. **62**, 1626, 2142 (1929)] zur Diskussion gestellt worden, und zwar mit der für diese Form charakteristischen Gruppe

$$\begin{array}{l} -C : C \\ \quad | \diagdown H \\ N \diagdown OH \end{array}, \quad \text{z. B. Oxim} \quad \begin{array}{c} R-C-CH_3 \\ | \\ N-OH \end{array} \rightleftharpoons \begin{array}{c} R-C : CH_2 \\ \quad | \diagdown H \\ N \diagdown OH \end{array}, \text{ oder}$$

$$\begin{array}{c} R-C-CH_2-a \\ | \\ N \cdot OH \\ \text{I} \end{array} \rightleftharpoons \begin{array}{c} R-C = CH-a \\ \quad | \diagdown H \\ N \diagdown OH \\ \text{II} \end{array} \text{ (Pseudoxim).}$$

M. Busch [gemeinsam mit R. Kämmerer: B. **63**, 649 (1930)] konnte zeigen, daß bei Acetophenon-oximen die beiden Desmotropen (als hochschmelzendes h-Oxim, syn-Form I und als n-Oxim oder Pseudoxim II) isoliert werden können. H. Erlenmeyer [Helv. chim. Acta **21**, 614 (1938)] hat für Acetoxim die Annahme von Raikowa widerlegt.

Die von Hantzsch gegebene Bezeichnung bzw. Unterscheidung der Oxime hat mittlerweile eine Berichtigung bzw. Umkehrung erfahren, und zwar durch L. Brady [Soc. 127, 1357 (1925)], insbesondere durch J. Meisenheimer [B. 54, 3206 (1921); 60, 1736 (1927); A. 446, 205 (1926 u. f.)], E. Beckmann, Liesche und Correns [B. 56, 341 (1923)], K. v. Auwers und Ottens [B. 57, 446 (1924)]:

$$
\begin{array}{cccc}
\text{R}\cdot\text{C}\cdot\text{H} & & \text{R}\cdot\text{C}\cdot\text{H} & \text{R}\cdot\text{C}\cdot\text{H} & & \text{R}\cdot\text{C}\cdot\text{H} \\
\text{HO}-\overset{\shortparallel}{\text{N}} \quad \text{und} & \overset{\shortparallel}{\text{N}}-\text{OH} & \overset{\shortparallel}{\text{N}}-\text{OH} \quad \text{und} & \text{HO}-\overset{\shortparallel}{\text{N}}
\end{array}
$$

(trans-, anti-) oder   (cis-, syn-)   α-Oxim   β-Oxim
α-Oxim   β-Oxim   nach der neueren Formulierung.
nach A. Hantzsch

Nach Auwers kann aus dem spektrochemischen Verhalten der freien Oxime der Schluß gezogen werden, „daß sie alle nach dem Schema $\rangle$ C:N·OH gebaut sind, und die herrschende Ansicht, nach der die Isomerie freier Oxime auf räumlichen Ursachen beruht, zu Recht besteht. Bei ihren Derivaten kann dagegen sowohl Struktur- wie Stereo-isomerie auftreten." Da bei Stereoisomeren vielfach die cis-Formen höhere Dichten und Brechungsindices, aber niedrigere Mol-Refraktion und -Dispersion besitzen, so läßt sich für das gewöhnliche (bisherige syn- oder cis-)Benzaldoxim und seine O-Derivate die trans-Form (hinsichtlich der gegenseitigen Lage von Phenyl- und der sauerstoffhaltigen Gruppe) ableiten (Auwers-Ottens, zit. S. 450).

Dipolmessungen von T. W. J. Taylor und L. E. Sutton (Soc. 1931, 2190; s. auch 1933, 63) an den beiden Oximen des p-Nitrobenzophenons ergaben das folgende: nur die α-Form zeigt die Beckmannsche Umlagerung, der Methyläther dieses α-Oxims hat das Dipolmoment 6,60, während der Methyläther des β-Oxims das Moment 1,09 hat: das große Dipolmoment kann nur entstehen, wenn in der Äthergruppe $\text{C}=\text{N} \overset{\nearrow \text{O}}{\underset{\searrow \text{CH}_3}{}}$ das → O auf derselben Seite von C=N wie die Nitrophenylgruppe sich befindet, und diese Folgerung steht im Einklang mit Meisenheimers Deutung der Umlagerung. Es ergibt sich demnach das Schema:

$$
\begin{array}{c}
\text{α-Oxim} \\
\text{NO}_2\cdot\text{C}_6\text{H}_4\cdot\text{C}\cdot\text{C}_6\text{H}_5 \rightarrow \\
\text{HO}-\overset{\shortmid}{\text{N}}
\end{array}
\left[
\begin{array}{c}
\text{Äther} \\
\text{NO}_2\cdot\text{C}_6\text{H}_4\cdot\text{C}\cdot\text{C}_6\text{H}_5 \\
\text{O} \leftarrow \overset{\shortparallel}{\text{N}}-\text{CH}_3 \\
\mu = 6{,}60 \times 10^{-18}
\end{array}
\right]
\begin{array}{c}
\text{Beckmannsche} \\
\text{Umlagerung} \\
\rightarrow \text{NO}_2\cdot\text{C}_6\text{H}_4\cdot\text{C}=\text{O} \\
\overset{\shortmid}{\text{HN}}\cdot\text{C}_6\text{H}_5
\end{array}
$$

Aus den optischen Untersuchungen von J. Meisenheimer und O. Dorner [A. 502, 156 (1933)] ergab sich, „ . . . daß bei allen untersuchten Oximen die labilen Formen von den stabilen sich dadurch unterscheiden, daß sie im Gebiete größerer Wellenlängen, d. h. in dem Gebiet, in welchem offenbar die Eigenabsorption der Oximinogruppe liegt, die stärkere Absorption besitzen". Der Raman-

Effekt aliphatischer Monoxime schließt tautomere Gleichgewichte aus und spricht für die wirkliche Oximinformulierung [M. Milone: Gazz. chim. **67**, 527 (1937)].

J. Meisenheimer [mit G. Gaiser: A. **539**, 95 (1939)] hat die von W. Swietoslawski [A. **491**, 273 (1931)] vertretene Ansicht von zwei verschiedenen Modifikationen des Stickstoffatoms in den Oximen zurückgewiesen.

Eigenartige Isomerieverhältnisse treten bei den Phthaloximen entgegen; hier ist das eine Isomere weiß, das andere gelb gefärbt, trotzdem besitzen beide den gleichen Schmelzpunkt und das gleiche chemische Verhalten, doch behalten beide in ihren Derivaten die Grundfarbe bei; Brady [Soc. **1928**, 535) schlägt für diesen Isomerietypus die Bezeichnung „Xanthoisomerie" vor und führt noch andere Beispiele dafür an.

III. Die Azoverbindungen lassen zwei Konfigurationen als theoretisch möglich zu; eine syn-(cis-)Form $\begin{matrix} Ar-N \\ \| \\ Ar-N \end{matrix}$ und eine stabile anti-

(trans-)Form $\begin{matrix} Ar-N \\ \| \\ N-Ar \end{matrix}$ G. Bruni konnte (1903; 1912) nachweisen, daß Azobenzol mit dem gewöhnlichen (trans-)Stilben Mischkristalle bildete, demnach sterisch ähnlich (also als anti-Form) gebaut ist [Gazz. chim. **34**, I, 144 (1903)]. Dipolmessungen an p.p'-Dibromazobenzol und Azobenzol ergaben das Dipolmoment Null, was ebenfalls zugunsten einer Anti-Konfiguration bzw. der trans-Form der gewöhnlichen Azoverbindungen (im Sinne von Hantzsch) spricht [E. Bergmann: B. **63**, 2572 (1930)]. Die cis-Form des Azobenzols wurde jüngst von G. S. Hartley [Nature **140**, 281 (1937); Soc. **1938**, 633], gelegentlich der photometrischen Messungen der Löslichkeit von Azobenzol in Aceton entdeckt: sie hat eine größere Löslichkeit und einen höheren Absorptionskoeffizienten als die trans-Form; K. v. Auwers konnte durch spektrochemische Messungen die Zuordnung dieser neuen Modifikation als cis-Form gegenüber dem gewöhnlichen (trans-) Azobenzol bestätigen [B. **71**, 611 (1938)]. Von A. H. Cook (Soc. **1938**, 876; **1939**, 1309—1320) wurden roch weitere cis-Azoverbindungen dargestellt bzw. durch die chromatographische Kolonne von den trans-Formen abgetrennt.

IV. Die Konstitution der aliphatischen Diazoverbindungen und der Azidokörper hat zu andauernden Diskussionen geführt.

Die Ringstruktur war von Curtius aufgestellt worden, z. B. $\begin{matrix} N \\ \| \\ N \end{matrix} \Big\rangle CH\cdot COOR$ bzw. $\begin{matrix} N \\ \| \\ N \end{matrix} \Big\rangle NH$ bzw. $\begin{matrix} N \\ \| \\ N \end{matrix} \Big\rangle N\cdot R.$ Stickstoffketten nahm A. Angeli (1898, 1907 u. f.), dann auch J. Thiele (1911) an: z. B. Diazoessigester $N:N:CH\cdot COOR$ bzw. Azoimid $N:N:NH$ bzw. $>C:N:N + HX \rightarrow >CH\cdot NX:N.$

Chemische Versuche von H. Staudinger [B. **49**, 1891 (1916)] schienen zugunsten der Curtiusschen Ringstruktur der Diazoverbindungen zu sprechen. Auch H. Lindemann und H. Thiele [B. **61**, 1529 (1928)] entnahmen aus ihren Parachormessungen die Folgerung: „Die Ester der Stickstoffwasserstoffsäure besitzen also ringförmige Struktur", die Oktett-Theorie schließt die Angeli-Thielesche Formulierung aus und ersetzt sie durch die folgende Formel mit semipolarer Doppelbindung: $H_2C{-}\overset{-}{N}{\equiv}\overset{+}{N}$. Weitere Parachormessungen an zahlreichen aliphatischen Diazoverbindungen führten auch hier zu einer Dreiring-Struktur [H. Lindemann und Mitarbeiter: B. **63**, 702 (1930)]; bei der Existenz von optisch-aktiven Diazoverbindungen (nach W. A. Noyes u. a.) nimmt Lindemann nun an, daß daneben noch gewisse Mengen in offenen Formen existieren. Gleichzeitig wurde durch den Vergleich der Absorptionsspektren von Diazoaceton, -acetyl-aceton und -fettsäureestern ein übereinstimmendes Verhalten bei allen festgestellt. Die ausschlaggebende Bedeutung des Parachors wurde gleichzeitig von N. V. Sidgwick, sowie von Mumford und Phillips (1929) bestritten, und die optische Aktivität des Diazobernsteinsäure-esters wurde inzwischen widerlegt bzw. auf Verunreinigungen zurückgeführt [A. Weißberger und Mitarbeiter: B. **64**, 2896 (1931); **65**, 265 (1932)]. Die spektrochemischen Messungen von K. v. Auwers [B. **63**, 1242 (1930)] fielen „unbedingt zugunsten der offenen Formeln aus". Auf die weitgehende chemische Analogie zwischen aliphatischen Diazoverbindungen und Ketenen hatte Staudinger [Helv. **5**, 87 (1922)] hingewiesen, und die Ähnlichkeit der Absorptionsspektren beider (Lardy, 1923) sprach ebenfalls für eine ähnliche Konstitution (offene Ketenformel). Die elektrischen Dipolmomente wiederum sprachen nur für die Ringstruktur der Diazo- und Azidoverbindungen (L. E. Sutton, Sidgwick, 1931), umgekehrt hatte aber die Röntgenmethode ergeben, daß die Alkalimetall-Azide die N_3-Anionen in linearer Anordnung enthalten, was für eine Formulierung $(N:N:N)^-$ bzw. $\overset{-}{N}{=}\overset{+}{N}{=}\overset{-}{N}$ (in Oktettform) spricht (Hendricks und Pauling, 1925).

Nach all diesem ist es verständlich, wenn A. Angeli unverändert an seinen offenen Formeln festhält [B. **63**, 1980 (1930)]. Neuerdings wird die Angeli-Thiele-Formel $H{-}N{=}N{-}N$ auch von E. C. Franklin [Am. **56**, 568 (1934)] auf Grund des chemischen Verhaltens des Azoimids aufrechterhalten, und für die organischen Azide und aliphatischen Diazoverbindungen gelangten N. V. Sidgwick, L. E. Sutton und W. Thomas [Soc. **1933**, 406; s. auch Trans. Farad. Soc. **30**, 801 (1934)] zu dem Ergebnis, „daß die Dipolmomente nur verträglich sind entweder mit der Ringstruktur (I) oder mit der Resonanz zwischen den zwei linearen Strukturen (II und III), während die thermischen Daten (aus W. A. Roths Messungen) unverträglich sind mit der Ringstruktur und einen Wert geben, der zwischen den beiden linearen Strukturen liegt":

$$
\text{I.}\ \left\{ \begin{array}{l} R\!-\!N\!\!\diagup^{\displaystyle N}_{\displaystyle N}, \\[2ex] {\displaystyle R \atop \displaystyle R}\!\!\diagup C\!\!\diagup^{\displaystyle N}_{\displaystyle N} \end{array}\right.
\qquad
\text{II.}\ \left\{ \begin{array}{l} R\!-\!N\!=\!N\!\rightleftharpoons\!N, \\[2ex] {\displaystyle R \atop \displaystyle R}\!\!\diagup C\!=\!N\rightleftharpoons N \end{array}\right.
\qquad
\text{III.}\ \left\{ \begin{array}{l} R\!-\!N\!\leftarrow\!N\!\equiv\!N, \\[2ex] {\displaystyle R \atop \displaystyle R}\!\!\diagup C\!\leftarrow\!N\!\equiv\!N. \end{array}\right.
$$

Daß der Raman-Effekt für das Azidion $[N_3]^-$ 'auf die lineare symmetrische Formel, also etwa $^-N\!:\!N^+\!\!:\!N^-$ hinweist, leiten A. Langseth, Nielsen und J. U. Sørensen ab [Z. phys. Ch. (B) 27, 100 (1934)].

Unter dem Bilde der Mesomerie (= elektromeren Resonanz) wäre Diazomethan zu formulieren:

$$
{\overset{\displaystyle H}{\underset{\displaystyle H}{-C}}}\!-\!N\!\equiv\!N\!-\ \rightleftharpoons\ {\overset{\displaystyle H}{\underset{\displaystyle H}{C}}}\!=\!N\!=\!N\!-\quad
\begin{array}{c}\text{oder}\\ \text{Diazo-}\\ \text{keton}\end{array}\quad
\left[R\!-\!{\overset{\displaystyle}{\underset{\displaystyle O}{C}}}\!-\!CH\!-\!N_2\right]^+\ \rightleftharpoons\ \left[R\!-\!{\overset{\displaystyle H}{\underset{\displaystyle O^-}{C}}}\!=\!C\!-\!N_2\right]^+
$$

[F. Arndt und B. Eistert: B. 69, 2392 (1936)].

Die kettenförmige Anordnung der Azidgruppe ist durch Röntgenuntersuchungen besonders anschaulich im Cyanursäuretriazid $C_3N_3(N_3)_3$ entgegengetreten (Miss J. E. Knaggs), und W. H. Bragg [Nature 134, 138 (1934)] gibt dafür das folgende Bild:

V. Zu einem vielumstrittenen Kapitel dieser Stickstoffchemie und -isomerie wurden die Diazoniumverbindungen, deren Theorie von A. Hantzsch [B. 28, 1734 (1895)] durch physikalisch-chemische Untersuchungen eingeleitet und durch vier Jahrzehnte verteidigt wurde. Den unmittelbaren Anlaß boten die von E. Bamberger [B. 26, 471, 482 (1893)] begonnenen Untersuchungen über „Diazobenzol"; durch die Oxydation desselben waren unter anderem zwei eigenartige Verbindungen erhalten worden, deren eine $C_6H_5\cdot NO$ als Nitrosobenzol(vgl. S. 291), deren andere als Diazobenzolsäure $C_6H_5\cdot N_2O_2H$ bezeichnet wurden. Aus den Reaktionen und der Umlagerung in o-Nitranilin wurde die „Diazobenzolsäure" als das „einfachste aromatische Nitramin, Phenylnitramin" angesprochen: $\langle\!\!\!\bigcirc\!\!\!\rangle \cdot NH(NO_2)$ (mit H oben)

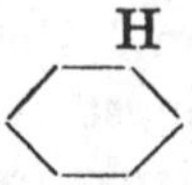

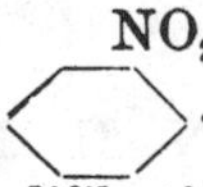

$\rightarrow \langle\!\!\!\bigcirc\!\!\!\rangle \cdot NH_2$ (mit NO_2 oben). Erwartet worden war, daß neben der gewöhnlichen Modifikation des Diazobenzols (als Isonitrosoderivat) $C_6H_5N \cdot (NOH)$ noch eine zweite Isodiazo-Gruppierung als Nitrosoverbindung $C_6H_5 \cdot NH(NO)$ entstehen könnte. Die Darstellung dieser gesuchten „Nitrosaminform für das Diazobenzol" gelang aber C. Schraube und C. Schmidt [B. 27, 514 (1894)] durch alkalische Umlagerung von p-Nitrodiazobenzolchlorid. Bamberger konnte zeigen, B. 27, 359 (1894), daß das Kalisalz bei der Alkylierung den „Stickstoffäther" $C_6H_5NCH_3 \cdot NO_2$, dagegen das Silbersalz den „Sauerstoffäther"

$C_6H_5 \cdot N : N \langle{}^O_{OCH_3}$ bildet. [Vgl. auch B. 27, 2601 (1894). S. auch Hantzsch: B. 64, 656 (1931)].

Im Jahre 1894 hatte A. Hantzsch [B. 27, 1702—1729 (1894)] eine stereochemische Theorie der Diazoverbindungen aufgestellt; nach derselben treten diese in zwei stereoisomeren Konfigurationen auf:

Syndiazo- $\quad C_6H_5 \cdot N$ Antidiazo- $\quad C_6H_5 \cdot N$
verbindungen $\quad X \cdot N$ und   verbindungen $\quad N \cdot X$ $\cdot (X{=}CN, SO_3H, Halogen)$.

Als Grundlage für diese Theorie dienten Hantzsch zwei von ihm selbst gefundene Tatsachen, und zwar die Existenz a) stereomerer Salze der Benzoldiazosulfosäure ($C_6H_5 \cdot N : N \cdot SO_3K$) und b) stereomerer Diazoamidoverbindungen ($C_6H_5 \cdot N : N \cdot NHC_6H_5$). Ein weiteres Stereomerenpaar erblickt er in den längst bekannten (als Synform bezeichneten) Diazoverbindungen bzw. $C_6H_5 \cdot N : N \cdot OH$, denen er (als Antiform) die Isodiazoverbindungen bzw. $C_6H_5 \cdot NH \cdot NO$ (s. oben) oder als freies Hydrat $C_6H_5 \cdot N_2OH \rightarrow C_6H_5 \cdot N : N \cdot OH$ zugesellt [vgl. auch B. 27, 1857, 2099 (1894)]. Das erste Ergebnis dieser Theorie ist eine gänzliche Ablehnung derselben durch E. Bamberger [B. 27, 2582—2611 (1894)], der den Nachweis der Strukturidentität der beiden Benzoldiazosulfonsäuren als von Hantzsch nicht erbracht charakterisiert, das zweite, von Hantzsch entdeckte stereoisomere „Syndiazoamidobenzol" als das Bisdiazobenzolanilid ($C_6H_5N : N)_2NH$ (H. v. Pechmann, 1894) erkennt und hinsichtlich der normalen und Iso-Diazoverbindungen (bzw. Nitrosamine) bekennt, daß Unterschiede zwischen beiden Klassen in räumlichen Atomverhältnissen zu suchen, sei ihm „niemals in den Sinn gekommen, und zwar aus dem einfachen Grunde, weil beide Körperklassen sich außerordentlich verschieden verhalten".

Unter kritischen Umständen wurde also im Jahre 1894 die Stereochemie der Diazoverbindungen geboren, und Kritik, Widerspruch sowie immer neue Untersuchungen haben sich bis zur Gegenwart daran geknüpft. Diese Widerstände veranlaßten Hantzsch, nach neuen Beweismitteln, mittels physikochemischer Untersuchungsmethoden, für die von ihm behauptete Stereoisomerie Ausschau zu halten, und so begann er 1895 — wie bereits erwähnt — seine Leitfähigkeitsmessungen an einfachen Diazoniumsalzen (Chlorid, Bromid, Nitrat), verglichen mit Kaliumchlorid in Wasser. Das Ergebnis lautete: „Säuresalze des Diazobenzols sind Diazoniumsalze; das Diazonium ist ein echtes zusammengesetztes Alkalimetall von der Konstitution $\left(\begin{smallmatrix} C_6H_5 \\ N \end{smallmatrix} \!\!\gg\!\! N \right)$". Die Konstitution derselben „entspricht wirklich der anhydrischen Strukturformel von Blomstrand (1869), Strecker (1871) und Erlenmeyer $\begin{smallmatrix} C_6H_5 \\ N \end{smallmatrix} \!\!\gg\!\! N$—". Durch Silberoxyd wird in den Diazoniumhaloiden das Halogen durch die Hydroxylgruppe ersetzt, dabei isomerisiert sich aber das Diazonium und bildet syn-Diazobenzolsilber: $\begin{matrix} C_6H_5{-}N{=}N \\ \quad | \\ \quad Cl \end{matrix} + Ag_2O = \begin{matrix} C_6H_5{-}N \\ \quad \| \\ AgO{-}N \end{matrix} +$ AgCl [B. 28, 1734 (1895)].

Das freie Diazoniumhydrat C_6H_5NNOH entsteht in Lösung bei 0^0 annähernd quantitativ: $C_6H_5N_2Cl + NaOH = NaCl + C_6H_5N_2OH$ und stellt eine etwa 70mal stärkere Base als Ammoniak dar [Hantzsch: B. 31, 1625 (1898)], — das Diazoniumion ist also $C_6H_5N_2^+$. Die Salze des Diazoniums sowie Diazoniumhydrat haben das gleiche Absorptionsspektrum [Hantzsch und J. Lifschitz: B. 45, 3011 (1912)]; das spektroskopische Verhalten einiger stereoisomerer Diazoverbindungen hatten vorher Dobbie und Tinkler [Soc. 89, 982 (1906)] studiert. Eine Eigenart des Diazoniumhydrats brachte in das eindeutige Bild des basischen Diazoniumhydrats eine Verwicklung: in Gegenwart von starken Basen (z. B. NaOH) reagierte es wie eine schwache Säure [zit. S. 1625 (1898)], es bildet sich ein Salz $C_6H_5N{=}N{-}ONa$ mit dem Anion des syn-Diazobenzols $\begin{matrix} C_6H_5N \\ \quad \| \\ {-}O{\cdot}N \end{matrix}$. Entsprechend seiner Theorie der doppeltgebundenen N=N-Atome (s. oben) sieht A. Hantzsch die Isodiazotate als die sterischen Isomeren (Anti-Formen) der normalen (oder syn-) Diazotate an. Folgende Übergänge werden aufgestellt [B. 32, 1703, 1713 (1899); A. 325, 250 (1902)]:

$$\begin{matrix} \text{Anti-diazotat,} & \text{Antidiazohydrat} & \text{prim.} \\ \text{Neutralsalz} & \text{(echte Säure)} & \text{Nitrosamin} \\ & & \text{(Pseudosäure)} \\[4pt] \begin{matrix} Ar{\cdot}N \\ \| \\ N{\cdot}ONa \end{matrix} & \rightleftharpoons \left[\begin{matrix} Ar{\cdot}N \\ \| \\ N{\cdot}OH \end{matrix} \right] & \rightleftharpoons \begin{matrix} Ar{\cdot}N{\cdot}H \\ | \\ N{=}O \end{matrix} \end{matrix}$$

Nach Hantzsch[1]) besteht nun der folgende Zusammenhang zwischen Diazoniumsalzen und Diazosalzen:

$$\left[\begin{array}{c} C_6H_5 \cdot N - \\ ||| \\ N \end{array}\right] Cl \underset{(HCl)}{\overset{(AgOH)}{\rightleftarrows}} \left[\begin{array}{c} C_6H_5 \cdot N - \\ ||| \\ N \end{array}\right] OH \rightleftarrows \begin{array}{c} C_6H_5 \cdot N \\ || \\ HON \end{array} \overset{(KOH)}{\longrightarrow} \begin{array}{c} C_6H_5 \cdot N \\ || \\ K \cdot ON \end{array} \rightarrow \begin{array}{c} C_6H_5 \cdot N \\ || \\ NO \cdot K \end{array}$$

Diazoniumsalz   Diazoniumbase   Syn-Diazosäure   Syndiazotat   Antidiazotat.

Sowohl E. Bamberger als namentlich A. Angeli (und seine Mitarbeiter L. Cambi u. a.) sind diesen Anschauungen fortdauernd entgegengetreten, indem die Stereoisomerie der Diazotate und Isodiazotate bestritten und durch eine Strukturisomerie ersetzt wird. Nach Angeli gelten die Formeln:

$$Ar \cdot N:N \cdot OH \quad \text{und} \quad Ar \cdot N(:O):NH \text{ bzw. } Ar \cdot N:NH(:O)$$
für i-Diazotate   für n-Diazotate

Insbesondere stellt L. Cambi für die echten Alkalisalze der Diazotate das komplexe Anion $[Ar \cdot N:N \cdot O]'$ als höchstwahrscheinlich auf und drückt die Umwandlung der n-Diazohydrate in die iso-Diazohydrate durch das folgende Schema aus:

$$[Ar \cdot N(:O):N]' \rightarrow [Ar \cdot N:N(:O)]' \quad \text{oder} \quad [Ar \cdot N(\cdot O):N]' \rightarrow [Ar \cdot N:NO]'.$$

[L. Cambi und L. Szegö: B. 61, 2081 (1928)]. Zur Diskussion über die Konstitution: E. Bamberger (1894 u. f.), C. W. Blomstrand (1896, 1897); A. Angeli [1898 u. f.; vgl. B. 59, 1400 (1896); 62, 1924 (1929); 63, 1979 (1930)], W. Swietoslawski [B. 62, 2034 (1929)]; zu allen: A. Hantzsch[1]) [B. 60, 667 (1927); 62, 1235 (1929); 63, 1270 (1930); 64, 655 (1931)].

VI. Für die unsymmetrischen Azoxyverbindungen[2]) hat A. Angeli [1905; s. auch Gazz. chim. 46 II, 67 (1916)] zwei isomere Formen als möglich hingestellt und nachher an zahlreichen Beispielen als tatsächlich existierend erwiesen, und zwar erteilt er ihnen die Formeln

(1911): $\begin{array}{c} R \cdot N = N \cdot R' \\ || \\ O \end{array}$ und $\begin{array}{c} R \cdot N = N \cdot R' \\ || \\ O \end{array}$, was die alte Formel $\begin{array}{c} -N-N- \\ \diagdown O \diagup \end{array}$

(β-Form)   (α-Form)

ausschließt. Diese „Isomeren haben ein voneinander vollständig verschiedenes chemisches Verhalten. Sie können auch nicht ineinander mit den gewöhnlichen Mitteln, die man bei Stereoisomeren anwendet, übergeführt werden" (Angeli, 1913). Nach den Messungen von K. v. Auwers [B. 61, 1037 (1928)] zeigen die Molrefraktionen der isomeren α- und β-Formen nur geringfügige Unterschiede. Nach L. Szegö [B. 61, 2087 (1928)] sind die Absorptionsspektren der

---

[1]) Vgl. die Monographie: A. Hantzsch und G. Reddelien: Die Diazoverbindungen. Berlin 1921.

[2]) Vgl. die Monographie: A. Angeli: Über die Konstitution der Azoxyverbindungen. Stuttgart 1913.

Die ersten isomeren Azoxyverbindungen wurden von A. Reissert isoliert [B. 42, 1364 (1909)].

α- und β-Formen teils optisch fast identisch, teils (bei sämtlichen Oxy-Substitutionsprodukten des Benzolrings) stark verschieden. Neben der Konstitutionsformulierung A n g e l i s ist aber noch die Möglichkeit einer cis-trans-Isomerie denkbar, z. B.

$$\begin{array}{cc} R \cdot N{=}O & R \cdot N{=}O \\ \underset{R' \cdot N}{\overset{\|}{}} \text{ und } & \underset{N \cdot R'}{} \cdot \\ \text{(cis-Form)} & \text{(trans-Form)} \end{array}$$

Das gewöhnliche Azoxybenzol $C_6H_5 \cdot N(O){:}N \cdot C_6H_5$ (cis-Form) hat nämlich ein Dipolmoment 1,70, während die Iso- (bzw. trans-) Form das Dipolmoment 4,87 besitzt. (Siehe auch S. 239 u. f.)

Für die unsymmetrische Natur der Azoxyverbindungen sprechen die von T. T. Chu und C. S. Marvel [Am. **55**, 2841 (1933)] aus der meso- und razem. α-p-Azophenylbuttersäure (I) durch Wasserstoffperoxyd dargestellten zwei Azoxy-phenylbuttersäuren (II), die beide in die optischen Antipoden gespalten werden konnten:

I. razem.
$$\underset{\underset{C_2H_5}{|}}{HOOC{-}\overset{\overset{H}{|}}{C}}{-}\hspace{-2pt}\left\langle\hspace{-4pt}\bigcirc\hspace{-4pt}\right\rangle\hspace{-2pt}{-}N{:}N{-}\hspace{-2pt}\left\langle\hspace{-4pt}\bigcirc\hspace{-4pt}\right\rangle\hspace{-2pt}{-}\underset{\underset{C_2H_5}{|}}{\overset{\overset{H}{|}}{C}}{-}COOH$$

$$[\alpha]_D^{25} = (\pm)\,52,6°$$

II.
$$\underset{\underset{C_2H_5}{|}}{HOOC{-}\overset{\overset{H}{|}}{C}}{-}\hspace{-2pt}\left\langle\hspace{-4pt}\bigcirc\hspace{-4pt}\right\rangle\hspace{-2pt}{-}\underset{\underset{O}{}}{N{=}N}{-}\hspace{-2pt}\left\langle\hspace{-4pt}\bigcirc\hspace{-4pt}\right\rangle\hspace{-2pt}{-}\underset{\underset{C_2H_5}{|}}{\overset{\overset{H}{|}}{C}}{-}COOH$$

a) $[\alpha]_D^{25} = \pm\,3,7°$;   b) $[\alpha]_D^{25} = \pm\,14,7°$.

Insbesondere hat Eug. Müller [A. **493**, 166 (1932); **495**, 132 (1932 u. f.) [1])] an einer Reihe von Paaren isomerer Azoxybenzole die Raumisomerie nachgewiesen, was K. v. Auwers [A. **499**, 123 (1932); B. **71**, 611 (1938)] auch im spektroskopischen Verhalten bestätigt fand.

VII. Die Diazoamino-verbindungen $R \cdot N_3H \cdot R'$ lassen eine verschiedene Konstitutionsauffassung zu; man kann eine Tautomerie annehmen, indem man den Wasserstoff beweglich sein läßt, z. B.

$$R \cdot N{:}N \cdot NHR' \rightleftharpoons R \cdot NH \cdot N{:}NR'.$$

Da diese Verbindungen in Lösungen assoziiert sind, ergeben sich noch cyclische Polymere (L. Hunter: Soc. **1937**, 320). Infolge der —N:N—-Bindung ist aber auch geometrische Isomerie möglich. Die Salze von Diazoaminoverbindungen können im allgemeinen in zwei chromoisomeren Formen erhalten werden. A. Mangini [J. Soc. chem. Ind. **58**, 327 (1939)] formuliert sie, in Analogie zu Hantzsch' Nitroanilinen [B. **43**, 1662 (1910)], als cis- (rot oder orangefarben) und trans-Form (gelbgefärbt):

$$\underset{N{-}NH \cdot R'}{\overset{N{-}R}{\overset{\|}{}}} \rightleftharpoons \underset{N{-}NH \cdot R'}{\overset{R{-}N}{\overset{\|}{}}}.$$

Anhang. Das Hydrazin $H_2N \cdot NH_2$ hat ein Dipolmoment $= 1,83$; aus wellenmechanischen Betrachtungen haben W. G. Penney und

[1]) Vgl. die Monographie: Eug. Müller: Die Azoxyverbindungen. Stuttgart 1936.

Sutherland (Trans. Farad. Soc. 1934, 30, 898) für das Hydrazin-Molekül eine ähnliche Konfiguration wie für Wasserstoffperoxyd HO·OH abgeleitet: die beiden N-Atome befinden sich in zwei zueinander senkrechten Ebenen, das große Dipolmoment spricht für eine unsymmetrische Struktur. Nach Dipolmessungen an Hydrazinderivaten gelangten H. Ulich, Peisker und Audrieth [B. 68, 1677 (1935)] zu dem Schluß, daß bei substituierten Hydrazinen optische Isomere existieren sollten. [Wenn um die N—N-Achse keine freie Drehbarkeit existiert (vgl. S. 256), dann wäre eine Asymmetrie ähnlich den Diphenylderivaten sowie eine des dreiwertigen Stickstoffs diskutabel?]

VIII. Umlagerungen. Die obenerwähnte „Curtiussche Umlagerung" (S. 284) steht im inneren Zusammenhang mit zwei anderen Umlagerungen, und zwar a) mit der Hofmannschen Umlagerung (1882): Säureamid → Amin, z. B. C_6H_5·$CONH_2$ $\xrightarrow{+ HOX}$ (Zwischenprodukt) → C_6H_5·NH_2 [B. 15, 765 (1882)], b) mit der Beckmannschen Umlagerung (1886): Ketoxim → Amin, z. B.:

$$C_6H_5—C—R \qquad \xrightarrow[\text{+ PCl}_5, \text{ oder Säuren u. ä.}]{} \qquad \text{(Zwischen-} \qquad \longrightarrow \qquad R—C{=}O$$
$$\ddot{N}—OH \qquad\qquad\qquad\qquad \text{produkt)} \qquad\qquad\qquad HN—C_6H_5$$

[B. 19, 988 (1886); A. 252, 1 (1889); B. 55, 848 (1922)].

Zur Deutung dieser drei Umlagerungen mit der ihnen gemeinsamen intramolekularen Atomwanderung nahm G. Schroeter [B. 42, 2336, 3356 (1909); 44, 1201 (1911); 63, 1308 (1930)] „das intermediäre Auftreten monovalenter Stickstoffatome" an. Schon 1896 hatten J. Stieglitz und J. A. Nef die Bildung eines Zwischenproduktes mit monovalentem N-Atom befürwortet: R·CO·N< → R·N=CO. Diesem gedanklichen Notbehelf der Zwischenbildung von ungesättigten Atomen (bzw. freien Radikalen) wird in der Sprache der Oktett-(Elektronen-)Theorie eine andere Umschreibung gegeben [F. C. Whitmore: Am. 54, 3274 (1932); 55, 4153 (1933)], z. B. in dem System R:C:N:X: oder R:C::N:X: ; wenn X mit seinem Oktett infolge der Reaktion abgespalten wird, so tritt in dem Rest eine Umlagerung ein:

$$R:\ddot{C}:\ddot{N} \longrightarrow \ddot{C}:\ddot{N}:R \quad \text{oder} \quad R:\ddot{C}::\ddot{N} \longrightarrow \ddot{C}::\ddot{N}:R,$$

und das resultierende Produkt ist — entsprechend den vorhandenen Gruppen und Versuchsbedingungen — ein Isocyanat, ein Amin oder ein substituiertes Amin.

Die genannten drei Umlagerungen setzen also für das Radikal R eine Wanderung vom Kohlenstoffatom zum Stickstoffatom bzw. eine zeitweilige Existenz als freies Radikal voraus. Wenn nun das Radikal R ein asymmetrisches optisch aktives C-Atom enthält, wird oder muß dann nicht eine Inaktivierung (Razemisierung) desselben eintreten? Die experimentelle Prüfung dieses Problems durch

L. W. Jones und E. G. Wallis [Am. **48**, 169 (1926)] mit Benzyl-methyl-acetazid $(C_7H_7)CH_3 \cdot CHCO \cdot N_3$ ergab nun das folgende bemerkenswerte Tatsachenbild:

$$d—(C_7H_7)(CH_3)C—COCl \rightarrow d—(C_7H_7)(CH_3)C—CO \cdot N_3 \rightarrow$$
$$\begin{matrix} H & & & H \end{matrix}$$

Benzylmethyl-acetylchlorid   Azid
$\alpha_D = +25,4^\circ (l = 1 \text{ dcm})$ $\alpha_D = +61,5^\circ (l = 1 \text{ dcm})$

$$\rightarrow d—(C_7H_7)(CH_3)C—NCO \rightarrow d—(C_7H_7)(CH_3)C—NH_2 \cdot HCl$$
$$\begin{matrix} H & & & H \end{matrix}$$

Isocyanat   Amin (als HCl-Salz)
$[\alpha]_D = +52,5^\circ (\text{in } C_6H_6)$ $[\alpha]_D = +16,6^\circ (\text{in } H_2O)$

Trotz des Ortswechsels bzw. des Austausches der Bindung R—C gegen die Bindung R—N ist das Radikal $R = (C_7H_7)(CH_3)HC$— optisch aktiv geblieben, und hat seine tetraedrische Asymmetrie bewahrt. Im Falle einer etwaigen Ionenspaltung könnte ein Kation $[R_1R_2R_3C]^+$ sich bilden (das aber nur 6 Valenzelektronen besitzt und unbeständig sein muß) oder ein Anion $[(R_1R_2R_3)C]^-$ mit vollem Oktett [ein solches ist stabil, Adams und Wallis, Am. **55**, 3838 (1933)], oder aber eine Ionenbildung der erwähnten Art ist überhaupt auszuschließen, und das optisch aktive Radikal tritt bei der Umlagerung gar nicht frei auf, indem etwa das einwertige Stickstoffatom seine Wirkung auf das Radikal R auszuüben beginnt, noch bevor die eigentliche Umgruppierung und Loslösung stattfindet (zit. S. 171). Weitere Versuche über die Erhaltung der optisch aktiven Gruppe bei Umlagerungen an Säureaziden, Hydroxamsäuren (Lossensche Umlagerung) und Säureamiden sprechen für die letztere Annahme [Wallis und Mitarbeiter: Am. **53**, 2787 (1931); **55**, 1701, 2598 (1933)], und unter Zuhilfenahme von Partialvalenzen wurde das folgende Bild für eine solche Zwischenbindung

des asymm. C-Atoms aufgestellt: $\searrow C \quad C^{\nearrow O}_{\underset{N}{\parallel}}$ als Vorstufe für $-\searrow C \quad C{=}O \atop \searrow N$

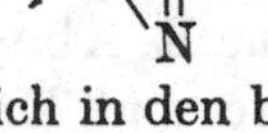

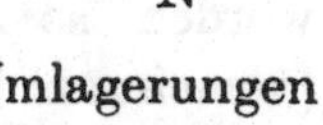

Formal betrachtet, handelt es sich in den besprochenen Umlagerungen um Substitutionsvorgänge am optisch aktiven asymm. C-Atom, und damit gliedern sie sich an die „Waldensche Umkehrung" an. Zur „Erklärung" der letzteren wurde ebenfalls eine gleichzeitige Valenzbeanspruchung des asymm. C-Atoms durch die neueinzuführende Gruppe vorausgesetzt, z. B.

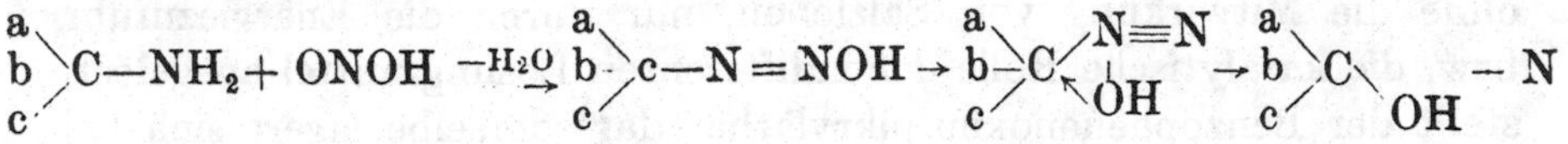

$${a \atop b} {\searrow \atop \diagup} C{-}NH_2 + ONOH \xrightarrow{-H_2O} {a \atop b} {\searrow \atop \diagup} c{-}N{=}NOH \rightarrow {a \atop b} {\searrow \atop \diagup} C{\underset{OH}{\overset{N\equiv N}{\diagdown}}} \rightarrow {a \atop b} {\searrow \atop \diagup} C{\diagdown \atop OH} {-} N$$

(P. Walden, 1898).

Für die vorhin erwähnten Umlagerungen hatte A. Lapworth [Soc. **73**, 445 (1898)] ebenfalls kein eigentliches Freiwerden der Radikale.

sondern einen Zustand der dauernden Anziehung durch die anderen Atome angenommen. M. Tiffeneau wiederum deutet (1907) den Mechanismus der molekularen Umlagerungen durch die Annahme eines vorherigen Bruches (Dissoziation) der entsprechenden Atombindungen bzw. durch intermediäre Systeme mit freien Valenzen. Auf Grund ihrer Studien über „Austauschumlagerungen" gelangen H. Biltz und R. Robl [B. 54, 2441 (1921)] zu der Annahme eines „Abrollens" der Umsetzung, indem eine Lockerung der Hauptvalenzen bei gleichzeitigem Auftreten von Nebenvalenzen eine Umgruppierung hervorruft; als Beispiel dient die Oxydation von Tetrachloräthylen zu Trichloracetylchlorid:

$$\underset{\underset{Cl}{|}}{Cl\cdot C}=C\cdot Cl_2 \xrightarrow{+O} \underset{\underset{Cl}{|}}{Cl\cdot \overset{\overset{O}{|}}{C}}{=}CCl_2 \rightarrow \underset{\underset{Cl}{\diagup}}{Cl\cdot \overset{\overset{O}{\diagdown}}{C}}{-}CCl_2 \rightarrow \underset{\underset{Cl}{|}}{Cl\cdot \overset{\overset{O}{\|}}{C}}{-}CCl_2.$$

Der gleiche Mechanismus wird ausdrücklich auch auf die Beckmannsche Umlagerung sowie den Hofmannschen Abbau der Säureamide und den Curtiusschen Abbau der Azide übertragen. Dem Wesen nach stimmt dieses Reaktionsmodell mit dem oben für aktive Stoffe gegebenen überein.

Die Beckmannsche Umlagerung [E. Beckmann: B. 19, 988 (1886); 20, 1507, 2580 (1887 u. f.); s. a. A. 252, 14 (1889); 365, 201 (1909); B. 56, 1, 341 (1923)] umfaßt die Umlagerung von Oximen (Ketoximen, aber auch Aldoximen, 1909), z. B. durch Behandeln mit Phosphorpentachlorid, in Säureamide: $\underset{\overset{\|}{N}OH}{R'{-}C{-}R''} \rightarrow \underset{R'\cdot N\cdot H}{O{=}C{-}R''}$.

Umfangreiches experimentelles Material zu dieser Umlagerung hat auch M. Kuhara (Kyoto) von 1906—1920 geliefert. Zur Deutung des Mechanismus dieser Umlagerung sind außer den bereits erwähnten Hypothesen noch elektrochemische Vorstellungen herangezogen worden, so z. B. zuerst von R. Abegg (1899), von E. Beckmann [gemeinsam mit O. Liesche und E. Correns: B. 56, 341 (1923)], von O. L. Brady (mit F. P. Dunn: Soc. 1926, 2411). Brady stellt als Bedingung auf, daß das reagierende (sich umlagernde) System ein Salz oder eine salzähnliche Substanz (also Elektrolyt) sein muß, sowie daß die Sprengung der C:N-Doppelbindung nicht vor dem Austausch der Radikale erfolgen darf. Einen eigenartigen Fall dieser Umlagerung, ohne die Mitwirkung von Salzionen, nur durch die Energiezufuhr bzw. die katalytische Rolle der indifferenten Lösungsmittel ausgelöst, stellt der Benzophenonoxim-pikryläther dar · derselbe lagert sich bei seinem Schmelzpunkt (103—105⁰) explosionsartig in Benz-N-pikrylamid (Schmp. 198⁰) um, und in Lösungsmitteln erfolgt die Umlagerungsgeschwindigkeit im Sinne der zunehmenden Dielektrizitäts-

konstanten der Medien: $CCl_4 < C_6H_6 < CHCl_3 < CH_2Cl_2 < C_2H_4Cl_2$
bzw. $C_6H_{12} < C_6H_5Cl < C_2H_4Cl_2 < CH_3CO \cdot CH_3 < CH_3NO_2 < CH_3CN$:

$$[\text{Pi ist } C_6H_2(NO_2)_3] \quad \begin{matrix} C_6H_5 \cdot C \cdot C_6H_5 \\ \overset{\shortparallel}{N} \cdot O \cdot Pi \end{matrix} \rightarrow \begin{bmatrix} C_6H_5 \cdot C \cdot O \cdot Pi \\ C_6H_5 \cdot \overset{\shortparallel}{N} \end{bmatrix} \rightarrow \begin{matrix} C_6H_5 \cdot C \cdot O \\ | \\ C_6H_5 \cdot N \cdot Pi \end{matrix} \cdot$$

<table>
<tr><td>Benzophenonoxim-
pikryläther</td><td>(unbeständiges
Zwischenprodukt)</td><td>Benz-
N-pikrylamid</td></tr>
</table>

(A. W. Chapman und C. C. Howis: Soc. **1933**, 806; **1934**, 1550; **1935**, 1223. Man vgl. auch S. 312 die Komplex-Salz-Isomerie von E. Hertel.) Dieselben Forscher stellen auf Grund des quasi elektrischen Charakters bzw. der potentiell anionischen Gruppe X, die Beckmannsche Umlagerung I an die Seite der (in der Terpenchemie beobachteten) Wagner-Meerweinschen II [B. **55**, 2500 (1922); A. **435**, 190 (1924); **453**, 16 (1927)]:

$$\text{I.} \quad \begin{matrix} CR_2 \\ \overset{\shortparallel}{N} \cdot X \end{matrix} \rightarrow \begin{matrix} CRX \\ \overset{\shortparallel}{N}R \end{matrix} \qquad \text{II.} \quad \begin{matrix} >CR \\ | \\ >CX \end{matrix} \rightleftarrows \begin{matrix} >CX \\ | \\ >CR \end{matrix} \cdot$$

Auch in II geht die Isomerisationsgeschwindigkeit parallel der Dielektrizitätskonstante der Lösungsmittel.

IX. Anhang. Ein vielgestaltiges und ergebnisreiches Versuchsmaterial für Isomeriegleichgewichte zwischen echter Nitro-Form' (Pseudosäure) und aci-Nitrokörper, für Chromoisomerie, Valenzisomerie usw. boten die Nitroverbindungen dar.

Die von V. Meyer, im Anschluß an seine Entdeckung der aliphatischen Nitrokörper (1872), den Alkalisalzen [1]) erteilte Formel

$$R \cdot C \overset{H}{\underset{Me}{\diagdown}} NO_2 \quad \text{war von A. Michael (1888) in} \quad R \cdot C \overset{H}{\diagdown} N \overset{O}{\underset{OMe}{\diagup}} \quad \text{ab-}$$

geändert worden; für diese trat auch J. U. Nef (seit 1892; A. **280**, 263) ein, dem aus Nitromethan $CH_3 \cdot NO_2$ entstehenden Salz würde also

eine Säure (Nitronsäure) $H—C \overset{H}{\diagdown} N \overset{O}{\underset{OH}{\diagup}}$ zugrunde liegen bzw. der

an sich neutrale Nitrokörper würde in Berührung mit Alkalien sich in eine Säureform umlagern: $R \cdot CH_2NO_2 \overset{OH'}{\longrightarrow} R \cdot CH:NOO'H' + OH'$. Unabhängig voneinander war 1895 das Phenylnitromethan $C_6H_5 \cdot CH_2 \cdot NO_2$ in einer flüssigen (stabilen und neutralen) und einer festen (labilen, sauren) Form erhalten worden, und zwar von A. F. Holleman [Rec. **14**, 129 (1895)], M. Konowalow [seit 1893; B. **29**, 2193 (1896)] und A. Hantzsch und W. Schultze [B. **29**, 699, 2251 (1896)]. Durch

---

[1]) V. Meyer [A. **171**, 31 (1874)] sagte, es unterliegt „keinem Zweifel, daß die Nitrogruppe und das Natriumatom (bzw. Me) sich an demselben Kohlenstoffatom befinden". Nach A. Hantzsch (*1899*) ist z. B. Nitroformkalium $[C(NO_2)_3]K$ bzw. auch Cyanoformkalium $[C(CN)_3]K$.

Leitfähigkeitsmessungen hatte zuerst Holleman, dann Hantzsch den Übergang der Elektrolytform in die neutrale beobachtet:

$$\text{fest} \; \underset{\substack{\text{Isoform, labil, sauer,}\\ \text{farblos, salzbildend}}}{\overset{}{\rightleftharpoons}} \; \underset{\substack{\text{stabil, neutral, gelbes Öl,}\\ \text{durch Alkalien isomerisierbar}}}{\text{flüssig, echtes } C_6H_5 \cdot CH_2 \cdot NO_2.}$$

Während Hantzsch der Isoform die Konstitution $C_6H_5 \cdot CH{-}N \cdot OH$ (mit O-Brücke)

beilegte (1896), diskutierte Holleman (1897) die Formel $\underset{}{>}C\underset{O}{\overset{N \cdot OH}{<}}$.

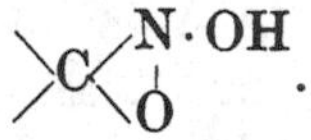

Die Isomerisation der Isoform zum echten Nitrokörper in Abhängigkeit vom Lösungsmittel erfolgt in der Reihenfolge: in Wasser $\rangle$ Alkohol $\rangle$ Äther $\rangle$ Benzol $\rangle$ Chloroform [B. 29, 2256 (1896)]. Nach der Annahme der Formulierung von Michael-Nef wird nun von A. Hantzsch (gemeinsam mit Mitarbeitern) eine durchgreifende Untersuchung der Nitrokörper vorgenommen, unter Zuhilfenahme der physiko-chemischen Forschungsmittel und mit Aufstellung des Begriffes der „Pseudosäuren" [= Verbindungen, welche „wie die echten Nitrokörper ... nur unter Änderung ihrer Konstitution Salze bilden", B. 32, 577 (1899)]. Parallel gehen Untersuchungen über Cyan- und Isocyanverbindungen, Lactam- und Lactimgruppierungen, Oxyazokörper, Nitrosamine, echte Diazohydrate, Nitrolsäuren, α-Oximidoketone, Chinonoxime und Nitrosophenole [B. 32, 575—650, 1357 (H. Ley) (1899); B. 39, 162 (1906)]. Es folgen die Untersuchungen über Konstitution und Körperfarbe von Nitrophenolen, indem gleichzeitig die farbigen chinoiden aci-Nitrophenoläther neben den farblosen echten Nitrophenoläthern in Substanz isoliert werden [B. 39, 1073—1117 (1906)]:

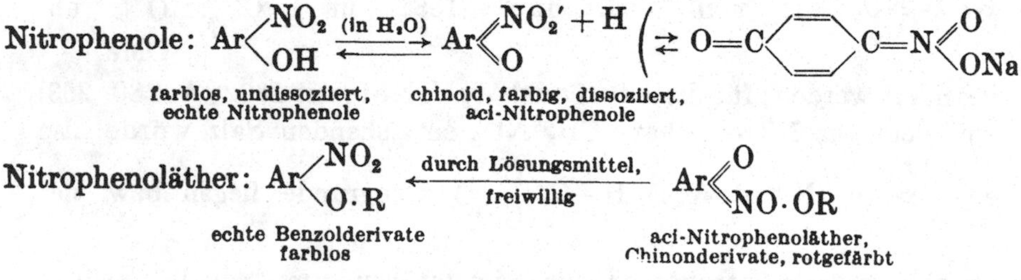

Nitrophenole: $Ar{<}^{NO_2}_{OH} \xrightarrow[\leftarrow]{\text{(in H}_2\text{O)}} Ar{<}^{NO_2{}'}_{O} + H \left(\rightleftarrows O{=}C{<}\bigcirc{>}C{=}N{<}^{O}_{ONa} \right.$

farblos, undissoziiert,   chinoid, farbig, dissoziiert,
echte Nitrophenole   aci-Nitrophenole

Nitrophenoläther: $Ar{<}^{NO_2}_{O \cdot R} \xleftarrow[\text{freiwillig}]{\text{durch Lösungsmittel,}} Ar{<}^{O}_{NO \cdot OR}$

echte Benzolderivate   aci-Nitrophenoläther,
farblos   Chinonderivate, rotgefärbt

Den farbigen Nitrophenolsalzen hatte schon Armstrong (1902) eine chinoide Struktur zugesprochen, während H. Kauffmann diese ablehnte und die Phänomene durch seine Auxochromtheorie (Valenzzersplitterung an dem die Auxochrome tragenden Ringkohlenwasserstoff) deutete [B. 39, 1959, 4237 (1906); 40, 843 (1907)]. Baly und Mitarbeiter nahmen zuerst (1906) die chinoide Formulierung an, gaben sie aber nachher (1910) auf Grund ihrer Absorptionsuntersuchungen auf.

Nachdem A. Hantzsch die Polychromie und Chromoisomerie [B. 42, 966—1015 (1909); 43, 45—122 (1910)] als eine „auf der Basis der Strukturisomerie" vorliegende Isomerie der Salze experimentell gefaßt und theoretisch ihre Existenz — ohne jede Veränderung der Atome im Molekül — nur auf deren **Bindungswechsel** zwischen Haupt- und Nebenvalenzen zurückgeführt und als „**Valenzisomerie**" (nach dem Vorgang von A. Werner, 1909) gekennzeichnet hatte, unternahm er auch ihre Formulierung, z. B.:

Salze aus Oximidoketonen [B. **42**, 985 (1909)]:

Leukosalze farblos	gelb	Chromosalze rot	blau

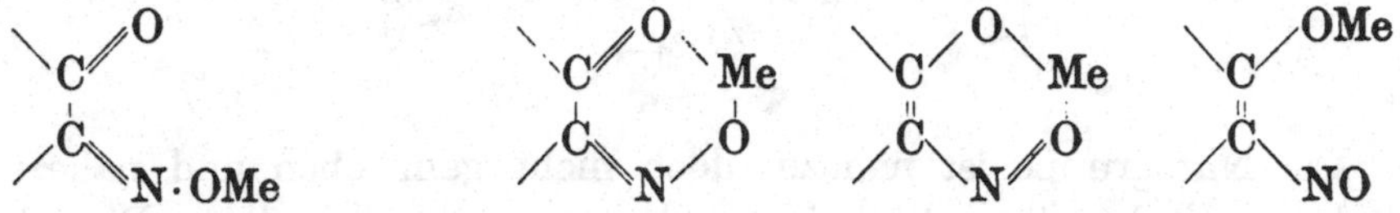

Nitrophenolsalze [B. **43**, 90 (1910)]:

gelb	rot	roter Ester

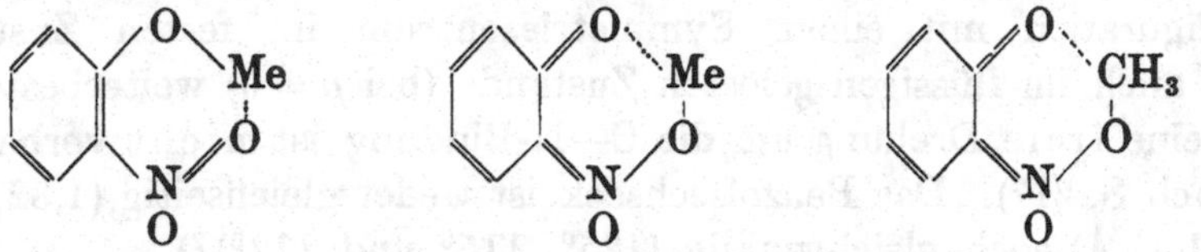

Für die Salze der Nitromethane werden dann die als „**Komplex- oder Konjunktionsformeln**" bezeichneten Symbole gegeben [Hantzsch und F. Hein: B. **52**, 503 (1919)]:

In der jüngsten Auseinandersetzung über die Chromoisomerie der farbigen Metallsalze der Nitrophenole gibt Hantzsch denselben die folgende Formulierung [A. **492**, 77 (1932)], wobei keine chinoide Bindung angenommen ist:

$$\text{gelbe Salze } ON \cdot C_6H_4 \cdot O \qquad \text{rote Salze } N \cdot C_6H_4 \cdot O$$
$$O \cdots\cdots Me \qquad\qquad\qquad O_2 \cdots\cdots Me$$

Es sind also „mindestens zwei Sauerstoffatome an die Metalle gebunden" (zit. S. 77).

Nach der Parachor-[1]) Bestimmung (S. Sugden) muß in der Nitrogruppe —NO_2 eine Doppelbindung zwischen Stickstoff und Sauerstoff semipolar sein (d. h. ein Sauerstoffatom ist nach der Oktetttheorie, durch vier Elektronen, das andere nur durch ein Elektronenpaar gebunden):

$$\text{gebunden): } -\overset{+}{N}\diagdown^{O}_{\underset{-}{O}} \text{ oder } \overset{R:\overset{+}{N}}{\underset{:\overset{..}{O}:^{-}}{}} O \cdot$$

---

[1]) Zum „Parachor" (1924 von Sugden eingeführt) vgl. S. Sugden: The Parachor and Valency. London 1929. Dazu jedoch Mumford und Phillips: Soc. **1929**, 2112; B. **63**, 1818 (1930). Eine andere Zerlegungsweise der (additiven) Parachorwerte als Volumgrößen gibt A. Sippel [B. **63**, 2185 (1930)].

Das p-Dinitrobenzol p-$C_6H_4(ON_2)_2$ ist dipolfrei (H. O. Jenkins, 1934), und man schloß daraus, daß die O-Atome der Nitrogruppe gleichwertig sind. Eine Neubestimmung des Raumbildes [1]) des p-Dinitrobenzols durch R. W. James und Mitarbeiter [Proc. R. Soc. **153**, 225 (1935)] ergab jedoch die folgenden Maßzahlen:

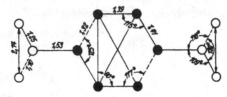

Die Nitrogruppe ist nahezu, doch nicht ganz eben und nahezu koplanar mit dem Benzolring, indem das eine O-Atom in dieser Benzolebene, das andere aber etwas über derselben liegt; das eine O-Atom hat die Entfernung 1,10 Å, das andere 1,25 Å vom N-Atom. Diese genaue Konfiguration mit einem Symmetriezentrum im festen Zustande muß auch im flüssigen gelösten Zustande (bei $\mu = 0$) weiterbestehen, d. h. eine freie Drehung um die C—N-Bindung ist nicht vorhanden (s. auch S. 217). Das Benzolsechseck ist weder gleichseitig (1,32, 1,39 und 1,41 Å) noch gleichwinklig (125°, 115° und 117°) [2]).

Das chemische Verhalten der aromatischen Nitroverbindungen hat neben den besprochenen Konstitutionsproblemen der einzelnen Individuen noch die Untersuchungen ihrer Wechselbeziehung zu anderen Körperklassen hervorgerufen; wir nennen einerseits die große Schar der kristallisierten Molekülverbindungen, andererseits die lockeren Additionsverbindungen in Lösung. Eine Zusammenfassung der festen Molekülverbindungen hat P. Pfeiffer [3]) gegeben. Für die Konstitution und Farbe dieser Additionsverbindungen hatte A. Werner (1909) die Nebenvalenzen der Nitrogruppe verantwortlich gemacht, und zwar erfolgt die Absättigung der Nebenvalenzen der Nitrogruppe 1. gegenüber den Kohlenwasserstoffen mit deren ungesättigten C-Atomen, 2. gegenüber Aminen mit dem dreiwertigen N-Atom der Amingruppe: $R \cdot NO_2 \ldots N(R)_3$. Demgegenüber läßt P. Pfeiffer (zit. Werk) die Bindung zwischen der Nitrogruppe und dem aromatischen Kohlenwasserstoffrest auch bei Aminen stattfinden, und zwar: $R \cdot NO_2 \ldots C_nH_{m-1}(NH_2)$. Eine Art Synthese zwischen beiden Ansichten stellt die Komplexisomerie [4]) von E. Hertel [B. **57**, 1559

[1]) Über die Methoden und Ergebnisse der Bestimmung von Molekülstrukturen vgl. H. A. Stuart: Molekülstruktur. Berlin 1934. Ferner H. Mark: Z. El. 40, 413 (1934). E. Hertel: Z. ph. Ch. (B.) 11, 59 (1930) und Z. El. 40, 405 (1934).

[2]) Vgl. auch die Betrachtungen von A. Naumann über das Benzolsechseck [B. **23**, 484 (1890)].

[3]) P. Pfeiffer: Organische Molekülverbindungen, II. Aufl. 1927.

[4]) Von dieser „Komplexisomerie" ist zu unterscheiden die „Stereoisomerie bei inneren Komplexverbindungen", die H. Ley (1909) am Kobaltiglycocoll [Co(CO$_2 \cdot$CH$_2 \cdot$ NH$_2)_3$] entdeckt, auf die höheren Aminosäuren ausgedehnt, als cis- und trans-Formen

(1924); **61**, 1545 (1928); A. **451**, 179 (1927)] dar, indem z. B. Pikrin-säure [1]) und o-Bromanilin tatsächlich beide Bindungsarten auf-weisen (R=C_6H_4Br):

$$C_6H_2(NO_2)_3O(H \ldots NRH_2) \underset{\underset{\text{unter 95°}}{\text{beim Abkühlen}}}{\overset{\overset{\text{beim Erwärmen}}{\text{über 95°}}}{\rightleftarrows}} HO \cdot C_6H_2(NO_2)_3 \ldots R \cdot NH_2$$

echtes gelbes „Pikrat"   rote Molekülverbindung

Einen anderen Typus von Komplexisomerie bzw. Isomerie bei halochromen Verbindungen verwirklichte P. Pfeiffer [gemeinsam mit H. Kleu: B. **66**, 1058, 1704 (1933)], im Sinne der Ansicht von der Lokalisation der Restaffinitäten, indem z. B. p-Dimethyl-amino-benzal-aceton zwei Perchlorate ergab:

$$(CH_3)_2N \cdot \langle\rangle \cdot CH:CH \cdot C \cdot CH_3 \rightleftarrows (CH_3)_2 \cdot N \cdot \langle\rangle \cdot CH:CH \cdot C \cdot CH_3$$
$$\underset{}{\overset{ClO_4H}{|}} \qquad\qquad\qquad O \qquad\qquad\qquad\qquad O \cdot HClO_4$$

Ammoniumsalz, fast farblos   Oxonium-(Carbenium-)salz, blau

Auch in scheinbar ganz eindeutigen Fällen gelangen die ver-schiedenen physikalischen Methoden nicht zu den gleichen Aussagen über die Konstitution einer gegebenen chemischen Verbindung. Als Beispiel diene das Tetranitromethan, dem sein Entdecker Schisch-koff (1861) die Konstitution $C(NO_2)_4$ erteilt hatte. Diese symmetrische Formulierung wurde erschüttert, als man die große Reaktionsfähig-keit nur einer Nitrogruppe mit alkoholischer Kalilauge beobachtete [Hantzsch, 1899; Willstätter: B. **37**, 1779 (1904)]. Man gab daher dem Körper eine unsymmetrische Konstitution: $(NO_2)_2 \cdot C {\overset{\displaystyle -NO \cdot NO_2}{\underset{\displaystyle O}{\diagdown\diagup}}}$
(Willstätter), diese sollte im Gleichgewicht stehen mit $(NO_2)_3C \cdot O \cdot NO$ [E. Schmidt: B. **52**, 402 (1919)]. Spektrochemische Beobachtungen sprachen für eine Nitronformel $(NO_2)_2C:N \cdot O \cdot NO_2$ [K. v. Auwers, 1924, dann aber B. **62**, 2292 (1929)], während Röntgenuntersuchungen eine Struktur $(NO_2)_3C \cdot O \cdot NO$ forderten (H. Mark, 1927). Andererseits ließ sich zugunsten der symmetrischen Formulierung $C(NO_2)_4$ folgendes anführen: Tetranitromethan besitzt, ähnlich dem Tetrachlormethan, eine ganz geringe Dielektrizitätskonstante (P. Walden, 1903), und beide haben das Dipolmoment Null (J. W. Williams, 1928); Tetra-nitromethan zeigt ein Absorptionsspektrum übereinstimmend mit den echten Nitrokörpern (J. W. Williams, 1928); auch G. L. Lewis und Ch. P. Smyth [Am. **61**, 3067 (1939)] finden das Tetranitromethan

---

erkannt und auch in optisch-aktiven Zuständen dargestellt hat [B. **42**, 3894 (1909 u.f.); B. **59**, 2712 (1926)].

[1]) Die Pikrinsäure bildet mit aromatischen Basen, z. B. Anilin, noch andere isomere (?) Verbindungen; K. J. Pedersen [Am. **56**, 2615 (1934)] erhielt eine blaßgelbe leicht-lösliche metastabile Modifikation neben einer stabilen, weniger löslichen orangefarbigen Modifikation des Aniliniumpikrats. T. Hoshino [A. **520**, 21 (1935)] beschreibt je ein gelbes und rotes Pikrat der tertiären Tryptaminbasen und des Bufotenins [s. auch Wie-land: B. **64**, 2100 (1931); hier wird beim Erwärmen die rote Form → gelb].

dipollos und sprechen es als symmetrisch gebaut an. Eine symmetrische Struktur des Tetranitromethans $C(NO_2)_4$ wurde ferner abgeleitet: aus dem Absorptionsspektrum (A. K. Macbeth, 1915 und 1922; E. Schmidt, 1926), aus dem Raman-Spektrum (M. Milone, 1933), ebenso nach der Elektronenbeugungsmethode [A. J. Stosick: Am. **61**, 1127 (1939)].

Sechstes Kapitel.

Optische Umkehrerscheinungen („Waldensche Umkehrung"). Der sterische Verlauf der Substitutionsvorgänge.

Der heuristische Wert chemiehistorischer Studien und der dadurch ausgelösten Nachprüfung älterer chemischer Beobachtungen findet einen überzeugenden Ausdruck in der Entdeckung der „Waldenschen Umkehrung". Es war ein wissenschaftliches Unbehagen, das P. Walden erfaßte, als er dem alten Berichte von A. Kekulé (1864) entnahm, wie dieser chemische Meister bei vorsichtiger Arbeit aus der optisch aktiven Äpfelsäure durch Bromwasserstoff eine ebenfalls aktive Brombernsteinsäure darzustellen gedachte und bekennen mußte: „Der Versuch hat leider meinen Erwartungen nicht entsprochen." War es hier die Inaktivität der Brombernsteinsäure, so erschien es noch befremdlicher, daß W. H. Perkin (1888) aus Weinsäure durch Phosphorpentachlorid rechtsdrehende Chlorfumar- und Chlormaleinsäure dargestellt hatte: diese Tatsachen standen aber im strikten Widerspruch zu der Lehre J. H. van't Hoffs vom asymmetrischen Kohlenstoffatom. Erschien damit nicht diese Lehre problematisch? Oder waren die Beobachtungen falsch? Dieses Dilemma lieferte nun die Problemstellung für die Untersuchungen von P. Walden, die, beginnend mit dem Jahre 1892 und mit der Darstellung der fehlenden optisch aktiven Halogen-bernsteinsäure [B. **26**, 210 (1893)], hinüberleiteten zu der Entdeckung des nachstehenden „optischen Kreisprozesses" [B. **29**, 133 (1896)][1]:

---

[1] Über die Entstehungsgeschichte: vgl. P. Walden: Chem.-Zeit. **61**, 9 (1937).

Eine Monographie (bis 1917 das Material bringend): P. Walden: Optische Umkehrerscheinungen. 1919.

Eine Zusammenfassung gab P. F. Frankland in seiner Präsidentenrede. Soc. **103**, 713 (1913).

Eingehende experimentelle Bearbeitungen lieferten:

Emil Fischer (meist gemeinsam mit Helm. Scheibler): I. bis VIII. Abhandl., B. **40**, 489 (1907) bis **45**, 2447 (1912); dann die Theorie: A. **381**, 123 (1911); **386**, 374 und **394**, 350 (1912).

Alex. McKenzie (gemeinsam mit G. W. Clough u. a.): Abh. I—XI, 1908—1924; Soc. **93**, 811 (1908 u. f.); XII: Soc. **1933**, 705; XIII: B. **69**, 876 (1936).

Br. Holmberg [B. **45**, 997 (1592), 1713, 2997 (1912 u. f.); s. auch B. **61**, 1893 1928)];

G. Senter [Soc. **91**, 460 (1907); **95**, 1827 (1909); B. **45**, 2318 (1912); On the Walden inversion: I: Soc. **107**, 638, 908 (1915); **113**, 140 (1918) (mit Drew und Martin); **125**, 2137 (1924); **127**, 1847 (1925); **1926**, 1184 (X. Mitteil.; A. K. Ward): Einfluß des Lösungsmittels].

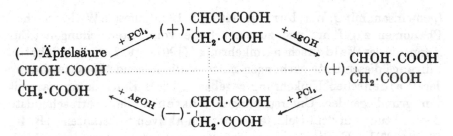

Es ist hiernach möglich, mittels einfacher anorganischer Reagenzien die Umwandlung eines optischen Antipoden in sein Spiegelbild bzw. l ⇄ d durchzuführen. Als nun Walden [B. **30**, 146 (1897)] den Ersatz des Halogens durch Hydroxyl nicht mittels AgOH, sondern durch die starken Basen KOH, Ba(OH)$_2$ u. ä. bewerkstelligte, gelangte er zu dem neuen überraschenden Ergebnis:

die Rechts-Chlorbernsteinsäure ergab die (—)-Äpfelsäure bzw.
die Links-Brombernsteinsäure führte zu (+)-Äpfelsäure.

Eine Problematik in der Stereochemie, wie in der Deutung der Substitutionsvorgänge überhaupt schien damit sich anzubahnen. Und einigermaßen ironisch äußerte sich (1896) W. Ostwald bei der Berichterstattung der obigen Befunde: „Die Bedeutung dieser Ergebnisse für die gegenwärtig üblichen räumlichen Anschauungen ist offenbar, und man darf auf die Versuche gespannt sein, die man machen wird, um diesen Widerspruch zu erklären." Wohl zeigte P. Walden (1895) auch für die l-Milchsäure und l-Mandelsäure die gleichen Umkehrungserscheinungen auf, und J. W. Walker (1895) sowie Th. Purdie und S. Williamson (1896) erbrachten an denselben Säuren weitere Bestätigungen, — doch die von W. Ostwald erwarteten Erklärungen blieben aus, indem ein Jahrzehnt lang selbst der Schöpfer der Stereochemie J. H. van't Hoff dem seltsamen Phänomen nur registrierend gegenüberstand. Erst durch E. Fischer [B. **39**, 2894 (1906)] wurde die Bezeichnung „Waldensche Umkehrung" geschaffen und die grundlegende Bedeutung der letzteren bei Konfigurationsbestimmungen ausgesprochen. „Es war das praktische Bedürfnis, aktive Halogenfettsäuren für den Aufbau der Polypeptide zu benutzen", welches E. Fischer

P. A. Levene (mit L. A. Mikeska, A. Rothen u. a.): seit 1915, J. Biol. Chem. **21**, 345 (1915); on Walden Inversion, I: J. Biol. Chem. **59**, 473 (1924); XXI J. Biol. Chem. **127**, 237 (1939).

K. Freudenberg [B. **47** (1914) bis **61** (1928); s. auch A. **518**, 86 (1935)].

J. Kenyon mit H. Phillips und Houssa [Soc. **1925—1938**].

R. Kuhn und Fr. Ebel: „Über neuartige Umkehr-Erscheinungen" [B. **58**, 919 (1925)].

R. Kuhn und Th. Wagner-Jauregg [B. **61**, 504 (1928)].

E. D. Hughes und C. K. Ingold (Soc. **1935—1938**).

W. Hückel [A. **533**, 1 (1937); Rec. Trav. chim. Pays-B. **57**, 555 (1938); mit W. Tappe: A. **537**, 113 (1939); s. auch Österr. Chem.-Zeitung Nr. 5 und 6 (1939); Z. angew. Chem. **53**, 49 (1940)].

[gemeinsam mit O. Warburg: A. **340**, 168 (1905)] diesem Waldenschen Phänomen zugeführt und zu einer Serie von Untersuchungen „Zur Kenntnis der Waldenschen Umkehrung" (1907—1912) veranlaßt hatte. Eingangs dieser Untersuchungen hatte er die folgende Kennzeichnung der Waldenschen Umkehrung gegeben: „Diese Entdeckung war seit den grundlegenden Untersuchungen Pasteurs die überraschendste Beobachtung auf dem Gebiete der optisch-aktiven Substanzen" [B. **40**, 489 (1907)]. E. Fischer entwickelte auch als erster eine scharfsinnige Theorie der Waldenschen Umkehrung im Zusammenhang mit dem Substitutionsvorgang überhaupt [A. **381**, 123 (1911); **386**, 374 und **394**, 350 (1912)]; dann sei auch A. Werners Theorie genannt [A. **386**, 68 (1912)]. Beide großen Forscher lieferten anschauliche Modellbilder von dem möglichen Mechanismus der Waldenschen Umkehrung, wenn der Schlußakt des Substitutionsdramas bekannt ist, beide können aber nicht vorhersagen, wann er bei den verschiedenen Substitutionen gerade die eine oder die entgegengesetzte sterische Konfiguration ergeben muß. Die Theorienbildung hat in der Zwischenzeit nicht aufgehört; immer neue Gesichtspunkte wurden herangezogen und brachten die Zahl der Theorien über die Waldensche Umkehrung weit über das Viertelhundert. Gleichzeitig hat sich die Erkenntnis von der Rolle dieses Phänomens auf immer weiteren Gebieten der chemischen Verbindungen bzw. bei Konfigurationsbestimmungen von Substitutionsprodukten vertieft und rückwärts in neuen Experimentalforschungen geäußert. Das Problem ist noch heute, trotz Teillösungen, ein Problem. Seine unmittelbare Beziehung zu dem Grundproblem der Chemie überhaupt, zu dem Vorgang und Wesen der Substitution, läßt es als berechtigt erscheinen, das bisherige experimentelle Material einzeln aufzuzeigen. Dann ist es lehrreich, die Entwicklung der durch dieses Phänomen ausgelösten theoretischen Vorstellungen während eines Halbjahrhunderts zu verfolgen. Dieses am asymmetrischen optisch-aktiven C-Atom leicht erkennbare Phänomen des Ortswechsels kann naturgemäß auch bei ähnlich gelagerten Substitutionen am nichtasymmetrischen Kohlenstoff-Atom stattfinden, — bei der Bestimmung der Konfiguration (und des geometrischen Ortes des eingetretenen Substituenten) bzw. der möglichen Isomerien der Endprodukte ist also auch hier damit zu rechnen.

Im Raumbild kann das Substitutionsergebnis entweder nur die eine (I) oder nur die andere (II) Konfiguration $a\ b\ c\ d\ C$ oder beide zugleich annehmen:

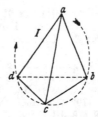 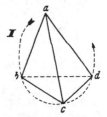

In I verläuft die Reihenfolge der vier Liganden a b c d im Sinne eines Uhrzeigers, in II dagegen in umgekehrter Richtung.

Der Substitutionsvorgang stellt sich reaktionskinetisch nach dem einfachen Schema dar: aus dem aktiven Körper, z. B. d—A entsteht mit der Reaktionsgeschwindigkeit K_1 der neue substituierte Körper d—B mit der ursprünglichen Konfiguration, oder mit der Reaktionsgeschwindigkeit K_2 das Substitutionsprodukt l—B mit der umgekehrten Konfiguration:

$$l\text{—}B \xleftarrow{K_2} d\text{—}A \xrightarrow{K_1} d\text{—}B,$$

und zwar resultiert für $K_1 > K_2$ vorwiegend die Erhaltung, für $K_2 < K_1$ die Umkehrung der Konfiguration, während für $K_1 = K_2$ die razemische Verbindng (d,l) entsteht. Die Reaktionsgeschwindigkeit wird nun ihrerseits von zahlreichen äußeren Umständen beeinflußt, z. B. von dem Reaktionsmedium (Lösungsmittel und Lösungspartner, Konzentration, Ionenzustand), der Temperatur, dem Typus der Substitutionsreaktion. Hinzu kommt noch die von Fall zu Fall abweichende Stabilität der Ausgangs- und der Endprodukte.

Die Waldensche Umkehrung erstreckt sich auf die verschiedensten Substitutionstypen und Körperklassen. Versuche haben ergeben, daß sowohl optisch aktive β-Oxyverbindungen als auch sekundäre Alkohole die Waldensche Umkehrung zeigen können, daß also weder ein α-ständiges Wasserstoffatom noch eine Carboxylgruppe unbedingt notwendig sind [vgl. E. Fischer: B. **40**, 494 (1907)]. So wiesen A. McKenzie und G. W. Clough [Soc. **97**, 1016, 2564 (1910 u. f.)] Umkehrerscheinungen an α-Phenyl-α-Oxy-propionsäure $(C_6H_5)(CH_3)C(OH)\cdot COOH$ nach, während R. H. Pickard und J. Kenyon [B. **45**, 1592 (1912)] am rechtsdrehenden β-Octylalkohol durch HBr und Ag_2O zwei quantitative Umkehrungen verwirklichen konnten:

$$d\text{—} \underset{[\alpha]_D = +9{,}9^\circ}{\overset{C_6H_{13}}{\underset{CH_3}{\diagup C \diagdown}}\overset{H}{\underset{OH}{}}} \xrightarrow[\text{v}]{HBr} l\text{—} \underset{[\alpha]_D = -27{,}5^\circ}{\overset{C_6H_{13}}{\underset{CH_3}{\diagup C \diagdown}}\overset{Br}{\underset{H}{}}} \xrightarrow[\text{v}]{Ag_2O} d\text{—} \underset{[\alpha]_D = +9{,}9^\circ}{\overset{C_6H_{13}}{\underset{CH_3}{\diagup C \diagdown}}\overset{H}{\underset{OH}{}}}.$$

Nach W. A. Noyes und R. S. Porter [Am. **34**, 1067 (1912); **35**, 75 (1913)] erfährt die cis-Amino-dihydro-campholytische Säure $C_8H_{14}(NH_2\,tert)(COOH\,sek.)$ durch salpetrige Säure eine Waldensche Umkehrung. „Damit wäre zum ersten Male auch für die Wirkung der salpetrigen Säure eine Waldensche Umkehrung nachgewiesen", erläuterte E. Fischer [A. **394**, 359 (1912)]. Ergänzend könnte auch gesagt werden, daß hier die Umkehrung an einem tertiären asymm. C-Atom erfolgt ist. Schließlich muß noch erwähnt werden, daß eine Waldensche Umkehrung auch eintreten kann, wenn die Substitution gar nicht unmittelbar am asymmetrischen Kohlenstoffatom stattfindet [H. Phillips: Soc. **123**, 44 (1923)]:

$$\begin{array}{c} C_6H_5CH_2 \\ CH_3 \end{array} \!\! C \!\! \begin{array}{c} OH \\ H \end{array} + ClSO_2C_7H_7 \longrightarrow$$

Rechtskonfiguration

$$\longrightarrow \begin{array}{c} C_6H_5CH_2 \\ CH_3 \end{array} \!\! C \!\! \begin{array}{c} O-SO_2 \cdot C_7H_7 \\ H \end{array} \xrightarrow[K_2CO_3]{+ C_2H_5OH} \begin{array}{c} C_6H_5CH_2 \\ CH_3 \end{array} \!\! C \!\! \begin{array}{c} H \\ OC_2H_5 \end{array} \cdot$$

Rechtskonfiguration   Linkskonfiguration

Daß die optische Umkehrung auch bei Abwesenheit des asymmetrischen C-Atoms, z. B. bei den Wernerschen optisch aktiven Metallkomplexsalzen entgegentritt, sei nebenher erwähnt (vgl. K. Freudenberg: Stereochemie, S. 1314. 1933).

Erklärungsversuche und Reaktionseinflüsse.

Die primäre Bildung eines Additionsproduktes mit der Anlagerung des einzuführenden Substituenten an die eine oder entgegengesetzte Stelle des asymmetrischen Kohlenstoffatoms wurden zur Veranschaulichung der Waldenschen Umkehrung vorausgesetzt von: H. E. Armstrong (1896), P. Walden (1898), E. Fischer [B. **40**, 495 (1907); A. **381**, 126 (1911)]; A. Werner [B. **44**, 873 (1911); A. **386**, 70 (1912)], P. Pfeiffer [A. **383**, 123 (1912)], J. Gadamer [J. pr. Chem. (2) **87**, 372 (1913)], J. Meisenheimer [A. **456**, 126 (1927); **479**, 211 (1930)]. Von allen genannten Forschern werden Mechanismen für die Möglichkeit einer Waldenschen Umkehrung (durch Ablenkung der Valenzkräfte und -richtungen, durch Schwächung der Kräfte, Verschiebungen der Valenzorte usw.), — jedoch keine Vorhersagen gegeben. J. Meisenheimer nimmt eine vorherige Addition des Reagens an dem zu substituierenden Liganden und dadurch eine Distanzenänderung der Substituenten vom Zentralatom an (vgl. auch Th. Wagner-Jauregg: C. **1933** I, 205).

Br. Holmberg [B. **59**, 125, 1569 (1926); **61**, 1885 (1928); C. **1933** I, 206] hatte den Begriff der „Reaktionsdistanz" (intramolekularer Abstand) geprägt; für die bimolekulare Reaktion von abcC ⟵⟶ X mit B ⟵⟶ Y, wenn die Reaktionsdistanz C ⟵⟶ X kleiner ist als B ⟵⟶ Y, leitete er eine Umsetzung unter Waldenscher Umkehrung ab. Radiengrößen der Gruppen berücksichtigt S. F. Boys (1934), indem er eine Umkehrung fordert, falls der Radius des neuen Substituenten größer ist als derjenige der nächstgrößten Gruppe.

Nach A. v. Weinberg [B. **52**, 933 (1919)] ist die Waldensche Umkehrung bedingt durch die Gegenwart von Doppelbindungen in den Substituenten, „glatt gelingt sie nur, wenn ein doppeltgebundenes Atom unmittelbar mit dem asymmetrischen C-Atom verbunden ist". Die Doppelbindung kommt durch eine dauernde Schwingung der Atomkerne zustande, und infolge der Vibrationswelle werden vorübergehend Valenzen frei. Auf spontane Abspaltung eines Radikals der

Verbindung Cabcd und Oszillationen des Radikals Cabc— führt H. N. K. Rördam [Soc. **1928**, 2447; **1929**, 1282 u. f.; B. **67**, 1595 (1934)] die Waldensche Umkehrung zurück, wobei der Molekülrest zwischen der d- und l-Konfiguration oszilliert: der die Konfiguration des Ausgangsstoffes beibehaltende Anteil n des Reaktionsproduktes wird durch die Konzentration c_x des eintretenden Radikals bestimmt, indem $n = k \cdot c_x \cdot F$ ist (k und F sind konstante Faktoren). Eine Schwingungshypothese liegt auch den Deutungen der Razemisierung und Waldenschen Umkehrung zugrunde, die G. B. Bonino [Gazz. Ital. **63**, 448 (1933)] entwickelt hat.

E. Erlenmeyer jun. [Biochem. Zeitschr. **97**, 255 (1919)] überträgt seine Anschauung über die von aktiven Verbindungen ausgehende asymmetrische Induktion auch auf die Waldensche Umkehrung: die beim Substitutionsakt auftretende Zwischenlage, bei der die vier Gruppen in einer Ebene liegen, wird durch die noch unangegriffenen asymmetrischen Moleküle stereochemisch orientiert.

Temperatureinfluß.

Die Razematbildung beim Erhitzen der optischen Antipoden ist seit Pasteurs Versuchen (1853, Bildung des traubensauren Cinchonins aus d-weinsaurem Cinchonin beim Erhitzen) bekannt, es stellt sich ein Gleichgewicht zwischen der d-Form und der l-Form (infolge einer sterischen Umkehrung) ein. Daß auch bei den Reaktionen mit Waldenscher Umkehrung das Erhitzen bzw. starkes Abkühlen erheblichen Einfluß auf die Erhaltung oder Umkehrung der Konfiguration des zu substituierenden Moleküls haben würde, konnte als selbstverständlich gelten, zumal ja die Entdeckung der Waldenschen Umkehrung ursächlich mit Berücksichtigung dieses Einflusses und unter tunlichster Vermeidung erhöhter Temperaturen erfolgt war. Einige Beispiele sollen diesen Temperatureinfluß veranschaulichen.

Zuerst sei an die (auch beim Lösungsmitteleinfluß erwähnten) Versuche von Senter bzw. Senter und Ward erinnert. Dann haben P. A. Levene und A. Rothen [„Waldensche Umkehrung", XXI: J. biol. Chem. **127**, 237 (1939)] die Halogenisierung (mit gasförmigem HBr bzw. HCl) von l-Methyl- bzw. l-Äthyl- und l-Propylphenylcarbinol $R(C_6H_5)H \cdot COH$ in Abwesenheit eines Lösungsmittels zwischen —80° und 0° ausgeführt: Propylphenylbrommethan war stets linksdrehend mit einer Minimaldrehung bei etwa —20°, Methyl- und Äthylphenylbromid wiesen bei —28° auf eine maximale Rechtsdrehung hin, während unterhalb —36° alle 3 Bromide linksdrehend sind; bei den tiefsten Temperaturen verläuft die Reaktion über ein Additionsprodukt. Aus dem tertiären Carbinol Lävo-3.7-dimethyloctanol-(3) haben Ph. G. Stevens und N. L. McNiven [Am. **61**, 1295

(1939)] durch Chlorwasserstoff in Pentan bei 25⁰ das Lävo-3.7-di-methyloctanchlorid-(3), jedoch bei —78⁰ das Rechts-Isomere erhalten. Auch hier verläuft also der Substitutionsvorgang je nach der Temperatur konfigurativ entgegengesetzt. J. Kenyon und S. M. Partridge (Soc. **1936**, 1313) konnten bei der Oxydation von optisch aktivem Methyl-α-β-dibrom-β-phenyläthylcarbinol zu dem entsprechenden Keton, je nach der Temperatur, ein linksdrehendes (bei t bis —15⁰) oder ein rechtsdrehendes Keton (bei t bis +75⁰) erhalten.

Einfluß des Lösungsmittels sowie der Komplexbildung (durch Pyridin- bzw. FeCl₃-Zusatz).

Der Einfluß des Lösungsmittels auf die Waldensche Umkehrung läßt sich erkennen sowohl aus den in zahlreichen Lösungsmitteln erstmalig von P. Walden (1899—1907) durchgeführten Razemisierungsversuchen (vgl. Optische Umkehrerscheinungen, S. 169 bis 183. 1919) als auch durch die direkten Untersuchungen des sterischen Reaktionsverlaufs der Substitutionsvorgänge selbst. Dieses Problem hat zuerst G. Senter in Angriff genommen bzw. eingehender erforscht [mit Drew: Soc. **107**, 638, 908 (1915); **109**, 1091 (1916); **113**, 140 (1918)]; die linksdrehende (—)-Phenylchlor- bzw. -brom-essigsäure gab beim Ersatz des Halogens durch die Aminogruppe (mittels NH₃) in Acetonitril bzw. flüssigem Ammoniak ... die linksdrehende Phenylaminoessigsäure (gegen 80%), in Wasser (bei 9⁰) die rechtsdrehende, bei 52⁰ die razemische Phenylaminoessigsäure, in Benzonitril tritt wie in Wasser eine Umkehr der Drehungsrichtung (beim Ersatz des Chlors durch NH₂—) ein.

Die aktive α-Brom-β-phenylpropionsäure $C_6H_5 \cdot CH_2 \cdot CHBr \cdot COOH$ gab jedoch in allen Lösungsmitteln dieselbe Aminosäure mit umgekehrter Drehungsrichtung [Senter, Drew und Martin: Soc. **113**, 151 (1918)]. Im Zusammenhang mit den Beobachtungen von E. Fischer, McKenzie, Frankland ergibt sich das folgende Bild:

a) $(+)$-$C_6H_5 \cdot CH_2 \cdot CHNH_2 \cdot COOH \xrightarrow{NOBr} (+)$-$C_6H_5 \cdot CH_2 \cdot CHBr \cdot COOH$

$$\xrightarrow[\text{NH}_3 \text{ wässerig}]{\text{NH}_3 \text{ flüssig}} (-)\text{-}C_6H_5 \cdot CH_2 \cdot CHNH_2 \cdot COOH$$

b) $(+)$-$C_6H_5 \cdot CHNH_2 \cdot COOH \xrightarrow{NOCl}$

$$(-)\text{-}C_6H_5 \cdot CHCl \cdot COOH \xrightarrow[\text{NH}_3 \text{ wässerig}]{\text{NH}_3 \text{ flüssig}} \begin{array}{l} (-)\text{-}C_6H_5 \cdot CHNH_2 \cdot COOH \\ (+)\text{-}C_6H_5 \cdot CHNH_2 \cdot COOH \end{array}$$

Dagegen tritt der Einfluß der Lösungsmittel zurück bei der β-Hydroxy- und β-Brom-β-phenylpropionsäure: in allen Lösungsmitteln verlaufen die Substitutionen optisch gleichsinnig:

c) $\begin{array}{c} (-)\text{-}C_6H_5 \\ H \end{array}\!\!>\!\!C\!\!<\!\!\begin{array}{c} OH \\ CH_2 \cdot COOH \end{array} \xrightarrow{HBr} \begin{array}{c} (+)\text{-}C_6H_5 \\ H \end{array}\!\!>\!\!C\!\!<\!\!\begin{array}{c} Br \\ COOH \end{array}$ [Senter und

Ward: Soc. 125, 2137 (1924), die Rechtsdrehung des Reaktionsproduktes ist um so größer, je schneller dasselbe isoliert (bzw. von den katalytisch wirkenden Bromionen befreit) wird, je größer die Reaktionsgeschwindigkeit (oder je kürzer die Reaktionsdauer) und je tiefer die Reaktionstemperatur ist (HBr wirkt bei längerem Verweilen razemisierend auf die aktive Bromverbindung);

d)
$$(+)\text{-}C_6H_5 \diagdown \!\!\!\!\!\! C \diagup\!\!\!\!\!\! Br \atop H \diagup \diagdown CH_2 \cdot COOH \quad \xrightarrow[(t = -100)]{NH_3 \text{ wäßrig}} \quad (-)\text{-}C_6H_5 \diagdown \!\!\!\!\!\! C \diagup\!\!\!\!\!\! OH \atop H \diagup \diagdown CH_2 \cdot CONH_2$$

[Senter und Ward: Soc. 127, 1847 (1925)].

Die kinetische Analyse der Hydroxylierung der Anionen der l-Phenylchlor- bzw. l-Phenylbromessigsäure nach der Gleichung

$$\text{l-}C_6H_5CHX \cdot CO_2' + H_2O \quad (\text{Überschuß}) \quad \xrightarrow[K_2]{K_1} \quad \begin{matrix} \text{d-}C_6H_5CH(OH) \cdot CO_2' \\ \text{l-}C_6H_5CH(OH) \cdot CO_2' \end{matrix} \text{ ,}$$

ergab die gleichzeitige Bildung beider entgegengesetzt drehenden Anionen, wobei $K_1 = K_2$ sein kann, demnach eine partielle Rechts- bzw. Linksdrehung neben dem Razemkörper auftreten kann (Ward: Soc. 1926, 1184). Namentlich im Falle d) sowie nachfolgend in dd) verläuft aber die bei tiefen Temperaturen eingeleitete Hydroxylierung ohne wesentliche Razemisierung [Ward: Soc. 127, 1847 (1925)]:

dd)
$$(+)\text{-}C_6H_5 \diagdown \!\!\!\!\!\! C \diagup\!\!\!\!\!\! Br \atop H \diagup \diagdown CH_2 \cdot COOH \rightarrow \left. \begin{array}{l} \text{a) mit flüss. } NH_3, t = \text{etwa } -80^0 \\ \text{b) mit } NH_3 \text{ in Acetonitril, } t = -18^0 \\ \text{c) mit } NH_3 \text{ in Alkohol, } t = -15^0 \end{array} \right\} \rightarrow$$

$$\rightarrow (-)\text{-} \; \begin{matrix} C_6H_5 \diagdown \!\!\!\!\!\! C \diagup\!\!\!\!\!\! OH \\ H \diagup \diagdown CH_2 \cdot CONH_2 \end{matrix}$$

Diese Reaktion nimmt den Weg über das Lacton (neben Styren).

Bemerkenswert ist die sterische Reaktionslenkung durch die Gegenwart tertiärer Basen beim Ersatz der Hydroxylgruppen [J. Kenyon, H. Phillips und Mitarbeiter: Soc. 1930, 415), z. B.:

$$(-)\text{-}C_6H_5CH(OH) \cdot COOR \quad \begin{array}{c} \xrightarrow{SOCl_2} \quad (-)\text{-}C_6H_5 \cdot CH(Cl) \cdot COOR \\ \xrightarrow[+ Pyridin]{SOCl_2} \quad (+)\text{-}C_6H_5 \cdot CH(Cl) \cdot COOR \\ \text{(Waldensche Umkehrung).} \end{array}$$

Eingehende Untersuchungen des d-β-Octanols $C_6H_{13}(CH_3) \cdot CH(OH)$ ergaben in mehrfacher Hinsicht wertvolles Material. Die Substitution der HO-Gruppe durch ein Säurechlorid, z. B. $COCl_2$, ergibt zuerst ein relativ stabiles und destillierbares Zwischenprodukt I, das beim sanften Erhitzen mit Pyridin unter Waldenscher Umkehrung das Chlorid II gibt (A. J. H. Houssa und H. Phillips: Soc. 1929, 2510). Wird I für sich bei 130° erhitzt, so resultiert das Chlorid III:

$$
C_6H_{13}\!\!\diagdown\!\!\underset{CH_3}{\overset{H}{C}}\!\!\diagup\!\!OH \xrightarrow{+\,COCl_2} d(+)- \quad C_6H_{13}\!\!\diagdown\!\!\underset{CH_3}{\overset{H}{C}}\!\!\diagup\!\!O-C\!\!\diagdown\!\!\underset{Cl}{\overset{O}{}} \quad \xrightarrow[\text{erhitzt}]{+\,C_5H_5N}
$$

l- $C_6H_{13}\!\!\diagdown\!\!\underset{CH_3}{\overset{C}{}}\!\!\diagdown\!\!\underset{H}{\overset{Cl}{}}$

(linksdrehend)

II.

d- $C_6H_{13}\!\!\diagdown\!\!\underset{CH_3}{\overset{C}{}}\!\!\diagup\!\!\underset{Cl}{\overset{H}{}}$

(rechtsdrehend)

III.

I.

(Houssa und Phillips: Soc. 1932, 108).

Dieselben Forscher (zit. S., 1932) stellten für das d-Octanol gegenüber PCl_5 und PCl_3 folgendes fest:

in Äther gaben
- PCl_5, ebenso wie PCl_3 praktisch vollständige Waldensche Umkehrung (fast reines l-Octylchlorid),
- PCl_5 oder PCl_3 + $ZnCl_2$ dagegen über die Hälfte eine Waldensche Umkehrung,
- PC_5 + Pyridinzusatz — fast vollständige Umkehrung.

Die Umkehrung der Konfiguration von I→II wird auf die Bildung eines Pyridinkomplexes zurückgeführt, in welchem das optisch aktive Radikal (als Kation) mit dem anionischen Chlor reagiert.

W. Hückel [mit H. Pietrzok: A. 540, 250 (1939)] hat die Reaktiohsweise des Phosphorpentachlorids auf l-Menthol und l-Borneol erforscht; unter der Annahme einer Ionenspaltung von $PCl_5 \rightleftarrows PCl_4^+ + Cl^-$, und einer Komplexbildung, z. B. $PCl_5 + FeCl_3 \rightleftarrows [PCl_4]^+ [FeCl_4]^-$ bzw. $PCl_5 + Pyridin \rightarrow [(C_5H_5N)_2 \cdot PCl_4]^+ Cl^-$ wird der sterisch verschiedene Verlauf der Substitution gedeutet (s. auch S. 348), z. B.

a) l-Menthol + PCl_5 (unter Zusatz der Komplexbildner $FeCl_3$, AlX_3) → fast reines l-Menthylbromid;

b) l-Menthol + PCl_5 (unter Zusatz von Pyridin) $\xrightarrow{\text{W. Umk.}}$ reines d-Neomenthylchlorid (s. auch S. 321 und 332),

c) l-Borneol + PCl_5 (unter Zusatz von $FeCl_3$) → fast reines razem. Isobornylchlorid, jedoch schnell und ohne ionisierende Medien → d-Camphenhydrochlorid.

Konzentrationseinfluß. Lactonbildung. Enolisierung.

Die Hydrolyse der aktiven Chlorbernsteinsäure (als Ag-Salz) hatte P. Walden (1899; s. auch O. Lutz, 1900) über die Zwischenstufe eines α- oder β-Lactons zu, deuten versucht. Br. Holmberg [J. pr. Chem. (2) 87, 471; 88, 553 (1913); B. 60, 2198 (1927 u. f.)] hat dann die Lactonbildung bzw. die Malolactonsäure grundlegend für das Studium der Umkehrungserscheinungen verwendet. Ebenso verwerten Hughes, Ingold und Mitarbeiter (Soc. 1937, 1264) die Malolactonsäure; G. Senter und A. M. Ward [Soc. 127, 1847 (1925)] hatten auch bei der Hydroxylierung der aktiven β-Brom-β-phenylpropionsäure eine Lactonzwischenstufe angenommen. Holmberg konnte folgende wichtige Tatsache feststellen:

$$
\left.\begin{array}{l} \text{(—)-Halogenbern-} \\ \text{steinsäureion} \end{array}\right\} \rightarrow \text{(+)-Malolacton} \xrightarrow[\text{in alkalischer Lösung}]{\text{in saurer Lösung}} \begin{array}{l} \text{(—)-Äpfelsäure,} \\ \text{(+)-Äpfelsäure.} \end{array}
$$

Ein Überschuß der Base (oder Ag_2O) führt zu dem Antipoden. D. Bancroft und H. L. Davis [J. physic. Chem. **35**, 1253, 1624 (1931)] wiesen im einzelnen nach, daß aus (—)-Halogenbernsteinsäure durch eine ungenügende Menge Ag_2O nur (—)-Äpfelsäure, durch einen Überschuß aber (+)-Äpfelsäure entsteht. Nach A. H. J. Houssa und H. Phillips (Soc. **1932**, 1232) erhält man die Antipoden auch bei wechselnder Konzentration der tertiären Base Chinolin, z. B.:

$$
\text{(+)-}\underset{CH_3}{\overset{C_6H_5}{\diagdown}}C\underset{H}{\overset{Cl}{\diagup}} \xleftarrow[+\ 3\ \text{Mol. } C_9H_7N]{COCl_2} \text{(—)-}\underset{CH_3}{\overset{C_6H_5}{\diagdown}}C\underset{OH}{\overset{H}{\diagup}} \xrightarrow[+\ 1\cdot25\ \text{Mol.}]{COCl_2} \text{(—)-}\underset{CH_3}{\overset{C_6H_5}{\diagdown}}C\underset{Cl}{\overset{H}{\diagup}}
$$

Die Bedeutung der Konzentration ist auch in der obenerwähnten Gleichung von Rördam festgelegt. Bemerkenswert ist der Einfluß von Pyridin (s. oben Kenyon und Phillips, 1930; W. Hückel, 1939) und die Wirkung eines Überschusses von HBr bzw. der Bromionen bei längerer Reaktionsdauer (Senter und Ward, s. oben). Auch bei den optisch aktiven Metallkomplexsalzen tritt der Einfluß von Temperatur, Konzentration und Solvens deutlich hervor (vgl. J. C. Bailar).

Im Zusammenhang mit seiner Theorie der Bromierung von Fettsäuren (vorübergehende Enolisierung der Ketogruppe) hat O. Aschan [B. **45**, 1916· (1912)] vorausgesetzt, „daß sogar die Waldensche Umkehrung, wenigstens in den bisher bekannten einfacheren Fällen derselben, durch die Annahme einer vorangehenden ‚Enolisierung‘ erklärlich ist" (die Alkohole und das tertiäre asymm. C-Atom würden hierbei ausscheiden).

Über Konfigurationsänderungen bei Äther-Lactonen und -Oxyden mit mehreren asymmetrischen Kohlenstoffatomen berichtete H. Leuchs [B. 45. 1960 (1912)], über solche bei Äthylenoxyd-dicarbonsäure R. Kuhn [mit Fr. Ebel: B. 58, 919 (1925)], bei Diaminobernsteinsäuren R. Kuhn [mit Fr. Zumstein: B. 58, 1429 (1925); 59, 479 (1926)], Chloräpfelsäuren R. Kuhn [mit R. Zell: B. 59, 2514 (1926); mit Th. Wagner-Jauregg, B. 61, 481—521 (1928)].

Reaktionsgeschwindigkeit (s. auch S. 321).

E. Ott [1931; B. **68**, 1651, 1657 (1935)] verknüpft die Waldensche Umkehrung mit der Reaktionsgeschwindigkeit R.-G. der Austauschvorgänge, wobei „die Razemverbindungen ... als das entscheidende Zwischenprodukt beim Übergang eines Antipoden in den anderen" erscheinen (die Razemverbindungen haben einen von den optischen Antipoden verschiedenen Gehalt an freier Energie), z. B.:

$$(+)-C_6H_5\cdot \overset{\overset{\displaystyle H}{|}}{\underset{\underset{\displaystyle CH_3}{|}}{C}}-OH \xrightarrow[\text{geschwin-}]{\overset{\text{große Re-}}{\text{aktions-}}} (+)-C_6H_5\cdot \overset{\overset{\displaystyle H}{|}}{\underset{\underset{\displaystyle CH_3}{|}}{C}}-NH_2 \xrightarrow[\substack{\text{geschwindigkeit}\\ \text{(W.-Umkehrung)}}]{\text{kleine Reaktions-}} (-)-C_6H_5\cdot \overset{\overset{\displaystyle H}{|}}{\underset{\underset{\displaystyle CH_3}{|}}{C}}-OH;$$

$$\text{d-Äpfelsäure} \xrightarrow[\substack{\text{wasserfreies}\\ \text{Medium}\\ \text{(W.-Umkehrung)}}]{\substack{\text{große Reaktions-}\\ \text{geschwindigkeit}}} \text{l-Asparagin (oder} \atop \text{Asparagins.-Ester)} \xrightarrow[\substack{\text{wässer. Lösung}}]{\substack{\text{kleine Reaktions-}\\ \text{geschwindigkeit}}} \text{l-Äpfelsäure.}$$

Reaktionstypen.

Es ist das Verdienst von E. D. Hughes, C. K. Ingold und Mitarbeiter (vgl. insbesondere Soc. **1937**, 1196 u. f.), erstmalig eingehend die Waldensche Umkehrung vom Standpunkte der modernen Reaktionskinetik untersucht zu haben; hierbei wurde die Möglichkeit des Ablaufs der Substitutionen nach zwei Typen zugrunde gelegt, und zwar

I. Typ, monomolekular: $RX \rightleftarrows R + X$; $R + Y = RY$, und

II. Typ, bimolekular: $Y + RX = YR + X$ (vgl. nachher).

Von W. Hückel ist dann in ähnlichen Gedankengängen das Problem der Waldenschen Umkehrung und von diesem ausgehend das Wesen des Substitutionsvorganges überhaupt behandelt worden [vgl. Österr. Chemiker-Ztg. **42**, 105, 121 (1939)].

Carboniumionenbildung.

Die Entstehung von intermediär dreiwertigen und optisch aktiven Carboniumradikalen hat zuerst P. Walden [B. **32**, 1848 u. f. (1899); Optische Umkehrerscheinungen, S. 148. 1919] erörtert; im Falle der Einführung des Hydroxyls anstatt Chlor und Brom als einer Ionenreaktion hatte er geschlossen, daß „alle Hydroxylierungsreaktionen, insofern sie das Ergebnis des direkten Austausches der fraglichen Ionen sind, glatte Phänomene darstellen, bei welchen keinerlei Verschiebungen oder stereochemische Umgruppierungen am asymmetrischen C-Atom vorkommen werden" (S. 1849). E. Biilmann [A. **388**, 338 (1912)] nahm die Bildung von Zwitterionen an, z. B. $CH_3\cdot \overset{+}{C}\diagdown^{\diagup H}_{COO^-}$, während J. Gadamer [J. pr. Chem. (2) **87**, 372 (1913)], insbesondere B. Holmberg [J. pr. Chem. (2) **88**, 572 (1913); B. **59**, 125 (1926); B. **61**, 1885, 1893 (1928)] ausgiebigen Gebrauch von Ionenreaktionen machten. H. Phillips [Soc. **123**, 55 (1923)] hat dann die direkte Substitution als Voraussetzung für die Erhaltung der Konfiguration (vgl. oben), die indirekte Substitution mit vorausgehender Addition als Ursache der Waldenschen Umkehrung gedeutet.

Dann hat H. Phillips [Soc. **127**, 2552, 2568 (1925)] die von ihm entdeckte optische Aktivierung der p-Toluol-sulfinsäure-ester $\overset{+}{R}O \cdot \overset{-}{S}(O) \cdot$ C_7H_7 in Analogie zu der Waldenschen Umkehrung gestellt und die Existenz eines asymmetrischen dreiwertigen Atoms mit positiver Ladung angenommen, wobei das vierte Elektronenpaar in dem Molekül Einwirkungen unterworfen werden kann, die die anderen Atomgruppen unbeeinflußt lassen, z. B. $\overset{R_1}{\underset{R_2}{>}}\overset{}{\underset{+}{C}}\overset{R_3}{\diagup}$. Gleichzeitig vertrat Th. M. Lowry (1925) die Ansicht von der Bildung des Carboniumions, z. B. $\overset{C_7H_7}{\underset{CH_3}{>}}\overset{+}{C}H$, als Bedingung für die Erhaltung der Konfiguration. J. Kenyon und H. Phillips [Farad. Soc., Transact. **26**, 451 (1930)] nehmen ebenfalls die intermediäre Bildung des Carboniumions als Vorbedingung einer Waldenschen Umkehrung bzw. Razemisierung an, während Kenyon und Arcus (Soc. 1938, 485 und 1915) die spontane Umlagerung der aktiven p-Toluolsulfinsäureester über eine Ionisation, unter Solvatation der Kationen, insbesondere in Medien mit großer Dielektrizitätskonstante verlaufen lassen. Ebenso setzt W. Hückel [A. **533**, 1 (1937)] die Zwischenbildung eines positiven Radikalions bei der Umsetzung der Amine mit HNO_2 mit nachfolgender Substitution an diesem Kation meist ohne Konfigurationsänderung voraus: $RNH_2 + ONOH + H^+ = [RN_2]^+ + H_2O$; $[RN_2]^+ = R^+ + N_2$; bei sterischer Hinderung wird die Waldensche Umkehrung begünstigt. Andererseits folgern P. D. Bartlett und L. H. Knox [Am. **61**, 3184 (1939), s. a. **62**, 1183 (1940)], daß bicyclische Strukturen (z. B. in Apocamphenen) die Waldensche Umkehrung hemmen, wobei das Carboniumion mit den drei Substituenten in einer Ebene liegen müsse.

J. Kenyon und H. Phillips (vgl. oben, 1930; mit Taylor: Soc. 1931, 384; vgl. auch Kenyon, Balfe und Arcus: Soc. 1938, 485) formulieren den Mechanismus der Reaktionen mit Waldenscher Umkehrung mittels der intermediären Komplexbildung dahin, daß das eintretende Anion sich mit dem asymmetrischen C-Atom assoziiert, bevor die Abtrennung des ersetzten Anions vollzogen ist, — tritt die Aufspaltung des optischaktiven Moleküls in ein Carbonium-Kation und ein Anion vor dieser Assoziation ein, so resultiert eine Razemisierung. Mit der Bildung eines Komplexes unter Mitwirkung des Lösungsmittels bzw. mit einer „solvolytischen" Reaktion verknüpfen J. Steigman und L. P. Hammett [Am. **59**, 2540 (1937)] die Waldensche Umkehrung, wobei die Solvatation der Moleküle die zur Ionisierung erforderliche Energie liefern soll; eine ähnliche Ansicht vertritt auch S. Winstein [Am. **61**, 1635 (1939)].

Ein optisch aktives C-Atom als Anion nehmen Houssa und Phillips (Soc. 1932, 109) bei Wärmedissoziationen an, wobei dieses freiwerdende Anion sich mit einem Chlorkation ohne Konfigurationsänderung vereinigt, z. B.

$$(+) - \frac{C_6H_{13}}{CH_3} \!\!>\!\! C \!\!<\!\! ^{H}_{OCO \cdot Cl} \xrightarrow{\text{(erhitzt)}} (+) - \frac{C_6H_{13}}{CH_3} \!\!>\!\! \overset{-}{\underset{..}{C}} \!\!<\!\! ^{H} \rightarrow$$

$$\left(\underset{+O-\overset{\overset{+}{\overset{O}{\|}}}{C}-Cl}{\,} \rightarrow C \!\!<\!\! ^{O}_{O} + Cl^+ \rightarrow \right) \; (+) - \frac{C_6H_{13}}{CH_3} \!\!>\!\! C \!\!<\!\! ^{H}_{Cl} + CO_2$$

Energieunterschiede hatte K. Weissenberg [B. 59, 1540 (1926)] zur Kennzeichnung der Waldenschen Umkehrung bei den einzelnen Substitutionsvorgängen herangezogen. A. R. Olson (1933) operiert mit gleichzeitiger Dissoziation und Addition, wobei auch die Energien der anderen Valenzen sich ändern; Waldensche Umkehrung tritt ein, wenn bei der Substitution nur eine Bindung ausgetauscht wird. P. Polanyi [mit Meer: Z. physik. Chem. (B) 19, 164 (1932); 20, 161 (1933)] unterscheidet zwischen den Substitutionen durch anionische Reagenzien (negativer Mechanismus führt zur Waldenschen Umkehrung) und solchen durch Kationen (positiver Mechanismus), er unterbaut die Umsetzungen durch die Aktivierungswärmen (1934) und [Polanyi und R. A. Ogg, jun.: Trans. Farad. Soc. 31, 482 (1935)] ermittelt an dem gasförmigen optisch aktiven Methyläthyljodmethan, daß Substitution durch freie Atome (Jod) zu einer Waldenschen Umkehrung führt. Eine Solvatation der Carboniumionen nimmt Ogg an [Am. 61, 1946 (1939)].

Daß Halogenionen bei der Substitution der aktiven Halogenbernsteinsäuren eine Umkehrung bzw. Razemisierung herbeiführen, zeigte B. Holmberg [J. pr. Chem. (2) 88, 576 (1913); auch 1917] an der aktiven Brom- und Jodbernsteinsäure sowie P. Walden (Optische Umkehrerscheinungen, S. 168 u. f. 1919) an der Brombernsteinsäure und deren Estern (bei verschiedenen Konzentrationen von HBr und in verschiedenen Lösungsmitteln). Bei Reaktionen vom Typus RCl + OH′ = ROH + Cl′ nimmt W. Hückel [A. 533, 1 (1937)] an, daß das negative Ion sich dem positiven Ende des Dipols nähert, was dann eine vollständige Waldensche Umkehrung ergibt (=„negativer Reaktionsmechanismus" nach Bergmann und Polanyi, 1933). P. A. Levene [mit Mitarbeiter: J. biol. Chem. 120, 777 (1937)] schließt aus seinen Untersuchungen, daß in normalen gesättigten aliphatischen Verbindungen die Substitutionen am asymm. C-Atom durch eine negative Gruppe (oder ein negatives Atom) mit Konfigurationswechsel verknüpft sind.

Einfluß des Typus der Substitutionsreaktion.
Sterische Reihen.

Die statistische Auswertung der experimentellen Ergebnisse über die Substitutionen mit Waldenscher Umkehrung führte immer bestimmter zu der Auffassung, daß alle bimolekularen Reaktionen — von der Form $X^- + R_1R_2R_3C—Y \to R_1R_2R_3C—X + Y^-$ — mit einer Konfigurationsänderung der Reaktionsteilnehmer verknüpft sind [Kenyon und Phillips: Trans. Farad. Soc. 26, 451 (1930)]. Eingehende Untersuchungen über die „aliphatische Substitution und Waldensche Umkehrungen" führte E. D. Hughes [und Mitarbeiter: Soc. 1935, 1525 (I. Mitteil.); 1936, 1173 (II. Mitteil.); 1938, 209 (III. Mitteil.)] aus. Mit Hilfe von radioaktivem Jod $(\overset{\times}{J})$ im Natriumjodid wurde die Geschwindigkeit der Substitution des Jods im (+)-sek. Octyljodid mit der Razemisierungsgeschwindigkeit desselben in Gegenwart des gleichen $Na\overset{\times}{J}$ verglichen und wertmäßig gleich gefunden: der ursächliche Zusammenhang zwischen der aliphatischen Substitution und der optischen Umkehrung (Razemisierung) wird damit aufgezeigt (I. Mitteil.):

$$d\text{-}C_8H_{17} \cdot \overset{\times}{J} \xrightarrow{\ \overset{\times}{J}^-\ } l\text{-}C_8H_{17} \cdot \overset{\times}{J}.$$

Das gleiche Ergebnis lieferten die Messungen mittels radioaktiven Broms $(Li\overset{\times}{Br})$ gegenüber $(+)\text{-}C_6H_5(CH_3) \cdot CHBr$ (II. Mitteil.) sowie mittels radioaktiven Broms $(Li\overset{\times}{Br})$ gegenüber $(+)$-Brompropionsäure (III. Mitteil.). Ganz allgemein ergibt sich, daß Reaktionen vom obigen Typus, bei denen ein negatives Ion auf ein gesättigtes C-Atom einwirkt, eine Umkehrung der Konfiguration bewirken.

E. D. Hughes, C. K. Ingold und Mitarbeiter haben dann in einer Serie von Untersuchungen über die „Reaktionskinetik und die Waldensche Umkehrung" (I. Mitteil. Soc. 1937, 1196; II. Mitteil. Soc. 1937, 1201; III. Mitteil. Soc. 1937, 1208; IV. Mitteil. Soc. 1937, 1236; V. Mitteil. Soc. 1937, 1243; VI. Mitteil. Soc. 1937, 1252) den Mechanismus dieser Umkehrungsvorgänge in deren Abhängigkeit von den reagierenden Stoffen, sowie von den physikalischen Bedingungen aufzuklären versucht. Geht man z. B. von den Substitutionsreaktionen aus, in welchen Halogen durch —OR ersetzt wird (= „nucleophile Substitutionen", bei denen eine Elektronenübertragung vom reagierenden Stoff zu dem Substitutionsort und von hier zu der ausgestoßenen Gruppe erfolgt), so handelt es sich um die Sprengung einer Bindung und um die Herstellung nur einer Bindung. Wird die Bindung in einem Akt ausgewechselt, so nennt man die Substitution

bimolekular: $\overset{-}{O}H + Alk.Hal. \to OH \cdot Alk. + \overset{-}{H}al.$ Andererseits, wenn

die Bindung unterbrochen und wiederhergestellt wird in getrennten
Akten, so wird die Substitution unimolekular genannt:

$$\left. \begin{aligned} &\text{Alk. Hal.} \rightarrow \overset{+}{\text{Alkyl}} + \overset{-}{\text{Hal.}} \\ &\overset{+}{\text{Alk.}} + \text{H}_2\text{O} \rightarrow \text{Alk.OH} + \overset{+}{\text{H}} \end{aligned} \right\} .$$

Hughes und Ingold verwenden als Arbeitshypothesen die synchrone Addition und Dissoziation, in Verbindung mit einer Anfangs-
dissoziation; ferner: bimolekulare Substitutionen sind in der Regel
von einer sterischen Umkehrung begleitet, während die unimole-
kularen eine Umkehrung, eine Razemisierung oder Erhaltung der
Form ergeben können, je nach den näheren Umständen (Natur der
Gruppen, der Substitutionsvorgänge, des Lösungsmittels, der Lebensdauer der Ionen, ob homogenes oder heterogenes System usw.). Eine
Zusammenstellung der experimentellen Ergebnisse im Bereich der
aliphatischen und einfacher gebauten Alkohole, Oxysäuren (vorwiegend mit einem Asymmetriezentrum) und ein Vergleich derselben
mit den Forderungen der kinetischen Arbeitshypothesen ergab die
Brauchbarkeit der letzteren für eine Voraussage der Konfiguration.
Die konfigurativen Befunde der genannten englischen Forscher sind
wertvolle Bestätigungen der bereits vorher (1928) von K. Freudenberg, R. Kuhn u. a. ermittelten konfigurativen Reihen (s. nachher), und ebenso stimmen im allgemeinen überein die einzelnen
Reagenzien, welche zu einer Waldenschen Umkehrung führen. Als
Beispiele nennen wir (Soc. 1937, 1265 u. f.) einige Reihen von gleicher
Konfiguration:

(+)-Chlor-, (+)-Brom-, (+)-Jod-, (+)-Methoxy- und (—)-Oxy-
propionsäure;

(+)-Chlor-, (+)-Brom-, (+)-Methoxy-α-phenylessigsäure und (+)-
Mandelsäure;

(+)-Chlor-, (+)-Brom- und (+)-Jodbernsteinsäure sowie (+)-
Malolactonsäure und (+)-Äpfelsäure.

Eine Substitution der OH-Gruppe durch Halogen mit gleichzeitiger
Umkehrung der Konfiguration bewirken: PCl_3, $POCl_3$, PCl_5,
PBr_3, PBr_5; $SOCl_2$ (bei aliphatischen Verbindungen, während die
Phenylgruppe die Erhaltung der Konfiguration begünstigt). Ebenso
bewirken HCl, HBr und HJ eine Konfigurationsumkehrung beim Ersatz der OH-Gruppe in den Carbinolen. Andererseits beim Ersatz der
Halogene durch die OH- oder OAlk.-Gruppe erfolgt im allgemeinen
eine Umkehrung: durch H_2O + Säure, durch $NaOCH_3$, durch Silbersalze in α-Halogensäureestern und -amiden, dagegen eine Erhaltung,
der Konfiguration: durch Ag-Ionen, in einem hydroxylhaltigen Solvens,
in den Anionen der α-Halogensäuren (zit. S. 1261 u. f.).

K. Freudenberg [mit F. Nikolai: A. **510**, 225 (1934)] stellte im Rahmen der Konfigurationsbestimmung des Ephedrins fest, daß beim Übergang von α-Chlor- und Jodpropionsäure-dimethylamid zu d-($+$)-Dimethylalanin-dimethylamid Waldensche Umkehrung eintritt: ($-$)-α-Chlorpropionsäure ($\alpha_{578} = -19{,}3^0$) → Chlorid ($\alpha_{578} = +5{,}5^0$) → Dimethylamid ($\alpha = +72{,}6^0$) → Dimethylalanin - dimethylamid ($\alpha_{578} = +17{,}10^0$).

Drehungssinn und konfigurative Zusammenhänge.

Die Tatsache der Rechts- oder Linksdrehung der flüssigen (oder gelösten) Stoffe hatte ja die Grundlage für deren Kennzeichnung als d- oder l-Isomere geliefert, und es lag daher nahe, dasselbe Kennzeichen auch für die konfigurativen Zusammenhänge der optisch aktiven Derivate beizubehalten. Störend erwies sich hierbei der Umstand, daß einzelne Körper, namentlich die klassischen Beispiele der aliphatischen Oxysäuren (z. B. Äpfelsäure, Milchsäure) eine von Konzentration, Temperatur, Lösungsmittel abhängige Drehungsgröße und -richtung zeigten. Da es sich hierbei um assoziationsfähige Stoffe handelte, so schlug P. Walden [B. **32**, 2860 (1899); s. a. P. Walden: Optische Umkehrerscheinungen, S. 48. 1919] vor, von monomolekularen Derivaten, z. B. aliphatischen Estern, oder von den freien Ionen auszugehen und den Drehungssinn dieser Typen zur Bestimmung der d- oder l-Konfiguration zu benutzen. (Es sei hier chronologisch vorweggenommen, daß 1931 W. D. Bancroft, K. H. L. Davis [J. physic. Chem. **35**, 1624 (1931)] denselben Grundsatz ihren Konfigurationsbestimmungen einverleibt haben.) Diese Beziehungen zwischen Drehung und Konfiguration wurden von L. I. Simon (1901) erörtert, von P. A. Levene (seit 1915) wiederholt angewandt, insbesondere aber von C. S. Hudson [Am. **31**, 66 (1909); **39**, 462 (1917) u. f.] auf die Zuckerchemie übertragen. Vorher hatte auch P. F. Frankland [Soc. **104**, 718 (1913)] optische Drehung und Konfiguration deutlich entwickelt, und nach ihm trat G. W. Clough hervor. Clough [Soc. **113**, 526 (1918)] ging von der Annahme aus, daß ,,das optische Drehungsvermögen ähnlich gebauter Verbindungen von gleicher Konfiguration im allgemeinen in ähnlicher Weise beeinflußt wird durch die gleichen äußeren Bedingungen sowie durch die Einführung desselben Substituenten in ein gegebenes und am asymm. C-Atom befindliches Radikal". Er stellt dann folgende Sätze auf:

a) Die Oxysäuren l-Milchsäure, l-Glycerinsäure, d-Äpfelsäure und d-Weinsäure, haben die gleiche relative Konfiguration und erhalten die Bezeichnung ,,d"-Antipoden.

b) Alle natürlichen Aminosäuren (gewöhnlich bezeichnet als d-Alanin, l-Serin, l-Asparaginsäure, d-Valin, l-Leucin, d-Isoleucin, d-Glutaminsäure, l-Tyrosin, l-Phenylalanin) haben die gleiche Konfiguration und erhalten das Symbol „l-".

c) Die rechtsdrehenden (d-)-α-Halogensäuren werden als konfigurativ gleich angenommen, es sind dann

d) die d-Oxysäuren konfigurativ den l-Aminosäuren und ebenso den d-Halogensäuren zugeordnet.

Es tritt demnach im allgemeinen keine Konfigurationsänderung bei den α-Oxysäuren durch Einwirkung von PCl_5 und $SOCl_2$ ein, dagegen erfolgt eine Waldensche Umkehrung durch NOCl bei α-Aminosäuren und durch AgOH bei α-Chlorcarbonsäuren.

Gleichzeitig hatte C. S. Hudson [Am. **40**, 813 (1918)] beim vergleichenden Studium der aktiven Säuren und Amide der Zucker den Schluß abgeleitet, daß alle Oxysäuren, sofern sie rechtsdrehende Amide und Hydrazide geben, die gleiche Konfiguration der d-Reihe haben.

Eine Erweiterung des polarimetrischen Verfahrens zur Erkennung der Waldenschen Umkehrung bzw. der Konfiguration erfolgte, als man die Rotationsdispersion mitzubestimmen und mit Konstitutionsänderungen zu verknüpfen begann. Vorarbeiten mit der spezifischen und molekularen Rotationsdispersion für Derivate des gleichen Typus (homologe Reihen) sowie für Körper von verschiedenem Typus hatte z. B. P. Walden [1903; B. **38**, 369 (1905); Z. physik. Chem. **55**, 1 (1905)] geleistet. Doch erst R. H. Pickard und J. Kenyon [Soc. **99**, 45 (1911); **105**, 846 (1914) u. f.] zeigten die Verwendung der Diagramme der Rotationsdispersion zur Ermittlung des konfigurativen Zusammenhanges, z. B. von (+)-β-Octanol und (+)-β-Octylhalogenid. P. Karrer und W. Kaase [Helv. chim. Acta **2**, 436 (1919); **3**, 244 (1920)] verwerten dann die Richtungstendenz der Rotationsdispersionskurven, um von deren Gleichartigkeit auf gleiche Konfiguration zu schließen bzw. als zusammengehörig zu bezeichnen: d-Glutaminsäure, d-Pyroglutaminsäure, d-α-Oxyglutarsäure, dagegen l-Chlorglutarsäure; ebenso sind die Übergänge natürliche Asparaginsäure → Chlorbernsteinsäure → Äpfelsäure zu bezeichnen: d-Asparaginsäure → l-Chlorbernsteinsäure → d-Äpfelsäure; sie finden ihre Schlüsse in Übereinstimmung mit den obigen Ausführungen von Clough.

Durch K. Freudenberg [I. Mitteil. „Über sterische Reihen", B. **47**, 2027 (1914); II. Mitteil. mit F. Braun, B. **55**, 1339 (1922); Konfiguration der einfachen α-Oxysäuren) wurde eine systematische kritische und experimentelle Durchforschung des ganzen Problemkomplexes in Angriff genommen; es ergab sich die sterische Reihe[1]):

---

[1]) Die Symbole (+) und (—) dienen für das Vorzeichen des Drehungsvermögens [A. Wohl und K. Freudenberg: B. **56**, 309 (1923); R. Willstätter, R. Kuhn und E. Bamann: B. **61**, 886 (1928)]; mit (d) und (l) bei Substanzen mit einem asymm. C-Atom wird die Konfiguration ausgedrückt, wobei — entsprechend dem Vorgang von E. Fischer [B. **40**, 1058 (1907)] — alle Formen, die z. B. die Hydroxylgruppe als Substituenten rechts führen, mit d bezeichnet werden [A. Wohl und K. Freudenberg: B. **56**, 309 (1923)].

d($+$)-Weinsäure → d($+$)-Äpfelsäure → d($-$)-Glycerinsäure →

→ d($-$)-Milchsäure.

Es folgten die Aminosäuren [mit F. Rhino, IV. Mitteil., B. 57, 1547 (1924)]; gleichzeitig wurde die Rotationsdispersion herangezogen und unter Benutzung der von E. Fischer (1907) für die natürlichen Formen von Alanin, Serin und Cystin abgeleiteten gleichen Konfiguration wurde die folgende sterische Reihe aufgestellt [1]):

nat. l($+$)-Milchsäure → nat. l($+$)-Alanin [vgl. a. A. 518, 86 (1935)]

→ nat. l($-$)-Serin → nat. l($-$)-Cystin → nat. l($-$)-Äpfelsäure

→ nat. l($+$)-Asparaginsäure → nat. l-Asparagin.

Die Einwirkung von salpetriger Säure auf Alanin, Serin und Asparaginsäure führt zu den l-Oxysäuren [s. a. B. 58, 2399 (1925)], also nicht zu einer Waldenschen Umkehrung, dagegen gibt der p-Toluolsulfonsäureester der d($-$)-Milchsäure teilweise razemisiertes l($+$)-Alanin → l($+$)-Milchsäure, also eine Waldensche Umkehrung [B. 58, 148 (1925)].

Für die linksdrehende Amygdalin-Mandelsäure wird dann [mit L. Markert, B. 58, 1753 (1925)] durch umfangreiche Messungen an den freien Estern, an deren acidylierten Derivaten, sowie durch Vergleich mit der Hexahydromandelsäure und deren Derivaten bei verschiedenen Wellenlängen die Verschiebung der Drehung (z. B. beim Übergang der Derivate des Methylesters in die entsprechenden des Äthylesters) ermittelt und deren Übereinstimmung mit den α-Oxysäuren der d-Reihe beobachtet; es wird demnach die Amydalin-

H

Mandelsäure als d($-$)-Mandelsäure $C_6H_5 \cdot C$ — COOH konfigurativ

OH

dargestellt [vgl. a. Clough, Soc. 127, 2808 (1925)]. Dann hat K. Freudenberg [mit L. Markert, VIII. Mitteil., B. 60, 2447 (1927)] in ähnlicher Weise die aus l($+$)-Alanin durch NOBr [nach E. Fischer und O. Warburg (1905)] linksdrehende α-Brompropionsäure und deren Derivate bei verschiedenen Temperaturen und Lichtarten polarimetrisch mit den d($+$)-Milchsäurederivaten verglichen und die konfigurative Zugehörigkeit der ($-$)-α-Brompropionsäure zur l-Reihe der Oxy- und Aminosäure als wahrscheinlich hingestellt. Es ergibt sich, daß zur Waldenschen Umkehrung führen: die Einwirkung von Ammoniak auf Brompropionsäure und ihre Ester, von PBr_5 auf Milchsäure und ihre Ester, von KOH auf Brompropionsäure, sowie von NOBr auf Alanin-ester. — Ohne Umkehrung verlaufen die Einwirkung von salpetriger Säure auf Alanin, des NOBr auf Alanin und des Silberoxyds auf Brompropionsäure.

---

[1]) Die übereinstimmende Konfiguration aller natürlichen α-Aminosäuren ergab sich auch aus dem gleichartigen Verlauf der „Cottoneffekt"-Kurven [P. Pfeiffer: Z. angew. Chem. 53, 98 (1940)], ebenso der $[α]_D$-Kurven beim Übergang von sauren zu alkalischen Lösungen [O. Lutz: B. 63, 448 (1930); 69, 1333 (1936)].

Aus dem übereinstimmenden polarimetrischen Verhalten der Derivate folgerte P. Karrer [mit K. Escher und R. Widmer, Helv. chim. Acta 9, 301 (1926)], daß die nachstehenden natürlichen Aminosäuren übereinstimmende Konfiguration haben (l-Reihe): (+)-Alanin, (—)-Serin, (—)-Cystin, (—)-Asparaginsäure, (—)-Asparagin, (—)-Histidin, (—)-Leucin, (+)-Glutaminsäure (und Glutamin), (+)-Ornithin, (+)-Lysin, (—)-Phenylalanin, (—)-Tyrosin, (—)-Dioxyphenylalanin, (—)-Prolin, (—)-Hygrinsäure, (—)-Stachydrin, (—)-Nicotin.

Inzwischen hatte H. Phillips [Soc. **123**, 44 (1923)] einen neuen Typus der Waldenschen Umkehrung entdeckt, und zwar an einer carboxylfreien Verbindung; mittels p-Toluolsulfonylchlorid $C_7H_7 \cdot SO_2 \cdot Cl$ wurde (in Gegenwart von Pyridin) der Hydroxylwasserstoff des Carbinols $(C_6H_5 \cdot CH_2) \cdot CH_3 \cdot CH(OH)$ ersetzt und das Sulfonat folgenden einfachen Umsetzungen unterworfen:

$$d\text{-}\begin{array}{c}C_6H_5 \cdot CH_2 \\ CH_3\end{array}\!\!>\!\!C\!\!<\!\!\begin{array}{c}H \\ OH\end{array} \longrightarrow \begin{array}{c}C_6H_5 \cdot CH_2 \\ CH_3\end{array}\!\!>\!\!C\!\!<\!\!\begin{array}{c}H \\ O \cdot SO_2 \cdot C_7H_7\end{array} \xrightarrow{+ \ CH_3COOK}$$

$$\alpha = + 33{,}02^0 \qquad\qquad \alpha = + 31{,}11^0$$

$$\begin{array}{c}C_6H_5 \cdot CH_2 \\ CH_3\end{array}\!\!>\!\!C\!\!<\!\!\begin{array}{c}H \\ O \cdot CO \cdot CH_3\end{array} \xrightarrow{+ \ KOH} l\text{-}\begin{array}{c}C_6H_5 \cdot CH_2 \\ CH_3\end{array}\!\!>\!\!C\!\!<\!\!\begin{array}{c}OH \\ H\end{array} \quad \text{(Umkehrung!)}$$

$$\alpha = -7{,}06^\circ \qquad\qquad \alpha = -32{,}2^0$$

Das d-Benzylmethylcarbinol ist also zu etwa 98% in den l-Antipoden umgewandelt worden.

Die Übertragung dieser Reaktion [durch J. Kenyon, H. Phillips und H. G. Turley, Soc. **127**, 399 (1925)] auf die (+)-Milchsäure ergab hier ebenfalls eine nahezu 100%ige Umkehrung, z. B.

$$\begin{array}{c}CH_3 \\ C_2H_5OOC\end{array}\!\!>\!\!C\!\!<\!\!\begin{array}{c}H \\ O \cdot CO \cdot C_6H_5\end{array} \xrightarrow{C_6H_5 \cdot COCl} \begin{array}{c}CH_3 \\ C_2H_5OOC\end{array}\!\!>\!\!C\!\!<\!\!\begin{array}{c}H \\ OH\end{array} \xrightarrow{C_7H_7 \cdot SO_2Cl}$$

$$[\alpha]_D = -24{,}60^\circ \qquad\qquad [\alpha]_D^{20} = + 11{,}16^\circ$$

$$\begin{array}{c}CH_3 \\ C_2H_5OOC\end{array}\!\!>\!\!C\!\!<\!\!\begin{array}{c}H \\ O \cdot SO_2 \cdot C_7H_7\end{array} \xrightarrow{C_6H_5COOK} \begin{array}{c}CH_3 \\ C_2H_5OOC\end{array}\!\!>\!\!C\!\!<\!\!\begin{array}{c}O \cdot CO \cdot C_6H_5 \\ H\end{array} \text{(Umkehrung)}$$

$$[\alpha]_D^{20} = + 45{,}60^0 \qquad\qquad [\alpha]_D = + 24{,}56^\circ$$

Ferner hatten die genannten Forscher gefunden, daß linksdrehender (—)-$CH_3 \cdot CHBr \cdot COOC_2H_5$ und (—)-$(CH_3)(C_7H_7 \cdot SO_2 \cdot O)CH \cdot COOC_2H_5$ mit Kaliumacetat den gleichen rechtsdrehenden Acetylmilchsäure-Ester (+)-$(CH_3)(CH_3CO \cdot O)CH \cdot COOC_2H_5$ geben.

K. Freudenberg [mit A. Luchs, B. **61**, 1083 (1928)] wandte schließlich die zwischen der α-Brompropionsäure und Milchsäure durch optischen Vergleich aufgeklärten Konfigurationsbeziehungen auch auf die Brom- (bzw. Halogen-)bernsteinsäure und Äpfelsäure an. Hier wie vorher wurde der Grundgedanke von Clough (s. o.) für richtige Beziehungen innerhalb der einzelnen Gruppen anerkannt; dann aber wurde mit Ausschluß der Lösungsmittel gearbeitet (vgl.

den Vorschlag von P. Walden, S. 329): „Zum Vergleich kamen schließlich nur noch Substanzen in flüssigem Zustande, und zwar in Form von solchen Derivaten, in denen alle Dipole und assoziierende Gruppen — Carboxyle, Hydroxyle und Aminogruppen — abgeschirmt waren." So resultierte das konfigurative System:

natürl. l(+)-Milchsäure → l(—)-Halogenpropionsäuren → natürl. l(+)-Alanin → natürl. l(—)-Äpfelsäure → l(—)-Monohalogenbernsteinsäuren → natürl. l(+)-Asparaginsäure.

Umkehrung bewirken: PCl_5, $SOCl_2$ und PBr_5 auf Milchsäure und Äpfelsäure, NH_3 und KOH auf Halogenpropionsäuren und Chlor- (bzw. Brom-)bernsteinsäuren.

Diese Ergebnisse wurden ergänzt und gestützt durch die kurz vorher veröffentlichten chemischen und physikalischen Untersuchungen von R. Kuhn und Th. Wagner-Jauregg [B. **61**, 504 (1928)], die unabhängig von optischen Vergleichen, unter Einführung eines zweiten asymmetrischen Kohlenstoffatoms, die Frage zu beantworten versuchten: „In welcher Reaktionsphase findet bei der Waldenschen Umkehrung die Umgruppierung der Substituenten statt?" Über die d-Weinsäure, die Chloräpfel-, Dichlorbernstein- und Äthylen-oxyd-dicarbon-säuren führte der Weg zu den Äpfelsäuren und zu dem nachstehenden optischen Kreisprozeß, aus dem zu entnehmen ist, daß die Umkehrung beim Ersatz von OH gegen Cl (oder Br) durch PCl_5 oder $SOCl_2$ (bzw. PBr_5 oder $SOBr_2$) stattfindet, nicht aber beim Ersatz der Halogene durch Hydroxyl mittels Ag_2O:

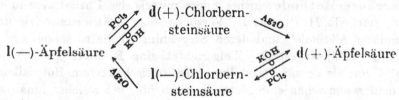

Es ist entwicklungsgeschichtlich nicht uninteressant darauf hinzuweisen, daß dieses Endergebnis von K. Freudenberg und von R. Kuhn vom Jahre 1928 hinsichtlich der die Umkehrung bewirkenden Reaktionen übereinstimmt mit den Schlußfolgerungen, die P. Walden [B. **32**, 1863 (1899)] unter Zugrundelegung der Drehungsrichtung abgeleitet hatte; hiernach sollten anormal, eine „Inversion (= Umkehr der Konfiguration)" hervorrufend, wirken: PCl_5, PBr_5, auch Salzsäure; Kalihydrat; NOCl und NOBr, salpetrige Säure, — normal (ohne Umkehrung) dagegen Silberoxyd.

Nach Freudenberg und Kuhn sind die (+)-Halogenbernsteinsäuren konfigurativ den (+)-Oxysäuren anzugliedern. Dem steht gegenüber die von B. Holmberg [B. **61**, 1885, 1897 (1928); Z. physik. Ch. (A.) **137**, 18 (1928)] vertretene Ansicht, daß „die (+)-Halogenbernsteinsäuren mit den (—)-Oxy-säuren konfigurativ zusammengehörig und somit l-Formen sind"; eine gleiche Ansicht vertreten auch P. A. Levene und H. L. Haller [J. Biol. Chem. 83, 185 (1929)]. Auf Grund der Rotationsdispersionen hatte G. W. Clough (Soc. 1926, 1674) den rechtsdrehenden α-Halogencarbonsäuren die gleiche Konfiguration mit den l-α-Amino- und den l-α-Oxysäuren (Linksdrehung der Ester) beigelegt. (Vgl. a. die Ergebnisse von Hughes und Ingold.)

H. J. Backer [und Mitarb., Rec. Trav. ch. P-Bus. 46, 473 (1927)] konnte ohne wesentliche Razemisierung die Substitution von Brom durch Sulfonsäurerest verwirklichen, und zwar erhielt er aus

$$(-)\text{-Brombernsteinsäure} \xrightarrow{+Na_2SO_3} (+)\text{-Sulfobernsteinsäure.}$$

Ein anderes experimentell ergiebiges Stoffgebiet zur Erforschung der „Waldenschen Umkehrung" erschloß sich in den asymm. Carbinolen, bzw. sekundären Alkoholen $R_1R_2C \cdot H(OH)$, worin R_1 und R_2 aliphatische und aromatische Reste sind. Nicht nur die erstmalige synthetische Darstellung zahlreicher neuer Carbinole, sondern auch die mannigfaltigen Umsetzungsreaktionen derselben wurden ausgelöst sowie neue Methoden der optischen Spaltung der razemischen Alkohole geschaffen. Zu der klassischen Pasteurschen Methode der Pilzkulturen [von A. Combes und J. A. Le Bel zur Aktivierung von n-Butanol-2 angewandt (1893)] gesellte sich die auf dem Unterschied der Verseifungsgeschwindigkeiten der Ester mit d-Weinsäure beruhende Methode von W. Marckwald und A. McKenzie [B. 34, 475 (1901)]. Von allgemeiner Bedeutung wurde aber erst die Estersäure-Methode, insbesondere mittels des Phthalsäure-monoesters nach R. H. Pickard. Versuche über „Ätherschwefelsäuren sekundärer Alkohole" und deren Strychninsalze hatte schon Th. R. Krüger (1893) angestellt. Zielgerichtet ging R. Meth [B. 40, 695 (1907)] vor, als er zur Darstellung von optischaktivem Butylalkohol aus dem razemischen eine Methode versuchte, bei welcher „man aus dem Alkohol und einer beliebigen, zweckmäßig starken Säure eine Estersäure darstellt, diese mit Hilfe eines Alkaloids spaltet und danach die aktive Estersäure wieder verseift"; als Säuren wählte er Tetrachlorphthalsäure bzw. Schwefelsäure. In demselben Jahre waren es R. H. Pickard und J. Kenyon [Soc. 91, 2058 (1907); s. a. 121, 2540 (1922)], die das Phthalsäureanhydrid zur Darstellung der Estersäure vorschlugen, alsdann gemeinsam [Soc. 99, 45 (1911); 101 (1912); 103 (1913); 105 (1914)] 38 optische Alkohole vom Typus $R_1 \cdot CH(OH) \cdot R_2$ darstellten, auf ihre Drehung und Dispersion eingehend studierten und am Hydroxyl verschiedene Substitutionen durchführten. Eine Erweiterung der Kenntnisse dieser optischen Alkohole bzw. der Zahl solcher Alkohole brachten die Untersuchungen von A. McKenzie und G. W. Clough (1913 u. f.), dann aber von P. A. Levene [und Mikeska (1924) u. f.].

Vom Standpunkt der Waldenschen Umkehrungen sind hier neue Einblicke in den Einfluß der chemischen Natur der Radikale R_1 und R_2, sowie der Substituenten für die OH-Gruppe gegeben worden. Aus den Versuchen von McKenzie und Mitarb. [vgl. a. McKenzie, Th. M. A. Tudhope, J. Biol. Chem. **62**, 551 (1924)] ergab sich z. B.: Phenylmethylcarbinol:

$$d(+)\text{-}C_6H_5 \cdot CH(OH) \cdot CH_3 \xrightarrow{SOCl_2} (+)\text{-}C_6H_5 \cdot CH(Cl) \cdot CH_3 \cdots$$
$$\cdots \cdot \text{keine Drehungsumkehrung}$$
$$d(+)\text{-}C_6H_5 \cdot CH(OH) \cdot CH_3 \xrightarrow{HCl\ oder\ PCl_5} (-)\text{-}C_6H_5 \cdot CH(Cl) \cdot CH_3 \cdots$$
$$\cdots \cdot \text{Drehungsumkehrung}$$

Sek. Octylalkohol:

$$\left. \begin{array}{l} d(+)\text{-}C_6H_{13} \cdot CH(OH) \cdot CH_3 \xrightarrow{SOCl_2} (-)\text{-}C_6H_{13} \cdot CH(Cl) \cdot CH_3 \\ d(+)\text{-}C_6H_{13} \cdot CH(OH) \cdot CH_3 \xrightarrow{HCl} (-)\text{-}C_6H_{13} \cdot CH(Cl) \cdot CH_3 \end{array} \right\} \text{Umkehrung.}$$

Ebenso führte die Einwirkung von Thionylchlorid auf Äpfelsäure (und Ester) oder Milchsäureester zur Drehungsumkehr, dagegen **nicht** bei Mandelsäure (und Estern) $C_6H_5 \cdot CH(OH)COOR$, bei α-Hydroxy-α-phenylpropionsäure $\begin{array}{c} C_6H_5 \\ CH_3 \end{array}\!\!>\!\!C\!\!<\!\!\begin{array}{c} OH \\ COOH \end{array}$ usw.

Allgemein zeigte es sich, daß a) $SOCl_2$ und HCl (HBr, PCl_3, PCl_5) eine Umkehrung des Drehungssinnes herbeiführen bzw. optisch gleichsinnig wirken, b) in den Fällen, wo die Umkehrung durch die $SOCl_2$- (oder $SOBr_2$-)Reaktion ausbleibt, eine **Phenylgruppe** sich unmittelbar am asymmetrischen Kohlenstoffatom befindet. Bei einer Vermannigfaltigung der Gruppe R_1 gegenüber der Phenylgruppe R_2 erhielten P. A. Levene und L. A. Mikeska [J. Biol. Chem. **59**, 473 (1924); **75**, 587 (1927)] einen Durchbruch dieser Regel. So z. B. gab die Einwirkung von HBr **keine** Umkehrung bei n-Propylphenyl- und Isopropylphenyl-carbinol, ebenso erfolgte **keine** Umkehrung durch PCl_5 bei n-Butylphenyl-carbinol, andererseits ergab sich eine Umkehrung durch $SOCl_2$ bei Benzylphenyl- und Methyl-α-naphthyl-carbinol.

Folgende Umwandlungen des linksdrehenden α·γ-Dimethylallyl-alkohols beschreiben J. Kenyon, Phillips und Hills (Soc. **1936**, 576, 1314):

$$(-) \cdot \begin{array}{c} CH_3 \cdot CH\!:\!CH \\ CH_3 \end{array}\!\!>\!\!C\!\!<\!\!\begin{array}{c} H \\ OH \end{array} \xrightarrow{PCl_5} (+) \cdot \begin{array}{c} CH_3 \cdot CH\!:\!CH \\ CH_3 \end{array}\!\!>\!\!C\!\!<\!\!\begin{array}{c} H \\ Cl \end{array} \xrightarrow[CaCO_3]{\text{wässeriges}} (+) \cdot \begin{array}{c} CH_3 \cdot CH\!:\!CH \\ CH_3 \end{array}\!\!>\!\!C\!\!<\!\!\begin{array}{c} H \\ OH \end{array}$$

$$\Big\updownarrow \begin{array}{c} \text{katal.} \\ \text{reduziert} \end{array} \qquad\qquad\qquad\qquad\qquad\qquad\qquad \Big\updownarrow \begin{array}{c} \text{katal.} \\ \text{reduziert} \end{array}$$

$$(-) \cdot \begin{array}{c} CH_3 \cdot CH_2 \cdot CH_2 \\ CH_3 \end{array}\!\!>\!\!C\!\!<\!\!\begin{array}{c} H \\ OH \end{array} \qquad\qquad\qquad\qquad \text{razem.} \begin{array}{c} CH_3 \cdot CH_2 \cdot CH_2 \\ CH_3 \end{array}\!\!>\!\!C\!\!<\!\!\begin{array}{c} H \\ OH \end{array}$$

An dem linksdrehenden sek. Butylalkohol wurden von A. Franke und Dworzak [Monatsh. **43**, 661 (1923)] folgende Umkehrerscheinungen festgestellt:

$$(-)\cdot \begin{array}{c} CH_3 \\ C_2H_5 \end{array}\!\!>\!\!C\!\!<\!\!\begin{array}{c} H \\ OH \end{array} \begin{array}{c} \xrightarrow{+HBr} \\ \xrightarrow{+HJ} \end{array} \begin{array}{l} (+)\text{-}(CH_3)(C_2H_5)CH\cdot Br \xrightarrow{+KSH} (-)\text{-}(CH_3)(C_2H_5)CH(SH) \\ (-)\text{-}(CH_3)(C_2H_5)CHJ \xrightarrow{+KSH} (+)\text{-}(CH_3)(C_2H_5)CH(SH)\,. \end{array}$$

Levene [gemeinsam mit Mikeska, J. Biol. Chem. **59**, 473 (1924), Paper I: On Walden Inversion] versuchte die Umkehrung der Drehung mit der Veränderung der Polarität der am asymmetrischen C-Atom befindlichen (negativen) Gruppen zu verknüpfen; dem Übergang von d-$C_8H_{17}OH$(β-Octylalkohol) zu (—)-$C_8H_{17}Br$ stellt er parallel die Übergänge

$$l\text{-}C_8H_{17}\cdot OH \rightarrow d\text{-}(C_6H_{13})\cdot(CH_3)\cdot CHBr \rightarrow$$
$$\rightarrow (-)\text{-}(C_6H_{13})\cdot(CH_3)\cdot C\!\!<\!\!\begin{array}{c} H \\ SH \end{array} \rightarrow (+)\text{-}(C_6H_{13})\cdot(CH_3)\cdot C\!\!<\!\!\begin{array}{c} H \\ SO_3H \end{array}.$$

Da beim Übergang des Thioalkohols $C_8H_{17}\cdot SH$ durch Oxydation der Gruppe $\leftarrow SH$ in die Sulfonsäure $C_8H_{17}\cdot SO_2\cdot OH$ eine Konfigurationsänderung am asymm. C-Atom als ausgeschlossen betrachtet werden kann, so führt Levene die dabei auftretende Umkehr der Drehung auf die Änderung der Polarität von — SH zu — SO_3H zurück und nimmt das gleiche auch für das System — OH zu — Br an. Dann sind aber l-Octylalkohol → (+)-Octylbromid konfigurativ gleich. Diesen eigenartigen Wechsel des Drehungssinnes von (+)-Chlorid zu (—)-Thioalkohol → (+)-Sulfonsäure, bzw. (—)-Chlorid → → (+)-Thioalkohol → (—)-Sulfonsäure haben Levene und Mikeska [vgl. S. 587 (1927)] an vielen Carbinolen experimentell bestätigen können.

Die konfigurative Gleichsetzung des aktiven (l-, bzw. d-) Octylalkohols mit seinem entgegengesetzt (+- oder —-) drehenden Chlorid oder Bromid stand nun im Gegensatz zu dem durch das charakteristische Rotationsdiagramm gestützten Schluß von Pickard und Kenyon [Soc. **99**, 45 (1911)]: (+)-Octylalkohol entspricht (+)-Octylhalogenid.

Durch zwei chemische Methoden haben A. J. Houssa, J. Kenyon und H. Phillips (Soc. **1929**, 1700) den Beweis für diese konfigurative Zusammengehörigkeit erbringen können.

Diesen neuen Weg zur Ermittelung des Konfigurationswechsels wiesen die folgenden Versuche. Den Ausgangspunkt bildete die grundlegende Entdeckung von H. Phillips [Soc. **127**, 2552 (1925)] über die optischen Eigenschaften und chemischen Umwandlungen der n-Alkylester der p-Toluolsulfinsäure p-$CH_3\cdot C_6H_4\cdot SO\cdot OR$; die nachstehende Reaktionsreihe mit l-β-Octanol $\begin{array}{c} C_6H_{13} \\ CH_3 \end{array}\!\!>\!\!C\!\!<\!\!\begin{array}{c} H \\ OH \end{array}$

(abgekürzt R·OH) soll uns hiervon ein Bild geben (s. a. Soc. **1931**, 2275):

$$\underset{\alpha_D = -8,04°}{R·O·H} \xrightarrow{C_7H_7SOCl} \underset{\alpha_D = -9,64°}{R·O·SO·C_7H_7} \xrightarrow[+C_2H_5OH]{CH_3COOK} \underset{\alpha_D = -8,02°}{R·OH}$$

$$\downarrow (CH_3CO)_2O \qquad\qquad \downarrow O \quad \text{Oxydation}$$

$$\underset{\alpha_D = -6,09°}{R·O·OCCH_3} \qquad \underset{\alpha_D = -6,78°}{R·O·\underset{\|}{S}O·C_7H_7} \xrightarrow[+C_2H_5OH]{CH_3COOK} \underset{\alpha_D = +5,64°}{R·O·OCCH_3} \text{ (Umkehr.)}$$

Die p-Toluolsulfonsäureester $C_7H_7·SO_2·OR$ geben also leicht die entgegengesetzt drehenden Ester der Carbonsäuren; stellt man dem Säureanion R_1COO^- das Chlorion Cl^- an die Seite, so ist auch hier bei der Substitution eine Umkehr des Drehungssinnes zu erwarten. Solches stellten Houssa, Kenyon und Phillips experimentell fest:

$$d-\underset{\alpha = +8,20°}{\overset{C_6H_{13}}{\underset{CH_3}{>}}C\overset{H}{\underset{O·SO_2·C_7H_7}{<}}} \xrightarrow{LiCl} l-\underset{\alpha = -17,68°}{\overset{C_6H_{13}}{\underset{CH_3}{>}}C\overset{Cl}{\underset{H}{<}}} \xrightarrow{HCl} d-\underset{\alpha_D = +8,17°}{\overset{C_6H_{13}}{\underset{CH_3}{>}}C\overset{H}{\underset{OH}{<}}}·$$

Wenn die obigen Umsetzungen — ausgehend vom aktiven Octylalkohol über den Sulfinester zum Sulfonester — ohne Bindungslösung am asymm. C-Atom, ohne Umkehr des Drehungssinnes und unter Erhaltung der Konfiguration verlaufen, so muß der Übergang vom Sulfonsäureester zu dem entgegengesetzt drehenden Acetylester und Chlorid mit einer Waldenschen Umkehrung und Konfigurationsänderung verknüpft sein, d. h. dem d-(bzw. l-) Octylalkohol muß konfigurativ das d- (bzw. l-) Octylchlorid entsprechen. Dies ist der eine chemische Weg der Konfigurationsermittelung.

Der zweite Weg führt über den p-Toluolsulfinsäure-Ester und beruht auf zwei analogen Reaktionen, die von diesem Ester des aktiven Alkohols einerseits zu dem freien Alkohol andererseits zu dessen Chlorid führen:

$$d\text{-Octylalkohol} \xrightarrow[\alpha = +9,46°]{C_7H_7SOCl}$$

$$\to d-\underset{\alpha = +24,16°}{\overset{C_6H_{13}}{\underset{CH_3}{>}}C\overset{H}{\underset{O·SO·C_7H_7}{<}}} \overset{HOCl}{\nearrow} \underset{\alpha = -6,60°}{\overset{C_6H_{13}}{\underset{CH_3}{>}}C\overset{OH}{\underset{H}{<}}} (+ C_7H_7·SO_2Cl)$$

$$\underset{Cl_2}{\searrow} \underset{\alpha = -26,28°}{\overset{C_6H_{13}}{\underset{CH_3}{>}}C\overset{Cl}{\underset{H}{<}}} (+ C_7H_7·SO_2Cl)$$

Von dem d-Octylalkohol bzw. d-p-Toluolsulfinester führt die Einwirkung von unterchloriger Säure zu l-Octylalkohol, und durch die chemisch ähnliche Spaltwirkung des Chlors zu l-Octylchlorid: in beiden Fällen liegt Waldensche Umkehrung vor und dem aktiven Octylalkohol entspricht ein Chlorid mit demselben Drehungssinn. Diese Methoden sind zugleich geeignet, um von einem optisch aktiven sekundären Alkohol zu seinem Antipoden zu gelangen.

Diese eigenartigen Waldenschen Umkehrungsreaktionen der p-Toluolsulfin- und -sulfonsäure-Ester wurden weiter studiert von J. Kenyon und H. Phillips (mit Fr. Taylor, Soc. **1933**, 173; mit C. L. Arcus u. a. **1937**, 153; **1938**, 485) sowie von E. D. Hughes und Chr. K. Ingold (mit Mitarb., Soc. **1937**, 1196 u. f.) und W. Hückel [A. **533**, 1 (1937); **537**, 113 (1938)]. W. Hückel zeigte, daß bei der Reaktion des p-Toluolsulfonsäure-l-menthylesters mit Äthylalkohol (bzw. Na-Alkoholat) neben l-Menthyl-äthyläther (bzw. l-Menthol) vorwiegend d-Neomenthyläthyläther (bzw. d-Neomenthol) unter Waldenscher Umkehrung entsteht.

Die Umwandlung der Aminogruppe in die Hydroxylgruppe durch salpetrige Säure verläuft teils ohne Waldensche Umkehrung, teils mit einer solchen.

Keine Umkehrung geben: Alanin, Asparagin (und -säure), Serin [vgl. K. Freudenberg, B. **58**, 2399 (1925)]; l-Menthylamin, d-Isomenthylamin, trans-o-Methylcyclohexylamin- trans-(d)-Carvomenthylamin, trans-α- und β-Dekalylamin II, cis-α-Dekalylamin I [W. Hückel, A. **533**, 1 (1937)]. In den Diaminobernsteinsäuren erfolgt der Ersatz der NH_2-Gruppen durch HO-, Cl- und Br- entweder ohne Konfigurationswechsel oder es findet gleichzeitig an beiden Asymmetriezentren Waldensche Umkehrung statt [R. Kuhn, B. **59**, 482 (1926)].

Umkehrung geben: d-Neomenthylamin, trans-l-(Neo)-carvomenthylamin, trans-α-Dekalylamin I, trans-β-Dekalylamin I, cis-β-Dekalylamin II [W. Hückel, A. **533**, 1 (1937); B. **70**, 2481 (1937)] Die Umsetzung der beiden cis-trans-isomeren 2-Aminobicyclopentyle mit salpetriger Säure zu den entsprechenden Alkoholen erfolgt bei beiden Aminen unter fast vollständiger Waldenscher Umkehrung [W. Hückel und Mitarb., Rec. Trav. chim. Pays-B. **57**, 555 (1938)]. Umkehrung, aber ohne Änderung des Vorzeichens der Drehung erfährt: Desylamin $C_6H_5 \cdot CHNH_2 \cdot CO \cdot C_6H_5$ [A. McKenzie und Mitarb., Soc. **1928**, 646; B. **69**, 876 (1936)].

Über den Mechanismus der Einwirkung von Salpetrigsäure auf Amine (unter Bildung eines Additionsproduktes) vgl. J. C. Earl und N. G. Hills, Soc. **1939**, 1089.

Intramolekulare Waldensche Umkehrung
(„Semi-pinakolin-Desaminierung").

Al. McKenzie, R. Roger und G. O. Wills (Soc. **1926**, 779) haben eine sehr bemerkenswerte Eliminierung der Aminogruppe in tertiären Alkoholen und die Entstehung optisch aktiver Ketone entdeckt:

I. 1-β-Amino-α,α-diphenyl-n-propylalkohol →

$$(-)\text{-}C_6H_5\!\!\diagdown\!\!\underset{\underset{\text{HO}}{|}}{C}\!-\!\underset{\underset{\text{NH}_2}{|}}{C}\!\!\diagup^{CH_3}_{H} \xrightarrow{\text{HNO}_2} \left(C_6H_5\!\!\diagdown\!\!\underset{\underset{\text{HO}}{|}}{C}\!-\!\!-\!\underset{\underset{\text{HO·N:N}}{|}}{C}\!\!\diagup^{CH_3}_{H} \to C_6H_5\!\!\diagdown\!\!\underset{\underset{O}{|}\;(+)}{C}\!-\!C\!\!\diagup^{CH_3}_{H}\right) \to$$

in CHCl, $[\alpha]_{\text{D}} = -82°$

→ d-Methyldeoxybenzoin

$$\to \quad C_6H_5\!\!\diagdown\!\!\underset{\underset{O}{\|}}{C}\!-\!\underset{\underset{C_6H_5}{|}}{C}\!\!\diagup^{CH_3}_{H}$$

in CHCl$_3$, $[\alpha] = +207°$

II. 1-β-Amino-α,α-diphenyl-β-benzyläthylalkohol→d-Benzyldeoxybenzoin

$$C_6H_5\!\!\diagdown\!\!\underset{\underset{\text{HO}}{|}}{C}\!-\!\underset{\underset{\text{NH}_2}{|}}{C}\!\!\diagup^{CH_2C_6H_5}_{H} \xrightarrow{\text{HNO}_2} \left(C_6H_5\!\!\diagdown\!\!\underset{\underset{O\;(+)}{|}}{C}\!-\!C\!\!\diagup^{C_7H_7}_{H}\right) \to C_6H_5\!\!\diagdown\!\!\underset{\underset{O}{\|}}{C}\!-\!\underset{\underset{C_6H_5}{|}}{C}\!\!\diagup^{C_7H_7}_{H}$$

in CHCl$_3$, $[\alpha]_{\text{D}} = +241°$.

Intermediär tritt hier das asymmetrische Kohlenstoffatom valenzchemisch dreiwertig auf, bzw. eine elektrische Ladung übernimmt
die Rolle einer Gruppe, um die Asymmetrie und optische Aktivität
zu erhalten. (Ist nicht auch eine lockere Ringbildung unter Erhal-
tung der Vierwertigkeit denkbar: $\overset{a}{\underset{}{\diagdown}}C\!-\overset{}{\underset{O}{\diagup}}C\!\overset{b}{\underset{c}{\diagdown}} \to -C\!-\!C\!\overset{a}{\underset{c}{\diagdown}}^{b}$?)
(Siehe auch S. 307 und 324.)

Ebenso konnte F. C. Whitmore [mit Mitarb.; Am. 61, 1324
(1939) (—)-1,1-Diphenyl-2-amino-1-propanol mit salpetriger Säure
in (+)-Methylphenylacetophenon (mit 94% Ausbeute) überführen.

Ferner hat Al. McKenzie [B. 62, 286, 291 (1929)] nachstehende
„Waldensche Umkehrung" bei der Einwirkung von salpetriger Säure
auf optisch aktive Aminosäure bzw. Aminoalkohol und Grignardierung
kennengelehrt:

$$\text{I. } (-)\text{-}\underset{H}{\overset{C_6H_5}{\diagdown}}C\underset{COOH}{\overset{NH_2}{\diagup}} \underset{\underset{\text{Grign.}}{\searrow}}{\overset{\nearrow}{\underset{}{}}} \begin{matrix}(+)\text{-}\underset{H}{\overset{C_6H_5}{\diagdown}}C\underset{COOH}{\overset{OH}{\diagup}} \xrightarrow{\;Grign.\;} \\ (-)\text{-}\underset{C_3H_7}{\overset{C_3H_7}{\diagdown}}\underset{\underset{\text{HO}}{|}}{C}\!-\!\underset{\underset{\text{NH}_2}{|}}{C}\underset{H}{\overset{C_6H_5}{\diagup}}\end{matrix} \underset{\underset{}{\searrow}}{\overset{\nearrow}{\underset{}{}}} (+)\text{-}\underset{C_3H_7}{\overset{C_3H_7}{\diagdown}}\underset{\underset{\text{HO}}{|}}{C}\!-\!\underset{\underset{\text{OH}}{|}}{C}\underset{H}{\overset{C_6H_5}{\diagup}}$$

II. (—)-$C_6H_5\cdot CH(NH_2)\cdot COOH$ bzw.   (+)-$C_6H_5\cdot CH(NH_2)\cdot COOH$

$$\downarrow \text{Grign.} \qquad\qquad\qquad\qquad \downarrow$$

$$\begin{matrix}(+)\text{-}C_6H_5\cdot CH_2\!\!\diagdown \\ C_6H_5\cdot CH_2\end{matrix}\!\underset{\underset{\text{OH}}{|}}{C}\!-\!\underset{\underset{\text{H}_2\text{N}}{|}}{C}\!\!\diagup^{C_6H_5}_{H} \qquad\qquad (-)\text{-}C_6H_5CH(OH)\cdot COOH$$

$$\downarrow \text{oder} \qquad\qquad\qquad\qquad\qquad\qquad \downarrow \text{Grign.}$$

$$(+)\text{-}C_6H_5CH_2\cdot CO\cdot CH\!\!\diagdown^{C_6H_5}_{CH_2\cdot C_6H_5} \xleftarrow[\text{oder}]{} \begin{matrix}(+)\text{-}C_6H_5\cdot CH_2\!\!\diagdown \\ C_6H_5\cdot CH_2\end{matrix}C\!-\!\underset{\underset{\text{OH OH}}{}}{C}\!\!\diagup^{C_6H_3}_{H}$$

22*

Weitere Beispiele: Al. McKenzie und A. K. Mills [B. 62, 1784 (1929); 63, 904 (1930)].

Die von Dakin [J. Biol. Chem. 48, 273 (1921); 50, 403 (1922)] synthetisierte Anti-Oxyasparaginsäure HOOC·CH(NH₂)·CH(OH) ·COOH gäb mit N_2O_3 die Mesoweinsäure und ließ sich durch Alkaloide in die optischen Antipoden spalten: beide Antipoden lieferten wiederum inaktive Mesoweinsäure — durch N_2O_3 muß also in beiden Fällen an dem C-NH₂-Rest eine Umkehrung stattgefunden haben.

Waldensche Umkehrung durch Enzyme, Bakterien u. ä.

Durch Einwirkung von salpetriger Säure auf l-Tyrosin hatte Y. Kotake [H. 65, 397; 69, 409 (1910)] die linksdrehende Oxyphenylmilchsäure HO·C₆H₄·CH₂·CH(OH)·COOH, $[\alpha]_D = -18,05^0$ in Wasser, erhalten. Andererseits erhielt F. Ehrlich [B. 44, 888 (1911)] aus demselben l-Tyrosin durch Schimmelpilze (Oidium lactis) fast quantitativ eine rechtsdrehende Oxyphenylmilchsäure, $[\alpha]_D = +18,14^0$, als den Antipoden der vorigen Säure. Bei der Einwirkung desselben Pilzes auf d-Tyrosin entsteht ebenfalls, jedoch nicht quantitativ, die rechtsdrehende Oxyphenylmilchsäure [Kotake, M. Chikano und K. Ichibara, H. 143, 218 (1925)]. T. Sasaki und M. Tsudji (C. 1914 I, 1207; 1920 III, 488 u. f.) wiesen dann nach, daß durch bacteriellen Abbau entstehen:

aus   ↗ durch Bacill. proteus:d-Oxyphenylmilchsäure:(Bac. prot.) ↖   aus
l-Tyrosin ↘ durch Bac. subtilis:l-Oxyphenylmilchsäure: (Bacill. subt.) ↙ d-Tyrosin

S. Fränkel und K. Gallia [Biochem. Z. 134, 308 (1922)] hatten bei der prolongierten tryptischen Verdauung des Caseins ein rechtsdrehendes Tyrosin, $[\alpha]_D^{26} = +17,91^0$ isoliert, während bei der einfachen tryptischen Verdauung nur l-Tyrosin entsteht; da kein razem. Tyrosin gefunden wurde, so nehmen diese Forscher eine direkte fermentative Waldensche Umkehrung durch ein besonderes Ferment „Waldenase" an.

Die Desaminierung (mittels des Oidium lactis) sowohl des d- als auch des l-Alanins führte wiederum nur zu dem einen Antipoden, d. h. zur (+)-Milchsäure (Z. Otani und K. Ichibara, C. 1927 I, 1605).

Konfigurativ entspricht dem l(+)-Alanin eine l(+)-Milchsäure, ähnlich dürfte auch dem natürlichen l(—)-Tyrosin eine l(—)-Oxyphenylmilchsäure entsprechen, zumal diese auch durch die salpetrige Säure aus l-Tyrosin entsteht. Offensichtlich bewirken die genannten Enzyme sowohl den aktiven Tyrosinen als auch den aktiven Alaninen gegenüber eine enzymatische optische Umkehrung. Bemerkenswert ist die optische („Halb"-)Umkehrung durch Pankreas von d-Weinsäure → in Mesoweinsäure [M. Betti und E. Lucchi, B. 73, 777 (1940)].

Daß eine solche enzymatische „Waldensche Umkehrung" auch bei zahlreichen anderen Abbaureaktionen denkbar und durchaus möglich ist (z. B. bei den Proteinen, Kohlenhydraten, Glucosiden usw.) bzw. schon bei deren enzymatischer Isolierung aus Naturstoffen zu beachten wäre, sei hier hervorgehoben. Es sei nur an den diastatischen Abbau der Stärke erinnert, die je nach dem angewendeten Enzym in nahezu theoretischer Menge die α- oder β-Maltose liefert [R. Kuhn, A. **443**, 1 (1925); E. Ohlson, H. **189**, 17 (1930); vgl. a. K. H. Meyer, K. Hopf und H. Mark, B. **62**, 1110 (1929)]. Zu dieser Frage hat sich auch K. Freudenberg geäußert [B. **63**, 1530 (1930); **66**, 26 (1933)]. Über die Waldensche Umkehrung bei der enzymatischen Hydrolyse von Glucosiden vgl. a. Stig Veibel (C. **1940 I**, 1503). Man kann auch, wie es R. Robinson [Nature **120**, 44 (1927); vgl. a. P. A. Levene, Nature **120**, 621 (1927)] getan hat, die Entstehung stereoisomerer Zucker (z. B. Übergang von d-Glucose in d-Galactose) bei biologischen Prozessen mit der Waldenschen Umkehrung in ursächlichen Zusammenhang bringen. [Vielleicht könnte auch die Entstehung der d,l-Milchsäure bei dem fermentativen Abbau der optischaktiven Zuckerarten ähnlich gedeutet werden? Ebenso ließe sich die von Kögl (und Erxleben) in den malignen Tumoren gefundene „unnatürliche" d-Glutaminsäure (an Stelle der natürlichen l-Glutaminsäure) auf eine enzymatische Waldensche Umkehrung (mit teilweiser Razematbildung) zurückführen?]

Waldensche Umkehrungen in der Zuckerchemie.

Glucose und Derivate derselben. Einen Einblick in die verwickelten Konfigurationsänderungen der α-Glucose bei einfachen Substitutionsvorgängen sollen die nachstehenden Beispiele vermitteln.

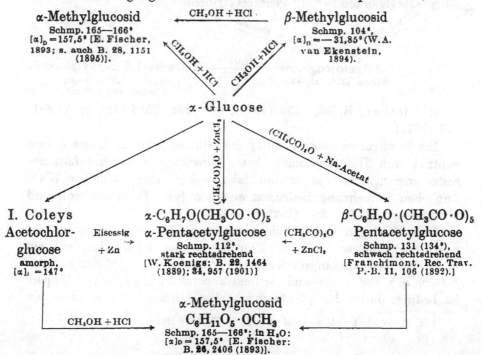

α-Methylglucosid
Schmp. 165—166°
[α]$_D$ = 157,5° [E. Fischer, 1893; s. auch B. **28**, 1151 (1895)].

CH$_3$OH + HCl

β-Methylglucosid
Schmp. 104°,
[α]$_D$ = — 31,85° (W. A. van Ekenstein, 1894).

CH$_3$OH + HCl

CH$_3$OH + HCl

α-Glucose

(CH$_3$CO)$_2$O + ZnCl$_2$

(CH$_3$CO)$_2$O + Na-Acetat

I. Coleys
Acetochlorglucose
amorph,
[α]$_D$ = 147°

Eisessig
+ Zn
→

α-C$_6$H$_7$O(CH$_3$CO·O)$_5$
α-Pentacetylglucose
Schmp. 112°,
stark rechtsdrehend
[W. Koenigs: B. **22**, 1464 (1889); **34**, 957 (1901)]

(CH$_3$CO)$_2$O
+ ZnCl$_2$
←

β-C$_6$H$_7$O·(CH$_3$CO·O)$_5$
Pentacetylglucose
Schmp. 131 (134°),
schwach rechtsdrehend
[Franchimont, Rec. Trav. P.-B. **11**, 106 (1892).]

CH$_3$OH + HCl

α-Methylglucosid
C$_6$H$_{11}$O$_5$·OCH$_3$
Schmp. 165—166°; in H$_2$O:
[α]$_D$ = 157,5° [E. Fischer: B. **26**, 2406 (1893)].

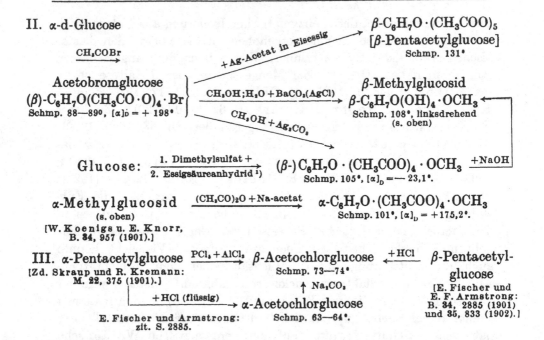

II. α-d-Glucose

CH_3COBr

Acetobromglucose
(β)-$C_6H_7O(CH_3CO \cdot O)_4 \cdot Br$
Schmp. 88—89⁰, $[\alpha]_D^o = +198^\circ$

+Ag-Acetat in Eisessig → β-$C_6H_7O \cdot (CH_3COO)_5$
[β-Pentacetylglucose]
Schmp. 131⁰

$CH_3OH; H_2O + BaCO_3(AgCl)$

$CH_3OH + Ag_2CO_3$

β-Methylglucosid
β-$C_6H_7O(OH)_4 \cdot OCH_3$
Schmp. 108⁰, linksdrehend
(s. oben)

Glucose: $\xrightarrow[\text{2. Essigsäureanhydrid}^{1)}]{\text{1. Dimethylsulfat +}}$ $(\beta\text{-})C_6H_7O \cdot (CH_3COO)_4 \cdot OCH_3$ +NaOH
Schmp. 105⁰, $[\alpha]_D = -23,1^\circ$.

α-Methylglucosid $\xrightarrow{(CH_3CO)_2O + \text{Na-acetat}}$ α-$C_6H_7O \cdot (CH_3COO)_4 \cdot OCH_3$
(s. oben)   Schmp. 101⁰, $[\alpha]_D = +175,2^\circ$.
[W. Koenigs u. E. Knorr,
B. 34, 957 (1901).]

III. α-Pentacetylglucose $\xrightarrow{PCl_5 + AlCl_3}$ β-Acetochlorglucose $\xleftarrow{+HCl}$ β-Pentacetyl-
[Zd. Skraup und R. Kremann: Schmp. 73—74⁰   glucose
M. 22, 375 (1901).]
↑ Na_2CO_3

+HCl (flüssig) → α-Acetochlorglucose
E. Fischer und Armstrong: Schmp. 63—64⁰.
zit. S. 2885.

[E. Fischer und
E. F. Armstrong:
B. 34, 2885 (1901)
und 35, 833 (1902).]

IV. Als nun E. Fischer nach einem Jahrzehnt diese Reaktion, die aus α- und β-Pentacetylglucose je eine andere Acetochlorglucose ergeben hatte, mit Jodwasserstoff (bzw. Chlor- und Bromwasserstoff) wiederholte, erhielt er nicht mehr die zwei Isomeren, sondern trotz vielfacher Bemühungen nur die eine (β-)Form:

α-Pentacetylglucose   β-Pentacetylglucose

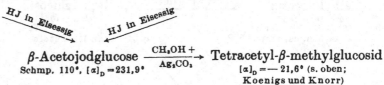

HJ in Eisessig   HJ in Eisessig

β-Acetojodglucose $\xrightarrow[\text{Ag}_2CO_3]{CH_3OH +}$ Tetracetyl-β-methylglucosid
Schmp. 110⁰, $[\alpha]_D = 231,9^\circ$ $[\alpha]_D = -21,6^\circ$ (s. oben;
Koenigs und Knorr)

E. Fischer, B. 43, 2535 (1910); 44, 1898, 2886 (1911); A. 381, 137 (1911).

Die Konfigurationsbestimmung der Glucosederivate, die nach dem Eintritt von Halogenatomen bzw. Verseifung des Schwefelsäure-restes vorzunehmen war, mußte daher wegen einer möglichen Wal-denschen Umkehrung Bedenken auslösen [vgl. B. Helferich und Mitarbeiter, B. 58, 888 (1925)].

Daß Mißlingen der Versuche zur wiederholten Gewinnung der α-Acetochlorglucose und jene Buntheit in der Entstehung aus ein und demselben Ausgangsmaterial bald der einen α-, bald der anderen β-Form bzw. der rechts- und der linksdrehenden stereoisomeren Typen, ist bedingt durch die „Waldensche Umkehrung“, die je nach den

¹) H. H. Schlubach u. K. Maurer, B. 57, 1686 (1924).

Reagenzien und Lösungsmitteln zu einem rechts- oder linksdrehenden Substitutionsprodukt führen kann. Die Erfahrungen der Zwischenzeit wiesen nun H. H. Schlubach (1926 u. f.) auf denjenigen Weg, welcher zur erfolgreichen Meisterung der erwähnten Unsicherheit in den experimentellen Endergebnissen hinführte. H. Meerwein (1922) hatte in seinen bedeutsamen Untersuchungen über die Umlagerungsgeschwindigkeit des Camphen-chlorhydrats die Rolle des Lösungsmittels und der Katalysatoren behandelt und dabei die stabilisierende Wirkung des Äthers hervorgehoben. Schlubach suchte nun die bei dem Halogenaustausch eintretende „Waldensche Umkehrung" (z. B. α-Form → β'-Form) und die darauffolgende Umlagerung (etwa β'- → in α'-Form) zu beherrschen, indem er die Umlagerungsreaktion durch geeignete Maßnahmen (beschleunigte Substitutionsreaktion in Ätherlösung und Fernhaltung von Katalysatoren) hemmte [vgl. B. **59**, 842 (1926); s. a. P. Brigl, B. **59**, 1588 (1926) und E. Pacsu, B. **61**, 137 (1928); **62**, 3008 (1929)].

1. d-(β-)Acetobromglucose $\xrightarrow[\text{+ aktiv. AgCl}]{\text{in abs. Äther}}$ l-Acetochlorglucose.

Schm. 99⁰, $[\alpha]_D = -18{,}6^0$
(in CCl_4)

d-α-Pentacetylglucose $\xrightarrow{\text{+ HCl}}$ l-Acetochlorglucose.

Schmp. 96—97⁰, $[\alpha]_D = -6{,}6^0$
(in CCl_4).

2. l-Acetochlorglucose $\xrightarrow[\text{in CHCl}_3 \text{ (Katal.)}]{\text{in Äther + AgCl}^1)\text{ (Katal.)}}$

d-Acetochlorglucose
Schmp. 68⁰, $[\alpha]_D = +165{,}8^0$
(in CCl_4)

d-Acetochlorglucose.
$[\alpha]_D = +81^0$ (in $CHCl_3$)

H. H. Schlubach und Mitarbeiter, B. **59**, 840 (1926); **61**, 287 (1928); **63**, 2295 (1930).

3. Die Umlagerung der linksdrehenden Acetochlorglucose in die rechtsdrehende Form bei Zimmertemperatur durch die Lösungsmittel erfolgt in der Reihe der zunehmenden jonisierenden Kraft bzw. der Dielektrizitätskonstanten D.-K. [Schlubach, B. **61**, 288 u. f. (1928)]:

	CCl_4	Benzol	Äther	$CHCl_3$	CH_3J	CH_3CN	CH_3OH
	$[\alpha]_D$ bleibt tagelang unverändert			rasche Isomerisation		in 1 Stunde das Max. ($[\alpha] =$ etwa $+100^0$)	
D.-K.	2,0	2,1	4,3	4,95	7,1	35,8	32,5
Dipolmoment μ .	0	0	1,1	1,05	1,6	3,2	$1{,}73 \times 10^{-18}$

Ähnlich verhält sich β-Aceto-chlor-fructose [Schlubach, B. **61**, 1220 (1928)].

Die Umlagerung der (weniger oder linksdrehenden) β-Glucoside und β-Acetyl-zucker durch Katalysatoren in die entsprechenden

---

¹) Beachtenswert ist es, daß die in Ätherlösung beständige l-Acetochlorglucose bei Zusatz von Silber- bzw. Blei- und Quecksilberchlorid eine Umlagerung in die (stereoisomere) rechtsdrehende Form erfährt [B. **61**, 293 (1928)].

α-Formen gelang E. Pacsu [B. 61, 137 (1929)] in Chloroform mit Stannichlorid SnCl₄, noch glatter mit Titantetrachlorid [zit. S. 1508 (1928); Amer. 52, 2563 (1930)], z. B.

1a. β-Pentacetylglucose
Schmp. 132—134°, [α]$_D$ = 4,3°
(in CHCl₃)

$\xrightarrow{\text{SnCl}_4 + \text{CHCl}_3}$

α-Pentacetylglucose
Schmp. 112°; [α]$_D$ = + 102,7° (in CHCl₃)

1b. β-Pentacetylglucose

$\xrightarrow{\text{TiCl}_4 + \text{CHCl}_3}$

α-Acetochlorglucose
Schmp. 73°; [α]$_D$ = + 166° (in CHCl₃)

(+ Ag₂ CO₃ | in CH₃OH)

Tetracetyl-β-methylglucosid
Schmp. 104—105⁰, [α]$_D$ = — 17,5⁰ (in CHCl₃)

2. Tetracetyl-β-methyl-glucosid
Schmp. 104→105°; [α]$_D$ — 18,6°,
(in CHCl₃)
Tetracetyl-β-methylglucosid

$\xrightarrow[\text{in CHCl}_3]{\text{+ SnCl}_4}$

$\xrightarrow{\text{TiCl}_4 + \text{CHCl}_3}$

Tetracetyl-α-methylglucosid
Schmp. 100⁰, [α]$_D$ = 130,5⁰ (in CHCl₃)

Auch bei der Hydrolyse bzw. Entschwefelung der Senföl-gluco-side durch Silbernitrat oder Mercurisalze tritt als Folge einer Waldenschen Umkehrung primär α-Glucose auf, da es sich um β-Gluco-side handelt. Nach J. Gadamer (1897) hat z. B. Sinigrin (myron-saures Kalium) die Konstitution $C_3H_5 \cdot N : C \Big\langle \begin{smallmatrix} \text{OSO}_3\text{K} \\ \text{S} \vdots \text{C}_6\text{H}_{11}\text{O}_5 \end{smallmatrix}$; die Spaltung geht am asymm. C-Atom der Glucose vor sich:

$$C_{10}H_{16}O_9NS_2K + H_2O + 2AgNO_3 = C_4H_5O_4NS_2Ag_2 + C_6H_{12}O_6 +$$
$$\underset{\text{Senföl-Silbersulfat}}{} \quad \underset{\text{Glucose}}{}$$
$$+ KNO_3 + HNO_3 \text{ [W. Schneider, B. 63, 2787 (1930)].}$$

Daß tatsächlich, andererseits, α-Alkyl-glucothioside $C_6H_{11}O_5 \cdot$ S·R durch Quecksilberchlorid einen Zucker von anfänglich niedrigem Drehungsvermögen, also β-Glucose abspalten, bzw. eine Waldensche Umkehrung erleiden, wurde experimentell erwiesen [W. Schneider und W. Specht, B. 64, 1319 (1931)].

In der Zuckergruppe hat sich ergeben, daß die p-Toluolsulfon-säure-Derivate bei der Abspaltung des p-Toluolsulfonyls (= „Tosyl" nach K. Heß und Pfleger, 1933), gemäß den Untersuchungen von H. Phillips und J. Kenyon [1923; s. a. Soc. 127, 399 (1925)] oft eine Waldensche Umkehrung erleiden; dabei bildet sich ein Anhydro-Ring, der bei der Alkalispaltung wiederum von einer Waldenschen Umkehrung begleitet ist [B. Helferich und A. Müller, B. 63, 2142 (1930); A. Müller, B. 67, 421 (1934); B. 68, 1094 (1935); Bd. 72, 745 (1939); W. N. Haworth und E. L. Hirst, Soc. 1934, 151 (1934); D. S. Mathers und G. J. Robertson, Soc. 1933, 1076 und 1935, 685, 1193; G. J. Robertson und H. G. Dunlop, Soc. 1938, 472; S. Peat und L. F. Wiggins, Soc. 1938, 1088; 1939, 1069; K. Heß und Mitarbeiter, B. 68, 1360 (1935); 72, 137 (1939); H. Ohle und Mitarbeiter, B. 68, 601 (1935); 71, 2302 (1938)]. Zahlreiche Umkehrungen wurden dieserart festgestellt, z. B. Allose in Altrose (Roberts. und Dunlop), Glucose in Gulose (Müller), Glucose in Altrose (Mathers und Robertson), ebenso von d-Glucose zu d-Allose (Peat und Wiggins), von l-Rhamnose zu d-Allo-methylose [P. Levene und Compton, J. biol. Chem. 116, 169 (1936)], von Glucose zu Idose (Heß), von Fructose zu Psicose [Ohle, vgl. a. XXI. Mitteil. B. 71, 2302 (1938)], von Lactose in Neolactose [C. S. Hudson, Am. 48, 1978, 2002, 2436 (1926)].

Die „Waldensche Umkehrung" bei der Spaltung von p-Toluolsulfonylestern der Rhamnose hat J. E. Muskat [Am. 56, 2653 (1934)] elektronisch erläutert, indem er folgende Symbole aufstellt:

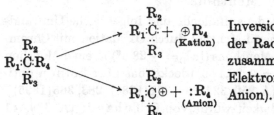

Inversion ist möglich, wenn eines der Radikale am asymm. C-Atom zusammen mit dem bindenden Elektronenpaar sich loslöst (als Anion).

Auf Grund seiner neuesten Versuche „über die Acetonverbindungen der Zucker und ihre Umwandlungen" [XXII. Mitteil., B. 71, 2316 (1938)] gelangte H. Ohle (mit H. Wilcke) zu dem Ergebnis, daß sowohl die normale Verseifung von Toluolsulfonsäure-estern als auch die Abspaltung eines Toluolsulfonsäure-Anions dem Anscheine nach nicht von einer Waldenschen Umkehrung begleitet sind, jedoch verlaufen die Reaktionen in Stufen, bei denen „jede Stufe unter Waldenscher Umkehrung verläuft". Für den stereochemischen Mechanismus der Öffnung der Äthylenoxyd-Ringe stellt Ohle (S. 2322) fest, daß — wenn das Äthylenoxyd keine andere polare Gruppe im Molekül enthält und räumlich eine genügende Annäherung des zu addierenden Anions an eines der beiden C-Atome in C———C in Richtung seines Dipols zuläßt — dann die Addition immer unter Waldenscher Umkehrung erfolgt.

Für diese grundlegenden Spaltungen der Tosyl-verbindungen ($CH_3 \cdot C_6H_4 \cdot SO_2 = Ts$, Tosyl) und der Äthylenoxyd-Ringe sind formal die folgenden Möglichkeiten gegeben:

R'—O—Ts ⇄ R'—O— + T$_s$ ⇄ R'—+ O—Ts; im ersteren Fall bleibt das asymm. C-Atom (mit R') intakt, im zweiten wird jedoch R' losgelöst und kann zu einer Umkehrung Anlaß geben (Phillips und Kenyon).

Im Ring C———C ⇄ ⇄ ist ebenfalls die Ringlösung und nachher die Addition an zwei verschiedenen asymm. C-Atomen möglich.

Nach H. Ohle [B. 71, 2304 (1938)] und A. Müller und Mitarbeiter [B. 72, 745 (1939)] ist bei trans-Stellung des Sulfonyls und des Nachbar-Hydroxyls die Abspaltung der Sulfonsäure durch Alkali — unter äthylen-oxydischer Anhydro-Ringbildung — mit der Waldenschen Umkehrung des sulfonyltragenden Kohlenstoffs verknüpft.

K. Freudenberg [B. 69, 1247 (1936)] konnte zeigen, daß aus dem Acetat des β-Methyl-maltosids zunächst infolge Waldenscher Umkehrung α-Octacetyl-maltose, die in kurzer Zeit in das Acetat der Gleichgewichtsmaltose umgewandelt wird, entsteht.

Menthole.

E. Beckmann hat 1888 die auffallende und folgenreiche Umwandlung des. aus dem natürlichen l-Menthol durch Oxydation mit Chromsäuremischung erhaltenen l-Menthons ($[\alpha]_D = -28{,}5^0$) in ein d-Menthon mit Drehungen bis zu $[\alpha]_D = +28{,}1^0$ entdeckt, das aber keinen optischen Antipoden darstellte [A. 250, 322, 334, 371 (1888); 283, 365 (1895)]. Die Umlagerungsgeschwindigkeit wurde von C. Tubandt [A. 339, 41 (1905); 377, 284 (1910)] gemessen. Die Reduktion der beiden Menthone lieferte alsdann neben dem gewöhnlichen l-Menthol noch ein d-Isomenthol ($[\alpha]_D = +2{,}03^0$), aus welchem nun ein d-Isomenthon mit Drehungen bis zu $[\alpha]_D = +35{,}1^0$ resultierte [J. prakt. Chem. (2) 55, 28 (1897)]. Eine weitere Stufe der Reinigung über Menthyloxim zu Menthylamin zu Menthol ergab ein d-Isomenthol ($[\alpha]_D = +25{,}6^0$ bis $26 \cdot 3^0$ und Schmp. 83^0) und ein d-Isomenthon ($[\alpha]_D = +93{,}2^0$) [E. Beckmann, B. 42, 846 (1909)]. Aus l-Menthon und Ammoniumformiat hatte O. Wallach [A. 300, 278 (1898)] ein d-Neomenthylamin (vgl. Read, Soc. 1926, 2212) abgetrennt, während R. H. Pickard und O. Littlebury [Soc. 101, 109 (1912)] durch katalytische Reduktion des Thymols ein inaktives Neomenthol gewonnen hatten, dem sie die Konfiguration des l-Menthols, bzw. l-Menthons beilegten. Durch katalytische (Pt-)Hydrierung von l-Menthon und nachherige Veresterung des Gemisches mit Bernsteinsäureanhydrid konnten G. Vavon und A. Couderc [C. r. 179, 405 (1924)] reines d-Neomenthol ($[\alpha]_{578} = +21{,}95^0$) vom Menthol abtrennen. — Neomenthol wird langsamer verestert und sein Ester langsamer verseift, als es mit Menthol der Fall ist, daher wird dem Menthol die trans-, dem Neomenthol die cis-Form ($C_3H_7 : OH$) zuerteilt. Im Jahre 1925 begann J. Read [mit Mitarbeitern, I. Mitteil., Soc. 127, 2782 (1925); XIII. Mitteil., Soc. 1934, 1779] seine „Untersuchungen in der Menthon-Reihe", die er parallel mit seinen schon vorher [VI. Mitteil., Soc. 123, 2916 (1923)] begonnenen Untersuchungen über „Piperiton" [vgl. a. XII. Mitteil., Soc. 1934, 308) durchführte; nacheinander hat er die Reindarstellung der inaktiven Formen und die Spaltung derselben in die optischen Antipoden von Isomenthol, Neomenthol und Neo-Isomenthol bewerkstelligt, sowie durch chemische Umsetzungen und Messungen der Veresterungsgeschwindigkeiten die relative Konfiguration zu ermitteln versucht (XIII. Mitteil., Soc. **1934**, 1781).

Gleichzeitig mit den Untersuchungen von Vavon und Read waren deutscherseits, in Verfolg technischer Probleme, grundlegende Untersuchungen ausgeführt worden. W. Ponndorf hatte 1924 ein Verfahren patentieren lassen, das den reversiblen Austausch der Oxydationsstufen zwischen Aldehyden oder Ketonen einerseits und primären oder sekundären Alkoholen andererseits zum Gegenstande hat (vgl. a. die Mitteilung von A. Verley, Bull. soc. chim (4) **37**, 537 (1925)]; als wirksamstes Mittel hatte sich Aluminium-Isopropylat + Isopropylalkohol gegenüber den cyclischen Ketonen erwiesen [Ponndorf, Z. angew. Chem. **39**, 138 (1926)] und dieses Verfahren wandte auch Read bei der Reduktion der Menthone an. Dann diente es auch O. Zeitschel und H. Schmidt [B. **59**, 2298 (1926); J. pr. Chem. **133**, 365 (1932)] bei ihren Untersuchungen über die Raum-Isomerie in der Menthol-Reihe. Während die letztgenannten Forscher z. B. im l-Menthol bzw. d-Neo-menthol die OH- zur C_3H_7-Gruppe in cis- bzw. trans-Stellung annehmen, gelangte Vavon [Bull, soc. chim. (4) **39**, 666 (1926)] auf Grund der erschwerten Veresterung (bzw. Verseifung der Ester, s. S. 216 u. 239) der cis-Formen gegenüber den trans-Formen zu der cis-Konfiguration des Neo-menthols, bzw. der trans-Form des Menthols. Ebenso schloß Read (Soc. **1934**, 313, 1781; **1935**, 1270) auf die cis-Konfiguration der Neo-menthole gegenüber der trans-Form der Menthole, wobei die relativen Reaktionsgeschwindigkeiten dieser 4 Alkohole mit Nitrobenzoylchlorid der Konfiguration gegenübergestellt seien:

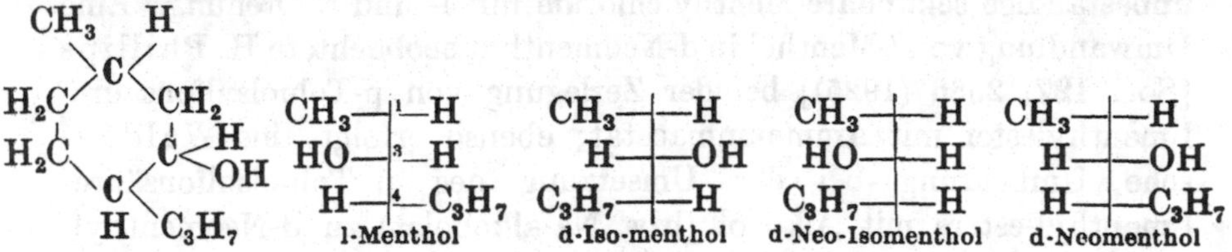

	l-Menthol	d-Iso-menthol	d-Neo-Isomenthol	d-Neomenthol
R.-Geschw.=	16,5	12,3	3,1	1,0
$[\alpha]_D$=	—49,6°	+ 25,9°	+ 2,2°	+ 20,7

Zu jeder dieser vier Formen (mit je 3 asymm. C-Atomen) gehören die l-, bzw. d- und d,l-Isomeren. Von den Umlagerungen seien die folgenden als Beispiele gegeben:

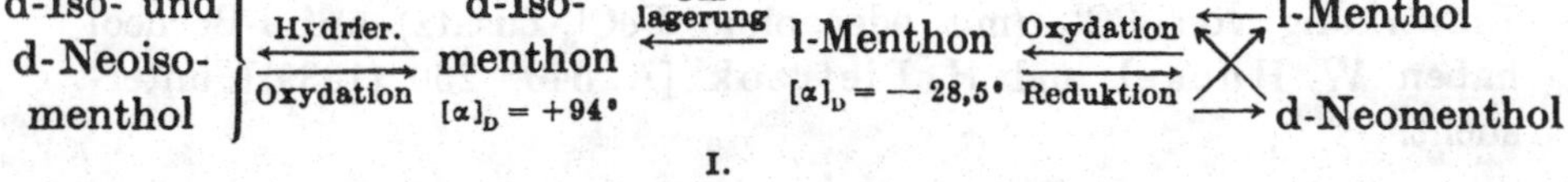

d-Iso- und d-Neoiso-menthol Hydrier./Oxydation d-Iso-menthon $[\alpha]_D = +94°$ Umlagerung l-Menthon $[\alpha]_D = -28,5°$ Oxydation/Reduktion l-Menthol / d-Neomenthol

I.

Verfolgen wir noch die nachstehenden Übergänge unter Berücksichtigung der Drehungswerte:

l-Menthol → l-Menthon → l-Menthonoxim → l-Menthylamin → l-Menthol.

$$\diagdown\!\diagdown C<^H_{OH} \rightarrow \diagdown\!\diagdown :O \rightarrow \diagdown\!\diagdown :NOH \rightarrow \diagdown\!\diagdown C<^H_{NH_2} \quad \diagdown\!\diagdown C<^H_{OH}$$

$[\alpha]_D = -49,6°$ $[\alpha]_D = -28,5°$ $[\alpha]_D = -42°$ $[\alpha]_D = -44,5°$ $([\alpha]_D = -49,6°)$

(l-Menthylacetat   (l-Acetylmenthyl-

$[\alpha]_D = -78°$)   II.   amin $[\alpha]_D = -84°$)

Der Übergang von l-Menthol zu l-Menthon ist mit dem Verlust eines asymm. C-Atoms verknüpft, und die Reaktionsfolge von Menthon zum Oxim → Amin → Menthol kann nur ein razemisches asymm. C-Atom liefern. Wenn nun trotzdem aus hydriertem Menthon und aus Menthylamin (durch HNO_2) das ursprüngliche l-Menthol entsteht, so bedeutet dies, daß auch in ihm ursprünglich das

$$>C<^H_{OH}$$ -Atom in d,l-Form vorlag. Die Übergänge unter I zeigen

die leichte Isomerisation bzw. die leichte Bildung der verschiedenen stereoisomeren Menthole. Hierbei ist die Möglichkeit der Waldenschen Umkehrung bei den einzelnen Substitutionsreaktionen außer acht geblieben. Daß hier solche optische Umkehrungen stattfinden, beweist die Bemerkung von N. Zelinsky [B. **35**, 4416 (1902)], „daß bei der Einwirkung von Phosphorpentabromid auf Menthol gleichzeitig Rechts- und Links-Menthylbromid entstehen". Bei der Einwirkung von Phosphorpentachlorid erhielt N. J. Kurssanow [Ch. Centr. **1923** III, 757) neben einem beständigen l-Menthylchlorid zwei unbeständige sekundäre Menthylchloride mit l- und d-Drehung. Eine Umwandlung von l-Menthol in d-Neomenthol beobachtete H. Phillips [Soc. **127**, 2566 (1925)] bei der Zerlegung von p-Toluolsulfonsäure-l-menthylester mit Ammoniumacetat; ebenso erfolgt eine Waldensche Umkehrung bei der Umsetzung des p-Toluolsulforsäure-l-menthyl-esters mit Alkohol (bzw. Na-alkoholat) zu d-Neomenthyl-äther (bzw. d-Neomenthol) [W. Hückel, A. **533**, 1; **537**, 113 (1938)].

In der Borneol- bzw. Norborneol-Gruppe treten naturgemäß ebenfalls Waldensche Umkehrungen entgegen, so z. B. bei dem Übergang von endo-Norbornylamin (durch Salpetrigsäure) in exo-β-Norborneol [K. Alder und G. Stein, A. **514**, 211 (1934)], eventuell bei der Umsetzung des Norbornylchlorids zu Norborneol [K. Alder und H. F. Rickert, A. **543**, 1 (1939)]. Die Umkehrungen bei der Einwirkung von PCl_5 (mit oder ohne $FeCl_3$-Zusatz) auf l-Borneol haben W. Hückel und H. Pietrzok [A. **540**, 250 (1939)] untersucht.

Thujon:

$$
\begin{array}{c}
CH_3 \\
CH \\
HC \quad CO \\
H_2C \quad CH_2 \\
C \\
CH \\
H_3C \quad CH_3
\end{array}
$$

Einen bemerkenswerten Fall von optischer Umkehrung stellt die Überführung von l-α-Thujon ($[\alpha]_D = -10,3^0$) in d-α-Thujon ($[\alpha]_D = +10,3^0$) dar: die Zerlegung des Semicarbazons hydrolytisch durch Mineralsäuren liefert den l-Antipoden [O. Wallach, A. **272**, 99 (1893)], während die Hydrolyse durch Phthalsäureanhydrid beim Erhitzen den d-Antipoden ergibt (V. Paolini, C. **1926 I**, 36). Außerdem kommt in der Natur noch ein d-β-Thujon vor: $[\alpha]_D = +76,16^0$, zwischen beiden besteht Stereoisomerie: α-Thujon $\xleftrightarrow{\text{durch Alkali}}$ β-Thujon, und bei der Reduktion beider entsteht der sterisch nicht einheitliche Thujylalkohol. Es sei darauf hingewiesen, daß Thujon 3 asymmetrische C-Atome hat und Thujylalkohol noch ein viertes hinzubekommt; die sterischen Verhältnisse sind hier demnach mannigfaltig und reizvoll, erinnern an die Menthole und erheischen eine allseitige Durchforschung. —

Durch Austausch von radioaktivem Chlor und Deuterium zwischen Camphenhydrochlorid und Chlorwasserstoff hat Chr. L. Wilson (und Mitarbeiter, Soc. **1939**, 1188) die Wagner-Meerwein Umlagerung von Camphenhydrochlorid in Isobornylchlorid untersucht.

Waldensche Umkehrungen sind auch bei den Isomerien der Dioxy-stearinsäuren, die von der Olein- und Elaidinsäure-Reihe sich ableiten, wahrscheinlich [vgl. Walden, Optische Umkehrerscheinungen 109 (1919); Th. P. Hilditch, Soc. **1926**, 1828).

Auf die Waldensche Umkehrung in der Stereochemie der Sterine und Gallensäure hat H. Lettré [R. **68**, 766 (1935)] aufmerksam gemacht.

Bei Bicyclen (β- und α-Dekalolen) hat W. Hückel [A. **451**, 109 (1926); **502**, 99, 115 (1933)] Waldensche Umlagerungen beobachtet; ebenso findet sie K. Ganapathi [B. **72**, 1383 (1939)] bei 2,3-Dioxy-trans-dekalinen.

Über zahlreiche Waldensche Umkehrungen bei der Synthese von 2,3-Butandiolen haben Ch. E. Wilson und H. J. Lucas [Am. **58**, 2396 (1936)] gearbeitet.

Von J. Gadamer ist die Waldensche Umkehrung beim Hydroxyscopolin und Cantharidin erkannt worden [B. **56**, 131 (1922)].

A. Werner hatte bei den Substitutionen seiner Metallammoniakate angenommen, daß aus cis-Verbindungen cis-, aus trans-Formen nur trans-Konfigurationen entstehen. Schon H. Reihlen [Z. anorg. Chem. **159**, 347 (1927); A. **447**, 211; **448**, 312 (1926)] hatte nachgewiesen, daß durch die Waldensche Umkehrung die Beweisführung entwertet werden kann. Neuerdings hat J. C. Bailar [mit Mitarbeiter, Am. **56**, 774 (1934); **58**, 2224 u. f. (1936)] an dem l-[Coen$_2$Cl$_2$]Cl gezeigt, daß folgende Übergänge auftreten:

a) mit K$_2$CO$_3$ entsteht immer d-[Coen$_2$CO$_3$]Cl,

b) mit Ag$_2$CO$_3$ im Überschuß: l-[Coen$_2$CO$_3$]Cl, bei ungenügender Menge: das rechtsdrehende Isomere;

c) mit flüssigem Ammoniak:

bei — 77^0 bis — 33^0 entsteht l-[Coen$_2$(NH$_3$)$_2$]Cl$_3$,

bei 25^0 und höher entsteht die Rechtsform.

Konzentration und Temperatur beeinflussen also hier — bei den Metallkomplexsalzen, ebenso wie bei den Substitutionen am asymm. C-Atom — grundlegend den nachherigen optischen Charakter; in den Beispielen a und b sind es dieselben Anionen CO$_3''$, die den Ersatz bewirken, indem sie die gleichen Bindungen austauschen — trotzdem führen sie zu entgegengesetzten Konfigurationen. [Vgl. a. Bailar jr. und McReynolds, Am. **61**, 3199 (1939).] G. Wittig [Stereochemie, S. 231, 241, 244, 246, 250, 267, 268 (1930)] weist eingehend auf die Berücksichtigung der Waldenschen Umkehrung bei der Konfigurationsbestimmung der Metallkomplexsalze hin.

Zusammenfassung.

Am Ende unseres Querschnittes durch die Waldensche Umkehrung können wir feststellen, daß dieses Phänomen die Anregung zu einer an Einzelheiten überaus reichen experimentellen und theoretischen Bearbeitung geliefert, eine Fülle neuartiger Substitutionsreaktionen ans Licht gebracht und, gleich einem neuen Sehorgan, unerwartete Einblicke in das „Innenleben" chemischer Moleküle vermittelt hat. Dann aber müssen wir leider zugeben, daß wir nicht am Ende des Problems selbst, d. h. vor seiner Lösung stehen. Der scheinbar so einfache Vorgang einer milden Substitution am optisch aktiven asymm. C-Atom hat sich experimentell und theoretisch ausgeweitet zu dem Grundproblem des Substitutionsmechanismus überhaupt: Der stereochemische Verlauf erweist sich als hervorragend abhängig von der Summenwirkung der physikalisch-chemischen Faktoren beim Substitutionsvorgang (z. B. Temperatur, Lösungsmittel, Konzentration, Lösungszustand bzw. Ionisation); er wird durch keine der bisherigen Theorien eindeutig vorausgesagt. Die ganze Problematik wird durch die nachstehenden Urteile veranschaulicht.

„Die Waldensche Umkehrung scheint mir ein allgemeiner Vorgang zu sein, der mit dem Wesen des Substitutionsvorganges aufs engste verknüpft ist. Ich glaube also, daß bei jeder Substitution am Kohlenstoffatom die neue Gruppe nicht an die Stelle der abzulösenden zu treten braucht, sondern ebensogut eine andere Stellung einnehmen kann. Verfolgen läßt sich das natürlich nur beim asymmetrischen Kohlenstoffatom. Mit anderen Worten: Ich bin der Meinung, daß die Waldensche Umkehrung nicht als Umlagerung im gewöhnlichen Sinne aufgefaßt werden darf, sondern ein normaler Vorgang ist und im allgemeinen ebenso leicht erfolgen kann wie das Gegenteil." So urteilte E. Fischer [A. **381**, 126 (1911); vgl. a. Rördam, B. **67**, 1598 (1934)].

Die „Waldensche Umkehrung" hat als ein bei allen Substitutionen (namentlich am asymm. C-Atom) möglicher Unsicherheitsfaktor die Konfigurationsbestimmungen beeinflußt — man hat sie daher die „bête noire" der optischen Aktivität [M. O. Forster, Emil Fischer Memorial Lecture, Soc. **117**, 1161 (1920)] oder das Schreckgespenst bei allen Konfigurationsbestimmungen" [K. Hoesch, Emil Fischer. B. **54**, Sonderheft S. 355. 1921) genannt.

„There can be few more important issues in optical activity than the causes and mechanism of the Walden inversion, but work on this subject is restricted by the absence of any rigid tests whereby a change in configuration, as distinguished from a change in sign, can be detected with certainty." [J. C. Irvine, Ann. Reports on the Progr. of Chemistry, XV, 61 (1919).]

Und J. Kenyon, H. Phillips und A. J. Houssa gelangten auf Grund ihrer vielgestaltigen Substitutionen an optisch aktiven Verbindungen zu der nachstehenden Aussage: „It is suggested that, far from being a comparatively rare phenomenon, it occurs whenever a group attached to an asymmetric carbon atom is replaced, unless a phenyl group is directly linked to the asymmetric carbon atom or a carboxyl group is present in the molecule" (Soc. **1929**, 1707). Und zu einem ähnlichen Schluß wird auch P. A. Levene [und Mitarbeiter, J. Biol. Chem. **121**, 747 (1937)] geführt, indem er den „Mechanismus der Substitutionsreaktion und der Waldenschen Umkehrung" ausdeutet und folgert, daß in normal gesättigten aliphatischen Derivaten jede Substitutionsreaktion am asymmetrischen Kohlenstoff-Atom mit einem Konfigurationswechsel verknüpft ist; dieser Forscher vertritt die Ansicht, daß eine allgemeine Formulierung des Substitutionsmechanismus zur Zeit noch nicht möglich sei, was ebenso für eine allgemeine Theorie der Waldenschen Umkehrung gelte [zit. S. 777 (1937)]. Auf Grund seiner Theorie von der gleichzeitigen Addition der einen Gruppe und der Entfernung der anderen hatte schon vorher A. R. Olson (1933) gefolgert, daß jede Substitution eine Waldensche Umkehrung einschließe.

„Da also bei allen besprochenen Additions- und Abspaltungs-
reaktionen die Konfigurationszentren direkt berührt werden, so besteht genau wie bei den Substitutionen am asymmetrischen Kohlenstoffatom die Möglichkeit, daß Konfigurationsänderungen erfolgen,
für die sich zur Zeit keine festen Regeln aufstellen lassen. Daher sind
alle Versuche, die Raumgruppierungen der cis-trans-Isomeren aus
ihren genetischen Beziehungen zu den Acetylen- und Äthanabkömm-
lingen zu erschließen, absolut unzulässig und besser zu verwerfen.
Damit, daß die Additionsreaktionen mit den Substitutionsprozessen
in Parallele gesetzt werden, ist natürlich nur eine formale Erklärung
gewonnen, die für den Additionsverlauf so wenig wie für die Waldenschen Umkehrreaktionen Voraussagen gestattet" (G. Wittig: Stereochemie, S. 125 u. f. 1930).

Th. Wagner-Jauregg (Freudenbergs Stereochemie, S. 887. 1933)
gibt die folgende Charakteristik: „Die Waldensche Umkehrung ist
demnach kein Ausnahmefall, sondern eine ganz allgemeine und häufige
Erscheinung, die nicht auf eine bestimmte Klasse von Verbindungen
beschränkt ist. Der Ersatz eines Substituenten unter räumlicher Umgruppierung läßt sich an optisch aktivem Material beobachten, ist
aber wohl ganz allgemein auch bei Substitutionen an inaktiven
Verbindungen möglich."

W. Hückel (Theoretische Grundlagen der organischen Chemie,
I. Bd., 2. Aufl., S. 304. 1934) äußert sich folgendermaßen: „Die im
Verlauf der Zeit an den verschiedensten Stoffklassen gemachten Erfahrungen über die Substitutionen am asymmetrischen Kohlenstoffatom führen zu der Erkenntnis, daß die Erscheinung der Waldenschen Umkehrung ganz allgemein auftritt und — soweit die Erfahrungen reichen — ebenso häufig ist wie die Substitution ohne
Platzwechsel der Atome. Sie ist also nicht an bestimmte konstitutive Eigentümlichkeiten der dem Angriff am Asymmetriezentrum unterworfenen Verbindungen gebunden ..."

„Es besteht somit die Tatsache, daß sich die Substitutionen am
asymmetrischen Kohlenstoffatom häufig Konfigurationswechsel vollzieht, d. h. der eintretende Substituent nicht die Stelle des austreten-
den, sondern einen andern Platz einnimmt. Warum dies der Fall ist,
läßt sich nicht vorausbestimmen; die Natur der anderen Substituenten,
ferner die Art des Reagens und die Reaktionsgeschwindigkeit, mit
welcher der Umsatz sich vollzieht, beeinflussen den Verlauf der Reaktion" (P. Karrer: Lehrbuch der organischen Chemie, S. 306. 1937).
„Despite many years of research, the conditions determining the
occurence and nonoccurence of Walden inversion still remain one of
the outstanding problems of organic chemistry" [H. S. Isbell, Chemistry of the carbohydrates and glycosides: Annual Review of Biochemistry, S. 66 (1940)].

Das Problem der Waldenschen Umkehrung hat gezeigt, daß auch der einfachste Substitutionsvorgang ein komplizierter Prozeß ist. Der anschaulich darstellbare intermolekulare Ersatz- oder Austauschmechanismus AX + Y → AY + X ist zugleich ein intramolekularer Umordnungsvorgang in dem Molekül AX; die Substitutionsreaktion wird erweitert, indem nicht allein der Endzustand mit der Frage „was geschieht?", sondern gerade die Vor- und Zwischenstufen mit der Frage „wie geschieht es?" als eine sterische Kinetik in den Vordergrund gerückt werden. Wie nun bei der Substitution an einem homöopolaren Molekül mit asymmetrischem C-Atom zeitweilig ein ungesättigter Zustand und dabei eine Konfigurationsänderung eintreten können, so vermag wohl auch ein an sich ungesättigtes Molekül (mit $>C:C<$) vor der Addition (und vor dem Übergang in ein Äthanderivat) eine ähnliche räumliche Umgruppierung durchzuführen. Die Rückschlüsse auf die Konfiguration der Endprodukte bzw. des Substitutions- und Additionsvorganges sind hier wie dort in gleicher Weise beeinflußt von der Gesamtheit der an den Reaktionen beteiligten Faktoren.

Siebentes Kapitel.
Tautomerieerscheinungen, Einfluß der Lösungsmittel.
A. Vorgeschichte, Begriffsbildung und erste Beispiele.

> „Ist es ein lebendig Wesen,
> Das sich in sich selbst getrennt?
> Sind es zwei, die sich erlesen,
> Daß man sie als eines kennt?"
>
> Goethe, West-östlicher Divan, 1819.

> „Man muß sich eben immer bewußt bleiben, daß unsere Strukturformeln nur unvollkommene Bilder der Wirklichkeit darbieten können, weil sie die Bewegung der Atome nicht widerzuspiegeln vermögen."
>
> L. Knorr [A. **293**, 41 (1896)].

Für die Begriffsbildung der Tautomerie haben wir eine Reihe von Vorläufern. Schon 1797 hatte Alex. v. Humboldt auf die Möglichkeit hingewiesen, daß aus gleichen Mengen Kohlenstoff, Sauerstoff, Wasserstoff usw. zusammengesetzte Körper doch verschiedene Eigenschaften haben könnten (vgl. E. O. v. Lippmann: Abhandlungen und Vorträge, II. Bd., S. 450. 1913). Dann führte 1803 Winterl („Prolusiones ad chem." usw., 1803) für einfache Verbindungen des Sauerstoffs, welche sauer und basisch zugleich reagieren, die Bezeichnung „amphoterisch" oder „Amphoteren" ein. Als Gay-Lussac (gemeinsam mit Thénard) die Elementaranalyse von Essigsäure mit derjenigen von „matière ligneuse" verglich, kam er (1814) zu dem Schluß, den bereits A. v. Humboldt ausgesprochen hatte. (Noch

fehlte der Molekularbegriff und die Kenntnis der Polymerie). Berzelius bezeichnete dann (1830) alle solche gleich zusammengesetzten,
aber im chemischen Verhalten verschiedenen Stoffe als isomerisch.
Inzwischen entwickelt sich die Lehre von den rationellen Formeln
namentlich für die organischen Verbindungen, und Gerhardt (Lehrbuch der organischen Chemie, IV. Bd., § 2453. 1854) prägt den Satz:
„Ein und derselbe Körper kann mehrere rationelle Formeln haben."
Es können nämlich einzelne Stoffe beim Angriff von Agenzien in verschiedenem Sinne reagieren, indem sie den letzteren „nicht stets die
nämliche Angriffsseite darbieten". Als Beispiele werden genannt
Benzaldehyd, Kakodyl, Cyansäure, die letztere reagiert „bald als
Hydroxyl des Cyans, bald als Imid des Carbonyls". Der Fall liegt
hier nicht unähnlich dem eines amphoteren Metalloxyds (oder -oxyd-
hydrats), das bald als „Base", bald als „Säure" reagiert. Nach der
Aufstellung des theoretischen Grundpfeilers im Lehrgebäude der
Kohlenstoffchemie, der Vierwertigkeit des Kohlenstoffatoms durch
A. Kekulé (1858), sowie mit der allmählichen Erfassung des Molekül-
begriffs setzt die Entwicklung der chemischen Konstitutionsformeln ein, zugleich aber tritt auch das Benzolproblem (Kekulé,
1865) immer gebieterischer in Erscheinung. Als Kekulé (1862) die
(ungesättigten) Dicarbonsäuren Malein und Fumarsäure untersucht
und mit der (gesättigten) Bernsteinsäure vergleicht stellt er für die
ersteren das Fehlen zweier Wasserstoffatome fest: es „sind zwei Ver-
wandtschaftseinheiten des Kohlenstoffs nicht gesättigt: es ist an
der Stelle gewissermaßen eine Lücke" [A. Suppl. II, 115 (1862)].
Dieser bildhafte Ausdruck erhält nachher durch R. Schiff [B. **15**,
1273 (1882)] bei der Bestimmung der Molekularvolumen einen kon-
kreten Inhalt, indem er folgert, „...daß jede sogenannte Doppelbindung oder, wie ich vorziehe zu sagen, jede Lücke das Volum
um 4 Einheiten erhöht". Als „Äthylenlücke", „Lückenbindung",
„Lücken der Valenz" usw. kehrt dieser Begriff in den Spekulationen
der Folgezeit wieder; Laar (vgl. nachher) benutzt diese „Lücke",
um ihr „gewissermaßen (eine) saugende" Wirkung gegenüber dem
leichtbeweglichen Wasserstoffatom zuzuschreiben, als „koordinative
Lücke" tritt sie bei Dilthey und Wizinger (1928 u. f.) entgegen.

Als nun A. Kekulé (1872) zu der Konstitution des Benzols erneut
Stellung nahm, entwickelte er die Ansicht, daß infolge intramolekularer Atombewegung abwechselnde Schwingungszustände der Atome
einen alternierenden Wechsel der Bindung auslösen können [A. **162**,
86 (1872)]; es ist dies seine „Oszillationsformel" des Benzols.

Im Jahre 1876 erörtert A. Butlerow die Umsetzungen des von ihm
entdeckten Trimethylcarbinols $(CH_3)_3C \cdot OH$ und kommt zu der Schlußfolgerung, daß in gewissen Fällen einzelne Moleküle dissoziieren,
sowie daß die Dissoziationsprodukte sich zu neuen, isomeren Molekülen

vereinigen können; es besteht ein Gleichgewichtszustand zwischen diesen Isomeren und beim Vorherrschen — je nach der Natur des Körpers — der einen oder der anderen Form — wird der Körper „bei chemischen Reaktionen sich bald im Sinne der einen, bald im Sinne der anderen chemischen Gruppierung verhalten" [als Beispiele werden Cyanwasserstoff, Cyansäure usw. angeführt; A. **189**, 76 (1876)]. Zu jener Zeit verfaßte J. H. van't Hoff sein Werk „Ansichten über die organische Chemie" (2 Teile, Braunschweig 1878—1881); in einem Schlußwort sagt er, daß für die organischen Körper eine Umwandlungsfähigkeit zu bestehen scheint, „welche das Reden von einer bestimmten Konstitution ausschließt und vermöge deren ein fortwährendes Hin- und Hergehen zwischen mehreren Gleichgewichtszuständen stattfindet, welche jeder für sich durch eine Strukturformel ausgedrückt werden können" (2. Teil, S. 263). Der Begriff des Oszillierens ist hier in das allgemeine Schema des chemischen Gleichgewichts eingeordnet; den vorhin genannten Beispielen fügt er noch die stereochemischen Umwandlungen der Weinsäuren, der Angelica- und Tiglinsäure u. ä. bei.

Grundlegende Begriffe formen sich allmählich in der organischen Chemie: Bindungslücke, Atomoszillation, Moleküldissoziation, chemisches Gleichgewicht, ganz allgemein: Dynamik der Moleküle. In der Gedankenwelt der damaligen Chemiker waren die starren Moleküle durch eine „Mobilisierung der Atome" im Molekülgefüge ersetzt! Es mehrten sich in schneller Folge die Beispiele dieser „Mobilisierung". Beispielgebend ist die klassische Untersuchung des Isatins durch A. Baeyer, das nach zweierlei Richtung reagiert, als **Lactim**

$$C_6H_4\left\langle{CO \atop N}\right\rangle C \cdot OH \text{ und als } \textbf{Lactam } C_6H_4\left\langle{CO \atop NH}\right\rangle CO \text{ [B.15, 2100 (1882)];}$$

während also die Derivate in isomeren Formen auftreten, ist vom Isatin nur die **eine** Grundform stabil, die andere aber labil (sie wird mit dem Wort „**Pseudo**" bezeichnet). „Ihre Unbeständigkeit ist auf die **Beweglichkeit der Wasserstoffatome** zurückzuführen" [B. **16**, 2189 (1883)][1]. Die maßgebende Rolle derselben Atomgruppierung — NH·CO — bzw. — N = C(OH) kehrt wieder bei A. Hantzsch in den Isomerien des Lutidostyrils [B. **17**, 2903 (1884)], bei L. Knorr [mit O. Antrick: B. **17**, 2872 (1884)] anläßlich der Äthylierung des γ-Oxychinaldins, sowie bei H. v. Pechmann, der die „**Pyridon**"-Isomerie entdeckte [B. **18**, 318 (1885)]:

---

[1] Nach Ablauf eines halben Jahrhunderts haben optische und röntgenographische Untersuchungen am Isatin (und Derivaten) zu der alten Annahme nur unwesentliches hinzugefügt: Im festen Zustand scheint ein Zwischenzustand zwischen Lactim- und Lactamstruktur vorzuliegen und auf eine Art von Koordination der H-, HO- oder Amino-Bindung hinzuweisen [E. G. Cox, T. H. Goodwin und Wagstaff: Proc. R. Soc., A. **157**, 399 (1936); vgl. auch F. Arndt und B. Eistert: B. **71**, 2046 (1938), sowie R. Pummerer und Fieselmann, A. **544**, 206 (1940)].

(γ-Oxychinaldin)   Oxypyridin   „Pyridon"-Ring

Das Tatsachengebiet wurde durch Th. Zincke (1884) verbreitert, indem er für α-Naphthochinonhydrazid fand, daß es je nach den Verhältnissen entweder als

$$C_{10}H_6{\diagup^{OH}_{\diagdown N_2C_6H_5}}$$ (in alkalischer Lösung) oder als $$C_{10}H_6{\diagup^{O}_{\diagdown N_2\cdot H\cdot C_6H_5}}$$

(in saurer Lösung) reagierte; ähnlich dürften auch die sogenannten Nitroso-phenole sich verhalten: $\left(C_xH_y{\diagup^{OH}_{\diagdown NO}} \rightleftarrows C_xH_y{\diagup^{O}_{\diagdown N\cdot OH}} \right)$. „Für die Acetessigsäure wird man für gewisse Reaktionen neben der gebräuchlichen Formel den Ausdruck $CH_3 — C(OH) = CH — COOH$ in Betracht ziehen können" [B. **17**, 3030, Fußnote (1884)].

Es ist wohl diese Untersuchung von Zincke, welche den nächsten bedeutenden Abschnitt in der Entwicklungsgeschichte dieser eigenartigen Isomeriefälle, die eine Gruppe von „Ausnahmefällen" darstellten, einleitete: Conrad Laar [B. **18**, 648 (1885); **19**, 730 (1886)] faßte alle diese Fälle unter dem von ihm geschaffenen Begriff der „Tautomerie" zusammen. Die neue Begriffsbildung umschließt Verbindungen, für deren Moleküle auf Grund ihrer Umsetzungen mehrere gleichberechtigte Strukturformeln möglich sind; diese Moleküle befinden sich „in entgegengesetzten Zuständen der intramolekularen Bewegung", wobei fortwährend wechselnde Bindungsverhältnisse, Oszillationen, „namentlich des leicht beweglichen Wasserstoffs" stattfinden. Wie leicht ersichtlich, enthält diese „Oszillationshypothese" Claars das chemische Ideengut der Vergangenheit, von Gerhardt (1854) bis Zincke (1884). Neu war der Begriff, doch löste er vorläufig keine weitere Befriedigung aus. Die theoretische organische Chemie stand damals unter dem Eindruck von J. Wislicenus „räumlicher Anordnung der Atome in organischen Molekülen" (s. o. S. 206).

Eine Änderung trat ein, als L. Knorr im Zusammenhang mit seiner großen Untersuchung „Über die Konstitution des Pyrazols" hervortrat [A. **279**, 188—232 (1894)]. In dem Bestreben, einen dem Chinin konstitutionsverwandten Körper zu synthetisieren, hatte L. Knorr (1884) das therapeutisch so wertvolle Antipyrin entdeckt (s. S. 40); die Bemühungen um die Aufklärung der Konstitution des Antipyrins führten ihn zur Entdeckung der „Pyrazolone[1]) (Antipyrin =

---

[1]) An der Erforschung der Pyrazole und Pyrazolone beteiligten sich als Mitarbeiter C. Bülow, P. Duden, P. Pschorr, P. Rabe, Fr. Stolz u. a. Das 4-Amino-antipyrin [A. **293**, 58 (1896)] wurde von Knorr und Stolz dargestellt, die Methylierung des Aminopyridins durch Fr. Stolz führte zum „Pyramidon" (1897).

1 Phenyl-2.3-dimethyl-5-pyrazolon), „Pyrazoline" (oder Dehydro-pyrazole) usw. [A. **238**, 137—219 (1887)] bis A. **328**, 62 (1903); B. **37**, 2520, 3520 (1904), Amino-pyrazole], wobei die ihnen zugrunde liegende hypothetische Base „Pyrazol" genannt und deren erste Derivate bereits 1885 gefaßt worden waren [B. **18**, 311, 932 (1885)]:

Pyrazol Pyrazolin Pyrazolon bzw. Hydroxy-pyrazol

Antipyrin Pyramidon (1887, Höchst)

Es waren zwei Phenylmethylpyrazole (1.3- und 1.5-) bekannt; als man nun (1894, zit. S. 217) den Phenylrest durch Oxydation entfernte, erhielt man zwei Methylpyrazole (3- und 5), die sich als identisch erwiesen:

1-Phenyl-3-methyl-pyrazol 3-(5)-Methyl-pyrazol, identisch 1-Phenyl-5-methyl-pyrazol

Vorwegnehmend sei angeführt, daß R. Kitamura [J. pharm. Soc. Japan **58**, 161, 238 (1938); **60**, 3 u. 7 (1940)] eine Betainform (d. h. Zwitterion-form) für Antipyrin und Thiopyrin entwickelt:

und

Pyrazolonderivate sind durch Kuppeln mit Diazoniumsalzen in wertvolle lichtechte gelbe bis orange Farbstoffe übergeführt worden. Unter den Bearbeitern der Pyrazole und Pyrazolone sei unter anderem auch L. Claisen genannt [B. **24**, 1888 (1891); vgl. auch A. **278**, 261 (1894); A. **295**, 301 (1897)]; eingehende Untersuchungen widmete er den von ihm 1891 entdeckten Isoxazolen I [B. **24**, 3900 (1891) bis B. **44**, 1161 (1911)]

und Isoxazolonen II [s. auch B. **30**, 1480 (1897)]: I. HC=CH—CH=N und

II. OC—CH₂—CH=N. Über deren Tautomerie vgl. auch A. I. Porai-Koschitz und Chromov, C. **1940** II, 1870; G. Tappi, Gazz. chim. Ital. **70** (1940).

er gab eine neue „Oszillationszustand-Theorie" für die tautomeren
Antipyrine [J. pharm. Soc. Japan 60, 3 u. f. (1940)]. Knorr geht
seinerseits zur Deutung dieser Tatsachen von der „überraschenden
Ähnlichkeit" des Pyrazols mit dem Benzol aus, übernimmt Kekulés
„Oszillationsformel" des Benzols auch für das Pyrazol, in beiden
Systemen können also die Doppelbindungen ihre Lage vertauschen;
diesen Bewegungszustand bezeichnet er (1894) als den Zustand der
„fließenden Doppelbindungen" (zit. S. 208). Weiter folgert er,
indem er sich auf den Boden der Laarschen Hypothese
stellt: „...die Identität des 3-Methylpyrazols mit dem 5-Methyl-
pyrazol und ebenso die Identität der 1.2-Disubstitutionsprodukte des
Benzols mit den entsprechenden 1.6-Derivaten gehören in die Gruppe
von Erscheinungen, welche Laar unter dem Namen Tautomerie
zusammengefaßt hat" [zit. S. 214 (1894)]. Als es sich zeigte, daß
1-Phenyl-3-methyl-5-pyrazon neben der bevorzugten „Methylen-
formel" I auch in einer „desmotropen Form" („Iminform" II, z. B.
Antipyrin), sowie in einer dritten, „Phenolform" III zu reagieren
vermag:

$$
\begin{array}{ccc}
\mathrm{N\cdot C_6H_5} & \mathrm{N\cdot C_6H_5} & \mathrm{N\cdot C_6H_5} \\
\mathrm{OC} \diagup \diagdown \mathrm{N} & \mathrm{OC} \diagup \diagdown \mathrm{NH} & \mathrm{HO\cdot C} \diagup \diagdown \mathrm{N} \\
\quad \mathrm{I.} & \quad \mathrm{II.} & \quad \mathrm{III.} \\
\mathrm{H_2C{=\!=}C\cdot CH_3} & \mathrm{HC{=\!=}C\cdot CH_3} & \mathrm{HC{=\!=}C\cdot CH_3}
\end{array}
$$

da prägte Knorr den Begriff der „Doppeltautomerie" [B. 28,
708 (1895)]. Aus seinen Versuchsergebnissen folgert er, daß das Pyrazolon bei seinen Reaktionen sich so verhält, „...als ob alle drei
Formen nebeneinander zugegen wären... Ich bin dadurch zu der
festen Überzeugung gekommen, daß diesen (tautomeren) Verbindungen in Lösung keine bestimmten Strukturformeln zukommen können." Hier knüpft er nun an zwei[1]) elektrochemische
Untersuchungsreihen an, die bewiesen hatten, daß tautomere

---

[1]) Es handelte sich hier um eine Untersuchung von S. P. Mulliken [B. 26, Ref. 884
(1893)] über die Elektrosynthesen mit Hilfe von Estern und Acetylaceton sowie um die
Leitfähigkeitsmessungen von P. Walden [B. 24, 2025 (1891)], worin Acetessigester,
Malonester, die sog. Tetrin-, Pentin-, Hexinsäuren Demarcays u. a. als Elektrolyte
nachgewiesen wurden. Zur Erklärung nahm Walden eine Wanderung des Wasserstoffs an die CO-Gruppe an:

$$
\begin{array}{cccc}
\mathrm{H{-}C} \diagup^{\mathrm{COOR}}_{\diagdown\mathrm{COOR}} & \mathrm{C} \diagup^{\mathrm{COOR}}_{\diagdown\mathrm{COOR}} & \text{oder} & \mathrm{O} \diagup^{\mathrm{CH_2}} \diagdown \mathrm{CO} \quad\rightarrow\quad \mathrm{O} \diagup^{\mathrm{CH_2}} \diagdown \mathrm{C{-}OH} \\
\quad | \qquad\qquad \| & \text{Tetrin-} & & \\
\mathrm{OC\cdot Ar} \quad \mathrm{HO\cdot C\cdot Ar} & & \text{säure *)} & \mathrm{OC{-}CH\cdot CH_3} \qquad \mathrm{OC{-}C\cdot CH_3}
\end{array}
$$

Die entstandenen Enolformen sind dann säureartig und gute Elektrolyte, die sogar
neutrale Alkalisalze bilden. Den Gedanken der Umbildung organischer Nichtelektrolyte in Elektrolyte durch chemisch „indifferente" Lösungsmittel hat P. Walden
weiter entwickelt durch den Begriff der „abnormen Elektrolyte" [vgl. auch Z. ph. Ch.
43, 385 (1903); 75, 555 (1911); s. auch K. Schaum: B. 56, 2461 (1923)].

*) Dieselbe wurde nachher von L. Wolff [A. 288, 1 (1895); 291, 226 (1896)] als
Methyltetronsäure gekennzeichnet; sie ist die eigentliche Muttersubstanz der Vulpin-
säure A. Spiegels [s. auch L. Anschütz, B. 73 (A), 33 (1940)].

Verbindungen als solche oder in Form von Salzen Elektrolyte darstellen und schließt daraus: „Diese Entdeckung scheint mir für das Verständnis der Tautomerie von größter Bedeutung zu sein. Sie beweist, daß diese Verbindungen in Lösungen einen teilweisen Zerfall in Ionen erleiden." Eigene Versuche an Pyrazol, 1-Phenyl-3-methyl-5-pyrazolon und 1-Phenyl-3.4-dimethylpyrazolon ergeben tatsächlich, daß diese (noch einen labilen Wasserstoff enthaltende) Verbindungen sowohl im geschmolzenen als auch im gelösten Zustande relativ gute Leiter sind. [Siehe auch W. Hückel, Ph. Ch. (A) **186**, 129 (1940)].

Diese Anschauungen finden ihren Ausdruck und eine Anwendung in den Untersuchungen über das Verhalten des Antipyrins gegen Halogenalkyle [L. Knorr, A. **293**, 1 u. f. (1896)], sowie in den sich angliedernden großen „Studien über Tautomerie" [I. Abhandl. A. **293**, 70 (1896); letzte Abhandl. B. **44**, 1138 u. 2772 (1911)]. So schreibt er (zit. S. 36 und 100, 1896): „Alle chemischen Reaktionen, auch die der Nichtleiter, sind durch das Vorhandensein freier Valenzen (oder Valenzkörper) bedingt"... Für die tautomeren Verbindungen mit Elektrolytnatur gilt der Satz: „Die Ionenspaltung ermöglicht es in diesen Fällen, daß der Zustand der fließenden Doppelbindungen in den Anionen, ungehindert durch das als Kation abgespaltene Wasserstoffatom, zur Entfaltung kommt." In den Anionen kann sich als Ausfluß der intramolekularen Atombewegung ein periodischer Wechsel der Valenzverhältnisse abspielen. Die eigenen Versuche über die Tautomerie der Diacylbernsteinsäureester sowie diejenigen von L. Claisen und W. Wislicenus (A. **291**) dienen L. Knorr als Bestätigung seiner Annahmen. „Ich denke mir diese Umformung (der desmotropen Formen in tautomeren Substanzen) bewirkt durch die Dissoziation der Moleküle und den Austausch des „labilen" Wasserstoffatoms zwischen den Anionen, deren Valenzverhältnisse infolge der intramolekularen Atombewegung fortwährenden Wechsel erleiden" (Zit. S. 100). Augenscheinlich liegen hier Gedankengänge vor, die in den späteren elektronentheoretischen Auffassungen unter modernen Bezeichnungen wiederkehren.

Mit diesem Eintreten Knorrs für die Tautomerie-Hypothese war nun von autoritativer Seite die heuristische Bedeutung dieser Hypothese bekundet worden, andererseits aber verknüpfte sich damit noch der unmittelbare Gewinn, daß Knorr selbst ein erfolgreicher Bearbeiter des Tautomerie-Problems (von 1894 bis 1911) wurde.

In der Zwischenzeit war das Gebiet der isomeren Verbindungen und Isomerisationen um mehrere schwierig einzuordnende Fälle erweitert worden. So hatte W. Wislicenus [B. **20**, 2933 (1887)] den

Formylphenylessigester $CHO \cdot CH(C_6H_5)COOC_2H_5$ in zwei isomeren Formen erhalten, deren eine (flüssige) mit Eisenchlorid eine blauviolette Färbung gibt, während die andere (feste) keine Farbreaktion aufweist, beide geben aber mit Phenylhydrazin identische Produkte — es wird eine Polymerie beider Formen vermutet. Seinerseits hatte L. Claisen[1]) bei den Oxymethylen-Verbindungen [B. 25, 1785 (1892)] und beim Dibenzoylaceton $CH_3 \cdot CO \cdot CH(COC_6H_5)_2$ [A. 277, 184 (1893)] ähnliche Isomerieverhältnisse aufgefunden und sie auf stereochemische Verschiedenheiten (als cis- und trans-Formen) zurückgeführt, bald aber alle diese Fälle durch Tautomerie erklärt, z. B.

$$C_6H_5CO \cdot CH(COC_6H_5)_2 \text{ und } C_6H_5C_6OH : C(COC_6H_5)_2$$

[B. 27, 117 (1894)]. Daran anknüpfend, erörtert nun W. Wislicenus [B. 28, 767 (1895)] für seinen Formylphenylessigsäureester die beiden tautomeren Formen I $CHO \cdot CH(C_6H_5) \cdot COOC_2H_5$ und II („Enol-Form") $CH(OH) : C(C_6H_5)COOC_2H_5$, gibt aber den Vorzug einer stereochemischen Formulierung (cis-trans-Modifikationen, in Lösung ein Gleichgewicht bildend):

$$\text{I.} \quad \begin{matrix} H \cdot C \cdot OH \\ C_6H_5 \cdot \overset{\shortparallel}{C} \cdot COOC_2H_5 \end{matrix} \qquad \text{II.} \quad \begin{matrix} H \cdot C \cdot OH \\ C_2H_5OOC \cdot \overset{\shortparallel}{C} \cdot C_6H_5 \end{matrix}$$

---

[1]) Nach L. Claisen [A. 291, 45 (1896)] hat „der Begriff der Tautomerie nach Laar... wohl nie zahlreiche Anhänger gehabt". Es geschah, wie es zu geschehen pflegt. „Da stellt ein Wort zur rechten Zeit sich ein." Aus der Fülle nennen wir: „Pseudoformen" und „Pseudoisomerie"; „Desmotropie"; „fließende Doppelbindungen" (Knorr, 1894); „Merotropie" (A. Michael, 1894); Phasotropie" (J. Brühl, 1894); „funktionelle und virtuelle Tautomerie" (H. v. Pechmann, 1895); „relative und absolute Pseudomerie" [L. Claisen: A. 291, 46 (1896)]; „Allelotropie" [Knorr: A. 306, 332 (1899)]. Eine Abgrenzung der vielen Begriffe gab K. H. Meyer [A. 398, 64 (1913)]. Mit der Einbürgerung der Elektronentheorie in der Valenzlehre erschienen: „Elektrotropie" und „Elektromerie" (H. S. Fry, 1921); „Prototropie" [Th. M. Lowry: Soc. 123, 828 (1923)]: „die reversible Umwandlung von Protomeren, die durch die Lage eines Protons oder Wasserstoffkerns sich voneinander unterscheiden".

Chr. K. Ingold, Shoppee und Thorpe (Soc. 1926, 1477) stellten eine Ionisationstheorie der Prototropie auf (Abtrennung des Protons durch eine Base und dessen Rückführung durch eine Säure, beim tautomeren Austausch):

$C=C-CH \rightleftarrows C=C-\bar{C}\}H^+ \rightleftarrows \bar{C}-C=C\}H^+ \rightleftarrows CH-C=C$ (vgl. auch Soc. 1929, 1199).

Alsdann haben Ingold, Hsü und C. L. Wilson (Soc. 1935, 1778) den kinetischen Status der ionisierten Mittler in der Prototropie mittels der optischen Aktivität in ihrer Beziehung zu tautomeren Änderungen erforscht: an den tautomeren Systemen,

$$\text{von der Art} \quad \begin{matrix} C_6H_5 \\ CH_3 \end{matrix} \diagdown C \diagdown \begin{matrix} H \\ N:C \end{matrix} \diagdown \begin{matrix} C_6H_4Cl \\ C_6H_5 \end{matrix} \rightleftharpoons \begin{matrix} C_6H_5 \\ CH_3 \end{matrix} \diagdown C:N \cdot CH \diagdown \begin{matrix} C_6H_4Cl \\ C_6H_5 \end{matrix} \quad \text{wurde festgestellt,}$$

daß in keiner Periode des Austausches die Ionisierungsprodukte kinetisch frei werden, d. h. daß sie zu keinem Zeitpunkt genügend getrennt sind von anderen Molekülen, da sonst die Asymmetrie zerstört würde.

Die jüngste Phase der „Tautomerie" ist gekennzeichnet durch den Begriff „Mesomerie" (Ingold, 1934).

B. Arten der Tautomerie. Rolle der „indifferenten" Lösungsmittel auf tautomere und stereoisomere Umlagerungen.

> „Die Wirkung des Mediums, in welchem die Reaktion stattfindet, obgleich dieses Medium auch, wie man sagt, chemisch indifferent wäre, erweist sich als bedeutend; man kann nicht, sozusagen, die chemische Wirkung von dem Medium trennen, in welchem sie verläuft."
>
> N. Menschutkin (1887).

Die Erkenntnis, daß das Lösungsmittel auch in der organischen Chemie ein Grundproblem darstellt, ist erst im verflossenen Halbjahrhundert herangereift. Wohl hatte schon Boerhaave (1732) hinsichtlich der Ursache der chemischen Wirkung zwischen Lösungsmittel und Gelöstem gesagt, daß sie gleicherweise in beiden zu suchen sei, „sie wirkt reziprok in dem einen und in dem andern". Und doch mußte diese Wirkung 1887 gleichsam wiederentdeckt werden, als N. Menschutkin bei seinen Messungen „über die Geschwindigkeit der Esterbildung" in Benzol-, Xylol- und Hexanlösungen einen „enormen Einfluß" dieser Lösungsmittel feststellte. Er konnte alsbald zeigen, daß auch die Salzbildungsreaktion $(C_2H_5)_3N + C_2H_5I = N(C_2H_5)_4I$ je nach dem Lösungsmittel mit ganz verschiedener Geschwindigkeit verläuft, so z. B. in Hexan mit der Konstante $K = 0\cdot000180$, in Acetophenon mit $K = 0\cdot1294$ (Z. ph. Ch. 6, 41 (1890)]. Es war dann E. Beckmann, der (1890) bei seinen Molekulargewichtsbestimmungen die depolymerisierende Wirkung oder „dissoziierende Kraft" der Lösungsmittel auffand und auf Grund derselben die Medien in eine Reihe ordnete, deren ein Ende von Wasser und den Alkoholen, deren anderes Ende von den Kohlenwasserstoffen und deren Halogenderivaten eingenommen wurde [Z. ph. Ch. 6, 437 (1890)]. In der Dielektrizitätskonstante gab W. Nernst [Z. ph. Ch. 13, 535 (1894)] ein physikalisches Kriterium: „Wir werden erwarten können, daß Lösungsmittel um so stärker Doppelmoleküle zu spalten vermögen, d. h. eine um so größere dissoziierende Kraft besitzen, je größer ihre Dielektrizitätskonstante ist. Dies bestätigt sich vollkommen." Jene Reihenfolge der „dissoziierenden Lösungsmittel" wurde dann von W. Wislicenus (1896) und L. Claisen (1896) auch für die Tautomerisationserscheinungen (Enol- $\rightleftarrows$ Keto-Form), von A. Hantzsch (1896) für die Isomerisation der Nitro- und Isonitroverbindungen qualitativ wiedergefunden; von E. Bamberger (1901) und G. Lockemann (1905) wurde sie für die Stereo-isomerisation der Hydrazone festgestellt. Daß dieselbe Reihenfolge im allgemeinen auch für die Razemisierungsgeschwindigkeit (des d-Brombernsteinsäurediäthylesters in Gegenwart von HBr) gilt, diese am größten in

Alkohol, am geringsten in Benzol und Schwefelkohlenstoff ist, zeigte
P. Walden [B. **38**, 403 (1905)].

Aus allen Beispielen ergibt sich, daß bei aller Verschiedenheit der
Stoff- und Reaktionstypen zweierlei ihnen gemeinsam ist: **erstens**:
in allen Fällen äußern die Lösungsmittel je nach ihrer chemischen
Natur einen **erheblichen Einfluß** gegenüber dem Gelösten, und
zweitens: Die Lösungsmittel ordnen sich nach der **Größe des Einflusses** in eine Reihenfolge, die in großen Zügen der Größe der Dielektrizitätskonstanten dieser Lösungsmittel entspricht.

Wesensmäßig muß die Dielektrizitätskonstante D.-K. der Lösungsmittel die **Ionenspaltung** der gelösten Stoffe (Salze, Säuren, Basen)
beeinflussen. An einem typischen Elektrolyten (,,Normalsalz" $N(C_2H_5)_4J$
wies nun P. Walden [Z. ph. Ch. **54**, 129 (1906)] den quantitativen Zu-
sammenhang zwischen dem klassischen **Dissoziationsgrad** $\left(= \frac{\lambda v}{\lambda \infty} \right)$
und der Dielektrizitätskonstante der betreffenden Lösungsmittel nach,
ebenso ergab sich für **dasselbe Salz** eine gesetzmäßige Abhängigkeit
der **Bildungsgeschwindigkeit**[1] [P. Walden, Chem.-Zeit. **31**, 904
(1907); Riv. di Sc. 1, 2, Nr. 4 (1907)] nach der Gleichung $N(C_2H_5)_3 +$
$+ C_2H_5J = N(C_2H_5)_4J$, sowie der **Löslichkeit** dieses Salzes von der
D.-K. der Lösungsmittel [Z. ph. Ch. **61**, 638 (1908)].

Damit erweiterte sich die Deutungsmöglichkeit der Wirkung dieser
sogenannten indifferenten organischen Lösungsmittel, indem sie in
den Problemkreis der Elektrochemie einbezogen und zu **Ionisierungsmitteln** der gelösten Stoffe wurden; der seinem Wesen nach auffällige
Zusammenhang mit den Dielektrizitätskonstanten in der Lösungs-
mittel-Reihenfolge legte die Ansicht nahe, daß es **Ionenbildungs-
vorgänge** sind, die das Lösungsmittel je nach seiner Dielektrizitätskonstante (bzw. ,,**dissoziierenden Kraft**") am gelösten Stoff
hervorruft, sowie daß es primär gebildete Ionen sind, die alle vorher
angeführten Umlagerungsreaktionen usw. einleiten (vgl. auch S. 79 u. f.).

Keto-Enol-Tautomerie $CO \cdot CH_2 \rightleftarrows (HO)C = CH$ (s. a. S. 258 u. f.).

Eine ausgiebige Verwendung haben die **physikalisch-chemischen** Methoden bei der Aufklärung der Tautomerie-Erscheinungen
gefunden. Voran stehen die osmotischen Molekulargewichtsbestim-

---

[1] Nach den Untersuchungen von G. Scheibe [B. **60**, 1406 (1927)] hängt die
Verlagerung des Schwerpunkts einer Absorptionsbande mit der Solvatation zusammen; es ergab sich ein Zusammenhang zwischen der Verschiebung der Absorptionsbanden und der Geschwindigkeit und dem Gleichgewicht chemischer Reaktionen in verschiedenen Lösungsmitteln, so z. B. trat in der obigen Reaktion zwischen der Verschiebung des Schwerpunkts der Jodäthyl-Bande und den Geschwindigkeitskonstanten
in den Medien von Hexan bis Acetonitril eine deutliche Parallelität entgegen. Die
stark assoziierten Alkohole fügen sich bei erhöhter Temperatur und Abnahme des
Assoziationsgrades weit besser in die Reihenfolge der Geschwindigkeitskonstanten ein
(P. Walden: Elektrochemie nichtwässeriger Lösungen, S. 405. 1923/24).

mungen, die den monomolekularen Zustand der tautomeren Stoffe nachweisen mußten. Zum Konstitutionsnachweis, namentlich bei der Keto-Enol-Tautomerie, wurden in chronologischer Reihenfolge, von qualitativen zu quantitativen Aussagen sich entwickelnd, herangezogen:

Elektrisches Leitvermögen (P. Walden, 1891 u. f., Holleman, 1895; Hantzsch, 1896 u. f.);

Lichtbrechungsvermögen (Brühl, 1891 u. f.; Perkin sen., 1892; insbes. K. Auwers, B. 44; A. 415, 169.

Elektromagnetische Drehung (Perkin sen., 1892 und 1896).

Absorptionsvermögen im Ultraviolett (Hartley und Dobbie, 1898; Baly, Desch, Stewart, 1904 u. f.; A. Hantzsch, 1910 u. f.; V. Henri, 1912 u. f.; aus jüngster Zeit: H. Fromherz und A. Hartmann, B. 69, 2420 (1936) und 71, 1391 (1938). Über gewisse Einschränkungen dieser Methode: H. Ley und H. Specker, B. 72, 192 (1939).

Gleichgewichtsmessungen (O. Dimroth, 1904 u. f.; K. H. Meyer, 1911 u. f.).

Dielektrizitätskonstanten P. Drude, 1897 u. f.; P. Walden, 1903 u. f.).

Raman-Spektrum [vgl. A. Dadieu und K. W. F. Kohlrausch, B. 63, 251 und 1657 (1930), insbesondere K. W. F. Kohlrausch, Z. El. 40, 433 (1934);

Dipolmomente (C. T. Zahn, 1934).

Zur Reindarstellung der einzelnen desmotropen Formen wurde von L. Knorr das Ausfrierverfahren bei tiefen Temperaturen angewandt [Acetessigester, B. 44, 1138 (1911); Acetylaceton, B. 44, 2771 (1911)], während K. H. Meyer die „aseptische" Destillation im Quarzkolben ausarbeitete [B. 53, 1410 (1920); 54, 579 (1921)].

Lösungsmitteleinfluß bei tautomeren Umlagerungen.

Einen bedeutsamen Antrieb für die Tautomerieforschung brachte die Erkenntnis von der eigenartigen katalytischen Beeinflussung des Gleichgewichts der Tautomeren durch die sogenannten „indifferenten" Lösungsmittel und das Suchen nach den maßgebenden physikalischen Eigenschaften dieser Lösungsmittel.

Den Einfluß der Natur des Lösungsmittels auf den Gleichgewichtszustand, sowie den angenäherten Parallelismus zwischen der Umlagerung Acido- bzw. Ketoform $\rightleftarrows$ Enolform und der „dissoziierenden Kraft" (diese gemessen durch die Dielektrizitätskonstante D.-K. der Lösungsmittel, W. Nernst, 1893) fand zuerst W. Wislicenus [A. 291, 160, 176 (1896)] für das System:

α-Formylphenylester (flüssig) $\rightleftarrows$ β-Ester (fest) = γ-Ester (Schmp. 110⁰)

$$CH(OH):C(C_6H_5)COOC_2H_5 \rightleftarrows CHO \cdot CH(C_6H_5) \cdot COOC_2H_5,$$

indem die β-Form (Aldoform) mengenmäßig in der folgenden Reihe zunimmt:

flüssig nur
Enol-α-Form

| Benzol $\rightarrow$ Chloroform $\rightarrow$ Aceton $\rightarrow$ Methylal $\rightarrow$ CS$_2$ $\rightarrow$ $\rightarrow$ Äther $\rightarrow$ Alkohol $\rightarrow$ Methylalkohol ($\rightarrow$ H$_2$O), wobei in Benzol (D.-K.$= 2 \cdot 3$) die α-Form, in Wasser (D.-K.$= 78$) die β-Form vorherrscht.

Ergänzend zeigte dann W. Wislicenus [B. **32**, 2839 (1899)], daß die „Enolisierung" ansteigt in der Reihenfolge der Lösungsmittel: Methylalkohol $<$ Äthylalkohol $<$ Äther $<$ Benzol, und zwar für Formyl-

phenylester (s. o.), Formylbernsteinsäureester $\begin{array}{c} \text{CHO} \cdot \text{CH} \cdot \text{COOC}_2\text{H}_5 \\ | \\ \text{CH}_2 \cdot \text{COOC}_2\text{H}_5 \end{array}$,

Formylmalonester CHO$\cdot$CH(COOC$_2$H$_5$)$_2$, Phenylacetessigester CH$_3$CO$\cdot$ CH(C$_6$H$_5$)$\cdot$COOC$_2$H$_5$ und Acetessigester.

Als wahrscheinlichste Konstitution der isomeren α- und γ-Formyl-phenylester faßt W. Wislicenus [A. **413**, 222 (1916)] die cis-trans-Isomerie der Enolform auf:

$$\text{(cis - ? oder) } \alpha\text{-} \quad \begin{array}{c} \text{C}_6\text{H}_5 \cdot \text{C} \cdot \text{COOC}_2\text{H}_5 \\ || \\ \text{H}\!-\!\text{C}\!-\!\text{OH} \end{array} \rightleftarrows \text{trans-}\gamma\text{-} \quad \begin{array}{c} \text{C}_6\text{H}_5 \cdot \text{C} \cdot \text{COOC}_2\text{H}_5 \\ || \\ \text{HO} \cdot \text{C}\!-\!\text{H} \end{array}$$

Hier liegt dann ein Fall von stereoisomerer Umwandlung (cis $\rightleftarrows$ trans) durch Lösungsmittel vor (vgl. auch S. 366).

Für den Diacetbernsteinsäureester $\begin{array}{c} \text{CH}_3\text{CO} \cdot \text{CH} \cdot \text{COOC}_2\text{H}_5 \\ | \\ \text{CH}_3\text{CO} \cdot \text{CH} \cdot \text{COOC}_2\text{H}_5 \end{array}$

sind 7 optisch inaktive Isomere theoretisch möglich: 3 cis-trans Dienol-formen, 2 cis-trans-isomere Keto-Enolformen und 2 Doppelketoformen [L. Knorr, A. **293**, 70 (1896); **303**, 133 (1898); **306**, 332 (1899); B. **44**, 1138 (1911); Knorr und H. P. Kaufmann, B. **50**, 232 (1922); Kaufmann und Mitarbeiter B. **56**, 2514, 2521 (1923), sowie B. **57**, 934 (1924), wo eine Enolbestimmungsmethode mittels Rhodantitration durch-geführt wird]. Die Gleichgewichte in verschiedenen Lösungsmitteln traten am schnellsten in Medien mit hoher dissoziierender Kraft ein, wobei die Ketoformen überwiegend waren (B. **55**, 238 und **56**, 2526).

Über den Gleichgewichtszustand in Abhängigkeit von der Natur der Lösungsmittel geben die quantitativen Untersuchungen von K. H. Meyer [B. **45**, 2846 (1912); s. auch **44** 2718 (1911); **47**, 826, 832 (1914); **54**, 578 (1921)] eine Anschauung (die Zahlen bedeuten den Enolgehalt beim Gleichgewicht in Prozenten, bezogen auf etwa 3—5 % Lösungen):

Lösungsmittel	Temperatur in °	Acetessigester	Benzoylessig-säuremethylester	Acetyl-aceton
Wasser	0	0,4	0,8	19
Ameisensäure	20	1,1	2,8	48
Eisessig	20	5,7	14	74
Methylalkohol	0	6,9 (6,0)	13,4	72
Aceton	18	7,5	14,6 (14,5)	69

Lösungsmittel	Temperatur in °	Acetessigester	Benzoylessig-säuremethylester	Acetyl-aceton
Schmelzfluß	20	7,4	16,7 (18,5	76
Chloroform	20	8,2	15,3	79
Äthylalkohol	0	12,7 (11,0)	26 (24)	84
Essigester	18	13,0 (14,1)	25 (29,5)	75,6
Benzol	20	18,0 (18)	31 (34)	85
Äther	18	30	47,5	93,5
Hexan	20	48	69	92

Die eingeklammerten Zahlenwerte wurden von W. Dieckmann [B. 55, 2478 (1922)] gefunden.

Aus den großen und von der Temperatur unabhängigen Dipolmomenten von Acetylaceton ($\mu \times 10^{18} = 3.00$) und Acetessigester (2.93) schließt C. J. Zahn [Trans. Farad. Soc. 30, 804 (1934)] auf eine Ringstruktur; da beim Acetylaceton im Dampf die Monoenolform zu etwa 80 %

$$\text{vorliegt, ist hier der Ring } CH_3 - C \underset{\displaystyle OH\ldots O}{\overset{\displaystyle \overset{H}{C} - \overset{|}{C} - CH_3}{\diagdown}}, \text{ und beim Acetessig-}$$

$$\text{ester (im Dampf zu 93 % Ketoform): } O = C \overset{\displaystyle CH_2 - C - O - C_2H_5}{\underset{\displaystyle CH_3 \ldots O}{\diagdown \quad \parallel}}$$

Unter den Triketonen mit Keto-Enol-Isomerie wählen wir als Beispiel das α- und β-Tribenzoyl-methan von L. Claisen [A. 291, 93 (1896)]:

$$\alpha\text{-}(C_6H_5CO)_2C = C(OH)C_6H_5 \rightarrow \beta\text{-}(C_6H_5CO)_3CH.$$
Enolform   Ketoform, Schmp. 245—250°.

Der Übergang der Enol- in die Ketoform erfolgt [nach W. Dieckmann, B. 49, 2210 (1916)] beim Schmelzpunkt 155°, sowie durch Lösungsmittel (Claisen), wobei Alkalispuren die Ketisierung beschleunigen (Dieckmann). Die Umwandlungsgeschwindigkeit Enol- → Keto-Form nimmt in der folgenden Reihe der Lösungsmittel ab (Dieckmann, zit. S. 2212, s. a. Claisen, zit. S. 93):

Alkohol — Eisessig — Aceton — Äther — Benzol — Chloroform; in Chloroform ist der Enolgehalt noch nach 48 Stunden 97 bis 99,6 %, in Alkohol sinkt er aber (nach Ausweis der Bromtitration) schnell.

Für alle untersuchten Fälle der Isomerisation (Enol- → Keto-) gilt im allgemeinen die Regel:

a) Temperaturerhöhung (K. H. Meyer, B. 47, 883 (1914); Dieckmann [B. 50, 1376 (1917)], sowie

b) Lösungsmittel mit großer „dissoziierender Kraft" (D.-K.) (Hydroxyl-, carbonyl-, CN-, NO$_2$-haltige Medien);

} begünstigen das Keton[1])

---

[1]) Die umgekehrte Beeinflussung tritt nach H. Stobbe [A. 326, 357 (1903)] für das semicyclische Diketon der Pentamethylenreihe sowie nach O. Dimroth [A. 335, 1 (1904)] für 1-Phenyl-5-oxy-1.2.3-triazol-4-carbonsäuremethylester ein:

　　c) alkalische und saure Agenzien beschleunigen als Katalysatoren die Umlagerung;

　　d) die Enolform wird besonders begünstigt in den „indifferenten" Lösungsmitteln (Kohlenwasserstoffen und deren Halogenderivaten, Schwefelkohlenstoff, Äther usw., mit kleinen D.-K.-Werten).

Lösungsmitteleinfluß auf die cis-trans-Umlagerungen.

Die Untersuchungen von W. Dieckmann [B. **45**, 2687 (1912); **49**, 2203, 2213 (1916); **50**, 1375 (1917); **53**, 1778 (1920); **55**, 2470 (1922)] haben die enorme Beeinflussung der Schmelzpunkte sowie eine Beschleunigung der Umlagerungsgeschwindigkeit von Keto-Enol-Isomeren durch Spuren von Alkali festgestellt. Den Einfluß der Lösungsmittel auf das Gleichgewicht der Stereo-Isomeren des Formylphenylessigsäureäthylesters geben die folgenden Zahlen (Enolgehalt in Prozenten) wieder [B. **50**, 1376 (1917)]; t = 20⁰:

Lösungsmittel	Wasser	Methylalkohol	Äthyl-alkohol	Chloro-form	CS₂	Benzol	Hexan	Flüs-sig (α-Form)
Enolgehalt in % .	(etwa 20% ?)	8 (bzw. 16, K.-H. M.)	21 (22)	40 *)	81 *)	92 (95)	97	(76 bis 90%)
Diel.-Konst. D.-K.	78	30	23	4,95	2,6	2,3	1,88	3,0
Dipolmom. $\mu \cdot 10^{18}$	1,8	1,7	1,7	1,05	$\langle$ 0	0	0	—

Wasserfreie Ameisensäure: 78% Enol; D.-K. = 58; $\mu \cdot 10^{18}$: 1,35;
Wasserfreie Essigsäure: 89% Enol; D.-K. = 9,7; $\mu \cdot 10^{18}$: 1,2—1,3.

　　Die mit * bezeichneten Angaben teilte H. P. Kaufmann mit [B. **58**, 221 (1925)]. Schaltet man die beiden Säuren wegen ihres spezifischen Charakters aus, so zeigt die Zusammenstellung, daß beim Gleichgewicht in Lösung der Gehalt der sogenannten Enolform bzw. der cis-Modifikation um so mehr begünstigt wird, je geringer die Dielektrizitätskonstante D.-K. (bzw. die dissoziierende Kraft) des Lösungsmittels ist. Die grundsätzliche Bedeutung dieses Falles besteht darin, daß hier erstmalig an einem Beispiel von geometrischen (cis-trans-)Isomeren bei gewöhnlicher Temperatur der Lösungs-

„Je größer die Dielektrizitätskonstante des Lösungsmittels, desto mehr ist das Enol gegenüber dem Ketoester begünstigt."

　　O. Dimroth hat den von J. H. van 't Hoff ausgesprochenen Satz an den Keto- ⇌ Enol-Formen sowie an den Umlagerungen der α- ⇌ β-Formen der Hydrazone experimentell bestätigt [A. **377**, 127 (1910); **399**, 91 (1913); **438**, 58 (1934)]: bei monomolekularen Umlagerungen A ⇌ B ist der auf die Gleichgewichtslage ausgeübte Einfluß des Lösungsmittels gegeben durch die Unterschiede der Löslichkeit beider Isomeren. Diese Beziehung wird aber durch die fast immer vorhandenen katalytischen Einflüsse der Lösungsmittel gestört [vgl. H. v. Halban: Z. physik. Chem. **82**, 325 (1913); Z. f. Elektroch. **24**, 65 (1918); **29**, 445 (1923); auch Dimroth: A. **438**, 75 (1924)]. Zur Theorie der Mehrkatalysatorenwirkung, bzw. Additivität der katalytischen Wirkung, z. B. im Gemisch zweier Lösungsmittel, die als Protonengeber und Protonennehmer wirken, hat A. Skrabal [Z. f. Elektroch. **46**, 146 (1940)] neue Grundlagen geliefert.

mitteleinfluß auf die Einstellung des Gleichgewichts qualitativ und quantitativ festgestellt worden ist. Daß in den gut ionisieren-den Medien die cis-Form unbeständig ist, beweist auch der Fall der Glutaconsäure. Von R. Malachowski [B. 62, 1323 (1929)] wurde neben der längstbekannten (trans-) Form mit dem Schmp. 138⁰ — aus dieser — noch eine labile cis-Form (Schmp. 136⁰) entdeckt:

$$\text{cis-} \quad \underset{H}{\overset{HOOC}{\diagup}}C=C\underset{H}{\overset{CH_2 \cdot COOH}{\diagup}} \quad \rightleftarrows \quad \text{trans-} \quad \underset{H}{\overset{HOOC}{\diagup}}C=C\underset{CH_2 \cdot COOH}{\overset{H}{\diagup}} \cdot$$
$$\text{I.} \qquad\qquad\qquad\qquad \text{II.}$$

Für die Umwandlung der cis- in die trans-Form wurde ermittelt, daß dieselbe erfolgt: schnell beim Schmelzen (der cis-Form) und in Wasser (bei 0 bis 20⁰) → sehr langsam in Äther.

Ähnliche Beziehungen treten bei dem System cis-Aconitsäure → trans-Aconitsäure entgegen [R. Malachowski, B. 61, 2521 (1928); zur cis-Aconitsäure vgl. a. G. Semerano, Gazz. chim. ital. 68, 167 (1938)].

Die Glutaconsäure kann theoretisch neben der geometrischen (cis-trans-) Isomerie, wie sie von F. Feist [A. 353 (1906); 370 (1909); 428, 25, 51 71 (1922)] vertreten wird, noch eine Formulierung III mit oszillierendem H-Atom (und ohne Doppelbindung) haben und bei monosubstituierten Glutaconsäuren sind zwei isomere Grundformen (α- und β-) mit je zwei Stereoisomeren möglich (IV und V):

$$\begin{array}{l} H-C-COOH \\ \diagup \\ H-C\ H \\ \diagdown \\ H-C-COOH \\ \text{III.} \end{array} \qquad \begin{array}{l} HOOC \cdot C(C_7H_7) : CH \cdot CH_2 \cdot COOH \\ \alpha\,\beta\text{-Form (cis- und trans-)} \\ \text{IV.} \\ HOOC \cdot C(C_7H_7)H \cdot CH : CH \cdot COOH \\ \beta\,\gamma\text{-Form(cis- und trans-)} \\ \text{V.} \end{array}$$

Die Konstitution im Sinne von III wurde von Joc. F. Thorpe (1912 u. f.) vorgeschlagen [vgl. a. Chr. K. Ingold und Thorpe, XII. Abh. Soc. 119, 492 (1921)], während die Isomeriezustände nach IV und V von G. A. R. Kon und E. M. Watson (vgl. Soc. 1932, 1 u. f.) untersucht wurden. Das Zusammenwirken von geometrischer Isomerie mit „beweglichem" H-Atom und konjugiertem System C = C — C = O führt zu vieldeutigen Isomerien.

Umlagerungen von Hydrazonen (s. S. 295) durch Lösungsmittel.

E. Bamberger (gemeinsam mit O. Schmidt, B. 34, 2001 (1901)] hatte die Isomerie der Formaldehyd-hydrazone auf eine Stereo- oder cis-trans-Isomerie zurückgeführt, z. B.:

$$\text{α-Form} \quad \begin{array}{l} H \cdot C \cdot NO_2 \\ N \cdot NH \cdot C_6H_5 \end{array} \quad \text{und} \ \beta\text{-Form} \quad \begin{array}{l} H \cdot C \cdot NO_2 \\ C_6H_5NH \cdot N \end{array} \quad \text{oder}$$

orangerot, Schmp. 75⁰   goldgelb, Schmp. 85⁰

$$\alpha\text{-Form (anti-)}\quad \begin{matrix} H\cdot C\cdot COC_6H_5 \\ \ddot{N}\cdot NHC_6H_5 \end{matrix}\quad \text{und}\quad \beta\text{-Form (syn-)}\quad \begin{matrix} H\!-\!C\!-\!COC_6H_5 \\ C_6H_5NH\cdot \ddot{N} \end{matrix}$$

orangefarbig, Schmp. 114⁰   goldgelb, Schmp. 138⁰

Die α-Formen sind in Benzol leicht und rasch löslich, die β-Formen dagegen sehr langsam. Für die Isomerisation dieser cis- (oder α-) Form in die trans- (oder β-) Form ergab sich die Lösungsmittelwirkung in der Reihenfolge

Ligroin → Benzol → Chloroform → Äther → Aceton → Alkohol → Wasser,
α β

d. h. Ligroin, Benzol . . . begünstigen die Entstehung bzw. Konservierung der niedrigschmelzenden oder α-Form, während dieselbe Wirkung für die β-Form durch Aceton, Alkohol . . . ausgeübt wird. [Vgl. a. N. V. Sidgwick, Soc. **119**, 486 (1921).]

An den beiden Modifikationen des Acetaldehyd-phenylhydrazons $CH_3\cdot CH\!:\!N\cdot NHC_6H_5$ fanden G. Lockemann und O. Liesche [A. **342**, 32 (1905)], daß beim Umkristallisieren die Isomerisation der labilen niedrigschmelzenden Form (Schmp. 57⁰) in die stabile höherschmelzende Modifikation (Schmp. 98—101⁰) in der Reihenfolge steigt (also **umgekehrt wie oben**):

labil → stabil: Wasser → wässer. (75%) Alkohol → Äther → Benzol → Petroläther.

Diese isomeren Formen hatte bereits E. Fischer [B. **29**, 796 (1896); **30**, 124 (1897)] erhalten, und zwar: a) beim Umkristallisieren des Rohprodukts aus Petroläther einen Körper, Schmp. 80⁰ (Gemischgleichgewicht, s. S. 296 ?), b) bei der Behandlung des Rohprodukts mit kaltem 75%igem Alkohol eine Modifikation vom Schmp. 63—65⁰, und c) beim Lösen der letzteren oder der Modifikation a) in heißem 75%igen Alkohol und Zusatz von Natronlauge jedoch die hochschmelzende Form vom Schmp. 98—100⁰. Der umlagernde (katalytische) Einfluß des Lösungsmittels, der Temperatursteigerung und der Hydroxylionen ist also hier bereits für die **geometrischen Isomeren** experimentell in Erscheinung getreten. Daß auch eine freiwillige, bei längerer Aufbewahrung eintretende Umlagerung (also eine **autokatalytische Isomerisation**) in die höher schmelzende Modifikation stattfindet, ist von Bamberger und von Lockemann beobachtet worden. Zu den Umlagerungen dieser Hydrazone hat O. Dimroth [A. **438**, 58 (1924)] Bemerkungen gemacht.

Ketimid-Enamin-Tautomerie.

Die Einwirkungsprodukte von Ammoniak oder organischen Basen auf Acetessigester, Acetylaceton und ähnliche Keto-Enolkörper legten schon früh die Frage nach ihrer Konstitution vor. Es konnten z. B. die folgenden isomeren Formen auftreten, welche im Schmelzfluß und in Lösungen ein Gleichgewicht bildeten (R = H, Alkyl oder Aryl; R' = Alkoxyl, Alkyl oder Aryl):

$$R \cdot C \cdot CH_2 \cdot CO \cdot R' \qquad R \cdot C = CH \cdot CO \cdot R'$$
$$N \cdot R \qquad\qquad NH \cdot R \qquad, \text{ oder}$$

Ketimid-Form
[nach G. Wittig, B. 60, 1088 (1927)]

Enamin-Form

$$R \cdot CH\text{——}CH \cdot CO \cdot R'$$
$$\diagdown N \diagup$$
$$R$$

So hatte bereits N. Collie [A. **226**, 320 (1884)] für das Einwirkungs-produkt des Ammoniaks auf Acetessigester die Gleichberechtigung der beiden nachstehenden Formeln abgeleitet:

$$CH_3\text{—}C = CH \cdot COOC_2H_5 \qquad CH_3\text{—}C\text{—}CH_2 \cdot COOC_2H_5$$
$$NH_2 \qquad\qquad\qquad\qquad NH$$
$$\text{und}$$

β-Amino-crotonsäureester   β-Imino-buttersäureester

Die jahrzehntelangen Schwankungen hinsichtlich der Formulierung wurden erst durch K. v. Auwers [B. **63**, 1072 (1930); **64**, 2748, 2758 (1931)] auf spektrochemischem Wege beseitigt, indem sich zeigen ließ, daß im Schmelzfluß, wie auch in (stark enolisierenden) Lösungs-mitteln das Gleichgewicht ganz oder fast ganz zugunsten der Enamin-Form eingestellt ist.

Im Falle der Enamin-Form steht aber noch die Möglichkeit einer cis- und trans-Modifikation offen:

$$H\text{—}C\text{—}CO \cdot R' \qquad\qquad H\text{—}C\text{—}CO \cdot R$$
$$R \cdot C\text{—}NHR \qquad \text{und} \qquad RHN\text{—}\overset{..}{C} \cdot R$$

Tautomerie der Amidine.

Theoretisch ist eine Tautomerie im Sinne der Formeln

$$R \cdot C\diagup^{N \cdot X}_{\diagdown NH \cdot Y} \rightleftarrows R \cdot C\diagup^{N \cdot Y}_{\diagdown NH \cdot X} \text{ möglich; nach den Untersuchungen von}$$

W. Marckwald (1895) sowie von H. v. Pechmann (1895) hat sie sich nicht nachweisen lassen. Dagegen teilte R. Pummerer [B. **44**, 343, 810 (1911)] einen Fall mit Isatin-2-Anil mit:

$$\overset{NH}{\diagup} C = N \cdot C_6H_5 \rightleftarrows \overset{N}{\diagup} C\text{—}NH \cdot C_6H_5 \text{ (Isatin-2-Anilid)}.$$
$$\diagdown CO \qquad\qquad\qquad \diagdown CO$$

Die substituierten Amidine zeigen nach F. L. Pyman [Soc. **123**, 361 (I. Mitteil.) (1923); VII. Mitteil. Soc. **1927**, 2318 u. f.] die folgenden Gleichgewichte (bei der Einwirkung von CH_3J):

$$C_6H_5C\diagup^{NC_6H_5}_{\diagdown NHCH_3} \rightleftarrows C_6H_5C\diagup^{NCH_3}_{\diagdown NHC_6H_5}$$
$$\downarrow \qquad\qquad\qquad\qquad \downarrow$$
$$C_6H_5C\diagup^{NCH_3}_{\diagdown N(CH_3)C_6H_5} \qquad C_6H_5C\diagup^{NC_6H_5}_{\diagdown N(CH_3)_2}$$

Lactam-Lactim-Tautomerie $CO—NH \rightleftharpoons (HO)C = N$.

Grundlegend für diese Tautomerie-Art waren die klassischen Fälle Isatin und Carbostyril (s. S. 355); hinzu kamen die Säureamide und die cyclischen Amide Harnsäure, Cyanursäure u. ä.

Für die Säureamide erscheint das folgende Tautomerie-Gleichgewicht möglich:

$$R·CO·NH_2 \rightleftharpoons R·C\overset{OH}{\underset{NH}{\diagup}} \quad bzw. \quad R'·CH_2·CONH_2 \rightarrow R'·CH:C\overset{OH}{\underset{NH_2}{\diagup}}$$

I echtes Amid   II Imidohydrin   III. Form

Allerdings ist für den Fall II und III noch eine cis-trans-Isomerie theoretisch möglich, z. B.

$$R—C—OH \atop \underset{N—H(R')}{\|} \quad und \quad R—C—OH \atop \underset{(R')H—N}{\|} \quad oder \quad R'—CH \atop HO—\underset{\|}{C}—NH_2 \rightleftharpoons NH_2—\underset{\|}{C}—OH \atop R'—C—H.$$

Kryoskopische Molekulargewichtsbestimmungen der Säureamide in Benzol ergaben ein mit der Konzentration ansteigendes Molekulargewicht, ähnlich dem Verhalten der hydroxylhaltigen Körper (K. Auwers, 1893 u. f.). Die Eigenleitfähigkeit von Formamid und Acetamid im Schmelzfluß erwies sich als ganz erheblich und legte eine „Autoionisation" nahe, z. B. der Isoform

$$R·C\overset{OH}{\underset{NR_1}{\diagup}} \rightarrow \left(R·C\overset{O}{\underset{NR_1}{\diagup}}\right)' + H·,$$

die gleichzeitig ermittelten Dielektrizitätskonstanten beider Amide im geschmolzenen Zustande wiesen Werte auf, die denjenigen des Wassers und Methylalkohols überlegen waren [P. Walden, Z. physik. Chem. (A) 46, 144, 175 (1903)]. Die Ermittlung der molekularen Oberflächenenergie beider Amide führte zu hohen Assoziationsgraden der Moleküle, ähnlich wie beim Wasser und Methylalkohol (P. Walden, 1910; W. E. G. Turner und Merry, 1910). Alle diese Tatsachen legten die Annahme der vorwaltenden Isoform mit der Hydroxylgruppe nahe.

Refraktometrische Messungen ergaben kein eindeutiges Bild (O. Schmidt, 1903), dagegen ließen Messungen der Ultraviolett-Absorption in verschiedenen Lösungsmitteln [A. Hantzsch, B. 64, 661 (1931)] für aliphatische und aromatische Säureamide I das Vorwalten der Imidohydrin-Form II erkennen, und zwar nahm sie zu von Chloroform ⟨ Methyl-(Äthyl-)alkohol ⟨ Wasser (fast vollständig II). Aus den Dipolmomenten wurden Beziehungen umgekehrter Ordnung abgeleitet [G. Devoto, Gazz. chim. Ital. 63, 495 (1933)], und zwar sollen in Medien mit niedrigen Dielektrizitätskonstanten die Isoformen, in Medien mit hohen D.-K.-Werten die echten Amide auftreten. Wiederum zu anderen Schlüssen gelangen Kumler und Porter [Am. 56, 2549 (1934)], die nur einen geringen Anteil als Isoform, hauptsächlich die echte Amidform, daneben eine angeregte Form $R \cdot C\overset{O^-}{\underset{NH^+}{<}}$ finden. Aus dem Raman-Spektrum folgern Ch. Sannié und V. Poremski [C. r. 208, 2073 (1939)], daß in Lösungen nicht-polarer Lösungsmittel und sehr wahrscheinlich auch im reinen Zustand die Resonanzform die vorherrschende ist:

$$CH_3—C\overset{H\diagdown N}{\underset{O}{<}}H \leftrightarrow CH_3—C\overset{H\diagdown N^+}{\underset{O^-}{<}}H.$$

Die Gesamtheit des physikalisch-chemischen Verhaltens der Säure-amide deutet K. v. Auwers dahin [B. 70, 964 (1937)], daß dieselben zu den typischen tautomeren Verbindungen zu rechnen sind und im flüssigen Zustande Gemische der Amid- und Imidohydrin-Form bilden. [Vgl. a. H. Ley, B. 72, 200 (1939).]

Tautomerie der Harnsäure, Cyanursäure und Cyansäure.

Zu der Klasse der Lactam- (bzw. Keto-) und Lactim- (bzw. Enol-) Tautomerie gehört auch die physiologisch so bedeutsame Harnsäure. Auf Grund der eingehenden chemischen Umsetzungen wird nun die Tautomerisation der Harnsäure in den Übergang der Oxo-(Lactam-) Form I in eine Oxy-(Lactim- oder Enol-) Form II verlegt, wobei die aciden Formen der Harnsäure (und die Urate) von der Oxy-Form sich ableiten:

$$I.\ \begin{matrix} HN—CO \\ | \quad\quad | \\ OC \quad C—NH \\ | \quad\quad | \quad >CO \\ HN—C—NH \end{matrix} \quad \rightleftharpoons \quad II.\ \begin{matrix} N=C\cdot OH \\ | \quad\quad | \\ HO—C \quad C—NH \\ | \quad\quad | \quad >C\cdot OH \\ N—C—N \end{matrix}$$

$$III.\ \begin{matrix} HN \diagup CO \diagdown NH \\ | \quad\quad\quad | \\ OC \diagdown NH \diagup CO \end{matrix} \quad \rightleftharpoons \quad IV.\ \begin{matrix} OH \\ C \\ N \diagup \ \ \diagdown N \\ | \quad\quad\quad | \\ HO\cdot C \diagdown N \diagup C\cdot OH \end{matrix}$$

Durch umfangreiche Untersuchungen hat H. Biltz [B. 53, 2327 (1920); 54, 1676 (1921); 69, 2750 (1936); insbesondere J. prakt. Chem. (2) 145, 65—228 (1936)] die Harnsäurechemie erläutert und mit den obigen Tautomerie-Formen in Übereinstimmung gebracht. Um so auffallender wirkt der Hinweis von H. Fromherz und A. Hart-mann [B. 69, 2420 (1936); 71, 1391 (1938)], daß auf Grund der Kurven der Ultraviolett-Absorption „die Harnsäure selbst in stark alkalischen Lösungen keine Strukturänderungen erfährt", sowie, „daß irgendeine Oxy-Form als Grundlage für eine Harnsäure-Struktur überhaupt ausscheidet"

Die Cyanursäure ist dagegen schon von A. Hantzsch [B. **39**, 139 (1906); Z. anorg. Chem. **209**, 218 (1932)] als der Lactam-Lactim-Tautomerie unterliegend erkannt worden, indem sie in saurer Lösung undissoziiert (Oxo-Form III), in alkalischer Lösung als „Pseudosäure" (Oxy-Form IV) dissoziiert ist. Durch Lichtabsorptionsmessungen konnten Fromherz und Hartmann [B. **71**, 1396 (1938)] feststellen, daß in einer wässerigen fast gesättigten Cyanursäure-Lösung 5—6% der Cyanursäure in der Oxy- oder Lactim-Form vorhanden sind.

Experimentell hat nun H. Ley [B. **72**, 193 (1939)] gezeigt, daß die Ultraviolett-Spektroskopie keine entscheidende Schlußfolgerung hinsichtlich der Lactam-Lactim-Isomerie erlaubt. F. Arndt und B. Eistert [B. **71**, 2040 (1938)] wiesen theoretisch, auf Grund des Mesomerie-Begriffs, nach, daß im Falle der CO-NH-Gruppe die optische Methode hier (bei reiner Elektromerie) „überhaupt keine Entscheidung zwischen der NH- und OH-Formel" gestattet. Und aus chemischen Gründen lehnt H. Biltz [B. **72**, 807 (1939)] die Schluß-folgerungen von Fromherz und Hartmann in bezug auf die Harn-säure und Cyanursäure ab; nach Biltz (s. S. 812) zeigt die Cyanur-säure „auch nicht die geringste Neigung zur Umlagerung". — Der Unterschied zwischen dieser und der Keto-Enol-Tautomerie äußert sich auch in dem Nichtvorhandensein der katalytischen Einwirkung der Lösungsmittel auf das System CO—NH $\rightleftarrows$ (HO)C = N. Aller-dings ist z. B. bei Harnsäure nur das „stabilisierende" Lösungsmittel Wasser (oder wässeriger Alkohol) angewandt worden.

Die Tautomerie der Cyansäure ist unlängst von L. Bircken-bach und Kolb [B. **66**, 1571 (1933); **68**, 895 (1935)] durch chemische Versuche geklärt worden, gleichzeitig hat J. Goubeau [B. **68**, 912 (1935)] durch die Bestimmung der Raman-Spektren die chemischen Befunde bestätigt. In der Lösung der Cyansäure herrscht ein (von der Natur des Lösungsmittels abhängiges) Gleichgewicht zwischen den beiden Isomeren:

$$\text{Oxynitril-form} \qquad \text{Ketoimidform}$$
$$\text{N}:\text{C}\cdot\text{OH} \quad \rightleftarrows \quad \text{HN}:\text{C}:\text{O}$$

diese fast ganz vorwiegend.

Je nach dem Partner tritt in den Verbindungen die eine oder die andere Form auf, und zwar: der Oxynitrilrest N : C·O— gebunden an die Kationen K+, N(CH$_3$)$_4^+$, Pb++, der Ketoimidrest —N:C:O im Ag-Salz, in der freien Säure, in den Estern [bei tiefen Temperaturen und untergeordnet auch der O-Ester der Cyanursäure; Hantzsch, Z. anorg. Ch. **209**, 219 (1932).], beide Reste können im Hg-cyanat vorkommen. (Auch die beiden Formen der Cyanursäure geben Hg-Salze. Hantzsch, 1902.)

Aus dem Studium der Infrarotabsorptionsspektren läßt sich für die Keto-Enolisomerie sowie die Tautomerie der Amide das Schema

O—H ← x (bzw. O—H ← O und O—H ← N) aufstellen, wobei für das Auftreten einer Wasserstoffbindung der Abstand zwischen O und x etwa 2·6 Å betragen muß [R. Freymann, J. Physique Radium (7) 10, 1 (1939)].

Tautomerie der Nitro-Isonitro-Körper (vgl. S. 310).

Hier sei dieser Tatsachen gedacht im Zusammenhang mit der tautomeren Umwandlung, die von den Lösungsmitteln herbeigeführt wird. Nach A. Hantzsch [B. 29, 2256 (1896); 32, 622 (1899)] erfolgt die Isomerisation der säureartigen Isonitrokörper zu den indifferenten Nitrokörpern, d. h. des Systems

$$R \cdot HC{\overset{\displaystyle -\!\!-}{\underset{\displaystyle \diagdown O \diagup}{}}} N \cdot OH \underset{(\longleftarrow}{\overset{\longrightarrow)}{\rightleftharpoons}} R \cdot HCH \cdot NO_2,$$

in der folgenden Reihenfolge der Lösungsmittel

Wasser 〉 Alkohol 〉 Äther 〉 Benzol ... Chloroform,

wobei das Wasser am meisten beschleunigend wirkt, während Benzol und Chloroform am längsten die Isoform konservieren. Das Bild ist hier ähnlich dem der Enol-Keto-Umwandlungen, indem wiederum die Konfiguration mit der HO-Gruppe in den schlechten Ionisatoren (mit den kleinsten Dielektrizitätskonstanten) begünstigt ist.

Ähnlich dürfte auch die Tautomerie des Systems Nitroso-Isonitroso-Körper liegen, wobei das Gleichgewicht meist nach der Seite der Isonitrosoform verschoben ist. An dem Beispiel des Chinonmonoxims I und p-Nitrosophenols II

$$O{:}\left\langle \begin{array}{c} \\ \end{array}\right\rangle{:}N{\cdot}OH \rightleftharpoons HO{\cdot}\left\langle \begin{array}{c} \\ \end{array}\right\rangle{\cdot}N{:}O$$
$$\text{I.} \qquad\qquad\qquad \text{II.}$$

hat das Ultraviolett-Spektrum in Äther-Lösungen die Anwesenheit von etwa 70% der Isoform (Chinon-monoxim) im Gleichgewicht mit etwa 30% p-Nitrosophenol ergeben [L. C. Anderson und M. B. Geiger, Am. 54, 3064 (1932)]. Temperaturerniedrigung und Wechsel der „indifferenten" Medien dürften auch hier das Gleichgewicht nicht unwesentlich beeinflussen.

Beckmannsche Umlagerung (s. S. 306). Die Beeinflussung der Beckmannschen Oxim-Umlagerung durch die „indifferenten" Lösungsmittel wurde messend verfolgt von A. W. Chapman (Soc. 1934, 1550); für Benzophenonoxim-pikryläther (und ähnliche Äther der Ketoxime) erfolgte die Umlagerung

$$\begin{array}{ccc} C_6H_5 \cdot C \cdot C_6H_5 & & C_6H_5 \cdot C \cdot O \\ \overset{\shortparallel}{N} \cdot OPi & \rightarrow & C_6H_5 \cdot \overset{\shortparallel}{N} \cdot Pi \end{array}$$

in der Reihenfolge der Lösungsmittel:

$$C_6H_{12} 〈 C_6H_5Cl 〈 C_2H_4Cl_2 〈 CH_3 \cdot CO \cdot CH_3 〈 CH_3NO_2 〈 CH_3CN,$$

im allgemeinen also im Sinne zunehmender Dielektrizitätskonstanten, bzw. Dipolmomente der Lösungsmittel. In diesem

Beispiel ist kein bewegliches Wasserstoffatom vorhanden, die Zwischenbildung eines Enolats ist ausgeschlossen und die Loslösung und Wanderung von Atomen bzw. Atomgruppen erscheint katalytisch durch die
Lösungsmittel bedingt.

Anhang. Eine wichtige Untersuchungsreihe wurde von H. Meerwein (und Mitarbeitern, 1922—1927) durchgeführt, sie betraf 1. die
Umlagerung des Camphenchlorhydrats in Isobornylchlorid, und 2. die
Razemisierung des optisch aktiven Isobornylchlorids, beide Vorgänge in ihrer Abhängigkeit von „indifferenten" Lösungsmitteln. Es
handelte sich um den Nachweis einer Gleichgewichts-Isomerie zwischen

Die Umlagerungsgeschwindigkeit (einer monomolekulären
Reaktion entsprechend) ergab sich groß in Lösungsmitteln mit großer
Dielektrizitätskonstante und sehr klein in Äther und Petroläther mit
kleiner Dielektrizitätskonstante; zur Deutung dieser Abhängigkeit wird
angenommen, daß „die Umlagerung nur nach voraufgehender
Ionisation[1]) erfolgt" [Meerwein und K. van Emster, B. 55,
2507 (1922)]. Auch hier wird auf Triphenyl-chlormethan als den
Prototyp zurückgegriffen und das Camphenchlorhydrat mit dem am
tertiären C-Atom befindlichen Halogen als leichter ionisierbar gegenüber dem Isobornylchlorid angesehen; die mit Triphenyl-chlor-methan
Komplexe bildenden (und die Jonisation steigernden) Chloride ($SnCl_4$,
$SbCl_3$ usw.) erweisen sich auch beim Camphen-chlorhydrat als vortreffliche Katalysatoren; die Alkoholyse des Camphen-chlorhydrats,
ebenso wie des Triphenyl-chlormethans in verschiedenen Lösungsmitteln weisen die gleiche Reihenfolge der letzteren auf und diese
entspricht der Reihenfolge der Medien bei der Umlagerung des Camphen-chlorhydrats. Die Umlagerung „besteht also lediglich in einer
Umgruppierung des Kations". [Vgl. a. A. 453, 16 (1927).]

H. Meerwein und F. Montfort haben dann [A. 435, 207 (1923)]
die Razemisierungsgeschwindigkeit von Isobornylchlorid und
anderen Estern des Isoborneols untersucht. Autorazemisation des
Isobornylchlorids tritt in Kresollösung innerhalb 3 Stunden bei
20⁰ ein; in verschiedenen Lösungsmitteln (mit Kresol als Katalysator
bei 20⁰) ergibt sich für die Razemisierungsgeschwindigkeit dieselbe Reihenfolge der Lösungsmittel wie für die Umlagerungs-

---

[1]) „Eine intramolekulare Ionisation" als Vorstufe von organischen Reaktionen
hat auch T. M. Lowry (1923) zur Diskussion gestellt; nach ihm verlaufen die meisten
organischen Reaktionen über Ionen (1931). Vgl. dazu die „Autoionisation" (S. 79).

geschwindigkeit von Camphen-chlorhydrat — wie hier, so wird auch dort eine vorangehende elektrolytische Dissoziation als Vorbedingung angenommen. Während die sehr „reaktionsfähigen und daher leicht ionisierbaren Schwefelsäure- und Arylsulfonsäure-Ester des Isoborneols sich fast momentan razemisieren", bedürfen die Isobornylester organischer Säuren einer vorherigen Komplex- oder Solvatbildung, damit die Ionisation und Razemisierung (s. auch S. 259) eintritt.

In ähnlicher Weise wird von K. Bodendorf und H. Böhme [A. 516, 1 (1935)] die Razemisierung des optisch aktiven α-Phenyläthylchlorids durch anorganische Katalysatoren (SnCl$_4$ usw.) gedeutet:

$$\underset{\substack{\text{akt.}\\\text{Chlorid}}}{RCl} + \underset{\substack{\text{Kataly-}\\\text{sator}}}{MeCl} \rightleftarrows RCl \ldots . MeCl \rightleftharpoons \underset{\text{Salzkomplex}}{R[MeCl_2]} \rightleftharpoons R^+ + [MeCl_2]^-.$$

Nach Br. Holmberg (1913) nimmt der Mechanismus der Razemisierung den folgenden Weg (als Beispiel ist die aktive Brombernsteinsäure gewählt, die durch Bromionen razemisiert wird):

$$\text{d-}\ \begin{array}{c}\text{COOH}\\|\\\text{H—C—Br}_I\\|\\\text{CH}_2\\|\\\text{COOH}\end{array} + \text{Br}_{II} = (\varphi)\ \text{l-}\ \begin{array}{c}\text{COOH}\\|\\\text{Br}_{II}\text{—C—H}\\|\\\text{CH}_2\\|\\\text{COOH}\end{array} + (1—\varphi)\ \text{d-}\ \begin{array}{c}\text{COOH}\\|\\\text{H—C—Br}_{II}\\|\\\text{CH}_2\\|\\\text{COOH}\end{array} + \text{Br}_I^-$$

Hier wird das Br$_I$-atom durch das Br$_{II}$-atom substituiert. (Im Falle eines isotopen oder radioaktiven Br$_{II}$-anions wäre die Feststellung dieses Mechanismus möglich.)

P. Fitger (Razemisierungserscheinungen, Lund 1924, S. 28, 113) bringt die Anschauung von der Keto-Enol-Umlagerung (s. auch S. 258) in alkalischen Medien mit der Razemisierung in Übereinstimmung, indem er eine vorhergehende Ionisation annimmt, z. B.

$$\begin{array}{c}>\text{C—H}\\|\\-\text{C:O}\end{array} \rightleftarrows \begin{array}{c}>\text{C}^-\\|\\-\text{C:O}\end{array} + \text{H}^+; \quad \begin{array}{c}>\text{C}^-\\|\\-\text{C:O}\end{array} \rightleftarrows \begin{array}{c}>\text{C}\\\|\\-\text{C—O}^-\end{array}; \quad \begin{array}{c}>\text{C}\\\|\\-\text{C—O}^-\end{array} + \text{H}^+ \rightleftarrows \begin{array}{c}>\text{C}\\|\\-\text{C—OH}\end{array}$$

Rückblick. Die bisherige Entwicklungsgeschichte der Tautomerieerscheinungen bietet ein lehrreiches und reizvolles Kapitel aus der Biologie chemischer Ideen dar, indem sie deutlich die näheren Umstände für die Entstehung, die Wandlung und das Beharrungsvermögen solcher Begriffe und Bilder erkennen läßt. Den Ausgangspunkt bildet das Benzol und die Oszillationshypothese von A. Kekulé (1872), und im gegenwärtigen Entwicklungspunkt (1940) stehen wir wieder vor den Benzolringen und einer Oszillationshypothese. Dazwischen liegt die Aufstellung des Tautomeriebegriffs durch C. Laar (1885) und die ausgedehnte experimentelle Erforschung der tautomeren Systeme. Da nach Laar die Moleküle solcher Verbindungen „eine bestimmte Konstitution überhaupt nicht annehmen, sondern

sich dauernd in einem schwingungsartigen Umwandlungsprozeß befinden", so wird der Zustand durch den Begriff „Desmotropie"[1])
präzisiert [P. Jacobson, 1887; s. a. B. 21, 2628 (1887)]. Laar hatte
eine chemische „Als-ob"-Lehre aufgestellt: eine gegebene chemische
Verbindung könnte so reagieren, als ob sie bald die eine, bald die andere
chemische Struktur habe. Kurz darauf gelang es in einzelnen Fällen
(W. Wislicenus, L. Claisen), diese hypothetischen Formen als selbständige chemische Individuen zu fassen und die Geschwindigkeit bzw.
die Bedingungen der Umlagerung zu bestimmen. Die weitere experimentelle Forschung ging nun vornehmlich darauf aus, diese tautomeren
Einzel-Formen zu isolieren, bzw. das Gleichgewicht zwischen ihnen
zu bestimmen.

Für das Verhalten des Pyrazols prägt dann L. Knorr (1894) den
Begriff der oszillierenden bzw. „fließenden Doppelbindungen",
während S. Tanatar [A. 273, 54 (1893)] die Isomerie von
Fumar- und Maleinsäure auf einen verschiedenen Energieinhalt
beider zurückführt und dafür den Begriff „dynamische Isomerie"
vorschlägt. Bereits 1878 hatte H. Klinger [B. 11, 1027 (1878)] zwei
isomere α- und β-Thioacetaldehyde entdeckt, denen W. Marckwald
[B. 20, 2817 (1887)] ein drittes γ-Isomere beigesellte[2]), während
E. Baumann [mit E. Fromm, B. 24, 1419—1456 (1891)] weitere
Paare von Isomerie aromatischer Trithioacetaldehyde beibrachten und
sie durch cis-trans-Isomerie erklärten. Demgegenüber verteidigt
H. Klinger [B. 32, 2194 (1899)] seine Erklärung von 1878, wonach
diese Isomerie „bei gleichem Molekulargewicht und gleichem chemischen Bau durch verschiedenen Energieinhalt hervorgerufen wird";
er gibt ihr den Namen „Alloergatie", „allergatische Isomerie" und
schließt auch Fumar-Maleinsäure in sie ein (s. S. 219).

---

[1]) Beispiele für die Oxo-cyclo-Desmotropie (zwischen einer offenen und einer
geschlossenen Form) in γ- und δ-Oxyaldehyden und Zuckern (vgl. diese) hat B. Helferich (seit 1919) beigesteuert.

[2]) Die Existenz des dritten oder γ-Isomeren ($CH_3 \cdot CH \cdot S$)$_3$ wurde von W. J. Pope
[mit F. G. Mann, Soc. 123, 1178 (1923)] sichergestellt. Es besteht dabei folgendes
Verhältnis:

α-Trithioacetaldehyd $\xrightarrow{\text{durch Jod, RJ usw.}}$ β-Isomeres $\xleftarrow{\text{durch RJ}}$ γ-Isomeres

Schmp. 101° (trans-) Schmp. 126° Schmp. 81°
                             (cis-Form)

Das überzählige (und der cis-trans-Isomerie widersprechende) dritte (γ-)Isomere wurde
nach ganz verschiedenen Methoden erhalten, zeigte den konstanten Schmp. 81° und
änderte ihn nicht bei dem Umkristallisieren aus verschiedenen Lösungsmitteln.
Ungeachtet dessen war dieses (seit 1887 existierende) dritte Isomere ein Gemisch,
aus etwa 60% der α- und 40% der β-Form bestehend, und seine Trennung gelang
durch langsames Kristallisierenlassen aus verdünnter Acetonlösung [E. Fromm und
L. Engler, B. 58, 1916 (1925), sowie F. G. Mann und Bennet, Soc. 1929, 1462].
An diesem Beispiel erkennen wir, daß der konstante Schmelzpunkt nicht immer die
chemische Individualität gewährleistet und daß die Natur des Lösungsmittels sowie
die Konzentration der Lösung den Ausfall der Kristallisation beeinflussen können.
(Siehe auch S. 296, sowie 228.)

C. Von der Tautomerie zur Resonanztheorie-Mesomerie.

Im Zusammenhang mit Thieles Partialvalenzhypothese entwickelte sich eine Diskussion über das Verhalten der „konjugierten Systeme", der bevorzugten 1,4-Addition [1] im System

$$H_2\overset{1}{C}=\overset{2}{C}H-\overset{3}{C}H=\overset{4}{C}H_2,$$

das energieärmer ist usw.; H. E. Knoevenagel [A. **311**, 194, 241 (1900)] nahm, zwecks Deutung des Verhaltens dieser Systeme und im Gegensatz zu Thiele, Atombewegungen, also eine Art Tautomerie an [2]).

Ein anderer Impuls ging von der physikalisch-chemischen Untersuchung der ringförmigen Systeme aus. Es war J. Böeseken (mit seinen Mitarbeitern) mit seinen Untersuchungen der Leitfähigkeit der Borsäurekomplexe von cyclischen Diolen, sowie mit der Bestimmung des Aceton-Gleichgewichts der Diole (mit C. van Loon, 1919; P. Hermann, 1921; Derx, 1922 usw.). Nach ihm sind diese Ringsysteme fortwährend in vibratorischer „wellenartiger und pendelnder Bewegung", indem sie „verschiedene Lagerungen im Raum einnehmen, symmetrische und unsymmetrische, aber immer so, daß der Winkel zwischen den Affinitäten 109^0 28' bleibt"; dabei kann einer dieser Zustände, der Gleichgewichtszustand, „in besonderen Fällen eine gewisse Stabilität" einnehmen [B. **56**, 2411 (1923); **58**, 1472 (1925)].

Die neu erschlossene Klasse der freien Radikale brachte auch in die Betrachtung der Valenzlehre eine Neuorientierung. Als H. Wieland [B. **53**, 1318 (1920); s. a. **55**, 1806 (1922)] die typische Radikal-Reaktion mit Stickoxyd (glatte Addition) auch beim Chinon gefunden hatte, schloß er auf eine „Valenz-Tautomerie" derselben, im Sinne der Gleichgewichts-Gleichung:

Chinon   Radikal

Neuartig ist hier die Zurückführung des Tautomeriezustandes auf Valenzverschiebungen bzw. Valenzoszillationen, und nicht auf stoffliche·Platzänderungen (z. B. Wanderung des Wasserstoffatoms):

---

[1] „Die ‚Dien-Synthese' in ihrem typischen Verlauf [A. **460**, 98 (1928); **470**, 62 (1929) usw.] ist ein Vorgang, der wohl als die schönste Bestätigung des Thieleschen Theorems der 1.4-Addition gelten darf", so urteilt der Schöpfer der Dien-Synthese O. Diels [B. **69** (A), 195 (1936)].

[2] Dadieu und Kohlrausch [B. **63**, 1665 (1930)] gelangten jedoch aus dem Raman-Effekt zu dem Schluß, „daß sich die C:C-Doppelbindung in konjugierten Systemen, seien sie offen oder geschlossen, ... gegenüber der gewöhnlichen Doppelbindung ..." in keinem ausgezeichneten Zustand befände.

die Lagen der Atome in beiden tautomeren Gebilden sind gleich
geblieben, das eine Gebilde tritt aber zeitweilig als ungesättigt mit
freien Valenzen auf.

Diesem Begriff der Valenz-Tautomerie fügt alsbald E. Weitz
[B. **55**, 2868 (1922); vgl. a. **57**, 161 (1924); **59**, 436 (1926)] in Dipyri-
dinium-Radikalen einen neuen Typus bei:

$$\underset{\text{a) Freies Radikal}}{R \,{>}N{<}\!\!\!\!\!\bigcirc\!\!-\!\!\bigcirc\!\!\!\!\!{>}N{<}^{R}} \;\rightleftharpoons\; \underset{\text{b) Chinoides Isomere}}{R\cdot N{<}\!\!\!\!\!\bigcirc\!\!=\!\!\bigcirc\!\!\!\!\!{>}N\cdot R.}$$

E. Weitz [B. **55**, 2868 (1922)] hebt hierbei hervor, daß beide Formen
„mehr oder weniger identisch" sind, so „daß der Absättigungs-
zustand jedes einzelnen Moleküls beliebig zwischen den beiden
(real kaum existierenden) Extremformen a und b liegen kann"; bei
Eingriffen durch Lösungsmittel, Substitutionen u. ä. „...ändert sich
dann nicht das Mengenverhältnis der beiden tautomeren Molekülarten, sondern die sämtlichen Moleküle ändern ihren Zustand,
... ähnlich wie bei echten Benzolderivaten ... ohne daß man
grundsätzlich andere Strukturformeln aufstellt."

(Valenztautomerie ist weiterhin bei anderen Radikaltypen [R.
Pummerer; St. Goldschmidt; A. Schönberg u. a.] angenommen
worden.)

Die bisherige Schilderung veranschaulicht uns, wie etwa im Zeitraum 1872—1922 auf Grund rein chemischer Erfahrungen die
Kekulésche Idee von der „Oszillation", immer weiter wirkend, die
klassischen Vorstellungen von dem starren Molekül, den fixierten
Atombindungen und den bestimmten Konstitutionsformeln lockert und
zu neuen Denkmitteln hinüberleitet. Rein stofflich betrachtet
handelt es sich um Überlegungen, die eine Atomverschiebung, z. B.
einen Ortswechsel des Wasserstoffs im Molekül, zugeben oder, räumlich (stereochemisch) gesehen, eine Verdrehbarkeit (in Ringsystemen)
mit pendelartigen Bewegungen um eine Gleichgewichtslage annehmen,
oder, energetisch (dynamisch) bewertet, eine gleiche Struktur bei
ungleichem Energieinhalt voraussetzen, oder, valenzchemisch behandelt, die Valenzen „fließend" annehmen, sie oszillieren lassen,
wobei, wie im vorhergehenden Fall, die gegenseitige Lage der Atome
im Moleküle erhalten bleibt.

Je nach der Art dieser Oszillationen und vibratorischen Bewegungs-
zustände können nun 1. relativ stabile Grenzformen (Tautomerie-
Desmotropie; cis-trans-Isomerie) erhalten werden, oder 2. die beiden
(tautomeren) Grenzformen wechseln so schnell ihren Zustand, daß
jedes Molekül gleichsam beide Zustände gleichzeitig in sich vereinigt.

Naheliegend war es nun, die von der Elektronentheorie geschaffenen Bilder und Begriffe auch auf die immer verwickelter

gewordenen Tautomerie-Erscheinungen anzuwenden und neue Ausdrucksmittel heranzubilden. Eine elektronentheoretische Vorstellung der Doppelbindung unter dem Bilde eines dynamischen Gleichgewichts zwischen einer aktiven und einer inaktiven Form entwickelten T. M. Lowry (1923) und W. H. Carothers [Am. 46, 2226 (1924)], z. B. $\overset{-}{R_2'C}\!-\!\overset{+}{CR_2} \rightleftarrows R_2'C = CR_2 \rightleftharpoons \overset{+}{R_2'C}\!-\!\overset{-}{CR_2}$, wobei in der letzteren die Wanderung des einen Elektronenpaars der Doppelbindung zum andern C-Atom stattfindet, indem dieses mit 8 Elektronen (negativ), das andere nur mit 6 Elektronen (ungesättigt, positiv) auftritt: die aktiven Formen existieren nur momentan, ihre Konzentration ist immer klein und die Dissoziationen sind reversibel (Carothers).

Ausgehend von dem chemischen Verhalten des Dimethylpyrons bzw. des Diphenyl- und Dimethyl-thio-pyrons gelangte auch F. Arndt [und Mitarbeiter, B. 57, 1903 (1924)] zu der Ansicht, daß z. B. die beiden Formulierungen

nur Grenzzustände darstellen und Diphenyl-4-thio-pyron eine Zwischenstellung zwischen I und II einnimmt, indem es sich „letzten Endes um Verschiebung von Elektronen-Bahnen handelt", wobei „alle Zwischenstufen denkbar" sind. Eine Übertragung der elektronentheoretischen Betrachtungen auf homöopolare Verbindungen (und eine neue Symbolik) erfolgt von W. Madelung [Z. El. 37, 197 (1931)]; er nimmt sowohl für Elektrolyte als auch für Neutralverbindungen „Elektroisomerien" (Elektronenisomerien) „durch Verschiebung einzelner Elektronen zwischen mehreren charakterisierbaren Grenzzuständen" an, wobei allerdings wenig Aussicht besteht, wegen der großen Beweglichkeit des Elektrons „wirkliche Elektroisomere isolieren zu können" (zit. S. 206).

Es war nun noch ein kleiner Schritt zu tun, um die durch das chemische Experiment ermittelten Tatsachen durch die Ausdrucksmittel der Resonanz-Hypothese wiederzugeben bzw. die Mesomerie folgen zu lassen.

Mesomerie. Je nach den individuellen Eigenschaften der betreffenden Verbindungen sowie je nach den Versuchsbedingungen und den Reaktionsgenossen wird man für die tautomeren Stoffe bei deren Isolierung alle Abstufungen finden, beginnend mit solchen, die gewöhnlich nur in einer „normalen" Form bekannt sind, dann übergehend zu solchen (z. B. Acetessigester), deren beide Formen isoliert und durch Strukturformeln gekennzeichnet werden können [nach P. Jacobson (1887) wird diese Art Tautomerie als Desmotropie bezeichnet; die flüssigen Gleichgewichte der beiden Isomeren heißen nach L. Knorr (1896) allelotrope Gemische]. Während im ersten Fall die Umlagerungsgeschwindigkeit außerordentlich klein, im zweiten Fall aber eine meßbare Größe ist, kann es noch einen dritten Fall geben, wo sie außerordentlich groß ist, indem die Moleküle eine rapide Oszillation zwischen den zwei möglichen Strukturen (etwa 10—15mal in der Sekunde) ausführen. Ausgehend von rein chemischen Beobachtungen, hatte man solche Verbindungen, deren beide Extrem-Formen sich nur durch die Bindungsart unterscheiden, valenztautomer genannt (s. a. H. Wieland, E. Weitz). Diese Art von Isomerie fand in jüngster Zeit einen neuen theoretischen Unterbau. Ausgehend von der Wellenmechanik hat L. Pauling [mit G. W. Wheland (1933 u. f.)] die Theorie der „Resonanz" entwickelt, C. K. Ingold hat für diese Isomerie die Bezeichnung „Mesomerie" vorgeschlagen [Nature 133, 946 (1934); Soc. 1936, 912; s. a. Sidgwick, Soc. 1936, 533] und eine Darstellung und Anwendung dieser Theorie haben F. Arndt und B. Eistert gegeben [Z. physik. Ch. (B.) 31, 125 (1935); B. 69, 2381, 2393 (1936)]. Diese „Resonanz" bzw. „Mesomerie" ist in einem System mit mehrfachen Bindungen vorhanden, wenn 1. die zwei Strukturen nahezu die gleiche Energie haben, 2. in beiden die Atome (z. B. die Wasserstoffkerne) die gleiche Lage einnehmen und 3. die Elektronenverteilung in beiden Strukturen verschieden ist. Die Mesomerie kann daher nicht durch die Symbole der klassischen Strukturchemie verbildlicht werden [über die neue Symbolik vgl. Arndt, vgl. oben und B. 68, 193 (1935)]. Das Verhalten der Verbindung entspricht nicht — wie bei der Tautomerie — demjenigen eines Gemisches von zwei Molekülarten, sondern „daß jedes Molekül, wenigstens bis zu einem gewissen Betrage, alle die Eigenschaften hat, die durch die beiden Strukturen dargestellt werden" (Sidgwick). Die aromatischen Verbindungen z. B. bieten ein geeignetes Beispiel solcher Mesomerien dar [Pauling, Am. 57, 2086 (1935), Benzolderivate]. Was die Wellenmechanik bisher auf dem Gebiete der „Mesomerie" geleistet bzw. zur Deutung und Beherrschung der „ungesättigten und aromatischen Verbindungen" beigetragen hat und wie viel mehr noch zu leisten ist, wird aus der vorbildlichen Darstellung von E. Hückel [Z. El. 43, 752 (1937)] klar.

Eingehende Behandlungen der „Tautomerie" vom Standpunkt des Mesomeriebegriffes liegen aus der jüngsten Zeit vor, z. B.: F. Arndt und B. Eistert, B. 71, 2040 (1938); 72, 202 (1939); ferner K. A. Jensen, J. prakt. Chem. (2) 151, 177 (1938) und B. 72, 209

(1939). Ausführlich in der Monographie von B. Eistert: Tautomerie und Mesomerie. Stuttgart: Ferdinand Enke 1938.

Der neue Begriff der „Mesomerie" ist nun da und die Frage ist gewiß berechtigt: kann er nur eine neue „Erklärung" — mit Hilfe neuer Bilder und Vorstellungen — für bereits bekannte Erscheinungen geben oder kann er auch neue Tatsachen oder ein Verhalten von Verbindungen voraussagen? Vermitteln wirklich die Elektronenformeln neue und quantitative Einblicke in die Art und Geschwindigkeit der Reaktionen oder müssen auch hier zahlreiche Nebeneinflüsse als eine Art „deus ex machina" zur Aushilfe herangezogen werden? [Vgl. a. W. Langenbeck, Z. angew. Chem. 52, 106 (1939).] Ein neuartiges Kapitel von Deutungen und Beobachtungen bahnte sich an.

D. „Wasserstoffbrücken." „Chelatringe."

Seit der Mitte des vorigen Jahrhunderts galt das Wasserstoffatom als Maßeinheit für die chemische Wertigkeit (Valenz) aller Elemente, und dieses einwertige H-Atom ging in den theoretischen Aufbau der Hunderttausende organischer Verbindungen ein. Experimentell kannte man nur noch den (atomaren) Wasserstoff des Status nascens. Vor fünf Jahrzehnten fügte die klassische Physikalische Chemie in dem Wasserstoffion $H^+ \cdot H_2O$ eine neue Form hinzu. Um die Jahrhundertwende erschloß die Atomphysik in dem Proton $H^+(=p)$ einen weiteren Typus des Wasserstoffatoms, und dieser wurde von der organischen Chemie für die Lehre von der Tautomerie — als Prototropie (seit 1923 durch Lowry) — übernommen. Im Jahre 1932 entdeckte die Atomphysik das Neutron $[H]=n$ (Chadwick), während die Chemie durch die Entdeckung des schweren Wasserstoffs oder Deuteriums D (Urey, 1932), sowie des para-Wasserstoffs (K. F. Bonhoeffer und P. Harteck, 1929) überrascht und bereichert wurde.

Die Bezeichnung bzw. Anwendung von „chelate rings" finden wir bereits in den Untersuchungen von N. V. Sidgwick [und R. K. Callow, Soc. 125, 527 (1924)], wo er teils auf Grund des verschiedenen kryoskopischen Verhaltens der („normalen" und „anormalen") Derivate des Benzols (nach K. Auwers, 1895 bis 1903), teils aus eigenen Messungen der Löslichkeit und Flüchtigkeit derselben neben der ersten Kovalenz (der gewöhnlichen Atombindung) des Wasserstoffatoms durch zwei Elektronen (deren eines dem H-Atom, deren zweites dem anderen direkt gebundenen Atom gehört) noch eine zweite Kovalenz annimmt, eine koordinative Bindung gegenüber einem entfernter liegenden Atom mit einem „einsamen Elektronenpaar" — für diese Art von Kovalenz benutzt er das Symbol →. Er formuliert solche Chelatringe z. B.:

Durch die „Resonanztheorie" ist die Frage der Koordination und der Bindungen des Wasserstoffatoms einer erneuten theoretischen Diskussion und experimentellen Prüfung zugeführt worden. Insbesondere ist durch die Infrarot- und die Raman-Spektren dieses Problem für die HO-haltigen Stoffe belebt worden. Einen ersten Hinweis auf eine innere Wasserstoffbindung gab die genaue Strukturaufnahme des Phthalocyanins durch J. M. Robertson (Soc. **1936**, 1736), nachdem schon vorher J. W. Baker (Soc. **1934**, 1680) aus chemischen und physikalischen Gründen solche Brückenbindungen („Chelation") z. B. für substituierte Resorcine abgeleitet hatte. Die charakteristische Infrarotabsorption für die freien OH- und NH-Gruppen, bzw. deren Ausbleiben entgegen der chemischen Formulierung, sind Hinweise auf solche „Chelation". Einen Überblick über diesen Problemkomplex der Wasserstoffbrücken gab M. L. Huggins [J. organ. Chem. **1**, 407 (1936)], wobei zugleich die Brückentheorie vielfach als Ersatz der bisherigen Denkmittel — van der Waalssche Kräfte, Polarität, sterische Hinderung, Katalyse usw. — empfohlen wird und zum besseren Verständnis der komplizierten Hochpolymeren, z. B. von Gelen, Proteinen, Kohlenhydraten usw. beitragen soll; „synchrone Schwingungen" in den Wasserstoffbrücken vervollständigen das Bild [Nature **139**, 550 (1937)]. Diese Untersuchungen sollen Einblicke in die geometrische Lagerung der OH- und NH-Gruppen gewähren (vgl. z. B. die Arbeiten von L. Pauling und Mitarbeiter, Am. **1936**, **1937** u. f.).

Die assoziierende Wirkung des Wasserstoffatoms in den Amiden, Aniliden und Sulfonamiden, die sich in den kryoskopischen Molekulargewichten äußert, heben L. Hunter und H. O. Chaplin (Soc. **1937**, 1114; **1938**, 375, 1034; **1939**, 484) hervor. Bindung des am N-Atom haftenden Wasserstoffs in den primären und sekundären aromatischen Basen mit dem o-Substituenten nehmen auf Grund der Basenstärke W. C. Davies und H. W. Addis an (Soc. **1937**, 1622). Röntgenuntersuchungen an flüssigen Alkoholen und Säuren (die zu Molekülassoziationen neigen, bzw. H-Bindungen zwischen den COH-Gruppen nahelegen), führen zu Modellen der assoziierten Moleküle, wobei die flüssigen Säuren ihre benachbarten Moleküle zu Molekülgruppen zusammenlagern und die Carboxylgruppen übereinander gruppieren, nach dem Schema:

$$C—C—C—(COOH)_2—C—C—C$$
$$C—C—C—(COOH)_2—C—C—C$$

[W. C. Pierce und D. P. MacMillan, Am. **60**, 779 (1938).]

Für die Fettsäuremoleküle im Kristall („Bimoleküle") und die Eiweißbausteine (III) gibt R. Brill [Z. angew. Ch. **51**, 279 (1938)] aus röntgenographischen Messungen (Fourier-Analyse) die folgenden wahrscheinlichen H-Bindungen:

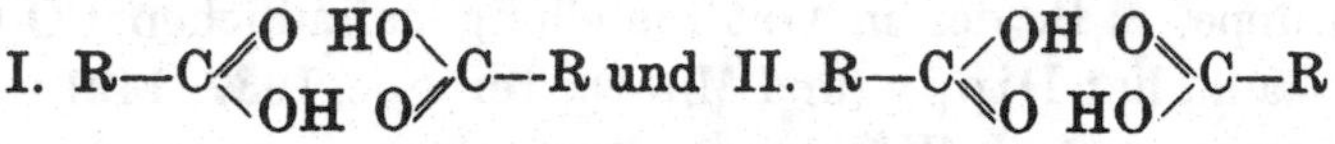

$$\text{I. } R{-}C\overset{\textstyle O\quad HO}{\underset{\textstyle OH\quad O}{\diagup\diagdown}}C{-}R \quad\text{und}\quad \text{II. } R{-}C\overset{\textstyle OH\quad O}{\underset{\textstyle O\quad HO}{\diagup\diagdown}}C{-}R$$

Die Strukturen I und II stehen miteinander in Resonanz; zu dem gleichen Ergebnis gelangte M. M. Davies [J. chem. Phys. **6**, 767 (1938)]:

$$\text{III. } HN\overset{\textstyle CHR{-}CO}{\underset{\textstyle CO{\cdots}H{\cdots}C}{\diagup\diagdown}}NH$$
$$R$$

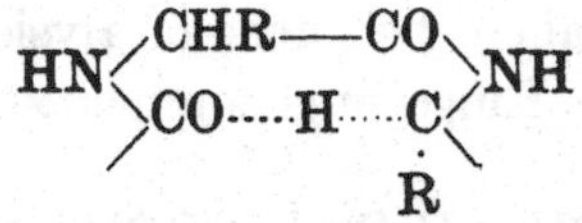

Die punktierte Linie deutet den Ort der Resonanzbindung an.

Aus den Veränderungen des Raman-Spektrums des Wassers beim Übergang Dampf (flüssig) → fest schlossen P. C. Cross, Burnham und Leighton [Am. **59**, 1134 (1937)] auf solche H-Brücken in den assoziierten Wassermolekülen:

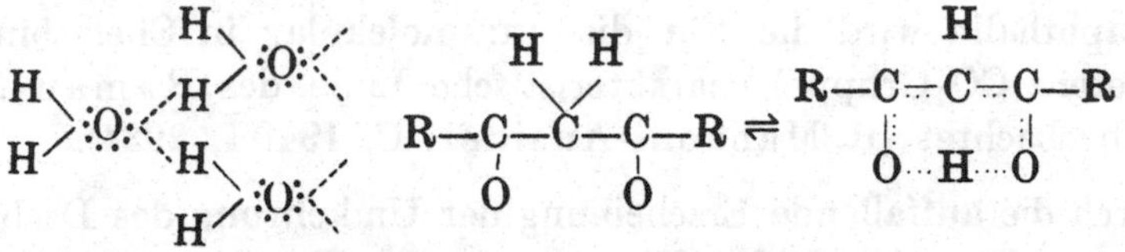

In der O—H-Bindung beträgt die Länge 0.96 Å., während in der Bindung —O—H—O— die Entfernung zwischen den O-Atomen 2·55—2·85 Å. ist. Die Keto-Enol-Tautomerie wird z. B. durch die obenstehenden Valenzstrukturen verdeutlicht [Th. Förster, Z. f. Elektroch. **44**, 81 (1938)]. Die Auswertung der Raman-Spektren des o-Deuteroxybenzaldehyds $C_6H_4\diagdown^{OD}_{CHO}$ führten G. B. Bonino und R. M. Manzoni-Ansidei [Atti R. Accad. nat. Lincei, Rend. (6) **28**, 259 (1938)] zu Ergebnissen, die nicht für die Hypothese einer einfachen homöopolaren Brückenbildung durch den OH-Wasserstoff zwischen Hydroxyl- und Carbonylsauerstoff sprechen. [Vgl. dazu N. A. Waljaschko und M. M. Schtscherbak, .Russ. J. d. allgem. Chem. (A) **8**, 1399 (1938).]

Hilfsbindungen zwischen den α-H-Atomen und der Gruppe Y nimmt auch W. Taylor [Rec. Trav. chim. Pays-Bas **56**, 898 (1937)] an, um die große Reaktionsfähigkeit aller tertiären Butylverbindungen, sowie die Waldensche Umkehrung zu deuten:

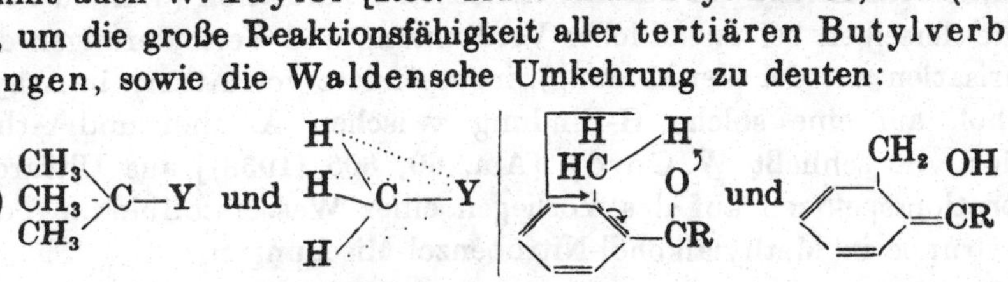

Übrigens wird der Mechanismus der Substitution z. B. am tert. Butylchlorid oder β-n-Octylbromid auf die elektrolytische Dissoziation solcher Alkylhalogenide zurückgeführt (E. D. Hughes, Soc. **1937**, 1177—1201). Daß eine Alkylgruppe eine H-Bindung mit einer Elektronspendergruppe, z. B. der in Orthostellung befindlichen CO-Gruppe, eingehen kann, hat Dippy (und Mitarbeiter, Soc. **1937**, 1421 und 1426) ausgesprochen und J. W. Baker (Soc. **1938**, 445) vertreten (vgl. Formelbild B). Auch H. J. Smith [Am. **61**, 1176 und 1963 (1939)] deutet den „Orthoeffekt" durch solche Chelatringbildung und verknüpft damit Anomalien bei der katalysierten Veresterung; es werden z. B. folgende Ringe angenommen:

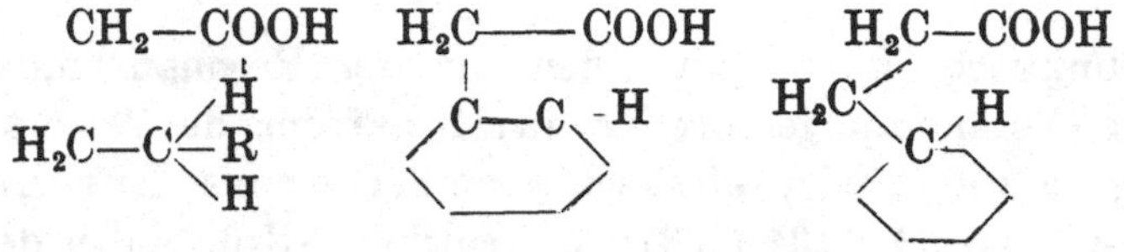

$$CH_2—COOH \qquad H_2C——COOH \qquad H_2C—COOH$$

Bei orthosubstituierten Ketonen des Naphthalins sowie bei 1-Acetyl-2-oxynaphthalin wird die (für die intramolekular in Chelatbindung eingetretene CO-Gruppe) charakteristische Linie des Raman-Spektrums beobachtet (R. Manzoni-Ansidei, C. **1940** I, 2934).

Durch die auffallende Erscheinung der Umkehrung des Drehungssinnes einzelner Alkaloide (Nicotin, Coniin, Brucin u. a.) bei der Bindung an ungesättigte und aromatische Säuren wird T. M. Lowry (mit W. N. Lloyd, Soc. **1929**, 1783) zu der Annahme veranlaßt, „induzierte Asymmetrie" von entgegengesetztem Zeichen in den ungesättigten Gruppen vorauszusetzen, bzw. den Wasserstoff als „Donator" von Elektronen einzuführen, z. B. im Nicotin:

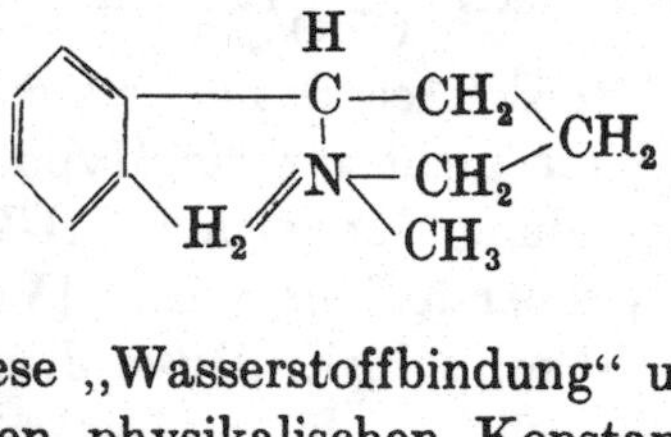

Man hat auch diese „Wasserstoffbindung" ursächlich mit Abweichungen von einzelnen physikalischen Konstanten in Lösungen zu verknüpfen versucht; so z. B. führt G. Thomson (Soc. **1938**, 460) den „Solvens-Effekt" in der dielektrischen Polarisation (d. h. zu hohe Werte derselben bei unendlicher Verdünnung und Veränderungen der Polarisation mit der Verdünnung), insbesondere von Äthern in Äthylalkohol, auf eine solche H-Bindung zwischen Alkohol und Äther zurück. So schließt W. Gordy [Am. **60**, 605 (1938)] aus Ultrarotabsorptionsspektren auf das Vorliegen einer Wasserstoffbindung der OH-Gruppe in Methylalkohol-Nitrobenzol-Mischungen.

Diese auf dem Boden der quantenmechanischen Resonanztheorie entstandenen „Wasserstoffbrücken" haben gewisse Vorläufer in den chemischen Symbolisierungen, z. B. in A. Werners Komplexformeln,

in A. Hantzschs (1917) „echten" Säuren $-C{\Large\langle}^{O}_{O}{\Large|}H$, in Will-

stätter-Piccards (1908) Chinhydronverbindungen und P. Pfeiffers (1913) 1-Hydroxyanthrachinon; auch die Formulierungen der farbigen Alkalisalze der Nitrophenole durch A. Hantzsch (1932) greifen in diese Vorstellungsweise hinein.

In der Imidazolreihe war durch Untersuchungen von O. Fischer das Vorkommen tautomerer Verbindungen aufgezeigt worden; das erste Glied der Benzimidazole war also durch das System

$$C_6H_4{\Large\langle}^{N}_{NH}{>}CH \rightarrow C_6H_4{\Large\langle}^{N}_{N}\!\!\begin{array}{c}H\\ \end{array}\!\!{\Large\rangle}CH \leftarrow C_6H_4{\Large\langle}^{NH}_{N}{>}CH$$

wiederzugeben. Daran anknüpfend hat S. Gabriel [B. 41, 1926 (1908)] auf verschiedenen Wegen nur ein und dasselbe Phenyl-methyl-Imidazol erhalten können, woraus er auf die tautomere Formel A schließt (allerdings erscheint hier wie vorhin C dreiwertig):

$$\begin{array}{ccc} C_6H_5\cdot CO & & C_6H_5\cdot C{-}N \\ & \rightarrow & {\Large\|}\quad\begin{array}{c}H\\ \end{array}{>}CH \quad \leftarrow \\ CH_3\cdot CH\cdot NH_2 & & CH_3\cdot C{-}N \end{array} \quad \begin{array}{c} C_6H_5\cdot CH\cdot NH_2 \\ CH_3\cdot CO \end{array}$$

A.

(Auch der Raman-Effekt spricht für die Zugehörigkeit des H-Atoms zu beiden N-Atomen: K. W. F. Kohlrausch, 1938).

Dem Dioxy-dichinon des Pentazens hat E. Philippi [M. 53/54, 641 (1929)] die nachstehende Formulierung gegeben, wobei „die Bindung der Wasserstoffe durch alle drei Chinongruppen erfolgt":

Achtes Kapitel.

Polymerieerscheinungen und makromolekulare Chemie.

> „. . . so far as we can see now the chemists of the future
> must concentrate on the study of polymerisation.
> The work of Staudinger, Carothers, and others
> has laid a sound foundation, but the type of polymeri-
> sation hitherto studied is very different from that occu-
> ring in a plant. There the units, which themselves
> await identification, are evidently marshalled under the
> direction of surface forces and probably of templates
> consisting of ready-formed polymerides."
>
> Rob. Robinson (1936).

Seit der vor hundert Jahren durch Berzelius erfolgten Schaffung
des Begriffes „Polymerie" (1832) hat sich auf dem Gebiete der polymeren Stoffe und Polymerisationsvorgänge eine ungeahnte Ausdehnung
angebahnt, die wesentlich dem zwanzigsten Jahrhundert angehört.
Die wenigen Beispiele von einst besaßen vorwiegend „Seltenheitswert",
der Polymeriegrad dieser Stoffe bewegte sich um bescheidene, ein-
stellige Zahlen, und ihre Molekulargröße war teils durch die Bestimmung
der Dampfdichte, teils durch die so oft in Anspruch genommene
kryoskopische Methode unschwer zu ermitteln.

Bei den Hochpolymeren handelt es sich jedoch um Stoffe, bei
denen die üblichen Methoden der Reindarstellung (durch Destillation,
Sublimation, Kristallisation) versagen — die Stoffe sind amorph,
gegen höhere Temperaturen sehr empfindlich und meist nur in bestimmten Medien unter Bildung kolloider Lösungen auflöslich. Man
ist hier berechtigt, „von kolloiden Stoffen zu sprechen, da die Eigenschaft, kolloide Zerteilungen zu geben, nur bei ihnen eine chemische,
d. h. eine Stoffeigenschaft ist" (Wo. Ostwald, 1927). Für die Kennzeichnung ihrer Reinheit und ihres individuellen Charakters müssen
neue Wege gesucht, geprüft und angewandt werden. Dazu kommt
noch, daß die Bestimmung des (chemischen) Molekulargewichts
solcher Stoffe ebenfalls neue Methoden erfordert, da die an den niedrigmolekularen organischen Verbindungen so oft bewährten Methoden der
Dampfdichtebestimmung sowie der Gefrierpunktserniedrigung in Lösung
— wegen Nichtflüchtigkeit im ersteren, wegen geringer Empfindlichkeit
im zweiten Fall — ausscheiden (s. oben, S. 54). Bei seinen Untersuchungen
der Kautschukarten hatte bereits C. Harries (1905) feststellen müssen,
daß zur Entscheidung der Struktur die Molekulargrößen feststehen
müssen: „Durch die Ergebnisse der vorliegenden Untersuchung ist
das praktische Bedürfnis nach einer brauchbaren Methode zur Ermittlung der Molekülgröße kolloidaler Stoffe wohl wie bisher
noch in keinem Falle klar zutage getreten. Sache der physikalischen
Chemie dürfte es sein, uns eine solche zu beschaffen" [B. 38, 3988
(1905)]. Bei den älteren kryoskopischen Messungen hatte sich ergeben,

daß solche Stoffe bei immer weitergeführter Reinigung praktisch sich einer Null-Depression, also einem Molekulargewicht $= \infty$ näherten. Daß es sich um Stoffe mit großen Teilchengewichten handelte, war seit Grahams bahnbrechenden Untersuchungen (1861) über Kristalloide und Kolloide und infolge der Forschungsergebnisse der um die Jahrhundertwende entstandenen neuen Kolloidchemie bekannt. Welches war aber die eigentliche Molekulargröße, und wie war die chemische Konstitution dieser offensichtlich riesigen Moleküle? Wie war der chemische Vorgang ihrer Bildung? Wie gestalteten sich die Vorgänge ihrer chemischen Umsetzung mit anderen Stoffen?

Um das Jahr 1900 werden die Polymerisationserscheinungen auch vom Standpunkt der physikalischen Chemie eingehender untersucht, sie bieten ein Material für die Prüfung der Gleichgewichtserscheinungen bei reversiblen Umwandlungen, die durch Temperatur, Licht, Katalysatoren usw. beeinflußt werden. Der Acetaldehyd ist eines der ersten Objekte; vgl. D. Turbaba (1901), Bancroft (1901), R. Hollmann (1903 u. f.). Andererseits bietet die Selbstpolymerisation der Kohlenwasserstoffe (Cyclopentadien, Isopren, Styrol u. a.) Anlaß zur Entwicklung von Ansichten über Entstehung, Umbildung und Polymerisation der natürlichen Erdöle durch C. Engler, was weiterhin die Untersuchung der Polymerisation ungesättigter Verbindungen auslöst [B. **30**, 2358 (1897); **35**, 4152 (1902)]. Seinerseits vertritt G. Kraemer [B. **36**, 645 (1902)] die Ansicht, daß die Paraffin- und Schmieröle in dem Erdöl durch Spaltung z. B. polymerer Decylene unter Bildung von hydrierten und dehydrierten (kondensierten) Produkten entstehen. Das Jahr 1900 bzw. 1901 führt ein weiteres Naturprodukt, den Kautschuk, in den Bereich wissenschaftlicher Forschung, es sind Weber und insbesondere C. Harries, die dieses hochpolymere Kolloid zu erforschen beginnen. Doch bald gesellte sich zu dem wissenschaftlichen Interesse auch das wirtschaftlichtechnische. Die chemische Großindustrie schritt von zwei Seiten an das Problem der Hochmolekularen heran: während in Amerika die technische Darstellung der Kunstharze (um 1909) bzw. der Bakelite verwirklicht wurde, war gleichzeitig in Deutschland die künstliche (synthetische) Darstellung des Kautschuks erreicht worden (die grundlegenden Patente der Elberfelder Farbenfabriken wurden im August und September 1909 angemeldet). Dort war es L. H. Baekeland, der den alten Versuch A. Baeyers vom Jahre 1872 (Kondensation von Phenol mit Aldehyd, wobei ein klebriges Produkt entstand) zu einer großen Industrie umwandelte, hier war es Fritz Hofmann, der — getragen von dem Vertrauen Carl Duisbergs — im Anschluß an die Arbeiten von C. Harries die Polymerisation des Isoprens zu Kautschuk einer technischen Darstellung zugänglich machte; dieser synthetische Kautschuk kam 1913 in den Handel.

Die Polymerisationsvorgänge gewannen also eine hervorragende Bedeutung auch für Industrie und Wirtschaft. Die Methoden der praktischen Beherrschung dieser Vorgänge waren weitgehend gesichert, doch das Wesen derselben war vom wissenschaftlichen Standpunkt aus unbefriedigend geklärt. Und so konnte G. Schroeter [B. 46, 2697 (1916)] schreiben: „Die systematische Durcharbeitung und die Vertiefung der Kenntnis der Polymerie, d. h. der Fähigkeit der Moleküle, sich miteinander zu Polymolekülen zu verbinden, scheint mir für die Fortentwicklung der chemischen Forschung von ebenso großer Bedeutung zu sein wie die Bestrebungen, die chemischen Atome in einfachere Bestandteile zu zerlegen. Diese beiden Forschungsrichtungen müssen sich ergänzen zur Vervollkommnung unserer Vorstellungen über den gesamten Stoffumsatz."

„Wenn einerseits die Polymerie zu den verbreitetsten Erscheinungen in der Molekularwelt gehört, so ist es andererseits auffallend, daß in den Lehr- und Handbüchern der allgemeinen oder theoretischen Chemie oft ihrer nur mit einigen wenigen Worten oder auch gar nicht Erwähnung geschieht." Dieser Satz wurde (1922) seinerzeit als Ausdruck einer gewissen Verwunderung über die Vernachlässigung einer „Grundeigenschaft der Materie" niedergeschrieben (P. Walden, Molekulargrößen von Elektrolyten in nichtwässerigen Lösungsmitteln, S. 16. Dresden-Leipzig 1923).

Tatsächlich ist der Polymeriebegriff im Laufe des verflossenen Halbjahrhunderts verschiedenen Wandlungen unterzogen worden.

In „Wöhlers Grundriß der organischen Chemie" von Rud. Fittig (1887) heißt es: „Polymer nennt man diejenigen Verbindungen, welche gleiche prozentische Zusammensetzung, aber ein ungleiches Molekulargewicht haben, wie z. B. Essigsäurealdehyd C_2H_4O und Buttersäure $C_4H_8O_2$ — Essigsäure $C_2H_4O_2$, Milchsäure $C_3H_6O_3$ und Traubenzucker $C_6H_{12}O_6$ — Acetylen C_2H_2 und Benzol C_6H_6" (S. 6). Es ist dies die ursprüngliche, vor einem Halbjahrhundert von Berzelius gegebene Definition, und die von R. Fittig angeführten Beispiele zeigen, wie wenig die inzwischen fortgeschrittene chemische Forschung an der Entwicklung des Polymerieproblems Anteil genommen hatte: Als ausreichend galten nach wie vor nur die Gleichheit der prozentischen Zusammensetzung und die Verschiedenheit des Molekulargewichts — unwesentlich erschienen der chemische Bau und Charakter der Polymeren, der Bildungs- und Rückbildungsvorgang sowie die tieferen Ursachen der Polymerisation.

Nef [A. 287, 358 (1895)] verknüpft jedoch die Polymerisation mit dem ungesättigten Bindungszustand [1]): „Eine ungesättigte Sub-

---

[1]) Zu solchen ungesättigten Körpern rechnet J. U. Nef [A. 298, 203 (1897)] auch die folgenden Körperklassen: „Ammoniak und die Amine: $= NH_3$, $= NH_2R$, $= NHR_2$ und $= NR_3$, Methylen $= CH_2$ und dessen Substitutionsprodukte, wie C:O, C:NR,

stanz kann bei Gegenwart einer Spur Wasser, Alkali oder Halogenwasserstoff unter fortwährend stattfindendem Anlagern und Abspalten dieser Reagenzien in den naszenten Zustand gebracht werden
und so tritt dann Kondensation bzw. Polymerisation ein." Ähnlich
bei A. Michael: „Jedes ungesättigte Atom zeigt ein mehr oder
weniger ausgebildetes Streben nach einem Zustand von gewisser
Sättigung, indem zwei oder noch mehrere solcher Atome sich miteinander verbinden und diese Erscheinung läßt sich unter den Begriff
Polymerisation einreihen" [J. pr. Ch. (2) 60, 293 (1899)]. Wiederum
ein anderes Moment erscheint in der Kennzeichnung, die A. F. Holleman in seinem weitverbreiteten Lehrbuch der organischen Chemie
(um 1929) gibt, wenn er als Polymerisationsprozesse solche Vorgänge
bezeichnet, bei denen zwei oder mehr Moleküle eines Körpers in der
Weise verkettet sind, daß diese wieder daraus regeneriert werden
können — hier erscheint als wesentlich die Konstitution des De-
polymerisationsprodukts, das dem Ausgangsprodukt gleich sein
soll. Mehrdeutigkeit herrschte in bezug auf die eigentliche chemische
Natur der Polymeren. Sollte man diese als chemische Individuen
auffassen, die durch normale Valenzen der Einzelatome zusammengehalten werden und dementsprechend durch unitäre Formulierung
zu veranschaulichen sind? Oder entsprachen sie dem Typus und
Wesen der „Molekülverbindungen", deren Entstehung auf die Betätigung von Nebenvalenzen u. dgl. zurückgeführt werden kann? Auf
Grund seiner Lehre von den Partialvalenzen hatte Joh. Thiele
[A. **306**, 92 (1899)] die Möglichkeit der Bildung und Existenzfähigkeit
von Verbindungen eröffnet, deren Zusammenhalt durch Partialvalenzen bestritten wird. Hiernach könnten z. B. die nachstehenden
zwei ungesättigten Äthylenkomplexe folgendermaßen zusammentreten (die punktierten Linien bedeuten die Partialvalenzen):

$$\begin{matrix} \text{C} \cdots & & \cdots \text{C} & \text{C} \cdots \text{C} \\ & + & & \rightleftarrows \\ \text{C} \cdots & & \cdots \text{C} & \text{C} \cdots \text{C} \end{matrix}$$

Die neugebildete Verbindung mußte ein gesättigteres Verhalten
zeigen als die einfachen Moleküle und rückwärts in diese aufspaltbar
sein. „Vielleicht liegen derartige Verbindungen im Metastyrol mit
ähnlichen Polymerisationsprodukten gesättigten Charakters vor, entstanden durch Zusammentritt sehr vieler Moleküle nach obigem
Schema." In ähnlicher Weise wurde von H. Hildebrand (im Thiele-

---

C:NOH; Thioäther $= \text{S} = \text{R}_2$; Alkylchloride $= \text{Cl}—\text{R}$; Imid $\text{HN}\langle$ u. dgl. mehr",
daneben Äthylen $CH_2 = CH_2$, Chlor $\text{Cl} \equiv \text{Cl}$, Acetylen $\text{CH} \equiv \text{CH}$, Sauerstoff $\text{O} = \text{O}$,
die Aldehyde, Ketone und Fettsäuren. Daselbst hebt er hervor, daß „das Eintreten
der Polymerisation durch Wärme, Licht, stille elektrische Entladung, gepulverte
Metalle, Spuren von Wasser, Alkali oder Säure" durch dieselben Dissoziations-
mittel hervorgerufen wird, „welche sowohl bei den Additionsreaktionen von ungesättigten Körpern sowie auch bei den Dissoziationsreaktionen der gesättigten
Körper eine so wesentliche Rolle spielen".

schen Laboratorium, 1909) die Polymerisation des asymm. Diphenyl-
äthylens zu dem Dimeren gedeutet, und zwar als eine durch Partialvalenzen der ungesättigten Moleküle zusammengehaltene Molekülverbindung (I), und nicht als normal gebundenes Tetraphenyl-cyclo-
butan (II):

$$2(C_6H_5)_2C:CH_2 \rightarrow \quad \begin{array}{l} (C_6H_5)_2 \cdot C\!\!-\!\!CH_2 \\ CH_2 \cdot C(C_6H_5)_2 \\ \quad\quad I \end{array} \quad\quad \begin{array}{l} (C_6H_5)_2C\!\!-\!\!-\!\!CH_2 \\ CH_2\!\!-\!\!C(C_6H_5)_2 \\ \quad\quad II\,. \end{array}$$

Als ein Verteidiger [s. a. R. Willstätter, B. 41, 1463 (1908)]
ähnlicher Ansichten trat auch G. Schroeter [B. 49, 2698 (1916);
53, 1917 (1920)] auf, indem er annahm, „daß die einfachen Moleküle
in Komplexen ihre Selbständigkeit nicht verlieren, sondern daß die
Moleküle als Resultante aller in ihrem Atomverbande chemisch
wirksamen Kräfte Kraftlinien aussenden, deren Wirkung den Valenzen
der Atome als Molekularvalenzen selbständig an die Seite gestellt
werden können; diese Molekularvalenzen vermitteln die Vereinigung
der einzelnen Moleküle eines polymeren Moleküls oder Poly-
moleküls". Von diesen Ansichten ausgehend, lehnt nun Schroeter
die von H. Staudinger (1912) abgeleiteten Konstitutionsformeln der
polymeren Ketene ab, d. h., er betrachtet sie nicht als Cyclobutan-
Derivate, sondern als Molekülverbindungen. Daraufhin erfolgte von
seiten H. Staudingers [B. 53, 1073, 1085, 1092, 1105 (1920); Helv.
7, 3 u. f. (1924)] eine erweiterte experimentelle Begründung der Ringformeln der polymeren Ketene und eine ausführliche Darlegung seiner
theoretischen Ansichten.

Im Rahmen der zeitlichen Aufeinanderfolge chemischer Ereignisse
und des inneren Zusammenhanges derselben gewinnt dieser Meinungs-
streit eine besondere Bedeutung, da er den Ausgangspunkt für eine
Umgestaltung des ganzen Polymerie-Problems bildet. Indem H. Staudinger an den strittigen Einzelfall anknüpft, unterwirft er (1920) die
Frage der Polymerisationsvorgänge in ihrer ganzen Ausdehnung und
theoretischen Deutung einer eingehenden Erörterung, um zugleich
seine eigenen Ansichten über den Polymerisationsprozeß zu entwickeln.
Er bestreitet die Notwendigkeit der Zuhilfenahme von Nebenvalenzen
(Zit. S. 1073): „vielmehr können die verschiedenartigsten Polymerisationsprodukte ... durch normale Valenzformeln eine genügende Erklärung finden; und gerade in der organischen Chemie
wird man solange wie möglich sich bemühen, die Eigenschaften der
Verbindungen durch Formeln mit Normalvalenzen wiederzugeben".
Die Rückbildung des monomeren Produkts aus dem polymeren wird
nicht als ein besonderes Kriterium für den Polymerisationsprozeß
bezeichnet, da die Polymerisationsprodukte einen verschiedenen Grad
der Zersetzlichkeit aufweisen. „Polymerisationsprozesse im weiteren Sinn sind alle Prozesse, bei denen zwei oder mehrere Moleküle

sich zu einem Produkt mit gleicher Zusammensetzung, aber höherem Molekulargewicht vereinigen." Hinsichtlich des Bildungsvorganges der polymeren Stoffe führt Staudinger folgendes aus (Zit. S. 1081):

„Will man sich eine Vorstellung über die Bildung und die Konstitution solcher hochmolekularer Stoffe machen, so kann man annehmen, daß primär eine Vereinigung von ungesättigten Molekülen eingetreten ist, ähnlich wie bei der Bildung von Vier- und Sechsringen, daß aber aus irgend einem, evtl. sterischen, Grunde der Vier- oder Sechsringschluß nicht stattfand, und nun zahlreiche, evtl. hunderte von Molekülen sich zusammenlagern, so lange bis sich ein Gleichgewichtszustand zwischen den einzelnen großen Molekülen, der von der Temperatur, Konzentration und dem Lösungsmittel abhängen mag, eingestellt hat."

Es werden dann Formelbilder für einzelne typische Polymerisationsprodukte (Paraformaldehyd, Metastyrol, Kautschuk) gegeben, und zwar mit kettenförmigen Molekülen, z. B.:

Paraform-
aldehyd $\ \ \ldots C \cdot \overset{H_2}{O} \cdot C \cdot \overset{H_2}{O} \cdot C \cdot \overset{H_2}{O} \ldots C \cdot \overset{H_2}{O} \cdot C \cdot \overset{H_2}{O} \cdot C \cdot \overset{H_2}{O} \ldots \rightleftarrows x(H_2C:O), \ oder$

Meta-
styrol $\ \ \ldots \overset{C_6H_5}{CH} \cdot CH_2 \cdot \overset{C_6H_5}{CH} \cdot CH_2 \cdot \overset{C_6H_5}{CH} \cdot CH_2 \cdot \overset{C_6H_5}{CH} \cdot CH_2 \cdot \overset{C_6H_5}{CH} \cdot CH_2 \ldots$

Der nächste folgenreiche Schritt Staudingers bestand in der Verknüpfung dieser neuen theoretischen Grundlagen mit der chemischen Praxis: er stellte das Polymerie-Problem in den Mittelpunkt seiner Untersuchungen und förderte, mit dem Jahre 1923 beginnend, gemeinsam mit zahlreichen Mitarbeitern eine Tatsachenfülle hervor, die nicht allein die wissenschaftliche Chemie bereicherte, sondern auch der technischen Chemie neue Werte an Stoffen und Stoffgestaltungen zuführte. Von dem ersten zusammenfassenden Überblick im Jahre 1926 [B. 59, 3019 (1926)] bis zur 140. Mitteilung 1936 [B. 69, 1168 (1936)], die der „Entwicklung der makro-molekularen Chemie" gewidmet ist, führt ein konsequent verfolgter Weg durch das ganze Gebiet der Hochmolekularen und Hochpolymeren. „Die endgültige Konstitutionsermittlung dieser hochmolekularen Substanzen scheitert an dem Umstand, daß sich ihr Molekulargewicht nach den gebräuchlichen Methoden nicht bestimmen läßt. Denn die Konstitutionsaufklärung im Sinne der Kekuléschen Strukturlehre ist an die Kenntnis der Molekülgröße und der prozentualen Zusammensetzung gebunden. Sind diese Daten bekannt, dann liegen keine prinzipiellen Schwierigkeiten vor, die Bindungsweise der Atome im Molekül zu ermitteln, d. h. die Strukturformel aufzustellen." [H. Staudinger, B. 59, 3019 (1926).] H. Staudinger hat inzwischen seine Untersuchungen bis zur 231. Mitteil. [Über die Polyvinylchloride, A. 541, 151 (1939)], bzw. 233. Mitteil. [G. V. Schulz, Naturwiss. 27, 659 (1939)] ausgeweitet.

Zur Frage des Polymeriebegriffes selbst sei noch die wesensver-
schiedene Formulierung veranschaulicht, wie sie einerseits aus der
elektrostatischen Auffassung, andererseits valenzchemisch sich ergibt.

Infolge der **Bipol-Natur** der Moleküle können zwei bzw. mehr
derselben zusammentreten, etwa nach folgendem Schema: $\mp(\equiv)^{\pm}_{\mp}$.
„Wirkt sich die Attraktion auf **gleichartige** Bausteine aus, so zeigt
sie sich als **Polymerisation**; treten **verschiedenartige** Bausteine
zusammen, so entsteht **Komplexbildung**" (F. Ephraim, Anorganische Chemie, S. 14. 1929). Hiernach z. B. sind Wasser-, Schwefel-
säure-, Fluorwasserstoff-Moleküle polymer. Andererseits bezeichnen
A. E. van Arkel und J. H. de Boer (in ihrem Werk: Chemische
Bindung als elektrostatische Erscheinung, S. 194. 1931) diese Art
von Bindung beim Wasser u. ä. als **Assoziation**, ohne die Polymerie
überhaupt zu beachten.

Das „Lehrbuch der organischen Chemie" von W. Schlenk und
E. Bergmann bringt in den Begriff „Polymerisation" eine genauere
Abgrenzung (I. Band, S. 64. 1932), indem drei Arten unterschieden
werden:

1. „Vereinigung gleicher Moleküle durch normale Valenzen in der
Weise, daß ohne Atomverschiebung Valenzausgleich zweier oder
mehrerer Doppelbindungen eintritt" — eigentliche **Polymerisation**,
z. B. Bildung von Paraldehyd aus Acetaldehyd,

2. „Vereinigung gleicher Moleküle durch Betätigung von Nebenvalenzen (Komplexbildung)" — umfaßt die „**Assoziation**", z. B.
die bimolekular auftretenden Carbonsäuren,

3. „Vereinigung gleicher Moleküle unter Atomverschiebung", entspricht der sogenannten „**Kondensation**", z. B. Bildung von Di-
isobutylen aus Isobutylen, oder von Aldol aus Acetaldehyd.

Die von Staudinger begründete Chemie der Hochpolymeren beschäftigt sich mit Stoffen, die fast durchgängig nicht durch die Dampfdichtebestimmung, oder nur in beschränktem Maße in Lösung nach
den osmotischen Methoden eine Bestimmung des Molekulargewichtes
ermöglichen. Beachtet man noch, daß die Hochmolekularen meist
aus Molekülen von verschiedener Größe, bzw. aus einem Gemisch von
Polymer-homologen bestehen, also nur mittlere Molekulargewichte
liefern können, so ist ohne weiteres ersichtlich, daß hier eine besondere
Lage gegeben ist, für welche eine freiere, vom klassischen Molekül-
begriff abweichende Deutung zwangsläufig folgt.

Nach Staudinger handelt es sich um die strittige Frage, ob die
Kolloidteilchen in Lösungen z. B. von Kautschuk und Cellulose
micellar gebaut sind, also ob sie sich aus einer mehr oder weniger
großen Anzahl von kleinen Molekülen aufbauen, die durch **Nebenvalenzen** zusammengehalten werden, oder ob — wie er es vertritt —

die Kolloidteilchen die Makromoleküle selbst sind, wobei „unter einem Molekül die Gesamtheit aller Atome verstanden wird, die durch normale Kovalenzen gebunden sind"[1]). Diese Hochmolekularen oder hochpolymerisierten Produkte sind durch den Zusammentritt sehr vieler Grundmoleküle entstanden, die durch normale Valenzen aneinander gebunden sind, so daß man Aufbau und Verhalten derselben durch Strukturformeln wiedergeben kann (1926)[1]). Man hat dann „polymerhomologe" Reihen (z. B. Kautschuk und Guttapercha mit Abbauprodukten) und „polymer-analoge" Verbindungen (z. B. Cellulosederivate, deren Moleküle eine gleiche Zahl von Glucoseester besitzen; Staudinger und Scholz, 1934)[2]).

„Wir haben einen kontinuierlichen Übergang zwischen hochmolekularen und niedermolekularen Substanzen" (Staudinger und Bondy 1929)[3]). Wegen der fast unbegrenzten Bindefähigkeit des Kohlenstoffs können nun organische Moleküle von den kleinsten bis zu außerordentlich großen Dimensionen existieren, „und schließlich können so große Moleküle auftreten, daß sie die Größenordnung von Kolloidteilchen haben". ... „Diese Gruppe von Kolloiden, bei. denen das Kolloidteilchen identisch mit dem Molekül ist, bezeichnen wir deshalb als Molekülkolloide" (1929)[3]). Stoffe, deren Kolloidteilchen mit den Molekülen, den Makromolekülen identisch sind, werden Eukolloide[4]) (1926), auch Makromolekül-Kolloide[4]) (1929) genannt. Solche Eukolloide liegen vor: in den Polystyrolen, Kautschuk, Eiweißstoffen, polymeren Kohlehydraten[4]). Die eukolloiden Lösungen sind hochviskos und erleiden schon durch geringe Temperatursteigerung eine irreversible Verminderung der Viskosität infolge Verkrackung der großen Moleküle, die eine kettenförmige Ausbildung („Fadenmoleküle") haben. Hemikolloide sind dann Polymere, die eine geringere Kettenlänge, demnach eine größere Beständigkeit bei mäßigem Erhitzen haben; die festen Stoffe lösen sich, ohne zu quellen, die Lösungen sind niederviskos und gehorchen — im Gegensatz zu den Eukolloiden — dem Hagen-Poiseuilleschen Gesetz: Die relative Viskosität ist bei verschiedenen Drucken gleich und temperaturunabhängig. — Die homöopolaren Molekülkolloide weisen in homöopolaren Lösungsmitteln die folgenden „Molekulargrößen" auf[5]):

---

[1]) Staudinger: B. **59**, 3019 (1926); Z. El. **40**, 442, 450 (1934).
[2]) Staudinger u. Scholz: B. **67**, 90 (1934).
[3]) Staudinger: A. **474**, 149 (1929); B. **62**, 2893 (1929); Staudinger u. H. F. Bondy: A. **468**, 1 (1929).
[4]) Staudinger: B. **59**, 3030, 3035 (1926); **62**, 2897 (1929). „Eukolloide" nannte Wo. Ostwald (1923) solche Kolloide, die durch Betätigung der Primärvalenzen die Atome im Kolloidteilchen zusammenhalten [Kolloid-Ztschr. **32**, 2 (1923); **67**, 330 (1934); vgl. a. Staudinger: B. **67**, 1255 (1934)].
[5]) Staudinger: B. **68**, 1682, 1689 (1935).

Hemikolloide	Eukolloide	Dazwischen Mesokolloide

Fadenlänge:

20—50—250 Å   über 2500 —10000 Å   250—2500 Å

Molekulargewicht:

etwa 1000—10000   etwa > 100000   10000—100000

Entwicklungsgeschichtlich bedeutsam ist das wohl als Folgewirkung der durch H. Staudingers Arbeiten ausgelöste lebhafte wissenschaftliche Interesse für die hochpolymeren Stoffe[1]) als solche, sowie die Polymerisationsvorgänge überhaupt. Es ist ja nicht so, als ob nicht schon früher Polymerieerscheinungen beobachtet und erörtert worden wären. Am Anfang stehen flüssiges Chlorcyan von Gay-Lussac (1815) und festes Chlorcyan von Serullas (1827): $CNCl \rightarrow C_3N_3Cl_3$ (Liebig, 1835). Flüssige Cyansäure (Wöhler, 1824) geht freiwillig in Cyamelid (fest) über, und dieses gibt rückwärts durch Destillation Cyansäure (Liebig und Wöhler, 1830). Feste Cyanursäure aus dem Serullasschen festen Chlorcyan wandelt sich beim Destillieren in flüssige Cyansäure um (Liebig und Wöhler, 1830): $C_3N_3O_3H_3 \rightarrow 3\,C \cdot NOH$.

Eine andere freiwillig in Polymerisate übergehende Körperklasse wurde frühzeitig in den Aldehyden entdeckt. Nachdem Liebig (1835) den freiwilligen Übergang von Acetaldehyd in Metaldehyd $CH_3COH \rightarrow (CH_3COH)_x$ beobachtet hatte, stellte Fehling (1838) die Umwandlung in Paraldehyd fest: $CH_3COH \rightarrow (CH_3COH)_3$, und Kekulé und Zincke (1870) gaben dem Paraldehyd die noch heute geltende Ringformel

$$CH_3 \cdot CH \Big\langle {O-C \atop O-C} \Big\rangle O \; ;$$

sie stellten (1872) die Bildungsbedingungen fest: bei niedrigen Temperaturen wiegt die Metaldehydbildung, beim Erhitzen die Paraldehydbildung vor, und saure Katalysatoren befördern in beiden Fällen die Polymerisation, während dieselben rückwärts beim Destillieren der beiden Polymerisate die Umwandlung in Aldehyd begünstigen. Dann beobachtete Redtenbacher (1843) die freiwillige Umwandlung von

---

[1]) Vgl. Literatur zu diesem Problem:

H. Staudinger: Die hochmolekularen organischen Verbindungen Kautschuk und Cellulose. Berlin 1932.

H. Staudinger: Organische Kolloidchemie. Braunschweig 1940; s. auch Bericht auf dem IX. Internat. Chemie-Kongreß in Madrid 1934.

Ferner: K. H. Meyer und H. Mark, I. Band: Allgemeine Grundlagen der hochpolymeren Chemie. Leipzig 1940. — II. Band: Die natürlichen und künstlichen hochpolymeren Stoffe. Leipzig 1940.

Siehe auch J. M. Bijvoet, N. H. Kolkmeijer und C. H. Mac Gillavry, Röntgenanalyse von Krystallen (auch von Hochmolekularen). Verlag Julius Springer, Berlin 1940.

Acrolein $CH_2:CH\cdot CHO$ in festes Disacryl und Geuther (1859) in Metacrolein. Einen anderen Stofftypus und Polymerisationsvorgang stellt die im Licht und durch Wärme erfolgende Polymerisation von Styrol $C_6H_5\cdot CH:CH_2$ in „Metastyrol" $(C_8H_8)x$ dar, sowie dessen Rückverwandlung in Styrol beim Erhitzen über 300^0 (A. W. Hofmann und J. Blyth, 1845). Durch Licht erfolgt auch die Umwandlung von Anthracen in Dianthracen (C. J. Fritzsche, 1866). Von den Carbonsäuren ist es die Acrylsäure $CH_2:CH\cdot COOH$, deren Übergang in eine gummiähnliche Masse zuerst E. Linnemann (1872) beschrieb, während Caspari und Tollens (1873) die Polymerisation des Acrylsäureallylesters durch Belichten, G. W. Kahlbaum (1880) diejenige des Methylesters (freiwillig), Weger (1883) der anderen Ester zu di- und trimolekularen Polymerisaten beschrieben.

Grundsätzlich war durch die angeführten klassischen Fälle die Polymerisation von Cyanverbindungen, Aldehyden, Säuren und Estern sowie Kohlenwasserstoffen erkannt worden. Grundsätzlich waren auch die hierbei gewonnenen Erkenntnisse, erstens: von der Rolle der Temperatur, des Lichtes und gewisser (saurer) Katalysatoren, zweitens: von der Umkehrbarkeit der Reaktion, drittens: von der bevorzugten Bildung der trimolekularen Polymerisate, und viertens: von der Symbolisierung der letzteren durch sechsgliedrige Ringe. Wie nun der Formaldehyd HCHO durch sein Polymerisationsprodukt Trioxymethylen $(CH_2O)_3$ im Jahre 1861 M. Butlerow zu der Entdeckung der Synthese eines zuckerähnlichen Körpers geführt hatte, einer Entdeckung, die nach der erstmaligen Reindarstellung des festen Trioxymethylens durch A. W. Hofmann (1869) eine Deutung durch A. Baeyer fand und dessen Hypothese von der Synthese der Monosen $(CH_2O)_6 = C_6H_{12}O_6$ in der Pflanze auslöste (1870): so sollte nach etwa einem Halbjahrhundert der Formaldehyd abermals der Ausgangspunkt für neue Hypothesen und außerordentlich fruchtbare experimentelle Arbeiten werden. Es waren dies die bereits erwähnten neuen theoretischen Grundsätze von H. Staudinger vom Jahre 1920 und die darauf folgenden ersten experimentellen Grundlagen für die makromolekulare Chemie, bzw. die hochmolekularen kettenförmigen Polymerisationsprodukte (1926).

Vorausgegangen war die Schaffung der Methoden zur ergiebigen Gewinnung von Formaldehyd (O. Loew sowie B. Tollens, 1886; Merklin und Lösekann, 1899; Orloff, 1908). A. Kekulé hatte (1892) erstmalig durch Erhitzen der festen Modifikation den flüssigen Formaldehyd (im Kohlensäure-Ätherschnee) erhalten und dessen langsame Polymerisation bei -20^0, eine explosionsartige aber beim Erwärmen beobachtet. M. Delépine (1897) unterzog die Polymerisationsvorgänge des gelösten Formaldehyds einer thermochemischen Untersuchung; ähnlich wie A. Baeyer (1870) für die Hypothese der

Hexosebildung ein Formaldehydhydrat $CH_2(OH)_2$ und dessen Kondensation unter Wasserabspaltung annahm, geht auch Delépine von diesem Hydrat aus und erblickt in dem Paraformaldehyd eine Zwischenstufe der allmählich verlaufenden Dehydrierungen: $nCH_2(OH)_2 =$ $= [CH_2O]_n \cdot H_2O + (n{-}1)\,H_2O$. Eingehende Untersuchungen von F. Auerbach und H. Barschall (1907) hatten die Bedingungen der Bildung von vier neuartigen α-, β-, γ- und δ-Poly-oxymethylenen ergeben. In diese ungeklärte Vielheit wurde nun Klarheit gebracht.

Auf Grund seiner Theorie von der Bildung hochpolymerer Verbindungen legt H. Staudinger [B. **53**, 1082 (1920)] dem Paraformaldehyd-Molekül die folgende Kettenformel bei:

$$\ldots \overset{H_2}{C}\cdot O\cdot \overset{H_2}{C}\cdot O\cdot \overset{H_2}{C}\cdot O \ldots \overset{H_2}{C}\cdot O\cdot \overset{H_2}{C}\cdot O\cdot \overset{H_2}{C}\cdot O \ldots \rightleftharpoons x(H_2C:O)\,.$$

Nach erfolgten chemischen und physikalischen Untersuchungen der Poly-oxymethylene und des wasserlöslichen Paraformaldehyds präzisiert H. Staudinger [B. **59**, 3022 (1926); s. auch **67**, 475 (1934)] die Konstitution dieser Polymerisate im Sinne langgestreckter, durch Hauptvalenzen gebildeter Ketten, z. B. α-Poly-oxymethylen, im Hydrat:

$$H{-}O{-}\overset{H_2}{C}{-}O{-}\Big[\overset{H_2}{C}{-}O\Big]_x\overset{H_2}{C}{-}O{-}H\,,$$

oder γ-Poly-oxymethylen, im Dimethyläther:

$$CH_3{-}O{-}\overset{H_2}{C}{-}O{-}\Big[\overset{H_2}{C}{-}O\Big]_x\overset{H_2}{C}{-}O{-}CH_3\,;$$

β-Poly-oxymethylen ist ein Schwefelsäure-ester, während δ-Poly-oxymethylen ein Umwandlungsprodukt der γ-Modifikation ist. Der Wert von x kann bis zu 75—100 CH_2O-Einheiten und darüber hinaus ansteigen [Helv. chim. Acta 8, 41, 67 (1925); s. a. Staudinger, H. Johner, M. Lüthy und R. Signer, A. **474**, 145 u. f. (1929)]. Die Poly-oxymethylene können als Modelle für die Konstitutionsaufklärung der Cellulose dienen. Und weiter folgert Staudinger: Die Poly-oxymethylene sind „das erste Beispiel, bei dem durch chemische Untersuchungen der Bau der langen Moleküle bewiesen und gleichzeitig der Kristallbau durch röntgenographische Untersuchungen (z. B. seitens W. H. Bragg, A. Müller und G. Shearer, 1923) aufgeklärt worden ist" [H. Staudinger, B. **64**, 2724 (1931)]. Die α-Poly-oxymethylene [nach Auerbach, sowie durch Alkalien, von C. Mannich (1919) dargestellt], ebenso die Para-formaldehyde sind durch Eindampfen der Formaldehydlösung erhältlich und als Dihydrate nur durch die Verschiedenheit ihrer Kettenlänge unterschieden: die Para-formaldehyde haben einen Polymerisationsgrad 10–50, die α-Poly-oxymethylene (mit Schmp. 130, 140, 150⁰) dagegen etwa 100. Ganz andere Polymere entstehen bei der Polymerisation des flüssigen Formaldehyds: es bilden sich zähe, glasartige Produkte, Eu-poly-

oxymethylene, vom Polymerisationsgrad etwa 1000, die beim Erwärmen elastisch werden. Ihre Bildung durch eine Kettenreaktion wird dadurch gedeutet, „daß ein aktiviertes Molekül andere Moleküle anlagert und so ein Faden-Molekül mit angeregter Endgruppe entsteht".
....„Die Eu-poly-oxymethylene sind also sehr hochmolekulare Polyoxymethylen-Dihydrate" [H. Staudinger, B. 66, 1865 (1933); s. a. Z. angew. Chem. 49, 810 (1936)].

M. Trautz und E. Ufer [J. pr. Ch. (2) 113, 105 (1926)] haben die Darstellung, die Existenzgrenzen und die Polymerisationsreaktion des besonders gereinigten monomeren Formaldehyds untersucht; sehr trockener Formaldehyd polymerisiert sich sehr langsam, dagegen beschleunigen geringe Mengen Wasser (Wasserhäute auf Glasoberflächen) die Geschwindigkeit der Polymerisation außerordentlich. [Vgl. auch A. Rieche und R. Meister, B. 68, 1468 (1935).] K. Hess und Mitarbeiter [B. 67, 174, 610 (1934)] unterziehen die Polymerisations- und Depolymerisationsvorgänge in wässerigen Formaldehydlösungen einer messenden Untersuchung unter Berücksichtigung des Einflusses von Konzentration, Temperatur, Wasserstoff- und Hydroxylionen usw. [Vgl. auch Staudinger, B. 64, 398 (1931); 67, 475 (1934).] Von J. Löbering [B. 69, 1844 (1935)] ist die Kinetik der Reaktionen polymerer Aldehyde, im besonderen des Paraformaldehyds, einer Untersuchung unterworfen worden.

Als ein anderes Objekt für die Prüfung seiner Grundsätze benutzt H. Staudinger die Polymerisation des Styrols. Hier waren von H. Stobbe [teils gemeinsam mit Posnjak, A. 371, 265 (1909); 409, 1 (1915); B. 47, 2702 (1914)] wertvolle Untersuchungen über die Gleichgewichtseinstellung und Wirkung von Wärme, Licht usw., sowie über die Viskositätsänderungen, Molekulargewichte von gepulvertem Metastyrol u. a. vorausgegangen. Als im Jahre 1920 H. Staudinger an dieses Problem herantritt, stellt er für dieses polymere Metastyrol die folgende Kettenformel auf:

$$C_6H_5 \qquad C_6H_5 \qquad C_6H_5 \qquad C_6H_5 \qquad C_6H_5$$
$$.... \overset{|}{C}H \cdot CH_2 \cdot \overset{|}{C}H \cdot CH_2 \cdot \overset{|}{C}H \cdot CH_2 \cdot \overset{|}{C}H \cdot CH_2 \cdot \overset{|}{C}H \cdot CH_2 ....$$

[B. 53, 1082 (1920)]. Darauf folgen (gemeinsam mit Wehrli und Brunner, B. 59, 3019—3043 (1926)] die Untersuchungen über die Abstufung des Polymeriegrades und die Darstellung verschiedener Polystyrole, in Abhängigkeit von der Temperatur, von Katalysatoren (z. B. Zinntetrachlorid), und es wird an Stelle der vorigen Formel mit endständigen dreiwertigen C-Atomen auch ein Ringschluß als möglich angenommen, infolgedessen Gemische von 40—200gliedrigen Ringen vorliegen könnten:

$$C_6H_5 \qquad \begin{bmatrix} C_6H_5 \\ CH \cdot CH_2 \end{bmatrix}_x \quad C_6H_5$$
$$CH—CH_2 \qquad \qquad CH \cdot CH_2 \cdot$$

Die Reduktion der hemikolloiden Polystyrole (kryosk. in Benzol, M = 1800 bis 4500) gelingt erst bei höherer Temperatur (t = 200⁰ mit Nickel in Dekalin) und führt zu Hexahydro-polystyrolen $(C_8H_{14})_x$, deren Molekulargewichte (kryosk. in Benzol) praktisch denjenigen der Ausgangsprodukte entsprechen. Es gelingt also, mit diesen Polystyrolen „chemische Umsetzungen derart vorzunehmen, daß die Molekülgröße erhalten bleibt", damit „ist ein sicherer Beweis dafü. gegeben, daß die Hemikolloide als Moleküle in Lösung gehen, und daß an diesen Molekülen in Lösung Umsetzungen vorgenommen werden können wie bei den niedermolekularen Substanzen" [Staudinger und V. Wiedersheim, B. 62, 2406 (1929)].

Die Polystyrole dienen als Modell für die Polymerisationsvorgänge beim Kautschuk [H. Staudinger, M. Brunner, K. Frey, P. Garbsch, R. Signer und S. Wehrli, B. 62, 241, 2909, 2912; gemeinsam mit H. Machemer, 2921; mit W. Heuer, 2933 (1929)]. Es werden die verschiedenen Polymerieprodukte, je nach der Darstellungstemperatur (zwischen 15⁰ bis 240⁰) einzeln auf ihre chemischen und physikalischen Eigenschaften untersucht und diese in Zusammenhang gebracht mit dem Durchschnittspolymeriegrad, bzw. -molekulargewicht. Die bis 15⁰ entstandenen Eukolloide haben ein Durchschnittsmolekulargewicht etwa 100000 und weisen die höchste Viskosität auf, während die bei 240⁰ erhaltenen Hemikolloide ein Molekulargewicht um 3500 und eine geringe Viskosität besitzen. Für die relativ beständigen Hemikolloide wird eine Absättigung der Endvalenzen (3-wert. C-Atom) durch Ringschluß angenommen [B. 62, 254 (1929)]:

$$
\begin{array}{l}
CH(C_6H_5)-CH_2 \left[CH(C_6H_5)-CH_2 \right]_x CH(C_6H_5)-CH_2 \\
CH_2-CH(C_6H_5) \left[CH(C_6H_5)-CH_2 \right]_x CH_2 \quad\underline{} CH(C_6H_5)
\end{array} .
$$

Das eukolloide Polystyrol hat nicht einen besonderen Bau, sondern besitzt „dieselbe Konstitution wie die Moleküle der Hemikolloide", es wird angenommen, „daß sie (die Moleküle des Eukolloids) also sehr hochgliedrige Ringe darstellen und daß diese Moleküle mit Doppelfäden zu vergleichen sind" (Zit. S. 2914). Beachtet man die Molekülgrößen (M = 100000) der Eukolloide, so ergibt sich folgendes: „Das eukolloide Polystyrol, bei dem 1000 Styrol-Moleküle durch normale Kovalenzen gebunden sind, ist danach ein außerordentlich vielgliedriger Ring. Diese Ringe lagern sich durch Zug parallel, so wie es Gummiringe tun, mit denen man diese Ringe vergleichen könnte. Dadurch tritt die Ausbildung eines Kristallgitters ein, wie von E. A. Hauser (Kautschuk 1927, 526) nachgewiesen wurde" (Zit. S. 255). In weiteren Untersuchungen zeigen H. Staudinger und W. Heuer [B. 67, 1159, 1164 (1934)] den mechanischen Abbau hochpolymerer Polystyrole (vom Molekulargewicht M ∼ 600000, bzw. 470000) durch

Mahlen in Kugelmühlen (wobei das Molekulargewicht auf M ∼ 10000 sich erniedrigt), sowie durch turbulente Strömung in Tetralinlösung. Bei 30⁰ läßt sich ein Polystyrol-Latex vom Molekulargewicht = 750000 herstellen [Staudinger und E. Husemann, B. 68, 1694 (1935)]. R. Signer [Kolloid-Zeitschr. 70, 24 (1935)] hat für Polystyrol ultrazentrifugal ein Molekulargewicht bis zu 1100000 ermittelt; die M-Werte sind proportional der spezifischen Viskosität nach Staudinger, jedoch größer als nach dem Viskositätsgesetz (s. S. 60) zu erwarten wäre. J. Risi und D. Gauvin (C. 1936 II, 284) legen dem Polystyrol die nachstehende Kettenformel bei:

$$C_6H_5 \cdot CH_2 - CH_2 \left[\begin{array}{c} C_6H_5 \\ | \\ CH - CH_2 \end{array} \right]_x \begin{array}{c} C_6H_5 \\ | \\ C - CH_2 \\ | \\ CH_2 - CH \cdot C_6H_5 \end{array}$$

Theoretisch und präparativ durch Erschließung neuer Polymerisationstypen hat sich auch seit 1929 W. H. Carothers (mit Mitarbeitern) erfolgreich betätigt. W. H. Carothers [I. Mitteil. Am. 51, 2548, 2560 (1929)] unterscheidet die Additionspolymeren von den Kondensationspolymeren: Die ersteren werden durch Wärme in die Monomeren zurückverwandelt, während bei den letzteren die polymeren Moleküle durch Hydrolyse (oder einen ihr ähnlichen Vorgang) in die Monomeren übergeführt werden können, die sich von den strukturellen Einheiten durch ein H_2O-Molekül (oder dgl.) unterscheiden, oder die polymeren Moleküle werden durch polyintermolekulare Kondensation gebildet. An zweibasischen Säuren lieferte Carothers [in den Mitteil. I—X, Am. 51 und 52 (1929/30)] Beispiele für Polyester (mit M = 800 bis 5000). Mit J. W. Hill [Mitteil. XI—XV, Am. 52—54 (1932)] wurden dann die Ester zweibasischer Säuren mit Glykolen zu linearen „Super-polyestern" kondensiert (M-Werte wurden bis auf etwa 20000 gesteigert); Polyamide, Poly- bzw. „Super-polyanhydride" (mit M-Werten bis zu 30000), gemischte Polyester-polyamide wurden dargestellt und auf ihre Strukturen röntgenographisch untersucht. Folgende Analogien in der Konstitution wurden hervorgehoben:

Cellulose

$$\cdots \langle \begin{array}{c} O- \\ \end{array} \rangle - O - \langle \begin{array}{c} O- \\ \end{array} \rangle - O - \langle \begin{array}{c} O- \\ \end{array} \rangle - O - \langle \begin{array}{c} O- \\ \end{array} \rangle - O - \langle \begin{array}{c} O- \\ \end{array} \rangle - O -$$

Seide (Polyamid)

$$\cdots -NH-R-CO-NHR'-CO-NH-R-CO-NH-R'-CO-\cdots$$

Polyester (von Oxysäuren)

$$\cdots -O-R-CO-O-R-CO-O-R-CO-O-R-CO-O-R-CO-\cdots$$

Polyester (zweibas. Säure + Glykol)

$$\cdots -O-R-O-CO-R'-CO-O-R-O-CO-R'-CO-\cdots$$

Polyester-polyamid

$$\cdots-O-R-CO-NH-R'-CO-NH-R'-CO-O-R-CO-\cdots$$

Polyanhydride

$$\cdots O-CO-R-CO-O-CO-R-CO-O-CO-R-CO-\cdots$$

Polymere Carbonsäure-anhydride der alkylierten Malonsäuren wurden schon 1906 von A. Einhorn [B. **39**, 1222 (1906); A. **359**, 145 (1908)] erhalten, dann von H. Staudinger und E. Ott [B. **41**, 2208 (1908)] auf einem andern Wege gewonnen; H. Staudinger [B. **58**, 1076 (1925)] gab den unlöslichen Polymerisaten die folgende Ketten-formulierung, z. B.:

$$x \begin{array}{c} CH_3 \\ CH_3 \end{array}\!\!>\!\!C\!\!<\!\!\begin{array}{c} C \\ C \end{array}\!\!>\!\!O \rightarrow \begin{array}{c} (CH_3)_2C-CO \\ \cdots CO\ O \end{array} \left[\begin{array}{c} (CH_3)_2C-CO \\ CO\ O \end{array}\right]_{x-2} \begin{array}{c} (CH_3)_2C-CO \\ CO\ O \cdots \end{array}$$

W. H. Carothers und F. J. van Natta [XVIII. Mitteil. Am. **55**, 4714 (1933)] untersuchten auch Poly-oxydecansäuren. Rog. Adams hatte (1926) einen Weg zur Darstellung von aliphatischen ω-Oxysäuren gewiesen [Lycan und Adams, Am. **51**, 625, 3450 (1929)], z. B. der ω-Oxydecansäure (Schmp. 75—76^0):

$$CH_2\!=\!CH(CH_2)_8\cdot COOCH_3 \xrightarrow{Ozon} CHO(CH_2)_8\cdot COOCH_3 \xrightarrow{H_2}$$
$$CH_2OH(CH_2)_8\cdot COOCH_3 \rightarrow CH_2OH(CH_2)_8COOH.$$

Durch Erhitzen der Säure im Schmelzfluß oder in höhersiedenden Kohlenwasserstoffen oder durch Katalyse mittels p-Toluolsulfosäure wird eine intermolekulare Veresterung dieser Säure unter Bildung von Ketten-Polymeren (mit dem titrimetrisch bestimmten mittleren Molekulargewicht M etwa 2800) herbeigeführt, die durch Kristallisation in Fraktionen mit M = 1000 bis 9000 zerlegt und durch alkoholisches Kalihydrat zurück in die Originalsäure verwandelt werden können. Nach derselben Reaktion wurde auch die ω-Oxydodecansäure $CH_2OH(CH_2)_{10}\cdot COOH$ (Schmp. 83—84^0) synthetisch erhalten, sie erwies sich als identisch mit der Sabininsäure (= Oxylaurinsäure) von Bougault und Bordier [C. r. **147**, 1311 (1908); Bougault und Cattelain, C. r. **186**, 1746 (1928)], die aus Coniferenharz und Tannennadeln als „Estolid" gewonnen worden war. Bougault bezeichnete als „Estolide" die polymeren Verkettungsprodukte der Oxysäuren, die in ähnlicher Weise wie die Peptide durch Verkettung der Aminosäuren gebildet werden. Solche hochmolekularen ω-Oxysäuren wurden durch Verseifen der Ketone von L. Ruzicka und M. Stoll [Helv. **11**, 1159 (1928)], dann noch von Chuit und Hausser [Helv. **12**, 463 (1929)] dargestellt.

Carothers und van Natta [Am. **55**, 4714 (1933)] haben die Polymerisation der ω-Oxydecansäure durch andauerndes Erhitzen bei verschiedenen Temperaturen (und einem Druck von 1 mm) stufenweise bis auf etwa M = 25 200 gesteigert. Die Konstitutionsformel dieser Polymeren ist

$$\text{HO}-\underset{\text{L}}{\big[}-(\text{CH}_2)_9\cdot\text{CO}-\text{O}\underset{\text{Jn}}{\big]}(\text{CH}_2)_9\cdot\text{CO}-\text{OH}.$$

An diesen Polymerisaten werden (titrimetrisch) die Molekulargewichte M = 780 aufsteigend bis 9330 bis 25 200 ermittelt, die Kettenlänge wird für das entsprechende Molekül zu 60, bzw. 730 bzw. 1970 Å berechnet und es wird — in Bestätigung des schon von H. Staudinger seit 1929 gefundenen Zusammenhanges — die Abhängigkeit der physikalischen Eigenschaften von der Kettenlänge festgestellt: Die Fähigkeit zur Bildung starker, hochorientierter Fäden tritt erst bei einem Molekulargewicht über 9330 und einer molaren Kettenlänge zwischen 700 bis 1300 Å auf. Bei der Verseifung dieser Hochmolekularen wird quantitativ die monomere Säure regeneriert.

E. O. Kraemer und W. D. Lansing [Am. 55, 4319 (1933)] haben nun das Molekulargewicht des Höchstmolekularen auch nach der Ultrazentrifuge-Methode bestimmt:

M gef. titrimetrisch im Mittel 25 200, durch Ultrazentrifuge M gef. = 26 700.

Viskositätsmessungen dieser Polymerisate in Tetrachloräthan wurden von Kraemer und van Natta [J. physic. Ch. 36, 3186 (1932)] ausgeführt; von M = 9330 bis 25 200 entsprachen sie den Forderungen des „Viskositätsgesetzes" (H. Staudinger, B. 67, 97 (1934)].

Es sei erwähnt, daß die von M. Kerschbaum [B. 60, 902 (1927)] aus dem Moschuskörner-Öl gewonnene ungesättigte „Ambrettolsäure" HO·CH$_2$[CH$_2$]$_7$·CH:CH·(CH$_2$)$_5$·COOH beim Stehen „in eine zähe, gallertartige Masse" übergeht, sowie daß sie durch katalytische Hydrierung die Dihydro-ambrettolsäure [Hexadecanol-(16)-säure-(1)] bildet, welche als identisch mit J. Bougaults (aus Coniferen isolierter) Juniperinsäure (Schmp. 95⁰) = 16-Oxyhexadecansäure (= Oxypalmitinsäure) erwiesen wurde.

Carothers [XXVI. Mitteil. Am. 57, 935 (1935)] zählt zu diesen „Polykondensationen" auch die Bakelite und andere Kunststoffe, zum Teil auch hochmolekulare Naturstoffe (Proteine, Polysaccharide) u. a. S. Bezzi, L. Riccoboni und C. Sullam [R. Accad. Ital., cl. fis. etc. 8, 127 (1937)] folgern aus dem Studium der Polymerisate der Milchsäureanhydride auf die Bildung von Polymerisation nur durch Veresterung oder Verseifung.

Entgegen den kettenförmigen Polymerisaten werden die dem Typus der polymeren Peroxyde angehörenden als ringförmige Gebilde aufgefaßt (mit 6, bzw. 7 oder 8 oder 9 oder 10 bzw. 12 Ringen). Bereits 1895 hatte R. Wolffenstein [B. 28, 2265 (1895)] ein trimeres Acetonperoxyd I dargestellt, während A. Baeyer und V. Villiger [B. 33, 858 (1900)] daneben noch ein dimeres II erhielten:

$$
\begin{array}{ccc}
& CH_3\ CH_3 & \\
& \diagdown C \diagdown & \\
O & & O \\
O & & O \\
CH_3\cdot C{-}O\cdot O{-}C\diagdown_{CH_3}^{CH_3} & & \\
\underset{CH_3}{} \quad I & &
\end{array}
$$

$$
CH_3\diagdown_{CH_3}C\diagup_{O-O}^{O-O}\diagdown C_{CH_3}^{CH_3} \qquad II
$$

$$
\begin{array}{c}
CH_3 \\
CH \\
O \qquad O \\
O \quad III \quad O \\
CH \\
CH_3
\end{array}
$$

Darauf folgte ein bimeres Äthylidenperoxyd III [H. Wieland und Wingler, A. **431**, 315 (1923)], dem A. Rieche und R. Meister [B. **64**, 2335 (1931)] ein 4- bis 8-fach polymerisiertes anschlossen (IV). Auch die Peroxyde des Formaldehyds geben nach A. Rieche und R. Meister [B. **66**, 718 (1933); **68**, 1469 (1935)] Polymerisate, z. B. Pertrioxymethylen (V) und Tetraoxymethylen-diperoxyd (VI):

$$
\begin{array}{c}
H \qquad\qquad H \\
CH_3\cdot C{-}O{-}O{-}C{-}CH_3 \\
O \qquad\quad IV \qquad O \\
O \qquad\qquad\qquad O \\
C{-}O{-}O{-}C\diagdown_{H}^{CH_3} \\
\underset{y}{H_3C\ \ H}
\end{array}
$$

$$
\begin{array}{c}
O{-}O \\
H_2C \qquad CH_2 \\
\qquad V \\
O \qquad O \\
CH_2
\end{array}
$$

$$
\begin{array}{c}
H_2C{-}O{-}O{-}CH_2 \\
O\diagdown \qquad VI \qquad \diagup O \\
C{-}O{-}O{-}CH_2 \\
H_2
\end{array}
$$

Während diese Polymerisate (durch Addition von Wasserstoffperoxyd dargestellt) in Benzol löslich sind, zeigen die durch Autoxydation entstandenen Peroxyde des asymm. Diphenyl-äthylens VII [Staudinger, B. **58**, 1075 (1925)], sowie der Ketene [Staudinger und Mitarbeiter, B. **58**, 1079 u. f. (1925)] das Verhalten hochpolymerer unlöslicher Verbindungen (s. auch S. 137), z. B.:

$$(C_6H_5)_2C\!:\!CH_2 + O_2 \rightarrow (C_6H_5)_2C{-}CH_2 \rightarrow$$
$$O{-}O$$

$$\rightarrow (C_6H_5)C{-}CH_2\big[(C_6H_5)_2C{-}CH_2\big](C_6H_5)_2C{-}CH_2$$
$$\ldots O\ \ O\!\underset{L}{-\!\!-\!\!-}\!O\ \ O\!\underset{x}{-\!\!-\!\!-}\!O\ \ O\ldots$$
$$VII$$

Die Untersuchungen über den **Mechanismus der Polymerisation** bzw. der Kettenpolymerisationen haben gerade in den letzten Jahren einen breiten Raum erobert. Ein Bild von der Vielseitigkeit des Problems vermitteln die Diskussionen in der Faraday Soc. vom Jahre 1936 (vgl. Transact. **32**). Einen Überblick liefert die Zusammenfassung von G. V. Schulz und E. Husemann [Z. angew. Chem. **50**, 767 (1937)]. Ausführliche Beiträge lieferten: K. Ziegler [vgl. B. **61**, 253 (1928); **67** (A) 139 (1934); Lenkung durch Temperatur, A. **542**, 90 (1939)]; G. V. Schulz [Z. physik. Chem. (A) **176**, 335 (1936); (B) **44**, 227 (1939)]; H. Dostal und H. Mark [Z. physik. Chem. (B)

29, 299 (1935); Z. angew. Chem. 50, 348 (1937)]; P. J. Flory [Am. 59, 241, 466 (1937)]; H. J. Waterman [Rec. Trav. chim. Payr.-B. 56, 59 (1937)]; J. Löbering [B. 69, 1844 (1936) u. f.; Kolloid-Beihefte 50, 235 (1939)]; G. Salomon [B. 66, 335 (1933); Z. angew. Chem. 49, 65 (1936)]. Über Polystyrole: J. Risi und D. Gauvin (C. 1937 I, 3461), J. W. Breitenbach [Österr. Chem.-Zeit. 42, 232 (1939)]; über Äthylenderivate: O. Schmitz-Dumont und H. Diebold [B. 70, 175, 2189 (1937), 71, 205 (1938)], G. G. Joris und J. C. Jungers [Bull. soc. chim. Belg. 47, 135 (1938)]; über Cyclopentadien: G. B. Kistjakovsky und Mears [Am. 58, 1060 (1936)]; über Methylmethacrylat: H. W. Melville [Proc. R. Soc. (A) 163, 511 (1937)], D. E. Strain [Ind. Engng. Chem. 30, 345 (1938)]. Die reversible Polymerisation zwischen Farbstoffmolekülen in Lösung hat G. Scheibe [Z. angew. Chem. 52, 636 (1939)] behandelt, während O. Diels und H. Preiss [A. 543, 94 (1940] die Wirkung des Pyridins bei Polymerisationsvorgängen erforschten; K. Alder und G. Stein haben im Verfolg ihrer Untersuchungen über die Polymerisation cyclischer Kohlenwasserstoffe die Stereochemie der Cyclopentadienpolymerisation behandelt [VI. Mitteil., A. 504, 216 (1933)]. „Hydropolymerisation" nennen W. Ipatieff und W. Komarewsky [Am. 59, 720 (1937)] die gleichzeitige Hydrierung und Polymerisation von Olefinen bei der Behandlung mit Wasserstoff in Gegenwart von Hydrierungskatalysatoren (z. B. reduz. Eisen) und Polymerisationsmitteln (z. B. $ZnCl_2$, $AlCl_3$). Eine dreidimensionale Polymerisation nehmen H. Staudinger und W. Heuer [B. 67, 1166 (1934)] bei dem Übergang von den fadenförmigen unbegrenzt quellbaren löslichen Poly-Styrolen in die ganz unlöslichen, kaum quellbaren Produkte an. Misch-polymerisate mit Ketten verschiedenen Polymerisationsgrades, z. B. von Styrol je nach der Menge des zugesetzten Divinylbenzols, haben H. Staudinger und E. Husemann [B. 68, 1618 (1935); Z. angew. Chem. 49, 811 (1936)] untersucht; besonders bemerkenswert ist die Tatsache, daß bereits 0.002 % p-Divinyl-benzol genügen, um Styrol bei 80⁰ aus der löslichen Poly-form in ein unlösliches Poly-styrol umzuwandeln (Zit. S. 1623): Dieses Ergebnis kann als Modellversuch für die Deutung der gewaltigen Wirkungen geringster Substanzmengen (z. B. der Hormone, Vitamine) im biologischen Geschehen des lebenden Organismus, dieser typischen Werkstatt hochmolekularer Stoffe dienen. „Hier weiter vorzudringen. den Auf- und Abbau dieser Makromoleküle kennenzulernen, um ihre Umsetzungen zu verstehen und daraus neue wissenschaftliche Erkenntnis und technische Möglichkeiten zu gewinnen — dies ist die gewaltige Aufgabe der makromolekularen Chemie, dieses jüngsten Zweiges der heutigen organischen Chemie" [H. Staudinger, Z. angew. Chem. 49, 813 (1936)].

Die technische Auswertung der Polymerisationsvorgänge und die wirtschaftliche Bedeutung der Polymerisate bilden ein spezifisches Kennzeichen der Wegrichtung, die insbesondere die letzten Jahrzehnte der chemisch-organischen Industrie bestimmt hat: es ist die nach Umfang und Mannigfaltigkeit bewundernswerte Chemie der Kunststoffe [vgl. G. Kränzlein, Z. angew. Chem. 49, 917 (1936); G. Kränzlein und R. Lepsius, Kunststoff-Wegweiser, 2. Aufl 1938; K. Mienes, Z. angew. Chem. 51, 673 (1938)]. Erkenntnistheoretisch ist es äußerst lehrreich, beim Rückblick auf die kurz geschilderte wissenschaftliche Entwicklung der Polymerieprobleme sich der Rolle zu erinnern, die gerade die Technik bei diesem theoretischen Ausbau im XX. Jahrhundert gespielt hat. Gerade die von der reinen Chemie gemiedenen harzartigen, klebrigen, unlöslichen und schwerlöslichen und nichtkristallisierenden Stoffe und Erhitzungsrückstände wurden in der Technik wegen dieser Eigenschaften zu gesuchten und wertvollen Ausgangsstoffen! Und in dem Maße, als die angewandte Chemie die praktische Nutzbarmachung dieser Produkte lehrte und die Technik ihre Großerzeugung und Einfügung in die Wirtschaft bewerkstelligte, nahm auch die reine und theoretische Chemie die Erforschung der Entstehung, des Aufbaus und der Veredlung derselben auf. Der erste dieser technischen Kunststoffe wurde synthetisiert in Deutschland aus Milchcasein und Formaldehyd, es war der Galalith als „Kunsthorn" (A. Schmidt; Krische und Spitteler, 1897). Über Kautschuk: vgl. VI. Abschnitt.

Neuntes Kapitel.

Freie Radikale.

> „... Der Zufall wird uns schon einmal Auswege in
> die Hände führen, manche zusammengesetzte Radikale
> zu reduzieren und zu isolieren." J. J. Berzelius, 1839.
> „Radicaux — êtres imaginaires."
>
> M. Berthelot (1860).

Der jahrzentelange Gebrauch und Erfolg der Lehre vom vierwertigen Kohlenstoffatom hatte dieselbe mit einem solchen Maß von Sicherheit umgeben, daß ein Zweifel unzulässig erschien und eine gewisse Erstarrung zu einer Art Dogma unvermeidlich war. Tatsächlich geschah es auch so, wie Berzelius es vorausgeschaut hatte — ein Zufall, und es konnte nur ein solcher sein, der ungesucht und entgegen aller Theorie, das erste freie Radikal Triphenylmethyl $(C_6H_5)_3C$ mit dreiwertigem Kohlenstoff dem Chemiker in die Hände spielte und seitdem die „etres imaginaires", die chemischen Gespenster zu „materialisierten" chemischen Verbindungen gewandelt hat. Wenn gegenwärtig zur Bestandaufnahme unserer Kenntnisse von

den freien Radikalen schon umfangreiche Monographien[1]) erforderlich
sind, so läßt sich voraussehen, daß ein weiteres experimentelles und
theoretisches (nach den Denkmitteln der modernen Physik orientiertes)
Studium noch neue Überraschungen, neue Tatsachen und neue Beziehungen erschließen wird. Neben den langlebigen und isolierbaren
freien Radikalen werden die kurzlebigen und als Zwischenstufen bei
chemischen Vorgängen auftretenden Radikale eine erhöhte Beachtung
finden und hier wird vielleicht Biochemie und biologisches Geschehen dem Auftreten und synthetischen Wirken der Radikale eine
neue Problematik zuweisen [2]).

Bezeichnung und Begriff „Radikal" werden in die Chemie durch
Lavoisier eingeführt; in seinem berühmten Traité élémentaire de
chimie (1789) nennt er z. B. den Wasserstoff das „radical de l'eau",
den Stickstoff „le radical nitrique", in der Salzsäure die unbekannte
„base muriatique" oder „radical muriatique" usw., dann werden
noch organische Radikale der Wein-, Äpfel-, Ameisensäure usw.
genannt, die allerdings „nur in Verbindung mit dem Sauerstoff bekannt"
sind. Berzelius (1831) übernimmt den Begriff und definiert ihn:
„Radikal — der brennbare Körper, der in einem Oxyd mit Sauerstoff
verbunden ist". Im Jahre 1832 erscheint die klassische Untersuchung
von Wöhler und Liebig „über das Radikal der Benzoesäure", es ist
der „für sich noch nicht dargestellte" Benzoylrest C_6H_5CO, um den
sich· verschiedene Verbindungen gruppieren und den die Verfasser
„als einen zusammengesetzten Grundstoff" annehmen. Der
Sinn des „Radikals" ist augenscheinlich verwandt mit demjenigen der
Elemente oder „Grundstoffe", die teils als frei (bzw. mit dem „Wärme-
stoff" verbunden), teils hypothetisch als existierend gedacht, bzw.
bei den chemischen Vorgängen hypostasiert werden. So nannte
R. Bunsen (1842) sein freies Kakodyl „ein wahres organisches Element", und A. W. Hofmann (1851) bezeichnete das Tetraäthyl-
ammoniumradikal in dem Salz $N(C_2H_5)_4 \cdot J$ „in jeder Beziehung ein
organisches Metall". Als solche „zusammengesetzte Grundstoffe"

[1]) Literatur:
H. Wieland: Die Hydrazine. Stuttgart 1913.
J. Schmidlin: Das Triphenylmethyl. Stuttgart 1914.
P. Walden: Chemie der freien Radikale. Leipzig 1924.
P. Walden: Radicaux libres et corps non saturés. Institut Solvay (Chimie) 1928,
S. 431—532.
Ferner: A general discussion on Free Radicals. Trans. Faraday Soc. 30, 3—248. 1934.
W. Hückel: Theoretische Grundlagen der organischen Chemie. I. Band (II. Aufl.),
S. 111—133. 1934.
L. Anschütz in Richter-Anschütz: Chemie der Kohlenstoffverbindungen II[2],
S. 767—839. 1935.
F. O. Rice und K. K. Rice: The aliphatic Free Radicals. London 1935.
[2]) Vgl. P. Walden: Radicaux usw., S. 437 (1928); F. Haber u. R. Willstätter:
B. 64, 2844 (1931); R. Kuhn u. Th. Wagner-Jauregg: B. 67, 362 (1934) und 70,
753 (1937); Eug. Müller: Z. angew. Chem. 51, 662 (1938).

treten die Radikale (nach Lavoisiers Vorgang) insbesondere in den organischen Verbindungen auf, und folgerichtig kennzeichet J. Liebig (1843) die organische Chemie als die „Chemie der zusammengesetzten Radikale".

In der Folgezeit hat sich der Radikal-Begriff als ein wertvolles Hilfsmittel bei der langsam sich entwickelnden chemischen Konstitutionsforschung bewährt, und bei der Systematisierung der immer stärker zunehmenden Zahl und Art der chemischen Stoffe hat er als ein anschauliches und einprägsames Prinzip Dienste geleistet. Zwangsläufig entsteht die Frage nach der Existenz und Isolierbarkeit auch der organischen Radikale: Die Prüfung dieser Frage nimmt H. Kolbe (1848), dann E. Frankland (1849, 1850) auf, indem der letztere aus Jodalkylen durch Zinkmetall (in luftfreien zugeschmolzenen Röhren) die freien Radikale isoliert zu haben vermeint. Schorlemmer (1864) führt dann den Nachweis, daß nicht die freien Radikale, sondern deren dimere Produkte (Dimethyl, Di-äthyl usw.) entstehen. Damit gelangt dieses Problem in der organischen Chemie vorläufig zum Abschluß. Inzwischen vollzog sich — von seiten der physikalischen Chemie her, durch die elektrolytische Dissoziationstheorie von Sv. Arrhenius (1887) — eine grundlegende gedankliche Umwälzung. Die Lehre von den freien Ionen, in welche z. B. die so stabilen Moleküle des Chlornatriums beim bloßen Auflösen in Wasser zerfallen, mußte allmählich auch auf die Denkweise in der organischen Chemie übergreifen und die herrschenden Vorstellungen über die Festigkeit der chemischen Bindungen und über die konstante Vierwertigkeit des Kohlenstoffatoms erschüttern. In das letzte Jahrzehnt des vorigen Jahrhunderts fallen tatsächlich die ersten zielgerichteter Angriffe gegen diese zum Dogma gewordenen Ansichten; seit 1892 ist es insbesondere J. U. Nef, der auch die Vorgänge zwischen organischen Stoffen auf vorausgehende Dissoziationen ihrer Moleküle zurückzuführen und die Existenz von Radikalen mit zweiwertigem Kohlenstoff nachzuweisen sich bemüht. Und beachtet man noch, daß mit der Entdeckung des Radiums (1898) und des freiwilligen Zerfalls dieses elementaren Körpers die Dissoziationstendenz sogar in dem Reiche der Elemente und Atome als vorhanden erkannt worden war, so wird man es verstehen, daß die Entdeckung des ersten freien Radikals Triphenylmethyl $(C_6H_5)_3 \cdot C$— mit dreiwertigem Kohlenstoff (M. Gomberg, 1900) in der Gedankenwelt der Chemiker nicht einen stürmischen Abwehrkampf, sondern eine behutsame Nachprüfung und Erweiterung auslöste.

Zweiwertiger Kohlenstoff;
Methylen CH_2 und Methylenderivate.

Die ersten und vergeblichen Versuche zur Darstellung des freien Methylens CH_2, nach der Reaktion: CH_2J_2 + Metall, hatte bereits A. Butlerow (1859 u. f.) durchgeführt und nur Äthylen $CH_2 \cdot CH_2$

erhalten. Es ist erkenntnistheoretisch bemerkenswert, daß der einfache Typus des Cyanwasserstoffs HCN den Ausgangspunkt für die Forschungen über den zweiwertigen Kohlenstoff gegeben hat, sowie daß er schon den ersten Darstellern der reinen Blausäure (F. v. Ittner, 1809; Gay-Lussac, 1816 u. f.) das typische Beispiel einer freiwilligen Polymerisation dargeboten hatte. Die Entdeckung des Äthylcarbylamins durch A. Gautier (1867) hatte diesen Forscher veranlaßt, die Formel C:N·C$_2$H$_5$ mit dem zweiwertigen C-Atom aufzustellen (1868), dagegen für die Blausäure (und Nitrile) die Formel H·C:N (Nitril der Ameisensäure) als wahrscheinlich anzusehen. An den Cyanwasserstoff, die Nitrile und Isonitrile knüpfte nun wieder J. U. Nef an [A. 270, 267 (1892)], als er den experimentellen Beweis für die Existenz des zweiwertigen Kohlenstoffs zu erbringen begann; er bestätigte die Isonitrilformel R·N:C und die Konstitution der Knallsäure C:N·OH (bzw. der Derivate derselben) und suchte auch für die Blausäure (und deren Salze) die Isonitrilformel zu beweisen (1895). Für die Polymerisation (Trimerisation) der Blausäure und Knallsäure hat dann H. Wieland [B. 42, 1346 (1909)] ein gleichsinniges Reaktionsschema mit zweiwertigem Kohlenstoff gegeben, als „Beweis für die Zusammengehörigkeit von Blausäure und Knallsäure", ... „die in der geschilderten Form der ‚Methylen-Polymerisation‘ als echte Methylenderivate allein dastehen". Die Klärung der Frage nach der Konstitutionsformel der Blausäure, und zwar zugunsten der Nitrilform H·C:N erfolgte erst durch eine allseitige physikalisch-chemische Untersuchung des flüssigen und gasförmigen Cyanwasserstoffs: aus der Molekularrefraktion (J. W. Brühl, 1895; K. H. Meyer und Hepff, 1921), aus der Dipolassoziation (G. Bredig, L. Ebert, 1925), aus dem Raman-Spektrum (A. Dadieu, 1931), aus der Lichtabsorption (L. Reichel und O. Strasser, 1931) hat sich übereinstimmend ergeben, daß „von der Iso-Form höchstens wenige Prozente" beigemengt sein können; auf ein Gleichgewicht von Isomeren hatte schon 1876 A. Butlerow hingewiesen.

Isonitrilgruppe. Die Struktur der Isonitrilgruppe rief noch eine gesonderte Bearbeitung hervor. Nach Nef (s. o.) sollte sie sein R—N=C, während Langmuir die koordinierte Struktur R—N≥C vorgeschlagen hatte [Am. 41, 1543 (1919)]. Hammick, New, Sidgwick und Sutton (Soc. 1930, 1876; s. a. 1932, 1415) zeigten nun durch Parachor- und Dipolmoment-Bestimmungen, daß die Langmuirsche Formulierung am besten den Messungen entspricht. Ebenso sprachen die Raman-Spektren [A. Dadieu, Monatsh. 57, 431 (1931); Z. angew. Ch. 49, 347 (1936)] eindeutig zugunsten der Formel I mit dreifacher Bindung (ähnlich wie im Kohlenoxyd C≙O und in den Acetylenverbindungen — C≡C —) und gegen die Formeln II und III:

$$R—N \equiv C \qquad R—N=C \qquad R—N \equiv C.$$
$$I \qquad\qquad II \qquad\qquad III$$

Aus der Wellenmechanik haben L. Pauling (1931) und F. Hund (1931) ebenfalls für die Isonitrile und das Kohlenoxyd eine dreifache Kohlenstoff-Bindung als möglich abgeleitet (s. S. 407).

Bei seinen ausgedehnten Untersuchungen gegen die konstante Vierwertigkeit und für die Zweiwertigkeit (bzw. Dreiwertigkeit) des Kohlenstoffs hatte J. U. Nef angenommen, daß in allen Reaktionen, wo eine Dissoziation von primären und sekundären Alkyl- und Aryl-haloiden bzw. Alkoholen stattfindet, sie über die Alkylidene $\overset{R'}{\underset{R}{>}}C<$ und nicht über die Olefine verläuft — die Substitutionsreaktionen sind dann Additionsreaktionen an solchen zweiwertigen Kohlenstoff-radikalen; ein Molekül enthält (auch bei gewöhnlicher Temperatur) eine geringe Anzahl „aktiver Moleküle", z. B. Propylenoxyd

$$CH_3 \cdot CH \diagdown_{CH_2} > O \rightarrow CH_3 \cdot \overset{|}{CH} \cdot CH_2O- \rightarrow CH_3 \cdot \overset{O-}{\underset{II}{CH}} \cdot CH_2-,$$

das bei der Umlagerung (z. B. von I) Propionaldehyd $CH_3 \cdot CH_2 \cdot CHO$ bzw. (z. B. von II) Aceton $CH_3 \cdot CO \cdot CH_3$ bildet.

Es verdient hervorgehoben zu werden, daß diese umstürzleri-schen Hypothesen und Untersuchungen Nefs gerade in dem Organ der klassischen organischen Chemie [Liebigs Annalen, 270 (1892) bis 413 (1914)] veröffentlicht wurden, was wir wohl dahin deuten können, daß die derzeitigen theoretischen Grundlagen eine gewisse Notwendigkeit nach Lockerung des starren Valenzbegriffs und nach „Aktivierung" der chemischen Moleküle bei ihrer Wechselwirkung als zeitgemäß erscheinen ließen.

Nef schloß seine umfangreichen Untersuchungen über die „Chemie des Methylens" [A. 298, 202—374 (1897)] mit den Worten der Über-zeugung, „daß in der Chemie des Methylens eine zukünftige exakt wissenschaftliche Physiologie und Medizin und vielleicht eine Er-klärung der Lebensvorgänge sei", indem z. B. bei allen Oxydationen der kohlenstoffhaltigen Substanzen „eine primäre Dissoziation zu Methylen-derivaten conditio sine qua non ist"; er machte auch die Bildung des Phenylmethylens $C_6H_5 \cdot CH=$ als Zwischenprodukt wahrscheinlich.

Dann hat H. Staudinger [B. 44, 2194 (1911); 45, 501 (1912); 46, 1437 (1913)] umfangreiche „Versuche zur Darstellung von Methylen-derivaten" sowie „über Reaktionen des Methylens" mitgeteilt; durch thermische Zersetzung eines Gasgemisches von Diazomethan $CH_2:N \vdots N$ ($\rightarrow CH_2+N_2$) mit Kohlenoxyd CO konnte die Bildung von Keten $CH_2:CO$ ($\rightarrow CH_2 + CO = CH_2:CO$) nachgewiesen werden (Zit. S. 504); umgekehrt lieferten Ketene (z. B. Dimethyl- und Diphenyl-keten) beim Erhitzen primär Dimethyl-methylen und Diphenyl-methylen, die sich leicht umwandelten.

Das Problem des Auftretens von organischen Verbindungen des zweiwertigen Kohlenstoffs ist in letzter Zeit wiederbelebt worden. Experimentelle Beiträge wurden (seit 1926) von H. Scheibler [B. **59**, 1022 (1926 u. f.), X. Mitteil. **67**, 1514 (1934)] geliefert. Dann haben Schlenk und E. Bergmann [A. **463**, 228 (1928)] ein Tetraphenyl-

$$(C_6H_5)_2 = C—C—C = (C_6H_5)_2$$ allen-dinatrium $\underset{\overset{|}{Na}}{} \underset{\overset{|}{Na}}{}$ isoliert, bzw. ein freies sub-

stituiertes Methylen wahrscheinlich gemacht. Weiterhin versuchte E. Bergmann und Mitarbeiter [B. **62**, 893 (1929)] das Auftreten von freien substituierten Methylenen bei chemischen Reaktionen durch Abfangmittel, z. B. p-Nitrobenzaldehyd, darzutun.

A. Miolati und G. Semerano [C. **1937** II, 3589; **1938** II, 285; Z. f. Elektroch. **44**, 598 (1938), **45**, 226 (1939)] haben die Ansicht ausgesprochen und durch Versuche zu stützen versucht, daß labile Moleküle von der Art $CH \cdot COOH$ und $CH_2 \cdot COOH$ existieren, die durch Polymerisation zu mehrbasischen Säuren (z. B. zu Fumar-, Malein- und Aconitsäure) hinleiten, oder allgemein, daß niedrigere Valenzstufen: CH, CH_2, CH_3, C_2O, CO, C_2O_3, COH, CO_2H_2, CO_2H die Bausteine der komplizierteren Verbindungen sind. Allerdings haben Versuche von H. Siebert [Z. f. Elektroch. **44**, 768 (1938)] bei einer Nachprüfung der Reduktion der Aconitsäure nahezu quantitativ nur Tricarballylsäure ergeben [Z. f. Elektroch. **45**, 228 (1939)].

Das Studium der Spaltungsprodukte der Ketene und des Diazomethans (s. o. Staudinger) hat in letzter Zeit zahlreiche Bearbeiter gefunden und nicht immer die gleichen Schlußfolgerungen ergeben [vgl. z. B. Norrish und Mitarbeiter, Soc. **1933**, 1533; F. O. Rice und Glasebrook, Am. **56**, 2381 (1934); Belchetz, Trans. Farad. Soc. **30**, 170 (1934)]. T. G. Pearson (Soc. **1938**, 409) vollführte dann thermisch und photochemisch die Spaltung von Keten und Diazomethan in Methylen, das durch Tellur bzw. Selen abgefangen wurde, unter Bildung von Tellur- bzw. Selenformaldehyd; in seinem Verhalten ähnelt es eher einem reaktionsfähigen Molekül als einem freien Radikal.

Die Entstehung des CH_2-Radikals wird auch von F. Fischer [B. **71** (A), 59 (1938)] in der Hypothese von der Synthese des „Kogasins" erörtert.

Acetylen-Tautomerie. Ähnlich wie beim Cyanwasserstoff mit dem beweglichen Wasserstoff [H] leitet E. H. Ingold (Usherwood) auch für Acetylen und dessen Halogenderivate eine Tautomerisation ab und stützt sie durch thermodynamische und Oxydations-Versuche [Soc. **125**, 1528 (1924)]:

a) tautomer:

$[H]C \vdots N \rightleftarrows C \vdots N[H]$; $[H]C \vdots CH \overset{>t}{\rightleftarrows} C \vdots CH[H]$ und $C[H] \vdots CCl \rightleftarrows C \vdots CCl[H]$,

b) statische Iso-acetylene: $C:CBr_2$ und $C:CJ_2$ (s. auch Nef, 1897 u. f.),

c) statische normale Acetylene: $CH_3 \cdot C : CJ$; $CH_3 \cdot C : C \cdot CH_3$.

Bei der technischen Gewinnung des Acetylens durch thermische Spaltung der Paraffinkohlenwasserstoffe (z. B. im Lichtbogen bei etwa 5000⁰) ist das Auftreten des Carboniumradikals —$C\equiv C$— spektroskopisch nachgewiesen worden, das dann mit dem freien Wasserstoff Acetylen bildet. [Vgl. O. Nicodemus, Z. angew. Chem. **49**, 790 (1936).]

Dreiwertiger Kohlenstoff. Freie Radikale.

Zu den Mitschöpfern der Lehre von der Vierwertigkeit des Kohlenstoffs gehört auch H. Kolbe, indessen galt dieselbe ihm nicht als ein starrer Mußfall, sondern als ein vorzugsweise begünstigter Zustand, daher er den Kohlenstoff auch als zwei- und dreiwertig annehmen zu müssen glaubte (1860—1864). Zugunsten der Dreiwertigkeit schienen in der Folgezeit verschiedene Umstände zu sprechen.

„Der Kohlenstoff im Benzol ist dreiwertig" — so folgerte bereits 1888 A. Baeyer (A. **245**) auf Grund seiner Studien über die Terephthalsäuren und seiner „zentrischen Formel des Benzols". Und im Jahre 1896 gelangte L. Knorr [A. **293**, 36 (1896)] zu dem Satz: „Alle chemischen Reaktionen, auch die der Nichtleiter, sind durch das Vorhandensein freier Valenzen (oder Valenzkörper) bedingt. ... Ich nehme an, daß ein Bruchteil der Äthylenmoleküle sich in einem wirklich ungesättigten Zustande [vgl. Zd. Skraup, M. **12**, 146 (1892)], wie ihn die Formel $\begin{array}{c} CH_2- \\ | \\ CH_2- \end{array}$ ausdrückt, befindet und daß die Additionsfähigkeit des Äthylens durch die Anwesenheit solcher partiell dissoziierter Moleküle mit freien Valenzen bedingt ist." Hier werden also freie dreiwertige Kohlenstoffradikale mit beschränkter Lebensdauer angenommen. Solange es aber nicht gelungen war, solche dreiwertige Reste zu isolieren und zu untersuchen, blieben sie nur reizvolle Gedankendinge. Nach den vorhin erwähnten mißlungenen Versuchen mit den freien Alkylen schien eine Wiederaufnahme von dahinzielenden Experimenten zwecklos zu sein. Man hätte allerdings einwenden können, daß beim Ersatz der kettenförmigen Alkylhalogenide durch die großräumigen ringförmigen Phenylreste ein anderer Reaktionsverlauf sich ergeben, bzw. eine andere Geschwindigkeit der Dimerisation mit einem anderen Gleichgewicht $A \cdot A \rightleftharpoons 2A$ auftreten könnte.

Im Heidelberger Chemischen Institut hatte im Jahre 1897 der amerikanische Chemiker M. Gomberg die Darstellung des bisher vergeblich gesuchten Tetraphenylmethans $(C_6H_5)_4C$ unternommen; er glaubte, dasselbe bei der Spaltung des Triphenylmethanazobenzols erhalten zu haben: $(C_6H_5)_3C \cdot N : N \cdot C_6H_5 \rightarrow N_2 + (C_6H_5)_3C \cdot C_6H_5$. Die Ausbeute des bei 267^0 schmelzenden Körpers war allerdings nur 3—4 % [B. **30**, 2043 (1897)]. Da diese geringen Ausbeuten sowie das Verhalten des Tetranitroderivates des vermeintlichen Tetraphenylmethans stereo-chemisches Interesse beanspruchten, setzte Gomberg seine Versuche (in Michigan, U.S.A.) fort, indem er als Vergleichssubstanz Hexa-phenyläthan $(C_6H_5)_3 \cdot C \cdot C \cdot (C_6H_5)_3$ darstellen wollte, gemäß der Glei-chung: $(C_6H_5)_3C \cdot X + 2 Ag + X \cdot C \cdot (C_6H_5)_3 \rightarrow 2 AgX + (C_6H_5)_3C \cdot C(C_6H_5)_3$. Das Reaktionsprodukt erwies sich jedoch als sauerstoffhaltig. Nun wurde in einer **Kohlensäure**-Atmosphäre und benzolischer Lösung die quantitative Abspaltung **des** Chlors aus Triphenylchlor-methan mittels Zink vorgenommen und ein ungesättigter, sauerstoffbegieriger **Kohlenwasserstoff** erhalten, der leicht ein Peroxyd $(C_6H_5)_3 \cdot C \cdot O \cdot O \cdot C \cdot (C_6H_5)_3$ liefert, dieses wird durch Schwefelsäure unschwer zu Triphenylcarbinol (70 %) aufgespalten. Der ungesättigte Kohlen-wasserstoff wird nun als freies **Radikal Triphenylmethyl** $(C_6H_5)_3 \cdot C$ angesprochen, gemäß der Gleichung [B. **33**, 3150 (1900)]:

$$2 (C_6H_5)_3 \cdot C \cdot Cl + Zn = 2 (C_6H_5)_3 \cdot C + ZnCl_2.$$

Hier trat nun wieder der Fall ein, wo die osmotischen Molekular-gewichtsmethoden als klassische Nothelfer sich betätigten und ein neuerschlossenes Forschungsgebiet der Chemie eindeutig ausrichteten. Als Gomberg [B. **34**, 2731 (1901)] sein freies Radikal kryoskopisch in Naphthalin untersuchte, fand er das Molekulargewicht M = 330 bis 372 (theor. für $(C_6H_5)_3C$ = 243). Lag hier ein polymeres Produkt an Stelle des vermeintlichen monomeren Radikals vor? Eingehende Versuche mit verschiedenen kryoskopischen Lösungsmitteln führten Gomberg und L. H. Cone [B. **37**, 2037 (1904)] zu dem mittleren Molekulargewicht = 477, was dem **bimeren** Molekül $[(C_6H_5)_3C]_2$ = 486 entspricht. Man war also vor die Alternative gestellt: nach dem **chemischen** Verhalten ein monomeres ungesättigtes Molekül $(C_6H_5)_3 \cdot C$, nach dem **osmotischen** Befund aber ein bimeres $[(C_6H_5)_3 \cdot C]_2$ anzu-nehmen. In der Zwischenzeit hatte P. Walden [B. **35**, 2018 (1902)] die Elektrolytnatur der Halogenide $(C_6H_5)_3 \cdot C \cdot Hal.$ in Schwefeldioxyd nachgewiesen und auch für das Gombergsche Triphenylmethyl selbst ein Ionisierungsvermögen entdeckt [Z. physik. Ch. **43**, 443 (1903)], der Komplex $(C_6H_5)_3 \cdot C$ erwies sich also als Kationenbildner, ähnlich einem einwertigen Metall. Gomberg und Cone (Zit. S. 2049) gelangen zusammenfassend zu dem Schluß, daß in der Lösung eine dimolekulare ,,oder assoziierte Form" des Triphenylmethyls $(C_6H_5)_3 \cdot C$ existiert: ,,Darauf fußend, wäre dann ein **Gleichgewichtszustand** der monomolekularen Form einerseits und der dimolekularen oder assozi-ierten Form andererseits anzunehmen." In diesem Gleichgewichts-zustand $[(C_6H_5)_3 \cdot C]_2 \rightleftharpoons 2 (C_6H_5)_3 \cdot C$ ist allerdings (nach Gombergs kryoskopischen Messungen) die Konzentration auf der linken Seite der Gleichung nahezu 100 %; daß bei höherer Temperatur (z. B. bei 80° in Naphthalin) „möglicherweise" das Gleichgewicht nach rechts sich verschieben könnte, hatte schon Gomberg (1904) erwogen. Während einerseits M. Gomberg (von 1900 bis etwa 1925) seine präparativen Untersuchungen erweiterte, traten andererseits weitere Forscher experimentell oder theoretisch an das Problem der Triarylmethyle heran: Jul. Schmidlin (seit 1906), A. Tschitschibabin (1904 u. f.), W. Schlenk (1909 u. f.), H. Wieland (1909 u. f.). Einen neuen Aufschwung nahmen die Untersuchungen über die freien Triarylmethyle namentlich durch die Arbeiten von K. Ziegler [B. **54**, 3003 (1921); A. **434** (1923) bis **504** (1933)], dann von J. B. Conant (seit 1923), die aliphatisch-arylische Radikaltypen erschlossen, ferner von A. Löwenbein (1925 u. f.), G. Wittig (1928 u. f.), W. E. Bachmann (1937), E. Müller (1936 u. f.).

Die Auseinandersetzungen über die Konstitutionsformeln des Gombergschen „Triphenylmethyls" betrafen die Molekulargröße (monomer oder bimolekular?), die Ursache der Färbung (benzenoide oder chinoide Form), bzw. zwei verschiedene bimolekulare Triphenylmethyle oder ein Dissoziationsprozeß in freie Radikale mit 3-wert. Kohlenstoff:

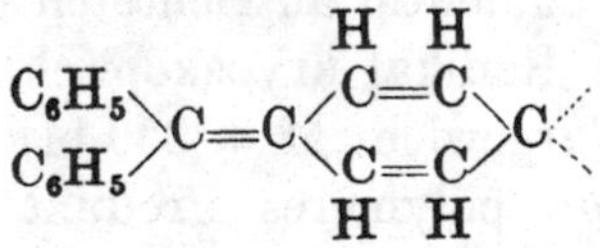

Diese monomere Formel der gelben Form (daher chinoid) mit zweiwertigem Kohlenstoff stellten Norris und Sanders (1901) auf; F. Kehrmann [B. **34**, 3818 (1901)] übernahm sie.

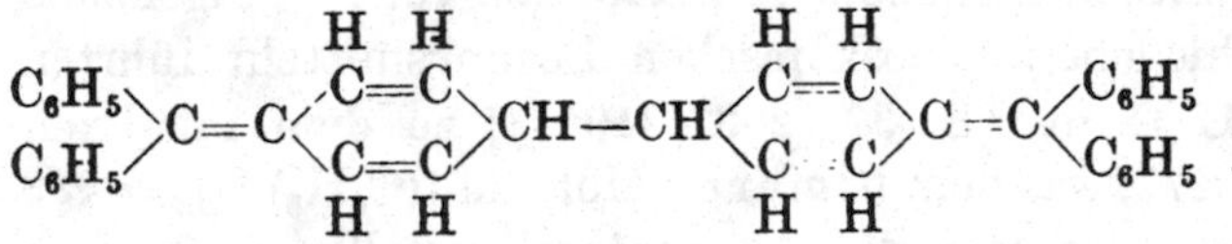

E. Heintschel, B. **36**, 579 (1903).

Chinoide Konstitution, bimolekular.

$(C_6H_5)_3 \cdot C \cdot C \cdot (C_6H_5)_3$, echtes Hexaphenyläthan, Tschitschibabin, B. **37**, 4709 (1904); ebenso B. Flürscheim, J. pr. Ch. (2) **71**, 497 (1905), der eine Dissoziation als möglich erwog. $(C_6H_5)_2 \cdot C$ ein chinoider Triphenylmethyl-Rest ist mit einem nichtchinoiden vereinigt: P. Jacobson, B. **38**, 196 (1905).

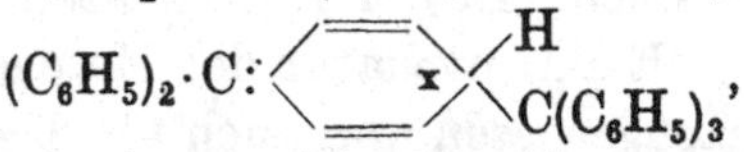

Nach M. Gomberg [B. **34**, 2729 (1901); **40**, 1881 (1907), sowie nach J. Schmidlin [B. **39**, 4183 (1906); **41**, 2471 (1908)] gibt es ein farbloses und ein gefärbtes Triphenylmethyl, deren gegenseitige Übergänge durch folgende Formeln dargestellt werden:

$(C_6H_5)_3 \cdot C \ldots C(C_6H_5)_3 \rightleftarrows (C_6H_5)_3 \cdot C$: $C(C_6H_5)_3$.

farblos   chinoid, gefärbt

H. Wieland [B. **42**, 3028 (1909)] nimmt das Hexaphenyläthan als farblos und dissoziationsfähig an und betrachtet das gelbe Dissoziationsprodukt als das wahre freie Radikal:

$$(C_6H_5)C \cdot C(C_6H_5) \underset{\text{Abkühl.}}{\overset{\text{Erwärm.}}{\rightleftharpoons}} 2(C_6H_5)_3 \cdot C.$$

farblos — gefärbt

Erst Wilh. Schlenk [gemeinsam mit T. Weickel und A. Herzenstein, A. **372**, 1 (1910)] erbrachte den eindeutigen experimentellen Beweis durch die Darstellung und Farbvertiefung sowie durch die Bestimmung der Dissoziationsgrade in den Typen:

$$(Ar)_3 \cdot C \cdot C \cdot (Ar)_3 \rightleftharpoons 2(Ar)_3 \cdot C;$$

$$\begin{matrix} C_6H_5 \cdot C_6H_4 \\ C_6H_5 \\ C_6H_5 \end{matrix}C; \qquad \begin{matrix} C_6H_5 \cdot C_6H_4 \\ C_6H_5 \cdot C_6H_4 \\ C_6H_5 \end{matrix}C; \qquad \begin{matrix} C_6H_5 \cdot C_6H_4 \\ C_6H_5 \cdot C_6H_4 \\ C_6H_5 \cdot C_6H_4 \end{matrix}C.$$

Farbe in Lösung: orangerot   rot   violett
Anteil der freien Radikale: 10 %   80 %   etwa 100 %

Während hier die freien Radikale als solche die Träger der Färbung sind, vertritt z. B. M. Gomberg [Am. **44**, 1829 (1922 u. f.); vgl. **57**, 139 (1935)] seine frühere Ansicht von der Chinoidation des freien Radikals, gemäß der Gleichung:

$$(C_6H_5)_3 \cdot C{-}C \cdot (C_6H_5)_3 \rightleftharpoons 2(C_6H_5)_3 \cdot C \rightleftharpoons 2(C_6H_5)_2 {-}\underset{\text{gefärbt}}{\langle\rangle}\overset{\cdot}{H}$$

farblos   farblos   gefärbt

Diese Ansicht hat jedoch wiederholt eine Ablehnung erfahren [St. Goldschmidt, B. **53**, 47 (1920); K. Ziegler, A. **473**, 169 (1929)]. E. S. Wallis [Am. **53**, 2253 (1931)] zeigte, daß die optisch-aktive

Verbindung $\begin{matrix} C_6H_5 \cdot C_6H_4 \\ C_{10}H_7 \end{matrix}C\begin{matrix} C_6H_5 \\ X \end{matrix}$ Halochromie aufweist, ohne die

optische Aktivität zu verlieren — dieses schließt eine Chinoidation

$\begin{matrix} C_6H_5 \cdot C_6H_4 \\ C_{10}H_7 \end{matrix}C{=}C\begin{matrix} X \\ H \end{matrix}$ aus, da hier das asymm. C-Atom verloren

gegangen ist. Es kann jedoch nicht übersehen werden, daß mehrere der als Biradikale geltenden farbigen Verbindungen magnetochemisch nicht radikalartig sind bzw. ,,ganz überwiegend im chinoiden ValenzZustand vorhanden" sind [E. Müller, B. **68**, 1278 (1935)]. Die Möglichkeit einer Gleichgewichtsisomerie zwischen Biradikal und Chinonform hatte schon H. Wieland [B. **55**, 1806 (1922)] erwogen.

Biradikale. Als ,,Diradikale" bezeichnen G. Wittig und M. Leo [B. **61**, 855 (1928)] ,,die Spaltstücke mit zwei ,,dreiwertigen" Kohlenstoffatomen". Als erstes solcher Diradikale wird das p,p'-Biphenylenbis-[diphenyl-methyl] (I) von Tschitschibabin [B. **40**, 1810 (1907)] bezeichnet, ein weiteres ließ Schlenk [B. **48**, 723 (1915)] in dem entsprechenden m, m'-Derivat (II) folgen:

I. $(C_6H_5)_2 \cdot C[p]C_6H_4 \cdot C_6H_4[p']C(C_6H_5)_2$, in fester und gelöster Form tief rotviolett,

II. $(C_6H_5)_2 \cdot \dot{C}[m]C_6H_4 \cdot C_6H_4[m']C(C_6H_5)_2$ in fester Form farblos (dimer), in Lösung orangerot.

Diesen schloß Wittig [B. **61**, 854 u. f. (1928)] die p,p′-Diphenyl-methan- bzw. -äthan-derivate an:

III. $(C_6H_5)_2 \cdot \dot{C} \cdot C_6H_4 \cdot CH_2 \cdot C_6H_4 \cdot \dot{C} \cdot (C_6H_5)_2$, in der ziegelroten Lösung zu mehr als 50 % monomer, und

IV. $(C_6H_5)_2 \cdot \dot{C} \cdot C_6H_4 \cdot CH_2 \cdot CH_2 \cdot C_6H_4 \cdot \dot{C} \cdot (C_6H_5)_2$,

in der intensiv violetten Lösung über 70 % monomer.

[Über weitere Versuche von G. Wittig vgl. a. B. **62**, 1405 (1929); **69**, 2164 (1936); **71**, 1778 (1938); A. **505** (1933), **513** (1934) u. f.]

Als einziges bis jetzt mit Sicherheit bekanntes para magnetisches Kohlenstoff-Biradikal ist der meta-Stoff II von Schlenk [E. Müller, B. **69**, 2167 (1936)] erkannt worden, die anderen unter I, III und IV aufgeführten radikalartigen Stoffe sind diamagnetisch, also überwiegend chinoidartig gebaut. Das zweite Biradikal ist Porphyrindin (mit 4-wert. N-Atom) [E. Müller, A. **521**, 81 (1935)]. Von theoretischen Betrachtungen geleitet, haben E. Müller und H. Neuhoff [B. **72**, 2063 (1939)] ein echtes Kohlenstoffbiradikal synthetisiert (bei Zimmertemperatur etwa zu 17 % dissoziiert):

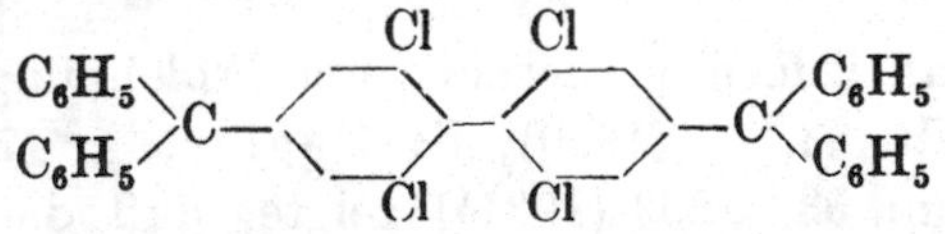

Ein ähnliches Biradikal beschrieb W. Theilacker, B. **73**, 33, 898 (1940).

Anmerkung. Einen 3-wertigen Kohlenstoff leitet M. C. Neuburger aus dem Kristallbau (nach der Röntgenanalyse) des Benzols ab (1922/4) und A. L. v. Steiger [B. **53**, 1767 (1920) schließt, daß ein aromatisches C-Atom „als energetisch rein dreiwertig" zu betrachten ist. Für das Kautschuk-Molekül diskutierte H. Staudinger (1925) die Anwesenheit des dreiwertigen Kohlenstoffs. Nach E. Clar [B. **65**, 1524 (1932)] wäre auch Graphit „als Polyradikal anzusprechen, was mit seiner tiefen Färbung bestens im Einklang steht".

Lehrreich ist es zu erkennen, daß die Wege der erfolgreichen modernen Forschung grundsätzlich auf die Analogisierung der Radikale mit den Metallen zurückgehen und verwandt sind mit denjenigen der erfolglosen Pioniere von einst. Schon Bunsen hatte (1842) sein Kakodyl aus Halogenkakodyl durch Wegnahme des Halogens mittels der Metalle (Zn, Sn, Fe oder Hg), unter Fernhaltung der Luft (bzw. in einer CO_2-Atmosphäre) dargestellt, dagegen waren die Versuche mit Alkylchloriden + Metall ergebnislos verlaufen. In Bunsens Laboratorium nahm dann Frankland (1849) diese Versuche wieder auf: beim Erhitzen von CH_3J bzw. C_2H_5J mit Zink im evakuierten

Rohr sollten die Radikale Methyl, bzw. Äthyl entstehen. Nach einem Jahrzehnt setzt A. Butlerow (1859) die Reaktion an: Methylenjodid CH_2J_2 + Natrium, um das Radikal CH_2 abzutrennen. Diese klassische Reaktion $RX + Me \rightarrow R + MeX$ kehrt wieder, als M. Gomberg (1900) sein erstes Triphenylmethyl Radikal bei Luftausschluß erhält: $(C_6H_5)_3C \cdot Cl + Me(Zn, Hg) \rightarrow (C_6H_5)_3C + MeCl$ [M. Gomberg, B. **33**, 3150 (1900)]. Das Tetraalkylammoniumradikal wurde in flüssigem Ammoniak nach der Reaktion [H. H. Schlubach, B. **54**, 2814 (1921)] $N(C_2H_5)_4Cl + K \leftarrow N(C_2H_5)_4 + KCl$ gewonnen, ähnlich dem Vorschlag von H. Moissan (1901): $Li + Cl \cdot NH_4 \rightarrow LiCl + NH_4$.

Die freien Alkylradikale Methyl und Äthyl wurden durch Wechselwirkung von dampfförmigem Methylbromid und Äthylbromid mit Natriumdampf [Polanyi, Ph. Ch. (B) **23**, 291 (1933)] erhalten. $CH_3Br + Na \rightarrow NaBr + CH_3$, bzw. $C_2H_5Br + Na \rightarrow NaBr + C_2H_5$: Diese auf chemischem Wege erfolgende Wegnahme des Halogens kann auch in anderer Weise erzielt werden, so z. B. durch Vanadiumchlorür VCl_2 nach J. B. Conant [Am. **45**, 2466 (1923 u. f.)] und Chromchlorür $CrCl_2$ [Ziegler, A. **448**, 249 (1926)]:
$$[Rad.] Cl + VCl_2 \rightarrow [Rad.] + VCl_3, \text{ bzw. } [Rad.] X + CrCl_2 \rightarrow$$
$$\rightarrow [Rad.] + CrCl_2X$$
Originell ist auch das Verfahren von A. E. Arbusow [B. **62**, 2871 (1929)] mittels des diäthyl-phosphorigsauren Natriums $(C_2H_5O)_2P \cdot ONa$.

Einen anderen Weg hatte H. Kolbe (1849) durch die Elektrolyse gewiesen; aus essigsaurem Kali (in Wasser) sollte an der Anode Methyl (und CO_2) entstanden sein. Dieser Weg wurde nachher erfolgreich beschritten; Palmaer (1902) elektrolysierte in flüssigem Ammoniak die Tetraalkylammoniumsalze und erhielt an der Kathode die blauen Lösungen der freien alkylierten Ammoniumradikale [die gleichen Ergebnisse erzielten Ch. A. Kraus (1913), H. H. Schlubach (1920, 1927); der letztere konnte (1923) auch durch Elektrolyse die Tetraalkylphosphonium-, -arsonium- und -sulfoniumradikale in Lösung erhalten]. Bei der Elektrolyse mit Quecksilberelektroden erhielten McCoy und West (1912) in Äther das silberweiße Amalgam der Tetramethylammonium-Radikale. Die Elektrolyse des Triphenylmethylbromids in flüssigem Schwefeldioxyd ergab an der Kathode Triphenylmethyl $(C_6H_5)_3 \cdot C$ (Schlenk und Herzenstein, 1910), und Natriumäthyl (in Zinkäthyl gelöst) lieferte an der Anode ein Gasgemisch, das offenbar durch Disproportionierung des primär abgeschiedenen Äthyls C_2H_5 entstanden war (F. Hein, 1922).

Ein dritter Weg führt über die Thermolyse. Die thermolytisch-solvolytische Bildung der freien Triarylmethyle, aus Polyaryläthanen durch Autolyse, wurde für das klassische Beispiel des Hexaphenyläthans zuerst durch H. Wieland [B. **42**, 3028 (1909)] begründet, indem er das (von M. Gomberg bei der erhöhten Temperatur im schmelzenden Naphthalin ermittelte) Molekulargewicht M $\sim$ 414 des Hexaphenyläthans auf eine Spaltung desselben (zu etwa 17,3%) in Triphenylmethyl zurückführte:

$$\underset{\text{farblos}}{(C_6H_5)_3C\cdot C(C_6H_5)_3} \underset{\text{Abkühlung}}{\overset{(t = 80^\circ)}{\rightleftarrows}} \underset{\text{gelb gefärbt}}{(C_6H_5)_3C + (C_6H_5)_3C}.$$

Daß Temperaturerhöhung und Verdünnung diese Radikal-Autolyse steigern bzw. das Gleichgewicht immer mehr nach rechts verschieben, konnte W. Schlenk [gemeinsam mit A. Herzenstein und T. Weickel B. **43**, 1753 (1910)] beweisen:

Dibiphenylen-diphenyl-äthan

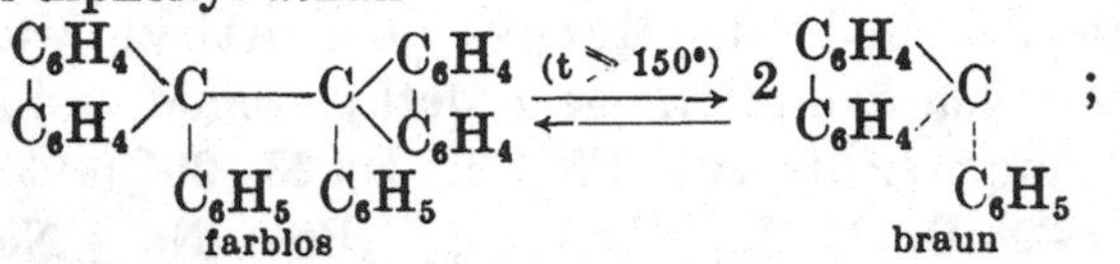

Phenyl-dibiphenyl-methyl

$$\underset{\text{farblos}}{\left(C_6H_5\cdot C\begin{matrix}C_6H_4\cdot C_6H_5\\ C_6H_4\cdot C_6H_5\end{matrix}\right)_2} \rightleftarrows 2\, C_6H_5\cdot \underset{\text{rot}}{C}(C_6H_4\cdot C_6H_5)_2 \quad (80\%\ \text{dissoz.});$$

Pentaphenyl-äthan (Schlenk, B. **43**, 3541 (1910):

$$\underset{\text{farblos}}{(C_6H_5)_3C\cdot \overset{H}{C}(C_6H_5)_2} \overset{(t > 150^\circ)}{\rightleftarrows} \underset{\text{gelb}}{(C_6H_5)_3\cdot C} + \tfrac{1}{2}[(C_6H_5)_2CH\cdot CH\cdot(C_6H_5)_2].$$

Die Autolyse kann schon bei gewöhnlicher Temperatur praktisch vollständig (100%) sein, wenn ausgedehnte (bzw. ringförmige) Reste die Kohlenstoffvalenzen in $>\!C\!-\!C\!<$ beanspruchen und räumlich verzerren: Tri-biphenyl-methyl $(C_6H_5\cdot C_6H_4)_3\cdot C$, grünschwarze Kristalle, die eine tiefviolette Lösung geben: erstes freies monomolekulares Radikal [Schlenk und Weickel, A. **372**, 1 (1910); B. **46**, 1475 (1913)], ebenso Phenyl-biphenyl-α-naphthylmethyl $(C_6H_5)\!-\!C\begin{matrix}C_6H_4C_6H_5\\ C_{10}H_7\end{matrix}$ grünlichbraune Kristalle, rotbraune Lösung, monomolekular (Schlenk, A. **394**, 191 (1912)], oder Tri-β-naphthylamin $(C_{10}H_7)_3C$, violette Kristalle, bei 80° (in Naphthalin) etwa zu 100% monomolekular [Tschitschibabin, J. pr. Chem. (2) **88**, 525 (1913)].

Zu einem Penta-aryl-äthyl gelangten Schlenk und H. Mark [B. **55**, 2285 (1922)], als sie Oktaphenyl-propan und Dekaphenyläthan darstellen wollten — diese zerfielen sogleich in der Lösung in die freien Radikale:

$$(C_6H_5)_3\cdot C\!-\!\underset{C_6H_5}{\overset{C_6H_5}{C}}\!-\!C(C_6H_5)_3 \rightarrow (C_6H_5)_3\cdot C\!-\!\underset{C_6H_5}{\overset{C_6H_5}{C}}\cdot \quad + \cdot C(C_6H_5)_3$$

$$\text{bzw. } (C_6H_5)_3\cdot C\!-\!\underset{C_6H_5}{\overset{C_6H_5}{C}}\!-\!\underset{C_6H_5}{\overset{C_6H_5}{C}}\!-\!C(C_6H_5)_3 \rightarrow 2\left[(C_6H_5)_3\cdot C\!-\!\underset{C_6H_5}{\overset{C_6H_5}{C}}\cdot\right].$$

Die thermische Dissoziation kann auch infolge einer Abspaltung von Fremdresten zur Bildung freier Radikale führen, so z. B. Triphenylmethyl-diphenylamin

$$(C_6H_5)_3C \cdot N(C_6H_5)_2 \xrightarrow{\text{gelöst, } t = 130°} (C_6H_5)_3C\nearrow + \diagdown N(C_6H_5)_2$$

[H. Wieland, A. **381**, 200 (1911)], oder Azotriphenylmethan

$$(C_6H_5)_3C \cdot N : N \cdot C(C_6H_5)_3 \xrightarrow{\text{gelöst, } t = 0°} (C_6H_5)_3C \; C(C_6H_5)_3 + N_2$$

(H. Wieland, B. **42**, 3020 (1909)]. Ebenso dissoziieren Trityl-disulfid u. ä. in Benzol schon bei gewöhnlicher Temperatur [F. F. Blicke, Am. **45**, 544, 1965 (1923)].

Freie Alkyle (in der Gasphase). Der Weg der thermischen Dissoziation führte nun 1929 Fr. Paneth [B. **62**, 1335 (1929)] auch zur Darstellung des kurzlebigen Methylradikals aus Bleitetramethyl, beim Durchleiten des Dampfes desselben durch ein erhitztes Quarzrohr; der Nachweis des gebildeten Methyls erfolgte durch Weglösen eines Blei-, Antimon- oder Zink-Spiegels, z. B.:

$$Pb(CH_3)_4 \rightarrow xCH_3; \; 2CH_3 + Zn = Zn(CH_3)_2.$$

Ähnlich wurde das Äthylradikal durch thermischen Zerfall von Bleitetraäthyl erhalten und durch Weglösen der Metallspiegel, z. B. des Zinks, nachgewiesen, wobei das entstandene Zinkäthyl durch den Schmelz- und Siedepunkt identifiziert wurde [F. Paneth und W. Lautsch, B. **64**, 2702 (1931)].

Die thermische Spaltung von Azomethan $CH_3 \cdot N : N \cdot CH_3$ bei 475° [J. A. Leermakers, Am. **55**, 3499 (1933)] bzw. Azomethan und Azoisopropan [F. O. Rice und B. L. Evering, Am. **55**, 3898 (1933)] ergab ebenfalls die freien Radikale Methyl und Isopropyl. J. H. Simons und M. F. Dull [Am. **55**, 2696 (1933)] konnten die aus $Pb(CH_3)_4$ und $Pb(C_2H_5)_4$ bei 900° abgespaltenen Radikale Methyl und Äthyl als Natriummethyl $NaCH_3$ bzw. Natriumäthyl NaC_2H_5 und diese als CH_3J und C_2H_5J fassen. Das n-Propyl-Radikal erhielten T. G. Pearson und R. H. Purcell (Soc. **1935**, 1151) durch Bestrahlung von Di-n-propylketon.

Phenylradikal; Benzylradikal. Im Jahre 1922 zeigte H. Wieland [mit E. Popper und H. Seefried, B. **55**, 1816 (1922)], daß Phenyl-azo-tryphenylmethan in Petroläther bei etwa 80° eine vollständige Abtrennung des Stickstoffs erleidet, wobei Triphenylmethyl und Phenyl als Radikale entstehen (vgl. a. Gomberg, 1897):

$$(C_6H_5)_3 \cdot C \cdot N : N \cdot C_6H_5 \rightarrow N_2 + (C_6H_5)_3C + C_6H_5.$$

Den Übergang des Phenylrestes aus einer Metallverbindung [z. B. $Bi(C_6H_5)_3$ und $Hg(C_6H_5)_2$] auf ein anderes Metall bei 200° wiesen A. E. Shurow und G. A. Rasuwajew nach [B. **65**, 1507 (1932)]:

$$C_6H_5 \cdot Me' + Me'' \rightarrow C_6H_5 \cdot Me'' + Me'.$$

Durch die thermische Spaltung von Bleitetraphenyl bei etwa 220° (im Vakuum) konnten M. F. Dull und J. H. Simons [Am. **55**, 3898 (1933)] die Bildung des Phenylradikals in der Gasphase verfolgen, indem Diphenyl $C_6H_5 \cdot C_6H_5$ gefaßt wurde.

Daß auch durch Photodissoziation des Benzophenons freie Phenylradikale gebildet werden, wiesen H. H. Glazebrook und T. G. Pearson (1937) nach.

Das Benzylradikal $C_6H_5 \cdot CH_2$ wurde von F. Paneth und W. Lautsch (Soc. **1935**, 380) freigemacht sowohl thermisch aus Tetrabenzylzinn und Dibenzylketon, als auch durch die Wechselwirkung von Benzylchlorid und Natrium in der Dampfphase.

Einen allgemeinen Überblick „über die Rolle der freien Radikale bei Gasreaktionen" gab H. Sachsse [Z. angew. Ch. **50**, 847 (1937)].

$$\text{Metallketyle:} \quad \begin{matrix} Ar \\ Ar \end{matrix} \Big\rangle C \begin{matrix} O-Me \\ \cdot \cdot \end{matrix} .$$

Einen neuen Typus von freien Radikalen mit „dreiwertigem" Kohlenstoff erschloß W. Schlenk (1911) mit den „Metallketylen" $Ar_2 : C-O-K$, z. B. aus Diarylketonen durch die Alkalimetalle [Schlenk und Tob. Weickel, B. **44**, 1182 (1911)], die Bezeichnung „Metallketyle" wurde von Schlenk und Thal erteilt [B. **46**, 2840 (1913)]. Schmidlin (1914) und insbesondere W. E. Bachmann [Am. **55**, 1179, 2827 (1933)] hatten nachzuweisen versucht, daß die Na-Derivate der Ketone ein Gleichgewicht Na-pinakonat $\rightleftarrows$ Na-ketyl darstellen, wobei das Gleichgewicht überwiegend nach links verschoben sei. Durch den Nachweis des hohen Paramagnetismus ($\chi\mu = 1080$ bzw. 1050) für Phenyl-p-biphenylketon-Kalium $\begin{matrix} C_6H_5 \\ C_6H_5 \cdot C_6H_4 \end{matrix} \Big\rangle C-O-K$

und Benzophenon-Kalium $\begin{matrix} C_6H_5 \\ C_6H_5 \end{matrix} \Big\rangle C-O-K$ konnte S. Sugden [Trans. Farad. Soc. **30**, 18 (1934)] die Radikalnatur dieser Ketyle sicher stellen, damit also die Bachmannsche Annahme widerlegen. C. B. Wooster und J. G. Dean [Am. **57**, 112 (1935)] haben für die Metallketyle ein anderes Gleichgewicht — zwischen der „Carbid-" und „Oxyd"-Struktur angenommen:

$$\begin{matrix} C_6H_5 \\ C_6H_5 \end{matrix} \Big\rangle C-O-Na \rightleftarrows \begin{matrix} C_6H_5 \\ C_6H_5 \end{matrix} \Big\rangle C \begin{matrix} Na \\ O \cdots \end{matrix} , \quad \text{oder} \quad \begin{matrix} R \\ R : \ddot{C} : \ddot{O} : \end{matrix} \rightleftarrows \begin{matrix} R \\ R : \ddot{C} : \ddot{O} \cdot \end{matrix}$$

Im Ergebnis einer ausführlichen magnetochemischen Untersuchung verschiedener (auf Grund der Farbigkeit usw. zu den „Ketylen" gerechneten) Kalium-Ketonverbindungen konnte E. Müller [A. **525**, 1 (1936); **532**, 116 (1937); Z. angew. Chem. **51**, 660 (1938)] feststellen, daß z. B. Phenyl-biphenylketonkalium zu 75 % Radikalgehalt aufweist, Xanthonkalium paramagnetisch (also Radikal) ist, die meisten anderen aber diamagnetisch, also keine Metallketyle (sondern Pinakonate oder chinhydronartig zusammengesetzt) sind bzw. Gemische darstellen, z. B. „Benzilkalium", das aus Benzilkalium, Stilbendiolkalium und Benzil besteht. Es sei hierbei angeführt, daß nach den Messungen der Absorptionsspektren [L. C. Anderson, Am. **55**, 2094 (1933)] Benzophenon und Xanthon eine benzenoide (nicht chinoide) Struktur besitzen. E. Müller konnte seine Ergebnisse sowohl nach der stofflichen als auch nach der theoretischen Seite erweitern [mit W. Wiesemann, A. **537**, 86 (1938); mit W. Janke, Z. f. Elektroch. **45**, 380 und 597 (1939)]; durch neues Versuchsmaterial konnten die Zusammenhänge von Konstitution und Radikalnatur dieser Ketyle verdeutlicht werden; durch den Wechsel der Alkalimetalle wurde ein Einfluß dieser auf die Radikalnatur der Ketyle erkannt, z. B. Benzophenonlithium (4% Radikal) < Benzophenonkalium (77% Radikal), und für einzelne Metallketyle ergab sich eine nicht unbedeutende Abnahme des Radikalgehaltes bei tiefen Temperaturen (T = 90⁰), was auf ein temperaturabhängiges Gleichgewicht zwischen einem diamagnetischen Dimeren und seinen paramagnetischen monomeren Spaltprodukten hinweist, z. B.:

$$\begin{matrix} R \\ R \end{matrix}\!\!>\!\!\begin{matrix} C-OMe \\ | \\ C-OMe \end{matrix}\!\!<\!\!\begin{matrix} R \\ R \end{matrix} \;\rightleftarrows\; 2\,\begin{matrix} R \\ R \end{matrix}\!\!>\!\!C-OMe$$

Daß auch aliphatische Ketone (bzw. gemischte aliphatisch-aromatische) mit Natrium unter Bildung gefärbter, aber unbeständiger Produkte, „Ketyle" reagieren, zeigten A. Favorsky und J. Nazarow [1933; Bull. Soc. chim. (V) **1**, 46 (1934)].

Gemischte Radikale. Das eigenartige Verhalten der Nitrosoaryle und -alkyle läßt hier auf Radikalbildung schließen, gemäß der Dissoziationsgleichung (P. Walden, Chemie der freien Radikale, S. 235 u. f.):

$$\underset{\substack{\text{geschmolzen,}\\ \text{farblos}}}{(ArNO)_2} \;\rightleftarrows\; \underset{\substack{\text{gelöst,}\\ \text{gefärbt}}}{2\,ArNO}$$

St. Goldschmidt [A. **442**, 246 (1925)] gab die Formulierung: Ar—N—O, also als Diradikal mit 2-wert. N und 1-wert. O.

Als Diradikale wurden ebenfalls die aromatischen Thio-ketone von E. Bergmann [und Mitarb., B. **63**, 2576 (1930)] angesprochen:

$$\begin{matrix} Ar \\ Ar \end{matrix}\!\!>\!\!C = S \;\rightleftarrows\; \begin{matrix} Ar \\ Ar \end{matrix}\!\!>\!\!C-S.$$

Freie Radikale anderer Elemente. Das Triphenylcarbinol bzw. „Triphenylmethyl" sollte auch die Anregung für die Entdeckung freier arylierter Radikale des Stickstoffs liefern. Die von Norris und

Sanders entdeckten gefärbten salzartigen Verbindungen des Triphenylcarbinols und die von ihnen sowie von Kehrmann (1901, vgl. S. 412, Triphenylmethyl) gegebene chinoide Formulierung derselben hatte A. Baeyer [B. **38**, 569 (1905)] zur Aufstellung seiner Carboniumvalenz (Ar)$_3$C⟋⟍ (S. 175), bzw. zur Ablehnung der Chinoidformeln veranlaßt, gleichzeitig auch die Aufstellung eines dem Carboniumtypus entsprechenden Azoniumtypus (C$_6$H$_5$)$_2$N⟋⟍ ausgelöst. Zur selben Zeit war H. Wieland [B. **39**, 1499 (1906)] mit Versuchen zur Darstellung des Diphenylhydroxylamins (C$_6$H$_5$)$_2$N·OH beschäftigt; nach der Baeyerschen Theorie von der Ursache der Färbung sollte das Sulfat dieses Hydroxylamins (C$_6$H$_5$)$_2$N⟋⟍O·SO$_3$H gefärbt und eventuell in der blauen Lösung von Diphenylamin in konz. Schwefelsäure (+ wenig Salpetrigsäure) gebildet sein. Wieland unternahm nun Versuche zur direkten Oxydation des Diphenylamins und konnte feststellen, daß diese Blaufärbung in ihrer ersten Phase auf die Bildung von Tetraphenyl-hydrazin (durch Oxydation von (C$_6$H$_5$)$_2$·NH) zurückzuführen ist, wobei eine Spaltung des Moleküls (C$_6$H$_5$)$_2$N÷N(C$_6$H$_5$)$_2$ an der Stelle der Stickstoffbindung erfolgt; er wies dann (Zit. S. 1505) auf gewisse Ähnlichkeiten hin, die die „Reihe des Tetraphenylhydrazins mit dem Triphenylmethyl gemeinsam hat und die in der ungesättigten Natur beider Moleküle ihren Ausdruck finden".

Interessant ist nun die geistige Zwischenreaktion, die notwendig war, um die Entdeckung der freien Radikale Ar$_2$N— als der Spaltprodukte der Tetraaryl-hydrazine auszulösen. Wieland untersuchte vorerst die Säureprodukte der Tetraaryl-hydrazine (1907/08), dann ging er (behufs Aufklärung dieser Spaltprodukte) zu der Säurespaltung der aromatischen Tetrazene (Ar)$_2$N·N:N·N(Ar)$_2$ über. Diese von E. Fischer (1878, s. S. 283) entdeckte („Tetrazon" genannte und von Wieland in „Tetrazen" umbenannte) Körperklasse gab ebenfalls mit Säuren eine intensive Blaufärbung. Auffallend leicht tritt nun eine Säurespaltung des Tetraanisyltetrazens (schon in der Kälte) ein [B. **41**, 3498 (1908)]. Als nächstes Problem schließt sich die Darstellung des Azotriphenylmethans an, die Dissoziation desselben sollte „nach dem Muster bekannter Reaktionen ähnlicher Art neben Stickstoff Hexaphenyläthan geben:

$$(C_6H_5)_3C·N:N·C(C_6H_5)_3 \rightarrow (C_6H_5)_3C·C(C_6H_5)_3 + N_2."$$

„Daraus war vielleicht ein Beitrag zur Triphenylmethyl-Frage zu erwarten" [B. **42**, 3020 (1909)].

Die Oxydation von Hydrazotriphenylmethan führte zu dem erwarteten Azokörper, indessen zeigte es sich, daß „Azotriphenylmethan schon bei 0⁰ spontan die oben vermutete Dissoziation in Stickstoff und Triphenylmethyl erleidet" — letzteres kann scharf als Triphenylmethylperoxyd nachgewiesen werden. Damit war präparativ eine Brücke von den arylierten Hydrazinen zu den Triarylmethylen geschlagen, zugleich aber das Denkmittel der spontanen Dissoziation auch für die Bildung der freien Kohlenstoffradikale nahegelegt. Ein geeignetes Vergleichsobjekt erblickte Wieland auch in dem Stickstoffdioxyd (Zit. S. 3029):

farblos: $O_2N \cdot NO_2 \rightleftarrows 2 NO_2$ (gefärbt, ungesättigt, reaktionsfähig).

Zweiwertiger Stickstoff N_{II}. Die Übertragung all dieser Erfahrungen und Überlegungen auf die Tetraarylhydrazine erfolgte (1911) durch H. Wieland [B. **44**, 2550 (1911); A. **381**, 200 (1911)], wobei die freien Diarylstickstoffe Ar_2N als Dissoziationsprodukte entdeckt wurden:

$$Ar_2N\text{—}NAr_2 \underset{\text{farblos}}{\overset{t}{\rightleftarrows}} \underset{\text{gefärbt}}{2\,Ar_2N}.$$

Je nach dem Radikal (Phenyl < p-Tolyl < p-Anisyl) tritt die Dissoziation mit verschiedener Leichtigkeit ein, das p-Tetraanisyl-hydrazin spaltet sich in Benzollösung bereits bei Zimmertemperatur [Wieland und H. Lecher, B. **45**, 2600 (1912)]. Auch die Tetrazene (arylierte und aliphatisch-arylierte) spalten sich stufenweise auf [Wieland und Fressel, A. **391**, 157 (1912)]:

$$\overset{Ar'}{\underset{Ar''}{>}}N\text{—}N=N\text{—}N\overset{Ar'}{\underset{Ar''}{<}} \rightarrow N_2 + \overset{Ar'}{\underset{Ar''}{>}}N\text{—}N\overset{Ar'}{\underset{Ar''}{<}} \rightarrow 2\,\overset{Ar'}{\underset{Ar''}{>}}N_{II}.$$

Auch aus ditertiären Hydrazinen [Wieland, B. **48**, 1075 (1915); **55**, 1804 (1922)] können freie Radikale abdissoziieren.

N_{IV}. Im Jahre 1914 kehrte H. Wieland zu dem Studium des Diphenyl-hydroxylamins zurück [B. **47**, 2113 (1914)]. Indem er dasselbe der Oxydation durch Silberoxyd unterwarf, erhielt er das tiefrot gefärbte Diphenylstickstoffoxyd $\overset{C_6H_5}{\underset{C_6H_5}{>}}\underset{IV}{N:O}$; dieses sowie die Homologen [B. **53**, 210 (1920); **55**, 1798 (1922)] sind monomolekular und je nach den Radikalen in jedem Zustande verschieden lange haltbar (Dianisyl länger als Diphenyl). Von W. Hückel und W. Liegel [B. **71**, 1442 (1938)] ist ein rotes Radikal mit vierwertigem Stickstoff von der nebenstehenden Form dargestellt worden:

$$C_6H_5\overset{H_2\ \ H_2}{\underset{H_2\ \ H_2}{\underset{O}{>}N\text{—}\begin{matrix}H_2\\ \\H_2\end{matrix}\begin{matrix} \\ \\ \end{matrix}\begin{matrix}H_2\\H\\H_2\end{matrix}}}$$

(Phenyl-9-trans-dekalyl-stickstoffoxyd.)

N_I. Das Radikal $C_6H_5N_I$ erhielt H. Wieland [mit A. Reverdy, B. **48**, 1113 (1915)] als Zwischenprodukt bei der Spaltung von Triphenylhydrazin $(C_6H_5)_2N \cdot NHC_6H_5$.

N_{II}. Weitere Beiträge zu diesen von H. Wieland methodisch und präparativ erschlossenen freien Stickstoffradikalen lieferte St. Gold-schmidt (1920 u. f.). Triphenylhydrazin $(C_6H_5)_2N \cdot N\begin{subarray}{l} H \\ C_6H_5 \end{subarray}$ wurde durch Oxydation in Hexaphenyl-tetrazan $(C_6H_5)_2N \cdot N—N \cdot N(C_6H_5)$

$$H_5\overset{|}{C_6} \quad \overset{|}{C_6}H_5$$

übergeführt, welches nun zu dem freien Triaryl-hydrazyl dissoziiert:

farblos: $(C_6H_5)_2N \cdot N—N \cdot N(C_6H_5)_2 \rightleftarrows 2\,(C_6H_5)_2N \cdot N$ (gefärbt,

$$H_5\overset{\cdot}{C_6} \quad \overset{\cdot}{C_6}H_5 \qquad\qquad\qquad \overset{\cdot}{C_6}H_5 \;\text{unbeständig)}$$

[B. **53**, 44 (1920); **55**, 616, 628 (1922); A. **437**, 199 (1924); **473**, 137 (1929)]. Eine Vermannigfaltung des Grundtypus wurde durch Ein-führung verschiedenartiger Acylreste erreicht, z. B. (Ac)ArN·NAr bzw. (Ar)$_2$N·NAc. Die Dissoziationsgleichgewichte in Abhängigkeit vom Lösungsmittel, von der Temperatur und von den Arylen bzw. Acylen wurden ermittelt.

N_{IV}. Aminiumsalze von E. Weitz. Ausgehend von der Arbeits-hypothese, daß bei den Triarylaminen eine Verkümmerung des Amin-charakters durch die eine ganze Valenz übersteigende Beanspruchung seitens jedes einzelnen Aryls erfolgt, diese „Triarylamine gleichsam Ammoniumradikale sind", hatte E. Weitz [B. **59**, 2307 (1926); **60**, 545 (1927)] erstmalig das Tri-p-tolyl-aminium-perchlorat als ein blaues Salz [$(C_6H_4 \cdot CH_3)_3N$]·ClO$_4$ dargestellt. In gleicher Weise isolierte E. Weitz [ebenfalls gemeinsam mit H. W. Schwechten, B. **60**, 1203 (1927)] das violettgefärbte Tetra-p-tolyl-hydrazinium-perchlorat

$$[(C_7H_7)_2N—N(C_7H_7)_2]ClO_4.$$

Daß diese eigenartigen freien Salzradikale des formal vierwertigen Stickstoffatoms echte binäre Salze sind, ließ sich durch Leitfähigkeits-messungen in nichtsolvolysierenden Lösungsmitteln (Benzonitril und Nitrobenzol) zahlenmäßig nachweisen [P. Walden und Birr, Z. physik. Ch. **168**, 107 (1934)]; der Verlauf der Kurven für Molarleit-fähigkeit — Verdünnung ist gleichartig für die Elektrolyte

$$\begin{matrix} \text{p-}C_7H_7 \\ \text{p-}C_7H_7 \\ \text{p-}C_7H_7 \end{matrix}\!\!\!> \overset{+}{N} \cdot \bar{Cl}O_4, \qquad (C_2H_5)_4N \cdot ClO_4 \;\text{bzw.}\; (C_2H_5)_4N \cdot J$$

      Triarylaminium-   Tetraäthylammonium-

$$\begin{matrix} C_6H_5 \\ C_6H_5 \\ CH_3O \cdot C_6H_4 \end{matrix}\!\!\!> \overset{+}{C} \cdot ClO_4 \;\text{und}\; (C_7H_7)_2N—N\!\!\begin{subarray}{l} C_7H_7 \\ C_7H_7 \end{subarray}\!\Big|\cdot ClO_4.$$

      Triarylcarbonium- und Tetraarylhydrazinium-Salz

Hierzu gehört auch das Pyocyani-nium-perchlorat von R. Kuhn und K. Schön [B. **68**, 1537 (1935)]:

O_I. Radikale mit einwertigem Sauerstoff. Bei der Spaltung des Triphenylmethylperoxyds $(C_6H_5)_3C \cdot O \cdot O \cdot C(C_6H_5)_3$ in Xylollösung — als Umlagerungsprodukt erschien Benzpinakonäther — nahm H. Wieland [B. **44**, 2550 (1911)] die primäre Entstehung des Radikals $(C_6H_5)_3C \cdot O$— an, etwa nach der Gleichung:

$$(C_6H_5)_3C \cdot O \cdot O \cdot C(C_6H_5)_3 \rightleftarrows 2(C_6H_5)_3C \cdot O \cdot \rightarrow \begin{array}{c} (C_6H_5)_2 \\ C_6H_5O \end{array} \!\! C\!-\!C \!\! \begin{array}{c} (C_6H_5)_2 \\ OC_6H_5 \end{array} .$$

Es war dann R. Pummerer [B. **47**, 1472, 2597 (1914)], der in demselben Münchener Laboratorium an die experimentelle Darstellung der Radikale mit einwertigem Sauerstoff (Aroxyle) herantrat; er fand ein solches in dem Oxydationsprodukt von Phenolen, bzw. von Oxybinaphthylenoxyd. Dieses Dehydro-oxy-binaphthylenoxyd (I) (s. a. B. **59**, 2166) dissoziiert in Lösungen in das violette Aroxyl II und auch in der valenztautomeren Form eines Ketomethyls III [B. **52**, 1406 u. f. (1919)]:

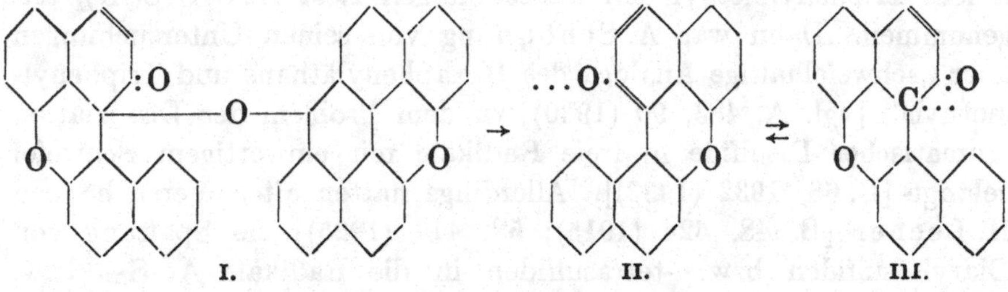

I.   II.   III.

Weitere Dehydrierungsversuche betrafen o- und p-Kresol [B. **55**, 3116 (1922); **58**, 1808 (1925)], sowie β-Binaphthol [B. **59**, 2161 (1926); **61**, 1102 (1928)], wobei ein durch Dissoziation entstehendes unbeständiges Mittelstück (IV) wahrscheinlich gemacht wurde.

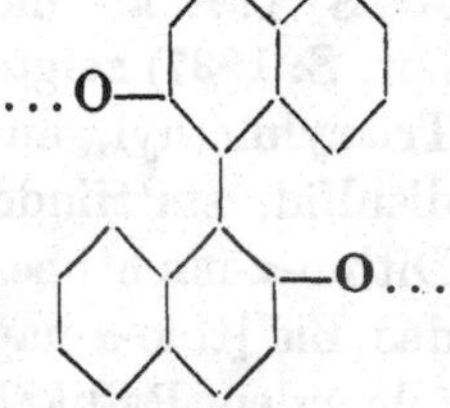

IV.

Die Existenz dieser Sauerstoffradikale und der N_{II}-Radikale hat auch Auffassungen über Gleichgewichtsisomerien bei Chinon-diiminen und Chinonen nahegelegt [H. Wieland, B. **55**, 1806 (1922); s. a. St. Goldschmidt, B. **61**, 1858 (1928)], s. auch S. 377, und zwar:

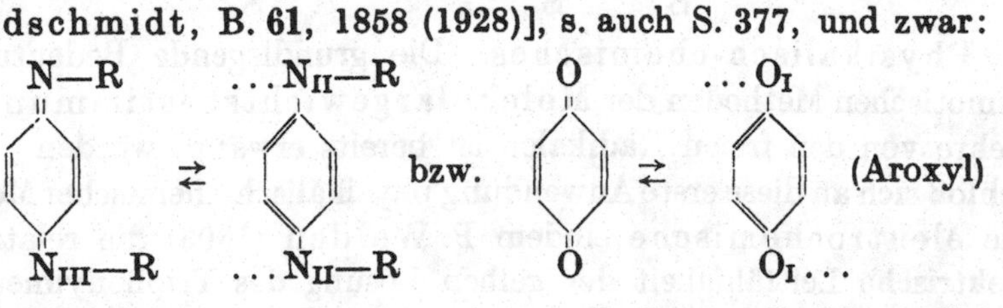

Die Untersuchungen Pummerers und dessen Problemstellung lösten die Versuche von St. Goldschmidt [B. **55**, 3197 (1922); A. **438**, 202 (1924); **445**, 123 (1925)] über „Phenanthroxyle" aus. Durch die Wahl des Phenanthrenhydrochinons wurde ein Grundgerüst eingeführt, das gleich den Pummererschen Übergängen von Phenolen zu Dehydrophenolen zu leicht dissoziierenden Dehydrokörpern hinüberleitete:

$$\text{I.} \quad \rightleftarrows 2 \quad \text{II.} \qquad \begin{array}{l} X = OCH_3, \text{ bzw.} \\ OC_2H_5, \text{ oder Halogen usw.} \end{array}$$

Diesen sauerstoffwiderstandsfähigen, in dimerer Form (I) farblosen Verbindungen stehen die schwach gefärbten Monomeren (II) gegenüber.

S_I. **Radikale mit einwertigem Schwefel (Thiyle).** In Analogie mit den Triarylperoxyden $(Ar)_3C \cdot O \cdot O \cdot C(Ar)_3$ hatte schon F. F. Blicke [Am. **45**, 544, 1965 (1923)] auch die Radikaldissoziation des Triphenylmethyl-disulfids $[(C_6H_5)_3C \cdot S]_2$ untersucht und neben freiem Triphenylmethyl den unbeständigen Rest $\ldots S \cdot S \cdot C(Ar)_3$ angenommen. Dann war A. Schönberg von seinen Untersuchungen über „schwefelhaltige Analoga des Hexaphenyläthans und Triphenylmethyls" [vgl. A. **483**, 90 (1930)] zu dem Problem der Dissoziation aromatischer Disulfide in freie Radikale mit einwertigem Schwefel gelangt [B. **66**, 1932 (1933)]. Allerdings hatten ältere Versuche von H. Lecher [B. **48**, 524 (1915); **58**, 417 (1925)] die Spaltung von Diaryldisulfiden bzw. -tetrasulfiden in die Radikale $Ar \cdot S$— bzw. $Ar \cdot S \cdot S \ldots$ als nicht nachweisbar erscheinen lassen. A. Schönberg (zit. S. 1937) zeigte nun, daß typische (Abfang-) Reaktionen, z. B. mit Triarylmethyl, auch mit Diphenyldisulfid und Bis-[thio-α-naphthoyl]-disulfid, stattfinden, sowie die Bildung von Silber- und Zinksalz der Dithio-α-naphthoesäure bei der Einwirkung von Silber und Zink auf das Bis-[thio-α-naphthoyl]-disulfid eintritt. Es werden demnach die folgenden Radikaldissoziationen abgeleitet:

farblose Kristalle $C_6H_5 \cdot S \cdot S \cdot C_6H_5 \rightleftarrows 2 C_6H_5 \cdot \overset{..}{S} \ldots$ (gelbe Lösungen),

rote Kristalle $C_{10}H_7 \cdot \underset{\overset{..}{S}}{C} \cdot S \cdot S \cdot \underset{\overset{..}{S}}{C} \cdot C_{10}H_7 \rightleftarrows 2 C_{10}H_7 \cdot \underset{\overset{..}{S}}{C} \cdot S \ldots$ (rote Lösungen).

Physikalisch-chemisches. Die grundlegende Bedeutung der osmotischen Methoden der Molekulargewichtsbestimmung in der Lehre von den freien Radikalen ist bereits erwähnt worden. Zeitlich schloß sich an diese erste Anwendung physikalisch-chemischer Methoden die **elektrochemische**, indem P. Walden (1903) die relativ hohe elektrische Leitfähigkeit der gelben Lösung des Triphenylmethyls in flüssigem Schwefeldioxyd nachwies; Gomberg und Cone konnten solches alsbald bestätigen (1904). Dann trat die Methode der **Absorptionsspektren** hinzu. H. Wieland und K. H. Meyer [B. **44**, 2557 (1911)] bestimmten erstmalig das charakteristische Bandenspektrum der freien Triarylmethyle, und J. Piccard [A. 381, 347 (1911)] wies für die letzteren (infolge der mit der Verdünnung zunehmenden Anzahl der abdissoziierten gefärbten Radikale) die Ungültigkeit des Beerschen Gesetzes nach (s. a. J. Schmidlin, 1912). Das Absorptionsspektrum des Triphenylmethyl-Anions bestimmte F. Hein [B. 54, 2619 (1921)]. Spektrum und Abweichung vom Beerschen Gesetz wurden für die Tetraanisyl-hydrazine mit N_{II} von H. Wieland und C. Müller [A. 401, 233 (1913)] ermittelt [vgl. a. St. Goldschmidt, B. 61, 1863 (1928)]. Ausgedehnte spektroskopische Untersuchungen an Triarylmethylen wurden (seit 1922) von M. Gomberg und F. W. Sullivan jr. [Am. 44, 1825 (1922 u. f.)] durchgeführt. Auch die blauen Radikallösungen der arylierten Bernsteinsäure-bislactone gehorchen nicht dem Beerschen Gesetz [A. Löwenbein, B. 58, 603 (1925)].

Die Aroxyle mit O_I ergaben keine scharfen Banden im Spektrum und wiesen ebenfalls eine Abweichung vom Beerschen Gesetz auf [St. Goldschmidt, B. 61, 1867 (1928)]. Auch für die Thiyle mit S_I konnte die Ungültigkeit dieses Gesetzes gezeigt werden [A. Schönberg, B. 66, 1943 (1933)]. Die mit zunehmender Verdünnung fortschreitende Radikaldissoziation galt also für alle genannten Typen.

Daß auch für diese Klasse von dissoziierenden Verbindungen das Ostwaldsche Verdünnungsgesetz gilt und aus den sorgfältigen Molekulargewichtsbestimmungen Gombergs die Berechnung des Dissoziationsgrades α und der Dissoziationskonstante $K = \frac{\alpha^2}{(1-\alpha)v}$ gestattet, zeigte zuerst P. Walden (Chemie der freien Radikale, 286—299. 1923/24). Aus den osmotischen Daten bestimmte dann A. Löwenbein für die arylierten Bernsteinsäurederivate diese Dissoziationskonstanten [B. 58, 603 (1925); 60, 1853 (1927)]. Auf chemischem und optischem Wege ermittelte K. Ziegler [A. 473, 163 (1929); 479, 111 (1930)] die Dissoziationskonstanten von freien Radikalen (aus arylierten Äthanen und Triarylmethylchloriden). Nach chemischen Methoden bestimmte St. Goldschmidt [A. 437, 201 (1924); 473, 142 (1929)] die Dissoziationskonstanten zahlreicher Tetrazane. Auch die Dissoziations- und Aktivierungswärmen wurden in einzelnen Fällen bestimmt.

Einen grundlegenden theoretischen Beitrag zur Chemie der freien Radikale hat unlängst E. Hückel geliefert [Z. f. Elektroch. 43, 827 (1937)]. Auf dem Boden der Elektronenlehre und Quantentheorie werden insbesondere die Ursachen der Stabilität freier Radikale und die magnetischen Zustände dieser, sowie der Biradikale abgeleitet bzw. mit den experimentellen Befunden verglichen. Dort wird auch die Elektronentheorie organisch-chemischer Reaktionen, wie sie namentlich von C. K. Ingold [Chem. Rev. 15, 225 (1934)] entwickelt und von

G. W. Wheland und Pauling [Am. **57**, 2086 (1935)] quantentheo-
retisch gestützt worden ist, einer kritischen Bewertung unterzogen.

Paramagnetismus der freien Radikale. Nachdem G. N.
Lewis (1924) durch seine „magnetische Theorie" für die Moleküle mit
ungerader Elektronenzahl den Paramagnetismus vorausgesagt hatte
und ein solcher tatsächlich für das freie Radikal $(\alpha\text{-}C_{10}H_7)(C_6H_5)_2C$ in
Benzollösung durch N. W. Taylor und G. N. Lewis (1925) nach-
gewiesen worden war, wurde dieses Verfahren (seit 1933) in zunehmen-
dem Maße auch auf die Nachprüfung der Radikalnatur von N-haltigen
Resten angewandt. Radikale mit zweiwertigem Stickstoff N_{II} und mit
dreiwertigem positiv geladenem Stickstoff $\overset{III}{N^+}$ besitzen 7 Elektronen am
N-Atom, während die organischen Stickoxyde (N_{IV}) 9 Elektronen am
N-Atom aufwiesen. Für p,p-Dianisylstickstoffoxyd $(CH_3O\cdot C_6H_4)_2\cdot N_{IV}O$
wurde der paramagnetische und monomere Zustand nachgewiesen
[L. Cambi, Gazz. chim. **63**, 579 (1933); F. Galavics, Helv. phys.
Acta **6**, 555 (1933); E. Müller, A. **520**, 247 (1935)]. Für die Radikale
mit N_{II}- und N_{III}^+-Atomen wies solches H. Katz zuerst nach [Z. Phys.
87, 238 (1933)].

Systematische quantitative magnetochemische Untersuchungen
organischer Stoffe hat Eug. Müller [seit 1934, I. Mitteil. A. **517**, 134
(1935); XIV. Mitteil. B. **71**, 1778 (1938)] durchgeführt. Das Tri-
biphenylmethyl $(C_6H_5\cdot C_6H_4)_3C$ von W. Schlenk (1909) wurde im
festen sowie im gelösten Zustand als paramagnetisches, monomeres
freies Radikal erkannt [E. Müller, A. **520**, 255 (1935)], ebenso das
von K. Ziegler [A. **445**, 266 (1925)] dargestellte violette Penta-

$$\text{phenyl-cyclopenta-dienyl}\quad
\begin{array}{c}
C_6H_5\ \ C_6H_5 \\
\underset{C_6H_5\ \ C_6H_5}{\overset{C=C}{\underset{C-C}{\Big|}}}\!\!\Big\backslash\!C\!\!-\!C_6H_5
\end{array}
\quad\text{[E. Müller und J. Müller-}$$

Rodloff, B. **69**, 667 (1936)]. Das von E. Weitz (1927) entdeckte

$$\text{Tetratolyl-hydrazinium-perchlorat}\quad
\begin{array}{c}
Ar\diagdown \qquad\ \diagup Ar) \\
\quad\ \ N\!-\!N \\
Ar\diagup \qquad\ \diagdown Ar)ClO_4
\end{array}
\quad\text{wurde zu etwa}$$

70% als Radikal gefunden [E. Müller und W. Wiesemann, B. **69**,
2163 (1936)]. Ebenso wurde für das Weitzsche blaue Tri-p-tolyl-
aminium-perchlorat $[(CH_3\cdot C_6H_4)_3N_{IV}]ClO_4$ Paramagnetismus nachgewiesen [P. Rumpf und Trombe, C. r. **206**, 671 (1938)]. Das gleiche
war schon vorher für das rote Porphyrexid (das 1901 von O. Piloty
entdeckte erste Radikal mit vierwertigem Stickstoff), sowie für das
blaue Porphyrindin (als Biradikal) durch R. Kuhn, H. Katz
und W. Franke [Naturwiss. **22**, 808 (1934); B. **68** 1528 (1935)] nachgewiesen worden, ebenso für das moosgrüne Pyocyaninium-perchlorat
mit dem N_{III}^+-Atom der Aminiumsalze (zit. S. 1537).

Das Lacto-flavin (Vitamin B_2) gibt bei der Reduktion in mineral-saurer Lösung eine rote Zwischenstufe von radikalartigem Charakter [R. Kuhn und Wagner-Jauregg, B. 67, 361 (1934)], ähnlich ver-hält sich bei der Reduktion das Alloxazin und Dimethyl-alloxazin [R. Kuhn, B. 67, 900 (1934)]. Ebenso ergab sich der Radikalcharakter der roten Substanz mit vierwertigem Stickstoff

$$(CH_3)_2C\!\!-\!\!-\!\!-\!\!CH_2\!\!-\!\!-\!\!-\!\!C\!\cdot\!CH_3$$
$$C_6H_5\!\cdot\!N\!=\!O \quad C_6H_5\!\cdot\!N\!=\!O$$

(I. Kenyon und F. H. Banfield, Soc. 1926, 1612); sowohl Sugden (Soc. 1932, 170) als auch E. Müller [A. 520, 240 (1935)] wiesen das Vorliegen der monomeren Form auch bei der Tem-peratur der flüssigen Luft und im festen Zustande nach. Das gleiche gilt für das α,α-Diphenyl-β-trinitrophenylhydrazyl von St. Gold-schmidt [B. 55, 628 (1922)]: $C_6H_5\!\!>\!\!N\!-\!N_{II}\!-\!C_6H_2(NO_2)_3$, es ent-$\,C_6H_5$
spricht in benzolischer Lösung sowie in fester Form dem monomeren Zustand [E. Müller, A. 520, 247 (1935)].

Wegen besonderer chemischer Reaktionsfähigkeit und Farbigkeit sind verschiedene Verbindungen als Biradikale bezeichnet und formuliert worden. So z. B.: das Diphenyl-diazomethan (A. Schön-berg, 1930), das blaue Dibenzanthracen (E. Clar und John, 1930), das Tetraphenylrubren (Ch. Dufraisse, 1934), Triphenyl-α-naphthyl-chinodimethan (S. Allard, 1934), das tiefrote dimere Diaryl-keten (W. Langenbeck, 1929), Dibenzyl-p,p′-bis-(diphenylmethyl) (G. Wit-tig. 1928), p,p′-Tetramethyl-diamino-thiobenzophenon (A. Burawoy[1]), 1932), Dibenzyl-γ,γ'-dipyridinium (E. Weitz[2]), 1924). Magnetochemisch haben sich diese Verbindungen als diamagnetisch, also nichtradikalisch oder nur zu $\leq 1\%$ radikalisch erwiesen [E. Müller und Mitarbeiter, B. 68, 69, 2157, 2164 (1936)], ebenso die ω,ω'-Phenyl-polyene [E. Müller, B. 70, 2561 (1937)].

Anmerkung. Nachdem schon W. Küster [B. 58, 2852 (1925)] das Hämoglobin als Radikal angesprochen hatte, leitete F. Hau-rowitz [B. 68, 1802 (1935); s. a. B. 66, 334 (1933)] für die Porphyrine eine Diradikal-Formel aus den Absorptionsspektren und dem che-mischen Verhalten ab. Vgl. a. D. S. Taylor und Coryell, Am. 60,

---

[1] Nach A. Burawoy [Z. ph. Ch. (A) 166, 393 (1933)] soll bei lichtabsorbierenden Substanzen mit mehrfacher Bindung ein Gleichgewicht zwischen einer „Biradikal-form" (welche die Absorption bedingt) und einer gesättigten Form vorliegen.

[2] E. Weitz u. Mitarbeiter hatten angenommen, daß die von B. Emmert bzw. O. Dimroth als dimere „Chinhydrone" angesehenen tieffarbigen Verbindungen aus 1 Mol Dipyridinium-dihalogenid + 1 Mol. Dihydro-dipyridyl in Wirklichkeit einfach-molekulare Mono- oder Subhalogenide der zweiwertigen (s. o.) Dipyridinium-Radikale seien (B. 57, 161). In Verallgemeinerung dieser Ansicht kam E. Weitz [B. 59, 432 (1926)] zu dem Schluß: „alle merichinoiden Salze sind mono-molekular zu formulieren, als Radikale". Eine Einschränkung gibt J. Piccard [B. 59, 1438 (1926)].

1177 (1938). Mittels p—H$_2$ wies D. D. Eley (C. **1940** II, 1704) für die genannten Verbindungen den Paramagnetismus nach.

Die Bedingungen für paramagnetische Kohlenstoff-Biradikale hat E. Müller [gemeinsam mit W. Bunge, B. **69**, 2167 (1936); vgl. a. Z. angew. Chem. **51**, 661 (1938)] herausgestellt; nur an zwei Stoffen — dem meta-Stoff von Schlenk und dem Porphyrindin von O. Piloty — sind die Bedingungen von zwei unabhängigen Elektronenspins erfüllt und paramagnetische Biradikal-Moleküle festgestellt worden. Im Gegensatz zu diesen Befunden der magnetischen Methode konnten G.-M. Schwab und N. Agliardi mittels ihrer Parawasserstoff-Methode zeigen, daß das (von E. Müller als diamagnetisch angesprochene) p-p'-Biphenylen-bis-diphenylmethyl Tschitschibabins zu 10% radikalisch existiert [B. **73**, 95 (1940)], während das blaue NN'-Dibenzyl-γγ'-dipyridinium-monochlorid von E. Weitz in Lösung sich als ein völlig dissoziiertes Monoradikal erwies [G.-M. Schwab, E. Schwab-Agallidis und N. Agliardi, B. **73**, 279 (1940)]. Verhindert man in dem Tschitschibabinschen Kohlenwasserstoff I durch o-Substitution das Ausweichen in eine chinoide Struktur, so erhält man sowohl in dem Tetrachlorderivat II [E. Müller und H. Neuhoff, B. **72**, 2063 (1939)] als auch in dem Dimethylderivat III [W. Theilacker und W. Ozegowski, B. **73**, 33, 898 (1940)] „echte Kohlenstoffbiradikale":

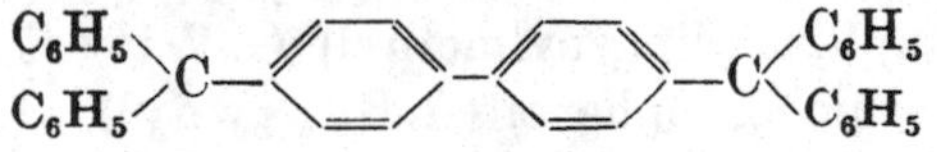

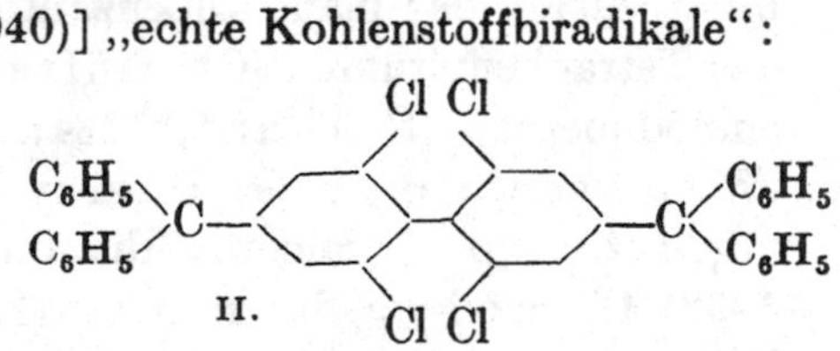

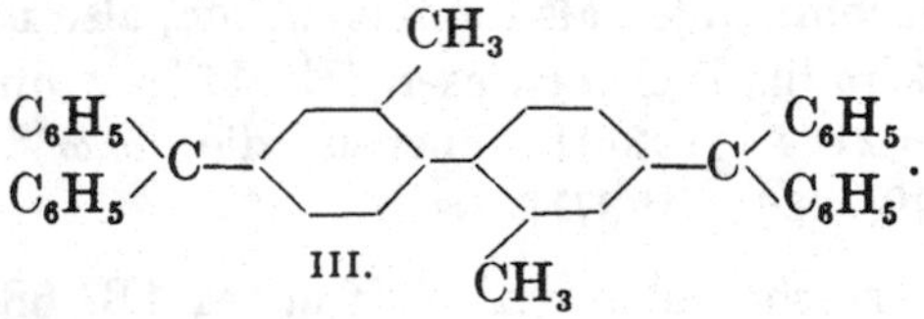

Freie Radikale bei organischen Reaktionen. Die Annahme radikalartiger Zwischenformen bei chemischen Umsetzungen ist verhältnismäßig alt. Im Jahre 1901 veröffentlichte J. U. Nef [A. **318**, 1—57 und 137—230 (1901); s. a. **309**, 126—189] seine umfangreichen Untersuchungen über „Dissoziationsvorgänge bei den Alkyläthern der Salpeter,- Schwefel- und Halogenwasserstoffsäuren". Die beobachtete Olefindissoziation wird auf „eine Umlagerung = intramolekulare Alkylierung des primär gebildeten Alkylidens" zurückgeführt, z. B.

$$CH_3 \cdot CH < \, \rightarrow CH_2 = CH_2 \quad \text{oder} \quad CH_3 \cdot \overset{|}{C}H\!-\!\overset{|}{C}H_2 \rightarrow CH_3 \cdot CH = CH_2.$$

Die Ätherbildung wurde dann als eine Zusammenlagerung von primär abgespaltenem Äthyliden mit Alkohol gedeutet:

$$CH_3 \cdot CH < \, + H\!-\!OC_2H_5 = C_2H_5 \cdot O \cdot C_2H_5.$$

Dem Nachweis freier Radikale bei chemischen Reaktionen hat besonders H. Wieland eine ausgedehnte Reihe von Experimentaluntersuchungen gewidmet [B. **48**, 1098 (1915); **55**, 1816 (1922); A. **446**, 31, 49, (1925); **452**, 1 (1927); **480**, 157 (1930); **513**, 93 (1934); **514**, 145 (1935)]. Es sei auch auf W. Schlenk hingewiesen, der das Auftreten freier Radikale als Zwischenprodukt bei der Wurtzschen Synthese, bei photochemischen Reaktionen (vgl. a. E. Paternò, 1909; G. Ciamician, 1900—1914) usw. annimmt (1931), ebenso nahm E. Späth (1913) bei den Grignardschen Reaktionen die Bildung freier Alkyle an [vgl. a. F. F. Blicke, Am. **48**, 738 (1926)]. Zur Deutung gewisser Umsetzungen der Pseudophenole u. ä. hat K. v. Auwers [B. **57**, 1055 (1924)] die Radikalbildung herangezogen. Auf Grund der Zersetzung von Benzoldiazoniumchlorid und der Einwirkung auf Metalle (unter Aceton) hat auch W. A. Waters [Nature **140**, 466 (1937)] auf Radikalbildung geschlossen (s. a. Soc. **1937**, 113). Experimentelles Beweismaterial für das Auftreten freier Radikale bei Isomerisationen, bzw. für deren Mitwirkung bei Polymerisationen steuerte G. Wittig [A. **513**, 26 (1934); s. a. **529**, 142 (1937); **536**, 266 (1938) sowie Z. angew. Chem. **52**, 89 (1939)] sowie G. V. Schulz [Naturwiss. **27**, 659 (1939)] bei. Über die Einleitung von Zersetzungen durch freie Radikale berichteten F. O. Rice u. Polly [Trans. Faraday Soc. **35**, 850 (1939)].

Dissoziationstendenz der Radikale. Mit der Entdeckung neuer Triarylmethyle und der von Fall zu Fall wechselnden Tendenz zur Bildung derselben mußte zwangsläufig die Frage nach dem Zusammenhang zwischen der Konstitution der einzelnen Gruppen und der Tendenz zur Radikal-Dissoziation sich einstellen. Daß diese Radikal-Dissoziation $(R)_3C \cdot C(R)_3 \rightleftharpoons 2(R)_3C$ sich dem Massenwirkungsgesetz bzw. der Ostwaldschen Dissoziationsgleichung (für binäre Elektrolyte) einfügt, zeigte zuerst P. Walden (1923) an der Hand der von M. Gomberg über größere Verdünnungsintervalle ausgeführten Molekulargewichtsbestimmungen. Nach der Gleichung

$$K = \frac{c_1^2}{c} = \frac{\alpha^2}{(1-\alpha)v} \left| \alpha = \text{Dissoziationsgrad} = (i-1) = \left(\frac{M_{theor.}}{M_{gef.}} - 1\right) \right] \text{ lassen}$$

sich die nachstehenden Dissoziationskonstanten K (in Benzol- bzw. den annähernd gleich wirkenden Nitrobenzollösungen) berechnen (P. Walden, Chemie der freien Radikale, 286 u. f. 1924):

Freies Radikal:

$(C_6H_5)_3C$	$\begin{matrix} p\text{-}CH_3O\cdot C_6H_4 \\ (C_6H_5)_2 \end{matrix}\!\!\nearrow\!\!C$	$\begin{matrix} o\text{-}CH_3O\cdot C_6H_4 \\ (C_6H_5)_2 \end{matrix}\!\!\nearrow\!\!C$	$\begin{matrix} p\text{-}C_7H_7O\cdot C_6H_4 \\ (C_6H_5)_2 \end{matrix}\!\!\nearrow\!\!C$
K = 0.00064	0.0035	0.0046	0.006
Verhältniszahl: 1	5	7	9

$\begin{matrix} \beta\text{-}C_{10}H_7 \\ (C_6H_5)_2 \end{matrix}\!\!\nearrow\!\!C$	$O\!\!<\!\!\begin{matrix} p\text{-}ClC_6H_4 \\ C_6H_4 \\ C_6H_4 \end{matrix}\!\!>\!\!C$	$O\!\!<\!\!\begin{matrix} C_6H_5 \\ C_6H_4 \\ C_6H_4 \end{matrix}\!\!>\!\!C$	$O\!\!<\!\!\begin{matrix} p\text{-}CH_3\cdot C_6H_4 \\ C_6H_4 \\ C_6H_4 \end{matrix}\!\!>\!\!C$	$\begin{matrix} \alpha\text{-}C_{10}H_7 \\ (C_6H_5)_2 \end{matrix}\!\!\nearrow\!\!C$
0.0066	0.0066	0.011	0.015	0.060
10	10	17	20	94

[Vgl. auch W. E. Bachmann und G. Osborn, J. org. Chem. 5, 29 (1940).]

Die Bindefestigkeit zwischen den arylierten Äthankohlenstoff-atomen C—C wird demnach (in Benzollösung) durch die einzelnen aromatischen Reste in folgender Reihenfolge geschwächt:

R = Biphenylen $<$ Phenyl $<$ Biphenyl $<$ p-Anisyl $<$ o-Anisyl $<$

$<$ p-$C_7H_7O \cdot C_6H_4$ $<$ β-Naphthyl $<$ Xanthyl $<$ α-Naphthyl.

In dieser Reihenfolge steigt also die freiwillige Radikaldissoziation der hexaarylierten Äthane. Werden die freien Radikale an Anionen-bildner gebunden, so kann hinsichtlich der Ionendissoziations-tendenz (Tautomerisation, Solvatation vorausgesetzt) eine andere Reihenfolge Platz greifen; nach zunehmender positivierender Wirkung erhielt K. Ziegler [A. **479**, 103 s. a. 114, 277 (1930)] die nachstehende „Basizitätsreihe":

C_6H_5' $<$ β-$C_{10}H_7'$ $<$ p-$C_6H_5C_6H_4'$ $<$ $\alpha \cdot C_{10}H_7'$ $<$ p-$CH_3 \cdot C_6H_4'$ $<$

o-$CH_3O \cdot C_6H_4'$ $<$ p-$CH_3O \cdot C_6H_4$.

Der Lösungsmitteleinfluß ist sehr gering [Ziegler, A. **504**, 140 (1933)].

Steigender thermischer Zerfall bzw. Sprengung der Äthan-C-C-Bindung beim Erwärmen der Lösung: die Gelbfärbung tritt bei um so tieferer Temperatur auf, je mehr die betreffende Gruppe die C-C-Bin-dung schwächt:

Typus Pentaaryläthan $(C_6H_5)_3 \cdot C \cdot CH(C_6H_5)R$:

R = α-$C_{10}H_7$ $>$ $CH_3O \cdot C_6H_4$ $>$ p-$C_6H_4 \cdot C_6H_5$ $>$ p-$CH_3 \cdot C_6H_4$ $>$ C_6H_5 ($>$ Biphenylen) [W. E. Bachmann, Am. **55**, 3006 (1933); s. a. **55**, 3819 (1933)].

Steigernder Einfluß auf die Radikaldissoziation (zunehmender positiver Charakter der Gruppe R): Typus: R_2N—NR_2 → $2R_2N$

R = p-$NO_2 \cdot C_6H_4$ $<$ p-$C_6H_5 \cdot C_6H_4$ $<$ C_6H_5 $<$ p-$CH_3 \cdot C_6H_4$ $<$ o-$CH_3 \cdot C_6H_4$ $<$ p-$CH_3O \cdot C_6H_4$ $<$ p-$(CH_3)_2N \cdot C_6H_4$ (H. Wieland: Die Hydrazine. Stuttgart 1913).

Typus: $R \cdot NH \cdot C_6H_4 \cdot C_6H_4 \cdot NH \cdot R \xrightarrow{(-H_2)} R \cdot \overset{|}{N} \cdot C_6H_4 \cdot C_6H_4 \cdot \overset{|}{N} \cdot R$ (zweiwertiges Radikal mit zweiwertigen Stickstoff):

R = p-$Cl \cdot C_6H_4$ $<$ C_6H_5 $<$ p-$CH_3 \cdot C_6H_4$ $<$ p-$CH_3O \cdot C_6H_4$

[H. Wieland und A. Wecker, B. **55**, 1805 (1922)]

Typus $\left(\overset{R}{\underset{R_1}{}} \diagdown N \cdot N \diagup \overset{CO \cdot C_6H_5}{} \right)_2$:

Die Dissoziationskonstanten in diesen tetraarylierten Dibenzoyl-tetrazanen haben die nachstehende Ordnung, wobei R und R_1 die genannten Reste bedeuten: Di-p-Nitrophenyl $<$ C_6H_5 und p-$NO_2 \cdot$ C_6H_4 $<$ Di-p-bromphenyl $<$ C_6H_5 und p-$Br \cdot C_6H_4$ $<$ Diphenyl $<$ C_6H_5, p-$CH_3 C_6H_4$ $<$ Di-p-tolyl $<$ C_6H_5, p-$CH_3O \cdot C_6H_4$ $<$ p-Dianisyl (zu 100 % dissoziiert) [St. Goldschmidt und J. Bader, A. **473**, 137 (1929)].

Die Dissoziationstendenz folgt auch hier dem zunehmenden positiven Charakter bzw. der Elektronenabgabetendenz der Radikale; an den äußersten Enden stehen die Phenyl- und Anisylgruppen.

Haftfestigkeit organischer Radikale. Die Ermittelung der Haftfestigkeit organischer Reste an Stickstoff und Schwefel ist von J. v. Braun [B. **33**, 1438 (1900); **37**, 2915 (1904) sowie folgende Jahrgänge, insbesondere B. **55**, 3165 (1922); **56**, 1573, 2165 (1923); vgl. a. K. v. Auwers, B. **58**, 1380 (1925)] mittels chemischer Methoden eingehend verfolgt worden; die Bindungsfestigkeit der Radikale an Kohlenstoff ist von H. Meerwein (1919), von S. Skraup (1919 u.f.) untersucht worden. Eingehende Untersuchungen hat auch K. Kindler beigesteuert [A. **436** (1924) u. f.; B. **69**, 2792 (1936)]. Das Problem wurde aktuell, seitdem die überraschende Tatsache der Existenz freier organischer Radikale (Triphenylmethyl, 1900) bzw. der freiwilligen Radikaldissoziation (Gomberg, 1900 u. f.; Schlenk 1909 u. f.; H. Wieland, 1911 u. f.) in der organischen Chemie festgestellt worden war. Es wurden „Haftfestigkeitsreihen" aufgestellt, die für die verschiedenen organischen Reste die Reihenfolge ihrer „Valenzbeanspruchung" wiedergeben sollten, wobei allgemein die Tendenz hervortrat, die Haftfestigkeit als eine den Radikalen innewohnende Eigenschaft zu betrachten. Im folgenden geben wir verschiedene Beispiele solcher Reihen, die nach verschiedenen Untersuchungsmethoden und an verschiedenen Verbindungstypen ermittelt worden sind.

Umlagerung der Pinakone in Pinakoline:

$$\begin{matrix} R \\ R \end{matrix}\!\!>\!\!\overset{\overset{\displaystyle OH}{|}}{C}\!-\!\overset{\overset{\displaystyle OH}{|}}{C}\!<\!\!\begin{matrix} R \\ R \end{matrix} \;\rightarrow\; \begin{matrix} R \\ R \end{matrix}\!\!>\!\!C\!-\!CO\!-\!R + H_2O .$$

Die HO-Gruppe ist um so lockerer gebunden, je größer die Affinitätsbeanspruchung durch R am gleichen C-Atom:

$R = CH_3 \cdot C_6H_4 > C_6H_5 > (C_6H_4 \cdot C_6H_4)$ [H. Meerwein, A. **419**, 121 (1919)].

Steigende Valenzbeanspruchung bzw. Hydrolysebeständigkeit oder „Basizität" (nach Baeyer) und Verschiebung (bei der Halochromie) nach der farbigen ionenbildenden Salzform (Hantzsch):

bei Carbinolen vom Typus $R \cdot C(OH)(C_6H_5)_2$ und Oxazol $C_6H_4\!\!<\!\!\begin{matrix} N:CR \\ O \end{matrix}\!\!>$:

$R = C_7H_7$, C_2H_5, CH_3, C_6H_5, p-$CH_3 \cdot C_6H_4$, p-$CH_3O \cdot C_6H_4$, β-$C_{10}H_7$, α-$C_{10}H_7$ [S. Skraup und Mitarbeiter, B. **55**, 1075 (1922); A. **419**, 1 (1919)]. Vgl. a. die Haftfestigkeitsreihen von J. v. Braun und Mitarbeiter [B. **56**, 2165 (1923)].

Umlagerungs- (Wanderungs-) Geschwindigkeit der Gruppen, gemäß der Gleichung:

$$RO \cdot C(C_6H_5):NC_6H_5 \rightarrow OC(C_6H_5)\cdot N\!\!<\!\!\begin{matrix} C_6H_5 \\ R \end{matrix} :$$

o-Cl·C$_6$H$_4$ $\rangle$ m-Cl·C$_6$H$_4$ $\rangle$ p-Cl·C$_6$H$_4$ $\geqslant$ α-C$_{10}$H$_7$ $\geqslant$ β-C$_{10}$H$_7$ $\rangle$ C$_6$H$_5$ $\langle$
    $\langle$ o-CH$_3$O·C$_6$H$_4$ $\rangle$ m-CH$_3$O·C$_6$H$_4$ $\rangle$ p-CH$_3$O·C$_6$H$_4$ $\rangle$ CH$_3$
(A. W. Chapman, Soc. 1927, 1750).

Steigende „Negativität" (bzw. Bindungstendenz mit Elektronen) und Loslösungstendenz vom Metallatom, gemäß der Gleichung: R$_1$HgR + HCl → ClHgR + R$_1$H (Kohlenwasserstoff):

Typus Mercuri-alkyle-aryle

C$_6$H$_5$CH$_2$ $\langle$ n-C$_7$H$_{15}$ $\langle$ n-C$_4$H$_9$ $\langle$ C$_3$H$_7$ $\langle$ C$_2$H$_5$ $\langle$ CH$_3$ $\langle$ m-Cl·C$_6$H$_4$ $\langle$
    $\langle$ o-Cl·C$_6$H$_4$ $\langle$ p-Cl·C$_6$H$_4$ $\langle$ C$_6$H$_5$ $\langle$ m-CH$_3$·C$_6$H$_4$ $\langle$ p-CH$_3$·C$_6$H$_4$ $\langle$
    $\langle$ o-CH$_3$·C$_6$H$_4$ $\langle$ α-C$_{10}$H$_7$ $\langle$ o-CH$_3$O·C$_6$H$_4$ $\langle$ p-CH$_3$O·C$_6$H$_4$ $\langle$ CN.

[M. S. Kharash und A. L. Flenner, Am. 54, 674 (1932).]

Die bathochrome Wirkung von Kohlenwasserstoffresten bei der Substitution der Radikal-(R-) Chromophore nimmt in der folgenden Reihenfolge zu:

C$_6$H$_5$ $\langle$ CH:C(CH$_3$) $\langle$ C$_6$H$_4$·C$_6$H$_5$ $\langle$ α-Naphthyl $\langle$ C(C$_6$H$_5$)$_3$

[A. Burawoy, B. 63, 3171 (1930)].

Negative Gruppen (= reaktive Gruppen, ungesättigter Zustand). Benzolsubstitution. Begriff und Bezeichnung „negative (elektronegative) Gruppen" (Radikale) und „positive Gruppen" gehen auf die dualistische elektrochemische Theorie von Berzelius (1818 u. f.) zurück, wonach die Verbindungen namentlich der Nichtmetalle mit dem elektronegativsten Element Sauerstoff die elektronegativen (säurebildenden) „Radikale" darstellten. Diese Bezeichnungen haben sich bis ins zwanzigste Jahrhundert hinein erhalten.

Die Bedeutung der alten Begriffe trat besonders deutlich hervor, als W. Ostwald (1889) die Affinitätsgrößen organischer Säuren bestimmte und sie in ausgesprochener Abhängigkeit von der chemischen Natur der substituierenden Radikale fand. Als negativierend, d. h. die Aufnahme einer negativen Ionenladung in Säuren begünstigend, wirken die Radikale (annähernd in folgender Stufenfolge): Phenyl, Hydroxyl, —OR, —COOR, —COOH, Halogene, CN- und NO$_2$-Radikal. Positivierend (d. h. die Aufnahme einer positiven Ionenladung erleichternd) wirken die Alkyle R und die Aminogruppe. Die aromatischen Radikale hatte bereits V. Meyer (1887) als negativ angesprochen.

Die sogenannte negative Natur ungesättigter Gruppen ist Gegenstand häufiger Betrachtungen gewesen. F. Henrich hat insbesondere die folgenden Gruppen hervorgehoben [vgl. insbesondere B. 32, 668 (1899); 35, 1773, 3426 (1902); s. a. F. Feist, B. 35, 1647, sowie Nef, S. 388]:

$$-\text{NO},\ -\text{NO}_2,\ -\text{CN},\ \begin{array}{c}-\text{CH}\\-\text{CH}\end{array}\text{'},\ \begin{array}{c}-\text{C}\\-\text{C}\end{array}\cdot\ -\text{C}\!\!\underset{\text{H}}{\overset{\text{O}}{\diagup}}\text{'},\ -\text{C}\!\!\underset{\text{OC}_2\text{H}_5}{\overset{\text{O}}{\diagup}}\text{'},\ -\text{C}\!\!\underset{\text{CH}_3}{\overset{\text{O}}{\diagup}}\text{'},$$

$$-\text{C}\!\!\underset{\text{CO}\cdot\text{COOC}_2\text{H}_5}{\overset{\text{O}}{\diagup}}\text{'},\ -\text{N}\!:\!\text{N}-,\ \underset{\text{N}}{\overset{\text{N}}{\parallel}}\!\!\diagup\!\text{N}-,\ \text{C}_6\text{H}_5-\ .$$

D. Vorländer hat eine Klärung dieser überlieferten Begriffe unternommen und dargelegt, daß „die Wirkung der ungesättigten (bzw. reaktiven) Radikale nicht identisch ist mit der negativen Natur, sondern daß sie als eine spezifische neben den negativen und positiven Äußerungen der Elemente sich geltend macht" [A. **320**, 120 (1902); B. **35**, 2309 (1902); s. a. B. **34**, 1633 (1901); **36**, 1488 (1903)]. In weiterer Entwicklung seiner Ansichten kommt dann Vorländer [B. **37**, 1644 (1904)] über die Annahme von intermolekularen Gegensätzen — zwischen zwei entgegengesetzt elektrisch geladenen Molekülen und Molekülionen [als Beispiel werden die Leitfähigkeitsmessungen von P. Walden (1903) an Basen, Dimethylpyron usw. in Schwefeldioxyd, Hydrazinhydrat angeführt] — zu einer Lehre „von den innermolekularen Gegensätzen und die Lenkung der Substituenten im Benzol" [B. **52**, 263 (1919); **58**, 1893 (1925)]. Damit griff Vorländer aufklärend in das Problem der dirigierenden Wirkung der Substituenten im Benzolkern ein [ältere „Orientierungsregeln"[1]) von E. Noelting, 1876; C. Brown und J. Gibson, 1892; Armstrong, 1892 u. a.]. Ausgedehnte experimentelle Untersuchungen hatte A. F. Holleman ausgeführt und in seinem Werk „Die direkte Einführung von Substituenten in den Benzolkern" (1910) zusammengefaßt [s. auch Rec. Trav. chim. P.-B. **42**, 355 (1923)]; die theoretische Auswertung dieser Ergebnisse, unter Berücksichtigung der Aktivierungsenergie, wurde von F. E. C. Scheffer (1913; 1926) bewerkstelligt. [Vgl. a. De Crauw, R. Trav. chim. P.-B. **50**, 753 (1931).]

Vorländer (1919) gibt nun den einzelnen Gruppen in ihrer Beziehung zum Benzol-Kohlenstoff die nachstehende Kennzeichnung:

negativ sind (am Benzolkern Bz): die Aminogruppe $\overset{+\,-\,+}{Bz \cdot C \cdot NH_2}$, Hydroxyl $\overset{+\,-\,+}{Bz \cdot C \cdot OH}$, Methyl $\overset{+\,-\,+}{Bz \cdot C \cdot CH_3}$, ferner die Halogene, $O \cdot Alkyl$, $O \cdot Acyl$ usw.,

positive Radikale am Kohlenstoff des Benzolkerns sind: Nitrogruppe $\overset{-\,+\,-}{Bz \cdot C \cdot NO_2}$; Carboxyl $\overset{-\,+\,-\,+}{Bz \cdot C \cdot COOH}$; Sulfoxyl $\overset{-\,+\,-\,+}{Bz \cdot C \cdot SO_3H}$; Carbonyl, $CO \cdot NH_2$; $CO \cdot R$; $COOR$; CN usw.

Nimmt man nun an, daß der positiv-negative Gegensatz zwischen Benzolkern und anhaftendem Radikal sich auf die einzelnen C-Atome des Benzolkerns selbst überträgt, so erhält man, z. B. für Anilin, das folgende Bild:

---

[1]) Vgl. a. J. Obermiller: Die orientierenden Einflüsse und der Benzolkern. Leipzig 1909.

Es werden dann Regeln für Bildung der Di- und Trisubstitutions-produkte abgeleitet.

Über den Verlauf der Substitutionsreaktion äußerte sich Holle-man (1910): „Es darf für sehr wahrscheinlich gehalten werden, daß einer Substitution im Benzolkern eine Addition vorausgeht." Die gleiche Anschauung von der Zweistufenreaktion vertritt auch H. Wie-land [B. **53**, 202 (1919)], sowie P. Pfeiffer [mit Wizinger, A. **461**, 132 (1928); s. auch J. pr. Ch. (2) **129**, 129 (1931)] dem Produkt der primären Addition salzartigen[1]) Charakter beilegt:

---

[1]) Vgl. a. R. Robinson: Versuch einer Elektronentheorie organisch-chemischer Reaktionen. Stuttgart 1932. Entwicklungsgeschichtlich ist hervorzuheben, daß bereits H. S. Fry [Z. ph. Ch. **76**, 398 (1911)] alternierende Elektronenverteilung im Benzol angenommen hatte; Th. M. Lowry [Soc. **123**, 822 (1923) u. f.] gab eine Polaritäts-theorie der Doppelbindung und W. H. Carothers [Am. **46**, 2226 (1924)] entwickelte sie weiter. Neuere Beiträge: Soc. **1933**, 1112—1143. H. G. Rule [Soc. **125**, 1121 (1924); **1927**, 54] ordnet die Elemente und Gruppen (auf Grund ihrer relativen dirigierenden Wirkung als Substituenten im Benzolkern und des Parallelismus mit der optischen Drehung der o-substituierten Benzoesäureester) in eine „polare Reihe", mit einem stufenweisen Übergang von stark positiv polaren durch nahezu unpolare zu stark negativ polaren Gliedern, z. B.: NH_3^+, NO_2, CO_2H, $COCH_3$, H. CH_3, J, Br, Cl, I, $CO \cdot O^-$, OCH_3, $N(CH_3)_2$. Dagegen spricht sich jedoch D. R. Boyd aus (Chemistry and Industr. **43**, 851 (1924)]. Vgl. auch: Benzol, S. 191 u. f.

Fünfter Abschnitt.
Chemische Erforschung organischer Naturstoffe.

Erstes Kapitel.
Alkaloide.

„Das gift ander gift überwint.“
Theoph. Paracelsus, 1525.

„Die Natur tut (nämlich) nichts überflüssig und ist im Gebrauche der Mittel zu ihren Zwecken nicht verschwenderisch.“ Im. Kant.

In der Alkaloidchemie hat die lebende Zelle das erste Beispiel von ihrer undurchsichtigen Freigebigkeit im Erzeugen von Spielarten ein und desselben chemischen Grundtypus in einer die chemische Forschung und biologische Deutung stark belastenden Weise erkennen lassen. Vergleicht man z. B. die synthetische Tätigkeit der lebenden Pflanze einerseits im Hinblick auf die Alkaloide, andererseits auf die Kohlenhydrate und Fette, so fällt es sofort auf, wie relativ einfach die Natur in betreff der letztgenannten Stoffarten vorgeht, wie sie sich in der Beschränkung als eine Meisterin zeigt, indem sie z. B. die wenigen Fettarten und die wenigen Biosen bzw. die eine „Stärke“ über das ganze Pflanzenreich verteilt oder in einer gegebenen Pflanzengattung die begrenzten Stofftypen möglichst bewahrt: bei diesen Reservestoffen bedient sich die Natur scheinbar eines unkomplizierten, „glatt-verlaufenden“ Aufbauverfahrens. Das Reaktionsbild wird aber vieldeutig, wenn die lebende Zelle in ihr synthetisches Werk noch das Element Stickstoff einbaut und die ringförmigen vielgliedrigen Alkaloide, gleichsam im Nebenbetriebe und oft nur in geringer Menge hervorbringt. „Die Natur tut nichts überflüssig“ (Kant) — wozu und wie baut dann die Natur überhaupt die Alkaloide und insbesondere die vielen Spielarten auf?

Es hatte sich schon frühzeitig in Österreich die phytochemische Forschungsrichtung herangebildet, teilweise bedingt durch die Arbeitsverhältnisse, teilweise durch die Vorbildung der führenden Chemiker; es seien genannt F. Rochleder (1819—1874), H. H. Hlasiwetz (1825—1875) und J. Redtenbacher (1810—1870); nachher war es G. Goldschmiedt (1850—1915). So hatten die beiden erstgenannten Forscher insbesondere die Glykoside zu untersuchen begonnen. Rochleder hatte schon 1845 einen Vorstoß in die Gruppe der (Piperidin-) Alkaloide unternommen, indem er durch die Natronkalk-Spaltung des Pfefferalkaloids Piperin die Base Piperidin erhielt. In derselben Gedankenreihe lagen die Untersuchungen Rochleders, die er 1873 gemeinsam mit seinem jungen Mitarbeiter Zd. H. Skraup (1850 bis

1910) an dem Cinchonin durchführte, China-alkaloide, Chinolin und Pyridincarbonsäuren bildeten (seit 1878) das historische Arbeitsgebiet Skraups, und so wirkte sich diese wissenschaftliche Atmosphäre auch auf G. Goldschmiedt aus, der 1883 die Erforschung des Alkaloids Papaverin in Angriff nahm. Neben dem Benzolring traten nun auch die stickstoffhaltigen Ringe immer mehr in den wissenschaftlichen Interessenkreis. W. Koenigs hatte 1879 seine Chinolinsynthese mitgeteilt, ihm folgte 1880 Zd. Skraup mit einer anderen Chinolinsynthese. Gleichzeitig war von Hoogewerff und van Dorp sowie von Koenigs der Übergang von Chinolin zum Pyridin experimentell durchgeführt worden und parallel hatten einerseits Skraup (1878 u. f.) sowie Koenigs (1879) ihre Untersuchungen über die Chinaalkaloide begonnen. Eine Begriffsbestimmung der Alkaloide von A. Wischnegradsky (1879) und A. Ladenburg (1879) faßte die Alkaloide als Abkömmlinge des Chinolins bzw. Pyridins auf. A. Butlerow und Wischnegradsky unterwarfen (1878 u. f.) Chinin und Cinchonin der Einwirkung von Kaliumhydroxyd, letzterer reduzierte (1879) die cyclischen Verbindungen mittels Na und absol. Alkohol [nachher auch von A. Ladenburg (1884) sowie A. Baeyer entdeckt] und entwarf die ersten Konstitutionsformeln für Cinchonin und Chinin (1879), wobei er diese bzw. die meisten Alkaloide als ,,Verbindungen der Hydropyridin- und Hydrochinolinbasen'' ansah [s. a. B. 13, 2310 (1880)]. Ein weiteres wichtiges Verfahren zur Konstitutionsbestimmung lieferte S. Zeisel [M. 6, 989 (1885)] in seiner Methode der Bestimmung von Methoxyl- und Äthoxylgruppen. In diese Zeit, die als ein ,,modernes'' Problem die Alkaloidforschung pflegte, fiel auch die geistig mit dem Chinin verknüpfte Erfindung bzw. Entdeckung des ersten künstlichen Fiebermittels Antipyrin durch L. Knorr (1884) und die erste Synthese eines ringförmigen Alkaloids, des Coniins oder n-Propyl-piperidins durch A. Ladenburg [B. 19, 2578 (1886); s. a. A. 247, 1 (1888); B. 39, 2488 (1906); 40, 3734 (1907); vgl. a. K. Hess, B. 53, 139, 145 (1920)].

Das Studium der Alkaloide verbreitert sich nun zusehends; es treten immer neue Forscher auf den Plan und immer mehr Pflanzenbasen werden untersucht. So ist E. Schmidt (1845—1929) zu nennen, der das Berberin (1887), die Alkaloide der Papaveraceen (seit 1890) und der Solanaceen (1892 u. f.) erforscht; dann beginnt 1886 M. Freund (1863—1920) seine erfolgreichen Alkaloidforschungen mit dem Hydrastin [I. Abh. B. 19, 2797 (1886); XII. Abh. B. 26, 2488 (1893)], um darauf die Untersuchungen der Opiumalkaloide [Narcein, A. 277, 20 (1893), B. 36, 1527 (1903) bis B. 42, 1084 (1907); Thebain, B. 30, 1357 (1897 bis 1916); Codein B. 39, 844 (1906 bis 1920); Cotarnin, B. 33, 380 (1900) bis B. 44, 2353 (1911)] und des Berberins [A. 397, 1 (1913); 411, 1 (1916)] folgen zu lassen. Der Erforschung der Konstitution des Narcotins hatte gleichzeitig auch W. Roser (1858—1923) sich gewidmet [A. 245, 311 (1888); 272, 221 (1893)].

Es ist nicht allein der Reiz des durch Skraup, Koenigs, Goldschmiedt, Ladenburg u. a. erschlossenen neuen und weiten Arbeitsgebietes, das durch die Fülle seiner Probleme und durch seine therapeutische Bedeutung die chemische Konstitutionsforschung anspornt, es sind auch berufliche Bindungen, die von seiten der pharmazeutischen und pharmakologischen Chemie die wissenschaftliche Mitarbeit auslösen (z. B. E. Schmidt, Freund, Roser) oder gewisse „Zufälle" sind maßgebend für die Wahl gerade der Alkaloidchemie als bevorzugtes Forschungsgebiet. So wurde A. Pictet (1879 in Bonn) durch die zufällige Kenntnisnahme der Abhandlung von W. Koenigs über das Pyridin schon frühzeitig der Alkaloidchemie zugeführt, und so empfing auch einer der erfolgreichsten Alkaloidforscher, W. H. Perkin jun. (1860—1929) als Münchener Privatdozent (1883/86) seine Anregung zur Alkaloidforschung aus dem Umgang mit W. Koenigs — schon 1887 erhielt Perkin bei der Oxydation des Berberins (mit Kaliumpermanganat) Hemipinsäure (gleichzeitig hatte sie auf demselben Wege E. Schmidt erhalten, während Goldschmiedt sie 1888 aus Papaverin, durch $KMnO_4$, gewann).

Für die Biologie der wissenschaftlichen Entwicklung der Alkaloidchemie ist dann noch bedeutsam die Bildung von Schulen bzw. von Forschungsstätten an Hochschulen, in denen einer wissenschaftlichen Tradition zufolge die Arbeitsrichtung' hervorragender Lehrer einen weiteren Ausbau und eine Fortsetzung erfährt. Es war J. Gadamer (1867—1928), der als Nachfolger von E. Schmidt (in Marburg) die Alkaloidforschung erfolgreich weiterbildete; es war der Schüler dieser hervorragenden Pharmazeuten E. Schmidt und J. Gadamer, K. Feist, der mit seinen Mitarbeitern die Alkaloide der Colombowurzel u. a. (etwa seit 1920) vielseitig experimentell bearbeitete. Und ebenso war es der organische Chemiker J. v. Braun (1875—1939), der als Nachfolger von M. Freund (in Frankfurt a. M.) seine früher (1914) begonnenen Studien der Morphiumalkaloide weiter ausbaute und dem Zusammenhang zwischen Konstitution und pharmakologischer Wirkung nachforschte [vgl. B. 59, 1081 (1926)]. Und es war Rob. Robinson, seit 1907 Mitarbeiter W. H. Perkins bei dessen Untersuchungen (über Brasilin und Hämatoxylin, Cotarnin, Narcotin, Harmin und Harmalin, Strychnin und Brucin usw.), der dieses Forschungsgebiet seither selbständig fortgeführt hat.

Jene Zeit um 1880—1890 war also in theoretischer Hinsicht mit einem starken Interesse für die Alkaloidforschung erfüllt (auch die neuen stereochemischen Lehren forderten eine Anwendung auf diese Gebiete). Doch auch die hervorragende medizinische Wirkung und Verwendung der Alkaloide führte zwangsläufig zu einer chemischen

Konstitutionsforschung, hatte doch Justus Liebig seit 1844 in
seinen „Chemischen Briefen" in die weitesten Kreise die Hoffnung
und den Ansporn getragen, „... daß es uns gelingen wird, Chinin
und Morphin ... mit allen ihren Eigenschaften hervorzubringen",
und zwar aus Steinkohlenteer.

Ein eigenwilliger Umstand fügte es nun, daß gerade die beiden·
genannten Alkaloide zu den am schwierigsten aufklärbaren und
synthetisierbaren chemischen Stoffen gehörten, teils wegen ihrer verwickelten Konstitution, teils auch wegen der zahlreichen Begleiter,
die als Nebenalkaloide mit jedem der beiden Haupttypen in der Natur
vergesellschaftet sind. Es ist ein biologisches und chemisches Problem,
wie und warum ein und dieselbe Pflanze meist gleichzeitig so
viele Derivate desselben Grundtypus erzeugt? Zählte man doch schon
1882 fünfundzwanzig verschiedene China-Alkaloide, und sind doch
gegenwärtig etwa fünfundzwanzig Opiumalkaloide bekannt!

$$\text{Grundtypus:}\quad
\begin{array}{c}
C \\
C \quad\quad C \\
C \quad\quad C \\
N \\
|
\end{array}$$

d-Coniin. Aus dem Schierling (Conium maculatum) zuerst von
A. L. Giseke (1827), dann reiner von Geiger [Siedepunkt 187,5⁰
(1831)] und Blyth [Siedepunkt 168—171⁰ (1849)] und von A. W. Hofmann (1881) von der Zusammensetzung $C_8H_{17}N$ erkannt. Im käuflichen
Coniin wurde eine „Methylconiin" genannte Beimengung beobachtet.
(v. Planta und Kekulé, 1854); ferner entdeckte Th. Wertheim
(1857) im Schierling noch eine kristallin. Base „Conydrin" $C_8H_{17}NO$:
durch Wasserabspaltung, gemäß der Gleichung: $C_8H_{17}NO = C_8H_{15}N +$
$+ H_2O$ erhielt A. W. Hofmann [B. 18, 5, 109 (1885)] drei Basen,
die er α-Conicein (flüssig), β-Conicein (fest) und γ-Conicein (flüssig,
sekundäre Base) nannte. Bemerkenswert ist das Verhalten des salzsauren γ-Coniceinsalzes beim Schmelzen: es wird grün und zerfließt
an der Luft zu einer roten Flüssigkeit.

Neben dem Conydrin (Conhydrin) wurde 1891 von E. Merck
noch ein neues Schierlingsalkaloid isoliert, das von A. Ladenburg
[B. 24, 1671 (1891)] als Pseudoconhydrin $C_8H_{17}NO$ gekennzeichnet
wurde, für das Conhydrin wurde die Formel $C_5H_9(CHOH \cdot CH_2 \cdot CH_3)NH$
erwogen. C. Engler und F. W. Bauer [B. 24, 2525, 2530 (1891)]
gelangten von dem α-Äthylpyridylketon durch Reduktion zu dem
inaktiven Pseudoconhydrin: $NC_5H_4CO \cdot C_2H_5 \rightarrow NH \cdot C_5H_9 \cdot CHOH \cdot C_2H_5$
[dieses wurde in 2 Isomeren erhalten, vom Schmp. 99—100⁰ und
68—69⁰; vgl. a. B. 27, 1775 (1894)]. Aus dem käuflichen Coniin konnte
dann R. Wolffenstein [B. 27, 2611 (1894)] ein hochdrehendes
d-N-Methylconiin $C_8H_{16}N \cdot CH_3$, und F. B. Ahrens [B. 35, 1331 (1902)]

den Antipoden, das $l\text{-}C_8H_{16}N\cdot CH_3$ isolieren, gleichzeitig fand er in denselben Merckschen Coniumbasen auch inaktives spaltbares Coniin, während R. Wolffenstein [B. **28**, 302 (1895)] im natürlichen Coniin auch das „γ-Conicein" $C_8H_{15}N$ nachwies, dagegen fand sich von dem Ladenburgschen „Isoconiin" [B. **26**, 854 (1893) bis B. **40**, 3736 (1907)] keine Spur [R. Wolffenstein, B. **28**, 305 (1895); **29**, 1956 (1896); ebenso K. Hess und W. Weltzien, B. **53**, 139 (1920)]. Dieses „Isoconiin" wurde von Ladenburg als Beweis für das drei-wertige asymmetrische Stickstoffatom ins Feld geführt und eindeutig von K. Hess (1920) widerlegt. J. v. Braun hatte [B. **38**, 3108 (1905); **51**, 1477 (1917)] in einem Schierlingsbasengemisch noch ein inaktives (d,l-)N-Methyl-coniin aufgefunden.

Coniin

$$\begin{array}{c}
H_2 \\
C \\
H_2C_5 \quad {}^4 \quad {}_3CH_2 \\
H_2C^6 \qquad {}^2CH(C_3H_7) \\
\underset{H}{N}_1
\end{array}$$

A. W. Hofmann, B. 18, 129 (1885).

Conyrin

$$\begin{array}{c}
H \\
C \\
HC_5 \quad {}^4 \quad {}_3CH \\
HC^6 \qquad {}^2C\cdot(C_3H_7) \\
N_1
\end{array}$$

d- und d,l-Coniin

$$\begin{array}{c}
H_2 \\
C \\
H_2C \qquad CH_2 \\
H_2C \qquad CH\cdot CH_2\cdot CH_2\cdot CH_3 \\
\underset{H}{N}
\end{array}$$

Synthese und Spaltung:
A. Ladenburg (1886, 1888); K. Hess
und W. Weltzien, B. **53**, 145 (1920).

d-, bzw. l- und (d,l)-N-Methylconiin

$$\begin{array}{c}
H_2 \\
C \\
H_2C \qquad CH_2 \\
H_2C \qquad CH\cdot CH_2\cdot CH_2\cdot CH_3 \\
\underset{CH_3}{N}
\end{array}$$

R. Wolffenstein, B. 27, 2614 (1894).
J. v. Braun, B. 38, 3110 (1905).
K. Hess, B. 50, 1400 (1917).

γ-Conicein

$$\begin{array}{c}
H_2 \\
C \\
H_2C \qquad CH \\
H_2C \qquad C\cdot CH_2\cdot CH_2\cdot CH_3 \\
\underset{H}{N}
\end{array}$$

R. Wolffenstein, B. 28, 302 (1895).
J. v. Braun, B. 38, 3094 u. f. (1905).
K. Löffler, B. 42, 931, 944 (1909).

d-Conhydrin

$$\begin{array}{c}
H_2 \\
C \\
H_2C \qquad CH_2 \\
H_2C \qquad CH\cdot CH(OH)\cdot CH_2\cdot CH_3 \\
\underset{H}{N}
\end{array}$$

K. Löffler, B. 42, 930 (1909).
K. Hess, B. 50, 1390 (1917).

d-Pseudoconhydrin

$$\begin{array}{c}
H_2 \\
C \\
(OH)H\cdot C_5 \quad {}^4 \quad {}_3CH_2 \\
H_2C^6 \qquad {}^2CH\cdot CH_2\cdot CH_2\cdot CH_3 \\
\underset{H}{N}_1
\end{array}$$

E. Späth, B. 66, 591 (1933). Vgl. a. K. Löffler, B. 42, 122 (1909).

Es ist bemerkenswert, wie vielgestaltig trotz des einfachen Grundgerüstes der synthetische Aufbau der Schierlingsbasen (die in der
Pflanze hauptsächlich an Äpfelsäure und Kaffeesäure gebunden sind)
sich ergibt. Bisher wurden isoliert: Rechts-Coniin (daneben auch
inaktives), Rechts-, sowie Links- und inaktives N-Methyl-coniin,
Rechts-Conhydrin und Rechts-Pseudo-conhydrin, sowie γ-Conicein.
Coniin verträgt Erhitzen auf 300⁰, ohne razemisiert zu werden, und
d-Methyl-coniin änderte nicht seinen Drehwert beim Erhitzen (mit
Säuren oder Basen) bis auf 200⁰ [K. Hess, B. 53, 128 (1920)]. Conhydrin und Pseudoconhydrin enthalten je zwei verschiedene asymmetrische Kohlenstoffatome, können also in diastereomeren
Formen und in diastereomeren Derivaten auftreten, trotzdem
kommen sie nur je in einer Form vor.

Granatwurzel-Alkaloide.

In den Jahren 1878—1880 entdeckte Ch. Tanret in der Wurzel-
rinde des Granatapfelbaumes (Punica granatum) vier verschiedene
Alkaloide: das linksdrehende Pelletierin $C_8H_{15}ON$, das inaktive Isopelletierin $C_8H_{15}ON$, das rechtsdrehende Methylpelletierin $C_9H_{17}ON$
(alle drei flüssig) und das kristallinische inaktive Pseudopelletierin
$C_8H_{15}ON$ [über die Aktivität vgl. G. Tanret, C. r. 170, 1118 (1920)];
ihnen fügte A. Piccinini (1899) eine fünfte Base, ein isomeres inaktives Methylpelletierin hinzu. Das Pseudopelletierin hat dann durch
G. Ciamician und P. Silber (1892—1896), sowie Piccinini (1899)
und R. Willstätter [vgl. seine Synthese des Cyclooctans, B. 44,
3423 (1911)] die Konstitution eines Methylgranatonins erhalten. Über
den Aufbau der anderen Basen liegen die Untersuchungen von K. Hess
vor [I. Abh. B. 50, 368 (1917); VII. Abh. B. 52, 1005 (1919)]; er hat

d,l-Pelletierin (früher „Isopelletierin")   „Isomethylpelletierin" →

K. Hess und A. Eichel, B. 50, 1192 (1917).   Piccinini (1899).

→ d,l-Methyl-isopelletierin   ← Isopelletierin (neu)

K. Hess, B. 50, 1399 (1917);   K. Hess, B. 52, 1006 (1919);
52, 970 (1919).   A. 441, 111 (1925).

Pseudopelletierin

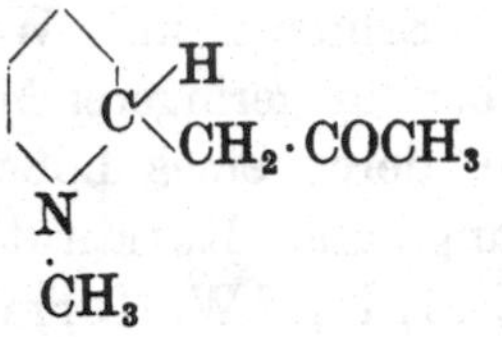

IV. — V. 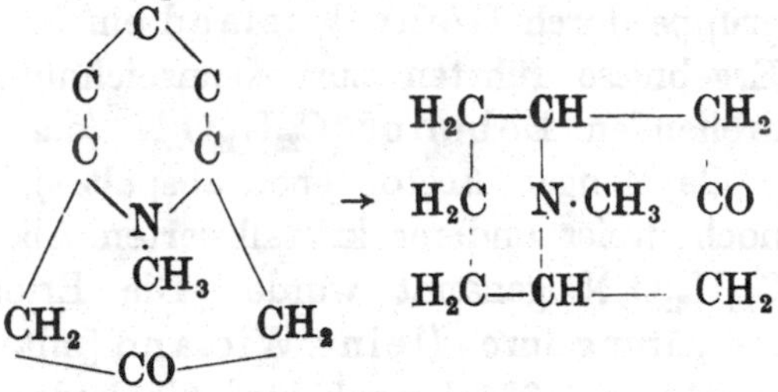 —

K. Hess, B. 52, 1006 (1919).   Synthese: Rob. Robinson, Soc. 125, 2163 (1924).

die unter I bis V benannten Basen nachgewiesen und von I und II keine optischen Vertreter in der Punica gefunden. Die aus dem Rindenmaterial in reiner Form isolierbaren Basen betragen etwa 0,25 % des Rindengewichts, und zwar aus 100 kg Rinde: 179 g Pseudopelletierin (V), 52,5 g Pelletierin (I), 22 g Methyl-isopelletierin (II) und etwa 1,5 g Isopelletierin (III), sowie etwa 1 g 1-(α-N-Methyl-piperidyl)-propan-2-on (IV) [K. Hess, B. 52, 1012 (1919)]; je nach der Herkunft des Rohmaterials können sich die Ausbeuten gänzlich verschieben, z. B. Pseudopelletierin < Methylisopelletierin < Pelletierin [K. Hess, A. 441, 129 (1925)].

Ricinin.

Aus den giftigen Samen von Ricinus communis hatte Tuson (1864) ein kristallinisches Alkaloid isoliert; dasselbe hatte die Zusammensetzung $C_8H_8O_2N_2$ (Maquenne, 1905 u. f.) und wurde zuerst durch E. Späth (seit 1921) seiner Konstitution nach, sowie durch synthetische Darstellungen aufgeklärt [gemeinsam mit G. Koller, B. 56, 880, 2454 (1923); 58, 2124 (1925)]:

N - Methyl - 3 - cyan - 4 - methoxy-
2-pyridon.

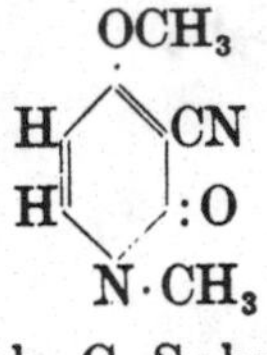

Weitere Synthesen führten auch G. Schroeter sowie J. Reitmann (1934) aus.

Alkaloide der Lobelia-Pflanze.

Schon um 1840 hatten Reinsch, Pereira u. a. aus der in Nordamerika heimischen Lobelia inflata eine gummi- bzw. ölartige Substanz „Lobelin" extrahiert. In der Heilkunde wurde dieses Basengemisch schon früh angewandt und der Pharmakologe Schmiedeberg hatte schon in den achtziger Jahren auf die Bedeutung desselben hingewiesen. Doch erst 1915 wurde durch Herm. Wieland die wichtige klinische Verwendung des kristallisierten Lobelins (von Heinr. Wieland) zur Behebung von Lähmungszuständen des Atemzentrums erschlossen.

Und nun erst setzte die chemische Erforschung dieser Alkaloid-gruppe durch Heinr. Wieland ein [B. 54, 1784 (1921)]. Die ersten Ergebnisse führten zur Kennzeichnung des kristallinischen links-drehenden Lobelins $C_{23}H_{29}O_2N$ (das beim Erhitzen mit Wasser große Mengen Acetophenon abspaltet), daneben in geringerer Menge noch dreier anderer kristallisierten Alkaloide, deren eines Lobelidin $C_{20}H_{25}O_2N$ genannt wurde. Die Erforschung und Konstitutions-aufklärung durch Heinr. Wieland [mit C. Schöpf und W. Hermsen, A. 444, 40 (1925)] ergab fünf Alkaloide: Lobelin $C_{22}H_{27}O_2N$, Lobelidin $C_{20}H_{25}O_2N$, Lobelanin $C_{22}H_{25}O_2N$, Lobelanidin $C_{22}H_{29}O_2N$ und Iso-lobelanin $C_{22}H_{25}O_2N$, wobei Lobelin und Lobelanin durch Reduktion eine Aufspaltung der Zweiringformel und den Übergang in Lobelanidin erfuhren. Die Revision der Formeln, die Aufstellung der richtigen Konstitutionsbilder und die Bestätigung derselben durch die Synthese (des nor-Lobelanins) wurde dann 1929 von Heinr. Wieland [mit O. Dragendorff, W. Koschara, E. Dane, J. Drishaus, A. 473, 83 u. f. (1929)] durchgeführt; die nachbenannten Alkaloide wurden als relativ einfache Pyridinderivate erkannt: Links-Lobelin $C_{22}H_{27}O_2N$; d,l-Lobelin (früher „Lobelidin") $C_{22}H_{27}O_2N$; inaktives Lobelanin $C_{22}H_{25}O_2N$ und nor-Lobelanin (früher „Isolobelanin") $C_{21}H_{23}O_2N$; inaktives Lobelanidin $C_{22}H_{29}O_2N$ und nor-Lobelanidin $C_{21}H_{27}O_2N$. Für die Konstitution ergaben sich folgende einfache Beziehungen:

Lobelanin.   l-Lobelin.

Lobelanidin.

Diesen drei tertiären Basen entsprechen die entmethylierten sekun-dären, nor-Lobelanin und nor-Lobelanidin.

Neben den genannten 6 Lobelia-Alkaloiden sind neuerdings noch weitere Nebenalkaloide entdeckt worden, darunter Lobinin $C_{18}H_{27}O_2N$ [H. Wieland und Mitarbeiter, A. 491, 14 (1931)]; aus den Rück-ständen der Lobelingewinnung wurden Begleitbasen der Lelobingruppe gewonnen, z. B. d,l-Lelobanidin $C_{18}H_{29}O_2N$, l-Lelobanidin I und l-Lelobanidin II, eine Base $C_9H_{19}ON$, zwei Basen $C_{14}H_{21}ON$ usw. [Wieland, W. Koschara, E. Dane und Mitarbeiter, A. **540**, 103—156 (1939)]:

d,l-Lelobanidin.

Lobinin.

(?) Base $C_9H_{19}ON$.

(?) Base $C_{14}H_{21}ON$.

Man hat gewissermaßen das Bild eines stufenweisen Aufbaus bzw. der Substitution in α,α'-Stellung vor sich, teils mit aromatischen, teils mit aliphatischen Keton- und Alkoholresten; durch die zahlreichen asymmetrischen C-Atome wächst der Problemreichtum.

Überblickt man im Zusammenhang diese Alkaloidgruppe der Pyridinderivate, vom Coniin zum Pelletierin, Ricin und Lobelin mit ihren Derivaten, so ist es reizvoll zu sehen, wie die lebende Pflanzenzelle an dem einfachen Grundgerüst von Fall zu Fall bald mit aliphatischen Kohlenwasserstoffresten, bald nur mit Aldehyd- und Ketongruppen (in der Granatwurzelrinde), bald wiederum abwechselnd mit aromatischen und aliphatischen Resten (in der Lobelia-Pflanze) eine Überfülle von synthetischen Derivaten hervorbringt. Man ist unwillkürlich vor die Frage gestellt: wie vollführt sie diese Synthesen und hat die Vielheit der Produkte einen bestimmten Zweck?

Grundgerüst (Pyrrolidinabkömmlinge).

l-Nicotin (α-[β-Pyridyl]-N-methyl-pyrrolidin).

Für das Nicotin hatte Wischnegradsky (1879) die Formel

angenommen, nachdem zuerst H. Weidel(1873) durch Oxydation des Nicotins die als Nicotinsäure bezeichnete

Pyridincarbonsäure erhalten hatte. Durch Synthese wies Skraup [M. **4**, 436 (1884)] die Konstitution der Nicotinsäure[1]) = β-Pyridincarbonsäure nach. A. Pinner [B. **26**, 292 (1893)] stellte dann die Nicotinformel I auf und verteidigte sie gegen die Formel von A. Etard (II) [C. r. **117** (1893)], sowie gegen die Formel (III) von V. Oliveri [Gazz. ch. **25** (1895); dazu Pinner, B. **28**, 1932 (1895)]:

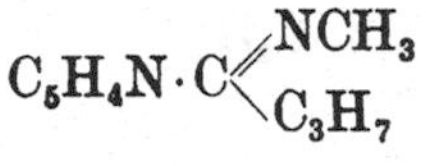

Es war dann A. Pictet [B. **37**, 1225 (1904)], dem es nach zehnjährigen Bemühungen gelang, vom Nicotinsäureamid über das β-Aminopyridin zum „Nicotyrin" [F. Blau, B. **27**, 2536 (1894)] und zur Synthese des d,l-Nicotins und zu dessen Spaltung in die Antipoden aufzusteigen, sowie die Konstitutionsformel Pinners zu bestätigen. Pictet fand auch in den Tabakpflanzen N-Methylpyrrolin [B. **40**, 3775 (1907)]:

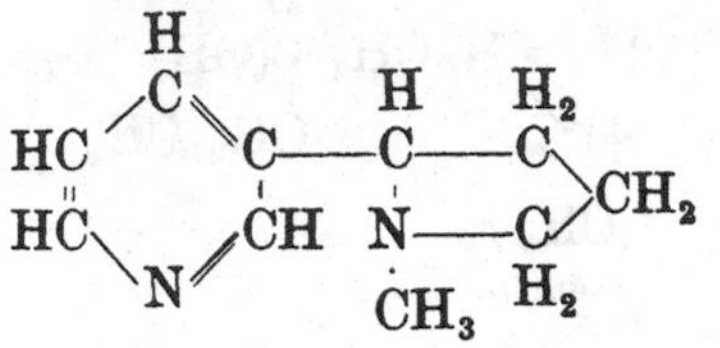

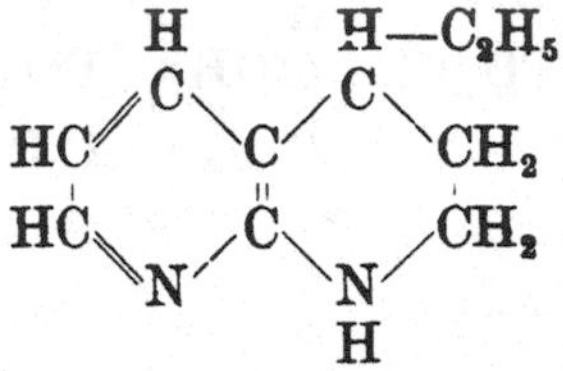

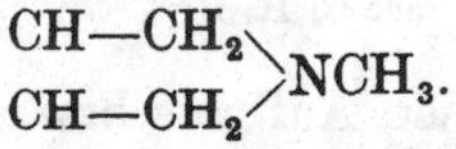

$$\begin{array}{c} CH-CH_2 \\ \end{array}\!\!\!\!\!\!\raise0.5ex{>}NCH_3.$$
$$CH-CH_2$$

Im Jahre 1928 liefert E. Späth eine neue Nicotin-Synthese [B. **61**, 327 (1928); verbesserte Synthese: B. **71**, 1276 (1938)] und betritt damit das Gebiet der Tabak-Alkaloide, dem er inzwischen 16 Mitteilungen gewidmet hat; die ersten Mitteilungen [B. **68**, 494, 1388, 1667 (1935)] sind der Untersuchung und Synthese von d- und l-Nornicotin [B. **69**, 251 (1936)] gewidmet; dann folgt die Konstitutionsaufklärung des (von A. Wenusch und R. Schöller, 1935) im Tabakrauch entdeckten Myosmins, das als partiel dehydriertes Nornicotin erkannt [B. **69**, 393 (1936)] und synthetisch dargestellt [B. **69**, 757 (1936)] wird; neue Synthesen von Anabasin [von A. Orechoff und G. Menschikoff aus Anabasis aphylla isoliert, B. **64**, 266 (1931)] und dessen d- und l-Formen [B. **69**, 1082 (1936); **70**, 70 (1937)], sowie die Auffindung eines neuen Tabakalkaloids l-Anatabin [B. **70**, 239 (1937)] schließen sich an, alsdann wird das Vorkommen von d,l-Nornicotin (bzw. l-Nor-nicotin), d,l-Anatabin und l-Anabasin [B. **70**, 704 (1937)] sowie Nicotyrin und N-Methyl-anabasin und -anatabin in Tabaklauge nachgewiesen [XIII. Mitteil., B. **70**, 2450 (1937); XIV. Mitteil. B. **71**, 100 (1938)]. Unter den flüchtigen Basen des Tabaks konnte E. Späth [und Mitarbeiter, XVI. Mitteil., B. **72**, 1809 (1939)] das N-Methyl-pyrrolidin nachweisen.

---

[1]) Die Nicotinsäure wurde zuerst von U. Suzuki (1911) und C. Funk (1913) aus der Reiskleie bei der Gewinnung von Vitamin B_1 isoliert; über die biologische Bedeutung des Nicotinsäureamids vgl. Co-dehydrasen.

Hygrin und Cuskhygrin.

Von Fr. Wöhler und Lossen war 1862 aus den Cocablättern neben Cocain noch eine flüssige, deshalb Hygrin genannte Salz-Basis gewonnen worden. Für das Hygrin hatte O. Hesse (1887) die Formel $C_{12}H_{13}N$ (= Trimethylchinolin) aufgestellt, während C. Liebermann [B. **22**, 675 (1889)] die Formel $C_8H_{15}NO$ ermittelte. Neben dem l-Hygrin wurde noch eine höher siedende, in größerer Menge auftretende inaktive Base $C_{13}H_{24}N_2O$ gefunden und Cuskhygrin (aus Cuskoblättern) benannt [Liebermann und G. Cybulski, B. **28**, 578 (1895)], gleichzeitig wurde als wahrscheinliche Konstitution

des Hygrins
$$\begin{array}{c} NCH_3 \\ H_2C \diagup \diagdown CH\cdot CO\cdot CH_2\cdot CH_3 \\ H_2C\!\!-\!\!-\!\!CH_2 \end{array}$$
angenommen, während Cusk-

hygrin = n-Methylpyrolidin-hygrin wäre. Liebermann (1900) änderte dann diese Formeln um:

$$\text{Hygrin}\ \begin{array}{c} N\cdot CH_3 \\ H_2C \diagup \diagdown CH\cdot CH_2\cdot CO\cdot CH_3 \\ H_2C\!\!-\!\!CH_2 \end{array} \xrightarrow[\text{(Hygrinsäure)}]{\text{oxydiert}} \begin{array}{c} N\cdot CH_3 \\ H_2C \diagup \diagdown CH\cdot COOH, \\ H_2C\!\!-\!\!CH_2 \end{array}$$

$$\text{und Cuskhygrin}\ \begin{array}{c} NCH_3 \\ H_2C \diagup \diagdown CH\cdot CH_2\cdot CO\cdot CH_2\cdot HC \\ H_2C\!\!-\!\!CH_2 \end{array}\begin{array}{c} NCH_3 \\ \diagdown CH_2. \\ H_2C\!\!-\!\!CH_2 \end{array}$$

R. Willstätter [B. **33**, 1160 (1900)] bestätigte durch Synthese die Hygrinsäureformel und wies auf die chemische Verwandtschaft der Hygrine mit Tropinon und Cocain und damit auf den Weg hin, den die Photosynthese des Cocains in der Pflanze vermutlich nimmt.

Die Synthese des Hygrins führte K. Heß [B. **46**, 3113, 4104 (1913)] aus; die von ihm anfangs [B. **53**, 791 (1920 u. f.)] verteidigte Konstitutionsformel des Cuskhygrins

$$\begin{array}{c} N\cdot CH_3 \\ H_2C \diagup \diagdown CH\!\!-\!\!-CH\!\!-\!\!-CH \diagup \\ H_3C\!\!-\!\!CH_2 \quad OC\cdot CH_3 \quad CH_2\!\!-\!\!CH_2 \end{array}\begin{array}{c} N\cdot CH_3 \\ \diagdown CH_2 \\ \end{array}$$

wird durch die Ergebnisse der Hydrierung nicht eindeutig gestützt [Hess, A. **441**, 137, 151 (1925)]. (Tritt beim Cuskhygrin neben optischer Isomerie nicht auch Tautomerie auf?)

Zu dieser Gruppe gehören auch Stachydrin, Betonicin und Turicin.

Alkaloide vom Chinolintypus.

Chinabasen. Nachdem bereits 1811 Gomes ein kristallinisches und 1819 F. F. Runge ein anderes Produkt als „Chinabasis" beschrieben hatten, wurden 1820 von Pelletier und Caventou die beiden Alkaloide Chinin und Cinchonin isoliert; zu ihnen kam 1847 das von Winckler entdeckte, von ihm Chinidin genannte und von Pasteur in „Cinchonidin" umbenannte Alkaloid hinzu. Ihnen schloß sich das Chinidin oder Conchinin $C_{20}H_{24}N_2O_2$ an, dieses war als β-Chinin durch van Heijningen (1848) vom käuflichen Chinoidin abgetrennt worden; ein ähnliches Alkaloid hatten Henry und Delondre (1833) abgeschieden und Chinidin genannt, 1869 stellte es O. Hesse rein dar und schlug den Namen Conchinin vor.

Ein Hydrocinchonin $C_{19}H_{24}N_2O$ von I. Caventou und Willm (1870), ein anderes Isomeres von Zorn (1873), ein drittes als steter Begleiter des Cinchonins und von Zd. Skraup (1878) Cinchotin genannt, treten zu den vorigen hinzu.

Von O. Hesse wurden folgende neue China-Alkaloide isoliert: Chinamin $C_{19}H_{24}N_2O_2$ (1872), Conchinamin $C_{19}H_{24}N_2O_2$ (1877), Cinchamidin $C_{20}H_{26}N_2O$ (1881); von Arnaud (1881) war ein Cinchonamin $C_{19}H_{24}N_2O$ abgetrennt worden; ein Hydrocinchonidin $C_{19}H_{24}N_2O$ entdeckten (1881) C. Forst und Böhringer, während O. Hesse es aus den Opiumalkaloidmutterlaugen isolierte und mit dem Cinchamidin identifizierte [A. 214, 1 (1882)], ferner: Hydrochinin $C_{20}H_{26}N_2O_2$, Hydroconchinin $C_{20}H_{26}N_2O_2$, Hydrocinchonin (Cinchotin) $C_{19}H_{24}N_2O$ [1]). O. Hesse [A. 205, 315 (1880)] wies auch durch Acetylierung nach, daß Chinin, Cinchonin, Conchinin und Cinchonidin je eine HO-Gruppe besitzen, ferner (durch Abspaltung von Chlormethyl beim Überhitzen mit Salzsäure) daß nur Chinin und Conchinin (Chinidin) je eine Methoxy-Gruppe im Molekül enthalten; dabei entsteht „Apochinin" $C_{19}H_{22}N_2O_2$ und „Apoconchinin" $C_{19}H_{22}N_2O_2$, während Cinchonin und Cinchonidin beim Erhitzen mit Salzsäure eine Umlagerung in „Apocinchonin" $C_{19}H_{22}N_2O$ und „Apocinchonidin" $C_{19}H_{22}N_2O$ erleiden. Eine andere Art von Isomerisation hatte schon Pasteur (1853) festgestellt, indem er Chinin- und Cinchoninsalze (mit etwas Wasser) erhitzte; aus Chinin entsteht „Chinicin" $C_{20}H_{24}N_2O_2$, aus Cinchonin- und Cinchonidinsalzen das „Cinchonicin" $C_{19}H_{22}N_2O$. Nach O. Hesse [A. 166, 217 (1873)] kommen diese Basen schon in den Chinarinden vor. W. v. Miller und G. Rohde [B. 28, 1058 (1895)] wiesen die außerordentliche Giftigkeit dieser Basen nach und benannten sie daher Chinotoxin und Cinchotoxin, ihre Darstellung wurde verbessert und sie wurden kristallinisch erhalten [B. 27, 1279 (1894); vgl. a. B. 33, 3214 (1900)]; die Wirkung der Säuren — umgekehrt ihrer Stärke — auf die Umlagerung von Cinchonin in Cinchonicin (Cinchotoxin) stellte P. Rabe fest [B. 43, 3308 (1910)].

---

[1]) Als Dihydro-chinin, Dihydro-cinchonin, Dihydro-chinidin (Dihydro-conchinin) $C_{20}H_{26}N_2O_2$ und Dihydro-cinchonidin (Cinchamidin) $C_{19}H_{24}N_2O$ wurden diese Hydrobasen durch katalytische Hydrierung von A. Skita [B. 44, 2862 (1911); 45, 3317 (1912)] dargestellt und identifiziert.

B. H. Paul und Cownley isolierten (1881) aus der Rinde von Cinchona cuprea ein neues Alkaloid, das gleichzeitig von Whiffen abgeschieden und „Ultrachinin" genannt wurde; als „Homochinin" wurde es (1882) von Howard und Hodgkin gefunden und von O. Hesse (1882) als neues Individuum gekennzeichnet; dann wiesen (1884) Paul und Cownley nach, daß Homochinin nur zur Hälfte aus Chinin, daneben aus einem neuen Alkaloid „Cuprein" besteht, O. Hesse [A. 230, 55 (1885)] konnte dieses bestätigen und die Zusammensetzung des Cupreins = $C_{19}H_{20}N_2(OH)_2$ *) durch das Diacetylcuprein feststellen. Den Übergang des Cupreins in Chinin (= Methylcuprein) zeigten Grimaux und Arnaud (1891 u. f.), sowie G. Giemsa und J. Halberkann [B. 51, 1325 (1918)].

Als ein Begleitstoff der Chinabasen muß auch die (vor der Isolierung der Chinaalkaloide in den echten Chinarinden von F. Chr. Hofmann 1790 entdeckte) Chinasäure erwähnt werden; das leicht lösliche chinasaure Cinchonin bzw. Chinin fanden W. Henry und Plisson (1827) in den Chinarinden. Neben der Chinasäure (bis zu 9%) kommt noch die Chinagerbsäure (bis zu 3%) vor, diesen steht ein Gehalt bis zu 12% an Alkaloiden in den Chinarinden gegenüber. Für den Aufbau und die Weiterleitung der schwerlöslichen freien Chinabasen in der Pflanze dürfte die Anwesenheit dieser Säuren eine besondere Bedeutung haben.

Überblickt man diese um das Jahr 1880 bereits bekannte Mannigfaltigkeit des Problems „Chinin", so wird man vielleicht die optimistische Prophezeiung Liebigs von der baldigen künstlichen Darstellung — „aus Steinkohlenteer" — des „wohltätigen Chinins" oder des „Morphins" mit einer gewissen Zurückhaltung bewerten. Die Natur hat hier bei ihrer Synthese ein wundersames Zusammenspielen von chemischen Aufbauvorgängen demonstriert und den stufenweisen Werdegang vom Chinin (bis zu 12%) zum Cinchonin (bis $2^1/_2$%) zu den Spuren der zahlreichen Nebenalkaloide anschaulich gemacht: neben den normalen (ungesättigten) Hauptalkaloiden treten in geringer Menge die Dihydrobasen als Nebenprodukte auf; neben dem Chinin (Methoxycinchonidin) tritt als Nebenprodukt das Cinchonidin auf usw., neben Chinin, Cinchonin usw. noch Apochinin, Apocinchonin usw.; neben Strukturisomerie wird noch Stereoisomerie eingeschaltet, z. B. Cinchonin ⇌ Cinchonidin [W. Koenigs, B. 29, 2185 (1896)], Chinin ⇌ Chinidin, sowie deren Hydroderivate.

Die Zahl dieser Isomeren nahm bald erheblich zu. Um dies nur an einem Typus zu veranschaulichen, wählen wir das Cinchonin

---

*) Die katalytische Hydrierung von Cuprein zu Dihydro-cuprein $C_{19}H_{24}N_2O_2$ sowie von dessen Alkyläthern führten G. Giemsa und J. Halberkann [B. 51, 1325 (1918) u. f.; s. a. B. 54, 1167 (1921)] durch. Das Äthyl-hydrocuprein kommt als „Optochin" (Zimmer & Co., Frankfurt a. M.) gegen Malaria und Pneumokokken (1914) zur medizinischen Anwendung.

$C_{19}H_{22}N_2O$ und seine Isomerisationsprodukte, nach dem Zustande am Ende des neunzehnten Jahrhunderts:

α-Isocinchonin [W. Koenigs und Comstock, B. **20**, 2521 (1887); O. Hesse, A. **276**, 93 (1893)], vielleicht identisch mit

Cincholin [Jungfleisch und Léger, C. r. **106**, 658 (1888)];

β-Isocinchonin [Hesse, A. **260**, 215 (1890); **276**, 93 (1893)], vielleicht identisch mit

Cinchonigin [Jungfleisch und Léger, zit. S. 658 (1888)];

Cinchonifin [Jungfleisch und Léger, C. r. **105**, 1257 (1887); **118**, 536 (1894)];

β-Cinchonin [Skraup, B. **25**, 2909 (1892); G. Pum, M. **13**, 683 (1893)];

γ-Cinchonin (Skraup, zit. S. 2910);

δ-Cinchonin [Jungfleisch und Léger, C. r. **118**, 31 (1894)];

Apocinchonin
Isoapocinchonin
Apoisocinchonin   [O. Hesse, A. **276**, 100 u. f. (1893)];
Pseudocinchonin

Cinchonibin [E. Jungfleisch und E. Léger, C. r. **117**, 42 (1893)];

Allo-cinchonin [E. Lippmann und E. Fleissner, B. **26**, 2005 (1893)].

Es liegen hier teils neben schwer trennbaren Gemischen — neue struktur- und stereoisomere Verbindungen vor; so betrachtete Skraup das α- und β-Isocinchonin sowie Allocinchonin als stereoisomer mit Cinchonin, während Koenigs (1906) nur für Allocinchonin die gleiche Konstitution annimmt. Ähnliche isomere Umwandlungen weisen auch die anderen Chinaalkaloide auf, z. B. das Chinin [Koenigs und Comstock, B. **20**, 2510 (1887); Skraup, B. **25**, 2909 (1892) und M. **14**, 428 (1894); O. Hesse, A. **276**, 125 (1893); E. Lippmann, B. **28**, 1972 (1895)]. Die Entwirrung all dieser Isomerien stellt augenscheinlich sehr große Schwierigkeiten dar, die nur durch eine vielseitig angreifende Experimentalforschung gemeistert werden können. Es hat den Anschein, daß noch gegenwärtig nicht alle Fragen beantwortet und alle Probleme gelöst sind. Eine eingehendere physikalisch-chemische Erforschung bzw. eine zielgerichtete Verwendung der modernen physikalischen Methoden dürfte auch bei der chemischen Konstitutionsermittlung der Chinaalkaloide von Wert sein. Wir denken auch an die Mutarotation, die gegenseitigen Umlagerungen, die Waldensche Umkehrung bei Austauschreaktionen [vgl. H. King und A. Palmer, Soc. **121**, 2581 (1922)] usw. Über die Mutarotation des Cinchoninons vgl. P. Rabe, A. **364**, 336 (1909).

Über die Abkömmlinge der Chinaalkaloide (Apochinin und Apochinidin u. a.) haben neuerdings Th. A. Henry und W. Solomon

(Soc. **1934**, 1923) Untersuchungen aufgenommen (über Niquidin u. ä., Soc. **1939**, 240).

Die Aufklärung der Konstitution der China-Alkaloide erfolgte gleichsam in drei Hüben, und zwar erstens: durch die gleichzeitig verlaufenden und einander ergänzenden Untersuchungen von Zd. Skraup (* 1850, † 1910) und Wilh. Koenigs (* 1851, † 1906), die über 3 Jahrzehnte sich erstreckten und von denen Skraup sagte: „Wir haben unser ganzes Leben immer am selben Faden gesponnen," beginnend um 1880 und abschließend mit dem Tode; zweitens: Wilh. v. Miller (* 1848, † 1899), gemeinsam mit G. Rohde, diese Untersuchungen begannen 1894 und betrafen die Umlagerung des Cinchonins in Cinchotoxin, und drittens: durch P. Rabe, der mit seinen 1905 begonnenen Untersuchungen nicht nur das Problem der Konstitutionsermittlung für gelöst erklären (1908), sondern auch die Aufgabe des synthetischen Aufbaus des Chinins erfolgreich in Angriff nehmen und beenden konnte (1931).

Die Konstitutionsaufklärung knüpfte an die historische Entstehung des Chinolins aus Chinin und Cinchonin bei der Kalischmelze (Gerhardt, 1842) an; doch schon G. Williams (1855 u. f.) hatte bei der trockenen Destillation des Cinchonins das Lepidin erhalten, und bei der Chinindestillation fand man γ-Methoxychinolin und p-Oxylepidin. Weitere Einblicke eröffneten sich aber, als Skraup (seit 1878) und Koenigs (seit 1879) die Abbaureaktionen durch Oxydation von Cinchonin bzw. Chinin mit dem synthetischen Aufbau von Pyridin und Chinolinderivaten verknüpften [vgl. Skraup, B. **11** (1878) und **12**, 1104 (1879); Koenigs, B. **12**, 97, 252 (1879)]. Es wird aus Cinchonin die Cinchoninsäure erhalten und als γ-Chinolincarbonsäure erkannt (1883), das Chinin gibt eine Chininsäure (Skraup), die eine am Benzolkern methoxylierte Cinchoninsäure ist. Damit ergibt sich eine erste Formulierung beider Alkaloide, und zwar:

$$\text{Cinchonin} \quad C_{10}H_{16}ON \quad \text{und Chinin} \quad C_{10}H_{16}ON \cdot OCH_3$$

Der schwierigste Teil bestand in der Aufklärung der sog. „zweiten Hälfte" $C_{10}H_{16}ON$ der Chinaalkaloide. W. Koenigs erhielt aus Cinchonin bzw. Chinin durch Phosphorpentachlorid das Cinchoninchlorid $C_{19}H_{21}N_2Cl$ bzw. Chininchlorid $C_{19}H_{20}(OCH_3)N_2Cl$ [B. **13**, 285 (1880)], aus denen durch alkoholische Kalilauge die wasserfreien Basen „Cinchen" $C_{19}H_{20}N_2$ und „Chinen" $C_{19}H_{19}(OCH_3)N_2$ entstanden [B. **14**, 1852 u. f. (1881)]; diese Anhydrobasen erlitten beim Kochen mit starker Bromwasserstoffsäure eine Hydratisierung (unter NH_3-Verlust),

z. B. $C_{19}H_{20}N_2 + H_2O = C_{19}H_{19}NO + NH_3$ — die Verbindung $C_{19}H_{19}NO$
wurde Apocinchen, die entsprechende aus Chinen „Apochinen"
benannt [vgl. a. B. 27, 900, (1894) und J. Kenner, Soc. 1935, 299].
Diese Bildung von Cinchen und Apocinchen veranlaßt W. Koenigs
(zit. S. 1852; 1881) zu der Annahme von zwei Chinolinringen
(einem gewöhnlichen und einem hydrierten) im Cinchonin.

Bei der Oxydation des Cinchonins und Chinins hatte Skraup
neben der Cinchoninsäure u. a. noch eine von ihm Cincholoiponsäure $C_8H_{13}NO_4 = C_6H_{11}N(COOH)_2$ isoliert [M. 9 (1889) und 10
(1890)]. Andererseits hatte W. Koenigs beim oxydativen Abbau
derselben Alkaloide [B. 27, 900, 1501 (1894)] eine von ihm Merochinen
$C_9H_{15}NO_2$ genannte Verbindung erhalten. Weiterhin gelang Skraup
[B. 28, 12 (1895); M. 16, 159 (1895)] der Nachweis, daß Cinchonin,
Chinin usw. als zweifach tertiäre Basen mit einer die Vinylgruppe tragenden Seitenkette sind, also z. B. Cinchonin

$$C_9H_6N \cdot (C_8H_{12}N)\!\!\begin{array}{l} CH\!:\!CH_2 \\ \diagdown OH \end{array}$$, sowie daß auch im Merochinen eine Vinyl-

gruppe anzunehmen ist, dieses daher durch Abbau in die ganz gesättigte
Cincholoiponsäure übergeht: $C_9H_{15}NO_2$ (Merochinen) $+ 2O_2 = C_8H_{13}NO_4$
(Cincholoiponsäure) $+$ HCOOH. Wie war nun der mit dem Chinolin-
kern C_9H_6N verbundene Rest $C_8H_{12}N$ gebaut? Schon 1894 hatten
W. v. Miller und G. Rohde [B. 27, 1189, 1279 (1894)] im Cinchonin
die Ringbildung mit Brückenkohlenstoffen

$$N\!\!\begin{array}{c} C\!-\!C \\ C\!-\!C\!\!-\!\!C \\ C\!-\!C \end{array}\!\!C \quad \text{oder} \quad N\!\!\begin{array}{c} C\!-\!C \\ C \\ C\!-\!C \end{array}\!\!C \quad \text{angenommen und deren Lösung}$$

durch Hydrolyse als Ursache der Umlagerung in Cinchotoxin hingestellt. Skraup und Koenigs erbringen nun weitere Beweise für

die Formel $N\!\!\begin{array}{c} C\!-\!C \\ C\!-\!C \\ C\!-\!C \end{array}\!\!C$, wobei Koenigs dem Doppelring die Be-

zeichnung Chinuclidinring gibt — er synthetisiert ein β-Äthyl-
chinuclidin [B. 37, 3244 (1904); 38, 3049 (1905); über Chinuclidin
vgl. a. K. Löffler und Stietzel, B. 42, 124 (1909); J. Meisen-

heimer, A. 420, 190 (1920)] $N\!\!\begin{array}{c} H\diagdown C\diagup C_2H_5 \\ CH_2\!-\!C \\ CH_2\!-\!CH_2\!\!-\!CH \\ CH_2\!-\!C \\ H_2 \end{array}$ und liefert durch

Verwandlung des Merochinens in ein solches Chinuclidin die Unterlage
für eine Deutung jener „Chinuclidinhälfte". Dann folgte durch P. Rabe
[B. 41, 62 (1908); A. 364, 334 (1908)] der Nachweis, daß Cinchonin
und alle Chinaalkaloide sekundäre Alkohole sind, indem Cinchonin
in das Keton Cinchoninon und dieses rückwärts in Cinchonin verwandelt werden konnte: die Konstitutionsformel für dieses Alkaloid
konnte nunmehr als gesichert gelten.

Den Entwicklungsgang der Konstitutionsformeln veranschaulicht die nachstehende Zusammenstellung.

Cinchonin $C_{19}H_{22}N_2O$

Wischnegradsky, B. 13, 2311 (1880).

Cinchonin

$$C_9H_6N—C_9H_4 \cdot H_8 \begin{smallmatrix} OH \\ NCH_3 \end{smallmatrix}$$

Chinolinrest   hydrierter Chinolinrest

W. Koenigs, B. 14, 1852 (1881).

Cinchonin

$$C_9H_6N—C—C_9H_{16}NO$$

Chinolinkern   Komplex x

Zd. Skraup (ca. 1880).

Cinchonin in Cinchotoxin (Umwandlung)

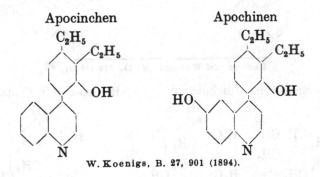

W. v. Miller und G. Rohde, B. 27, 1189, 1279 (1894).

Apocinchen

Apochinen

W. Koenigs, B. 27, 901 (1894).

Cinchen

W. Koenigs, J. pr. Ch. (2) 61, 146 (1900).

α-Isocinchonin

W. Koenigs, A. 347, 184 (1906);
P. Rabe, B. 50, 127 (1917).

29*

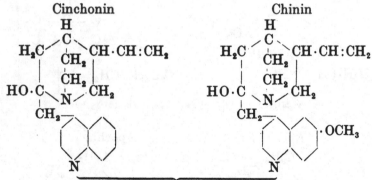

Cinchonin in Chinotoxin

v. Miller und Rohde, B. **33**, 3214 (1900).

Cinchonin

P. Rabe, A. **350**, 188 (1906);
s. auch **364**, (1909); **365**, (1909).

Cinchonin

G. Rohde und Antonaz,
B. **40**, 2329 (1907).
K. Bernhart und J. Ibele,
B. **40**, 2873 (1907).
P. Rabe, B. **41**, 63 (1908).

Cinchonin   Chinin

Skraup und Koenigs, M. **21**, 879 (1900).

Cinchonin in Cinchotoxin   Hydro-chinin (Totalsynthese)

P. Rabe, B. **43**, 3308 (1910); A. **365**, 353, 366 (1909).   Rabe, B. **64**, 2489 (1931).

Die C-Atome (1) bis (4) stellen die asymmetrischen Kohlenstoff-
zentren dar, die Zahl der optisch isomeren, enantiostereomeren Formen

ist also $2^4 = 16$ [B. **55**, 522 (1922)]. Cinchonin und Cinchonidin sind Spiegelbildisomere am C_3-Atom [Rabe, A. **373**, 85 (1910)].

Synthese des Chinins. P. Rabe hat seine synthetischen Versuche in mehreren Etappen durchgeführt. Zuerst war es die partielle Synthese des Cinchonins [B. **44**, 2088 (1911)]; dann folgte die partielle Synthese des Chinins und anderer Chinabasen [B. **51**, 466, 1360 (1918)], ausgehend von der Synthese der Chinatoxine aus Derivaten der Chinolinreihe (der Cinchonin- und Chininsäure) und Piperidinreihe [des Homo-merochinens und des Homo-cincholoipons — zu dem letzteren lagen Untersuchungen von A. Kaufmann vor, B. **49**, 2302 (1916)]; weiterhin kam die Synthese vinylfreier Chinatoxine und Chinaketone [mit K. Kindler und O. Wagner, B. **55**, 532 (1922)]. Dann erfolgte [gemeinsam mit H. Huntenberg, A. Schultze und G. Volger, B. **64**, 2487 (1931)] — über den Aufbau des Homo-cincholoipons und der Chininsäure [über die Synthese der letzteren vgl. A. Kaufmann, B. **55**, 614 (1922)] — die Synthese des natürlichen d-Hydro-chinins (s. oben) und l-Hydro-chinidins, und anschließend [mit A. Schultze, B. **66**, 120 (1933)] die Synthese der zugehörigen Spiegelbild-Isomeren, des l-Hydro-chinins und des d-Hydro-chinidins. In der XXX. Mitteil. [B. **72**, 263 (1939)] teilen nun P. Rabe und K. Kindler die Partialsynthese des Epichinins und Epichinidins mit [vgl. a. XXIX. Mitteil. A. **514**, 61 (1934); XXXI. Mitteil., J. prakt. Chem. (N. F.) **154**, 66 (1939)]. Synthetische Versuche in der Reihe der Chinaalkaloide haben auch V. Prelog, R. Seiwerth, V. Hahn und E. Cerkovnikov begonnen [B. **72**, 1325 (1939)].

Die Stereochemie der Chinaalkaloide hat P. Rabe [A. **373**, 85 (1910)] ausführlich behandelt, nachdem schon vorher W. Koenigs (1895/96) sowie Skraup [M. **10**, 229 (1890) und **24**, 296 (1903)] die Isomeriefrage erörtert hatten. Später ist P. Rabe erneut der Isomeriefrage nähergetreten, und zwar im Zusammenhang mit einer rationellen Nomenklatur [B. **55**, 522 (1922)]; der Kohlenwasserstoff (Muttersubstans des Chinins) (I) wird „Ruban" genannt und die Muttersubstanz der Chinatoxine (z. B. des Cincho- und Chinotoxins) erhält

die Bezeichnung „Rubatoxan" (II). „Rubanole" sind die synthetisierten Alkohole mit der am xC-Atom befindlichen Gruppe $C{<}^{H}_{OH}$
[Rabe und Riza, A. 465, 151 (1932)].

Stereoisomere Verbindungen des Hydro-cupreans beschrieb G.
Giemsa [B. 54, 1189 (1921)].

Einen weiteren Beitrag zur stereochemischen Zuordnung der Basen,
ihrer Chlor- und Desoxyderivate haben H. King und A. D. Palmer
[Soc. 121, 2577 (1922)] geliefert, während H. Emde [Helv. 15, 557
(1932)] nach dem Superpositionsprinzip die Basen und ihre Hydroderivate in d- und l-Gruppen einordnet. In ähnlicher Weise wie King
und Palmer hat auch P. Rabe [A. 492, 242 (1932)] eine Klassifizierung der Alkaloide und Hydroalkaloide vorgenommen, auch er
legt der räumlichen Anordnung sowohl das Carbinol-Kohlenstoff-
atom (4) als auch das C_3-Atom zugrunde, während Emde nur die
Carbinolgruppe C_4 in Betracht zieht; er weist [A. 514, 61 (1934)] nach,
daß Emdes Schlußfolgerungen über die Zugehörigkeit der Hydroderivate falsch sind, da er die Epi-hydro-derivate (die am C_4-Atom
durch Konfigurationswechsel entstanden sind, Formel I; Rabe, 1932)
bei dem Vergleich benutzt hat; ferner stellt er die Angabe von J. Suszko
[Rec. Trav. P.-Bas. 52, 18 (1933)] über ein Epicinchonin zurecht, das
er als ein strukturisomeres Hetero- oder h-Cinchonin (II) nachweist;
Suszko (1935) stimmt dem bei:

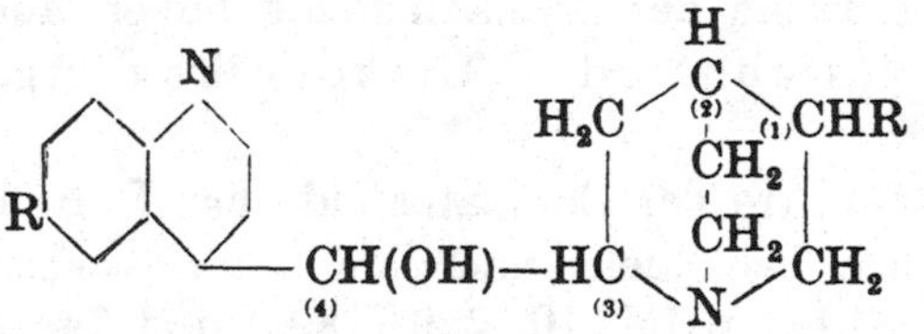

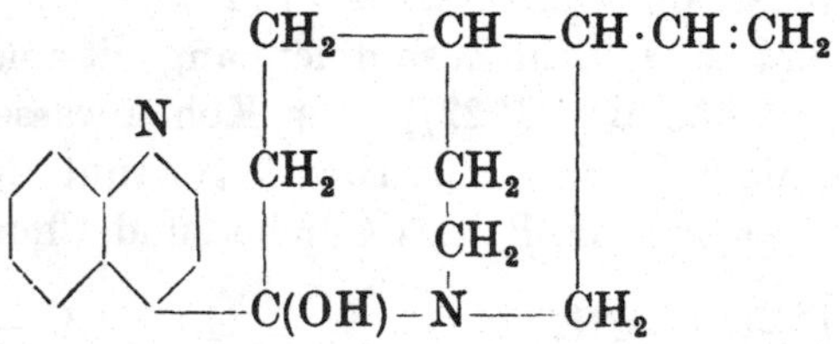

(Vgl. die Cinchoninformel Rabes vom Jahre 1906.) Dann hat auch
W. Solomon (Soc. 1938, 6; s. a. 1937, 592) die relative Konfiguration
der vier asymmetrischen C-Atome formuliert, gemäß den beiden
Serien: rechtsdrehendes Cinchonin und Dihydrocinchonin, Chinidin
und Dihydrochinidin, alsdann linksdrehendes Cinchonidin und Di-
hydrocinchonidin, Chinin und Dihydrochinin. Über modifizierte Cin-
chona-Alkaloide liegen Beiträge von E. M. Gibbs und T. A. Henry
vor (vgl. VII. Mitteil., Soc. 1939, 1294).

Angostura-Alkaloide.

Aus der Angostura-Rinde hatten Körner und Böhringer 1883 zwei Alkaloide isoliert, das Cusparin $C_{19}H_{17}NO_3$ und das Galipin $C_{20}H_{21}NO_3$. Die ersten eingehenden Konstitutionsbestimmungen führte J. Tröger (aus der Schule Beckurts, 1910 u. f.) aus, der die Alkaloide als Chinolinderivate erkannte und dem Galipin die Konstitution I beilegte. Wiederum nach längerer Zwischenzeit nahm E. Späth (1924 u. f.) die Konstitutionsfrage auf und löste sie durch die Synthese des Cusparins II [B. **57**, 1243 (1924)] und des Galipins III [B. **57**, 1687 (1924)]; ferner wurde das Galipolin $C_{19}H_{19}NO_3$ als ein entmethyliertes Galipin aufgeklärt, sowie aus der Vielheit der vorkommenden alkaloidischen Stoffe noch das 2-n-Amyl-4-methoxy-chinolin (IV) isoliert [B. **62**, 2244 (1929)]. Aus diesen Konstitutionsbefunden der verschiedenen Alkaloide schloß E. Späth, „daß bei der Synthese dieser Stoffe in der Pflanze dasselbe Benzolderivat, und zwar wahrscheinlich ein Abkömmling der Anthranilsäure (o-Aminobenzoesäure) als gemeinsames Ausgangsmaterial fungiert".

I.

II.

III.

IV.

Auch das aus Goldregen isolierte Alkaloid Cystisin (Ulexin, Sophorin) $C_{11}H_{14}N_2O$ erwies sich als ein Chinolinderivat [E. Späth, M. **40**, 15, 93 (1918); B. **65**, 1526 (1932); **66**, 1338 (1933); **69**, 761 (1936); H. R. Ing, Soc. **1932**, 2778; Anagyrin: Ing, Soc. **1933**, 504].

Opiumalkaloide. Isochinolinabkömmlinge.

An Vielheit stehen die Opiumalkaloide kaum den Chinabasen nach, wohl aber übertreffen sie diese durch die Mannigfaltigkeit des chemischen Aufbauprinzips. Die Zahl der bisher eingehender untersuchten natürlichen Opiumalkaloide beträgt reichlich zwei Dutzend. Es sei hervorgehoben, daß allein der verdienstvolle Pionier der Alkaloidchemie O. Hesse (1835—1917) seit 1869 im Opium neuentdeckt hat: Codamin und Laudanin $C_{20}H_{25}NO_4$, Lanthopin $C_{23}H_{25}NO_4$ und Mekonidin $C_{21}H_{23}NO_4$ (alle im Jahre 1870), Protopin $C_{20}H_{19}NO_5$, Laudanosin $C_{21}H_{27}NO_4$ und Hydrocotarnin $C_{12}H_{15}NO_3$ (alle 1871), sowie

Cryptopin $C_{21}H_{23}NO_5$ (1872). Außerdem waren ja als Bestandteile des Opiums isoliert worden, neben der Mekonsäure (1804) und dem Morphin $C_{17}H_{19}NO_3$ (Sertürner, 1817): Narcotin $C_{22}H_{23}NO_2$ (Robiquet, 1817), Narcein $C_{23}H_{27}NO_3$ (Pelletier, 1832), Codein $C_{18}H_{21}NO_3$ (Robiquet, 1832), Mekonin $C_{10}H_{10}O_4$ (Couerbe, 1832), Thebain $C_{19}H_{21}NO_3$ (Pelletier, 1835), Cotarnin $C_{12}H_{15}NO_4$ aus Narcotin (F. Wöhler, 1844), Papaverin $C_{20}H_{21}NO_4$ (G. Merck, 1848), Gnoscopin (Smith, 1878). Interessant ist es, sich auch die gegenseitigen Mengenverhältnisse dieser Stoffe in dem chemischen Laboratorium der Pflanze zu vergegenwärtigen: Morphin bis zu 12—14%, Narcotin bis zu 8%, Papaverin 0,8—1,0%, Codein (= Methylmorphin) etwa 0,3%, Laudanosin (= N-Methyltetrahydropapaverin) etwa 0,0008%. und Laudanin (um einen CH_2-Rest ärmeres Laudanosin) etwa 0,005%.

Die Konstitutionsforschung hat von drei Fronten aus ihre Angriffe unternommen, und zwar erstens: von seiten des Papaverins (G. Goldschmiedt, seit 1883, Benzyl-isochinolingerüst), zweitens: von seiten des Cotarnins bzw. Narcotins (W. Roser, seit 1888, Methylenoxybenzyl-isochinolin) und drittens: von seiten des Morphins selbst (Phenanthrenkern: Vongerichten und Schrötter, 1901; R. Pschorr 1907).

Eine bedeutsame Rolle in der Deutung des Aufbaus und bei der Synthese der Alkaloide hat das Isochinolin gespielt. Nachdem 1885 Hoogewerff und van Dorp aus Teer das „Isochinolin" C_9H_7N als ein Isomeres des Chinolins isoliert hatten, folgte die Synthese desselben und der Homologen durch S. Gabriel [B. **19**, 1653, 2361 (1886) u. f.]; nachher haben A. Pictet und F. W. Kay [B. **42**, 1973 (1909)] die Methoden verbessert und ihr Augenmerk insbesondere auf die Gewinnung des 1-Benzyl-isochinolins (von L. Rügheimer, 1900, sowie von H. Decker und R. Pschorr, 1904, dargestellt) gerichtet. Es ist nun G. Goldschmiedt, der in den Jahren 1883 bis 1888 seine „Untersuchungen über Papaverin" ausführt; er stellte die (ursprünglich von G. Merck, 1848 gefundene) Formel $C_{20}H_{21}O_4N$ fest (1885), entgegen den Formeln von O. Hesse, Claus u. a., widerlegte die Angabe Hesses von der optischen Aktivität des Papaverins und gelangte durch stufenweisen Abbau zu Konstitutionsformeln, die einen Chinolinring enthalten: es herrschte damals die Ansicht, daß Chinolin die Muttersubstanz der Alkaloide sei. Die gleichzeitig auf einer anderen Ebene verlaufenden Arbeiten über das neuentdeckte Isochinolin griffen nun richtungweisend auch in Goldschmiedts Arbeitsgebiet hinüber und 1888 konnte er das Papaverin als einen Isochinolinabkömmling deuten [M. **9**, 327—360, 778 (1888)], sowie seine Konstitutionsformel endgültig aufstellen [M. **9**, 778 (1888)]:

$$CH_3O$$

CH$_3$O· ⟨ ⟩ —CH$_2$— [N-ring structure]

$$CH_3O \quad OCH_3$$

Damit war erstmalig ein Alkaloid als Isochinolinderivat gedeutet, sowie erstmalig ein kompliziertes Alkaloidgerüst, aus
CNOH bestehend, in seiner Konstitution klar erfaßt worden.

Die von Goldschmiedt angestrebte Synthese des Papaverins
gelang erst nach zwei Jahrzehnten A. Pictet [mit A. Gams, B. 42,
2943 (1909)], nachdem er kurz vorher auch das d,l-Laudanosin als
N-Methyl-tetra-hydropapaverin synthetisiert und in die optischen
Antipoden gespalten hatte [B. 42, 1979 (1909)]. Besonders erfolgreich
ist dann E. Späth gewesen. Er hat die Konstitutionsformel und
Synthese des Laudanins gegeben (1920), das natürliche Laudanin
wurde als die Razemform des Laudanidins erwiesen; das natürliche
l-Laudanidin ging durch Methylierung in l-Laudanosin über [B. 58,
200 (1925)]; das Tritopin (E. Kauder, 1890) ergab sich als identisch
mit Laudanidin (= l-Laudanin; B. 58, 1272), das Codamin (O. Hesse,
1870) wurde durch Methylierung in d-Laudanosin umgewandelt und
die Konstitution des Pseudo-laudanins (H. Decker und Eichler,
1908) aufgeklärt [B. 59, 2791 (1926)]; ferner wurde die Konstitution
des Proto-papaverins (O. Hesse, 1903; aus Papaverin-chlorhydrat)
berichtigt und dasselbe zur Synthese des d,l-Codamins benutzt [B. 61,
334 (1928)] sowie die Identität des Pseudo-papaverins (O. Hesse)
mit Papaverin nachgewiesen [B. 59, 2787 (1926)].

Vom Grundgerüst des Benzyl-isochinolins leiten sich ab:

CH$_3$O· [isochinoline structure] —CH$_2$—
CH$_3$O· ⟨ ⟩ ·OCH$_3$

$$OCH_3$$

(inakt.) Papaverin (Goldschmiedt, s. o.).

CH$_3$· [structure with H, C, NCH$_3$, CH$_2$] CH$_2$—
CH$_3$· ⟨ ⟩ ·OCH$_3$
[C, H$_2$] $$OCH_3$$

d-Laudanosin (Pictet, s. o.).

CH$_3$O· [structure with H, C, N·CH$_3$, H$_2$] CH$_2$—
CH$_3$O· ⟨ ⟩ ·OH
[C, H$_2$] $$OCH_3$$

(d,l-) Laudanin [E. Späth, M. 41, 297 (1920 u. f.); B. 58, 200 (1925)].

$$\text{Codamin [E. Spāth, B. 59, 2791 (1926); 61, 334 (1928)].}$$

Eigenartig sind die Mengen und stereochemischen Verhältnisse dieser gleichzeitig (mit Narcotin und Morphin) im Opium vorkommenden Basen: neben dem razem. Laudanin tritt auch die linksdrehende Komponente als „Laudanidin" auf; wird das letztere methyliert, so gibt es das linksdrehende Laudanosin, während das natürliche Codamin beim Methylieren in das rechtsdrehende Laudanosin übergeht. Synthetische Versuche in der Benzyl-isochinolinreihe (z. B. Einwirkung von AlCl₃ auf Laudanosin) hat C. Schöpf [A. 537, 143 (1939)] ausgeführt.

Fr. Wöhler hatte 1844 aus dem Narcotin (beim Kochen mit Braunstein und verdünnter Schwefelsäure) eine neue Base Cotarnin erhalten [A. 50, 1, 19 (1844)]. Die Konstitutionsaufklärung beider Basen erfolgte erst nach einem halben Jahrhundert.

Cotarnin [W. Roser, A. 254, 355 (1889)]   Cotarnin (W. Roser, 1900).

H. Decker [1893, B. 33, 1715, 2273 (1900)]   [„Pseudocotarnin", A. Hantzsch B. 32, 3130 (1899)].

Die Ultraviolett-Absorptionsspektren haben die Carbinolform in indifferenten, die Ammoniumform in wässerigen und alkoholischen Lösungen bestätigt [Tinkler, Soc. 99, 1340 (1911); P. Steiner, 1924].

l-Narcotin [M. Freund, B. 36, 1521 (1903)].

$$CH_2 \underset{O\cdot}{\overset{O\cdot}{<}} \cdots \overset{\overset{H}{\underset{C}{|}}}{\cdots} \overset{\overset{H}{\underset{C}{|}}}{\cdots} N\cdot CH_3 \quad \overset{\overset{H}{\underset{C}{|}}}{\cdots} \overset{O-CO}{\underset{CH_3O\cdot}{}} \cdots H$$

l-Hydrastin [M. Freund, zit. S. 1521, sowie A. 271, 385 (1892);
Synthese s. a. R. Robinson, Soc. 1937, 236].

Zur Synthese des Cotarnins vgl. W. H. Perkin, R. Robinson und
F. Thomas, Soc. **95**, 1977 (1909), sowie Salway (1910), Decker,
A. **395**, 328 (1913) sowie E. Späth, B. **67**, 2095 (1934). Die Synthese
des Narcotins — über das razem. Gnoskopin (d.l-Narcotin) und dessen
Spaltung — wurde von Perkin und Robinson [Soc. **99**, 777 (1911)]
ausgeführt. Das Hydrastinin hatte bereits P. Fritsch [A. **286**, 18
(1895)] synthetisiert.

Hinsichtlich der Entstehung bzw. Reaktionsfolge der Entstehung
der Basen dieser Gruppe in der Pflanze macht E. Späth [B. **63**,
2100 (1930)] die folgende Bemerkung: „Man darf vermuten, daß die
Pflanze den Isochinolin-Ringschluß der papaverin-ähnlichen Alkaloide
besonders leicht durchführen kann, da die Agenzien der Pflanze die
als Zwischenprodukt auftretende Schiffsche Base wohl nicht mehr
zurückspalten und weil ferner der Ringschluß mit den wahrscheinlich
nicht methylierten phenolischen Ausgangsstoffen glatter vor sich geht…"
F. Wrede hat nun (1937) im sog. Mohnstroh ein von ihm „Narcotolin"
genanntes Alkaloid entdeckt (es ist ein entmethyliertes Narcotin):

$$CH_2 \underset{O-}{\overset{O-}{<}} \cdots \overset{HO \; \overset{H}{\underset{C}{|}}}{\cdots} \overset{\overset{H}{\underset{C}{|}}}{\cdots} N\cdot CH_3 \quad \overset{\overset{H}{\underset{C}{|}}}{\cdots} \overset{O-CO\cdot}{\underset{CH_3O\cdot}{}} \cdots H$$

[Wrede, Arch. Exp. Path. Pharm. **184**, 331 (1937).]

Nach Kerbosch (1910) ist Narcotin vor den anderen Opiumalkaloiden
in den Samen und Keimlingen der Mohnpflanze anwesend, Wrede
erblickt in dem Narcotilin das „Mutteralkaloid". Jedenfalls ist das
Problem der biologischen Synthese bzw. der stufenweisen Entstehung und zeitlichen Aufeinanderfolge dieser so mannigfaltigen
Alkaloide reizvoll und einer besonderen Bearbeitung wert.

Teils im Opium, teils als Begleitalkaloide der Corydaliswurzel
wurden die Alkaloide vom Cryptopin (Protopin-)typus aufgefunden.
Die Reindarstellung und Ermittelung der chemischen Zusammen-
setzung der Urtypen, des Cryptopins $C_{21}H_{23}O_5$ und Protopins $C_{20}H_{19}O_5N$,
sind ein Verdienst von O. Hesse [A., Suppl. 8, 261, 300 (1872)]; von

dem Cryptopin hatten seine ersten Entdecker T. und H. Smith (1867)
nur 1 Teil in etwa 30000 Teilen Opium gefunden. Die Konstitutionsaufklärung wurde, nach den Vorarbeiten von A. Pictet (1910), Dank-
worth (1912) und in Anlehnung an Berberin, von W. H. Perkin jun.
[Soc. **109**, 815—1028 (1916)] durchgeführt (Formel Ia und II); das
Cryptopin reagiert auch in einer Enolform (Ib), tritt als Isocrypto-
pin auf, existiert als Epicryptopin, liefert isomere Methylcryptopine
usw., und ähnlich verhält sich das Protopin (II), in ihnen tritt ein
10-Ring auf:

Ia. Cryptopin.

Ib. Cryptopin.

II. Protopin.

III. Corycavin.

Zu dieser Gruppe gehörig erwies sich auch das von M. Freund
und Josephi [A. **277**, 9 (1893)] aus der Corydaliswurzel isolierte
Corycavin, dessen Konstitution von J. Gadamer (1896), dann
gemeinsam mit F. v. Bruchhausen [Ar., Ber. d. d. Pharmaz. Ges.
260, 97 (1922); v. Bruchhausen, Ar., Ber. d. d. Pharmaz. Ges. **265**,
152 (1927)] erforscht und endgültig von E. Späth [mit H. Holter,
B. **60**, 1891 (1927)] festgelegt wurde (Formel III), wobei das Corycavin als die d,l-Form des optisch-aktiven Corycavamins gedeutet
wurde. Eine Synthese von Cryptopin und Protopin gaben W. H. Perkin jun. und R. D. Haworth (Soc. **1926**, 1769; s. a. 445).

Entwicklungsgang des Konstitutionsbildes von Morphin[1]) u. ä.

{Morphin $C_{17}H_{19}NO_3$ + Salzsäure = Apomorphin $C_{17}H_{17}NO_2(+H_2O)$,
{Codein $C_{18}H_{21}NO_3$ + Salzsäure = Apomorphin $C_{17}H_{17}NO_2 + CH_3Cl$ $(+H_2O)$ [Matthiessen und A. Wright, A. Spl. 7, 59, 63, 170, 364 (1870); E. L. Mayer, B. 4, 121 (1871)].

Narcotin $C_{22}H_{23}NO_7 + H_2O$ = Meconin $C_{10}H_{10}O_4$ + Cotarnin $C_{12}H_{13}NO_3$ (Matthiessen und A. Wright).

Narcotin (+ Zn + Salzsäure) = Hydrocotarnin $C_{12}H_{15}NO_3$ + + Meconin (Wright, 1875).

Narcotin (+ verd. HNO_3 →) Cotarnin, Mekonin, Opiansäure und Hemipinsäure [Anderson, A. 86, 179 (1872)].

Narcotin $C_{12}H_{14}NO_3\cdot CO\cdot C_6H_2\left\langle\begin{array}{l}CHO\\ OCH_3\\ OCH_3\end{array}\right.$

Oxynarcotin $C_{22}H_{23}NO_8$, Formel $C_{12}H_{14}NO_3\cdot CO\cdot C_6H_2\left\langle\begin{array}{l}COOH\\ OCH_3\\ OCH_3\end{array}\right.$

} Beckett und Wright, Soc. 1876 I, 461.

Morphin, Formel $C_{17}H_{17}\left\langle\begin{array}{l}N\\ O\end{array}\right\}\begin{array}{l}OH\\ OH\end{array}$ (A. Wright und Rennie, Soc. 1880 I, 609). Morphin (Destillation mit Zinkstaub) → Aminbasen [Chinolin (?)] und ein Phenanthrenderivat [E. Vongerichten und H. Schrötter, A. 210, 396 (1881); B. 15, 1484, 2179 (1882); 19, 792 (1886); — Morphidin und Phenanthren: B. 34, 767, 1162 (1901)].

Morphin (+ CH_3J und Natronlauge) → Monomethyläther des Morphins = Codein [Grimaux, C. r. 92, 1140 (1881)].

Der Stand der Konstitutionsforschung der Opiumalkoloide um 1880 war also recht bescheiden.

1886 W. C. Howard und W. Roser [B. 19, 1599 (1886)] stellen folgende Formeln auf:

Morphin $C_{17}H_{17}N\}O\left\langle\begin{array}{l}OH\\ OH\end{array}\right.$, bzw. Codein $C_{17}H_{17}NO\}\left\langle\begin{array}{l}OH\\ OCH_3\end{array}\right.$, und

Thebain $C_{17}H_{17}NO\}\left\langle\begin{array}{l}OCH_3\\ OCH_3\end{array}\right.$.

1889 L. Knorr beginnt seine Untersuchungen über Morphin [I. Mitteil. B. 22, 181 (1889)] und gibt die erste Konstitutionsformel des Morphins I [B. 22, 1113 (1889)]:

[1]) Der Verbrauch (bzw. Mißbrauch als Rauschgift) von Morphium und Heroin, aus der Darstellung in den legalisierten Fabriken stammend, stellt sich in folgenden Mengen der Erzeugung dar:

	Morphium	Heroin	Cocain
1929	58 t	3,6 t	6,4 t
(1931 bis) 1935	29 t	0,674 t	3,9 t

[„Heroin“ = Diacetylmorphin war schon 1875 von Beckett und Wright dargestellt, dann von O. Hesse genauer charakterisiert worden (1884), offizinell wurde es 1898 als Heroin (Dreser).]

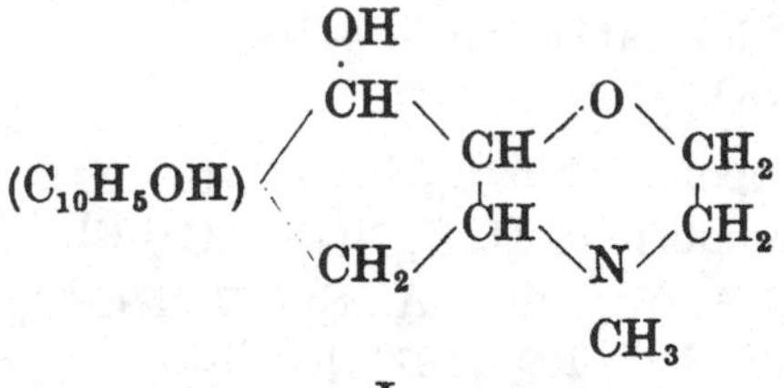

$(C_{10}H_5OH)$

I. 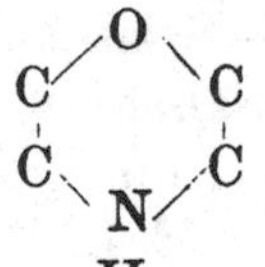   II. 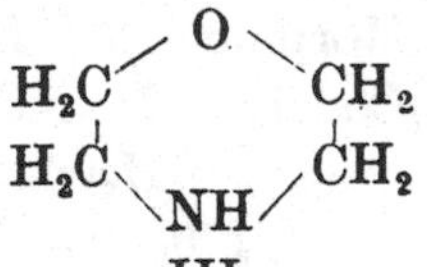   III.

als Derivat des „Oxazinringes" (II) bzw. „Morpholinringes" (III)
[B. **22**, 2083 (1889); s. a. A. **301**, 1 (1898)].

1897 M. Freund entwickelt für Thebain die Formel IV [B. **30**, 1371
(1897); **32**, 168 (1899)] und gibt für die Reihe Morphin → Codein
→ Thebain die (gegen 1886) erweiterten Symbole:

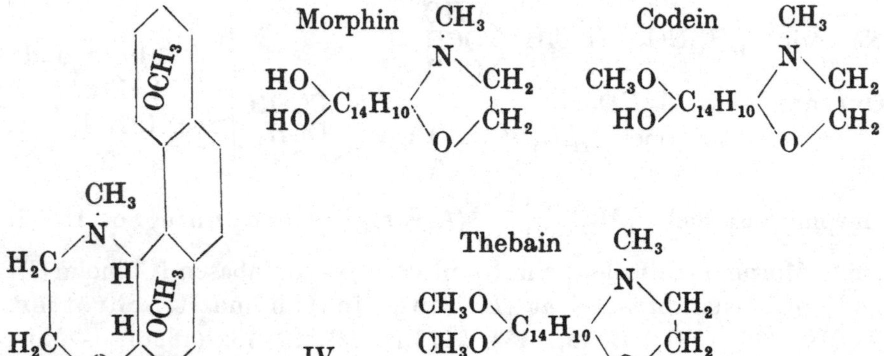

Morphin   Codein

Thebain

IV.

1899 L. Knorr stellt seine aufgelösten Formeln (V bzw. VI) für Morphin auf [B. **32**, 747 (1899); s. a. **33**, 356, Fußnote (1900)].

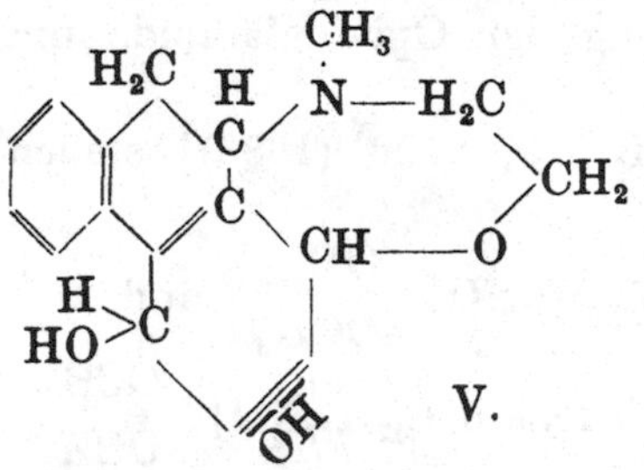

oder

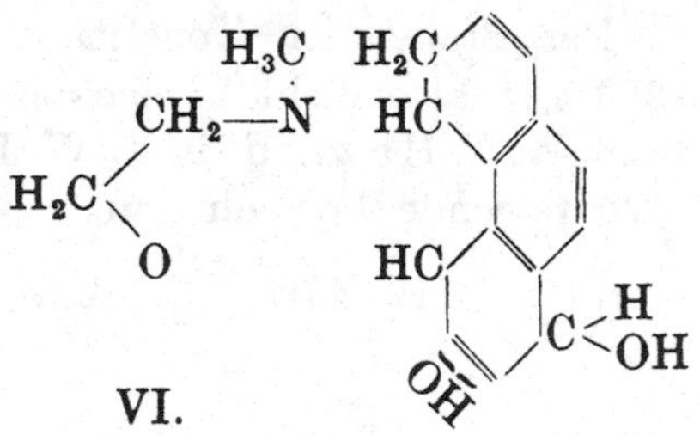

V.   VI.

1900 E. Vongerichten nimmt an diesen Morphinformeln, nachdem
er erstmalig das phenolische Hydroxyl festlegen konnte, die Umänderung in VII bzw. VIII vor [B. **33**, 354 (1900)]:

VII.   bzw. VIII.

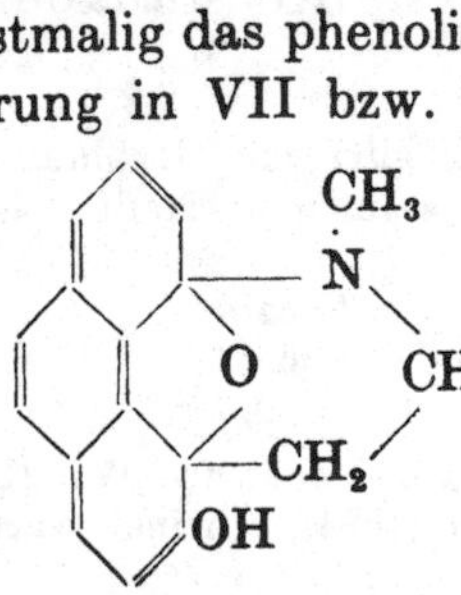

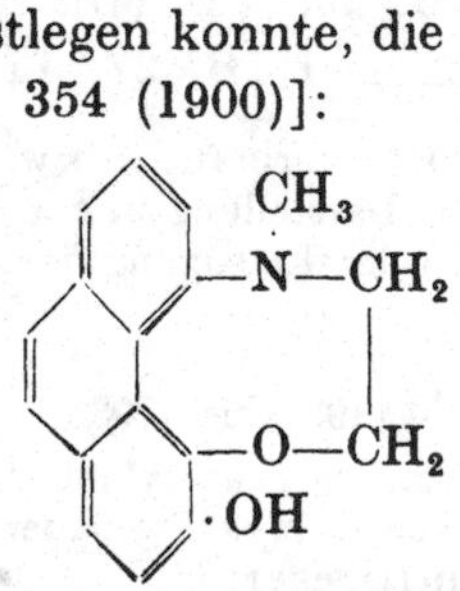

1902 R. Pschorr entwickelt die Konstitutionsformel des Apomorphins (IX) und eine „Pyridinformel" (X) des Morphins [B. **35**, 4379 (1920)]:

IX. X.

1903 L. Knorr gibt dem Morphin die meso-Morpholin-Formel (XI) [B. **36**, 3080 (1903)].

1905 M. Freund leitet für Thebain die Formel XII, bzw. für Codein die Formel XIII ab [B. **38**, 3236 u. f. (1905); **39**, 844 (1906)] mit der para-Brücke:

XI. XII. XIII.

1907 R. Pschorr stellt die Konstitution des Apomorphins (Formel XIV) und damit eine veränderte „Pyridin"-Formel des Morphins (XV) fest [B. **40**, 1984 u. f. (1907)]:

XIV. XV.

Durch Synthese wird gleichzeitig von R. Pschorr [B. **62**, 321 (1929)] und von E. Späth [B. **62**, 325 (1929)] die Konstitution des Apomorphins bestätigt.

1907 L. Knorr und H. Hörlein [B. **40**, 3341—3355; s. a. 4889—4892 (1907)] lehnen diese Formel ab und gelangen zu der „Brücken-ring-Formel" (XVI), indem sie auch die Isomerieverhältnisse in dieselbe einordnen (XVIa und XVIb); vgl. dazu E. Speyer und Koulen, A. **438**, 34 (1924):

XVIa.

XVIb.

Morphin und α-Isomorphin
(Codeïn und Iso-Codeïn).

β-Iso-morphin und γ-Iso-morphin
(Allo-pseudocodeïn und Pseudocodeïn).

1916 M. Freund schlägt für Thebain, in dessen Molekül „sich keine Kohlenstoffdoppelbindung befindet", die Formel XVII vor und gibt dementsprechend neue Formeln für Codeïn XVIII und Morphin XIX [B. **49**, 1292 (1916)]:

XVII.

Thebain.

XVIII.

Codeïn.

XIX.

Morphin.

1925 H. Wieland und M. Kotake [A. **444**, 69 (1925); B. **58**, 2009 (1925)] nehmen in der Knorr-Hörlein-Formel XVIa eine Verschiebung der Äthylenbindung von 8—14 auf 7—8 vor und gelangen zur Formel XX (Codeïn).

1925 Gleichzeitig wird von J. M. Gulland und R. Robinson [Mem. Manchester Phil. Soc. **69**, 79 (1924/25)] die Knorr-Hörlein-

Formel auch unter Versetzung der Brückenbindung nach 13—9 in die Formel XXI umgebildet (vgl. auch XXII):

XX.

XXI.

XXII.

XXIII.

(β-Codeïn=)Neopin, R. Robinson, Soc. 1926, 903.

Thebaïn.

1927 (bis 1931) C. Schöpf [A. 452, 211 (1927); s. a. 458, 148 (1927); 483, 169 (1930); 489, 224 (1931); vgl. a. J. v. Braun, 451, 55 (1926)] nimmt für Thebain, das bei der Reduktion ein Tetrahydrothebain liefert, die abgeänderte (XXI) Formel XXIII an. Sinomenin (XXIV) (von H. Kondo und E. Ochiai entdeckt; A. 470, 224, 1929; vgl. a. die Fortsetzung der Untersuchungen über Sinomenium- und Cocculusalkaloide, bis 1938).

XXIV.

L. Knorr war durch seine Antipyrinsynthese (1884) in das Gebiet der Alkaloide und alkaloidähnlichen Stoffe eingedrungen, er verweilte in demselben weiterhin, indem er seine Untersuchungen über die Konstitution des Morphins 1889 eröffnete [B. 22, 1113 (1889)] und sie bis zum Jahre 1912 fortsetzte [B. 45, 1354 (1912)]. Durch die von ihm — gemeinsam mit P. Duden (1902), H. Hörlein (1905—1909),

R. Pschorr (1905), W. Schneider (1906) u. a. — geleistete Forschungsarbeit war die Architektur des Morphinmoleküls in allen wesentlichen Teilen erschlossen, und so schrieb er (1907), daß „die Zeit nicht mehr ferne sei, in der die letzten Schleier fallen werden, die das Geheimnis der Konstitution dieser interessanten Basen umhüllten". R. Pschorr hatte 1896 mit Phenanthrensynthesen begonnen [B. 29, 416 (1896)]. Diese Untersuchungen erwiesen sich — gleichsam unvermittelt — als notwendige Ergänzungen der Morphinuntersuchungen überhaupt, seitdem durch Freund (1897), Knorr und Vongerichten die stickstofffreien Spaltungsprodukte des Thebains und Morphins, Thebaol und Morphol, als Phenanthrenderivate angesprochen wurden: und so betrat Pschorr (1900) das Gebiet der Alkaloide mit einer Synthese von Pseudo-Thebaol [B. 33, 176 (1900)], um mit seiner letzten Arbeit, die der Synthese des Apomorphinäthers gewidmet war [B. 62, 325 (1929)], seine Lebensarbeit (geb. 1868, gest. 1930) abzuschließen. Jahrzehntelange Forschungsarbeit hatte ja auch M. Freund (s. o., von 1893 bis 1920) der Konstitutionsfrage der Opiumalkaloide gewidmet. Es seien nur diese Namen genannt, um zu veranschaulichen, welch ein gewaltiges Maß von wissenschaftlicher Arbeit erforderlich war, um das Problem „Morphin" bis zu dem gegenwärtigen Stand aufzuklären. Diese Arbeit muß chemiegeschichtlich besonders bewertet werden, da sie ein typisches Beispiel für den idealen Zug in der chemischen Forschung und für das eigenartige Zusammenwirken der Arbeiten verschiedener Forscher ist. Denn die unmittelbar praktisch verwertbaren Ergebnisse der über ein halbes Jahrhundert sich erstreckenden Forschung stehen in keinem Verhältnis zu den aufgewandten Mühen. Das Morphin-Problem erschien anfangs wohl einfach genug, um J. Liebig zu der Prognose von der bevorstehenden künstlichen Darstellung des Morphins aus Steinkohlenteer zu veranlassen (1844 u. f.), es wurde aber um so schwieriger, je mehr man in die Konstitution und in die Umlagerungsleichtigkeit des Morphinmoleküls eindrang. Die Konstitutionsaufklärung wird auch heute nicht eindeutig allen chemischen und stereochemischen Umwandlungen des Morphins gerecht (vgl. die Reduktionsstudien von L. Small und G. L. Browning, 1939), und von einer künstlichen Darstellung im technischen Sinn sind wir heute ebenso entfernt wie zu Liebigs Zeiten. Über synthetische Versuche in der Morphingruppe vgl. a. R. Robinson und Mitarbeiter, Soc. 1931, 3163; 1932 u. f. Über Substitutionsprodukte des Morphins und deren pharmakologische Wirkungen vgl. C. Mannich [und Mitarbeiter, Arch. d. Pharm. 254, 358 (1916); 277, 128 (1939)].

Zu der Klasse der Isochinolin-alkaloide gehören die Basen der Kaktee Anhalonium Lewinii, die wegen ihrer berauschenden Wirkung von den Eingeborenen Nordamerikas benutzt werden. [Vgl. L. Lewin

(1888 u. f.), A. Heffter (1894 u. f.), E. Kauder (1899)]. Die Vorarbeiten Heffters [B. 27, 2975 (1894); 29, 216 (1896)] hatten zu der Isolierung folgender Basen geführt: Anhalin $C_{10}H_{17}NO$, Pellotin $C_{13}H_{21}NO_3$; Mezcalin $C_{11}H_{17}NO_3$, Anhalonidin $C_{12}H_{15}NO_3$, Anhalonin $C_{12}H_{15}NO_3$, Lophophorin $C_{13}H_{17}NO_3$.

Eine eingehende chemische Erforschung und Konstitutionsaufklärung dieser vielgestaltigen Stoffe erfolgte erst durch Ernst Späth, der seit 1918 in der Alkaloidforschung überhaupt eine Sonderstellung einnimmt. Seine erste Leistung galt dem Studium der „Anhaloniumalkaloide" [M. 40, 129 (1918/19); 42, 97, 263 (1921); 43, 93 (1922); 44, 103 (1923)]; durch analytische und synthetische Versuche wurde, unter Zugrundelegung der Konstitution des Mezcalins I und dessen Ringschluß mit Formaldehyd zu den Anhaloniumbasen (mit Isochinolinkern), das Konstitutionsproblem gelöst und zugleich die Schlüsselstellung des β-Trioxy-phenyl-äthylamins offenbart. Für das Anhalin $C_{10}H_{15}NO$ (nicht $C_{10}H_{17}NO$) wurde die Identität mit Hordenin (Dimethyltyramin) nachgewiesen. Die Synthese[1]) des Mezcalins (1919) führte zu der Konstitutionsformel I

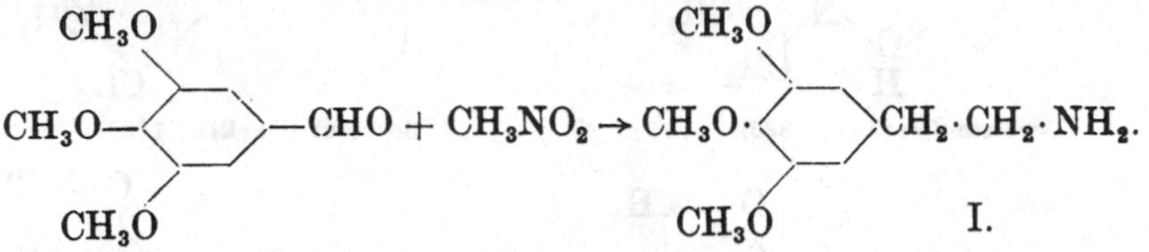

Der Ringschluß des Mezcalins mit Formaldehyd ergab 6.7.8-Trimethoxy-1.2.3.4.-tetra-hydro-isochinolin II:

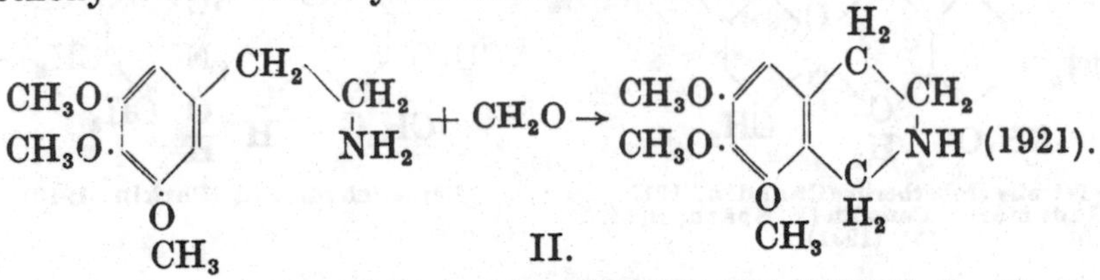

Diese Base erwies sich nachher [B. 68, 502 (1935)] als identisch mit dem neuen Kakteen-Alkaloid Anhalinin. Für das Anhalonin III und Lophophorin IV wurden (1923, s. a. 1935, 503) die Konstitutionsformeln begründet (Pellotin V, 1921):

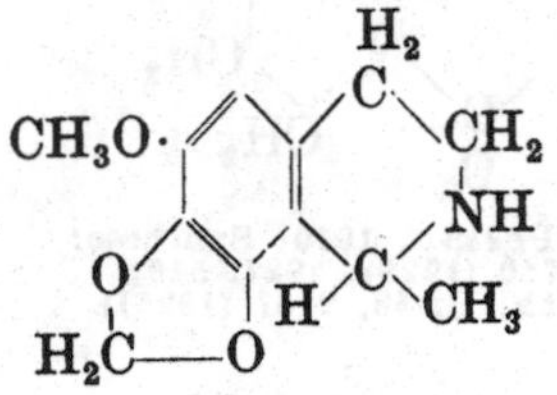

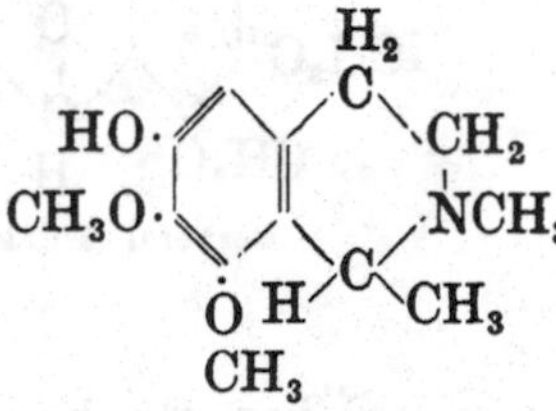

[1]) Andere Synthesen des Mezcalins: K. Kindler u. Peschke: Arch. d. Pharmaz. **270**, 410 (1933); G. Hahn u. Wassmuth: B. **67**, 696 (1934); Slotta u. Heller: B. **63**, 3029 (1930 u. f.).

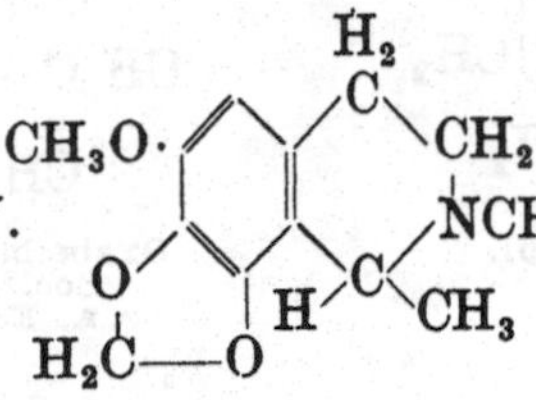

E. Späth hat [XVIII. Mitteil. über Kakteen-Alkaloide, B. 70, 2446 (1937)] inzwischen neun Alkaloide aus den Mezcal buttons isolieren und chemisch aufklären können.

Grundtypus , berberinartige Alkaloide (nach Berberitze → Berberin, s. auch S. 134 und 228).

Die Konstitution des Berberins war von W. H. Perkin jun. [1890; s. a. Soc. 97, 305 (1910)], F. Faltis (1910), J. Gadamer (1901; s. a. Ar. 248, 670 (1910)] eindeutig festgelegt worden; Synthesen des Berberins lieferten Perkin und R. Robinson [Soc. 127, 740 (1925); s. a. 1927, 548], sowie E. Späth [B. 58, 2267 (1925)].

Berberin (Perkin, 1890).

Berberal (Perkin, 1890).

d-Tetrahydroberberin (Canadin, 1910, J. Gadamer). d-Canadin [E. Späth, B. 64, 1131 (1931)].

Berberinhydroxyd (Perkin, 1910).

Berberal (Perkin, 1910).

Oxyberberin [Perkin, 1910; Synthese: Soc. 127, 740 (1925); 1927, 540; s. a. E. Späth, B. 58, 2267 (1925)].

Über Epiberberin: Perkin, Soc. 109, 815 (1916); 113, 492 (1918); Ψ-Epi-berberin, Soc. 125, 1675 (1925); Ψ-Berberin, Soc. 125, 1686 (1924). Palmatin und andere Alkaloide der Colombo-Wurzel:

J. Gadamer (1902); Günzel („Columbamin", 1906), K. Feist
(„Palmatin", 1907; Konstitution, Ar. 256, 1 (1918); Synthese: E.
Späth, B. 58, 2267 (1925), sowie Perkin und Haworth, Soc. 1927, 548.

Palmatin (s. o.).

Corydalin [Synthese: Späth, B. 62, 1025
(1929); s. a. F. v. Bruchhausen, 1923].

Corybulbin [Späth, B. 56, 876 (1923)].

Tetrahydro-columbamin
[E. Späth, B. 59, 1486 (1926); 60, 385 (1927)].

d-Tetrahydro-jatrorrhizin = Corypalmin

d-Tetrahydro-coptisin [Späth, B. 64, 1131 (1931)].

Coptisin [Späth, B. 62, 1030 (1929)].

d-Tetrahydro-palmatin [Späth, B. 59, 1496
(1926); 63, 3007 (1930)].

Sinactin (K. Goto und H. Sudzuki, 1929 f.)
=1-Tetrahydro-epi-berberin [E. Späth,
B. 64, 2048 (1931)].

Gelegentlich der Synthese der razem. Corydaline wies E. Späth darauf hin, daß die Pflanze diese Alkaloide höchstwahrscheinlich „aus den völlig oder teilweise entmethylierten Ausgangsbasen aufbaut" [B. 62, 1027 (1929)].

Apomorphintypus

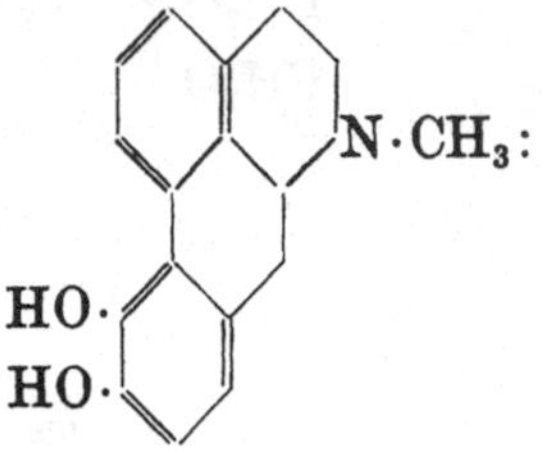

$N \cdot CH_3$:

HO·
HO·

I.

H_2C

$CH_3O \cdot$ $N \cdot CH_3$

CHO

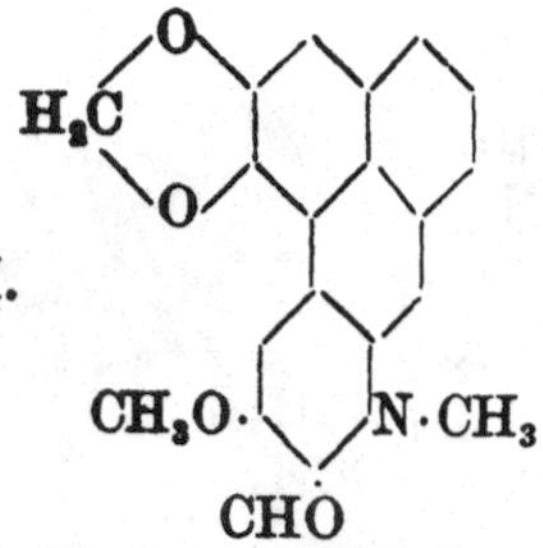

Dicentrin [Perkin, Soc.
127, 2018 (1925); 1926,
29].

II.

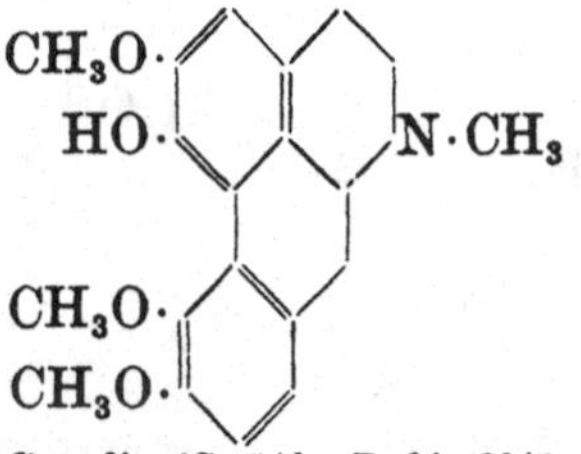

$CH_3O \cdot$
$HO \cdot$ $N \cdot CH_3$

$CH_3O \cdot$
$CH_3O \cdot$

Corydin [Späth, B. 64, 2041
(1931); vgl. a. Gadamer, Ar.
249, 641 (1911); J. Go. (1929)].

III.

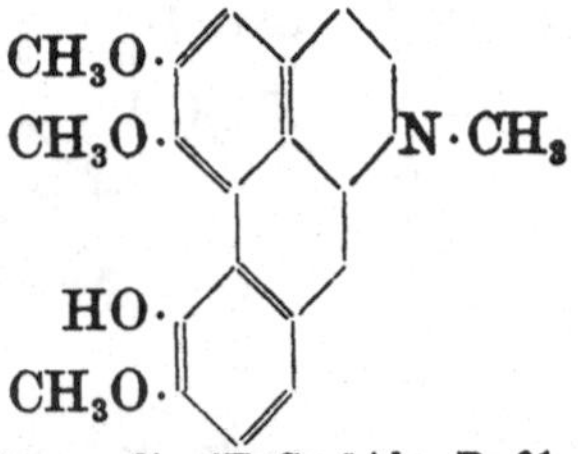

$CH_3O \cdot$
$CH_3O \cdot$ $N \cdot CH_3$

$HO \cdot$
$CH_3O \cdot$

Isocorydin [E. Späth, B. 61,
1692 (1928); 64, 2038 (1931);
Gadamer].

IV.

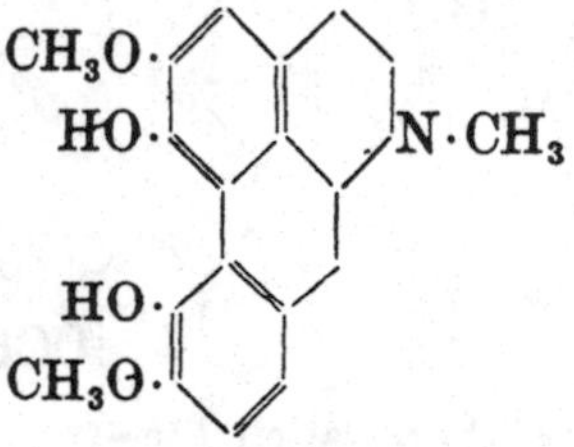

$CH_3O \cdot$
$HO \cdot$ $N \cdot CH_3$

HO·
$CH_3O \cdot$

Corytuberin [E. Späth, B. 61, 1692
1928); 64, 2038 (1931); Gadamer].

V.

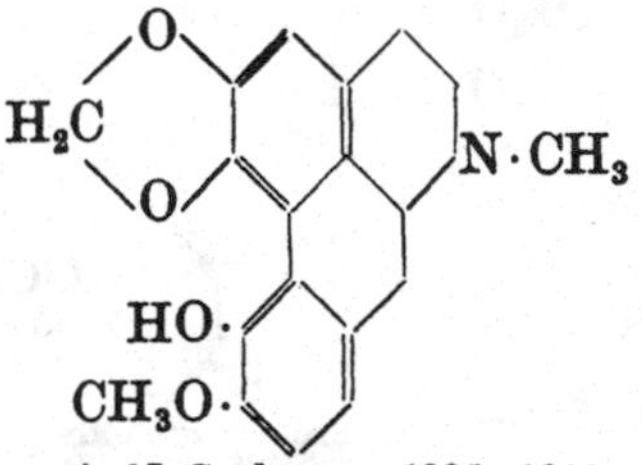

H_2C

$N \cdot CH_3$

HO·
$CH_3O \cdot$

Bulbocapnin [J. Gadamer, 1895—1911;
E. Späth, B. 61, 322, 1334 (Synthese). 1928].

Die Alkaloide der Corydalis cava veranschaulichen gleichsam die Freude und Freiheit der lebenden Zelle zum Synthetisieren der vielen theoretisch möglichen Formen; durch die Untersuchungen von E. Späth (seit 1923) ist diese Zahl (und der Formenreichtum) auf mehr als zehn angewachsen: Corydalin, Corydin, Isocorydin, Corytuberin, Corypalmin, Corybulbin, Bulbocapnin, Tetrahydro-palmatin, -coptisin und -berberin (Canadin) u. a.; der Zusammenhang zwischen den Corydalis- und Colombowurzel-Alkaloiden bzw. Berberin wurde erwiesen [Späth, B. 59, 1496 (1926)], den Zusammenhang mit dem Morphin bzw. Apomorphin hatte bereits Gadamer aus der Konstitution des Bulbocapnins abgeleitet. Bedenkt man den Energieaufwand und die Wegstrecken, die unsere Laboratoriumssynthesen für jedes dieser Alkaloide einzeln erfordern, so erscheint die gleichzeitige Synthese aller, durch die Pflanze bewerkstelligt, als ein Wunderwerk, dessen Deutung und Zweckbestimmung uns noch vorenthalten ist.

In den Corydalis-Alkaloiden vom Berberin- und Apomorphin-Typus kommen noch die vorhin erwähnten vom Protopin-(Cryptopin-)Typus vor; mit diesem treten nun in zahlreichen Papaveraceen (zuerst **gefunden in Chelidonium majus und in Sanguinaria canadensis**) die **Alkaloide Chelidonin, Homochelidonin, Chelerythrin und Sanguinarin** auf (bzw. sind neben Protopin isoliert worden); eingehend wurden sie von J. Gadamer [und seinen Mitarbeitern, Ar. 257, 258, 262 (1919 und 1924)], dann von F. v. Bruchhausen [B. 63, 2520 (1930)] und E. Späth [B. 64, 370, 1123, 2034 (1931)] erforscht; Vorarbeiten zur Synthese machte R. Robinson (Soc. 1937, 835).

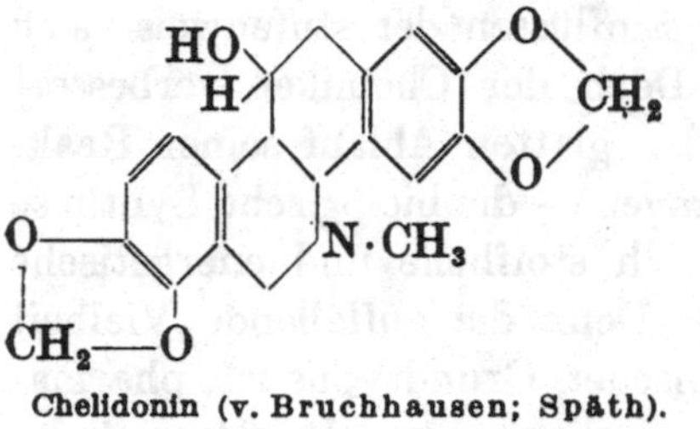

Chelidonin (v. Bruchhausen; Späth).

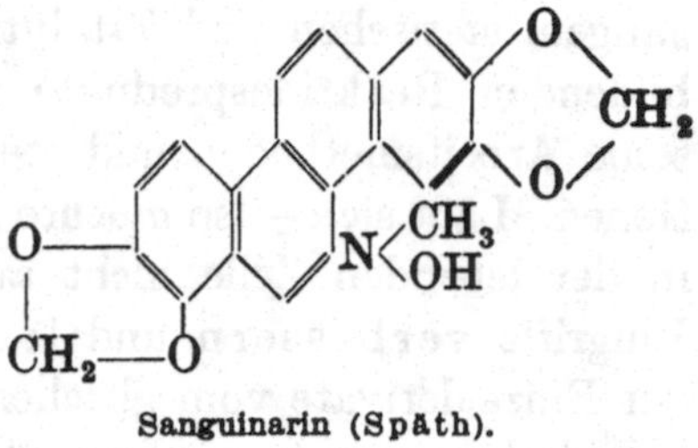

Sanguinarin (Späth).

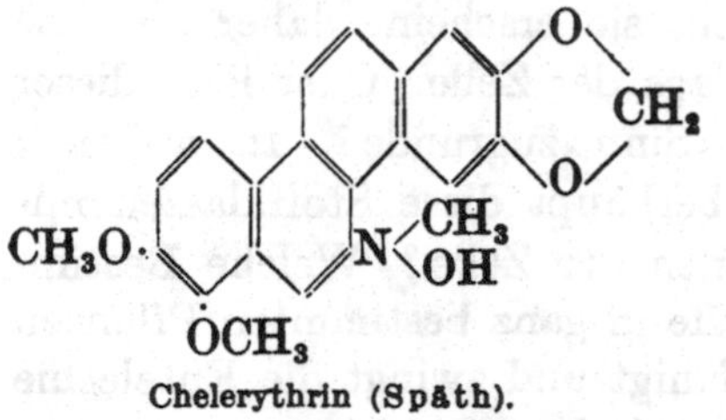

Chelerythrin (Späth).

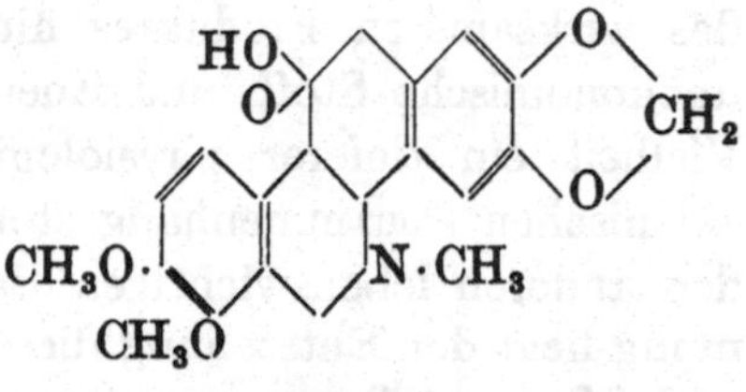

Homochelidonin (Späth).

Kulturhistorisch ist es wertvoll, sich daran zu erinnern, wie bereits Plinius (gest. 79 n. Chr.) nach altägyptischen Quellen die Heilkraft des Schöllkrautes bei Augenleiden hervorhebt, was dann bei Isidorus (Bischof von Sevilla, gest. 634 n. Chr.), in der Ärzteschule zu Salerno im XI. Jahrh. und bei Konrad v. Megenberg im XIV. Jahrh. wiederholt wird, wie dann der Alchimist-Arzt Franc. Gius. Borri um 1661 in Amsterdam mittels eines Geheimmittels berühmte Augenkuren macht .(dieses Mittel bestand aus dem Saft von Schöllkrautblättern mit etwas Kampfer, um die Fäulnis zu verhindern), und wie in der Volksmedizin das Schöllkraut gegen Hautkrebs, Zahnweh, Augenleiden usw. gebraucht wird. Endlich 1839 isoliert der deutsche Apotheker J. M. A. Probst aus dem Schöllkraut die Alkaloide Chelidonin und Chelerythrin, das erstere wurde als ungiftig, das letztere als giftig bezeichnet. Doch erst gegen Ende des XIX. Jahrh. erfährt das Chelidonin eine pharmakologische Untersuchung: es wirkt „morphinähnlich, ohne tetanische Wirkung, lähmt die sensiblen Nervenenden kokainähnlich", als mildes Narkotikum ist es offizinell.

Wenn der Aufbau unter dem Einfluß der Enzyme, ähnlich dem
katalytischen Abbau durch Fermente, in mehreren Stufen, über
„Zwischenverbindungen" und mit „Reaktionskupplung" erfolgt, so
sollte zwecks Aufklärung des Bildungsmechanismus nicht allein nach
dem Endprodukt, sondern — je nach den zeitlichen Reaktions-
stufen — auch nach den Ausgangs- und den Zwischenprodukten,
radikalähnlichen Bruchstücken usw. systematisch gefahndet werden.
Die große Mannigfaltigkeit in der Art und Menge der in der lebenden
Zelle aufgebauten Alkaloide weist doch Analogien zu den Synthesen
im Kolben des Chemikers auf: beiderseits handelt es sich um Reaktionen, die „nicht glatt verlaufen", infolge von Isomerisationsvor-
gängen, sterischen und katalytischen Einflüssen der stufenweise sich
bildenden Reaktionsprodukte usw. Doch der Chemiker verbessert
seine Arbeitsmethoden und steigert den glatten Ablauf seiner Reaktionen. Läßt sich — so möchte man fragen — die biologische Synthese
in der lebenden Zelle nicht auch durch stoffliche und energetische
Eingriffe verbessern und lenken? Denn die auffallende Vielheit
der Einzelderivate vom gleichen chemischen Grundtypus ist, pharmakologisch bewertet, wertlos und bei der Isolierung und Reindarstellung
des wirksamsten Produktes hinderlich, sie erscheint daher als eine
unökonomische Stoff- und Energieanlage der Zelle. Oder liegt dieser
Vielheit ein tieferer physiologischer Sinn zugrunde? In welchem
chemischen Zusammenhang stehen überhaupt diese Stoffklassen mit
den anderen lebenswichtigen Bausteinen der Zelle? Welche Bestimmung liegt der Entstehung dieser Stoffe in ganz bestimmten Pflanzen
und Pflanzenteilen zugrunde, was befähigt und zwingt die Entelechie
dieser Pflanzenzelle gerade diesen chemischen Sondertypus zu synthetisieren?

Strychnin $C_{21}H_{22}O_2N_2$ und Brucin $C_{21}H_{20}(OCH_3)_2O_2N_2$.

Zu den schwierig zu deutenden chemischen Gebilden gehören die
beiden von Pelletier und Caventou entdeckten Alkaloide Strychnin
(1818) und Brucin (1819). Die gesamte Vorarbeit hatte bis zu den
neunziger Jahren des vorigen Jahrhunderts keinen wesentlichen Einblick in die Konstitution dieser Basen ergeben. Im Jahre 1890 begann
Jul. Tafel (1862—1918) seine Versuche mit dem oxydativen Abbau
des Strychnins [B. 23, 2731 (1890); 26, 333 (1890); A. 264, 33 und
268, 229 (1892); 301, 286 und 304, 36 (1898)] und über die nächsten
Abkömmlinge Methyl- und Dimethyl-strychnin, Strychnin- und Iso-
strychninsäure, Desoxystrychnin u. a. Alsdann folgte 1908 Herm.
Leuchs, indem er durch seine I. Mitteilung: „Oxydation des
Brucins und Strychnins nach einer neuen Methode" [B. 41, 1711
(1908)] die lange Reihe seiner wertvollen Experimentalbeiträge „zur
Kenntnis der Strychnos-Alkaloide" eröffnete — die XCVII. Mitteil.

führt den Titel: „Über Methylierungen in der Reihe des Pseudo- oder 9-Monoxy-strychnins und über die Sprengung des sechsten und des siebenten Ringes im Strychnin-Molekül" [B. **70**, 2455 (1937)], die C. Mitteil. bringt „Umwandlungen des Chlorstrychnins und seiner Dihydroverbindung" [B. **71**, 1577 (1938)], die CVIII. Mitteil. vom Jahre 1939 behandelt die katalytische Hydrierung von Nucinderivaten [B. **72**, 2076 (1939); die CX. u. CXI. betrifft Pseudo-strychnine, B. **73**, 731, 811 (1940)]. — Im Jahre 1910 begann auch W. H. Perkin [gemeinsam mit R. Robinson, I. Mitteil., Soc. **97**, 305 (1910)] die Aufklärung des Strychninmoleküls und stellte erstmalig eine Sechsring-Konstitutionsformel auf; diese Arbeit erfuhr erst 1924 eine Fortsetzung [Soc. **125**, 1751 (1924)], um — nach Perkins Tode — von R. Robinson mit seinen Mitarbeitern weitergeführt zu werden [XII. Mitteil. über Strychnin und Brucin, Soc. **1931**, 773; XXXV. Mitteil. (mit O. Achmatowicz), Soc. **1935**, 1685; XXXVI. Mitteil. Soc. **1937**, 941 mit Teilsynthesen]; XL. Mitteil., Soc. **1938**, 1488; H. L. Holmes und R. Robinson (LI. Mitteil.), Soc. **1939**, 603.

Eine Beziehung zwischen den Strychnos-, Yohimbe- und Quebracho-Alkaloiden wies E. Späth [B. **63**, 2997 (1930)] durch das Auftreten gleicher Abbauprodukte nach; M. Kotake (1936) und G. R. Clemo (1936) erhielten tatsächlich aus Strychnin durch Alkalibehandlung β-Indolyl-äthylamin.

W. H. Perkin und R. Robinson, Soc. **97**, 305 (1910).

E. Oliveri-Mandala, Gazz. **54**, 516 (1924).

R = H, Strychnin, R = CH₃O, Brucin.

W. H. Perkin und R. Robinson, Soc. **1929**, 1975; s. a. **1928**, 3089.

R. Robinson, Soc. **1930**, 830.

Trotz der mühevollen und lang dauernden Experimentalforschungen, namentlich von H. Leuchs, ist gerade durch die Fülle der erhaltenen neuen Produkte und Isomerien der Rückschluß auf die Konstitution des Strychnins erschwert. Vor- und nachstehend bringen wir chronologisch einige dieser vorläufigen Konstitutionsbilder.

R. Robinson, Soc. 1932, 781; 1939, 603.　　　H. Leuchs, B. 65, 1230 (1932).

R. Robinson, Soc. 1932, 2307.　　M. Kotake und T. Mitsuwa (1934; 1936 u. f.).

R. Robinson, Soc. 1934, 1490; 1937, 941.

Bei dem vielgliedrigen Molekülgerüst des Strychnins (Brucins) und den theoretisch gegebenen Fällen von optischer Isomerie nnd Tautomerie sollte man das Auftreten zahlreicher Begleitalkaloide (als Vor- und Substitutionsprodukte) des natürlichen Strychnins (Brucins) erwarten. Doch erst spät wandte man sich den Nebenalkaloiden im Strychnos Nux vomica bzw. Strychn. Ignatii zu: Im Jahre 1931 entdeckte K. Warnat [Helv. chim Acta 14, 997 (1931)] drei derselben: α- und

β-Colubrin und Ψ-Strychnin (s. a. R. Robinson, Soc. 1932, 2305). H. Wieland [mit G. Oertel, A. **469**, 193 (1929); s. a. **491**, 117, 133 (1931)] hatte vorher das Vomicin $C_{22}H_{24}O_4N_2$ entdeckt. Wieland [mit L. Horner, A. **528**, 73 (1937)] stellte für das Vomicin die folgende Konstitutionsformel auf:

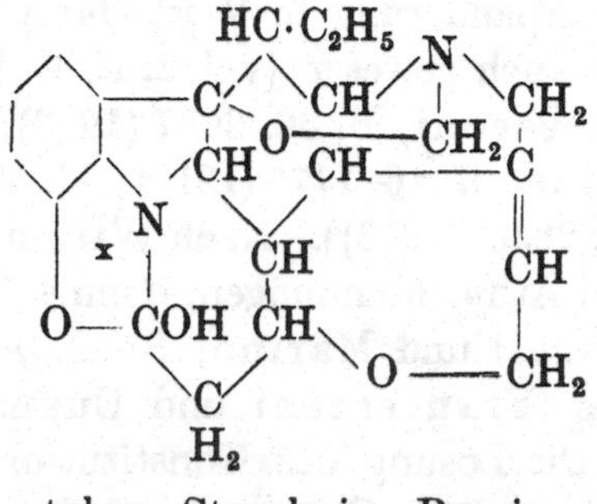

Nach Warnat stehen Strychnin, Brucin, α- und β-Colubrin in folgender Beziehung zueinander:

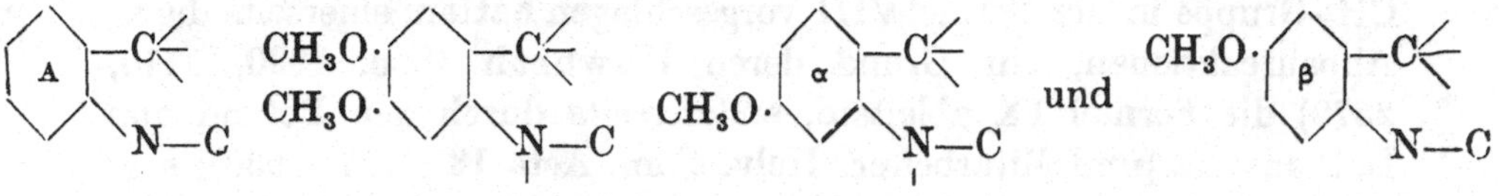

Zweites Kapitel.

Stickstofffreie Giftstoffe.

Santonin als Typus giftiger Hydronaphthalinderivate.

Das Santonin und seine Abkömmlinge bieten ein sprechendes Beispiel dafür dar, wie von rein wissenschaftlichem Interesse her ein chemisches Problem während eines ganzen Jahrhunderts die Experimentalforschung fesseln kann, und wie die Lösung solcher widerspenstigen Probleme relativ mühelos sich ermöglicht, wenn die chemische Experimentierkunst entsprechend herausgebildet worden ist. Santonin wurde 1830 von Kahler aus Wurmsamen isoliert; der nachmals berühmte Rob. Mayer wählte es für seine Doktor-Dissertation (1833); Heldt (1847) gab die Zusammensetzung $C_{15}H_{18}O_3$ und Buignet erkannte die Linksdrehung. Gegen die von Berthelot angenommene Phenolnatur sprach sich O. Hesse (1873 u. f.) aus. Die große Linie in der Konstitutionsaufklärung schuf erst S. Cannizzaro: gemeinsam mit Carnelutti (1882) baute er Santonin zum Dimethylnaphthol ab und führte es in verschiedene Derivate über, er wies [B. **18**, 2746 (1885)] dem Santonin die Lactongruppe $\overset{C-CO}{\underset{O}{\diagdown\diagup}}$ und eine Ketogruppe CO zu und betrachtete die Santoninverbindungen „als Derivate eines Hexahydronaphthalins", dem Santonin gab er die Strukturformel I, die er 1892 [Rend. Acc. Linc. **1892** II, 149;

s. a. Gucci und Grassi-Cristaldi, Rend. Acc. Linc. 1891 II, 35; Gazz. 22 I, 1 (1892); A. Andreocci, B. 26, 1373 (1893)] in die Formel II umänderte, um 1893 die Formel III zu geben [B. 26, 786 (1893)]. Doch schon 1891 hatten P. Gucci und G. Grassi-Cristaldi (zit. Stellen) die Formel IV mit der Umgruppierung vorgeschlagen. Die Formel II bzw. ihre Abänderung in V ist dann (als Cannizzaro-Formel) lange im Gebrauch gewesen [vgl. z. B. E. Wedekind, B. 36, 1390 (1903); L. Francesconi, B. 36, 2667 (1903); A. Angeli, B. 46, 2235 (1913); Y. Asahina, B. 46, 1775 (1913); H. Wienhaus, A. 397, 219 (1913) und B. 46, 2836 (1913)]. Nach Wienhaus und Asahina besitzt Santonin zwei Äthylenbindungen, demnach scheiden die For=meln VI und VII [Angeli und Marino, Rend. Acc. Linè. 16 I, 159 (1907)], sowie andere (Francesconi und Cusmano, 1908; Bargellini, 1907) aus. Die Lösung des Konstitutionsproblems erfolgte schlagartig, nachdem 1929 R. D. Haworth, G. R. Clemo und E. Walton (Soc. 1929, 2368) eine wahrscheinliche Platzänderung der einen CH_3-Gruppe in der Formel VIII vorgeschlagen hatten, einerseits durch Abbaureaktionen, auf Grund deren Haworth (Soc. 1930, 1110, 2579) die Formel IX ableitete, andererseits durch den Befund von L. Ruzicka [und Mitarbeiter, Helv. chim. Acta 13, 1117 (1930); s. a. 17, 614 (1934)] und J. M. Heilbron (und Mitarbeiter, Soc. 1930, 423) über die Bildung von Methyl-äthylnaphthalin X bei der Selendehydrie-rung des Santonins. Es verdient Beachtung, wie intuitiv schon 1893 Cannizzaro mit seiner Formel III der richtigen Formel IX nahe-gekommen war.

I (1885, Cannizzaro).

II (1892).

III (1893).

IV (1891).

V [Cannizzaro und Gucci, Gazz. 23 I, 286 (1893)].

VI

VII

VIII (1929).

IX. (Santonin, 1930).

X (1-Methyl-7-äthyl-naphthalin).

XI (Artemisin, 1932).

XII (Alantolacton).

Die Lage der Doppelbindungen in IX wurde noch durch E. Wedekind und K. Tettweiler [B. 64, 387 (1931)] sichergestellt. Da im Santoninmolekül 4 asymmetrische C-Atome vorkommen, so bietet es stereochemisch und bei den Abbau- bzw. Substitutionsreaktionen ein reizvolles Gebiet von Mannigfaltigkeiten dar. Über ein „α-Oxysantonin" hat unlängst Y. Asahina [mit T. Momose, B. 70, 812 (1937)] gearbeitet. Es ist auch die Frage zu stellen nach dem chemischen Zustande des so schwer löslichen Santonins in den Wurmsamen sowie nach seinen etwaigen natürlichen Ausgangs- und Begleitstoffen in der Zelle?

Einer solcher Begleitstoffe ist das „Artemisin", das zuerst von E. Merck (1894) mit der Formel $C_{15}H_{28}O_4$ beschrieben wurde und neben Santonin in den Mutterlaugen von Artemisia maritima vorkommt. Den Lactoncharakter und die chemische Verwandtschaft des Artemisins mit Santonin stellten M. Freund (1901) und P. Bertolo (1901) fest. Das eingehende Studium der Derivate und die Konstitutionsaufklärung von Artemisin = 7-Hydroxy-santonin (Formel XI) hat erst E. Wedekind [mit K. Tettweiler und O. Engel, A. 492, 105 (1932)] durchgeführt.

Zu demselben Grundgerüst gehört der sog. Alantcampher oder das Helenin (Alantwurzel war schon im XVI. Jahrh. ein Hausmittel, im XVIII. Jahrh. wurde die Verbindung beobachtet); Gerhardt (1840 u. f.) bestimmte die Zusammensetzung des Helenins $C_{15}H_{20}O_2$, das nachher von J. Bredt (1895) untersucht wurde [gemeinsam mit W. Posth, A. 285, 349 (1895)]: das Helenin vom Schmp. 76⁰ wurde als ein dem Santonin verwandtes Lacton („Alantolacton") erkannt. Neben dem niedrigschmelzenden Helenin hatte J. Kallen (1873) einen höher schmelzenden Begleitstoff isoliert; J. Sprinz [B. 34, 775 (1901)] gab diesem Körper (Schmp. 115⁰) die Bezeichnung Isoalantolacton und die richtige Formel $C_{15}H_{20}O_2$; dann fand K. Fr. W. Hansen (1930) in der Alantwurzel noch einen dritten Bitterstoff Dihydro-isoalanto-lacton $C_{15}H_{22}O_2$. Die Dehydrierung mittels Selens ergab bei allen drei Lactonen denselben Kohlenwasserstoff 1-Methyl-7-äthyl-naphthalin (s. oben X) [Hansen, B. 64, 67, 1904 (1931); L. Ruzicka, Helv. chim. Acta 14, 397, 1090 (1931)] und für Alantolacton wurde die Formel XII aufgestellt.

Natürliche Cumarine[1]) (pflanzliche Fischgifte). Cumarin-glucoside.

Eine in der Pflanzenwelt weit verbreitete Klasse von Verbindungen tritt in den „Cumarinen" entgegen. Der Prototyp derselben, das Cumarin, war bereits von Vogel (1813 u. f.) aus den Tonkabohnen erhalten und für Benzoesäure gehalten worden, Guibourt (um 1820) erkannte die Eigennatur und gab den Namen „Coumarine", während H. Bleibtreu (1846) die richtige Zusammensetzung $C_9H_6O_2$ ermittelte und die narkotische Wirkung größerer Mengen des Cumarins fest-stellte [A. 59, 177 (1846);] er wies auch darauf hin, daß das Cumarin in der Pflanze nicht immer als solches frei vorliegt. In den sechziger Jahren des vorigen Jahrhunderts wird das Interesse für diese Körper-klasse sowohl materiell als auch erkenntnistheoretisch besonders be-einflußt. Durch Rochleder (1846) und Payen (1846) war aus Kaffeebohnen eine „Kaffeegerbsäure" isoliert worden; dann hatte C. Zwenger (1860) aus den Kaffeebohnen auch Chinasäure (die in den Chinarinden vorkommt) erhalten. Von C. Zwenger (1814—1884, Marburg) wurde auch das „Daphnin" (Gmelin und Bär, 1822, sie sahen es für ein Alkaloid an) als ein Glucosid erkannt, das durch Säuren oder Emulsin in „Daphnetin" $C_9H_6O_4$ und Zucker zerfällt (1860); Zwenger isolierte aus Steinklee die „Melilotsäure" (1863 u. f.). Die eingehendere Untersuchung des Äsculins (aus der Roßkastanien-rinde) durch Rochleder (1853 u. f.) sowie Zwenger (1854) hatte bei der Hydrolyse die Entstehung von Zucker und „Äsculetin" er-geben. Schon Zwenger (1860) hatte beim Erhitzen des Daphnetins sowie des Äsculetins das Auftreten eines deutlich cumarinartigen Geruches festgestellt und Rochleder (1864) hatte auf die gleiche

---

[1]) Literatur: H. Simonis: Die Cumarine. Stuttgart 1916.
E. Späth: Die natürlichen Cumarine. Zusammenfass. Vortrag, B. 70 (A), 83—117. (1937).

Zusammensetzung (Isomerie) von Äsculetin und Daphnetin hingewiesen. Als dann Hlasiwetz und Grabowski (1866) das von
Zwenger (1860) bei der Destillation des Umbelliferonharzes entdeckte
„Umbelliferon" (von cumarinartigem Geruch) näher untersuchten,
sprachen sie die Vermutung über eine ähnliche Konstitution dieses
Körpers mit Cumarin und Äsculetin aus; Hlasiwetz (und Barth,
1866) gewannen aus dem Harze Asa foetida die „Ferulasäure" und
Hlasiwetz (1867) spaltete von der Kaffeegerbsäure die „Kaffeesäure" ab. [Über Kaffeesäure-β-d-glucosid: Helferich, J. pr. Ch. (2)
145, 270 (1936)].

In stofflicher Hinsicht war also in wenigen Jahren eine beacht-
liche Zahl von pflanzlichen Produkten bekanntgeworden, die durch
verschiedene sinnfällige Eigenschaften (z. B. Geruch, Fluorescenz) auf
einen übereinstimmenden chemischen Aufbau hinwiesen, und zwar
auf den Prototyp Cumarin. Es war daher die von W. H. Perkin sen.
(1868) ausgeführte Synthese des Cumarins eine historische Tat,
die bedeutsam ist durch das unmittelbare Ergebnis, aber auch bedeutsam ist für den Einblick in das Wesen des Erfindens. Wie einst
— vier Jahrzehnte vorher — Wöhler den künstlichen Harnstoff
entdeckte als er etwas ganz anderes suchte, so wollte auch Perkin
den Salicylaldehyd acetylieren und — entdeckte einen synthetischen
Weg für die Cumarine überhaupt [s. a. B. 8, 1599 (1875)]. Eine neue
Bildungsweise der Cumarine gab 1884 H. v. Pechmann, indem er
gleichzeitig die Synthese von Umbelliferon [nach F. Tiemann (1877
u. f.): Paraoxy-cumarin] und Daphnetin (Dioxycumarin) ausführte
[B. **17**, 929 (1884); zur Konstitution des Daphnetins vgl. a. W. Will,
B. **17**, 1081 (1884); zur technischen Verbesserung der Methode vgl.
H. Simonis, 1908 u. f.]. Die Methode hatte ihre Vorläuferin in einer
von H. v. Pechmann und C. Duisberg [B. **16**, 2119 (1883)] gegebenen
Bildungsweise und eine Fortsetzung in den „Studien über Cumarine"
von H. v. Pechmann [B. **32**, 3681 (1900)].

Die Konstitutionsformeln des Cumarins nahmen die folgende
Entwicklung:

Perkin, 1868.

Bäsecke, 1870.

Salkowski, 1877.

Strecker, 1867. R. Fittig, 1868. F. Tiemann,
1877. H. v. Pechmann, 1883. E. Späth, 1937.

G. Th. Morgan, 1906.

Die Tradition der österreichischen phytochemischen Schule fand ihre Fortsetzung in den Untersuchungen z. B. von L. Barth und J. Herzig [M. 10, 161 (1889)] über „Herniarin" $C_{10}H_8O_3$ (= Methyläther des Umbelliferons), von F. Mauthner (1915) über die Synthese eines Umbelliferon-glucosids. Dann knüpfte F. Wessely 1928 an die Untersuchungen F. Rochleders (1859 u. f.) über das Glucosid Fraxin und dessen Aglucon Fraxetin sowie an das alte Daphnin (s. o.) an [B. 61, 1279 (1928); 62, 120 (1929) sowie 62, 115 und 63, 1299 (1930) (Daphnetin)] und klärte deren Konstitution auf, und andererseits führte R. Seka (mit P. Kallir) die Konstitutionsaufklärung des Äsculins (s. o. Rochleder, 1853) zum Abschluß und gab die Synthese des Scopoletins [B. 64, 622, 909 (1931)]. Nachstehend folgen die Formelbilder:

Umbelliferon.

Herniarin.

Fraxetin.

Fraxin.

Daphnetin.

Daphnin.
[Synthese: Daphnin, s. a. P. Leone, Gazz. 55, 673 (1925).]

Äsculetin.
[Vgl. a. A. Robertson, Soc. 1930, 2434; G. Bargellini und L. Monti, Gazz. 45, I, 90 (1915).]

Äsculin.

Cichoriin
[K. W. Merz, Ar. 270, 476 (1932)].

Scopoletin

Scopolin
(Vgl. a. A. Robertson, Soc. 1931, 1241.)

Das Gebiet der natürlichen Cumarin-glucoside ist bisher weniger erforscht worden und die Synthesen derselben mittels β-Aceto-bromglucose scheinen zu Isomeren zu führen. (Ist hierbei nicht auch eine optische (Waldensche) Umkehrung zu berücksichtigen?)

Als nun im Jahre 1931 E. Späth [B. 64, 2203 (1931) (I. Mitteil.); 66, 749 (1933) (II. Mitteil.), jedoch B. 70, 2276 (1937): XXXV. Mitteil. „über pflanzliche Fischgifte" (Mitteil. I bis VII) bzw. über „natürliche Cumarine" (Mitteil. VIII bis LII) B. 73, 709 (1939)] die Führung in diesen analytisch-synthetischen Untersuchungen übernahm, erhielten nicht nur die Untersuchungen selbst ein außerordentlich beschleunigtes Tempo und eine erhöhte wissenschaftliche Bedeutung, sondern die ganze Körperklasse der natürlichen Cumarine rückte wegen ihrer großen Verbreitung in der Pflanzenwelt zu physiologisch und pharmakologisch hochinteressanten Stoffen auf. Die schon von Bleibtreu (1846) erkannte narkotische Wirkung wurde wiederentdeckt, bzw. an vielen Vertretern der Cumarine festgestellt [vgl. F. v. Werder in E. Mercks Jahresber. 50 (1936)]. In seinem zusammenfassenden Vortrag hat E. Späth [B. 70 (A), 83 (1937)] einen Überblick über das Gebiet der „natürlichen Cumarine" gegeben — die Zahl der bisher isolierten wird mit etwa 60 bemessen — und auch die Hunderte von Pflanzenarten aufgeführt, in denen bisher Cumarine aufgefunden worden sind, ist doch z. B. allein Cumarin (und Glykoside) in etwa 75 verschiedenen Gewächsen festgestellt. Andererseits enthält aber ein und dieselbe Pflanzenart auch verschiedene Typen von Cumarinen nebeneinander, so z. B. enthält Engelwurz: Angelicin, Osthenol, Osthol, Xanthotoxol und Imperatorin, oder die Meisterwurz: Osthol, Ostruthol, Ostruthin, Imperatorin, Iso-imperatorin, Oxy-peucedanin.

Angelicin [1]).

Xanthotoxol.

Osthenol.

Osthol.

Imperatorin.

Iso-imperatorin.

[1]) Über ein japanisches Byak-Angelicin vgl. T. Noguchi u. Kawanami, B. 71, 344 (1938).

$$(CH_3)_2 \cdot C : CH \cdot CH_2 \cdot CH_2 \cdot CH \cdot CH_2 \cdot$$

Ostruthin.

$$O \cdot CH_2 \cdot CH \!\!-\!\! C(CH_3)_2$$

Oxy-peucedanin.

$$O \cdot CO \cdot C(CH_3) : CH \cdot CH_3$$
$$O \cdot CH_2 \!\!-\!\! CH \!\!-\!\! C(CH_3)_2$$

Ostruthol.

Seselin [Späth und P. K. Bose, B. **72**, 821 (1939); Synthese: B. **72**, 963 (1939)].

Xanthyletin [J. C. Bell und A. Robertson, Soc. **1936**, 1828; **1937**, 1542; Späth, B. **70**, 2276 (1937); **72**, 1450, Synthese: 2093 (1939)].

Psoralen [Späth und Mitarbeiter, B. **69**, 1087 (1936); **72**, 1577 (1939).]

Nodakenin [Späth, B. **72**, 2089 (1939)].

Alloimperatorin.

Durch kurzes Erhitzen von Imperatorin auf 200—210⁰ entsteht infolge einer Allyl-Umlagerung[1]) Alloimperatorin (Späth und F. Kuffner, B. **66**, 1137 (1933); **72**, 1580 (1939)].

Über die Entstehung der Cumarine in der Pflanze bzw. die Muttersubstanzen sind von T. Pavolino (1931) und von E. Späth (1993) Ansichten geäußert worden, die teils auf Pentosen, Pentite und Pentonsäuren (so Pavolino), teils auf Isopren und auf Phenole (Aldehyde) zurückgreifen (E. Späth).

_____

[1]) Zur Theorie der Allylumlagerung vgl. auch O. Mumm und F. Müller, B. **70**, 2214 (1937).

Wenn nun die moderne pharmakologische Forschung auf die narkotischen Wirkungen der einzelnen Cumarine (selbst in kleinsten Konzentrationen) hinweist, so ist daran zu erinnern, daß seit alters die Volksmedizin viele dieser cumarinhaltigen Pflanzen als schmerzlindernde Mittel gekannt und verwendet hat. Gerade die beiden Pflanzen mit ihrem Gemisch von Narkotika sind volkskundlich wertvoll: die Engelwurz ist ja eine typisch nordische Pflanze (Angelicawurzelöl hat auch im Deutschen Arzneibuch seinen Platz behauptet) und die Meisterwurz ist (nach A. Tschirch) eine spezifisch deutsche Heilpflanze, als die „Wurz aller Wurzen" geschätzt, weshalb sie die Alten „Imperatoria" nannten, sie wirkt sowohl als Erregungs- wie Beruhigungsmittel. Ob aus der abgewandelten Wirkung dieser Heilmittelgemische in der Pflanze nicht auch neue Erkenntnisse für die Verwendung der künstlichen Gemische der reinen Cumarine gezogen werden könnten, wenn man die Erfahrungen der Volksmedizin ohne Vorurteil nachprüft?

Überblickt man die Formelbilder der genannten und oft gemeinsam in einer Pflanze vorkommenden Cumarine, so erkennt man wiederum, wie die lebende Zelle bei ihren Synthesen gleichsam nach mehreren Reaktionsgleichungen arbeitet, bzw. weniger einen Einzelstoff als vielmehr alle unter den gegebenen Bedingungen möglichen Abkömmlinge eines erkennbaren Grundkörpers hervorbringt. Einige der Cumarine müssen wegen des asym. C-Atoms optische Isomerie zeigen.

Die modernen physikalisch-chemischen Untersuchungsmethoden haben bisher auf diesem Forschungsgebiet nur eine geringe Verwendung bei Konstitutionsbestimmungen gefunden; die Absorptionsspektren einzelner Cumarinderivate hat z. B. T. Tasaki (1927) gemessen.

Giftstoffe der Derris- und Cubéwurzeln; Rotenon und seine Begleiter.

Der Entdecker des Rotenons (aus der Wurzel von Derris chinensis) war Kazuo Nagai (1902); er erteilte dem Körper die Formel $C_{16}H_{16}O_5$, die von Ishikawa (1917) in $C_{16}H_{18}O_5$, von Takei (1925) in $C_{19}H_{18}O_5$ umgeändert wurde. Die Formel $C_{23}H_{22}O_6$ wurde von Butenandt [A. **464**, 253 (1928)] und S. Takei [B. **61**, 1003 (1928)] festgestellt. An der Konstitutionsaufklärung des Rotenons (I) waren beteiligt neben den japanischen Entdeckern [S. Takei, B. XI. Mitteil. **66**, 1826 (1933)] A. Robertson (Soc. **1932**, 1380 u. f.), insbesondere F. B. La Forge [Am. **52**, 2878 (1930); **54**, 3377 (1932)] und A. Butenandt [zit. S. 253 und A. **494**, 17 (1932); **495**, 172 (1932). Außerdem wurden in dem Derris-Extrakt entdeckt: Deguelin II [E. P. Clark, Am. **52**, 2461 (1930); **53**, 313 (1931); **54**, 3002 (1932)], und Toxicarol III (E. P. Clark, zit. S. 2461). Tephrosin IV [Clark, Am. **53**, 729 (1931)] und Iso-Tephrosin [Clark, Am. **54**, 4454 (1932); auch Dehydro-

deguelin], Sumatrol V (A. Robertson Soc. **1937**, 497), 1-Ellipton
VI (S. H. Harper, Soc. **1939**, 1099). (Vgl. auch Butenandt, A. **464**
und **494**):

I.

1-Rotenon $C_{23}H_{22}O_6$, $[\alpha]_D = -226°$ (in C_6H_6).

II.

1-Deguelin $C_{23}H_{22}O_6$, $[\alpha]_D = -23°$ (in C_6H_6).

III.

Toxicarol $C_{23}H_{22}O_7$. (Robertson, Soc. **1937**, 1535.) $[\alpha]_D = -68°$ (in C_6H_6).

IV.

Tephrosin = Hydroxy-deguelin $C_{23}H_{22}O_7$.

V.

1-Sumatrol (s. a. Harper, Soc. **1939**, 1101). $[\alpha]_D = -184°$ (in C_6H_6).

$$\text{VI.}\qquad
\begin{array}{c}
\text{CH}_3\text{O}\\
\text{CH}_3\text{O}\diagup\!\!\diagdown\quad\text{CO}\\
\text{CH}\\
\text{O}\;\;\text{CH}\\
\text{CH}_2\quad\diagdown\;\text{O}\quad\;\;\text{O}\\
\text{CH}{=}\text{CH}
\end{array}$$

1-Ellipton $[\alpha]_D = -18^\circ$ (in C_6H_6).

Eigenartig ist es, daß z. B. Toxicarol, Deguelin, Tephrosin, Ellipton nach der Isolierung als optisch inaktiv gefunden wurden; führt man aber die Extraktion schnell (und mit möglichst wenig Alkali) durch, so erhält man die linksdrehenden Individuen. Im Hinblick auf die Anwesenheit von 2 bzw. 3 asymm. C-Atomen stellen diese Verbindungen zahlreiche stereochemische Probleme dar (vgl. für Rotenon die Untersuchungen von R. S. Cahn, R. F. Phipers und J. J. Boam, Soc. 1938, 513; dort auch Angaben über die Absorptionsspektren von Rotenon, Sumatrol, Deguelin, Toxicarol und deren Derivaten). Bemerkenswert ist der Wechsel des Drehungsvermögens, z. B. l-Ellipton, $[\alpha]_D^{20} = -18^\circ$ in Benzol und $[\alpha]_D^{20} = +55^\circ$ in Aceton; ähnlich verhält sich l-Toxicarol, das außerdem noch Mutarotationserscheinungen (in Gegenwart von wenig methylalkohol. KOH und Überschuß von Essigsäure) zeigt: $[\alpha]_D = +350^\circ$ bis 0°. Über die Razemisierung durch Alkalien und Ringöffnung vgl. a. Butenandt und Hilgetag, A. 506, 158 (1933), sowie R. S. Cahn und Mitarbeiter, zit. S. 517 u. f.

Das gleichzeitige Vorkommen der genannten Verbindungen und die Frage nach ihrem biochemischen Ursprung sind ein reizvolles Problem. Die Toxität des Rotenons ist außerordentlich groß (0,00001 %) und übertrifft diejenige seiner Begleiter.

Pflanzliche Herzgifte (aus Glykosiden bzw. Glucosiden, nach E. Fischer, 1893). Saponine.

Die in der Natur bzw. in den Pflanzenzellen so verbreitete Körperklasse der Glucoside (zuerst von Gerhardt wegen der Zuckerkomponente als „glucosides" „Glykoside" bezeichnet, 1852) hat namentlich seit der Mitte des vorigen Jahrhunderts durch österreichische Chemiker eine sorgfältige Bearbeitung erfahren, so durch F. Rochleder (1819—1874), mit und nach ihm durch H. Hlasiwetz (1825 bis 1875) und dessen Schüler L. Barth v. Barthenau (1839—1890), der einen Nachfolger in der Untersuchung der organischen Naturstoffe in J. Herzig (1853—1924) fand. So konnte Emil Fischer (1913) anläßlich eines Vortrages in Wien über die „Synthese von Depsiden, Flechtenstoffen und Gerbstoffen" [B. 46, 3253 (1913)] unter Hinweis auf die genannten Forscher sagen, „daß an keinem Ort so viel über sie gearbeitet worden ist, wie gerade hier in Wien".

Der von dem Erfurter Apotheker Chr. Friedr. Bucholz (1811 u. f.) mit dem Namen „Saponin" bezeichnete Körper — als Begriffsbezeichnung mehrerer seit langer Zeit bekannten und zum Waschen benutzten Stoffe[1] — wurde namentlich von Bussy (1833), Frémy (1835) und von Rochleder (1854 u. f.) untersucht; seine Giftigkeit und Erweiterung der Pupille hob Scharling (1850) hervor. Die hydrolytische Aufspaltung durch Säuren verläuft nach der Gleichung: Saponin + Wasser = „Sapogenin" + Zucker. Die Bezeichnung „Sapogenin" gab Bolley [A. **90**, 216 (1854)], „nach Analogie des Saligenins"; den Zucker erkannten Rochleder (1854) und Overbeck (1854) als Traubenzucker. Rochleder hatte für das Gypsophila-Saponin die Formel $C_{32}H_{54}O_{18}$ abgeleitet, dieselbe wurde von C. Schiaparelli (1883) bestätigt, Stütz (1883) dagegen kam zu der Formel $C_{19}H_{30}O_{10}$, während O. Hesse [A. **261**, 371 (1891)] die allgemeine Formel $C_{32}H_{52}O_{17}$ aufstellte. Die Wiederbelebung des wissenschaftlichen Interesses für die „Saponine" als eine Körperklasse erfolgte teils von seiten der Pharmakologen (R. Kobert, 1887 u. f.), teils im Zusammenhang mit den bahnbrechenden Zuckeruntersuchungen und Glucosid-Synthesen E. Fischers.

Die in den Fingerhut-Arten vorkommenden Digitalis-Glucoside gehören zu den Saponinen und sind durch die Zahl und Mannigfaltigkeit der bisher isolierten einzelnen Saponine sowie deren Hydrolyseprodukte „Sapogenine" + Zuckerart bemerkenswert. Seit der Einführung der Blätter in den Arzneischatz durch Withering (1775) und seit der Darstellung eines ersten kristallinischen Digitalin-Präparates durch Homolle (1845) war es O. Schmiedeberg vorbehalten (1875 u. f.), eine erste eingehendere Differenzierung der Digitalisstoffe anzubahnen. Die systematische chemische Untersuchung wurde erst durch H. Kiliani [B. **23**, 1555 (1890); **24**, 339 (1891 u. f.)] eingeleitet:

Digitonin $(C_{27}H_{46}O_{14})_2$ (H. Kiliani, 1891), hydrolysierbar zum Digitogenin $C_{30}H_{48}O_6$ bis $C_{31}H_{50}O_6$ [Kiliani und Windaus, B. **32**, 2201 (1899)].

Digitonin $C_{55}H_{94}O_{28}$ [A. Windaus, B. **42**, 240 (1909); Kiliani, B. **51**, 1614 (1918)], hydrolysierbar zum Digitogenin $C_{26}H_{42}O_5$ (Windaus, 1925 u. f.).

Digitalinum verum, etwa $C_{35}H_{56}O_{14}$, hydrolysierbar zum Digitaligenin $C_{22}H_{30}O_3$ [Kiliani, 1892; B. **31**, 2460 (1898)]; jedoch hydrolysierbar zum Digitaligenin $C_{24}H_{32}O_3$ [Windaus, B. **56**, 2001 (1923); **57**, 1387 (1924)]; bzw. zum Digitaligenin $C_{23}H_{30}O_3$ (Windaus, 1927).

---

[1] Ein einfaches Saponin mit ausgezeichneter Seifenwirkung wurde von B. Helferich [s. B. **73**, 1300 (1940)] in dem p-tert.-Butyl-β-d-glucosid synthetisiert.

Digitoxin $C_{34}H_{54}O_{11}$, hvdrolysierbar zum Digitoxigenin $C_{22}H_{32}O_4$ (Kiliani, 1899),

bzw. Digitoxin $C_{44}H_{70}O_{14}$, hydrolysierbar zum Digitoxigenin $C_{24}H_{36}O_4$ (Cloetta, 1920),

bzw. Digitoxin $C_{42}H_{66}O_{13}$, hydrolysierbar zum Digitoxigenin $C_{24}H_{36}O_4$ (A. Windaus, 1925),

bzw. Digitoxin $C_{41}H_{64}O_{13}$, hydrolysierbar zum Digitoxigenin $C_{23}H_{34}O_4$ [Windaus, B. 61, 2436 (1928)].

Gitonin $C_{49}H_{80}O_{23}$ gibt Gitogenin $C_{26}H_{42}O_4$ [Windaus, B. 46, 2628 (1913)].

Gitalin bzw. Anhydro-gitalin $C_{28}H_{46}O_9$ (Kraft, 1912).

Gitalin bzw. Anhydro-gitalin $C_{33}H_{52}O_{12}$ (Kiliani, 1914) wird umbenannt in „Gitoxin" $C_{42}H_{66}O_{14}$, gibt bei der Hydrolyse Gitoxigenin $C_{24}H_{36}O_5$ [Windaus, B. 58, 1515 (1925)], identisch mit dem von M. Cloetta (1926) isolierten „Bigitalin" [Windaus und K. Westphal, B. 61, 1847 (1928)], wobei dem Gitoxin die Formel $C_{41}H_{64}O_{14}$, dem Gitoxigenin die Formel $C_{23}H_{34}O_5$ beigelegt wird.

Die Giftstoffe der Kröte sind ein schlagendes Beispiel für die Vernachlässigung alten Volkswissens und alter Volksmedizin. Die Giftigkeit der Kröte führt schon Plinius an und Konrad v. Megenberg berichtet nach alten Quellen von dem Rautensaft, der tödlich für die Kröte sei, wie von der Heilwirkung des „Krötensteins" (aus dem Kopf der Kröte). Erst um die Mitte des vorigen Jahrhunderts begann man in Kreisen französischer Physiologen dem Krötengift Untersuchungen zu widmen und fand eine nahe Wirkung zwischen Krötengift und dem Herzgift der Digitalingruppe. Der erste chemische Vorstoß erfolgte durch E. St. Faust (1902), der aus Krötenhäuten einen wirksamen Stoff „Bufotalin" $C_{34}H_{46}O_{10}$ isolierte. Es folgte (1913) H. Wieland, der [gemeinsam mit F. J. Weil, B. 46, 3315 (1913)] ein kristallisiertes Bufotalin $C_{16}H_{24}O_4$ darstellte, dieses als ein Lacton erkannte und durch Wasserverlust in das gelbe kristallisierte Bufotalien $C_{16}H_{20}O_2$ umwandelte: die Verbindungen gaben die Liebermannsche sog. Cholestolreaktion (die auch dem Cholesterin eigen ist). Kurz vorher hatte J. J. Abel (1912) aus der Bufo agua einen kristallisierten Giftstoff „Bufagin" $C_{18}H_{24}O_4$ dargestellt. Durch weitere Untersuchungen (1920) erbrachte H. Wieland den Nachweis, daß Bufotalin die Formel $C_{26}H_{36}O_6$ hat, ein Acetylderivat ist und in das gelbe Bufotalien $C_{24}H_{30}O_3$ übergeht: Das Stamm-Molekül mit 24 C-Atomen ist — „gleich den Gallensäuren — aus 4 hydro-aromatischen Ringen aufgebaut"; dann wurde noch der eigentliche Giftstoff „Bufotoxin" $C_{40}H_{62}O_{11}N_4$ entdeckt [B. 55, 1789 (1922)], der hydrolytisch in Bufotalien $C_{24}H_{30}O_3$, Korksäure $C_8H_{14}O_4$ und Arginin $C_6H_{14}O_2N_4$ aufgespalten wird; das Bufotalin war „als eine Art von

„Genin" bei der früheren Verarbeitung der Hautextrakte" aus dem Bufotoxin hervorgegangen.

Hier begegneten und beeinflußten sich nun in der Konstitutionsaufklärung zwei Stoffgebiete. A. Windaus [B. 48, 979, 991 (1915)] hatte das (von Taub und Fickewirth) 1912 entdeckte „Cymarin" aus kanadischem Hanf untersucht und durch Hydrolyse das Genin abgespalten: $C_{30}H_{44}O_9$ (Cymarin) → Cymarigenin $C_{23}H_{32}O_6$, beide zeigten die Liebermannsche Cholestolreaktion; außerdem hatte er (S. 991) die Identität des Cymarigenins mit dem Kombé-Strophanthidin von F. Feist [B. 33, 2069 (1900)] dargetan; Windaus weist nun auf die chemische und pharmakologische Ähnlichkeit dieser Genine mit derjenigen der Digitalis-Herzgifte hin und hebt den Zusammenhang hervor, den diese pflanzlichen Herzgifte mit dem Krötengift des Tierreiches haben. Die Vermutung Wielands (s. o.), daß das Krötengift ein Abbauprodukt des Cholesterins sei, löst nun in Windaus die Annahme aus [B. 56, 2002 (1923)], daß die DigitalisHerzgifte ihrerseits „sich von den pflanzlichen Sterinen herleiten lassen" und veranlaßt ihn, „eine systematische Untersuchung der pflanzlichen Herzgifte und der Phytosterine zu beginnen"; aus dieser Erforschung der Formeln der Genine führte nun entwicklungsgeschichtlich der Weg in die Problemgruppe „Provitamine", über Ergosterin zum antirachitischen Vitamin.

Die Formel des Strophanthidins $C_{23}H_{32}O_6$ wurde dann von W. A. Jacobs (1922 u. f.) bestätigt und die Konstitution durch Jacobs, sowie Windaus [B. 58, 1509 (1925)] so weit geklärt, daß Windaus dem Strophanthidin ein tetracyclisches System „wie das Cholesterin" beilegte. Dann konnte Windaus [B. 63, 1377 (1930)] ein aus der afrikanischen Droge Uzara [von Hennig, 1917 und Wolff, 1925) gewonnenes Glykosid Uzarin $C_{35}H_{56}O_{16}$ und dessen Genin Anhydrouzarigenin $C_{23}H_{30}O_3$ näher charakterisieren; auch dieses erwies sich — wie Digitoxin, Gitoxin, Strophanthidin — als ein ungesättigtes Oxylacton vom C_{23}-Typus. Durch Jacobs sind in den StrophanthusArten auch Glykoside mit anderen Geninen gefunden worden, so z. B. das Sarmentocymarin $C_{30}H_{46}O_8$, dessen Hydrolyse das Sarmentogenin $C_{23}H_{34}O_5$ gibt (1929), das Ouabain (von Arnaud, 1888, isoliert) $C_{29}H_{44}O_{12}$ und Ouabagenin $C_{23}H_{34}O_8$ (1932), das Periplogenin $C_{23}H_{34}O_5$ (1928); durch Jacobs wurden auch zur Konstitution dieser Genine grundlegende Beiträge geliefert. Zur Gruppe der Herzgifte vom Digitalis-Strophanthus-Uzara-Typ gehören nach R. Tschesche [B. 69, 1377 (1936)] auch die „Antiarine" (von Mulder 1838 entdeckt, von Kiliani 1896 u. f. untersucht, von Jacobs 1927 näher charakterisiert), deren Zusammensetzung $C_{29}H_{42}O_{11}$ und das eigentliche Antiarigenin· $C_{23}H_{32}O_7$ von ihm ermittelt werden.

In der Digitalis purpurea ist noch ein weiteres Saponin, das Tigonin $C_{56}H_{92}O_7$ entdeckt worden [R. Tschesche, B. 69, 1665 (1936)], nachdem schon vorher das Tigogenin $C_{26}H_{42}O_3$ erhalten worden war (W. A. Jacobs, 1930). Die drei Genine: Tigogenin $C_{26}H_{42}O_3$, Gitogenin $C_{26}H_{42}O_4$ und Digitogenin $C_{26}H_{42}O_5$ ließen sich nun als Mono-, Di- und Trihydroxyverbindungen des gleichen Grundkörpers I darstellen [A. Windaus, Nachr. d. Ges. Wiss., Gött. 1935; R. Tschesche, B. 68, 1092 (1935)].

I.

In welch einer mühevollen Aufeinanderfolge die Ermittelung der Formeln sich bisher entwickelt hat, ist aus einem Rückblick ersichtlich und, wie trotz aller Genauigkeit der Analysen und allen Scharfsinnes bei der Aufstellung der Konstitutionsformeln ein gelegentlicher Befund auf einem Seitenpfade das, was als letzte Erkenntnis gesichert erschien, schwankend macht, wird durch folgendes ersichtlich. Zu den längstbekannten Saponinen gehört dasjenige der Sarsaparille-Wurzel; die Formel des Saponins wird zu $C_{40}H_{70}O_{18}$ und des Sapogenins „Parigenin" zu $C_{28}H_{42}O_4$ angegeben (Flückiger, 1877). Erneute Untersuchungen von F. B. Power und A. H. Salway (1914) führen zu der Sapogeninformel $C_{26}H_{42}O_3$, und eine Nachprüfung durch H. P. Kaufmann (1923) bestätigte dieselbe. Diese Formel des Parigenins oder Sarsasapogenins mit 26 C-Atomen entsprach also dem Grundgerüst der obigen drei Genine. Da erschien 1935 eine neue Untersuchung des Sarsasapogenins [Simpson und W. A. Jacobs, J. biol. Chem. 109, 573 (1935)], in welcher die Formel mit 27 C-Atomen für Sarsasapogenin $C_{27}H_{44}O_3$ bevorzugt, gleichzeitig aber auch für die anderen neutralen Sapogenine für wahrscheinlich erklärt wird; durch Selen-Dehydrierung hatten dieselben amerikanischen Forscher (1934) aus Gitogenin und Sarsasapogenin das gleiche Methyl-cyclopenteno-phenanthren erhalten. Damit traten nun die pflanzlichen C_{27}-Saponine in die oft vermutete Verwandtschaft zu dem tierischen Cholesterol (Cholesterin) $C_{27}H_{46}O$.

R. Tschesche und A. Hagedorn konnten auch experimentell von dem Tigogenin zu einem Gallensäure-Derivat, zur Ätio-allo-biliansäure, gelangen [B. 68, 1412 (1935)], und nunmehr eröffnete

sich der Weg zu der Aufstellung der wahrscheinlichen Konstitutionsformeln für Tigogenin II [B. 68, 2248 (1935)], Gitogenin und Digitogenin III [B. 69, 797 (1936)]:

II. (trans, trans) Tigogenin. [S. a. Marker, Am. 62, 1162 (1940)].

III. Digitogenin; darin also OH nur an C_2 = Tigogenin, OH nur an C_1 und C_3 = Gitogenin.

Für das Sarsasapogenin haben R. E. Marker und E. Rohrmann
[Am. 61, 846 (1939); 62, 900, (1940)] eine neue Struktur der Seitenkette vorgeschlagen:

sie haben dasselbe über Pseudosapogenin in Pregnandiol-$3\alpha,20\alpha$ übergeführt [Am. 61, 3477, 3592 (1939)].

Die andere Gruppe der Herzgifte vom C_{23}-Typus ist mit den oben
aus den Digitalisstoffen gewonnenen Geninen nicht erschöpft. Aus
den Blättern von Digitalis lanata hatte S. Smith (Soc. 1930, 508)
ein Digoxin genanntes Glykosid mit dem Digoxigenin $C_{23}H_{34}O_5$
isoliert, er fand das letztere weitgehend ähnlich dem Digitoxigenin
$C_{23}H_{34}O_4$ (Soc. 1930, 2478) und sah es als ein Isomeres des Gitoxigenins
$C_{23}H_{34}O_5$ an (Soc. 1935, 1305). Von C. Mannich, P. Mohs und
W. Mauss (1930 u. f.) wurde Digoxigenin auch als Bestandteil ihrer
„Lanataglykoside" ermittelt, während A. Stoll und W. Kreis [Helv.
chim. Acta 16, 1049, 1390 (1933); 17, 592 (1934) drei Primärglykoside

isolierten, und zwar Digilanid A (gibt bei der Hydrolyse Digitoxigenin), Digilanid B (→ Gitoxigenin) und Digilanid C (→ Digoxigenin $C_{23}H_{34}O_5$, daneben, wie bei A und B: Digitoxose, Glucose und Essigsäure). In gleicher Weise wies A. Stoll [Helv. chim. Acta 18, 120 (1935)] für die Digitalis purpurea die ursprünglichen Glykoside nach: Purpureaglykosid A: $C_{47}H_{74}O_{18}$ (→ Digitoxigenin) und Purpureaglykosid B.: $C_{47}H_{74}O_{19}$ (→ Gitoxigenin).

Schon Konrad v. Megenberg (1309—1374) schrieb in seinem Werk „Das Buch der Natur" von dem Oleanderbaum: „Sein Saft ist giftig und tötet Tiere. Gegen einige Arten von Geisteskrankheit, die die Menschen befällt, dient er aber als Arznei." Es hat lange gedauert, bis endlich Pharmakologen und Chemiker sich der Erforschung dieser Herzgifte zugewandt haben. Schmiedeberg (1882) wies erstmalig auf die chemische Ähnlichkeit mit den Digitalisgiften hin und benannte einen amorphen Bestandteil „Oleandrin". Windaus und Westphal (1925) untersuchten erstmalig ein kristallinisches methoxylhaltiges Oleandrin $C_{31}H_{48}O_9$, das als Glykosid aufgespalten wird (1928): $\underset{\text{Oleandrin}}{C_{30}H_{46}O_9} + H_2O = \underset{\text{Gitoxigenin}}{C_{23}H_{34}O_5} + \underset{\text{Digitalose (?)}}{C_7H_{14}O_5}$.

F. Flury und W. Neumann berichteten (1935) über ein anderes — Folinerin $C_{29}H_{46}O_8$ genanntes — Glykosid aus Oleanderblättern, das bei Säurehydrolyse das Aglykon Oleandrigenin $C_{23}H_{36}O_6$ lieferte. Eine erneute Untersuchung durch W. Neumann [B. 70, 1547 (1937)] und R. Tschesche [B. 70, 1554 (1937)] ergab die Identität des Folinerins mit dem Oleandrin, dessen Formel zu $C_{32}H_{48}O_6$ abzuändern ist, während dem Oleandrigenin als dem Monoacetylderivat des Gitoxigenins die Formel $C_{25}H_{36}O_6$ zukommt (W. Neumann), der Zucker wird als eine Methyl-Desoxypentose $C_7H_{14}O_4$ erkannt und Oleandrose benannt (W. Neumann). Dem Oleandrin $C_{32}H_{48}O_6$ wird dann die Konstitutionsformel (I), wie folgt, erteilt (W. Neumann, Tschesche):

I. Oleandrin.

II. Thevetigenin.

III. Adynerigenin.

Aus dem gelben Oleander haben (1934) K. K. Chen und A. Ling Chen ein „Glykosid Thevetin $C_{29}H_{46}O_{13}$" gewonnen; R. Tschesche [B. 69, 2368 (1936)] leitete für das Thevetin die Formel $C_{42}H_{66}O_{18}$ ab, isolierte das Thevetigenin $C_{23}H_{34}O_4$ und stellte dessen Konstitutionsformel (II) auf; es ist sterisch isomer mit Digitoxigenin und Uzarigenin.

Unter den Nebenglykosiden des Oleanders hatte W. Neumann (zit. S. 1530, 1937) das Adynerin aufgefunden. R. Tschesche und K. Bohle [B. 71, 654 (1938)] konnten aus diesem Glykosid das Genin Adynerigenin $C_{23}H_{32}O_4$ isolieren und dessen Konstitution III ermitteln. Dann konnte noch in Oleanderblättern ein weiteres (von Schmiedeberg, 1883, benanntes) Glykosid Neriantin mit dem Genin $C_{23}H_{32}O_4$ gefaßt werden [Tschesche, K. Bohle, W. Neumann, B. 71, 1927 (1938)].

R. Tschesche und K. Bohle [B. 69, 2443, 2497 (1936)] haben nun unter Berücksichtigung der sterischen Verhältnisse und der pharmakologischen Wirkung die folgenden Konstitutionsformeln aufgestellt:

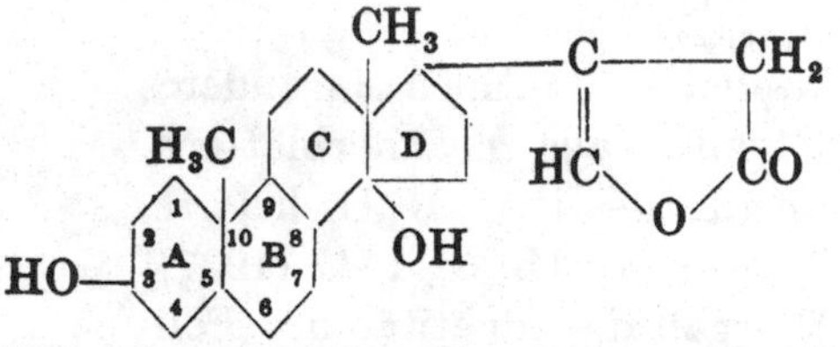

Digitoxigenin $C_{23}H_{34}O_4$: OH an C_3 trans, Ring A und B cis.
Uzarigenin: OH an C_3 cis, Ring A und B trans [s. a. B. 68, 2254 (1935)].
Thevetigenin: OH an C_3 cis, Ring A und B cis.

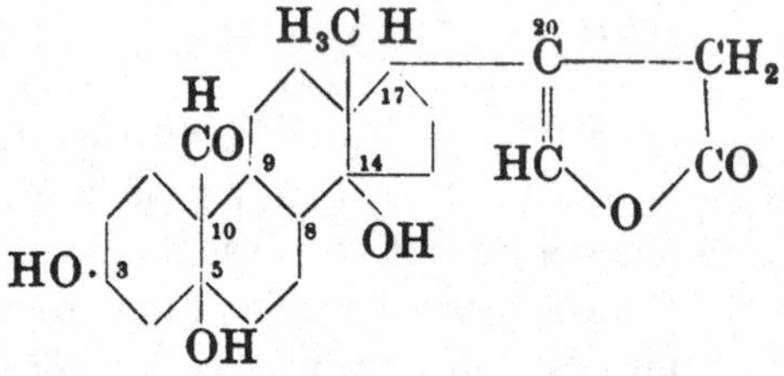

Strophanthidin $C_{23}H_{32}O_6$ [vgl. a. Tschesche, H. 229, 219 (1934); Jacobs, J. biol. Chem. 107, 143 (1934)]. Periplogenin $C_{23}H_{34}O_5$, falls die CHO-Gruppe durch CH_3 ersetzt ist [s. a. A. Stoll, Helv. chim. Acta 22, 1193 (1939)].

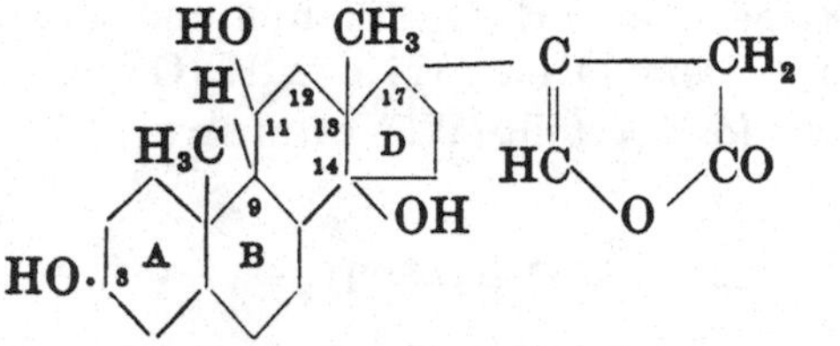

Sarmentogenin $C_{23}H_{34}O_5$.

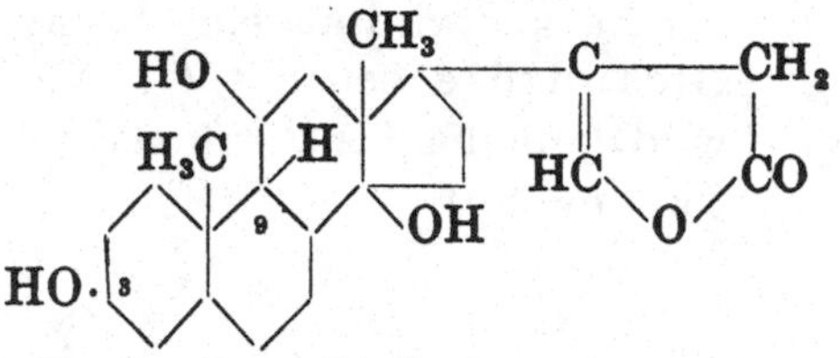

Digoxigenin (durch sterische Anordnung des H-Atoms an C_9 verschieden von Sarmentogenin).

Für die Konstitution des k-Strophanthosids $C_{42}H_{64}O_{19}$ (aus Strophantus Kombé) erbrachte A. Stoll [mit Mitarbeitern, Helv. chim. Acta 20, 1484 (1937)] das Schema I, für Periplocin $C_{36}H_{56}O_{13}$ [A. Stoll und J. Renz, Helv. chim. Acta 22, 1193 (1939)] das Formelbild II (s. S. 493).

Für die Aufklärung der Konstitution aller dieser Genine (Saponine) bzw. den Nachweis desselben Grundgerüstes mit den Sterinen war von hervorragender Bedeutung die Selen-Dehydrierung nach Diels, die zu dem gleichen Kohlenwasserstoff $C_{18}H_{16}$ (= 3-Methyl-

I.

$$\text{H}_3\text{C} \quad \text{C——C——CH}_2$$
$$\text{CHO} \quad \text{H} \quad \text{CO}$$
$$\text{OH} \quad \text{O}$$
$$\text{OH}$$

O—Cymarose—Glucose—Glucose

Strophanthotriose $C_{18}H_{34}O_{14}$

II.

$$\text{H}_3\text{C} \quad \text{C——CH}_2$$
$$\text{H}_3\text{C} \quad \text{CO}$$
$$\text{OH} \quad \text{O}$$
$$\text{OH} \quad \text{Periplobiose } C_{13}H_{24}O_9$$

O—Cymarose—β-Glucose

Periplocymarin
$C_{30}H_{46}O_9.$

cyclo-penteno-phenanthren) führte z. B. für Uzarigenin — nach Tschesche (1933), für Strophanthidin, Gitonin und Sarsapogenin — nach Jacobs (1934). Eine experimentelle Verknüpfung des Strophanthidins mit der Oestrongruppe hat A. Butenandt [mit Th. F. Gallagher, B. 72, 1866 (1939)] durchgeführt.

Durch H. Wieland [gemeinsam mit G. Hesse u. a., A. **493**, 272 (1932); **517**, 22 (1935)] war seine ursprüngliche Ansicht, daß die Giftstoffe der einheimischen Kröte als Derivate des hydrierten Cyclopentano-phenanthrens, also als Verwandte der Sterine und Gallensäuren aufzufassen sind, weiter vertieft worden. Diese Ansicht teilten H. Jensen und K. K. Chen (1929 u. f.), die aus der chinesischen Kröte das „Cinobufagin" $C_{25}H_{32}O_6$ isoliert hatten; durch die Selenhydrierung nach Diels gelang es R. Tschesche [B. 68, 1998 (1935)], den vorausgesetzten Kohlenwasserstoff $C_{18}H_{16}$ zu erhalten. Nun ergaben Messungen mit Röntgenstrahlen [D. M. Crowfoot (1935) und H. Jensen, Am. 58, 2018 (1936)] die Notwendigkeit einer Umänderung der Cinobufugin-Formel in $C_{26}H_{34}O_6$, was auf die Anwesenheit von drei Doppelbindungen hinwies. Für die Eingliederung derselben waren die Untersuchungen von A. Stoll [Helv. chim. Acta 17 (1934) und 18 (1935)] wegweisend, der für das Scillaren $C_{37}H_{54}O_{13}$ (Saponin der Meerzwiebel) in der Seitenkette einen zweifach ungesättigten Lactonring angenommen hatte:

$$\begin{array}{c}\text{—C—CH}=\text{CH}\\ \text{CH—O—CO}\end{array}.$$

Für das Aglycon Scillaridin A ließ sich die frühere Annahme des C_{25}-Skeletts als unrichtig erweisen und durch C_{24} ersetzen [A. Stoll und Mitarbeiter, Helv. chim. Acta 18, 1247 (1935)].

Messungen der Ultraviolettabsorption des Bufotalins (I) $C_{26}H_{36}O_6$ und seiner Nebengifte durch Wieland und G. Hesse [A. **524**, 203 (1936)], sowie des Cino- (II) und Marinobufugins durch Tschesche [B. 69, 2362 (1936)] sprachen auch hier zugunsten eines solchen Lactonrings, der seinerseits mit dem für die anderen Genine entwickelten Vierring-Gerüst verbunden ist.

Über die chemischen Bestandteile des Krötengiftes (Senso) haben auch M. Kotake und K. Kuwada Untersuchungen ausgeführt

(10. Mitteil., C. **1939** II); sie haben unter anderem einen neuen Bestandteil „Bufalin" $C_{24}H_{34}O_4$ (Formel III) isoliert. Ebenso liegen Untersuchungen von H. Kondo und S. Ohno über Senso vor; in der 9. Mitteil. [J. pharmac. Soc. Japan 58, 235 (1938)] beschreiben sie einen
neuen Begleitstoff von Cinobufagin und Cinobufotalin, das „Cino-
bufotalidin" $C_{24}H_{34}O_6$, das sich von dem Wielandschen Bufotalidin
$C_{24}H_{32}O_6$ unterscheidet.

I.

II.

(Unsicher: 1 Doppelbindung und der Ort der
CH₃CO-gruppe.)

III.

Angeschlossen sei hier die Untersuchungsgeschichte der basischen
alkaloidähnlichen Stoffe im Hautdrüsensekret der Kröten. Eine solcher
Basen (aus der Bufo vulgaris) wurde von G. Bertrand und Phisalix
(1893) „Bufotenin" benannt, doch erst von H. Handovsky (1920)
rein dargestellt und von der Zusammensetzung C_6H_9NO angesprochen.
Eine mit Bufotenin identische Base wurde von H. Jensen und
K. K. Chen (1930) aus dem Hautsekret der chinesischen Kröte isoliert.
H. Wieland [mit G. Hesse und H. Mittasch, B. **64**, 2099 (1931)]
ermittelten die Zusammensetzung des Bufotenins $C_{14}H_{18}O_2N_2$ und
fanden in dem Hautsekret der chinesischen Kröte-(„Senso") noch eine
Base Bufotenidin $C_{15}H_{20}O_2N_2$. H. Jensen und K. K. Chen untersuchten [B. **65**, 1310 (1932)] nun die basischen Giftstoffe von 12 ver-
schiedenen Krötenarten aus allen Erdteilen und gelangten zu verschieden zusammengesetzten Bufoteninen: $C_{13}H_{20}O_2N_2 \cdots C_{12}H_{18}O_2N_2$
usw.; aus dem pharmakologischen Verhalten der Bufotenine ergab sich
deren Ähnlichkeit mit Tryptaminderivaten, woraus die ersteren als
Derivate des β-(Indolyl-3)-äthylamins angesprochen werden. Diese
Ansicht konnte durch neue Untersuchungen von H. Wieland [und
Mitarbeiter, A. **513**, 1 (1934)] bestätigt werden, die richtige Formel des
Bufotenins wurde zu $C_{12}H_{16}ON_2$, diejenige des Bufotenidins zu

$C_{13}H_{18}ON_2$ festgestellt und durch Synthese (über 5-Methoxy-indolyl-β-acetonitril) die Konstitution des Bufotenins (Formel I) erwiesen; Bufotenidin (II) ist das zugehörige Betain. Eine andere Synthese (über 5-Äthoxy-N-dimethyl-tryptamin) haben T. Hoshino und K. Shimodaira [A. 520, 19 (1935)] geliefert.

HO· (Indolring) $CH_2 \cdot CH_2 \cdot N(CH_3)_2$ $\overline{O}$· (Indolring) $CH_2 \cdot CH_2 \cdot \overset{+}{N}(CH_3)_3$

I. N–H   II. N–H

III. $\overline{O}_2SO$– (Indolring) $CH:CH \cdot \overset{+}{N}\underset{CH_3}{\overset{CH_3}{\diagdown}}$ N–H

Eine dritte Base, das Bufothionin (III) wurde von H. Wieland ebenfalls [A. 528, 234 (1937)] aufgeklärt.

Sapogenine (vom Triterpentypus).

Folgende Beispiele sollen diesen Saponin-Typus veranschaulichen: Das Efeu-Saponin „Hederin"

$$C_{42}H_{66}O_{11} \xrightarrow{+ 3H_2O} \underset{\text{Hederagenin}}{C_{31}H_{50}O_4} + \underset{\text{l-Arabinose}}{C_5H_{10}O_5} + \underset{\text{Rhamnose}}{C_6H_{12}O_5} =$$

$$= C_{40}H_{58}O_4(OCH_3)(OH)_4 \cdot COOH$$

Bei der Zinkstaubdestillation entsteht das Sesquiterpen $C_{15}H_{24}$ [A. W. van der Haar, 1912 u. f., B. 54, 3142 (1921); 55, 1054 (1922); gemeinsam mit F. C. Palazzo und A. Tamburello, zit. S. 3148 (1921)]. Vernet hatte (1881) die Formel dieses Saponins = $C_{32}H_{54}O_{11}$ und das Genin = $C_{26}H_{44}O_6$ gefunden.

Mit „Aralin" hatte L. Danzel (1912) ein aus Aralia japonica abgeschiedenes Saponin bezeichnet; van der Haar [B. 55, 3041 (1922)] isolierte aus Aralia montana ein Sapogenin „Araligenin" $C_{26}H_{42}O_3$.

Gypsophila-Saponin (aus der weißen Seifenwurzel), dessen Genin „Gypsogenin" oder „Albsapogenin" die Zusammensetzung $C_{24}H_{34}O_5$ (Rosenthaler und Ström, 1912) bzw. $C_{28}H_{44}O_4$ (P. Karrer, Helv. chim. Acta 7, 781 (1924); 9, 26 (1926)] aufwies. Oleanolsäure $C_{30}H_{48}O_3$ [identisch mit der „Rübenharzsäure" $C_{22}H_{36}O_2$ von E. Votocek, 1898; mit dem „Oleanol" von Power und Tutine, 1908 u. f.; mit dem „Caryophillin" $C_{30}H_{48}O_3$ von Dodge, 1918; mit dem „Rübensapogenin" $C_{31}H_{50}O_3$ von A. W. van der Haar (Rec. Trav. chim. P.-B. 46, 775, 793 (1927)]; der letztere weist darauf hin, daß die Sapogenine auch frei in der Natur vorkommen (in Olivenblättern, Gewürznelken).

Durch R. D. Haworth [Ann. Reports 1937, S. 327 u. f.), insbesondere durch L. Ruzicka [Helv. chim. Acta 15, 1498 (1932):

Gypsogenin], L. Ruzicka [gemeinsam mit G. Giacomello, Helv. chim. Acta **20**, 299 (1937) bzw. mit K. Schellenberg, Helv. chim. Acta **20**, 1553 (1937)] und J. Zimmermann [Helv. chim. Acta **19**, 247 (1936); Erythrodiol] ist dann die Konstitution dieser zu den pentacyclischen Triterpenen gehörenden Genine u. ä. ermittelt worden; die nachbenannten fünf Triterpene wurden durch gegenseitige Umwandlung im Laboratorium in eine genetische Beziehung gebracht. Die nachstehende Architektur stellt L. Ruzicka auf [Z. angew. Chem. **51**, 9 (1938)]:

1. R = CH$_3$, Oleanolsäure (s. a. Helv. chim. Acta **21** (1938) und **22** (1939)].
2. R = CH$_2$OH, Hederagenin.
3. R = CHO, Gypsogenin [s. a. Ruzicka, Helv. chim. Acta **21**, 83 (1938)].
4. R = CH$_3$; COOH = CH$_2$OH, Erythrodiol.
5. R = CH$_3$; COOH = CH$_3$, β-Amyrin [über α-Amyrin: L. Ruzicka u. W. Wirz, Helv. chim. Acta **22**, 948 (1939)].

Beachtet man die zahlreichen asymm. C-Atome in diesem Grundgerüst, so wird man von jedem dieser fünf Typen noch optische Isomerien mit cis-trans-Formen erwarten können. Der Quillajasäure wird neuerdings (D. F. Elliott und G. A. R. Kon, Soc. **1939**, 1130) nicht die Zusammensetzung C$_{29}$H$_{44}$O$_5$ (A. Windaus, 1926), sondern C$_{30}$H$_{46}$O$_5$ zugeschrieben; sie wird als ein Hydroxygypsogenin aufgefaßt. Über die Konstitution der sauren Sapogenine liegen auch von Z. Kitasato umfangreiche Untersuchungen vor (vgl. XIV. Mitteil., C. **1940** I, 222).

Überschaut man nun die große Zahl aller Saponine bzw. der Genine und der mit ihnen verbundenen Zuckerarten, so muß man den Scharfsinn bewundern, der zu der Aufklärung der Konstitution aufgewandt worden ist. Diese Aufklärungsarbeit ist — im Gegensatz zu derjenigen in anderen Körperklassen — vorwiegend mittels chemisch-präparativer Methoden, meist ohne Zuhilfenahme der modernen physikalisch-chemischen Arbeitsmittel durchgeführt worden. Die organische Synthese hat hier ebenfalls noch einzugreifen.

Die Mannigfaltigkeit dieser Stoffe bei gleichem Grundgerüst läßt die grüblerischen Fragen berechtigt erscheinen: Wie baut nun die Pflanze diese komplizierten Ringsysteme auf, welches dieser Genine ist etwa das normale synthetisierte Produkt und welche erscheinen als Nebenprodukte, und welche biologische Bedeutung kommt diesen vielfach abgewandelten Stoffen im Eigenleben der Zelle zu? Die Problematik erweitert sich, wenn man beachtet, daß z. B. neben den

Herzgiftglykosiden im Strophantus-Samen ein Allo-cymarin vor-
kommt, das aus Cymarin durch ein Enzym sich isomerisiert und die
Herzwirksamkeit verliert [W. A. Jacobs, 1930; s. a. R. Tschesche,
B. 71, 654 (1938)]; neben dem giftigen Oleandrin kommt im Oleander
das pharmakologisch unwirksame Adynerin vor [W. Neumann,
B. 70, 1550 (1934)].

Drittes Kapitel.

Zuckergruppe.

Schon um die Zeitenwende ist der Zucker (griech. saccharon) dem
Arzt Dioskorides (im I. Jahrh. in Rom tätig) bekannt, er versetzt
den Ursprung nach Indien und dem „glücklichen Arabien". In dem
„Buch der Natur" des K. v. Megenberg (XIV. Jahrh.) werden
„Honigrohr" und Zucker = Zuccara beschrieben und ärztlich empfohlen. Rud. Glauber (1660) macht dann auf einen festen Zucker
(= Traubenzucker) aus Rosinen, Honig, eingedicktem Most aufmerksam. Joh. Kunckel sowie G. E. Stahl (1729) zählen den Zucker
unter die „Salia", und Stahl berichtet, daß auch der gekochte Saft
der „großen getrockneten Pflaumen" solchen Zucker liefert. Im Jahre
1747 entdeckt A. S. Marggraf in den Rüben einen mit dem Rohrzucker
identischen Zucker. Tob. Lowitz (1792) stellt aus dem Honig neben
einem festen (Trauben-) Zucker auch einen flüssigen (Frucht-) Zucker
dar. Const. Gottl. Sigism. Kirchhoff (1811) entdeckt die Bildung
des Traubenzuckers durch Mineralsäuren aus Stärke (Stärkezucker),
während Gay-Lussac und Braconnot durch die gleichartige Hydrolyse der Cellulose den Traubenzucker erhalten (1818). Um dieselbe
Zeit entdeckte Biot die Rechtsdrehung des Traubenzuckers (1817),
während Saussure die erste richtige Analyse lieferte (1828). Die
Umwandlung des Rohrzuckers durch Hydrolyse in Invertzucker
= 1 Mol. Traubenzucker + 1 Mol. Fruchtzucker erwies Dubrunfaut
(1848). An der Hand der Rohrzuckerinversion leitete L. F. Wilhelmy
(1850) erstmalig das Gesetz der Reaktionsgeschwindigkeit ab, und an
dem Rohrzucker stellte W. Pfeffer (1877) erstmalig die Gesetze des
osmotischen Druckes fest; diese Messungen dienten dann als Grundlage für die osmotische Lösungstheorie von J. H. van't Hoff (1887).

Nachdem von E. Fischer [B. 17, 579 (1884)] die Brauchbarkeit des
Phenylhydrazins zum Nachweis von Aldehyd- und Ketonalkoholen aufgefunden (s. S. 283) und inzwischen von anderer Seite (R. v. Jacksch,
C. Scheibler, 1884) die Verwendung desselben zu analytischen
Zwecken in Angriff genommen worden war, nahm er erst 1887 die
weitere Untersuchung der Verbindungen des Phenylhydrazins mit den
Zuckerarten auf und stellte sie an den Anfang all seiner nachfolgenden Synthesen [B. 20, 821 (1887)]. Er klärt zuerst die Konstitution der „Azone" auf [nachher als „Osazone" bezeichnet, B. 20,

1089 (1887)], d. h. der Verbindungen $C_{18}H_{22}N_4O_4$ der Zuckerarten $C_6H_{12}O_6$, z. B. Phenylglucosazon

$$CH_2OH \cdot CHOH \cdot CHOH \cdot CHOH \cdot C \text{——} CH$$
$$N_2HC_6H_5 \quad N_2H \cdot C_6H_5$$

Als Kennzeichen der Zuckerarten $C_6H_{12}O_6$ stellt er 1. die reduzierende Wirkung der Fehlingschen Lösung, und 2. die Bildung der Osazone auf; hiernach ergeben sich 4 solcher Zucker: Dextrose und Galactose als Aldosen, und Lävulose und Sorbin[1]) als Ketosen; von den Zuckern der Formel $C_{12}H_{22}O_{11}$ sind drei bekannt: Rohrzucker, Milchzucker, Maltose. Und nun beginnen E. Fischer und J. Tafel [B. 20, 1088, 3384 (1887)] ihre Versuche über die „Oxydation mehrwertiger Alkohole" (Glycerin, Erythrit, Isodulcit), um die „wahrscheinlich zuerst entstehenden Aldehyde oder Ketone" zu isolieren; dabei wird ein Phenylglycerosazon $C_{15}H_{16}N_4O$ erhalten, und um dessen Konstitution aufzuklären wird versucht, den Glycerinaldehyd auf anderem Wege, aus dem Acrolein, darzustellen. Aus dem Zersetzungs-produkt des Dibromacroleins mit Barythydrat entsteht ein Osazon der Hexanreihe $C_{18}H_{22}N_4O_4$, das „die größte Ähnlichkeit mit dem Phenylglucosazon" zeigt, demnach wohl „einer Zuckerart $C_6H_{12}O_6$ angehört" (zit. S. 1094); in dieser Erkenntnis liegt der Schlüssel zu der Inangriffnahme der klassischen Zuckersynthesen E. Fischers, diese entstammen nicht einem vorgefaßten Arbeitsplan, sondern wurden zwangsläufig aus der Aufeinanderfolge der experi-mentellen Ergebnisse geboren. Die Brücke bildeten die durch Salz-säureaufspaltung der Osazone entstehenden „Osone" [E. Fischer, B. 22, 87 (1889)], z. B. das Glucoson $CH_2OH \cdot (CHOH)_3 \cdot CO \cdot CHO$, das durch Reduktion die Lävulose liefert. Und nun setzen — mit zielbewußter Kennzeichnung auch im Titel — „Synthetische Ver-suche in der Zuckergruppe" ein [E. Fischer und J. Tafel, B. 22, 97 (1889)]; es wird das teils aus Acrolein, teils aus Glycerin gewonnene α-Acrosazon[2]) in α-Acroson aufgespalten, dieses durch Reduktion in den gärungsfähigen Zucker „α-Acrose" $C_6H_{12}O_6$ und weiterhin in einen dem Mannit ähnlichen Alkohol „Acrit" $C_6H_{14}O_6$ übergeführt:

---

[1]) „Sorbin" $C_6H_{12}O_6$ wurde von Pelouze (1852) entdeckt, von C. Scheibler (1885) als „Sorbinose" bezeichnet und (gemeinsam mit H. Kiliani) als Ketonzucker erkannt (1888), von B. Tollens (1888) als „Sorbose" auf ihre Linksdrehung unter-sucht, besitzt eine äußerst geringe Mutarotation (H. S. Isbell, 1937). Die Verknüpfung:

$$\text{l-Sorbose} \underset{\text{oxyd.}}{\overset{\text{reduz.}}{\rightleftharpoons}} \text{d-Sorbit} \underset{\text{oxyd.}}{\overset{\text{reduz.}}{\rightleftharpoons}} \text{d-Fructose}$$ wurde durch Vincent und Delachanel

(1890), sowie E. Fischer (1890) erwiesen. Die aus Sorbit durch das Sorbosebacterium erzeugte l-Sorbose dient zur technischen Darstellung von l-Ascorbinsäure (Vitamin C). Der Sorbit selbst wird unter dem Namen „Sionon" von der I.G. Farbenindustrie technisch hergestellt.

[2]) Die von E. Fischer und Tafel (1887) neben der α-Acrose erhaltene β-Acrose (bzw. das β-Phenylacrosazon) wurde von E. Schmitz (1913) als d,l-Sorbose erkannt, sie wird durch Preßhefe nicht vergoren. Eine Theorie der Osazonbildung gab Fr. Weygand, B. 73, 1284 (1940).

„Damit wäre der erste erfolgreiche Schritt für die Synthese der wichtigeren Zuckerarten getan" (Zit. S. 101; 15. I. 1889).

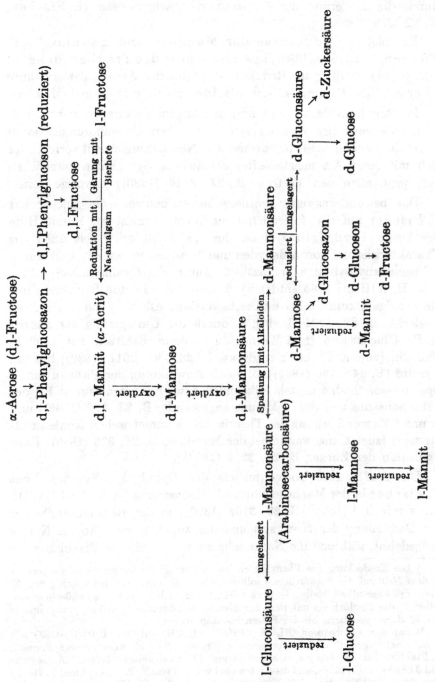

Die α-Acrose zeigt also die charakteristischen Reaktionen der natürlichen Zuckerarten $C_6H_{12}O_6$, ist aber optisch inaktiv; ihre Bildung

auch durch Kondensation von Formaldehyd — die „Formose" von
O. Loew [1885; s. a. B. **21**, 271 (1888); **22**, 470, 478 (1889)] — wird
durch die Isolierung des Acrosazons nachgewiesen [E. Fischer,
B. **22**, 359 (1889)].

Es folgt die „Synthese der Mannose und Lävulose" [E.
Fischer, B. **23**, 370 (1890)] bzw. „Synthese des Traubenzuckers"
[zit. S. 790 (1890)]; das Reduktionsprodukt der Acrose, der erwähnte
„Acrit" $C_6H_{14}O_6$ erweist sich als identisch mit dem i-Mannit.

Im Anschluß daran wird nun der folgende experimentell verwirklichte gewaltige Zyklus von chemischen Umwandlungen sowie
stereochemischen und biochemischen Neubildungen entworfen, der
sich mit einer Art meisterhafter chemischer Symphonie vergleichen
läßt [vgl. auch den Vortrag, B. **23**, 2114 (1890)] (s. vorige Seite).

Das bewundernswerte synthetische Aufbauwerk der Zucker hat
E. Fischer auf den folgenden Grundlagen gemeistert: 1. mit Hilfe
des Phenylhydrazins[1]) (von ihm 1875 entdeckt, seit 1883 zur
Charakterisierung von Aldehyden und Ketonen verwandt, 1891 durch
p-Bromphenylhydrazin ergänzt), 2. durch die Cyanhydrin-Synthese
(von H. Kiliani 1885 entdeckt), 3. durch die Lacton-Reduktion mit
Na-Amalgam zum Zucker und sechswertigen Alkohol [von E. Fischer
entdeckt, B. **22**, 2204 (1889)], 4. durch die Umlagerung der Säuren
(z. B. Gluconsäure $\rightleftarrows$ d-Mannonsäure) beim Erhitzen auf 140° in
Chinolin [von E. Fischer entdeckt, B. **23**, 799, 2611 (1890)] bzw. in
Pyridin [B. **24**, 2136 (1891)], 5. durch Anwendung der Pasteurschen
Spaltungsmethoden mittels Alkaloiden bzw. Enzymen [zuerst bei der
i-Mannonsäure und dem i-Mannit angewandt, B. **23**, 379 (1890)] und
6. unter Zugrundelegung der Theorie des asymmetrischen Kohlenstoffatoms [2]) [zuerst angewandt bei der Mannose, B. **22**, 375 (1889); Konfiguration der Zucker B. **27**, 3211 (1897)].

Die Aufbaumethode (mittels der Cyanhydrin-Synthese) hat
E. Fischer in der Mannosereihe und Glucosereihe [A. **270**, 64 (1892)],
sowie mit O. Piloty [B. **23**, 3102 (1890)] in der Rhamnosereihe bis
zur Darstellung der Nonosen und der zugehörigen Alkohole Nonite
ausgedehnt, während die Natur scheinbar sich mit der Erzeugung der

---

[1]) Die Entdeckung des Phenylhydrazins und seine Verwendung als Wegbereiter
in dem Neuland der Zuckerchemie sollten nicht ohne ernstliche Schädigung von E.
Fischers Gesundheit bleiben — etwa 1891 „brach auch bei mir — so äußerte er sich
selbst — das Unglück ein mit einer chronischen und hartnäckigen Vergiftung, und es
hat 12 Jahre gedauert, bis die Folgen beseitigt waren".

[2]) Bei den Aldohexosen $CH_2OH \cdot CH(OH) \cdot CH(OH) \cdot CH(OH) \cdot CH(OH) \cdot CHO$ mit
4 asymmetrischen C-Atomen forderte die Theorie $2^4 = 16$ stereoisomere Formen;
E. Fischer hat 12 davon synthetisch dargestellt, zwei weitere fügten P. A. Levene
und Jacobs (1910) hinzu, und die letzten zwei wurden von F. P. Phelps und F. Bates
[Am. **56**, 1250 (1934)] bzw. C. S. Hudson [u. Mitarb., Am. **56**, 1644 (1934)] erschlossen.
Diese Zahl ist in Wirklichkeit größer, wenn man z. B. die Ringformeln der Zucker,
bzw. die α- und β-Formen noch zugrunde legt.

siebenwertigen Alkohole als der Grenzglieder begnügt: „Perseit" (von
L. Maquenne 1890 entdeckt) ist nach Fischer d-Mannoheptit, und
der „(+)-Volemit" (von E. Bourquelot 1890 entdeckt) wurde von
E. Fischer [B. 28, 1973 (1895)] als ein Heptit erkannt und in den
Aldehyd Volemose umgewandelt. So entstanden die Reihen:
Rhamnose → d-Rhamnohexose → Rhamnoheptose → Rhamnooctose,
d-Mannose → d-Mannoheptose → d-Mannooctose → d-Mannononose,

$$\text{d-Glucose} \to \begin{cases} \alpha\text{-Glucoheptose} \\ \beta\text{-Glucoheptose} \end{cases} \to \begin{cases} \alpha\text{-Glucooctose} \\ \beta\text{-Glucooctose} \end{cases} \to \begin{matrix} \text{Gluco-} \\ \text{nonose} \end{matrix} \left(\to \begin{matrix} \text{Glucodecose} \\ \text{Philippe, 1911} \end{matrix} \right).$$

Eine Mannoketoheptose ist aus der Avocatobirne (neben Perseit)
gewonnen worden [F. B. La Forge, J. Biol. Chem. 28, 511 (1917)];
eine andere Ketoheptose „Sedoheptose" (aus einer Crassulacee)
wurde von La Forge und C. S. Hudson [J. Biol. Chem. 30, 61 (1917)
s. auch A. Nordal, Ar. 278, 289 (1940)] isoliert und gab leicht ein
Anhydrid.

Im Berliner Chemischen Institut wurden auch die Abbaumethoden entdeckt, die rückwärts den Übergang von den höheren Aldosen
zu den niedrigeren ermöglichten. Es war der von A. Wohl [B. 26,
730 (1893)] entdeckte Abbau der Hexosen zu Pentosen mittels der
Oxime, bzw. Abbau der l-Arabinose zu l-Erythrose [B. 32, 3666 (1900)],
sowie die von O. Ruff [B. 31, 1573 (1898); 32, 3672 (1900)] ausgearbeitete Oxydationsmethode mittels H_2O_2 und bas. Ferriacetat
(vgl. auch C. F. Cross, E. J. Bevan und C. Smith, Proc. Chem.
Soc. 194, und H. J. H. Fenton, 1896), gemäß den folgenden Symbolen [nach E. Fischer, B. 27, 3211 (1894)]:

$$\begin{matrix}
\text{COH} \\
\text{H}|\text{OH} \\
\text{HO}|\text{H} \\
\text{H}|\text{OH} \\
\text{H}|\text{OH} \\
\text{CH}_2 \cdot \text{OH} \\
\text{d-Glucose.}
\end{matrix} \to
\begin{matrix}
\text{COH} \\
\text{HO}|\text{H} \\
\text{H}|\text{OH} \\
\text{H}|\text{OH} \\
\text{CH}_2 \cdot \text{OH} \\
\text{d-Arabinose.}
\end{matrix} \to
\begin{matrix}
\text{COH} \\
\text{H}|\text{OH} \\
\text{H}|\text{OH} \\
\text{CH}_2 \cdot \text{OH} \\
\text{d-Erythrose.}
\end{matrix} \to
\begin{matrix}
\text{CH}_2 \cdot \text{OH} \\
\text{H}|\text{OH} \\
\text{H}|\text{OH} \\
\text{CH}_2 \cdot \text{OH} \\
\text{i-Erythrit.}
\end{matrix}$$

Die Abbaumethode von R. A. Weerman [Rec. Trav. chim. Pays-
Bas 37, 16, 52 (1917)] bedient sich der Einwirkung von Natrium-
hypochlorit auf die Amide der α-Oxysäuren und Polyoxysäuren mit
einer HO-Gruppe in α-Stellung, z. B. von d-Galactose aus:

$$\to \text{d-Galactonsäure} \to \text{d-Galactonsäureamid} \to \text{d-Lyxose} \quad
\begin{matrix}
\text{HC—OH} \\
\text{HOCH} \\
\text{HOCH} \\
\text{H}_2\text{C}
\end{matrix} \Big\rangle \text{O}$$

Die Lyxose wurde von E. Fischer und O. Bromberg [B. 29,
581 (1896)] entdeckt, als sie die von B. Tollens und H. Wheeler
[A. 260, 306 (1890)] aufgefundene Xylose bzw. Xylonsäure invertierten:
d-Xylonsäure $\xrightarrow{\text{(+ Pyridin, } t = 135°)}$ d-Lyxonsäure $\xrightarrow{\text{(reduziert)}}$ d-Lyxose.

Ausgehend von der (+)-Arabinose [die von C. Scheibler (1867, 1873)]entdeckt, von H.Kiliani in das Arabonsäurelacton übergeführt, sowie als eine Pentose erkannt worden war [B. **19**, 3029 (1886); **20**, 282, **339** (1887)], stellten E. Fischer und O. Piloty [B. **24**, 4214 (1891)] die folgenden Übergänge (stereochemische Inversionen) dar:

Arabinose $\xrightarrow{\text{(oxydiert)}}$ Arabonsäure $\xrightleftharpoons{\text{(Inversion)}}$ „Ribonsäure" $\xrightarrow{\text{(reduziert)}}$

„Ribose", $C_5H_{10}O_5$;

diese neue Pentose erwies sich als das Oxydationsprodukt eines natürlich vorkommenden inaktiven Alkohols „Adonit", der 1892 von E. Merck aus Adonis vernalis isoliert worden war und nun von E. Fischer [B. **26**, 633 (1893)] durch Reduktion der „Ribose" erhalten werden konnte; durch Oxydation gab der Adonit das Osazon der inaktiven Arabinose. Die Ribose hat eine besondere Bedeutung erlangt, seitdem sie als ein Bestandteil der biologisch wichtigen Nucleoside bzw. Nucleinsäuren erkannt worden ist [P. A. Levene und W. A. Jacobs, B. **42**, 2476 (1909)]; nicht minder bedeutsam ist ihr Vorkommen im Vitamin B_2 (Lactoflavin) und in der Cozymase. (Siehe auch V. Abschnitt.) Über Darstellung und neue Derivate der d-Ribose vgl. H. Bredereck, M. Köthnig und E. Berger, B. **73**, 956 (1940).

Nomenklatur.

Schon E. Fischer bekannte, daß eine allgemeine Systematik der optisch aktiven Substanzen, besonders der Aminosäuren und der damit zusammenhängenden Stoffe des lebenden Organismus „leider eine erhebliche Komplikation durch die keineswegs seltene Waldensche Umkehrung erfährt" [B. **40**, 106 (1907)]. Die Frage nach einer sinngemäßen Nomenklatur und Symbolisierung der optisch aktiven Verbindungen tritt erstmalig an E. Fischer heran [B. **23**, 371 (1890)], als er in dem von ihm dargestellten rechtsdrehenden Mannonsäurelacton den optischen Antipoden des von H. Kiliani (1886) entdeckten linksdrehenden Lactons der Arabinosecarbonsäure erkennt und den Zusammentritt beider zu einem neuen inaktiven Lacton feststellt. Die Bezeichnung d- (dextrogyr, rechtsdrehend) und l- (lävogyr) sowie i- (inaktiv) werden als Gruppenbezeichnungen — ausgehend von der Drehungsrichtung des Aldehyds (Zucker) — vorgeschlagen, entsprechend dem ähnlichen sterischen Aufbau. Es ergeben sich demnach je drei Reihen von Isomeren: d-, bzw. l- und i-Reihe:

$$\left.\begin{matrix} \text{d-} \\ \text{l-} \\ \text{i-} \end{matrix}\right\} \text{Mannose} \rightarrow \text{Mannonsäure} \rightarrow \text{Lacton} \rightarrow \text{Mannit} \left\{\begin{matrix} \text{d-} \\ \text{l-} \\ \text{i-} \end{matrix}\right.$$

Die totale Synthese der optisch aktiven natürlichen Zuckerarten der Mannitreihe war also ermöglicht. Die Nomenklaturfrage wird auch nachher erörtert [E. Fischer, B. **27**, 3222 (1894); **40**, 102

(1907)], namentlich bei der Ablehnung anderer Vorschläge (z. B.
R. Lespieau, 1895; Maquenne, 1900; A. Rosanoff, 1906). Von
E. Fischer [B. **23**, 934 (1890)] stammen ferner die Bezeichnungen
Pentose, Heptose, Octose, Nonose für die Zuckerarten, Pentit,
Heptit usw. für die zugehörigen Alkohole, Heptonsäure, Octonsäure
usw. für die Säuren, und ebenso empfiehlt er den von Dumas gewählten Namen Glucose (statt Dextrose oder Glykose) oder den
systematischen Namen „Hexose", sowie den Namen „Fructose" (statt
Lävulose). Für die Kennzeichnung der invertierbaren Zucker mit C_{12}
hatte C. Scheibler [B. **18**, 646 (1885)] die Endsilbe „biose" vorgeschlagen, z. B. Maltobiose (statt Maltose), Lactobiose (statt Lactose).
Zu der von E. Fischer (1895)· geprägten Bezeichnung der stereoisomeren Zucker, Glucoside u. a. als α- und β-Form fügte er nachher
(1914) die γ-Form (γ-Methylglucosid). Durch J. C. Irvine (1915 u. f.)
wurden Tetramethyl-γ-glucosid und γ-Glucose, durch ihn wurde
auch (1916) die γ-Reihe der Fructose erschlossen; im selben chemischen Institut begann (1916) W. N. Haworth seine Untersuchungen
über die Konstitution der Disaccharide unter Einfügung der γ-Formen.
Anknüpfend an diese Konstitutionsforschungen hat H. H. Schlubach
(1925) die mehrdeutige Bezeichnung „γ-Form" durch diejenige der
„Hetero-Zucker" oder h-Zucker ersetzt. Auf neuer Grundlage
wurde schließlich (1927) von W. N. Haworth (gemeinsam mit E. H.
Goodyear, Soc. **1927**, 3139) für die normalen Zucker der Grundtypus Pyran I, für die labilen (oder γ-) Zucker das Furan II als
Muttersubstanz aufgestellt (s. auch nächste Seite), z. B.

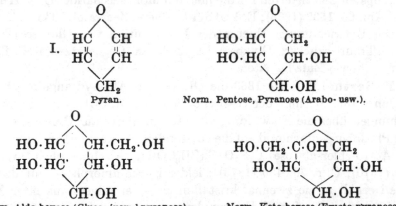

I. Pyran. — Norm. Pentose, Pyranose (Arabo- usw.).

Norm. Aldo-hexose (Gluco- [usw.] pyranose). — Norm. Keto-hexose (Fructo-pyranose).

Pyranosen.

Vorschläge zur Klassifizierung der Zucker hat auch J. G. Maltby
(Soc. **1929**, 2769) gemacht.

Die Bezeichnung der Kohlenstoffatome des Zuckers durch die
Zahlen 1—6 wurde zuerst von Irvine (1913) vorgeschlagen; E. Fischer
hat dann 1918 sie auf seine [mit M. Bergmann, B. **51**, 1764 (1918)

$$\text{II.} \quad \underset{\text{Furan.}}{\overset{\displaystyle O}{\underset{\displaystyle \overset{HC}{H\overset{\|}{C}}\ \ \overset{CH}{\underset{}{}}\!-\!\overset{\|}{C}H}{}}}$$

II.
$$\begin{array}{c} O \\ \diagup\diagdown \\ HC \quad CH \\ HC\!=\!CH \end{array}$$
Furan.

$$\begin{array}{c} O \\ \diagup\diagdown \\ HO\cdot HC \quad CH\cdot CH_2\cdot OH \\ (HO)HC\!-\!CH\cdot OH \end{array}$$
γ-Pentose (Xylo- [Arabo-, Ribo-, Lyxo-] furanose).

$$\begin{array}{c} O \\ \diagup\diagdown \\ HO\cdot HC \quad CH\cdot CH(OH)\cdot CH_2\cdot OH \\ (HO)HC\!-\!CH\cdot OH \end{array}$$
γ-Aldo-hexose (Gluco- [usw.] furanose).

$$\begin{array}{c} O \\ \diagup\diagdown \\ HO\cdot CH_2\cdot C\cdot OH \quad CH\cdot CH_2\cdot OH \\ (HO)HC\!-\!CH\cdot OH \end{array}$$
γ-Keto-hexose (Fructo-furanose).

Furanosen.

ausgeführten] synthetischen Tannine angewandt, gemäß dem Grundgerüst:

$$\overset{6}{C}H_2(OH)\cdot \overset{5}{C}H(OH)\cdot \overset{4}{C}H\cdot \overset{3}{C}H(OH)\cdot \overset{2}{C}H(OH)\cdot \overset{1}{C}H(OH).$$
$$\underline{\hspace{1cm}O\hspace{1cm}}$$

Einen weiteren Beitrag zur Nomenklatur der Zuckerarten lieferte E. Votoček [B. **44**, 360, 819 (1912)]: Epimerie; Epirhodeose, Isorhodeose als Antipode der Isorhamnose. Votoček hat (1905) in der d-Rhodeose den Antipoden zu der von B. Tollens (1900) entdeckten l-Fucose geliefert, ebenso den Antipoden der Epirhodeose in der Epifucose dargestellt (1915), sowie die Identität der Chinovose mit Isorhamnose angenommen (1929); K. Freudenberg und K. Raschig [B. **62**, 373 (1929)] wiesen die Identität mit d-Epirhamnose nach und gaben ein System der Methylpentosen. Nomenklaturvorschläge aus der jüngsten Zeit lieferten für die höheren Monosaccharide: C. S. Hudson, Am. **60**, 1537 (1938); E. Votoček, Chem. Zentralbl. **1938** II, 2939.

Die Entwicklungsgeschichte der Konstitution von Glucose (Dextrose, Traubenzucker, Glykose) ist reich an Gegensätzen und Problemen, sowie Zufälligkeiten.

M. Berthelot hatte 1863 die Glucose als Aldehyd angesprochen; im Jahre 1869 beginnt der russische Chemiker A. Colley seine Untersuchungen über die Einwirkung von Acetylchlorid auf Glucose, sowie von Phosphorpentachlorid auf die entstandene Aceto-chlor-hydrose (= Aceto-chlor-glucose) $C_6H_7O\cdot Cl(CH_3COO)_4$ [A. chim. phys. (4) **21**, 363 (1870); C. r. **76**, 436 (1873)]; leider ist sie amorph — nur durch Zufall erhält er sie zweimal kristallinisch — er folgert aus ihrer Zusammensetzung auf fünf Hydroxylgruppen in der Glucose und tritt für eine ätherartige Bindung des O-Atoms ein (s. auch S. 341).

A. Baeyer [B. **3**, 66 (1870)] erteilt der Glucose die Konstitution $CH_2(OH)\cdot(CHOH)_4\cdot CHO$; diese Aldehydformel bezweifelt V. Meyer [B. **13**, 2343 (1880)], da der Traubenzucker die Aldehydreaktion mit fuchsinschwefliger Säure nicht gibt, infolgedessen wird ihm die Ketonformel $CH_2(OH)\cdot CO\cdot(CHOH)_3\cdot CH_2OH$ erteilt, während J. H. van't

Hoff (mit F. Herrmann und J. Wislicenus, Lagerung der Atome im Raume, S. 27. 1877) die Baeyersche Aldehydformel mit 4 asymm. C-Atomen berücksichtigt. Erstmalig wird von B. Tollens [B. **16**, 921 (1883)] eine Sauerstoff-(fünf-)Ring-Formel für die Glucose vorgeschlagen, wodurch ein fünftes asymm. C-Atom auftritt, z. B.

$$
\begin{array}{c}
\text{(HO)HC} \overset{\displaystyle O}{\diagup} \overset{\displaystyle}{\diagdown} \text{CH—CH(OH)·CH}_2\text{OH} \\
\text{(HO)HC———CH(OH)}
\end{array}
$$

Als E. Fischer seine Phenylhydrazinreaktionen mit den Zuckern entdeckt [B. **17**, 572, 579 (1884)] und an seine historischen Synthesen in der Zuckergruppe herantritt (1887 u. f.), legt er der Glucose die Aldehydformel zugrunde.

Im Jahre 1888 gelangt W. Sorokin [J. pr. Ch. (2) **37**, 312 (1888)] beim Studium der Anilide zu der Dextroseformel

$$\text{CH}_2\text{OH·CHOH·CH·CHOH·CHOH·CHOH}$$
$$\underline{\qquad\qquad O \qquad\qquad}$$

und für Lävulose

$$\text{CH}_2\text{OH·CH·CHOH·CHOH·COH·CH}_2\text{OH}$$
$$\underline{\qquad\quad O \qquad\quad}$$

Im nächsten Jahre folgern Wilh. Koenigs mit E. Erwig [B. **22**, 2207 (1889)] aus dem Fehlen der chemisch erkennbaren Aldehydgruppen in der von ihnen dargestellten Pentacetyl-glucose und -galactose, daß in denselben, im Sinne von Tollens, eine lactonähnliche Konstitution vorliegt, etwa

$$\overset{\qquad\qquad O \qquad\qquad}{\text{CH(O·OCCH}_3)\cdot[\text{CH(O·OCCH}_3)]_2\cdot\text{CH·CH(O·OCCH}_3)\cdot\text{CH}_2(\text{O·OCCH}_3)}$$

Zu der Formel $\text{CH}_2(\text{OH})\cdot(\text{CHOH})_3\cdot\overset{\frown}{\text{CH—CHOH}}$ gelangt Zd. H. Skraup [M. **10**, 401, 409 (1890)]. Das Jahr 1893 bringt einen entscheidenden Schritt in der Formulierung der Glucose. E. Fischer [B. **26**, 2400 (1893)] entdeckt in der Reaktion $\text{C}_6\text{H}_{12}\text{O}_6 + \text{CH}_3\text{OH} \xrightarrow{+\text{HCl}} \text{H}_2\text{O} +$ $\text{C}_6\text{H}_{11}\text{O}_6\cdot\text{CH}_3$ eine einfache Methode der Glucosidsynthese; das entstandene rechtsdrehende Methylglucosid reduziert nicht die Fehlingsche Lösung, und seine wahrscheinliche Formel ist

$$\overset{\qquad\qquad O \qquad\qquad}{\text{CH·(O·CH}_3)\cdot\text{CH(OH)·CH(OH)·CH·CH(OH)·CH}_2\text{OH}}\cdot$$ Die neue Glucosidformel „läßt die Existenz von zwei Stereo-Isomeren voraussehen, welche von demselben Zucker abstammen; denn durch die Glucosidbildung selbst wird das Kohlenstoffatom der ursprünglichen Aldehydgruppe asymmetrisch"; die zwei bekannten Pentacetylglucosen sind dann Stereoisomere. „Selbstverständlich müßten vom Traubenzucker, wenn die Tollenssche Formel richtig wäre, ebenfalls zwei stereo-isomere Formen möglich sein." Gleichzeitig hatte A. P. Franchimont [Rec. Tr. Pays-Bas **12**, 310

(1893)] die Glucoseformel $-\overset{\overset{O}{|}}{CH}-C\overset{H}{\underset{OH}{\diagdown}}$ vorgeschlagen, und L. Marchlewski [B. **26**, 2928 (1893)] schrieb den Glucosiden die Formel $\overset{O}{\overset{\frown}{CH\cdot(OR)}}\cdot CH\cdot(CHOH)_3\cdot CH_2OH$ zu. Das fehlende zweite stereoisomere β-Methylglucosid stellte alsdann W. A. van Ekenstein (gest. 1937) dar [Rec. Trav. Pays-Bas **13**, 183 (1894)] und wies dessen Übergang in das Fischersche α-Methylglucosid nach: β-Form $\xrightarrow{HCl+CH_3OH}$ α-Form. Es folgte auch die Entdeckung der zweiten von Fischer geforderten stereoisomeren Glucose: C. Tanret [C. r. **120**, 1060 (1895)] stellte sogar 3 Formen dar: α-Glucose, $[\alpha]_D = 106^0$; β-Glucose, $[\alpha]_D = 52,5^0$ und γ-Gucose, $[\alpha]_D = 22,5^0$, sie ergaben kryoskopisch das gleiche Molekulargewicht.

C. A. Lobry de Bruyn und W. A. van Ekenstein [B. **28**, 3078 (1896)] entdeckten dann die durch Alkalien sich vollziehende Isomerisation von Glucose $\rightleftarrows$ Fructose $\rightleftarrows$ Mannose [1]); diese Übergänge werden infolge Aufnahme und Abspaltung von Wasser durch die folgenden Formeln wiedergegeben, ausgehend von der Glucose—CH(OH)·CHO:

$$-\overset{\overset{O}{\diagdown}}{CH}\cdot CH\cdot OH \rightarrow -CO\cdot CH_2OH \text{ (Fructose)} \rightarrow \overset{-CH\cdot CH\cdot OH}{\underset{\diagup}{\diagdown O}}.$$

In gleicher Weise erzielten sie [Rec. Trav. chim. Pays-Bas **16**, 262, 274 (1897)] die Reihen:

Galactose $\rightleftarrows$ Tagatose $\rightleftarrows$ Talose, und Gulose $\rightleftarrows$ Sorbose $\rightleftarrows$ Idose.

Für das neue Methylglucosid schlug E. Fischer [B. **27**, 2987 (1895)] die Bezeichnung als β-Form, gegenüber dem älteren α-Methylglucosid, vor und befürwortete „die gleiche Bezeichnungsweise für alle Isomerien derselben Ordnung"; gegenüber dem Invertin verhält sich das β-Methylglucosid indifferent, während das α-Isomere in Traubenzucker gespalten wird [2]).

Die Phenolglucoside wurden von E. Fischer [mit E. F. Armstrong, B. **34**, 2885 (1901); mit K. Raske, B. **42**, 1465 (1909); mit H. Strauss, B. **45**, 2467 (1912)] nach dem Verfahren von A. Michael (1879) aus Acetochlorglucose, bzw. nachher aus der leichter rein darstellbaren Koenigs-Knorrschen Acetobromglucose und dem Phenol in alkalisch-alkoholischer Lösung dargestellt; sie gehörten sämtlich der β-Reihe an, denn sie wurden durch Emulsin hydrolysiert. Die Gewinnung der α-Phenolglucoside gelang, als Acetobromglucose mit Chinolin und einem Überschuß von trockenem Phenol erhitzt wurde [E. Fischer mit L. v. Mechel, B. **49**, 2813 (1916)], hierbei entstanden gleichzeitig beide Modifikationen und wurden infolge ihrer verschiedenen Löslichkeit (α-Form ist leichter löslich) getrennt:

---

[1]) Die Überführung von Glucose in Mannose (über das Hydrierungsprodukt des von M. Amadori dargestellten „stabilen" p-Toluidin-d-gluco-pyranosids) vollzogen R. Kuhn und F. Weygand [B. **70**, 769 (1937)]. Vgl. auch F. Weygand, B. **73**, 1259 (1940).

[2]) Die vier theoretisch möglichen Monomethylderivate der Gluco-pyranose sind inzwischen dargestellt worden.

Aceto-
brom-
glucose

stabiles Tetracetyl-β-phenolglucosid $\xrightarrow{\text{Baryt}}$ β-Phenolglucosid
Schmp. 127—128⁰, $[\alpha]_D = -28,9^0$.   Schmp. 175—176⁰, $[\alpha]_D = -72^0$.
Tetracetyl-α-phenolglucosid $\xrightarrow{\text{Baryt}}$ α-Phenolglucosid
Schmp. 115⁰, $[\alpha]_D = +165^0$.   Schmp. 173—174⁰, $[\alpha]_D = +181^0$.

γ-Zucker.

Das Jahr 1914 sollte auch für die Weiterentwicklung der Zuckerchemie eine neue Epoche anbahnen. Die von E. Fischer bevorzugte Fünfring-Formulierung der Glucose bzw. Glucoside und die sterische Deutung der α- und β-Formen der letzteren wurden von J. U. Nef [A. **403**, 204 (1914)] angefochten, nachdem er gefunden hatte, daß neben den von Fischer stets benutzten beständigen γ-Lactonen der Glucon- und Mannonsäure [von C. S. Hudson war an 24 solcher Lactone der Zuckerreihe die Ringbildung am γ-Kohlenstoffatom erwiesen worden, Am. **32**, 345 (1910)] auch unbeständige, von Nef als β-Lactone bezeichnete Isomere auftreten, und so formulierte er auch die beiden Glucoside als zu verschiedenen Ringen gehörig:

α-Methyl-glucosid:
(γ-Ring)

$$\overset{\displaystyle\longmapsto\!\!—\text{O}\!—\!\longmapsto}{-\text{CH}\!-\!\text{CH}\!-\!\text{CH}\!-\!\text{CH}}\;;$$
$$\underset{\text{OH}\quad\text{OH}\quad\text{OCH}_3}{}$$

β-Methylglucosid:
(β-Oxy-ring)

$$\overset{\displaystyle\longmapsto—\text{O}—\longmapsto}{-\text{CH}\!-\!\text{CH}\!-\!\text{CH}\!-\!\text{CH}}\;.$$
$$\underset{\text{OH}\qquad\text{OH}\quad\text{OCH}_3}{}$$

E. Fischer [B. **47**, 1980 (1914)] schlug diese Angriffe Nefs durch überzeugende Argumentation ab, gelangte aber experimentell, bei der Synthese des Methylglucosids, zu einer dritten Form desselben, „γ-Methyl-glucosid" genannt; diese strukturell verschiedene Modifikation war schwach linksdrehend und unempfindlich gegen Hefe und Emulsin, dagegen sehr empfindlich gegen Säuren. Während nun E. Fischer von der Weiterverfolgung dieser neuartigen Typen der Zuckergruppe absah, war es englischen Forschern vorbehalten, reiche wissenschaftliche Erfolge auf diesem Gebiete zu erringen. Es war das Verdienst von J. C. Irvine, nach Th. Purdies Methylierungsmethode zuerst Derivate dieser neuen Form der Glucose dargestellt zu haben [Soc. **107**, 524 (1915)], z. B.: Tetramethyl-α-glucose (Schmp. 89⁰): in H_2O $[\alpha]_D = 100,8^0$ sinkt auf $[\alpha]_D = 83,3^0$ [Irvine und Purdie, Soc. **85**, 1049 (1904)], Tetramethyl-γ-glucose (flüssig): in H_2O $[\alpha]_D = -3,8^0$ bis $-7,2^0$ [zit. S. 528 (1915)]. Dann wies J. C. Irvine [Soc. **109**, 1305 (1916)] auf ältere Versuche von Th. Purdie und Paul [Soc. **91**, 289 (1907)] hin; an Fischers Methylfructosid (1895) anknüpfend, hatten diese Forscher Tetramethylfructose dargestellt und neben einer festen Form (Schmp. 99⁰, $[\alpha]_D = -121,3^0$ in Wasser) eine flüssige Form ($[\alpha]_D = -20,9^0$ in Wasser) erhalten; Irvine sieht die letztere als eine γ-Form an und W. N. Haworth [Soc. **109**, 1314 (1916)] nimmt die Nachprüfung dieser Befunde vor; aus seinen und Purdie-Pauls Ergebnissen kommt er zum Schluß, daß die neue Tetramethyl-fructose — wohl eine γ-Form — rechtsdrehend, etwa $[\alpha]_D = 29,3^0$, ist. Die weiteren Untersuchungen Haworths [Soc. **117**, 199 (1920)] führen zur Darstellung der flüssigen reinen Tetramethyl-γ-fructose (aus Rohrzucker) mit der Enddrehung $[\alpha]_D = +31,7^0$ (s. auch Soc. **1926**, 1864), während Irvine [Soc. **117**, 1478 (1920)] sie aus Inulin ab-trennt und $[\alpha]_D = +32,9^0$ findet; ihr steht gegenüber die kristalli-nische (Amylenoxydform) der normalen d-Tetramethylfructose mit $[\alpha]_D = -123^0$. Von der Mannose stellte Irvine [Soc. **125**, 1343 (1924)] Derivate der γ-Reihe dar; z. B. γ-Methylmannosid ($[\alpha]_D = +80,2^0$ in Alkohol), geht freiwillig in die α-Form über, Tetramethyl-γ-mannose, kristallin; $[\alpha]_D = 48,5^0$ in CH_3OH, wie alle γ-Formen ist sie gegen $KMnO_4$ unbeständig; Tetramethyl-α-mannose, flüssig, $[\alpha]_D = 17,2^0$ in CH_3OH, gibt keine Reaktion mit $KMnO_4$.

Die Drehungsunterschiede der α-, β- und γ- (oder h-) Formen ver-anschaulichen folgende Beispiele:

α-Pentabenzoyl-glucose,
  in $CHCl_3$ $[\alpha]_D^{20} = +107,6^0$ [E. Fischer und H. Noth,
β-Pentabenzoyl-glucose,   B. **51**, 322 (1918)].
  in $CHCl_3$ $[\alpha]_D^{20} = +23,7^0$

α-Pentabenzoyl-h-glucose
  $[\alpha]_D^{20} = +58,6^0$ [H. H. Schlubach
β-Pentabenzoyl-h-glucose   und W. Huntenburg,
  $[\alpha]_D^{20} = -52,6^0$ B. **60**, 1488 (1927)].

„Birotation" bzw. Mutarotation.

Die 1846 von Dubrunfaut an wässerigen Traubenzuckerlösungen entdeckte Erscheinung der „Birotation", d. h. einer um die Hälfte verminderten Drehung der gealterten Lösung gegenüber dem An-fangswert: $[\alpha]_D = +106,4^0 \rightarrow +53,2^0$ hat sowohl erkenntnistheore-tisch als auch experimentell-präparativ eine erhebliche Wirkung aus-geübt und sich als ein bedeutendes heuristisches Mittel offenbart. Ein anderes Beispiel hatte 1856 E. O. Erdmann in dem Milchzucker entdeckt, der in zwei Modifikationen, einer anfangs hochdrehenden, der anderen mit geringerer Anfangsdrehung vorkommen sollte. Die Tatsachen wurden im Jahre 1880 von M. Schmöger [B. **13**, 1916 (1880)] wiederentdeckt, und er sowie E. O. Erdmann [B. **13**, 2180 (1880)] stellten erstmalig die Modifikationen dieser birotierenden Zucker dar

$$\alpha \rightleftarrows \beta \text{ (stabil)} \leftrightarrows \gamma\text{-Form}$$
$$[\alpha]_D = \, >88^0 \qquad 55^0 \qquad <36^0 \, \cdot$$

Nach **Erdmann** beruht die Verschiedenheit der 3 Formen in der „Verschiedenheit der intramolekularen Bewegungen". An Stelle der hier nicht zutreffenden Bezeichnung „Birotation" schlugen 1889 **Tollens** und **Wheeler** die allgemeingültige vor: „Multirotation".

Galt diese Erscheinung zuerst als eine wesensmäßig an die Zuckerarten und deren Derivate gebundene, so fand man sie bald auch bei anderen Stoffklassen (z. B. Nicotinlösung, R. **Přibram**, 1887; Fenchylaminderivate, A. **Binz**, 1893). Ein erhöhtes Interesse riefen die Beobachtungen von T. M. **Lowry** (1898 u. f.) an α-Nitrocampher und π-Bromnitrocampher hervor, wobei erhebliche Drehungsänderungen und Einflüsse der Natur der Lösungsmittel konstatiert werden konnten. Der Nitrocampher kann in die aci-Form übergehen (s. auch S. 373):

$$C_8H_{14}\diagup^{CH\cdot NO_2}_{\diagdown CO} \rightleftarrows C_8H_{14}\diagup^{C=NOOH}_{\diagdown CO}\quad ; \text{Lowry schlug (1899) für das}$$

Phänomen die Bezeichnung „Mutarotation" vor und verknüpfte diese mit den **Tautomerie**erscheinungen.

In der Campher- und Mentholreihe fand A. **Lapworth** (1902 u. f.) weitere mutarotierende Beispiele. An dem von L. **Claisen** [mit A. W. **Bishop** und W. **Sinclair**, A. **281**, 314 (1894)] dargestellten **Oxymethylencampher** $C_8H_{14}\diagup^{C:CH\cdot OH}_{\diagdown CO}$ stellten W. J. **Pope** und J. **Read** [Soc. **95**, 171 (1909)] erstmalig eine bedeutende Mutarotation fest und deuteten sie durch den tautomeren Übergang der hochdrehenden Form (I) in die niedrigdrehende Form (II): in Benzol, $[\alpha]_D = 169{,}5^0 \rightarrow 80{,}8^0$:

$$\text{I. } C_8H_{14}\diagup^{C\cdot CHO}_{\diagdown C\cdot(OH)} \rightleftharpoons \text{II. } C_8H_{14}\diagup^{C:CH(OH)}_{\diagdown C:O}$$

Ebenso zeigen Derivate des (l)-Epicamphers Mutarotation [W. H. **Perkin** jr. und A. F. **Titley**, Soc. **119**, 1089 (1921)]; andere Beispiele sind Benzoylcampher:

$$\text{Enolform}\atop[\alpha]_D = 281^0 \quad C_8H_{14}\diagup^{C\cdot COC_6H_5}_{\diagdown C(OH)} \rightarrow \quad {\text{Ketoform}\atop[\alpha]_D = 125^0} \quad C_8H_{14}\diagup^{C:C(OH)\cdot C_6H_5}_{\diagdown CO}$$

M. O. **Forster**, 1902 u. f.; O. **Dimroth**, A. **399**, 111 (1913); G. **Schroeter**, B. **53**, 1919 (1920), hier auch **Camphocarbonsäure-methylester**.

Die Mutarotationsvorgänge der genannten **Campher**derivate sind also typische Tautomerisationsvorgänge mit **Valenz- und Struktur**änderungen. Die Erfahrungen und Deutungen der Mutarotation im Gebiet der Campher konnten nicht ohne Einfluß auf die Zuckerchemie bleiben, und hier führten sie nicht allein zu neuen Deutungen der alten „Birotation", sondern zu neuen Vorstellungen über die Konstitution der Zucker überhaupt, d. h. zu **ringförmigen Strukturen**.

Die „Birotation" der Zucker wirkte sich außerdem auch auf das Problem der **Katalyse** aus, indem sie den Einfluß des Lösungsmittels und der Lösungsgenossen auf den zeitlichen Verlauf des Rotations-

rückganges (Neutralsalz- bzw. H+- und HO⁻-Ionenwirkung) erkennen
lehrte. (Vgl. z. B. die Untersuchungen von H. Trey, 1895—1903.)
Eine wichtige Etappe bedeutet die Entdeckung der β-Glucose, wodurch die Birotation des Traubenzuckers sich als eine Gleichgewichtseinstellung zweier Modifikationen der Glucose darstellte:

d-Glucose, $[\alpha]_D^{20} = 110^0 \rightarrow$ Endwert: $52^0 \leftarrow \beta$-Glucose, $[\alpha]_D^{20} = 19^0$.

Die Reindarstellung der β-Glucose lehrte R. Behrend [A. **353**, 107
(1907); **377**, 220 (1910); Pyridinmethode], bzw. C. S. Hudson und
J. K. Dale [Am. **39**, 320 (1917): Eisessigmethode].

T. M. Lowry [Soc. **127**, 1371, 1385, 2883 (1925); **1926**, 1938]
führt in den Mechanismus der Mutarotation des 1.4-Zuckerringes als
Zwischenglied die Aldehyd- oder Aldehydhydrat-Bildung ein und verknüpft sie mit der katalytischen Wirkung der Lösungsmittel (unter
Protonenabgabe bzw. -aufnahme); die Lösungsmittel zerfallen hiernach
in 3 Gruppen: 1. amphotere Lösungsmittel — wirken als vollständige
Katalysatoren bei der Mutarotation; 2. Lösungsmittel mit nur basischen oder nur sauren Eigenschaften — wirken katalytisch als Gemische, und 3. Lösungsmittel, die weder zu 1. oder zu 2. gehören,
haben keinen katalytischen Einfluß; Tetramethylglucose gab die
Mutarotation in höchst getrockneten Lösungsmitteln und deren Gemischen, sowie in Wasser.

$$K = \frac{1}{t} \cdot \{\log (\alpha_0 - \alpha_\infty) - \log (\alpha_t - \alpha_\infty)\}; \; t \text{ in Minuten.}$$

Über den katalytischen Einfluß der Lösungsmittel auf die Geschwindigkeit der Mutarotation geben die folgenden, nach T. M.
Lowrys Messungen [Soc. **127**, 1395 und 2883 (1925), sowie **1926**, 1938]
zusammengestellten Konstanten K einen Aufschluß.

Tetramethylglucose:

Lösungsmittel: K bei 20⁰:	Wasser	Pyridin	m-Cresol	Methanol	Äthanol	Äthylacetat	Benzol	Chloroform
	0,0128	0,0003	0,0003	0,00018	0,00016	0,00011˙	0,00010	~ 0

Gemische von Lösungsmitteln bei maximalen K-Werten:

Wasser (70—60%) + Pyridin (30—40%) $K = 0,318$	o-Cresol (92,5 bis 55%) + Pyridin (7,5 bis 45% $> 0,180$	Methanol (60%) + Pyridin (40%) 0,035	Methanol (25%) + o-Cresol (75%) 0,018

Bemerkenswert ist die enorme Steigerung der K-Werte, z. B. in dem
Cresol-Pyridin-Gemisch, wo nach dem additiven Schema $K = 0,0003$
sein sollte, tatsächlich aber ein mehr als 600facher Wert beobachtet
wird. Vgl. hierzu auch S. 147, 153 und 362.

Die Mutarotation der Glucose (α- und β-Form) hat C. N. Riiber
durch Messung des Lösungsvolumens und der Refraktionskonstante
sehr eingehend erforscht [B. **55**, 3132 (1922); **56**, 2185 (1923); **57**, 1599,
1797 (1924 u. f.)]; er zeigte, daß die Mutarotation auch ohne Lösungsmittel — im Schmelzfluß — stattfindet, sowie daß Lösungsvolum und

Refraktionskonstante der α-Glucose und des α-Methylglucosids geringer sind als diejenigen der β-Glucose und des β-Methylglucosids. Die Galaktose ergab neben der α-Form und der von Tanret [Bl. (3) 15, 337 (1896)] entdeckten β-Modifikation (C. S. Hudson, 1917) noch eine γ-Form [Riiber, B. 59, 2266 (1926); s. auch Lowry, 1904 und Soc. 1928, 666], deren $[\alpha]_D$-Werte von α → β → γ — sich abstufen von 144,5° → 135,0° → 52,2°. Ebenso existieren in einer Mannose-Lösung mehr als 2 Modifikationen [P. A. Levene, 1923; Riiber, B. 60, 2402 (1927)]. Physiologisch unterschieden sie sich durch den Geschmack: süß schmecken α-Methylglucosid und α-Mannose, bitter β-Methylglucosid und β-Mannose; s. auch S. 281.

Wie schon Schmöger und Erdmann (1880) am Milchzucker fanden, entsteht die β-Modifikation bei höheren Temperaturen, unter Wärmeaufnahme. Eingehende Bestimmungen der Mutarotationsgeschwindigkeiten $(K_1 + K_2)$ lieferten C. S. Hudson und E. Yanowsky [Am. 39, 1037 (1917)] für Hexosen und H. S. Isbell [J. Research of the Nat. Bur. of Stand. 18, 515 (1937)] für Heptosen. Zur Veranschaulichung setzen wir einige Beispiele hierher:

Glucose: 2 Modifikationen vorhanden

α-Form β-Form $(K_1 + K_2)$

$[\alpha]_D^{20} = 110,12° \rightarrow 52,17° \leftarrow 19,26° \cdots 0,0065$ (Hudson)

Galaktose: 2 (bzw. 3) Modifikationen vorhanden

$[\alpha]_D^{20} = 150,7° \rightarrow 80,2° \leftarrow 52,8° \cdots 0,0083$ (Riiber)

Mannose: 2 (bzw. mehr) Modifikationen vorhanden

$[\alpha]_D^{20} = 29,9° \rightarrow 14,5° \leftarrow -16,3° \cdots 0,0180$ (Riiber)

Arabinose: 2 (bzw. mehr) Modifikationen vorhanden

$[\alpha]_D^{20} = 191,5 \rightarrow 104,5 \leftarrow 75,5° \cdots 0,031$ (Hudson)

(84°)

Fructose: 2 Modifikationen vorhanden

$[\alpha]_D^{20} = \;?\rightarrow -92,3° \leftarrow -133,5° \cdots 0,0862$ (Riiber)

Nach Riiber und N. A. Sörensen (1933) existiert von der Arabinose noch eine γ-Form mit $[\alpha]_D^{20} = 46°$; das Lösungsvolum V_m der drei Formen ist für α- (92,71) ⟩ β- (92,24) ⟨ γ- (ca. 93,1) [Kon. Norske Vidensk. Selsk. Skrifter 1933, Nr. 7; dort werden auch neue Vorschläge gemacht für die Bezeichnung als α- (wenn die HO-Gruppen an C_1 und C_2 in cis-Stellung stehen) bzw. β-Form (wenn in trans-Stellung zueinander].

Welche intramolekularen Vorgänge bedingen nun diese Mutarotation der Zucker? Über das eigentliche Wesen dieser polarimetrisch in den wässerigen Lösungen der verschiedenen Zucker und Zuckerabkömmlinge erkennbaren Vorgänge sind nacheinander verschiedene Ansichten geäußert worden, z. B. Depolymerisation

(H. Landolt, 1879), Hydratation (Erdmann, 1855; E. Fischer, 1890), Dehydratation (B. Tollens, 1893), Isomerisation (J. H. van't Hoff, Lagerung der Atome usw., S. 111. 1894). J. H. van't Hoff sieht ein Analogon in der Multirotation der Lactone der Zuckergruppe, wobei die Ringsprengung (durch Wasseranlagerung) eine Abnahme der Drehung hervorruft, und entwirft z. B. für die Xylose die folgende Umwandlung:

$$CH_2OH \cdot CH(CHOH)_2 \cdot C(OH)H \xrightarrow{+ H_2O} CH_2OH \cdot (CHOH)_3 \cdot C(OH)_2H \xrightarrow{- H_2O}$$
$$\underline{\quad\quad O \quad\quad}$$
$$\rightarrow CH_2OH \cdot (CHOH)_3 \cdot CHO.$$

Als T. M. Lowry [Soc. 75, 211 (1899)] an dem Nitrocampher die „Mutarotation" in verschiedenen organischen Medien (ohne Änderung der Zusammensetzung des Nitrocamphers, s. S. 218) feststellte, vermutete er eine ähnliche „dynamische Isomerie" oder umkehrbare Isomerisation auch bei den reduzierenden Zuckern. Den nächsten bedeutsamen Schritt tat nun H. E. Armstrong [Soc. 83, 1306 (1903)], als er, von der γ-Ringstruktur der Zucker ausgehend, die Umwandlung der α-Form in den β-Zucker über eine Oxonium-Zwischenform annahm, z. B.

α-Form. (Nach Ri i ber, S. 510, erfolgt sie aber auch ohne Solvens!) β-Form.

d. h. die Mutarotation ist durch eine geometrische Umlagerung an einem asymm. Ringkohlenstoffatom bedingt. Diese Umlagerung wird von T. M. Lowry [Soc. 83, 1315 (1903); 85, 1567 (1904)] mit der intermediären Bildung eines Aldehyd-Zuckers verknüpft; es tritt eine isomere Änderung als Folge einer äußerst schnell verlaufenden „reversiblen Hydrolyse" und „Hydrokatalyse" ein [Soc. 127, 1373 (1925)]. P. Jacobson und R. Stelzner (1913) reihen diese Phänomene in die Klasse der „Oxo-cyclo-desmotropie" ein, indem „in Körpern, deren Moleküle zugleich Carbonyl und alkoholisches Hydroxyl enthalten, diese Gruppen miteinander unter acetalartiger Verknüpfung zusammentreten", z. B.

$$CH_3 \cdot CO \cdot CH_2 \cdot CH_2 \cdot CH_2OH \rightarrow CH_3 \cdot C(OH) \cdot CH_2 \cdot CH_2 \cdot CH_2,$$
$$\underline{\quad\quad\quad O \quad\quad\quad}$$

der Ringkörper kann nun seinerseits in zwei stereoisomeren Formen existieren. Die Erscheinung der Cyclo-oxo-desmotropie fand dann B. Helferich [B. 52, 1804 (1919); 55, 702 (1922); 56, 759 (1923)] auch bei γ- und δ-Oxyaldehyden, wobei die Cyclo-Form als die beständigere erscheint; es ließ sich auch ein beständiges Methyl-halbacetal (,,1.5-Glucosid") mit dem „Tetrahydropyran-Ring" darstellen:

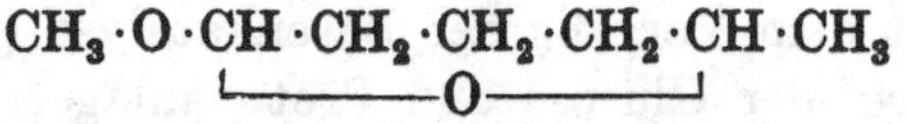

$$CH_3 \cdot O \cdot CH \cdot CH_2 \cdot CH_2 \cdot CH_2 \cdot CH \cdot CH_3$$
$$\underset{O}{\underbrace{\qquad\qquad\qquad}}$$

Aus diesen Tatsachen folgerte Helferich [zit. S. 703 (1922)] für die Chemie der Zucker, „daß man nicht mehr berechtigt ist, ohne besonderen Beweis den 1.4-Ring für die Cyclo-Form der freien Zucker und ihrer Derivate (besonders auch Glucoside und Disaccharide) anzunehmen, daß mehr als bisher die Möglichkeit für die Bildung eines 1.5-Ringes in Betracht gezogen werden muß".

Die Mutarotationsvorgänge der Hexosen wären hiernach in einem Sechsring als Übergänge von einer cis- in die trans-Form am asymm. Kohlenstoffatom C_1 darzustellen:

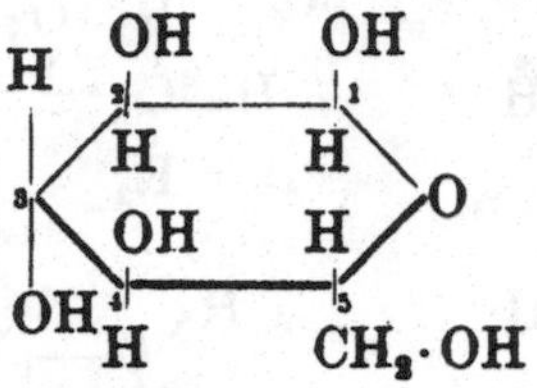

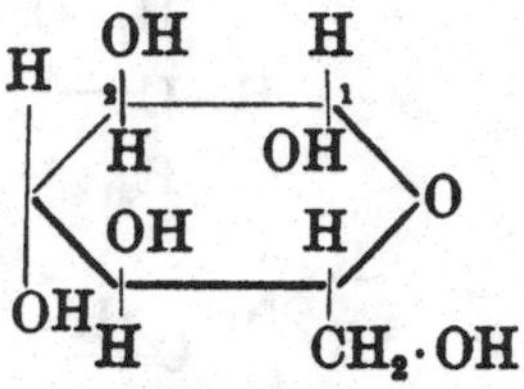

Parallel verliefen die Untersuchungen über die inneren Vorgänge bei der Mutarotation; J. F. Thorpe [und Mitarbeiter, Soc. 121, 1430, 1765 (1922); **125**, 268 (1924)] gliedert den Vorgang seiner „Ring-Ketten-Tautomerie" an, z. B.

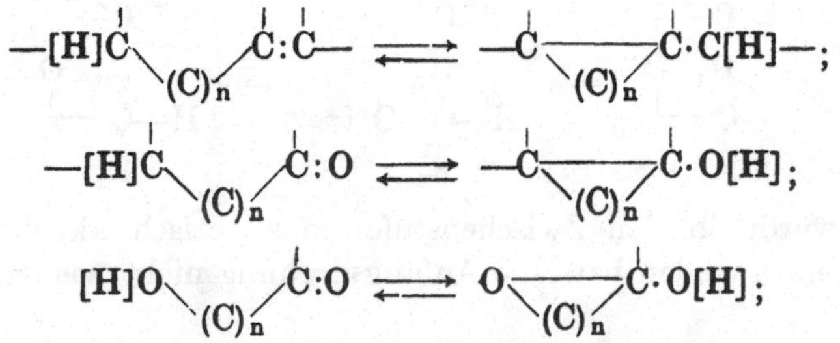

die Bildung von intermediären Hydraten u. ä. wird abgelehnt und unter der Annahme des 1.4-Ringes wird die Isomerisation in Gegenwart von Reagenzien als eine einfache geometrische Umlagerung symbolisiert: [zit. S. 285 (1924)].

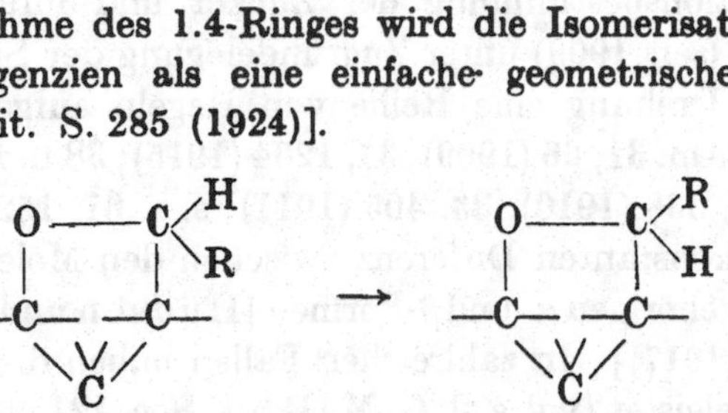

H. Ohle [B. **60**, 1173 (1927)] befürwortet diejenigen Theorien, „die das Auftreten der Aldo- bzw. Keto-Form der reduzierenden Zucker als Zwischenstadium annehmen". H. Fredenhagen und K. F. Bonhoeffer [Z. ph. Ch. (A) **181**, 392 (1938)] verknüpfen den Mutarotationsmechanismus mit dem Vorgang der Basenkatalyse (unter Sprengung des Pyranrings bei der Glucose und Protonanlagerung).

Die Mutarotation als eine Oxo-Cyclo-Desmotropie (im Sinne von P. Jacobson und R. Stelzner) behandelt auch N. A. Sörensen (1937); als eine „Ring-Doppelbindungs-Desmotropie" mit einem Bindungswechsel zwischen ringförmig gebauten und offenen Molekülen wird die Mutarotation der folgenden Typen auch von R. Kuhn und L. Birkofer [B. **71**, 1535 (1938)] gedeutet:

$$
\begin{array}{ccccc}
\text{H}\diagdown\!\!\diagup\overset{*}{\text{OH}} & & \text{H}\diagdown\!\!\diagup\text{O} & & \overset{*}{\text{HO}}\diagdown\!\!\diagup\text{H} \\
\text{C} & & \text{C} & & \text{C} \\
\text{R}_1 \quad \text{O} & \rightleftharpoons & \text{R}_1 & \rightleftharpoons & \text{R}_1 \quad \text{O}; \\
\text{H}{-}\text{C} & & \text{H}{-}\text{C}{-}\overset{*}{\text{OH}} & & \text{H}{-}\text{C} \\
\text{R}_2 & & \text{R}_2 & & \text{R}_2
\end{array}
$$

$$
\begin{array}{ccccc}
\text{R}\diagdown\text{N}\diagdown\!\!\diagup\text{H} & & \text{R}{-}\text{N}\diagup\text{H} & & \text{H}\diagdown\!\!\diagup\text{N}\diagdown\text{R} \\
\overset{*}{\text{H}}\diagup \quad \text{C} & & \text{C} & & \text{C}\diagup\quad\text{H}* \\
\text{R}_1 \quad \text{O} & \rightleftharpoons & \text{R}_1 & \rightleftharpoons & \text{R}_1 \quad \text{O}\ ; \\
\text{HC} & & \text{H}{-}\text{C}{-}\text{OH}* & & \text{H}{-}\text{C} \\
\text{R}_2 & & \text{R}_2 & & \text{R}_2
\end{array}
$$

$$
\begin{array}{ccccc}
\text{HS}\diagdown\!\!\diagup\text{H} & & \text{S}\diagdown\!\!\diagup\text{H} & & \text{H}\diagdown\!\!\diagup\text{SH} \\
\text{C} & & \text{C} & & \text{C} \\
\text{R}_1 \quad \text{O} & \rightleftharpoons & \text{R}_1 & \rightleftharpoons & \text{R}_1 \quad \text{O} \\
\text{H}{-}\text{C} & & \text{H}{-}\text{C}{-}\text{OH}* & & \text{H}{-}\text{C} \\
\text{R}_2 & & \text{R}_2 & & \text{R}_2
\end{array}
$$

(Hierbei würde in den Zwischenstufen das optisch aktive asymm. C-Atom verschwinden bzw. die Anfangsdrehung nicht wiederkehren?)

Superpositionsprinzip. Konfigurationsbestimmung. Für die Konfigurationsbestimmung der Zucker und ihrer Derivate hat C. S. Hudson (seit 1909) unter Zugrundelegung der Superposition bei der optischen Drehung eine Reihe von Regeln aufgestellt, z. B. die Amid-Regel [Am. **31**, 66 (1909); **37**, 1264 (1915); **38** u. f.], die Lacton-Regel [Am. **32**, 338 (1910); **33**, 405 (1911); s. a. **61**, 1525, 1658 (1939)], die Regel der konstanten Differenz zwischen den Molekulardrehungen der zusammengehörigen α- und β-Formen [Hudson und E. Yanowsky, Am. **39**, 1013 (1917)]. In zahlreichen Fällen haben diese Regeln wertvolle Dienste geleistet [vgl. a. J. G. Maltby, Soc. **121**, 2608 (1922 u. f.)], auch Haworth hat sie mehrfach verwendet. In anderen Fällen haben sie versagt, wobei Hudson zur Annahme anderer Strukturen geleitet worden ist, z. B. eines Fünfrings im Methylmannosid, einer furoiden Struktur der Galaktose [Am. **48**, 1431 u. f. (1926); **52**, 1693 (1930)].

Auf solche Unstimmigkeiten haben hingewiesen: P. A. Levene (1927), Haworth (Soc. **1928**, 1221), H. Ohle [B. **61**, 1878 (1928)], D. S. Mathers und G. J. Robertson (Soc. **1933**, 697), K. Hess [B. **67**, 1912 (1934); **68**, 985 (1935)], H. H. Schlubach [B. **61**, 287 (1928); **63**, 364 (1930)], insbesondere aber K. Freudenberg und W. Kuhn [B. **64**, 703 (1931)]. Die letztgenannten Forscher haben dann eine neue Regel, „Vizinalregel" (s. auch S. 234), für die Drehungsänderungen aufgestellt, wonach der Drehungsbeitrag eines Substituenten „um so größer ist, je näher am aktiven Zentrum stark absorbierende Gruppen enthalten sind, und daß der Drehungsbeitrag ihm durch die Störungswirkung (Vizinalwirkung) der am selben Zentrum gebundenen Nachbar-Substituenten aufgeprägt wird" (zit. S. 733). Beispiele aus der Zuckerchemie gibt K. Freudenberg [B. **66**, 190 (1933)]. Eine neue Drehungsregel lieferte Fr. Weygand [B. **73**, 1280 (1940)].

Das Superpositionsprinzip bzw. die Hudsonschen Regeln haben sich als zweckdienlich erwiesen bei der Abschätzung des Drehungssinnes und der Drehungsgröße auch im Falle der Polysaccharide [vgl. z. B. K. Freudenberg und Mitarbeiter, A. **494**, 41 (1932)] und der China-Alkaloide [H. Emde, Helv. **15**, 557 (1932)]. Ein anderer Weg der Konfigurationsbestimmung ist die von J. Böeseken gewiesene Methode der Leitfähigkeitsmessung der Zucker-Borsäure-Komplexe [B. **46**, 2612 (1913)]. Eine ausgedehnte Prüfung an zahlreichen Kohlenhydraten haben H. T. Macpherson und E. G. V. Percival [Soc. **1937** (1920)] vorgenommen. Trotzdem bietet die Zuordnung der Derivate bzw. die Bestimmung der Modifikation der Zucker (α- oder β-, cis- oder trans-Form) Schwierigkeiten. Die Unsicherheiten werden auch nicht immer behoben durch die chemischen Umsetzungen, „da diese alle einen Bindungswechsel des C-Atoms 1 für Aldosen, bzw. des C-Atoms 2 der Ketosen einschließen, ohne daß entschieden werden kann, ob dieser Bindungswechsel mit oder ohne Waldensche Umkehrung verläuft" [H. Ohle, B. **71**, 565 (1938)].

Entwicklungsgang der Strukturformeln. Monosen.

Glucose. Mannose.

B. Tollens, B. **16**, 921 (1883).

Methylglucosid. E. Fischer, B. **26**, 2403 (1893).

J. Böeseken, B. **46**, 2622 (1913).

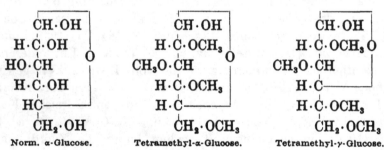

O⟨CH·OH / CH / [CH·OH]₃ / CH₂·OH

O⟨CH·OCH₃ / CH / [CH·OH]₃ / CH₂·OH   und

O⟨CH·OH / CH / [CH·OCH₃]₃ / CH₂·OCH₃

γ-Glucose.　　γ-Methylglucosid　　　Tetramethyl-γ-Glucose.

J. C. Irvine, Soc. 107, 532 (1915).

O⟨CH·OH / CH·OCH₃ / CH·OCH₃ / CH / CH·OCH₃ / CH₂·OCH₃

O⟨CH·OH / CH / CH·OCH₃ / CH·OCH₃ / CH·OCH₃ / CH₂·OCH₃

Tetramethyl-α- (oder β-) Glucose.　　　Tetramethyl-γ-Glucose.

W. N. Haworth, Soc. 109, 1317 (1916); 115, 812 (1919.)

CH·OH / H·C·OH / HO·CH / H·C·OH / HC— / CH₂·OH   O

CH·OH / H·C·OCH₃ / CH₃O·CH / H·C·OCH₃ / H·C— / CH₂·OCH₃   O

CH·OH / H·C·OCH₃ / CH₃O·CH / H·C— / H·C·OCH₃ / CH₂·OCH₃   O

Norm. α-Glucose.　　Tetramethyl-α-Glucose.　　Tetramethyl-γ-Glucose.

W. N. Haworth, Soc. 1926, 96; E. L. Hirst, 1926, 350.

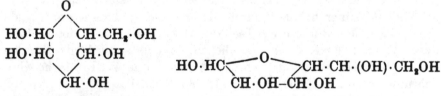

O / HO·HC　CH·CH₂·OH / HO·HC　CH·OH / CH·OH

Norm. Aldo-hexose
(Gluco- bzw. Manno-pyranose).

HO·HC—O—CH·CH·(OH)·CH₂OH / CH·OH–CH·OH

γ- Aldo-hexose (Gluco- bzw. Manno-Furanose).

Haworth und Hirst, Soc. 1927, 2436, 3140.

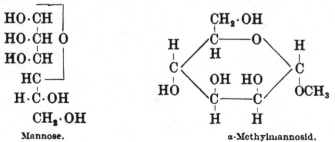

HO·CH / HO·CH   O / HO·CH / HC— / H·C·OH / CH₂·OH

Mannose.

α-Methylmannosid.

M. Bergmann, B. 54, 1564 (1921);
H. Ohle, B, 58, 2590 (1925).

P. Karrer, Helv. 17, 766 (1934);
C. S. Hudson, Am. 58, 378 (1936).

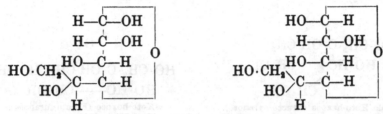

α-Äthylgluco-furanosid.
(γ-Äthylglucoside.) Haworth und C. R. Porter, Soc. 1929, 2796.

β-Äthylgluco-furanoid.

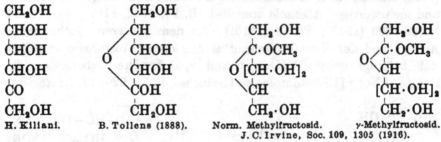

α-Gluco-furanose.   β-Gluco-furanose.
K. Josephson, B. 62, 1916 (1929).

Fructose (Lävulose).

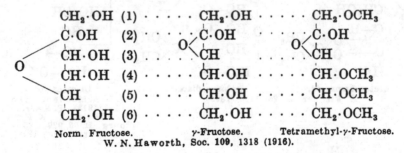

H. Kiliani.   B. Tollens (1888).   Norm. Methylfructosid.   γ-Methylfructosid.
J. C. Irvine, Soc. 109, 1305 (1916).

Norm. Fructose.   γ-Fructose.   Tetramethyl-γ-Fructose.
W. N. Haworth, Soc. 109, 1318 (1916).

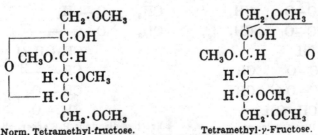

Norm. Tetramethyl-fructose.   Tetramethyl-γ-Fructose.
Irvine, Soc. 121, 2699 (1922).

$$CH_2 \cdot OCH_3$$
$$C \cdot OH$$
$$CH \cdot OCH_3$$
O $$CH \cdot OCH_3$$
$$CH \cdot OCH_3$$
$$CH_2$$

Tetramethyl-γ-Fructose.
Haworth, Soc. 123, 295 (1923).

$$CH_2 \cdot OCH_3$$
$$C \cdot OH$$
$$CH \cdot OCH_3$$
O $$CH \cdot OCH_3$$
$$CH$$
$$CH_2 \cdot OCH_3$$

Tetramethyl-γ-Fructose.
Haworth und Hirst, Soc. 1926, 1860.

$$CH_2 \cdot OCH_3$$
$$HO \cdot C$$
$$CH_3O \cdot CH$$
$$H \cdot C \cdot OCH_3$$ O
$$H \cdot C \cdot OCH_3$$
$$CH_2$$

Norm. Tetramethyl-Fructose.

O
$$HO \cdot CH_2 \cdot C \cdot OH \; CH_2$$
$$HO \cdot HC \qquad CH \cdot OH$$
$$CH \cdot OH$$

Normale Keto-hexose (Fructo-pyranose).

O
$$HO \cdot CH_2 \cdot C \cdot OH \; CH \cdot CH_2 \cdot OH$$
$$HO \cdot HC \text{———} CH \cdot OH$$

γ-Keto-hexose (Fructo-furanose).
Haworth und E. H. Goodyear, Soc. 1927, 3140.

Eine ausgedehnte Untersuchung haben auch die von E. Fischer (1895) erschlossenen kristallinischen Acetonverbindungen der Zucker und mehrwertigen Alkohole ausgelöst [B. **28**, 1162, 1167 (1895); dann B. **48**, 266 (1915); **49**, 88 (1916)]. An dem weiteren synthetischen Ausbau und der Konstitutionsaufklärung dieser Acetonzucker haben sich beteiligt neben P. Karrer und J. C. Irvine insbesondere K. Freudenberg [Diacetontoluolsulfo-glucose, B. **55**, 929 (1922); Aceton-

$$CH_3 \cdot CH \cdot OH$$
$$CH$$
$$CH \cdot OH$$
O $$C \text{—} H$$
$$C \text{———} O \text{—} C \Big\langle {CH_3 \atop CH_3}$$
$$H$$

Acetonrhamnosid.
E. Fischer, B. 28, 1150 (1895).

$$HC \text{—} O$$
$$HC \text{—} O \Big\rangle C \Big\langle {CH_3 \atop CH_3}$$
O $$HC$$
$$HC$$
$$H_2C \text{—} O \Big\rangle C \Big\langle {CH_3 \atop CH_3}$$

Arabinosediaceton.

O
$$HC \text{—} O$$
$$HC \text{—} O \Big\rangle C \Big\langle {CH_3 \atop CH_3}$$
$$HO \cdot CH$$
$$HC$$
$$HC \text{—} O$$
$$H_2C \text{—} O \Big\rangle C \Big\langle {CH_3 \atop CH_3}$$

Diacetonglucose.
J. L. A. Macdonald, Soc. 103, 1896 (1913). P. Karrer, Helv. 4, 729 (1921). K. Freudenberg, B. 55, 929, 3233 (1922); Haworth, Soc. 1928, 616.

$$H$$
$$C \text{—} O$$
O $$HC \text{—} O \Big\rangle C \Big\langle {CH_3 \atop CH_3}$$
$$CH$$
$$H \cdot C \text{—} O$$
$$H \cdot C \text{—} O \Big\rangle C \Big\langle {CH_3 \atop CH_3}$$
$$CH_2 \cdot OH$$

Diacetonglucose.
J. C. Irvine, Soc. 121, 2146 (1922).

$${CH_3 \atop CH_3} \Big\rangle C \Big\langle {O \text{—} CH_2 \atop O \text{—} C}$$
$$CH \cdot OH$$ O
$$CH$$
$$CH \text{—} O$$
$$CH_2 \text{—} O \Big\rangle C \Big\langle {CH_3 \atop CH_3}$$

α-Fructose-diaceton: P. Karrer, zit. S. 729; H. Ohle, B. 60, 1170 (1927).

zucker, I. Mitteil. B. **55**, 3233 (1922), XXIII. Mitteil. **66**, 27 (1933)] und H. Ohle [I. Mitteil. B. **57**, 403 (1927); XIX. Mitteil. B. **68**, 601 (1935); XXII. Mitteil. B. **71**, 2316 (1938); s. a. **68**, 2176 (1935) und **69**, 1636 (1936)].

Den Entwicklungsgang der Konstitutionsformeln der Acetonzucker veranschaulichen die vor- und nachstehenden Beispiele:

(α)-Fructosediaceton: J.C.Irvine, zit. S.2146; H. Ohle, B. **57**, 1569 (1924).

α-Fructose-diaceton: K. Freudenberg, B.**56**, 1243 (1923); H. Ohle, B. **60**, 1170 (1927).

Monoacetonglucose.
H. Ohle, B. **57**, 1569 (1924);
Freudenberg u. E. Braun,
B. **63**, 1973 (1930).

β-Fructose-diaceton.
H. Ohle, B. **60**, 1168 (1927).

Aceton-γ-Fructose.
L. Zervas, B. **66**, 1699 (1933).

Monoacetonglucose.
W. N. Haworth, Soc. 1929, 2800.

Mannose-diaceton.
Irvine, Soc. 1926, 1093.

Xylose-diaceton.
Haworth, Soc. 1928, 615.

Diaceton-mannose.
K. Freudenberg, B.**56**, 2121 (1923).

$$
\begin{array}{c}
\text{H} \\
\text{HO·C} \longrightarrow \\
\text{CH}_3 \diagdown \quad \text{O·CH} \\
\text{CH}_3 \diagup \text{C} \quad \text{O·CH} \quad \text{O} \\
\text{HC} \longrightarrow \\
\text{HC}\!-\!\text{O} \diagdown \text{CH}_3 \\
\text{H}_2\text{C}\!-\!\text{O} \diagup \text{C} \diagdown \text{CH}_3
\end{array}
$$

Diaceton-mannose. K. Freudenberg, B. 58,
300 (1924); H. Ohle, B. 58, 2590 (1924).

$$
\begin{array}{c}
\text{H}\!-\!\text{C}\!-\!\text{O} \diagdown \text{CH}_3 \\
\text{H}\!-\!\text{C}\!-\!\text{O} \diagup \text{C} \diagdown \text{CH}_3 \; \text{O} \\
\text{HO·C}\!-\!\text{H} \\
\text{CH}_3 \diagdown \quad \text{O·H}_2\text{C} \quad \text{C}\!-\!\text{C}\!-\!\text{H} \\
\text{CH}_3 \diagup \text{C}\!-\!\text{O} \quad \text{H}
\end{array}
$$

Diaceton-glucose.
K. Josephson, B. 62, 1915 (1929).

Diacetondulcite: R. A. Pizzarello und W. Freudenberg, Am.
61, 611 (1939); dazu C. S. Hudson, R. M. Hann und W. D. Maclay,
Am. 61; 2432 (1939).

Biosen. Rohrzucker (Sucrose): Glucose- + Glucose-Rest.

$$
\begin{array}{cc}
\text{CH} \longrightarrow \text{O} \quad \text{CH}_2\text{OH} \\
\text{CHOH} & \text{C} \\
\text{CHOH} & \text{CHOH} \quad \text{O} \\
\text{CHOH} & \text{CHOH} \\
\text{CHOH} & \text{CH} \\
\text{CH}_2 & \text{CH}_2\text{OH}
\end{array}
$$

B. Tollens (1883), B. 16, 923 (1883).

$$
\begin{array}{cc}
\text{HC} \longrightarrow \text{O} \quad \text{CH}_2\text{·OH} \\
\text{HO·HC} & \text{C} \\
\text{HO·HC} \quad \text{O} & \text{CH·OH} \\
\text{HC} & \text{CH·OH} \\
\text{HO·HC} & \text{CH} \\
\text{HO·H}_2\text{C} & \text{CH}_2\text{·OH}
\end{array}
$$

E. Fischer, B. 26, 2405 (1893).

$$
\begin{array}{cc}
\text{CH} \longrightarrow \text{O} \quad \text{CH}_2\text{·OH} \\
\text{CH·OH} & \text{C} \\
\text{CH·OH} & \text{CH} \quad \text{O} \\
\text{CH} & \text{CH·OH} \\
\text{CH·OH} & \text{CH·OH} \\
\text{CH}_2\text{·OH} & \text{CH}_2\text{·OH}
\end{array}
$$

W. N. Haworth und J. Law, Soc. 109,
1319 (1916); 117, 205 (1920).

$$
\begin{array}{cc}
\text{CH} \longrightarrow \text{O} \quad \text{CH}_2\text{·OH} \\
\text{CH·OH} & \text{C} \\
\text{CH·OH} & \text{CH·OH} \\
\text{CH} & \text{CH·OH} \quad \text{O} \\
\text{CH·OH} & \text{CH·OH} \\
\text{CH}_2\text{·OH} & \text{CH}_2
\end{array}
$$

Haworth und W. H. Linnell,
Soc. 123, 296 (1923).

$$
\begin{array}{cc}
& \text{CH}_2\text{·OH} \\
\text{CH} \longrightarrow \text{O} \quad \text{C} \\
\text{CH·OH} & \text{CH·OH} \\
\text{CH·OH} \quad \text{O} & \text{CH·OH} \\
\text{CH·OH} & \text{CH·OH} \\
\text{CH} & \text{CH}_2 \\
\text{CH}_2\text{·OH}
\end{array}
$$

Haworth, Soc. 1926, 99.

$$
\begin{array}{cc}
\text{CH} \longrightarrow \text{O} \quad \text{CH}_2\text{·OH} \\
\text{CH·OH} & \text{C} \\
\text{CH·OH} \quad \text{O} & \text{CH·OH} \\
\text{CH·OH} & \text{CH} \\
\text{CH} & \text{CH·OH} \\
\text{CH}_2\text{·OH} & \text{CH}_2\text{·OH}
\end{array}
$$

G. McOwan, Soc. 1926, 1742.

$$
\begin{array}{ccc}
\text{—CH———} & \text{O} & \text{CH}_2\cdot\text{OH} \\
\text{CH}\cdot\text{OH} & & \text{C} \\
\text{O CH}\cdot\text{OH} & & \text{CH}\cdot\text{OH} \\
\text{CH}\cdot\text{OH} & & \text{CH}\cdot\text{OH} \\
\text{—CH} & & \text{CH———} \\
\text{CH}_2\cdot\text{OH} & & \text{CH}_2\cdot\text{OH}
\end{array}
$$

Haworth und E. L. Hirst, Soc. 1926, 1864; 1927, 2313, 3157.

Für die Konfiguration des Rohrzuckers gibt H. H. Schlubach [B. 58, 1842 (1925)] die beistehende Formel, wobei „die α-Form der normalen Glucose mit der β-Form der h-Fructose verbunden ist":

$$\text{CH}_2(\text{OH})\text{—CH(OH)—CH—CH(OH)—CH(OH)—CH}$$
$$\text{O} \qquad\qquad\qquad\qquad \overset{\alpha}{\underset{\beta}{\diagup}}\text{O}$$
$$\text{CH}_2\text{—CH(OH)—CH(OH)—CH(OH)—C—CH}_2\text{OH}$$
$$\text{O}$$

Milchzucker, α-, β-Lactose: β-Galactose- + Glucose-Rest.
Cellobiose: Glucose + Glucose-Rest.

$$
\begin{array}{cc}
\text{HC———O—CH}_2 & \text{CH}\diagup\begin{array}{l}\text{O}\cdot\text{CH}_2\\\text{O}\cdot\text{CH}\end{array} \\
\text{HO}\cdot\text{HC}\quad\text{O}\quad\text{CH}\cdot\text{OH} & \text{CH}\cdot\text{OH} \\
\text{HO}\cdot\text{HC}\qquad\text{CH}\cdot\text{OH} & \text{CH}\cdot\text{OH}\quad\text{CH}\cdot\text{OH} \\
\text{HC}\qquad\text{CH}\cdot\text{OH} & \text{CH}\cdot\text{OH}\quad\text{CH}\cdot\text{OH} \\
\text{HO}\cdot\text{HC}\qquad\text{CH}\cdot\text{OH} & \text{CH}\cdot\text{OH}\quad\text{CH}\cdot\text{OH} \\
\text{HO}\cdot\text{H}_2\text{C}\qquad\text{CHO} & \text{CH}_2\text{OH}\quad\text{CHO}
\end{array}
$$

E. Fischer, B. 26, 2405 (1893). E. Fischer, B. 21, 2633 (1888).

$$
\begin{array}{cc}
\text{HC———O—CH}_2 & \text{HC———O}\quad\text{CH}_2\cdot\text{OH} \\
\text{HO}\cdot\text{HC}\quad\text{O}\quad\text{CH}\cdot\text{OH} & \text{HO}\cdot\text{HC}\quad\text{O}\quad\text{CH} \\
\text{HO}\cdot\text{HC}\qquad\text{CH} & \text{HO}\cdot\text{HC}\qquad\text{CH} \\
\text{HC}\qquad\text{CH}\cdot\text{OH} & \text{H}\cdot\text{C}\qquad\text{CH}\cdot\text{OH} \\
\text{HO}\cdot\text{HC}\qquad\text{CH}\cdot\text{OH} & \text{HO}\cdot\text{HC}\qquad\text{CH}\cdot\text{OH} \\
\text{HO}\cdot\text{H}_2\text{C}\qquad\text{CH}\cdot\text{OH} & \text{HO}\cdot\text{H}_2\text{C}\qquad\text{CH}\cdot\text{OH}
\end{array}
$$

B. Tollens; E. Fischer (1902 u. f.). W. N. Haworth und G. C. Leitch, Soc. 113, 189 (1918).

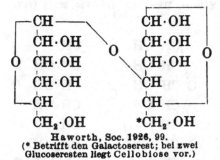

$$
\begin{array}{cc}
\text{—CH} & \text{CH}\cdot\text{OH} \\
\text{CH}\cdot\text{OH} & \text{CH}\cdot\text{OH} \\
\text{O CH}\cdot\text{OH}\quad\text{O} & \text{CH}\cdot\text{OH} \\
\text{CH}\cdot\text{OH} & \text{CH} \\
\text{—CH} & \text{CH—} \\
\text{CH}_2\cdot\text{OH} & *\text{CH}_2\cdot\text{OH}
\end{array}
$$

Haworth, Soc. 1926, 99.
(* Betrifft den Galactoserest; bei zwei Glucoseresten liegt Cellobiose vor.)

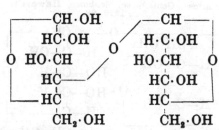

$$
\begin{array}{cc}
\text{—CH}\cdot\text{OH} & \text{—CH} \\
\text{HC}\cdot\text{OH} & \text{H}\cdot\text{C}\cdot\text{OH} \\
\text{O HO}\cdot\text{CH}\quad\text{O} & \text{HO}\cdot\text{CH}\quad\text{O} \\
\text{HC} & \text{HC}\cdot\text{OH} \\
\text{—HC} & \text{HC—} \\
\text{CH}_2\cdot\text{OH} & \text{CH}_2\cdot\text{OH}
\end{array}
$$

Cellobiose (direkte Konstitutionsbestimmung):
G. Zemplén, B. 59, 1255 (1926); 64, 744 (1931);
B. Helferich und H. Bredereck, B. 64, 2411
(1931); s. a. Haworth, Soc. 1927, 3151;
K. Freudenberg, B. 66, 27 (1933); s. a. 63,
1961 (1930).

Milchzucker (direkte Konstitutionsbestimmung). Zemplén, B. 59, 2403 (1926);
s. a. Haworth, Soc. 1926, 3098; 1927, 3151.

Über die Überführung der Lactose in d-Lactulose: C. S. Hudson,
Am. 52, 2101 (1930), sowie in d-Neolactose: C. S. Hudson, Am.
48, 1978, 2435 (1926); 57, 1716 (1935), die erstere ist 4-β-d-Galactosido-
d-fructose, die Neolactose dagegen 4-β-Galactosido-d-altrose. Spaltung
von Lactose, Lactulose und Neolactose durch Emulsin: B. Helferich,
B. 72, 212 (1939).

Maltose, Glucose- + Glucose-Rest. Melibiose; Gentiobiose: Glucose- + Glucose-Rest.

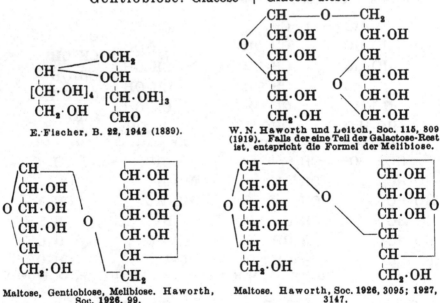

E. Fischer, B. 22, 1942 (1889).

W. N. Haworth und Leitch, Soc. 115, 809
(1919). Falls der eine Teil der Galactose-Rest
ist, entspricht die Formel der Melibiose.

Maltose, Gentiobiose, Melibiose. Haworth,
Soc. 1926, 99.

Maltose. Haworth, Soc. 1926, 3095; 1927,
3147.

Melibiose. Zemplén, B. 60, 926 (1927).
Acetyl-β-melibiosen. C. S. Hudson und
Johnson, Am. 37, 2748 (1915); B. Helfe-
rich und S. R. Petersen, B. 68, 794 (1935).

Glucose-Rest   Galactose-Rest
Melibiose. Haworth, Soc. 1927, 1529, 3148
und Gentiobiose (die Konstitution derselben
hatte bereits Helferich [A. 447, 28 (1926)]
durch Synthese festgestellt).

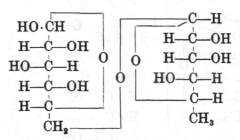

Rutinose. Zemplén und Gerecs, B. **68**, 1319 (1935).

Trehalose: 1 Glucose + 1 Glucose. Als Mutterkornzucker von H. A. L. Wiggers (1832), als Schwammzucker von H. Braconnot (1811), als Trehalamanna von Guibourt (1858) bzw. als Trehalose von Berthelot (1858), als Trehalum in einer Echinopsart von C. Scheibler (1893) entdeckt, von L. Maquenne (1891) in Octacetyltrehalose und durch Inversion in 2 Mol. Glucose umgewandelt (s. a. E. Winterstein, 1893).

Polyosen.

Melezitose. Turanose. Raffinose. Cellotriose. Stachyose. M. Berthelot (1856, 1859) schied zuerst die von ihm „Melezitose" genannte Zuckerart aus der Briançon-Manna der Lärche ab, Maquenne (1893) fand sie im Honigtau der Linden, C. S. Hudson (1918) in der Manna der Douglas-Föhre und im Bienenhonig von Pinus virginiana. Als ein Trisaccharid wurde sie von A. Alekhine (1889) erkannt, der daraus durch Säurehydrolyse ein reduzierendes Disaccharid „Turanose" abspaltete; die letztere wurde von C. Tanret (1906) als ein Isomeres des Rohrzuckers bezeichnet, das mit Fructose verknüpft die Melezitose bildet. Die Konstitutionsaufklärung setzte durch die Untersuchungen von R. Kuhn und G. E. von Grundherr [B. **59**, 1655 (1926)], die für die Melezitose das Schema Glucose < Fructose <> Glucose, sowie für die Turanose eine von der Maltose, Gentiobiose und Cellobiose abweichende Verknüpfungsart feststellten. Die gleichzeitigen Untersuchungen von G. Zemplén [B. **59**, 2539 und 2230 (1926)] führten zur Aufstellung der nachstehenden Formeln (s. S. 524):

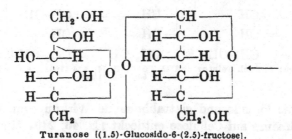

Turanose [(1.5)-Glucosido-6-(2.5)-fructose].

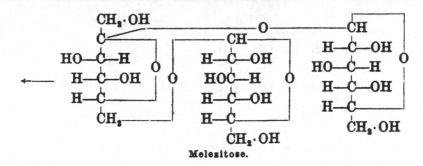

Melezitose.

Etwas abweichende Strukturformeln stellten G. C. Leitch (Soc. 1927, 588) und E. Pacsu [Am. 53, 3099 (1931)] auf.

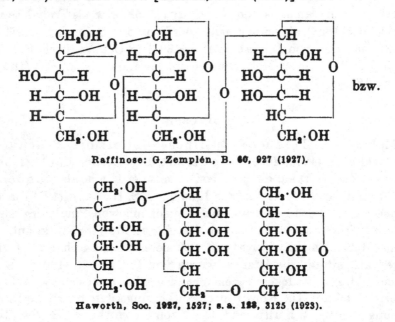

Raffinose: G. Zemplén, B. 60, 927 (1927).

bzw.

Haworth, Soc. 1927, 1527; s. a. 123, 3125 (1923).

Cellotriose (= Procellose von G. Bertrand, 1923). Cellotetraose und Cellohexaose. Von R. Willstätter und L. Zechmeister

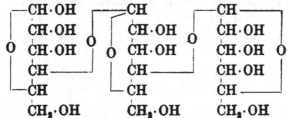

Konstitution: L. Zechmeister und G. Tóth, B. 64, 854 (1931); s. a. dieselben und H. Mark, B. 66, 269 (1933).

war 1913 die lösende und glattabbauende Wirkung von hochkonzentrierter Salzsäure auf Cellulose entdeckt [B. 46, 2401 (1913)] und die

Untersuchung der Hydrolyseprodukte in Angriff genommen worden [B. 62, 722 (1929)], wobei ein Gemisch von Tetraose, Triose, Biosen und Glucose festgestellt wurde. Eingehende Untersuchungen [B. 64, 854 (1931)] führten zur Isolierung von

	Cellobiose $C_{12}H_{22}O_{11}$	Cellotriose $C_{18}H_{32}O_{16}$	Cellotetraose $C_{24}H_{42}O_{21}$	Cellohexaose $C_{36}H_{62}O_{31}$
Mol.-Gew. =	342	504	666	990
$[\alpha]_D = $	$+ 33,3^0$	$+ 23,2^0$	$+ 17,0^0$	$+ 12,6^0$
$[M]_D = \frac{[\alpha]_D \cdot M}{100} = $	$+ 113,9^0$	$+ 116,9^0$	$+ 118,5^0$	$124,7^0$

Aus der von uns berechneten Molarrotation $[M]_D$ ist zu ersehen, daß beim Aufstieg von der Cellobiose bis zur Cellohexaose die $[M]_D$-Werte nur relativ wenig berührt werden, während die $[\alpha]_D$-Werte von 33,3 bis 12,6⁰ absinken: der additive Aufbau äußert sich auch in der Drehung.

Stachyose: 1 Fructose + 2 Galactosen + 1 Mol. Glucose.

Das von Schulze und Planta 1890 entdeckte Tetrasaccharid wurde als identisch mit der Manneotetrose von C. Tanret [C. r. 134, 1586 (1902)] erkannt; diese bzw. die Stachyose geben bei der Hydrolyse neben Fructose noch das Trisaccharid Manninotriose (= 2 Mol. Galactose + 1 Mol. Glucose). Nach M. Onuki (1932) sind in der Stachyose der Fructofuranose- und Glucopyranose-Rest durch ihre reduzierenden Gruppen verknüpft, während die reduzierende Gruppe des einen Galactopyranose-Restes mit dem C_4 der Glucose verbunden ist (C. 1932 II, 1007; 1933 II, 367):

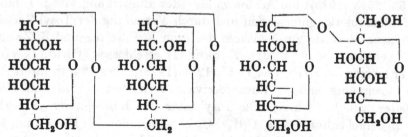

Die von E. Bourquelot 1910 entdeckte Verbascose ist als ein Pentasaccharid = 3 Mol. d-Galactose + 1 d-Glucose + 1 d-Fructose erkannt worden [S. Murakami, Proc. Imp. Acad. Tokyo, 16, 12 (1940)].

Neuere synthetische Hilfsmittel und künstliche Zucker. Das Triphenylmethylchlorid („Tritylchlorid") $(C_6H_5)_3C \cdot Cl$ wurde von B. Helferich [B. 56, 766 (1923)] zur Darstellung von Äthern benutzt und alsdann ganz allgemein zum Ersatz reaktionsfähiger Wasserstoffatome in Zuckern verwendet [A. 440, 1 (1924); Cellulose

und Stärke, mit H. Koester, B. 57, 587 (1924) und mit L. Moog und
A. Jünger, B. 58, 872 (1925), auf Zucker, Oxysäuren u. a.]. Es
scheinen sterische Hinderungen den Ersatz nur eines Hydroxyls zu
bedingen, wobei der Tritylrest z. B. in der Glucose an das 6-Kohlen-
stoffatom geht. Die Triphenylmethylglucose

$$[CH_2O \cdot C(C_6H_5)_3] \cdot CH \cdot \underbrace{CH(OH) \cdot CH(OH) \cdot CH(OH) \cdot CH(OH)}_{O}$$

zeigt Mutarotation $[\alpha]_D = 59{,}6^0 \to 38^0$, weist also auf die α-Form der
Glucose hin; diese Ester spalten leicht den Triphenylmethyl-Rest ab.

Die mannigfache Anwendung der Trityläther in der Chemie der
Zucker hat B. Helferich erläutert [Z. angew. Ch. 41, 871 (1928)].

Die p-Toluolsulfosäure wurde durch K. Freudenberg [A. 433,
230 (1923)] zur Acetylgruppenbestimmung vorgeschlagen. Über die
eigenartige Wanderung der Acylgruppen erbrachten Beiträge:
B. Helferich [und Mitarbeiter, mit W. Schäfer, A. 450, 219 (1926);
mit H. Rauch, A. 455, 168 (1927); s. a. mit H. Bredereck, A. 458, 111
(1927); mit A. Müller, B. 63, 2142 (1930)], ferner K. Josephson
(1929), Haworth und Hirst (1931), L. v. Vargha (1934) u. a.

Ein neues wertvolles Substitutionsmittel erschloß K. Freudenberg [mit O. Ivers, B. 55, 929 (1922)] in dem p-Toluolsulfosäure-
chlorid, das zu einer Toluolsulfoglucose führte; er schloß, daß „die
Verbindungen der Toluolsulfo-Reihe ... außer ihrer Reaktionsfähigkeit mit Hydrazin ein unmittelbares Interesse für die Zuckerchemie
haben"; er konnte alsbald auch die Umsetzung mit Aminen und Ammoniak und die Synthese von *Aminohexosen* durchführen [B. 58, 294
(1924)] sowie β-Naphthalinsulfo- und Äthansulfo-Derivate darstellen [B. 59, 714 (1926)]. H. Ohle hat dann [mit Mitarbeitern,
B. 58, 2593 (1925)] die Aceton-Zucker der Einwirkung von p-Toluol-
sulfosäurechlorid unterworfen und durch Verseifung der Tosyl-Zucker
eine neue Methode zur Synthese der (von E. Fischer und K. Zach,
1912, entdeckten) Anhydro-Zucker (I) erschlossen [Ohle, L. von
Vargha und H. Erlbach, B. 61, 1211 (1928)]; diese haben ihrerseits
die Gewinnung anderer Zuckerderivate vermittelt (Ohle und Mitarbeiter, vgl. B. 68 u. f.). Die Tosyl-ester [die Bezeichnung „Tosyl"
für p-Toluol-sulfonyl $CH_3 \cdot C_6H_4 \cdot SO_2$— wurde von K. Hess und R.
Pfleger, A. 507, 48 (1933) vorgeschlagen] haben eine neue stereochemische Bedeutung erlangt, indem sie bei der Abspaltung der Tosyl-
Gruppe und bei der Wiederöffnung des Anhydroringes eine Waldensche Umkehrung (vgl. S. 344) an einem der beteiligten asymm. C-Atome
auslösen und dadurch den Übergang zu den schwer erhältlichen
Diastereomeren vermitteln können [vgl. B. Helferich und A. Müller,
1930 u. f., Mathers und Robertson, 1933 u. f., H. Ohle und Mitarbeiter, 1935—38: d-Fructose → d-Psicose (Pseudo-Fructose) → d-Sorbose usw.]. Die Zahl der natürlichen Methyl-pentosen (l-Rhamnose,

d- und l-Fucose, d-Epi-rhamnose) wurde durch zahlreiche künstliche vermehrt [vgl. insbesondere K. Freudenberg und K. Raschig, B. 62, 373); die Reihe der Methyltetrosen wurde erweitert und geklärt [vgl. F. Micheel, B. 63, 347 (1930)]; Zucker mit verzweigten Ketten wurden in der Natur entdeckt, z. B. die „Apiose"

$$\begin{matrix} CH_2(OH) \\ CH_2(OH) \end{matrix} \Big\rangle C(OH) \cdot CH(OH) \cdot CHO \ [O. Th. Schmidt, A. 483, 115 (1930)],$$

die Hamamelose $\begin{matrix} CHO \\ CH_2(OH) \end{matrix} \Big\rangle C(OH) \cdot CH(OH) \cdot CH(OH \cdot CH_2OH \quad [O. Th.$

Schmidt, A. 476, 250 (1929) und 515, 43, 65, 77 (1935); vgl. die Synthese eines ähnlichen Zuckers: H. O. L. Fischer und E. Baer, B. 63, 1749 (1930)]. Aus dem Strophantin und anderen Glucosiden ist die natürliche Zuckerart Cymarose $C_7H_{14}O_4$ abgeschieden worden, sie wird als 3-Methyl-digitoxose formuliert (R. C. Elderfield, 1935):

$$\underset{\underset{OH}{\overset{\overset{H}{|}}{|}}}{CH_3} \underset{\underset{OH}{\overset{\overset{H}{|}}{|}}}{C} \underset{\underset{OCH_3}{\overset{\overset{H}{|}}{|}}}{C} CH_2 CHO.$$ In den Nucleinsäuren wurde die

Ribodesose (Thyminose) $CH_2OH \cdot CH(OH) \cdot CH(OH) \cdot CH_2 \cdot CHO$ entdeckt [Levene, J. biol. Chem. 83, 803 (1929) u. f.]. Das Oxy-

glucal bzw. Tetracetyl-oxyglutal

$$\underset{\underset{O \cdot Ac}{\overset{\overset{H_2}{|}}{|}}}{C} \underset{}{\overset{H}{\underset{\overset{O \cdot Ac}{|}}{C}}} \underset{\underset{H}{\overset{H}{|}}}{C} \underset{\underset{O \cdot Ac}{\overset{\overset{O \cdot Ac}{|}}{C}}}{C} CH$$

[K. Maurer, B. 60, 1316 (1927); 64, 281 (1931)] vermittelte den Übergang zu natürlichen Disacchariden. Die Tosylierung eröffnete einen bequemeren Weg zur Darstellung der „Methylosen" (II) [vgl. P. A. Levene, 1935, T. Reichstein, Helv. chim. Acta 20 (1937) und 21 (1938)]. Für die Veresterung der Hydroxylgruppen der Kohlenhydrate ist unlängst von B. Helferich [B. 71, 712 (1938)] das Methansulfosäurechlorid („Mesylchlorid" $CH_3 \cdot SO_2 \cdot Cl$) vorgeschlagen worden; die Einführung des Mesylrestes $CH_3 \cdot SO_2$— erfolgt leicht (in Pyridinlösung) und die Umsetzung der Mesyl-Zucker entspricht derjenigen der Tosyl-Zucker, nur haben die ersteren eine größere Reaktionsfähigkeit. Über neue Mesylester: Helferich und H. Jochinke, B. 73, 1049 (1940).

Die Synthese hat auch neue Typen von Zuckern geschaffen, z. B. Diketosen (III) [F. Micheel und K. Horn, A. 515, 1 (1934/35)] Cyclosen oder Poly-oxy-cyclohexanone (IV) [Th. Posternak, Helv. chim. Acta 19, 1333 (1936)], Septanosen mit 7gliedrigem Ring (V) [F. Micheel und F. Suckfüll, A. 502, 85; 507, 138 (1933); B. 66, 1957 (1933)], s. nächste Seite:

$$I. \ H_2C(OH) \overset{\overset{O}{\overbrace{\qquad\qquad}}}{-} \underset{\diagdown O \diagup}{C} CH \cdot CH(OH) \cdot CH(OH) \cdot CH(OH) \cdot CH_2$$

Anhydrid der Sedo-heptose [Hudson, Am. 60, 1241 (1938)].

II.
$$CH_3-\overset{H}{\underset{OH}{C}}-\overset{OH}{\underset{H}{C}}-\overset{H}{\underset{OH}{C}}-C:O$$

d-Xylo-methylose (Levene).

III.
$$CH_3-\overset{H}{\underset{Ö}{C}}-\overset{OH}{\underset{HO}{C}}-\overset{H}{\underset{H}{C}}-C-CH_3$$

Di-ketose.

IV.
$$\text{Inosose.}$$

V. 2.3,4,5-Tetra-acetyl-d-galactoseptanose (Ac = CH$_3$CO).

Zur Klärung der Spannweite der Sauerstoffbrücken diente die Trityl-Methode von B. Helferich und H. Bredereck [vgl. a. R. Kuhn und R. Ströbele, B. 70, 773 (1937); H. Ohle, B. 71, 563 (1938)]. C. S. Hudson [mit Jackson, Am. 59, 994 (1937); mit Maclay, Am. 60, 2059 (1938)] hat die Oxydation mit Perjodsäure vorgeschlagen. Über Perseulose (= l-Galaheptulose):

$$HOH_2C-\overset{H}{\underset{O}{C}}-\overset{OH}{\underset{OH}{C}}-\overset{OH}{\underset{H}{C}}-\overset{H}{\underset{H}{C}}-C-CH_2OH$$

[Hudson und Hann, Am. 61, 336 (1939)]; Sedoheptulose (d-Altroheptulose):

$$HOH_2C-\overset{H}{\underset{O}{C}}-\overset{OH}{\underset{OH}{C}}-\overset{OH}{\underset{H}{C}}-\overset{OH}{\underset{H}{C}}-C-CH_2OH$$

[Hudson und R. M. Hann, Am. 61. 343 (1939)].

Versuche zur Synthese des Rohrzuckers sind schon frühzeitig angestellt worden; so hat bereits 1880 Colley vergeblich versucht, Acetochlorglucose und Fructose (mittels BaCO$_3$) zu Rohrzucker zu verbinden, dann wollte Marchlewski (1896) aus Acetochlorglucose und Fructose-Natrium Rohrzucker erhalten haben; vergeblich waren auch die Versuche von W. Koenigs und E. Knorr [B. 34, 981 (1901)], mit Hilfe von Acetobromglucose und Fructose (oder Glucose) zum Rohrzucker zu gelangen. Die Versuche von E. Fischer und E. F. Armstrong [B. 35, 3144 (1902)] erstrebten die Synthese des Milchzuckers aus Acetochlorglucose (bzw. -galactose) und Natrium-galactose (bzw. -glucose), führten jedoch zu drei künstlichen Disacchariden, deren eines als Galactosido-glucose angesprochen wurde und mit der Melibiose identisch zu sein schien. Bei einer Nachprüfung kamen aber H. H. Schlubach und W. Rauchenberger [B. 58, 1184 (1926); 59, 2105 (1927)] zu dem Ergebnis, daß in diesem Fall keine Identität mit der Melibiose, vielmehr aber eine Ähnlichkeit mit der Lactose vorliegt. Eine ebenfalls mit der Melibiose nicht identische 6-β-d-Galactosido-d-glucose wurde von B. Helferich und H. Rauch [B. 59, 2655 (1926)] synthetisiert, die Synthese der natürlichen

Melibiose (α-Galactosidoglucose) wurde jedoch von B. Helferich und H. Bredereck [A. 465, 166 (1928)] erreicht. Im selben Jahre konnte durch R. Robison und W. T. J. Morgan [Biochem. J. 22, 1277 (1928)] biochemisch aus Glucose und Fructose die natürliche Trehalose synthetisiert werden.

Eine „Iso-trehalose" wurde erstmalig von E. Fischer und K. Delbrück [B. 42, 2776 (1909)] synthetisiert; C. S. Hudson [Am. 38, 1571 (1916)] hat sie als die $\beta.\beta$-Form der natürlichen α,α-Trehalose gekennzeichnet.

Die Synthese einer anderen Iso-trehalose haben H. H. Schlubach und K. Maurer [B. 58, 1178 (1925)] ausgeführt.

Die Synthese der Vicianose (6-β-l-Arabinosido-d-glucose) lieferten B. Helferich und H. Bredereck [A. 465, 166 (1928)].

Berechtigtes Aufsehen riefen die Untersuchungen von A. Pictet und H. Vogel hervor [Helv. 10, 280 (1927); 11, 436, 898 (1928); 13, 698 (1930)] — die Synthese der Maltose, der Lactose, der Melibiose, der Raffinose und des Rohrzuckers schien in relativ einfacher Weise erreicht zu sein. Die Nachprüfung der Synthese des Rohrzuckers durch G. Zemplén [B. 62, 984 (1929)] sowie durch J. C. Irvine [Am. 51, 1279, 3609 (1929)] ergab keine Bestätigung [vgl. auch F. Klages und R. Niemann, A. 529, 185 (1937)]; Irvine fand hierbei eine „Isosucrose" (über diese vgl. auch Irvine, Am. 57, 1411 (1935)]. Weitere künstliche Disaccharide und Trisaccharide wurden von K. Freudenberg [und Mitarbeitern, B. 61, 1743, 1750 (1928)] dargestellt. Die von G. Zemplén und A. Gerecs [B. 67, 2049 (1934)] synthetisierte β-1-l-Rhamnosido-6-d-glucose erwies sich als identisch mit der „Rutinose", d. h. der natürlichen Biose des Glucosids Rutin [Zemplén und Gerecs, B. 68, 1318 (1935); s. a. Charaux, C. r. 178, 1312 (1924) und E. Schmidt, 1904 u. f.]; eine „Robinobiose" oder l-Rhamnosido-d-galactose isolierten Zemplén-Gerecs [B. 68, 2054 (1935); 71, 774 (1938)] aus dem Robinin (Charaux, 1926). K. Freudenberg und W. Nagai [B. 66, 27 (1933)] lieferten die Synthese der Cellobiose; Zemplén und R. Bognár [B. 72, 47, 1160 (1939)] synthetisierten die Xylosido-glucose = Primverose (und Isoprimverose), deren Synthese bereits Helferich und H. Rauch [A. 455, 168 (1927)] ausgeführt hatten [s. a. weitere Synthesen Helferich: A. 440 (1924), 447 (1926), 450 (1926) u. f.].

Von A. Stoll [und Mitarbeitern, Helv. chim. Acta 16, 703, 1049 (1933)] wurde die aus dem Meerzwiebel-Saponin abgeschiedene Scillabiose $C_{12}H_{22}O_{10}$ als ein aus Glucose und Rhamnose aufgebautes Disaccharid erwiesen. Die aus dem Strophantin (k) abgeschiedene Strophantobiose, ebenso wie die Periplobiose $C_{13}H_{24}O_{9}$ (aus der Periploca graeca) sind beide β-glucosidischer Natur und stellen 1(β-)-

Glucosido-4-cymarose bzw. 1(β-)Glucosido-5-cymarose dar [A. Stoll und J. Renz, Helv. chim. Acta 22, 1193 (1939)].

Interessant ist die von Mikroorganismen ausgeführte Synthese von Polysacchariden, z. B. der Mannocarolose aus d-Glucose als alleiniger Kohlenstoffquelle: $(C_6H_{10}O_5)_x$, für deren Acetat sich ein Molekulargewicht > 2500 ergab [W. N. Haworth, H. Raistrick, M. Stacey, Biochem. Journ. 29, 612 (1935)], der Luteose, die aus etwa 84 Glucoseeinheiten mit β-Bindungen besteht [Dieselben mit C. G. Anderson, Biochem. J. 33, 272 (1939)]. Im Rahmen einer ausgedehnten Untersuchungsreihe über „Reaktionen zur Chemie der Kohlenhydrate und Polysaccharide" [59. Mitteil.; Am. 61, 1916 (1939)] hat Har. Hibbert [56. und 57. Mitteil.; Am. 61, 1905, 1910 (1939)] Synthesen von hochgliedrigen Oxyäthylenglykolen $HO(CH_2 \cdot CH_2 \cdot O)_n \cdot H$ ausgeführt, wobei n = 6, 18, 42 usw. bis zu 90gliedrigem kristallinischen $C_{180}H_{362}O_{91}$ und 186gliedrigem kristallinischen Oxyäthylenglykol $C_{372}H_{746}O_{187}$, Schmp. 44,1°, ansteigt.

Röntgenographische Untersuchungen der Zucker sind neuerdings in verstärktem Maße durchgeführt worden, so z. B. von L. Zechmeister und G. Tóth (1931) bzw. H. Mark (1933), von K. Heß und C. Trogus [B. 68, 1605 (1935)], von E. G. Cox (und Mitarbeiter Soc. 1935, 978, 1495). Die Hydroxylgruppen der Einzelmoleküle streben nach einer größtmöglichen Wechselwirkung zwischen den Molekülen im Kristallgitter, und der Pyranose-Ring scheint — entsprechend der Sachseschen Annahme für die Cyclohexan-derivate — in gewellter und flacher Form auftreten zu können.

Die Kohlenhydrate, allen voran der Rohrzucker, haben seit den ältesten Zeiten im Kulturleben der Völker eine hervorragende Rolle gespielt und der Rohrzucker dürfte zu den am längsten bekannten annähernd reinen organischen Naturstoffen gehören. Die chemischwissenschaftliche Erforschung des Zuckers hebt vor 150 Jahren an, als Lavoisier (1789) den Zucker als „le véritable radical oxalique" definiert, die Gärungsprodukte desselben als Kohlensäure und Alkohol erkennt, aus deren Wiedervereinigung, falls dies möglich wäre, „on reformerait le sucre". Neben der Erkenntnis der chemischen Zusammensetzung (aus Kohlenstoff, Wasserstoff und Sauerstoff) steht die Idee der Synthese des Zuckers und auch die Formulierung des Axioms bzw. die Anwendung des lange vorher ausgesprochenen Satzes: „...rien ne se crée ... il y a une égale quantité de matière avant et après l'opération" (Gesetz von der Erhaltung des Stoffes).

Die anderthalb Jahrhunderte chemischer Forschungsarbeit haben an den einen „Zucker" eine kaum übersehbare Zahl und Mannigfaltigkeit von „Zuckern" und deren Abkömmlingen gereiht; doch damit ist das Interesse für diese Erkenntnisse nicht erschöpft, denn die

Bedeutung der Kohlenhydrate für das gesamte organische Leben ist gewaltig, wenn wir uns die verschiedenen Gruppen von organischen Naturstoffen vergegenwärtigen, in deren Bestand Zuckerreste eingehen, z. B. die weitverbreiteten stickstofffreien Glykoside, die stickstoffhaltigen Glykoproteide, Nucleinsäuren, Cerebroside, dann die Stärke, die Dextrine, Agar-Agar, Pectinstoffe, Lignin und Cellulose (und die davon abgeleiteten Kunststoffe) usw. Die Erforschung von vielen dieser Gruppen nimmt noch ihren Fortgang und viele Probleme sind noch zu lösen. Es ist paradox, daß z. B. der Rohrzucker noch immer einer Synthese widersteht, obwohl seine Aufspaltung durch verdünnte Säuren in Dextrose und Lävulose so leicht erfolgt. Es ist wohl bemerkenswert, daß gerade das C_6-Grundgerüst in den Oligosacchariden und in den Polysacchariden (Stärke, Cellulose u. a.) vorkommt, während Biosen und Triosen nicht die Pentosen C_5 als Baumaterial verwenden, dagegen sind die Pentosen (z. B. die d-Ribose) wichtige Bausteine der Nucleinsäuren, der Co-Fermente usw. Offen ist die Frage nach den biochemischen Vorläufern einerseits der typischen (wasserlöslichen) Zucker, andererseits der (schwerlöslichen) Polysaccharide.

Literatur:

W. N. Haworth: Die Konstitution der Kohlenhydrate. Übersetzt von W. E. Hagenbuch. Leipzig und Dresden 1932.

E. O. v. Lippmann: Geschichte des Zuckers usw., II. Aufl. 1929. Nachträge und Ergänzungen. Berlin 1934.

F. Micheel: Chemie der Zucker und Polysaccharide. Leipzig 1939.

F. Micheel: Neuere Ergebnisse aus der Kohlenhydratchemie. Z. angew. Chem. 52, 6—17 (1939).

H. Ohle: Die Chemie der Monosaccharide und der Glykoside. München 1931.

H. Pringsheim: Die Polysaccharide. Berlin 1931.

Pectinstoffe.

Seitdem Vauquelin (1790) aus Tamarindensaft eine Gallerte, H. Braconnot (1824 u. f.) aus gelben Carotten mittels Alkalien die „Pectinsäure", und E. Frémy (seit 1840) durch Fällen mit Alkohol die Pectinstoffe (Pectin, Parapectin, Metapectin usw.) erhalten hatten, ist diese aus Kohlenstoff, Wasserstoff und Sauerstoff zusammengesetzte Körperklasse, trotz ihrer großen Verbreitung in den Früchten und ungeachtet ihrer Verwendung im Haushalt, ein großes Problem geblieben, dessen Aufklärung erst nach 100 Jahren begonnen hat. Durch die Vorarbeiten von B. Tollens [A. 286, 278 (1894)] waren Pectinstoffe mit Pflanzenschleimen wohl als nahe verwandt erkannt, jedoch als „besondere Gruppe von den letzteren getrennt zu betrachten, nämlich als Oxypflanzenschleime". C. F. Cross [B. 28, 2609 (1895)] hatte wiederum beide Klassen, ihrer Konstitution und ihren physikalischen Eigenschaften nach, der Cellulosegruppe (mit

Hemicellulosen und Oxycellulosen) beigesellt. Ein individuelles „Pectin" untersuchten dann E. Bourquelot und H. Hérissey (1898), sowie Bridel (1907). In eine neue Phase trat die Untersuchung der Pectinstoffe, als F. Ehrlich (seit 1917) das eingehende Studium der Abbauprodukte begann und die Pectinsäure (= „Pectin") als eine einheitliche Substanz, aus 4 Mol. Galacturonsäure, 1 Mol. Arabinose, 1 Mol. Galactose, 2 Mol. Essigsäure und 2 Mol. Methylalkohol bestehend, auffaßte und ihr die Bruttoformel $C_{41}H_{60}O_{36}$ beilegte; durch Salzsäure tritt eine Abspaltung der Methoxyl- und Acetylgruppen, sowie der Arabinose und Galactose ein und es resultiert eine Polygalacturonsäure, bzw. eine Tetra-anhydro-tetra-galacturonsäure $C_{24}H_{32}O_{24} \rightarrow C_{20}H_{28}O_{16}(COOH)_4$, die gelartig auftritt, in Wasser kryoskopisch ein Molekulargewicht $M = 650$ bis 690 aufweist und eine sehr hohe Rechtsdrehung hat [B. 62, 1974 (1929)]. Das Grundgerüst der Pectinstoffe stellt also nach Ehrlich ein niedermolekulares (ringförmiges) Gebilde dar; ähnlich stellte man sich zu jener Zeit auch z. B. Kautschuk und die Eiweißstoffe als niedermolekulare Ringe vor. Nun hatten bereits H. Mark und K. H. Meyer (1930). eindeutiger L. Corbeau (1933), aus röntgenographischen Untersuchungen auf lange, gestreckte Moleküle des Pectins geschlossen, andererseits hatten K. P. Link und L. Baur in der Poly-galacturonsäure mindestens 10 C_6-Einheiten wahrscheinlich gemacht (1934). Hier griffen nun (1935) die Untersuchungen von F. A. Henglein und G. Schneider [B. 69, 309 (1936)] ein. Wegweisend sind wohl die inzwischen erreichten Erfolge auf dem Gebiete der Hochpolymeren (z. B. Cellulose) und die dabei angewandten Methoden der Molekulargewichtsbestimmungen nach Staudinger, und so wird von Henglein und Schneider erstmalig die Formel I als Gerüst der Pectinstoffe aufgestellt, ein Dinitro-Ester des Pectins (Formelbild II) dargestellt, röntgenographisch als von gestreckter, fadenförmiger Molekularstruktur erkannt und viscosimetrisch dessen Molekulargewicht $M = 20\,000$ bis $50\,000$ ermittelt.

G. Schneider hat die Veresterungsversuche auch auf die Darstellung von Acetyl- und Formyl-pectin ausgedehnt [B. **69**, 2530 (1936)], die sich ebenfalls als celluloseähnlich gebaut erwiesen; ferner [B. **69**, 2537 (1936)] wurde Nitro-pectin durch Acetylierung in Acetyl-pectin übergeführt, wobei osmotisch die zugehörigen Molekular-gewichte von 82000 → in 79100, bzw. von 41300 in 40200 übergingen; die Bestimmung der Methoxylgruppen in Nitro-pectin [B. **70**, 1611 (1937); **71**, 1353 (1938)] und in verschiedenen Pectinpräparaten (zit. S. 1617) ergab, daß die Pectinstoffe „mehr oder minder mit Methylalkohol veresterte Galacturonsäureketten" darstellen, also keine Acetylgruppen und weder Arabinose noch Galactose als Bestandteile enthalten, sondern der einfachen Formel entsprechen dürften (III):

III.

Gleichzeitige Untersuchungen von E. L. Hirst und J. K. N. Jones (1938 u. f.) führten zur Isolierung eines Araban-Pectinsäurekomplexes aus der Erdnuß (Soc. 1939, 452); ein Apfelpectin gab durch Extraktion ein Araban-Galactangemisch mit 54% Araban und 46% Galactan, die Pectinsäure zeigte $[\alpha]_D^{20} = + 276^0$, das Apfelaraban scheint aus einer verzweigten Arabofuranosekette aufgebaut zu sein (Soc. 1939,454).

Gerbstoffe; Depside; Flechtenstoffe.

Die Gerbstoffe nehmen schon frühzeitig eine Rolle im Kulturleben ein; schon Plinius führt Galläpfelextrakt als Reagens auf Eisen (Schwarzfärbung), sowie zur Lederfärbung und zum Gerben an. Im XIII. Jahrhundert werden die Galläpfel auch in der Heilkunde inner-lich und äußerlich angewandt (K. v. Megenberg) und gelangen in die Arzneibücher. C. W. Scheele isoliert 1786 das „Galläpfelsalz" (Gallus-säure) und ein anderer Apotheker, Deyeux (1793), das „Tannin". Berzelius, Pelouze, Liebig, Mulder, Rochleder, Strecker haben sich um die Feststellung der Zusammensetzung des Tannins bzw. der Gerbsäure abgemüht, und A. Strecker stellte erstmalig fest [A. **90**, 328 (1854)], daß bei der Hydrolyse durch Säuren das Tannin in Gallussäure und Traubenzucker aufgespalten wird, dem Tannin also die Formel $C_{27}H_{22}O_{17}$ zukommt. Nachdem H. Schiff (1871 u. f.) ent-gegen dieser Auffassung das Tannin als Digallussäure $C_{14}H_{10}O_9$ an-gesprochen hatte, wurde diese Ansicht herrschend. Durch eingehende physikalisch-chemische Untersuchungen stellte nun P. Walden [B.

30, 3151 (1897); **31**, 3167 (1898)] die Unvereinbarkeit des Tannins mit der Schiffschen Digallussäure fest, und E. Fischer [gemeinsam mit K. Freudenberg, B. **45**, 915, 2709 (1912)] wies eindeutig nach, daß Tannin ein Derivat des Traubenzuckers ist.

E. Fischer war auf die Digallussäure $(HO)_3C_6H_2 \cdot CO \cdot O \cdot C_6H_2 \cdot COOH$
$$(\overset{..}{O}H)_2$$
(die aber verschieden von der Schiffschen war) geraten, als er [B. **41**, 2875 (1908); **42**, 215 (1909) u. f.] die bei der Polypeptiddarstellung bewährte Methode der Carbomethoxylierung auch auf Phenol-carbonsäuren übertrug und nun ester artige Anhydride mit aufsteigendem Kupplungsgrad synthetisieren ·konnte, z. B. (aus Oxybenzoesäure)

  I. $HO \cdot C_6H_4 \cdot CO \cdot O \cdot C_6H_4 \cdot COOH$, bzw.

  II. $HO \cdot C_6H_4 \cdot CO \cdot O \cdot C_6H_4 \cdot CO \cdot O \cdot C_6H_4 \cdot COOH$.

Depside. Diese Verbindungen werden · von E. Fischer und K. Freudenberg [A. **372**, 35 (1910)] „Depside" genannt, weil manche dieser Körper Ähnlichkeit mit Gerbstoffen zeigen. Je nach der Zahl der zusammengekuppelten Carbonsäuren unterscheiden sie „Didepside" (s. a. I) „,Tridepside" (s. a. II) usw. Historisch bemerkenswert ist die Tatsache, daß bereits A. Klepl (1883) durch trockene Destillation von p-Oxybenzoesäure die obigen Esteranhydride erhalten hatte.

In schneller Aufeinanderfolge hat E. Fischer (bis zum Jahre 1913) 28 Didepside, 2 Tridepside und 2 Tetradepside synthetisch dargestellt. Daß auch in der Natur solche Depside frei auftreten, erwiesen die Untersuchungen der Flechtenstoffe. Schon E. Schunck hatte (1842) eine „Lecanorsäure" isoliert, die beim Kochen mit Wasser in „Orsellinsäure" (I. Stenhouse, 1848) überging; ähnlich wurde die „Evernsäure" $C_{17}H_{16}O_7$ (Stenhouse, 1848) durch schwache Alkalien in „Everninsäure" $C_9H_{10}O_4$ übergeführt (Stenhouse, 1848; O Hesse, 1861), diese war dann als ein Methylderivat der Orsellinsäure erkannt worden (O.Hesse); neben der Lecanorsäure fand Stenhouse (1849) noch eine „Gyrophorsäure" $C_{36}H_{36}O_{15}$, die von O. Hesse (1900) für isomer mit der Lecanorsäure gehalten wurde. Die Synthese der Orsellinsäure (I) gab K. Hoesch [B. **46**, 886 (1913)] und E. Fischer mit H. O. L. Fischer [B. **46**, 1138 (1913)] erwiesen durch die Synthese der p-Diorsellinsäure (II) = Lecanorsäure die Didepsidnatur der letzteren. Die Everninsäure (III) war durch E. Fischer und K. Hoesch [A. **391**, 347 (1913)] als p-Methyläther der Orsellinsäure charakterisiert worden, während E. Fischer und H. O. L. Fischer [B. **47**, 505 (1914)] den experimentellen Nachweis für die Evernsäure (IV) = Methylderivat der Lecanorsäure lieferten. Die Gyrophorsäure (V) wurde nachher als ein Tridepsid der Orsellinsäure erkannt [Y. Asahina, 1925, sowie B. **63**, 3044 (1930)]:

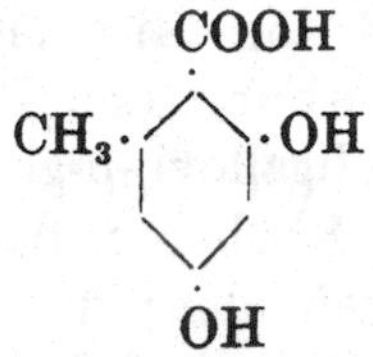

COOH
CH₃·⟨⟩·OH
OH
I. Orsellinsäure.

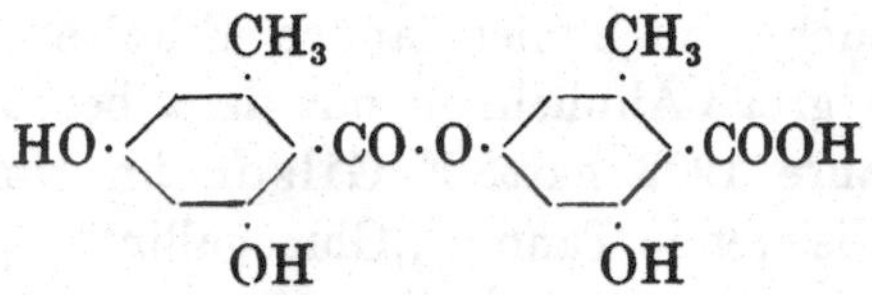

CH₃   CH₃
HO·⟨⟩·CO·O·⟨⟩·COOH
OH   OH
II. Lecanorsäure.

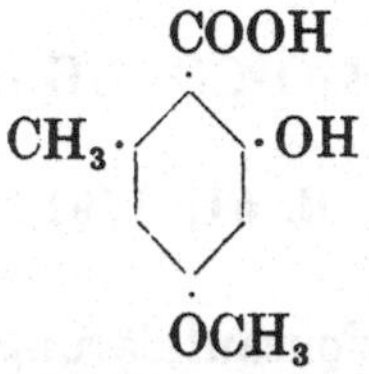

COOH
CH₃·⟨⟩·OH
OCH₃
III. Everninsäure.

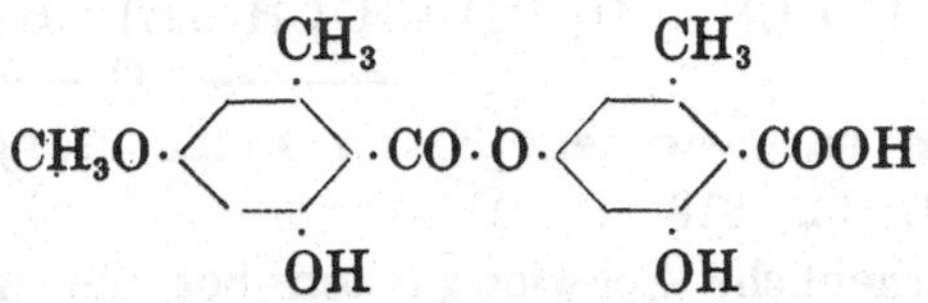

CH₃   CH₃
CH₃O·⟨⟩·CO·O·⟨⟩·COOH
OH   OH
IV. Evernsäure.

CH₃   CH₃   CH₃
⟨⟩—CO—⟨⟩—CO—⟨⟩—COOH
·OH O· ·OH O· —OH
RO

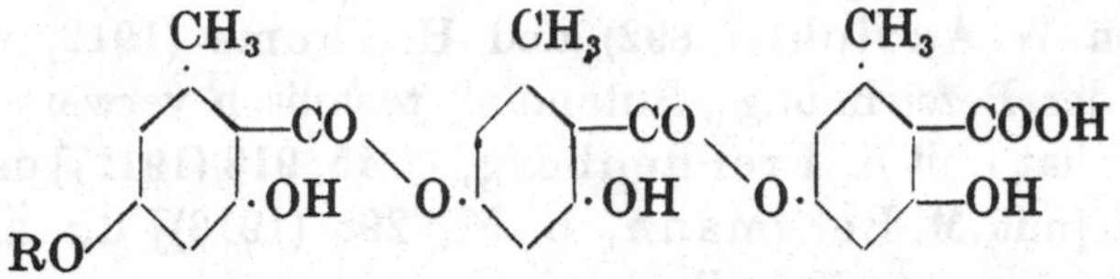

V. R = H, Gyrophorsäure, bzw. R = CH₃, Umbillicarsäure.

Literatur:

E. Fischer: Untersuchungen über Depside und Gerbstoffe (1908—1919). Herausgegeben von M. Bergmann. Berlin: Julius Springer 1919.

K. Freudenberg: Tannin, Cellulose, Lignin. Berlin: Julius Springer 1933.

K. Freudenberg: Chemie der natürlichen Gerbstoffe. Berlin 1920.

Untersuchungen natürlicher Tannine und Synthesen. In der ersten der Synthese tanninähnlicher Stoffe gewidmeten Untersuchung hatte E. Fischer [gemeinsam mit K. Freudenberg, B. 45, 915 (1912)] synthetisch eine Penta-digalloyl-glucose $C_6H_7O_6[C_6H_2(OH)_3 \cdot CO \cdot O \cdot C_6H_2(OH)_2 \cdot CO]_5$ dargestellt, sie wurde durch neue Beobachtungen [ebenda 45, 2709 (1912)] als wesentlicher Bestandteil des Tannins wahrscheinlich gemacht. Als E. Fischer 1913 in seinem zusammenfassenden Vortrag [B. 46, 3253—3289 (1913)] die Ergebnisse seiner „Synthese von Depsiden, Flechtenstoffen und Gerbstoffen" mitteilte und die Synthese des Tannins als ein noch ungelöstes Problem, sowie das Tannin auch nach bester Reinigung vielleicht noch als ein Gemisch hinstellte, sagte er: „Aber alle diese Fragen sind von untergeordneter Bedeutung gegenüber dem Nachweis, daß die synthetische Pentagalloyl-glucose ein Gerbstoff der Tanninklasse ist." Die weiteren Untersuchungen von E. Fischer (gemeinsam mit M. Bergmann) ergaben alsbald, daß die Gerbstoffe der Tanninklasse vielfach nach dem Typus der Pentagalloylglucose gebaut sind. Die Untersuchung des chinesischen Tannins (aus den Rhus-Gallen) ergab eine außerordentliche Ähnlichkeit mit der synthetisierten Penta-(m-digalloyl)-β-glucose [B. 51, 1760 (1918); 52, 826 (1919); s. a. Freudenberg, B. 55, 2813 (1922)]. Das türkische

Galläpfel-tannin hatte schon K. Feist [1908; B. 45, 1493 (1912)] untersucht, auch hier fanden Fischer, Freudenberg und Bergmann große Ähnlichkeit mit derselben Penta-(m-digalloyl)-β-glucose. Im Jahre 1902 hatte E. Gilson im chinesischen Rhabarber das gut kristallisierende Tannin „Glucogallin" $C_{13}H_{16}O_{10}$ gefunden; die Identität desselben mit der von ihnen synthetisierten 1-Galloyl-β-glucose

$$C_6H_{11}O_5 \cdot O \cdot CO \cdot C_6H_2(OH)_3 =$$

$$HO \cdot CH_2 \cdot CH(OH) \cdot CH \cdot CH(OH) \cdot CH(OH) \cdot CH \cdot O \cdot CO \cdot C_6H_2(OH)_3$$
$$\underline{\hspace{3cm} O \hspace{3cm}}$$

wurde nachgewiesen [Fischer und Bergmann, B. 51, 1791, 1804 (1918); 52, 818 (1919)].

Erhebliche Schwierigkeiten bot die Konstitutionsaufklärung der Chebulinsäure $C_{41}H_{34}O_{27}$ dar; diese war von Fridolin (1884) erstmalig isoliert, von W. Adolphi (1892) und H. Thoms (1912) untersucht und unter der Bezeichnung „Eutannin" technisch verwertet worden. E. Fischer hat [mit K. Freudenberg, B. 45, 918 (1912)] den Zuckergehalt und [mit M. Bergmann, B. 51, 298 (1918)] die Ähnlichkeit der Chebulinsäure mit Trigalloyl-glucose nachgewiesen; aus dem Verlauf des fermentativen Abbaus der Chebulinsäure schloß K. Freudenberg [B. 52, 1238 (1919); 53, 1728 (1920)] auf eine Di-galloyl-glucose, Gallussäure und eine Spaltsäure $C_{14}H_{14}O_{11}$ [Freudenberg und Th. Frank, A. 452, 303 (1927)]: Chebulinsäure $C_{41}H_{34}O_{27} + 5H_2O =$ $= 3C_7H_6O_5$ (Gallussäure) $+ C_6H_{12}O_6$ (Glucose) $+ C_{14}H_{14}O_{11}$.

Das Hamameli-tannin $C_{20}H_{20}O_{14}$ hatte zuerst Grüttner (1898) dargestellt; die hydrolytische Spaltung führte zu einem von Glucose ganz verschiedenen Zucker [E. Fischer und K. Freudenberg, B. 45, 2712 (1912)], der in esterartiger Bindung mit 2 Molekülen Gallussäure steht [K. Freudenberg, B. 52, 177 (1919); 53, 953 (1920)]. Die Konstitution des Zuckers „Hamamelose" (s. S. 525) und des Tannins wurde dann von K. Freudenberg [A. 440, 45 (1924)] endgültig von O. Th. Schmidt [A. 476, 250 (1929)] aufgeklärt:

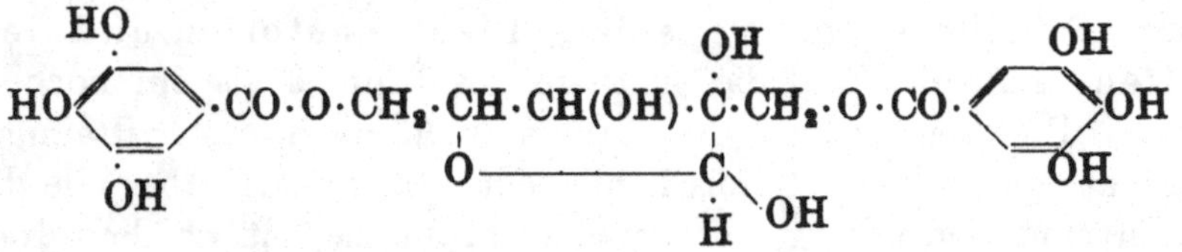

Beiträge zur Konstitution der Tannine hat auch A. Russell (I. Mitteil., Soc. 1934, 218 u. f., V. Mitteil. mit J. Todd, 1937, 421) durch synthetischen Aufbau geliefert; so z. B. wurde das synthetisierte 2,4,3′,4′-Tetrahydroxy-chalkon (I) als identisch mit dem „Butein" $C_{15}H_{12}O_5$ [A. G. Perkin, 1904; A. Göschke und J. Tambor, B. 44, 3502 (1911)], und 4,7,3′,4′-Tetrahydroxy-flavan II als in seinen Eigenschaften übereinstimmend mit den natürlichen Phlobatanninen gefunden:

$$\text{I.} \quad HO \cdot \underset{\diagdown}{\overset{OH}{\diagup}} \underset{CO \cdot CH : CH}{\diagup} \underset{OH}{\diagdown} \overset{OH}{\diagup} \qquad \xrightarrow[\text{Reduktion}]{\text{durch}} \qquad \text{II.} \quad HO \cdot \underset{\diagdown}{\overset{O}{\diagup}} \underset{\underset{CH \cdot OH}{CH_2}}{\overset{CH}{\diagup}} \underset{OH}{\overset{OH}{\diagdown}} OH$$

Im Anschluß an seine Gerbstoff-Synthese hat E. Fischer sich auch mit der Frage beschäftigt, „wie weit die Kompression der Materie im Sinne unserer heutigen Vorstellungen gehen kann" bzw. bis zu welchen Molekülriesen mit chemischer Individualität man synthetisch gelangen kann? Gemeinsam mit K. Freudenberg und B. Helferich [B. 46, 1116 (1913)] wurden dann synthetisiert und auch mit befriedigendem Resultat kryoskopisch in Bromoformlösungen gemessen: Tetra-(tribenzoylgalloyl)-tribromphenol-glucosid (Molekulargewicht = 2349), Hexa-(tribenzoylgalloyl)-mannit (Molekulargewicht = 2967) und Hepta-(tribenzoylgalloyl)-p-jodphenyl-maltosazon $C_{220}H_{142}O_{58}N_4I_2$ (Molekulargewicht = 4021). E. Fischer [B. 46, 3288 (1913)] sagte in betreff dieses Molekulargewichts: „Ich glaube, daß es auch den meisten natürlichen Proteinen überlegen ist." Die Folgezeit hat allerdings diese Annahme um mehrere Zehnerpotenzen übertroffen. Synthesen und kryoskopische Messungen von Polydepsiden haben auch F. Klages, F. Kircher und J. Fessler [A. 541, 17 (1939)] ausgeführt. Die Depsidsynthesen Fischers legen den Gedanken nahe, das veresternde Bindeglied — $CO \cdot O$ — durch ein anderes Säuregerüst zu ersetzen, etwa durch — $SO_2 \cdot O$ —, und nun ebenfalls zu gerbstoffartigen Produkten zu gelangen. Mit Hilfe von Sulfonsäuren der aromatischen Reihe ist E. Stiasny (etwa seit 1913) hier bahnbrechend vorgegangen und hat für die Praxis künstliche Gerbstoffe vom Neradol-Typus geschaffen, z. B.:

$$HO \cdot \langle \rangle \cdot SO_2 \cdot O \cdot \langle \rangle \cdot SO_2 \cdot O \cdot \langle \rangle \cdot SO_2 \cdot ONa.$$

Nucleinsäuren.

Der Basler Physiologe J. F. Miescher erkannte 1870 die „Nucleoproteide" als besonders wichtige Bestandteile des Zellkerns; der Straßburger Physiologe A. Kossel lieferte 1881 die ersten Beiträge über die chemische Zusammensetzung der Nucleine, als deren Spaltprodukte Xanthinbasen erkannt wurden. Dasselbe Jahr brachte eine Mitteilung des Pflanzenphysiologen H. Ritthausen [J. pr. Ch. (2) 24, 202 (1881)] über zwei aus den Samen von Vicia faba und sativa extrahierte Stoffe „Vicin" $C_{10}H_{16}O_7N_4 \cdot H_2O$ und „Convicin" $C_{10}H_{15}N_3O_8 \cdot H_2O$, wobei das Säurehydrolysierungsprodukt des Vicins einen süßen, rechtsdrehenden Syrup lieferte, das Vicin also für ein Glucosid zu halten wäre. Hier lag also bereits das erste kristallisierte „Nucleosid" vor, es blieb aber mehr als drei Jahrzehnte hindurch unbeachtet. Der Physiologe L. Liebermann betrachtete die Nucleine als Verbindungen von Eiweiß mit Metaphosphorsäure, denen die Phosphate der Nucleinbasen beigemengt sind; Altmann (1889) unternahm die Abscheidung von „Nucleinsäuren"[1]) aus den Nucleo-Proteiden. Dann nahm wiederum A. Kossel (1891, von Berlin aus) die Untersuchung der Nucleinsäuren auf. Schon 1885 hatte A. Kossel aus dem Pankreasnuclein eine „Adenin" $C_5H_5N_5$ genannte Base isoliert [B. 18, 79 (1885)], eine andere als „Theophyllin" $C_7H_8N_4O_2$ bezeichnete Base erhielt er aus Thee-Extrakt [B. 21, 2164 (1888)]; er hielt (1891) die „Nucleinbasen" Adenin, Hypoxanthin, Guanin und Xanthin als gesicherte Bestandteile — neben der Phosphorsäure — in den tierischen Nucleinsäuren, fand aber, daß die Mengenverhältnisse der Basen je nach den Organen wechseln. Infolgedessen nennt er [B. 26, 2754 (1893)] die nur Adenin liefernde Nucleinsäure aus der Thymusdrüse des Kalbes „Adenylsäure", die nach Abspaltung des Adenins verbleibende Säure wird als „Thyminsäure" bezeichnet, und diese liefert bei vollständiger Hydrolyse „Thymin" $C_{23}H_{26}N_8O_6$. Die weitere Untersuchung ergibt für dieses „Thymin" die Formel $C_5H_6N_2O_2$, sowie noch eine neue Base „Cytosin" $C_{21}H_{30}N_{16}O_4$ — zugleich tritt Lävulinsäure auf, so daß „in der aus Thymus dargestellten Adenylsäure eine Kohlenhydratgruppe vorhanden ist" [B. 27, 2221 (1894)].

Damit bahnt sich nun eine gerichtete Forschung an, die innerhalb etwa eines Jahrzehntes die vorher von den Chemikern gemiedenen oder vernachlässigten Nucleinsäuren zu einer neuen Quelle chemischer Erkenntnisse und Synthesen ausgestalten sollte. H. Ritthausen [B. 29, 894, 2106, 2108 (1896)] schaltet sich mit seinem „Convicin" ein, als dessen Säurespaltprodukt er Alloxantin

$$CO\big\langle{}^{NH—OC}_{NH—OC}\big\rangle CH\cdot O\cdot(OH)C\big\langle{}^{CO—NH}_{CO—HN}\big\rangle CO \text{ nachweist.}$$ „Da Convicin auch die allbekannte Harnsäurereaktion mit Salpetersäure und Ammoniak oder Kali gibt, so könnte man es, wenn das nicht zu trivial wäre, auch als Pflanzen-Harnsäure bezeichnen" (zit. S. 2107); für das „Vicin" kommt er nach der Abtrennung kristallisierbarer Glucosen zu dem Ergebnis: „Vicin ist mithin (wie Convicin) als Glucosid zu betrachten." Es häufen sich nunmehr die Forschungen und chemischen Erkenntnisse. J. Bang und O. Hammarsten können (1899) aus der Pankreasdrüse eine neue Nucleinsäure „Guanylsäure", abscheiden und als deren Bestandteile Guanin (= Aminooxypurin), Phosphorsäure, Glycerin und eine Pentose angeben; kurz vorher (1895) hatte F. Haiser die (1847 von J. Liebig entdeckte) „Inosinsäure" zergliedert in: Sarkin $C_5H_4N_4O$ (Hypoxanthin),

---

[1]) Unlängst sind die Nucleinsäuren auch als Bestandteile der Chromosome erkannt worden (T. Caspersson, E. Hammarsten, 1935).

Phosphorsäure und vermutlich Trioxyvaleriansäure. Im Kosselschen Institut wird dann von Ascoli (1900) aus Hefenuclein eine neue Base Uracil isoliert, und Kossel konnte (1903, mit H. Steudel) das Vorkommen des Uracils auch im Tierkörper (aus der Thymusnucleinsäure und aus Heringstestikeln) nachweisen und in den Störtestikeln eine Base $C_4H_5N_3O$ auffinden, die dem vorhin erwähnten Cytosin ähnelte und als ein Aminooxypyrimidin angesprochen wurde. Die weitere Untersuchung [Kossel und Steudel, H. **38**, 49 (1903)] erwies die Identität beider und die Konstitution des Cytosins (= 2-Oxy-6-amino-pyrimidin) durch seine Überführung in Uracil (= 2,6-Oxypyrimidin). Gleichzeitige Synthesen brachten die Konstitutionsaufklärung. E. Fischer lieferte die Synthese des Adenins (= 6-Aminopurin) und des Theophyllins (1,3-Dimethylxanthin) [B. **30**, 553, 2226 (1897)], sowie des Thymins (= 5-Methyl-uracil) und des Uracils (= 2,6-Dioxypyrimidin) [B. **34**, 3751 (1901)]; auf anderen Wegen führten H. L. Wheeler und H. F. Merriam [Am. **29**, 478 (1903)] die Uracil- und Thymin-Synthese aus, während Wheeler und T. B. Johnson [Am. **29**, 492, 505 (1903)] synthetisch Cytosin = 2-Oxy-6-aminopyrimidin darstellten.

Die Natur und chemische Konstitution der „Nucleinbasen" erscheint hiernach als ausreichend geklärt, unsicher ist noch die chemische Natur der Zuckerkomponente (Hexose wie in Vicin oder Pentose?). ganz unklar die Art der Bindung der Komponenten Base-Zucker-Phosphorsäure in den Nucleinsäuren. Die stereochemische Mannigfaltigkeit der Hexosen und Pentosen ist besonders durch die Untersuchungen E. Fischers und seiner Schule gewaltig gesteigert und die genaue Bestimmung der in den verschiedenen Nucleinsäuren vorkommenden Zuckerarten erschwert. Und so sehen wir, wie an der Untersuchung der „Inosinsäure" die Ergebnisse sich widersprechen: C. Neuberg und Brahn (1907) erkennen in der Zuckerkomponente die l-Xylose, während gleichzeitig Bauer sie auch als eine Pentose, aber als d,l-Arabinose, mit Hypoxanthin gepaart, ansprach. Gleichzeitig wurden beiderseits Anschauungen über die Konstitution der Inosinsäure entwickelt und den Formeln (I von Neuberg-Brahn, II von Bauer) zugrunde gelegt; der grundlegende Unterschied tritt in der Funktion der Phosphorsäure entgegen, die in dem einen Fall eine zentrale Stellung einnimmt, im anderen Fall aber endständig um den Zucker gebunden auftritt:

I.
$$\begin{array}{c}
N\!-\!C\!-\!N \\
\|\quad\| \quad\diagdown CH \quad O \qquad\qquad OH\ H \\
HC\quad C\!-\!N \diagdown\!\!-\!\!-\!\!-\!P\diagup \quad O\!-\!CH\!-\!C\!-\!C\!-\!CH\!-\!CH_2\cdot OH. \\
\|\quad\| \qquad\qquad\diagdown OH \qquad |\qquad H\ \ OH\quad | \\
HN\!-\!CO \qquad\qquad\qquad\qquad\qquad O
\end{array}$$

$$\text{II.} \quad \genfrac{}{}{0pt}{}{HO}{HO}\!\!\!\diagdown\!\!\!P(:O)\!\!-\!\!O\!\!-\!\!CH_2\!\!-\!\!(CH\cdot OH)_3\!\!-\!\!CH:(C_5H_3N_4O).$$

Es waren aber die Untersuchungen von P. A. Levene (am Rocke-feller-Institut N. Y.), welche insbesondere mit dem Jahre 1908 be-ginnend [B. 41, 1905: Thymo-nucleinsäure; Inosinsäure; 41, 2703; ebenso 42, 335 (1909); Guanylsäure B. 42, 2469 (1909); Hefe-Nuclein-säure: B. 42, 2474 (1909)] die Konstitutions- und Systematisierungs-fragen grundlegend beeinflußten. Als Grundlage gilt, daß die Nuclein-säuren bei partieller Hydrolyse durch Säuren zu Komplexen abgebaut werden, die aus Pyrimidinbasen, einer Pentose und Phosphorsäure be-stehen; diese (anfangs „Carnose" genannte) Pentose wird als d-Ribose erkannt [B. 42, 2476 (1909); zur Ribose, s. auch Bredereck, B. 73. 956 (1940)]. Die Inosinsäure erhält die Konstitutionsformel

$$O=P\!\!\genfrac{}{}{0pt}{}{\diagup OH}{\diagdown OH}\quad O\!-\!CH_2\!-\!CH\!-\!\underset{\underset{O}{\underset{|}{OH}}}{\overset{\overset{H}{|}}{C}}\!-\!\underset{\underset{|}{OH}}{\overset{\overset{H}{|}}{C}}\!-\!CH\underset{OC\!-\!NH}{\overset{CH\diagdown \overset{N-C-N}{\underset{N-C}{\;}}\;CH}{\;}}$$

[Levene und W. A. Jacobs, B. 42, 2474 (1909); 44, 748 (1911)], ähnlich die Guanylsäure (mit der Base Guanin statt Hypoxanthin). Komplexe dieser Art werden „Mononucleotide" genannt [B. 41, 1906 (1908)], im Gegensatz zu den Polynucleotiden, z. B. in der Hefe-nucleinsäure [Levene und Jacobs, B. 43, 3150 (1910); 44, 1027 (1911); J. Biol. Chem. 25, 103 (1916); 33, 229 (1918) u. f.] und Thymus-Nucleinsäure [Levene und Jacobs, J. Biol. Chem. 12, 411 (1912)]. die je aus vier Nucleotiden bestehen, z. B. Guanyl-, Hefeadenyl-. Cytidyl- und Uridylsäure. Die Konstitution dieser komplexen Phos-phorsäuren wird folgendermaßen dargestellt (vgl. Gulland, Soc. 1938. 1723):

Guanylsäure.　　　　Hefeadenylsäure.　　　　Cytidylsäure.

Uridylsäure.

$$\text{Es bedeutet } R = \underset{1}{CH}\cdot\underset{2}{CH(OH)}\cdot\underset{3}{CH}\cdot\underset{4}{CH}\cdot\underset{5}{CH_2OH}$$

Dagegen führt die vorsichtige Alkalihydrolyse zu phosphorsäure-freien Glucosidkomplexen, die aus Kohlenhydrat und Base aufgebaut sind: „Nucleoside" [B. **42**, 2474 (1909)]; als solche kommen in Betracht: Inosin (Haiser, 1908), Guanosin (Guaninpentosid, Levene und Jacobs, 1909), Adenosin, Cytidin, Uridin [Levene und Jacobs, B. **44**, 1027 (1911)]. Als drittes Hydrolyseprodukt wird eine Pentose-phosphorsäure (Ribonphosphorsäure) nachgewiesen [Levene und Jacobs, B. **41**, 2703 (1908); **44**, 746 (1911); Journ. Biol. Chem. **95**, 735 (1932); **101**, 413 (1933)].

Die Weiterentwicklung des Nucleinsäureproblems hat Levene (mit seinen Mitarbeitern) bis zur jüngsten Zeit gefördert. Durch das Hinzutreten neuer Forscher (z. B. S. Thannhauser, seit 1914; G. Emden, 1927 u. f.; K. Lohmann; H. Bredereck) wurden neue Abbauprodukte entdeckt, biologische Zusammenhänge mit der Ferment-chemie u. ä. aufgefunden sowie Konstitutionsfragen der Nucleotid-säuren, Nucleoside usw. der Lösung entgegengeführt. Von Thannhauser [B. **51**, 467 (1918)] war durch milde ammoniakalische Hydrolyse der Hefenucleinsäure ein stufenweiser Abbau (des Tetranucleotids) zu einer Triphospho-nucleinsäure und zu einem Dinucleotid erreicht sowie von K. Lohmann (1929) aus dem Muskel eine Adenosin-triphosphorsäure erhalten worden, während G. Emden [H. **167**, 137 (1929)], aus dem Muskelgewebe eine (von der Hefe-Adenylsäure verschiedene) neue Adenylsäure isoliert hatte [s. a. H. **186** u. f. (1930)]. Levene konnte (mit seinen Mitarbeitern, 1929, 1930) die Aufklärung der Natur des Zuckers in der tierischen Nucleinsäure (Thymus-Nucleinsäure, daher zuerst als „Thyminose" bezeichnet) bringen: derselbe erwies sich als ein Reduktionsprodukt der pflanzlichen Ribose, und zwar als d-2-Desoxyribose (oder d-2-Ribodesose): CHOH·CH$_2$·CHOH·CHOH·CH$_2$ [J. Biol. Chem. **85**, 785 (1930)].

$$\text{O}$$

Die Konstitutionsfrage löste Meinungsverschiedenheiten zwischen Levene (s. o.), Thannhauser, W. Jones (1920 u. f.) aus. Für die Inosinsäure gilt die bereits 1909 von Levene und Jacobs aufgestellte Konstitution; für die während der Muskeltätigkeit zu Inosinsäure desamidierte Muskel-Adenylsäure gilt das gleiche Konstitutionsschema, wenn der Hypoxanthinrest durch den Adeninrest ersetzt wird. In der ursprünglichen Formel nahm Levene für die d-Ribose die Furanose-Struktur an; dieselbe wurde noch besonders bewiesen für das Nucleosid Guanosin

[Levene, J. Biol. Chem. **97**, 491 (1932)]; für Uridin hat er die [bereits 1913 aufgestellte (J. Biol. Chem. **13**, 507)] Ringformel erneut bewiesen [J. Biol. Chem. **104**, 385 (1934)]. Die Ringstruktur in den Nucleosiden Uridin, Adenosin, Cytidin hat gleichzeitig auch H. Bredereck [B. **65**, 1830 (1932); **66**, 198 (1932)] unter Anwendung der Tritylmethode von B. Helferich festgestellt. Die Haftstelle der Phosphorsäure (am mittelständigen C-Atom der Pentose) in den Nucleotiden Cytidyl- und Uridylsäure mit Hilfe von Tritylchlorid bestimmte H. Bredereck [H. **224**, 79 (1934)]. Gegen die Beweiskraft der Tritylsubstitution sprachen sich C. S. Hudson und R. C. Hockett aus [Am. **56**, 945, 947 (1934)]. Für die Hefe-Adenylsäure hatte bereits P. A. Levene [J. Biol. Chem. **95**, 755 (1932); **101**, 413 (1933)] den Beweis der Haftstelle der Phosphorsäure am C-Atom 3, gleich wie in der Guanylsäure, erwiesen: Ribosephosphorsäure

$$CH_2OH \cdot \overset{\overset{\text{H}}{|}}{C} - \overset{\overset{\text{H}}{|}}{\underset{\underset{O}{|}}{C}} - \overset{\overset{\text{H}}{|}}{\underset{\underset{O}{|}}{C}} - CH_2OH$$

. Weitere Beiträge über Nucleinsäuren

lieferte H. Bredereck [B. **69**, 1129 (1936); **71**, 408, 718, 1013 (1938)], speziell über Thymonucleinsäure [H. **253**, 170 (1938); B. **72**, 121; s. auch **73**, 1058 (1940)], die im Sinne von P. A. Levene [J. Biol. Chem. **109**, 623 (1935)] als eine 5-basische Säure erwiesen wird. Die Struktur von Desoxyribonucleinsäure (1921) hat P. A. Levene [J. biol. Chem. **126**, 63 (1938)] wiederbestätigt. Über Hefenucleinsäure vgl. auch J. M. Gulland (und Mitarbeiter, Soc. **1939**, 907).

Synthesen von Nucleosiden und Nucleotiden. Die funktionelle Wechselbeziehung zwischen scheinbar isolierten Problemkomplexen offenbart sich auch im Falle der Nucleinsäuren. Zweifelsohne üben die auf dem Gebiete der reinen organischen Chemie liegenden Untersuchungen E. Fischers über Purinbasen und Kohlenhydrate eine Anregung und Förderung auf die von physiologischer Seite betriebene Erforschung der Nucleinsäuren aus. Wir haben kurz dargelegt, wie namentlich durch P. A. Levene und seine Mitarbeiter (im Rockefeller Inst. for med. Research) diese biologisch so bedeutsame Stoffgruppe sich auflöst in die genannten Purinbasen und Kohlenhydrate, also in Glucoside, bzw. in Verbindungen der letzteren mit Phosphorsäure in die sog. Nucleotide, z. B. das Guanosin (oder Vernin, von E. Schulze, 1886 u. f.) wird als Guanin-d-ribosid, das Adenosin (Levene, 1909 u. f.) als Adenin-d-ribosid erkannt, durch salpetrige Säure wandeln sie sich um: Guanosin → in Xanthosin (Xanthin-d-ribosid), Adenosin → in Inosin (Hypoxanthin-d-ribosid, aus Inosinsäure). Damit war für E. Fischer, den Meister in der organischen Synthese und Schöpfer der Darstellungsmethoden von künstlichen (und natürlichen) Glucosiden, ein reizvolles Problem gegeben, rückwärts aus dén erkannten Bestandteilen, auch die Synthese dieser Glucoside zu versuchen. Nach einer Vorarbeit von 4 Jahren tritt dann E. Fischer [mit B. Helferich, B. 47,. 210 (1914)] mit der Arbeit „Synthetische Glucoside der Purine" hervor. Als Zuckerkomponente wird (wegen Mangels von d-Ribose) Glucose, bzw. Acetobromglucose benutzt, und es werden erhalten, wobei die Bindung des Glucoserestes in Stellung 7 als wahrscheinlicher angenommen wird:

Theophyllin-d-Glucosid   Adenin-d-glucosid $\xrightarrow{(+ \text{HONO})}$ Hypoxanthin-d-glucosid

Die beiden letztgenannten Glucoside „haben große Ähnlichkeit mit den natürlichen Ribosiden des Adenins und Hypoxanthins". Auch Guanin- und Xanthin-glucoside werden synthetisiert; ein Theophyllinrhamnosid (mit K. v. Fodor, B. 47, 1058) wird ebenfalls dargestellt.

War somit der Weg zu der Synthese von künstlichen Nucleosiden gewiesen, so traten Fischer und Helferich auch an die nächste Aufgabe, an die Synthese von künstlichen Nucleotiden (zit. S. 217) heran. Nach einem verbesserten Verfahren hat dann E. Fischer [B. 47, 3193 (1914)] diese vorher amorphe Theophyllinglucosidphosphorsäure $C_{13}H_{16}O_7N_4 \cdot PO_3H$ kristallisiert erhalten. ... „Ich werde selbstverständlich das neue Verfahren der „Phosphorylierung" [so wurde von C. Neuberg (1910) die Einführung des Phosphorsäurerestes in Zucker, Eiweiß usw. bezeichnet] auf die schon bekannten synthetischen Puringlucoside und auch auf die natürlichen Nucleoside Adenosin, Guanosin usw. übertragen", so kündigte E. Fischer (im November 1914) an — der Weltkrieg und der Tod (E. Fischer starb 1919) haben diese Pläne zerschlagen. Aus der Fischerschen Schule ist nachher als Ergänzung der früheren Untersuchungen, von B. Helferich [gemeinsam mit M. v. Kühlewein, B. 53, 17 (1920)] über die Synthese von Theophyllin-galaktosid und Theobromin-galaktosid, sowie Theophyllin-l-arabinosid berichtet worden. Weitere Pentoside synthetisierte P. A. Levene [mit H. Sobotka, J. Biol. Chem. 65, 463, 469 (1925), und zwar das Theophyllin-xylosid und Theophyllin-ribosid, das letztere erwies sich identisch mit dem Dimethylxanthosin. Die Konstitution der Purin-Nucleoside haben mit Hilfe des Ultraviolett-Spektrums J. M. Gulland und Mitarbeiter (seit 1934; vgl. VII. Mitteil., Soc. 1938, 692) festzulegen unternommen. Für die Nucleoside der Thymusnucleinsäure ergab sich die Bindung des Pentose-restes in Stellung 9, also gleich den Nucleosiden der Hefenucleinsäure:

$$\begin{array}{c}
HN-CO \\
{}^1\!|\quad{}^6\!| \\
H_2N\cdot C_2\ {}_5C-N \\
{}_{\|3\ 4\|}\quad{}^7\diagdown CH \\
N-C-N{}_9{}\diagdown R
\end{array}$$

Für Guanosin:
$$R = -CH\cdot CH(OH)\cdot CH(OH)\cdot CH\cdot CH_2OH$$
$$\underbrace{\qquad\qquad\qquad}_{O}$$

Guanin-desoxyribosid:
$$R = -CH\cdot CH_2\cdot CH(OH)\cdot CH\cdot CH_2OH$$
$$\underbrace{\qquad\qquad\qquad}_{O}$$

Die Synthese der natürlichen Adenin-, Hypoxanthin- und Guanin-d-Glucoside (sämtlich in 9-Stellung) haben Gulland und L. F. Story (Soc. **1938**, 259) mit Hilfe der Acetobromglucose von E. Fischer erreicht. Nucleotid-Synthesen (z. B. Muskeladenyl-, Cytidyl- und Uridylsäure) gab H. Bredereck [B. **73**, 1124 (1940)].

Ritthausens Vicin und Convicin (1881) wurden durch T. B. Johnson (1914) untersucht; dem durch Säurehydrolyse aus Vicin entstehenden Divicin gab er die Formel $C_4H_6O_2N_4$ (Diaminouracil); die Zuckerkomponente des Vicins identifizierte E. Fischer (1914) als d-Glucose, während P. A. Levene [J. Biol. Chem. **18**, 305 (1914)] das Divicin als 4,6-Dioxy-2,5-Diaminopyrimidin ansah und dem Vicin die folgende Konstitution erteilte:

$$\begin{array}{c}
\qquad\quad O \\
\text{H . H}\ \ |\ OH\ H\ | \\
HO-C-C-C-C\ \ C-C\!-\!-N-CO \\
\text{H}\ \ OH\ \text{H}\ \ \text{H}\ \ OH\ H\ \ |\quad| \\
\qquad\qquad\qquad H_2N\cdot C\ HC\cdot NH_2\cdot H_2O \\
\qquad\qquad\qquad {}_{\|}\quad| \\
\qquad\qquad\qquad N-CO
\end{array}$$

Diese Konstitution des Nucleosids „Vicin" wurde von Levene [J. Biol. Chem. **25**, 607 (1916)] bestätigt.

Die Molekulargrößen der Nucleinsäuren sind je nach der Herkunft sehr verschieden. Die Hefenucleinsäure, aus den vier Nucleotiden (Guanyl-, Adenyl-, Cytidyl- und Uridyl-Säuren) bestehend, hat ein mittleres Molekulargewicht $M \sim 1300$ [K. Myrbäck und Jorpes, H. **237**, 159 (1935)]. Die Thymusnucleinsäure hingegen ergab ein $M = 500000$ bis 1000000 [E. Hammarsten, R. Signer und T. Caspersson, Nature **141**, 122 (1938)].

Einen Überblick über das ganze Kapitel der Nucleinsäuren gibt in einem Vortrage J. M. Gulland (Soc. **1938**, 1722).

Über die Nucleosidasen (die eine Spaltung der glykosidischen Bindung zwischen Base und Zucker bewirken) hat H. Bredereck Ausführungen gemacht; die aus den Nucleotiden die Phosphorsäure abspaltenden Phosphatasen stellen nicht notwendig besondere Nucleotidasen dar [Ergebn. der Enzymforsch. **7**, 105 (1938)].

Viertes Kapitel.

Ätherische Öle: Terpene und Campher.

A. Die klassische Terpenchemie.

Neben den Farben dürften die Wohlgerüche diejenigen sinnfälligen Eigenschaften gewesen sein, welche infolge ihrer angenehmen Reizwirkungen am frühesten und nachhaltigsten in den Kreis der menschlichen Kulturbedürfnisse eingedrungen sind. Durchziehen doch diese sogenannten „Aromata" seit den ältesten Zeiten die Kultur- und Handelsgeschichte des Orients und Okzidents, indem sie gleichzeitig dem Kult der Götter, der Toten und der Lebenden dienten. Ähnlich den modernen „Wirkstoffen" sind diese Riechstoffe außerordentlich verbreitete pflanzliche Naturstoffe, die vorwiegend nur in kleinen Mengen erzeugt, oft aber in den geringsten Mengen von dem Geruchsinn wahrgenommen werden (z. B. Rosenöl, von welchem noch $\frac{1}{2000000}$ mg erkannt werden). Die Chemiegeschichte entlehnte in der Klasse der „aromatischen Körper" [A. Kekulé, 1860: „Untersuchungen über aromatische Verbindungen", A. **137**, 129 (1866)] den antiken „Aromata" den Namen und die Grundtypen. Die schon frühzeitig einsetzenden primitiven Bemühungen zur Isolierung der aromatisch riechenden stofflichen Prinzipien führten zu flüchtigen „Ölen", deren Zahl in den „Destillierbüchern" u. ä. um 1550 bereits etwa zwei Dutzend aus verschiedenen Pflanzen betrug. Ein Jahrhundert später tritt eine Bezeichnung auf: „ätherisches Öl". Als „huille aetherée" taucht sie bei N. Lefebure (Traité de Chymie. Paris 1660) auf, womit er dasjenige Öl bezeichnet, welches aus wohlriechenden Pflanzen bei der Destillation mit Wasser hinübergeht; diese „huille aetherée subtile" ist „un soulfre embryonné, meslé de son mercure" oder „l'esprit"; der „esprit" ist „cette substance acrée, subtile, penetrante et agissante que nous tirons du mixte par le moyen du feu", das übergegangene Wasser ist „une eau spiritueuse". Hat man z. B. den „esprit de roses" abgeschieden, so kann er in die „veritable essence des roses" übergeführt werden: man muß ihn über dem Rosensalz (d. h. den Veraschungsrückständen der bei der Wasserdestillation nachbleibenden Rosen, also wesentlich calcin. Potasche) langsam destillieren, um ihn zu „alkoholisieren", „c'est à dire bien dephlegmé", denn nur die „pure et seule substance spiritueuse et aetherée" geht hinüber und das Salz hält das Phlegma zurück. Der „esprit alcoolisé" muß noch in den „esprit alcalisé" umgewandelt werden, indem ihm aufgedrückt wird „la plus pure et plus subtile partie du sel fixe, sur lequel il a eté distillé". Um nun diesen subtilen „Salzgeist" dem alkoholisierten Rosenspiritus einzuverleiben, wird der letztere noch dreimal mit dem immer wieder calcinierten Rosensalz destilliert; dann stellt der

„alkalisierte" Rosenspiritus „une essence admirable" dar. Dieses „Myx-terium" der „Alkalisation" betrifft alle flüchtigen destillierbaren Stoffe und stellt die getreu bewahrten Vorstellungen aus der Geisteswelt eines Plato und Aristoteles dar: die Lehre von dem Pneuma, Spiritus, Logos, bzw. der Anima, d. h. dem aktiven Prinzip[1]) in der Stoffwelt. Sagte doch Beguin[2]) (1615) von dem Zweck der Destil-lation des Alkohols (und der Essigsäure) über dem aus Wein (bzw. Essig) gewonnenen Salze, damit „l'esprit soit parfaictement empraint de sa propre ame", er heißt dann „esprit animé", ebenso „vinaigre animé de son sel essentiel" (auch „vinaigre radical" genannt). Es ist dies ein lehrreiches Beispiel für die Lebenszähigkeit gewisser Ideen, die bei konsequenter Anwendung und ungeachtet ihrer zu allgemeinen Fassung in wertvolle experimentelle Ergebnisse einmünden.

Die Bezeichnung „huil(l)e aetherée", auch „huile essentielle" über-nimmt nun N. Lémery[3]), und durch sein berühmtes, in viele Sprachen übersetztes Lehrbuch „Cours de chymie" (Paris 1675, von welchem noch 1754 eine deutsche Übersetzung erschien) fand die Bezeichnung eine weite Verbreitung. Zu Anfang des neunzehnten Jahrhunderts ist die Zahl dieser „ätherischen", „wesentlichen", „flüchtigen" oder „destil-lierten" Öle erheblich gewachsen; so führte das Handbuch von Gren-Klaproth (1806) etwa 67, dasjenige von L. Gmelin (1822) bereits etwa 85 solcher Öle nebst 10 Camphern auf, wobei sie „theils zum Wohlgeruch, theils zu Arzneyen, theils auch sonst im gemeinen Leben gebraucht werden" (Gren-Klaproth). Diese Zahl, der Gebrauchs-umfang und die wissenschaftlichen Erkenntnisse betreffs der ätheri-schen Öle stellen zu Anfang des zwanzigsten Jahrhunderts eine ganz außerordentliche Erweiterung dar. So mußte O. Wallach[4]) für die Zusammenfassung seiner eigenen Forschungsergebnisse ein umfang-reiches Buch bereitstellen, so beanspruchten E. Gildemeister[5]) und Fr. Hoffmann 3 Bände und F. W. Semmler[6]) 4 Bände für die Darstellung der „ätherischen Öle". Ihren Anfang nahm diese Ent-wicklung der Chemie der ätherischen Öle gleichzeitig mit dem sieg-reichen Einzug der organischen Elementaranalyse (vgl. Graebe, S. 17f.) in die Chemie der Naturstoffe (1810—1831), durch Gay-Lussac und Thénard, Berzelius, Liebig nachdem Chevreul (1813—1818; 1823) durch seine klassischen Untersuchungen der Fette methodisch und experimentell ein Vorbild geschaffen hatte.

---

[1]) Über die Rolle dieses Prinzips in der Alchemie vgl. E. O. v. Lippmann: Ent-stehung und Ausbreitung der Alchemie. Berlin 1919.

[2]) Jean Beguin: Elemens de Chymie, 1615; 4. Aufl. 1621, S. 151, 421.

[3]) N. Lémery: Cours de Chymie, 1675; Ausg. 1683, S. 427.

[4]) O. Wallach: Terpene und Campher, 2. Aufl. 1914.

[5]) E. Gildemeister und Fr. Hoffmann: Die ätherischen Öle, 3. Aufl. 1928—1931.

[6]) F. W. Semmler: Die ätherischen Öle nach ihren chemischen Bestandteilen. 1906—1907.

Der Begriff des „chemischen Individuums", die stöchiometrische Zusammensetzung und die physikalische Charakterisierung desselben durch die Dichte, den Schmelzpunkt und Siedepunkt, die Löslichkeit waren auch für die Erforschung organischer Verbindungen anerkannte Leitlinien. Die Reindarstellung solcher flüssiger Verbindungen aus Gemischen erfuhr einen Fortschritt durch die als wesentlich erkannte „fraktionierte" (oder „gebrochene", L. Gmelin) Destillation: so wurde Naphta von Blanchet und Sell (1833), von Laurent (1837), sowie Pelletier und Walter (1833) fraktioniert, ferner Pfefferminzcampher von Walter (1838), Kümmelöl von Völkel (1840), Baldrianöl von Gerhardt (1843), die Terpentinöle von Berthelot (1852, 1853, auch im Vakuum) durch fraktionierte Destillation getrennt. Die Bestimmung der Dampfdichte wurde durch Dumas (1826) zugänglich und für die Auswertung des Molekulargewichts dienstbar gemacht. Ein neues physikalisches Kennzeichen und Unterscheidungsmittel eröffnete sich in dem optischen Drehungsvermögen. Biot und Seebeck hatten (1815) die wichtige Entdeckung gemacht, daß eine Reihe von flüssigen oder gelösten organischen Verbindungen, z. B. Terpentinöl, Zucker, Campher, Weinsäure, die Ebene des polarisierten Lichtstrahls ablenkt, und Biot[1]) konnte (1817) daran die weitere Beobachtung knüpfen, daß auch dampfförmiges Terpentinöl diese Fähigkeit der optischen Drehung besitzt: beide Beobachtungen sind von grundlegender Bedeutung auch für die stereochemische Lehre geworden. (Vgl. auch S. 147, 199, 229 u. f., 236 u. f., 314 u. f., bzw. V. Abschnitt.)

Aus der Elementaranalyse dieser flüchtigen Öle ergaben sich zwei neuartige Tatsachen, erstens, daß es solche in der Natur vorkommende Öle gibt, die nur aus Kohlenstoff und Wasserstoff bestehen, z. B. Terpentinöl [analysiert von Saussure[2]), 1820; Labillardière[3]), 1818; genauer von Hermann[4]), 1830; Dumas[5]), Blanchet[6]) und Sell, 1883] von der Formel $C_{10}H_{16}$, auch Naphtha oder Steinöl [Saussure[2]), 1817]; diese Tatsache erschien um so auffallender, als die damalige Chemie lehrte: „Alle organischen Verbindungen ... müssen als ternäre quaternäre usw. angesehen werden, d. h. als solche, in denen wenigstens drei Stoffe unmittelbar vereinigt sind" (Gmelin, Handbuch, 906. 1822). Und Berzelius schrieb 1827 [Lehrbuch der Chemie 31, 139 (1827)]: „Da in der organischen Natur der Sauerstoff einer der wesentlichen Bestandteile ist, so können auch die organischen

---

[1]) Biot: Mém. de l'Acad. 2, 114 (1817).
[2]) de Saussure: Ann. chim. phys. (2) 13, 259 (1820) und (2) 4, 314, 6, 308 (1817).
[3]) Labillardière: Journ. de Pharm. IV,5 (1818).
[4]) Hermann: Pogg. Ann. 18, 368 (1830).
[5]) Dumas (u. Oppermann): Ann. chim. phys. (2), 48, 430 (1831), 50, 225 (1832), 52, 405 (1833); Oppermann: Pogg. Ann. 22, 193 (1831); s. a. A. 6, 245 (1833).
[6]) Blanchet u. Sell: Pogg. Ann. 29, 133 (1833); A. 6, 259, 304 (1833); sie berechnen die Formel $C_{10}H_{16}$.

Produkte als Oxyde von zusammengesetzten Radikalen betrachtet werden. Diese Radikale existieren nicht außer Vereinigung mit Sauerstoff, wenigstens kennen wir kein einziges derselben, und sind ganz hypothetisch..." Sind nun diese in der organischen Natur vorkommenden Kohlenwasserstoffe $C_{10}H_{16}$ nicht solche freien Radikale (so möchte man fragen)? „Radikal — der brennbare Körper, der in einem Oxyd mit Sauerstoff verbunden ist", lehrt derselbe Berzelius [Lehrbuch 42, 998 (1931)]. Nach den genauen Analysen von Dumas[1]) (1831 f.), Blanchet[2]) und Sell (1833), Hermann[3]) (1830) hat Campher die Zusammensetzung $C_{10}H_{16}O$. entspricht also formal dem Oxyd des Radikals $C_{10}H_{16}$.

Die andere ebenso einschneidende Erkenntnis jener ersten Untersuchungen der „flüchtigen Öle" bestand in dem Nachweis, daß es flüchtige Öle gibt, die ein und dieselbe prozentische Zusammensetzung $C_{10}H_{16}$, jedoch verschiedene Eigenschaften haben.

Aus Terpentinöl und Salzsäuregas hatte Kindt (1803) den sog. „künstlichen Campher" entdeckt; dessen Zusammensetzung ergab sich nach Dumas[1]) sowie Blanchet[2]) und Sell (1833) $= C_{10}H_{16} \cdot HCl$ (d. h. Pinenchlorhydrat). Die Destillation dieses künstlichen Camphers über Ätzkalk lieferte einen Kohlenwasserstoff $C_{10}H_{16}$ [Oppermann[1]). 1831; dann Dumas[1]), Blanchet[2]) und Sell], von Dumas „Camphène" [von Soubeiran[4]) und Capitaine „Térébene"] genannt:

$$\text{Terpentinöl (Pinen)} + HCl \rightarrow \text{„künstl. Campher"} + \text{Ätzkalk} \rightarrow \text{„Camphen"}$$
$$C_{10}H_{16} \qquad\qquad + HCl \rightarrow C_{10}H_{16} \cdot HCl \qquad + CaO \qquad \rightarrow C_{10}H_{16}$$

stark optisch aktiv,   optisch aktiv,   inaktiv, von anderem
Siedep. 156°.   Schmp. 115°.   Geruch als Terpentinöl
                                                     Siedep. 156°.

Beim Erhitzen mit Natriumbenzoat erhielt Berthelot[5]) (1858) ein aktives, bei 46° schmelzendes „Camphen".

Thénard hatte 1811 durch Einwirken von Salzsäuregas auf Citronenöl den festen „salzsauren Citronencampher" gewonnen; die Analysen von Saussure[6]) (1820), Dumas[1]), Blanchet[2]) und Sell sowie Hermann[3]) hatten für das rektifizierte Citronenöl wiederum die Zusammensetzung $C_{10}H_{16}$ ergeben, und der salzsaure Citronencampher entsprach nach den Analysen von Dumas[1]), Blanchet[2]) und Sell sowie Deville[7]) der Formel $C_{10}H_{16} \cdot 2HCl$. Bei der Destil-

---

[1]) Dumas (u. Oppermann): Ann. chim. phys. (2), **48**, 430 (1831), **50**, 225 (1832). **52**, 405 (1833); Oppermann: Pogg. Ann. **22**, 193 (1831); s. a. A. **6**, 245 (1833).

[2]) Blanchet u. Sell: Pogg. Ann. **29**, 133 (1833); A. **6**, 259. 304 (1833); sie berechnen die Formel $C_{10}H_{16}$.

[3]) Hermann: Pogg. Ann. **18**. 368 (1830).

[4]) Soubeiran u. Capitaine: A. **37**, 311 (1841); J. pr. Ch. **26**, 13 (1842).

[5]) Berthelot: Compt. rend. **47**, 266 (1858).

[6]) de Saussure: Ann. chim. phys. (2) **13**, 259 (1820) und (2) **4**, 314, **6**, 308 (1817).

[7]) Sainte-Claire Deville: Ann. chim. phys. (2) **70**, 81 (1839). (3) **25**, 80 (1849) u. **27**, 86 (1849); s. auch A. **71**. 349 (1849).

lation dieses „Camphers" über Kalk erhielt zuerst Saussure[1]) einen Kohlenwasserstoff, den alsdann Dumas[2]) (1833), Blanchet[3]) und Sell (1833), Soubeiran[4]) und Capitaine (1840) durch die Analyse als eine Verbindung $C_{10}H_{16}$ erkannten, die von Dumas mit dem Namen „Citrène", von Blanchet und Sell mit dem Namen „Citronyl" belegt wurde:

Citronenöl (Limonen) $+$ 2 HCl $\rightarrow$ salzs. Citronencampher $+$ CaO $\rightarrow$ „Citrène"

$$C_{10}H_{16} \qquad + 2\,HCl \rightarrow \qquad C_{10}H_{16} \cdot 2\,HCl \qquad + CaO \rightarrow \quad C_{10}H_{16}$$
stark rechtsdrehend   inaktiv,   inaktiv
Schmp. 160—175⁰.   Schmp. 44⁰.   Schmp. 165⁰.

Aus Kümmelöl hatten Völkel[5]) (1840) und Schweizer[6]) (1841) den Kohlenwasserstoff „Carven" $C_{10}H_{16}$ (vom Sdp. 173⁰) isoliert; einen „Térébène" genannten Kohlenwasserstoff $C_{10}H_{16}$ (optisch inaktiv. Sdp. 156⁰) hatte man aus Terpentinöl durch Destillation mit Vitriolöl oder Phosphorsäureanhydrid erhalten [Blanchet und Sell, 1833; Deville[7]) 1840 und 1849], andererseits hatte Berthelot[8]) (1853) durch Erhitzen von englischem (rechtsdrehendem) Terpentinöl ein linksdrehendes „Isotérébenthène" $C_{10}H_{16}$ (Sdp. 176—178⁰) gewonnen.

Das optische Drehungsvermögen wurde immer mehr ein Prüfstein auf die einheitliche Natur der herausfraktionierten Verbindungen, ein Wegweiser für stattgefundene chemische Umwandlungen, ein Isomerien-Sucher in dem so ausgebreiteten Reich der ätherischen Öle und Campher.

Die polarimetrische Untersuchung des Terpentinöls $C_{10}H_{16}$ ergab das auffallende Ergebnis, daß je nach dem Herkunftslande der Drehungssinn des Terpentinöls wechseln kann. Es wurde gefunden, daß französisches Terpentinöl stark linksdrehend [Biot[9]), 1938; Soubeiran[10]) und Capitaine, 1841, u. a.] ist, dagegen englisches Terpentinöl [aus

---

[1]) Saussure: A. chim. phys. **13**, 262 (1820); Pogg. Ann. **25**, 370 (1832); A. **3**, 157 (1832).

[2]) Dumas (u. Oppermann): Ann. chim. phys. (2), **48**, 430 (1831), **50**, 225 (1832). **52**, 405 (1833); Oppermann: Pogg. Ann. **22**, 193 (1831); s. a. A. **6**, 245 (1833).

[3]) Blanchet u. Sell: Pogg. Ann. **29**, 133 (1833); A. **6**, 259, 304 (1833); sie berechnen die Formel $C_{10}H_{16}$.

[4]) Soubeiran u. Capitaine: A. **37**, 311 (1841); J. pr. Ch. **26**, 13 (1842).

[5]) Völkel: A. **35**, 308 (1840), **85**, 246 (1853): Carven $C_{10}H_{16}$ und Carvol (=Carvon) $C_{10}H_{14}O$ isoliert.

[6]) Schweizer: J. pr. Chem. **24**, 263, 271 (1841), **26**, 118 (1842): Carvacrol $C_{10}H_{14}O$, Carvol und Carven isoliert. Von der gleichen prozentischen Zusammensetzung wie Carvon und Carvacrol erwies sich nach Arppe [A. **58**, 42 (1846)] und Doveri [Ann. chim. phys. (3) **20**, 174 (1847)] der Thymiancampher oder Thymol $C_{10}H_{14}O$ s. a. A. **102**, 119 (1857).

[7]) Deville: Ann. chim. phys. (2) **70**, 81 (1839), (3) **25**, 80 (1849) u. **27**, 86 (1849); s. a. A. **71**, 349 (1849).

[8]) Berthelot: Compt. rend. **47**, 266 (1858).

[9]) Biot: Ann. chim. phys. (2) **69**, 22 (1838), (3) 10, 11 (1844); C. r. **11**, 375 (1840); C. r. **35**, 223 (1852) und Ann. chim. phys. (3) **36**, 257, 301 (1852).

[10]) Soubeiran u. Capitaine: A. **34**, 311 (1841).

Pinus taeda, Guibourt und Bouchardat[1]) (1845), ebenso aus
Pinus australis, Berthelot[2]), 1853] eine Rechtsdrehung aufweist.
Citronenöl $C_{10}H_{16}$ erwies sich als stark rechtsdrehend [Biot[3]), 1838;
Soubeiran[4]) und Capitaine, 1841; Berthelot[2])]. Den natürlichen
Borneo-Campher Borneol $C_{10}H_{18}O$ hatten Pelouze[5]) (1840) und
Gerhardt[6]) (1842) analysiert, Biot[3]) (1840) hatte ihn als rechts-
drehend erkannt, während Berthelot[7]) (1859) ihn künstlich (aus
Campher durch alkohol. Kali) mit stärkerer Rechtsdrehung dargestellt
hatte. Links-Borneol (aus Krappfuselöl) erhielt Jeanjean[8]) (1856).
Der natürliche Japan-Campher $C_{10}H_{16}O$ wurde von Biot[3]) (1852) als
rechtsdrehend erkannt; ein Links-Campher wurde im Öl von
Matricaria parthenium entdeckt [Dessaignes und Chautard[9]),
1848], bzw. durch Oxydation von Links-Borneol dargestellt [Jean-
jean[8]), 1856]. Die bereits 1785 von Kosegarten[10]) aus gewöhnlichem Campher durch Oxydation gewonnene Camphersäure erwies
sich als rechtsdrehend [Bouchardat[11]), 1849; Biot[3]), 1852], das
linksdrehende Isomere erhielt Chautard[9]) (1853) aus Links-Campher
durch Kochen mit Salpetersäure, und durch Vermischen gleicher
Mengen von Rechts- und Links-Camphersäure stellte er die (inaktive)
razemische Camphersäure dar. Neben dem klassischen von Pasteur
erschlossenen Beispiel der Rechts-, Links-, razemischen und Meso-
Weinsäure sind die Rechts- und Linksisomerien des Camphers, des
Borneols und der Camphersäure die ältesten historischen Tatsachen
aus dem Gebiete der nachmaligen Stereochemie. Die Erhaltung der
optischen Aktivität (trotz der erheblichen chemischen Eingriffe)
in den Reihen:

Rechts-Borneol $\rightleftarrows$ Rechts-Campher $\rightarrow$ Rechts-Camphersäure, und
Links-Borneol $\rightleftarrows$ Links-Campher $\rightarrow$ Links-Camphersäure

liefert zugleich den Hinweis, daß in jeder Reihe die optische Aktivität
der Moleküle an gewisse Atomgruppierungen gebunden ist; da
die entgegengesetzten Drehungswerte größenordnungsmäßig einander
entsprechen, so muß diese bestimmte Atomgruppierung in der Rechtsform entgegengesetzt derjenigen in der Linksform sein. Die Frage

[1]) Guibourt u. Bouchardat: J. pr. Ch. 36, 316 (1845).
[2]) Berthelot: Ann. chim. phys. (3) 37, 223; 38, 44, 55 (1853).
[3]) Biot: Ann. chim. phys. (2) 69, 22 (1838). (3) 10, 11 (1844); C. r. 11, 375 (1840);
C. r. 35, 223 (1852) und Ann. chim. phys. (3) 36, 257, 301 (1852).
[4]) Soubeiran u. Capitaine: A. 34, 311 (1841).
[5]) Pelouze: C. r. 11, 365 (1840), J. pr. Ch. 22, 379 (1841): Borneol analysiert.
[6]) Gerhardt: J. pr. Ch. 27, 124 (1842), 28, 46 (1843).
[7]) Berthelot: Ann. chim. phys. (3) 56, 78 (1859); A. 110, 267 und 112, 363 (1859).
[8]) Jeanjean: C. r. 42, 857 (1856) und 43, 103 (1856).
[9]) Dessaignes u. Chautard: J. pr. Ch. 45, 45 (1848); Chautard: C. r. 37, 166
(1853): Linksdrehung festgestellt, Linkscamphersäure dargestellt.
[10]) Kosegarten: Dissert. Göttingen 1785.
[11]) Bouchardat: C. r. 28, 319 (1849).

nach der Konstitution dieser Moleküle und Gruppen trat demnach auch von dieser Seite her eindringlich hervor.

Die Lösung dieses Problems nahm ihren Ausgang vom Campher $C_{10}H_{16}O$ über den Kohlenwasserstoff Cymol $C_{10}H_{14}$. — Es hatte Dumas[1]) aus Campher durch Destillation mit Phosphorsäureanhydrid einen Kohlenwasserstoff $C_{10}H_{14}$ erhalten, der „Camphogen" genannt wurde, seine Beziehung zu Campher ergab sich unschwer:

$$C_{10}H_{16}O—H_2O = C_{10}H_{14}.$$

Gerhardt[2]) seinerseits gewann durch fraktionierte Destillation des römischen Kümmelöls (aus Cuminum Cyminum) einen Kohlenwasserstoff von derselben Zusammensetzung $C_{10}H_{14}$ („Cymen" oder „Cymol"), dessen Identität mit dem „Camphogen" gesichert wurde, als Gerhardt auch aus Campher (durch Wasserentziehung mittels geschmolz. $ZnCl_2$) dasselbe Cymol erhielt (1843). Eine weitere Fundstätte des Cymols wies Mansfield[3]) (1849) nach, indem er dasselbe aus dem Steinkohlenteer herausfraktionierte. Ätherisches Öl, Campher und Steinkohlenteer enthielten daher ein gemeinsames Kohlenwasserstoffgerüst. Ein gleicher Zusammenhang hatte ja vom Benzoeharz zur Benzoesäure und zum Benzol (Graebe, 62) und vom Tolubalsam und Pinusharz zum Toluol im Steinkohlenteer (Graebe, 289) geführt. Damit war nun der genetische Zusammenhang zwischen den ätherischen Ölen (bzw. Camphern, Balsamen, Harzen) und dem Benzol (bzw. Toluol, Cymol) aufgefunden, und jeder theoretische sowie experimentelle Fortschritt in der Aufklärung der Konstitution des Benzols und seiner Homologen mußte rückwirkend die Konstitutionsfrage des Camphers usw. fördern. Nachdem Kekulé für die aromatisch riechenden Kohlenwasserstoffe des Steinkohlenteers die Sonderklasse der „aromatischen Körper" geschaffen (1860) und für den Prototyp derselben, das Benzol C_6H_6 die klassische Ringstruktur aufgestellt (1865) hatte, war die Konstitutionsforschung der Terpene und Campher für längere Zeit festgelegt.

Das Cymol (Sdp. 175°) war inzwischen noch in anderen ätherischen Ölen gefunden oder aus ihnen durch wasserentziehende Mittel erhalten worden, seine Konstitution schien durch Synthesen als die eines Benzols mit den Seitenketten Methyl und Propyl in Parastellung bewiesen zu sein (Fittig, 1868; Fittica, 1874). Als p-Propyltoluol beeinflußte es die ganze Chemie der Cymol- und Cuminreihe, bis schließlich O. Widman[4]) (1891) die bedeutsame Entdeckung machte,

[1]) Dumas (u. Delalande): Ann. chim. phys. (2) 50, 226 (1832); Delalande: Ann. chim. phys. (3) 1, 368 (1841); A. 38, 101, 342 (1841).
[2]) Gerhardt (u. Cahours): Ann. chim. phys. (3) 1, 102, 372 (1841); Gerhardt: Ann. chim. phys. (3) 7, 282 (1843).
[3]) Mansfield: A. 69, 162, 478 (1849).
[4]) Widman: B. 24, 439 (1891).

daß Cymol p-Methylisopropylbenzol und verschieden von p-Methyl-
propylbenzol ist. Unter Zugrundelegung des Cymols (= p-Propyltoluol)
hatte nun Kekulé (1873) seine Campherformel aufgestellt, nachdem
vorher Hlasiwetz (1870), V. Meyer (1870) und Kachler (1872)
andersgeartete Ringstrukturen vorgeschlagen hatten:

C_3H_7

$$\begin{matrix} & CH & \\ H_2C & & CH_2 \\ HC & & C{:}O \\ & C & \\ & CH_3 & \end{matrix}$$

A. Kekulé[1]).

$$\begin{matrix} CH_2{-}CH_2 \\ \diagdown C \diagup \\ H_2C \quad CH_2 \\ H_2C \quad CH_2 \\ \diagup C \diagdown \\ H_2C{-}O{-}CH_2 \end{matrix}$$

H. Hlasiwetz[2]).

$$\begin{matrix} H_2 \\ C \\ H_2C \quad C{\cdot}C_3H_7 \\ {>}CO \\ H_2C \quad CH \\ C \\ H_2 \end{matrix}$$

J. Kachler[3]).

C_3H_7

$$\begin{matrix} C \\ H_2C \quad CH \\ {>}O \\ H_2C \quad CH \\ C \\ CH_3 \end{matrix}$$

V. Meyer[4]).

Kettenförmige Formeln gaben Berthelot (1874) und Flawitzky
(1878):

$(C_5H_8 \cdot C_4H_8)CO$ (Berthelot)[5])

$$\begin{matrix} & & CH_3 \\ CH_3\diagdown & & \\ & CH{-}CH{-}CH{=}CH \\ CH_3\diagup & & \\ & O{:}C{-}CH{=}CH \\ & H & \end{matrix}$$ (Flawitzky)[6])

Die fernere Geschichte der Campherforschung spiegelt sich in den
verschiedenen Campherformeln wieder, die von den einzelnen Forschern
als Ausdruck ihrer Untersuchungen aufgestellt wurden:

C_3H_7

$$\begin{matrix} C \\ H_2C \quad C{\cdot}CH_3 \\ HO{\cdot}C \quad CH_2 \\ C \\ H \end{matrix}$$

Blanshard[7]).

C_3H_7

$$\begin{matrix} CH \\ HC \quad CH_2 \\ HC \quad CO \\ CH \\ CH_3 \end{matrix}$$

G. Bruylants[8]).

$$\begin{matrix} H_2 \\ C \\ H_2C \quad CH{-}CH \\ {>}O \\ {}^H_{CH_3}C \quad C{-}CH \\ C \quad CH_3 \\ H_2 \end{matrix}$$

H. E. Armstrong[9]).

$$\begin{matrix} H_2 \\ C \\ H_2C \quad CH{-}CH_2 \\ {}^H_{CH_3}C \quad C{-}CO \\ C \quad CH_3 \\ H_2 \end{matrix}$$

H. E. Armstrong (1883)[10]).

$$\begin{matrix} C_3H_7\diagdown & \\ C & \\ H_2C \quad COH \\ H_2C \quad CH \\ C \\ CH_3 \end{matrix}$$

M. Ballo[11]).

$$\begin{matrix} C_3H_7 \\ C \\ HC \quad CH \\ H_2C \quad COH \\ CH \\ CH_3 \end{matrix}$$

H. Schiff[12]).

[1]) Kekulé: B. 6, 931 (1873).　　[2]) Hlasiwetz: B. 3, 539 (1870).
[3]) Kachler: A. 164, 92 (1872).　　[4]) V. Meyer: B. 3, 121 (1870).
[5]) Berthelot: C. r. 79, 1093 (1874).
[6]) F. Flawitzky: J. russ. ph.-chem. Ges. 10, 314 (1878).
[7]) Blanshard: Chem. N. 31, 111 (1875).
[8]) Bruylants: B. 11, 451 (1878).
[9]) Armstrong: B. 11, 1698 (1878), 12, 1756 (1879)
[10]) Armstrong: B. 16, 2260 (1883).
[11]) Ballo: A. 197, 338 (1879); s. a. V. Meyer (5)
[12]) Schiff: Gazz. ch. 10, 332 (1880).

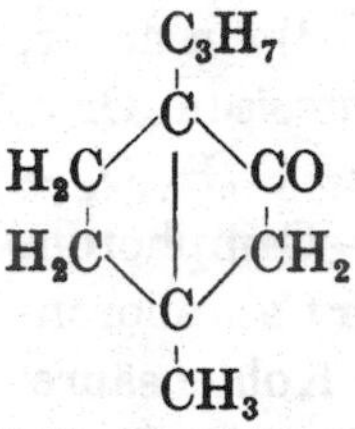

C_3H_7

H_2C CO
H_2C CH_2
CH_3

I. Kanonnikow[1]).

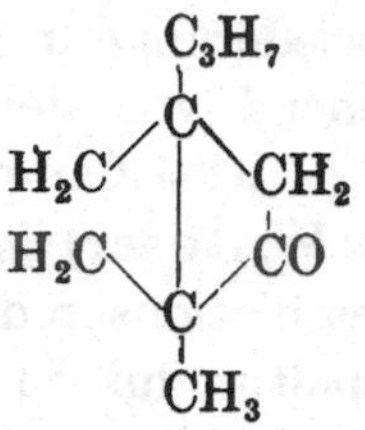

C_3H_7

H_2C CH_2
H_2C CO
CH_3

J. Bredt[2]).

H_2
H—C
CH_3—C CH—CH_2
O:C CH—$CH(CH_3)$
H_2

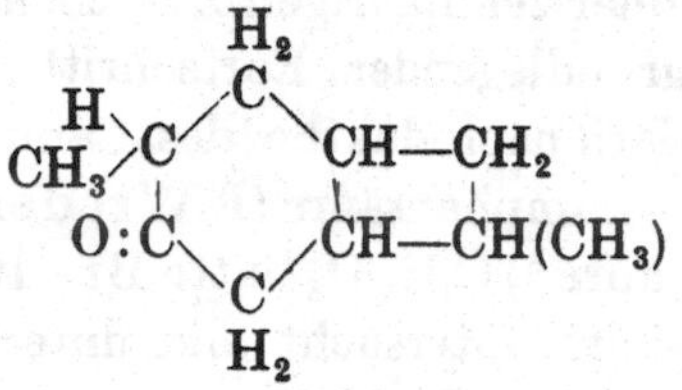

J. N. Collie[3]).

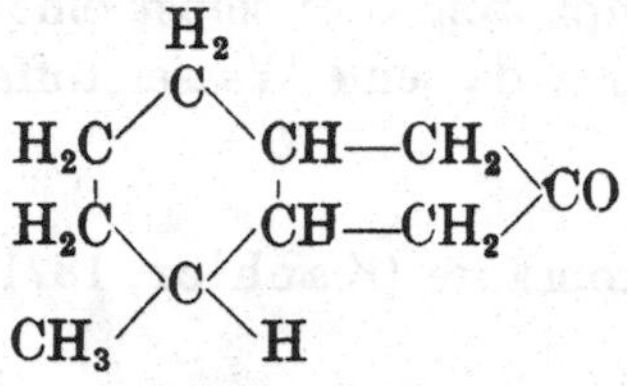

H_2
C
H_2C CH—CH_2
H_2C CH—CH_2 CO
CH_3 H

J. E. Marsh[4]).

CH —— CH_2
H_2C CH_2 CH_2
O:C CH—CH_2
CH_3 H

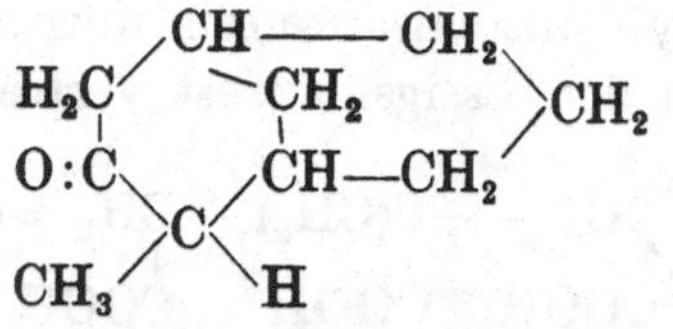

G. Oddo[5]).

Die C_3H_7-Gruppe wird erstmalig von G. Oddo (1891) und von J. N. Collie (1892) ringförmig an das Benzolsechseck gebunden.

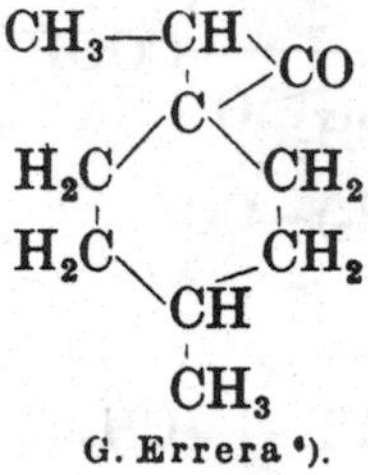

CH_3—CH CO
C
H_2C CH_2
H_2C CH_2
CH
CH_3

G. Errera[6]).

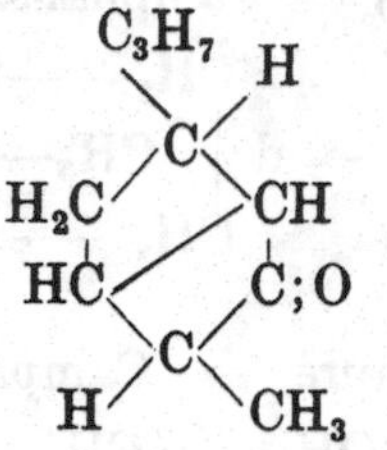

C_3H_7 H
C
H_2C CH
HC C;O
H CH_3

[7])

H
C
H_2C CH_2
H·C·CH_3
H·C·H
H_2C CO
C
CH_3

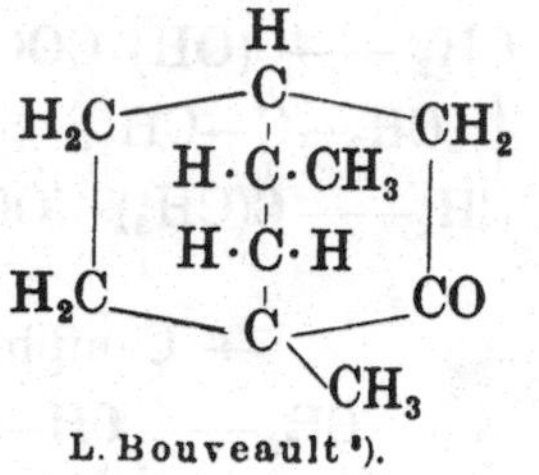

L. Bouveault[8]).

C_3H_7
C
HC CH_2
H_2C CO
C
H CH_3

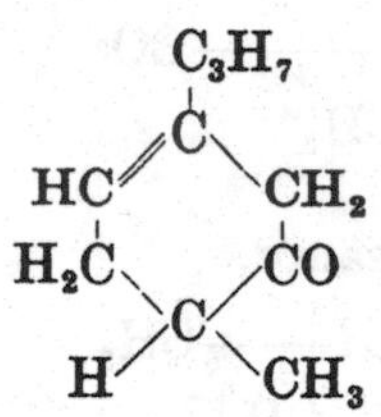

A. Haller und P. Cazeneuve[9]).

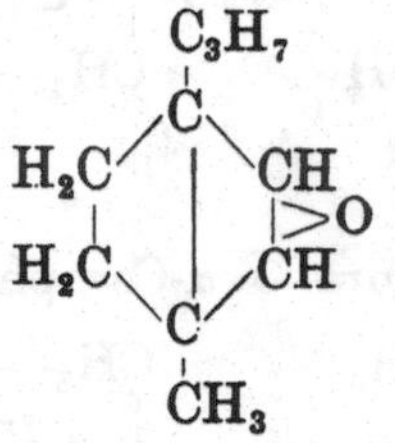

C_3H_7
C
H_2C CH
>O
H_2C CH
C
CH_3

A. Etard[10]).

CH_3 CH_3
C
H_2C CH_2
CH_3·C CO
C
CH_3

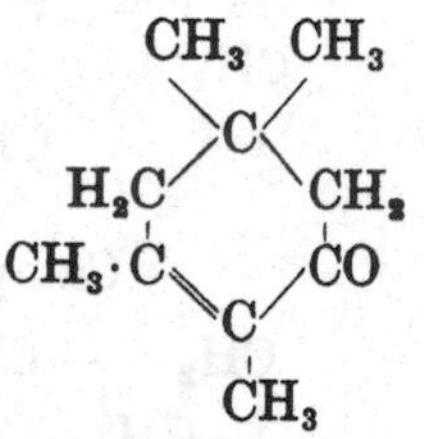

C. Gillet[11]).

Dem ersten bahnbrechenden Schritt, nämlich der Annahme einer Para-Bindung im Campherkern (Kanonnikow-Bredt), folgte nach

[1]) Kanonnikow: J. russ. ph.-chem. Ges. 15, 469 (Sept. 1883). Vgl. auch S. 69.
[2]) Bredt: A. 226, 261 (Sept. 1884); s. a. J. W. Brühl: B. 24, 3415 (1891).
[3]) Collie: B. 25, 1114 (1892).
[4]) Marsh: Proc. R. Soc. 47, 6 (1890).
[5]) Oddo: Gazz. ch. 21, 505 (1891).
[6]) Errera: Lezioni s. Polarim., 131 (1891).
[7]) Die Literaturstelle ist leider verloren gegangen.
[8]) Bouveault: Bull. (3) 7, 531 (1892); s. a. 11, 134 (1894).
[9]) Haller u. Cazeneuve: Bull. (3) 9, 31, 43 (1893), C. r. 115, 1315 (1892); s. a. Beckmann: A. 250, 373 (1889).
[10]) Etard: C. r. 116, 436, 1137 (1893).
[11]) Gillet: B. 27, Ref. 340 (1894).

einer zehnjährigen Zwischenarbeit wiederum durch Bredt [1]) ein neuer, grundlegender Fortschritt. Ausgehend von den stufenweisen Oxydationsprodukten des Camphers $C_{10}H_{16}O \rightarrow$ Camphersäure $C_{10}H_{16}O_4 \rightarrow$ $\rightarrow$ Camphansäure (F. Wreden, 1872; W. Roser) $C_{10}H_{14}O_4 \rightarrow$ Camphoronsäure [5]) $C_9H_{14}O_6$ hatte Bredt die Destillationsprodukte der Camphoronsäure untersucht und unter den Spaltprodukten (neben Kohlensäure, Wasser, Kohle) Isobuttersäure und Trimethylbernsteinsäure [2]) gefunden. Hieraus schloß er, daß die Camphoronsäure selbst eine Trimethylbernsteinsäure sein müsse, in welcher das eine Wasserstoffatom durch den Essigsäurerest vertreten sei:

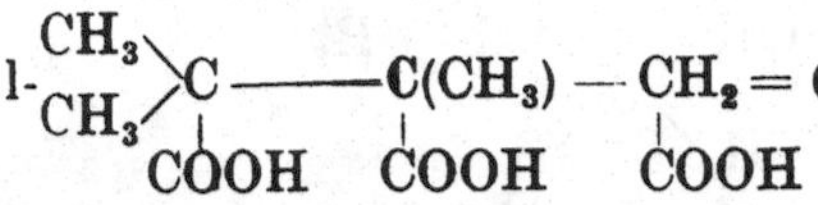

l- $\begin{matrix} CH_3 \\ {}^{\diagdown}C \\ CH_3 {}^{\diagup} \\ COOH \end{matrix} \quad \begin{matrix} \\ C(CH_3) \\ COOH \end{matrix} \quad \begin{matrix} \\ CH_2 \\ COOH \end{matrix}$ = Camphoronsäure (Kachler, 1871/72).

Weiterhin erteilte er rückwärts zum Campher gehend die folgenden Formeln [1]):

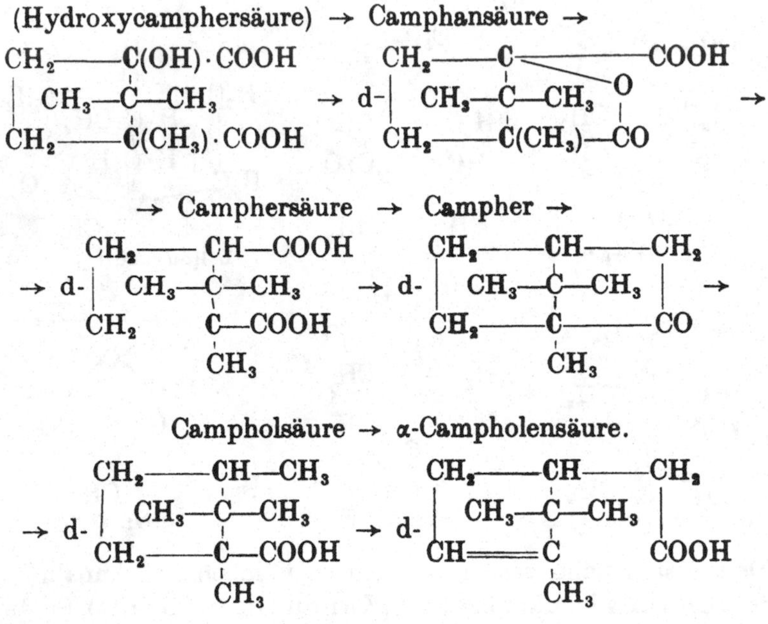

(Hydroxycamphersäure) $\rightarrow$ Camphansäure $\rightarrow$

$$\begin{matrix} CH_2 \text{——} C(OH)\cdot COOH \\ |\quad CH_3\text{—}C\text{—}CH_3 \\ CH_2 \text{——} C(CH_3)\cdot COOH \end{matrix} \quad \rightarrow \text{d-} \begin{matrix} CH_2\text{——}C\text{————}COOH \\ |\quad CH_3\text{—}C\text{—}CH_3 \;\; O \\ CH_2\text{——}C(CH_3)\text{—}CO \end{matrix} \quad \rightarrow$$

$\rightarrow$ Camphersäure $\rightarrow$ Campher $\rightarrow$

$$\rightarrow \text{d-} \begin{matrix} CH_2\text{——}CH\text{—}COOH \\ |\quad CH_3\text{—}C\text{—}CH_3 \\ CH_2 \qquad C\text{—}COOH \\ \qquad CH_3 \end{matrix} \quad \rightarrow \text{d-} \begin{matrix} CH_2\text{——}CH\text{——}CH_2 \\ |\quad CH_3\text{—}C\text{—}CH_3 \;\; | \\ CH_2\text{——}C\text{——}CO \\ \qquad CH_3 \end{matrix} \quad \rightarrow$$

Campholsäure $\rightarrow$ α-Campholensäure.

$$\rightarrow \text{d-} \begin{matrix} CH_2\text{——}CH\text{—}CH_3 \\ |\quad CH_3\text{—}C\text{—}CH_3 \\ CH_2\text{——}C\text{—}COOH \\ \qquad CH_3 \end{matrix} \quad \rightarrow \text{d-} \begin{matrix} CH_2\text{——}CH\text{——}CH_2 \\ |\quad CH_3\text{—}C\text{—}CH_3 \;\; | \\ CH\text{===}C \qquad COOH \\ \qquad CH_3 \end{matrix}$$

(Wir haben die asymmetrischen Kohlenstoffatome C in diesen Formeln besonders hervorgehoben; „d-" und „l-" bedeuten die beobachtete Rechts- bzw. Linksdrehung der Verbindungen.)

Wir wollen noch einige Campherformeln anführen, die sich in Gegensatz zur Bredtschen Formel setzten:

---

[1]) J. Bredt: B. **26**, 3047—3057 (1893).
[2]) Diesen Übergang der Camphersäure bei der Oxydation durch Chromsäure in Camphoronsäure und Trimethylbernsteinsäure hatte gleichzeitig auch W. Königs beobachtet [B. **26**, 2337 (1893)].

$$CH_2\underline{\hspace{1.2cm}}CH$$
$$(CH_3)_2C \quad \overset{\displaystyle CO}{\underset{\displaystyle H\cdot C\cdot H}{}}$$

$$\underset{CH_3}{\overset{CH_3}{>}}C\underline{\hspace{0.6cm}}CH\underline{\hspace{0.3cm}}CH_2 \qquad\qquad \overset{CH_3\ \ CH_3}{\underset{H_2C}{>}C<}\overset{CH_3}{\underset{C}{}} \qquad\qquad C\underline{\hspace{1.2cm}}CH_2$$

$$\underset{CH_2}{} \qquad\qquad H_2\overset{|}{C}\underline{\hspace{0.8cm}}\overset{|}{CH}\underline{\hspace{0.4cm}}\overset{|}{CO} \qquad\qquad CH_3$$

$$CH_3\cdot CH\underline{\hspace{0.3cm}}CH\underline{\hspace{0.3cm}}CO$$

F. Tiemann[1]) (1895).   L. Bouveault[2]) (1897).   W. H. Perkin jun.[3]) (1899).

$$CH_2\underline{\hspace{0.4cm}}CH\underline{\hspace{0.8cm}}CH_2$$
$$CH_3\cdot\overset{|}{C}\cdot CH_3$$
$$CH_3\cdot C\underline{\hspace{0.8cm}}CH_2\underline{\hspace{0.4cm}}CO$$

$$\overset{CO-CH_2}{C<\underset{CH_2-CH_2}{C(CH_3)_2}>C}$$
$$CH_3 \qquad\qquad H$$

G. Wagner[4]) (1895).   M. Delépine[5]) (1924).

Sämtliche der vorhin gegebenen Bredtschen Konstitutionsformeln haben die Jahrzehnte überdauert und ihre Bedeutung als der wahrscheinlichste Ausdruck des Aufbaues und Abbaues von Campher, Camphersäure usw. offenbart; Bredt[6]) selbst hat die vielseitigen Einwände entkräftet und sein langes wissenschaftliches Wirken dem Ausbau der „Morphologie des Camphanskelets" (nach der treffenden Bezeichnung von P. Lipp) gewidmet; seine posthume Veröffentlichung kehrt zum Ausgang seiner Campher-Studien, bzw. zu der Camphoronsäure seiner Habilitationsschrift zurück.

Den drei Camphern, d- bzw. l- und d,l-Campher, standen jedoch etwa ein Dutzend verschiedener Camphersäuren gegenüber. Wie ordneten sie sich der Bredtschen Campherformel unter und wie gliederten sie sich in die Lehre vom asymmetrischen Kohlenstoffatom ein?

Noch 1894 benutzte J. H. van't Hoff (Lagerung der Atome, II. Aufl., 41. 1894) die alten Konstitutionsformeln für die Camphersäure, und zwar

$$\begin{matrix} H-C=C(C_3H_7)CO_2H \\ H_2C-CH(CH_3)CO_2H \end{matrix} \text{(Kekulé, 1873)} \quad \begin{matrix} CH_2-C(CH_3)CO_2H \\ CH_2-C(C_3H_7)CO_2H \end{matrix} \text{(Bam-}$$

berger, 1890 (richtiger: V. Meyer, 1870. P. W.); daran schließt er die beiden Antipodenpaare d- und l-Camphersäure, $[\alpha]_D = \pm 46^0$,

---

[1]) F. Tiemann: B. **28**, 1087, 2182 (1895); β-Campholensäure und Derivate: B. **28**, **29** u. **30**; s. auch A. Béhal, C. r. **119** u. f.).

[2]) Bouveault: Chem. Zentralbl. **1897 II**, 856.

[3]) W. H. Perkin jun.: J. chem. Soc. **73**, 819 (1899).

[4]) G. Wagner (1895), vgl. A. **292**, 129 (1896).

[5]) M. Delépine: Bl. (4) **35**, 1483 (1924).

[6]) Bredt: A. **292**, 55—132 (1896); **314**, 369—398 (1901); **328**, **348**, **366**, **395** (1913). Im Jahre 1905 veröffentlichte J. Bredt die Monographie: Über die räumliche Konfiguration des Camphers und einiger seiner wichtigsten Derivate. Leipzig 1905; s. a. J. pr. Chem. N. F. **121**, 157 (1929); im Jahre 1913 stellte er die „Bredtsche Regel" über Spannungsverhältnisse in polyclischen Systemen mit bestimmt gelagerten Brückenbindungen auf [A. **395**. 26 (1913); J. pr. Chem. (2) **95**, 134 (1917); A. **437**, 1 (1924); C. **1927 II**, 2298].

und d- und l-Isocamphersäure, ebenfalls $[\alpha]_D = \pm 46^0$, letztere nach den Untersuchungen von Friedel (1889), Jungfleisch (1890) und Marsh (1890), und für die erste Formel sieht er die „Möglichkeit einer Isomerie, wie bei Fumar- und Maleinsäure" als gegeben an.

Es ist das Verdienst von O. Aschan [1]), vom stereochemischen Standpunkt und unter Zugrundelegung kinetischer Messungen über die gegenseitige Umwandlung der Camphersäuren die vermeintlichen 13 Modifikationen derselben auf 6 reduziert zu haben, und zwar auf 4 optisch aktive und 2 inaktive d,l-Formen:

a) Die cis-Formen:

1. die gewöhnliche d-Camphersäure;

2. die von Chautard (1853) erhaltene l-Camphersäure (s. o. S. 550);

3. die d,l-Modifikation (aus 1 + 2 erhalten, Chautard).

b) Die cis-trans-Formen:

1. die sogenannte d-Isocamphersäure [Jungfleisch [2])];

2. die l-Isocamphersäure [Friedel [3])];

3. die inaktive d,l-Isocamphersäure [Jungfleisch [2])].

Gleichzeitig entwickelte Aschan die stereochemischen Verhältnisse der Camphersäuren und zeigte die tatsächliche Übereinstimmung zwischen den experimentell nachgewiesenen 6 Isomeren und den von der van't Hoffschen Theorie (bei zwei ungleichartigen asymmetrischen Kohlenstoffatomen) geforderten 6 Modifikationen. Bestimmungen von Dissoziationskonstanten K dieser 6 Modifikationen durch P. Walden [B. 29, 1700 (1896)] ergaben übereinstimmend für die Gruppe a) die Konstante $K = 0,00229$, für die Gruppe b) mit den 3 trans-Isomeren (Iso-Säuren) $K = 0,00174$, also cis-Formen $>$ trans-Formen, was mit den Verhältnissen bei den Säuren der Malein-Fumarsäure-Reihe (Ostwald, 1889) bzw. bei der cis-trans-m-Hexahydrophthalsäure (R. Kuhn, 1928) übereinstimmt; die Camphoronsäure (als α,α,β-Trimethyltricarballylsäure) wies die Konstante $K = 0,0183$ auf (P. Walden, 1891), schloß sich also größenordnungsmäßig der Tricarballylsäure $(K = 0,0220)$ an.

Auf Grund eigener Untersuchungen hatte auch A. v. Baeyer [4]) die Bredtsche Formulierung des Camphers „als den besten Ausdruck für die Konstitution dieses Körpers" anerkannt, ebenso entsagte G. Wagner [5]) seiner Campherformel zugunsten derjenigen von Bredt, und L. Balbiano [6]) wies die Formeln von Bouveault (s. oben)

[1]) O. Aschan: B. 27, 2001 (1894); A. 316, 241 (1901); Monographien: Struktur- und stereochemische Studien in der Camphergruppe. 1895. — Die Konstitution des Camphers und seiner wichtigsten Derivate. 1903. — Naphthenverbindungen, Terpene und Campherarten 1929.

[2]) Jungfleisch: C. r. 110, 722 (1890).

[3]) Friedel: C. r. 108, 979 (1889); s. a. Marsh: Chem. News 60, 307 (1889).

[4]) A. v. Baeyer: B. 29, 15 (1896).

[5]) Wagner: B. 32, 3325 (1899).

[6]) L. Balbiano: B. 32, 1017 (1899).

und Perkin jr. (s. oben) als unzureichend zurück, indem einzig die Bredtsche Formel die durch milde Oxydation der Camphersäure gleichzeitig entstehende Oxalsäure und die Säure $C_8H_{12}O_5$ („Balbianosche Säure", sie gibt durch Reduktion mit Jodwasserstoff die α,β,β-Trimethylglutarsäure) zu erklären vermochte.

Die erste „partielle Synthese" des Camphers führten unabhängig und gleichzeitig aus: J. Bredt[1]) und v. Rosenberg (1896), indem sie aus homocamphersaurem Calcium durch trockne Destillation Campher erhielten, sowie A. Haller[2]) (1896), indem er homocamphersaures Blei trocken erhitzte. In anderer Richtung bewegten sich die synthetischen Versuche von W. H. Perkin jr.[3]) und J. F. Thorpe: die Synthese der inaktiven Camphoronsäure (1897) und der Isocamphoronsäure (1901) wurde ausgeführt, und gemeinsam mit R. Robinson u. a. wurden systematische Versuche über die Synthese von Terpenen (1905—1907) unternommen. Eine der vordringlichsten Aufgaben war zunächst die Synthese der Camphersäure. Die Totalsynthese der razem. Camphersäure (Schmp. 200—202°) hat (1903) G. Komppa[4]) gemeistert; damit knüpfte man die Verbindung mit der vor hundert Jahren (1785) von Kosegarten aus Campher dargestellten d-Camphersäure. Da die razemische Camphersäure ihrerseits von Chautard (1853, s. oben) durch Vermischen von d- und l-Camphersäure erhalten worden war, enthielt ja die synthetische Säure Komppas auch den Beweis für die Konstitution der d-Camphersäure. Die razemische Säure war bereits von E. Saran und E. Beckmann[5]) (1897) mittels der sauren Cinchonidin-camphorate gespalten worden. Überdies spaltete noch Komppa seine razemische Säure mittels Chinin in die aktiven Antipoden; aus der razem. Säure gelangte er auch zum razem. Campher (Schmp. 178—178,5) und erledigte damit die Totalsynthese des Camphers (1905; 1908). Schon 1902 war es der Scheringschen Fabrik in Berlin gelungen, eine technische Synthese des Camphers aus Terpentinöl zu verwirklichen; daß auch dieser „synthetische Campher" die Razemform des natürlichen

[1]) J. Bredt u. M. v. Rosenberg: A. **289**, 1 (1896).

[2]) A. Haller: C. r. **122**, 446 (1896).

[3]) W. H. Perkin u. Thorpe: Soc. **71**, 1169 (1897); dann Soc. **87** bis **91** (1905—1907). Im Jahre 1911 entdeckte Perkin und gleichzeitig J. Bredt den Epicampher (oder l-β-Campher); gemeinsam [Soc. **103**, 2182 (1913)] wurde dann eine verbesserte Darstellungsweise ausgearbeitet.

[4]) G. Komppa: B. **36**, 4332 (1903); **41**, 1470 (1908); A. **370**, 209 (1909); eine andere Synthese lieferte N. J. Toivonen (C. **1927** II, 1248). — G. Komppa hat sich als erfolgreicher Synthetiker der Campherchemie fortlaufend betätigt, so z. B. in der Santengruppe [1932 u. f.; s. a. mit G. A. Nyman: B. **72**, 16 (1939)], Norbornylan, endo- und exo-Norbornylamin und β-Norborneol (1935 u. f.), Synthese von d,l-Fenchon [mit A. Klami: B. **68**, 2001 (1935)], Totalsynthese von Verbanon, δ-Pinen und Pinan [mit A. Klami: B. **70**, 788 (1937)].

[5]) E. Saran, s. E. Beckmann: J. pr. Ch. (2) **55**, 39 (1897); B. **42**, 485 (1909).

Rechts-Camphers ist, konnte B. Rewald[1] (1909) durch die Spaltung der inaktiven (d,l-) Camphersulfosäure mittels Brucin nachweisen.

Damit ist das Problem der wissenschaftlichen und technischen Bewältigung des Naturstoffes Campher in seinen Grundzügen abgeschlossen. Weit und mühevoll war der Weg von dem einstigen „künstlichen Campher" Kindt's (1803), d. h. dem Pinenhydrochlorid oder Bornylchlorid $C_{10}H_{17}Cl$ bis zum technischen „synthetischen Campher" (1902 u. f.)[2], und es berührt eigenartig, daß die Gewinnung des letzteren in der modernen Industrie ebenfalls von dem Pinen bzw. Pinenhydrochlorid ausgeht.

W. H. Perkin jr.[3] und gleichzeitig J. Bredt[3] hatten (1911) den Epicampher entdeckt und dessen Beziehungen zum gewöhnlichen Campher bzw. dessen Eigenschaften und Abkömmlinge [gemeinsam mit J. Bredt[4] (1913), Furness[5] (1914) und Titley[6] (1921)] untersucht. Es ergaben sich die folgenden Tatsachen:

$$d\text{- (bzw. l-) Campher }[4]\;[5] \;\; \rightleftharpoons \;\; l\text{- (bzw. d-) Epicampher }[4]\;[5]\;[7]\;[8]$$

$$\text{A.} \quad \begin{array}{c} CH_2\text{---}CH\text{---}CH_2 \\ | \quad CH_3\cdot \overset{|}{C}\cdot CH_3 \quad | \\ CH_2\text{---}C(CH_3) \quad CO \end{array} \quad \rightleftharpoons \quad \text{B.} \quad \begin{array}{c} CH_2\text{---}CH\text{---}CO \\ | \quad CH_3\cdot \overset{|}{C}\cdot CH_3 \quad | \\ CH_2\text{---}C(CH_3)\text{---}CH_2 \end{array}$$

$$[\alpha]_D = \overset{+}{(-)}44^0 \qquad\qquad [\alpha]_D = \overset{-}{(+)}58^0 \text{ in } C_6H_6$$

$$d\text{-A} \to l\text{-B} \xrightarrow{(+\,H_2)} C_8H_{14} \Big\langle \begin{array}{c} CH\cdot OH \\ | \\ CH_2 \end{array} \xrightarrow{(-\,H_2O)} C_8H_{14} \Big\langle \begin{array}{c} CH \\ \| \\ CH \end{array} \to C_8H_{14} \Big\langle \begin{array}{c} CO\cdot OH \\ CO\cdot OH \end{array}$$

$$\xrightarrow{\text{reduziert}} \text{Epiborneol}[4] \to l\text{-Bornylen} \to d\text{-Camphersäure}$$

$$[\alpha]_D = \pm\, 0^0 \quad [\alpha]_D = -\,18{,}45^0 \quad [\alpha]_D = +\,49{,}7^0$$

Eine Umkehrung des einen Antipoden in sein Spiegelbildisomeres, bzw. des d-Camphers in l-Campher haben J. Houben (1875—1940)

[1] B. Rewald: B. 42, 3136 (1909).

[2] Die Bedeutung dieser technischen Synthese sei durch einige Angaben veranschaulicht: Im Jahre 1931 betrug der Weltverbrauch an Campher 11500 t, davon waren 4500 t natürlicher (aus Japan) und mehr als 7000 t synthetischer, hauptsächlich aus Deutschland; so führten z. B. die Vereinigten Staaten mehr Campher von Deutschland ein als von Japan.

[3] H. W. Perkin jr. u. Lankshear: Proc. 27, 167 (1911); J. Bredt: Chemiker-Zeitung 35, 765 (1911).

[4] J. Bredt u. Perkin: Soc. 103, 2182 (1913); J. pr. Ch. (2) 89, 209 (1914); 131, 46 (1931).

[5] R. Furness u. Perkin: Soc. 105, 2025 (1914).

[6] Perkin u. A. F. Titley: Soc. 119, 1089 (1921). Weitere Abkömmlinge des l-Epicamphers.

[7] J. Bredt u. M. Bredt-Savelsberg: B. 62, 2214 (1929). Darstellung von l-Epicampher aus β-Oxycampher.

[8] Y. Asahina u. M. Ishidate: B. 66, 1913 (1933). Darstellung von d-Epicampher aus α-5-Oxy-camphan-5-carbonsäure.

und E. Pfankuch[1]) (1931) mittels einer Reihe eindeutiger chemischer Eingriffe durchgeführt:

A. Aus d-Campher wird l-Campher-4-carbonsäure[1]) dargestellt, die nacheinander übergeführt wird in das Amid (I), Amin (II), 4-Oxy-campher (III), 4-Oxy-camphen-1-carbonsäureamid (IV), dieses wird hydrolysiert (V) und erleidet eine „Nametkinsche[2]) Umlagerung" (V, VI bzw. VII), in deren Folge die d-Camphercarbonsäure (VII) entsteht: die Umkehrung der l-Camphercarbonsäure in ihren d-Antipoden ist vollzogen:

$$
\begin{array}{ccccc}
\text{CO·NH}_2 & & \text{NH}_2 & & \text{OH} \\
\text{H}_2\text{C}\!-\!\!-\!\dot{\text{C}}\!-\!\!-\text{CH}_2 & \text{H}_2\text{C}\!-\!\!-\!\dot{\text{C}}\!-\!\!-\text{CH}_2 & \text{H}_2\text{C}\!-\!\!-\!\dot{\text{C}}\!-\!\!-\text{CH}_2 & \\
\quad|\;\text{CH}_3\!\cdot\!\dot{\text{C}}\!\cdot\!\text{CH}_3 \;\rightarrow & \quad|\;\text{CH}_3\!\cdot\!\dot{\text{C}}\!\cdot\!\text{CH}_3\;| \;\rightarrow & \quad|\;\text{CH}_3\!\cdot\!\dot{\text{C}}\!\cdot\!\text{CH}_3 \;\rightarrow \\
\text{H}_2\text{C}\!-\!\!-\!\dot{\text{C}}\!-\!\!-\text{CO} & \text{H}_2\text{C}\!-\!\!-\!\dot{\text{C}}\!-\!\!-\text{CO} & \text{H}_2\text{C}\!-\!\!-\!\dot{\text{C}}\quad\text{CH}_2 & \\
\quad\text{CH}_3 & \quad\text{CH}_3 & \quad\text{CH}_3 & \\
\quad\text{I.} & \quad\text{II.} & \quad\text{III.} &
\end{array}
$$

$$
\begin{array}{cccc}
\text{OH} & & \text{OH} & \\
\text{H}_2\text{C}\!-\!\dot{\text{C}}\!-\!\!-\!\text{C}\!\!<\!\!\begin{smallmatrix}\text{CH}_3\\\text{CH}_3\end{smallmatrix} & & \text{H}_2\text{C}\!-\!\dot{\text{C}}\!-\!\!-\!\text{C}\!\!<\!\!\begin{smallmatrix}\text{CH}_3\\\text{OH}\end{smallmatrix} & \\
\quad|\quad\text{CH}_2\quad| \;\rightarrow & & \quad|\quad\text{CH}_2\quad| \;\rightarrow & \\
\text{H}_2\text{C}\!-\!\dot{\text{C}}\!-\!\!-\!\text{C}=\text{CH}_2 & & \text{H}_2\text{C}\!-\!\dot{\text{C}}\!-\!\!-\!\text{C}\!\!<\!\!\begin{smallmatrix}\text{CH}_3\\\text{CH}_3\end{smallmatrix} & \\
\text{CO·NH}_2 & & \text{CO·OH} & \\
\quad\text{IV} & & \quad\text{V.} &
\end{array}
$$

$$
\begin{array}{ccc}
& \text{CO} & \text{CH}_3 \\
\text{H}_2\text{C}\!-\!\!\overset{|}{\underset{|}{}}\!\!>\!\text{C·CH}_3 & & \text{H}_2\text{C}\!-\!\!-\!\dot{\text{C}}\!-\!\!-\text{CO} \\
\quad\rightarrow\quad|\quad\text{CH}_2\quad| & \text{oder} & \quad|\;\text{CH}_3\!\cdot\!\dot{\text{C}}\!\cdot\!\text{CH}_3\;| \\
\text{H}_2\text{C}\!-\!\dot{\text{C}}\!-\!\!-\!\text{C}\!\!<\!\!\begin{smallmatrix}\text{CH}_3\\\text{CH}_3\end{smallmatrix} & & \text{H}_2\text{C}\!-\!\!-\!\dot{\text{C}}\!-\!\!-\text{CH}_2 \\
\text{CO·OH} & & \text{CO·OH} \\
\quad\text{VI.} & & \quad\text{VII.}
\end{array}
$$

(Ob und in welchem Maße und an welchen asymm. C-Atomen hier eine mögliche Waldensche Umkehrung stattfindet, ist eine offene Frage.)

B. Die andere Überführung[3]) betrifft das System d-Campher ⇌ l Campher. Der erste Weg führte hier vom Rechtscampher über Campherdichlorid → 4-Chlorisoborneol → 1-4-Chlorcampher → l-Semicarbazon → l-Campheroxim → l-Campher (teilweise razemisiert). Ein verbesserter Weg[4]) erlaubte dann die Umformungen der Antipoden mit 100 % optischer Ausbeute zu vollziehen, also auch

---

[1]) J. Houben u. E. Pfankuch: A. **489**, 193 (1931); s. a. Bredt: J. pr. Ch. (2) **131**, 137 (1931).

[2]) S. Nametkin u. L. Brüssoff: A. **459**, 158 (1927). Als „Nametkinsche Umlagerung" wird die Umlagerung z. B. tertiärer Chloride der Camphenreihe mit Platzwechsel (Methylgruppe) bezeichnet. G. Wagner hatte (1899) bei den sekundären Chloriden vom Pinakolintypus Isomerisationen analog der Retropinakolinumlagerung festgestellt.

[3]) Houben u. Pfankuch: B. **64**, 2719 (1931).

[4]) Houben u. Pfankuch: A. **507**, 37 (1933); s. a. **501**, 235 (1933).

Links-Isoborneol $\rightleftarrows$ Rechts-Isoborneol, und

$$\begin{array}{ccc} \text{d-Camphen} & \leftarrow \quad \text{d-Campher} \quad \rightarrow & \text{l-Camphen} \\ [\alpha]_D = +106^0 & [\alpha]_D = +45^0 & [\alpha]_D = -106^0. \end{array}$$

C. Einen dritten Weg haben die japanischen Forscher Y. Asahina und M. Ishidate [1]) beschritten, und zwar in folgenden Etappen:

$$\begin{array}{ccc} \text{d-Campher} & \rightarrow \quad \text{d-Epicampher} \quad & \rightarrow \text{d-Campherchinon}^{2)} \rightarrow \\ \text{in absol. Alkohol:} & [\alpha]_D^{26} = +47,0^0 \, (50,0^0) & [\alpha]_D^{24} = +100,1^0 \end{array}$$

$$\begin{array}{l} \nearrow \text{5-Oxo-6-oxy-camphan} \\ \rightarrow \text{5-Oxy-6-oxo-camphan} \rightarrow \text{l-Campher } (= \text{6-Oxo-camphan}) \\ \qquad\qquad\qquad [\alpha]_D^{26} = -41,40^0 \end{array}$$

Während der lebhaften experimentellen und theoretischen Aufklärungsarbeit um das Camphergerüst vollzog sich nebenher eine weniger auffallende Untersuchungsarbeit, die einen weiteren Rahmen besaß und die Gruppe der gleichzusammengesetzten Kohlenwasserstoffe $C_{10}H_{16}$ betraf. Die Unsicherheit in dieser Körperklasse bzw. die Schwierigkeit der Reindarstellung durch bloße Destillation erhellt z. B. daraus, daß J. Guareschi [3]) ein rechtsdrehendes (!) Cymol in ein drehendes Tereben verwandeln wollte. Als nun P. Barbier [4]) und insbesondere Oppenheim [5]) (1872) aus Terpentinöl und Brom ein Dibromid $C_{10}H_{16} \cdot Br_2$ dargestellt, dem letzteren Bromwasserstoff (durch Erhitzen mit Anilin, F. Oppenheim) entzogen und dabei Cymol $C_{10}H_{14}$ erhalten hatten, sah Oppenheim das Terpentinöl $C_{10}H_{16}$ als ein hydriertes Cymol an. Kekulé [6]) erhielt bei der Einwirkung (Anlagerung) von 1 Mol. Jod auf 1 Mol. Terpentinöl durch freiwillige Jodwasserstoffabspaltung aus dem Dijodid ebenfalls Cymol und erteilte daraufhin dem Tepentinöl den Kohlenstoffkern I. Wright [7]) stellte aus den Dichloriden $C_{10}H_{16} \cdot Cl_2$ bzw. Dibromiden (von Hesperidenund Muskatnußöl, d. h. Limonen und Pinen) Cymole her, fand sie übereinstimmend mit dem Cymol aus Terpentin und Pomeranzenöl-Terpentin und sprach die vier Terpene als Cymoldihydride an. J. Riban [8]) untersuchte die verschiedenen Chlorhydrate $C_{10}H_{16} \cdot HCl$ und Chloride $C_{10}H_{17}Cl$ auf ihre Hydrolysegeschwindigkeit bei verschiedenen Temperaturen; an dem aus l-Terebenten (Pinen) dargestellten festen Monochlorhydrat (Schmp. 131—132^0) zeigte er, daß dasselbe über-

[1]) Asahina u. Ishidate: B. 67, 1432 (1934); 66, 1913 (1933).

[2]) Aus Campher durch Oxydation mit Selendioxyd (Riley) nach W. C. Evans, J. M. Ridgion u. J. L. Simonsen (Soc. 1934, 137) erhältlich.

[3]) Guareschi: B. 6, 758 (1873).

[4]) Barbier: B. 5, 215 (1872).

[5]) Oppenheim: B. 5, 94 und 628 (1872).

[6]) Kekulé: B. 6, 437 (1873).

[7]) Wright: B. 6, 147, 455 (1873); J. ch. Soc. 14, 1 (1876).

[8]) Riban: B. 6, 199, 1264, 1557 (1873); A. ch. ph. (5) 6, 1, 215, 353, 473 (1876).

geführt werden kann 1. in aktives Camphen beim Erhitzen mit alkohol.
Kali, 2. in inaktives, festes Camphen (neben flüssigen Isomeren) durch
Alkaliazetate, und 3. in inaktives flüssiges Tereben mittels starker
Säuren, die Camphene erscheinen ihm nur als eine feste Modifikation
des Terebens.

Neue Additionsreaktionen und Additionsprodukte erschloß W.
Tilden[1]), indem er das Nitrosochlorid NOCl auf Pinen einwirken
ließ, das gebildete Pinennitrosochlorid $C_{10}H_{16}\cdot NOCl$ ließ sich durch
Salzsäureentziehung in Nitrosopinen $C_{10}H_{15}NO$ überführen; auch
Limonen gab ein Limonennitrosochlorid (Tilden und Shenstone)
und Nitrosolimonen. Tilden sah als eine der wesentlichen Ursachen
für die scheinbare Verschiedenheit der Terpene ihre optische Isomerie
an; er unterschied die Terpentingruppe von der Orangengruppe und
indem er den Terpenen eine aliphatische Struktur beilegte (z. B.
die Formel II dem Pinen erteilte), deutete er die verschiedenen Terpene
durch eine Verlegung des Orts der Doppelbindungen (1878). Unabhängig gelangte F. Flawitzky[2]) bei der Untersuchung des stark
rechtsdrehenden Pinens (Australen, aus russischem Terpentinöl) ebenfalls zur Aufstellung von aliphatischen Strukturen für die Terpene
(vgl. Formel III und IV). Gleichzeitig versuchte H. E. Armstrong[3])
(1878) eine Klassifizierung der Terpene durchzuführen, indem er die
Fähigkeit, 2 oder nur 1 Mol. HCl zu addieren, als Unterscheidungs-
merkmal benutzt; zur ersten Klasse rechnet er die Terpene aus
Citronenöl, Orangenöl usw., auch das amerikanische und französische
Terpentinöl, zur anderen ,,die sogenannten Campher" und ,,vielleicht
auch das Tereben" (die Formelbilder V und VI).

I.   Kekulé (1873).

II.   Tilden (1878).

III.   aktiv   →   IV.   inaktiv

Flawitzky (1878).

---

[1]) Tilden: Jahresb. 1875, 390; 1877, 427; 1878, 979; 1879, 396; s. a. J. chem.
Soc. 1878, 86 u. 1888, 879; B. 11, 152 (1878).
[2]) Flawitzky: B. 11, 1847 (1878); J. russ. phys.-chem. Ges. 10, 311 (1878).
[3]) Armstrong: B. 11, 1698 (1878).

$$
\begin{array}{ll}
\text{V.} &
\begin{array}{c}
\text{H}_2 \\
\text{C} \\
\text{CH}_2 \quad \text{CH} = \text{CH} \\
\text{CH}_3 \cdot \text{CH} \quad \text{C} = \text{CH} \\
\text{C} \quad \text{CH}_3 \\
\text{H}_2
\end{array}
&
\text{VI.} &
\begin{array}{c}
\text{H}_2 \\
\text{C} \\
\text{CH}_2 \quad \text{CH} - \text{CH} \\
\text{CH}_3 \cdot \text{CH} \quad \text{C} - \text{CH} \\
\text{C} \quad \text{CH}_3 \\
\text{H}_2
\end{array}
\end{array}
$$

Armstrong (1878).

An weiteren Terpen-Formeln seien noch die folgenden genannt:

$$
\begin{array}{ll}
\text{VII.} &
\begin{array}{c}
\text{CH}_3 \cdot \text{CH}_2 \cdot \text{CH}_2 \\
\text{C} \\
\text{HC} \quad \text{H} \quad \text{CH}_2 \\
\text{HC} \quad \quad \text{CH} \\
\text{C} \\
\text{CH}_3
\end{array}
&
\text{VIII.} &
\begin{array}{c}
\text{H} \\
\text{CH}_3 \cdot \text{C} \cdot \text{CH}_3 \\
\text{C} \\
\text{H}_2\text{C} \quad \text{CH} \\
\text{H}_2\text{C} \quad \text{CH} \\
\text{C} \\
\text{CH}_3
\end{array}
\end{array}
$$

A. Oppenheim[1]) (1872).   V. v. Richter[2]) (1872).

$$
\begin{array}{ll}
\text{IX.} &
\begin{array}{c}
\text{H} \\
\text{CH}_3 \cdot \text{C} \cdot \text{CH}_3 \\
\text{C} = \text{CH} - \text{CH}_2 - \text{CH} = \text{CH}_2 \\
\text{HC} \\
\text{H}_2\text{C}
\end{array}
&
\text{X.} &
\begin{array}{c}
\text{H} \\
\text{CH}_3 \cdot \text{C} \cdot \text{CH}_3 \\
\text{C} \\
\text{HC} \quad \text{CH} \\
\text{HC} \quad \text{CH}_2 \\
\text{CH} \\
\text{CH}_3
\end{array}
\end{array}
$$

A. Saytzeff[3]) (1878).

Es sei darauf hingewiesen, daß die Terpenformeln von V. v. Richter, Tilden und Saytzeff kein asymmetrisches C-Atom enthalten. Saytzeff nimmt an, daß in der Anordnung mit offener Kette die Möglichkeit (durch intermediäre Wasseranlagerung an den beiden C-Atomen und nachherige Abspaltung) für eine Ringbildung enthalten ist, indem der Terpenring X entsteht.

Auf ein anderes wissenschaftliches Niveau wurde die Terpenforschung durch die Experimentalarbeiten O. Wallachs übergeführt.

O. Wallach (1847—1931)[4]) begann seine klassischen Untersuchungen über „Terpene und ätherische Öle" im Jahre 1884 als 37jähriger a. o. Professor in Bonn. Der damalige Direktor des Bonner Chemischen Institutes, A. Kekulé, hatte Wallach den Lehrauftrag in Pharmazie überlassen, und so mußte pflichtgemäß im pharma-

---

[1]) A. Oppenheim: B. 5, 94 und 628 (1872).
[2]) V. v. Richter: J. d. russ. ph.-chem. Ges. 4, 229 (1872).
[3]) Saytzeff: J. d. russ. phys.-chem. Ges. 10, 366 (1878); B. 11, 2152 (1878).
[4]) O. Wallach: A. 225, 291, 314 (1884) u. f.; Zusammenfassung B. 24, 1525—1579 (1891).

zeutischen Unterricht auch das Kapitel der ätherischen Öle behandelt werden. Der theoretischen Beschäftigung mit diesen zahlreichen und chemisch undurchsichtigen Ölen folgte bald der Wunsch, durch neue Untersuchungen in das Gebiet Licht zu bringen. Der äußere Anlaß zu der Inangriffnahme solcher Experimentalarbeiten bot sich durch mehrere uneröffnete Flaschen dar, die seit etwa 15 Jahren in Kekulés Privatlaboratorium standen und ätherische Öle enthalten sollten. Auf den von Wallach vorgebrachten Wunsch, den Inhalt dieser Flaschen untersuchen zu dürfen, erwiderte Kekulé mit ironischem Lächeln: Jawohl, wenn Sie damit was machen können. Kekulé hat es noch erlebt, zu sehen, wie und was aus diesen Flaschen gemacht werden konnte und daß durch Wallachs Forschungen der Anbruch einer eigenen Chemie der ätherischen Öle gekennzeichnet wurde.

Wallach ging von der Annahme aus, daß die vielen gleich zusammengesetzten Stoffe $C_{10}H_{16}$ mit den gesonderten Bezeichnungen (z. B. Terpen, Camphen, Citren, Carven, Cynen, Cajeputen, Eucalypten, Hesperiden usw.) wohl Gemische darstellen, es daher die nächstliegende Aufgabe wäre, diese Gemische zu entwirren, d. h. die einzelnen Bestandteile mit ihren individuellen Eigenschaften kennenzu- lernen. Dazu reichte nicht die fraktionierte Destillation aus, sondern es mußten chemische Reaktionen angewandt werden, die zu einheit- lichen, kristallisierbaren Verbindungen hinführten und dadurch eine Scheidung und Unterscheidung der einzelnen Bestandteile ermög- lichten. Von diesen Gesichtspunkten aus unternahm nun Wallach eine durch ihre außerordentliche Sorgfalt gekennzeichnete Analyse der ätherischen Öle und Terpene; er legte einen Querschnitt durch die ganze große Klasse dieser Stoffe, indem er kristallisierte Anlagerungs- produkte darzustellen, sie zur Charakterisierung der einzelnen Typen zu verwenden und weiterhin zur Isolierung der reinen Kohlenwasser- stoffe selbst zu gebrauchen suchte. In erster Reihe war es die An- lagerung 1. von Halogenwasserstoffen HX, 2. von Halogenen (Brom Br_2), 3. von Stickoxyden (z. B. N_2O_3) und 4. von Nitrosylchlorid NOCl. Für diese Anlagerungsprodukte lagen allerdings die vorhin erwähnten älteren [1]) Untersuchungen vor, jedoch hat Wallach die Darstellungs- verfahren verbessert und die Produkte genauer charakterisiert. Je nach der Anzahl der addierten Moleküle Halogenwasserstoff HX bzw. Brom Br_2 wurde auf die Anzahl der Äthylenbindungen in den Kohlen- wasserstoffen $C_{10}H_{16}$ geschlossen und dementsprechend eine Zusammen- fassung zu Gruppen vorgenommen (s. S. 560, Armstrong), z. B.

---

[1]) Anlagerung von Halogenwasserstoff — schon durch den „künstlichen Campher" von Kindt (1803) eingeführt (s. o.); Anlagerung der Halogene und Zersetzlichkeit der Additionsprodukte — Deville (1840 u. f.); Addition der Stickoxyde — von Cahours am Fenchelöl ausgeführt [Ann. ch. phys. (3) **2**, 303 (1841)]; Addition von Nitrosylchlorid zu Pinen — $C_{10}H_{16} \cdot NOCl$ — zuerst von Tilden (Jahresb. 1875 u. f.) verwirklicht.

I. Gruppe. Pinen: $C_{10}H_{16} \cdot HCl$ und $C_{10}H_{16} \cdot Br_2$; Camphen: $C_{10}H_{16} \cdot$ HCl, —; Fenchen [1]) $C_{10}H_{16} \cdot HCl$ und $C_{10}H_{16} \cdot Br_2$.

II. Gruppe. Limonen, Dipenten, Sylvestren, Terpinolen [2]) — geben Dihalogenhydrate und Tetrabromide: $C_{10}H_{16} \cdot 2HX$ und $C_{10}H_{16} \cdot Br_4$.

Wertvoll erwiesen sich wegen ihrer Reaktionsfähigkeit die Nitroso-chloride [3]) $C_{10}H_{16} \cdot NO \cdot Cl$, zumal sie mit organischen Basen unter Bildung von Nitrolaminen reagieren, z. B.

$$C_{10}H_{16}{<}^{NO}_{Cl} + NH_2R = C_{10}H_{16}{<}^{NO}_{NHR \cdot HCl} \text{ andererseits liefern sie mit}$$

Salzsäure abspaltenden Mitteln die für die Charakterisierung der Terpene wichtigen kristallisierenden Nitrosoverbindungen [4])

$$C_6H_{16}{<}^{NO}_{Cl} - HCl \rightarrow C_6H_{15}NO.$$

Auf Grund der experimentellen Ergebnisse über die gegenseitigen Zusammenhänge der Terpene hat dann Wallach den letzten Punkt seines Arbeitsprogramms, nämlich die Frage nach der chemischen Konstitution der verschiedenen Terpentypen zu erledigen unternommen. Im Jahre 1891 stellte er [5]) folgende Konstitutionsformeln auf:

Cymol.   Pinen.   Borneol.   Camphen.

[Zu der Carvonformel sei bemerkt, daß sie von vorneherein ausscheiden muß, da sie dem optisch aktiven Carvon kein asymm. C-Atom beilegt; die Dipentenformel (1894) sieht ebenfalls kein asymm. C-Atom vor; s. die folgende Seite, auch S. 242.]

[1]) Fenchen wurde von Wallach künstlich aus Fenchon dargestellt [A. **263**, 149 (1891)].

[2]) Terpinolen wurde künstlich durch Inversion des Terpentinöls dargestellt [Wallach: A. **227**, 283 (1885)].

[3]) d- und l-Limonen gaben je zwei optisch aktive Nitrosochloride die 2 Razemformen liefern [Wallach: A. **252**, 106 (1889); **270**, 174 (1892)]. Zu diesen stereochemisch bedeutsamen Beispielen s. a. E. Fischer: B. **23**, 3684 (1890); Wallach: B. **24**, 1563 (1891). Die doppelte Molekulargröße für die Nitrosochloride (sowie für Nitrosomenthon und -caron) bewies A. Baeyer [B. **28**, 652 (1895)] und bestätigte Wallach [B. **28**, 1308 u. 1474 (1895)] durch osmotische Messungen in Benzol- und Phenollösungen.

[4]) Für das Tildensche Nitrosopinen (s. o.) nahmen H. Goldschmidt u. R. Zürrer [B. **18**, 2220 (1885)] die Isonitrosoformel $C_{10}H_{14} : NOH$ als wahrscheinlich an; Baeyer [B. **28**, 646 (1895)] trat ihr bei und zeigte, daß Nitrosopinen beim Kochen mit verdünnten Säuren nur Carvacrol bildet. Nitrosolimonen (Tilden, 1877) $C_{10}H_{15}NO$ ist identisch mit Carvoxim $C_{10}H_{14}NOH$ [H. Goldschmidt: B. **20**, 492, 2071 (1887)].

[5]) Wallach: B. **24**, 1525—1579 (1891); Limonen: A. **281**, 127 (1894).

$$\begin{array}{ccc} \text{C}_3\text{H}_7 & \text{C}_3\text{H}_7 & \text{C}_3\text{H}_7 \\ \text{C} & \text{CH} & \text{C} \\ \text{HC} \diagdown \text{CH}_2 & \text{H}_2\text{C} \diagdown \text{CH} & \text{H}_2\text{C} \diagdown \text{CH} \\ \text{HC} \diagup \text{CO} & \text{HC} \diagup \text{CH} \quad \text{oder} & \text{HC} \diagup \text{CH}_2 \quad (1894) \\ \text{C} & \text{C} & \text{C} \\ \text{CH}_3 & \text{CH}_3 & \text{CH}_3 \\ \text{Carvon.} & \text{Limonen (Dipenten).} \end{array}$$

Nachdem J. Bredt 1893 seine bahnbrechende Campherformel aufgestellt hatte, unternahm er auch die Formulierung der dem Campher verwandten Terpene [1]), z. B.

$$\begin{array}{cc} \text{CH}_3 & \text{H}_2\text{C}\text{---}\text{CH}\text{---}\text{CH} \\ \text{CH} & | \quad \text{CH}_3 \cdot \text{C} \cdot \text{CH}_3 \quad || \\ \text{H}_2\text{C} \quad \text{CH}_3 \cdot \text{C} \cdot \text{CH}_3 & \text{H}_2\text{C}\text{---}\text{C}\text{---}\text{CH} \\ \text{HC}\text{===}\text{C} \cdot \text{CH}_3 & \text{CH}_3 \\ \text{Campholen.} & \text{Camphen.} \end{array}$$

$$\begin{array}{cc} & \text{H} \\ & \text{CH}_3 \cdot \text{C} \cdot \text{CH}_3 \\ \text{H}_2\text{C}\text{---}\text{C}\text{===}\text{CH} & \text{H}_2\text{C}\text{---}\text{C(OH)}\text{---}\text{CH}_2 \\ | \quad \text{CH}_3 \cdot \text{C} \cdot \text{CH}_3 \quad | \quad + \text{H}_2\text{O} = & | \\ \text{H}_2\text{C}\text{---}\text{C}\text{---}\text{CH}_2 & \text{H}_2\text{C}\text{---}\text{C(OH)}\text{---}\text{CH}_2 \\ \text{CH}_3 & \text{CH}_3 \\ \text{Pinen.} & \text{Terpin.} \end{array}$$

Baeyer betrachtete jedoch diese Camphenformel nicht als den richtigen Ausdruck für die Konstitution des Pinens. Damit begann ein wissenschaftlicher „Ringkampf" oder ein Kampf um die Echtheit der vielen Ringe, die als Ausdruck des chemischen und physikalischen Gesamtverhaltens für die mono- und bicyclischen Terpengruppen in Vorschlag gebracht wurden. „Um das Jahr 1895 endete die heroische Zeit in der Terpenchemie und Wallach hörte auf, die Rolle des Pioniers zu spielen" [L. Ruzicka [2])]. Auf dem eigentlichen Arbeitsgebiet Wallachs, dem der cyclischen Terpene, traten immer mehr Forscher auf [neben A. Angeli und E. Rimini, A. Béhal und E. Blaise u. a., insbesondere A. v. Baeyer, Ferd. Tiemann und F. W. Semmler, sowie G. Wagner (1849—1903)]. Dann aber forderte ein neues Gebiet der Terpenchemie — die neuerschlossene Klasse der weitverbreiteten natürlichen aliphatischen Terpene und Campher — das Interesse der Forschung und Technik heraus. Auf diesem neuen Arbeitsfelde traten bahnbrechend hervor: einerseits F. Tiemann, P. Krüger und F. W. Semmler, andererseits in Frankreich Ph. Barbier und L. Bouveault. Zu dieser Zeit schrieb F. Tiemann

---

[1]) Bredt: B. 26, 3047 (1893). Dazu Baeyer: B. 28, 647 (1895).
[2]) L. Ruzicka: Soc. 1932, 1595.

folgendes: „Die Ansicht des Herrn Wallach, daß die chemische Erforschung der Terpene dem Abschluß nahe ist, dürfte von anderen Fachgenossen kaum geteilt werden. Meines Erachtens handelt es sich zur Zeit darum, die Steine für eine neu zu errichtende Grundmauer zusammenzutragen, nicht aber darum, ‚die abrundenden Schlußsteine in das Gebäude der Terpenchemie einzufügen' [1]."

Tiemann [2]) kam (1895) zu der Untersuchung der cyclischen Terpene und Campher von der Séite seiner Arbeiten über. die organischen Riechstoffe, um etwaige Beziehungen zwischen diesen und dem Campher aufzufinden. Die vorangegangenen Untersuchungen über die Synthese von Iron und Ionon sowie die Übergänge der aliphatischen ungesättigten Terpenalkohole und -aldehyde in cyclische (z. B. der Linaloole, des Geraniols, des Citrals durch verdünnte Schwefelsäure in das ringförmige Terpin bzw. Terpinhydrat, sowie die Umwandlungen der letzteren in Terpineol und von diesem weiterhin in die Terpene Dipenten, Terpinen, Terpinolen) wiesen auf die genetischen Zusammenhänge der aliphatischen und cyclischen Terpene hin. Dazu kam das oft festgestellte gleichzeitige Vorkommen von Verbindungen der Geraniolreihe (Geraniol, Linalool, Citral) und Terpene (Limonen) in den Pflanzen; diese chemische Symbiose war gewiß kein Spiel des Zufalls, sondern eher eine zwangsläufige Folge in dem stufenweisen Ablauf der biochemischen Synthese der Terpene überhaupt.

Tiemann hat die Limonen-, die Pinen- und die Camphergruppe bearbeitet, von bleibendem Wert sind die Konstitutionsforschungen in der Limonengruppe gewesen. A. v. Baeyer [3]) kennzeichnet 1899 in anschaulicher Weise diesen Anteil Tiemanns: „Diese (Limonen-)Gruppe ist in neuerer Zeit bekanntlich hauptsächlich von Wallach untersucht worden, und ich selber habe auch einiges zur Geschichte derselben beigesteuert. Wir beide konnten uns aber, wie dies in der Geschichte der Wissenschaft häufiger vorgekommen, nicht entschließen, der von Georg Wagner mehr vom spekulativen Standpunkt aus aufgestellten richtigen Theorie beizupflichten, wohl weil wir zu viel Details kannten und einigen zum Teil noch nicht aufgeklärten, damit scheinbar in Widerspruch stehenden Tatsachen zu viel Wert beilegten. Da trat Tiemann [4]) in Gemeinschaft mit Semmler [4]) mit einer meisterhaften Untersuchung für diese Theorie ein und bewies durch eine Reihe ganz neuer Versuche die Richtigkeit derselben in so schlagender Weise, daß jeder Widerspruch verstummen mußte. Die Chemie der Limonengruppe, zu der Terpin, das Terpineol, das Carvon, das Cineol usw. zu rechnen sind, ist seit dieser Arbeit Tiemanns als abgeschlossen

[1]) Tiemann: B. **29**, 121 (1896).
[2]) Tiemann: B. **28**, 1079, 1344, 2141, 2151, 2166, 2191 (1895). Dazu s. a. Bredt: A. **289**, 15 (1895), sowie Béhal: C. r. **121**, 213, 256, 465 u. f. (1895).
[3]) A. v. Baeyer: B. **32**, 3249 (1899).
[4]) Tiemann u. Semmler: B. **28**, 1780, 2141 (1895); **29**, 119 (1896).

zu betrachten und gehört zu den bestbekannten Gebieten der organischen Chemie."

Adolf v. Baeyer[1]) (1835–1917) begann seine Terpenuntersuchungen in der Absicht, seine an den Hydroterephthalsäuren gewonnenen Erkenntnisse über die Zahl der Doppelbindungen auch zur Aufklärung der Konstitution derjenigen Terpene zu verwenden, welche durch Wallach u. a. als Reduktionsprodukte des Cymols oder als Substitutionsprodukte dieser Kohlenwasserstoffe erkannt worden waren, z. B. Hexahydrocymol: Menthol, Terpin; Tetrahydrocymol: Terpineol, Dihydrocarvol; Dihydrocymol: Limonen, Carvol. Als eine neue Reduktionsmethode bringt er Eisessig-Jodwasserstoff und Zinkstaub zur Anwendung.

In der „dreizehnten [2]) vorläufigen Mitteilung" gibt er die nebenstehende Numerierung der Kohlenstoffatome des Hexahydrocymols [=„Terpan" nach Baeyers[3]) Nomenklatur, bzw. „Menthan" nach G. Wagner[4])].

Im Anschluß an diese Formel schreibt er das folgende Urteil über die Anteile der einzelnen Forscher an der Erforschung der Konstitution der Terpene nieder, wobei er in vorbildlicher Weise auch seine eigenen Forschungen bewertet [2]).

„Einer der größten Fortschritte auf dem Gebiete der Terpenchemie besteht in der Erkenntnis, daß das Hydroxyl im Terpineol nicht in 4), sondern in 8) steht. Dieselbe ist eine Frucht der Arbeiten von Wallach und G. Wagner [5]), es gebührt aber G. Wagner das Verdienst, in einer am 22. Juni 1894 eingelaufenen Arbeit [6]) diesen Satz zuerst mit Bestimmtheit ausgesprochen zu haben. G. Wagner hat sodann in dieser und einer nachfolgenden Arbeit [6]) sowie in einer in russischer Sprache geschriebenen Abhandlung (Warschau, 1894), in der ich leider nur die Formeln und Namen lesen kann, die Konsequenzen daraus gezogen. Zunächst zeigte er, daß im Limonen die Doppelbindung in der Stellung 8, 9 befindlich sein muß, weil nach meinen [3]) Untersuchungen die Stellung 4, 8, welche sonst auch noch möglich wäre, dem Terpinolen zukommt, und leitet ferner von demselben Gesichtspunkt aus neue Formeln für das Carvon, Dihydrocarvon, Caron und Pinen ab. Tiemann [7]) und Semmler haben darauf vor kurzem in einer Reihe von Abhandlungen den experimentellen Beweis für die Richtigkeit der Wagnerschen Formeln in Betreff des Terpineols,

---

[1]) A. v. Baeyer: B. **26**, 820 (I. Mitteil.) (1893); fortgeführt bis B. **32**, 3619 (XXIV. Mitteil.) (1900).

[2]) A. v. Baeyer: B. **29**, 3 (1896).

[3]) A. v. Baeyer: B. **27**, 436 (V. Mitteil.) (1894).

[4]) G. Wagner: B. **27**, 1636, Anmerk. (1894).

[5]) G. Wagner: B. **27**, 1652, 1653 (1894).

[6]) G. Wagner: B. **27**, 2270 (1894).

[7]) Tiemann u. Semmler: B. **28**, 2141, 2150 (1895); s. a. A. v. Baeyer: B. **32**, 3250 (1899).

Terpins, Limonens, Carvons und Dihydrocarvons beigebracht, fanden aber die Pinenformel desselben nicht in Übereinstimmung mit ihren Experimentaluntersuchungen. Ich werde nun im folgenden zeigen, daß sich das Pinen im Gegensatz zu den Versuchen der genannten Forscher bei der Oxydation genau so verhält, wie man es nach der Wagnerschen Formel erwarten sollte, und ferner, daß auch das Caron in seinem Verhalten am besten mit der von diesem Autor aufgestellten Formel übereinstimmt. Es gebührt daher Herrn G. Wagner meiner Ansicht nach das Verdienst, zuerst richtige Formeln für die Glieder der Terpen- und Pinengruppe aufgestellt zu haben, wenn auch das hierfür notwendige Material größtenteils von anderen Händen herbeigeschafft worden ist."

„Aus der neuen Theorie ergibt sich, daß beinahe alle von mir aufgestellten Formeln unrichtig sind, mit Ausnahme der der Terpinolengruppe. Ferner wird, wie schon G. Wagner [1]) bemerkt hat, meine Behauptung [2]), die Aktivität des Limonens stimme nicht mit der van't Hoffschen Regel überein, hinfällig. Dagegen bleibt die cis-trans-Isomerie für das Terpin und verwandte Substanzen bestehen" ... „Zunächst ist nämlich das Hexahydrocymol selbst und alle gesättigten Derivate desselben dieser Isomerie fähig, und zweitens sind bei der Vertretung des in 1) befindlichen Hydroxyls durch ein Halogenatom oder umgekehrt alle Bedingungen erfüllt, welche ich für den Übergang der cis- in die trans-Modifikation und umgekehrt als erforderlich hingestellt habe, nämlich, daß an demjenigen Kohlenstoffatom des Ringes, welches die eine Seitenkette trägt, eine Substitution stattfindet" [zit. S. 5 (1896)]. „Die Formeln des cis- und des trans-Terpins gestalten sich jetzt folgendermaßen:

$$CH_3 \quad OH \qquad\qquad\qquad HO \quad CH_3$$

(cis-Form) (trans-Form)."

Für die Terpinolengruppe bzw. das Terpinolen $C_{10}H_{16}$ Siedep. 185—187⁰) hatte A. v. Baeyer die nachstehende Konstitutionsformel aufgestellt [B. 27, 450 (1894):

$$CH_3 - C \Big\langle {}^{CH_2-CH_2}_{CH-CH_2} \Big\rangle C = C \Big\langle {}^{CH_3}_{CH_3}.$$

Diese für die Entwicklung der Terpenchemie bedeutsame Episode haben wir durch die eigenen Worte A. v. Baeyers gekennzeichnet, um damit zugleich ein historisches Dokument seiner menschlichen Größe zu liefern.

[1]) G. Wagner: B. 27, 1652, 1653 (1894).
[2]) A. v. Baeyer: B. 27, 454 (1894).

G. Wagners Eintritt in die Terpenchemie erfolgte zwangsläufig von seinen Untersuchungen über die Oxydation ungesättigter aliphatischer Verbindungen her, nachdem er durch die oxydierende Wirkung einer stark verdünnten Kaliumpermanganatlösung bei niedriger Temperatur die Anlagerung von zwei Hydroxylen am Ort der doppelten Bindung erkannt hatte. Er übertrug nun diese Methode auch auf die ungesättigten Kohlenwasserstoffe der Terpenreihe. Die vorhin angeführten Worte A. v. Baeyers kennzeichnen die Verdienste G. Wagners in der Konstitutionsforschung der Terpene. Wagner hat einen ungewöhnlichen Scharfblick und eine große Kühnheit bei der theoretischen Verwertung seiner keineswegs zahlreichen und erschöpfenden experimentellen Ergebnisse bekundet. Von seinen hervorragenden Schlußfolgerungen seien die nachstehenden Formelbilder genannt [1]):

$$
\begin{array}{ccc}
CH_2 & —CH— & CH_2 \\
| \quad CH_3 \cdot \overset{|}{C} \cdot CH_3 \quad | \\
CH= =C & —CH \\
\overset{|}{CH_3}
\end{array}
$$

α-Pinen [2]).

$$
\begin{array}{ccc}
CH_2 & —CH— & CH_2 \\
CH_3 \cdot \overset{|}{C} \cdot CH_3 \\
\overset{|}{OH} \\
CH=C & —CH_2 \\
\overset{|}{CH_3}
\end{array}
$$

Terpineol (fest).

→   ↙

$$
\begin{array}{ccc}
CH_2 & —CH— & CH_2 \\
CH_3 \cdot \overset{|}{C} \cdot CH_3 \\
\overset{|}{O} \\
CH=C & —CH \\
\overset{|}{CH_3}
\end{array}
$$

Pinol.

$$
\begin{array}{ccc}
CH= C & —CH_2 \\
| \quad CH_3 \cdot \overset{|}{CH} \cdot CH_3 \quad | \\
CH_2 & —CH— & CH_2 \\
\overset{|}{CH_3}
\end{array}
$$

Menthen [2]).

$$
\begin{array}{ccc}
CH_2 & —CH— & CH_2 \\
| \quad CH_3 \cdot \overset{|}{C} = CH_2 \quad | \\
CH= C & —CH_2 \\
\overset{|}{CH_3}
\end{array}
$$

Limonen (Dipenten).

$$
\begin{array}{ccc}
CH_2 & —CH— & CH_2 \\
| \quad CH_3 \cdot \overset{|}{C} = CH_2 \quad | \\
CH= C & —CO \\
\overset{|}{CH_3}
\end{array}
$$

Carvol (Carvon).

$$
\begin{array}{ccc}
CH_2 & —CH— & CH_2 \\
CH_3 \cdot \overset{|}{C} \cdot CH_3 \\
CH_2 & —— & CH \\
\overset{|}{C} \\
\overset{..}{CH_2}
\end{array}
$$

Camphen [4]).

$$
\begin{array}{ccc}
CH_2 & —CH— & CH \\
CH_3 \cdot \overset{|}{C} \cdot CH_3 \quad || \\
CH_2 & —C— & CH \\
\overset{|}{CH_3}
\end{array}
$$

Bornylen.

---

[1]) G. Wagner: B. 23, 2307 (1890); 27, 1636, 2270 (1894); 29, 881, 886 (1896); 32, 2064, 2302 (1899); 33, 2121 (,,Bornylen", 1900).

[2]) A. v. Baeyer: B. 29, 3 (1896): Beweise für die Pinen- und Caronformel; Synthese des α-Pinens: L. Ruzicka: Helv. chim. Acta 4, 666 (1921).

[3]) A. v. Baeyer: B. 26, 823 (1893).

[4]) Beweise für die Richtigkeit der Wagnerschen Camphenformel: P. Lipp, A. Götzen u. F. Reinarzt: A. 453, 1 (1927); s. a. P. Lipp: B. 47, 871 (1914), Synthese

Diese Konstitutionsformeln dienen noch gegenwärtig [1]) als Ausdruck der tatsächlichen Kohlenstoffgerüste der genannten Verbindungen. Über die Möglichkeit der Existenz von Pseudoformen (z. B. des Limonens bzw. Dipentens, des Pinens, des Carvons), in denen „eine doppelte Bindung vom Kern aus nach der Methylengruppe hin in der Seitenkette vorhanden ist", hat F. W. Semmler [2]) Betrachtungen angestellt. Er ist der Ansicht, daß z. B. „dem inaktiven Ortho-Limonen ein recht großer Teil Pseudo-Limonen ... beigemengt ist":

$$
\begin{array}{c}
CH_2\!-\!\!-\!CH\!-\!\!-\!\!-\!CH_2 \\
|\quad CH_3\!\cdot\!C = CH_2\ | \\
CH_2\!-\!\!-\!C\!-\!\!-\!\!-\!CH_2 \\
CH_2
\end{array}
$$

Die Pseudoform siedet meist höher und lagert viel schwerer Halogenwasserstoff an als die Orthoform [B. **34**, 719 (1901)].

In anderer Weise hat G. Dupont [3]), unter Verwendung der Partialvalenzen, die Konstitutionsformeln des Pinens, Camphens usw. entworfen:

Pinen.　　　　　　Nopinen.　　　　　　Camphen.

Fenchen I [4]).　　　　Fenchen II.　　　　Sabinen.

An dem vom α-Pinen abstammenden ungesättigten „Verbenen" $C_{10}H_{14}$ sollen die verschiedenen Etappen der chemischen Untersuchung, die Schwierigkeiten derselben und die noch offenen Fragen veranschaulicht werden.

Verbenen $C_{10}H_{14}$; Verbenon $C_{10}H_{14}O$.

der Camphensäure und Bestätigung der Formel von Aschan: [A. **375**, 336 (1910); **383**, 52 (1911)], sowie Hintikka: B. **47**, 512 (1914).

[1]) Vgl. Richter-Anschütz: Chemie der Kohlenstoffverbindungen, 12. Aufl., 2. Bd., erste Hälfte. 1935.

[2]) Semmler: B. **33**, 1455, 3420 (1900); **34**, 708 (1901); **36**, 1753 (1903).

[3]) G. Dupont: Bull. soc. chim. (4) **31**, 897 (1922).

[4]) Über die Isomerisierung von α-Fenchen: Komppa u. S. A. Nyman: A. **543**, 111 (1940).

Aus Verbenaöl hatte M. Kerschbaum [B. **33**, 885 (1900)] ein ungesättigtes Keton „Verbenon" $C_{10}H_{16}O$ oder $C_{10}H_{14}O$ isoliert, dessen Konstanten waren: $d_{17} = 0,974$; $n_D = 1,49951$ und $[\alpha]_D = +68^0$. A. Blumann und O. Zeitschel [B. **46**, 1178 (1913)] erhielten ein mit dem vorigen identisches Rechts-Verbenon aus autoxvdiertem rechtsdrehenden griechischen Terpentinöl, sowie den Links-Antipoden aus autoxydiertem linksdrehenden französischen Terpentinöl und stellten die richtige Zusammensetzung $C_{10}H_{14}O$ fest:

d-Verbenon: $d_{18} = 0,979$; $n_D^{18} = 1,49928$; $[\alpha]_D^{18} = +249,62^0$ (bzw. $+217,4^0$; H. Wienhaus und P. Schumm),

l-Verbenon: $d_{15} = 0,980$; $n_D = 1,4994$; $[\alpha]_D = -129,4^0$ bis $-146,7^0$ (bzw. -150^0; W. Treibs).

Aus den verharzten hochsiedenden Terpentinölen wurden noch die entsprechenden Alkohole bzw. d-Verbenol $C_{10}H_{16}O$ ($[\alpha]_D^{18} = +132,3^0$) und l-Verbenol abgetrennt. Durch Wasserabspaltung (mit Essigsäureanhydrid) ging d-Verbenol in das l-Verbenen $C_{10}H_{14}$ über: $d_{15} = 0,8852$; $n_D^{20} = 1,49855$; $[\alpha]_D^{19} = -84,8^0$. Durch Anlagerung von 1 Mol. Brom entstand [Blumann und Zeitschel, B. **54**, 887 (1921)]:

aus l-Verbenen ein (+)-Dibromid, $[\alpha]_D^{15} = +297,7^0$ (in C_6H_6),

aus d-Verbenen ein (—)-Dibromid, $[\alpha]_D = -298,5^0$ (in C_6H_6).

Durch Behandlung der Dibromide $C_{10}H_{14}Br_2$ (in Eisessig mit Zinkstaub) entstanden rückwärts

aus (+)-Dibromid das l-Verbenen, $d_{15} = 0,8866$, $[\alpha]_D = -100,6^0$ (bis -86^0), und

aus (—)-Dibromid das d-Verbenen, $d_{15} = 0,8867$, $[\alpha]_D = +100,7^0$, für beide Verbenene: $n_D^{20} = 1,49800$.

Der Drehungswechsel tritt ferner ein beim Übergang von l-Verbenen $C_{10}H_{14}$ ($[\alpha]_D^{20} = -86^0$) in Dihydroverbenen ($[\alpha]_D^{20} = +36,5^0$), das sehr ähnlich dem α-Pinen $C_{10}H_{16}$ ist und mit HCl das Bornylchlorid $C_{10}H_{17}Cl$ gibt (zit. S. 894. 1921). Hydrierung von d-Verbenon ($[\alpha]_D^{20} = +241,6^0$) nach W. Ponndorf (1926) führt zu d-Verbenol ($[\alpha]_D^{20} = +127,2^0$), dessen Acetylierung ein linksdrehendes Produkt ($[\alpha]_D^{20} = -21,5^0$) und nach der Verseifung noch ein d-Verbenol ($[\alpha]_D^{20} = +57^0$) liefert [Blumann und H. Schmidt, A. **453**, 48 (1927)], die Oxydation beider Verbenole ergibt aber dasselbe d-Verbenon ($[\alpha]^{20} = +235,7^0$). Reduktion (mittels Na in Ätherlösung) ergab aus d-Verbenon das Dihydro-d-verbenol $C_{10}H_{18}O$, $[\alpha]_D = $ ca. 15^0 (Blumann und Zeitschel, S. 1192) oder Verbanol [Wienhaus und Schumm, A. **439**, 20 (1924)], dessen Oxydation (mit CrO_3) — das Dihydro-verbenon oder Verbanon ($[\alpha]_D^{20} = +52,4^0$) liefert, dagegen ist der Essigsäureester des Dihydro-d-verbenols linksdrehend ($[\alpha]_D = $ ca. -2^0; Blumann und Zeitschel) und dem Geruche nach ähnlich dem Bornylacetat. Eine Totalsynthese des d,l-Verbanons wurde von G. Komppa [mit A. Klami, B. **70**, 788 (1937)] durchgeführt.

Für die Konstitution des Verbenons hatten **Kerschbaum** (zit. S. 892) die Formel I (im Falle von $C_{10}H_{14}O$), **Blumann und Zeitschel** (1913, zit. S. 1181; II. 1921) die Formel II (Verbenon) bzw. III (Verbenol $C_{10}H_{16}O$) und IV (Verbenen $C_{10}H_{14}$) aufgestellt, während **L. Ruzicka** [Helv. chim. Acta **7**, 489 (1924)] die Formel V (für $C_{10}H_{14}$) ableitete:

$$
\begin{array}{cc}
\text{I.} &
\begin{array}{c}
\quad\quad H \\
\quad\quad C \\
OC\!-\!\overset{|}{C}\!-\!CH_2 \\
|\quad CH_3\cdot C\cdot CH_3\quad| \\
HC\!=\!C\!-\!CH \\
\quad\quad CH_3
\end{array}
&
\text{II.} &
\begin{array}{c}
\quad\quad H \\
\quad\quad C \\
OC\!-\!\overset{|}{C}\!-\!CH_2 \\
|\quad CH_3 C\cdot CH_3\quad| \\
HC\!=\!C\!-\!CH \\
\quad\quad CH_3
\end{array}
\rightleftharpoons
\end{array}
$$

$$
\begin{array}{cc}
\text{III.} &
\begin{array}{c}
\quad\quad H \\
HO\!\!\diagdown\! \quad C \\
H\!\!\diagup\! C\!-\!\overset{|}{C}\!-\!CH_2 \\
|\quad CH_3\cdot C\cdot CH_3\quad| \\
HC\!=\!C\!-\!CH \\
\quad\quad CH_3
\end{array}
&\xrightarrow{-H_2O}&
\text{IV.} &
\begin{array}{c}
\quad\quad C \\
HC\!=\!\overset{|}{C}\!-\!CH_2 \\
|\quad CH_3\cdot C\cdot CH_3\quad| \\
HC\!=\!C\!-\!CH \\
\quad\quad CH_3
\end{array}
\end{array}
$$

$$
\begin{array}{cc}
\text{V.} &
\begin{array}{c}
\quad\quad H \\
\quad\quad C \\
HC\!-\!\overset{|}{C}\!-\!CH_2 \\
\|\quad CH_3\cdot C\cdot CH_3\quad| \\
HC\!-\!C\!-\!CH \\
\quad\quad CH_2
\end{array}
&
\text{VI.} &
\begin{array}{c}
\quad\quad H \\
\quad\quad C \\
H_2C\!-\!\overset{|}{C}\!-\!CH_2 \\
|\quad CH_3\cdot C\cdot CH_3\quad| \\
HC\!=\!C\!-\!CH \\
\quad\quad CH_3
\end{array}
\end{array}
$$

Verbenon wurde direkt aus α-Pinen (VI) durch katalytische Oxydation [H. **Wienhaus** und P. **Schumm**, A. **439**, 20 (1924)] bzw. durch Oxydation mit CrO_3 [W. **Treibs**, B. **61**, 459 (1928); s. auch **66**, 1486 (1933)] oder SeO_2 [E. **Schwenk** u. E. **Borgwardt**, B. **65**, 1601 (1932)] erhalten.

Übersichtlich geordnet, stellen die verschiedenen Derivate die folgenden Strukturen und Drehungsgrößen dar:

$$
\begin{array}{ccc}
\text{(+)-Dihydro-} & \text{(+)-Verbenen-} & \text{(+)-Verbenol} \\
\text{verbenen} & \text{dibromid} &
\end{array}
$$

$$
\begin{array}{ccc}
\begin{array}{c}
\quad H \\
\quad C \\
HC\!\diagup\!\overset{|}{}\!\diagdown\!CH_2 \\
\|\quad\quad\quad\quad| \\
HC\!\diagdown\!\overset{}{C}\!\diagup\!CH \\
\quad C \\
H\!\diagup\!\diagdown CH_3 \\
[\alpha]_D = +36{,}5^\circ
\end{array}
&
\begin{array}{c}
\quad Br \\
\quad C \\
HC\!\diagup\!\overset{|}{}\!\diagdown\!CH_2 \\
\|\quad\quad\quad\quad| \\
HC\!\diagdown\!\overset{}{C}\!\diagup\!CH \\
\quad C \\
Br\!\diagup\!\diagdown CH_3 \\
[\alpha]_D = +297{,}7^\circ
\end{array}
&
\begin{array}{c}
\text{s. III } [\alpha]_D = +132^\circ
\end{array}
\end{array}
$$

entsprechen dem l (—)-Verbenen IV, $[\alpha]_D^{20} = -100{,}7^\circ$.

(+)-Dihydro- (+)-Dihydro- (—)-Acetyl-dihydro-
verbenol   verbenon   verbenol

$$\begin{array}{ccc}
\text{(+)-Dihydro-} & \text{(+)-Dihydro-} & \text{(—)-Acetyl-dihydro-} \\
\text{verbenol} & \text{verbenon} & \text{verbenol}
\end{array}$$

$[\alpha] = $ ca. $15°$ $[\alpha]_D = + 52,4°$ $[\alpha]_D = - 2°$

entsprechen dem d-Verbenon II, $[\alpha]_D^{20} = + 249°$.

(Über cis- und trans-d-Verbenol s. L. Scholz und W. Doll, C. 1940 II, 3038.)

Von dem l-Verbenen IV mit einem asymm. C-Atom ausgehend, sind in den Derivaten mit Rechtsdrehung zwei weitere asymm. C-Atome hinzugekommen, die Anzahl der möglichen optischaktiven Isomeren 2^n steigt also (bei $n = 1$ bis 3 asymm. C-Atomen) von 2 auf 8, während von Verbenon II ausgehend diese Anzahl von 4 auf 2^4 (bei 4 asymm. C-Atomen) = 16 Isomeren ansteigt. Die praktische Darstellung der genannten Derivate erfolgt nun unter Eingliederung von je 2 Asymmetriezentren, die an sich zu d,l-Formen führen, wobei aber, je nach den Versuchsbedingungen, die Reaktionsgeschwindigkeit der d-Form verschieden von derjenigen der l-Form sein und eine bevorzugte Bildung dieses einen Isomeren vor dem anderen bewirken kann. Die bisher isolierten und oben aufgeführten Derivate stellen daher nur einige wenige der vielen möglichen und bei der Reaktion wohl auch entstandenen Isomeren (oder Gemische?) dar.

Borneol und Isoborneol. Schon vorhin hatten wir den Übergang von Rechtscampher $C_{10}H_{16}O$ zum Rechtsborneol $C_{10}H_{18}O$ erwähnt. In Fortführung dieser Versuche Berthelots (1859) hat H. Baubigny (1870) die Reduktion des Camphers durch Behandeln mit Natrium ausgeführt [1]; die eingehende Untersuchung der mittels alkoholischer Kalilauge oder Natrium erhaltenen Produkte durch J. Montgolfier [2] (1878) ergab die neue Erkenntnis, daß hierbei ein wechselndes Gemisch von rechts- und linksdrehendem „Borneol" entsteht, das aber rückwärts zum selben Rechtscampher oxydiert wird; durch fraktionierte Kristallisation ließen sich zwei Typen entgegengesetzt drehender „Camphole" isolieren („camphol stable" und „camphol instable"). Durch die Untersuchungen A. Hallers [3] (1849—1925) wurden die Trennungsmethoden dieser Reduktionsprodukte verbessert und die „α-Camphol" (= Borneol, stabile Form) und „β-Camphol"

---

[1] Baubigny: Ann. ch. phys. (4) **19**, 221 (1870); s. auch C. L. Jackson u. A. E. Menke: B. **16**, 2930 (1883).

[2] Montgolfier: Thèses, Paris, 1878: „Sur les isomères et les dérivés du camphre et du bornéol."

[3] Haller: C. r. **105**, 227 (1887); **109**, 187 (1889); **110**, 149 (1890); **112**, 143 (1891); Ann. ch. ph. (6) **27**, 417 (1892).

(= labile Modifikation) genannten Stoffe als solche und durch Derivate charakterisiert, wobei auch die inaktiven stereoisomeren Formen erhalten wurden. Auf Grund dieser Ergebnisse von Montgolfier und Haller hatte J. H. van't Hoff (Lagerung der Atome usw., II. Aufl., 40 u. 45. 1894) darauf hingewiesen, daß bei der Einführung eines neuen asymmetrischen Kohlenstoffatoms in das optisch aktive Camphermolekül die Entstehung von zwei Isomeren, die nicht Spiegelbilder voneinander sind, zu erwarten ist; „die Bildung gleicher Quantitäten von beiden Isomeren, die ja im allgemeinen eine verschiedene Stabilität haben werden, ist durchaus nicht von vornherein anzunehmen". In ein neues Stadium trat dieser Problemkomplex, als J. Bertram und Walbaum [1] (1894) aus Camphen $C_{10}H_{16}$ durch Erhitzen mit Eisessig und Schwefelsäure den Essigsäureester $C_{10}H_{17}O \cdot COCH_3$ darstellten und durch dessen Verseifung den Alkohol $C_{10}H_{17}OH$ erhielten [„Bertram-Walbaumsche Reaktion", vgl. auch A. Bouchardat [2] und J. Lafont]. Wegen der großen Ähnlichkeit dieses Alkohols mit Borneol gaben Bertram und Walbaum ihm den Namen Isoborneol und wiesen auf dessen Identität mit dem β- oder „Camphol instable" hin. Daß bei der Einwirkung von Eisessig auf l-Camphen bzw. l-Terpentinöl (über die entsprechenden Essigsäureester) „d-Camphenole" $C_{10}H_{17}OH$ entstehen, die rückwärts denselben l-Campher liefern, hatten Bouchardat und Lafont [3] bereits früher gezeigt. Das Isoborneol von Bertram und Walbaum ließ sich durch wasserentziehende Mittel (z. B. $ZnCl_2$ oder H_2SO_4) leicht in Camphen zurückverwandeln, während Borneol nur schwierig sich anhydrisieren ließ. Die folgenden bemerkenswerten Übergänge lagen also vor:

$$l\text{-Isoborneol} \rightarrow d\text{-Borneol}\,[4]$$

$$d\text{-Campher } C_{10}H_{16}O \xrightarrow[\;+\,H_2\;]{\;+\,H_2\;} \begin{array}{c} d\text{-Borneol } C_{10}H_{17}OH \\ l\text{-Isoborneol } C_{10}H_{17}OH \end{array} \xrightarrow[\;+\,o\;]{\;+o\;} d\text{-Campher;}$$

$$l\text{-Isoborneol} \xrightarrow{\;-\,H_2O\;} \text{Camphen } C_{10}H_{16} \xrightarrow{\;+\,H_2O\;} \begin{array}{c} l\text{-Isoborneol} \\ d\text{-Borneol} \end{array}$$

Weiterhin war der folgende Übergang bekannt:

$$\begin{array}{l} d\text{-Campher} \rightarrow l\text{-Campheroxim} \rightarrow \text{Bornylamin }[5]\text{ (linksdrehend)} \\ C_{10}H_{16}O \quad \rightarrow \quad C_{10}H_{16}:NOH \quad \rightarrow \qquad\qquad C_{10}H_{17}NH_2 \end{array} \Big\} \text{ bzw.}$$

$$\begin{array}{c} d\text{-Bornylamin }[6] \\ l\text{-Neobornylamin} \end{array} \Big\rangle \text{ Camphen } C_{10}H_{16}.$$

[1] J. Bertram und H. Walbaum: J. pr. Ch. (2) 49, 1 (1894).

[2] Bouchardat u. Lafont: C. r. 118, 248; 119, 85 (1894).

[3] Bouchardat u. Lafont: Ann. ch. ph. (6) 9, 529 (1886); 15, 146 (1888); 16, 246 (1889).

[4] G. Wagner: Journ. d. russ. phys.-chem. Ges. 35, 537 u. 540 (1903), beim andauernden Erhitzen von Isoborneol in Xylollösung mit Natrium.

[5] R. Leuckart u. E. Bach: B. 20, 104 (1887).

[6] M. O. Forster: J. Chem. Soc. 77, 1152 (1900).

Welche Art der Isomerie lag hier vor?

E. Jünger und A. Klages [1]) fanden, daß Camphenhydrochlorid, Bornylchlorid und Isobornylchlorid (aus Isoborneol mittels PCl_5) nahezu die gleichen Schmelzpunkte haben, beim Erhitzen mit Chinolin unter Salzsäureverlust glatt Camphen liefern, bzw. beim Behandeln mit Eisessig gleicherweise Isobornylacetat geben. Daraus schließen sie auf eine Raumisomerie zwischen Isoborneol (und seinen Derivaten) und Borneol und formulieren dieselbe folgendermaßen (I und II):

$$
\begin{array}{ccc}
\underset{\text{I.}}{
\begin{array}{l}
H_2C\!-\!\!-\!CH\!\overset{H}{-}\!CH \\
\;\;|\;\;CH_3\!\cdot\!\overset{|}{C}\!\cdot\!CH_3\;\;| \\
H_2C\!-\!\!\!-\!\!\!-\!\!\!-\!HC\!\cdot\!OH \\
\qquad\;\overset{|}{C}\!\cdot\!CH_3
\end{array}}
& \text{und} &
\underset{\text{II.}}{
\begin{array}{l}
H_2C\!-\!\!-\!CH\!\overset{H}{-}\!CH \\
\;\;|\;\;CH_3\!\cdot\!\overset{|}{C}\!\cdot\!CH_3\;\;| \\
H_2C\!-\!\!\!-\!\!\!-\!\!\!-\!HOCH \\
\qquad\;\overset{|}{C}\!\cdot\!CH_3
\end{array}}
\qquad
\underset{\text{III.}}{
\begin{array}{l}
(CH_3)_2\!\cdot\!C\!-\!CH\!-\!CH_2 \\
\;\;|\qquad\qquad\;\;|\;\;CH_2\;\;| \\
OH\!\cdot\!\overset{|}{C}\!-\!CH\!-\!CH_2 \\
\qquad\;\overset{|}{CH_3}
\end{array}}
\end{array}
$$

G. Wagner [2]) hingegen bevorzugte für Isoborneol die Konstitution eines tertiären Alkohols (1899), er erteilte (1903) dem Borneol die Formel I, dem Isoborneol aber die Formel III. Ebenso folgerte F. W. Semmler [3]) aus seinen Versuchen, „daß im Isoborneol zweifellos ein tertiärer Alkohol vorliegt" (Sperrdruck im Original, 1900); dem Borneol gibt er das Formelbild I oder IV, und dem Isoborneol V oder VI (1902):

$$
\begin{array}{ccc}
\underset{\text{IV. (Borneol.)}}{
\begin{array}{l}
(CH_3)_2\!\cdot\!C\!-\!CH\!-\!CH_2 \\
\;\;|\qquad\quad CH_2\;\;| \\
CH_3\!-\!CH\!-\!\overset{|}{CH}\!-\!CH(OH)
\end{array}}
&
\underset{\substack{\text{V}\\ \text{(Isoborneol.)}}}{
\begin{array}{l}
H_2C\!-\!\!\!-\!\!\!-\!CH\!-\!\!\!-\!CH_2 \\
\;\;|\;\;CH_3\!\cdot\!\overset{|}{C}\!\cdot\!CH_3\;\;| \\
\overset{H}{CH_3}\!\!\!>\!C\!-\!\!\!-\!C(OH)\!-\!CH_2
\end{array}}
\;\;\text{oder}\;\;
&
\underset{\text{VI.}}{
\begin{array}{l}
H_2C\!-\!\!\!-\!\!\!-\!CH\!-\!\!\!-\!CH_2 \\
\;\;|\;\;CH_3\!\cdot\!\overset{|}{C}\!\cdot\!CH_3\;\;| \\
\overset{HO}{CH_3}\!\!\!>\!C\!-\!\!\!-\!CH\!-\!\!\!-\!CH_2
\end{array}}
\end{array}
$$

Seinerzeit hatte J. Riban [4]) (1875) das Pinenchlorhydrat $C_{10}H_{17}Cl$ untersucht und dessen große Beständigkeit beim Erhitzen mit Wasser oder gegenüber Silbernitrat hervorgehoben, wohingegen Camphenhydrochlorid $C_{10}H_{17}Cl$ in beiden Fällen leicht reagiert. G. Wagner [5]) hat dann (1899) auf Grund seiner orientierenden Versuche folgende Zusammenhänge zwischen diesen beiden und den Chloriden des Borneols und Isoborneols aufgestellt:

1. Nur die Halogenanhydride $C_{10}H_{17}X$ (X = Cl, Br oder J) des Isoborneols und Borneols liefern Camphen.

2. Die Halogenanhydride des Isoborneols entstehen sowohl aus Isoborneol (durch PX_5) als auch durch Anlagerung von HX an Camphen.

3. Die als Pinenhalogenhydrate bezeichneten Verbindungen sind keine direkten Pinenderivate, sondern Bornylhalogenide.

---

[1]) Jünger u. Klages: B. **29**, 544 (1896); s. a. A. Reychler: B. **29**, 697 (1896).
[2]) G. Wagner: Journ. d. russ. phys.-chem Ges. **35**, 537 u. 540 (1903), beim andauernden Erhitzen von Isoborneol in Xylollösung mit Natrium.
[3]) Semmler: B. **33**, 774, 3430 (1900); **35**, 1016 (1902).
[4]) Riban: Ann. ch. ph. (5) **6**, 5, 215 (1875).
[5]) G. Wagner u. W. Brickner: B. **32**, 2302 (1899).

4. Das gewöhnliche Bornylchlorid (aus Borneol und PCl_5) ist ein Gemenge, vorwiegend aus Isobornylchlorid mit geringem Anteil des echten Bornylchlorids bestehend.

Durch eine ausgedehnte und sehr sorgfältig durchgeführte Untersuchung der Umsetzungsprodukte des Pinen- und Camphenchlorhydrats gelangte A. Hesse[1]) zu folgenden Ergebnissen:

„1. Pinenchlorhydrat ist Bornylchlorid und hat dasselbe Kohlenstoffskelet wie Camphenchlorhydrat.

2. Das Chloratom des Hauptanteils des Camphenchlorhydrats muß an demselben Kohlenstoffatom haften, an welchem sich das Chloratom beim Pinenchlorhydrat (Bornylchlorid) befindet. Diese beiden Chlorhydrate sind also strukturidentisch; ihre Verschiedenheit ist nur durch Stereoisomerie erklärlich, wie durch die Formeln I und II ausgedrückt wird (s. u.).

3. Borneol, welches aus beiden Chlorhydraten in reichlicher Menge entsteht, und Isoborneol, welches in größeren Mengen Menge entsteht, und Isoborneol, welches in größeren Mengen nur aus Camphenchlorhydrat erhalten wurde, sind stereoisomere sekundäre Alkohole" (Formel III und IV):

I. 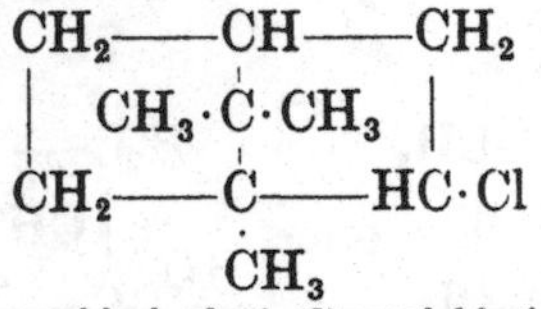
$$CH_2\text{---}CH\text{---}CH_2$$
$$\;|\quad CH_3\cdot C\cdot CH_3\;|$$
$$CH_2\text{---}C\text{---}HC\cdot Cl$$
$$CH_3$$
Pinenchlorhydrat (Bornylchlorid).

II. 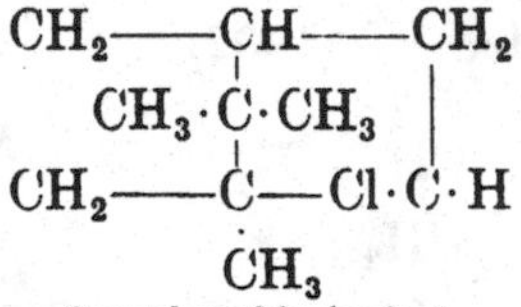
$$CH_2\text{---}CH\text{---}CH_2$$
$$\;|\quad CH_3\cdot C\cdot CH_3$$
$$CH_2\text{---}C\text{---}Cl\cdot C\cdot H$$
$$CH_3$$
Camphenchlorhydrat.

III. 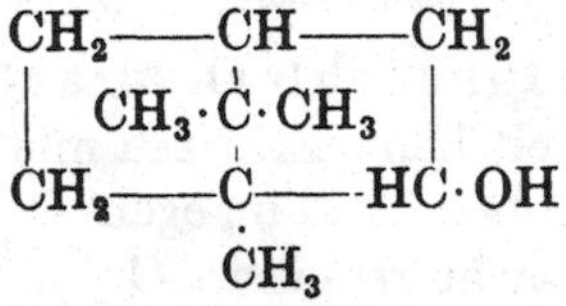
$$CH_2\text{---}CH\text{---}CH_2$$
$$\;|\quad CH_3\cdot C\cdot CH_3\;|$$
$$CH_2\text{---}C\text{---}HC\cdot OH$$
$$CH_3$$
Borneol.

IV. 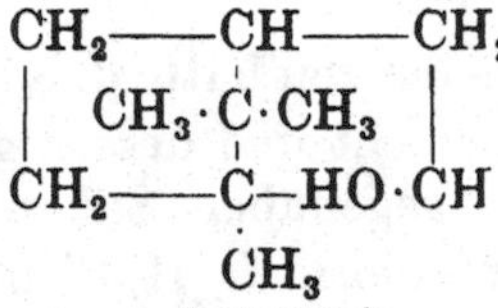
$$CH_2\text{---}CH\text{---}CH_2$$
$$\;|\quad CH_3\cdot C\cdot CH_3\;|$$
$$CH_2\text{---}C\text{--}HO\cdot CH$$
$$CH_3$$
Isoborneol.

Daß damit nicht das letzte Wort gesprochen worden war, zeigten die Untersuchungen von H. Meerwein[2]) und K. van Emster. Diesen Forschern gelang die Darstellung des wahren (tertiären) Camphenchlorhydrats (bei der Einwirkung gasförmiger Salzsäure auf gekühlte Lösungen von Camphen in Äther), das durch die außerordentliche Beweglichkeit des Chloratoms (durch Wasser oder Alkohol schon in der Kälte ersetzbar) und durch die Leichtigkeit seiner Umlagerung

---

[1]) A. Hesse: B. **39**, 1127 (1906).

[2]) H. Meerwein u. K. van Emster: B. **53**, 1815 (1920); **55**, 2500 (1922). Dieselben Beziehungen bestehen zwischen den Estern des Camphenhydrats, Isoborneols und Borneols: Meerwein: A. **453**, 16 (1927). Zu der von W. N. Kresstinski (und Mitarb. C. **1937** I, 4645) vorgeschlagenen neuen Formel des Isoborneols vgl. die Ablehnung durch P. Lipp und H. Knapp [B. **73** 918 (1940)], die auch den Sulfurierungschemismus des Camphers behandeln.

in das (sekundäre) Isobornylchlorid ausgezeichnet ist, wobei zwischen beiden Verbindungen eine Gleichgewichts-Isomerie besteht:

$$
\begin{array}{ll}
\underset{\text{Camphen.}}{
\begin{array}{c}
CH_2-CH-C(CH_3)_2 \\
| \quad CH_2 \quad | \\
CH_2-CH-C:CH_2
\end{array}}
& \overset{+\,HCl}{\underset{-\,HCl}{\rightleftarrows}}
\quad
\underset{\text{Camphenchlorhydrat.}}{
\begin{array}{c}
CH_2-CH-C(CH_3)_2 \\
| \quad CH_2 \quad | \\
CH_2-CH-C{<}^{CH_3}_{Cl}
\end{array}} \rightleftarrows
\end{array}
$$

$$
\rightleftarrows \quad
\underset{\text{Isobornylchlorid.}}{
\begin{array}{c}
CH_2-CH-C(CH_3)_2 \\
| \quad CH_2 \quad | \\
CH_2-\underset{\underset{Cl\cdot CH}{}}{|}\diagdown C\cdot CH_3
\end{array}}
\quad \text{oder} \quad
\begin{array}{c}
CH_2{-}\!\!-CH{-}\!\!-CH_2 \\
| \quad CH_3\cdot C\cdot CH_3 \quad | \\
CH_2{-}\!\!-C{-}\!\!-CHCl \\
\qquad CH_3
\end{array}
$$

Die Leichtigkeit der Eliminierung des Chloratoms durch alkoholische Lauge stuft sich in folgender Reihenfolge ab: wahres Camphenchlorhydrat > Isobornylchlorid > Bornylchlorid (früher Pinenchlorhydrat genannt).

Meerwein hat für diese Umlagerungserscheinungen in der Terpenund Campherreihe erstmalig die Denkmittel der Elektrochemie bzw. Ionisation erfolgreich angewandt (vgl. das Kapitel: Tautomerisation, s. S. 374). Ihm gelang auch (unabhängig von O. Aschan, 1914, vgl. C. 1921 III, 629) die Darstellung des **wahren tertiären Pinenchlorhydrats**, das schon bei —10⁰ leicht und unter intensiver Wärmeentwicklung sich in Bornylchlorid umlagert (zit. S. 2521); die wechselseitige Umlagerung Bornylchlorid ⇌ Isobornylchlorid konnte als Umgruppierung des Kations (S. 2519) erwiesen werden:

$$
\underset{\text{Pinen.}}{
\begin{array}{c}
CH_2{-}\!\!-CH{-}\!\!-CH_2 \\
| \quad CH_3\cdot C\cdot CH_3 \quad | \\
CH{=}\!\!=C{-}\!\!-CH \\
\qquad CH_3
\end{array}}
\quad \overset{+\,HCl}{\rightarrow} \quad
\underset{\text{tert. Pinenchlorhydrat.}}{
\begin{array}{c}
CH_2{-}\!\!-CH{-}\!\!-CH_2 \\
| \quad CH_3\cdot C\cdot CH_3 \quad | \\
CH_2{-}\!\!-C{-}\!\!-CH \\
Cl\diagup \; \diagdown CH_3
\end{array}} \rightarrow
$$

$$
\rightarrow \quad
\underset{\text{Bornylchlorid.}}{
\begin{array}{c}
CH_2{-}\!\!-CH{-}\!\!-CH_2 \\
| \quad CH_3\cdot C\cdot CH_3 \quad | \\
CH_2{-}\!\!-C{-}\!\!-C{<}^{Cl}_{H} \\
\qquad CH_3
\end{array}}
\quad \rightleftarrows \quad
\underset{\text{Isobornylchlorid.}}{
\begin{array}{c}
CH_2{-}\!\!-CH{-}\!\!-CH_2 \\
| \quad CH_3\cdot C\cdot CH_3 \quad | \\
CH_2{-}\!\!-C{-}\!\!-C{<}^{H}_{Cl} \\
\qquad CH_3
\end{array}}
$$

Stereochemisches. Zur Bestimmung der cis-trans-Isomerie cyclischer Verbindungen ist von G. Vavon auf Grund der Vorstellung über die sterische Hinderung experimentell gezeigt worden, daß a) die Veresterung, b) die Umsetzung mit C_2H_5MgBr, c) die Verseifung durch Alkalien bei den **trans**-Formen schneller abläuft als bei den entsprechenden cis-Formen [Bl. (4) **39**, 666, 924 (1926)]; hiernach spricht er dem Borneol mit der größeren Umsetzungsgeschwindigkeit die trans-Stellung des Hydroxyls, bezogen auf die Isopropylbrücke, dem Isoborneol die cis-Stellung zu, s. S. 216. Zu der gleichen Auffassung (Borneol als endo-, Isoborneol als exo-Form) war aus chemischen Gründen W. Hückel [A. **477**, 157 (1930)] gelangt, wogegen P. Lipp [A. **480**, 298 (1930); B. **68**, 1029 (1935)] die klassische Auffassung von J. Bredt (1905) verteidigte (Borneol als exo-, Isoborneol als endo-Form). Dann haben Y. Asahina und M. Ishidate [B. **68**, 555 (1935); **69**, 343 (1936)] ebenfalls durch chemische Gründe die Auffassung von Vavon und Hückel gestützt. Zur Stereochemie der Menthole, Borneole und Thujone s. auch S. 346—348.

Die Diensynthese hat in der Campherchemie wertvolle Dienste geleistet. Der Nor-Campher (I) wurde zuerst von G. Komppa und S. V. Hintikka (1918) aus Homonorcamphersäure, dann von O. Diels und K. Alder [A. **470**, 76 (1929); s. a. **460**, 98 (1928)] diensynthetisch dargestellt. Einen neuen, einfachen Weg wies die Diensynthese durch K. Alder [mit H. F. Rickert, A. **543**, 1 (1939); mittelst Vinylacetat und Cyclopentadien], und zwar direkt zum α-Norborneol (II), den bereits G. Komppa [mit S. Beckmann, A. **512**, 172 (1934)] aus Norcampher durch katalytische Hydrierung in saurer Lösung erhalten hatte, während aus (endo- oder) β-Norbornylamin durch Salpetrigsäure ein β-Norborneol erhalten wurde.

Ebenso wurde die klassische Komppasche Campher-Synthese ergänzt durch Diensynthesen, zuerst von O. Diels und K. Alder [A. **486**, 202 (1931)], dann von K. Alder und E. Windemuth [A. **543**, 41 (1939)] aus 1,5,5-Trimethylcyclopentadien-1,3 und Vinylacetat; im letzteren Fall wurden gleichzeitig d,l-Borneol (III) und d,l-Epiborneol (IV) erhalten, die (mit CrO₃) zu d,l-Campher (V) und d,l-Epicampher (VI) oxydiert wurden.

Auf Grund der schweren Wasserabspaltung des β-Norborneols hatten G. Komppa und S. Beckmann (zit. S. 172) dem α-Norborneol die Konfiguration des Isoborneols, dem β-Norborneol die des Borneols zugesprochen. Nun hat K. Alder [mit G. Stein, A. 514, 211 (1934); mit H. F. Rickert, A. 543, 1 (1939)] aus dem sterischen Verlauf der Diensynthesen gefolgert, daß dem α-Norborneol die endo-, dem β-Norborneol die exo-Konfiguration zukommt; weiter ließ sich folgern [Alder und E. Windemuth, A. 543, 56 (1939)], daß d,l-Borneol und d,l-Epiborneol beide zur Endo-Reihe gehören. Es würde dieser Befund mit den obigen Ergebnissen übereinstimmen.

B. Olefinische Terpene.

Wiederholt und von verschiedenen Seiten ist für den Bau der Terpene eine Formulierung mit offenen Ketten erwogen und vorgeschlagen worden; man betrachtete sie als olefinische Kohlenwasserstoffe (z. B. Tilden, Flawitzky, A. Saytzew), deren eigenartige Struktur es gestattet, daß aus ihnen durch einfache Reaktionen, wie Wasseraufnahme und -abscheidung, aromatische Ringe (z. B. Hydrocymole) sich bilden (Saytzew, 1878). Diese Hypothesen sollten mit dem Fortschritt der Untersuchung der ätherischen Öle eine Bestätigung erfahren, indem tatsächlich solche olefinischen Terpene bzw. Terpenalkohole und -aldehyde in den natürlichen ätherischen Ölen aufgefunden und ihre Übergänge in die cyclischen Terpene usw. festgestellt wurden.

Friedr. Wilh. Semmler (1860—1931) leitete seine erste Mitteilung „über indisches Geraniumöl" [B. 23, 1098 (1890)] durch die nachstehenden programmatischen Ausführungen ein: „Bei meinen folgenden Untersuchungen wurde ich von dem Gedanken geleitet, daß es möglich sein werde, durch in der Natur vorkommende ätherische Öle, welche die Zusammensetzung $C_{10}H_{18}O$ besitzen und aus welchen sich durch Wasser entziehende Mittel Terpene darstellen lassen, sowohl einen Einblick in die Konstitution der letzteren zu gewinnen, als auch einen Weg zu eröffnen, auf welchem es möglich sein wird, eine Vorstellung zu erlangen über den chemischen Vorgang, durch welchen in der Pflanze gewisse Gruppen von Terpenen entstehen." Nachdem er durch die Elementaranalyse für die Zusammensetzung des aus indischem Geraniumöl von Andropogon Schoenanthus L. gewonnenen „Geraniols" die Formel $C_{10}H_{18}O$ ermittelt, aus der Bestimmung des Refraktionswertes 2 Äthylenbindungen abgeleitet und diese mit dem chemischen Verhalten (Addition von etwa 4 Atomen Brom) übereinstimmend gefunden hat, folgert er, daß der Alkohol Geraniol[1])

---

[1]) O. Jacobsen [A. 157, 232 (1871)] isolierte aus dem Geraniumöl einen bei 232 bis 233º siedenden, optisch inaktiven flüssigen Körper $C_{10}H_{18}O$, den er Geraniol benannte und als einen Alkohol erkannte; durch schmelzendes Kali gab derselbe „baldriansaures Kali", mit Salzsäuregas das Chlorid $C_{10}H_{17}Cl$, durch wasserentziehende Mittel den Kohlenwasserstoff Geraniën $C_{10}H_{16}$ (Siedep. 162 bis 164º).

„unmöglich ringförmige Bindung besitzen (kann), sondern er gehört in die Fettreihe mit kettenförmiger Bindung". Er gehört demnach zu den doppelt ungesättigten aliphatischen Alkoholen $C_nH_{2n-2}O$, von denen bisher keiner in der Natur gefunden worden war. Semmler weist noch darauf hin, daß synthetisch Saytzew solche Alkohole dargestellt und zugleich ihre Bedeutung für die Erkenntnis gewisser Naturprodukte hervorgehoben hat, wenn es z. B. gelänge, durch Wasserentziehung aus den Alkoholen $C_nH_{2n-2}O$ zu Verbindungen von derselben Zusammensetzung wie die Terpene zu gelangen [A. 185, 130 (1877)]. Semmler zeigte dann, daß ähnliche ätherische Öle $C_{10}H_{18}O$ mit kettenförmiger Anordnung auch im Corianderöl, Bergamottöl usw. vorkommen, daß Geraniol als primärer Alkohol zu dem Aldehyd (Geranial) $C_{10}H_{16}O$ und zur Geraniumsäure $C_{10}H_{16}O_2$ oxydiert wird [B. 23, 2965, 3556 (1890)], daß das unter dem Namen Citral [1]) von Schimmel & Co. in Leipzig [aus Citronenöl [1]), Lemongras-Öl, Citronellfrüchten] gewonnene und in den Handel gebrachte Produkt identisch mit Geranial ist, und daß durch wasserentziehende Mittel Geranial in (ein Anhydro-Geranial-) Cymol $C_{10}H_{14}$ übergeführt wird [B. 24, 201 (1891)]. Aus dem Corianderöl [2]) wird als Hauptbestandteil das „d-Coriandrol" $C_{10}H_{18}O$, aus dem Linaloeöl [2]) das „l-Linalool" $C_{10}H_{18}O$ abgeschieden, beide erweisen sich als Verbindungen. mit 2 Äthylenbindungen; aus dem „deutschen Melissenöl" wird ein aliphatischer Aldehyd $C_{10}H_{18}O$ isoliert (zit. S. 2965 u. f.).

Für Geraniol (und Geranial) wird die folgende Konstitutionsformel aufgestellt [Semmler, B. 23, 1102 (1890); 24, 204 (1891); weiter bestätigt von F. Tiemann und Fr. W. Semmler, B. 26, 2708 (1893)]:

$$\begin{matrix} CH_3 \\ CH_3 \end{matrix}\!\!\Big\rangle CH \cdot CH_2 \cdot CH : CH \cdot C : CH \cdot CH_2 \cdot OH \qquad \text{(Oxydation)}$$
$$CH_3 \qquad\qquad\qquad\qquad \underset{\text{(Reduktion)}}{\longleftrightarrow}$$

Geraniol.

$$\begin{matrix} CH_3 \\ CH_3 \end{matrix}\!\!\Big\rangle CH \cdot CH_2 \cdot CH : CH \cdot C : CH \cdot CHO$$
$$CH_3$$

Geranial (Citral).

---

[1]) J. Bertram hatte 1888 dieses inaktive Citral aus Lemongras-Öl isoliert. Im Citronen-Öl wurde nachher neben Citral noch d-Limonen $C_{10}H_{16}$ (Citren), Dipenten, Bisabolen $C_{15}H_{24}$, Methylheptenon $\begin{matrix} CH_3 \\ CH_3 \end{matrix}\!\!\big\rangle C:CH \cdot CH_2 \cdot CH_2 \cdot CO \cdot CH_3$ gefunden.

[2]) Die erste eingehendere Untersuchung des bei etwa 150° siedenden „Coriander-öls" von der Zusammensetzung $C_{10}H_{18}O$ führte Kawalier [J. pr. Ch. 58, 226 (1853)] aus. Dann unternahm B. Grosser (auf Veranlassung von Prof. Poleck in Breslau) eine gründliche Untersuchung dieses „Corianderöls", bestätigte die Formel $C_{10}H_{18}O$, fand es stark linksdrehend und kam auf Grund des Vergleiches der Oxydationsprodukte von Campher, Terpentinöl und Corianderöl zu dem Schluß, daß „eine völlig verschiedene Konstitution wahrscheinlich" sei [B. 14, 2485 (1881)]. Das „Licariöl" genannte (aus der „Essence de Linaloes" bzw. aus dem Licari Kanali stammende) Produkt wurde von H. Morin [B. 14, 1290 (1881); 15, 1088 (1882); A. ch. (5) 25, 427 (1882)] isoliert, von der Zusammensetzung $C_{10}H_{18}O$, mit dem Siedep. 198° und links drehend gefunden, durch Wasserentziehung ging es in „Licaren" $C_{10}H_{16}$ über.

Zu derselben Zeit, als Semmler (im Pharmazeutischen Institut der Universität Breslau, unter der Leitung von Th. Poleck) die Untersuchung des Geraniols ausführte, war in Amerika F. D. Dodge [B. 23, Ref. 175 (1890)] mit einer Untersuchung des Citronellaöls beschäftigt, aus welchem er über die Bisulfitverbindung einen Citronellaldehyd (Citronellal) genannten Körper $C_{10}H_{18}O$ isolierte; derselbe war rechtsdrehend, gab bei der Oxydation ein nach Valeriansäure riechendes Säuregemisch und ging bei der Reduktion in den rechtsdrehenden Citronellalkohol $C_{10}H_{20}O$ (Siedep. 225 bis 230^0) über. Dodge erteilte diesem Aldehyd ebenfalls eine olefinische Konstitutionsformel

$$C_4H_9 \cdot CH : CH \cdot CH(CH_3) \cdot CH_2 \cdot CHO.$$

Die weitere Erforschung dieser neuerschlossenen, nach Semmler „olefinische Terpene" genannten Körperklasse vollzog sich in ähnlicher Weise, wie vorher bei den cyclischen Terpenen. Zuerst galt es, die verschieden benannten als olefinisch erkannten Terpene einander gegenüberzustellen und aus der Vielheit die einzelnen individuellen Terpene herauszutrennen; dann erfolgte die Feststellung der chemischen Konstitution dieser neuerkannten Individuen und weiterhin schloß sich daran das Studium der Ringschließung. Schon 1891 schrieb Semmler [B. 24, 684 (1891): „Die bisherigen Resultate, welche bei der Wasserabspaltung aus den olefinischen Campherarten gewonnen wurden, berechtigen uns zu der Annahme, daß auch im pflanzlichen Organismus analoge Vorgänge stattfinden, daß die Benzolderivate, welchen wir in der Pflanze begegnen, aus kettenförmig gebundenen Atomkomplexen hervorgehen unter Wasserabspaltung." Die Frage nach der eigentlichen Muttersubstanz für die Atomkomplexe selbst wird noch nicht berührt.

Einen weiteren Vertreter dieser olefinischen Campher erschloß die Entdeckung des l-Rhodinols $C_{10}H_{17} \cdot OH$ im Rosenöl durch C. U. Eckart [B. 24, 4205 (1891); ebenfalls im Poleckschen Pharmazeutischen Institut], dem die Konstitution $\begin{matrix} C_3H_7 \\ CH_2 \end{matrix} \Big> C \cdot CH : CH \cdot C \begin{matrix} CH_3 \\ H \end{matrix} \Big< \begin{matrix} \\ CH_2 \cdot OH \end{matrix}$ beigelegt wurde, durch wasserentziehende Mittel ging dieser olefinische Alkohol in das ringförmige Dipenten $C_{10}H_{16}$ über. Dann trat Ph. Barbier[1]) (1848—1922) mit der Untersuchung des aus der Essence de Licari Kanali gewonnenen linksdrehenden aliphatischen Terpenalkohols hervor (1892), den er „Licareol" $C_{10}H_{18}O$ benannte; Licareol gab einen rechtsdrehenden Kohlenwasserstoff Licaren $C_{10}H_{16}$ und einen isomeren Alkohol „d-Licarhodol" $C_{10}H_{18}O$, welcher bei der Oxydation in den gleichen Aldehyd $C_{10}H_{16}O$ überging wie Licareol (1893). Dieses „Licareol" war der bereits von Semmler (1891) untersuchte und „Linalool" benannte Alkohol, und Bouchardat[2]) zeigte, daß „Lica-

[1]) Ph. Barbier: C. r. 114, 674 (1892); 116, 117 (1893).
[2]) G. Bouchardat: C. r. 116, 1253 (1893).

rhodol" identisch mit dem aus Linalool erhaltenen Geraniol ist. Barbier [1]) und Bouveault (1864—1909) haben die Identität von Licareol mit Linalool anerkannt. Aus dem Corianderöl hatte Semmler (1891) den von ihm „Coriandrol" benannten (rechtsdrehenden) Alkohol $C_{10}H_{18}O$ isoliert; Barbier [2]) hat denselben näher untersucht und ihn als die Rechtsmodifikation seines l-Licareols betrachtet. Unterdessen hatten Semmler und Tiemann [3]) in dem Bergamottöl dasselbe Linalool nachgewiesen und im Petitgrainöl bzw. Lavendelöl zwei weitere ungesättigte Alkohole $C_{10}H_{18}O$ entdeckt, die als „Aurantiol" bzw. „Lavendol" bezeichnet wurden und in ihren Eigenschaften nahezu dem Linalool glichen. Fast gleichzeitig teilten Bertram und Walbaum [4]) ihre Untersuchungsergebnisse am Bergamott- (Petitgrain-) und Lavendelöl mit und sprachen als identisch an sowohl die Linaloole aus Linaloeöl und Bergamottöl als auch diese Linaloole und Lavendol bzw. Aurantiol. Tiemann und Semmler [5]) konnten alsbald diese Annahmen bestätigen; indem sie den genannten Alkoholen noch den aus Neroliöl isolierten ungesättigten linksdrehenden aliphatischen Alkohol „Nerolol" $C_{10}H_{18}O$ hinzufügten, sahen sie im allgemeinen als identisch an: Linalool, Aurantiol, Lavendol und Nerolol, und unterschieden (1893) als chemische Individuen $C_{10}H_{18}O$: das rechtsdrehende Coriandrol, das schwach linksdrehende Rhodinol (Eckart) und das (je nach seiner Abstammung bald rechts-, bald linksdrehende) Linalool. Das Rhodinol Eckarts hatte bei der Oxydation den Aldehyd $C_{10}H_{16}O$ („Rhodinal") ergeben: Tiemann und Semmler (1893) wiesen die Identität von Rhodinal mit Citral nach. Diese Tatsache sprach zugunsten der Rhodinolformel $C_{10}H_{18}O$ und gegen die Formel $C_{10}H_{20}O$, welche von Wl. Markownikoff und A. Reformatsky [6]) dem aus bulgarischem Rosenöl gewonnenen Alkohol „Roseol" beigelegt worden war. Daß die Eckartsche Formel richtig war, bewies Barbier [7]) (1893), der das Rhodinol als isomer mit Geraniol ansah und -die folgende Rhodinolformel aufstellte:

$$CH \cdot C(C_3H_7) \cdot CH_2OH$$
$$CH \cdot C(CH_3) : CH_2$$

Daß das „Rhodinol" sogar identisch mit Geraniol ist, bzw. daß der Hauptanteil des türkischen und deutschen Rosenöls von Geraniol gebildet wird, bewiesen Bertram und Gildemeister [8]) (1894, Isolierung der Molekularverbindung von Geraniol +

[1]) Barbier u. Bouveault: C. r. 121, 168 (1895).

[2]) Barbier: C. r. 116, 1459 (1893).

[3]) Semmler u. Tiemann: B. 25, 1180 (1892).

[4]) J. Bertram u. H. Walbaum: J. pr. Chem., N. F. 45, 590 (1892); s. a. Bouchardat: C. r. 117, 53 (1893).

[5]) Tiemann u. Semmler: B. 26, 2708 (1893); 28, 2133 (1895).

[6]) Wl. Markownikoff u. A. Reformatsky: J. pr. Ch., N. F. 48, 293 (1893); s. a. B. 27, Ref. 625 (1894).

[7]) Barbier: C. r. 117, 177 (1893).

[8]) Bertram u. E. Gildemeister: J. pr. Ch., N. F. 49, 185 (1894).

Chlorcalcium): Rhodinol (Eckart), Roseol (Markownikoff und Reformatsky) und Licarhodol (Barbier) sind unreines Geraniol und müssen als chemische Individuen gestrichen werden. Barbier und L. Bouveault[1]) (1894) vermeinten allerdings eine Verschiedenheit zwischen dem Geraniol aus Pelargoniumöl und dem aus Andropogon Schoenanthus gefunden zu haben, bezeichnen daher letzteres als „Lemonol" $C_{10}H_{18}O$ (den zugehörigen Aldehyd als „Lemonal" $C_{10}H_{16}O$) und erteilen ihm die folgende Konstitution:

$$CH_2:C(CH_3)\cdot CH_2\cdot CH_2\cdot C\cdot CH_2OH$$
$$CH_3\cdot C\cdot CH_3$$

Die Untersuchung des Pelargoniumöls führte Barbier und Bouveault[2]) (1896) zu der Annahme eines darin befindlichen Alkohols $C_{10}H_{20}O$, der als „Rhodinol" bezeichnet wird und auch in Rosenöl vorkommt. Dieses neue „Rhodinol" ist ein primärer aliphatischer Alkohol mit einer Doppelbindung von folgender Formel:

$$(CH_3)_2C:CH\cdot CH_2\cdot CH_2\cdot CH\cdot CH_2\cdot CH_2\cdot OH$$
$$CH_3$$

Der Aldehyd „Rhodinal" $C_{10}H_{18}O$ ist isomer mit dem Citronellal $C_{10}H_{18}O$, dessen Konstitutionsformel sein muß

$$\genfrac{}{}{0pt}{}{CH_3}{CH_3}{\Big\rangle}C:CH\cdot CH_2\cdot \overset{CH_3}{CH}\cdot CH_2\cdot CH_2\cdot COH,$$

andererseits Rhodinal:

$$\genfrac{}{}{0pt}{}{CH_3}{CH_3}{\Big\rangle}C:CH\cdot CH_2\cdot CH_2\cdot \overset{CH_3}{CH}\cdot CH_2\cdot COH.$$

Unabhängig von den vorigen Forschern hatte A. Hesse[3]) (1866 bis 1924) aus demselben Pelargoniumöl (Réunion-Geraniumöl) ein n als „Réuniol" bezeichneten Alkohol $C_{10}H_{20}O$ abgeschieden (1895).

Auch diese beiden Rosenalkohole (Rhodinol und Réuniol) finden eine Ablehnung[4]). Gleichzeitig veröffentlichen Tiemann und Schmidt[5]) eine eingehende Untersuchung über die Konstitution der Citronellalreihe und über das natürliche Vorkommen von Verbindungen dieser Reihe. Für die Konstitution des d-Citronellals (aus Melissen-, Citronella-, Eucalyptus-Öl usw.) ergibt sich die Formel

$$\genfrac{}{}{0pt}{}{CH_3}{CH_3}{\Big\rangle}C:CH\cdot CH_2\cdot CH_2\cdot \overset{CH_3}{CH}\cdot CH_2\cdot COH,$$

und für Citronellol:

$$\genfrac{}{}{0pt}{}{CH_3}{CH_3}{\Big\rangle}C:CH\cdot CH_2\cdot CH_2\cdot \overset{\overset{CH_3}{\underset{H}{}}}{C}\cdot CH_2\cdot CH_2\cdot OH.$$

Das aus Rosenöl isolierte Citronellol ist l-Citronellol, für welches der Name „Rhodinol"

[1]) Barbier u. Bouveault: C. r. 118, 1154; s. a. 1050 (1894).
[2]) Barbier u. Bouveault: C. r. 122, 529, 673, 737 (1896).
[3]) A. Hesse: J. pr. Ch., N. F. 50, 474 (1895); 53, 238 (1896).
[4]) Bertram u. E. Gildemeister: J. pr. Ch., N. F. 53, 225 (1896); 56, 506 (1897); Schimmel & Co., Jahresber. 1895/96.
[5]) F. Tiemann u. R. Schmidt: B. 29, 903—926 (1896); s. a. 30, 33 (1897); 31, 831 (1898).

beibehalten wird (zit. S. 923), und „Rhodinal" ist identisch mit l-Citronellal.

Tiemann und Semmler[1]) (1895) haben das in den ätherischen Ölen natürlich vorkommende Methylheptenon[2]) $C_8H_{14}O$ und seine Beziehungen zu den gleichzeitig vorkommenden aliphatischen Alkoholen Linalool $C_{10}H_{17}OH$ und Geraniol $C_{10}H_{17}OH$, bzw. zu dem Aldehyd Citral $C_9H_{15}CHO$ aufgeklärt; sie vermuten, daß möglicherweise „im Organismus der Pflanzen der Bildung der der Geraniolreihe angehörigen Verbindungen die Bildung des Methylheptenons vorausgeht".

... „Es ist besonders interessant, daß dieses Methylheptenon durch gelinde Oxydationsmittel in Aceton und Lävulinsäure, d. h. zwei Verbindungen gespalten wird, welche die lebende Zelle leicht aus Kohlenhydraten erzeugen kann" (zit. S. 2134). (Über die Wahrscheinlichkeit der Bildung von Polyenen aus Lävulinsäure, Helv. 14, 888.) Die folgende genetische Reihe stellt sich dar:.

$$\text{Methylheptenon} \xleftarrow{\text{Oxydation}} \text{Citral} \underset{\text{Reduktion}}{\overset{\text{Oxydation}}{\rightleftarrows}} \text{Geraniol} \underset{\text{(durch Säuren)}}{\overset{\text{(Erhitzen mit H}_2\text{O)}}{\rightleftarrows}} \text{Linalool}$$
$$C_8H_{14}O \qquad\qquad C_{10}H_{16}O \qquad\qquad C_{10}H_{17}OH \qquad\qquad C_{10}H_{17}OH$$

Für die Konstitution dieser Verbindungen werden die nachstehenden Formeln festgestellt[1]) (1895):

natürl. Methylheptenon[2])

$$\begin{array}{c}CH_3\\CH_3\end{array}\!\!>C:CH\cdot CH_2\cdot CH_2\cdot CO\cdot CH_3$$

Geraniol[3])

$$\begin{array}{c}CH_3\\CH_3\end{array}\!\!>C:CH\cdot CH_2\cdot CH_2\cdot \overset{\times}{C}:CH\cdot CH_2OH$$
$$\qquad\qquad\qquad\qquad\qquad \overset{\cdot}{C}H_3$$

Citral (Geranial)[3])
(Lemonal Barbiers)

$$\begin{array}{c}CH_3\\CH_3\end{array}\!\!>C:CH\cdot CH_2\cdot CH_2\cdot \overset{\times}{C}:CH\cdot CHO$$
$$\qquad\qquad\qquad\qquad\qquad CH_3$$

Linalool[3]) (optisch aktiv)

$$\qquad\qquad\qquad\qquad (OH)$$
$$\begin{array}{c}CH_3\\CH_3\end{array}\!\!>C:CH\cdot CH_2\cdot CH_2\cdot C\cdot CH:CH_2$$
$$\qquad\qquad\qquad\qquad\qquad CH_3$$

Bei der Behandlung mit verdünnter Schwefelsäure werden Geraniol und Linalool in Terpinhydrat bzw. in den Terpinring umgewandelt[1]). Die Synthese des Linalools aus Citral (+ Sodalösung) → Methylheptenon (+ C_2H_2 + H_2) → inakt. Linalool führte L. Ruzicka (1919) aus und bestätigte damit die obige Konstitutionsformel [Helv. ch. Acta 2, 182 (1919)]. Dem natürlichen Methylheptenon (Siedep. 173⁰) kommt für die Deutung der Konstitution dieser genannten Verbindungen eine entscheidende Rolle zu, darüber hinaus nimmt es möglicherweise eine Schlüsselstellung für die Entstehung der aliphati-

---

[1]) Tiemann u. Semmler: B. 28, 2126, 2137 (1895).

[2]) Methylheptenon war zuerst von Schimmel & Co. (1894), dann von Barbier u. Bouveault[4]) (1894/95) als ein Bestandteil ätherischer Öle gekennzeichnet worden; die obige Konstitutionsformel gaben zuerst Barbier u. Bouveault (1894), dann Tiemann (1895).

[3]) Tiemann: B. 31, 820 u. f. (1898); 33, 877 (1900).

[4]) Barbier u. Bouveault: C. r. 122, 1423 (1896); s. A. 118, 983, 1050 (1894).

schen und cyclischen Terpene ein. Durch Abbau wurde es von Wallach[1]) (1890) über Terpin $C_{10}H_{18}(OH)_2$ zu Cineol $C_{10}H_{18}O$ zu Cineolsäure $C_{10}H_{16}O_5$ und Cineolsäureanhydrid $C_{10}H_{14}O_4$ bzw. (unter CO_2- und CO-Verlust) zu $C_8H_{14}O$ erhalten. Es wurde auch als Abbauprodukt bei der Oxydation des olefinischen Citrals erhalten (Tiemann und Semmler[2]), 1893) und „Methylheptenon" genannt, andererseits wurde dieses Methylheptenon durch Verseifung des Geraniumsäurenitrils (unter Abspaltung von Essigsäure) erhalten [Tiemann und Semmler[2]). Synthetisch wurde er dann von Barbier[3]) und Bouveault (1896) und von A. Verley[4]) (1897) dargestellt, nachdem Tiemann und Semmler[5]) (schon 1895) seine Konstitution endgültig festgestellt hatten. Damit waren die Grundlagen für die Konstitutionsformeln von Geraniol, Linalool usw. gegeben.

Das Citral bildet nun die Brücke zu den Iononforschungen.

Ferd. Tiemann und P. Krüger [B. 26, 2675 (1893)] hatten nach mühseliger (etwa 7 Jahre langer) Arbeit den in blühenden Veilchen und in der getrockneten Iriswurzel nur in minimalen Mengen vorkommenden Veilchenriechstoff isoliert und als ein rechtsdrehendes Methylketon $C_{11}H_{17} \cdot CO \cdot CH_3$, $[\alpha]_D = 46^0$ erkannt; die Formel dieses „Iron" genannten Ketons wurde aufgelöst in

$$
\begin{array}{c}
\quad\quad CH_3\ CH_3 \\
\quad\quad\ \diagdown C \diagup \\
HC\diagup\quad\quad CH \cdot CH : CH \cdot COCH_3 \\
HC \overset{||}{\diagdown}\quad\ \diagup CH \cdot CH_3 \\
\quad\quad C \\
\quad\quad H_2
\end{array}
$$

Gleichzeitig wurden Versuche zur Synthese des Veilchenaromas (durch Kondensation von Citral mit Aceton) unternommen; das hierbei resultierende Keton = Pseudoionon

$\overset{1}{C}H_3 \cdot \overset{2}{C}H \cdot \overset{3}{C}H_2 \cdot \overset{4}{C}H \cdot \overset{5}{C}H \cdot \overset{6}{C} : \overset{7}{C}H \cdot \overset{8}{C}H : \overset{9}{C}H \cdot \overset{10}{C}O \cdot \overset{11}{C}H_3$ ging bei der Behand-
$\quad\ \ \underset{CH_3}{|}\quad\quad\quad\quad\ \underset{CH_3}{|}$

lung mit verdünnten Mineralsäuren in das cyclische Ionon I über:

$$
\begin{array}{c}
CH_3\ CH_3 \\
\diagdown C \diagup \\
H C\diagup\quad\quad CH \cdot CH : CH \cdot CO \cdot CH_3 \\
HC\diagdown\quad\ \diagup CH \cdot CH_3 \\
\underset{C}{}\ \\
H \\
\quad\quad\text{I.}
\end{array}
\qquad
\begin{array}{c}
CH_3\ CH_3 \\
\diagdown C \diagup \\
H_2C\diagup\quad\quad CH \cdot CH : CH \cdot COCH_3 \\
H_2C\diagdown\quad\ \diagup C \cdot CH_3 \\
\underset{C}{}\ \\
H \\
\quad\quad\text{II.}
\end{array}
$$

---

[1]) Wallach: A. 258, 333 (1890); B. 24, 1572 (1891).
[2]) Tiemann u. Semmler: B. 26, 2719 u. f. (1893).
[3]) Barbier u. Bouveault: C. r. 122, 1423 (1896); s. a. 118, 983, 1050 (1894).
[4]) Verley: Bl. (3) 17, 122 (1897); über Geraniol, Linalool und Nerol: Bl. (4) 25, 240 (1919).
[5]) Tiemann u. Semmler: B. 28, 2126, 2137 (1895).

Weitere Untersuchungen [B. **31**, 808 (1898)] führten Tiemann zur Abänderung der Formeln für Pseudoionon in

$$\begin{matrix} CH_3 \\ \diagdown \\ CH_3 \diagup \end{matrix} C:CH \cdot CH_2 \cdot CH_2 \cdot C:CH \cdot CH:CH \cdot CO \cdot CH_3,\ \text{und für Ionon in II.}$$

$$CH_3$$

Dann wurde [B. **31**, 867 (1898)] neben diesem als α-Ionon bezeichneten Keton noch ein strukturisomeres β-Ionon isoliert, für welches die (von Barbier und Bouveault, 1896, für Ionon diskutierte) Formel III sich ergab:

$$\begin{matrix} CH_3\ CH_3 \\ \diagdown \diagup \\ C \\ H_2C \diagup\ \ \diagdown C \cdot CH:CH \cdot CO \cdot CH_3. \\ H_2C \diagdown\ \ \diagup C \cdot CH_3 \\ C \\ H_2 \end{matrix} \quad \text{III.}$$

Ferner hat G. Merling isomere Veilchenriechstoffe isoliert, denen die obigen Formeln für Iron bzw. Ionon I zukommen [vgl. auch Merling, A. Skita, Welde und Eichwede, A. **366**, 119 (1909)]. Die Formel des Irons hat alsdann L. Ruzicka [Helv. chim. Acta **16**, 1143 (1933)] in $C_{14}H_{22}O$ umgeändert; hiernach erscheint Iron als ein im Ring methyliertes α- bzw. β-Ionon, und das natürliche Veilchenaroma setzt sich aus einem Gemisch von Ketonen zusammen; dem durch Wasserentziehung aus Iron entstehenden Kohlenwasserstoff Iren $C_{14}H_{20}$ wird

die Konstitution   beigelegt [diese Struktur wird durch

die Synthese des Irens bestätigt: M. T. Bogert, Am. **60**, 930 (1938)].

Dem Citronellal hat dann Barbier [C. r. **124**, 1308 (1897)] die abgeänderte Formel zugewiesen:
$$\begin{matrix} CH_3 \\ \diagdown \\ CH_2 \diagup \end{matrix} C \cdot CH_2 \cdot CH_2 \cdot CH_2 \cdot CH \cdot CH_2 \cdot CHO.$$
$$CH_3$$

Alsdann machten es C. Harries und A. Himmelmann (1908) auf Grund ihrer Ozonabbauversuche wahrscheinlich, daß die von Tiemann und R. Schmidt (1896) vorgeschlagene Citronellalformel dem Rhodinal zukommt, also Rhodinal:
$$\begin{matrix} CH_3 \\ \diagdown \\ CH_3 \diagup \end{matrix} C:CH \cdot CH_2 \cdot CH_2 \cdot CH \cdot CH_2 \cdot CHO,\ \text{sowie}$$
$$CH_3$$

daß die Glieder der Citronellareihe (Aldehyd, Alkohol usw.) nicht einheitlich, sondern Gleichgewichtsgemische von Verbindungen der Formel
$$\begin{matrix} CH_3 \\ \diagdown \\ CH_2 \diagup \end{matrix} C \cdot CH_2 \cdot CH_2 \ldots\ \text{und}\ \begin{matrix} CH_3 \\ \diagdown \\ CH_3 \diagup \end{matrix} C:CH \cdot CH_2 \ldots\ \text{sind}\ \ [B.\ \textbf{41},\ 2191$$
Citronellareihe   Rhodinareihe

(1908)]. Daß ähnliche Isomerieverhältnisse auch bei den Gliedern der Geranial- bzw. Citralreihe auftreten werden, ist hiernach sehr wahrscheinlich. Schon 1902 hatte C. Harries die Ansicht vertreten, daß bei den Ketonen die zweite Formulierung, bei den Aldehyden aber beide Formen existenzfähig sind [B. 35, 1182 (1902)]. Für Citronellal benutzt Semmler [B. 42, 2017 (1909)] die Formel

$$\begin{matrix} CH_3 \\ CH_2 \end{matrix}\!\!>\!\! C \cdot CH_2 \cdot CH_2 \cdot CH_2 \cdot CH \cdot CH_2 \cdot CHO \text{ und für Citral [B. 44, 995 (1911)]}$$

die Formel

$$\begin{matrix} CH_3 \\ CH_2 \end{matrix}\!\!>\!\! C \cdot CH_2 \cdot CH_2 \cdot CH_2 \cdot \underset{CH_3}{C} : CH \cdot CHO .$$

Inzwischen nahm die Entwirrung dieser verwickelten Verhältnisse durch die Auffindung neuer Tatsachen ihren Fortgang. Wichtig war die Entdeckung von F. Tiemann[1]) (1898), daß es zwei Citral-Semicarbazone (Schmp. 164⁰ und 171⁰) gibt, die dann als raumisomer[3]) erkannt und rein dargestellt werden: dem niedriger schmelzenden entspricht nun ein „Citral a" genanntes Isomere, dem höher schmelzenden Semicarbazon ein anderes Raumisomere, „Citral b"[2]). Jedes natürliche oder künstliche Citral besteht demnach „stets aus einem Gemisch dieser beiden Konfigurationen". Eine quantitative Trennungsmethode gestattet[3]) nun weiterhin die Feststellung, daß z. B. im Lemongrasöl 73 % Citral a, etwa 8 % Citral b und 19 % Terpene und Alkohole auftreten, während das aus Verbenaöl[4]) isolierte Citral aus etwa 80 % Citral a und 17 bis 20 % Citral b besteht (1900). Da die von Tiemann und Semmler (1895) aufgestellte Formel des Citrals[5])

$$\begin{matrix} CH_3 \\ CH_3 \end{matrix}\!\!>\!\! C : CH \cdot CH_2 \cdot CH_2 \cdot \overset{\times}{C} : CH \cdot COH \text{ die Doppelbindung} + \text{aufweist, ist}$$

die Isomerie auf eine cis-trans-Isomerie[3]) von Citral a und Citral b mit gegenseitigem Übergang zurückzuführen:

Citral a   Alkali   Citral b
(Siedep. 110—112⁰ bei 12 mm) ⇄ Säure (Siedep. 102—104⁰ bei 12 mm)

(Naheliegend ist nun die Annahme, daß die gleiche Art von Isomerie auch bei dem Alkohol der Citralreihe, d. h. beim Geraniol

$$\begin{matrix} CH_3 \\ CH_3 \end{matrix}\!\!>\!\! C : CH \cdot CH_2 \cdot CH_2 \cdot \overset{\times}{C} : CH \cdot CH_2 \cdot OH \text{ vorkommt, da die Doppelbin-}$$

dung × als Ursache der Isomerie hier weiterbesteht.)

[1]) F. Tiemann: B. 31, 3330 (1898). Barbier u. Bouveault [C. r. 121 u. 122 1895/96)] unterschieden drei isomere Citrale.
[2]) F. Tiemann: B. 32, 115 (1899). Bestätigung der stereochemischen Lagerung, C. Harries u. A. Himmelmann: B. 40, 2823 (1907).
[3]) F. Tiemann: B. 33, 877 (1900).
[4]) In dem Verbenaöl fand M. Kerschbaum [B. 33, 885 (1900)] insgesamt etwa 13% Citralgemisch, 86% Alkohole und Terpene und etwa 1% eines neuen Ketons $C_{10}H_{14}O$, das er „Verbenon" benannte (s. nachher).
[5]) Diese Formel verwendet (noch 1918) N. Kishner: C. 1923 III, 669.

Zu dieser Zeit entfalteten auch die chemischen Laboratorien der Fabriken ätherischer Öle eine emsige wissenschaftliche Tätigkeit; sie arbeiteten mit großen Mengen und mußten zwangsläufig auch den die bereits bekannten Riechstoffe begleitenden Nebenprodukten ihre Aufmerksamkeit zuwenden. So wurden mehrfach diese Nebenprodukte, Beimengungen und „Verunreinigungen" der Fundort neuer chemischer Stoffe und die Ursache neuer Entdeckungen, die nun wiederum für die reine wissenschaftliche Forschung ein wertvolles Material und reiche Anregung gaben. So sei an die Entdeckung z. B. der folgenden Stoffe erinnert: Methylheptenon (Schimmel & Co, 1894), Coriandrol (dies.), Verbenon (Haarmann & Reimer, Holzminden, 1900), Nerol (Heine & Co., Leipzig, 1902/03), Farnesol (Haarmann & Reimer, 1902), Nerolidol (Schimmel & Co., 1914).

Im Neroliöl (durch A. Hesse und O. Zeitschel, 1903) und Petitgrainöl (durch H. v. Soden und O. Zeitschel, 1903) wurde ein neuer optisch inaktiver Alkohol, „Nerol" genannt, entdeckt. Man fand ihn auch im Rosenöl, und zwar in der Geraniolfraktion [H. v. Soden und W. Treff, B. **37**, 1094 (1904); **39**, 906 (1906)], wobei er gleicherweise bei der Oxydation vorwiegend „Citral b" lieferte; als wahrscheinliche Konstitutionsformel wurde ihm die folgende beigelegt:

$$C_3H_5 \cdot (CH_2)_2 \cdot CH_2 \cdot \underset{\underset{CH_2}{\|}}{C} \cdot C_2H_4OH$$

. Als es F. W. Semmler [mit E. Schlossberger, B. **44**, 991 (1911)] gelungen war, durch die Enolisierung des Citrals ein chemisches Isomere des Geraniols, das „Isogeraniol", darzustellen, erschien eine starke Stütze gegeben zu sein für „die Ansicht über die Konstitution des Nerols als eines physikalischen Isomeren des Geraniols". Die cis-trans-Isomerie stellte sich nun folgendermaßen dar:

trans-Formen $\longleftrightarrow$ cis-Formen

„Citral a"   „Citral b"

$$C_6H_{11}-\underset{\underset{H-C-CHO}{}}{C}-CH_3 \qquad C_6H_{11}-\underset{\underset{OHC-C-H}{}}{C}-CH_3$$

Geraniol   Nerol

$$C_6H_{11}-\underset{\underset{H-C-CH_2(OH)}{\|}}{C}-CH_3 \qquad \overset{CH_3}{\underset{CH_3}{}}{>}C:CH \cdot (CH_2)_2-\underset{\underset{HOCH_2-C-H}{\|}}{C}-CH_3$$

Daß die Reindarstellung dieser Verbindungen äußerst schwierig war und die physikalischen Konstanten noch manche Wünsche offenlassen, sei durch einige Beispiele veranschaulicht:

I. „Reines Citronellol" [F. Tiemann, B. 29, 906, 923 (1896)]:

Dichte	Brechungsindex n_D	Drehung $[\alpha_D]$
0,8565 (17,5⁰)	1,45659 (17,5⁰)	+ 4,0⁰ (17,5⁰)

Ia. Das Linksisomere: Rhodinol, l-Citronellol (im Rosenöl):

Dichte	Brechungsindex n_D	Drehung $[\alpha_D]$
0,8612 (20⁰)	1,45789 (20⁰)	— 4,99⁰ (20⁰)

II. l-Linalool (Licareol) [Tiemann, B. 31, 834 (1898)]:

Dichte	Brechungsindex n_D	Drehung $[\alpha_D]$
0,8622 (20⁰)	1,46108 (20⁰)	— 19,6 bis — 20,1⁰

[B. A. Arbusow, B. 67, 1944 (1934)]:

Dichte	Brechungsindex n_D	Drehung $[\alpha_D]$
0,87	1,4618 (20⁰)	— 16,5⁰

IIa. d-Linalool (Coriandrol) (Tiemann, zit. S. 834):

Dichte	Brechungsindex n_D	Drehung $[\alpha_D]$
0,8726 (17,5⁰)	1,46455	+ 13,3⁰

[J. W. Winogradowa, B. 64, 1994 (1931)]:

Dichte	Brechungsindex n_D	Drehung $[\alpha_D]$
0,8673 (20⁰)	1,4645 (20⁰)	+ 10,10⁰

(Synthetisches Linalool [Ruzicka, Helv. chim. Acta 2, 182 (1919)]

Dichte	Brechungsindex n_D	Drehung $[\alpha_D]$
0,8651 (15⁰)	—	± 0)

Daß für jedes Antipodenpaar die physikalischen Konstanten jeder Spalte identisch sein müssen, ist die theoretische Forderung, daß die gefundenen Werte untereinander abweichen, ist ersichtlich. Doch auch in der stereochemischen Auffassung begegnet man Widersprüchen. So schreibt F. Tiemann [B. 31, 833 u. f. (1898)] von den als Gemisch vorkommenden d- und l-Linaloolen: „Von den beiden Configurationen des Linalools ist die l-Configuration am wenigsten beständig: sie wird bei Einwirkung chemischer Agentien und zumal von Säuren entweder unter Bildung von Kohlenwasserstoffen Dipenten, Terpinen usf. zersetzt oder mehr oder weniger vollständig in die d-Configuration des Linalools umgewandelt"... „Steigert man bei der Einwirkung von Essigsäureanhydrid auf Linalool die Temperatur auf 140—150⁰, so wird, je nach der Reaktionsdauer, l-Linalool mehr oder weniger in d-Linalool und sowohl d- als auch l-Linalool teilweise in Geraniol umgelagert." ... „Die l-Configuration des Linalools wird leicht invertiert." ... „Auch alkalische Agentien und namentlich wäßrig alkoholische Alkalilauge wirken bei höherer Temperatur invertierend auf optisch aktive Linaloole ein, was sich wiederum durch Abnahme der Linksdrehung bzw. Umschlagen derselben in schwache Rechtsdrehung zu erkennen gibt." Diese Umwandlung von l-Linalool →
→ d-Linalool vollzieht sich auch nach Gildemeister [Arch. Pharm.

233, 174 (1895)], wenn l-Linalool durch Eisessig-Schwefelsäure in (rechtsdrehendes) Linalyl-acetat verwandelt wird, das beim Verseifen d-Linalool liefert. Für das d-Linalool (Coriandrol) wird als Höchstwert $[\alpha]_D = + 19{,}3^0$, für l-Linalool (aus Limettöl): $[\alpha]_D = - 20{,}12^0$ (Gildemeister) angegeben. Spaltungsversuche des synthetischen inaktiven Linalools (Kristallisation des Strychninsalzes der Linalylesterphthalsäure) führten zu einem d-Linaool mit $[\alpha]_D = + 1{,}70^0$ und einem l-Linalool mit $[\alpha]_D = - 1{,}60^0$ (V. Paolini und L. Divizia, 1914). Offensichtlich liegen hier nicht die obigen optischen Antipoden vor.

Daß Links-Linalool bei der Einwirkung von mineralischen Säuren eine größere Razemisierungsgeschwindigkeit aufweist als Rechts-Linalool, widerspricht aller Erfahrung und Theorie; daß Links-Linalool (durch Acetylierung und Verseifung) in den Rechts-Antipoden umgewandelt wird, würde einen Fall von „Waldenscher Umkehrung" darstellen, daß aber nur das Links-Isomere diese Umkehrung erleidet, würde wiederum aus dem Rahmen der bisherigen Erkenntnisse heraustreten. Nach J. W. Winogradowa [B. **64**, 1992 (1931)] geht ein aus „reinem Linalylacetat" durch Verseifen gewonnenes d-Linalool (mit $\alpha_D = + 10{,}10^0$) bei der Einwirkung von Aluminium (+ etwas HgCl$_2$ und Jod) bei 160—200^0 hauptsächlich in Dipenten und Links-Campher ($[\alpha]_D = - 44{,}7^0$) über. (Das einzige asymm. C-Atom des Linalools muß hierbei intermediär ungesättigt auftreten, trotzdem entsteht ein aktiver Campher?) Bei gleicher Behandlung gab optisch inaktives Geraniol neben Dipenten noch rechtsdrehende Fraktionen.

Der erste olefinische Terpenkohlenwasserstoff $C_{10}H_{16}$ war das von Semmler[1]) (1891) durch Wasserabspaltung aus Geraniol gewonnene „Anhydro-Geraniol", dessen Molekularbrechungsvermögen auf 3 Doppelbindungen hinwies, was mit dem Bromadditionsprodukt $C_{10}H_{16}Br_6$ und dem Reduktionsprodukt $C_{10}H_{22}$ in Übereinstimmung stand. Der nächste Vertreter dieser neuen Klasse der „olefinischen Terpene" wurde bereits als Naturprodukt im Baybeerenöl von Power[2]) und Kleber (1895) entdeckt und „Myrcen" $C_{10}H_{16}$ benannt, durch Hydratation ging es in Myrcenol = inaktives Linalool über. Umgekehrt gibt Linalool durch wasserentziehende Mittel ebenfalls „olefinische Terpene" (Semmler, 1891), und zwar Myrcen. Ein dritter Vertreter wurde aus dem ätherischen Öl von Ocimum Basilicum als „Ocimen" $C_{10}H_{16}$ isoliert [es wurde 1899 entdeckt von P. van Romburgh; Enklaar[3]), 1907], identisch mit „Evoden" $C_{10}H_{16}$ aus der Frucht von Evodia rutaecarpa (Y. Asahina, 1923). Bei der Destillation unter gewöhnlichem Druck geht Ocimen in das höher siedende

---

[1]) Fr. W. Semmler: B. **24**, 682 (1891).
[2]) F. B. Power u. Cl. Kleber: Bericht von Schimmel & Co. 1895, 11.
[3]) C. J. Enklaar: Rec. Trav. chim. Pays-Bas **26**, 157, 171 (1907); **27**, 424 (1908); **36**, 215 (1916/17); Chem. Weekbl. **23**, 175 (1926); s. a. B. **41**, 2083 (1908).

Alloocimen über. Die Konstitution beider ist nach Enklaar (1916):

$$CH_2:C(CH_3)\cdot CH_2\cdot CH_2\cdot CH:C(CH_3)\cdot CH:CH_2, \text{ Ocimen,}$$
und $(CH_3)_2C:CH\cdot CH:CH\cdot C(CH_3):CH\cdot CH_3$, Allo-Ocimen.
(In beiden ist cis-trans-Isomerie möglich?)

Die Synthese des Allo-ocimens wurde von F. G. Fischer und K. Löwenberg[1]) (1933) nach der Methode von S. N. Reformatsky (aus Methylheptadienon und Brompropionsäureester mittels Zink) durchgeführt. Die Umwandlung des ringförmigen α-Pinens in das aliphatische Allo-ocimen wies B. A. Arbusow[2]) (1934) nach, indem er das Pinen (mit oder ohne Katalysatoren) bei t > 300° durch Röhren leitete; er bestätigte die obige Strukturformel des Allo-ocimens. Arbusow[3]) bewies auch die Identität des durch Dehydratation des l-Linalools gewonnenen Terpens mit dem natürlichen Myrcen, für welches sich die folgende Konstitution ergab:

$$CH_3{\Large\diagdown}C:CH\cdot CH_2\cdot CH_2\cdot C(:CH_2)\cdot CH:CH_2, \text{ Myrcen.}$$

Bei der Hydrierung (nach Sabatier) bei t ∼ 130° geben Geraniol, Linalool, Ocimen und Myrcen das gleiche 2,6-Dimethyloctan $C_{10}H_{22}$ (Enklaar[4]), 1908).

Bei der Cyclisation von Citronellal und Citral wurden (1928) zwei neue Terpene „Menogen" $C_{10}H_{16}$ (I) und „Menogeren" $C_{10}H_{14}$ (II) erhalten [R. Horiuchi, H. Otsuki und O. Okuda, Bull. chem. Soc. Japan 14, 501 (1939)]:

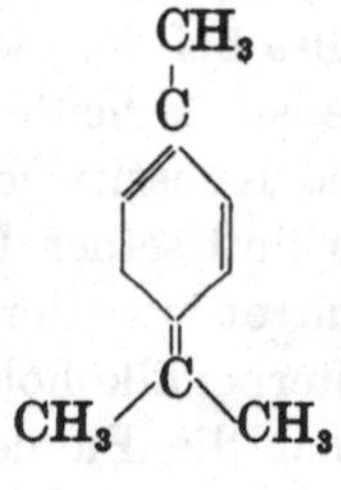

C. Sesquiterpene.

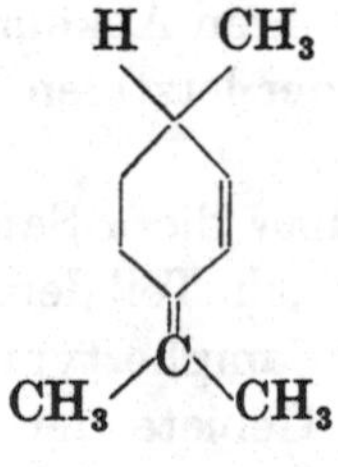

Eine erste systematische Durchforschung der natürlichen Sesquiterpene $(C_5H_8)_3 = C_{15}H_{24}$ und der mono- und polycyclischen Sesquiterpene wurde durch die Untersuchungen von F. W. Semmler eingeleitet. F. W. Semmler[5]) läßt nach dem folgenden Schema die Terpene und Sesquiterpene aus Isopren entstehen (1903):

---

[1]) F. G. Fischer u. K. Löwenberg: B. 66, 669 (1933).
[2]) B. A. Arbusow: B. 67, 563, 569, 1946 (1934).
[3]) B. A. Arbusow u. W. S. Abramow: B. 67, 1942 (1934).
[4]) C. J. Enklaar: Rec. trav. chim. Pays-Bas 26, 157, 176 (1907); 27, 424 (1908); 36, 215 (1916/17); Chem. Weekbl. 23, 175 (1926); s. a. B. 41 2083 (1908).
[5]) F. W. Semmler: B. 36, 1039 (1903). Schon Wallach [A. 239, 49 (1887)] hatte für bicyclische Sesquiterpene ein hydriertes Naphthalinsystem in Erwägung gezogen.

$$\begin{array}{ccc} \text{CH}_3\ \text{CH}_2 & & \text{CH}_3\ \text{CH}_2 \\ \diagdown\diagup & & \diagdown\diagup \\ \text{C} & & \text{C} \\ | & & | \\ \text{CH} & & \text{CH} \\ \diagup\ \ \diagdown & & \diagup\ \ \diagdown \\ \text{H}_2\text{C} \quad \text{CH}_2 & \rightarrow & \text{H}_2\text{C} \quad \text{CH}_2 \\ | \quad\quad \| & & | \quad\quad | \\ \text{H}_2\text{C} \quad \text{CH} & & \text{HC} \quad \text{CH}_2 \\ \diagdown\ \ \diagup & & \diagdown\ \ \diagup \\ \text{C·CH}_3 & & \text{C·CH}_3 \end{array}$$

1 Isopren = C₅H₈.   **2 Mol. Isopren = Limonen.**

(Structures for 3 Mol. Isopren)

3 Mol. Isopren = Sesquiterpen.

Wie die Terpene auf einen hydrierten Cymoltypus (mit Brücken-bindungen), so können die meisten Sesquiterpene auf „wahre, hydrierte, substituierte Naphthaline" zurückgeführt werden, „zu denen auch das Jonen bzw. Iren[1]) gehören." Noch 1907 mußte er sich folgendermaßen äußern[2]): „Während es in den letzten 20 Jahren gelungen ist, über die Konstitution der Terpene Klarheit in den meisten Fällen zu er-langen, ist dies bei den Sesquiterpenen und ihren Abkömmlingen nicht der Fall. Es ist bis heute noch von keiner der letzteren Verbindungen gelungen, die Konstitution aufzuklären."

Am Abschluß seiner Untersuchungen über die α-Santalolreihe ge-langte Semmler[3]) zu der Schlußfolgerung: „ein Teil der Sesquiterpene bzw. Sesquiterpenalkohole leitet sich vom Camphertypus ab" (1910). Semmler hat die Pionierarbeit auf dem Gebiete der Sesquiterpen-forschung geleistet und gleichzeitig die ersten Synthesen[4]) in der Reihe der Sesqui- und Diterpene ausgeführt, wobei er wiederum von den aliphatischen Grundgerüsten ausging:

$$\text{Myrcen} \quad \xrightarrow{\ (t\ =\ 250-260°)\ } \quad \text{α-Camphoren (Diterpen)}$$
$$2\ \text{C}_{10}\text{H}_{16} \quad\quad\quad\quad\quad\quad\quad \text{C}_{20}\text{H}_{32}$$

Da das Myrcen aus dem Linalool, dieses aus dem Geraniol durch Isomerisation dargestellt werden kann, Geraniol aber durch Total-synthese zu gewinnen ist, liegt in der obigen α-Camphorendarstellung die erste Totalsynthese eines Diterpens vor (1913). Ferner:

---

[1]) F. W. Semmler u. W. Jakubowicz: B. **47**, 2252 (1914).
[2]) F. W. Semmler: B. **40**, 1120 (1907).
[3]) F. W. Semmler: B. **43**, 1897 (1910).
[4]) F. W. Semmler u. K. G. Jonas: B. **46**, 1566 (1913); **47**, 2079 (1914).

Myrcen + Isopren $\xrightarrow{(t=225^0)}$ Cyclo-isopren-myrcen $\xrightarrow{(\text{Hydrier-})}$ Hexahydro-cyclo-isopren-myrcen

$$C_{10}H_{16} + C_5H_8 \longrightarrow C_{15}H_{24} \longrightarrow C_{15}H_{30}$$

Ebenso ließ sich (in Gegenwart von wasserabspaltenden Mitteln, z. B. wasserfreier Oxalsäure) direkt Linalool $C_{10}H_{18}O$ in α-Camphoren $C_{20}H_{32}$ und Linalool + Isopren in Cyclo-isopren-myrcen $C_{15}H_{24}$ überführen (1914).

Von allgemeiner Bedeutung war auch die von Semmler[1]) (1914) gefundene Tatsache, daß unter Druck (in einer Bombe)

1. bei etwa 275⁰ Isopren, Terpene, Sesquiterpene usw. sich kondensieren lassen, dagegen

2. bei 330⁰ hauptsächlich eine umgekehrte Reaktion stattfindet, so z. B. wird α-Gurjunen sowie β-Gurjunen in Isopren, ein Terpen $C_{10}H_{16}$ und in Diterpene aufgespalten[1]).

L. Ruzicka und die Neuorientierung der Terpen- (Polyterpen-) Forschung (1921 u. f.). Die bisher angewandten Methoden zwecks Aufklärung der Konstitution der Sesquiterpene waren wesentlich auf Abbaureaktionen gegründet (Oxydation mit Permanganat, Chromsäure, Ozon), wozu noch die zuletzt genannte Wirkung der erhöhten Temperatur und des Druckes hinzukam. Sie vermittelten gleichsam nur einen Einblick durch Seitentüren, nicht aber den Überblick über den ganzen Bauplan mit dem aromatischen Grundgerüst. Es mußte also ein neues Verfahren dem bisherigen analytischen angegliedert werden, um das Bild vom Bau der Sesquiterpene teils zu vervollständigen und zu bestätigen, teils überhaupt erst zu ermöglichen. Ein solcher Weg wurde von L. Ruzicka[2]) (1921) in der Anwendung der Dehydrierungsmethoden gefunden, wobei die aromatischen Grundkörper im Endprodukt hervortreten und z. B. durch die gut charakterisierten Pikrate und Styphnate erkannt werden. Diese Dehydrierung wurde durch Erhitzen des Sesquiterpens mit Schwefel (im Ölbad bei 200—265⁰) ausgeführt und verlief am Cadinen nach der folgenden Reaktion: $C_{15}H_{24} + 3\ S \rightarrow C_{15}H_{18} + 3\ H_2S$.

An Stelle des Schwefels trat (1927) infolge der Entdeckung von O. Diels[3]) und Mitarbeitern das Selen als wirkungsvolleres Dehydrierungsmittel.

Die Dehydrierungsmethode mittels Schwefel hatte schon vorher sowohl eine wissenschaftliche als auch eine technische Anwendung erfahren. Es war A. Vesterberg (1863—1927), der durch Schwefel-

---

[1]) F. W. Semmler u. W. Jakubowicz: B. **47**, 2252 (1914).

[2]) L. Ruzicka u. J. Meyer: Helv. **4**, 505 (1921). Durch Selendehydrierung erhielt L. Ruzicka [Helv. **16**, 1143 (1933)] tatsächlich aus Iren das 1,2,6-Trimethylnaphthalin.

[3]) O. Diels u. A. Karstens: B. **60**, 2323 (1927); s. a. A. **459**, 1 (1927).

dehydrierung [1]) der Abietinsäure (aus Colophonium) zu dem Kohlenwasserstoff Reten $C_{18}H_{18}$ (= 1-Methyl-7-isopropyl-phenanthren) gelangte und damit neben dem Benzol- (Cymol-) Gerüst und dem Naphthalingerüst für die Sesquiterpene — noch das tricyclische System (für Harze, Polyterpene) aufzeigte; er erhoffte daraus eine weitere Aufklärung über die Konstitution der Coniferenharzsäuren, „sowie der unzweifelhaft mit diesen zusammenhängenden Diterpene." Die Technik [2]) hatte schon frühzeitig die Schwefeldehydrierung verwertet. (Neuerdings hat B. Oddo [Gazz. chim. ital. 69, 562 (1939)] die S-Dehydrierung auf Indol übertragen.)

Isoprenhypothese; Dehydrierungsmethode. Die von Wallach [A. 246, 221 (1888)] erschlossenen Beziehungen zwischen Dipenten und den beiden Limonenen schlugen die Brücke einerseits zu den Terpenen, andererseits zu Kautschuk und Isopren:

$$\text{Limonen} \rightarrow \text{Dipenten} \rightleftarrows \text{Isopren} \rightleftarrows \text{Kautschuk}$$
$$C_{10}H_{16} \qquad (C_{10}H_{16})_2 \qquad C_5H_8 \qquad (C_5H_8)_x$$

Das Isopren gewann allmählich eine Schlüsselstellung nicht nur für die Deutung des Aufbaues der cyclischen und aliphatischen Kohlenwasserstoffe und Alkohole der Terpenklasse, sondern auch von vielen anderen Naturstoffen, z. B. der Sterine, Carotinoide (Polyenfarbstoffe). Die historischen Zusammenhänge sind lehrreich und knüpfen an sinnfällige Farbreaktionen an. Schon Kerndt (Leipzig, 1849) hatte von dem erstmalig isolierten Bixin angegeben, daß es durch Vitriolöl blau gefärbt wird. Schon Rochleder und Mayer, die Entdecker des Crocetins, hatten beobachtet (1858), daß dieses durch Vitriolöl blau gefärbt wird. A. Husemann (1860) erwähnt die Blaufärbung des Carotins beim Lösen in Vitriolöl. Beim Studium des Cholesterins hatte W. Walitzky (1876) die große Ähnlichkeit zwischen Cholesterin- und Terpentinabkömmlingen hervorgehoben. Alsdann hatte C. Liebermann (1885) für sein „Cholestol" die gleiche Farbreaktion wie am Cholesterin entdeckt: die Lösung dieser Stoffe in Essigsäureanhydrid gab beim tropfenweisen Zusatz von reiner konz. Schwefelsäure zuerst eine rosenrote, dann durch weitere Tropfen H_2SO_4 eine schöne Blaufärbung [B. 18, 1804 (1885)], die Möglichkeit des Zusammenhanges zwischen Cholesterin und Terpenen erscheint auch ihm beachtenswert. Dann hat die Saponinuntersuchung, bzw. die Untersuchung der (durch Hydrolyse der Saponine erhältlichen) Sapogenine zu pyrogenen Abbauprodukten (durch Zinkstaubdestillation zu dem Sesquiterpen $C_{15}H_{24}$) von Sesqui- und Polyterpencharakter geführt, außerdem wiesen übereinstimmend die Liebermannsche Farb-

---

[1]) A. Vesterberg: B. 36, 4200 (1903).
[2]) Ein Patent der Aktiengesellsch. für chem. Industrie in Rheinau (Baden) behandelt die Darstellung von Reten aus Harzöl durch Destillation mit Schwefel. B. 21 Ref. 553 (1888).

reaktion auf: das Hederagenin, die Sterine (Sitosterin und Cholesterin) und die Saponine Urson und Oleanol [A. W. van Haar, B. 55, 1054 (1922); s. auch K. Rehorst, B. 62, 519 (1929)]. Die Untersuchung der Harzsäuren, z. B. der Abietinsäuren, zeigte, daß auch die letztgenannten Stoffe die Liebermannsche Reaktion aufweisen [O. Aschan, B. 55, 2958 (1922)]. Harzsäuren und Harze kommen in der Natur vergesellschaftet mit den ätherischen Ölen und Terpentinölen vor, was auf einen genetischen Zusammenhang mit den Terpenen hinweist. Dieser Zusammenhang wurde bewiesen durch Ruzicka und Mitarbeiter [Z. physiol. Ch. 184, 69 (1929)]; Helv. chim. Acta 14, 811 (1931), 15, 431 u. 1496 (1932), 17, 442 (1934)], indem gezeigt wurde, daß Triterpene (z. B. Amyrin und Betulin), die meisten Saponine, sowie einige Harzsäuren (z. B. Elemisäuren) bei der Selen-Dehydrierung gleicherweise Sapotalin (d. h. 1,2,7-Trimethylnaphthalin) ergeben. Weiterhin wurde durch Th. Wagner-Jauregg [A. 496, 64 (1932)] der Nachweis geliefert, daß aus Dammarharz isolierte Kohlenwasserstoffe $(C_5H_8)_x$ mit dem mittleren Molekulargewicht 2800—3000 bei der Dehydrierung ebenfalls Trimethylnaphthaline geben, sowie daß synthetische (mittels Metall- und Metalloidchloriden kondensierte) Isopren-Polymerisate zu 1,2,5-Trimethylnaphthalin (Agathalin) hinführen, wenn sie der Selen-Dehydrierung unterworfen werden. Auf Isopren als Baustein ließen sich zurückführen Sesqui- und Diterpene $(C_5H_8)_3$ und $(C_5H_8)_4$; ihnen reihte sich an: der in Fischölen vorkommende Kohlenwasserstoff Squalen $C_{30}H_{50}$ [J. M. Heilbron und Mitarbeiter, J. chem. Soc. 1929, 873, 883; P. Karrer und A. Helfenstein, Helv. chim. Acta 14, 78 (1931), Synthese des Squalens=Difarnesyl)], ferner der Chlorophyllalkohol Phytol $C_{20}H_{40}O$ [als Diterpen gedeutet und synthetisch dargestellt: F. G. Fischer, A. 464, 69 (1928)]. Es sei daran erinnert, daß bereits R. Willstätter (1907) den Zusammenhang zwischen Phytol, Carotin und Isopren vermutet hatte. Dann kamen die Carotinoide [1]) von der Formel $C_{40}H_{56}$, z. B. Lycopin und Carotin, die sich als Tetraterpene auffassen ließen [P. Karrer und A. Helfenstein, zit. S. 435, 1431 (1931); s. auch 13, 1084 (1930)], womit zugleich die Beziehung zum Vitamin A gegeben war; auch dieses gibt mit konzentrierter Schwefelsäure Blaufärbungen. Und so ließ sich folgern: „Die Terpene, Sesquiterpene und Diterpene lassen sich, soweit sie heute erforscht sind, auf eine Kette normal konjugierter Isoprenreste zurückführen, die man sich durch sukzessives Aneinanderreihen von 2,3,4 Isoprenresten entstanden denken kann" [P. Karrer,

---

[1]) Zu beachten ist der Hinweis durch den Geruchssinn; schon Husemann (1860) hatte vom Carotin ausgesagt, daß es beim Erwärmen nach Veilchen riecht; Escher (1907) konstatiert, daß bei der Autoxydation des Carotins Veilchengeruch auftritt, und P. Karrer und Helfenstein (1929) machen auf die Verwandtschaft des Carotins mit Ionon aufmerksam und stellen die Carotinformel mit zwei endständigen β-Iononringen auf.

Helv. ch. Acta 14, 81 (1931)]. Andererseits wurde hingewiesen auf die Beziehungen zwischen Squalen und Cholesterin im Hai, die einander reziprok sind [G. André und F. Canal, Bl. (4) 45, 498 (1929)], sowie zwischen Squalen und α- und β-Carotin [S. A. Bryant, C. 1935 II, 85), und R. Robinson nahm Squalen als Strukturmaterial für Sterine an (C. 1935 I, 2189). L. Ruzicka hat (unter Mitwirkung zahlreicher Mitarbeiter) die oben erwähnte Grundvorstellung (Wallach, Semmler) von den Sesquiterpenen als „wahren, hydrierten, substituierten Naphthalinen" durch die Dehydrierung und durch synthetischen Aufbau bestätigt; er konnte den chemischen Charakter der durch Dehydrierung entstehenden Naphthalinderivate genau ermitteln: die chemische Verschiedenheit dieser Derivate bei verschiedenen Sesquiterpenen ließ eine Aufteilung derselben nach den Grundgerüsten („Cadalin"- und „Eudalin"-Typus) zu. Zum Typus des Cadalins $C_{15}H_{18}$ (1,6-Dimethyl-4-isopropylnaphthalin) gehören z. B. die Terpene Cadinen $C_{15}H_{24}$ und Zingiberen, zum Typus des Eudalins $C_{14}H_{16}$ (1-Methyl-7-isopropylnaphthalin): Selinen $C_{15}H_{24}$, Eudesmol $C_{15}H_{26}O$, Eremophilon $C_{15}H_{22}O$, Alantolacton $C_{15}H_{20}O_2$, Artemisin (= 7-Oxysantonin $C_{15}H_{18}O_4$) und Santonin $C_{15}H_{18}O_3$ (s. auch S. 477).

Formal kann die Geraniolkette aus 2 Isoprenresten zusammengesetzt werden und das Dipentengerüst bilden, während das Farnesolgerüst aus 3 Isoprenresten besteht und mehrere substituirete Naphthalinringe bilden kann:

(Geraniolgerüst) → (Dipententypus)

(Farnesolkette) → (Cadalintypus) und (Eudalintypus)

[L. Ruzicka und Mitarbeiter, Helv. chim. Acta 4, 505 (1921); 5, 345, 369, mit M. Stoll, 5, 923 (1922); 6, 864 (1923); 7, 84, 94 (1924).] Diese grundlegenden Untersuchungen Ruzickas begannen mit den „Sesquiterpenen" $C_{15}H_{18}$, die in der Natur sehr verbreitet sind (über 300), sie wurden dann auf „höhere Terpenverbindungen" ausgedehnt, wandelten sich ganz allgemein in die Erforschung der „Polyterpene und Polyterpenoide" um [I. Mitteil. Helv. chim. Acta 10, 920 (1927); 91. Mitteil. 17, 1407 (1934)]; die Untersuchungsserie „Zur Kenntnis der Triterpene" ist bis zur 56. Mitteil. [Helv. chim. Acta 23, 1338 (1940)], während die Serie „Über Steroide und Sexualhormone" über die 54. Mitteil. (Helv. chim. Acta) hinaus fortgeführt worden ist.

Als „Polyterpenoide" hat man die natürlichen Verbindungen bezeichnet, deren Kohlenstoffskelete teilweise Isoprengruppierungen aufweisen, z. B. die Sterine [Ruzicka, Helv. ch. Acta 14, 811 (1931); 15, 1500 (1932)], oder im erweiterten Sinne als „Terpenoide" (Wagner-Jauregg), indem man zu denselben zählt: Sterine, Gallensäuren, Hopfenharzsäuren [Humulon und Lupulon: H. Wieland und Mitarbeiter, B. 58, 102, 2012 (1925)], die pflanzlichen Fischgifte: Rotenon [Butenandt und Mitarbeiter, A. 464, 253 (1928), 477, 245 (1930), 494, 17 (1932); S. Takei und Mitarbeiter, B. 66, 1826 (1933)], Deguelin, Tephrosin, Toxicarol, Peucedanin, Oxypeucedanin, Osthol und Ostruthin [Butenandt und Mitarbeiter, A. 495, 172, 187 (1932); besonders E. Späth und Mitarbeiter, I. Mitteil. B. 66, 914, 1137, 1146, 1150 (1933 u. f.); VIII. Mitteil. B. 71, 2708 (1938), über Foeniculin]. E. Späth (zit. S. 2708, 1938) bezeichnet den in den natürlichen Cumarinen als Seitenkette vorkommenden Rest $\begin{matrix} CH_3 \\ CH_3 \end{matrix}\rangle C:CH\cdot CH_2-$ als „Prenyl" und die jeweils um eine Gruppe C_5H_8 unterschiedenen Seitenketten als „prenologe" Ketten. (Siehe auch Cumarine, S. 478.)

Das rege wissenschaftliche Interesse äußert sich in den von verschiedenen Seiten unternommenen Untersuchungen; so haben J. W. Cook und C. A. Lawrence (seit 1935) die „Synthese von Polyterpenverbindungen" studiert, und zwar behufs Darstellung von Sterinderivaten (IV. Mitteil. Soc. 1938, 58). Die Erforschung der Triterpenresinole bezwecken die Untersuchungen von F. S. Spring, D. E. Seymour und K. S. Sharples (VII. Mitteil. Soc. 1939, 1075), während G. A. R. Kon mit Mitarbeitern die zum Triterpengerüst gehörigen Sapogenine (z. B. Bassiasäure, Quillajasäure) ihrer Konstitution nach aufzuklären versucht (VI. Mitteil. Soc. 1939, 1130).

„Die Geschichte der Polyterpene lehrt uns daß die Isoprenhypothese und die Dehydrierungsmethodik, jede für sich allein verwendet, nur Teilerfolge erlaubten, die sich nicht verallgemeinern ließen ... Erst die gleichzeitige Anwendung der Isoprenhypothese und der Dehydrierungsmethode erlaubte die systematische Erforschung der Polyterpene" [Ruzicka, Z. angew. Chem. 51, 6 (1938)]. Siehe auch S. 496.

Zwangsläufig stellte sich die Frage ein, ob diese Beziehung zum Isopren nur einen formalen Sinn hat, oder ob das Isopren als biochemischer Faktor und Grundsubstanz beim Aufbau der vielen Naturstoffe sich betätigt, bzw. aus welcher Muttersubstanz dasselbe seinerseits sich bilden könnte? O. Aschan [(1922); s. auch Chem.-Zeitung 49, 689 (1925)] nahm in der Pflanze eine aldolartige Kondensation von Acetaldehyd mit Aceton an:

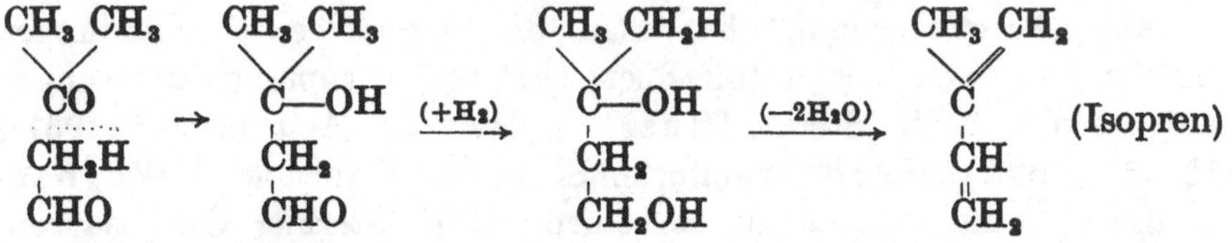

$$
\begin{array}{cccc}
\overset{\displaystyle CH_3\ CH_3}{\underset{\displaystyle CO}{\diagdown\diagup}} & \overset{\displaystyle CH_3\ CH_3}{\underset{\displaystyle C-OH}{\diagdown\diagup}} & \overset{\displaystyle CH_3\ CH_2H}{\underset{\displaystyle C-OH}{\diagdown\diagup}} & \overset{\displaystyle CH_3\ CH_2}{\underset{\displaystyle C}{\diagdown\diagup}} \\
\rule{0pt}{0pt}\ \ \ \to & & & \\
\underset{\displaystyle CHO}{CH_2H} & \underset{\displaystyle CHO}{CH_2} & \underset{\displaystyle CH_2OH}{CH_2} & \underset{\displaystyle CH_2}{CH}
\end{array}
$$

$$(+H_2) \qquad (-2H_2O) \qquad \text{(Isopren)}$$

Durch Polymerisation des Isoprens in der Kälte entsteht das **Dipren**, dem die Konstitutionsformel I beigelegt wird, es gibt mit Halogenwasserstoff ein mit Carvestrendihydrohalogeniden identisches

Produkt: $CH_3 \cdot C \Big\langle \begin{array}{c} CH_2-CH-C \diagup\!\!\overset{CH_2}{\underset{CH_3}{}} \\ \overset{I.}{\diagdown} CH_2 \\ CH-CH_2 \end{array}$ [O. Aschan, A. **461**, 1 (1928);

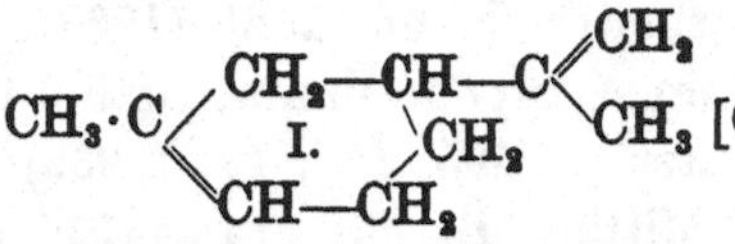

Th. Wagner-Jauregg, A. **488**, 176 (1931)]. Die Genesis des aliphatischen Terpens Geraniol hat Th. Wagner-Jauregg [A. **496**, 52 (1932)] aus Isopren (in der Pflanze durch Enzym-Katalyse) im Laboratoriumsversuch vermittelst der katalytischen Säurekondensation erfolgreich nachgeahmt und u. a. Geraniol (Cyclogeraniol, Linalool) erhalten; er stellt den Verlauf folgendermaßen dar:

Isopren → **Myrcen**: $CH_2 = \overset{\overset{\displaystyle CH_3}{|}}{C} - CH = CH_2 + CH_3 - \overset{\overset{\displaystyle CH_2}{||}}{C} - CH = CH_2 \to$

$$\to CH_3 - \overset{\overset{\displaystyle CH_3}{|}}{C} = CH - CH_2 - CH_2 - \overset{\overset{\displaystyle CH_2}{||}}{C} - CH = CH_2$$

Myrcen → Geraniol:

$$\text{Myrcen} + H_2O \to CH_3 - \overset{\overset{\displaystyle CH_3}{|}}{C} = CH \cdot CH_2 \cdot CH_2 - \overset{\overset{\displaystyle CH_3}{|}}{C} = CH - CH_2OH .$$

In der Natur kommt Geraniol vergesellschaftet mit anderen Terpenen vor. J. Read (1930) weist ihm daher für die Bildung wichtiger Terpene eine Schlüsselstellung zu.

F. G. Fischer [und Mitarbeiter, B. **64**, 30 (1931)] ging von der Annahme aus, daß in der Zelle die Bildung solcher Isoprengerüste aus entsprechend konstituierten, reaktionsfähigen Hydroxyl- oder Carbonyl-Verbindungen wahrscheinlich sei; er synthetisierte (über iso-Amylalkohol) 2-Methyl-buten-(2)-al $CH_3 - C:CH - C:O$. Dagegen

$$\overset{\ }{\underset{\displaystyle CH_3\ \ \ \ \ H}{}}$$

entwickelte H. Emde [Helv. chim. Acta **14**, 888 (1931)] die Hypothese, daß die Biogenese den Weg über Lävulin (bzw. Lävulinsäure $CH_3 \cdot CO \cdot CH_2 \cdot CH_2 \cdot COOH$) nimmt, hier — bei den Terpenen, Polyenfarbstoffen usw. — wie bei den Fetten (zit. S. 881).

Von Acetylen ausgehend haben A. E. Favorsky und A. J. Lebedeva [Bl. (5) **6**, 1347 (1939)] durch Kondensation mit Aceton den Acetylenalkohol $HC \vdots C - C(OH)(CH_3)_2$ erhalten, der durch elektrolytische Hydrierung das Dimethylvinylcarbinol $CH_2 : CH - C(OH)(CH_3)_2$ liefert; dasselbe gab durch Einwirkung von 20%iger Schwefelsäure neben Isopren (und Geraniol als Zwischenprodukt) Linalool und Terpinhydrat. Für die biologische Entstehung der Terpene nehmen sie als Ausgangspunkt den (aus Leucin stammenden) Isoamylalkohol und Isovaleraldehyd an.

Aliphatische Sesquiterpene, Di- bzw. Triterpene wurden ebenfalls aufgefunden. Als eines der ersten Beispiele ist das in zahlreichen ätherischen Ölen vorkommende Farnesol $C_{15}H_{26}O$, ein olefinischer Sesquiterpenalkohol, zu nennen; seine Konstitution wurde von M. Kerschbaum[1]) (1913) bestimmt, während seine Synthese (über das Nerolidol) von L. Ruzicka[2]) (1923) ausgeführt wurde.

Farnesol: $\begin{matrix} CH_3 \\ CH_3 \end{matrix} \Big\rangle C = CH \cdot CH_2 : CH_2 \cdot C = CH \cdot CH_2 \cdot CH_2 \cdot C = CH \cdot CH_2 \cdot OH.$
$\qquad\qquad\qquad\qquad\qquad\quad CH_3 \qquad\qquad\qquad CH_3$

Neben dieser sogenannten Terpinölenform kann noch die Limonenform auftreten:

$\begin{matrix} CH_3 \\ CH_2 \end{matrix} \Big\rangle C - CH_2 \cdot CH_2 \cdot CH_2 \cdot C = CH \cdot CH_2 \cdot CH_2 \cdot C = CH \cdot CH_2 \cdot OH.$
$\qquad\qquad\qquad\qquad\quad CH_3 \qquad\qquad\qquad CH_3$

(Zu dieser Strukturisomerie kann noch infolge der Doppelbindungen eine cis-trans-Isomerie treten.)

Strukturisomer mit dem Farnesol ist das rechtsdrehende Nerolidol[2]) $C_{15}H_{25}OH$, dessen Konstitution von L. Ruzicka[2]) (1923) ermittelt wurde, sowohl durch Abbau zu Farnesolderivaten als auch durch eine Totalsynthese (ausgehend vom Geranylchlorid) und durch Umlagerung des d,l-Nerolidols in Farnesol (damit auch die Synthese des letzteren):

Nerolidol: $\begin{matrix} CH_3 \\ CH_3 \end{matrix} \Big\rangle C = CH \cdot CH_2 \cdot CH_2 \cdot C = CH \cdot CH_2 \cdot CH_2 \cdot \overset{\displaystyle OH}{\underset{\displaystyle CH_3}{C}} \cdot CH = CH_2.$
$\qquad\qquad\qquad\qquad\quad CH_3$

(Auch hier sind verschiedene Isomerien möglich.)

Mittels Farnesylbromid $C_{15}H_{25}Br$ (und Kalium oder Magnesium) führten dann P. Karrer[3]) und A. Helfenstein (1931) die Synthese des Squalens $C_{30}H_{50}$, bzw. die erste Synthese eines natürlich (in Seetieren) vorkommenden Triterpens aus:

---

[1]) M. Kerschbaum: B. 46, 1732 (1913). „Farnesol" war durch ein Patent der Firma Haarmann und Reimer-Holzminden vom Jahre 1902 als ein Bestandteil des Moschuskörner-, Lindenblüten-, Akazien- (Acacia Farnesiana)Öls bekanntgeworden; auch im Rosenöl kommt es vor [H. v. Soden u. W. Treff: B. 37, 1095 (1904)].

[2]) L. Ruzicka: Helv. ch. Acta 6, 483, 492 (1923). „Nerolidol" im Neroliöl war von Schimmel & Co., Leipzig (Bericht 1914) als identisch mit dem „Peruviol" des Perubalsams erkannt worden. Siehe auch S. 588.

[3]) P. Karrer u. A. Helfenstein: Helv. ch. Acta 14, 78 (1931). „Squalen" $C_{30}H_{50}$ war 1917 von M. Tsujimoto und K. Kimura aus Lebertran isoliert worden (s. a. C. 1927 II, 1042); J. M. Heilbron hatte (1929) eine genaue Charakterisierung gegeben.

Squalen: $\left[\dfrac{CH_3}{CH_3}\right>C=CH\cdot CH_2\cdot CH_2\cdot C=CH\cdot CH_2\cdot CH_2\cdot C=CH\cdot CH_2-\right]_2$.
$\qquad\qquad\qquad\qquad\qquad CH_3\qquad\qquad\qquad CH_3$

(Die Doppelbindungen lassen die Möglichkeit von cis - trans - Isomerien zu.)

Monocyclische Sesquiterpene. Campheröl. Auf die bio-
genetischen Zusammenhänge der verschiedenen Terpene und Campher
läßt das gemeinsame Vorkommen derselben z. B. im Campheröl Rückschlüsse zu. Aus dem Campheröl sind isoliert worden: Die aliphatische
d,l-Citronellsäure $C_9H_{17}COOH$, das d,l-Limonen $C_{10}H_{16}$, Terpineol-1
$C_{10}H_{17}OH$; ferner Bisabolen (Limen) $C_{15}H_{24}$, Cadinen $C_{15}H_{24}$, α-Camphoren $C_{20}H_{32}$ u. a. [F. W. Semmler und J. Rosenberg, B. 46, 768
(1913)]. Im Ingweröl war das (vorher von H. v. Soden sowie Rojahn
u. a. untersuchte) Terpen Zingiberen $C_{15}H_{24}$ von F. W. Semmler
und A. Becker [B. 46, 1814 (1913)] als ein monocyclisches Sesquiterpen erkannt worden; es ließ sich zu einem bicyclischen Iso-Zingi-
beren invertieren und zu einem Di-Zingiberen $C_{30}H_{48}$ polymerisieren.
Die weiteren Konstitutionsaufklärungen führte L. Ruzicka aus. Derselbe Forscher hat auch das Bisabolen (α-, β- und γ-Formen) untersucht (s. die Formeln).

CH₃   Bisabolen   CH₃
(Ruzicka, 1925.) 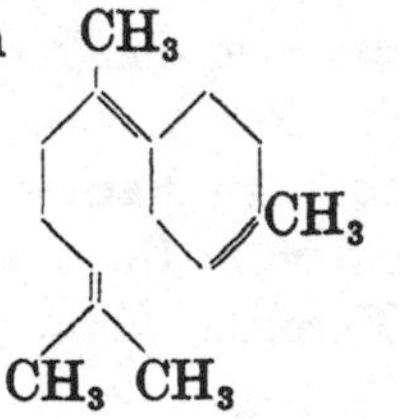   (Ruzicka, 1929.)

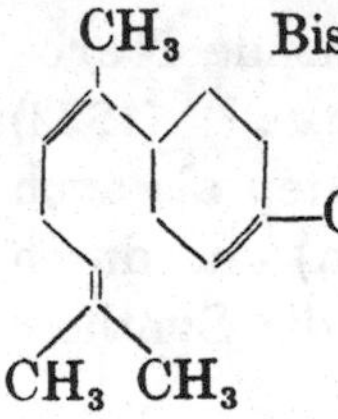

Synthese: aus Nerolidol: L. Ruzicka und E. Capato, Helv.
chim. Acta 8, 259 (1925); aus
β-Terpineol: L. Ruzicka und
M. Liguori, Helv. chim Acta
15, 3 (1932).

Zingi-
beren

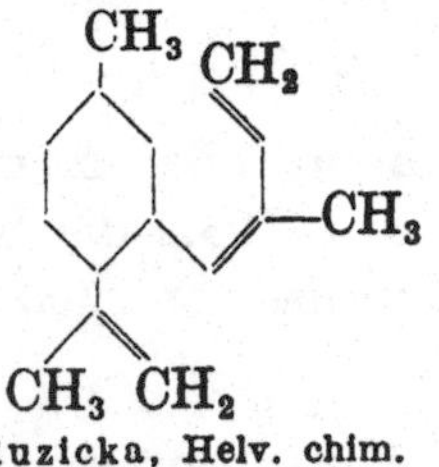

Ruzicka, Helv. chim.
Acta 8, 259 (1925).

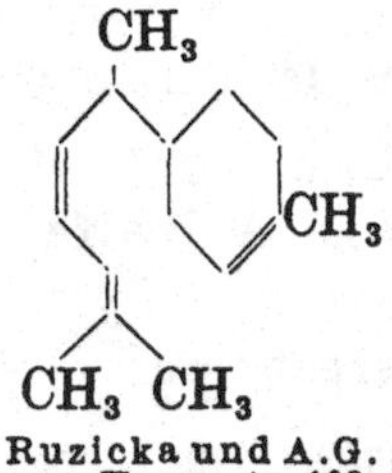

Ruzicka und A.G.
van Veen, A. 468,
133, 143 (1929).

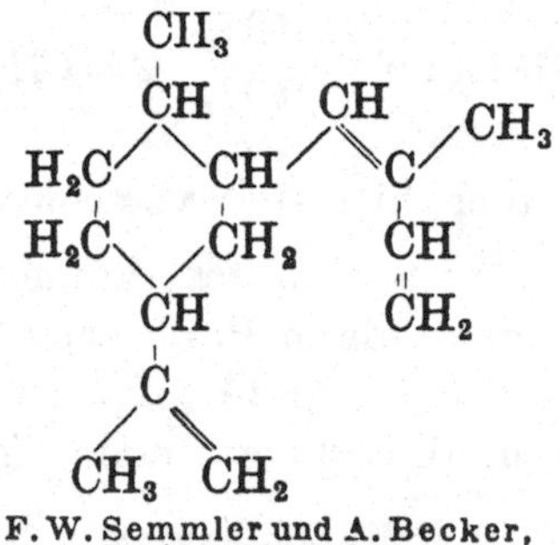

F. W. Semmler und A. Becker,
B. 46, 1822 (1913).

Bicyclische Sesquiterpene. Cadinen $C_{15}H_{24}$. Diesen Namen
schlug O. Wallach [1] (1892) für das „ungemeinverbreitete linksdrehende Sesquiterpen" mit zwei Äthylenbindungen vor.   Schon
E. Soubeiran und Capitaine (1840), Ogliadoro (1875) u. a. hatten
dieses Terpen (im Cubebenöl) aufgefunden, wegen seines reichlichen

---

[1] O. Wallach und Mitarbeiter: A. 271, 297 (1892); s. a. 238, 78 (1887).

Vorkommens im Ol. Cadinum benannte es **Wallach** „Cadinen". Im hochsiedenden Campheröl (Schimmel & Co., 1889) sowie im Sandelholzöl [**Deussen**[1]), 1902] kommt ebenfalls Cadinen vor. **Deussen** isolierte aus dem westindischen Sandelholzöl das d-Cadinen ($[\alpha]_D =$ $+50^0$), das mit Salzsäure das gewöhnliche l-Cadinendihydrochlorid gab und beim Abspalten von Salzsäure in das l-Cadinen überging:

$$\text{d-Cadinen} \xrightarrow{(+\ \text{HCl})} \text{l-Dihydrochlorid} \underset{(+\ \text{HCl})}{\overset{(-\ \text{HCl})}{\rightleftarrows}} \text{l-Cadinen (?)}$$

Bei der Dehydrierung mit Schwefel [**Ruzicka**[2]), 1921] oder mit Selen [**Diels**[3]), 1927] entstand aus l-Cadinen das Cadalin (= 1.6-Dimethyl-4-isopropyl-naphthalin), und ebenso lieferte d-Cadinen bei der Dehydrierung mit Schwefel (**Deussen**, 1929) Cadalin. Die Hydrierung des l-Cadinens [**Semmler**[4]), 1914] sowie des d-Cadinens (**Deussen** 1929) gab dasselbe l-Tetrahydrocadinen $C_{15}H_{28}$. Auf Grund der Befunde **Semmlers**, wonach dem Cadinen das bicyclische System des Naphthalintypus zukommt, sowie der Ergebnisse der Dehydrierung, wonach dieses Naphthalingerüst dem Cadalin angehört, sind für das Cadinen die folgenden Formeln aufgestellt worden (wobei α- und β-Cadinen gleichzeitig vorhanden sind):

α-Cadinen.   Cadinendihydrochlorid.

β-Cadinen.   Cadalin, s. auch S. 596.

---

[1]) E. Deussen und Mitarbeiter: Arch. Pharm. **238**, 149 (1900); **240**, 288 (1902); A. **388**, 144 (1912); J. pr. Ch. **120**, 119 (1929).

[2]) L. Ruzicka: Helv. **4**, 507 (1921); über α-Eudesmol: **7**, 84 u. 94 (1924); **14**, 1132 (1931).

[3]) O. Diels u. A. Karstens: B. **60**, 2325 (1927).

[4]) F. W. Semmler und Mitarbeiter: B. **47**, 2072 (1914).

Selinen $C_{15}H_{24}$: Aus Selleriesamenöl von Schimmel & Co. isoliert und benannt (1910); von F. W. Semmler [1]) und F. Risse wurde es als ein rechtsdrehender bicyclischer, zweifach ungesättigter Kohlenwasserstoff erkannt: $[\alpha]_D = 61,6^0$; durch Reduktion ($H_2 + Pt$) entsteht Tetrahydroselinen $C_{15}H_{28}$, $[\alpha]_D = 7^0$. Das natürlich vorkommende Selinen besteht wesentlich aus der β-Form, die über das Dihydrochlorid in die α-Form umgewandelt werden kann (1912). Bei der Dehydrierung mit Schwefel gehen beide Formen in Eudalin $C_{14}H_{16}$ über [L. Ruzicka [2])], beim Kochen mit alkoholischer Schwefelsäure wird α-Selinen invertiert zu δ- und ε-Selinen mit stark erhöhter Rechtsdrehung.

β-Form   α-Form[2])   Eudalin

Pseudo-(β-)Form   Ortho-(α-)Form.
F. W. Semmler (1913).

„Caryophyllen" hat Wallach [3]) (1892) das aus Nelkenöl gewonnene Sesquiterpen $C_{15}H_{24}$ genannt; eine Hydratation nach Bertram (Eisessig + Schwefelsäure + Wasser) ergab den Alkohol $C_{15}H_{25}OH$, durch dessen Dehydrierung ein neuer Kohlenwasserstoff „Cloven" $C_{15}H_{24}$ entstand, mit augenscheinlich nur einer Äthylenbindung während man für Caryophyllen zwei Äthylenbindungen annehmen muß (Wallach, 1892).

„Caryophyllen" besteht „aus 2, vielleicht auch aus 3 isomeren Kohlenwasserstoffen" [E. Deussen [4]), 1908]. Unterscheiden ließ sich ein inaktives α-Caryophyllen und ein linksdrehendes β-Caryophyllen, das blaue Nitrosit des letzteren hat in Ligroinlösung die ungewöhnlich große Rechtsdrehung $[\alpha]_D = 1666^0$ [Deussen [5]), 1929]. Das von Chapman [6]) (1893; s. auch 1928) aus Hopfenblütenöl isolierte und „Humulen" genannte Sesquiterpen ist identisch mit Caryophyllen (Deussen, 1929). Für dieses Sesquiterpen hat F. W. Semmler [7])

[1]) F. W. Semmler und F. Risse: B. 45, 3301, 3725 (1912); 46, 599 (1913).
[2]) L. Ruzicka: Helv. chim. Acta 6, 846 (1923).
[3]) O. Wallach: A. 271, 285 (1892); 279, 391 (1894).
[4]) E. Deussen und Mitarbeiter: A. 359, 246 (1908); B. 42, 376, 680 (1909); vgl. a. C. W. Haarmann: B. 42, 1062 (1909) u. 43, 1505 (1910); s. a. E. Deussen: J. pr. Chem. (N. F.) 145, 43 (1936).
[5]) E. Deussen: J. pr. Ch. 120, 133 (1929); A. 388, 146 (1912) (über „Humulen")
[6]) A. C. Chapman: Proc. Chem. Soc. 1893, 177; Soc. 1928, 785.
[7]) F. W. Semmler und Mitarbeiter: B. 43, 3451 (1910); 44, 3657 (1911).

die folgenden Konstitutionsformeln I und II mit einem Brückenring vorgeschlagen, von L. Ruzicka [1935; Z. angew. Chem. 51, 8 (1938)] stammt die Formel III für β-Caryophyllen, .C. R. Ramage und J. L. Simonsen (Soc. 1935, 1581) leiteten die Formel IV ab, H. N. Rydon (Soc. 1936, 593; 1937, 1340) wiederum die Formel V bzw. (1938) Formel VI, und F. B. Kipping (Ann. Reports for 1938, 278) die Formel VII:

I. II. III.

IV. V. VI. VII.

Zur Prüfung der Formeln IV und V gab L. Ruzicka neues Versuchsmaterial [Helv. chim. Acta 22, 716 (1939)].

Azulene. Die Blaufärbung vieler ätherischer Öle, teils beim Erhitzen (unter Druck; Semmler, 1914), teils durch wasserentziehende Mittel [z. B. Schwefelsäure und Essigsäureanhydrid bei Sylvestren, Guajol oder Gurjunbalsam-Öl; O. Wallach (1887, 1894), A. E. Sherndal (1915)] oder beim Erhitzen mit Schwefel (Ruzicka, 1923) bzw. durch katalytische Dehydrierung (S. Ruhemann, 1925; auch im blauen Öl des Braunkohlen-Teers) usw., sowie das Vorkommen des blauen Campheröles, des blauen Kamillenöles (J. Kachler, 1871) und des blauen Öles aus Galbanumharz (Mössmer, 1861; A. Tschirch, 1895) — alle diese Tatsachen haben seit langem die Frage nach dem bestimmten Stoff oder den diese intensive Blaufärbung hervorrufenden chemischen Verbindungen wachgehalten. Sherndal [Am. 37, 167, 1537 (1915)] hatte erstmalig ein kristallinisches Pikrat isoliert, aus welchem auf die Formel $C_{15}H_{18}$ des Azulen-Kohlenwasserstoffs geschlossen wurde, bei der Hydrierung (nach Paal) erhielt er das Oktohydroazulen $C_{15}H_{26}$. Andererseits führte eine Hydrierung durch R. E. Kremers (1923) zu $C_{15}H_{28}$, und als Konstitutionsformel des Azulens aus Gurjunen wird die folgende aufgestellt (I):

I. II.

Durch Versuche von L. Ruzicka [und Mitarbeiter, Helv. 9, 118 (1926); 14, 1104, 1122 (1931)] über Dehydrierung, sowie Hydrierung der Azulene wurde refraktometrisch festgestellt, daß die Azulene ein bicyclisches System mit 5 Doppelbindungen (deren eine nicht leicht hydrisierbar ist) enthalten. Die Weiterführung der Untersuchungen durch A. St. Pfau und P. A. Plattner [Helv. chim. Acta 19, 858 (1936); 20, 224, 469 (1937)] ergab dann für das Vetiv-Azulen die neuartige Ringformel II (= 4,8-Dimethyl-2-isopropyl-azulen), während durch Synthese der Grundkohlenwasserstoff III bzw. dessen Substitutionsprodukte erhalten wurden. Für das Guajazulen wurde die Formel IV gesichert:

III. 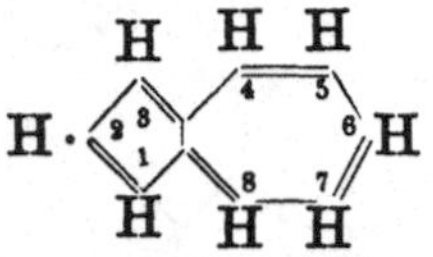 $\text{H} \cdot \langle \text{Azulen-Skelett} \rangle \text{H}$ IV. 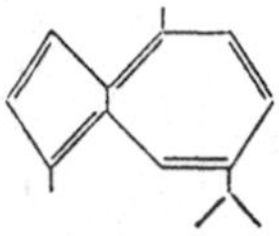 $\langle \text{Struktur} \rangle$ [P. A. Plattner und L. Lemay, Helv. 23, 897, 907 (1940)].

Mit dem Azulenskelet haben G. Komppa und G. A. Nyman (1938) die Konstitution des Ledols $C_{15}H_{25}OH$ verknüpft.

Tricyclische Sesquiterpene. Sandelholz hat schon seit Jahrtausenden im Orient teils bei Kultushandlungen, teils im alltäglichen Gebrauch eine Rolle gespielt. Als Handelsware „Santalum" aus Indien wird es um Christi Geburt in Griechenland, als Droge bereits im VI. Jahrhundert von den Ärzten Roms geschätzt. In Deutschland wird im XIII. Jahrhundert „Santelholzpulver" von den Apothekern bereitet, und Konr. v. Megenberg („Das Buch der Natur", Anfang des XIV. Jahrhunderts) schreibt demselben gar viele Heilwirkungen zu. Er unterscheidet weißes, rotes und gelbes Sandelholz. Mit der Entwicklung und Verbreitung der Destillierkunst zur Darstellung der „gebrannten" und wohlriechenden Wässer kam auch das Sandelholzöl in Gebrauch (im XV. Jahrhundert wird es schon erwähnt). Die wissenschaftliche Untersuchung dieses Öls beginnt erst vor etwa fünfzig Jahren.

Sandelholzöl. Dasselbe hat nach den Ergebnissen verschiedener Forscher die folgenden Hauptbestandteile: einen Aldehyd $C_{15}H_{24}O$ „Santalal", in geringerer Menge einen Alkohol „Santalol" $C_{15}H_{25}OH$, der durch Wasserentziehung (mittels Phosphorpentoxyd) den Kohlenwasserstoff „Santalen" $C_{15}H_{24}$ vom Siedep. 260° liefert [Chapoteaut[1]), 1882].

Nach A. C. Chapman und Burgess ist der Hauptbestandteil des (ostindischen) Sandelholzöls ein Aldehyd $C_{15}H_{24}O$ (1896; 1901). Umgekehrt findet Dulière (1898) als Hauptbestandteil den Alkohol $C_{15}H_{25} \cdot OH$; andererseits gelangt Guerbet (1900)[2]) zu dem Schluß, daß im Sandelholzöl zwei Alkohole $C_{15}H_{25} \cdot OH$ vorkommen, von

---

[1]) Chapoteaut: Bl. (2) 37, 303 (1882).
[2]) M. Guerbet: C. r. 130, 1324 (1900).

denen das α-Santalol schwach linksdrehend ist, während β-Santalol eine starke Linksdrehung zeigt; den Alkoholen entsprechen die beiden linksdrehenden Sesquiterpene α- und β-Santalen. Gleichzeitig wies H. v. Soden [1]) (Firma Heine & Co., Leipzig) dem α-Santalol die Formel $C_{15}H_{24}O$ und eine schwache Rechtsdrehung, dem β-Santalol $C_{15}H_{24}O$ eine starke Linksdrehung $[\alpha]_D > -45^0$ zu, und F. Müller [1]) isolierte aus dem Verlauf einen neuen „Santen" genannten Kohlenwasserstoff C_9H_{14} (gibt ein blaues Nitrosylchlorid $C_9H_{14} \cdot NOCl$), ein neues Keton „Santalon" $C_{11}H_{16}O$, sowie durch Kohlensäureabspaltung aus der Teresantalsäure ein „α-Santen" C_9H_{14}.

Schimmel & Co. hatten früher (1893) je nach dem Herkunftsort die folgenden Eigenschaften des Sandelholzöls gefunden: Ostindisches Sandelholzöl: $d_{15^0} = 0,979$ bis $0,976$, $[\alpha]_D = -18,7^0$ bis $-17,3^0$, Westindisches Sandelholzöl: $d_{15^0} = 0,967$ bis $0,965$, $[\alpha]_D = +26,2^0$ bis $+26,0^0$. Ebenso hatten Schimmel & Co. darauf hingewiesen (1900), daß den Alkoholen des Sandelholzöls eventuell eine niedrigere Hydrierungsstufe zukomme als $C_{15}H_{26}O$.

Eingehende Untersuchungen widmete dann F. W. Semmler [2]) dem ostindischen Sandelholzöl. Er wies darin nach: im Vorlauf einen Kohlenwasserstoff Santen C_9H_{14}, dann zwei Kohlenwasserstoffe von der Zusammensetzung $C_{15}H_{24}$, das α-Santalen ($[\alpha]_D = -15^0$) und β-Santalen ($[\alpha]_D = -35^0$); das eigentliche „Santalol" wurde in zwei isomere primäre Alkohole getrennt, von denen der niedriger siedende „α-Santalol" $C_{15}H_{24}O$ einfach ungesättigt tricyclisch, der höher siedende „β-Santalol" genannte Alkohol zweifach ungesättigt bicyclisch ist und auch aus α-Santalol durch Invertierung gebildet wird. Im α-Santalen und α-Santalol liegt dasselbe Gerüst vor; da sie Derivate der Teresantalsäure sind, die ihrerseits dem Camphertypus angehört, so ist der letztere auch für die erwähnten Sesquiterpenverbindungen gegeben. Für α-Santalol bzw. α-Santalen stellt F. W. Semmler [3]) (1910) die folgende Konstitutionsformel auf:

α-Santalol.   α-Santalen.

---

[1]) F. Müller: zit. S. 366 in H. v. Soden: Arch. Pharm. **238**, 353 (1900); O. Aschan: B. **40**, 4918 (1907) (Santen und „Santenol"). Über Santen (sog. Camphenilen) vgl. G. Komppa: Bl. (IV) **21**, 147 (1917); B. **69**, 334 (1936).

[2]) F. W. Semmler und Mitarbeiter: B. **40**, 1120, 1124, 3321 (1907); **43**, 445, 1722, 1893 (1910).

[3]) F. W. Semmler: B. **43**, 1898 (1910); s. a. V. Paolini und L. Divizia (1914).

$$CH_3 \cdot C \overset{CH}{\underset{CH}{\overset{CH_2}{\diagdown}}} \overset{CH_2}{\underset{CH_2}{\diagup}} \qquad CH_3 \cdot C \overset{CH}{\underset{CH}{\overset{CH_2}{\diagdown}}} \overset{CH_2}{\underset{CH_2}{\diagup}}$$

inakt. Santen C_9H_{14}.   A.   β-Santalol.   B.   β-Santalol (bzw. β-Santalen).

$$X = -(CH_2)_2 \cdot CH : C(CH_3) \cdot CH_2OH \quad \text{bezw.} \quad -(CH_2)_2 \cdot CH : C \overset{CH_3}{\underset{CH_3}{\diagdown}}$$

Die Konstitutionsformeln für β-Santalol bzw. β-Santalen wurden aufgestellt: B von L. Ruzicka und G. Thomann [Helv. chim. Acta 18, 355 (1935)], Formel A dagegen von A. E. Bradfield, A. R. Penfold und J. L. Simonsen (Soc. 1935, 309). Nach der Dien-Synthese wurde das d,l-Santen auch von O. Diels [1]) künstlich dargestellt, nachdem schon 1916 Komppa es synthetisiert hatte. Durch H. v. Soden [2]) und Rojahn (1900), sowie E. Deussen [3]) (1900, 1902) wurden in dem westindischen Sandelholzöl etwa 30—40% Sesquiterpene (β-Caryophyllen und d-Cadinen, nach Deussen), als Hauptbestandteil aber Sesquiterpenalkohole aufgefunden; H. v. Soden und Rojahn schieden einen höher siedenden rechtsdrehenden Alkohol $C_{15}H_{25} \cdot OH$, den sie „Amyrol" nannten, von dem niedriger siedenden inaktiven Alkohol $C_{15}H_{23}OH$. Deussen [4]) (1929) erhielt bei der Dehydrierung mit Schwefel den Kohlenwasserstoff Cadinen, während die Hydrierung des aktiven α-Amyrols den Alkohol $C_{15}H_{27} \cdot OH$ ergab, also auf eine Doppelbindung im α-Amyrol $C_{15}H_{25} \cdot OH$ hinwies.

l-Copaen $C_{15}H_{24}$. Das afrikanische Copaivabalsamöl war von H. v. Soden (1909), Schimmel & Co. [Ber. 42, 31 (1909)] untersucht worden. F. W. Semmler (1914) nannte das tricylische Sesquiterpen dieses Öls „Copaen" $C_{15}H_{24}$, das durch Hydrierung in das linksdrehende Dihydro-copaen $C_{15}H_{26}$, durch Salzsäureanlagerung und -abspaltung in l-Cadinen ($[\alpha]_D = -116,7°$) übergeht. Als Konstitutionsformeln sind abgeleitet worden: I von F. W. Semmler und H. Stenzel, B. 47, 2555 (1914/15); Formel II von G. G. Henderson und W. McNab und J. M. Robertson (Soc. 1926, 3077, Copaen aus Sudaöl):

I.

$$CH_3 \cdot \overset{H}{\underset{C}{C}} \cdot CH_3$$

II.

$$CH_3 \cdot \overset{H}{\underset{C}{C}} \cdot CH_3$$

[1]) O. Diels u. K. Alder: A. 489, 202 (1931).
[2]) H. v. Soden u. C. A. Rojahn: Pharm. Ztg. 45, 229, 878 (1900).
[3]) E. Deussen: A. Pharm. 238, 149 (1900); 240, 288 (1902).
[4]) E. Deussen: J. pr. Ch. 120, 123 (1929).

Cedren. Im Cedernholzöl kommen vor: der feste (tertiäre) Alkohol Cedrol $C_{15}H_{26}O$, der flüssige primäre Alkohol [nach Semmler [1]), 1912] Cedrenol $C_{15}H_{24}O$ und der Kohlenwasserstoff Cedren $C_{15}H_{24}$; durch Sauerstoffoxydation des Cedrens entsteht [nach Blumann [2]), 1929] ein fester sekundärer Alkohol „Cedrenol" $C_{15}H_{24}O$.

l-Cedrol $C_{15}H_{26}O$ $\xrightarrow{(-H_2O)}$ l-Cedren $C_{15}H_{24}$ $\xrightarrow{(+O)}$ festes Cedrenol $\xrightarrow{(-H_2O)}$ „Cedrenen"

$[\alpha]_D \sim -42^0$ $\qquad$ $[\alpha]_D = -85,5^0$ $\qquad$ $C_{15}H_{24}O,$ $\qquad$ $C_{15}H_{22},$

$\qquad\qquad$ (natürl. $= -66,5^0$) $\qquad$ $[\alpha]_D = -217,5^0$ $\qquad$ $[\alpha]_D = +148,3^0$

flüss. Cedrenol $\xrightarrow{(\text{über } C_{15}H_{23}Cl)}$ Cedren $C_{15}H_{24}$; $\qquad$ $\xleftarrow{(\text{reduziert})}$

$C_{15}H_{24}O,$ $\qquad\qquad$ $[\alpha]_D = +13 \text{ bis} -3^0$ $\qquad$ $[\alpha]_D = +44^0 \text{ bis} -60,5^0$

$[\alpha]_D = \pm 0^0$ $\qquad\qquad\qquad\qquad\qquad\qquad\qquad\qquad$ (s. natürl. Cedren)

Cedrol wurde von P. Walter (1841) als „Cederncampher", ebenso „Cedren" aus Cedernöl (sowie durch Phosphorpentoxyd aus Cedrol) dargestellt und analysiert; die Formeln $C_{15}H_{26}O$ berechnete zuerst Gerhardt (1856). Cedren [3]):

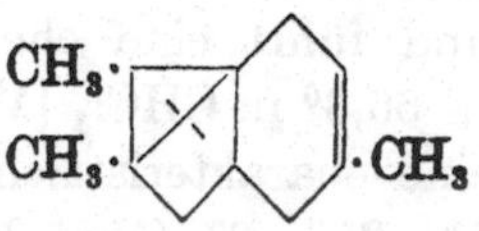

Pentacyclische Triterpene. Durch L. Ruzicka (und seine Mitarbeiter G. Giacomello, H. Schellenberg sowie J. Zimmermann) ist diese Klasse der natürlichen Terpene grundlegend aufgeklärt, bzw. auf ein gemeinsames Grundgerüst zurückgeführt worden [Helv. chim. Acta 19, 247 (1936); 20, 299, 1553 (1937), und zwar einerseits durch Dehydrierung (katalytisch mit Palladium, oder nach Diels mit Selen), andererseits durch Abbaumethoden. Fünf Triterpene konnten durch gegenseitige Umwandlung genetisch miteinander verknüpft werden: Oleanolsäure, Hederagenin, Gypsogenin, Erythrodiol, β-Amyrin (vgl. Sapogenine, S. 496). Als Beispiel wählen wir

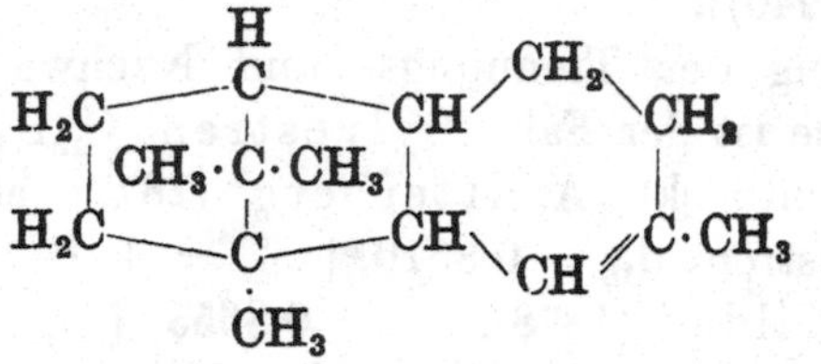

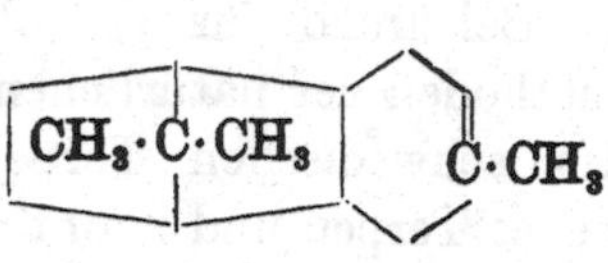

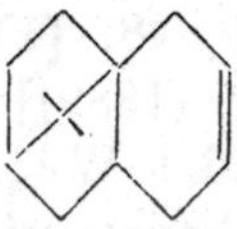

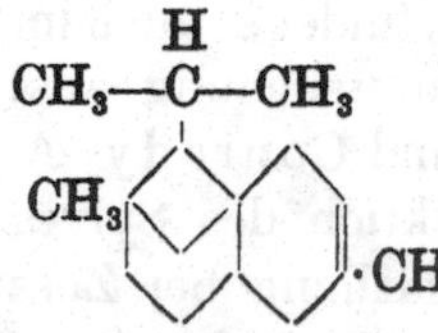

---

[1]) F. W. Semmler und Mitarbeiter: B. 45, 786, 1553 (1912); 47, 2555 (1914/15); s. a. L. Ruzicka: A. 471, 40 (1929); s. a. E. Deussen: J. pr. Chem. (2) 117, 273 (1927).

[2]) A. Blumann und Mitarbeiter: B. 62, 1697 (1929); 64, 1540 (1931).

[3]) Formel I: Semmler: B. 47, 2555 (1914/15); II: W. Treibs: B. 68, 1041 (1935); III: W. F. Short: Chem. and Ind. 54, 874 (1935); IV und V: R. Robinson und J. Walker: Chem. and Ind. 54 906, 946 (1935).

das (1839 von H. Rose im Elemiharz entdeckte) Amyrin $C_{30}H_{50}O$, das von A. Vesterberg, B. 20, 1242 (1887); 23, 3186 (1890)] in die beiden stark rechtsdrehenden Formen α-Amyrin und β-Amyrin zerlegt werden konnte; β-Amyrin ist unlängst auch im Weizenkeimöl gefunden worden [A. R. Todd, F. Bergel und Mitarbeiter, Biochem. J. 31, 2247 (1937)]. Ruzicka [Helv. chim. Acta 20, 1553 (1937)] stellte die folgende Konstitutionsformel für β-Amyrin auf:

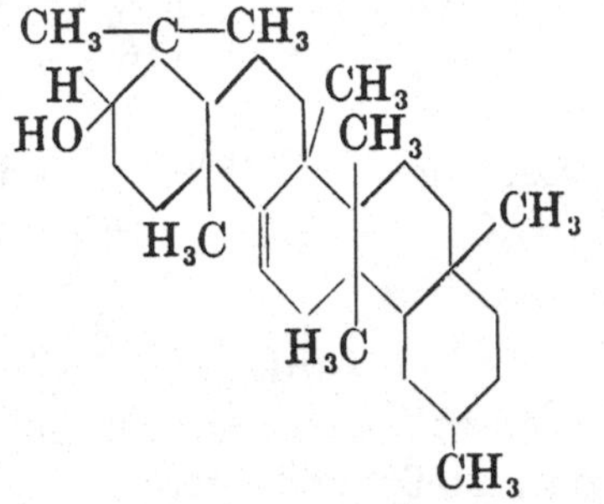

Weitere Beiträge von Ruzicka betrafen: Umwandlungen der Glycyrrhetinsäure in β-Amyrin [Helv. chim. Acta 22, 195 (1939)], ebenso der β-Boswellinsäure in α-Amyrin [Helv. 22, 948 (1939)]; zur Kenntnis der Oleanolsäure und deren Umwandlung in β-Amyrin: Ruzicka, [Helv. 21, 1735 (1938); 22, 350 (1939)] bzw. von der Umwandlung der α-Boswellinsäure in β-Amyrin [Helv. 23, 132 (1940)] und des Hederagenins in diese Säure [Helv. 23, 144 (1940)].

Belehrend für die Beurteilung der Trennungs- und Nachweismethoden der natürlichen Terpene ist der Fall „Sylvestren" $C_{10}H_{16}$. Im schwedischen Terpentinöl entdeckt A. Atterberg (1877) ein neues Terpen und nennt es Sylvestren: $d_{16} = 0{,}8510$, $[\alpha]_D^6 = +19{,}5^0$. Dasselbe wird bestätigt von W. Tilden (1878), $d_{15} = 0{,}8653$, $[\alpha]_D = +17^0$; O. Wallach (1885 u. f.) findet es auch im russischen Terpentinöl und führt eine chemische Untersuchung aus: $d_{20} = 0{,}848$, $[\alpha]_D^{10} = +66{,}3^0$ in $CHCl_3$ [Wallach und Conrady, A. 252, 149 (1889)]. Als eine charakteristische Farbreaktion des Sylvestrens findet Wallach [A. 239, 27 (1887)] die Blaufärbung bei Zusatz von konzentrierter Schwefelsäure und Essigsäureanhydrid. Aus Pinus Abies wird ein l-Syrestren isoliert: $d_{10} = 0{,}8665$, $[\alpha]_D^{10} = -18{,}3$ (W. Kuriloff, 1892; s. auch C. 1914 I, 1654; W. H. Perkin jr. 1914 I, 779). Seine Konstitutionsformel wird erörtert (I von Brühl, 1888) bzw. von A. Baeyer [B. 31, 2070 (1898)] festgelegt (II):

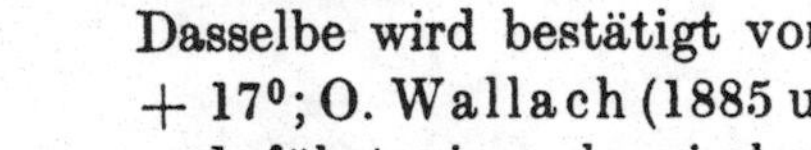

$$CH_3-CH\Big\langle{{CH=\!\!=\!\!=C}\atop{CH_2-CH_2}}\Big\rangle C-C_3H_7 \qquad CH_3-C\Big\langle{{CH-CH}\atop{CH_2-CH_2}}\Big\rangle CH_2 \begin{array}{l}(=\text{Carvestren}).\\ (\text{Siehe auch S. 598.})\end{array}$$

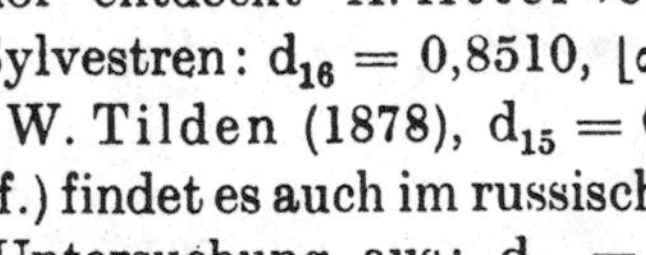

I.   II.

In der Folgezeit hatte J. L. Simonsen [Soc. 117, 570 (1920); 123, 549 (1923)] aus indischem Terpentin durch sorgfältige Fraktionierung nében l-α-Pinen und β-Pinen ein neues bicyclischen Terpen, das d-Caren (III) benannt wird, abgeschieden: $d_{30} = 0{,}8586$, $[\alpha]_D = +9{,}2^0$; Behandlung mit HCl in ätherischer Lösung ergab (als Umwandlungsprodukte des d-Carens) Sylvestren und Dipenten. Aus dem ätherischen Öl aus Andropogon Iwarancusa Iones gelang dann J. L.

Simonsen [Soc. **119**, 1644 (1922); **121**, 2292 (1922)] die Abtrennung eines anderen d-Carens (IV): $d_{30} = 0,8552$, $[\alpha]_D^{30} = +62,2^0$. Die Konstitution von III wurde als d-$\varDelta^3$-Caren, die von IV als d-$\varDelta^4$-Caren erkannt:

$$\text{III.} \quad \begin{array}{c} C-CH_3 \\ HC \quad CH_2 \\ H_2C \quad CH \\ C \quad C(CH_3)_2 \\ H \end{array} \qquad \text{IV.} \quad \begin{array}{c} C-CH_3 \\ H_2C \quad CH \\ H_2C \quad CH \\ C \quad C(CH_3)_2 \\ H \end{array}$$

Die Drehung von IV ist verstärkt, weil eine Doppelbindung in konjugierter Stellung zu dem die Asymmetriezentren tragenden Cyclopropanring steht.

S. Ruhemann [B. **58**, 2261 (1925)] konnte nun zeigen, daß die charakteristische Blaufärbung des gut gereinigten Sylvestrens ($d_{14} \doteq 0,8577$) „nur im schwachen Maße" auftritt, demnach wohl auf Verunreinigungen zurückgeführt werden kann. F. W. Semmler [mit H. v. Schiller, B. **60**, 1591 (1927)] führte alsdann den Nachweis, „daß in den Ölen von Pinus silvestris in der Tat kein Sylvestren, sondern Caren (d-$\varDelta^3$-Caren: $d_{20} = 0,8563$, $[\alpha]_D = +17,2^0$) vorkommt", daß aber „durch Invertierung von d-$\varDelta^4$-Caren Sylvestren", bzw. „durch Einwirkung von Salzsäure ein Gemisch von Sylvestren- und Dipenten-Dihydrochlorid" entsteht. Das l-$\varDelta^3$-Caren wurde von J. L. Simonsen (und Mitarbeiter, C. **1927** I, 653) abgeschieden: $d_{30} = 0,8606$, $[\alpha]_D = -5,72^0$; durch Salzsäure wird es in l-Sylvestrendihydrochlorid umgewandelt, und dieses gibt mit 1 Mol. des d-Antipoden das inaktive, razemische d,l-Sylvestrendihydrochlorid = Carvestrendihydrochlorid Baeyers.

Auch nach O. Aschan (C. **1927** II, 2057) enthält das nordische Terpentin vermutlich kein fertiges Sylvestren, sondern eine Art „Prosylvestren"; der bei der Destillation abgeschiedene Kohlenwasserstoff „Isodipren" wird als identisch mit Simonsens $\varDelta^3$-Caren angesehen.

Zur Veranschaulichung der Schwierigkeiten, die sich der Reindarstellung und Individualisierung entgegenstellen, sei auch der folgende Fall ausführlicher geschildert.

Das aus dem Wasserfenchelöl zuerst von A. Cahours (1842) als Nitrosit abgeschiedene, von L. Pesci [Gazz. chim. ital. **16**, 225 (1886)] als $C_{10}H_{16} \cdot N_2O_3$ erkannte und „Phellandren" benannte Terpen $C_{10}H_{16}$ ist rechtsdrehend: $d_{10} = 0,8558$, $[\alpha]_D^{10} = +17,64^0$, während das Nitrosit $C_{10}H_{16} \cdot N_2O_3$ linksdrehend ist: in Chloroform $[\alpha]_D^{10} = -183,5^0$ (Pesci). Wallach und E. Gildemeister [A. **246**, 233, 282 (1888); s. auch **239**, 40 (1887)] entdeckten dann im Eucalyptusöl den Links-Antipoden. Von Wallach [B. **24**, 1577 (1891)] wurde das Phellandren möglicherweise als ein aliphatisches Terpen angesprochen. Erst durch

F. W. Semmler [B. **36**, 1749 (1903)] wurde nachgewiesen, daß das Rohphellandren (aus Eucalyptusöl) ein Normal- (α-) Phellandren (I) und ein Pseudo- (β-) Phellandren (II) enthält:

I. [Strukturformel] II. [Strukturformel] α-Nitrosit [Strukturformel]

(Die Nitrositbildung führt zwei neue asymmetrische C-Atome ein, muß also zu Diastereomeren führen.)

Nach Wallach [A. **246**, 235 (1888)] gibt die Mischung gleicher Teile der Nitrosite des Links-Phellandrens und des Rechts-Phellandrens ein inaktives Nitrosit. Doch konnte zuerst O. Schreiner [Arch. Pharm. **239**, 90 (1901)] [dann auch Wallach, A. **336**, 9 (1904)] zeigen, daß das Eucalyptus-Phellandren zwei Nitrosite liefert, und zwar ein rechtsdrehendes ($[\alpha]_D = + 123{,}5^0$ bis $+ 142{,}6^0$, Schmp. 120^0 bzw. 113^0) und ein linksdrehendes ($[\alpha]_D = - 36^0$ bzw. $- 40^0$, Schmp. 101^0 bzw. 105^0). H. G. Smith, E. Hurst, Carter und J. Read [Soc. **123**, 1657 (1923); **125**, 930 (1924)] haben dann die beiden Isomeren näher untersucht und deren Mutarotation erkannt:

I. l-α-Phellandren-α-nitrosit: Schmp. $121-122^0$; in Chloroform, Anfangsdrehung $[\alpha]_D^{20} = + 142{,}6^0$, Enddrehung $[\alpha]_D^{20} = - 80^0$.

II. l-α-Phellandren-β-nitrosit: Schmp. $105-106^0$; in Chloroform, Anfangsdrehung $[\alpha]_D = - 160{,}5^0$, Enddrehung $[\alpha]_D = - 100^0$ (bzw. $- 69^0$).

P. A. Berry, A. K. Macbeth und T. B. Swanson (Soc. **1939**. 466, 1418) konnten ein l-α-Phellandren-β-nitrosit von der Anfangsdrehung $[\alpha]_D^{20} = - 260{,}1^0$ (in Chloroform) isolieren, wobei sie fanden, daß in Aceton u. a. eine Umwandlung von II → I stattfindet; ähnliches Verhalten zeigten die entsprechenden Nitrosite des d-α-Phellandrens. Für das bisher reinste d- und l-Phellandren selbst werden folgende Konstanten mitgeteilt:

l-α-Phellandren: $d_{20/4} = 0{,}8410$ bis $0{,}8425$; $n_D^{20} = 1{,}4732$; $[\alpha]_D^{20} = -112{,}4^0$ [Smith, Hurst und Read, Soc. **123**, 1660 (1923)]; $d_{20/4} = 0{,}8436$; $n_D^{20} = 1{,}4757$; $[\alpha]_D^{20} = - 96{,}21^0$ (Berry, Macbeth und Swanson, zit. S. 1418).

d-α-Phellandren: $d_{20/20} = 0{,}8475$ ($d_{20/20} = 0{,}8449$); $n_D^{20} = 1{,}4729$; $[\alpha]_D^{20} = + 85{,}55$ (Berry, Macbeth und Swanson, zit. S. 1418).

l-α-Phellandren, $d_{20/4} = 0{,}8369$, $n_D^{20} = 1{,}4728$; $[\alpha] = - 168{,}5^0$ (N. C. Hancox und T. G. H. Jones, C. **1939** II, 3098).

Man vergleiche diese neueren Werte miteinander sowie mit den älteren Daten (z. B. Pescis), um zu erkennen, daß die Reindarstellung dieses Terpens noch ein ungelöstes Problem ist, bzw. daß alle bisherigen Untersuchungen und Folgerungen sich auf Gemische beziehen.

Beim Rückblick auf das geleistete große Forschungswerk in der Chemie der Terpene und Campher seien einige allgemeine Bemerkungen gestattet. Kennzeichnend für das ganze Arbeitsgebiet ist 1. die Vielheit der zu isolierenden Individuen von oft nahe beieinander liegenden Siedepunkten; 2. die Leichtigkeit der Umlagerungen, teils durch Wärme (Licht?), teils durch Reagenzien; 3. die Beschränktheit der meist geübten Trennungsmethoden (z. B. fraktionierte Destillation), sowie 4. die einseitige chemische Methode der Konstitutionsbestimmung; von den physikalisch-chemischen Methoden ist es nur die Refraktionsmethode gewesen, die (namentlich in Semmlers Untersuchungen) weitgehende Verwendung gefunden hat. Daß die Zahlenwerte für die Dichte und optische Drehung der als chemische Individuen bezeichneten Körper keineswegs als physikalische Konstanten bewertet werden, sondern je nach dem Autor variieren, haben wir an mehreren Beispielen zu zeigen versucht. Demgegenüber erscheint es berechtigt, eine Ausweitung der bisherigen Trennungsmethoden als zeitgemäß zu erwarten; naheliegend wäre die Anwendung der Adsorptionsmethode auch auf diese Körperklasse und die Untersuchung der Ultraviolett-Spektren. Röntgenographische Untersuchungen als Hilfsmittel der Konstitutionsbestimmung dürften neben den chemischen Methoden einen Fortschritt bedeuten [vgl. auch den Hinweis von P. Lipp, B. 68, 1031 (1935)], ebenso das Raman-Spektrum — G. Dupont [Bull. 51 (1932), 53 (1933)] hat den Wert dieses Spektrums für die Reinheitsprüfung an mehreren Terpenen gezeigt — wobei jedoch eine einseitige Bevorzugung vermieden werden muß, wie es der Fall des „Camphenilens" erwiesen hat, dessen Struktur glaubte P. Snitter (1933) aus dem Raman-Spektrum erschlossen zu haben, während G. Gratton und J. L. Simonsen (1935) und G. Komppa [mit G. A. Nyman, B. 69, 334 (1936)] dasselbe chemisch als Santen (mit wenig Apo-cyclen) erkannten. Auch stereochemisch betrachtet wäre eine erweiterte Berücksichtigung der Isomeriefrage (z. B. bei mehreren asymmetrischen C-Atomen), der Isomerisationsvorgänge selbst, sowie der optischen Umkehrerscheinungen bei Substitutionen usw. wünschenswert.

Die Terpenchemie bietet vom physikalisch-chemischen Standpunkt aus noch weitere Lücken und stellt daher der Forschung noch andere Aufgaben. Im allgemeinen gilt für sie (was auch noch für andere organische Stoffgebiete Geltung hat) die Mahnung Wilh. Ostwalds (1926): „Nicht das letzte Ergebnis der chemischen Vorgänge, nicht

der Schlußakt des chemischen Dramas, wo die neuen ‚Körper‘ als
Leichen in ihren gläsernen Särgen ausgestellt werden, ist ihre Aufgabe, sondern das Drama selbst mit seiner Exposition, seinen Peri-
petien, seinen Wechselwirkungen der tätigen Faktoren" [Chem.-Zeitg.
1926, 987). Im einzelnen sollten die Bemerkungen W. Hückels
beachtet werden, der von der Stoffklasse der Terpene sagt: „Die
Aufgabe der klassischen Forschung war es hier einst, die Konstitution
dieser Verbindungen aufzuklären und Übergänge zwischen den natürlich vorkommenden Terpenen im Laboratorium zu verwirklichen.
Die Reaktionen, die die Forscher damals zur Erreichung dieser Ziele
als ein Handwerkszeug benutzten, dessen feine Maschinerie ihnen
noch verborgen war, werden heute selbst analysiert, so wie man
früher mit ihnen Stoffe zu analysieren pflegte. Man schöpft daraus
neue Erkenntnisse über das eigentliche chemische Geschehen …"
[Zeitschr. f. angew. Chem. 53, 54 (1940)]. Darüber hinaus geht die
Frage nach dem Werdegang dieser so verbreiteten Stoffe in der
Pflanze selbst, bzw. nach einer experimentellen Synthese „unter
physiologischen" oder „zellmöglichen Bedingungen". Aus welchen
Ausgangsmaterialien und über welche Zwischenstufen vollzieht die
Zelle ihre Biosynthesen all dieser optisch aktiven Verbindungen?

Fünftes Kapitel.
Proteine. Polypeptide.

> „Trotzdem wird das chemische Rätsel des Lebens
> nicht gelöst werden, bevor nicht die organische Chemie
> ein anderes noch schwierigeres Kapitel, die Eiweißstoffe,
> in gleicher Art wie die Kohlenhydrate bewältigt hat.
> Es ist darum begreiflich, daß ihm sich das Interesse
> der organischen und der physiologischen Chemiker in
> immer steigendem Maße zuwendet, und auch ich selbst
> bin seit einigen Jahren damit beschäftigt."
>   E. Fischer (Nobel-Vortrag, 1902).

So kennzeichnete der Meister der organischen Synthese die er-
drückende Größe des Eiweißproblems; am Ausgang des neunzehnten
Jahrhunderts hatte er dessen Lösung begonnen, und bis zum Ausgang
seines Lebens (1919) hat ihn dieses Problem [1]) beschäftigt.

Die Eiweißstoffe sind ein Teil jener organischen Naturstoffe, die
ihrer weiten Verbreitung und allgemeinen Verwendung nach zu den
lebenswichtigsten Stoffen gehören, zugleich aber wegen ihrer
physikalischen und chemischen Eigenschaften das ungeeignetste
Material für chemische Konstitutionsforschung darbieten. Und so
bewegte sich die wissenschaftliche Denk- und Experimentalarbeit

---

[1]) Vgl. Emil Fischer: Untersuchungen über Aminosäuren, Polypeptide und
Proteine. I. (1899—1906). XII und 770 Seiten. 1906. — Emil Fischer: Dasselbe, II.
(1907—1919). X und 922 Seiten. 1923. Beide Bände herausgegeben von M. Bergmann.

jahrzehntelang darum, von jenen amorphen und kolloidalen Eiweißkörpern zu kristallisierbaren chemischen Individuen zu gelangen,
sie „aschefrei" zu erhalten; eine andere Forschungsrichtung bevorzugte den Abbau der Eiweißkörper, um eine Vorstellung von der
Natur der chemischen Bausteine zu gewinnen, während die dritte
Richtung sich mit der Klassifizierung [vgl. z. B. A. Wróblewski,
B. **30**, 3045 (1898)] der Proteinstoffe abmühte. Eine vierte Richtung
geht auf die historisch von französischen Chemikern gepflegte synthetische Methode zurück, beginnend mit Chevreuls Analyse (1811 u. f.)
und Berthelots Synthese (1853 u. f.) der Fettkörper.

Im Jahre 1875 entdeckte P. Schützenberger (1827—1897) die
Methode des Abbaues der Eiweißkörper durch Bariumhydroxyd, wobei
Aminosäuren erhalten wurden; die ähnliche (hydrolytische) Spaltung
war ja auch bei den Fetten, dann bei den Estern (Berthelot und Péan
de Saint-Gilles, 1861) erkannt und untersucht worden, wobei man
rückwärts aus den Spaltprodukten wieder zu den Estern gelangt war.
Sollte das gleiche nicht auch bei den Proteinen möglich sein? Diesem
Wunsch entsprangen die „Recherches sur la synthèse des matières
albuminoides et protéiques" von P. Schützenberger [C. r. **106**,
1407 (1888); **112**, 198 (1891)], wobei verschiedene Aminosäuren mit
Harnstoff in Gegenwart von Phosphorpentoxyd durch Erhitzen zusammengeschlossen werden sollten, sowie in den Versuchen von
L. Balbiano und D. Trasciatti [B. **33**, 2323 (1900)], Amidoglyceride
darzustellen, indem Aminosäuren mit Glyzerin erhitzt wurden; Glykokoll und Glyzerin ergaben hierbei eine „hornartige" Substanz.
Hier wie dort waren amorphe, chemisch vieldeutige Produkte das
Ergebnis.

Auf einer anderen Ebene bewegten sich (seit 1882) die Untersuchungen von Th. Curtius, die einerseits eine wissenschaftliche
Vorarbeit zu E. Fischers zielstrebigen Polypeptidarbeiten bildeten,
andererseits aber ihren Ausgang von den Reaktionen früherer Generationen nahmen. Im Harn grasfressender Tiere hatte J. Liebig im
Jahre 1829 die „Hippursäure" entdeckt; durch Kochen mit Alkalien
oder Säuren wurde sie in Glykokoll und Benzoesäure aufgespalten
(V. Dessaignes, 1846) und synthetisch aus Benzoylchlorid und
aminoessigsauren Metallsalzen — als Benzoylglykokoll $C_6H_5CO \cdot HN \cdot$
CH_2COOH — aufgebaut (Dessaignes, 1851 u. f.).

Eine Neubearbeitung dieser Hippursäure-Synthese von Dessaignes unternahm (einer Anregung von H. Kolbe folgend) Th. Curtius
[„Über die Einwirkung von Benzoylchlorid auf Glycinsilber", J. pr.
Ch. (2) **26**, 167 (1882)]; es wurde die Hippurylaminoessigsäure ($C_6H_5CO \cdot$
$NH \cdot CH_2 \cdot CO) \cdot NH \cdot CH_2 \cdot COOH$ und ein noch höher kondensiertes
Produkt als „γ-Säure" $C_{10}H_{12}N_3O_4$ isoliert, letztere zeigte sehr schön
die Biuretreaktion (die für natürliche Eiweißkörper charakteristisch

ist). Dann lehrte Curtius [B. 16, 753 (1883)] die Ester des Glykokolls und der Homologen bereiten, die Einwirkung von Natriumnitrit auf das Hydrochlorat des Glykokollesters führte ihn 1883 zur Entdeckung des Diazoessigesters (s. S. 285) und dessen Homologen [B. 16, 2230 (1883); 17, 953 (1884)]; durch freiwillige Zersetzung des Glykokollesters entstand das sog. Glykokollanhydrid C_2H_3NO (bzw. $C_4H_6N_2O_2$) und eine sog. „Biuretbase": die „γ-Säure" und „Biuretbase" bewahrten das Geheimnis ihrer Konstitution zwei Jahrzehnte hindurch! Die in den Diazoestern erschlossene wissenschaftliche Goldader beschäftigte Curtius vollauf, die ursprüngliche Problemstellung, die Kombination der Aminosäuren betreffend, wurde in eine Reservestellung gedrängt, bis endlich, 1901, E. Fischer wiederum an den Glykokollester und seine Homologen anknüpfte [B. 34, 433 (1901)], das Glykokollanhydrid

als ein Diacipiperazin $HN{\Large\langle}\begin{matrix} CO\cdot CH_2 \\ CH_2\cdot CO \end{matrix}{\Large\rangle}NH$ formulierte, durch Salz-

säure dasselbe aufspaltete [gemeinsam mit E. Fourneau, B. 34, 2868 (1901)] und das „Glycylglycin" $H_2N\cdot CH_2\cdot CO\cdot NH\cdot CH_2\cdot COOH$ erhielt; Kochen mit alkoholischer Salzsäure lieferte aus dem Glycinanhydrid den Ester des Glycylglycins $H_2N\cdot CH_2\cdot CONH\cdot CH_2\cdot COOC_2H_5$ und der Ester ging durch Erhitzen über in das Anhydrid und einen neuen Körper, der die Biuretfärbung gab. Ähnlich verhielten sich die Anhydride des Alanins und Leucins [B. 35, 1095 (1902)]. Und so konnte E. Fischer (auf der Naturforschertagung zu Karlsbad, 1902) über die Hydrolyse der Proteine und — rückwärts — über die Verkupplung der Aminosäuren in Proteinen, mittels säureamidartiger Gruppen, berichten, sein Glycylglycin als Prototyp kristallisierbarer Produkte „zwischen den Peptonen und Aminosäuren" hinstellen, die Körper vom Typus des Glycylglycins als „Dipeptide", „und anhydridartige Kombinationen einer größeren Anzahl von Aminosäuren" als Tripeptide usw., kurz als „Polypeptide" benennen. Die Bezeichnung enthält Begriff und Arbeitsziel auf dem chemischen Neuland der Eiweißchemie, bzw. der Synthese von Proteinstoffen. Auf derselben Tagung hatte auch F. Hofmeister (1850—1922) vom Standpunkt des physiologischen Chemikers einen allgemeinen Vortrag „Über den Bau des Eiweißmoleküls" gehalten und eine Bilanz der Forschung über Zusammensetzung, chemischen Aufbau und Größe dieser Moleküle gegeben.

Auch Hofmeister hatte, wie E. Fischer, mit der Aufzählung der 16 bis dahin isolierten Aminosäuren bzw. hydrolytischen Spaltungsprodukte die Kompliziertheit des Eiweißmoleküls gekennzeichnet, dabei noch eine Zunahme dieser „Eiweißkerne" auf 30—40 als möglich hingestellt; beide Forscher hatten für den Zusammenschluß dieser Kerne im Molekül des Proteins säureamidartige Gruppen als wesentlich angenommen. Hofmeister gab die Minimalformeln für Eieralbumin bzw. Serumalbumin, d. h. $C_{239}H_{386}N_{58}S_2O_7$ (also $M \sim 5378$), bzw. $C_{450}H_{720}N_{116}S_6O_{114}$ (also etwa $M = 10176$). Daß die Erforschung solcher Riesenmoleküle über die bisherigen Leistungen der Chemie weit hinausreichend war, stand fest, doch ebenso zeitgemäß erschien für die organische Synthese die experimentelle Inangriffnahme dieses gewaltigen Problems, und ebenso selbstverständlich erschien es für E. Fischer, daß nur ein schrittweises Vorgehen erfolgreich sein könnte, daher vorderhand nur Zwischenglieder „zwischen den Peptonen und Aminosäuren" zu schaffen wären.

In die ruhige Weiterentwicklung dieses Experimentalproblems durch E. Fischer greift nun ein dramatisches Zwischenspiel ein, das als ein Schulbeispiel für die eigenartige Biologie wissenschaftlicher Erkenntnisse dienen kann. Das Problem der „Synthese von Polypeptiden" bzw. die weitausgreifende Zielsetzung der Proteinsynthese erregte allgemeines Interesse. Und wohl nicht ohne Beeinflussung durch diese Fischersche Problemstellung erschien im selben Jahre (1902) eine Mitteilung von Th. Curtius unter dem Titel „Synthetische Versuche mit Hippurazid" [B. **35**, 3226 (1902)], worin bei fortlaufender Einwirkung von Aziden auf Glykokoll die Bildung einer „Benzoylglycylglycylglycylamidoessigsäure $C_6H_5CO \cdot NHCH_2CO \cdot NHCH_2CO \cdot NHCH_2CO \cdot NHCH_2COOH$" beschrieben wird, also in der Nomenklatur Fischers: ein Benzoyltriglycyl-glycin oder Benzoyl-tetrapeptid! Bald folgte auch die Enträtselung der vorhin erwähnten (1882 gefunden) γ-Säure, die Curtius und A. Benrath [B. **37**, 1279 (1904)] nunmehr als eine „Benzoyl-pentaglycyl-amidoessigsäure" $C_6H_5CO \cdot (NHCH_2CO)_5 \cdot NHCH_2COOH$ erkannten, und ebenso ließ sich [Curtius, B. **37**, 1284 (1904)] die im Jahre 1883 erhaltene „Biuretbase" (s. oben) als „Amino-acetyl-bisglycyl-aminoessigsäure-äthylester" $NH_2 \cdot CH_2CO \cdot (NHCH_2CO)_2 \cdot NHCH_2COOC_2H_5$ erweisen, also als der Äthylester des Triglycylglycins, also wiederum ein Benzoyl-hexapeptid und der Ester eines Tetrapeptids.

Es ist gewiß ein eigenwilliger Verlauf der Erkenntnisse: während einerseits E. Fischer das Programm für die Polypeptid-Synthese aufstellt und die ersten Dipeptide darstellt, ruhen andererseits schon zwei Jahrzehnte unerkannt solche Polypeptide in den Präparatengläsern von Th. Curtius, und eine seltsame Verknüpfung der Umstände fügt es auch, daß E. Fischer das Phenylhydrazin 1875 entdeckt, Th. Curtius dagegen die Stammsubstanz desselben, das Hydrazin, 1887 auffindet, und während Th. Curtius im Jahre 1883 die „Hippurylaminoessigsäure" darstellt, E. Fischer im Jahre 1901 deren Stammsubstanz, das Glycylglycin erstmalig isoliert.

Bei einer geschichtlichen Rückschau auf diese Kollision wissenschaftlicher Interessen und auf die verwickelten Prioritätsverhältnisse muß festgestellt werden, daß nur ganz unbedeutende literarische

Spuren von einem Prioritätsstreit auf die Nachwelt gekommen sind; jeder der beiden hervorragenden Forscher setzte nach dem kurzen Zwischenspiel seinen vorgezeichneten Arbeitsweg fort. Curtius hat bis zu seinem Tode (1928) seine vorbildlichen Stickstoffstudien weitergeführt, eine kurze Abweichung bilden nur die mit H. Franzen ausgeführten Studien „Über die chemischen Bestandteile grüner Pflanzen" [A. **399**, 89 (1912); **404**, 93 (1914)], welche u. a. die Entdeckung des (vielleicht mit den Hexosen zusammenhängenden) α,β-Hexylenaldehyds $CH_3 \cdot CH_2 \cdot CH_2 \cdot CH:CH \cdot CHO$ ergaben[1]), nachdem die beiden Forscher auch das Vorkommen von Formaldehyd in den Pflanzen sichergestellt hatten [B. **45**, 1715 (1912)]. Ergänzend sei bemerkt, daß nachher G. Klein [mit O. Werner, Biochem. ZS. **168**, 361; s. auch 340 (1926)] durch die Dimedon-Abfangmethode Formaldehyd als Zwischenprodukt bei der Kohlensäureassimilation, sowie Acetaldehyd als Zwischenprodukt der Pflanzenatmung nachwiesen.

Aminosäuren als Bausteine der natürlichen Eiweißstoffe und der künstlichen Polypeptide.

Eine wichtige Vorarbeit — die Isolierung und Kennzeichnung der Aminosäuren bei der hydrolytischen Spaltung der Proteine — war von den physiologischen Chemikern eingeleitet bzw. geleistet worden. In hervorragender Weise hat sich hierbei der Pflanzenphysiologe E. Schulze (1840—1912) betätigt; viele dieser Aminosäuren hat er erstmalig aus dem Pflanzeneiweiß abgeschieden, die optische Drehung bestimmt, sowie die Razemisierung der Aminosäuren bei der durch Erhitzen mit Barytwasser bewirkten Hydrolyse des Conglutins erkannt [razem. Tyrosin, Leucin und Glutaminsäure, B. **17**, 1610, 1884; **18**, 388 (1885)]. Nachstehend führen wir in chronologischer Reihenfolge die einzelnen Aminosäuren auf, die im Laufe einer hundertjährigen Forschung aus den natürlichen Eiweißstoffen ausgeschieden worden sind. Zu Beginn der Untersuchungen E. Fischers (1901/02) betrug ihre Zahl 14, sie wurde dann von ihm (1907) zu 19 erweitert, und gegenwärtig kennen wir mindestens 30 dieser wichtigsten Bausteine. Die Vorzeichen (+)- und (—)- entsprechen den beobachteten Drehungen. Der Konfiguration nach stellen sie aber die l-Form dar (s. S. 331).

1805 (—)-Asparagin (L. N. Vauquelin und P. J. Robiquet, aus Spargelsprossen), ist linksdrehend (L. Pasteur, 1851); die rechtsdrehende Form kristallisiert neben der Linksform (A. Piutti, 1886, aus Wickenkeimlingen; 1923, aus gekeimten Lupinen). Siehe auch S. 266.

---

[1]) Es sei hierbei auch auf den neuerdings untersuchten Blätteralkohol trans-Hexen-(3)-ol(1) $CH_3 \cdot CH_2 \cdot CH:CH \cdot CH_2 \cdot CH_2 \cdot OH$ hingewiesen [S. Takei und Mitarbeiter: 1938, B. **73**, 950 (1940)], in demselben als einem viel verbreiteten Stoff liegt ein natürliches kettenförmiges C_6-Gerüst vor.

1818 (—)-Leucin (J. L. Proust, aus faulendem Käse), ist optisch aktiv
(J. Mauthner, 1883), wird durch Erhitzen mit Barytwasser razemisiert und ist α-Aminoisocapronsäure (E. Schulze, J. Barbieri
und E. Bosshard, 1884; E. Schulze und A. Likiernik, 1891)

1819 Glykokoll (H. Braconnot, aus Leim; Synthese: W. H. Perkin
sen. und B. F. Duppa, 1858).

1827 (—)-Asparaginsäure (Plisson und Henri, aus Asparagin und
Alkali).

1846 (—)-Tyrosin (Liebig, aus Casein; 1878, E. Schulze, aus Keimpflanzen; tierisches Tyrosin ist linksdrehend (Mauthner, 1882)
1884, E. O. v. Lippmann fand in der Rübenmelasse Tyrosin
und Leucin, die eine gleiche Linksdrehung wie die aus anderen
Proteinen gewonnenen Präparate hatten, in den bleichen Rüben
schößlingen wurde das rechtsdrehende Tyrosin angetroffen,
E. Fischer und A. Skita (1901) erhielten aus Seiden-Fibroin:
l-Tyrosin, l-Leucin, l-Phenylalanin, d-Alanin, Glykokoll. Die
Synthese erwies das Tyrosin als p-Oxyphenylalanin (E. Erlenmeyer sen. und P. Lipp, 1883). Bei der tryptischen lang dauern
den Verdauung des Caseins wurde (+)-Tyrosin gefunden, das ver
mutlich wegen Fehlens der Razemform durch „optische Um
kehrung" (durch ein Ferment „Waldenase") aus der Linksform gebildet worden ist [S. Fränkel und K. Gallia, Biochem.
Z. **134**, 308 (1922)]. Siehe auch S. 340.

1856 (+)-Valin (E. v. Gorup-Besanez, aus Ochsenpankreas); als
α-Aminoisovaleriansäure $(CH_3)_2 \cdot CH \cdot CH \cdot (NH_2) \cdot COOH$ syntheti
siert (R. Fittig, 1866; Lipp, 1880; M. D. Glimmer, 1902)
durch E. Fischer gespalten [B. **39**, 2320 (1906)]; s. oben
S. Fränkel und Gallia (1922, beim Trypsin).

1865 (—)-Serin (Cramer, aus Seidenleim „Sericin"; inaktiv: E. Bau
mann, 1882; inaktiv: E. Fischer und A. Skita, aus Seiden
fibroin, 1901, sowie E. Fischer und Th. Dörpinghaus, aus
Horn und Casein, 1902); von E. Fischer als Linksform erkannt
(1906); synthetisch als α-Amino-β-oxybuttersäure festgestellt
(E. Fischer und H. Leuchs, 1902).

1866 (+)-Glutaminsäure (C. H. L. Ritthausen, aus Proteinen), ist
rechtsdrehend (E. Schulze, 1886), Spaltung der razemischen
Säure (E. Fischer, 1899). [Technisch von E. Bartow (1933) aus
Rübenzuckermelassen gewinnbar.] Die „unnatürliche" d-Glutaminsäure wurde von F. Kögl (s. S. 282 u. 341) in den Tumor
proteinen festgestellt, doch wird ihre Anwesenheit auch in
normalen Organen gefunden (C. **1940** II, 2620, **1941** I, 214).

1869 Betain [C. Scheibler, im Safte der Zuckerrüben (Beta vulgaris)],
$(CH_3)_3\overset{+}{N} \cdot CH_2 \cdot COO$; Betain und Cholin in den Samen der Vicia
sativa (E. Schulze, 1889).

1877 (+)-Glutamin [E. Schulze und J. Barbieri, aus Kürbiskeim-
lingen, nachher im Rübensaft (1884)]; die wässerige inaktive
Lösung dreht bei Säurezusatz nach rechts (E. Schulze und
E. Bosshard, 1885).

1877 (+)-Ornithin (M. Jaffé, aus Hühnerfaeces).

1881 u. f. (—)-Phenylalanin (Schulze und Barbieri, aus Pflanzen).

1886 (+)-Arginin (E. Schulze und E. Steiger, aus Lupinenkeim-

lingen), $C{\Large\langle}^{NH_2}_{NH}{\Large\rangle}NH \cdot CH_2 \cdot CH_2 \cdot CH_2 \cdot C{\Large\langle}^{H}_{COOH}{}^{NH_2}$ (Konstitution: E.

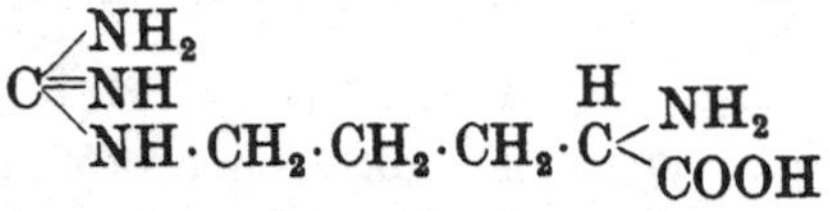

Schulze und E. Winterstein, 1899).

1888 (+)-Alanin (P. Schützenberger; T. Weyl, 1888; aus Seide,
scheinbar inaktiv), schwach rechtsdrehend (E. Fischer, 1906).

1889 (+)-Lysin (E. Drechsel, aus Casein).

1890 (—)-Tryptophan (R. Neumeister, aus·Eiweiß und Trypsin),
rein dargestellt 1901 von F. G. Hopkins und Cole, neben
l-Phenylalanin in bleichen Rübenschößlingen (E. O. v. Lippmann, 1915); die Konstitution als Indolyl-(3)-alanin

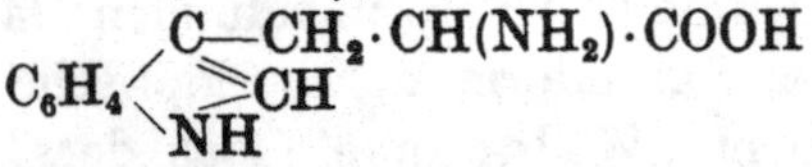

$C_6H_4{\Large\langle}^{C-CH_2 \cdot CH(NH_2) \cdot COOH}_{NH}{\Large\rangle}CH$ bewies die Synthese (A. El-

linger, 1907).

1891 (±)-Stachydrin (E. Schulze und A. v. Planta, aus den Wurzel-
knollen von Stachys tuberifera; 1896, E. Jahns, in den Blättern
der bitteren Orange). Konstitution und Synthese [E. Schulze
und G. Trier, B. 42, 4654 (1909)]: als Methylbetain der Hygrin-
säure (bzw. Dimethylbetain des α-Prolins) erwiesen:

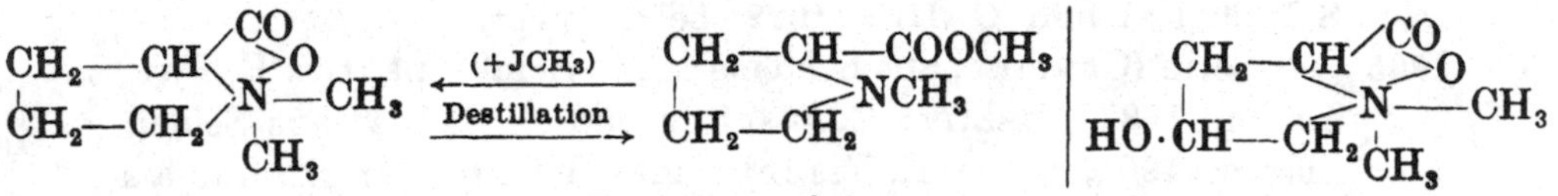

$CH_2-CH{\Large\langle}^{CO}_{N}{\Large\rangle}O{\atop\underset{CH_3}{\overset{|}{N}}}-CH_3$ $\xrightarrow[\text{Destillation}]{(+JCH_3)}$ $CH_2-CH-COOCH_3{\atop CH_2-CH_2}{\Large\rangle}NCH_3$ | $CH_2-CH{\Large\langle}^{CO}_{HO \cdot CH-CH_2}{\Large\rangle}O{\atop\underset{CH_3}{N}}-CH_3$

Stachydrin.   Hygrinsäuremethylester.   Betonicin und Turicin
                                                               (Betaine des Oxyprolins).

1896 (—)-Histidin (A. Kossel, aus dem Protamin Sturin) = β-Imid-

azolylalanin $HC{\underset{NH}{\overset{N——C-CH_2—CH(NH_2) \cdot COOH}{\Large\langle}}}CH$ [Synthese: F. L. Pyman, Soc.

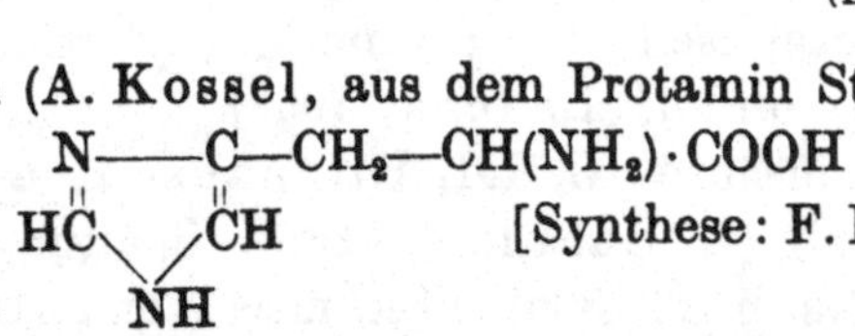

99, 1386 (1911)]. Bedeutsam ist das durch Mineralsäuren oder
Fäulnis entstehende Decarboxylierungsprodukt β-Imidazolyl-
äthylamin (A. Windaus und W. Vogt, 1907) oder Histamin,
dessen medizinische Eigenschaften und Vorkommen im Mutterkorn von G. Barger (1878—1929) und H. H. Dale (1910)
erschlossen wurden; seine Synthese führte F. L. Pyman
(1911) aus.

1899 (—)-Cystin [K. A. H. Mörner, regelmäßiger Bestandteil der S-haltigen Proteinstoffe, H. **28**, 604 (1899); **34**, 207 (1901)]

$$\begin{array}{l} S \cdot CH_2 \cdot CH(NH_2)COOH \\ S \cdot CH_2 \cdot CH(NH_2)COOH \end{array} ; \text{ es wurde zuerst von Wollaston (1810)}$$

aus den Blasensteinen gewonnen, und E. Fischer [mit U. Suzuki, H. **45**, 405 (1905)] bewies die Identität des Cystins aus Roßhaar und aus „Stein"; im Harn (der Cystinuriker) kommen Cystin und Tyrosin gleichzeitig vor (E. Abderhalden und Schittenhelm); die Linksdrehung wurde von E. Külz (1882) erkannt, die Formel stellte E. Baumann (1885) auf.

1901 (—)-Prolin $\begin{array}{l} CH_2 \cdot CH_2 \\ CH_2 \cdot CH - COOH \end{array}\!\!\!\Big\rangle NH$ (E. Fischer, aus Casein; synthetisch von R. Willstätter, 1900).

1902 (—)-Oxyprolin $\begin{array}{l} CH_2 \!\!-\!\!-\!\!-\!\! CH \cdot COOH \\ CH(OH) \!\!-\!\! CH_2 \end{array}\!\!\!\Big\rangle NH$ (E. Fischer, aus Gelatine; auch aus Casein (1903) und Oxyhämoglobin (Abderhalden, 1903). Betaine des Oxyprolins sind die aus Betonica officinalis und in Stachys sylvatica isolierten stereochemisch isomeren Alkaloide Betonicin und Turicin (s. o.); auch Stachydrin und Hygrin werden zu den Alkaloiden gerechnet, während Prolin und Oxyprolin noch zu den Eiweißbausteinen zählen.

1904 (—)-Diaminotrioxydodekansäure (E. Fischer und E. Abderhalden, aus Casein; „Caseinsäure" von Zd. Skraup, 1904).

1904 (+)-Isoleucin [F. Ehrlich, aus Zuckerrübensaft, neben Leucin; durch Synthese als $\begin{array}{l} CH_3 \\ C_2H_5 \end{array}\!\!\!\Big\rangle CH \cdot CH(NH_2) \cdot COOH$ nachgewiesen, B. **41**, 1453 (1908) entsteht bei der tryptischen Verdauung des Caseins S. Fränkel und Mitarbeiter, 1924].

1907 Razem. Dijodtyrosin (Jodgorgosäure, E. Drechsel, 1896; 3,5-Dijodtyrosin: M. Henze, 1907)

$$HO \cdot \Big\langle \underset{J}{\overset{J}{\bigcirc}} \Big\rangle - CH_2 \cdot CH(NH_2) \cdot COOH \quad \text{d-Dijodtyrosin (C. R. Harington und S. S. Randall, 1931).}$$

1915 l-Thyroxin: 3,5,3′,5′-Tetrajod-4′-oxyphenyl-tyrosin E. C. Kendall, 1915; Synthese: Harington und Barger, 1926).

(—)-3,4-Dioxyphenylalanin „Dopa" $(HO)_2[3,4]C_6H_3 \cdot CH_2 \cdot CH(NH_2) \cdot COOH$ (M. Guggenheim, 1913; H. Schmalfuß und Mitarbeiter, 1927).

1909/19 1,N-Methyltyrosin (= Surinamin oder Ratanhin) $HO[4]C_6H_4 \cdot CH_2 \cdot CH(NHCH_3) \cdot COOH$ [Blau, 1909; E. Winterstein, H. **105**, 20 (1919)].

1914 Citrullin aus Wassermelonen: $NH_2 \cdot CO \cdot NH \cdot CH_2 \cdot CH_2 \cdot CH_2 \cdot$
$CH(NH_2) \cdot COOH$ (Y. Koga und S. Odake, 1914; Synthese von
M. Wada, 1930). Das natürliche ist rechtsdrehend [R. Duschinsky, C. r. 207, 753 (1938)], dessen Synthese aus l-Or-
nithin [Gornall und A. Hunter, Biochem. J. 33, 170 (1939)].

1922 Methionin $CH_3 \cdot S \cdot CH_2 \cdot CH_2 \cdot CH(NH_2) \cdot COOH$ (J. H. Mueller,
1922); Synthese von G. Barger [1928 und Biochem. J. 25, 997
(1931)]; E. M. Hill und W. Robson [Biochem. J. 30, 248 (1936)].

1919 (+)-α-Amino-β-oxyglutarsäure $CH(OH) \Big\langle \begin{array}{l} CH(NH_2) \cdot COOH \\ CH_2 \cdot COOH \end{array}$ [H. D.
Dakin, 1919; ebenso Synthese Biochem. J. 13, 398 (1919).
Siehe auch E. Abderhalden, H. 265, 31 (1940).

1929 Canavanin $NH_2 \cdot C(:NH) \cdot NH \cdot O \cdot CH_2 \cdot CH_2 \cdot CH(NH_2) \cdot COOH$
(M. Kitagawa, 1929; Synthese von J. M. Gulland und Morris,
Soc. 1935, 763).

1930 (+)-α-Aminonorvaleriansäure (= Norvalin): $CH_3 \cdot CH_2 \cdot CH_2 \cdot$
$CH(NH_2) \cdot COOH$ [E. Abderhalden, B. 63, 914 (1930); H. 193,
198 (1930)].

1935 Canalin $NH_2 \cdot O \cdot CH_2 \cdot CH_2 \cdot CH(NH_2) \cdot COOH$ [M. Kitagawa und
A. Takani (1935); J. Biochem. Japan 23, 181 (1936)].

1935 Djenkolsäure $CH_2[S \cdot CH_2 \cdot CH(NH_2) \cdot COOH]_2$ [A. G. van Veen
und A. S. Hyman, Rec. Trav. chim. 54, 493 (1935); Synthese
von V. du Vigneaud und W. J. Patterson, 1936].

1935 α-Amino-β-oxybuttersäure, d(—)-Threonin $CH_3 \cdot CH(OH) \cdot$
$CH(NH_2) \cdot COOH$ (W. C. Rose, 1931; mit C. E. Meyer, J. Biol.
Chem. 115, 721 (1935)]. Synthesen: H. D. West, H. E. Carter,
J. Biol. Chem. 119, 103—119 (1937); 122, 605—617 (1938).

1939 (—)-Pantothensäure, von R. J. Williams und Mitarbeitern in
Tierlebern entdeckt [seit 1933; Am. 61, 454, 1421 (1939); Abbau
und Synthese: Am. 62, 1776—1791 (Juli 1940)], von R. Kuhn
und Th. Wieland aus Thunfischlebern (als Wuchsstoff) isoliert: Totalsynthese und optische Spaltung der Razemform [B.
73, 962—975 (Aug. 1940)]. Konstitution

$$H_2C\!\!-\!\!C\!\!\underset{CH_3\ OH}{\overset{CH_3}{\Big\langle}}\!\!CH\!\!-\!\!CO \cdot NH \cdot CH_2 \cdot CH_2 \cdot COOH\,.$$
OH

1940 l-(+)-α-Oxytryptophan, von H. Wieland und B. Witkop [A.
543, 171 (1940)] im hydrolysierten Polypeptid Phalloidin neben
Cystein, l-Oxyprolin und l-Alanin entdeckt:

$$\begin{array}{c} CH\!\!-\!\!CH_2\!\!-\!\!CH\!\!-\!\!COOH \\ CO \qquad\quad NH_2 \end{array}$$

Daran seien angeschlossen die Polypeptide:

1922 (—)-Glutathion, ein Tripeptid, das aus Glutaminsäure, Cystein und Glykokoll besteht und in den meisten Zellen vorkommt.

$$HOOC \cdot CH \cdot CH_2 \cdot CH_2 \cdot CO \cdot NH \cdot CH \cdot CO : NH \cdot CH_2$$

NH$_2$ $\qquad$ CH$_2$SH $\quad$ COOH $\qquad$ [F. G. Hop-

kins, J. Biol. Chem. **54**, 527 (1922); **84**, 269 (1929) und E. C. Kendall, zit. S. 657 (1929); Synthese von C. R. Harington, Biochem. J. **29**, 1602 (1935) sowie V. du Vigneaud und Miller, J. Biol. Chem. **116**, 469 (1936)]. Es wurde von Hopkins als „ein thermostabiles Oxydations-Reduktionssystem" erkannt.

$$\begin{array}{ll} COOH & CH_2{-}CH \cdot OH \\ CH \cdot NH{-}CO \cdot CH & CH_2 \\ CH(OH) & \diagdown N \diagup \\ CH_2 \cdot COOH & H \end{array}$$

1930 Dipeptid (in der Leber): $\qquad$ [H. D. Dakin, R. West und M. Howe, J. Biol. Chem. **88**, 430 (1930 u. f.).]

Zum Aufbau der Polypeptide diente die klassische Reaktion zwischen α-Halogencarbonsäurechloriden und Aminosäuren [E. Fischer, B. **36**, 3982 (1903); **37**, 2486 (1904)], z. B.

Glycylalanin: $CH_2Cl \cdot COCl + H_2N \cdot CH \cdot COOH \xrightarrow{\text{wässer. Alkali}}$

$$\begin{array}{cc} & CH_3 \\ CH_2 \cdot CO \cdot NH \cdot CH \cdot COOH & \xrightarrow{(+NH_3^{!})} CH_2 \cdot CONH \cdot CH \cdot COOH \\ Cl \qquad CH_3 & NH_2 \qquad CH_3 \end{array}$$,

oder Triglycyl-glycin:

$$CH_2Cl \cdot COCl + H_2N \cdot CH_2 \cdot CO \cdot NH \cdot CH_2CO \cdot NH \cdot CH_2 \cdot COOH \rightarrow$$
$$(\text{wie oben}) \rightarrow H_2N \cdot CH_2 \cdot CO \cdot [NH \cdot CH_2CO]_2 \cdot NH \cdot CH_2COOH.$$

Unter Verwendung der 19 Aminosäuren, teils in ihren optisch aktiven, teils in razemischen Formen, hat E. Fischer annähernd hundert Polypeptide von verschiedener Molekulargröße und Kettenlänge bereitet, die Ähnlichkeit ihres chemischen Verhaltens sowie den Fermenten gegenüber als nahe verwandt mit den Peptonen und Proteinen festgestellt. Die Synthese optisch aktiver Polypeptide durch E. Abderhalden [vgl. B. **49**, 2449 (1916); **64**, 2070 (1931); s. auch **63**, 1945 (1930)] ergab ein mannigfaltiges Material für das physikalisch-chemische Verhalten dieser Stoffklasse: Löslichkeit, Drehungsvermögen, elektrochemischer Charakter usw.; so z. B. erwies sich bereits das Hexaglycin von kolloider Beschaffenheit, und die Teilchengröße des Tetra-1-alanyl-1-alanins ließ sich ultramikroskopisch auf 440 $\mu\mu$

---

[1] E. Fischer hat bei den Polypeptidsynthesen sowohl konzentriertes wässeriges, als auch flüssiges Ammoniak [B. **34**, 2868 (1901); **35**, 1102 (1902); **37**, 2486 (1904); **40**, 1754 u. f. (1907)] angewandt, ebenso verfuhr auch E. Abderhalden [B. **49**, 573 u. f. (1916)]. Das flüssige Ammoniak hat dann auch J. v. Braun [B. **70**, 979 (1937)] zur Darstellung der von ihm „Decarboxy-peptide" genannten Verbindungen vom Typus $NH_2 \cdot CH(R) \cdot CO \cdot NH \cdot CH_2R'$ benutzt [B. **60**, 345 (1927)]. Siehe auch S. 111.

bestimmen. Eine Bestimmung der Molekulargröße dieser synthetischen Polypeptide in organischen Medien mißlang wegen der Zersetzlichkeit der Peptide.

Ältere Molekulargrößen der Eiweißstoffe.

Als 1875 P. Schützenberger [Bl. (2) **23**, 161, 216, 242 (1875 u. f.)] seine hydrolytische Abbaumethode der Eiweißstoffe mittels Bariumhydroxyd veröffentlichte, galt die Eiweißformel $C_{72}H_{112}N_{18}O_{22}S$, was einem Molargewicht $M = 1612$ entspricht. Mit dem Aufkommen der osmotischen (Gefrier- und Siede-) Methoden der Molekulargewichtsbestimmung wurden auch die Eiweißstoffe diesen Bestimmungen unterzogen; es wurden folgende M-Werte gefunden:

Eieralbumin . . . . . $M = 14270$ (A. Sabanejew, 1891)
Protalbumose . . . . . $M = 2500$ (A. Sabanejew, 1893)
Deuteralbumose . . . $M = 3200$ (A. Sabanejew, 1893)
Pepton aus Ei · · · · $M = 1600$ (A. Sabanejew, 1893)
Pepton „Merck"
    bzw. „Grübler" . . . $M = 540$ bzw. 330 (G. Ciamician
                                                       und Zanetti, 1892)
Glutinpepton · . . . . $M = 200—350$ (C. Paal, 1892)
Hemipepton . . . . . $M = 203—243$ (C. Paal, 1894)
Lysalbinsäure . . . . . $M = 747—1042$ (C. Paal, 1902)

Parallel gingen die Bemühungen, auf chemischem Wege das Molekulargewicht zu errechnen. Eine ausführliche Abhandlung von W. Vaubel [Über die Molekulargröße der Eiweißkörper, J. pr. Ch. (2) **60**, 55 (1899)] führte zu folgenden Werten für die Molekulargröße: Oxyhämoglobin $M = 16000$; Serumalbumin, Muskeleiweiß, Pflanzeneiweiß, Eiereiweiß und Casein, im Mittel $M = 5000—6000$.

In dieser Entwicklungsperiode der relativ kleinen Molekulargewichte der Eiweißstoffe begann E. Fischer (1901—1902) seine grundlegenden Untersuchungen über die „Polypeptide"; auch sein höchstmolekulares synthetisches l-Leucyl-triglycyl-l-leucyl-triglycyl-l-leucyl-octoglycyl-glycin $C_{48}H_{80}O_{19}N_{18}$ [B. **40**, 1755, 1764 (1907)] erreichte nur das Molekulargewicht (formelgemäß) $M = 1212$. Von diesem und den ähnlich gebauten synthetischen Polypeptiden konnte er sagen, daß sie in ihrem physikalischen Verhalten „ebenso wie in ihren chemischen Reaktionen eine große Ähnlichkeit mit den natürlichen Proteinen ... verraten". Demgegenüber besagten die Molekulargrößen wegen ihrer Schwankungen nicht allzu viel, war doch E. Fischer geneigt, für die Proteine „die Zahl 4000 als ein angemessenes Mittel der verschiedenen Molekulargewichtszahlen aufzufassen" (K. Hoesch, Emil Fischer, S. 419. 1921). Diese Unterschätzung der Größenordnung ist psychologisch bedeutsam, da nur von einer solchen

Einstellung aus der wissenschaftliche Start E. Fischers auf dem Gebiete der Eiweiß-Synthese nicht nur theoretisch möglich, sondern bei seiner experimentellen Meisterschaft auch selbstverständlich erscheint. Und ebenso naheliegend war es, daß unter dem Einfluß dieser Experimentalforschung auch die theoretischen Erörterungen über den Aufbau der Proteine in der Folgezeit mit relativ kleinen Molekulargrößen operierten.

E. Fischer hatte, im Jahre 1916, unter Beschränkung auf die bis dahin isolierten 19 Spaltungsprodukte der Proteine, eine Überschlagsrechnung über die Möglichkeiten der Isomerie der Polypeptide gemacht. Das Oktadekapeptid kann bereits in 816 isomeren Formen auftreten, während ein Polypeptid, das 30 Aminosäure-Moleküle enthält, davon 5 Mol. Glycin, 4 Mol. Alanin, 3 Mol. Leucin, 3 Lysin, 2 Tyrosin, 2 Phenylalanin sind, die Isomerenzahl $1,28 \times 10^{27}$ erreichen kann, wobei zur Vereinfachung die Bindung der Aminosäuregruppen nur auf die einfachste Art wie bei Glycylglycin beschränkt und die Tautomerie der Peptidgruppe nicht berücksichtigt worden war. Solchen berechneten astronomischen Zahlen von Isomerien steht gegenüber die Tatsache der Existenz von Makromolekülen, „in denen 10^7 und mehr Atome durch Hauptvalenzen gebunden sind", und dies „gibt endlich ein Verständnis für die zahllosen Variationen der Eiweißmoleküle mit verschiedenartigem physikalischen und chemischen Verhalten, eine Mannigfaltigkeit, die zum Verständnis des biologischen Geschehens notwendig ist" [H. Staudinger, Z. angew. Chem. **49**, 550 (1936)]. Die Frage drängt sich auf, inwieweit diese Riesenmoleküle — ihrer Biostruktur nach — in der lebenden Zelle mit den durch chemische Eingriffe isolierten übereinstimmen?

Diketopiperazine als Bausteine der Eiweißstoffe.

Die Leichtigkeit der Alkoholabspaltung und Dimerisierung zum „inneren Anhydrid" des Glycinesters hatte Curtius (1883), dann E. Fischer (1901) beobachtet und letzterer richtig gedeutet:

$$2\,H_2N \cdot CH_2 \cdot COOC_2H_5 \rightarrow H_5C_2O - \begin{matrix} H \\ \diagdown \end{matrix} \begin{matrix} HN \cdot CH_2 {-\!\!-} CO \\ \diagup \qquad\qquad \diagdown \\ CO {-\!\!-} CH_2 \cdot N \end{matrix} \begin{matrix} \diagup OC_2H_5 \\ \diagdown H \end{matrix} \begin{matrix} H \end{matrix} \rightarrow$$

$$\rightarrow HN \begin{matrix} \diagup CH_2 {-\!\!-} CO \\ \diagdown CO {-\!\!-} CH_2 \end{matrix} NH + 2\,C_2H_5OH\,.$$

(„Diacipiperazin", E. Fischer.)

Durch die Aufspaltung des Diacipiperazins mit Säuren oder verdünnten Alkalien erhielt E. Fischer rückwärts das erste Dipeptid Glycyl-glycin.

$$HN \begin{matrix} \diagup CH_2 \cdot CO \\ \diagdown CO \cdot CH_2 \end{matrix} NH + \begin{matrix} H \\ \diagdown \\ H \end{matrix} O \rightarrow HN \begin{matrix} \diagup CH_2 \cdot COOH \\ \diagdown CO \cdot CH_2 \cdot NH_2 \end{matrix}$$

Die gleichen Umwandlungen, wenn auch weniger leicht, fand
E. Fischer bei den Estern der kohlenstoffreicheren Aminosäuren
wieder. Es besteht also ein Zusammenhang zwischen den Aminosäuren und den Diacipiperazinen. Andererseits hängen die letzteren
strukturell mit den folgenden Ringen zusammen:

$$CH_2\left\langle\begin{array}{c}CH_2-CH_2\\CH_2-CH_2\end{array}\right\rangle NH \qquad HN\left\langle\begin{array}{c}CH_2-CH_2\\CH_2-CH_2\end{array}\right\rangle NH \underset{+3H_2}{\overset{-3H_2}{\rightleftarrows}} N\left\langle\begin{array}{c}CH=CH\\CH-CH\end{array}\right\rangle N$$

Piperidin (Th. Anderson,   Piperazin, Diäthylendiimin   Pyrazin
A. Cahours, 1852).   (Ladenburg, 1888; B. 21, 758).   (L. Wolff, 1887).

In Anlehnung an die ringförmigen „Azine" der Farbstoffchemie
wurde die Bezeichnung „Pyrazin" für den Ring $N\left\langle\begin{array}{c}CH=CH\\CH=CH\end{array}\right\rangle N$

und „Piperazin" für das Hexahydrür desselben $HN\left\langle\begin{array}{cc}\overset{\alpha}{CH_2}-\overset{\beta}{CH_2}\\ \underset{\delta}{CH_2}-\underset{\gamma}{CH_2}\end{array}\right\rangle NH$

zuerst von V. Merz [B. 20, 267 (1887)] vorgeschlagen. C. A. Bischoff
[B. 21, 1257 (1888); 22, 1774—1812 (1889); 25, 2919 u. f. (1892)] hat
dann eingehend die aromatischen Mono- und Diphenyl-piperazine,
Diphenyl-diketo- (oder diaci-) -piperazine, z. B. 2,5-Diketopiperazine

(oder α-γ-Diketopiperazin) $C_6H_5N\left\langle\begin{array}{c}CO\cdot CH_2\\CH_2\cdot CO\end{array}\right\rangle NC_6H_5$ usw. unter-

sucht. [Vgl. auch O. Widman und P. W. Abenius, B. 21, 1662
(1888); J. pr. Ch. (2) 38, 296 (1888)]. Die aliphatischen Piperazine
erlangten ein erhöhtes Interesse, als man z. B. das gewöhnliche Piperazin medizinisch zu verwerten begann (1890; harnsäurelösend), insbesondere aber seitdem man die Beziehungen der 2,5-Diacipiperazine
zu den Eiweißkörpern erkannt hatte, indem man nicht nur aus den
Aminosäuren (bzw. deren Estern) als den Bausteinen der Polypeptide,
sondern auch aus diesen und den Eiweißkörpern selbst Diacipiperazine
(Anhydride der Aminosäuren) bei teilweiser Hydrolyse, bzw. Oxydation erhielt. So konnten N. Zelinsky und W. Ssadikow [Biochem.
Z. 136, 241; 138, 156 (1923)] durch katalytische Spaltung von Eiweißstoffen einfache und gemischte Aminosäure-anhydride isolieren; sie
sahen daher in den Eiweißmolekülen ein System von (unmittelbar
miteinander verknüpften) Diketopiperazinringen, die durch lange
CH_2-Ketten zusammengehalten werden („Polypeptine"). Gegen diese
Verallgemeinerung sprach sich jedoch P. Brigl aus [B. 56, 1887
(1923)]. Das Auftreten der Diketopiperazinringe bzw. gemischten
Aminosäuren-anhydride bei der stufenweisen oder partiellen Hydrolyse
natürlicher Eiweißstoffe [H. 132, 1; 134, 113, 121; 136, 134 (1924)]
die Bildung von Piperazinen bei der Reduktion von Diketopiperazinen
und Dipeptiden [H. 135, 180; 139, 68 (1924)], sowie die positive
Reaktion (mit 1,3,5-m-Dinitrobenzoesäure) auf die CO-Gruppe der
Diketopiperazine mit den Aminosäureanhydriden, Peptonen und fast

allen Eiweißkörpern [H. 140, 99 (1924)] lassen E. Abderhalden eine Anhydridstruktur der Proteine vertreten: das Eiweiß ist hiernach als eine Zusammenfassung mittels Nebenvalenzen assoziierter, Anhydride enthaltender Elementarkomplexe von recht einfacher Natur zu betrachten, mit etwaigen Umlagerungen von Enol- in Ketostruktur [Naturwiss. 12, 716 (1924)]. Noch jüngst konnte er [H. 265, 23 (1940)] bei der Hydrolyse des Seidenfibroins Diketopiperazine nachweisen.

Für kleinere „Individualgruppen", die zu „sog. organischen Molekülverbindungen" zusammentreten bzw. eine leichte Desaminierung erleiden und Oxaline bilden, tritt M. Bergmann ein [H. 140, 128 (1924); 143, 108 (1925); A. 445, 17 (1925); s. auch B. 59, 2978 (1926)]. P. Karrer [Helv. ch. Acta 6, 1108 (1923); 7, 763 (1924)] wiederum verknüpft die durch Eiweißhydrolyse gebildeten Oxyaminosäuren mit dem etwaigen Vorkommen von Dihydropyrazinderivaten. Nach N. Troensegaard [H. 112, 86 (1921); 127, 137 (1923); 133, 116 (1924)] sind die Proteine größtenteils aus heterocyclischen, leicht aufspaltbaren Kernen bzw. Pyrrol- (Oxypyrrol-) [1], Imidazol- und Pyridinringen aufgebaut, und im Proteinmolekül sind die Peptid-Bindungen nicht vorgebildet [2].

Die vorgenannten Schlußfolgerungen über die primären Bausteine der Eiweißmoleküle sind wesentlich durch chemische Eingriffe (bei höheren Temperaturen) auf die Proteine gewonnen worden; daß unter diesen robusten Zugriffen die so wandlungsfähigen Eiweißkörper bereits mehr oder weniger tiefgehende strukturelle Veränderungen erlitten haben, ist wohl naheliegend und für die schließlichen Abbauprodukte nicht belanglos. Die „Denaturierung" durch Alkohol, Säure, Hitze usw. scheint eine Anhydridbildung, Tautomerisation, Ringschluß, Elektronenverschiebung und Änderung der ionogenen Gruppen im Eiweißmolekül auszulösen.

Den natürlichen Zweckverwandlungen der Eiweißkörper dürfte eher die Methode des enzymatischen Abbaues entsprechen und auch dem Innenbau der Eiweißkomplexe mehr angepaßt sein. Durch groß angelegte Untersuchungen hat E. Waldschmidt-Leitz diese Diketopiperazintheorie in ihrer Allgemeingültigkeit abgelehnt, die Spezifität tierischer Proteasen [I. Mitteil. B. 58, 1356 (1925); XVI. Mitteil. B. 62, 956 (1929)], die Spezifität der Peptidasen

---

[1] Während einerseits N. Troensegaard durch neue Versuche (Acetolyse der Eiweißstoffe) seine Pyrroltheorie zu stützen sucht [H. 184; 193; 199, 133 (1931)], gelangen Fr. Vlès und E. Heintz [C. r. 204, 567 (1937)] bei der Deutung der Infrarotspektrums der Proteine zu dem Schluß, daß in Proteinen Pyrrolringe keine wesentliche Rolle spielen können.

[2] Ein neuartiges Reagens (Fällungsmittel) für Proteine haben R. Kuhn und H. J. Bielig [B. 73, 1085 (1940)] in den „Invertseifen" („Oniumsalze" mit hochmolekularen Resten) entdeckt.

[I. Mitteil. B. **60**, 359 (1927) u. f. Jahrg.], die Aktivierbarkeit der proteolytischen Enzyme, die Trennbarkeit der Peptidasegemische (Dipeptidase von Polypeptidase) durch Ferrihydroxyd usw. erforscht. So konnte er [B. **59**, 3000 (1926)] den gesamten Prozeß der hydrolytischen Aufspaltung des Clupeins (aus der Herings-Milch) als eine Lösung von Peptid-Bindungen [1]) kennzeichnen und die Annahme einer sekundären Bildung von α-Aminosäuren aus labilen Oxypyrrolen (Troensegaard) zurückweisen, ebenso ließ sich die Anschauung nicht stützen, daß die Proteine aus einfachen oder polymeren Diketopiperazinen aufgebaut seien. Die von T. Ishiyama (1933), K. Shibata (1934), Y. Tazawa (1935) beobachtete Hydrolysierbarkeit der Diketopiperazine konnten Waldschmidt-Leitz und M. Gärtner [H. **244**, 221 (1936)] nicht bestätigen. Die japanischen Autoren haben jedoch ihre Angaben aufrechterhalten. Nun hat E. Abderhalden [Fermentforsch. **16** (N. F. 9), 182 (1940)] mit verschiedenen besonders sorgfältig gereinigten Diketopiperazinen eine eingehende Nachprüfung gegenüber Proteinasen und Polypeptidasen mit negativem Ausfall durchgeführt.

Es vollzieht sich nun eine Umorientierung in den Ansichten über den Aufbau und die Größe der Eiweißmoleküle, von den zeitweilig bevorzugten kleinmolekularen und ringförmigen Elementarteilchen kehrt man zurück zu den langgestreckten, hochmolekularen Polypeptidketten von E. Fischer. Der enzymatische Abbau nativer Proteine durch Pepsin und Trypsin hatte eine Vermehrung der Teilchenzahl (Steigerung des osmotischen Druckes), eine Desaggregation als erste Stufe ergeben (P. Rona, 1928 u. f.); der Abbau des Eieralbumins durch Papain ließ sich in einer allmählichen Verkleinerung der Molekülgröße unter Abspaltung kleinerer Bruchstücke verfolgen (The Svedberg, 1933), durch Trypsin entstanden höhere Peptide, während Pepsin hauptsächlich Tripeptide lieferte (E. Waldschmidt-Leitz, 1933). Für den Aufbau, namentlich der enzymatisch spaltbaren Proteine, ist daher die Bildung von längeren Polypeptidketten naheliegend (s. auch P. A. Levene, 1929); nach S. P. L. Sörensen (1868 bis 1939) sind die löslichen hochmolekularen Polypeptidketten als reversibel dissoziable Komponentensysteme aufzufassen [1930; s. auch Am. **47**, 457 (1925)], während A. Fodor (1930) relativ kleine, einfache Polypeptide annimmt, die sich aneinander lagern. Über die Kräfte und den Modus der Zusammenlagerung steht man hier vor ähnlichen Problemen, wie überhaupt auf dem Gebiete der (natürlichen und künstlichen) Hochmolekularen. H. Staudinger [B. **59**, 3035, 3042

---

[1]) Über die Anordnung der Bausteine in Clupein bzw. Salmin (aus Rheinlachs) vgl. auch E. Waldschmidt-Leitz, Z. angew. Ch. **44**, 422 (1931); K. Felix, H. **184**, 111 (1929) u. f.; über die Spezifität der Hefe-Peptidasen lieferte W. Grassmann weitere Beiträge [vgl. B. **61**, 656 (1928); s. auch folg. Jahrg.].

(1926)] hatte ganz allgemein die Eiweißstoffe in die Klasse der (hochpolymeren) Eukolloide verlegt. Für den Nachweis der endständigen NH$_2$-Gruppe in den Oligopeptiden haben B. Helferich und H. Grünert [A. **545**, 178 (1940)] das Mesylchlorid (s. auch S. 527) vorgeschlagen, nach der Hydrolyse ist die endständige mesylierte Aminosäure erkennbar.

Es ist gelungen, einige Enzyme in hochaktiver Form als kristallisierte Proteine zu isolieren, und zwar die Urease [J. B. Sumner, B. **63**, 582 (1930)], Pepsin [J. H. Northrop, J. Gen. Physiol. **13**, 739, 767 (1930)], Trypsin [J. H. Northrop und M. Kunitz, J. Gener. Physiol. **16**, 267 (1932)], Amylase [H. C. Sherman, Science **74**, 37 (1931)]. Als kristallinisch sind auch erkannt worden: Pepsin und Insulin (J. D. Bernal und D. M. Crowfoot, 1934 u. f.), Hämoglobin, Edestrin und Excelsin (R. W. G. Wyckoff und R. B. Corey, 1935), Lactoglobulin, Chymotrypsin, Globulin aus Tabaksamen (J. D. Bernal, D. M. Crowfoot, 1938). Nach dem Röntgenbild und den Daten der Ultrazentrifuge-Messungen sind sie alle als langkettige Hochpolymere (Polypeptide) anzusprechen. Die Darstellung und Kristallisation eines Acetaldehyd reduzierenden Proteins durch E. Negelein und H. J. Wulff [Biochem. Z. **293**, 351 (1937)], sowie eines (Kohlenhydrat zu Brenztraubensäure) oxydierenden Gärungsfermentes durch O. Warburg und W. Christian [Biochem. Z. **303**, 40 (1939)] muß hervorgehoben werden.

Den Weg der Strukturbestimmung von Proteinen auf Grund quantitativer Hydrolysen, sowie der Bestimmung des Mindestmolekulargewichts durch stöchiometrische Kombination der gefundenen Aminosäurereste hat M. Bergmann [gemeinsam mit C. Niemann, J. Biol. Chem. **118**, 301 (1937)] beschritten; dieser Art wird berechnet für Rinderhämoglobin M = 66500 bei 576 Aminosäureresten, Eialbumin M = 35700 bei 288 Aminosäureresten, Fibrin M = 69300 bei 576 Amir osäureresten. W. T. Astbury (1934) hatte für die Gelatine die Beobachtung mitgeteilt, daß die beiden Hauptkomponenten, bzw. die Reste des Glycins und Oxyprolins etwa $^1/_3$ und $^1/_9$ der Gesamtzahl der Reste bilden, oder: „every third residue could be a glycine residue and every ninth an oxyproline residue". Bergmann und Niemann verallgemeinern nun diese Ansicht, und indem sie eine Periodizität für jeden Einzelaminosäure-Rest annehmen, gelangen sie zur Aufstellung eines stöchiometrischen Gesetzes für die Proteinstruktur [Science **86**, 187 (1937)].

Die Hydrolyse der Proteine wird gewöhnlich durch eine Aufspaltung der —CO·NH-Bindungen gedeutet: —NH·OC— + H$_2$O $\rightleftarrows$ —NH$_2$ + HOOC—. Neuerdings ist eine „Cyclolhypothese" vorgeschlagen worden [vgl. Irv. Langmuir und D. Wrinch, Nature (London) **143**, 49 (1939)], die eine Wanderung eines H-Atoms nach dem

Schema: —NH·OC— $\rightleftarrows$ $\rangle$N—(HO)C$\langle$ annimmt. Diese Deutung ist aber sowohl auf Grund der Ultraviolettabsorption (F. Haurowitz und T. Astrup, 1939) als auch wegen der Unvereinbarkeit mit röntgenographischen Daten [W. L. Bragg; J. D. Bernal; J. M. Robertson, 1939; L. Pauling, Am. 61, 1860 (1939)] abgelehnt worden. Die Diskussion geht jedoch weiter (D. Wrinch u. a., C. 1940 II, 635). Nach den ausgemessenen Raummodellen genügt nicht die „Cyclolhypothese", dagegen passen in die Raumbeanspruchung die vollständig gestreckten Polypeptidketten, wenn die Seitenketten abwechselnd nach oben und unten heraustreten [H. Neurath, J. physic. Chem. 44, 296 (1940)].

Neubestimmung der Molekulargewichte von natürlichen Eiweißstoffen usw.

Die Ansicht von der hochpolymeren Natur bzw. von den sehr großen Molekülen der Eiweißstoffe gewinnt um so mehr an Anerkennung, als die Ermittelung der Molekülgrößen an Sicherheit zunimmt, und als verschiedene Methoden in guter Übereinstimmung zu gleich großen Werten hinführen. S. P. L. Sörensen hatte (1907) Eieralbumin in kristallisierter Form erhalten und osmotisch das Molekulargewicht M $\sim$ 34000 bestimmt; er fand konstant einen Phosphorgehalt und berechnete, daß bei M $\sim$ 34000 die Zahl der N-Atome im einzelnen nicht kondensierten Eieralbuminteilchen 380 beträgt, bei gleichzeitiger Anwesenheit von 1 P-Atom (Soc. 1926, 3008).

Gelatine: M $\sim$ 30000 (aus rezipr. Fällungen mit Chromoxydsolen; R. Wintgen und H. Löwenthal, 1924).

Hämoglobin: M = (16700)$_4$ $\sim$ 68000 [aus osmotischen Druckmessungen; G. S. Adair, Proc. R. Soc. (B.) 98, 523 (1925)]. (Der Eisengehalt im Hämoglobin gibt das Äquivalentgew. = 16670.)

Neu tritt die Methode von The Svedberg auf den Plan [Am. 48, 430 (1926)]: die Bestimmung der Maße schwerer Moleküle mittels Messung des Sedimentationsgleichgewichts in der Ultrazentrifuge.

Hämoglobin: M = (16700)$_4$ = 66800 (Svedberg und R. Fåhraeus, zit. S. 430, 1926).

Gelatine: M $\sim$ 61500—72500 osmotisch (M. Kunitz, 1927).

Ovalbumin (The Svedberg, 1936) M$_{\text{gef.}}$ = 34500 [s. auch The Svedberg und J. B. Nichols, Z. physikal. Chem. 121, 65 (1926)].

Bence-Jones-Eiweiß (The Svedberg, 1929) M$_{\text{gef.}}$ = 35000.

Casein (The Svedberg, 1930 u. f.) M$_{\text{gef.}}$ = 75—100000; bei 40° ... 188000.

Kristallisiertes Myogen aus Kaninchenmuskel M$_{\text{gef.}}$ = 136—150000 [N. Gralén, Biochem. J. 33, 1342 (1939)].

Ovoverdin (aus den Eiern des Hummers) M$_{\text{gef.}}$ = 144000 = [8 × 17600; R. Kuhn und N. A. Sörensen, B. 71, 1884 (1938)].

Pferdeserumglobulin (The Svedberg) $M_{gef.} = 150—167\,000$.

Legumin (The Svedberg) $M_{gef.} = 208\,000$.

Edestin (The Svedberg, 1929) $M_{gef.} = 212\,000$ bzw. $309\,000$.

Amandin (Svedberg) $M_{gef.} = 329\,000$.

Lactalbumin (Svedberg) $M_{gef.} = 17\,500$.

Myoglobin (Svedberg) $M_{gef.} = 17\,300$.

Phycocyan und Phycoerythrin (Svedberg, 1931) $M_{gef.} = 208\,000$ ($273\,000$ und $131\,000$ für Phycocyan, bzw. $290\,000$ für Phycoerythrin; J. B. Eriksson-Quensel, 1938).

Hämoglobin aus Menschenblut $M_{gef.} = 69\,000$ [Svedberg, B. **67** (A), 123 (1934)]; $68\,000$ (J. H. Northrop, 1929).

Pferdeserumalbumin = menschl. Serumalbumin (osmot.) $M_{gef.} = 69\,000$ (A. Roche, 1935).

Hämocyanin aus Schneckenblut (Helix) $M = 6\,600\,000 \rightleftarrows 3\,300\,000 \rightleftarrows \rightleftarrows 1\,600\,000 \rightleftarrows 400\,000 \rightleftarrows 100\,000$ [Svedberg, zit. S. 124 (1934)].

Angeschlossen seien noch die Molekulargewichte einiger Enzyme bzw. Hormone:

Das gelbe Ferment O. Warburgs $M \sim 70—80\,000$ [H. Theorell, 1934; R. Kuhn, Z. angew. Chem. **49**, 9 (1936); Kekwick und K. O. Pedersen, Biochem. J. **30**, 2201 (1937)].

Katalase (K. Zeile und H. Hellström, 1930) $M = 68\,900$ [K. G. Stern, H. **217**, 273 (1933)].

Kristall. Trypsin $M = 34\,000$ [J. H. Northrop und M. Kunitz, J. gen. Physiol. **16**, 267 (1932)].

Kristall. Insulin $M = 35\,100$ [Svedberg und B. Sjögren, Am. **53**, 2657 (1931)].

Pepsin $M = 35\,500—39\,200$ [Svedberg, Nature (Lond.) **139**, 1051 (1937)].

The Svedberg und Sven Brohult [Nature (London) **143**, 938 (1939)] untersuchten das Verhalten von Proteinmolekülen bei der Bestrahlung durch Ultraviolettlicht und α-Strahlen; bei der Temperatur der flüssigen Luft (sowie bei Zimmertemperatur) zeigte Helix-hämocyanin einen Zerfall in Moleküle von halber Größe, während Hämoglobin und Serumalbumin sich als stabil erwiesen. Nach den Untersuchungen von W. T. Astbury und Mitarbeitern (1935) erleidet das Pflanzenprotein Excelsin (vom Molekulargew. ca. 290 000) durch Überbelastung mit Röntgenstrahlen eine Umwandlung seines Struktur-bildes aus Einzelkristallen in orientierte Fasern, wobei eine „Denatu-rierung" bzw. eine Verminderung der Löslichkeit eingetreten ist [Biochem. J. **29**, 2351 (1935)]. Eine „Denaturierung" durch Ketten-längenabbau von Gliadin und Excelsin in Harnstofflösungen stellte auch N. F. Burke fest [J. Biol. Chem. **120**, 63 (1937); **124**, 49 (1938)], so wies z. B. Excelsin in wässerigen Salzlösungen ein Molekulargewicht $= 212\,000$, dagegen in Harnstofflösungen nur $35\,700$ auf.

Virusproteine[1]). R. B. Corey und R. W. G. Wyckoff [J. Biol. Chem. **116**, 51 (1936)] haben erstmalig ein kristallinisches und biologisch wirksames Präparat — das 1935 von W. M. Stanley isolierte Tabakmosaik-virus-protein [J. Biol. Chem. **115**, 673 (1936)] — röntgenographisch untersucht und dasselbe als ähnlich den anderen kristallisierten Proteinen angesprochen; andere Röntgenbefunde erhielten F. C. Bawden und N. W. Pirie (1936 u. f.), sowie J. D. Bernal und J. Fankuchen (1936 u. f.), die letzteren schätzen die Stäbchenlänge der Kristalle auf mindestens 1000 Å. Andererseits fanden The Svedberg und J. B. Eriksson-Quensel [Am. **58**, 1863 (1936)] für dieses Protein ein Molekulargewicht $M = 15$ bis 20×10^6, im Mittel 17500000. Stanley beschreibt sein aktives Präparat als N- und P-frei, während Bawden und Pirie den Stickstoff und Phosphor als integrierende Bestandteile ansehen, deren Abtrennung zum Verlust der biologischen Aktivität führt. Die optische Drehung der Kristalle wird mit $[\alpha] = -0{,}43^0$ angegeben und auch ihre Beständigkeit beim Umkristallisieren und durch chemische Reinigung hervorgehoben. Dagegen zerstören Metallgifte, Ultraviolettbestrahlung und Erwärmung auf 70—75° die Infektionsfähigkeit. Von demselben Grundtypus sind auch die aus verschiedenen Tabaksorten, Kartoffeln und einzelnen Blumen isolierten Viruspräparate, wenn die Pflanzen mit dem Tabakmosaik-virus infiziert wurden (Bawden und Pirie, 1937). Es ist möglich, durch das Übermikroskop die Moleküle des Tabakmosaikvirus in den Chloroplasten viruskranker Pflanzen nachzuweisen [G. A. Kausche und H. Ruska, Naturwiss. **28**, 303 (1940)]. W. M. Stanley [J. biol. Chem. **135**, 437 (1940)] hat das durch fraktioniertes Ultrazentrifugieren gereinigte Tomatenvirus[2]) als ein Nucleoproteid angesprochen; dasselbe hat ein Mol.-Gew. von 10600000 [H. Neurath und G. R. Cooper, J. biol. Chem. **135**, 455 (1940)].

Das chemische Mammutmolekül des Tabakmosaik-virus ist noch übertroffen worden durch ein von J. H. Northrop (1936 u. f.) isoliertes hochmolekulares Protein aus infizierten Staphylokokkenkulturen: das Molekulargewicht desselben betrug $M = 30$ bis 50×10^7, also im Mittel $= 400000000$. Dies würde, anders ausgedrückt, besagen, daß bei einem mittleren Molekulargewicht der natürlichen Aminosäuren $M \sim 120$ jenes Proteinriesenmolekül aus rund 3 Millionen Aminosäureresten —NH·CHR·CO— aufgebaut ist!

In den Virusstoffen liegen also eigenartige organische Naturstoffe vor, deren Einverleibung in lebende Zellen eine lebhafte Nachbildung der gleichen Virusart auslöst: durch „Infektion" ist die gesunde Zelle viruskrank geworden. Die zur Infektion erforderliche Menge ist außerordentlich gering; nach Stanley (1935) genügen

---

[1]) Vgl. auch F. Lynen, Das Virusproblem. Z. angew. Chem. **51** 181 (1938).
[2]) Über das Tomatenvirus von G. Schramm vgl. M. v. Ardenne, Naturwiss. **28**, 116 (1940).

10^{-9} g des Tabakmosaik-virus in 1 ccm Wasser zur Infektion der Tabak-
pflanze. Auffallend ist die geringe optische Drehung des Virusproteins,
wenn wir 1. die außerordentliche Anhäufung der optisch aktiven
Aminosäurereste in demselben, und 2. die hohen Drehungswerte der
einfachen Proteine in Betracht ziehen. Man möchte fragen: Liegen in
dem Tabakvirus nicht razemische bzw. „unnatürliche" d-Formen
neben den l-Aminosäuren vor? Die in den gewöhnlichen Pflanzensäften vorkommenden Proteine haben durchschnittlich ein Molekulargewicht $M \gtrsim 35000$ (z. B. Gliadin, Zeïn); rein chemisch betrachtet bewirken also Spuren von Virus-protein ($M \sim 17500000$) eine Polymerisation (oder Kondensation) der etwa in der lebenden Zelle vorgebildeten
bzw. im labilen Gleichgewichte befindlichen Proteine um das 500fache.
Aus der makromolekularen Chemie kennen wir das Beispiel des Styrols,
bei welchem durch den Zusatz von 0,002 % Divinylbenzol die Bildung
von Hochpolymeren katalytisch bewirkt wird (H. Staudinger, 1935).
Die Zelle bildet das metastabile System der niedrig molekularen
Proteine normal nach, während das hochmolekulare, fest-flüssige und
schwer lösliche Virusprotein mit seiner großen Oberfläche ähnlich wie
ein Kristallisationskeim und gleichzeitig wie ein synthetisierender
Katalysator den Polymerisationsvorgang zur Bildung des stabileren
Systems, d. h. des schwerlöslichen Virusproteins selbst, hinlenkt. Es
erscheint mir zulässig, mit diesen chemischen Vorstellungen das
Problem vom „Leben" des Virusproteins zu erfassen.

Rückblick. Das von dem Meister der organischen Synthese
Emil Fischer vor vier Jahrzehnten herausgestellte „schwierigere
Kapitel, die Eiweißstoffe" hat eine eingehende Bearbeitung erfahren.
Neben neuem experimentellem Material über die Kristallisierbarkeit
und die Bausteine zahlreicher Proteine ist am bemerkenswertesten
wohl der Fortschritt in der Erkenntnis der Molekulargrößen. Hier
hat sich das einstige Ideal E. Fischers grundsätzlich verschoben und
damit auch die Aufgabe einer synthetischen Rekonstruktion weitestgehend erschwert: wenn er als ausreichendes Mittel der Molekulargröße $M = 4000$ ansetzte und mit relativ kleinen Molekülen der
Proteine operierte, so ist heutzutage nach Svedbergs Bestimmungen
$M = (17600)_x$, wo $x = 1, 2, 4, 8 \ldots 192, 384$ und darüber anzunehmen
(1937). Das Problem der Konstitutionsbestimmung solcher natürlichen Riesenmoleküle ist unter diesen Umständen äußerst verwickelt
geworden. Ebenso ungelöst ist das Problem der Synthese der Proteine, sei es auch nur des Grundproteins mit $M = 17600$. Wohl hatte
J. H. van't Hoff (1898) angedeutet, ob nicht unter Anwendung der
Gleichgewichtslehre das Pankreasferment aus den Aminosäuren Eiweiß
bilden könnte. Wie baut die lebende Zelle mit zarten Mitteln diese
Riesenmoleküle auf, und worin liegt der tiefere Sinn dieser chemischen
Mannigfaltigkeit der Moleküle und ihrer Bausteine?

Sechstes Kapitel.

Enzymchemie.

A. Allgemeines.

„Wir bekommen begründeten Anlaß zu vermuten, daß in den lebenden Pflanzen und Tieren Tausende von katalytischen Prozessen zwischen den Geweben und Flüssigkeiten vor sich gehen und die Menge ungleichartiger Zusammensetzungen hervorbringen, von deren Bildung aus dem gemeinschaftlichen rohen Material, dem Pflanzensaft oder dem Blut, wir nie eine annehmbare Ursache einsehen konnten..." J. J. Berzelius, 1835.

„Ich möchte meine Überzeugung dahin aussprechen, daß bei eingehender Forschung Übergänge zwischen den eiweißartigen Produkten, an denen bisher Enzymwirkungen nachgewiesen worden sind, und den einfacher zusammengesetzten Stoffen der organischen Chemie sich werden finden lassen." Wilh. Ostwald, 1901.

„Man darf deshalb erwarten, daß die Erfolge der Eiweißforschung auch neues Licht auf die Natur der Fermente werfen werden, und ich halte es schon heute für kein zu gewagtes Unternehmen, ihre künstliche Bereitung aus den natürlichen oder synthetischen Proteinen zu versuchen." Emil Fischer, 1907.

Im Jahre 1858 zeigte erstmalig L. Pasteur, daß Mikroorganismen (z. B. Penicillium glaucum) in einer wässerigen Lösung von traubensaurem Ammon nicht nur wachsen, sondern auswählend nur die eine isomere (rechtsdrehende) Modifikation als Nahrung verwenden, die andere (linksdrehende) Komponente wird also verschmäht. Als im Jahre 1874 die Lehre von der räumlichen Lagerung der Atome durch J. H. van't Hoff und J. A. Le Bel geschaffen, durch die deutsche Ausgabe von L. Herrmann und J. Wislicenus (1877) gleichsam wissenschaftlich gutgeheißen und durch H. Landolts Buch „Das optische Drehungsvermögen organischer Substanzen" (1879) gestützt und gefördert worden war (s. S. 200), erhielt auch jene Entdeckung Pasteurs einen neuen Sinn und Wert. Es ist Le Bel, der auf sie zurückgreift und zwecks Prüfung der Lehre vom asymmetrischen Kohlenstoffatom die Darstellung des linksdrehenden Alkohols $CH_3CH(OH) \cdot CH_2 \cdot CH_2 \cdot CH_3$ mit Hilfe von Penicillium glaucum aus der inaktiven Form durchführt [C. r. 89, 312 (1879)]; weitere Carbinole und Propylenglykol werden in gleicher Weise aktiviert (1880 u. f.). Dann wird dieselbe Methode auf razemische Säuren übertragen; auf Landolts Anregung unterwirft J. Lewkowitsch (1882 u. f.) die razemischen Formen der Mandelsäure, der Milch- und Glycerinsäure der Einwirkung von Penic. glaucum und erhält die optisch aktiven Formen dieser Säuren [B. 15, 1505 (1882); 16, 1569, 2720 (1883)]. Die biochemische Spaltungsmethode erfährt aber ihre Ausweitung, als

Emil Fischer (seit 1890) sie mit seinen synthetischen Zuckern verknüpft. Durch Brauereihefe erhielt er aus den razemischen Formen die folgenden optisch aktiven Zucker: (—)-Mannose, (—)-Fructose, (—)-Glucose und (—)-Galactose [B. 23, 379, 2621 (1890); 25, 1259 (1892)]; bei der Anwendung reiner Hefe ergab sich, daß von den 9 bekannten Aldohexosen 2, die d-Glucose und d-Mannose sehr leicht, die d-Galactose etwas schwerer, die übrigen aber nicht vergärbar sind, und von den Ketosen erwies sich nur die d-Fructose vergärbar [E. Fischer und H. Thierfelder, B. 27, 2031 (1894)]. Die Hefen reagieren somit auf geringe geometrische Verschiebungen der Hydroxyle an asymmetrischen Kohlenstoffatomen. Hier geht es also nicht — wie bei der Entdeckung Pasteurs — um die Bevorzugung des einen von zwei optischen Antipoden, sondern darum, daß „von einer großen Anzahl geometrischer Formen nur einige dem Bedürfnis der Zelle Genüge leisten. Dieselbe Beobachtung wird man voraussichtlich auch bei anderen Mikroorganismen, ferner in anderen Gruppen organischer Substanzen wiederfinden, und vielleicht sind sehr viele chemische Prozesse, die im Organismus sich abspielen, von der Geometrie des Moleküls abhängig." Es kann angenommen werden, „daß die Hefezellen mit ihrem asymmetrisch geformten Agens nur in die Zuckerarten eingreifen und gärungserregend wirken können, deren Geometrie nicht zu weit von derjenigen des Traubenzuckers abweicht" (zit. S. 2036). Damit erfährt der Gärungsprozeß eine stereochemische Beleuchtung und Abhängigkeit. E. Fischer verbreitert seine Versuche [B. 27, 2985 (1894)], indem er zu den vom Organismus abtrennbaren Fermenten, den Enzymen übergeht und die hydrolytische (katalytische) Wirkung derselben auf Glucoside und Polysaccharide untersucht. Spaltbar sind durch Invertin: α-Methylglucosid, Rohrzucker, Maltose; durch Emulsin[1]): β-Methylglucosid, Arbutin, Salicin, Coniferin, Milchzucker; nicht spaltbar: durch Invertin: β-Methylglucosid, Arbutin, Salicin, Coniferin, Milchzucker; durch Emulsin: α-Methylglucosid, Maltose und Rohrzucker.

Stellt man nun diese Befunde zusammen mit den räumlichen Konfigurationen, so erkennt man die außerordentliche Empfindlichkeit der Enzyme gegenüber den relativ geringen örtlichen Veränderungen; dabei sind die Enzyme große Molekülkomplexe, während die Glucoside doch kleine Moleküle darstellen [B. 27, 2986 (1894)]:

---

[1]) Die hydrolytische Wirkung „ungeformter Fermente", im besonderen des Emulsins auf Salicin, hat zuerst G. Tammann [Z. physik. Chem. 18, 426 (1895)] vom Standpunkt der chemischen Gleichgewichtslehre untersucht; schon vorher [Z. physik. Chem. 3, 25 (1889)] hatte er die Unvollständigkeit dieser katalytischen Umwandlungen nachgewiesen.

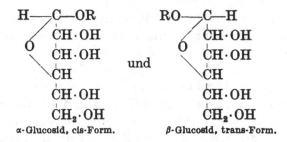

α-Glucosid, cis-Form.   β-Glucosid, trans-Form.

Maltose:

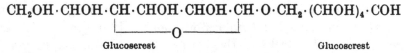

$$CH_2OH \cdot CHOH \cdot CH \cdot CHOH \cdot CHOH \cdot CH \cdot O \cdot CH_2 \cdot (CHOH)_4 \cdot COH$$

Glucoserest   Glucoscrest

Milchzucker:

$$CH_2OH \cdot CHOH \cdot CH \cdot CHOH \cdot CHOH \cdot CH \cdot O \cdot CH_2 \cdot (CHOH)_4 \cdot COH$$

Galactoserest   Glucoserest

Es ergibt sich, „daß die Enzyme bezüglich der Konfiguration ihrer Angriffsobjekte ebenso wählerisch sind wie die Hefe und andere Mikro-organismen ... Invertin und Emulsin haben bekanntlich manche Ähnlichkeit mit den Proteinstoffen und besitzen wie jene unzweifelhaft ein asymmetrisch gebautes Molekül". Ihre beschränkte Wirkung auf die Glucoside legt die Annahme nahe, daß zur Auslösung des chemischen Vorganges eine Ähnlichkeit des geometrischen Baus bei Enzym und Substrat erforderlich ist: „**Um ein Bild zu gebrauchen, will ich sagen, daß Enzym und Glucosid wie Schloß und Schlüssel zueinander passen müssen, um eine chemische Wirkung aufeinander ausüben zu können**" (zit. S. 2992). Damit ist eine Erweiterung der Theorie der Asymmetrie geliefert, zugleich aber der Nachweis erbracht, „daß der früher vielfach angenommene Unter-schied zwischen der chemischen Tätigkeit der Zelle und der Wirkung der chemischen Agenzien in bezug auf molekulare Asymmetrie tat-sächlich nicht besteht". [Vgl. auch E. Fischer, B. **27**, 3228 (1894).]

Mit der im Jahre 1902 erfolgten Einschaltung eines neuen großen Problems, der Polypeptide und Proteine, in sein synthetisches Arbeits-programm wurden von E. Fischer zwangsläufig die sterisch orien-tierten Fermente auch auf diese Verbindungen übertragen, und an Stelle der früheren Enzyme und Mikroorganismen wurden solche des tieri-schen Ursprungs besonders untersucht. Gleich die erste Mitteilung [E. Fischer und P. Bergell, B. **36**, 2592 (1903); **37**, 3103 (1904)] betrifft das Verhalten von Dipeptiden gegen Pankreasfermente (Tryp-sin, Pankreatin) und erweist scharfe Unterschiede in der Hydrolysier-barkeit. Die grundlegenden Untersuchungen von E. Fischer und E. Abderhalden [H. **46**, 52 (1905)] an 29 Polypeptiden gegen Pankreas-

saft und Magensaft ergaben einen Einfluß der einzelnen Aminosäuren, der Konfiguration, der Kettenlänge, sowie der Beschaffenheit
des Fermentes. Es erschloß sich damit ein neues wissenschaftliches
Arbeitsgebiet von einer außerordentlichen Problemfülle und Bedeutung, nicht allein für die Chemie, sondern auch für die Biologie.

Die weitere experimentelle Durchforschung dieses Gebietes übernahm zuerst E. Abderhalden, der als physiologischer Chemiker
die Synthese der Polypeptide fortsetzte, um an diesen Eiweiß-
modellen sowohl das chemisch-physikalische Verhalten als auch die
biochemischen Reaktionen gegenüber verschiedenen Fermentgruppen
zu studieren; so synthetisierte er [gemeinsam mit A. Fodor, B. **49**,
561 (1916)] ein aus 19 Bausteinen bestehendes linksdrehendes
Polypeptid mit dem Molekulargewicht $M = 1326$, d. h. $C_{42}H_{71}N_{15}O_{16}$:

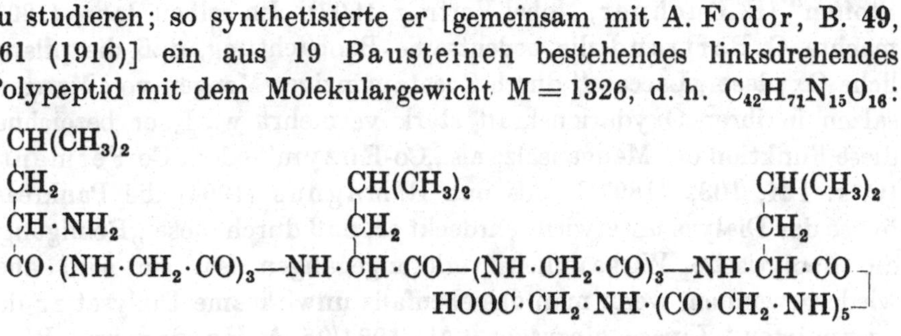

$$CH(CH_3)_2$$
$$CH_2$$
$$CH \cdot NH_2$$
$$CO \cdot (NH \cdot CH_2 \cdot CO)_3 - NH \cdot CH \cdot CO - (NH \cdot CH_2 \cdot CO)_3 - NH \cdot CH \cdot CO$$

(mit $CH(CH_3)_2$, CH_2 über dem mittleren CH; $CH(CH_3)_2$, CH_2 über dem rechten CH; $HOOC \cdot CH_2 \cdot NH \cdot (CO \cdot CH_2 \cdot NH)_5$)

Die Spezifität der verschiedenen Enzyme gegenüber Proteinen
hat auch E. Waldschmidt-Leitz (1925 u. f.) eingehend untersucht.

Zur Veranschaulichung der Spezifität des Emulsins geben
wir die folgende Übersicht wieder (B. Helferich, Ergebnisse der
Enzymforschung, Bd. II, 1933):

Spaltbar: β-d-Glucosid, β-d-Glucosid-6-bromhydrin, β-d-Isorham-
nosid, β-d-Xylosid, β-d-Maltosid, β-d-Galactosid, α-l-Arabinosid;

nicht spaltbar: α-d-Glucosid, β-d-Glucosid-3-methyläther,
α-l-Rhamnosid, β-d-Mannosid, α-d-Mannosid, α-d-Galactosid,
β-d-Fructosid, β-l-Arabinosid.

Ferner fand S. Mitchell [Soc. **127**, 208 (1925)] die Hydroly-
sierungskonstanten durch Emulsin: für d-Bornyl-d-Glucosid ($t = 37^0$)
$K = 10 \times 10^{-5}$, für l-Bornyl-d-Glucosid ($t = 37^0$) $K = 34 \times 10^{-5}$, also
3—4mal größer.

Eine Zusammenfassung seiner Untersuchungen über Emulsin gab
B. Helferich in Ergebn. der Enzymforschung **7**, 83—104 (1938);
weitere Beiträge folgten: A. **534**, 276 (1938) (XXXV. Mitteil.); H. **261**,
189 (1939) (XLI. Mitteil.); B. **72**, 1953 (1939) (XLII Mitteil.). Es
ergibt sich, daß vermutlich „die β-d-Glucosidase einen asymmetrischen
Bau hat", da das l-Xylosid durch Süß-Mandel-Emulsin nicht gespalten wird.

Es sei nun kurz auf den Zustand der Enzymforschung um die
Wende des Jahrhunderts eingegangen. Zu allererst ist eine Entdeckung
hervorzuheben, die einem hundertjährigen wissenschaftlichen Streit

um das eigentliche Wesen der geistigen Gärung — ob durch die Lebenstätigkeit der Hefezellen verursacht oder als ein chemischer Vorgang katalytisch durch die Hefe beeinflußt — einen Abschluß gab, gleichzeitig aber den Ausgangspunkt neuer Probleme bildete. Im Jahre 1897 gelang Ed. Buchner [B. **30**, 117, 1110, 2668 (1897)] die Entdeckung, daß man die Gärwirkung von den lebenden Hefezellen trennen und eine „zellfreie Gärung" herstellen kann. „Als wirksames Agens im Hefepreßsaft erscheint vielmehr ein chemischer Stoff, ein Enzym, welches ich „Zymase" genannt habe. Mit dieser kann man von jetzt ab ebenso experimentieren wie mit anderen chemischen Stoffen" (E. Buchner, Nobel-Vortrag, 1907). Im selben Jahre (1897) machte G. Bertrand die bedeutsame Beobachtung, daß die pflanzliche Oxydase „Laccase" durch Zusatz winziger Mengen von Mangansalzen in ihrer Oxydationskraft stark vermehrt wird; er bezeichnet diese Funktion der Mangansalze als „Co-Enzym" oder „Co-Ferment" [C. r. **124**, 1032 (1897)]. Als nun R. Magnus (1904) die Pankreaslipase der Dialyse unterwirft, entdeckt er, daß durch diese „Reinigung" die lipolytische Wirksamkeit verlorengegangen ist; sie wird aber wiedergewonnen, wenn man das ebenfalls unwirksame Dialysat zu der „gereinigten" Lipase hinzufügt. Als 1904/05 A. Harden und W. J. Young die Buchnersche Zymase durch ein Martinsches Gelatinefilter filtrierten, konstatierten sie, daß sowohl das unfiltrierbare kolloide Enzym, als auch das Filtrat unwirksam sind, die Mischung beider aber eine kräftige Gärung hervorruft: das Dialysat enthält also das „Co-Enzym". Gleichzeitig beobachtet V. Henry mit Mitarbeitern (1906), daß auch Pankreassaft durch Dialyse die Fähigkeit, auf Stärke oder Maltose einzuwirken, verliert; Zusatz von anorganischen Salzen (z. B. NaCl und KCl) macht ihn aber wieder aktiv; inaktiver Pankreassaft wird durch Zugabe von Calciumsalzen aktiv (C. Delezenne, 1905). Diese Aktivierung der Enzyme durch Elektrolyte ist schon seit langer Zeit bekannt. Daß die freie Säure (z. B. HCl) für die Wirksamkeit des von ihm entdeckten und „Pepsin" genannten Enzyms unerläßlich sei, stellte Th. Schwann (1836) fest; ebenso erkannte W. Kühne (1867) die günstige Wirkung schwacher (HCl-) Konzentrationen auf das von ihm „Trypsin" genannte Ferment. Die zuerst von E. Mitscherlich (1841) in der Hefe aufgefundene, Rohrzucker invertierende Substanz, von A. P. Dubrunfaut (1847) weiter untersucht, von Berthelot (1860) „ferment glycosique", von A. Béchamp (1864) „Zymase", von E. Donath (1875) „Invertin" (= Invertase) genannt, wurde auf ihre Aktivierung durch Säuren eingehend von C. O'Sullivan und F. W. Tompson (1890) untersucht [vgl. auch die gründlichen messenden Untersuchungen von C. S. Hudson (1908) und S. P. L. Sörensen (1907, 1909)]. Daß auch Basen (z. B. Na_2CO_3) die Wirkung von Enzymen verstärken, zeigte Weis (1876) für

Trypsin, ebenso E. Buchner (1897) für seine Zymasepräparate. Ganz allgemein: neben den mit den einzelnen Enzymen gemeinsam vorkommenden und vorgebildeten „Co-Enzymen" gibt es demnach noch zahlreiche, die Aktivität der Enzyme steigernde chemische (anorganische) Verbindungen (Salze, Säuren, Basen). H. v. Euler (1909) bevorzugt daher an Stelle der einschränkenden Bezeichnung „Co-Enzym" ·oder „Co-Ferment" die umfassende: „Aktivator" [Allgem. Chemie der Enzyme, S. 64 (1910); s. auch B. 55, 3584 (1922) und Z. angew. Ch. 45, 220 (1932)].

Die Forschung nahm inzwischen eine Entwicklung, die eine immer weitergehende Aufspaltung des Buchnerschen „chemischen Stoffs", „Enzym" genannt, und eine Differenzierung seiner Wirkung zur Folge hatte: die „Zymase" wandelt sich in einen Komplex der Gärungsenzyme um und erweist sich ohne die „Co-Zymase" unwirksam. Dann entdeckt C. Neuberg (1910) eine neue enzymatische Wirkung der Gärungszymase, die Zerlegung der Brenztraubensäure [1]) in Acetaldehyd und Kohlensäure: $CH_3CO \cdot COOH = CO_2 + CH_3 \cdot CHO$; das hierbei wirksame Enzym wird „Carboxylase" benannt. Bald zeigt es sich, „daß der gleiche Stoff, der den Komplex der Gärungsenzyme aktiviert, auch an enzymatischen Oxydationen und Reduktionen beteiligt ist, daß er also als Co-Redoxase (Co-Reduktase) oder Co-Dehydrase wirkt" (H. v. Euler).

Von H. v. Euler und K. Myrbäck (1923) war eine zweckdienliche begriffliche Gliederung der „Zymase" vorgeschlagen worden, die auch auf die übrigen Enzyme bzw. die verschiedenen Wirkungsformen derselben übertragbar wurde: „Cozymase" (Coenzym, Coferment, ebenso Comutase, Coreduktase usw.) im Gegensatz zu der „Apozymase" (d. h. der Zymase, welcher man etwas weggenommen hat), Cozymase und Apozymase zusammen ergeben erst die wirksame Zymase (diese wird auch „Holozymase" genannt; H. v. Euler und C. Neuberg, 1931) und entsprechen einem Gleichgewicht nach dem Massenwirkungsgesetz: Apozymase + Cozymase ⇄ Zymase (Holozymase).

Die Cozymase ist also ein integrierender Bestandteil des Fermentmoleküls und wird (H. v. Euler, 1934) als die Wirkungsgruppe, „katheptische Gruppe" bezeichnet. „Die freien Coenzyme sind unter die Wirkstoffe oder Ergone einzureihen, zu denen man sowohl Vitamine als auch Hormone rechnet. Tatsächlich sind bereits zwei

---

[1]) Die Bildung von Methyl-glyoxal $CH_3 \cdot CO \cdot CHO$ und Brenztraubensäure $CH_3 \cdot CO \cdot COOH$ bzw. Glycerin bei dem biochemischen Zuckerabbau ist durch C. Neuberg theoretisch und experimentell weitestgehend lenkbar gemacht worden, so in betreff der Glycerinbildung [vgl. Biochem. Z. 89, 365; 92, 234 (1918); W. Connstein und K. Lüdecke, B. 52, 1385 (1919)] oder der Milchsäuregärung [„Per-" und „Perka-Glycerin", C. Neuberg, B. 53, 1783 (1920)], oder der Methylglyoxal- und Brenztraubensäurebildung — aus Hexose-diphosphat und „Glykolase" — nach folgenden Gleichungen [B. 63, 1986 (1930)]: $C_6H_{12}O_6 = 2 CH_3CO \cdot CHO + 2 H_2O$ und $C_6H_{12}O_6 = CH_3 \cdot CO \cdot COOH + CH_2 \cdot OH \cdot CH \cdot OH \cdot CH_2 \cdot OH$.

Vitamine ihrer Funktion nach als Coenzyme bzw. als deren Vorstufen erkannt, nämlich Vitamin B_1, Aneurin und Vitamin B_2, Lactoflavin, und man kann vermuten, daß auch andere Vitamine und Hormone — zwischen diesen Stoffen besteht kein grundsätzlicher Unterschied — als Coenzyme fungieren." [H v. Euler, Z. angew. Chem. 50, 831 (1937).] Über die „zusammengesetzte Natur der Fermente" hat auch H. Albers [mit Mitarbeitern, B. 71, 1913 (1938)] experimentelle Beiträge geliefert.

Die Cozymase (oder Codehydrase I) ist als ein universelles Coferment vieler Dehydrierungs-, Phosphorylierungs- und Dismutationsvorgänge erkannt worden. Versuche von H. v. Euler [mit E. Adler und H. Hellström, Svensk kem. Tidskr. 47, 290 (1935)] kennzeichneten die Cozymase als Wasserstoffüberträger, indem sie sich in Dihydrocozymase umwandelt [die als haltbares Ba-Salz gewonnen werden kann, H. v. Euler und E. Adler, Vetensk. Akad. Ark. f. Kemi 12, B. Nr 36 (1937)], die wiederum das in tierischen und pflanzlichen Organen weitverbreitete Flavinenzym (sog. gelbes Ferment O. Warburgs) zu Leukoflavinenzym reduziert, wobei sie selbst wieder zu Cozymase oxydiert wird. In Verbindung mit einer Apodehydrase D vermittelt die Cozymase Co als Codehydrase einen Teilvorgang der Gärung: die Dihydrocozymase CoH_2 reduziert den als Zwischenprodukt auftretenden Aldehyd zu Alkohol:

$$\text{Alkohol} + \text{D-Co} \rightleftarrows \text{Aldehyd} + \text{D-CoH}_2.$$

Zu den anaeroben Oxydoreduktionen unter Mitwirkung der Cozymase gehört der biologisch wichtige Vorgang der Glykolyse im Muskel [Euler, Adler, G. Günther und Hellström, H. 245, 217 (1936)]:

1. Triosephosphorsäure + D-Co = Phosphoglycerinsäure + $D\text{-}CoH_2$,
2. Brenztraubensäure + $D\text{-}CoH_2$ = Milchsäure + D-Co.

Die Inangriffnahme des Enzymproblems durch die Chemiker knüpfte wohl wesensmäßig an die Arbeiten und die stereochemischen Fragen an, die durch Emil Fischer um 1900 in den Vordergrund des chemischen Interesses gestellt worden waren.

Die Stereochemie bildete das Einfallstor auch für die biochemische Forschungsrichtung von C. Neuberg und seiner Schule; sie begann (1900) mit der Feststellung der optischen Inaktivität und chemischen Natur der Harnpentose (die im Jahre 1892 von E. Salkowski entdeckt worden war) als einer razem. Arabinose d,l-$C_4H_5(OH)_4$· CHO, sowie (1905) der Spaltung derselben mittels asymm. d-Amylphenylhydrazin in die optischen Antipoden [B. 38, 868 (1905)]. Die Vermannigfaltigung der chemischen Vorgänge durch Enzymwirkung (Synthese optisch aktiver Körper) bildete eines der Hauptergebnisse dieser Forschungsrichtung.

Von der Seite der physikalischen Chemie her kam H. v. Euler (etwa seit 1904) zur Enzymforschung, indem er mit der allgemeinen Chemie der Enzyme, mit der chemischen Dynamik (Katalyse) der Enzymreaktionen, mit dem Zerfall der Enzyme begann und überging auf das Problem der Reindarstellung (1910 u. f.) und Charakterisierung der Enzyme, der Ermittelung der Enzymkonzentration, der Rolle der Begleitstoffe und des Substrats, kurz, in die Chemie der Vorgänge eindrang; von dieser biochemischen Stockholmer Forschungsstelle aus hat H. v. Euler mit zahlreichen Mitarbeitern (K. Josephson, K. Myrbäck, B. af Ugglas, K. Melander, E. Adler u. a.) grundlegende Experimentalarbeiten und Begriffsbildungen beigesteuert; die begriffliche Isolierung der „Coenzyme" hat zu deren stofflichen Isolierung und chemischen Aufklärung hinübergeleitet.

Wieder anders war der Ausgangspunkt und das wissenschaftliche Rüstzeug, die R. Willstätter (1921 u. f.) zur Bearbeitung des Enzymproblems hinführten. Als organischer Chemiker, durch vorbildliche Synthesen und Forschungen auf dem Gebiete der organischen Naturstoffe bewährt, brachte er die Denkmittel und die verfeinerte experimentelle Technik der organischen Chemie zur Anwendung, mit dem Endziel der Isolierung der Enzyme und der Erforschung derselben als chemischer Individuen. Eine Leistung von bleibendem Wert und einen Fortschritt, der auch andere Gebiete beeinflußte, stellen seine neueingeführten Reinigungsmethoden durch Adsorption und Elution dar [vgl. die Untersuchungen gemeinsam mit F. Racke, A. 425, 1 (1921); 427, 111 (1922); mit R. Kuhn, H. 116, 53 (1921) und 123, 1 (1922); mit E. Waldschmidt-Leitz und F. Memmen, H. 125, 93 (1922/23) und 134, 161 (1923/24); mit H. Kraut und E. Wenzel, H. 133, 1 (1923/24) und 142, 71 (1924/25) usw.]. Aus dieser Schule kam die Erkenntnis, „daß die Enzyme nicht zu den Proteinen oder Kohlenhydraten, überhaupt nicht zu den bekannten großen Gruppen der komplizierteren organischen Verbindungen zählen" (1926) und daß das „Molekül eines Enzyms aus einem kolloiden Träger und einer rein chemisch wirkenden aktiven Gruppe" zusammengesetzt ist (R. Willstätter, 1922). Und die aus dieser Schule stammenden Enzymchemiker (es seien nur die Namen R. Kuhn, E. Waldschmidt-Leitz, W. Graßmann genannt) haben Grundlegendes zur chemischen Aufklärung dieser geheimnisvollen „Biokatalysatoren" beigesteuert.

Als Ergebnis dieser neuen Richtung in der Enzymforschung kann eine Umorientierung derselben, eine Eingliederung in das Arbeitsgebiet und den Erkenntnisbereich der organischen Chemie verzeichnet werden.

Literatur: Ph. Bersin: Kurzes Lehrbuch der Enzymologie, 2. Aufl. 1939.

B. Biochemische Synthesen vom Standpunkt der Gleichgewichtslehre.

J. H. van't Hoff hat 1898 auch die Enzym- oder Fermentwirkung in den Kreis seiner Betrachtungen gezogen und folgende weitausschauende Probleme aufgeworfen [Z. anorg. Ch. **18**, 12 (1898)]:

„... Aus theoretischen Gründen muß denn auch, falls ein **Ferment** bei seiner Wirkung sich nicht ändert, durch dasselbe ein **Gleichgewichtszustand** und nicht eine totale Verwandlung herbeigeführt werden und also die **entgegengesetzte Reaktion zu verwirklichen sein.** Die Frage ist berechtigt, ob (unter Anwendung der Gleichgewichtslehre) Bildung von Zucker aus Kohlensäure und Alkohol unter Einfluß der Zymase beim Überschreiten eines Grenzdruckes der Kohlensäure stattfindet, und ob auch nicht das Trypsin imstande ist, unter Umständen, durch die Gleichgewichtslehre gegeben, Eiweiß zu bilden aus den Spaltprodukten, die es selber bildet." Der Chemiehistoriker muß hier daran erinnern, daß J. H. van't Hoff bereits einen Vorläufer in der erwähnten Zuckersynthese hat: es war Döbereiner, der 1824 das Problem aufwarf und zu lösen versuchte, ob nicht durch katalytische Einwirkung seines Platinsuboxyds auf eine Mischung von Alkoholdampf und Kohlensäure (in dem bei der Gärung entstehenden Verhältnis) „eine **Wiederherstellung des Zuckers aus Alkohol und Kohlensäure**" möglich sei? Kühn ist die Idee der **Umkehrbarkeit** des enzymatischen Vorgangs, kühner noch die **Gleichsetzung des anorganischen Platins als Ferments** mit dem **organischen Gärungsferment und der Versuch einer Biokatalyse,** bzw. der **Synthese des Zuckers,** sowie der **Versuch der Synthese eines Ferments** mittels Platin-Zinkstaub, welche befähigt wären, in einer Zuckerlösung „die Funktion eines Ferments zu übernehmen". [Vgl. P. Walden, Z. angew. Ch. **43**, 865 (1930).] Siehe auch S. 118.

Den ersten experimentellen Versuch einer solchen reversiblen Synthese mittels Enzyms machte A. Croft Hill [Soc. **73**, 634 (1898)], indem er durch Einwirkung von Hefe-Maltase auf Traubenzucker rückwärts zur Maltose gelangen wollte:

$$2\,C_6H_{12}O_6 \xrightleftharpoons{\text{(Hefenmaltase)}} C_{12}H_{22}O_{11} + H_2O.$$

Tatsächlich war eine Kondensation erreicht, jedoch die **Isomaltose** gebildet worden [O. Emmerling, B. **34**, 600 (1901); s. auch Hill, B. **34**, 1380, 2206 (1901)]. Dagegen führte O. Emmerling [B. **34**, 3810 (1901)] die Synthese des **Amygdalins** aus Mandelsäurenitrilglucosid und Glucose mittels Hefenmaltase durch. Es gelang J. H. Kastle und A. S. Loevenhart [Amer. Chem. J. **26**, 533 (1901)] mittels Diastase die Synthese von **Äthylbutyrat,** während M. Hanriot [C. r. **132**, 212 (1901)] die Esterifizierung, bzw. Pottevin (1906) die Fettbildung durch Lipase ausführte. Dann haben E. Fischer und E. F.

Armstrong (1902; s. o. S. 528) mit Hilfe der Kefir-Lactase die Synthese eines Disaccharids „Isolactose" aus Glucose und Galactose verwirklicht. Die Synthese des Salicins aus Saligenin und Traubenzucker mit Emulsin konnte L. de Visser (Verh. d. Kon. Akad. van Wetensch. Amsterdam, 1904, 766) durchführen [dazu vgl. E. Bourquelot, C. r. **154**, 1375 und G. Bertrand, C. r. **154**, 1646 (1912)]. Durch Verwendung des Emulsins als synthetisierenden und hydrolysierenden (solvolysierenden) Katalysator hat dann E. Bourquelot (seit 1912) ganz allgemein die β-Glucoside der aliphatischen und aromatischen Alkohole [mit M. Bridel, C. r. **154** und **155** (1912)] sowie die entsprechenden β-Galactoside [mit H. Hérissey, C. r. **155** und **156** (1912 u. f.)] darstellen gelehrt, und zwar durch langdauerndes Stehenlassen des Zuckers mit Emulsin in etwa 80% Alkohol ROH bei Zimmertemperatur; der reversible Vorgang entspricht der Gleichung (R = Methyl, Äthyl, Propyl usw.):

$$ROH + C_6H_{12}O_6 \xrightarrow[\text{Emulsin (Wasser)}]{\text{Emulsin (ROH)}} C_6H_{11}O_5 \cdot OR + H_2O.$$

Die Bildung von zwei kristall. Galactobiosen wiesen Bourquelot und A. Aubry nach [C. r. **164**, 521 (1917)]. Gleicherweise erhielten Bourquelot und Bridel [C. r. **165**, 728 (1918); **168**, 253, 1016 (1919)] aus Glucose und Glykol in Wasser mit Emulsin neben β-Glucosiden des Glykols auch Gentiobiose und Cellobiose, die Gentiobiose hatten schon vorher Bourquelot und Hérissey [C. r. **157**, 732 (1913)] erhalten. G. Zemplén konnte [B. **48**, 233 (1915)] die biochemische Bildung dieses β-Disaccharids aus Glucose und Emulsin bestätigen:

$$2C_6H_{12}O_6(-H_2O) \rightarrow \overset{O}{\underset{\underset{\text{_____O_____}}{CHOH \cdot CHOH \cdot CHOH \cdot CHOH \cdot CH \cdot CH_2}}{\overset{O\beta}{CH_2OH \cdot CH \cdot CHOH \cdot CHOH \cdot CHOH \cdot CH}}}$$

Diese Konstitution der Gentiobiose wurde von B. Helferich [und Mitarbeiter, A. **447**, 27, s. auch 19 (1926)] durch chemische Synthese bewiesen (s. auch S. 522).

Die α-Glucoside entstehen (durch α-Glucosidase) aus Glucose in Alkoholen (z. B. Methylalkohol) durch Einwirkung eines Extrakts aus Trockenhefe [Bourquelot und Hérissey, J. Pharm. et Chim. (7) 6, 246 (1912 u. f.)], ebenso die α-Alkylgalactoside durch α-Galactosidase [Bourquelot und A. Aubry, 1914; C. r. **163**, 312 (1916)]. Sämtliche β-Alkylglucoside und -galaktoside sind linksdrehend, während die α-Derivate rechtsdrehend sind [Em. Bourquelot, J. Pharm. et Chim. (7) **14**, 225 (1916)]. Die biochem. Synthese von

β-Glucosiden höherer Alkohole haben J. Ventilescu und C. N. Jonescu studiert (1935 u. f.). Die enzymatischen Methylglucosidgleichgewichte sind von H. v. Euler und K. Josephson [H. **136**, 30 (1924)] der Berechnung und Erklärung unterworfen worden.

Das von C. Neuberg und Mitarbeitern (1921 u. f.) in der gärenden Hefe entdeckte Enzym „Carboligase" bewirkt die Kondensation von Gärungsacetaldehyd mit einem anderen hinzugefügten Aldehyd zum Ketol, z. B. $C_6H_5 \cdot CHO + CH_3CHO \rightarrow (-)\text{-}C_6H_5 \cdot CH(OH) \cdot COCH_3$ [Neuberg und H. Ohle, Biochem. Ztschr. **127**, 327 (1922)]. Weitere Wirkungen der Carboligase hat A. Stepanow untersucht (1930 u. f.).

Mittels der „Ketoaldehydmutase" lehrte C. Neuberg [Biochem. Z. **49**, 502 (1913 u. f)] die Überführung gewisser Keto-aldehyde bzw. deren Hydrate — durch eine gleichzeitige Reduktion und Oxydation — in optisch aktive Oxysäuren, z. B. Methyl- bzw. Phenyl-glyoxal in Milch- bzw. d-Mandelsäure [Naturwiss. **14**, 439 (1926)]:

$$\begin{array}{c} CH_3-CO \\ | \\ CHO \end{array} + H_2O \rightarrow \begin{array}{c} CH_3-CH(OH) \\ | \\ COOH \end{array}, \text{bzw.} \begin{array}{c} C_6H_5 \cdot CO \\ | \\ CHO \end{array} + \begin{array}{c} H_2 \\ \| \\ O \end{array} \rightarrow \begin{array}{c} C_6H_5 \cdot CH(OH) \\ | \\ COOH \end{array}$$

Die „Fumarase" aus Muskelgewebe (H. Einbeck, 1919; F. Battelli, 1921) führt die Fumarsäure als Natriumsalz (nicht aber die Maleinsäure) in l-Äpfelsäure über [H. D. Dakin, J. biol. Chem. **52**, 183 (1922)]. Mit dieser „Fumarase" (= Succino-Dehydrase) stellte F. Gottw. Fischer [B. **60**, 2257 (1927)] die Gleichgewichte fest:

Natriumsuccinat → 25% Fumarsäure + 75% (—)-Äpfelsäure
Natriumfumarat → 31%   „   + 69%   „
l-Äpfelsäure → 23%   „   + 77%   „

Über das p_H-Optimum der Fumarase vgl. C. N. Jonescu, N. Stanciu und V. Radulescu, B. **72**, 1949 (1939).

K. Hirai [Biochem. Ztschr. **114**, 71 (1921)] konnte die Abhängigkeit der Umbildungsprodukte beim gleichen Proteusstamm von der Nährlösung und Zeitdauer der Versuche feststellen; aus Tyrosin entstanden nacheinander: p-Oxyphenylakrylsäure und p-Oxyphenylessigsäure: $HO \cdot C_6H_4 \cdot CH_2CH(NH_2)COOH \rightarrow HO \cdot C_6H_4 \cdot CH:CH \cdot COOH \rightarrow HO \cdot C_6H_4 \cdot CH_2 \cdot COOH$.

Es ist bemerkenswert, daß mittels Bakterien der Übergang von der Ketonsäure durch Reduktion zur optisch aktiven Oxysäure ebenfalls verwirklicht werden kann, z. B.:

p-Hydroxylphenylbrenztraubensäure → p-Hydroxyphenylmilchsäure

$$\text{p-HO} \cdot C_6H_4 \cdot CH_2 \cdot CO \cdot COOH \xrightarrow{\text{Oidium lactis}} (+)\text{-HO} \cdot \langle\quad\rangle CH_2 \cdot CH(OH) \cdot COOH$$

[Y. Kotake, M. Chikano und K. Ishihara, H. **143**, 218 (1925)].

Durch Aspergillus niger läßt sich die Fumarsäure in linksdrehende Äpfelsäure überführen (F. Challenger und L. Klein, Soc. **1929**, 1644), durch asymmetrische $H \cdot OH$-Addition:

$$\begin{array}{c} \text{H·C·COOH} \\ \text{HOOC·CH} \end{array} \xrightarrow{\text{Asperg. niger}} (-)\text{-} \begin{array}{c} \text{CH(OH)·COOH} \\ \text{CH}_2\text{·COOH} \end{array}$$

Andererseits wurde der enzymatische Reduktionsvorgang von den Ketosäuren zu den Oxysäuren mittels Hefe oder Ochsenleber festgestellt (L. Rosenthaler, 1910), z. B.

Benzoylameisensäure → (—)-Mandelsäure: $C_6H_5CO\cdot COOH \to$
$$\to (-)\text{-}C_6H_5\cdot CH(OH)COOH.$$

Es folgten die grundlegenden „phytochemischen Reduktionen" von C. Neuberg mittels der „Reductasen" an Aldehyden (1914 u. f.) und Ketonen [1918 u. f.; vgl. auch gemeinsam mit F. F. Nord, B. 52, 2237, 2238 (1919)], wobei (durch Hefe in Zuckernährlösung) optisch aktive primäre bzw. sekundäre Alkohole, Glykole usw. erhalten wurden, z. B.: $CH_3\cdot CO\cdot C_2H_5 \to (+)\text{-}CH_3\cdot CH(OH)\cdot C_2H_5,$
$C_6H_5\cdot CO\cdot CH_3 \to (-)\text{-}C_6H_5\cdot CH(OH)\cdot CH_3.$

Auch cyclische Ketone werden mittels Hefe zu Carbinolen (Isomerengemisch?) reduziert (S. Akamatsu, 1923):

o-Methylcyclohexanon → (+)-o-Methylcyclohexanol

$$OC \begin{array}{c} \diagup \text{CH(CH}_3)\text{—CH}_2 \diagdown \\ \diagdown \text{CH}_2 \text{——} \text{CH}_2 \diagup \end{array} CH_2 \to (+)\text{-} \begin{array}{c} HO \\ H \end{array} \diagdown C \begin{array}{c} \diagup \text{CH(CH}_3)\text{—CH}_2 \diagdown \\ \diagdown \text{CH}_2\text{——}\text{-CH}_2 \diagup \end{array} CH_2$$

L. Mamoli und A. Vercellone [H. 245, 93 (1937)] konnten nach der Neubergschen Methode Δ^5-Dehydro-androsteron zu Δ^5-Androstendiol, sowie [B. 70, 470, 2079 (1937)] Δ^4-Androstendion zu dem von E. Laqueur isolierten Testikelhormon — Δ^4-Testosteron — reduzieren. [Vgl. auch A. Ercoli, B. 72, 190 (1939).]

L. Mamoli hat das Dehydroandrosteron (I) auf biochemischem Wege, durch gärende Hefe, sowohl zu Δ^4-Androstendion (II) zu oxydieren [gemeinsam mit A. Vercellone, B. 71, 1686 (1938)] als auch direkt in Δ^4-Testosteron (III) umzuwandeln [B. 71, 2278 (1938)]:

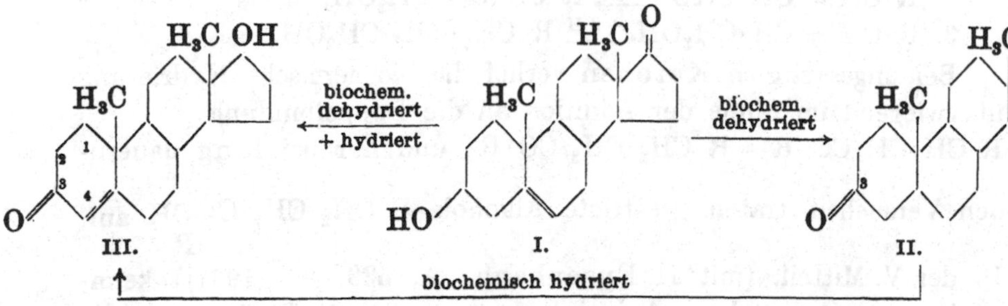

Auf biochemischem Wege, durch Einwirkung gärender Hefe, führten A. Butenandt und H. Dannenberg [B. 71, 1681 (1938)] das Δ^1-Androstendion (IV) in ein Isomeres des Testosterons (Δ^1-Androstenolon, Formel V, über:

H₃C O

H₃C

biochem. hydriert

IV.

H₃C OH

H₃C

O

V.

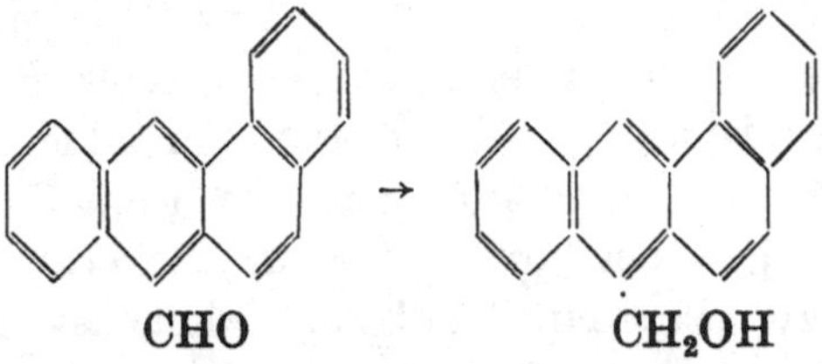

→

CHO
VI.

CH₂OH
VII.

In gleicher Weise führten A. Vercellone und A. Dansi [B. 72,
1457 (1939)] den 1.2-Benzanthracen-(10)-aldehyd VI in den 1.2-Benz-
anthracyl-(10)-methylalkohol VII über.

Das Studium der biochemischen Hydrierung von Äthylenbindungen durch gärende Hefe und das Aufsuchen von Gesetzmäßigkeiten bei solchen Hydrierungen sind von F. G. Fischer [ge-
meinsam mit O. Wiedemann, A. 513, 460 (1934); 520, 52 (1935 u.f.)]
in Angriff genommen worden. Als Leitgedanke diente die Vorstellung,
daß eine solche Hydrierung verkoppelt sein könnte mit einer Decarboxylierung im gleichen Molekül. Die Versuche ergaben nun
tatsächlich an ungesättigten Ketosäuren neben der bekannten
enzymatischen Decarboxylierung (1) und Reduktion des entstehenden
Aldehyds zum entsprechenden ungesättigten Alkohol (2) noch die
dritte Stufe (3), die Anlagerung des Wasserstoffs an die benachbarte
C : C-Doppelbindung und den Übergang in den gesättigten Alkohol (3):

1. $R \cdot CH = CH \cdot CO \cdot COOH \rightarrow R \cdot CH : CH \cdot CHO + CO_2$,

2. $R \cdot CH = CH \cdot CHO \xrightarrow{+2H} R \cdot CH : CH \cdot CH_2OH$,

3. $R \cdot CH = CH \cdot CH_2OH \xrightarrow{+2H} R \cdot CH_2 \cdot CH_2 \cdot CH_2OH$.

Bei ungesättigten Ketonen verlief die biochemische Hydrierung
überwiegend im Sinne der Addition an die Doppelbindung:
$R \cdot CH : CH \cdot CO \cdot R \rightarrow R \cdot CH_2 \cdot CH_2 \cdot CO \cdot R$, und nur bei lang dauern-

den Versuchen traten gesättigte Alkohole $R \cdot CH_2 \cdot CH_2 \cdot C \overset{H}{\underset{R}{\diagdown}} OH$ auf.

In der V. Mitteil. [mit H. Eysenbach, A. 529, 87 (1937)] kennzeichnet F. G. Fischer diejenigen enzymatischen Reaktionen, die
zur Absättigung von Äthylenbindungen führen: es werden besondere
„Äthylen-Hydrasen" angenommen.

Die biologische Synthese der Aminosäuren mittels Enzymen
aus den Ammoniumsalzen der α-Ketosäuren bzw. α-Hydroxysäuren

in der Leber bei deren Durchströmung wurde von G. Embden und
E. Schmitz [Biochem. Z. **29**, 423 (1910); **38**, 393 (1912)] durchgeführt,
es wurden erhalten aus Brenztraubensäure

$CH_3 \cdot CO \cdot COOH \xrightarrow{(NH_3)} (+) \cdot CH_3 \cdot CH(NH_2) \cdot COOH$ (aktives Alanin), oder
aus Phenylbrenztraubensäure $(+ NH_3) \rightarrow$ akt. Phenylalanin, aus
p-Hydroxy-phenylbrenztraubensäure $\rightarrow$ Tyrosin:

$$HO \cdot \langle \rangle CH_2 \cdot CO \cdot COOH \xrightarrow{(+ NH_3)} (—) \cdot HO \cdot \langle \rangle \cdot CH_2 \cdot CH(NH_2) \cdot COOH,$$

ebenso auch
$$\text{aus } (CH_3)_2CH \cdot CH_2 \cdot CO \cdot COOH \xrightarrow{(+ NH_3)} \text{akt. Leucin.}$$
$$\text{oder } (CH_3)_2CH \cdot CH_2CH(OH) \cdot COOH \xrightarrow{(+ NH_3)}$$

Mittels der „Aspartase" (aus Bierhefe) konnte Y. Sumiki (1928) die
Fumarsäure in Gegenwart von Ammoniak zu 76% in **Asparaginsäure** umwandeln:

$$\begin{array}{ccc} & & NH_2 \\ H \cdot C\text{—}COOH & & (—)\text{-}H\text{—}C\text{—}COOH \\ HOOC\text{—}C\text{—}H & \xrightarrow{(+ NH_3)} & HOOC\text{—}C\text{—}H \\ & & H \end{array}$$

Die Rückverwandlung von Aminosäuren in Oxysäuren durch
Bakterien ist wohl zuerst von F. Ehrlich erschlossen worden. Er
entdeckte die „alkoholische Gärung der Aminosäuren" [Bio-
chem. Z. **1**, 8 und **2**, 52 (1906); B. **40**, 1027 (1907)], nach der allgemeinen Gleichung:

$$R \cdot CH(NH_2) \cdot COOH + H_2O = R \cdot CH_2 \cdot OH + CO_2 + NH_3.$$

Aus Tyrosin mit Zucker und Hefe erhielt er den neuen p-Oxy-
phenyl-äthylalkohol [1907; „Tyrosol": B. **44**, 139 (1911)]:

$$HO \cdot \langle \rangle \cdot CH_2 \cdot CH(NH_2) \cdot COOH \rightarrow HO \cdot \langle \rangle \cdot CH_2 \cdot CH_2 \cdot OH.$$
$$\text{Tyrosin} \qquad\qquad\qquad\qquad \text{Tyrosol}$$

Für die Synthese der biologisch wichtigen Klasse der Aminosäuren hat erstmalig F. Knoop einen Weg gewiesen in seiner [mit
H. Oesterlin, Z. physiol. Chemie **148**, 294 (1925) ausgeführten]
Untersuchung „Über die natürliche Synthese der Aminosäuren und
ihre experimentelle Reproduktion". Bei der natürlichen Synthese der
Aminosäuren treten offenbar Oxyaminosäuren $R \cdot C(NH_2)(OH) \cdot COOH$
bzw. Iminosäuren $R \cdot C(:NH) \cdot COOH$ auf [F. Knoop, H. **67**, 489
(1910); **71**, 252 (1911); O. Neubauer und K. Fromherz wiesen beim
Abbau der Aminosäuren bei Hefegärung die Bildung von Ketosäuren
nach, H. **70**, 326 (1911)]. An Stelle der genannten unbeständigen
Säuren werden von Knoop die Systeme Ketosäure $+ NH_3$ (oder Amin)

in wässeriger (oder alkoholischer) Lösung untersucht und der Hydrierung (mit Pt oder Pd als Katalysator) unterworfen, z. B.

$CH_3 \cdot CO \cdot COOH + NH_3 \rightarrow [CH_3 \cdot C : NH \cdot COOH] \overset{\pm\ H_2}{\rightleftharpoons} CH_3 \cdot CH(NH_2) \cdot$
COOH. Dieser Art wurden Amino-, Methyl- und Phenylaminosäuren (ein- und zweibasische) erhalten. Eine Bestätigung und Erweiterung erfuhr die Knoopsche Hypothese durch A. Skita [gemeinsam mit C. Wulff, A. 453, 190; 455, 17 (1927)]; es gelang die Isolierung der als Zwischenglieder vorausgesetzten Imino- und Oxyaminosäuren und deren Überführung in die Aminosäuren, sowie die Synthese der niederen Aminosäuren (aus Ammoniak oder Äthylamin mit Brenztraubensäure) Alanin oder N-Äthylalanin bzw. N-Äthylglycin (aus Äthylamin und Glyoxylsäure), „... wenn das Kondensationsprodukt in der noch schwach sauren alkoholisch wässerigen Lösung mit kolloidem Platin als Katalysator hydriert wird." Das grundsätzlich Neue liegt hier praktisch in der Verwendung des Systems: Ketonsäure + Ammoniak im Unterschuß, bzw. theoretisch in der Erkenntnis der Bedeutung der p_H-Konzentration für das Gelingen der Synthese.

Es sei erwähnt, daß für den biologischen Reduktionsprozeß auch das Cystein als ein normaler Eiweißbaustein in Frage kommen dürfte [vgl. M. Dixon und H. E. Tunnicliffe, Proc. R. Soc. London [B] 94, 266 (1923)].

In diesem Zusammenhang sei noch auf folgendes hingewiesen. Von R. Stoermer [gemeinsam mit E. Robert, B. 55, 1038 (1922)] ist gezeigt worden, daß z. B. unter „milden Bedingungen", durch Bestrahlung mit ultraviolettem Licht, eine Synthese der Aminobuttersäure aus Crotonsäure + wässer. Ammoniak sich ermöglichen läßt. Eine Aminooxaloessigsäure hat H. Suomalainen (C. 1940 II, 3348) sowohl synthetisiert, als auch in Pflanzen nachgewiesen. Zur Biosynthese der Säureamide, Asparagin und Glutamin aus Ammoniak und Kohlenhydraten, vgl. K. Mothes, C. 1940 II, 217.

Der physiologische Abbau von Säuren und Aminosäuren (Desaminierung) im tierischen Organismus führt nach der Theorie von Neubauer-Knoop [vgl. auch die Bestätigung durch H. A. Krebs, H. 217 und 218 (1933); Natur der oxydativ desaminierenden Enzyme — „Oxydo-desaminasen"] von den α Aminosäuren (durch Sauerstoff) zu den α-Ketonsäuren, von diesen durch das Ferment Carboxylase [C. Neuberg, 1910; s. auch B. 55, 3624 (1922)] unter Kohlensäureabspaltung zum Aldehyd, oder durch Sauerstoffaufnahme zu den nächst niederen Fettsäuren. Die unsubstituierten Carbonsäuren unterliegen einer physiologischen Oxydation der β-CH_2-Gruppe, analog werden — extra corpus — Fettsäuren (die mit Ammoniak neutralisiert sind) durch Wasserstoffsuperoxyd über die β-Ketonsäuren zu den um ein C-Atom ärmeren Methylketonen oxydiert (Dakin, 1908).

Ein Beispiel von Reduktion und Oxydation als einer gekoppelten Reaktion im intermediären Stoffwechsel des Tierkörpers bietet das Auftreten von acetylierter γ-Phenyl-α-aminobuttersäure im Harne nach Verfütterung jener acidylfreien Säure durch Zugabe von Brenztraubensäure [F. Knoop, Biochem. Z. **127**, 200 (1922)].

Versuche aus der jüngsten Zeit haben die enzymatische Synthese der Glutaminsäure durch reduktive Aminierung von Iminoglutarsäure (mit der C:N-Doppelbindung, bzw. Ketoglutarsäure + NH_3) mittels Dihydrocozymase und der spezifischen Apodehydrase erwiesen [E. Adler, H. v. Euler und Mitarbeiter, 1937/38):

1. Glutaminsäure + D Co $\rightleftharpoons$ Iminoglutarsäure + D-CoH_2,
2. Iminoglutarsäure + H_2O $\rightleftharpoons$ Ketoglutarsäure + NH_3.

Nach Knoop erfolgt im Tierkörper der Abbau der Citronensäure über die α-Ketoglutarsäure. Die Aminosäurebildung kann auch den Weg über eine „Umaminierung" nehmen [A. E. Braunstein und M. G. Kritzmann, 1937f.; s. auch Knoop und C. Martius, Z. angew. Chem. **51**, 838 (1938); H. **254**, I—II (1938), indem z. B. die in der Zelle entstehende Glutaminsäure ihre Aminogruppe an eine Ketosäure (Brenztraubensäure, Oxalsäure usw.) überträgt (E. Adler, 1938), um als Ketoglutarsäure wiederum in das obige reversible System einzutreten.

C. Martius [H. **257**, 29 (1939)] hat das von ihm aufgestellte Abbauschema Citronensäure: cis-Aconitsäure → l-Isocitronensäure → α-Ketoglutarsäure → Bernsteinsäure-Oxalessigsäure durch Versuche gestützt; W. A. Johnson, Biochem. J. **33**, 1046 (1939) hat das entsprechende Enzymsystem „Aconitase" eingehend studiert. H. v. Euler und E. Adler [mit G. Günther und M. Plass, Biochem. Journ. **33**, 1028 (1939)] entwickeln das Isocitronensäure-Dehydrogenase-System zum Bindeglied zwischen dem Kohlenhydratabbau und der Proteinsynthese. [Eine Übersicht über den biologischen Abbau und Aufbau der Aminosäuren gab W. Franke, Z. angew. Chem. **52**, 695, 703 (1939).]

Die biologischen Synthesen, sowie das Vorkommen des Ammoniaks im Blutkreislauf haben die Versuche ausgelöst, bzw. wiederbelebt, durch Beimischung von Ammoniumsalzen (Carbonat, Acetat, Lactat) einen Ersatz des Eiweißes in den Futtermitteln bei Wiederkäuern zu erreichen [vgl. P. Ehrenberg, Z. angew. Chem. **50**, 773 (1937)]; auch mit Harnstoff-Glucose-Kombinationen sind Fütterungsversuche in die Wege geleitet worden [W. Gaus, Z. angew. Chem. **50**, 755 (1937)].

Die sterische Spezifität der Enzyme tritt bereits bei der Ester-Hydrolyse razemischer Ester zutage, z. B. bei der Verseifung von razem. Mandelsäure-äthylester durch Lipase entsteht d-Mandelsäure neben l-Mandelsäureester (H. D. Dakin, C. 1903 II, 199):

$$\text{razem.} \begin{cases} \text{d-}C_6H_5 \cdot \overset{\overset{\displaystyle H}{|}}{C} \diagdown \!\!\!\! \begin{array}{l} COOC_2H_5 \\ OH \end{array} \\ \text{l-}C_6H_5 \cdot CH(OH) \cdot COOC_2H_5 \end{cases} \xrightarrow{+ \text{ Lipase}} \begin{cases} \text{d-}C_6H_5 \cdot \overset{\overset{\displaystyle H}{|}}{C} \diagdown \!\!\!\! \begin{array}{l} COOH \ (+\ C_2H_5OH) \\ OH \end{array} \\ \text{l-}C_6H_5 \cdot CH(OH) \cdot COOC_2H_5 \end{cases}$$

Obwohl die Reaktion gar nicht unmittelbar das asymm. C-Atom angreift, umfaßt die optische Spezifität der Lipase das ganze Estermolekül, indem die Affinität des Ferments zu den beiden aktiven Komponenten des Razemats verschieden groß ist und nicht parallel geht mit den Zerfallsgeschwindigkeiten der intermediär gebildeten d-Ester-Ferment- und l-Ester-Ferment-Komplexe [P. Rona und R. Ammon, Biochem. Z. **181**, 49 (1926/27); R. Willstätter, R. Kuhn und E. Bamann, B. **61**, 886 (1928); E. Bamann, B. **62**, 1538 (1929); **63**, 349 (1930); H. H. Weber und R. Ammon, Biochem. Z. **204**, 197 (1929)]. E. Bamann und P. Laeverenz [B. **64**, 897 (1931)] wiesen noch den Einfluß der Spaltprodukte auf das optische Auswählen der Esterasen nach, was namentlich durch D. R. P. Murray und Ch. G. King (1930) für aktive Alkohole dargetan worden war.

Ein Ferment, das Tyrosin und Tyrosinderivate zu Melaninen oxydiert, hat G. Bertrand (1896) als „Tyrosinase" bezeichnet; das Oxydationsferment „Laccase" enthält nach ihm Mangan (1897); das Sorbosebacterium oxydiert inaktive Polyalkohole zu optisch aktiven Ketozuckern (G. Bertrand, 1898 u. f.); er fand, daß das (von A. Brown entdeckte) Bact. xylinum den d-Sorbit zu d-Sorbose oxydiert.

Die von R. Willstätter und A. Stoll in den Pflanzenteilen entdeckte Esterase „Chlorophyllase" spaltet in alkoholischer Lösung das Chlorophyll in Phytol $C_{20}H_{39}OH$ und Chlorophyllid, umgekehrt synthetisiert sie auch (durch Veresterung) aus diesen beiden das Chlorophyll [A. **378**, 18 (1910); **380**, 148 (1911); **387**, 317 (1911/12)]. Die optische Aktivität der Komponenten und eine etwaige sterische Spezifität der Chlorophyllase scheinen bisher nicht genügend untersucht worden zu sein, obgleich der Einfluß des Chlorophylls auf die Entstehung der optisch aktiven Genossen des Zellinhalts feststehen dürfte.

Die fermentative Decarboxylierung durch Hefe liefert aus der Brenztraubensäure 1-Acetoin: $2CH_3CO \cdot CO_2H \rightarrow 1\text{-}CH_3 \cdot CO \cdot CH(OH)$ CH_3, das sich leicht razemisiert und dimerisiert [W. Dirscherl, B. **63**, 416 (1930); **71**, 418 (1938)].

Die stereochemische Deutung E. Fischers unter dem Bilde von „Schloß und Schlüssel" für die optische Spezifität der Enzyme wurde durch H. v. Euler und K. Josephson [H. **133**, 279 (1923/24) auf konstitutive Faktoren übergeleitet, bzw. durch deren sog. „Zwei-Affinitäts-Theorie" mit zwei haptophoren Gruppen erweitert. Untersuchungen von E. Waldschmidt-Leitz [vgl. B. **64**, 45 (1931)] und E. Bamann [B. **64**, 904 (1931)] lassen die Annahme als berechtigt erscheinen, daß von diesen zwei haptophoren Gruppen des Enzyms die an der NH-Gruppe der Peptide angreifende zugleich die funktionelle, die mit der freien Aminogruppe in Beziehung tretende — eine Aldehyd-

oder Ketogruppe des Enzyms ist, bzw. daß im Falle der Esterasen (Bamann) vornehmlich die Carbonylgruppe an der Bindung des Substrates an das Enzym beteiligt ist, wobei das Enzym-Molekül infolge „gewisser Kraftfelder" die Bindung regelt (z. S. 907).

Die Erscheinung der totalen stereochemischen Spezifität (z. B. Invertase spaltet nur die α-Formen der d-Glucoside, nicht aber die α-Formen der l-Glucoside) sucht H. Lettré [Z. angew. Chem. **50**, 585 (1937)] durch die Bildung von partiellen Razematen zu erklären.

Alle diese Erklärungsversuche sind wertvolle Arbeitshypothesen. die zur Entdeckung neuer Tatsachen führen und damit ein immer vollständigeres Bild von der Eigenart der Enzyme liefern sollen (vgl. auch R. Willstätter, Soc. **1927**, 1359).

C. Kristallisierte Fermentpräparate (s. auch S. 627).
Synthese von Fermenten. Vitamin B (Lactoflavin).

Es bedeutet sicherlich einen nicht gering zu schätzenden Fortschritt, daß es in der jüngsten Vergangenheit gelungen ist, kristallisierte Fermentpräparate zu gewinnen und nun — sofern sie tatsächlich chemische Individuen sind und die enzymatische Aktivität nicht verringert haben — die geeignete Unterlage für eine chemische Konstitutionsforschung zu besitzen. Es sind dies: die Urease (J. B. Sumner, 1926 u. f.), das Pepsin (Northrop, 1929 u. f.), das Trypsin (Northrop und Kunitz, 1933), die Amylase (M. L. Caldwell und L. E. Bocher, 1931), das Flavinferment (Theorell, 1933), die Lipase [Bamann und Laeverenz, H. **223**, 18 (1934)] und Carboxypolypeptase (M. L. Anson, 1935).

Eine besondere Untersuchung und Bedeutung hat das gelbe Flavinferment auf sich gezogen. H. Theorell hatte es aus Hefe durch Kataphorese als Chromoproteid kristallinisch erhalten und durch Dialyse gegen kalte dialysierte Salzsäure in zwei Bestandteile, eine Farbstoffkomponente und Eiweiß, gespalten, welche, miteinander gemischt, wieder das ursprüngliche gelbe Ferment lieferten [Biochem. Z. **272**. 155; **275**, 37 (1934 u. f.)]: gelbes Flavinferment ⇄ Eiweiß + Farbstoffkomponente (= Flavinphosphorsäureester).

Damit war erstmalig eine experimentelle Stütze für die von A. P. Mathews und T. H. Glenn (1911), besonders aber von R. Willstätter [B. **55**, 3606 (1922)] vertretene Auffassung („Trägertheorie") gegeben, „daß das Molekül eines Enzyms aus einem kolloiden Träger und einer rein chemisch wirkenden aktiven Gruppe besteht".

Die Vorgeschichte des vorhin erwähnten gelben (stark grün fluoreszierenden) Farbstoffs weist hochdramatische Momente auf: einen solchen Körper hatten schon B. Bleyer und O. Kallmann (1925) in der Molke aufgefunden und „Lactochrom" genannt; als „gelbes

Oxydationsferment" hatten O. Warburg und W. Christian (1932 u. f.) aus Unterhefe u. a. einen ähnlichen Stoff gefaßt und daraus ein Abbauprodukt $C_{13}H_{12}N_4O_2$ erhalten, während J. Banga und A. v. Szent-Györgyi (1932) ihren aus Herzmuskel gewonnenen Stoff „Cytoflav" nannten und K. G. Stern (1932) einen ähnlichen Farbstoff in Enzympräparaten aus Pferdeleber bekannt gab. Eine intensive Aufklärungsarbeit setzte nun ein (1933). Erstens durch Mitteilungen von P. Ellinger und W. Koschara [B. 66, 315, 808, 1411 (1933)] „Über eine neue Gruppe tierischer Farbstoffe (,Lyochrome')" aus Hundeleber bzw. aus Molke (es werden Lactoflavin a, b, c und d beschrieben).

Die zweite Reihe von Mitteilungen nimmt bald einen glänzenden Fortgang: R. Kuhn, P. György und Th. Wagner-Jauregg [B. 66, 317 (1933)] betiteln sie „Über eine neue Klasse von Naturfarbstoffen (,Flavine')", wobei sie die übereinstimmende Verbreitung des Vitamins B_2 im Tier- und Pflanzenreich und dieser Flavine hinwiesen; das aus Eiern in kristallisierter Form erhaltene „Ovoflavin" bzw. die Flavine sind durch ihr Absorptionsspektrum und Reduktions-Oxydations-Verhalten charakterisiert; weiter wurde [B. 66, 576 (1933)] für das Ovoflavin durch Analyse die Formel $C_{16}H_{20}N_4O_6$ oder $C_{17}H_{20}N_4O_6$ ermittelt, das System Flavin $\rightleftarrows$ Leukoflavin als Sauerstoffüberträger erkannt und in gereinigten Ovoflavinlösungen eine Komponente des Vitamins B_2 erwiesen, letzteres ist also uneinheitlich. Dieselben Forscher gelangten alsdann [B. 66, 1034 (1933)] bei ihren Versuchen, das Vitamin B_2 aus Molken zu konzentrieren, zu einem kristallinischen Farbstoffpräparat, das mit dem Ovoflavin identisch war, die Zusammensetzung $C_{17}H_{20}N_4O_6$ hatte und „Lactoflavin" benannt wurde: Dieses stellt auf Grund der biologischen Prüfung „das wirksamste bisher erhaltene Vitamin B_2-Präparat dar". Ferner wird [B. 66, 1577 (1933)] durch Belichten des Ovoflavins ein mit dem von Warburg und Christian (s. oben) aus dem gelben Oxydationsferment erhaltenen Flavin $C_{13}H_{12}N_4O_2 \pm 1C \pm 2H$ vermutlich identischer Körper „Lumiflavin" isoliert. Daran schließen sich der Konstitutionsnachweis durch Abbau und die Synthese, nachdem für das Lumiflavin eine alloxazinartige Struktur als naheliegend erkannt worden war [Kuhn und H. Rudy, B. 67, 892, 1298 (1934)]: eine Flavinsynthese = 9,Methyl-iso-alloxazin war experimentell durchgearbeitet worden [R. Kuhn und Fr. Weygand, B. 67, 1409, 1459 (1934)] und die Synthese des Lumi-lactoflavins = 6.7.9-Trimethylflavin (I) wurde vollführt [R. Kuhn und K. Reinemund und Fr. Weygand, B. 67, 1460, 1932 (1934)].

Eingeschaltet sei, daß gleichzeitig auch K. G. Stern und E. R. Holiday [B. 67, 1104, 1442 (1934)] die Synthese von Photo-flavinen als einer Gruppe von Alloxazin-Derivaten bearbeiteten. Die Synthese des Lactoflavins lieferten dann R. Kuhn und Fr. Weygand: nach Vorarbeiten [B. 67, 1939 u. f. (1934)] wird der Farbstoff $C_{17}H_{20}N_4O_6$ (aus l-Arabinose) = 6.7-Dimethyl-9-l-araboflavin dargestellt, der ähnliche Wachstumswirkungen wie Lactoflavin (Vitamin B_2) aufwies [B. 67, 2084 (1934); 68, 166, 383 (1935)], und schließlich das 6.7-Dimethyl-9-d-riboflavin (II) synthetisiert [B. 68, 1765 (1935)], das sich als identisch mit dem aus der Milch isolierten Lactoflavin (Vitamin B_2) erweist [s. auch Kuhn und R. Ströbele, B. 70, 787 (1937)]:

Die Spezifität des Lactoflavins wird besonders anschaulich, wenn man dasselbe mit dem wachstumsunwirksamen 3.6.7-Trimethyl-9-d-riboflavin und dem wenig wirksamen 6.7-Dimethyl-9-l-araboflavin vergleicht [R. Kuhn und Mitarbeiter, B. 70, 1293, 1302 (1937)].

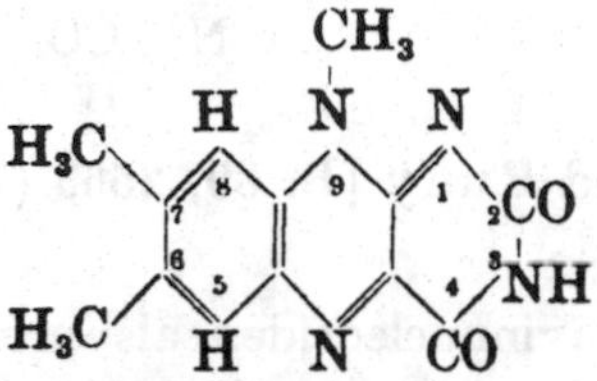

I. Lumiflavin = 6.7.9-Trimethylflavin. 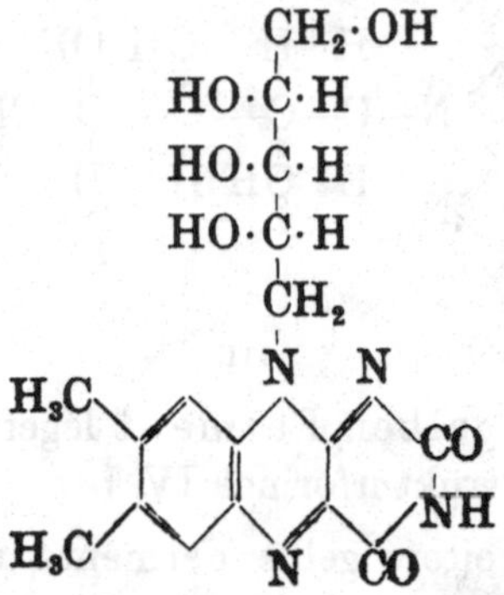   II.

Die überragende Bedeutung, welche der Konstitutionsaufklärung und der biologischen Rolle des Lactoflavins beigelegt wurde, findet ihren Ausdruck auch in der Duplizität der synthetischen Lösung dieses Problems: gleichzeitig und unabhängig hatte P. Karrer [mit Mitarbeitern, Helv. chim. Acta 17, 1010, 1165, 1516 (1934)] durch den Abbau des „Lumichroms" (aus Lactoflavin in alkalischer Lösung durch Licht) Konstitutionsaufschlüsse des Lactoflavins gewonnen und synthetisch lactoflavinähnliche Stoffe mit dem Iso-alloxazin-Kern dargestellt, um alsbald [B. 68, 216 (1935); Helv. chim. Acta 18, 426, 522, 1435 (1935)] über das 6.7-Dimethyl-9-[l-arabo-]flavin zur Synthese des 6.7-Dimethyl-9-[d-ribo-]flavins fortzuschreiten [s. auch P. Karrer, B. 70, 2566 (1937)].

Da nun Theorell [s. S. 649; Bioch. Z. 275, 37 (1934)] die Wiedervereinigung des Flavins bzw. der Flavinphosphorsäure mit dem betreffenden Protein (oder dem „Träger") zum ursprünglichen Enzym gelungen war, so bedeutet die Synthese dieses Flavins bzw. Lactoflavins) nicht nur im besonderen die Synthese des Vitamins B_2, sondern auch die Synthese der prosthetischen, wirksamen Gruppe eines Fermentes im allgemeinen. Diese Synthese wird vervollständigt durch R. Kuhn [H. Rudy und Fr. Weygand, B. 69, 1543 (1936)] durch die Synthese der aus dem gelben Ferment abgespaltenen Lactoflavin-5'-phosphorsäure III, sowie durch den quantitativen Nachweis der gleichen katalytischen Wirksamkeiten des Kupplungsproduktes von III mit dem kolloiden Träger im Vergleich mit dem gelben Ferment [B. 69, 1974 (1936)] und sie wird erweitert durch die Synthese eines künstlichen Ferments aus 6.7-Dimethyl-9-1-araboflavin-5'-phosphorsäure [B. 69, 2034 (1936)].

$$CH_3 \quad CH_3$$

$$N \quad N-C-C-C-C \; CH_2 \cdot O \cdot P : O$$

III.

$$CH_2 \cdot O \cdot P{\Large\lessgtr}^{OH}_{\;\;O}$$
$$HO \cdot C \cdot H \quad OH$$
$$HO \cdot C \cdot H$$
$$HO \cdot C \cdot H$$
$$CH_2 \qquad \text{Eiweiß}$$

$$H_3C \cdot \quad N \quad N \quad CO$$
$$H_3C \cdot \qquad\qquad NH$$
$$N \quad CO$$

IV

Dem gelben Ferment legen Kuhn und Rudy [B. 69, 2563 (1936)] die Strukturformel IV bei.

Weitere gelbe Fermente mit Lactoflavinnucleotiden als prosthet. Gruppen sind jüngst (1938) von Warburg und Christian, von A. R. C. Haas, von E. G. Ball, bzw. D. E. Green und H. S. Corran isoliert bzw. beschrieben worden.

Cozymase. Die Aufklärung der chemischen Konstitution der Cozymase führte etappenweise über das Auffinden einer Adenosinphosphorsäure in derselben [H. v. Euler und K. Myrbäck, H. 177, 237 (1928)], zum Studium und zur Isolierung derselben [H. v. Euler, H. Albers und Fr. Schlenk, H. 237, 1 (1935); 240, 113 (1936)]; neben dem Adenylsäurerest wurde noch Nicotinsäureamid aus der Cozymase abgeschieden und diese als ein Dinucleotid gedeutet. Es folgte die Feststellung der Summenformel $C_{21}H_{27}O_{14}N_7P_2$ für die Cozymase [H. v. Euler und Fr. Schlenk, Svensk kem. Tidskr. 48, 135 (1936/37)]. Gestützt auf die Spaltprodukte bei der sauren Hydrolyse: Adenin (1928), Nicotinsäureamid [das als Pyridiniumbase gebunden ist, P. Karrer und Mitarbeiter, Helv. chim. Acta 19, 811 (1936)], sowie Pentose-5-phosphorsäure [Fr. Schlenk, 1936; Euler, Karrer und P. Becker, Helv. chim. Acta 19, 1060 (1936): Modellversuche von P. Karrer und B. H. Ringier, Helv. chim. Acta 20, 622 (1937)], ergaben sich als Komponenten 1 Mol Adenin, 1 Mol Nicotinsäureamid und 2 Mole Pentosephosphorsäure, welche unter Austritt von 3 Mol

Wasser die Cozymase (Codehydrase I) bilden, im Sinne der Konstitutionsformel I:

$$\text{I.}$$

[H. v. Euler und Fr. Schlenk, Naturwiss. 24, 794 (1936); H. 246, 64 (1937)]. Eine experimentelle Stütze dieser Pyrophosphatbindung zwischen den beiden Mononucleotiden (Adeninribosid und Pyridinribosid) brachte die Auffindung der Adenosin-diphosphorsäure II unter den Spaltstücken der Alkalihydrolyse [R. Vestin, Fr. Schlenk und H. v. Euler, B. 70, 1369 (1937); Ztschr. angew. Chem. 50, 830 (1937)]; für diese Säure hat K. Lohmann [Biochem. Z. 282, 120 (1935)] die Konstitution II ermittelt:

$$\text{II.}$$

Verschieden von dieser Codehydrase I ist die von O. Warburg und W. Christian [Biochem. Ztschr. 254, 438 (1932); 266, 377 (1933)] entdeckte Codehydrase II, die ebenfalls ein Dinucleotid ist, aber 3 PO_4-Reste enthält: als ein Bestandteil dieser Codehydrase wurde Nicotinsäureamid erkannt (1934). Die Umwandlung der Codehydrase I in die Codehydrase II beschreiben H. v. Euler und E. Bauer [B. 71, 411 (1938)].

Cocarboxylase. Bei der Hefegärung wird die Brenztraubensäure durch Carboxylase (s. S. 637) gespalten in Acetaldehyd und Kohlensäure. Für die Carboxylase konnte nun E. Auhagen [H. 204, 149 (1932)] zeigen, daß auch sie zu ihrer Wirksamkeit eines Coferments bedarf, das abtrennbar vom Apoferment ist und als Cocarboxylase biologisch und chemisch untersucht werden kann. K. Lohmann [mit P. Schuster, Naturwiss. 25, 26 (1937); Z. angew. Chem. 50, 221 (1937)] hat jüngst diese Cocarboxylase im kristallisierten Zustand erhalten und als das salzsaure Salz des Pyrophosphorsäureesters des Aneurins (Vitamin B_1) $C_{12}H_{19}O_7N_4SP_2Cl \cdot H_2O$ erkannt. Der Cocarboxylase wird die nachstehende Konstitutionsformel zugeschrieben:

Von H. Weylard u. H. Tauber [Am. 60, 730, 2263 (1938)] wurde die
Cocarboxylase synthetisch aus Aneurin und Pyrophosphat dargestellt.

D. Keilin (Cambridge) hat (1937) auf die große Ähnlichkeit der
Peroxydase und Katalase mit Methämoglobin hingewiesen; durch
Vereinigung derselben prosthetischen Gruppe (Protohämatin) mit drei
verschiedenen Proteinen ergaben sich Methämoglobin, Katalase und
Peroxydase.

D. Synthetische „organische Katalysatoren".

Eingangs wurden zwei Zukunftsziele der Enzymforschung auf-
gezeichnet, und zwar durch Emil Fischer: die künstliche Bereitung
der (natürlichen) Enzyme aus den Proteinen, dann durch Wilh. Ostwald: die Entdeckung einfacher chemischer Verbindungen mit enzym-
ähnlichen Eigenschaften. Es ist wohl im Wesen nicht nur der chemischen Forschung begründet, daß derjenige, welcher als erster in ein
neues und außerordentlich schwieriges Gebiet eindringt, selten das
ihm vorschwebende Endziel erreicht. Er muß sich mit dem Ruhme
des großen Pioniers begnügen. Obwohl E. Fischers ganze Sehnsucht
der Darstellung des ersten künstlichen Enzyms gewidmet war, mit
deren Durchführung er seine Mission für beschlossen erachten würde
(vgl. K. Hoesch: Emil Fischer, S. 380), war ihm dieses Ziel versagt.
Ein van't Hoff hatte sich auf Grund der chemischen Gleichgewichtslehre — als Endziel seiner schöpferischen Lebensarbeit die Aufklärung
der geheimnisvollen Wirkung der Enzyme bzw. „der synthetischen
Fermentwirkung" in der lebenden Pflanze gestellt: nach den ersten
vorbereitenden Versuchen (1909—1910) setzte der Tod (1. III. 1911)
diesem Beginnen ein Ende.

Das Zusammenwirken vieler Arbeitsrichtungen war notwendig, um
in Jahrzehnten die Verwirklichung einzelner Teile der obigen Ziele zu
erreichen. Inzwischen ist auf dem Teilgebiet der „Coenzyme" nicht
nur die Darstellung von kristallisierten chemischen Individuen und
die Aufklärung der Konstitution derselben, sondern auch deren Synthese
gelungen; diese erfolgreiche Bahn muß weiter verfolgt werden. Die
andere, Ostwaldsche, Problemstellung fand ebenfalls ihre Bearbeitung.
Entwicklungsgeschichtlich setzte der chemische Angriff auf die Naturstoffe, z. B. Farben, Alkaloide, Duftstoffe, derart ein, daß die Synthese
dieser von der Natur als Prototypen geschaffenen Stoffe erstrebt
und verwirklicht wurde. Dabei wurde der grundlegende Einfluß bestimmter chemischer Gruppen, Ringsysteme, Bindungsarten u. ä. erkannt und die charakteristischen Eigenschaften mit diesen Gruppen
bzw. mit der chemischen Konstitution in ursächlichen Zusammenhang
gebracht. Dann aber ging man dazu über, unter Anwendung dieser
konstitutiven Faktoren, dieser funktionellen Beziehungen naturfremde Stoffe zu synthetisieren; so entstanden die künstlichen

Farbstoffe, Heilstoffe usw. Der gleichgeartete Weg bietet sich nun in der Enzymchemie dar, insofern man Kunstenzyme zu erfinden versucht, d. h. solche organische Verbindungen synthetisch darstellt, welche ähnliche oder gleiche Wirkungen zeigen wie die natürlichen Enzyme. Dieser Weg ist denknotwendig und fügt sich in die Zielsetzung der chemischen Synthese um so eher sein, je mehr die Enzyme ihres geheimnisvollen Wesens entkleidet werden.

Aus früherer Zeit seien als Marksteine der neuen Richtung genannt: Döbereiners mißlungener Versuch mit „Platinsuboxyd" (1824; s. o. S. 640), G. Bredigs erfolgreiche Versuche mit Platinmetallen als „anorganischen Fermenten" (1899; s. o. S. 118). Auf diese anorganisch-metallischen Fermentmodelle folgten dann 1927 die „organischen Katalysatoren" von W. Langenbeck [I. Mitteil. B. 60, 930 (1927); XVII. Mitteil. B. 70, 1540 (1937); XX. Mitteil., Carboxylasen, VI., B. 72, 724 (1939)]. Es sollte versucht werden, in Nachahmung der Enzym wirkung „diejenigen Gruppen festzustellen, die für die katalytische Wirkung wesentlich sind". Es wurden also Fermentmodelle aufgesucht bzw. synthetisiert für künstliche Ketonsäure-Spaltungen [A. 485, 53 (1931)], für Dehydrasen, Carboxylasen [vgl. A. 512, 276 (1934); B. 70, 672, 1039 (1937)], für Hämin-Katalasewirkung [B. 65, 1750 (1932)], für Hydratisierung von Aldehyden [B. 70, 1540 (1937)] usw.; die Enzymforschung wird „als Grenzgebiet zwischen organischer und physikalischer Chemie" behandelt [Ztschr. Elektroch. 40, 485 (1934); s. auch Chemiker-Ztg. 60, 953 (1937)]. Langenbeck konnte hierbei, neben bestimmten „aktivierenden Gruppen" und „aktivierenden Stellungen" des synthetischen Katalysators, auch die aktivierende Wirkung des Lösungsmittels feststellen [Z. f. Elektrochem. 46, 106 (1940)]. So z. B. ist Isatin als künstliche Dehydrase gegenüber α-Aminosäuren in wässeriger Lösung ein ziemlich schwacher Katalysator, dagegen in 70%igen Pyridin bis 40mal stärker, während Isatin-6-carbonsäure wiederum vielmals stärker wirkte als Isatin[1]).

Zweifelsohne liegt hier ein ebenso hochbedeutsames wie umfangreiches und entwicklungsgeschichtlich notwendiges wissenschaftliches Problem vor, dessen Lösung auch auf die Praxis zurückwirken wird.

Die einzelnen Etappen dieser großangelegten Pionierarbeiten lassen sich durch die nachstehenden wissenschaftlichen Dokumente bzw. Ergebnisberichte und Stichworte kennzeichnen:

H. v. Euler: Ergebnisse und Ziele der allgemeinen Enzymchemie. B. 55, 3583 (1922).

R. Willstätter, Über Isolierung von Enzymen. B. 55, 3601 (1922). — Über Fortschritte in der Enzym-Isolierung. B. 59, 1 (1926). — Untersuchungen über Enzyme. In Gemeinschaft mit W. Graßmann.

---

[1]) Zu den von Langenbeck abgeleiteten Regeln hat T. Enkvist [B. 72, 1717 (1939); 73, 1253 (1940)] experimentelle Beiträge geliefert.

H. Kraut, R. Kuhn, E. Waldschmidt-Leitz u. a. In zwei Bänden. Berlin: Julius Springer 1928. — Problems and Methods in Enzyme Research. Ithaca N.-Y. 1927. — R. Willstätter und M. Rohdewald, H. 225, 103 (1934).

H. v. Euler, Neuere enzymchemische Resultate. Ztschr. angew. Chem. 44, 583 (1931). — Drei Dezennien Enzym-Chemie. Chemiker-Zeit. 61, 15 (1937). — Coenzyme. Vortrag. Ztschr. angew. Chem. 50. 831 (1937).

E. Waldschmidt-Leitz, Über den spezifischen Mechanismus enzymatischer Proteolysen. Ztschr. angew. Chemie, 43, 377. — Hydrolysen im Organismus. Ztschr. angew. Chemie 44, 573 (1931). — Proteasen. Ztschr. angew. Chemie 47, 475 (1934). — Über Aktivierung von Enzymen. Ztschr. Elektroch. 40, 483 (1934).

O. Warburg und E. Negelein, Fermentproblem und Oxydation in der lebenden Substanz. Ztschr. Elektrochem. 35, 928 (1929). — Naturwiss. 22, 206 u. f. (1934); dazu: A. Reid, Fermenthämine. Ztschr. angew. Chem. 47, 515 (1934).

C. Neuberg, Von der Chemie der Gärungs-Erscheinungen. B. 55. 3624 (1922); dazu: F. F. Nord, Gärung. Ztschr. angew. Chem. 47, 491 (1934).

H. Albers, Wesen und Wirkung der Fermente. Ztschr. angew. Chem. 49, 448 (1936).

F. F. Nord und R. Weidenhagen, Ergebnisse der Enzymforschung. Bd. V. Leipzig 1936.

W. Langenbeck, Die organischen Katalysatoren. 1935.

Siebentes Kapitel.

Hochmolekulare Kohlenhydrate.

A. Cellulose.

1839. A. Payen [C. r. 8, 51 (1839)] nennt[1]) erstmalig die eigentliche Zellensubstanz der Holzfaser „Cellulose" (von der Zusammensetzung $C_6H_{10}O_5$), die Ausfällungen „Lignin". Eine Sonderuntersuchung bringt F. Schulze: „Beiträge zur Kenntnis des Lignins" (Rostock, 1856), worin ein Gemisch von chlorsaurem Kali und Salpetersäure als Lösungsmittel für Lignin mitgeteilt wird. E. Schmidt hat dann [B. 54, 1860, 3241 (1921); 56, 23 (1923); 57, 1834 (1924 u. f.)] Chlordioxyd als ein gutes Lösungsmittel für Lignin, bzw. pflanzliche Inkrusten erkannt [vgl. dazu H. Staudinger, B. 70, 2505 (1937)]. Eine besondere Stellung unter den Cellulose-Lösungsmitteln nehmen seit der Entdeckung von Prof. Ed. Schweizer (1857) die ammoniakalischen Kupfersalzlösungen ein [J. pr. Ch. 72, 109 (1857);

---

[1]) Die Benennung „Cellulose" hatte J. B. Dumas vorgeschlagen (vgl. dessen „Versuch einer chemischen Statik", S. 82. (1841/44.)

76, 344 (1859), aus denen die gelöste Cellulose durch Säuren u. a. unzersetzt und amorph wieder gefällt wird. Nach K. Heß [A. 435, 1 (1924)] stellt das gefällte amorphe Pulver unveränderte Cellulose dar. Die verschiedene Löslichkeit nativer Cellulosen veranlaßte E. Frémy [C. r. 48, 202, 325, 360, 667, 862 (1859 u. f.)] zu der Annahme isomerer Cellulosen.

Im Jahre 1819 entdeckte H. Braċonnot [A. ch. 12, 172 (1819)] die grundlegende Tatsache, daß Leinwand von Vitriolöl gelöst wird, und daß diese verdünnte Lösung beim Kochen einen vergärbaren Zucker liefert, den er für identisch mit dem Zucker aus Weintrauben (Glucose) oder Stärkemehl erklärte [Gr., 28 (1920)]. Er entdeckte auch die Bildung eines leichtentzündlichen Körpers „Xyloidin" bei der Einwirkung von Salpetersäure auf Holzfaser und Stärkemehl [A. ch. 52, 290 (1833)], eine Entdeckung, die 1846 C. F. Schönbein, im gleichen Jahre R. Böttger und Jul. Otto durch die Erfindung der „Schießbaumwolle" krönten (Gr., 122 u. f.).

Eine kurz dauernde Einwirkung von Vitriolöl auf Papier wandelte dasselbe in eine pergamentähnliche Masse „Papyrine" um (Poumarède und Figuier, Paris, 1847), während A. W. Hofmann (mit Warren de la Rue) [A. 112, 243 (1859)] das „vegetabilische Pergament" darstellen lehrte. Die Umbildung der Cellulose in Zucker konnten Barreswil und Rilliet [J. pr. Ch. 56, 58 (1852)] auch durch Auflösen der Holzfaser beim Erhitzen in konzentrierter wässeriger Chlorzinklösung herbeiführen. Die Änderungen des optischen Drehüngsvermögens der Cellulose (Baumwolle) beim Auflösen in Vitriolöl hat erstmalig A. Béchamp (C. r. 42, 1210 (1856); A. 100, 367 (1856)] im Zusammenhang mit der Kolloidbildung (optisch inaktiv) und dem schließlichen Übergang zum optisch aktiven Dextrin und Zucker verfolgt; Béchamp [C. r. 51, 255 (1860)] erkannte auch die Löslichkeit der Holzfaser (und die Umwandlung in Dextrin) in konzentrierter Salzsäure. Daß der Braconnotsche Holzzucker tatsächlich Glucose ist, wies erst 1883 E. Flechsig nach [H. 7, 523 (1883)], und daß die Cellulose nur aus Dextrose-Resten aufgebaut ist, erwiesen die Verzuckerungsversuche erstens durch Schwefelsäure [H. Ost und L. Wilkening, Chem.-Zeit. 34, 461 (1910); B. 46, 2995 (1913)], dann aber durch Salzsäure von 41%, und zwar mit 95—96% der Theorie an Glucose [R. Willstätter und L. Zechmeister, B. 46, 2401 (1913)]. Die letztgenannten Forscher bestätigten die eigenartige Rotationsänderung bei der Cellulose-Hydrolyse, indem die Werte in 40%-Salzsäure von $[\alpha]_D^{16,20} = + 1{,}0^0$ allmählich auf $[\alpha]_D = 98{,}2^0$ anstiegen [1]); zugleich

---

[1]) A. Levallois [C. r. 98, 44, 732 (1884)] entdeckte die Tatsache, daß in Schweizers Reagens Cellulose sehr hohe Linksdrehung zeigt: $[\alpha]bl = — 950^0$ bis — 1000^0 [s. auch K. Heß und E. Messmer, B. 54, 834 (1921)]. Daß Ammoniak durch Äthylendiamin in dem Schweizerschen Reagens vertreten werden kann, zeigte Wilh. Traube

ergab sich, daß reine Glucose eine mit steigender HCl-Konzentration ansteigende Drehung hat und schließlich über den für α-Glucose fest-stehenden Wert ($[\alpha]_D = + 113{,}4^0$) hinausgeht, und zwar beträgt in 44,5%iger Salzsäure $[\alpha]_D = + 164{,}6^0$, um beim Stehen während 40 Stunden keine Mutarotation zu zeigen. Von den anderen Halogen-wasserstoffsäuren erwiesen sich als gute Lösungsmittel für Baum-wolle: 66%ige Bromwasserstoffsäure und 70—75%ige Fluß-säure (dieselb.). Wasserfreier Fluorwasserstoff[1]) wurde von B. Helfe-rich und S. Böttger [A. 476, 150 (1929)] zur Lösung und Umwand-lung von Cellulose verwandt; die nicht mehr fällbare Lösung der Cellulose zeigt eine ganz geringe Rechtsdrehung und liefert (beim Abblasen des Fluorwasserstoffs bei 30^0) ein „Cellan" ($C_6H_{10}O_5)_n$ genanntes wasserlösliches Umwandlungsprodukt ($[\alpha]_D^{18} = 143{,}4^0$ in Wasser): dem Cellan sehr ähnlich waren die Kondensationsprodukte aus Glucose und Cellobiose.

Durch F. Bergius (etwa 1931, mit hochkonzentrierter Salzsäure), bzw. durch H. Scholler (etwa 1930, mit sehr verdünnter Schwefel-säure bei höherer Temperatur) wird die Verzuckerung der Cellulose technisch durchgeführt.

Die hochmolekulare Natur der Cellulose stand auf Grund der Eigenschaften derselben von vorneherein fest und man bediente sich der Formulierung ($C_6H_{10}O_5)$n. Wie kann aber die Formulierung zu einer Konstitutionsformel aufgelöst werden? Es galt, von dem Kondensationsprinzip ausgehend, die Glucosemoleküle in eine sinn-gemäße Bindung miteinander zu bringen. Solche Formelbilder waren z. B.: die stufenförmige von B. Tollens (1895); die kettenförmige, mit einem Cyklohexanderivat als Grundmolekül, von C. F. Cross und E. J. Bevan [Soc. 79, 366 (1901)]; eine mit inneren Anhydriden der Glucose, von A. G. Green [Soc. 81, 811 (1906)]; eine mit einem Hydrofuranring von A. Pictet und J. Sarasin [Helv. 1, 87, 226 (1918)]. Um das große Molekulargewicht zu erklären, nahm man z. B. eine sich vielfach

[B. 44, 3322 (1911); 54, 3220 (1921)]. Eine ähnliche Vertretung hatte ja A. Werner in seinen Komplexsalzen vom Typus z. B. [Cu(NH₃)₆]X₂ und [Cu en₃]X₂ vorher erwiesen. [Vgl. auch W. Traube und A. Funk, B. 69, 1476 (1936).] Vgl. auch C. Trogus und I. Sakurada [B. 63, 2174 (1930)].

[1]) K. Fredenhagen und G. Cadenbach [Z. anorg. Ch. 178, 289 (1929)] hatten kurz vorher mitgeteilt, daß wasserfreie Flußsäure spielend Cellulose auflöst. Aus früheren elektrochemischen Untersuchungen war die Bildung von Elektrolyten bei der Zusammenlagerung der wasserfreien Schwefelsäure (A. Hantzsch, 1908) und der wasserfreien Halogenwasserstoffe (Steele, McIntosh, 1905 u. f.) mit Alko-holen, Aldehyden, Äthern u. a. (Oxoniumsalze?) bekannt; das Wasser spaltet sie wieder. Ähnlich verhält sich nun auch die Cellulose, die auch von wasserfreien Mineral-säuren (Schwefelsäure; Phosphorsäure, vgl. A. af Ekenstam, 1936), sowie in kon-zentrierten Alkalilaugen (J. Jurisch, Th. Lieser, 1937) bei tiefer Temperatur, ebenso in Tetraäthylammoniumhydroxyd [Th. Lieser, A. 528, 276 und 532, 96 (1937)] gelöst wird. Nach H. Staudinger [B. 70, 2508 (1937)] sind „Cellulosen in allen diesen Lösungsmitteln gleichartig gelöst."

wiederholende Kondensation eines kleinen Grundgerüstes an, die einerseits zu langen Ketten, andererseits zu vielgliedrigen Ringsystemen hinführte. Seit 1920 begann K. Heß seine Untersuchungen „über die Konstitution der Cellulose" [I. Mitteil. Z. f. El. 26, 232—251 (1920)]. Unter dem Eindruck der klassischen Arbeiten von Emil Fischer [B. 46, 3253 (1913); 52, 809 (1919)] über die Fähigkeit der Pflanze, die Hydroxylgruppe der halbacetalen Aldehydgruppe der Glucose zu veräthern oder — wie im Falle der zuckerhaltigen Gerbstoffe der Tanninreihe — sogar alle Hydroxylgruppen der Glucose dieser Art zu verestern, entwirft Heß eine Ansicht von der „Gerbstoffstruktur der Cellulose ... So nehmen wir an, daß in der Cellulose nicht nur halbacetale Hydroxylgruppen durch Zuckerreste belegt sind, sondern daß in bestimmten Zuckermolekülen, die als ‚Zuckergrundmoleküle' der Cellulose bezeichnet werden mögen, sämtliche Hydroxylgruppen durch Zuckerreste substituiert sind." Für das Zustandekommen der hochmolekularen Cellulose aus diesen relativ niedrigmolekularen Strukturelementen („Celluxose") treten Restaffinitäten in Tätigkeit [s. auch B. 54, 499 (1921); 61, 1982 (1928)]. H. Pringsheim, seit 1912 mit den Untersuchungen der Polysaccharide, insbesondere der Stärke beschäftigt [vgl. I. Mitteil. B. 45, 2533 (1912)], nimmt ebenfalls kleine „Grundkörper" an, die durch „übermolekulare Kräfte" zu den Polymeren — Stärke, Inulin, Cellulose — „verfestigt" werden, bzw. daß „die Assoziation zum kolloidalen Zustand, sei es in Lösung oder in fester Form, durch „Molekularvalenzen" erfolgt, die an der Natur der Elementarkörper (in chemischem Sinne) nichts ändert" [B. 59, 3017 (1926)]. Für diese Assoziationshypothese von kleineren Einheiten zu den Naturprodukten (Polysacchariden) tritt auch J. C. Irvine ein, der seit 1903 mit der Untersuchung der Alkylierungsprodukte der Zucker, dann seit 1920 mit der Konstitutionsforschung der Polysaccharide beschäftigt ist [Soc. 117, 1474, 1489 (1920); s. auch Irvine und G. J. Robertson, Soc. 1926, 1488]. Während P. Karrer (1921) ebenfalls kleine Grundmoleküle annahm, die durch Nebenvalenzen kettenförmig sich zusammenfügen, muß H. Staudinger als der konsequenteste Vertreter, Verteidiger und Erweiterer der Lehre von der hochmolekularen, auf Hauptvalenzbindungen [B. 53, 1073 (1920)] beruhenden Struktur der Polysaccharide [Cellulose, Helv. 8, 41 (1925)] hervorgehoben werden. Diese Anschauung liegt auch den Untersuchungen von K. Freudenberg zugrunde [B. 54, 767 (1921)] und findet einen Ausdruck in der folgenden Formulierung: „Wir fordern für die Konstitution der natürlichen Cellulose bis hinauf zu sehr großen Aggregaten die strenge Linienführung der Valenzlehre [K. Freudenberg und E. Braun, A. 460, 295 (1928)]. Während H. Staudinger und Mitarbeiter (seit 1926) das Hauptgewicht der Untersuchungen in die Bestimmung der Molekülgröße der Cellulose und ihrer Derivate und in die Erfassung der Zusammenhänge zwischen der Molekülgröße und wichtigen physikalischen Eigenschaften verlegten [B. 63, 2308—2343 (1930); s. auch 67, 475—486 (1934); 69, 1091, 1099, 1168—1185 (1936)], hat W. N. Haworth (mit Mitarbeitern) durch die quantitative Ermittlung der Hydrolyseprodukte der Trimethylcellulose die chemische Konstitution und Molekülgröße zu bestimmen unternommen (I. Abh. über Polysaccharide Soc. 1928, 619; 1931, 824 u. f.).

Kennzeichnend für den in den letzten Jahrzehnten sich vollzogenen Wandel und Fortschritt in den Ansichten über die Konstitution der Cellulose (und Polysaccharide) sind die nachfolgenden Vorträge der an dem wissenschaftlichen Ausbau maßgebend beteiligten Forscher:

1890: Emil Fischer [B. 23, 2114 (1890); s. auch 27, 3189 (1894)].

1923: J. C. Irvine [Soc. 123, 907 (1923)].

1926: M. Bergmann (B. 59, 2973), H. Mark (ib. 2922), H. Pringsheim (ib. 3008) und H. Staudinger (ib. 3019).

1932: W. N. Haworth [B. 65 (A), 43].

1934: IX. Intern. Kongreß für reine und angewandte Chemie, Madrid: H. R. Kruyt (Bd. II, 65. 1935), H. Mark (Bd. IV, 197. 1935), K. H. Meyer (ib. 123) und H. Staudinger (ib. 132—173).

Literatur:

Ch. F. Cross und E. J. Bevan: Researches on Cellulose. I, 1895—1900; II, 1900—1905; III und IV, 1911—1921.

K. Freudenberg: Tannin, Cellulose, Lignin. Berlin: Julius Springer 1933.

K. Heß: Die Chemie der Zellulose und ihrer Begleiter. Leipzig: Akad. Verlagsges. 1928.

P. Karrer: Polymere Kohlenhydrate. Leipzig 1925.

H. Mark: Physik und Chemie der Cellulose. Berlin: Julius Springer 1932.

K. H. Meyer und H. Mark: Der Aufbau der hochpolymeren Naturstoffe. Leipzig: Akad. Verlagsges. 1930.

C. G. Schwalbe: Chemie der Cellulose. 1911.

H. Staudinger: Die hochmolekularen organischen Verbindungen. Kautschuk und Cellulose. Berlin: Julius Springer 1932.

M. Ulmann: Molekülgrößen-Bestimmungen hochpolymerer Naturstoffe. Dresden u. Leipzig: Theodor Steinkopff 1936.

J. R. Katz: Die Röntgen-Spektrographie als Untersuchungsmethode bei hochmolekularen Substanzen, bei Kolloiden und bei tierischen und pflanzlichen Geweben. Wien: Urban & Schwarzenberg 1934.

C. F. Cross, E. J. Bevan und C. Beadle — die zu den Wegbereitern in der Cellulosechemie gehören — gaben 1893 über den Stand der Celluloseforschungen das folgende Urteil ab: „Obgleich die Chemie der Cellulose oder vielmehr der Cellulosen während des letzten Jahrzehnts beträchtliche Fortschritte gemacht hat — und zwar durch die Untersuchungen von Hönig und Schubert, Schulze, Tollens, W. Will und anderen —, so kann man doch nicht sagen, daß irgendwelche Aufklärung bezüglich der molekularen Konstitution dieser Gruppe von kolloidalen Kohlenhydraten erzielt worden sei" [B. 26,

1090 (1893)]. Da die Abbaureaktionen keine Einblicke in die Konstitution gewährt hatten, so versuchten Cross, Bevan und Beadle die Lösung des Konstitutionsproblems auf dem Wege des Studiums neuer Verbindungen der Cellulose: hierbei entdeckten sie die Viscose (1894). Dabei gingen sie zurück auf die sogenannten Alkalicellulosen[1]) von Mercer, Crum, Gladstone. John Mercer hatte bereits 1844 beobachtet, daß Baumwolle durch Behandeln mit starken Alkalilaugen ihre Struktur verändert und glänzend wird. [Diese nachher technisch verwertete „Mercerisation" hat vielleicht eine Vorgeschichte in der Mitteilung R. Glaubers (1656), daß Leinengarn durch starke Alkalilösungen viel feiner und weicher wird. Vgl. Bugge, Das Buch der großen Chemiker I, 170. 1929.] W. Crum (1845 u. f.), sowie J. H. Gladstone (1852 u. f.) isolierten Cellulosealkalien von der Zusammensetzung $C_{12}H_{20}O_{10} \cdot 2\,NaOH$ und $C_{12}H_{20}O_{10} \cdot NaOH$. Cross Bevan und Beadle fanden nun (1893), daß diese Alkalicellulosen mit Schwefelkohlenstoff reagierten, wobei die Cellulosealkalien mit Schwefelkohlenstoff sich zu Xanthogenaten verbinden, also ganz im Sinne dieser von W. C. Zeise (1821) entdeckten Reaktion zwischen alkoholischem Kali und Schwefelkohlenstoff verhalten. Sie erteilen den neuen Körpern die allgemeine Formel:
$$CS{\overset{\displaystyle\diagup OX}{\diagdown SNa}} \quad \text{bzw.} \quad CS{\overset{\displaystyle\diagup O(X \cdot ONa)}{\diagdown SNa}},$$
wobei X ein einfacher oder mehrfacher Celluloserest sein kann. Die wasserlösliche äußerst schleimige Masse wird „Viscoid" genannt (1893). [Vgl. zu der Konstitution auch T. Lieser, A. **464**, 43 (1928)]. Diese Arbeitsrichtung mündete in die chemische Industrie der Viscosekunstseide (Cross, Bevan, Stearn und Topham, 1903) ein. Salpetersäure-ester (Nitrocellulose) waren schon 1884 von Chardonnet (durch Behandeln mit Schwefelalkalien) zur „Kunstseide" umgebildet worden. Nachdem P. Schützenberger bereits 1865 (C. r. **61**, 485) die Acetylierung der Cellulose und der Stärke mittels Essigsäureanhydrid (Triacetylester) verwirklicht hatte, wurde die Darstellung und technische Verwertung der Acetylcellulosen erst durch Cross und Bevan (1894, D.R.P. 85329) angebahnt; insbesondere haben 1901 A. Eichengrün und Becker (D.R.P. 159524, Bayer) die Verfahren verbessert und die Grundlagen der modernen Acetatindustrie (Acetatseide, Filme, Lacke usw.) geschaffen[2]).

---

[1]) Neben der Alkalicellulose bzw. dem Natronzellstoff ist technisch besonders wertvoll der 1874 von A. Mitscherlich (1836—1918) mit Hilfe von Calciumbisulfit aus Holz dargestellte „Sulfit-Zellstoff". [Vgl. auch E. Wedekind, Cellulosechemie **17**, 41 (1936).] Die Weltproduktion des Holzstoffs stellte sich zu Beginn des Jahres 1936 folgendermaßen dar: 1935 betrug die Jahresproduktion an Sulfitzellulose rund 8420000 t, an Sulfatzellulose rund 3610000 t. Im Jahre 1939 schätzte man die Zellstofferzeugung der Welt auf etwa 13 Millionen Tonnen.

[2]) Während die Welterzeugung der Baumwolle im Jahre 1937 rund 7,5 Millionen t betrug, stellte sich die Weltproduktion der synthetischen Spinnstoffe (im Jahre

Während auf dieser Linie der chemischen Forschungsarbeit die Cellulosechemie ganz neuartigen technischen Erfolgen entgegengeführt wurde, harrte die Aufklärung der chemischen Konstitution der Cellulose noch der Bearbeiter und Methoden. Diese Aufklärung nahm ihren Weg über die Methyläther, deren Darstellung aus den Monosen (z. B. des Methyl- oder Äthylglucosids) durch E. Fischer [B. 26, 2400 (1893)] gelehrt worden war. Ersatz der freien Hydroxylgruppen der Biosen und Polyosen durch Methoxygruppen und nachherige Hydrolyse der methylierten Produkte zu einfachen Methylzuckern: dies war das Prinzip, welches J. C. Irvine mit Mitarbeitern seit 1903 [Soc. 83, 1021 (1903); ferner 87, 89 u. f.] zur Konstitutionsaufklärung von natürlichen und synthetischen Glucosiden sowie von Disacchariden benutzt hatte. Auf die Cellulose wurde es zuerst von W. S. Denham und H. Woodhouse [Soc. 103, 1735 (1913); 105, 2357 (1914)] übertragen. Für die erfolgreiche Methylierung der (unlöslichen) Cellulose war es sehr wesentlich, daß um 1900 die technische Darstellung des Dimethylsulfats $SO_2(OCH_3)_2$ gelungen und alsbald dessen Verwendung zur Methylierung versucht und erprobt worden war [F. Ullmann und P. Wenner, B. 33, 2476 (1900); A. 327, 104 (1903)]. Dieses Reagens wandten nun Denham und Woodhouse erstmalig auf die Polysaccharide an, bzw. sie methylierten die Cellulose in 15—18%iger wässeriger Natronlauge mittels Dimethylsulfats; die erhaltene methylierte Cellulose gab bei der Hydrolyse eine α-Trimethylglucose, für welche die Konstitution einer 2,3,6-Trimethylglucose $C_6H_9(OCH_3)_3 \cdot O_3$ festgestellt wurde (zuerst mit 1,4-O-Brücke):

$$\overset{\displaystyle O}{\overbrace{\underset{1}{CH}-\underset{2}{CH}-\underset{3}{CH}-\underset{4}{CH}-\underset{5}{CH}-\underset{6}{CH_2}}}$$

$$\quad OH \quad OCH_3 \quad OCH_3 \quad OH \qquad OCH_3$$

J. C. Irvine und E. L. Hirst [Soc. 121, 1213 (1922)], Irvine [Soc. 123, 518 (1923)], K. Heß und W. Weltzien [A. 435, 77 (1923)], H. Urban (1926), K. Freudenberg und E. Braun [A. 460, 298 (1928)] haben dann die Darstellung dieser Trimethylcellulose vervollkommnet bzw. die Konstitution derselben bestätigt; die nahezu quantitative Hydrolyse derselben zu der 2,3,6-Trimethylglucose führten K. Heß und H. Pichlmayr [A. 450, 29 (1926)] aus. Wohl infolge

---

1937) auf rund 800000 t dar; die Entwicklung der Fabrikation der letzteren geht aus den folgenden Zahlen hervor:

	1912	1913	1925	1931	1932	1934	1936	1937	1938	1939
Kunstseide	7000	16000	90000	224000	243000	365000	460000	549000	442000	507000 t
Zellwolle	—	—	—	—	10000	28000	146000	290000	425000	490000 t

In wenigen Jahren ist nicht nur eine neue Weltindustrie entstanden, sondern das synthetische Großerzeugnis hat die Weltwirtschaft verlagert und ein wichtiges Monopol der Natur erschüttert. Dabei ist zu beachten, daß die erste Kunstseidefabrik (Chardonnetseide) 1890 in Frankreich erbaut wurde.

sterischer Hinderungen entsteht bei der Einwirkung von Triphenyl-chlor-methan (+ Pyridin) auf Cellulose und auf Stärke nur je ein Monoäther $[C_6H_9O_4 \cdot (OC[C_6H_5]_3)]_n$ [B. Helferich und H. Koester, B. 57, 587 (1924)]. Siehe auch S. 526.

Die Entstehung der 2,3,6-Trimethylglucose aus der hydrolysierten Methylcellulose bewies, daß die Stellen 1 und 5 des Glucoserestes gegen die Methylierung geschützt waren; die Cellulose erscheint daher als ein Glucosederivat, in welchem die Stellen 1 und 5 durch Anhydro-glucosereste substituiert sind. Hier griff nun eine andere wichtige Erkenntnis von der Zusammensetzung der Cellulose ein, nämlich, daß der stufenweise Abbau der Cellulose durch Essigsäure [„Acetolyse" nach Zd. Skraup, M. 26, 1416 (1905)] zu einer Biose „Cellobiose" führt. Von A. P. N. Franchimont war 1879 (bei der Einwirkung von Essigsäureanhydrid und Schwefelsäure auf Cellulose) eine „elffach acety-lierte Triglykose" dargestellt worden [B. 12, 1941 (1879)], ihre Natur wurde erst 1901 durch Zd. H. Skraup und J. König erkannt, indem die Verbindung (auf Grund der kryoskopischen und ebullioskopischen Molekulargewichtsbestimmung) als eine Octacetyl-biose bestimmt wurde [B. 34, 1115 (1901)]; diese neue Biose wurde aus dem Acetat (durch Verseifen) isoliert und „Cellobiose" $C_{12}H_{22}O_{11}$ benannt [M. 22, 1011 (1901)]. Daß die Cellulose zu mehr als 60 % aus der Cellobiose (s. S. 521) aufgebaut ist, zeigte alsdann K. Freudenberg [B. 54, 767 (1921); s. auch 63, 1510 (1930)].

Den nächsten Schritt zum Einbau dieser Erkenntnisse über die Konstitution der Cellobiose in das Aufbauschema der Cellulose selbst machten W. N. Haworth und H. Machemer (Soc. 1932, 2270), indem sie wieder auf die Trimethylcellulose zurückgriffen. Sie erteilen den Makromolekülen der methylierten Cellulose die folgende Struktur:

Durch Hydrolyse: Tetramethylglucopyranose.   2,3,6-Trimethylglucose und Methylalkohol.

Aus dem Prozentgehalt der bei der Hydrolyse gebildeten Tetra-methylglucoseverbindung läßt sich der Wert von x schätzen und die Länge der Kette mit 100 bis höchstens 200 β-Glucoseeinheiten er-mitteln. W. N. Haworth [B. 65 (A), 43 (1932)] hat die folgende Kon-stitutionsformel für die Cellulose als langgestreckte Kette aufgestellt:

Die Glucosereste sind β-glucosidisch gebunden.

Es konnte K. Freudenberg [mit G. Blomqvist, B. 68, 2071 (1935)] für die Cellulose bzw. [mit K. Soff, B. 69, 1252 (1936)] für die Stärke polarimetrisch, reaktionskinetisch und reaktionsstatisch nachweisen, daß beide als Polysaccharide durch gleichartige Bindungen der Glucose-Einheiten aufgebaut sind, indem „in der Cellulose ausschließlich β-Bindungen vorliegen", während „die Stärke einheitlich oder ganz überwiegend durch α-Bindungen aufgebaut ist".

Die Ansicht von dem langgestreckten Cellulosemolekül nahm ihren Ausgang von verschiedenen Gebieten her. Durch die erfolgreichen Zuckersynthesen Emil Fischers — vom einfachen Formaldehyd HCHO aufsteigend, durch kettenförmige Zusammenlagerung etwa bis zu einer Glucononose $CH_2OH \cdot (CHOH)_7 \cdot CHO$ zu gelangen, oder durch die Polypeptidsynthesen desselben Meisters, vom einfachen Glycin $CH_2(NH_2) \cdot COOH$ ausgehend, Ketten von bis dahin unbekannter Länge zu erhalten; durch dieses Vorbild und den Erfolg war bereits zu Beginn des Jahrhunderts das Problem der kettenförmigen Bindung bestimmter organischer Naturstoffe wichtig geworden. Die Annahme langgestreckter Ketten als Denkmittel tritt nun immer bestimmter hervor, auch für den Bau der natürlichen Polysaccharide. Ein neuer Anstoß erfolgte durch die Anwendung der Röntgenspektrographie; als im Jahre 1920 R. O. Herzog und W. Jancke die Beobachtungen von P. Scherrer überprüften und erweiterten, fanden sie eine kristallinische Struktur bei der Baumwolle, beim Holzstoff, bei der Viscose, Stärke, Seide, und folgerten: „Die Cellulosefaser ist gewissermaßen einem fadenförmigen Wolframkristall vergleichbar" [B. 53, 2162 (1920)]. Als K. Freudenberg [B. 54, 767 (1921)] die Menge der beim Abbau der Cellulose entstehenden Cellobiose feststellte, sprach er von der „gestreckten Gestalt" des Cellulosemoleküls [s. auch B. 63, 1510 (1930); 69, 1627 (1936)]. Durch chemische Versuche hatte 1925 H. Staudinger für die Poly-oxymethylene das Vorhandensein von langen Ketten nachgewiesen [Helv. 8, 41 (1925)]. Für die Cellulose zeigten dann im Jahre 1926 O. L. Sponsler und W. H. Dore (Colloid Symposium Monogr. 1926, 174), wie die röntgenographischen Untersuchungen chemisch durch „chains of glucose units-primary valence bonds" gedeutet werden. K. H. Meyer und H. Mark [B. 61, 593 (1928)] faßten die bekannten Tatsachen kritisch zusammen und entwarfen ein anschauliches räumliches Bild von dem „Bau des kristallisierten Anteils der Cellulose", bzw. von den Dimensionen der Moleküle [vgl. auch B. 62, 1111 (1929)]. Aus Viskositätsmessungen gelangte dann 1930 H. Staudinger [mit Mitarbeitern, B. 63, 2317 u f., 3132 (1930)] zu neuen Einblicken in den Zustand und die Dimensionen der Cellulose und ihrer Derivate in Lösungen, wobei für die Baumwollcellulose Polymerigrade bis 1200 ermittelt wurden. Es ergab sich die Notwendigkeit, eine Abänderung und Neuformulierung des (1928) aus dem Röntgenogramm abgeleiteten Kristallmodells der Cellulose vorzunehmen [K. H. Meyer, B. 70, 266 (1937); vgl. auch K. Heß, B. 70, 731 (1937)]. Untersuchungen über Strukturänderungen der Cellulose durch Natronlauge bzw. Hydrazin hat G. Centola mittels der Röntgendiagramme ausgeführt [Gazz. chim. ital. 68, 825, 831, (1938)].

Nach K. Heß (1938) und E. Steurer [B. 73, 669, 674 (1940)] liegen in der natürlichen Cellulose keine offenen Ketten vor, dagegen ist an „Vernetzungsbrücken" (1.5-O-Brücken) zu denken.

Um ein Bild von der zeitlichen Wandlung der Ansichten und Ergebnisse über die Molekulargröße der Cellulose bzw. ihrer Derivate zu geben, seien die nachfolgenden Angaben mitgeteilt ($C_6H_{10}O_5 = [C_6]$ gesetzt):

C. F. Cross und E. J. Bevan, seit 1880 mit Untersuchungen über „Cellulosen, Oxycellulosen und Lignocellulosen" beschäftigt, unternahmen 1893 auch kryoskopische Molekulargewichtsbestimmungen in Eisessiglösungen von Celluloseestern (Acetaten, Nitraten, Benzoaten); sie bezeichnen die Resultate als unbrauchbar, weil die Gefrierpunktserniedrigungen stets ungewöhnlich hoch (also die Molekulargewichte viel zu klein) gefunden wurden, „vermutlich weil die Auflösung von Dissoziation begleitet ist" [B. 26, Ref. 378 (1893)]. Nach drei Jahrzehnten wurden diese Anomalien wieder beobachtet und für Erörterungen über die Molekülgröße der Cellulose benutzt, $[C_6]_{40}$, kryoskopisch in Nitrobenzol ermittelt [A. Nastjukoff, B. 33, 2242 (1900)], kleiner als das Stärkemolekül;

$[C_6]_{34}$, aus der Untersuchung der Chloracetylverbindung abgeleitet [Zd. Skraup, M. 26, 1415 (1905)];

$[C_6]_1$, inneres Anhydrid (A. G. Green, vgl. oben, S. 658);

$< [C_6]_{36}$ kleiner als $[C_6]_{36}$, „Formeln von so extremen Dimensionen wie $(C_6H_{20}O_5)_{36}$" sind unwahrscheinlich. „Eine Bestätigung dieser Größen scheinen einige Beobachter ... in den Zahlen für den osmotischen Druck, somit also in den Siede- und Gefrierpunkten der Lösungen (zu finden), ohne weiter danach zu fragen, ob die osmotischen Methoden auch auf kolloidale Lösungen anwendbar sind" [C. F. Cross und E. J. Bevan, B. 42, 2198 (1909)];

$(C_{12}H_{20}O_{10})_x$, inneres Cellobioseanhydrid, $x > 2$, durch Nebenvalenzen zusammengehalten [P. Karrer, Helv. chim. Acta 4, 174 (1921)];

$(C_{12}H_{20}O_{10})_y$, aus Anhydrobiose „Cellosan" $C_{12}H_{20}O_{10}$ mit großem y-Wert zu Cellulose zusammengeschlossen [W. Vieweg, B. 40, 3882 (1907)];

$C_6H_{10}O_5$, aus dem Verhalten der Schweizer-Lösungen von Cellulose, die „so reagiert, als ob sie zu $C_6H_{10}O_5$ aufgelöst ist" [K. Heß, W. Weltzien und E. Meßmer, A. 435, 1 bis 144 (1924)];

$C_{12}H_{20}O_{10}$, durch Depolymerisation der Cellulose erhaltenes Biose-
anhydrid, das ,,trotz seines niederen Molekulargewichts noch
eine große Ähnlichkeit mit der Cellulose hat" [K. Heß und
Mitarbeiter, B. 54, 3233 (1921)];

$[C_6H_{10}O_5]_1 = ,,$Cellosan" = Glucoseanhydrid, isotonisch in Wasser;
,,Cellulose ist ein Assoziationsprodukt ... des Glucoseanhydrids
Cellosan" [H. Pringsheim und Mitarbeiter, A. 448, 163 (1926)];

$[C_6H_7O_5 \cdot (OCCH_3)_3]_1 \ldots$ Triacetylcellulose, ebulliosk. in Pyridin
(Pringsheim und Mitarbeiter, Zit. S. 163);

höchstens $[C_6]_{8-12} \ldots$ aus der röntgenographischen Auswertung des
Cellulose-Elementarkörpers [H. Mark, B. 59, 2997 (1926)];

$(C_6H_{10}O_5)_{16} \rightleftarrows (C_6H_{10}O_5)_8 \rightleftarrows (C_6H_{10}O_5)_2$, aus osmotischen Messungen der
Acetylcellulose in Eisessig [K. Heß und M. Ulmann, A. 504, 81
(1933)];

$[C_6]_{10}$, kryosk. in Campher für Trimethyl- und Triacetyl-cellulose
(Haworth, Hirst und H. A. Thomas, Soc. 1931, 824);

$[C_6]_{32} \rightarrow [C_6]_{16} \rightarrow \ldots [C_6]_2$, aus osmotischen Messungen von Cellit in
Eisessig [M. Ulmann, B. 68, 1217 (1935)];

$[C_6]_{256}$, bzw. $[C_6]_{128} \rightarrow [C_6]_{32}$ — osmotisch, für dieselben Cellitpräparate,
aber in Aceton [M. Ulmann, B. 69, 1442 (1936)];

$[C_6]_{40-50} \rightarrow [C_6]_4$, aus kryoskopischen Messungen in Wasser [E. Heuser,
Z. El. 31, 498 (1925)];

$[C_6]_{120}$ als Minimalwert aus dem Röntgendiagramm der Ramie-cellulose
[R. O Herzog und D. Krüger, J. Physic. Ch. 34, 466 (1926);
J. Hengstenberg, Z. Krist. 69, 271 (1928)]; Hauptvalenz-
ketten auf ,,mindestens 60—100" Glucosereste geschätzt, aus
dem Röntgenbild abgeleitet [K. H. Meyer und H. Mark, Z. ph.
Ch. (B) 2, 128 (1929); B. 61, 607 (1928); 69, 548 (1936)];

$[C_6]_{170-230} \ldots$ nach einer dynamischen Methode an Cellulose-acetaten.
[J. Marchlewska, Rocz. Chem. 15, 331 (1935)];

$[C_6]_{160-280}$, viscosimetrisch an Kunstseiden [H. Staudinger und
H. Eilers, B. 68, 1613 (1935); s. auch H. Staudinger und
H. Freudenberger, B. 63, 2331 (1930)];

bis $[C_6]_{200}$, durch Abbaureaktion von Methylcellulosen [W. N. Haworth und H. Machemer, Soc. 1932, 2270; 1935, 1300),
,,Ketten von nicht mehr als 200 β-Glucose-Einheiten";

etwa $[C_6]_{500}$, Cellulose in Zellstoffen, viscosimetrisch

und $[C_6]_{1000-1200}$, in Schweizer-Lösungen, viscosimetrisch [H. Staudinger und O. Schweitzer, B. 63, 2317, 3132 (1930);
68, 1225 (1935); 69, 1177 (1936); s. auch Z. angew. Ch. 49,
574 (1936)], A. 526, 82 (1936); 529, 221 (1937);

bis $[C_6]_{1800}$, native Cellulose, durch Ultrazentif. [E. O. Kraemer
und W. D. Lansing, Nature 123, 870 (1934); s. auch J.
Phys. Chem. 39, 153 (1935)];

etwa $[C_6]_{6000}$, native Cellulose (Baumwolle), aus der Abbaugeschwindigkeit in Phosphorsäure wird ein Molekulargewicht von mindestens einer Million geschätzt [A. af Ekenstam, B. 69, 556 (1936)];

$[C_6]_{256}$, bzw. $[C]_{128} \to [C_6]_{64} \to [C_6]_{32}$, je nach der Fraktion und Konzentration, osmometr. an Cellit in Aceton [Ulmann, B. 69, 1442 (1936)];

$[C_6]_{978-516-189}$ ... mittels Ultrazentrifuge für Cellulosen aus Baumwolle, Jute, Bambus (J. K. Chowdhury und T. B. Bardhan, 1936);

$[C_6]_{300}$ — als untere Grenze, aus röntgenographischen Aufnahmen angesetzt [K. H. Meyer, B. 70, 273 (1937)];

$[C_6] > 700$, bzw. 450 an der in inerter Atmosphäre methylierten rohen Baumwolle (W. N. Haworth, Soc. 1939, 1899).

$[C_6] > 3000$ — native Cellulose in der Baumwolle, im Flachs und anderen Fasern[1]) und etwa $[C_6]_{300}$ — in technischen Cellulosen und Cellulosederivaten [H. Staudinger, B. 70, 2296 (179. Abh.); s. auch B. 70, 2508 (1937), (181. Abh.)].

Die „langen fadenförmigen Makromoleküle (der nativen Cellulose) haben also eine Länge von 1,5 μ" (S. 2309). Staudinger lehnt daher die Annahme von Sphäroidkolloiden (z. B. für Cellulosenitrate, I. Sakurada, 1936) ab, ebenso findet er die Micellartheorie der Cellulose [P. Karrer, 1921; K. H. Meyer und H. Mark, 1928 u. f.. Th. Lieser, 1930; s. auch Koll.-Chem. 81, 237 (1937)] als nicht mehr haltbar [B. 70, 2514 (1937)], der Micellbegriff auf dem Gebiete der Cellulose soll nur auf den festen Zustand beschränkt werden, „denn die Kolloidteilchen in verdünnten Lösungen der Cellulose und ihrer Derivate sind Makromoleküle; die kristallisierten Anteile der festen Cellulose sind Kristallite, die ein Makromolekülgitter besitzen" (Zit. S. 2517). Die Sprengung der langen Ketten der Cellulosemoleküle kann durch äußerst geringe Mengen von Oxydationsmitteln herbeigeführt werden, und vermutlich bewirken die Vitamine und Hormone trotz ihrer so geringen Mengen, die großen physiologischen Veränderungen „in ähnlicher Weise durch Veränderungen des Polymerisationsgrades der hochmolekularen Eiweißsubstanzen" [H. Staudinger, Z. angew. Ch. 50, 965 (1937)]. Aus den Untersuchungen der CelluloseLösungen in den großmolekularen quartären organischen Basen [z. B. in $N(C_2H_5)_4OH$] schließen jedoch Th. Lieser und R. Ebert [A. 532, 94 (1937)], daß zwischen Viskosität und Molekulargröße eine einfache Beziehung nicht besteht.

---

[1] Mindestens $[C_6]_{10\,000}$ als Kette oder ein Ringgebilde, ohne Endgruppe, für die Cellulose in der Baumwolle [K. Heß und F. Neumann: B. 73, 731, 970 (1940]; auch W. N. Haworth und Mitarbeiter (Soc. 1939, 1885) konnten in Baumwollcellulosen keinen Endgruppengehalt feststellen.

Erich Schmidt faßt seine (und seiner Mitarbeiter) Ergebnisse dahin zusammen, daß jede Kette der nativen Baumwoll-Cellulose aus 96 C_6-Einzelgliedern besteht (1936), wobei jedoch auch ein ganzzahliges Vielfaches der Zahl 96 möglich sein kann; ebenso besteht jede Kette der Buchenholz-Cellulose aus 96 C_6-Einzelgliedern, und jede Zellwand des Buchenholzes weist das Merkmal $(C_6H_{10}O_5)_3 : (C_5H_7O_4 \cdot COCH_3)_1$ auf, wobei $C_5H_7O_4 \cdot COCH_3$ der Acetylester des Xylans ist [B. **70**, 2345 (1937)]. Auf Grund der Faserdiagramme nehmen K. Hutino und I. Sakurada [Naturwiss. **28**, 577 (1940)] verschiedene Modifikationen der Cellulose an (s. auch S. 657). Über das röntgenographische Cellulosemodell: R. Hosemann [Z. El. **46**, 535 und Diskussion, 550 u. f. (1940)].

B. Stärke $(C_6H_{10}O_5)_n$.

Stärke und Cellulose gehören zu den verbreitetsten organischen Naturstoffen, die zugleich am längsten bekannt und als lebensnotwendig erkannt worden sind. Schon in den ältesten Zeiten sind chemische Vorgänge geläufig, die einer Umwandlung z. B. der Stärke in Speise und Trank, Brot und „Bier" zugrunde liegen. Und eigenartig berührt uns der Gegensatz, der zwischen dieser allmenschlichen Bedeutung und Nutzung der Stärke einerseits und der wissenschaftlichen Erkenntnis des chemischen Individuums „Stärke" andererseits noch gegenwärtig klafft. Es liegt dies nicht daran, daß etwa die Chemie des neunzehnten Jahrhunderts zu wenig Interesse der Erforschung der Stärke entgegengebracht hätte. Wir wollen hier die Äußerung zweier Forscher, die an diesem Problem sich abgemüht haben, anführen: „Es gibt vielleicht nicht einen Gegenstand in dem ganzen Gebiet der Chemie, welcher in den letzten 60 Jahren mehr Bearbeitung gefunden hätte und nicht einen, über welchen sogar bis zur Gegenwart die Meinungen der Chemiker so weit auseinander gingen, wie die Umwandlung, welche die Stärke erleidet, wenn sie der Einwirkung von Diastase oder von verdünnten Säuren ausgesetzt wird" [H. T. Brown und G. H. Morris, A. **231**, 72—136 (1885)]. Seit dieser Zeit (1885) ist ein weiteres Halbjahrhundert verflossen, und fast möchte es scheinen, als ob trotz weitergeführter andauernder chemischer Forschung und neuer Erkenntnis die Stärke, bzw. das „Stärkemolekül" seiner Größe, seinem Aufbau und seinen Umwandlungen nach noch heute ein großes Problem ist.

Vielversprechend waren die schon über ein Jahrhundert zurückliegenden ersten Erkenntnisse der chemischen Umwandlungen der Stärke. Es war Constantin-Gottlieb Sigismund Kirchhoff, der 1811 auf der Suche nach einem billigeren Ersatz des teuren arabischen Gummis „den gelatinösen Zustand der gekochten Stärke vermittelst verdünnter Mineralsäuren und Wärme zu beseitigen" hoffte; „wenn dieses gelänge, so glaubte ich, dann müßte sie (die Stärke) ähnlich

dem arabischen Gummi sein" [s. auch Schweiggers, Journ. 4, 108
(1812)]. Das Ergebnis dieser Gedankenreihe und der angestellten
Versuche war die Entdeckung der Umwandlung von Stärke in
Traubenzucker, die zur Begründung der Stärkezucker- und Sirup-
industrie überleitete, gleichzeitig aber ein klassisches Beispiel für die
katalytische Wirkung von Mineralsäuren lieferte; an dieses Beispiel
knüpfte Berzelius 1835 seine bahnbrechenden Betrachtungen über
die „katalytische Kraft" an. Dann konnte Kirchhoff (1814) zeigen,
daß eine Verzuckerung der Stärke auch durch wässerigen Malzauszug
erfolgt [Schweigg., J. 14, 389 (1814)]: die Isolierung der wirksamen
organischen Substanz, der „Diastase", aus Gerstenmalz vollführten
A. Payen und J. F. Persoz [A. ch. (2) 53, 73 (1833)]. Man erkannte
aber, daß der Stärkekleister durch Behandlung mit diesem „Kleber"
gekeimter Gerste „in gärungsfähigen Malzzucker und durch mehrere
Stunden lang dauerndes Kochen mit 5% Schwefelsäure in Traubenzucker umgewandelt wird" (vgl. J. W. Döbereiner, Anfangsgründe
der Chemie usw., Jena 1819, S. 365). Es sei angefügt, daß Döbereiner
den Zucker, das Amylon (Stärke) und die Pflanzenfaser als „amphotere (und neutrale) Substanzen" klassifiziert (Zit. S. 360).

Im Jahre 1814 wurde auch die für die Stärke charakteristische Blaufärbung durch Jod von Colin und Gaultier entdeckt [Schweigg.
J. 13, 453 (1814)]; diese Reaktion hat ja für die nachmalige Untersuchung der Umwandlungsprodukte der Stärke eine hervorragende
Bedeutung gehabt. Daß zum Auftreten der Blaufärbung die Anwesenheit von Wasser notwendig ist, wies 1819 Th. v. Grotthuss
(Ostw. Klass. Nr. 152, S. 118) nach, und F. Mylius [B. 28, 385 (1895)]
ergänzte diese Erkenntnis durch die Feststellung, daß zur Bildung
der blauen (Adsorptions-) Verbindungen von Stärke, Cholsäure u. a.
die Mitwirkung von Wasser und Jodionen erforderlich ist.

1847 weist A. Dubrunfaut [A. ch. 21, 178 (1847)] nach, daß
Stärkekleister durch Malz oder Diastase in einen von Traubenzucker
verschiedenen „Malzzucker" übergeführt wird; die Bezeichnung
des letzteren als „Maltose" tritt bereits 1862 entgegen (L. Gmelin,
Handb. d. organ. Ch., 1862). Die wissenschaftliche Wiederentdeckung
der „Maltose" erfolgt 1872 durch C. O'Sullivan [B. 5, 485 (1872);
9, 949 (1876)] und E. Schulze [B. 7, 1047 (1874)], und O'Sullivan stellt für die wasserfreie Maltose die Formel $C_{12}H_{22}O_{11}$ fest.

1879 geben H. T. Brown und J. Heron [A. 199, 165—253 (1879)]
die ersten ausführlichen „Beiträge zur Geschichte der Stärke und
der (chemischen) Verwandlungen derselben", nachdem bereits 1858 C. W.
Nägeli die morphologische Seite in seiner Monographie „Die Stärkekörner" (Zürich, 1858) beleuchtet hatte. Das wissenschaftliche Interesse für die Stärke ist nunmehr erregt worden. Die chemische
Formel der wasserfreien Stärke $(C_6H_{10}O_5)_x$ wird durch F. Salomon

[J. pr. Ch. (2) **25**, 362 (1882); **28**, 84 (1883)] sichergestellt; die Überführung in eine lösliche (kolloidale) Stärke lehren K. Zulkowsky
[B. **13**, 1395 (1880), zuerst 1875 in den Sitzungsber. d. Wiener Akad. d.
Wiss., Bd. 72, mitgeteilt] und C. Lintner [J. pr. Ch. (2) **34**, 378 (1886)],
der erstere durch Erhitzen in Glycerin, der andere durch Behandeln
mit Salzsäure. Daß die Maltose durch Schwefelsäure glatt in 2 Moleküle Traubenzucker übergeführt wird, zeigte E. Meißl [J. pr. Ch. (2)
25, 123 (1882)], nachdem er 1879 die „Halbrotation" der Maltose
entdeckt hatte.

Die ersten Methoden der Umwandlung der Stärke waren also die
beiden katalytischen, mittels Mineralsäuren und Diastase, die ersten
chemisch erfaßten Produkte dieser Umwandlung: der Traubenzucker
(„Dextrose" wegen der Rechtsdrehung mehrfach so genannt) und der
Malzzucker (Maltose). Dazu kam ein drittes Produkt, das bald zum
Mittelpunkt der weiteren Forschung wurde und in immer mehr Einzel-
produkte aufgeteilt werden sollte: es war dies das „Dextrin", so
benannt von Biot und Persoz [A. ch. (2) **52**, 72 (1833)] wegen seiner
Rechtsdrehung, und entstanden als ein lösliches Umwandlungsprodukt
des Stärkemehls (durch Behandeln mit verdünnter Schwefelsäure und
Fällen mit Alkohol). Ein anderes Dextrin schien nun aus Stärke durch
Diastase darstellbar zu sein [A. Payen und J. F. Persoz, A. ch. (2) **53**,
73 (1833)], und wieder verschieden — das durch Darre erhältliche
[Payen, A. ch. (2) **61**, 355 (1836)]. Die Tatsache der Entstehung der
genannten drei Stoffarten aus der Stärke stand also fest, der Versuch
einer Deutung dieser Entstehung mußte zwangsläufig folgen. Bis zum
Jahre 1860 sah man Dextrin als ein intermediäres Produkt zwischen
Stärke und Zucker an, indem man die Stärke zunächst in Dextrin und
dieses durch weitere Wasseraufnahme (Hydratation) in Zucker übergehen ließ. Es war F. A. Musculus [C. r. **50**, 785 (1860)], der erstmalig
die Ansicht vertrat, daß Dextrin und Zucker nicht nacheinander,
sondern nebeneinander als Zersetzungsprodukte des Stärkemoleküls
auftreten. Während die Frage nach dem „Wie?" noch in der Schwebe
blieb, wurde die Frage: „Was entsteht eigentlich?" immer verwickelter, indem jeder neue chemische Forscher neue Dextrine fand
und mit neuen Namen bezeichnete. Wir nennen nur die Untersuchungen
von E. Brücke [Wien. Akad. Ber. (3) **65**, 126 (1872)], der auf Grund
der Jodfärbung ein „Erythrodextrin" (mit Jod rotbraun) und ein
„Achroodextrin" (keine Jodfärbung) unterschied; dann von O'Sullivan [Soc. (2) **10**, 579 (1872)], der ein α- und β-Dextrin beschrieb;
ferner von C. W. Nägeli [A. **173**, 218 (1874)], der ein „Amylodextrin" I
erhielt, das sphärokristallinisch war, eine reinblaue Jodfärbung gab
und oft als identisch mit „löslicher Stärke" aufgefaßt wurde, sowie
von Herzfeld [B. **12**, 2120 (1879)], der ein Maltodextrin einführte
[zu diesem vgl. H. T. Brown und G. H. Morris, A. **231**, 82, 119 (1885);

Soc. **55**, 449 (1889); **75**, 315 (1899); A. R. Ling und Mitarbeiter, Soc. **67**, 703 (1895); **71**, 517 (1897); **127**, 636 (1923)]. Während Herzfeld den Übergang: Amylo- zu Erythro- zu Achroodextrin und Maltodextrin durch aufeinanderfolgende Akte der Hydratation des Stärkemoleküls deutete, hatten F. A. Musculus und Gruber [Bl. (2) **30**, 54 (1878)] die Theorie eines allmählichen Abbruches des Stärkemoleküls durch eine Reihe von Wasseraufnahmen und aufeinanderfolgende Zersetzungen aufgestellt. Unabhängig waren H. T. Brown und J. Heron [A. **199**, 244 (1879); s. auch **231**, 78 (1885)] zu einer ähnlichen und genauer skizzierten Theorie der als eine „hydrolytische Wirkung" bezeichneten Umwandlung der löslichen Stärke gelangt: als Mindestformel der Stärke wird $(C_{12}H_{20}O_{10})_{10}$ angenommen, durch „Hydrolyse" mittels Malzextrakt werden nun stufenweise Gruppen von $C_{12}H_{20}O_{10}$ als Maltose abgespalten, so daß nacheinander polymere Dextrine von immer geringerem Molekulargewicht zurückbleiben. Neben dieser Abbautheorie des Stärkemoleküls hatte gleichzeitig O'Sullivan [Soc. (2) **35**, 70 (1879)] eine andersgeartete Ansicht über die Bildung von Maltose aus Stärke und den Dextrinen verlautbart, wobei die verschiedenen Dextrine nicht eine Reihe polymerer Körper bilden, „but rather a series of bodies of the same molecular weight, in which differences in their bahaviour to the agent under consideration must be accounted for by a difference in relation in the arrangement of the molecules to one another, probably in solution only."

Diese von Musculus und Gruber bzw. Brown und Heron erstmalig aufgestellte Theorie von dem aufeinanderfolgenden Abbrechen oder Abbau des Stärkemoleküls zu Maltose und einer Reihe von polymeren Dextrinen hat in der Folgezeit die chemische Forschung richtunggebend beeinflußt. In mehrfacher Hinsicht bedeutungsvoll waren dann die Untersuchungen von C. J. Lintner und G. Düll, die ebenso wie z. B. die grundlegenden Arbeiten von H. T. Brown und Mitarbeiter durch die Brautechnik beeinflußt und gefördert wurden. Im Jahre 1891 entdeckte Lintner in der Malzwürze und im Bier einen neuen Zucker „Isomaltose" $C_{12}H_{22}O_{11} \cdot aq$ (Z. ges. Brauwesens, 1891, 284); Lintner und Düll [Z. angew. Ch. **5**, 268 (1892)] konnten dann das ständige Vorkommen desselben Zuckers in den Hydrolyseprodukten der Stärke durch Malzdiastase nachweisen. Die Reindarstellung sowie die Identifizierung dieser Isomaltose mit der kurz vorher von E. Fischer (1890) synthetisch (aus Glucose) dargestellten Isomaltose führten Lintner und Düll, unter Zuhilfenahme des Phenylhydrazins, über das Isomaltosazon aus. Es folgte nun eine eingehende Untersuchung „über den Abbau der Stärke unter dem Einflusse der Diastasewirkung" [Lintner und Düll, B. **26**, 2533 (1893)], sowie „über den Abbau der Stärke durch die Wirkung der Oxalsäure" [Lintner und Düll, B. **28**, 1522 (1895)]. Gegenüber den Arbeiten der vorhergenannten

Forscher bedeuten diese Untersuchungen von Lintner und Düll auch methodisch insofern einen grundlegenden Fortschritt, als in ihnen — neben den alten Kennzeichnungen des Drehungsvermögens, der Reduktion gegen Fehlingsche Lösung und der Jodprobe — systematisch die Osazonprobe und die Bestimmung des Molekulargewichts (kryoskopisch in Wasser) zur Anwendung gelangten. Dadurch wurde erstmalig ein Bild des in Molekulargrößen veranschaulichten stufenweisen Abbaus der Stärke gegeben:

mit Diastase:	Stärke →	Amylo-dextrin →	Erythro-dextrin I →	Achro-dextrin I →	Isomaltose, Maltose
kryosk. Mol.-Gew....	(?) →	17750 →	5786 →	1963 →	340—363
mit Oxal-säure: kryosk. Mol.-	Stärke →	Amylo-dextrin →	Erythrodex-trin I u. II →	Achrodextrin I u. II →	Isomaltose → Dextrose
Gew....		s. o.	2900	980	s. o. 180

Während nun einerseits (z. B. durch A. R. Ling, B. Baker, u. a.) die Frage der Dextrine bzw. des Abbaus der Stärke weiter verfolgt wurde, bahnte sich andererseits eine ganz anders geartete Forschungsrichtung an, und zwar betraf sie die Stärke selbst, ihren ursprünglichen Aufbau und ihre chemische Zusammensetzung. Es hatte A. Meyer (Untersuchungen über Stärkekörner. Jena 1895), wie einst C. W. Nägeli (1858), im Stärkekorn zwei verschiedene Substanzen unterschieden, die er α- und β-Amylose nannte. Eine Fortsetzung fanden diese physiologisch gerichteten Untersuchungen in den Forschungen von L. Maquenne [A. ch. (8) 2, 109 (1904); s. auch 9, 179 (1906)], der für den löslichen (inneren) Bestandteil der Stärke die Bezeichnung „Amylose" vorschlug (= β-Amylose [Meyer] = Granulose C. W. Nägelis) und für die andere Komponente (die Hüllsubstanz) als die kleisterbildende den Namen „Amylopectin" (= α-Amylose Meyers) wählte. Die Trennung beider Komponenten wird durch eine von A. R. Ling und D. R. Nanji [Soc. 123, 2673 (1923)] vorgeschlagene Ausfriermethode leicht ermöglicht [s. auch H. Pringsheim und K. Wolfsohn, B. 57, 887 (1924); E. L. Hirst und Mitarbeiter, Soc. 1932, 2377]. In das Jahr 1904 fällt noch eine andere wichtige Erkenntnis: A. Fernbach [C. r. 138, 428 (1904)] zeigte, daß die Stärke relativ reich an Phosphor ist. Diese Beobachtung konnte durch M. Samec [Kolloidchem. Beih. 6, 23 (1914)] bestätigt werden, der das Amylopectin als den Träger des Phosphors (etwa 0,175%) hinstellte. Alsdann vermochten J. H. Northrop und J. M. Nelson [Am. 38, 472 (1916)] aus teilweise hydrolysierter Stärke einen Phosphorsäureester[1]) (mit 5,3% P) zu isolieren. Auch die Forscher der jüngsten Zeit fanden den Phosphor

---

[1]) M. Samec [Kolloid-Z. 92, 1 (1940)] führt das unterschiedliche Verhalten der Stärken verschiedener Herkunft zum Teil auf die Anwesenheit von Phosphorsäure (-Estern) oder Phosphorsäure-Stickstoffpaarlingen zurück.

ständig als Begleiter gereinigter Stärke, und zwar sowohl in dem
Amylopectin als auch in der Amylose, zu 0,20% als P_2O_5 berechnet
[E. L. Hirst, M. M. T. Plant und M. D. Wilkinson, Soc. 1932,
2375; D. K. Baird, W. N. Haworth und E. L. Hirst, Soc. 1935,
1201; Haworth, Hirst und A. C. Waine, Soc. 1935, 1299;
P. Karrer, Helv. 12, 1144 (1929); 15, 48 (1932); K. Myrbäck und
K. Ahlborg, 1937]. Beachtenswert ist der Hinweis von Ling und
Nanji [Soc. 123, 2672 (1923)], daß auch Kieselsäure in der Stärke
vorkommt, z. B. in der „Amylo-hemicellulose" 0,83 bis 0,92% SiO_2
[Ling und Nanji, Soc. 127, 654 (1925)]. Das Jahr 1904 brachte
noch einen dritten bemerkenswerten Fund, nämlich die Entdeckung
der sogenannten „kristallisierten Dextrine" von F. Schardinger
durch Abbau der Stärke mittels des Bacillus macerans [Wien. klin.
Wochenschr. 1904, Nr. 8; s. auch Zentralbl. f. Bakter. u. Parasitenk. II.
22, 98 (1908)], und zwar des in Wasser leichter löslichen „Dextrin α"
und des schwer löslichen „Dextrin β". Diese beiden Dextrine dienten
nun als Ausgangspunkt für die im Jahre 1912 beginnenden Untersuchungen von H. Pringsheim über die „Polyamylosen" $(C_6H_{10}O_5)_n$
bzw. über die α- und β-Reihe derselben, von Di- zu Tri- zu Tetra- zu
Hexa-amylose ansteigend [H. Pringsheim und A. Langhans, B.
45, 2533 (1912); fortlaufend bis 1929: vgl. auch H. Pringsheim,
The Chemistry of the Monosaccharides and of the Polysaccharides.
New York 1932]. Bedenken zu diesen Polyamylosen hat P. Karrer
geäußert (Einführung in die Chemie der polymeren Kohlenhydrate.
Leipzig 1925). Die kryoskopischen Messungen an den Acetaten der
Tetra- und Hexaamylosen zeigen Anomalien, indem z. B. in Phenol-
lösungen ersteres nur die halbe, das letztere nur ein Drittel der theo-
retischen Molekulargröße zeigt (vgl. H. Pringsheim, The Chemistry
usw., p. 291). Rückschlüsse von diesen relativ niedrigmolekularen Poly-
amylosen auf das Molekül der Stärke selbst und die höherpolymeren
Abbauprodukte der letzteren ergaben sich aus Untersuchungen von
Ling und Nanji [Soc. 123, 2666 (1923); 127, 629 (1925)]; folgende
Zusammenhänge konnten festgestellt werden:

Stärke
/ Amylose → α-Poly-amylosen bzw. α-Hexa-amylose; beide werden durch Malzdiastase quanti-
tativ in Maltose übergeführt;
\ Amylopectin → „α-β-Hexa-amylose" (=α-Amylodextrin von B. Baker, 1902) → Hexatriose
└→ β-Poly-amylosen Pringsheims.

Der Bac. mac. liefert beim Abbau der Stärke zu den „krist.
Dextrinen": „α-Dextrin", α-Reihe — α-Tetra-amylose [und α-Hexa-
amylose, Pringsheim, B. 55, 1428 (1922)], „β-Dextrin", β-Reihe —
β-Hexa-amylose. K. Freudenberg und R. Jacobi [A. 518, 102
(1935)] haben neben dem α- und β-Dextrin Schardingers noch 3
weitere (γ-, δ- und ϵ-Dextrin) kennen gelehrt. Hinweise auf das Vorhandensein von Ringen aus 5 Glucoseresten (und nicht von Ketten
aus Glucoseresten) hat K. Freudenberg [B. 69, 1266 (1936); Natur-

wiss. **26**, 123 (1938)] für das Schardingersche α-Dextrin und β-Dextrin erbracht [B. **71**, 1596 (1938); **73**, 612 (1940)]. Die röntgenographische Untersuchung führte O. Kratky [B. **71**, 1413 (1938)] ebenfalls zu dem Raummodell eines großen Ringes aus $(C_6H_{12}O_6)_5$ bzw. wasserfrei $(C_6H_{10}O_5)_5$.

H. Pringsheim und Mitarbeiter [B. **57**, 887 (1924)] stellten zuerst das Triacetat der Amylose und des Amylopectins $[C_6H_7O_5(CO \cdot CH_3)_3]_n = [C_{12}H_{16}O_8]_n$ dar. Dieselben Triacetate wurden auch von M. Bergmann. E. Knehe und E. v. Lippmann [A. **458**, 93 (1927)], dann von Hirst, Plant und Wilkinson (Soc. **1932**, 2375) sowie D. K. Baird, Haworth und Hirst (Soc. **1935**, 1201), sowie A. Steingroever [B. **62**, 1352 (1929)] dargestellt und zur Bestimmung der Molekulargröße der beiden Bestandteile der Stärke ausgewertet. Bei der Kryoskopie ergab sich:

in Phenol

für Amylose-acetat	die Molekülgröße	$= [C_6]_2$	H. Pringsheim
„ Amylopectin-acetat „	.,	$== [C_6]_3$	und Mitarbeiter
„ Amylopectin-acetat			
(Konzentr. c=0,1 bis 0,3) „	.,		M. Bergmann
		$= [C_6]_1$	und Mitarbeiter

für Amylose-acetat
(c = 0,1 bis 0,3) „   „ $= [C_6]_1 = C_6H_7O_5(OC \cdot CH_3)_3$
(A. Steingroever)

in Essigsäure:

für Amyloseacetat (c = 0,1) . . . . $= [C_6]_1$	M. Bergmann
„ Amylopectin-acetat (c = 0,1) . . . . $= [C_6]_1$	und Mitarbeiter

Dagegen fanden K. Myrbäck und K. Ahlborg (1937) für enzymatisch abgebaute Grenzdextrine M = 440000 (bis 8000) durch β-Amylase, und M = 2500—950, durch α-Amylase abgebaut.

Durch Auflösung der Stärke in wasserfreier Flußsäure entsteht (im Gegensatz. zu der Celluloselösung) eine hochdrehende (+ 147⁰) Lösung, aus der ein als „Amylan" bezeichneter wasserlöslicher Stoff $[C_6H_{10}O_5]_n$ isoliert werden kann (in Wasser $[\alpha]_D^{16} = +145^0$), die Acetylierung desselben gibt ein wasserunlösliches Triacetylamylan $[C_6H_7O_5(CO \cdot CH_3)_3]_n$, dessen Drehung in Chloroform $[\alpha]_D^{19} = + 142^0$. Dieses Acetylamylan erwies sich sehr ähnlich dem Triacetyl-maltan [„Maltan" — das durch Auflösen von wasserfreier Maltose in Fluorwasserstoff entstandene Kondensationsprodukt der Maltose; B. Helferich, A. Stärker und O. Peters, A. **482**, 183 (1930)]. Es sei daran erinnert, daß die Triacetate von Amylose und Amylopectin in Acetylentetrachlorid ebenfalls die Drehung $[\alpha]_D^{20} = + 142^0$ bis 143⁰ besitzen [Pringsheim, B. **57**, 889 (1924)].

E. L. Hirst, Plant und Wilkinson (Soc. **1932**, 2375) leiten aus den Hydrolyseprodukten der Trimethylamylose sowie des Trimethylamylopectins — beide geben neben Trimethylglucose die gleiche Menge (5%) Tetramethylglucose — die folgende Konstitution für die Stärke ab:

Die Glucosereste sind hier α-glucosidisch gebunden [s. auch Haworth, B. **65** (A), 43 (1932)]. Die annähernde Kettenlänge beträgt 23—24 Glucose-Einheiten, was einem Molekulargewicht M $\sim$ 5000 entspricht.

H. Staudinger und H. Eilers [B. **69**, 827 (1936)] heben demgegenüber hervor, daß die großen Unterschiede zwischen Stärke und Cellulose nicht durch diese Bindungsweise (Stärke — α-glucosidisch, Cellulose — β-glucosidisch) erklärt werden können, auch nicht allein durch die verschiedene Länge der Makromoleküle, sondern daß (auf Grund der Verschiedenheit der Viskositätskonstanten Km) dem Stärkemolekül ein anderes Bauprinzip zukommt, indem die Glucosereste etwa spiralförmig angeordnet und die Makromoleküle der Stärke etwa verzweigt sind. Zur Konstitution der nativen Stärke, bzw. ihrer Zusammensetzung aus 2 Komponenten: Amylo-amylose (durch Jodüberschuß aus blau in grün) und Erythro-amylose oder Amylopektin (durch Jodüberschuß rot) hat M. Samec Beiträge geliefert [vgl. seinen Vortrag, B. **73** (A), 85 (1940); Kolloid-Beih. **51**, 359—429 (1940)].

Nach H. Staudinger [mit E. Husemann, A. **527**, 195 (1937)] liegen in der Stärke Kettenverzweigungen mit kugelförmigen Stärkemolekülen vor; K. Heß [B. **73**, 1076 (1940)] findet seine Ergebnisse an der Amylo-amylose in Übereinstimmung mit der Annahme Staudingers, während K. H. Meyer [Naturwiss. **23**, 865 (1940)] der Amylose eine unverzweigte Kette beilegt, während Amylopektin verzweigt ist.

Eine zickzackförmige Anordnung der Glucosereste im Stärkemolekül bzw. der Maltoseketten desselben hatten schon K. H. Meyer, H. Hopff und H. Mark [B. **62**, 1111 (1929)] entworfen. Unlängst hat K. Freudenberg [mit Mitarbeitern, Naturwiss. **27**, 850 (1939)] ein schraubenförmig aufgebautes Modell angenommen, wobei die Verfestigung von einer Glucoseeinheit zur benachbarten der nächsten Windung intramolekular durch Wasserstoffbrücken zwischen den Hydroxylen der eigenen Kette erfolgt. [Vgl. K. Freudenberg und H. Boppel, B. **73**, 609 (1940); über die Bindungsweise der Maltoseketten s. auch K. H. Meyer, Naturwiss. **28**, 564 (1940).]

Die Molekulargrößenbestimmung der Stärke (und ihrer Abbauprodukte) bietet in chronologischer Reihenfolge die nachstehende Mannigfaltigkeit der Zahlenwerte und Verfahren dar $(C_6H_{10}O_5 \doteq [C_6'])$:

1873 $[C_6]_{4-5}$ ... aus der Zusammensetzung der erstmalig dargestellten Alkalistärke [B. Tollens, B. 6, 1390 (1873)].

1876 $[C_6]_3$ ... aus der chemischen Umsetzung der Stärke [O'Sullivan, B. 9, 949 (1876)].

1879 $[C_6]_{20}$ ... für lösliche Stärke ebenso [Brown und Heron, A. 199, 242 (1879)], als unterste Grenze.

1881 größer als $[C_6]_4$ ... ebenso [T. Pfeiffer und B. Tollens, A. 210, 294 (1881)].

1885 $[C_6]_{30}$ ... ebenso, Stärkemolekül [Brown und Morris, A. 231, 72, 124 (1885)].

1887 nicht weniger als $[C_6]_4$ ... aus der Zusammensetzung der blauen Jodstärke [F. Mylius, B. 20, 688 (1887); 28, 389 (1895)].

1889 $[(C_{12}H_{20}O_{10})_{20}]_5 = [C_6]_{200}$ ... $= 32400$ für lösliche Stärke, aus deren Abbauprodukten [Brown und Morris, Soc. 55, 449,462 (1889)].

1893 1. $(C_{12}H_{20}O_{10})_{54} = [C_6]_{108}$ ... kryoskopisch ermittelt, für Diastaseabbau der Stärke zu Amylodextrin unterer Grenzwert;

2. $(C_{12}H_{20}O_{10})_{18} \cdot H_2O$ ... kryoskopisch in Wasser, für Erythrodextrin (M $\sim$ 5800);

3. $(C_{12}H_{20}O_{10})_6 \cdot H_2O$ ... kryoskopisch, für Achroodextrin (M $\sim$ 2000) [C. J. Lintner und G. Düll, B. 26, 2533 (1893)].

1895 durch Abbau der Kartoffelstärke mittels Oxalsäure wurden 3 Erythrodextrine (kryoskopisch M $\sim$ 5000 bis 2900) erhalten [Lintner und Düll, B. 28, 1522 (1895); s. auch P. Klason und K. Sjöberg, B. 59, 40 (1926)].

1901 $[C_6]_3$ ... aus der erstmalig dargestellten Triacetylstärke, ebullioskopisch in Essigäther [F. Pregl, M. 22, 1062 (1901)].

1905 $[C_6]_{50}$ ... aus den Chloracetylprodukten der Stärke [Zd. Skraup und Mitarbeiter, M. 26, 1415 (1905)].

1911 $[C_6]_4$ ... aus kryoskopischen Messungen der Stärke in Formamid (erstmalig die Löslichkeit der Stärke in Formamid erkannt, P. Walden, Bull. Acad. Sc. Petersb. 1911, 1079).

1913 $[C_6]_{10-140}$ ... aus osmotischen und viscosimetrischen Messungen abgebauter Stärkedextrine in Wasser [W. Biltz, B. 46, 1532 (1913); Z. ph. Ch. 83, 683 (1913)].

1921 höchstens $[C_6]_6$ ... aus dem durchschnittlichen Molekulargewicht der Methylostärke (M = 900—1200) ist zu folgern, „daß in der Stärke höchstens sechs Glucosemoleküle glucosid- oder ätherartig miteinander verbunden sind" [P. Karrer, Helv. 4, 193 (1921)]; Stärke ist polymerisiertes Maltoseanhydrid, etwa $(C_{12}H_{20}O_{10})_3$ [P. Karrer und E. Bürklin, Helv. 5, 181 (1922)].

1921 $[C_6]_{400}$ ... für Amylose, $[C_6]_{800}$ ... für Amylopektin, osmotisch (durch Erhitzen einer wässerigen Stärkelösung und Elektrolyse die beiden Bestandteile erhalten) [M. Samec und A. Mayer, Kolloidchem. Beih. 13, 272 (1921); C. r. 172, 1079 (1921)].

1923 ... mindestens [C6]3 . . auf Grund der Abbauprodukte „muß das Stärkemolekül mindestens 3 Glucoseeinheiten enthalten" [J. C. Irvine, Soc. 123, 911 (1923)].

1926 [C6]18 ... für lösliche Stärke, aus der Molekulardrehung der Hexosane extrapoliert [A. Pictet, Helv. 9, 33 (1926); 10, 276 (1927)].

1927 [C6]1 ... aus Amyloseacetat, kryoskopisch in Phenol [M. Bergmann und E. Knehe, A. 452, 141 (1927); bestätigt von A. Steingroever, B. 62, 1356 (1929)].

1927 [C6]2 ... aus kryoskopischen Messungen wird auf die Dispergierung der Amyloseacetate bis zum Biose-anhydrid geschlossen [H. Pringsheim und Mitarbeiter, B. 60, 1710 (1927)].

1931 [C6]140–1 ... diffusiometrisch durch stufenweisen Abbau der Stärke mittels Diastase bzw. Säure, bis zur Biose und Monose [H. Brintzinger, Z. anorg. Ch. 196, 50 (1931)].

1932 [C6]25 ... aus den Abbauprodukten von Stärke-trimethyläther [E. L. Hirst, Plant und Wilkinson, Soc. 1932, 2375].

1933 u. f. [C6]40–200 ... osmometrisch und diffusiometrisch aus Stärke und ihren Abbauprodukten [M. Samec und L. Knop, Kolloidchem. Beih. 39, 438 (1934); s. auch 37, 91 (1933)].

1934 [C6]170–330 ... mittels Ultrazentrifuge aus Stärke, die durch Erhitzen mit Wasser abgebaut war, bzw.

1934 [C6]70–1700 ... mittels Ultrazentrifuge an den mit Säure abgebauten Stärken [O. Lamm, Kolloid-Zeitschr. 69, 44 (1934)].

1935 [C6]30–40 ... mittels Endgruppenbestimmung ergeben sich Molekulargewichte von 5000—6000 für die Stärke (D. K. Baird, Haworth und Hirst, Soc. 1935, 1201). Viskosimetrische Werte sind etwa 10mal größer [Staudinger, B. 69, 826 (1936)].

1935 [C6]16–17 ... für α-Amylodextrin mittels Endgruppenbestimmung (Haworth, Hirst und Waine, Soc. 1935, 1299).

1936 [C]1–2 ... mit Salzsäure abgebaute Stärke in Ameisensäure. kryoskopisch, bzw.

[C]100–120 ... dieselbe Stärke in Ameisensäure, viskosimetrisch: Stärkeacetate in Dioxan: kryoskopisch M = 2700—1700; parallel viskosimetrisch etwa M = 200000—30000 [H. Staudinger und H. Eilers, B. 69, 843 u. f. (1936)].

[C6]30–500 ... viskosimetrisch für (durch Diastase oder Säuren) abgebaute Stärken: „Sie haben ein Molekulargewicht von etwa 5000—80000" [Staudinger und Eilers, Zit. S. 822 (1936)].

[C6]630–140 ... osmotische Messungen an methylierter Stärke (S. R. Carter und B. R. Record, J. Soc. Chem. Ind. 1936, 218); M ~ 4×10^6 aus Diffusionsmessungen [O. Lamm. Naturwiss. 24, 508 (1936)].

1939 viskosimetrisch: $[C_6]_{3400}$ ... acetylierte Weizenstärke; acetylierte Roßkastanienstärke, bzw.

$[C_6]_{2000-1000}$ ... methylierte Weizenstärke;

$[C_6]_{4320}$ ... methylierte Roßkastanienstärke (E. L. Hirst und G. T. Young, Soc. 1939, 951).

1940 $[C_6]_{2400}$ für Amylo-amylose gegenüber $[C_6]_{1200}$ für Erythro-amylose [K. Heß und B. Krajnc, B. 73, 976, 1078 (1940)]; $[C_6]_{300-6000}$ für Amylopektin (das zu 80—90% in der Mais-Stärke vorkommt) neben Amylose (10—20%) mit $[C_6]_{60-360}$, diese besteht aus unverzweigten Ketten, das Amylopektin aus verzweigten Molekülen [K. H. Meyer und Mitarbeiter, Helv. 23, 845—897 (1940); B. 73, 1298 (1940)].

C. Glykogen $(C_6H_{10}O_5)_n$.

Von Claude Bernard [C. r. 44, 578 (1857)] wurde in der Leber eine stärkemehlartige Verbindung „Glykogen" entdeckt, die, gleich der Stärke, über einen dextrinähnlichen rechtsdrehenden Körper sich in Zucker umwandelt. Daß das (durch Säuren, Diastase, Fermente, nach Cl. Bernard herbeigeführte) Abbauprodukt Traubenzucker ist, wies M. Berthelot nach [C. r. 49, 213 (1859)]. Dieses sogenannte „tierische Amylum" oder die „Leberstärke" ist auch in den Muskeln, Austern, in der Hefe usw. vorhanden. Eine intensivere chemische Untersuchung des Glykogens ist jungen Datums. Neben der Ermittelung der Molekülgröße stand als nächstes Ziel die Ermittelung der Zahl der freien Hydroxylgruppen. Im Zusammenhang mit den Untersuchungen über die Acetolyse der Cellulose und Stärke untersuchten Zd. Skraup und Mitarbeiter (1906) auch das Glykogen. Dann unterwarf es P. Karrer (1921) der Einwirkung des Dimethylsulfats, um ein vollmethyliertes Glykogen zu erhalten. Als H. Pringsheim (1922) auf das Glykogen ein Gemisch von Essigsäureanhydrid und Pyridin einwirken ließ, erhielt er erstmalig ein Triacetylglykogen: $[C_6H_7O_5 \cdot (COCH_3)_3]_n$. P. Karrer und C. Naegeli [Helv. 4, 267 (1921)] hatten durch Einwirkung von Acetylbromid das Glykogen zu Acetobrommaltose abbauen können. Damit war die große Ähnlichkeit zwischen dem Glykogen und der Stärke — die das gleiche Abbauprodukt gab — dargetan. Die Reindarstellung des Triacetyl- und des Trimethylglykogens $[C_6H_7O_2 \cdot (OCH_3)_3]_n$, deren Untersuchung und Abbau zu 2,3,6-Trimethylglucose wurden von W. N. Haworth, E. L. Hirst und J. J. Webb (Soc. 1929, 2479) durchgeführt; sie bestätigten die konstitutionelle Verwandtschaft von Glykogen und Stärke: „We are thus led to the view that glycogen is constituted on the basis of continous maltose units, that is, of conjugated chain of glucose units". Einen tieferen Einblick in die Länge dieser Kette erbrachten die Untersuchungen der Hydrolyseprodukte des Trimethylglykogens (Haworth und E. G. V. Percival, Soc. 1932, 2277), und als Struktur des nativen Glykogens ergibt sich das folgende Bild, worin x den Mindestwert 10—12 hat:

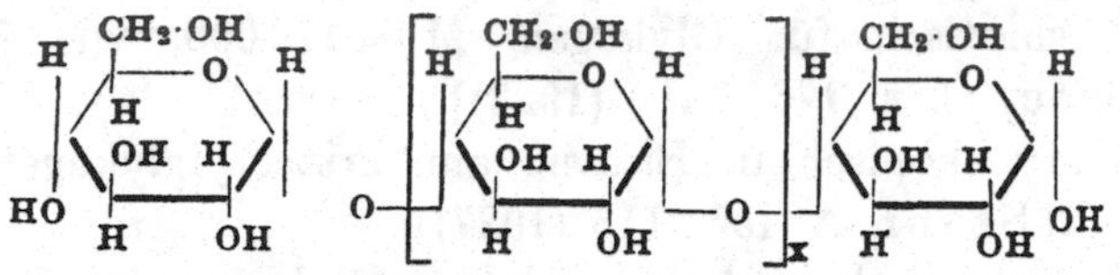

Vgl. auch Haworth, Monatsh. 69, 314 (1936) und Soc. 1937, 577. Die Formel enthält häufig wiederkehrende Verzweigungen der Glucoseketten.

Die Übereinstimmung des optischen Drehungsvermögens von Glykogen und Stärke bzw. deren Derivaten veranschaulicht die folgende Zusammenstellung:

	Trimethyl-	Triacetyl-	
Stärke	$[\alpha]_D^{20}=208^0$ in CHCl$_3$	$[\alpha]_D^{20}=+170^0$ in CHCl$_3$	Haworth, Hirst und Webb, Soc. 1928, 2681; 1929, 2480.
Amylose: $[\alpha]_{1780}^{20}=197^0$ in H$_2$O $[\alpha]_D=192^0$ in Wasser	$[\alpha]_D^{20}=+214^0$ in CHCl$_3$	$[\alpha]_{20}^{5780}=+177^0$ in CHCl$_3$	Baird, Haworth und Hirst, Soc.1935, 1201. Zd. Skraup, M. 26, 1415 (1906).
Glykogen $[\alpha]_D^{20}=194^0$ in Wasser	—	$[\alpha]_D^{20}=177^0$ in CHCl$_3$	Pringsheim und G. Will, B.61, 2011(1928).
$[\alpha]_D=171$ bis 190^0 in Wasser	—	—	L. Schmid und Mitarbeiter M. 49, 118 (1928).
$[\alpha]_D^{20}=207^0$ in Wasser	—	—	R. O. Herzog, B.62, 496 (1929).
$[\alpha]_D^{22}=192^0$ in Wasser	$[\alpha]_D^{20}=208^0$ in CHCl$_3$	$[\alpha]_D^{22}=163^0$ in CHCl$_3$	Haworth, Hirst und Webb, Soc. 1929, 2480.
—	$[\alpha]_D^{20}=209^0$ in CHCl$_3$	$[\alpha]_D^{20}=170^0$ in CHCl$_3$	Haworth u. Percival, Soc. 1932, 2277.
Glykogen	$[\alpha]_D^{20}=+186,3^0$ in CHCl$_3$	Temp. 152—154^0 $[\alpha]_D^{20}=147^0$ in CHCl$_3$	G. K. Hughes, A. K. Macbeth und F. L.
Stärke (aus Mais) .	—	Schmp. 152—153^0 $[\alpha]_D^{20}=146^0$ in CHCl$_3$	Winzer, Soc. 1932, 2026.

Die Aussagen der kryoskopischen Messungen über die Molekulargröße des Glykogens geben chronologisch das folgende Bild:

$[C_6]_{200}$ ... kryoskopisch in Wasser am Glykogen (Brown und Morris).

$[C_6]_{100}$ und mehr ... aus der Acetochlorverbindung bei der „Acetolyse"
des Glykogens [Zd. Skraup und Mitarbeiter, M. 26, 1415 (1905).

$[C_6]_{800}$ ... osmotisch für Glykogen, M ~ 114000, wie für Stärke
[Samec, C. r. 176, 1419 (1923)].

$[C_6]_{2-4}$ ... kryoskopisch in Eisessig am Triacetylglykogen [K. Heß
und R. Stahn A. 455, 115 (1927)].

$[C_6]_1$ ... kryoskopisch in Ammoniak am Glykogen [L. Schmid, E.
Ludwig und K. Pietsch, M. 49, 118 (1928)].

$[C_6]_3$ ... kryoskopisch in Wasser am Glykogen [Pringsheim und
G. Will, B. 61, 2011 (1928)].

$[C_6]_4$ ... kryoskopisch in Resorcin am Glykogen [R. O. Herzog und
W..Reich, B. 62, 495 (1929)].

Aus allen Lösungen wurden die ursprünglichen Stoffe zurück-
erhalten. In Wasser zeigt Glykogen den Tyndallkegel (also kolloidal
trotzdem $[C_6]_3$), in Resorcin aber keinen (also molekular gelöst mit
$[C_6]_4$!).

$[C_6]_{12}$ ... kryoskopisch in Campher, am Glykogenacetat und Tri-
methylglykogen (Haworth und Percival, Soc. 1932, 2282)
ebenso aus Methylierungsversuchen (Haworth und Hirst, Soc.
1939, 1914).

$[C_6]_{12}$ ... als Minimum aus den Hydrolyseprodukten des Trimethylglykogens (Haworth und Hirst, Soc. 1939, 1914).

$[C_6]_{18}$ ... nach der Endgruppenmethode [D. J. Bell, Biochem. J.
30, 2144 (1936)].

Jedoch $[C_6]_{3400-5400}$ ... aus osmotischen Druckmessungen von methy-
liertem Glykogen [S. R. Carter und B. R. Record (1936)].

$[C_6]_x$, $M = 2 \times 10^6$ bzw. $3,4 \times 10^6$ ··· osmotisch an methy-
liertem Glykogen [H. B. Oakley und F. G. Young, Biochem.
J. 13, 240 (1936)].

D. Inulin $(C_6H_{10}O_5)_n$.

Im Jahre 1804 wurde von Val. Rose d. Jüng. bzw. Funcke in
der Alantwurzel (von Inula Helenium) ein neues, in Wasser schwerlösliches Kohlenhydrat „Alantin" entdeckt, dem Th. Thomson
(1811) den Namen Inulin gab. Die Zusammensetzung desselben wurde
zuerst von G. J. Mulder (1838) und A. Payen (1840) analytisch zu
$C_6H_{10}O_5$ bestimmt, seine optische Linksdrehung erkannten Biot
und Persoz, bzw. Dubrunfaut (1856). Wohl die erste grundlegende
chemische Untersuchung des Inulins stellt die Arbeit von H. Kiliani
aus dem Jahre 1880 vor [A. 205, 145—190 (1880)]; in derselben wird
erstmalig die (durch Kochen mit Wasser bewirkte) leichte Hydrolyse
des Inulins zu Lävulose bewiesen und die Oxydation des Traubenzuckers zu Gluconsäure, d. h. unter Erhaltung der 6 Kohlenstoff-

atome, durchgeführt, wogegen die Lävulose bei der Oxydation Glykol-säure u. a. liefert, d. h. abgebaut wird. Kiliani deutet nun diese Verschiedenheit folgendermaßen: „Dieser Unterschied läßt sich viel-leicht am einfachsten durch die Annahme erklären, daß die Dextrose der Aldehyd, die Lävulose dagegen ein Keton des Mannits sei" (Zit. S. 190). So wurde diese Inulinarbeit Kilianis zugleich der Ausgangs-punkt seiner grundlegenden Forschungen in der Zuckerchemie und ein geistiger Katalysator für die Forscher auf diesem Gebiete über-haupt.

Für die Molekulargröße des Inulins ist von Kiliani die wahrschein-liche Formel (C$_6$H$_{10}$O$_5$)$_6$ vorgeschlagen worden. Als nun im Jahrzehnt 1880—1890 die klassische Zeit der Zuckerchemie durch Emil Fischers Forschungen eingeleitet und gleichzeitig durch die „klassische physi-kalische Chemie" die neuen Methoden der Molekulargewichtsbestim-mung eingebürgert wurden, erfolgte auch die Einbeziehung des Inulins in den Kreis dieser Untersuchungen. Während aus den von Pfeiffer und Tollens [A. **210**, 285 (1881)] dargestellten Verbindungen Inulin-Kalium und -Natrium auf die Molekülgröße [C$_6$H$_{10}$O$_5$]$_2$ geschlossen wurde, ergaben die kryoskopischen Messungen wässeriger Inulin-lösungen, nach Brown und Morris (C. 1889 II, 122), die Molekülgröße M = 2000, also [C$_6$H$_{10}$O$_5$]$_{12}$. C. Tanret [Bl. 9, 200, 227, 622 (1893)] wiederum gelangte zur Formel (C$_6$H$_{10}$O$_5$)$_6$·H$_2$O.

Den Weg zur Konstitutionsaufklärung des Inulins mittels Methy-lierung und Ermittelung der Zahl der freien Hydroxylgruppen be-schritten zuerst J. C. Irvine und E. S. Steele [Soc. 117, 1474 (1920); 121, 1060 (1922)], dann P. Karrer u. L. Lang [Helv. 4, 249 (1921)]. Dabei ergab sich ein Trimethylinulin [C$_6$H$_7$O$_2$(OCH$_3$)$_3$], das je nach den Methylierungsbedingungen rechtsdrehend, bzw. rechts- und links-drehend (Irvine) oder nur linksdrehend war (Karrer) und bei der Hydrolyse rechtsdrehende Trimethyl-γ-Fructose ([α]$_D^{20}$ = 59,2° in Chloroform) lieferte (Irvine und Steele, 1922). Da Trimethyl-inulin im Vak. merklich flüchtig ist, so wird gefolgert: „The high molecular weights quoted in the literature are discordant, and can have little significance" (Zit. S. 1481). Ein hohes Molekulargewicht, in Phenol M$_{kryosk.}$ = [C$_6$H$_{10}$O$_5$]$_9$, hatte nämlich Karrer (Zit. S. 249) für sein Trimethylinulin ermittelt. Zur Klärung der Konstitution des Inulins und seiner Molekulargröße wurde das Acetylprodukt des-selben dargestellt: das Triacetylinulin ([α]$_D$ = — 34°) wies wieder-um auf 3 Hydroxylgruppen in dem Grundelement (C$_6$H$_{10}$O$_5$)$_n$ hin.

An dem Inulin können wir die ganze Unzulänglichkeit einseitiger Molekulargewichtsbestimmungen und die Unsicherheit der allein auf den letzteren aufgebauten Folgerungen veranschaulichen. Für das Triacetylinulin [C$_6$H$_7$O$_5$(CO·CH$_3$)$_3$]$_n$ ergeben kryoskopische Mes-sungen in Naphthalin, Eisessig (3,2—4,5 %ige Lösungen) und Phenol

im befriedigenden Mittel M = 2633, was einem Inulinacetat mit
9 Fructoseresten, $[C_6H_7O_5 \cdot (CO \cdot CH_3)_3]_9 = 2593$ entspricht und als ein
bemerkenswertes Resultat „einer definitiven Molekulargewichtsbestimmung des Inulins" bezeichnet wird [H. Pringsheim und
Mitarbeiter, B. 54, 1283 (1921)]. „Das Ergebnis, welches das Inulin
als aus neun Fructoseresten zusammengesetzt erkannte, fällt mit der
Entwicklung der Polysaccharid-Chemie zusammen, die in den vorgenannten Naturprodukten (d. h. Cellulose, Stärke, Glykogen u. a.)
nicht mehr langgezogene Ketten aneinandergereihter Zuckerreste,
sondern Polymere relativ niedrig molekularer Anhydrozucker sieht"
[H. Pringsheim, B. 55, 1409 (1922)], und der Verf. unterläßt es nicht,
das Inulin geradezu als ein Musterbeispiel für eine besondere Polymeri-
sationstheorie der natürlichen Kohlenhydrate zu betrachten [Natur-
wiss. 13, 1085 (1925)]. Etliche Jahre später stellt derselbe Verfasser fest:
„The dimeric molar magnitude (d. h. $[C_6H_{10}O_5]_2$) of inulin seems
to have the best support" (H. Pringsheim, The Chemistry of the
Monosaccharides and of the Polysaccharides. New York 1932, p. 300);
andererseits schreibt K. Freudenberg [mit Mitarbeitern, B. 63, 1530
(1930)] dem Inulin den Aufbau aus langen Ketten zu. Die ganze Vielgestaltigkeit der Auffassungen und der diese stützenden Molekulargewichtsbestimmungen tritt uns in der folgenden Zusammenstellung
entgegen:

Die Mannigfaltigkeit der Molekülgrößen von Inulin und Inulinacetat, je nach dem Lösungsmittel, den Arbeitsbedingungen und dem
Gelösten, veranschaulichen die nachstehenden Ergebnisse:

I. Inulin:

Lösungsmittel	Molekülgröße	
Ammoniak	kryosk. $[C_6]_{1-2}$	L. Schmid und B. Becker, B. 58, 1968 (1925).
„	tensim. $[C_6]_2$	H. Reihlen und K. Th. Nestle, B. 59, 1159 (1926).
Wasser	kryosk. $[C_6]_7$	H. Pringsheim und J. Fellner, A. 462, 231 (1928).
.,	.. $[C_6]_{14}$	Brown und Morris, C. 1889 II, 122.
..	.. $[C_6]_{8-10}$	H. D. K. Drew und Haworth, Soc. 1928, 2695.
„	.. $[C_6]_{30}$	E. Berner, B. 66, 397 (1933).
Acetamid	„ $[C_6]_2$	Pringsheim und J. Reilly,
Formamid	„ $[C]_2$	B. 62, 2379 (1929).
„	., $[C_6]_{20-30}$	E. Berner, B. 66, 397 (1933).

II. Triacetylinulin:

Lösungsmittel	Molekülgröße		
Eisessig	kryosk. $[C_6]_2$		M. Bergmann und E. Knehe, A. **449**, 302 (1926); B. **59**, 2981 (1926).
,,	,, abfallend bis $[C_6]_1$		K. Heß und R. Stahn, A. **455**, 104 (1926)
.,	,, konstant $[C_6]_1$		Bergmann, Knehe, E. v. Lippmann, A. **458**, 93 (1927).
,, (konz. c=3,5) ,.	$[C_6]_{16}$	$\}$	Pringsheim und Fellner,
,, (konz. c=0,4) ,,	$[C_6]_{2-3}$		A. **462**, 231 (1928).

III. Aus Trimethylinulin:

nach der ,,Endgruppen-methode''	etwa $[C_6]_{30}$	Haworth, Hirst und Percival, Soc. **1932**, 2384.

IV. Inulin-triacetat und Trimethylinulin:

osmometrisch	$[C_6]_{30-32}$	S. R. Carter und B. R. Record, Nature **136**, 767 (1935).

Das Absinken der Molekulargrößen bis auf einen Zuckerrest im Molekül ist auf eine Depolymerisation des Inulins zurückgeführt worden [insbesondere von H. Pringsheim, H. Vogel und A. Pictet; s. auch H. Schlubach und H. Elsner, B. **63**, 2302 (1930)]. Bemerkenswert ist demgegenüber die Tatsache, daß Inulin stundenlang im Quarzkolben mit destilliertem Wasser gekocht werden kann, ohne daß es hydrolysiert wird [Pringsheim, B. **62**, 2379 (1929)]. Die kryoskopierten Lösungen des Triacetylinulins in Eisessig ließen bei der Aufarbeitung das ursprüngliche Inulin zurückgewinnen (Heß und Stahn, Zit. S. 104), und ebenso konnte M. Bergmann [B. **59**, 2979 (1926)] feststellen, daß bei tagelanger Einwirkung Triacetylinulin in Eisessig unverändert bleibt, sowie daß Inulin in flüssigem Ammoniak keine chemische Veränderung erleidet. E. Berner (Zit. S. 397) führte die anormalen Gefrierpunktsdepressionen auf eine Unreinheit des Präparats bzw. eine Adsorption der Lösungsmittel zurück, während Schlubach und Elsner (Zit. S. 2304) verschiedene polymer-homologe Inuline (Polylävulane) annehmen [s. auch Schlubach und H. H. Schmidt, A. **520**, 43 (1935)].

W. N. Haworth, E. L. Hirst und E. G. V. Percival (Soc. **1932**, 2384; s. auch **1928**, 619, 2691) haben nun die bei der Erforschung der anderen Polysaccharide ausgearbeitete Methode der Hydrolyse der vollmethylierten Derivate auch auf das Trimethylinulin ($[\alpha]_D^{20} = -54^0$

in Chloroform) angewandt und die Spaltungsprodukte 3,4,6-Trimethyl-fructofuranose, daneben (3,7 %) 1,3,4,6-Tetramethylfructofuranose quantitativ bestimmt. Hieraus wird geschlossen, daß Methylinulin aus einer Kette von Resten der methylierten Fructofuranose besteht. die durch die Stellung 1 und 2 der letzteren verknüpft sind:

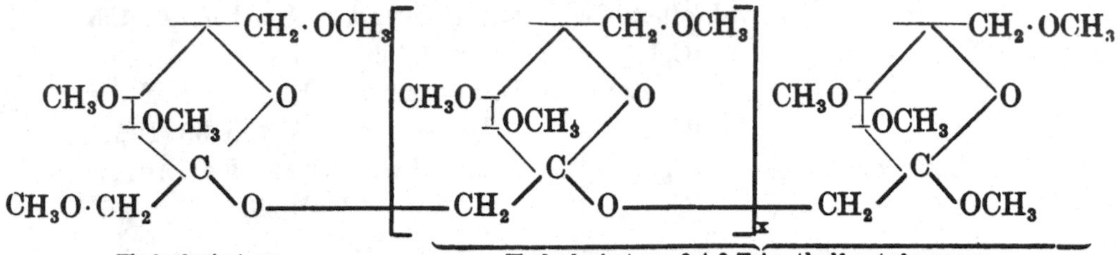

Hydrolysiert zu 1,3,4,6-Tetramethylfructofuranose.

Hydrolysiert zu 3,4,6-Trimethylfructofuranose und Methylalkohol.

Das Makromolekül der Inulinkette besteht dann im Minimum etwa aus 30 Fructofuranoseresten in folgender Anordnung:

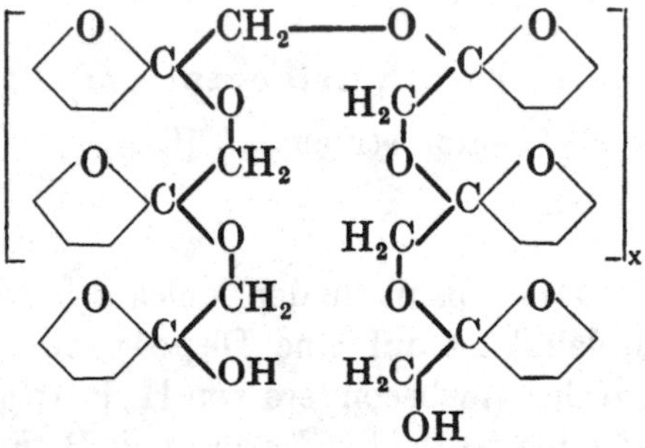

Nach den Viskositätsmessungen an Inulinlösungen verhalten sich die Teilchen anders als die homöopolaren Kolloidmoleküle, sie unterliegen beim Erwärmen einer Änderung im Bau [H. Staudinger und O. Schweitzer, B. **63**, 2319 (1930)], sie verhalten sich wie Hemikolloide; Inulin ist also nicht aus langen Ketten aufgebaut, sondern ist ein relativ niedermolekulares Polysaccharid [Staudinger und E. Dreher, B. **69**, 1730 (1936)].

Nach Schlubach und Schmidt (Zit. S. 43, 1935) wirkt ganz reines Inulin nicht auf die Fehlingsche Lösung; dadurch wird die Frage der Endgruppen des Inulins wieder akut und die Konstitutionsformel des Inulins von Haworth und Mitarbeitern unsicher; neben abgeänderten offenen Ketten erwägen Schlubach und Schmidt (Zit. S. 43, 1935) auch die Bildung eines großen Ringes.

E. Lichenin ($C_6H_{10}O_5$)$_n$ („Reservecellulose").

Im Jahre 1813 entdeckte J. J. Berzelius in dem isländischen Moos einen Stoff, der als Moos- oder Flechtenstärke betrachtet, von Const. Kirchhoff 1814, ebenso wie die Stärke, durch Kochen mit verdünnter Schwefelsäure in Stärkezucker umgewandelt wurde. Guérin-Varry [J. pr. Ch. **3**, 346 (1834)] nannte den Stoff „Lichenin", untersuchte seine Umwandlung in Zucker usw., Mulder (1838) ermittelte die Zusammensetzung ($C_6H_{10}O_5$)$_x$. Daß die Hydrolyse des

Lichenins Dextrose liefert, wurde abermals 1878 von P. Klason (B. 19, 2541) und 1886 von R. W. Bauer (J. pr. Ch. (2) 34, 46) entdeckt; M. Hönig und Schubert [Wien. Akad. Ber. 96 (2), 685 (1887)] wiesen als Begleitstoff des Lichenins amorphe Stärke nach. Neuerdings hat P. Karrer [Helv. 7, 144, 363 (1924)] das Lichenin eingehender untersucht und es als Reservecellulose bezeichnet, da es ein chemisches Verhalten zeigte, das sehr ähnlich demjenigen der gewöhnlichen Gerüstcellulose war; beide sind löslich im Schweizers Reagens. Trimethyllichenin läßt sich bei der Hydrolyse, ganz wie die Trimethylcellulose, in 2,3,6-Trimethylglucose aufspalten. Das Röntgendiagramm des Lichenins erwies sich aber als verschieden von demjenigen der Cellulose; die Acetolyse gibt aber dieselbe Octacetylcellobiose.

Über die Molekülgröße liegen folgende Zahlenwerte vor:

„Lichosan" $(C_6H_{10}O_5)_n$ (durch Erhitzen des Lichenins in Glyzerin auf 240^0 erhalten):

$(C_6H_{10}O_5)_1$ $\cdots$ kryosk. in Wasser [H. Pringsheim und Mitarbeiter. B. 58, 2135 (1925)].

$(C_6H_{10}O_5)_{1-4}$ $\cdots$ kryosk. in Wasser [M. Bergmann und Mitarbeiter. A. 448, 76 (1926)].

Triacetylichenin bzw. Triacetyllichosan:

$[C_6H_7O_5 \cdot (OC \cdot CH_3)_3]_1$ $\cdots$ kryosk. in Phenol [H. Pringsheim und Mitarbeiter, B. 58, 2140 (1925)].

$[C_6H_7O_5 \cdot (OC \cdot CH_3)_3]_{1-2}$ $\cdots$ kryosk. in Phenol [H. Pringsheim und O. Routala, A. 450, 271 (1926)].

$[C_6H_7O_5 \cdot (OC \cdot CH_3)_3]_1$ $\cdots$ kryosk. in Eisessig [K. Heß und G. Schultze. A. 448, 119 (1926)].

ebenso $[C_6]_1$ $\cdots$ kryosk. in Eisessig [M. Bergmann und Mitarbeiter. A. 458, 93 (1927)].

Nach den Viskositätsmessungen der Licheninlösungen schließen H. Staudinger und H. Eilers [B. 69, 848 (1936)] auf kürzere Fadenmoleküle, die wie bei der Stärke „verzweigt oder mâanderförmig gekrümmt sind", als Mindest-Molekulargewicht wird 10000, also $[C_6H_{10}O_5]_{60}$ angesetzt. Über das optische Drehungsvermögen geben die Daten der Zusammstellung auf S. 686 ein Bild.

K. Heß [mit L. W. Lauridsen, B. 73, 115 (1940)] hat durch die Endgruppenbestimmung einen Polymerisationsgrad $[C_6]_{115}$ für Lichenin ermittelt und eine kettenförmige Strukturformel — unter Zugrundelegung der Aufspaltung des Lichenins zu fast 100% in Cellobiose (W. Graßmann, 1931) — entworfen.

Cellulose:	Trimethyl- $[\alpha]_D^{20}=-10^0$ in $CHCl_3$	Triacetyl- $[\alpha]_D^{20}=-20^0$ in $CHCl_3$	Haworth, Hirst u. H. A. Thomas, Soc. 1931, 823; Ha- worth u. H. Ma- chemer, Soc. 1932, 2274.
Lichenin . . . . (in Wasser: inaktiv)	—	$[\alpha]_D=-23,8^0$ (Cellulosetriacetat: $[\alpha]_D^{20}=-23$ bis -24^0)	P. Karrer, Z. angew. Ch. 37, 1003 (1924).
durch Erhitzen in Glyzerin in „Licho- san" umgewandelt	—	$[\alpha]_D^{23}=-19,5^0$ in $CHCl_3$	M. Bergmann u. E. Knehe, A. 448, 86 (1926).
aus (Flechten-) Lichenin	—	$[\alpha]_D^{20}=-35,5^0$	Heß u. Schultze, A. 448, 119 (1926).
dto.	—	$[\alpha]^{20}=-20^0$ in $CHCl_3$	Pringsheim und O. Routala, A. 450, 269 (1026).
in Natronlauge: $[\alpha]_D=+29^0$	—	—	Pringsheim und H. Braun, A. 460, 49 (1928).

F. Lignin.

Ein chemisches Problem stellt der Begleitstoff der Cellulose im Holz, Stroh usw., das Lignin dar. Eine eingehendere Beachtung desselben wurde durch F. Schulzes „Beiträge zur Kenntnis des Lignins" (Rostock 1856) ausgelöst. Die Folgezeit hat zahlreiche Forscher mit der Klärung des Ligninproblems beschäftigt gesehen. Seit 1893 hat P. Klason [vgl. B. 53, 1864 (1920); 69, 676 (1936)] die Konstitution des Lignins erforscht, schon 1897 erkannte er dessen aromatische Natur und nahm den Coniferylaldehyd als einen Baustein an, 1920 auch Flavon und Flavanol, 1923 gab er an, daß im Fichtenholz 30% Lignin enthalten sind, und zwar α-Lignin $C_{22}H_{22}O_7$ und β-Lignin $C_{19}H_{18}O_9$, 1931 stellte er die Ligninformel $C_{92}H_{108}O_{38}$ $= \underset{\alpha\text{-Lignin}}{[C_{10}H_{12}O_6]_6} + \underset{\beta\text{-Lignin}}{C_{10}H_{12}O_4(C_9H_9O_4 \cdot COCH_3)_2}$ auf [B. 64, 2733 (1931)]. Andererseits nahm E. Schmidt [B. 54, 1860 (1921 u. f.)] Polysaccharide im Inulinaufbau an und K. G. Jonas (1921) sowie R. Willstätter und L. Kalb (1922) fanden keine Hinweise auf die aromatische Natur des Lignins. Im Gegensatz hierzu hatten schon Cross und Bevan (1903) einen Pyronkern und ein cyclisches Keton, W. Fuchs [1919; B. 54, 484 (1921)] Phenolkerne dem Lignin zugrunde gelegt [s. auch 61, 948 (1928)]; E. Heuser (1923) fand keinen Beweis für die Polysaccharidnatur. und A. Pictet (1923) sowie F. Fischer und

H. Tropsch (1923) konstatierten, daß ein großer Teil des Lignins aromatischer Natur sei. Dann gelangte R. S. Hilpert [B. 68, 380 (1935)] zu dem Ergebnis, daß z. B. im Buchenholz kein Lignin sondern ein Reaktionsprodukt der Kohlenhydrate vorhanden sei [s. auch W. Krüger, B. 73, 493 (1940)]. Durch das Ultraviolett-Absorptionsspektrum zeigten R. O. Herzog und A. Hillmer [B. 60, 365 (1927)] — unter Hinweis auf Klasons Annahme (1897) — „die große Ähnlichkeit im Verlauf der Lignin- mit der Isoeugenol-Coniferinkurve"; A. Hillmer [B. 66, 1600 (1933)] hat dann qualitativ und quantitativ die aromatischen Bausteine des Lignins unter Zugrundelegung des Grundkörpers $C_{10}H_{12}O_4$ auszuwerten versucht.

Die ausführlichste chemische Aufklärungsarbeit der Konstitution des Lignins (bzw. des durch Behandlung mit Alkohol, Benzol, kaltem Alkali und Ameisensäure, Schweizers Reagens „fertig isolierten, unlöslichen, geformten Lignins") hat K. Freudenberg geleistet [I. Mitteil. A. 448, 121 (1926); II. Mitteil. B. 60, 581 (1927); XV. Mitteil. B. 69, 1415 (1936); XXXIV. Mitteil. B. 73, 167 (1940), Vanillin aus Fichtenlignin]. Bereits in der II. Mitteil. konnte als feststehend gelten, daß kein Anlaß vorliegt, „im Salzsäure-Lignin Pentosen oder Hexosen frei oder in lösbarer Bindung anzunehmen". Das Lignin ließ sich als das Produkt einer fortlaufenden Verätherung von Phenylpropanderivaten deuten; im Fichtenlignin war unter den aromatischen Resten der Guajacylrest überwiegend neben Piperonyl- und wenig Syringylresten, während im Buchenlignin Syringylreste vorherrschten. Aus seinen ausgedehnten Ligninuntersuchungen [XLV. Mitteil., Am. 61, 2204 (1939); 62, 2149 (1940)] ist H. Hibbert zu α-Oxypropiovanillon $C_9H_9O_3(OCH_3)$ als Grundbaustein des Lignins gelangt, während F. E. Brauns [Am. 61, 2120 (1939)] die Verbindung $C_{41}H_{32}O_6(OCH_3)_4(OH)_4CO$ als Baueinheit ableitet.

Ausgedehnte Untersuchungen (etwa seit 1930) über die Extraktion und Zusammensetzung von Lignin (aus Fichtenholz) unter Zuhilfenahme von Mercaptosäuren wurden von Bror Holmberg durchgeführt; sie ergaben im Mittelwert die Formel $C_9H_{8\cdot9}O_{2\cdot85}(OCH_3)_{0\cdot92}$ als Ausdruck für die stöchiometrische Zusammensetzung des Mercaptosäure-Lignins der Fichte [B. 69, 115 (1936)].

Ein anderes Problem betrifft die schonende Extraktion des Lignins aus Holz durch Lösungsmittel, z. B. Glykol (B. Rassow, 1931ff.), Methylglykol (W. Fuchs, 1931), Phenol (K. Storch und E. Wedekind, 1929; H. Hibbert, 1935), Dioxan [O. Engel und E. Wedekind, 1933; B. 68, 2363 (1935)], Methylalkohol, Ameisen- oder Essigsäure [H. Pauly, B. 67, 1177 (1934)].

Die Frage nach der Molekulargröße des Lignins bildet ein weiteres Problem. Gehört Lignin, wie sein Hauptbegleitstoff Cellulose, zu den hochpolymeren Naturkörpern? K. Freudenberg hatte

(Tannin, Cellulose, Lignin, S. 115. 1933) die Ansicht ausgesprochen, daß „mit der Cellulose ... es (das Lignin) gemeinsam das praktisch endlose Molekül" hat. Die bisherigen osmotischen (kryoskopischen) Molekulargewichtsbestimmungen ergeben jedoch das folgende Bild:

M = 795 und 1235 für 2 native, bzw. 606 und 1440 für 2 Alkali-Lignine, also 4 verschiedene aromatische Lignine und Lignin-anteile (H. Pauly, zit. S. 1181), kryosk. in Campher;

M = 250—270 in Eisessig, oder M ⟩ 1800 in Phenol und Naphthalin, oder M etwa ∞ in Bromoform [E. Wedekind und J. R. Katz, B. 62, 1172 (1929)]; es werden hydroaromatische Ringe angenommen;

M = 1000 kryosk. in Dioxan für Lignine, die mit Ameisensäure extrahiert werden [H. Staudinger und E. Dreher, B. 69, 1729 (1936)].

Im Sturmschritt wissenschaftlicher Pionierarbeit hatte Emil Fischer in wenigen Jahren (1884—1889) das Gebiet der Mono-saccharide durchforscht und der Chemiegeschichte seine klassischen Zuckersynthesen einverleibt. Als er 1890 in der Berliner Chemi-schen Gesellschaft einen zusammenfassenden Bericht über seine Zuckerforschungen abstattete, entwarf er auch seine künftigen Arbeits-ziele, die auf das Erforschen der im Haushalt und Leben so wichtigen Polysaccharide gerichtet waren. Er schloß seinen Vortrag mit folgen-den Worten: „Eine Aufgabe anderer Art wird der Synthese durch das Beispiel der Pflanze gestellt, welche aus den Hexosen in scheinbar sehr einfacher Art die komplizierteren Kohlenhydrate erzeugt. Der Anfang für ihre Gewinnung ist bereits durch die Darstellung der Di-glucose und der künstlichen Dextrine gemacht und die chemische Bereitung von Stärke, Cellulose, Inulin, Gummi usw. kann nur eine Frage der Zeit sein. Ja, es will mir scheinen, daß die organische Synthese ... vor keinem Produkte des lebenden Organismus zurück-zuscheuen braucht" [B. 23, 2141 (1890)]. Doch diese alltäglichen und gewöhnlichsten stofflichen Dinge, Stärke und Cellulose, erwiesen sich als die schwierigsten; nach Ablauf von fünf weiteren Forschungs-jahren auf dem Gebiete der Zuckersynthesen mußte E. Fischer bekennen, daß in betreff der Synthese von komplizierteren Kohlen-hydraten „die Resultate bis jetzt dürftig geblieben" sind [B. 27, 3189 (1894)]. Ein Halbjahrhundert glänzender Forschungstätigkeit in der organischen Chemie ist seit jenen Fischerschen Zuckersynthesen (1884 u. f.) verflossen; die erhofften Synthesen von Stärke und Cellu-lose sind immer noch chemisch-wissenschaftliche Wunschgebilde. Und wenn einst (1889) V. Meyer als ein Großproblem der Chemie und Ernährungswissenschaft bezeichnete: „Cellulose in Stärkemehl zu verwandeln", da „die Holzfaser genau dieselbe chemische Zusammen-setzung besitzt wie die Stärke", so ist auch dieses scheinbar einfachere Problem bisher ungelöst geblieben.

Wenn wir einerseits vor der Synthese jener Stoffe im Laboratorium noch immer unsere chemischen Waffen strecken müssen, so bietet andererseits auch die Deutung der Synthese in der lebenden Zelle eine Summe von Fragen dar. Zweifelnd möchte man sich fragen, wie und warum dasselbe optisch-aktive Molekül des Chlorophylls, als richtunggebendes Agens, aus Kohlensäure und Wasser nur eine optische Art von Cellulose und von Stärke in der Zelle aufbaut, wenn es unter denselben Bedingungen gleichzeitig viele Dutzende verschieden gebauter, bald rechts-, bald linksdrehender Zucker (Monosen, Biosen usw.), Terpene und Campher entstehen läßt? Wenn das Chlorophyll selbst zwei asymmetrische Kohlenstoffatome besitzt, demnach vier optisch aktive und zwei Razemformen bilden kann [H. Fischer und A. Stern, A. **519**, 58 (1935)], vermutlich auch in der Natur bilden wird, so dürfte noch eher eine differenzierte Wirkung auf die entstehenden Cellulosen und Stärken erwartet werden; oder liegt es an der bisherigen chemischen Vorarbeit, daß etwaige struktur- und stereochemische Unterschiede in den nativen Stoffen beseitigt erscheinen?

Und nachdenklich muß man die von der Zelle scheinbar mühelos geschaffenen Hochpolymeren betrachten,. denen die chemische Forschung zwangsläufig Durchschnittsmolekulargewichte bis zu M = 1 000 000 zuschreibt und deren Makromoleküle sie aus Ketten mit vielen hunderten aneinandergebundenen Glucoseresten bestehen läßt.

Die Konstitution der geschilderten hochpolymeren Kohlenhydrate dürfte noch in mancherlei Hinsicht wissenschaftliche Überprüfung und Ergänzung erfordern. Ungeklärt ist die Rolle des Phosphors, der als ständiger Begleitstoff der Stärke und des Glykogens [M. Samec und V. Isajevič, C. r. **176**, 1419 (1923)] auftritt. Vgl. S. 672. Welche Bedeutung kommt für den Bau und die Eigenschaften der nativen Cellulose dem Gehalt von 0,28 % Carboxyl zu, der von E. Schmidt und Mitarbeitern regelmäßig gefunden worden ist? [B. **67**, 2037 (1934); **68**, 542 (1935).] Einerseits wird zwischen Amylose und Amylopectin eine große chemische Ähnlichkeit festgestellt und daher gefolgert, daß unter „suitable (mild) conditions starch reacts entirely as amylose" (E. L. Hirst und Mitarbeiter, Soc. **1932**, 2376); andererseits unterscheiden E. Berl und W. C. Kunze [A. **520**, 282 (1935)] scharf das gelbildende in Aceton begrenzt lösliche Amylopectinnitrat von dem wenig viscosen und in Aceton leicht löslichen Amylosenitrat.

Der polarimetrisch und reaktionskinetisch genau erfaßte Verlauf der Verzuckerung der Cellulose — mit den Spaltstücken Cello-biose, -triose und -tetraose als chemischen Individuen — spricht für die kettenförmigen β-Bindungen der Cellulose [s. auch K. Freudenberg und G. Blomqvist, B. **68**, 2070 (1935); L. Zechmeister und G. Tóth,

B. 68, 2134 (1935)]. Die osmotisch bestimmten Molekulargewichte
[in Eisessig, K. Hess und M. Ulmann, A. 498, 77 (1932); in Wasser,
kryosk., diffusiometr., F. Klages, A. 520, 71 (1935)] ergeben aber
übereinstimmend für methylierte Cellotriose und Raffinose, im Kon-
zentrationsbereich von 0,5 bis 0,05 %, eine scheinbare Dissoziation
in drei Teile (Klages). Erscheint nun chemisch das Problem vom
Bau und von der Molekülgröße der Cellulose als gelöst, so tritt ein
neues Problem an seine Stelle: das Problem jener zahlreichen Molekular-
gewichtsanomalien bzw. deren Zusammenhang mit der chemischen
Natur des Gelösten und des Lösungsmittels. Die neuerschlossene
Chemie der Hochpolymeren bahnt neue Wege in den Valenzauffas-
sungen bzw. Bindungstendenzen der Kohlenstoffreste an, sie bringt
nicht nur neue Auffassungen über Molekülbau und Molekülgröße,
sondern auch neue Momente zum Lösungszustand und zur osmotischen
Lösungstheorie selbst.

Das Lignin als ein kompliziert gebauter aromatischer Naturstoff,
vergesellschaftet mit der Cellulose, ist ein chemisches und biologisches
Rätsel; welchem Bildungsweg und Zweck verdanken wohl die etwa
30 % Lignin neben den etwa 70 % Zellstoff im Fichtenholz ihre Existenz?
Praktisch gesehen, ist bei der Zellstoffgewinnung in der Technik das
Lignin ein lästiger Beistoff, der durch chemische und mechanische
Eingriffe unter die Abfallprodukte gerät. Bedenkt man, daß den
etwa 13 Millionen Tonnen jährlich verbrauchten Zellstoffs etwa 5 bis
6 Millionen Tonnen Lignin als Abfallprodukt gegenüberstehen, so
drängt sich die Frage — und wohl auch Pflicht — auf: Wie läßt sich
diese riesige Menge des an aromatischen Kernen so reichen Abfall-
produktes rationell ausnutzen, etwa zur technischen Gewinnung
aromatischer Verbindungen verarbeiten? Darf die volkswirtschaftlich so wichtige Holzverwertung der Gegenwart solche Mengen von
Abfallprodukten dulden?

Achtes Kapitel.

Natürliche Flavon- und Flavonol-Farbstoffe, Anthocyane
(Farbholz- und Blütenfarbstoffe; Pterine; Pilzfarbstoffe).

Von weitgehender Verbreitung als natürliche Pflanzenstoffe haben
sich die Abkömmlinge des Benzo-γ-Pyrons erwiesen. Ausgehend
von der Annahme einer Analogie zwischen den Oxyxanthronen und
einigen in den Pflanzen vorkommenden gelben Farbstoffen, sowie
gestützt auf die Vorarbeiten von J. Piccard über Chrysin (1873 u. f.)
und J. Herzig über Quercetin (1885 u. f.), unternahm St. v. Kostanecki (1860—1910) die Erforschung dieser Naturfarbstoffe. Er begann 1891 mit Synthesen von Oxyxanthronen; das Oxyxanthron mit

dem Hydroxyl in benachbarter Stellung zum Carbonyl:

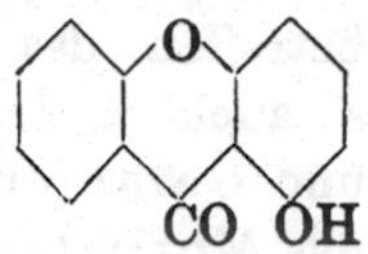

ließ sich nur schwer mit Alkylhaloiden und Alkali alkylieren [Kostanecki und E. Dreher, B. **26**, 71 (1893); s. auch P. Pfeiffer, A. **398**, 157 u. f. (1913); **412**, 287 (1917)]. Diese „sterische Hinderung" tritt aber nicht auf bei der Methylierung mit Dimethylsulfat und Natronlauge [J. Tambor, B. **43**, 1883 (1910)]. Als Muttersubstanz des Chrysins wird

ein phenyliertes Pheno-γ-Pyron 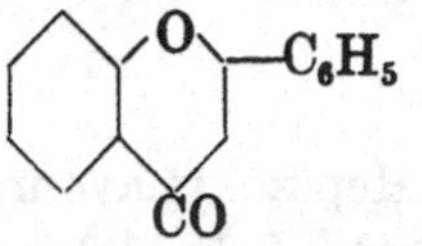 erkannt [B. **26**, 2901 (1893)]. Dieser Muttersubstanz wird dann der Name „Flavon" beigelegt [B. **28**, 2302 (1895)]; es folgt die Synthese des Chrysins = Dioxyflavon [B. **32**, 2448 (1899)]; der Atomkomplex Pheno-γ-Pyron

(Benzo-γ-Pyron) 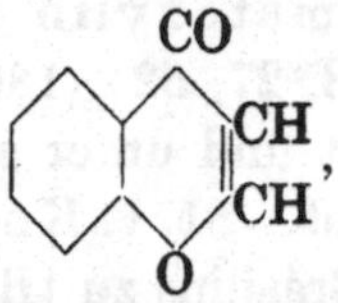 , der dem γ-Pyron 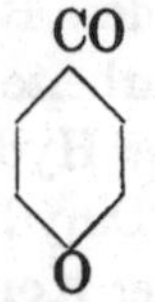 entspricht

und in vielen gelben Pflanzenfarbstoffen (den Oxyflavonen und Oxyxanthonen) vorkommt, wird „Chromon" benannt [B. **33**, 472 (1900)]. Zu den historischen Farbstoffen gehört das schon zur Zeit Julius Cäsars von den Galliern und den Völkern nördlich der Alpen benutzte Gelb (aus dem Wau, Reseda luteola), das Chevreul (1832) isoliert und Luteolin genannt hatte; die Konstitution des Luteolins war durch J. Herzig (1896) und insbesondere durch A. G. Perkin (1896 u. f.) als die eines Tetraoxyflavons erkannt worden; die Synthese durch Kostanecki, J. Tambor und A. Różycki [B. **33**, 3410 (1900)]

ergab die Formel 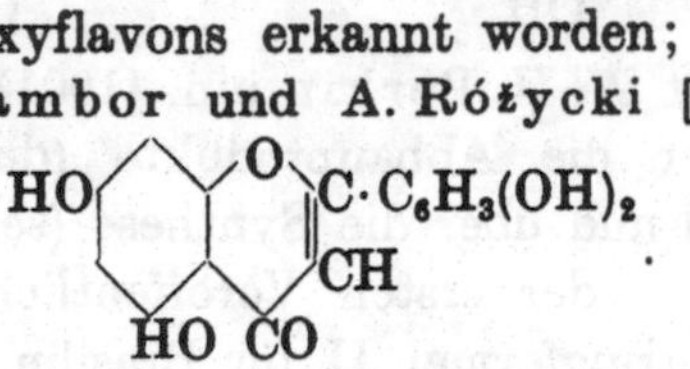 . Durch die Synthese

wird Fisetin als Tetraoxyflavon [= Trioxyflavonol[1])] erfaßt [B. **37**, 784 (1904)[2])]; es wird dann der wichtigste Farbstoff der Flavongruppe, das Quercetin, synthetisch dargestellt (= Tetraoxyflavonol)

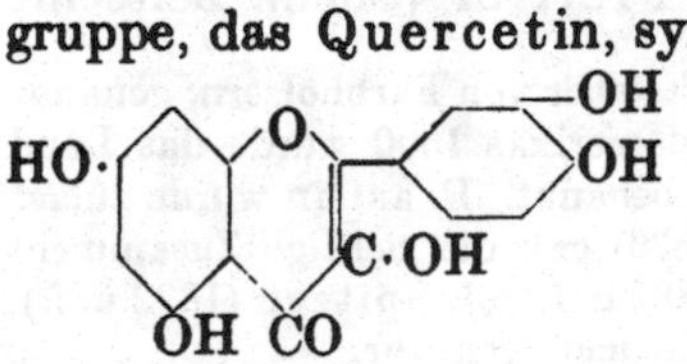

[B. **37**, 1402 (1904)]. Andere Synthesen

---

[1]) Die Synthese des „Flavonols" selbst gelingt Kostanecki, 1904 [B. **37**, 2819 (1904)]:

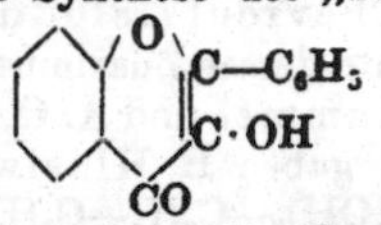

[2]) Vgl. auch die Synthese des Fisetins von K. v. Auwers und P. Pohl, B. **48**, 85 (1915).

betreffen das Apigenin [= Trioxyflavon, B. **33**, 1988 (1900); s. auch B. **38**, 931 (1905)], das Kämpferol (= Trioxyflavonol) und Galangin [= Dioxyflavonol, B. **37**, 2096, 2803 (1904)], sowie das Morin (= Tetraoxyflavonol = Pentaoxyflavon, B. **39**, 625 (1906)

I.   II.

(Formel I.). Zur Heptaoxyflavonreihe gehört das Erianthin [Pr. K. Bose und Ph. Dutt, J. Ind. chem. Soc. **17**, 45 (1940)] (Formel II.).

Größeren Schwierigkeiten begegnete St. v. Kostanecki bei seinen Bemühungen um die Konstitutionsaufklärung der Naturfarbstoffe **Brasilin** des Rotholzes [1]) und **Hämatoxylin** des Blauholzes [2]). Durch Vorarbeiten hatte C. Schall [B. **27**, 524 (1894)] ermittelt, daß Brasilin vier Hydroxylgruppen enthält und unter seinen Oxydationsprodukten Dihydroxychromon aufweist. St. v. Kostanecki wandte sich 1899 der Konstitutionsfrage des Brasilins zu [B. **32**, 1024 (1899)]; er stellte die Konstitutionsformel I auf:

I.   II.

Kurz darnach beginnt W. H. Perkin jun. (1901) seine grundlegenden Untersuchungen über die Abbauprodukte (durch Oxydation mit Kaliumpermanganat) und über die Synthese (seit 1907) von Brasilin und Hämatoxylin. In der ersten Veröffentlichung [Soc. **79**, 1396 (1901)] wird eine Vierringformel II für Brasilin aufgestellt. Kostanecki gibt daraufhin eine Modifikation seiner Formel (III) [B. **35**, 1674 (1902)]. Durch A. Werner und P. Pfeiffer (Chem. Zeitschr.

---

[1]) Schon um 1190 berichtete ein spanischer Schriftsteller von Farbhölzern, genannt Bresil (braza = feaerrot); nach der Entdeckung Südamerikas 1500 wurde das Land wegen seines Reichtums an diesem Rotholz Brasilien benannt. Brasilin wurde zuerst von Chevreul (1808) isoliert; C. Liebermann (1876) gab die richtige Zusammensetzung an. J. J. Hummel und A. G. Perkin (1882 u. f.), J. Spitzer (1892 u. f.). Chr. Dralle (1884 u. f.) nahmen eingehendere Untersuchungen vor.

[2]) Ebenfalls zuerst durch Spanier aus Südamerika nach Europa gelangte das Blauholz (Haematoxylon campechianum), aus welchem Chevreul (1810) den Farbstoff „Hämatin" isolierte; O. L. Erdmann (1842) bestimmte dessen Zusammensetzung und gab den Namen „Hämatoxylin". Auch hier waren Hummel und A. G. Perkin, sowie J. Herzig die Vorarbeiter; für das Hämatoxylin gaben H. Hlasiwetz und F. Reim [B. **4**, 329 (1871)] die Konstitutionsformel $C_6H_2(OH)_3$—C_6H_4—$C_6H_2(OH)_3$.

1904, 421) wird nun auf Grund der bisher vorliegenden experimentellen Ergebnisse eine andere Formulierung des Brasilins vorgeschlagen, und zwar Formel IV. Diese Konstitutionsformel wird auch von W. H. Perkin von 1907 ab seinen Synthesen über Brasilin, Hämatoxylin (= Oxybrasilin) und deren Derivate zugrunde gelegt:

III.   IV.

[gemeinsam mit R. Robinson, Soc. **91**, 848, 1073 (1907) bis **95**, 381 (1909)]. Durch ausgedehnte Untersuchungen hat dann P. Pfeiffer seit 1917 weitere Beweise für seine Formel beigebracht [B. **50**, 911 (1917) (I. Mitteil.), bis B. **62**, 1242 (1929) (XI. Mitteil.)], während andererseits W. H. Perkin (gemeinsam mit J. N. Râÿ und R. Robinson, von 1926 bis 1928) ebenfalls durch neue Synthesen in der Brasilin- und Hämatoxylinreihe die gleiche Konstitutionsauffassung gestützt haben (Soc. **1926**, 941; **1927**, 2094; **1928**, 1504). Zur abgeänderten Brasileinformel vgl. R. Robinson, Soc. **1937**, 43. (Die Konstitutionsformel von Brasilin bzw. Hämatoxylin weist 2 asymm. C-Atome auf und legt die Frage nach den natürlichen Stereoisomeren nahe, ähnlich wie beim Catechin, s. S. 694.)

Blütenfarbstoffe. In biochemischer Hinsicht ist die Beziehung der Flavon- und Flavonolfarbstoffe zu den Blütenfarbstoffen, bzw. Anthocyanidinen bedeutsam, da letztere formal sich als Reduktionsprodukte der ersteren ansehen lassen und reaktionschemisch tatsächlich auch so erhalten worden sind. So wurde erstmalig durch R. Willstätter und H. Mallison (Sitzungsber. d. Preuß. Akad. d. Wiss. **1914**, 769) Quercetin (mittels Magnesium in salzsaurer wässerig-alkoholischer Lösung) in Cyanidinchlorid (Kornblumenblau) übergeführt:

Quercetin.   Cyanidinchlorid.

Diese Reduktion haben auch E. R. Watson und D. B. Meek (mit Natriumamalgam in salzsaurer Lösung) an Quercetin, Morin und Apigenin durchgeführt [Soc. **105**, 1567 (1915)]. Mit Natriumamalgam reduzierten Y Asahina und M. Inubuse [B. **61**, 1646 (1928)] Apigenin (I) in das Flavyliumsalz (II) = Apigenidinchlorid:

HO· [structure] ·OH   ⟶   HO· [structure with Cl] ·OH

I.   OH Ö   II.   OH CH

Und ebenso gelang die Reduktion von Quercetin-pentamethyläther in das Chlorid des Cyanidin-pentamethyläthers [Y. Asahina und G. Nakagome, B. 62, 3016 (1929)].

Ebenso bedeutsam ist der Zusammenhang der Flavonole bzw. Anthocyanidine mit den pflanzlichen Catechin-Gerbstoffen. In derselben Pflanze können Flavanole und Catechine gleichzeitig vorkommen, so z. B. Fisetin und Quebracho-catechin, oder Gambircatechin und Quercetin, oder Pistazia-catechin und Myricetin (Pentaoxy-flavonol).

Durch die Untersuchungen von K. Freudenberg [,,Über Gerbstoffe", I. Mitteil. B. 52, 177 (1919); XXVII, A. 510, 193 (1934 u. f.)] sind die Catechine als hydrierte Flavonole oder hydrierte Anthocyanidine erkannt worden, z. B.: Quercetin → Cyanidinchlorid.

Interessant ist die Umwandlung von Catechin in Epicatechin [K. Freudenberg und L. Purrmann, B. 56, 1191 (1923); A. 437, 275 (1924)], deren Isomerieverhältnis wohl der Aufklärung bedarf:

HO· [structure] ·OH: Catechin → Epicatechin.

Interessant ist das gemeinsame Vorkommen, die leichte Razemisierung und das polarimetrische Verhalten der stereoisomeren Catechine (s. auch S. 260). Das d-Catechin (Gambir-Catechin) zeigt in Alkohol keine Drehung, dagegen in wässerigem Aceton $[\alpha]_D = +17^0$; die Ätherextrakte von Pegu-Catechu lieferten: d,l-Catechin (etwa 10 Teile), l-Catechin (2 Teile), d,l-Epi-catechin und l-Epi-catechin (je 1 Teil), sämtlich als Gemisch in Alkohol nichtdrehend, während reines l-Epi-catechin in Alkohol $[\alpha]_D = -68^0$ aufweist [K. Freudenberg und L. Purrmann, B. 56, 1185 (1923)], letzteres kommt in Acacia catechu rein vor [B. 54, 1207 (1921)].

Unter den optisch aktiven Flavanonen sind das Matteucinol und Desmethoxy-matteucinol (aus Matteucia orientalis) zu nennen [S. Fujise mit T. Kubota, B. 67, 1905 (1934), bzw. mit A. Nagasaki, B. 69, 1893 (1936)]:

Desmethoxy - matteucinol: R = H   HO· [structure] ·R
Matteucinol R = OCH₃.

Blütenfarbstoffe haben schon seit Jahrhunderten den Chemikern wertvolle Dienste im Laboratorium geleistet, und zwar als Indikatoren für Säuren und Basen. Es war Rob. Boyle, der in seinem Werk „Experiments and Observations upon Colours" (1663) eine „Experimentalgeschichte der Farben" darbot und eingehend die Farbänderung zahlreicher Pflanzensäfte (z. B. der Veilchen, Kornblumen, Maulbeeren usw.) durch Säuren und Alkalien beschrieb; Veilchensaft wird durch Säuren rotgefärbt, durch Alkalien aber grün, Zusatz von Säure kann aber die grüne Farbe wieder in die blaue zurückverwandeln. Chemisch gewertet, besagen diese Beobachtungen, daß dieser Farbstoff (und die ähnlichen Farbstoffe) sowohl mit Säuren als auch mit basischen Stoffen Verbindungen eingehen und daß aus diesen Verbindungen der ursprüngliche Stoff leicht wiederhergestellt werden kann.

Dieser durch chemische Gegensätzlichkeit bedingten Farbänderung widmet auch Goethe wiederholt seine Betrachtungen, so in den „Paralipomena zur Chromatik" (1817), wo er schreibt: „Farbe manifestiert sich: Chemisch. Aktive Seite: Gelb, Gelbrot Rot; durch Säuren gesteigert. Passive Seite: Blau, Blaurot, Grün; durch Alkalien herabgezogen."

Diese Farbstoffe chemisch zu fassen und zu untersuchen, war das Bestreben vieler Chemiker schon seit der Mitte des vorigen Jahrhunderts (G. J. Mulder, 1856; A. Glénard, 1858; A. Gautier, 1878; R. Heise, 1889 u. f.). Dem Botaniker H. Molisch (1905) gelang der Nachweis, daß im Zellsaft die Farbstoffe nicht bloß gelöst, sondern auch in fester Form ausgeschieden vorkommen, bzw. auch außerhalb der Zellen bei mikroskopischer Kristallisation erhalten werden können; V. Grafe (1906 u. f.) hat dann z. B. den Farbstoff der Pelargonie in präparativem Maßstab untersucht. Die Lösung dieser experimentell überaus schwierigen Aufgabe gelang erst R. Willstätter mit A. E. Everest (1913), H. Mallison und L. Zechmeister (1914 bis 1928). Während die frühere Forschung vorwiegend die sauren (phenolischen) Eigenschaften der Pflanzenfarbstoffe zwecks Isolierung derselben verwendet hatte, machte Willstätter sich die vorhin erwähnte Doppelnatur der Blütenfarben zunutze und gründete ihre Isolierung auf die basischen Eigenschaften (in Form von Chloriden und Pikraten). Da diese Farbstoffe stickstofffrei und trotzdem basisch waren, konnten diese Funktionen in erster Reihe auf den vierwertigen Sauerstoff zurückgeführt werden; die Erforschung der Oxoniumverbindungen stand damals auf der Tagesordnung der Chemiker (s. S. 171). Zu jener Zeit war auch das Problem des Überganges der echten Basen in die Pseudobasen (Carbinole), z. B. die Bildung von Rosanilin aus Fuchsin, geläufig. Willstätter bezeichnet diese Farbstoffe mit dem Gattungsnamen „Anthocyane", zeigt, daß sie in der Pflanze als Glucoside vorkommen und durch Säuren in Zucker und die eigentlichen Farbstoff-komponenten — von ihm „Anthocyanidine" genannt — auf-gespalten werden. Die Konstitutionsaufklärung der Anthocyanidine wurde wesentlich beeinflußt durch die vorangegangene Aufklärung der Flavon- und Flavanol-Farbstoffe, da die ersteren nach ihrer empirischen Zusammensetzung in eine nahe Beziehung zu den Flavonfarbstoffen gerückt wurden. So erwies sich das säurefreie Cyanidin $C_{15}H_{10}O_6$ isomer mit Luteolin $C_{15}H_{10}O_6$ und Kämpferol $C_{15}H_{10}O_6$; die gleiche Zusammensetzung $C_{15}H_{10}O_5$ besaßen einerseits das Anthocyanidin Pelargonidin und andererseits das Apigenin (als Flavonfarbstoff) und das Galangin (Dioxyflavonol); der Formel $C_{15}H_{10}O_7$ entsprachen das Anthocyanidin Delphinidin, sowie das Quercetin und Morin (beide als Tetraoxy-flavonole). Analytisch und synthetisch wird die Konstitutionsfrage gelöst, wobei als Grund-substanz ein in 2-Stellung phenyliertes Benzopyrylium erfaßt wird (d. h. als ein reduziertes β-Phenyl-γ-pyron):

Folgende Strukturen ergeben sich hierbei:

Pelargonidinchlorid.
(Aus der Pelargonie.)

Cyanidinchlorid.
(Aus der Kornblume und der Rose.)

Delphinidinchlorid. (Aus dem Rittersporn.)

Besonders eingehende Untersuchungen, Synthesen und dadurch gesicherte Beweise für die obige Konstitution sind dem Cyanidin gewidmet worden: R. Willstätter und Mitarbeiter, A. **401**, 189 (1913); **408**, 1—162 (1914/15); **412**, 15, 231 (1916); B. **57**, 1938 (1924); ferner R. Willstätter und R. Robinson, B. **61**, 2504 (1928), sowie R. Kuhn und Th. Wagner-Jauregg, B. **61**, 2506 (1928) (Identität von natürlichem und synthetischem Cyanidin). Die Hydrierbarkeit des Cyanidins zu Leuko-cyanidin (als einer Zwischenstufe zwischen Cyanidin und Catechin) sowie die Dehydrierbarkeit des Cyanidins sind

von pflanzenphysiologischer Bedeutung [R. Kuhn und A. Winterstein, B. 65, 1742 (1932)]. Eine Reihe dieser natürlichen Anthocyanine wurde auch von P. Karrer [und Mitarbeitern, Helv. chim.
Acta 10 (1927), 11 (1928), 13 (1930) u. f.] erstmalig dargestellt und
untersucht.

Es verdient hervorgehoben zu werden, daß das Gebiet der Anthocyanine eine Art chemischen Vorfeldes bildete, von welchem aus der
Generalangriff — und zwar von denselben Forschern P. Karrer,
R. Kuhn, L. Zechmeister — auf das Gebiet der Carotinfarbstoffe
unternommen wurde.

Fast alle Anthocyanidine sind nun von diesen drei Grundtypen
— Pelargonidin, Cyanidin und Delphinidin — oder deren Methyl-
äthern abzuleiten, so z. B. das Myrtillidinchlorid als Monomethyläther (aus Heidelbeere und Stockrose) und die Dimethyläther Oenidin-
chlorid (aus dem Wein) und Malvidinchlorid (aus der Waldmalve).
Die Erwartung, die R. Willstätter [B. 47, 2874 (1914)] am Schluß
seines Vortrages „Über Pflanzenfarbstoffe" aussprach, nämlich „daß
die Ausdehnung der analytischen Arbeit zu noch zahlreicheren Typen
der Anthocyane führen wird, die eine neue Klasse von pflanzlichen Basen bilden", hat sich in der Folgezeit erfüllt. Willstätter
selbst hat [B. 57, 1945 (1924)] zwei solcher „aus natürlichem Vorkommen noch nicht bekannten anthocyanidinartigen Farbstoffe" synthetisch dargestellt und (nach der Beziehung zu den Flavonol-Farb-
stoffen Galangin und Morin) „Galanginidin" $C_{15}H_{10}O_4$ und „Morinidin"
benannt:

Galanginidinchlorid.   Morinidinchlorid.

An diesen Verbindungen zeigt sich zugleich die Abhängigkeit der Farbe
und der Reaktionen von der Substitution durch Hydroxylgruppen.
„Das Isomere des Cyanidins (d. h. Morinidin) ist in den Farbenerschei-
nungen viel mehr dem sauerstoffärmeren Pelargonidin als dem Cyanidin
ähnlich. Der Eintritt eines Hydroxyls in die Metastellung zur Hydroxylgruppe des Pelargonidins hat also viel geringeren Einfluß als die
Substitution durch das zweite Hydroxyl in Orthostellung."

Diese wegweisenden Untersuchungen von R. Willstätter fanden
ihre Fortsetzung bzw. Bestätigung und experimentelle Verbreiterung in
den umfangreichen Synthesen von Rob. Robinson. Im Jahre 1922
begann R. Robinson gemeinsam mit D. D. Pratt die Untersuchungsserie „A Synthesis of Pyrylium Salts of Anthocyanidin Type"
[I. Abh. Soc. 121, 1577 (1922); 123 (1923), 125 (1924), 127 (1925)] fort-

laufend XXI. Abh. Soc. **1934**, 1619; XXII. Abh. **1934**, 1625]. Zur Synthese der Benzopyrylium- bzw. Flavyliumsalze wird die von C. Bülow [B. **34**, 3893 (1901)], sowie die von H. Decker und Th. v. Fellenberg [B. **40**, 3815 (1907)], bzw. unabhängig von W. H. Perkin und R. Robinson [Proc. chem. Soc. **23**, 149 (1907)] vorgeschlagene Methode benutzt; an der synthetischen Darstellung der Anthocyanidine werden die Verfahren herausgearbeitet, bzw. wird „der Boden bereitet für einen Angriff auf das Hauptproblem, nämlich die Synthese natürlich vorkommender Anthocyanine" [vgl. den Vortrag von R. Robinson, B. **67** (A), 85, 96 (1934)]. Diese neue Untersuchungsreihe wird im Jahre 1926 eröffnet, unter dem Titel: „Experiments on the Synthesis of Anthocyanins" (gemeinsam mit A. Robertson, Soc. **1926**, 1713, Part. I), im Jahre 1934 liegt bereits die XXVI. Abhandlung vor (Soc. **1934**, 1604—1619). Zuerst werden die Monoglucoside synthetisch dargestellt und es wird festgestellt, daß der Zuckerrest am Hydroxyl 3 des Farbstoffmoleküls gebunden ist (s. auch den Beweis von G. F. Attree und A. G. Perkin, Soc. **1927**, 234), z. B.:

Cyanidin-3-glucosid
(oder Chrysanthemin Willstätters).

Malvidin-3-glucosid
(Önin Willstätters).

Diglucoside können die beiden Zuckerreste an zwei verschiedenen HO-Gruppen oder einen Bioserest in 3-Stellung haben, z. B.:

Päonin (Willstätter).

Cyanidin-3-gentiobiosid (Mekocyanin, Willstätter).

Ein Oleocyanin als methoxylfreies Anthocyanin wurde von L. Musajo [Gazz. chim. Ital. **72**, 293 (1940)] isoliert.

Ein stickstoffhaltiges Anthocyanin „Betanin" (aus Beta vulgaris) hatte R. Willstätter (1918) erhalten; vom Betanin-Typus stellten A. M. Robinson und R. Robinson (Soc. **1932**, 1439; **1933**, 25) das Perchlorat dar:

(Betanidin, Soc. **1937**, 446 u. f.). Studien über Anthocyane hat auch K. Hayashi (etwa seit 1935) ausgeführt [V. Mitteil., Acta phytochim. Tokyo **11**, 91 (1939)].

Über die bisherigen Ergebnisse der Anthocyaninforschung berichteten R. Robinson, J. R. Price, G. M. Robinson, V. C. Sturgess u. W. J. C. Lawrence [Biochem. J. **32**, 1658, 1661 (1938); Nature **142**, 211, 356 (1938)], etwa 93% der Pigmente von 200 Spezies erwiesen sich als Cyanidin-saccharide, davon zur Hälfte Pentoseglucoside; auch wurden andere Typen von N-haltigen Anthocyaninen isoliert; R. Robinson und J. R. Price [Nature **142**, 147 (1938)] konnten auch einen zur Naphthalingruppe gehörigen neuen Pflanzenfarbstoff „Dunnion" $C_{15}H_{14}O_3$ fassen. [Vgl. auch die natürlichen Naphthochinonfarbstoffe[1]) Alkannin und Shikonin von H. Brockmann und W. Roth, Naturwiss. **23**, 246 (1935); s. auch S. 281.]

Die Methoden zur Identifizierung der Anthocyanidine und Anthocyanine unterschieden sich nicht unwesentlich von den gewöhnlich als ausreichend betrachteten (Schmelzpunkt, Kristallform, Farbe, Löslichkeit), darüber hinaus kommt: Farbe in Lösungen mit verschiedener p_H-Konzentration, Fluorescenz, Ultraviolett-Absorption (je nach dem Solvens, vgl. A. J. Kiprianow und W. J. Petrunkin, C. **1940** II, 1876), Eisenreaktion, Oxydationsgeschwindigkeit, Farbänderungen bei Zusatz gewisser „Co-Pigmente" genannter Substanzen, sowie Bestimmung des Verteilungsverhältnisses in nicht mischbaren Lösungsmitteln bei wechselnder Konzentration.

Natürliche γ-Pyronderivate. Zu den γ-Pyronderivaten gehören auch die aus der „Kawa"-Wurzel gewonnenen und durch ihre physiologischen (berauschenden) Wirkungen gekennzeichneten Verbindungen, deren Konstitution W. Borsche [mit Mitarbeitern, I. Mitteil. B. **47**, 2902 (1914); II. Mitteil. B. **54**, 2229 (1921); IX. Mitteil., Synthese des Yangonins, B. **62**, 2515 (1929); XII. Mitteil. B. **65**, 820 (1932)] aufgeklärt hat: Yangonin $C_{15}H_{14}O_4$, d-Kawain $C_{14}H_{14}O_3$ [optisch aktiv, X. Mitteil. B. **63**, 2414 (1930)], d-Methysticin $C_{15}H_{14}O_5$ (von C. Pomeranz, 1888 aufgeklärt) als Methylendioxykawain erkannt, ferner d-Pseudo-methysticin [= Dihydro-methysticin, B. **62**, 360 (1929)] und d-„Pseudo"-kawain = Dihydrokawain [B. **63**, 2416 (1930)].

Bemerkenswert ist hier das gleichzeitige Vorkommen der verschiedenen Aufbauprodukte:

$$CH_3O \cdot C_6H_4 \cdot CH = CH - C \underset{O}{\overset{HC \overset{CO}{\diagup \diagdown} CH}{\diagup\diagdown}} C \cdot OCH_3$$

Yangonin.

[1]) R. Kuhn und K. Wallenfels [B. **72**, 1407 (1939)] haben einen Naphthochinonfarbstoff auch als tierischen Befruchtungsstoff in Seeigeleiern entdeckt (vgl. auch S. 282).

$$CH_2O_2 : C_6H_3 \cdot CH = CH \cdot \overset{\displaystyle H_2C \diagup \overset{C-OCH_3}{\underset{O}{\diagdown}} \diagdown CH}{CH \diagdown O \diagup} C \cdot O \xrightarrow{(+ \ H_2)} C_2H_2O_2 : C_6H_3 \cdot CH_2 \cdot CH_2 \cdot \overset{\displaystyle H_2C \diagup \overset{C-OCH_3}{\underset{O}{\diagdown}} \diagdown CH}{CH \diagdown O \diagup} CO$$

d-Methysticin.   d-Pseudo-methysticin.

$$C_6H_5 \cdot CH = CH \cdot \overset{\displaystyle H_2C \diagup \overset{C-OCH_3}{\underset{O}{\diagdown}} \diagdown CH}{CH \diagdown O \diagup} CO \xrightarrow{(+ \ H_2)} C_6H_5 \cdot CH_2 \cdot CH_2 \cdot \overset{\displaystyle H_2C \diagup \overset{C-OCH_3}{\underset{O}{\diagdown}} \diagdown CH}{CH \diagdown O \diagup} CO$$

d-Kawain.   d-Pseudo-kawain.

(Die Doppelbindung $R \cdot CH = CH—$ läßt noch geometrische [cis-trans-] Isomerien möglich erscheinen.)

Ein Abbauprodukt von Kohlenhydraten durch Bakterien (z. B. Asperg. oryzae) ist die von T. Yabuta [J. Chem. Soc. Tokyo **37**, 1185, 1234 (1916)] entdeckte Kojisäure $C_6H_6O_4$, deren Konstitution er [Soc. **125**, 575 (1924)] aufklärte (I). Die biochemische Entstehungs-

$$\begin{matrix} \overset{\displaystyle H \diagdown C \diagup OH}{} \\ HOCH \quad HCOH \\ HOCH \quad \underset{\diagdown O \diagup}{C \overset{H}{\diagup} CH_2OH} \end{matrix} \quad \xrightarrow{\text{Oxydation}} \quad \begin{matrix} HO \cdot C \diagup \overset{CO}{\diagdown} \diagdown CH \\ \qquad \text{I.} \\ HC \diagdown O \diagup C \cdot CH_2OH \end{matrix}$$

weise der Kojisäure ist eingehend untersucht und diskutiert worden: aus Glyzerin und C_6-Zuckern durch Schimmelpilz erhielt F. Traetta-Mosca [Gazz. ital. **51**, II, 269 (1921)] die Kojisäure, andererseits wurde sie aus Triosen (F. Challenger, L. Klein und T. K. Walker, 1929 u. f.) bzw. aus C_3-Verbindungen [A. Corbellini und B. Gregorini, Gazz. ital. **60**, 244 (1930), K. Sakaguchi, 1932] und aus Dihydroxy-aceton (durch Asperg. oryzae, H. Katagiri und K. Kitahara. 1933), aber auch aus Xylose (H. N. Barham und B. L. Smits, 1936). sowie aus Mannit und Fructose (T. Takahashi und T. Asai, 1932 u. f.) erhalten.

Entwicklungsgeschichtlich lehrreich sind die Auswirkungen dieser Anthocyanforschungen R. Willstätters. Wohl beeinflußt durch die Indigosynthese seines Lehrers A. v. Baeyer, wird auch Willstätter in den chemischen Bannkreis der Pflanzenfarben gezogen: 1906 beginnt er seine bahnbrechenden Forschungen über das Blattgrün (Chlorophyll) und findet hierbei u. a. auch die Gruppe der C_{40}-Verbindungen, z. B. das rote Carotin $C_{40}H_{56}$, das weiter nicht untersucht wird; er wendet sich (1913) dem „Zauber der blauen Blume", der Kornblume zu und eröffnet damit seine Anthocyan- oder Blütenfarbenforschungen, die ihn nun weiterhin fesseln. Erst nach zwei Jahrzehnten und auf einem Umweg über die Biochemie sollte das zurückgestellte Carotin in seiner biologischen Bedeutung und Beziehung zu den Vitaminen, Polyen- oder Carotin-Farbstoffen usw. erkannt werden.

„Pterine" [Heinr. Wieland u. C. Schöpf, B. 58, 2178 (1925) u. f.].
Eine Klasse eigenartiger stickstoffreicher Farbstoffe ist in den Pigmenten
oder natürlichen Farbstoffgemischen der Flügel verschiedener Schmet-
terlinge entdeckt und der Konstitutionsaufklärung unterworfen worden.
Es sind die Untersuchungen von H. Wieland [seit 1925; IV. Mitteil. A. 539, 179 (1939)] und Cl. Schöpf [II. Mitteil. mit H. Wieland,
H. Metzger und M. Bülow, A. 507, 226 (1933); mit E. Becker,
ib. 266 (1933), A. 524, 49, 124 (1936), mit A. Kottler, 539, 128, 168
(1939)], sie betreffen bisher das Xanthopterin $C_{19}H_{20}O_7N_{16}$, das Leukopterin $C_{19}H_{19}O_{11}N_{15}$, das Guanopterin $C_{19}H_{20}O_3N_{20}$ und Erythropterin.
Nach Wieland enthält das Leukopterin 3 Pyrimidinringe, während
Xanthopterin nach Schöpf auf die Gegenwart von 2 Pyrimidinringen
schließen läßt. Wieland [mit R. Purrmann, A. 539, 183 (1939)] löst
die Konstitution dieser beiden Pterine zu den folgenden Formeln auf:

$$\left[HN:C \begin{array}{c} NH-C-OH \\ C-NH \\ NH-C-N \end{array} CH \right]_2 \quad HN:C \begin{array}{c} NH-CO \\ C=N \\ NH-C=N \end{array} CH \quad C_4H_3O_4(NH)$$

Xanthopterin.

$$\left[HN:C \begin{array}{c} NH-COH \\ C-NH \\ NH-C-N \end{array} COH \right]_3 C_4H_3O_5$$

Leukopterin.

Bald gelingt H. Wieland und R. Purrmann [A. 544, 163 und
182 (1940)] die Aufklärung der Konstitution, indem neue Summen-
formeln gefunden werden, und zwar: $C_{18}H_{15}O_9N_{15}$ für Leukopterin,
bzw. $C_{18}H_{15}O_6N_{15}$ für Xanthopterin; diese entsprechen nun den Tri-
meren von $C_6H_5O_3N_5$ bzw. $C_6H_5O_2N_5$, sie werden aufgelöst in I für
Xanthopterin, bzw. II für das auch synthetisch dargestellte Leukopterin. Das „Guanopterin" (von Cl. Schöpf und E. Becker) wird
als identisch mit dem Isoguanin (III) von E. Fischer (1897) erwiesen.
Nach Cl. Schöpf [Naturwiss. 28, 478 (1940)] entsprechen allen Umsetzungen die abgeänderten Formeln Ia bzw. IIb:

$$\begin{array}{ccc}
HN-CO & HN-CO & HN-C=NH \\
HN-C \quad C-N-CO & HN=C \quad C-NH-CO & O:C \quad C-NH \\
HN-C=N-CH_2(?) & HN-C-NH-CO & HN-C-N \quad CH \\
\text{I.} & \text{II.} & \text{III.}
\end{array}$$

$$\begin{array}{cc}
HN-CO & HN-CO \\
\text{Ia. } HN=C \quad C=N \quad C=CHOH & \text{IIa. } HN=C \quad C-NH \quad C-COOH \\
HN-C=N & HN-C-N
\end{array}$$

Eine röntgenologische Untersuchung von Leuk- und Xanthopterin
lieferten F. G. Mazza und G. Tappi (C. 1940 II, 2030).

Anhang. Pilzfarbstoffe (Dioxychinongerüst).

Von F. Kögl ist in dem Baumschwamm der ockergelbe Farbstoff Polyporsäure (I) isoliert worden [A. 447, 78 (1926)], in dem Samtfuß der braune Farbstoff Atromentin (II) [A. 465, 243 (1928)] und in dem Fliegenpilz das rotgefärbte Muscarufin (III) [mit H. Erxleben, A. 479, 11 (1930)]:

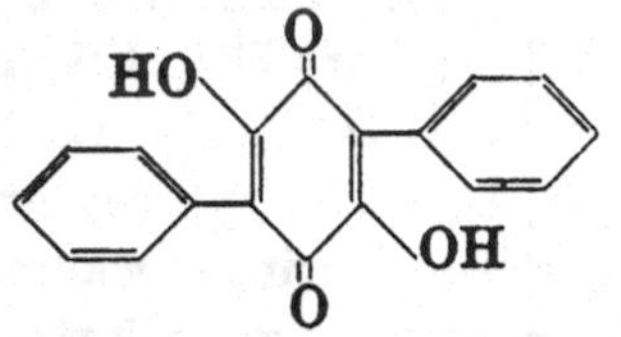

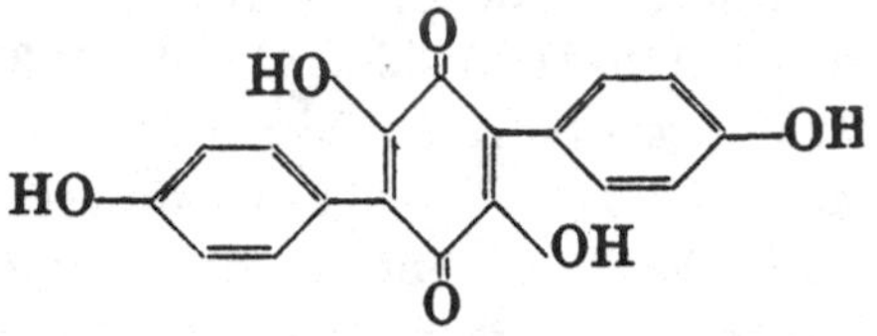

Farbstoffe der niederen Pilze. Th. Posternak [mit J.-P. Jacob, Helv. 23, 237 u. 1046 (1940)] hat aus Penicillium citreoroseum den citronengelben Farbstoff Citrorosein $C_{15}H_{10}O_6$ (= 4,5,7-Trioxy-[oxymethyl]-anthrachinon), aus Penic. rubrum das Phoenicin (2,2'-Dioxy-4,4'-dimethyldichinon) dargestellt.

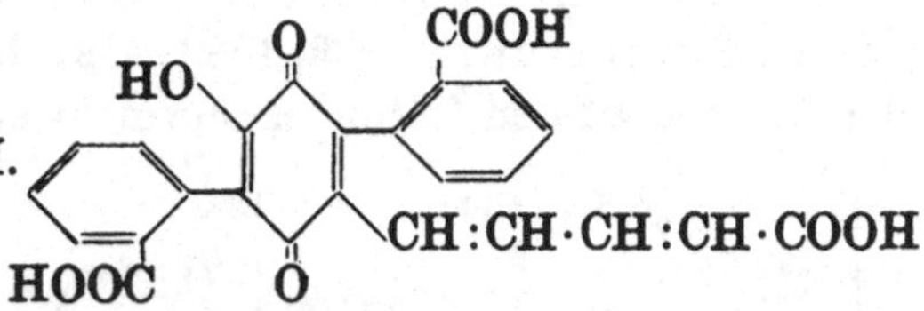

Neuntes Kapitel.

Blut- und Blattfarbstoffe.

A. Blutfarbstoffe (Hämin).

Einen Blutfarbstoff (Hämatin) hatten Leop. Gmelin und Tiedemann (1826), Lecanu (1838), Mulder (1839 u. f.), v. Wittich (1854) u. a. darzustellen versucht.

Die Bezeichnung „Hämin" wurde von L. Teichmann (1853) den violettgrauen Kristallen beigelegt, die aus erwärmtem Blut durch Kochsalz unter Zusatz von Eisessig erhalten werden. Die Zusammensetzung des Hämins drückt F. Hoppe-Seyler [1864 und B. 3, 231 (1870)] durch die Formel $C_{68}H_{70}N_8Fe_2O_{10} \cdot 2HCl$ (oder halbiert: $C_{34}H_{35}N_4O_5FeCl$) aus, die chlorfreie Substanz wird „Hämatin" genannt und hat die Zusammensetzung $C_{34}H_{34}N_4O_5Fe$; wird Hämin (als Kunstprodukt) oder das im natürlichen Hämoglobin enthaltene „Hämochromogen" des Eisens [1] beraubt, so entsteht „Porphyrin" (Hoppe-Seyler, Medizin.-chemische Untersuchungen, 1871); er

---

[1] Das Vorkommen des Eisens im Blut wurde von Menghini (1747) nachgewiesen.

Über „Eisen, das sauerstoffübertragende Ferment der Atmung": O. Warburg: B. 58, 1001 (1925) und Nobel-Vortrag, Stockholm, 10. Dez. 1931 [vgl. Z. angew. Ch. 45, 1 (1932)].

beschreibt auch die Absorptionsspektren dieser Verbindungen. Von der medizinischen Chemie herkommend, beginnen 1884 auch M. Nencki und M. Sieber (B. 17, 2267) ihre „Untersuchungen über den Blutfarbstoff"; sie erhalten eine Molekülverbindung[1]) des Hämins mit Amylalkohol von der Formel $(C_{32}H_{31}N_4O_3FeCl)_4 \cdot C_5H_{11}OH$, daraus durch Alkalien das Hämatin $C_{32}H_{30}N_4O_3Fe$ und bei der Kalischmelze „ziemlich viel Pyrrol", stellen Beziehungen des Blutfarbstoffes zu Gallenfarbstoff auf (Hämin → Bilirubin $C_{32}H_{36}N_4O_6$ → Urobilin $C_{32}H_{40}N_4O_7$) und schließen auf Kohlenstoffbindungen „wie in den aromatischen Substanzen"; sie betrachten die Häminkristalle verschiedener Tiere als identisch, die Hämoglobine als verschieden, je nach den Eiweißkörpern, die mit dem Hämin ähnlich verbunden sind „wie die von uns analysierte Verbindung mit Amylalkohol" (d. h. Hämoglobin ist eine Molekülverbindung von Hämin + Eiweiß). Das von Hoppe-Seyler entdeckte eisenfreie Derivat „Hämatoporphyrin" $C_{34}H_{37}N_4O_6$ besitzt nach Nencki und Sieber die Zusammensetzung $C_{32}H_{32}N_4O_5$ [s. auch Hoppe-Seyler B. 18, 601 (1885)]; die eisenhaltige Komponente des Blutfarbstoffes hatte A. Kossel „prosthetische Gruppe" genannt.

Im Jahre 1891 beginnt W. Küster (1863—1929) — auf Veranlassung von K. G. Hüfner — die Untersuchung des Hämins und findet für die Nenckische Molekülverbindung[1]) die Zusammensetzung $(C_{32}H_{31}N_4O_3FeCl)_2 \cdot C_5H_{11}OH$ [B. 27, 572 (1894)]; eine andere Reinigungsmethode gab ein Hämin: $C_{32}H_{33}N_4O_3FeCl$, das bei der (Chromsäure-) Oxydation eine zweibasische „Hämatinsäure" $C_8H_8O_5$ und eine dreibasische, $C_8H_{10}O_6$ lieferte [B. 29, 821 (1896); 32, 677 (1899)]. Der weitere Abbau der „Hämatinsäuren" führte zu einem anhydrischen Produkt $C_7H_8O_3$ und einem Körper $C_7H_9NO_2$ mit Eigenschaften, „wie sie für ein Imid aus der Reihe der Maleinsäure angegeben werden": das erstere wird dem Methyläthylmaleinsäureanhydrid (von R. Fittig dargestellt, 1892), das andere dem Methyläthylmaleinsäureimid (C. A. Bischoff, 1891) an die Seite gestellt [B. 33, 3021 (1900); A. 315, 177, 215 (1901)]. Hier greifen nun M. Nencki und J. Zaleski (1901) mit neuen Experimenten und Folgerungen ein, indem sie auf die gleichzeitigen (1895 u. f.) Untersuchungen von E. Schunck und L. Marchlewski über Derivate des Chlorophylls und das von ihnen gefundene „Phylloporphyrin" $C_{16}H_{18}N_2O$ bezug nehmen und — wie diese Forscher — die genetische Verwandtschaft des Blatt- und des Blutfarbstoffes voraussetzen. Nencki und Zaleski [B. 34, 997 (1901)] finden ein neues Spaltprodukt des Hämins, das sie „Mesopor-

---

[1]) Die Bildung von kristallinischen Additionsverbindungen des Hämoglobins mit Sauerstoff (Oxyhämoglobin), Kohlenoxyd, Stickoxyd, Cyanwasserstoff beschrieb Hoppe-Seyler (1862—1868), mit Acetylen [O. Liebreich, B. 1, 220 (1868)]; venöse Hämoglobinkristalle beschrieb M. Nencki [B. 19, 128 (1886)].

phyrin" $C_{16}H_{18}O_2N_2$ nennen, da es ein Zwischenglied zwischen Phylloporphyrin $C_{16}H_{18}N_2O$, (Mesoporphyrin $C_{16}H_{18}N_2O_2$) und Hämatoporphyrin $C_{16}H_{18}N_2O_3$ von Nencki und Sieber darstellt; sie finden (durch Reduktion mit HJ in Eisessig) ein flüchtiges Öl, als „Hämopyrrol" $C_8H_{13}N$ bezeichnet, und folgern: „Das Hämin wird durch Bromwasserstoff fast quantitativ in zwei Moleküle Hämatoporphyrin gespalten; folglich muß auch das Hämato- bzw. Meso-, bzw. Phyllo-Porphyrin aus zwei Molekülen Hämopyrrol bestehen"; das Hämopyrrol könnte „ein Butyl- oder Methylpropyl-Pyrrol usw. sein", also unter Zugrundelegung von Küsters Methyläthylmaleinsäure,

$$\text{etwa}\quad \begin{array}{c} CH_3 \cdot C\text{———}C \cdot C_3H_7 \\ HC \qquad\qquad CH \\ \diagdown NH \diagup \end{array} \quad ; \text{ im Hämin werden „sehr wahrscheinlich die}$$

beiden Hämatoporphyrinmoleküle durch das Eisen zusammengehalten", wobei es möglich ist, „daß das Eisen nicht zwei Kohlenstoffe, sondern zwei Stickstoffatome der beiden Porphyrinmoleküle verbindet"; das Chlor im Hämatin ist mit dem Eisen verbunden und wird (durch Alkalien) beim Übergang in Hämatin durch Hydroxyl ersetzt. Es entsteht das erste Konstitutionsbild des Hämins (Zit. S. 1009. 1901):

$$\begin{array}{c} CH_3 \cdot C\text{———}C \cdot CH:C(OH) \cdot C:C \cdot CH:CH \cdot C\text{———}C \cdot CH_3 \\ HC \qquad CH \qquad\qquad O \ FeCl \qquad HC \qquad CH \\ \diagdown NH \diagup \qquad\qquad |\quad| \qquad\qquad \diagdown NH \diagup \\[2mm] CH_3 \cdot C\text{———}C \cdot CH:C(OH) \cdot C:C \cdot CH:CH \cdot C\text{———}C \cdot CH_3 \\ HC \qquad CH \qquad\qquad\qquad\qquad HC \qquad CH \\ \diagdown NH \diagup \qquad\qquad\qquad\qquad \diagdown NH \diagup \end{array}$$

Die Verwandtschaft von Blatt- und Blutfarbstoff weisen Nencki und L. Marchlewski [B. **34**, 1687 (1901)] dadurch nach, daß sie auch aus Chlorophyllderivaten durch Reduktion das Hämopyrrol $C_8H_{13}N$ erhalten, sowie daß Hämatoporphyrin und Phylloporphyrin bei der Oxydation dasselbe Anhydrid $C_8H_8O_5$ (s. oben) liefern (Marchlewski, 1902); die Absorptionsspektren der sauren Lösungen von Phylloporphyrin und Mesoporphyrin „unterscheiden sich so gut wie gar nicht" [L. Marchlewski, B. **35**, 4342 (1902)].

Mit dem Tode von M. Nencki (1847—1901) schließt die erste bedeutende Phase in der Erforschung des Blutfarbstoffes und seiner Verwandtschaft mit dem Chlorophyll; es sind ermittelt worden die wesentlichen Bausteingruppen des Riesenmoleküls Hämin $C_{32}H_{31}N_4O_3FeCl$ und die denkmöglichen Bindungsarten, doch es fehlt der experimentell gesicherte Einblick in die tatsächliche Innenarchitektur dieses Moleküls und seiner Bausteine. Schrittweise geht W. Küster bei der Fortführung seiner Untersuchungen vor; die Oxydation des Hämopyrrols (1902—1907) gibt Methyläthylmaleinimid, und das Anhydrid $C_8H_8O_5$

$$\text{wird in}\quad \begin{array}{c} CH_3 \cdot C \cdot CO \\ \qquad\qquad\quad \diagdown \\ HOOC\ CH_2 \cdot CH_2 \cdot C \cdot CO \end{array}\!\!\!>O \quad \text{aufgelöst und als die „Hämatin-}$$

säure" erkannt [die Synthese derselben: B. **47**, 532 (1914)]. Die Darstellung von Dimethylhämin (1910) ergibt die Formel $C_{36}H_{36}O_4N_4FeCl$ (also Hämin selbst $= C_{34}H_{32}O_4N_4FeCl$) und das Eisen im Blutfarbstoff wird (1910) als eine Ferriverbindung gekennzeichnet: $R>FeCl \rightleftarrows R>FeOH$ ($= \alpha$-Hämin, Base). Auf Grund all der Abbaureaktionen des Hämins folgert nun W. Küster [Ber. d. D. Pharm. Ges. **21**, 513 (1911)], daß die Farbnatur des Hämins auf das Vorhandensein von konjugierten Doppelbindungen zurückzuführen sei, und daß die trisubstituierten Pyrrole (im Blut- und Gallenfarbstoff) in α-Stellung durch Kohlenstoffatome miteinander verbunden seien. Im Jahre 1912 wagt W. Küster den großen Wurf, indem er eine Konstitutionsformel des Häminmoleküls aufstellt [B. **45**, 1935 (1912); Z. physiol. Ch. **82**, 463 (1912)]: im Hämin sind neben zwei Carboxylen bereits zwei **basische**, d. h. additionsfähige Stickstoffatome enthalten und „zwei saure"; diese stehen „mit den beiden Carboxylen und der Chlorferri-Gruppe in wechselseitigen Beziehungen" (Betainbindungen); die basischen Pyrrolkerne tragen zwei Vinylgruppen.

Wohl der früheste und kühnste, dabei von einer genialen Zukunftsschau getragene Versuch eines vielgliedrigen Ringsystems ist diese aus 16 Ringgliedern bestehende Konstitutionsformel des **Hämins** (s. auch S. 7) die von Will. Küster aufgestellt wurde [Z. physiol. Ch. **82**, 463 (1912)]:

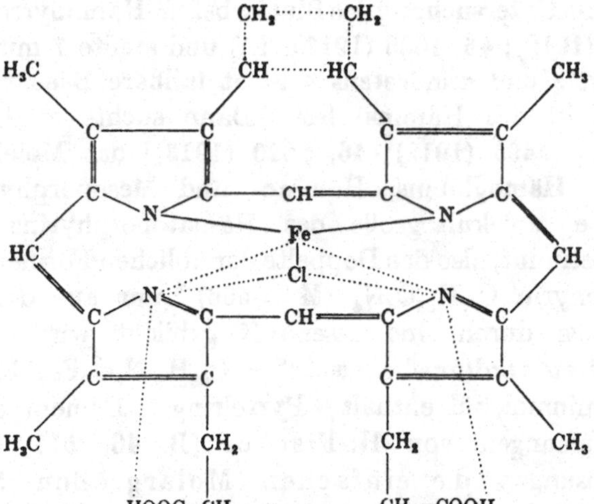

Die Spannungstheorie schloß die Existenzmöglichkeit solcher Ringsysteme aus. Die mit der Aufklärung des Blutfarbstoffes beschäftigten Forscher erklärten vorerst diese Formel für unbewiesen und unwahrscheinlich. Meisterhafte Experimentarbeit mußte folgen, und 1927 erklärte H. Fischer: „Nach dem heutigen Stande der Wissenschaft muß sie (die Küstersche Formel) im wesentlichen als das best Bild für die Struktur des Hämins betrachtet werden" [B **60**, 2622 (1927)].

Inzwischen hatte das Großproblem Blutfarbstoff-Blattfarbstoff noch
andere Forscher in seinen Bannkreis gezogen. Der Erforschung des
Blattfarbstoffes hatte sich R. Willstätter (1906 u. f.) gewidmet; die
Blut- und Gallenfarbstoffe waren von O. Piloty (seit 1909, im Baeyerschen Laboratorium) und von Hans Fischer (seit 1911, in der
Münchener II. Medizinischen Klinik) in Bearbeitung genommen
worden. Für die Konstitutionsfragen des Hämins kommt dem Hämopyrrol $C_8H_{13}N$ eine wesentliche bzw. Schlüsselstellung zu; welche
Konstitution besitzt es, oder ist es überhaupt nicht einheitlich ? Piloty
[B. 42, 4693 (1909)] gelingt die Gewinnung einer (bei 39^0 schmelzenden)
als rein angesehenen Fraktion, für welche er die Konstitution eines
trisubstituirten Dimethyl-äthylpyrrols nachweist. Das Problem nahm
aber einen dramatischen Charakter an, als Willstätter und Y. Asahina [A. 385; 188 (1911); B. 44, 3707 (1911)] aus Hämin sowie aus
Chlorophyll das „Hämopyrrol" erhielten und dasselbe in 3 verschiedene Pyrrole (Phyllo-, Hämo- und Iso-Hämopyrrol) zerlegten, L.
Knorr und K. Heß (1911) durch Synthese ein von diesen abweichendes 2.4-Dimethyl-3-äthylpyrrol gewannen, H. Fischer [B. 44, 3313
(1911)] durch Synthese das Phyllopyrrol als ein tetraalkyliertes Pyrrol
nachwies, im Hämopyrrol des Hämins einen neuen Bestandteil
„Kryptopyrrol" entdeckte [B. 45, 1979 (1912)] und diesen mit
Knorrs synthetischem Dimethyl-äthyl-pyrrol identifizierte. Piloty
nahm nun seine Untersuchung des Blutfarbstoff-Hämopyrrols wieder auf
[B. 45, 3749 (1912); 46, 1008 (1913 u. f.)] und stellte 7 mit Pikrinsäure
fällbare Pyrrole und mindestens 4 nicht fällbare Basen (in dem Reduktionsprodukt des Hämins) fest. Dann suchte er [A. 388, 319
(1912); B. 45, 2495 (1912); 46, 2020 (1913)] das Molekulargewicht
des Hämins, Hämoglobins, Hämato- und Mesoporphyrins zu bestimmen; die Molekulargröße des Hämatoporphyrins wurde mit
$M \sim 1200$ bestimmt, also das Doppelte der üblichen Formel $C_{34}H_{36}O_6N_4$;
da Mesoporphyrin $C_{34}H_{38}O_4N_4$ $(M = 566)$ „nur aus der Hälfte des
Häminmoleküls durch Jodwasserstoff gebildet wird", so ist die
Häminformel zu verdoppeln, also $M = C_{68}H_{64}N_8O_8Fe_2Cl_2$ $(M = 1303)$
und das Häminmolekül enthält 8 Pyrrolringe. Dementgegen ergeben
ebullioskop. Messungen von H. Fischer [B. 46, 511, 2308 (1913)]
in Pyridinlösungen die einfachen Molargrößen für Hämin
$C_{34}H_{32}O_4N_4FeCl$, für das Mesoporphyrineisensalz $C_{34}H_{36}O_4N_4FeCl$, bzw.
das freie Mesoporphyrin $C_{34}H_{38}O_4N_4$. Damit wird eindeutig die
Anwesenheit von vier Pyrrolkernen im Blutfarbstoff und in
den Porphyrinen festgelegt und für alle folgenden Untersuchungen
maßgebend.

Zur gleichen Zeit hatte R. Willstätter [gemeinsam mit M.
Fischer, H. 87, 423 (1913)] den Blutfarbstoff zu dem von ihm (durch
Chlorophyllabbau) erhaltenen Ätioporphyrin $C_{31}H_{36}N_4$ abgebaut und

das Hämatoporphyrin in ein von ihm „Hämoporphyrin" $C_{33}H_{36}O_7N_4$ genanntes Porphyrin umgewandelt; demzufolge erteilte er dem Hämin die Formel $C_{33}H_{32}C_4N_4FeCl$ und entwickelte die folgende Konstitutionsformel [s. auch B. 47, 2863 (1914)]:

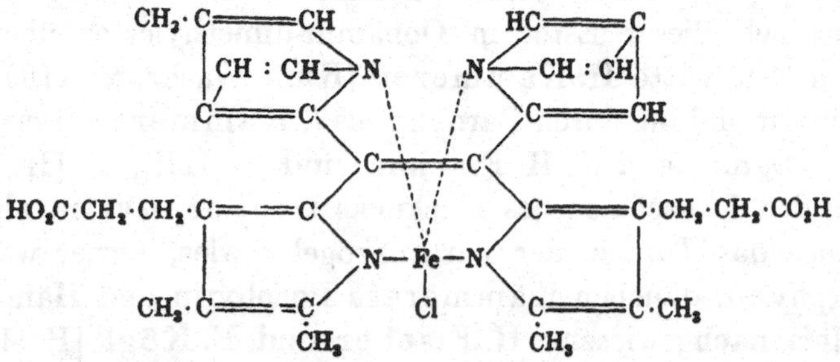

Bei der Fortführung seiner Untersuchungen des Blutfarbstoffes [Zit. S. 1912/13 und A. 395, 63 (1913); B. 47, 400, 1124, 2531 (1914); A. 406, 342 (1914); 407, 1 (1915)] hatte O. Piloty auch durch synthetische Versuche (Umsetzung von Pyrrolen mit Chloroform und Kalilauge u. a.) die Verknüpfung der Pyrrole in α-Stellung durch Kohlenstoffatome und die Bildung von gefärbten Produkten verwirklicht, um dadurch der Konstitution des Blutfarbstoffes und seiner Verwandten nahezukommen; hierbei nahm er an, „daß in diesen Farbstoffen ein dem Anthracen analoges, aus Pyrrolderivaten aufgebautes Gerüst anzunehmen sei", sowie daß das Hämin selbst aus zwei Pyrranthracen-Systemen aufgebaut und als farbgebendes Prinzip ein System von konjugierten Doppelbindungen wirksam sei, und zwar nach folgendem Schema [s. auch B. 53 (A), 163 (1920)]:

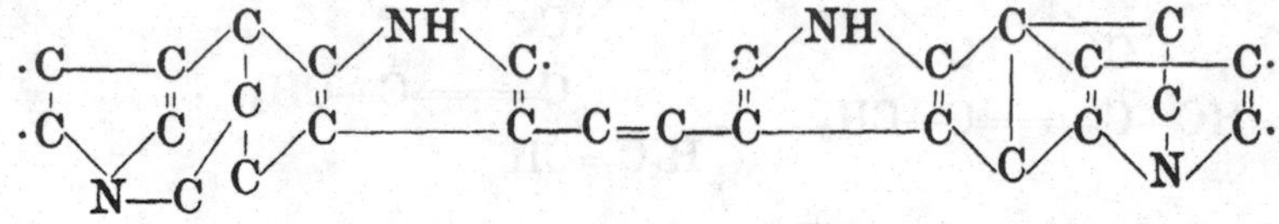

Mit dem Anbruch des Weltkrieges brach diese Untersuchungsreihe jäh ab [Piloty (1866—1915) starb an der Westfront den Tod fürs Vaterland].

Um das offensichtlich überaus schwierige Problem der Konstitutionsaufklärung des Blutfarbstoffes zu lösen, hat es einer systematisch durchgeführten und lang dauernden synthetischen Forschungsarbeit bedurft, die von Hans Fischer 1912 [gemeinsam mit M. Bartholomäus, B. 45, 1919, 1979 (1912); s. auch 47, 2019 (1914)] begonnen, durch die Synthese des Hämins [H. Fischer und K. Zeile, A. 468, 98 (1929)] gekrönt und die Grundlegung einer neuen Chemie des Pyrrols wurde[1].

---

[1] Die „Entwicklung der Chemie des Pyrrols im letzten Vierteljahrhundert" schilderte 1905 G. Ciamician im Rahmen seines Vortrages, B. 37, 4200 (1905); neben

Das Jahr 1923 wurde für die Häminforschung H. Fischers richtungweisend. Auf der Suche nach natürlichen Porphyrinen entdeckten H. Fischer und F. Kögl [H. **131**, 241 (1923)] in den Möveneierschalen [1]) das Ooporphyrin, das als Porphyrindimethylester $C_{36}H_{42}O_4N_4$ isoliert werden konnte. Durch Einlagerung von Eisen ließ sich dieser Ester in Oohämin-dimethylester überführen. Zur selben Zeit hatte H. Kämmerer [Klin. Wschr. **2**, 1153 (1923)] eine Porphyrinbildung durch Darmfäulnis („Kämmerers. Porphyrin") entdeckt. Dann fanden H. Fischer und J. Hilger [H. **138**, 49 (1924)] in den Eierschalen des Kuckucks Uroporphyrin, als dessen Cu-Salz sich das Turacin der Turacusvögel erwies, ferner wurde das Koproporphyrin, daneben Kämmerers Porphyrin und Hämin, auch in der Hefe nachgewiesen. H. Fischer und F. Kögl [H. **138**, 262 (1924)] konnten auch aus Kiebitzeierschalen Ooporphyrin isolieren; seine Beziehungen zum Hämoglobin ergaben sich aus der Umwandlung in Mesoporphyrin, sowie in Hämatoporphyrin, und seine Identität mit Kämmerers Porphyrin wurde festgestellt: wie dieses, so bildet sich auch Ooporphyrin beim Übergang vom Blut- zum Gallenfarbstoff aus dem Hämin durch Abspaltung des komplexgebundenen Eisens. Es entspricht (1924) der Formel:

Die Bedeutung dieser Erkenntnisse tritt uns aus den folgenden Worten H. Fischers entgegen: „Ooporphyrin ist also Hämin, seines Eisens beraubt. Durch diese Umsetzungen des Ooporphyrins aus Eierschalen war die Partialsynthese des Hämins durchgeführt und ein

seinen wissenschaftlichen Beiträgen zur Pyrrolchemie verdankt man ihm auch die Darstellungsmethode des seit 1885 medizinisch geschätzten Jodols [Tetrajodpyrrol, B. **20**, Ref. 220 (1887)]; zu welchem Umfang sie sich im Verlaufe des jüngsten Vierteljahrhunderts entwickelt hat, beweist das große zweibändige Handbuch: Hans Fischer und H. Orth, Die Chemie des Pyrrols. I. Bd., Leipzig 1934; II. Bd., 1. Hälfte (Pyrrolfarbstoffe). Leipzig 1937; 2. Hälfte, mit A. Stern. Leipzig 1940. Einen Überblick über seine Forschungen gab H. Fischer: B. **60**, 2611 (1927); Z. angew. Ch. **44**, 617 (1931); Nobelvortrag, gehalten in Stockholm 11. Dez. 1930.

[1]) Schon 1878 hatte C. Liebermann in Vogeleierschalen einen Farbstoff ermittelt [B. **11**, 606 (1878)], nachdem vorher Sorby (1875) aus Vogeleierschalen eine Reihe von Farbstoffen — „Oorhodein", „Oocyan" u. a. — beschrieben hatte.

weitgehender Einblick in die Konstitution eröffnet. Diese Feststellungen waren die Grundlage für die später durchgeführte Häminsynthese" (Nobel-Vortrag, 1930).

Gleichzeitig führte W. Küster Untersuchungen an Methyl- und Dimethyl-(chlor)-hämin aus und zeigte, daß alle Umwandlungen im Einklang stehen mit der von ihm angenommenen Häminformel [H. **141**, 282 (1924); **153**, 125 (1926); **163**, 281 (1927)]. Die Formel des Dimethyl(chlor)hämins ist:

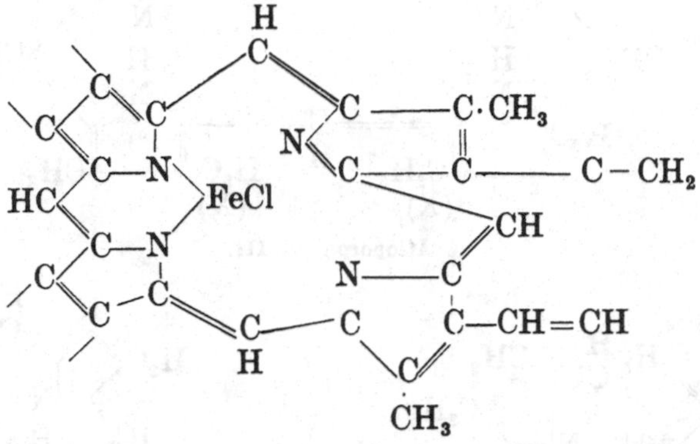

Für die Küstersche Häminformel sprachen sich W. Tschelinzew und B. Tronow (Chem. Zentr. **1923** III, 1086) auf Grund ihrer Kondensationsversuche von Pyrrol mit Ketonen aus. Ebenso deutete R. Kuhn [B. **60**, 1151 (1927)] die Bildung (bei katalytischer Hydrierung) und das spektroskopische Verhalten des Dihydro-hämins zugunsten der Küsterschen Auffassung des Hämins.

Wichtig war der Befund, daß bei lang dauernder protrahierter Fäulnis des Hämoglobins (unter Abspaltung der ungesättigten Seitenketten des Hämins) Deuterohämin entsteht, aus welchem durch Eisenabspaltung Deuteroporphyrin $C_{30}H_{30}O_4N_4$ erhalten wird [H. Fischer und F. Lindner, H. **161**, 18 (1926)]. Der Abbau Hämin

$$\underline{\text{HCOOH}} \begin{matrix} \nearrow \text{+Pd} \rightarrow \text{Mesoporphyrin} \\ \searrow \text{+Fe} \longrightarrow \text{Protoporphyrin} \end{matrix} \left. \begin{matrix} \\ \\ \end{matrix} \right\} \xrightarrow{-CO_2} \text{Ätioporphyrin [H. 154, 39 (1926)]}$$

wurde durchgeführt. Dann beginnen im Jahre 1926 die Synthesen der Porphyrine: Ätioporphyrin [A. **448**, 167; **450**, 181 (1926)], Kopro- und Isokoproporphyrin [A. **450**, 204; s. auch 138 (1926)], gleichzeitig wird nicht allein die frühere (s. oben) „indigoide", sondern die Formulierung nach W. Küster benutzt. Auf Grund dieser Formulierung sind theoretisch 4 Ätioporphyrine möglich, H. Fischer und G. Stangler [A. **459**, 53 (1927)] synthetisieren alle vier und stellen fest, daß nur Ätioporphyrin III demjenigen des Blutfarbstoffs entspricht, weiterhin — immer „in der Voraussetzung der Richtigkeit der Küsterschen Häminformel" (Zit. S. 61) — sind 15 isomere Mesoporphyrine möglich, davon werden 12 synthetisiert, während Mesoporphyrin 9 sich als identisch mit Mesoporphyrin aus Hämin erwies. Nun schritten H. Fischer und Kirstahler [A. 466, 178 (1928)] an die Synthese des Deuteroporphyrins aus Ätioporphyrin, bzw. Mesoporphyrin. Endlich (1929) führten H. Fischer und K. Zeile [A. 468, 98 (1929)] die „Synthese des Hämatoporphyrins, Protoporphyrins und Hämins" durch.

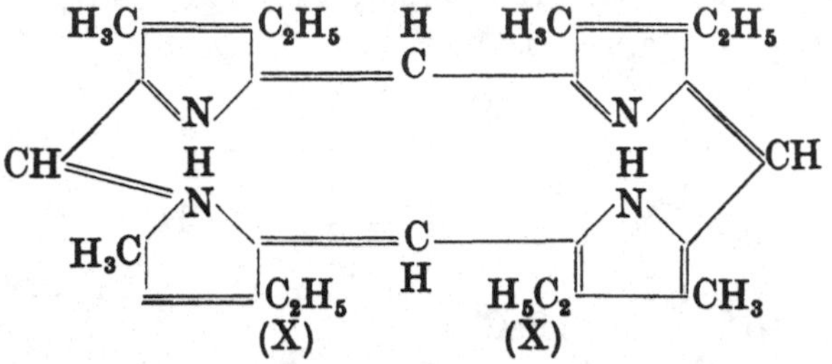

Ätioporphyrin III.

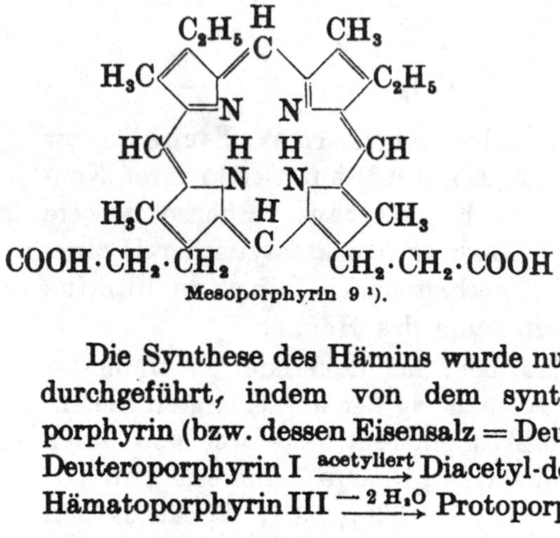

Mesoporphyrin 9 [1]).

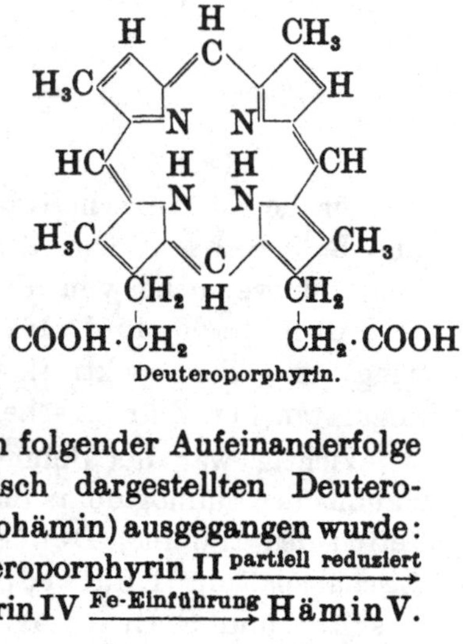

Deuteroporphyrin.

Die Synthese des Hämins wurde nun in folgender Aufeinanderfolge durchgeführt, indem von dem synthetisch dargestellten Deuteroporphyrin (bzw. dessen Eisensalz = Deuterohämin) ausgegangen wurde: Deuteroporphyrin I $\xrightarrow{\text{acetyliert}}$ Diacetyl-deuteroporphyrin II $\xrightarrow{\text{partiell reduziert}}$ Hämatoporphyrin III $\xrightarrow{-2\,H_2O}$ Protoporphyrin IV $\xrightarrow{\text{Fe-Einführung}}$ Hämin V.

Die zugehörigen Konstitutionsbilder sind (Nobel-Vortrag 1930):

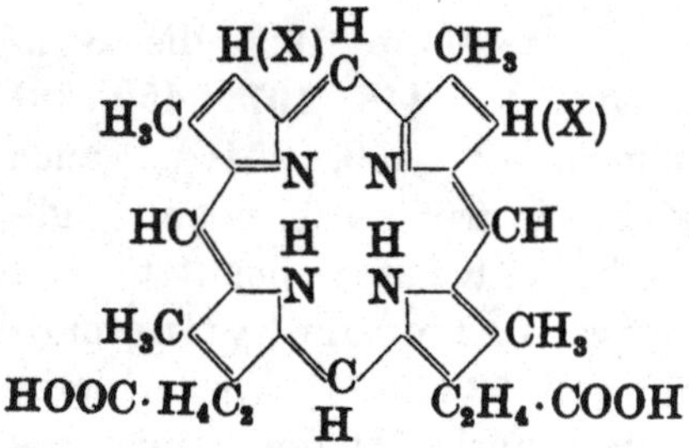

I.

Für II ist X = $COCH_3$,

für III ist X = $C{<}^H_{OH}CH_3$

(für Mesoporphyrin ist H = C_2H_5)

---

[1]) Über eine eventuelle Uneinheitlichkeit des „natürlichen" Mesoporphyrins (demnach des Hämins) bzw. als Gemisch von den isomeren Mesoporphyrin 2 und 9: H. Fischer: H. 259, 1 (1939).

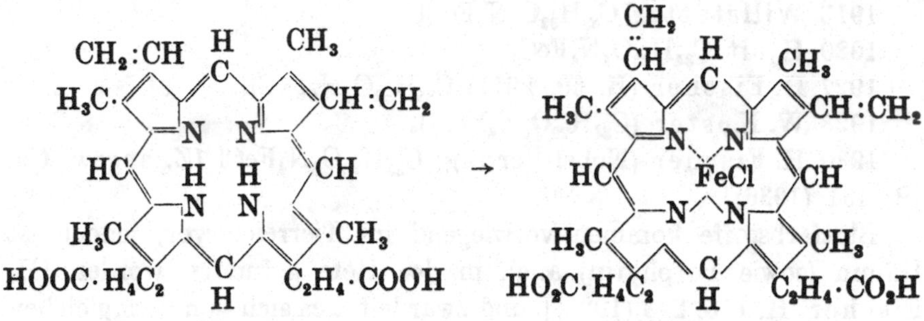

CH$_2$:CH   H   CH$_3$
H$_3$C·   C   CH:CH$_2$
   N   N
HC   H   H   CH
   N   N
H$_3$C·   ·CH$_3$
HOOC·H$_4$C$_2$ C   C$_2$H$_4$·COOH
   H
IV.

→

CH$_2$
CH   H   CH$_3$
H$_3$C·   C   CH:CH$_2$
   N   N
HC   FeCl   CH
   N   N
H$_3$C·   CH$_3$
HO$_2$C·H$_4$C$_2$ C   C$_2$H$_4$·CO$_2$H
   H
V. Hämin (1929).

Oder mit anderer Lage der Pyrrolbindungen [vgl. auch A. Treibs, Z. angew. Ch. **47**, 294 (1934)]; H. Fischer, Z. angew. Ch. **49**, 461 (1936)]:

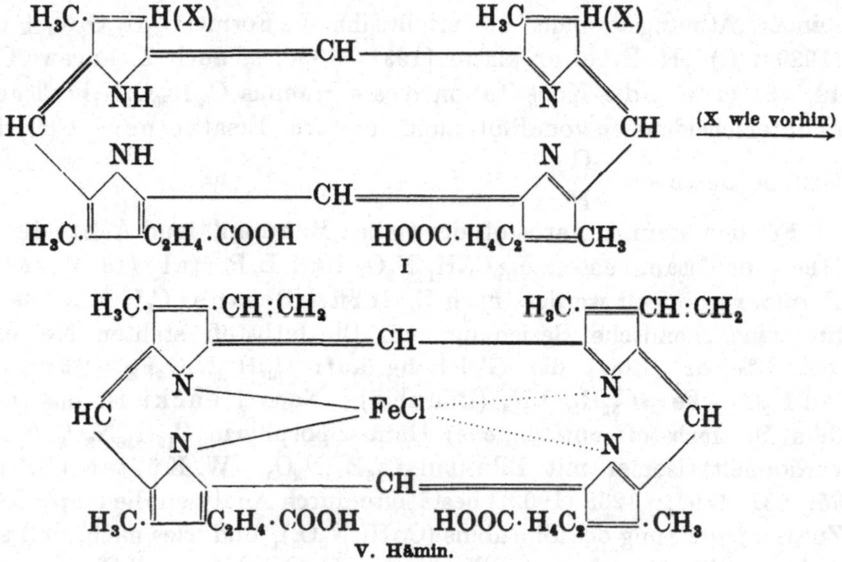

H$_3$C·===H(X)   H$_3$C===H(X)
    CH
   NH   N
HC   CH   (X wie vorhin)
   NH   N   ⟶
    CH
H$_3$C·==C$_2$H$_4$·COOH   HOOC·H$_4$C$_2$==CH$_3$
I

H$_3$C·===·CH:CH$_2$ H$_3$C·===CH:CH$_2$
    CH
   N   N
HC   FeCl   CH
   N   N
    CH
H$_3$C·==C$_2$H$_4$·COOH   HOOC·H$_4$C$_2$==·CH$_3$
V. Hämin.

oder: CH$_2$:CH   H   CH$_3$
H$_3$C   C   CH:CH$_2$
   N   N
HC   FeCl   CH
   N   N
H$_3$C   CH$_3$
   CH$_2$ H   CH$_2$·CH$_2$
COOH·CH$_2$ COOH

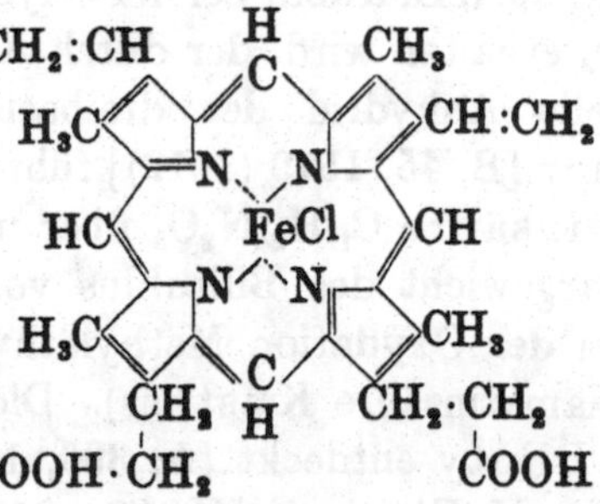

Die Schwierigkeiten der analytischen Ermittlung der richtigen Zusammensetzung und der rationellen Formel des Hämins sind aus der nachstehenden Zusammenstellung ersichtlich:

1884 Nencki, 1894 W. Küster C$_{32}$H$_{31}$N$_4$O$_3$FeCl.
1912 W. Küster C$_{34}$H$_{32}$O$_4$N$_4$FeCl.

1913 Willstätter $C_{33}H_{32}O_4N_4FeCl$.

1920 Hjelt $C_{34}H_{33}O_4N_4FeCl$.

1927 H. Fischer (B. 60, 2611) $C_{34}H_{30}O_4N_4FeCl$.

1928 W. Küster $(C_{34}H_{29}O_4N_4FeCl)_2$.

1930 H. Fischer (Nobel-Vortrag) $C_{34}H_{32}O_4N_4FeCl$ [Z. angew. Ch. 49, 461 (1936)].

Blutfarbstoffe kommen vorwiegend im Tierreich vor, jedoch ist Hämin (sowie Porphyrin) auch in der Hefe gefunden worden [H. Fischer, H. 175, 248 (1928)], und zwar leitet es sich von dem gleichen Ätioporphyrin III ab [K. Zeile, H. 221, 105 (1933)].

Im Blut niederer Tiere kommt das Spirographis-hämin $C_{33}H_{30}O_5N_4FeCl$ vor (kristallisiert von H. Munro Fox zuerst erhalten 1924). O. Warburg fand dessen spektroskopische Ähnlichkeit mit seinem „Atmungsferment" und erteilte ihm die Formel $C_{32}H_{31}O_5N_4 \pm 1H$ (1930 u. f.). H. Fischer klärte [1931—1936, s. auch Z. angew. Ch. 49, 461 (1936)] die Konstitution dieses Hämins $C_{33}H_{30}O_5N_4FeCl$ auf, es unterscheidet sich vom Bluthämin nur durch Ersatz einer —CHCH$_2$-

Gruppe durch $-C\diagdown\genfrac{}{}{0pt}{}{O}{H}$.

Für den braunen Farbstoff der Galle „Bilirubin" fand A. Städeler (1864) die Zusammensetzung $C_{16}H_{18}N_2O_3$, nach L. R. Maly (1875) soll die Formel verdoppelt werden, nach E. Gorup-Besanez $C_9H_9NO_2$? sein; für seine chemische Beziehung zum Blutfarbstoff stellten Nencki und Sieber (1884) die Gleichung auf: $C_{32}H_{32}N_4O_4Fe$ (Hämatin) $+ 2H_2O - Fe = C_{32}H_{36}O_6N_4$ (Bilirubin). Nach Nencki ist das (aus dem Blutfarbstoff entstandene) Hämatoporphyrin $C_{16}H_{18}N_2O_3$ (bzw. verdoppelt) isomer mit Bilirubin $C_{16}H_{18}N_2O_3$. W. Küster [B. 30, 35, 831 (1897); 1268 (1902)] bestätigte durch Analysen die empirische Zusammensetzung des Bilirubins $(C_{16}H_{18}N_2O_3)_x$ und wies nach, daß sowohl aus Hämatin als auch Bilirubin bei der Oxydation mit Chromsäure der Körper $C_8H_9NO_4$ erhalten wird, der durch Alkalien in den Körper $C_8H_8O_5$ (das partielle Anhydrid der dreibasischen Hämatinsäure) übergeht. H. Fischer [B. 45, 1579 (1912)] führte das Bilirubin in die einbasische Bilirubinsäure $C_{17}H_{24}N_2O_3$ über und schloß daraus auf ein Mindestmolekulargewicht des Bilirubins von M $\sim$ 600; die Bilirubinsäure ergab bei der Oxydation Methyläthylmaleinimid und den Körper $C_8H_9NO_4$ (Hämatinsäure Küsters). Die Bilirubinsäure hatte gleichzeitig auch O. Piloty entdeckt [A. 390, 191 (1912)]; ihre Konstitution wurde von H. Fischer [H. 89, 255 (1914)] aufgeklärt:

$$\begin{array}{ccccc} CH_3\cdot & \rule[0.5ex]{1.5em}{0.4pt} & C_2H_5 & H_3C\cdot\rule[0.5ex]{1em}{0.4pt} & \cdot CH_2\cdot CH_2 \\ (Br)HO\cdot & & \rule[0.5ex]{1em}{0.4pt}CH_2\rule[0.5ex]{1em}{0.4pt} & & CH_3 \quad COOH \\ & NH & & NH & \end{array}$$. Das Bromsubstitutions-

produkt dieser Säure läßt sich in Mesoporphyrin überführen [H. Fischer und F. Lindner, H. 161, 1 (1926)]:

$$CH_3 \cdot \underset{NH}{\overset{C_2H_5}{\square}} \quad H_3C \underset{NH}{\overset{CH_2 \cdot CH_2 \cdot COOH}{\square}}$$

Die Rückverwandlung von Gallenfarbstoff in Blutfarbstoff ist somit vollzogen.

Die Konstitution des Bilirubins ist nach H. Fischer und W. Siedel [H. 214, 145 (1933)]:

$$H_2C:CH \overset{CH_3}{\square} \quad H_3C \overset{CH_2 \cdot CH_2}{\square} \quad CH_2 \cdot H_2C \overset{CH_3}{\square} \quad CH_2:HC \overset{CH_3}{\square}$$

Eine zusammenfassende Schilderung der Gallenfarbstoffe lieferte W. Siedel [Z. angew. Chem. 53, 397—416 (1940)].

Zwischen Biologie und Chemie ist neuerdings noch eine andersgeartete Beziehung möglich geworden, nämlich beim Vergleich der Dimensionen von „Elementarkörperchen" (der filtrierbaren Virusarten als Erreger vieler Krankheiten) und chemischen Molekülen. Die Größen der Virusarten sind seit H. Bechholds Vorgang (Ultrafiltration, 1929, sowie mittels hochtouriger Zentrifuge) auch von W. J. Elford, sowie von M. Barnard (mittels Photographie im ultravioletten Licht) mit befriedigender Übereinstimmung ermittelt worden; es ergaben sich für den Durchmesser in $m\mu$ ($=$ Millionstel Millimeter) z. B.:

Pocken und Kanarienvirus	125—175 $m\mu$
Hühnerpest, Hühnersarkom	$>$ 70 ,,
Tabak-Mosaik, Gelbfieber	$>$ 22 ,,
Kinderlähmung, Maul- und Klauenseuche	$>$ 10 ,,

Parallel seien als Vergleichswerte gegeben:

Hämocyanin-Molekül	24 $m\mu$
Hämoglobin-Molekül	4 ,,

Vom Standpunkt der Dimension sind also gewisse Virusarten („Organismen") kleiner als bestimmte Protein-Moleküle. Nach The Svedberg [s. auch B. 67 (A), 117 (1934); Nature 129, 871 (1929)] treten folgende Molekulargewichte entgegen (s. auch S. 628 u. f.):

Ovalbumin	34 500
Hämoglobin	68 000
Insulin und Pepsin (Radius = 20 Å)	35 000—37 000
Hämocyanin (aus Schneckenblut)	6 600 000

gibt reversible Dissoziationsprodukte:

$$M = 6\,600\,000 \rightleftharpoons 3\,300\,000 \rightleftharpoons 1\,600\,000 \rightleftharpoons 400\,000 \rightleftharpoons 100\,000.$$

Nach A. Gamgee und A. Croft Hill [B. **36**, 913 (1903)] ist Hämoglobin rechtsdrehend, $[\alpha]_c = +\,10{,}4^0$, ebenfalls rechtsdrehend sind Kohlenoxyd-Hämoglobin und Oxyhämoglobin, während das Spaltungsprodukt Globin linksdrehend ist $[\alpha]_c = -\,54{,}2^0$. Durch die Entdeckung der optischen Drehung des Chlorophylls [A. Stoll und E. Wiedemann, Helv. **16**, 307 (1933)] wurde auch die Frage der optischen Aktivität des Blutfarbstoffs nahegelegt; H. Fischer und A. Stern [A. **519**, 58, 244; **520**, 88 (1935)] fanden das Bluthämin und dessen Porphyrinderivate optisch inaktiv, dagegen das Uroporphyrin aus Muschelschalen optisch aktiv. Nach Will. Küster ist Hämoglobin als eine dreibasische Säure anzusehen (mit zweiwertigen Eisen), wobei zwei Carboxyle des Globins betainartig in basische Gruppen der prosthetischen Gruppe eingreifen, während ein Carboxyl der letzteren sich mit einer basischen Stelle des Globins salzartig ausgleicht; als einen integrierenden Bestandteil des Hämoglobins nimmt er ein Sterin (Ergosterin?) an (vgl. Süddeutsche Apothekerzeitung 1929, Sond.-Druck), tatsächlich wird Ergosterin im Rinderblut nachgewiesen [W. Küster und O. Hörth, B. **61**, 809 (1928)]. Die Frage nach dem Aufbau des Hämoglobins wurde im letzten Jahrzehnt von vielen Seiten bearbeitet: M. L. Anson und A. E. Mirsky unterscheiden einen „Häm" genannten Anteil, der den Pyrrolkern und das Eisen enthält (1925). O. Schumm bezeichnet die Metallverbindungen der Porphyrine als „Porphyratine"; Hämatin oder Häm ist ein Eisen-Porphyratin, das als Oxyhämatin und (reduziert) als Hämatin = „Häm" von Anson-Mirsky vorkommt [H. **152**, 55, 147 (1926)]. R. Hill und H. F. Holden trennen vom Hämoglobin das „natürliche Globin", das sich rückwärts mit Oxyhämatin (bei $p_H = 5$ bis 10) zu Methämoglobin vereinigt [Biochem. Journ. **20**, 1326 (1926)]; die Gleichgewichte zwischen Hämoglobin und Methämoglobin wurden von O. Heubner (1923 u. f.), J. B. Conant und L. B. Fieser (1925) untersucht. D. Keilin (1926 u. f.) studierte die Hämochromogene, fand in verschiedenen aeroben Pflanzen das „Cytochrom" (aus 3 verschiedenen Hämochromogenen oder aus einem in 3 verschiedenen physikalischen Zuständen befindlichen Hämochromogen bestehend) und in denselben Zellen auch freies Hämatin, er untersuchte die Atmungsfunktionen des Cytochroms. O. Schumm [H. **170**, 1 (1927); s. auch B. **61**, 784 (1928)] wies das Vorkommen des Cytochroms in Hafer und Hefe, sowie seine Natur als Eisenkomplexverbindung des Proto-porphyrins nach [s. auch H. **154** (1926) und **166** (1927); H. v. Euler und Mitarbeiter, H. **169**, 10 (1927)]. Nach H. Fischer (Soc. **1934**, 255) ist Hämoglobin eine Molekularverbindung von Globin und Häm.

Von den natürlich vorkommenden Porphyrinen seien genannt:

Protoporphyrin (geht durch Eiseneinführung in Hämin über).

R_1 und $R_2 = CH:CH_2$, R_3 und $R_4 = CH_2 \cdot CH_2 \cdot COOH$

Ooporphyrin $C_{34}H_{32}O_4N_4$ (identisch mit Protoporphyrin) in gefleckten Eierschalen verschiedener Vögel,

Uroporphyrin $C_{40}H_{38}O_{16}N_4$ als Kupfersalz „Turacin" $C_{40}H_{36}O_{16}N_4Cu$, als Farbstoff in Vogelfedern,

Koproporphyrin I $C_{36}H_{38}O_8N_4$ im Organismus, in Hefe, Guano, im Harn Gesunder,

Konchoporphyrin $C_{37}H_{38}O_{10}N_4$ in Muschelschalen.

Im Uroporphyrin sind R_1, R_2, R_3 und R_4 ersetzt durch $C_2H_3(COOH)_2$.

Im Koproporphyrin I sind R_1, R_2, R_3 und R_4 besetzt durch $CH_2 \cdot CH_2 \cdot COOH$ (durch partielle Decarboxylierung geht Uro- in Kopro-porphyrin über).

Im Konchoporphyrin ist $R_1 = C_2H_3(COOH)_2$, sonst R_2, R_3 und $R_3 = CH_2 \cdot CH_2 \cdot COOH$.

Der biologische Oxydations- oder Aufbauprozeß geht also von der Dicarbonsäure (Ooporphyrin) zur Tetracarbonsäure (Koproporphyrin) zur Pentacarbonsäure (Konchoporphyrin) zur Oktacarbonsäure (Uroporphyrin).

Beachtenswert sind die Vorkommen der Porphyrine in Erdöl, Asphalt, Phosphoriten, Steinkohlen, Mergel u. a. [A. Treibs, A. **510**, 42 (1934); **517**, 172 und **520**, 144 (1935)], im Schweizer Mergel tritt Vanadium in dem Porphyrinring entgegen; hinsichtlich des Ursprungs des Erdöls und der optischen Aktivität desselben schließt A. Treibs (ähnlich wie P. Walden, 1899 u. f.), daß es wesentlich Pflanzen gewesen sind, die bei relativ niedriger Temperatur durch geologische Prozesse die Erdölbildung bedingt haben (s. S. 164 u. 263). Auch im Kalkspat und Aragonit wurden Porphyrine nachgewiesen (H. Haberlandt, 1939). (Sollten nicht auch einige gefärbte Alkalisalze der natürlichen Salzlagerstätten porphyrinhaltig sein?)

B. Blattfarbstoffe (Chlorophylle).

1818 J. Pelletier und J. B. Caventou geben dem Farbstoff der grünen Blätter die Bezeichnung „Chlorophyll".

1837 u. f. Berzelius [A. **21**, 257, **27**, 296 (1838)] liefert die erste eingehende Untersuchung des „Blattgrüns" oder „Chlorophylls", von dem er drei Modifikationen (α, β und γ) unterscheidet.

1851 Verdeil [C. r. 33, 689 (1851)] weist auf die Ähnlichkeit des Blatt-
und Blutpigments hin.

1860 E. Frémy [C. r. 50, 405 (1860); J. pr. Ch. 87, 319 (1862)] führt
eine methodisch bedeutsame Untersuchung aus: durch Äther-
wässerige Salzsäure wird das gelbe „Phylloxanthin" von der
ätherischen Schicht, das blaue „Phyllocyanin" von der wässerigen Schicht aufgenommen; Tonerdehydrat bildet einen dunkel-
grünen Lack, wobei die gelbe Farbstoffkomponente (in Alkohol)
gelöst bleibt.

1870 K. Timirjasew (1843—1920) gibt der grünen Komponente die
Bezeichnung „Chlorophyllin" (= die nach der Behandlung des
alkoholischen Blätterauszuges mit Alkalien und Säuren erhaltene
Komponente) und behandelt die Spektralanalyse des Chlorophylls.

1872 A. Baeyer glaubt [B. 5, Jan. 1872; s. auch 4, 558 (1871)], aus
Furfurol und Resorcin die Synthese eines dem Chlorophyll
ähnlichen Körpers erreicht zu haben.

1876 Regelmäßiges Vorkommen von Eisen in der grünen Chlorophyll-
Substanz betont A. Mayer (Agrikulturchemie, S. 54. 1876).

1879 F. Hoppe-Seyler (1825—1895), gleichzeitig A. Gautier (1837
bis 1920) erhalten „kristallisiertes" Chlorophyll („Chlorophyllan",
H.-S.). „Chlorophyllan" enthielt nach Hoppe-Seylers Analyse
1,38% Phosphor und 0,34% Magnesium; in seinen weiteren Abhandlungen kommt Hoppe-Seyler nicht mehr auf den Mg-
gehalt zurück.

1880 F. Hoppe-Seyler findet, daß die bläulich-purpurrote Lösung
des von ihm dargestellten „Phylloporphyrins" sehr auffallende Ähnlichkeit in ihren Lichtabsorptionsverhältnissen mit
dem „Hämatoporphyrin" des Blutes hat [H. 4, 201 (1880)].

1881 J. Borodin beobachtet in mikroskopischen Objekten Kristalle
des Chlorophylls [als Gemisch erkannt, M. Tswett, B. 43, 3139
(1910)].

1884 A. Tschirch veröffentlicht seine „Untersuchungen über das
Chlorophyll". Berlin, 1884.

1885 u. f. E. Schunck (Proc. R. Soc. 1885, 348 u. f.) beginnt seine
Untersuchungen über Phyllocyanin und Phylloxanthin, sowie
die Umwandlung von Phylloxanthin in Phyllocyanin; das
Phyllocyanin (Frémy) wird als eine schwache Base bezeichnet,
es löst sich aber in verdünnten Alkalien und liefert in diesen
Lösungen mit Metallsalzen (Cu-, Zn-, Fe-, Ag-) grüngefärbte
Niederschläge, die in Wasser unlöslich, in organischen Lösungs-
mitteln löslich und durch Schwefelwasserstoff nicht zerlegbar
sind (Komplexsalze!), nach Schunck spielt das Metall in diesen
Salzen eine ähnliche Rolle wie das Eisen im Hämatin [Proc.

R. Soc. **38**, 336 (1885); er vermutet, Chlorophyll selbst werde zu den komplexen Metallverbindungen zählen (1889).

1893 N. Monteverde gelingt die Isolierung des „kristall. Chlorophylls" im Kleinen, unter Anwendung der „Entmischungsmethode" nach Kraus (s. auch S. 96) erhielt er das letztere aus der alkoholischen Schicht, während der andere grüne Farbstoff von Benzin aufgenommen wurde.

1894 E. Schunck und L. Marchlewski [A. **278**, 329 (1894)] heben hervor, daß Phyllocyanin z. B. mit Kupferacetat ein stabiles „Doppelsalz" $C_{68}H_{71}N_5O_{17}Cu_2$ bildet.

1895 E. Schunck und L. Marchlewski [A. **284**, 81 (1895); **290**, 306 (1907)] erhalten das „Phylloporphyrin" $C_{16}H_{18}ON_2$, finden dessen Absorptionsspektrum ähnlich demjenigen von Nenckis Hämatoporphyrin, schließen daraus auf die Verwandtschaft von Blut- und Blattfarbstoff und finden auch eine Pyrrolbildung aus Phylloporphyrin.

1896 A. Tschirch (Ber. d. D. botan. Ges. **1896**, 76) stellt mit Hilfe des Quarzspektrographen für Chlorophyllderivate ein Absorptionsband im Ultraviolett fest, das mit dem Violettbande von Soret im Blute zusammenfällt [B. **29**, 1766 (1896); s. auch Schunck und Marchlewski, B. **29**, 1347 (1896)].

1896 M. Nencki hebt die Bedeutung der genetischen Verwandtschaft des Blatt- und des Blutfarbstoffs hervor [B. **29**, 2877 (1896)]; Nencki und J. Zaleski [B. **34**, 1008 (1901)] formulieren das Phylloporphyrin als ein Pyrrolderivat und ähnlich dem Hämatoporphyrin.

1900 M. Tswett unterscheidet in dem „kristallisierten Chlorophyll" Borodins ein α- und ein β-Chlorophyllin [s. auch Bioch. Z. **10**, 414 (1908); B. **43**, 3139 (1910); **44**, 1123 (1911)].

1903 C. A. Schunck stellt spektroskopisch für die Farbstoffe gelber Blüten drei Xanthophylle L, B und Y fest [Proc. R. Soc. **72**, 165 (1903)].

1906 M. Tswett macht seine chromatographische „Adsorptionsanalyse" (s. auch S. 95) bekannt [Ber. d. D. botan. Ges. **24**, 316, 384 (1906)] und trennt die gelben Farbkomponenten („Cärotinoide") von dem blauen α-Chlorophyllin und grünen β-Chlorophyllin [Ber. d. D. botan. Ges. **25**, 137 und 388 (1907); B. **41**, 1352 (1908); **44**, 1124 (1911)].

1906 Beginn der Untersuchungen von R. Willstätter [gemeinsam mit W. Mieg, A. **350**, 1, besonders 48 u. f. (1906)].

Es wird die Esternatur des Chlorophylls festgestellt; bei der Alkaliverseifung wird ein neuer Alkohol $C_{20}H_{40}O$ abgespalten und ein Alkalisalz gebildet, das bei vorsichtigem Ansäuern ätherlösliche Chlorophyllderivate liefert: diese ergaben bei der Analyse

2,7 bis 3,7% Asche, die aus reinem Magnesiumoxyd bestand. Für diese bei der hydrolytischen Spaltung des Chlorophylls durch Alkalien entstehende Klasse von komplexen Magnesiumverbindungen saurer Natur wird der (von Timirjasew vorgeschlagene) Name Chlorophylline gewählt, bei der Einwirkung von Säuren wird (unter Farbenumschlag) die ganze Magnesiummenge abgespalten; es entstehen die olivbraunen Phorbide [s. auch A. 354, 205 (1907)]. Die Einwirkung von Oxalsäure auf das in Alkohol gelöste Chlorophyll führte zu einem magnesiumfreien Phäophytin genannten Chlorophyllderivat [A. 354, 205 (1907)], das wachsartig und ohne saure Eigenschaften ist, mit Metallen jedoch Komplexverbindungen bildet, die wieder dem Chlorophyll ähnlich sind [Zit. S. 205 u. f. und A. 382, 170, 189 (1911); 385, 180 (1911)], es ist ein Ester, bei dessen Verseifung jener Alkohol $C_{20}H_{40}O$, Phytol genannt, entsteht [Zit. S. 205 u. f. (1907)], neben hochmolekularen stickstoffhaltigen Carbonsäuren mit 34 Kohlenstoffatomen (Chlorophylline). Es wird eine Methode zur präparativen Darstellung des „kristallisierten Chlorophylls" (s. oben) ausgearbeitet [A. 358, 267 (1907)], dessen Bildung (in alkoholischer Lösung durch das Enzym Chlorophyllase) sich als eine Alkoholyse des Chlorophylls erweist [Willstätter und A. Stoll, A. 378, 18 (1910) 380, 148 (1911); 387, 317 (1912)]. — Die Isolierung des Chlorophylls und Trennung in seine Komponenten gelang durch Entmischungsmethoden im Jahre 1911 [Willstätter und E. Hug, A. 380, 177 (1911); Willstätter und M. Isler, A. 390, 269, 327 (1912); Willstätter und Stoll, Untersuchungen über Chlorophyll. 1913]:

I. Chlorophyll a: $C_{55}H_{72}O_5N_4Mg$, d. i. $[C_{32}H_{30}ON_4Mg]{<}^{COOCH_3}_{COOC_{20}H_{39}}$ und
(blaugrün)
Phäophytin a: $[C_{32}H_{32}ON_4](CO_2CH_3)CO_2C_{20}H_{39})$, bzw.

Phäophorbid a $[C_{32}H_{32}ON_4]{<}^{COOCH_3}_{COOH}$;

II. Chlorophyll b: $C_{55}H_{70}O_6N_4Mg$, d. i. $[C_{32}H_{28}O_2N_4Mg]{<}^{COOCH_3}_{COOC_{20}H_{39}}$ und
(gelbgrün)

Phäophytin b: $[C_{32}H_{30}O_2N_4]{<}^{COOCH_3}_{COOC_{20}H_{39}}$ bzw.

Phäophorbid b: $[C_{32}H_{30}O_2N_4]{<}^{COOCH_3}_{COOH}$

Die Chlorophylline (a und b) sind die freien Carbonsäuren dieser Ester, sie lassen sich zu der carboxylfreien Stammsubstanz, dem Ätiophyllin $C_{31}H_{34}N_4Mg$ abbauen [A. 400, 182 (1913)]. Das Magnesium ist in Komplexbindung mit dem Stickstoff (und diese ist ungemein beständig gegen Alkalien). In Anlehnung an die komplexen Metallverbindungen von H. Ley, A. Werner, L. Tschugaeff wird nun ein Konstitutionsbild (s. S. 163) mit Hilfe von 4 Pyrrolkernen und Partialvalenzen für das Ätiophyllin entworfen [A. **371**, 33 (1909); B. **47**, 2835 (1914)]:

$$\underset{C_{31}H_{34}}{\underbrace{N\stackrel{Mg}{\underset{}{N}}\ N\ N}}\quad \text{oder ausführlicher:}$$

Die Phylline verlieren ihrerseits (durch Einwirkung von Mineralsäuren oder Essigsäure) das Magnesium und gehen in „Porphyrine"[1]) (s. Phylloporphyrin, 1895) über; dem Ätiophyllin entspricht das Ätioporphyrin $C_{31}H_{36}N_4$ [A. **400**, 182 (1913)]; ferner die Aminosäuren: Phylloporphyrin $[C_{31}H_{35}N_4]COOH$, Pyrroporphyrin $[C_{31}H_{35}N_4]COOH$. Die Oxydation des Phylloporphyrins führte zu den durch W. Küster für Hämin nachgewiesenen Abbauprodukten Methyläthyl-maleinimid und Häminsäure, und bei der Reduktion entstand „Hämopyrrol", das als ein Gemisch von mindestens 3 Komponenten erkannt wurde [Willstätter und Y. Asahina, A. **373**, 227 (1910); **385**, 188 (1911)].

Als es nun Willstätter und M. Fischer gelang [H. **87**, 423, 426, 463, 483 (1913)], den Blutfarbstoff — wie es schien — zum nämlichen Ätioporphyrin $C_{31}H_{36}N_4$ abzubauen, da war zum erstenmal aus Hämin und Chlorophyll ein zum Grundgerüst beider Farbstoffe in naher Beziehung stehendes Umwandlungsprodukt erhalten und eine stoffliche Brücke geschlagen worden zwischen dem synthetisierenden Leben der Pflanze (mit Hilfe der Magnesiumkomplexverbindung) und dem abbauenden Leben der blutführenden Tiere (mit Hilfe der Eisenkomplexverbindung). Für die beiden Grundgerüste Ätioporphyrin und Ätiophyllin werden als wahrscheinlich die folgenden Konstitutionsformeln aufgestellt [Zit. S. 423 (1913)]:

Ätioporphyrin $C_{31}H_{34}N_4$.   Ätiophyllin $C_{31}H_{34}N_4Mg$.

Damit war diese Serie von klassischen Experimentalarbeiten zu einem gewissen Abschluß gebracht worden. Nach den in der historischen Übersicht gegebenen Daten über das Chlorophyll hatten viele Berufene, sowohl Chemiker, wie Physiker und Physiologen im Verlaufe vieler Jahrzehnte wissenschaftliche Vorstöße in diesen „dunkeln Erdteil" der Chemie unternommen: Willstätter war es vorbehalten,

[1]) Mit „Porphyrin" hatte (1865) O. Hesse ein Alkaloid aus den Alstoniarinden bezeichnet [A., Suppl. **4**, 40 (1865); s. auch B. **11**, 2234 (1878)].

erstmalig eine systematische und ins einzelne gehende „topographische Aufnahme" in den wenigen Jahren von 1906—1913 durchzuführen. Daß dieselbe nicht endgültig sein konnte, war Willstätter selbst bewußt, indem er schrieb: „Künftige Untersuchungen über die Konstitution des Chlorophylls finden daher große Aufgaben, für deren Lösung wir nur die ersten Vorarbeiten ausgeführt haben" [B. 47, 2865 (1914)]. Es liegt ja in der Natur chemischen Forschens und Erkennens, daß jedes Erreichte nur eine Vorstufe und ein Antrieb zu neuem Erkennen und Suchen ist. Die Devise: plus ultra, immer weiter hinaus, gilt in diesem Sinne auch für alle chemische Forschung.

Die neue Phase in der Chlorophyllforschung erfolgte im Zusammenhang mit der geglückten Erforschung des Blutfarbstoffes. Beide Problemgruppen überschnitten sich; die Erfahrungen und Untersuchungsmethoden, sowie die Konstitutionsbilder, die sich in der Hämingruppe als weitreichend ergeben hatten, kamen nun der Chlorophyllforschung zugute. Die Führung in der (1928 verstärkt einsetzenden) Bearbeitung dieses Gebietes übernahm H. Fischer, unter Mitarbeit von A. Treibs, ferner E. Wiedemann, A. Stoll, J. B. Conant (seit 1929).

Den Ausgangspunkt der Untersuchungen H. Fischers bildete die Frage nach der Konstitution des Chlorophyll-Ätioporphyrins von Willstätter, bzw. der von diesem Forscher (durch Alkaliabbau des Chlorophylls) erhaltenen Phyllo-, Rhodo- und Pyrroporphyrine — beide lieferten ein neues Ätioporphyrin, das um einen Äthylrest ärmer war als das aus Mesoporphyrin entstehende Ätioporphyrin. Neue Porphyrine bzw. Übergänge wurden ermittelt, und ausgedehnte Synthesen von Porphyrinen und Ätioporphyrinen führten zur Aufklärung der Konstitution der Chlorophyll-Porphyrine.

Die folgenden Übergänge wurden festgestellt:

$$\text{I.} \left(C_{32}H_{32}ON_4 \overset{\displaystyle \text{Phäophorbid-a}}{\underset{\displaystyle \text{COOH}}{<^{\text{COOCH}_3}}} \right) \xrightarrow{+2H_2O} \underset{\displaystyle [C_{31}H_{33}N_4(COOH)_3]}{\text{Chlorin-e}} \xrightarrow{-2CO_2} \text{I a.}$$

$$\Big\downarrow \qquad\qquad\qquad\qquad -\Big| C_2H_2O_2$$

$$\text{II.} \quad \underset{\substack{C_{32}H_{33}ON_4 \cdot COOH \\ \text{(in der Galle)}}}{\text{Phylloerythrin}} \qquad \underset{C_{30}H_{32}N_4(COOH)_2}{\text{Rhodoporphyrin}} \xrightarrow{-CO_2} \text{II a.}$$

$$\rightarrow \text{I a.} \quad \underset{C_{31}H_{35}N_4 \cdot COOH}{\text{Phylloporphyrin}} \xrightarrow{-CO_2} \underset{C_{31}H_{36}N_4}{\text{Phyllo-ätioporphyrin}}$$

$$-\Big|CH_2 \qquad\qquad\qquad -\Big|CH_2$$

$$\rightarrow \text{II a.} \quad \underset{C_{30}H_{33}N_4COOH}{\text{Pyrroporphyrin}} \xrightarrow{-CO_2} \underset{C_{30}H_{34}N_4}{\text{Pyrro-ätioporphyrin}}$$

$$\Big\updownarrow$$

$$\underset{C_{34}H_{38}O_4N_4}{\text{Mesoporphyrin}} \xrightarrow{-2CO_2} \underset{\substack{\text{Ätioporphyrin III} \\ C_{32}H_{38}N_4}}{\text{(Blut-)}}$$

Abbau: H. Fischer und A. Treibs, A. 466, 188 (1928); A. Treibs und E. Wiedemann, A. 466, 264 (1928), 471, 146 (1929). Synthesen künstlicher und natürlicher Porphyrine: H. Fischer und Mitarbeiter, A. 461, 221 (1928); 275, 241; 273, 211 (1929); 480, 109, 189 (1930); 482, 232 (1930). Pyrro- und Mesoporphyrin: A. 486, 178 (1931); 509, 19 (1934).

H. Fischer [mit A. Treibs, H. Helberger u. a., A. 466, 243 (1928); 471, 285 (1929); 479, 27 (1930); 482, 1 (1930)] führte Hämin-Porphyrine in Chlorine und Rhodine des Chlorophylls über.

Aus all diesem ergab sich, daß die Anordnung der Seitenketten im Porphinkern der sich aus Chlorophyll ableitenden Porphyrine dieselbe ist wie im Hämin. Eine ausführliche Untersuchung über den Zusammenhang zwischen Lichtabsorption und Konstitution von Chlorophyllderivaten lieferten A. Stern und F. Pruckner [Z. phys. Ch. (A) 180, 321 (1937)]. Die p_H-Fluorescenzkurven zahlreicher Porphyrine und Porphyrin-Isomere hat H. Fink im Zusammenhang mit dem von ihm aus dem Harn von Gesunden isolierten Koproporphyrin I untersucht [B. 70, 1477 (1937)].

Von L. Marchlewski (1903) war im Kuhkot ein Phylloerythrin genanntes Abbauprodukt des Chlorophylls isoliert und als identisch mit einem von W. F. Loebisch u. M. Fischler in der Ochsengalle (1903) gefundenen Farbstoff angesprochen worden (1904). Die Porphyrinnatur desselben, also auch des Chlorophylls, wurde spektroskopisch von H. Fischer (1925) erwiesen, die Zusammensetzung $C_{33}H_{34}O_3N_4$ ermittelte L. Marchlewski [H. 185, 8 (1929)], seine Gewinnung aus Phäophytin und Phäophorbid a wies H. Fischer [A. 481, 132; 482, 225 (1930)] nach, ebenso durch Analyse und Synthese [A. 490, 91 (1931); 497, 181 (1932); 499, 288 (1932)] die Konstitution [s. auch die Synthese von Desoxophyllerythro-ätioporphyrin, H. Fischer, A. 517, 274 (1935)]:

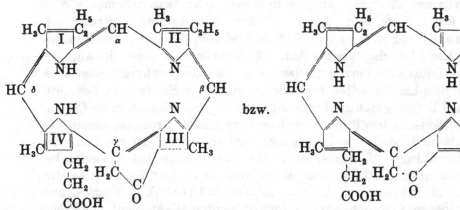

bzw.

Vgl. A. Treibs, Z. angew. Ch. 47, 296 (1934).   A. Treibs, Z. angew. Ch. 49 685 (1936).

(H. Fischer, s. auch Soc. 1934. 249).

Das Vorkommen dieses Chlorophyllderivates in der Ochsengalle
(s. oben), in den Faeces der Wiederkäuer usw. [H. Fischer, H. 187,
133 (1930)], sowie die Entstehung von Porphyrinen aus Chlorin c
[J. B. Conant, Am. 51, 3668 (1929)] wiesen auf die analoge basische
Struktur von Chlorophyll und Porphyrinen hin.

Die stufenweise Aufklärung der Feinstruktur des Chlorophyllring-
systems führte zuerst zu den nachstehenden Formelbildern (vgl.
H. Fischer, 1933, mit den drei Methylengruppen in 1, 3 und 5). Ein
wichtiger Fortschritt bestand in der Feststellung, daß die nächsten
Derivate des Chlorophylls eine Vinylgruppe $> C—CH:CH_2$ enthalten,
und zwar in derselben Stellung, wie die eine Vinylgruppe im Hämin
[H. Fischer, A. 517, 245 (1935); 522, 151 (1936); vgl. die Formel des
Chlorophylls vom Jahre 1935]. Eine andere wichtige Erkenntnis war
die Entdeckung der optischen Drehung des Chlorophylls und
seiner Derivate durch A. Stoll und E. Wiedemann [Helv. chim.
Acta 16, 307 (1933)]: die beiden Chlorophylle a und b erwiesen sich
als stark linksdrehend $[\alpha]_{120}^{25} = $ etwa -265^0, ebenso erwiesen sich die
von Phytol und Mg befreiten Phosphide als linksdrehend; die Chlorophylle und Phosphide erleiden in Aceton oder Methylalkohol, ebenso
in fester Form beim längeren Stehen eine Autorazemisierung. H.
Fischer und A. Stern [A. 519, 58 und 520, 88 (1935)] konnten mit
weißem Licht die optische Aktivität bestätigen, andererseits aber die
Inaktivität aller Porphyrine (ausgenommen Uroporphyrin), also auch
des Blut-hämins selbst feststellen. Durch die Entdeckung der optischen Drehung trat die Frage nach den Asymmetriezentren im Chloro-
phyllskelet zu dem Problem der Konstitutionsaufklärung neu hinzu. Die
sterische Einordnung der asymm. C-Atome unter Heranziehung der
„überzähligen" H-Atome, Razemisierungsvorgänge und Isomerien bei
Substitutionen, Ringspaltungen usw. mußten mitberücksichtigt werden
[vgl. H. Fischer und K. Bub, A. 530, 213 (1937)]. Die auf Grund
der neuen Chlorophyllformel (mit 3 asymm. C-Atomen) möglichen

optisch aktiven und inaktiven (ćis- und trans-) Formen stellen noch ein offenes Problem dar.

Wandlungen der Konstitutionsformeln des Chlorophylls-a[1] $C_{55}H_{72}O_5N_4Mg$

H. Fischer, A. 502, 175 (1933).

H. Fischer, A. 508, 224 (1934); 510, 161 (1934); Soc. 1934, 254.

J. B. Conant, Am. 55, 839 (1933); s. auch 53, 2382 (1931).

A. Stoll und E. Wiedemann, Helv. 16, 183 (1933); Ersatz der Alkohol- durch die Ketogruppe, 17, 163 (1934).

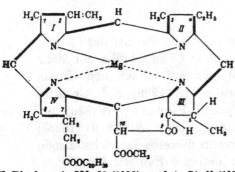

H. Fischer, A. 520, 91 (1935), und A. Stoll (1935).

H. Fischer, A. 519, 217; 520, 91 (1935); Z. angew. Ch. 49, 469 (1936).

[1]) Eine Formulierung des Chlorophylls a als Hydro-polyen-carbonsäure-ester haben A. Stoll und E. Wiedemann [Naturwiss. 20, 792 (1932); s. auch R. Kuhn, B. 65, 1787 (1932)] vorgeschlagen. Stoll und Wiedemann haben [Helv. chim. Acta 17, 163 (1934)] den Phytolrest nicht am C_7-, sondern am C_{10}-Atom vermutet.

R. P. Linstead, Ann. Reports for 1935, p. 392 (1936).   H. Fischer, 1939.

Auf Grund neuer Ergebnisse hat H. Fischer [mit H. Wenderoth, A. **537**, 170 (1939)] für Chlorophyll a die letztgenannte Formel vorgeschlagen, wobei die „überzähligen“ H-Atome aus der $C_{(5)}$- und $C_{(6)}$-Stellung (vgl. die Formel vom Jahre 1935) im Pyrrolkern III nach $C_{(7)}$ und $C_{(8)}$ im Pyrrolkern IV verlegt werden. Über Bacteriochlorophyll vgl. H. Fischer [H. **253**, 1 (1938)]. In der 85. Mitteil. über Chlorophylle behandelt H. Fischer [A. **537**, 250 (1939)] die Konstitution der Verdine und synthetische Rhodine.

H. Fischer [vgl. auch Z. angew. Chem. **49**, 461 (1936)] gelangt bei der Konstitutionsaufklärung des Spirographis-hämins (und des Spirographis-porphyrins $C_{33}H_{32}O_5N_4$) zu dem Schluß, daß dieses sich vom Ätioporphyrin III ableitet, ebenso wie Chlorophyll a und b, Hämin und Bacteriophorbid, demnach „kann man wohl eine gemeinsame entwicklungsgeschichtliche Abstammung der beiden für das Leben der Tiere und Pflanzen notwendigen Farbstoffe annehmen ....“ (H. Fischer, Nobel-Vortrag, 1930).

Chlorophyll-b $C_{55}H_{70}O_6N_4Mg$.

Die von R. Willstätter ermittelte rationelle Formel des Chlorophylls-b $C_{55}H_{70}O_6N_4Mg$ weist gegenüber dem Chlorophyll-a ein Mehr von 1 O- und ein Weniger von 2 H-Atomen auf. Nach den Untersuchungen von A. Treibs und E. Wiedemann (1929), J. B. Conant (und Mitarbeitern, 1931), insbesondere von H. Fischer [seit 1930; mit H. Kellermann, A. **519**, 217 (1935); mit A. Stern, A. **520**, 91 (1935); mit St. Breitner, A. **522**, 151 (1936)], stellte derselbe die nachstehende Formel auf, die für Chlorophyll b den analogen Bau wie für Chlorophyll-a voraussetzt, wobei nur in 3-Stellung statt der Methylgruppe ein Formylrest enthalten, und ebenso auch die von A. Stoll und E. Wiedemann [Helv. chim. Acta, **16**, 307 (1933)] am Chlorophyll-b und Phaeophorbid b entdeckte optische Drehung berücksichtigt ist.

Die inzwischen ausgelösten Änderungen der Konstitutionsformel von Chlorophyll-a zogen zwangsläufig auch weitere Untersuchungen von Chlorophyll-b nach sich. Hinsichtlich des natürlichen Vorkommens fanden H. Fischer und S. Goebel [A. **524**, 269 (1936)], daß verschiedene Algen nur das a-Chlorophyll enthalten, während sonst in den Landpflanzen das Verhältnis von b- zu a-Chlorophyll etwa 1:3 ist. Es sei erwähnt, daß H. Fischer seine Untersuchungen „zur Kenntnis der Chlorophylle" fortsetzt [vgl. 88. Mitteil., A. **538**, 157 (1939) bzw. 98. Mitteil. A. **544**, 138 (1940)].

Beachtenswert ist die Frage nach dem Zustand des Chlorophylls in den Chloroplasten der Pflanze. S. Hilpert, H. Hofmeier und A. Wolter [B. **64**, 2570 (1931)] haben gezeigt, daß dieses in der Pflanze befindliche Chlorophyll „nicht nur in seinem Löslichkeitsverhalten, sondern auch in seinen chemischen Eigenschaften" sich von dem durch organische Lösungsmittel der Pflanze entzogenen Chlorophyll unterscheidet. Ebenso findet K. P. Meyer [Helv. physica Acta **12**, 349 (1939)], daß „natives Chlorophyll" sich spektroskopisch von den Reinpräparaten unterscheidet. Über Chlorophyll als prosthetische Gruppe eines Proteins in grünen Blättern vgl. E. L. Smith, C. **1940** II, 2618.

Die einzelnen Etappen in der Entwicklung der Chlorophyll-Chemie werden durch die folgenden Werke charakterisiert:

L. Marchlewski, Die Chemie des Chlorophylls. Hamburg, 1895.

L. Marchlewski, Die Chemie der Chlorophylle. Braunschweig, 1909.

R. Willstätter und A. Stoll, Untersuchungen über Chlorophyll. Berlin, 1913.

Alsdann durch die zusammenfassenden Vorträge und Berichte:

R. Willstätter, B. **47**, 2831 (1914); Nobel-Vortrag, Stockholm 1920.

H. Fischer, Nobel-Vortrag, Stockholm 1930. — Vortrag über Chlorophyll a. London. Soc. **1934**, 245—256, sowie „Über Fortschritte der Chlorophyllchemie", Naturwiss. **28**, 401—405 (1940). — Siehe auch S. 708 das mehrbändige Werk.

Zehntes Kapitel.
Carotin-Farbstoffe[1]) (nach R. Kuhn)
bzw. Carotinoid-Farbstoffe (P. Karrer). Polyen-Farbstoffe.

Die Untersuchung und genauere Charakterisierung der gelben Begleitstoffe des Blattgrüns, der „Carotinoide" (so zuerst von Tswett benannt, 1911) beginnt mit den Arbeiten von R. Willstätter über das Chlorophyll, sie läßt bereits die große physiologische Rolle und Verbreitung dieser Verbindungen erkennen und führt zur Isolierung folgender Individuen:

Carotin, es wird die genaue Formel $C_{40}H_{56}$ festgestellt [A. **355**, 1 (1907)];

Xanthophyll [Zit. S. 1 u. f. (1907)]: $C_{40}H_{56}O_2$; Fucoxanthin $C_{40}H_{54}O_6$ [A. **404**, 237, 253 (1914)], gibt ein charakteristisches blaues Chlorhydrat (Oxoniumsalz); Lycopin $C_{40}H_{56}$, ein Isomeres des Carotins [H. **64**, 47 (1910)]; Lutein $C_{40}H_{56}O_2$, ein Isomeres des Xanthophylls [H. **76**, 214 (1912)]. R. Willstätter (1907) hält es nicht für unwahrscheinlich, daß ein genetischer Zusammenhang besteht zwischen diesen Carotinoiden (als Abkömmlingen des Carotins), dem Chlorophyllbestandteil Phytol $C_{20}H_{39}OH$ und dem Isopren C_5H_8: „Es ist nicht unwahrscheinlich, daß Beziehungen bestehen zwischen dem Isopren, dem wohlbekannten Baustein der Terpene und des Kautschuks, und dieser alkoholischen Komponente des Chlorophylls", andererseits läßt das gemeinsame Vorkommen des Chlorophylls mit Carotin $C_{40}H_{56}$ „... Beziehungen in seiner Konstitution zu den Terpenen vermuten und auf der anderen Seite vielleicht Verwandtschaft mit dem Alkohol des Chlorophylls, dem Phytol von der Zusammensetzung $C_{20}H_{40}O$" [R. Willstätter, A. **355**, 11 (1907); **378**, 81 (1910); B. **47**, 2839 (1914)].

Phytol wurde (1928) von F. G. Fischer [A. **464**, 69 (1928)] als ein aliphatischer Diterpenalkohol von der nachstehenden Konstitution erkannt:

$$\begin{array}{c} CH_3 \\ CH_3 \end{array}\!\!\!\!>CH \cdot CH_2 \cdot CH_2 \cdot CH_2 \cdot CH \cdot CH_2 \cdot CH_2 \cdot CH_2 \cdot CH \cdot CH_2 \cdot CH_2 \cdot CH_2 \cdot C : CH \cdot CH_2OH$$
$$\qquad\qquad\qquad\qquad CH_3 \qquad\qquad\quad CH_3 \qquad\qquad\quad CH_3$$

Dieser Aufbau wurde durch Synthese bestätigt [F. G. Fischer und K. Löwenberg, A. **475**, 183 (1929)]. (Phytol muß infolge der 2 asymm.

---

[1]) Vgl. auch die Monographien: L. Zechmeister, Carotinoide. Berlin 1934; H. H. Strain, Leaf Xanthophylls. Washington 1938.

Kohlenstoffatome auch in optisch aktiven Modifikationen und wegen der Doppelbindung in cis-trans-Formen auftreten.)

Auch das Carotin erfuhr erst nach zwei Jahrzehnten eine Aufklärung; das Jahr 1928 kann als der Anfang einer neuen Forschung auf diesem Gebiete gekennzeichnet werden, und diese Forschung wurde ausgelöst durch das Zusammentreffen verschiedener Strömungen in der Wissenschaft. Der erste Anstoß ging von der biologischen Forschung aus, und zwar suchte man nach Zusammenhängen zwischen dem Vitamin A und dem Gehalt an Carotinoiden in verschiedenen Pflanzen, wobei auch auf Carotin als einen Wachstumsfaktor Bezug genommen wurde (H. Steenbock und Mitarbeiter, 1919 u. f.). Das derart geweckte Interesse für den Mohrrübenfarbstoff Carotin legt nun die Vermutung nahe, auch in anderen rotgefärbten Früchten usw. Carotin anzunehmen bzw. aufzusuchen. Und so entsteht die Untersuchung der reifen roten Paprika-Schoten durch L. Zechmeister und L. v. Cholnoky [A. **454**, 54, 70 (1927)], welche zu einem neuen Carotinoid Capsanthin, daneben aber — als Begleitstoff — zu Carotin hinführt. Dieser Fund veranlaßte die genannten Forscher, das Carotin selbst zu untersuchen [B. **61**, 566, 1534, 2003 (1928)], indem sie es katalytisch hydrierten; es „ergab sich die für uns überraschende Tatsache, daß Carotin im wesentlichen eine aliphatische Struktur besitzt" (S. 566), es nahm 1 Mol $C_{40}H_{56}$ 11 Mol. Wasserstoff auf und lieferte $C_{40}H_{78}$. Damit war die erste experimentelle Unterlage für das Konstitutionsproblem des Carotins (Ermittelung der Anzahl der Doppelbindungen) und der Carotinoide gegeben; gleichzeitig wurde von Zechmeister in der polarimetrischen Untersuchung ein wertvolles Hilfsmittel für die Reinheits- und Einheitlichkeitsbestimmung der Pflanzen-Polyene erkannt, z. B.:

Xanthophyll $C_{40}H_{56}O_2$ $\xrightarrow[\text{hydrie}]{}$ Hexa-dekahy- $\Big\}$ $\rightarrow$ Perhydro-xan-
nach verschiedenen Ver- droxanthophyll thophyll
fahren isoliert, $C_{40}H_{72}O_2$ $C_{40}H_{78}O_2$
$[\alpha]_C = +137^0$ bzw. $162{,}5^0$ $[\alpha]_D = +23{,}2^0$ $[\alpha]_D = -9{,}8^0$
bzw. 192^0 [B. **62**, 2226 [B. **62**, 2229]. [B. **61**, 2008
(1929)]. (1928)].

Unabhängig von diesen Versuchen hatten 1927 Rich. Kuhn und A. Winterstein eine großangelegte Experimentalarbeit „Über konjugierte Doppelbindungen" begonnen; durch Synthese wurden gefärbte Diphenylpolyene vom Typus $C_6H_5 \cdot [CH:CH]n \cdot C_6H_5$ erhalten, die in Schwefelsäure charakteristische Färbungen geben [Helv. **11**, 87, 116, 123, 144 (1928)]. Die Beständigkeit der Diphenylpolyene läßt es als möglich erscheinen, daß solche Verbindungen auch in der Natur vorkommen; die beiden Forscher heben nun die große Ähnlichkeit des Carotins mit den Diphenylpolyenen hervor und erklären die Farbe und die Farbreaktion des ersteren durch das Vorhandensein von konjugierten Bindungen in der aliphatischen Kette [Helv. **11**, 427 (1928)]. Gleichzeitig hatte R. Pummerer [B. **61**, 1100 (1928)] die Ultraviolettabsorption des Carotins bestimmt und aus der gefundenen starken Extinktion geschlossen, „daß (das System) eine größere Zahl konjugierter Doppelbindungen enthält"; es nahm 11 Mol. Chlorjod auf, ergab also die gleiche Zahl von Doppelbindungen wie bei der Hydrierung.

In dasselbe Problemgebiet mündeten noch die Untersuchungen von P. Karrer über Safranfarbstoffe ein [Helv. **11**, 513, 711 (1928)]; die a's α-, β- und γ-Crocetin bezeichneten Stoffe besitzen eine starke Absorption im Ultraviolett und ihre Molekular-Refraktion weist auf konjugierte Doppelbindungen hin, wobei die Ähnlichkeit mit R. Kuhns Diphenylpolyenen herangezogen wird; α-Crocetin nimmt bei der Hydrierung 7 Mol. H_2 auf, was sieben konjug. Doppelbindungen und der rein aliphatischen Natur entspricht, wobei 3 Methylgruppen als Seitenketten an der Hauptkette als wahrscheinlich angenommen werden. Das Lycopin bedurfte zur Hydrierung 13 Mol. H_2 (bis zum Perhydrolycopin $C_{40}H_{82}$) und erwies sich daher, wie Crocetin und Bixin, aliphatischer Natur [P. Karrer, Helv. **11**, 751 (1928)]. Diese 13 Doppelbindungen des Lycopins wurden auch mittels Chlorjodaddition bestätigt [R. Pummerer, L. Rebmann und W. Reindel, B. **62**, 1411 (1929)]. P. Karrer [Z. angew. Chem. **42**, 922 (1929); Helv. **13**, 1084 (1930) und **14**, 435 (1931)] stellte zuerst 1929 eine unsymmetrische Lycopinformel auf. In das ereignisreiche Jahr 1928 fällt auch die Beobachtung von H. v. Euler und Mitarbeitern, daß Carotin tatsächlich Wachstumswirkung ausübt, d. h. zum A-Vitamin in Beziehung steht [Biochem. Z. **203**, 370 (1928); s. auch H. v. Euler, P. Karrer und M. Rydbom, B. **62**, 2445 (1929)]. Damit war nun erneut der Anschluß der Carotinoide an die lebenswichtigen physiologischen Vorgänge hergestellt, und einerseits die Vitaminforschung, andererseits die chemische Konstitutionsforschung der organischen Naturfarbstoffe erschließen alsbald ganz neue Tatsachen- und Erkenntnisgebiete. Die Klasse der „Polyenfarbstoffe" (bzw. Carotinoide) erhält einen ungeahnten Zuwachs und biologischen Sinn. „Unter Polyen-Pigmenten bzw. Polyen-Farbstoffen verstehen wir Verbindungen, deren Farbstoffcharakter ausschließlich oder zum größten Teil durch eine längere offene Kette von konjugierten Doppelbindungen bedingt wird" [R. Kuhn, A. Winterstein und W. Kaufmann, B. **63**, 1489 (1930)]. Neben dem Carotin hatten R. Kuhn und A. Winterstein [Helv. **11**, 427 (1928); **12**, 64, 904 (1929)] das Bixin $C_{25}H_{30}O_4$ als einen Polyenfarbstoff erkannt [s. auch L. Zechmeister, B. **62**, 2232 (1929)]. Als Polyen-Pigment wurde 1929 der rote Farbstoff der Kelche und Beeren von Physalis, „Physalien" erkannt [R. Kuhn und

W. Wiegand, Helv. **12**, 499 (1929)]; andererseits hatte P. Karrer [und Mitarbeiter, Helv. **12**, 790 (1929)] aus gelbem Mais ein „Zea-xanthin" genanntes Xanthophyll isoliert, das Physalien erwies sich nun als der Di-palmitinsäureester des Zeaxanthins $C_{40}H_{56}O_2$ [R. Kuhn und Mitarbeiter, B. **63**, 1489 (1929); **67**, 596 (1934)]; der gelbe Mais wies aber Wachstumswirkung auf [H. v. Euler und Mitarbeiter, Helv. **13**, 1078 (1929)].

Die Mannigfaltigkeit der natürlichen Carotinoide (Polyenfarbstoffe) tritt durch neuentdeckte Vertreter immer deutlicher hervor. P. Karrer untersucht Fucoxanthin $C_{40}H_{56}O_6$ (1931); bzw. $C_{40}H_{60}O_6$ (J. M. Heilbron, 1935); R. Kuhn entdeckt: Violaxanthin $C_{40}H_{56}O_4$ (1931), Taraxanthin $C_{40}H_{56}O_4$ (1931), Flavoxanthin $C_{40}H_{56}O_3$ (1932), Rhodoxanthin $C_{40}H_{56}O_2$ (1933), Kryptoxanthin $C_{40}H_{56}O$ (1933), Rubi-xanthin $C_{40}H_{56}O$ (1934); Astacin $C_{30}H_{36}O_3$ (R. Kuhn, 1933), bzw. $C_{40}H_{48}O_4$ (P. Karrer, 1934/35); Capsanthin $C_{40}H_{58}O_3$ und Capsorubin $C_{40}H_{60}O_4$ von L. Zechmeister (1934/35)[1]).

Die Hydrierungsmethode bei stark ungesättigten Naturstoffen (Farbstoffen) hat schon ihre Vorläufer gehabt; so wurde (1915) das Azafrin unter C. Liebermanns Leitung von G. Mühle hydriert und als etwa 9 Doppelbindungen enthaltend erkannt [B. **48**, 1653 (1915)]; dann haben J. Herzig und F. Faltis [A. **431**, 40 (1923)] die Kon-stitutionsaufklärung des Bixins mittels katalytischer Hydrierung unternommen und 9 hydrierbare Doppelbindungen nachgewiesen. Der orangerote Wurzelfarbstoff des Azafrans wurde 1911 von C. Lieber-mann entdeckt und „Azafrin" benannt; im Verlaufe seiner Studien über Pflanzenfarbstoffe untersuchte er auch die ihm aus Paraguay übersandte Probe einer Azafran genannten einheimischen Farbwurzel. Dieser Forscher fand, „daß Azafrin und Bixin manche recht große Ähnlichkeiten in ihren äußeren Eigenschaften besitzen, die auf einen nahen inneren Zusammenhang schließen lassen," er erteilte ihm die Formel $C_{31}H_{42}O_5$ (1913); Mühle fand, daß Azafrin und Bixin zu ähn-lichen öligen Körpern reduziert werden, und er bemerkt: „Es ließen sich hier vielleicht noch Beziehungen zu der Gruppe der Carotinoide finden..." (Zit. S. 1654). R. Kuhn und Mitarbeiter [B. **64**, 333 (1931)] änderten die Formel in $C_{28}H_{40}O_4$ um und erkannten in dem linksdrehenden Azafrin eine Carotinoid-Carbonsäure. Eine totale Hydrierung (auf 7 Doppelbindungen hinweisend) ergab das Perhydro-azafrin, dessen Äquivalentgewichtsbestimmung zum Werte $440 \cdot 7 \pm 2$, bzw. der Formel $C_{27}H_{52}O_4$ oder Azafrin selbst $C_{27}H_{38}O_4$ hinführte; R. Kuhn und A. Deutsch [B. **66**, 883 (1933)] gaben dem Azafrin die folgende Konstitutionsformel einer Carotinoid-Carbonsäure:

---

[1]) Dem von R. Kuhn und E. Lederer [B. **65**, 637 (1932)] entdeckten Iso-Carotin erteilen P. Karrer und G. Schwab [Helv. **23**, 578 (1940)] die Formel $C_{40}H_{54}$ (= De-hydro-β-carotin).

$$\begin{array}{c} H_3C \quad CH_3 \\ \diagdown C \diagup \\ \end{array}$$

H$_3$C CH$_3$

$$C$$

OH

H$_2$C   C ——— CH:CH·C:CH·CH·CH·C:CH·CH:CH·CH:C·CH:CH·COOH

OH

H$_2$C   C   CH$_3$ CH$_3$ CH$_3$

CH$_3$

C

H$_2$

Azafrin $C_{27}H_{38}O_4$, $[\alpha]_{Cd}^{30} = -75{,}0^0$ (in Alkohol);

Perhydro-Azafrin $C_{27}H_{52}O_4$, $[\alpha]_D = -6{,}7^0$ (in Alkohol).

Der aus dem südamerikanischen Orleanbaum (Bixa Orellana) gewonnene rote harzige Farbstoff Rocou (von Chevreul mit dem Namen „Bixin" bezeichnet) wurde von Kerndt (Dissert. Leipzig 1849) als ein rotes und im Vitriolöl mit blauer Farbe lösliches Pulver analysiert und nach der Formel $C_8H_{13}O$ zusammengesetzt gefunden. C. Etti (1874) wandelte die Formel in $C_{28}H_{34}O_5$ um, J. F. B. van Hasselt (1910) nahm $C_{29}H_{34}O_5$ an, H. Riffart (1911) wiederum $C_{28}H_{34}O_5$, Herzig und Faltis (1914/17) gelangten zur Formel $C_{26}H_{30}O_4$, während A. Heiduschka und A. Panzer (1917) die Formel $C_{25}H_{30}O_4$ als die wahrscheinlichste verteidigten. Unter Anlehnung an diese empirische Formel $C_{25}H_{30}O_4$ für das Bixin und auf Grund der durch katalytische Hydrierung ermittelten 9 Doppelbindungen stellte R. Kuhn [mit A. Winterstein und W. Wiegand, Helv. 11, 716 (1928)] eine aus 4 dehydrierten Isoprenresten kondensierte Konstitutionsformel des Bixins auf. Die symmetrische Verteilung der Methylgruppen im Bixin wurde von P. Karrer [und Mitarbeiter, Helv. 15, 1218, 1399 (1932)] durch die Synthese des Perhydro-norbixins bewiesen, und R. Kuhn und A. Winterstein [B. 65, 1873 (1932)] gaben nun, unter Einbeziehung ihrer Ergebnisse des oxydativen und thermischen Abbaus des Bixins, demselben die nachstehende Konstitutionsformel:

$$\overset{1}{CH_3}OOC\cdot\overset{2}{CH}:\overset{3}{CH}\cdot\overset{4}{C}:\overset{5}{CH}\cdot\overset{6}{CH}\cdot\overset{7}{CH}:\overset{8}{CH}\cdot\overset{9}{C}:\overset{10}{CH}\cdot\overset{11}{CH}\cdot\overset{12}{CH}:\overset{13}{CH}\cdot\overset{14}{CH}:\overset{15}{C}\cdot\overset{16}{CH}:\overset{17}{CH}\cdot\overset{18}{CH}:\overset{}{CH}\cdot COOH,$$

CH$_3$ CH$_3$ CH$_3$ CH$_3$

Für das Crocetin [1]) $C_{20}H_{24}O_4$ (auch α-Crocetin, Schmp. 285^0, trans-Form) hatte R. Kuhn [und Mitarbeiter, Helv. 12, 904 (1929)] 3 Methylgruppen angenommen und dementsprechend eine Formel aufgestellt. Bei der Oxydation mit Chromsäure wurden 4 Mole Essigsäure erhalten, was auf 4 CH$_3$-Gruppen hinwies und zur Änderung der Formel in $C_{20}H_{24}O_4$ führte, dieses Ergebnis wurde wiederum in eine

---

[1]) Lehrreich ist die Entwicklungslinie der rationellen Formulierung des Crocetins: 1858 „Crocetin" $C_{34}H_{46}O_{11}$ (Rochleder); 1865 „Crocin" $C_{16}H_{18}O_6$ (Weiß); „Crocetin" $C_{34}H_{46}O_9$ (R. Kayser); 1915: $C_{10}H_{14}O_2$ (F. Decker); 1927: $C_{34}H_{22}O_3$ (P. Karrer); 1928: $C_{19}H_{22}O_4$ (R. Kuhn); 1930: $C_{19}H_{22}O_4$ (P. Karrer); 1931: $C_{20}H_{24}O_4$ [R. Kuhn; eine cis- und trans-Form unterschieden, B. 64, 1732 (1931); 66, 209 (1933)].

verbesserte Konstitutionsformel aus 4 Isoprenresten eingebaut [R. Kuhn und F. L'Orsa, B. **64**, 1732 (1932)]; für das Crocin (den Gentiobiosezucker enthaltenden Safranfarbstoff) $C_{44}H_{64}O_{26}$ gilt dann die Formel $C_{18}H_{22}\begin{Bmatrix} CO \cdot O \cdot C_{12}H_{21}O_{11} \\ CO \cdot O \cdot C_{12}H_{21}O_{11} \end{Bmatrix}$ (= Gentiobiose-Rest) [P. Karrer und K. Miki, Helv. **12**, 985 (1929)].

Das Crocin im Safranfarbstoff besteht aus einem Gemisch von cis- und trans-Crocetin (mit Gentiobiose gepaart), daneben kommen noch vor: Lycopin, β-Carotin, γ-Carotin und Zeaxanthin und Pikro-crocin [R. Kuhn und A Winterstein, B. **67**, 348 (1934)]. Das Crocin dreht ungewöhnlich stark: $[\alpha]_{Cd}^{21} = -1760^0$ in Wasser [R. Kuhn und Yu Wang, B. **72**, 872 (1939)] und hat sich als ein biologisch ungeheuer wirksamer (Kopulations-) Stoff erwiesen [R. Kuhn, Moewus und Jerchel, B. **71**, 1541 (1938)].

Für das Crocetin hat P. Karrer [mit F. Benz, R. Morf u. a., Helv. **15**, 1218, 1399 (1932)] die Konstitution einer 1.5.10.14-Tetra-methyl-tetradekaheptaen-dicarbonsäure I. abgeleitet und sie durch die Synthese der Perhydroverbindung bewiesen [Helv. **16**, 297 (1933)]:

$$\text{I.} \quad \underset{1}{\text{HOOC}} \cdot \underset{2}{\overset{CH_3}{\underset{|}{C}}} : \underset{3}{CH} \cdot \underset{4}{CH} : \underset{5}{CH} \cdot \underset{6}{\overset{CH_3}{\underset{|}{C}}} : \underset{7}{CH} \cdot \underset{8}{CH} : \underset{9}{CH} \cdot \underset{10}{CH} : \underset{11}{\overset{CH_3}{\underset{|}{C}}} \cdot \underset{12}{CH} : \underset{13}{CH} \cdot \underset{14}{CH} : \underset{}{\overset{CH_3}{\underset{|}{C}}} \text{COOH}.$$

Das Nor-Bixin $C_{24}H_{28}O_4$ unterscheidet sich vom Crocetin durch den beiderseitigen Zuwachs von zwei C_2H_2-Gruppen und die Konstitution muß — entsprechend der umgebildeten Crocetinformel [B. **64**, 1734 (1931); **65**, 1875 (1932)] sich folgendermaßen gestatten [R. Kuhn und Mitarbeiter, B. **65**, 1884 (1932)]:

$$\underset{1}{HOOC} \cdot \underset{2}{CH} : \underset{3}{CH} \cdot \underset{4}{\overset{}{C}} : \underset{5}{CH} \cdot \underset{6}{CH} : \underset{7}{CH} \cdot \underset{8}{\overset{}{C}} : \underset{9}{CH} \cdot \underset{10}{CH} : \underset{11}{CH} \cdot \underset{}{CH} : \underset{}{C} \cdot CH : CH \cdot CH : C \cdot CH : CH \cdot COOH.$$
$$\quad\quad\quad\quad\quad CH_3 \quad\quad\quad CH_3 \quad\quad\quad CH_3 \quad\quad\quad CH_3$$

Den Abbau des Perhydro-norbixins zum Perhydro-crocetin haben H. Raudnitz und J. Peschel [B. **66**, 901 (1933)] durchgeführt.

Unter der Annahme, daß das Kohlenstoff-Skelet des Tomaten-Farbstoffs Lycopin aus zwei symmetrisch verknüpften Phytol-Resten aufgebaut ist, schlägt dann (1930 u. f.) P. Karrer (l. c.) die nachstehende Konstitutionsformel für Lycopin vor (II):

$$\underset{CH_3}{\overset{\overset{1}{CH_3}}{\diagdown}} C : C \cdot CH_2 \cdot CH_2 \cdot C : C \cdot C : C \cdot C : C \cdot C : C \cdot C : C \cdot C : C \cdot C : C \cdot C : C \cdot C : C \cdot C : C \cdot CH_2 \cdot CH_2 \cdot C : C \overset{\overset{32}{CH_3}}{\diagup}_{CH_3}$$

I.

Das Perhydro-lycopin $C_{40}H_{82}$ wurde synthetisch aus Dihydro-phytol dargestellt [P. Karrer, Helv. **11**, 1201 (1928); s. auch **14**, 435 (1931)]. Die Konstitution des Lycopins, bzw. eine eindeutige Bestätigung der Karrerschen Formulierung wurde dann von R. Kuhn und C. Grundmann [B. 65, 1880 (1932); vgl. auch B. 70, 1905, 2565 (1937)] durch schonende Oxydation des Lycopins und Aufklärung aller Spaltstücke erbracht, wobei die Überführung des Lycopins in das Abbauprodukt β-Bixin zugleich die Umwandlung von zwei natürlich vorkommenden Carotinoiden ineinander darstellt. Lycopin ist hiernach ein 2.6.10.14.19.23.27.31-Oktamethyl-dotriakonta-tridecaen-(2.6.8.10.12.14.16.18.20.22.24.26.30). β-Bixin (auch Isobixin genannt) steht zum Bixin im Verhältnis von trans- zu cis-Verbindung.

Nomenklaturfragen der Carotinoidcarbonsäuren wurden von R. Kuhn [B. 66, 212 (1933)] behandelt; sie wurden durch die α- und β-Reihen der Crocetine und Bixine ausgelöst. R. Kuhn und A. Winterstein (Zit. S. 212) schlugen dafür die zur Unterscheidung geometrisch isomerer Verbindungen üblichen Bezeichnungen (trans-cis, stabil-labil) vor: sie hatten aus Safran-Extrakt neben dem bekannten Crocetin-dimethylester $C_{24}H_{28}O_4$ (Schmp. 222⁰) oder γ-Crocetin noch ein Isomeres (Schmp. 141⁰) isoliert, das durch photochemische Umlagerung leicht in die bekannte Form übergeht, bzw. die labile oder cis-Form gegenüber der stabilen oder trans-Form (vom Schmp. 221⁰) darstellt[1]).

Damit wurde ein neues Problem in den Arbeitskreis gerückt, nämlich, ob auch andere Carotin-Farbstoffe ursprünglich in den Pflanzen als labile, geometrisch Isomere der bekannten Verbindungen gebildet werden? Das Problem erhielt einen unerwarteten Impuls und eine biologische Bedeutung, als 1938 R. Kuhn, Fr. Moewus und D. Jerchel [B. 71, 1541 (1938)] die Entdeckung machten, daß die Kopulation der männlichen und weiblichen Gameten einer Grünalge (Chlamydomonas eugametos) im Lichte sich in drei photochemischen Teilvorgängen abspielt, die der aufeinander folgenden Entstehung bzw. Umbildung von Crocin → cis-Crocetindi-methylester → trans-Crocetindimethylester entsprechen, dabei war die Wirkung des Crocins als „Beweglichkeitsstoff" auf die Geißeln noch in der Verdünnung 1:250 000 000 000 000 (1:250 × 10¹²) erkennbar.

Eine andere zufällige Beobachtung löste die Entdeckung der umkehrbaren Isomerisierung von Carotinoiden durch L. Zechmeister aus. A. E. Gillam hatte [1935; s. auch Biochem. J. 33, 1325 (1939)] beobachtet, daß chromatisch einheitliches β-Carotin bei mehrmals wiederholter Adsorption an Aluminiumoxyd eine (durch das Auftreten einer neuen Farbschicht sich ankündigende) Isomerisation erleidet; ähnlich verhielt sich auch α-Carotin. Diese Isomerisation konnte dann L. Zechmeister auch an roten Paprikafarbstoffen nachweisen [A. 530, 291 (1937)], weiterhin aber am Beispiel des Lycopins,

---

[1]) Zur Frage nach dem Zustande des Carotins, Lycopins usw. im Saft frischer Möhren bzw. Tomaten vgl. die Wirkung der „Invertseifen" nach R. Kuhn und H. J. Bielig [B. 73, 1082 (1940)].

γ-Carotins und Kryptoxanthins zeigen (1938), daß es sich um einen spontanen, bereits in der Lösung eintretenden Vorgang handelt. Ferner ergab sich [Zechmeister und P. Tuzson, B. 72, 1340 (1939)], daß diese Isomerisation umkehrbar ist und durch Jod katalytisch oder durch höhere Temperatur beschleunigt wird; wahrscheinlich spielen cis-trans-Verschiebungen eine Rolle; von dem Zeaxanthin wurden derart drei rechtsdrehende Neozeaxanthine A, B und C isoliert [B. 72, 1678, 2039 (1939)], ebenso isomerisiert sich l-Physalien in l-Neophysalien (Zit. S. 1684). Ähnliche Isomerisationen wiesen Capsanthin → Neocapsanthine auf [Zechmeister und L. v. Cholnocky, A. 543, 248 (1940)].

Die Konstitutionsformel des α-Carotins $C_{40}H_{56}$ nahm anfangs zwei endständige β-Ionon-Reste an [P. Karrer und Mitarbeiter, Helv. 13, 1084 (1930); R. Pummerer und Mitarbeiter, B. 64, 492 (1931)], das Carotin galt als optisch inaktiv, sollte also kein asymm. C-Atom besitzen. Als nun R. Kuhn und E. Lederer [B. 64, 1349 (1931)] das hochdrehende ($[\alpha]_{Cd} = + 380^0$) α-Carotin aus dem Carotingemisch erhalten hatten, hielten sie die Anwesenheit von α-Ionon-Ringen für wahrscheinlich. Gleichzeitig schlugen P. Karrer und Mitarbeiter [Helv. 14, 617 (1931); auch 15, 1158 (1932); 16, 64 (1933)] auf Grund chemischer Abbauprodukte je einen β-Ionon-Ring und einen α-Ionon-Ring (mit dem asymm. C-Atom) vor:

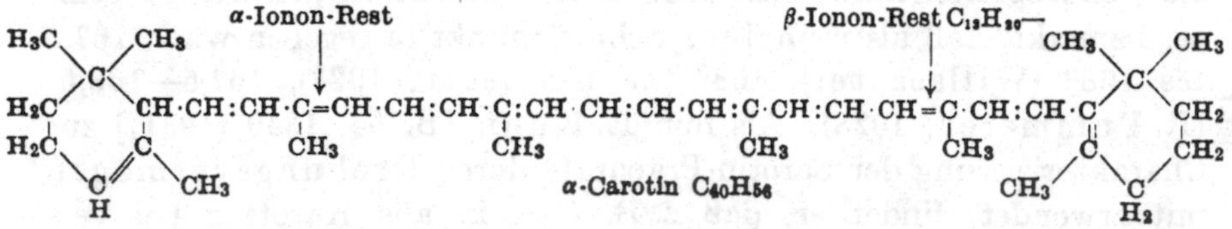

Durch den oxydativen Abbau (mit Chromsäure) gelangten R. Kuhn und H. Brockmann [B. 67, 885 (1934); A. 516, 95 (1935)] vom β-Carotin $C_{40}H_{56}$ zu Derivaten des Azafrins (s. oben) und damit ergab sich die Konstitutionsformel des β-Carotins selbst [s. auch B. 66, 429 (1933)], nachdem von P. Karrer (1930) und R. Pummerer (1931) das Vorhandensein von β-Ionon-Ringen nachgewiesen worden war:

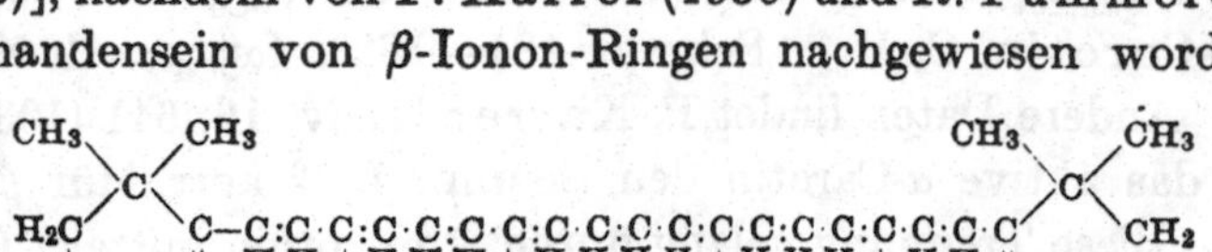

Neben dem α- und β-Carotin fanden R. Kuhn und H. Brockmann [B. 66, 407 (1933)] in dem „Carotin" mit Hilfe des Chromatogramms bei der Adsorption durch aktiviertes Aluminiumoxyd noch das in Spuren vorkommende γ-Carotin $C_{40}H_{56}$ (in den Carotinpräparaten kamen durchschnittlich 15% α-Carotin, 85% β-Carotin und nur 0,1%

γ-Carotin vor); es besitzt ebenfalls starke Wachstumswirkung, und ihm wird die folgende Formel beigelegt:

Über die industrielle Gewinnung von Carotin hat O. Ungnade berichtet (Chem.-Zeit. **1939**, 9).

Anmerkung. An dem Carotin kann die Schwierigkeit der „Reindarstellung" und physikalischen Charakterisierung solcher hochmolekularen Naturstoffe veranschaulicht werden: sein Schmelzpunkt ist 168° (W. C. Zeise, 1847; A. Husemann, 1860), sein Geruch beim Erwärmen — nach Veilchenwurzeln (Husemann), es wird durch SO_2 indigblau gefärbt und von Vitriolöl mit purpurblauer Farbe gelöst (Husemann). Der heuristische Wert solcher alten Beobachtungen wird sichtbar, wenn wir daran erinnern, daß bei der Wiederauffindung des Carotins, bzw. seiner genauen Formulierung durch R. Willstätter (1907 u. f.), sowie seiner Konstitutionserforschung durch P. Karrer (1930) derselbe Veilchengeruch beobachtet und wegweisend wurde für die Annahme von Iononringen im Carotin, während die Blaufärbung mit Schwefelsäure auf den konstitutionellen Zusammenhang mit den Polyenfarbstoffen hinwies (s. auch S. 594). Betreffs des „reinen" Carotins sei bemerkt, daß als richtiger Schmelzpunkt angegeben wird: 167,5 bis 168° (Willstätter), 168° (Zechmeister, 1928), 167,5—168,5° (R. Pummerer, 1928). Als nun R. Kuhn [B. **64**, 1349 (1931)] zur Charakterisierung der Carotin-Präparate deren Drehungsvermögen mitverwendet, findet er, daß z. B. Carotin aus Karotten bei verschiedenen fraktionierten Kristallisationen Präparate liefert, die einerseits den Schmp. (korr.) 180—180,5° und $[\alpha]_{Cd} = + 25°$, andererseits den Schmp. 165—166° korr. und $[\alpha]_{Cd} = + 185°$ aufweisen; erst durch Adsorption an Faser-Tonerde gelingt ihm eine Trennung in ein α-Carotin $C_{40}H_{56}$, Schmp. 174—175° korr. und $[\alpha]_{Cd} = + 380°$, sowie in ein β-Carotin $C_{40}H_{56}$, Schmp. 181—182°, $[\alpha]_{Cd} = \pm 0°$ durchzuführen. Andere Daten findet P. Karrer [Helv. **16**, 641 (1933)], und zwar für das aktive α-Carotin den Schmp. 187° korr., für β-Carotin 183° korr.; diese Trennung gelang durch Adsorption mittelst Calciumoxyd, wobei die Drehung in CS_2 sich verschob: $[\alpha]_{625,5}^{18} = + 437°$ (gegenüber $+ 394°$ an dem Präparat von R. Kuhn). Beachtenswert ist die hartnäckige Vergesellschaftung des α-Carotins mit gleichzusammengesetzten Begleitstoffen, die erst durch das stark basische Calciumoxyd gelöst wird. Diese Verhältnisse erinnern an die Schwierigkeit der Trennung des Chloroporphyrins-e_6 $C_{34}H_{36}O_6N_4$ von Phylloerythrin $C_{33}H_{34}O_3N_4$ (H. Fischer, Soc. **1934**, 250). Das erstere kann sogar bei 10% nicht spektroskopisch im letzteren erkannt werden. Man denkt unwillkürlich an die Bildung eines neuen chemischen Komplexmoleküls. Das Vorkommen ähnlicher stabiler Komplexverbindungen in der Natur wird durch das historische Beispiel der sogenannten „Choleinsäure" veranschaulicht. (Siehe auch S. 355.)

Rhodo-xanthin (aus der Eibe) wurde 1913 von N. A. Monteverde und N. W. Lubimenko in Kristallen erhalten. R. Kuhn und H. Brockmann [B. **66**, 828 (1933)] ermittelten seine Zusammensetzung $C_{40}H_{52}O_2$ und durch Hydrierung 14 Doppelbindungen; das Dihydro-rhodoxanthin $C_{40}H_{54}O_2$ erwies sich optisch dem β-Carotin und Zea-xanthin zum Verwechseln ähnlich. Die Konstitutionsformel ist:

Rhodo-xanthin

Astacin und Astaxanthin. Von J. Verne (1923 u. f.) war das blauschwarze Pigment des Hummer-Panzers als die Eiweißverbindung eines roten, mit dem Carotin isomeren Kohlenwasserstoffs angesprochen worden. R. Kuhn und E. Lederer [B. **66**, 488 (1933)] erblickten in dem roten Farbstoff eine hochungesättigte Polyencarbonsäure, etwa $C_{27}H_{32}O_3$, die Astacin benannt wurde; dieses wurde auch aus dem grünen Chromo-proteid der Hummer-Eier, bzw. aus dem durch Aceton extrahierten roten „Ovo-ester" durch Verseifung erhalten. P. Karrer [mit L. Loewe und H. Hübner, Helv. chim. Acta **18**, 96 (1935)] erkannte das Astacin als ein Tetraketo-β-carotin (I) $C_{40}H_{48}O_4$, während R. Kuhn [mit N. A. Sörensen, B. **71**, 1879 (1938)] in dem „Ovo-ester" ein hydroxylhaltiges Carotinoid $C_{40}H_{52}O_4$, bzw. ein 5,5'-Dioxy-4.4'-diketo-β-carotin feststellte, dem der Name Astaxanthin (II) beigelegt wurde: Astaxanthin nimmt freiwillig Sauerstoff auf und geht in Astacin über; das primäre und in den verschiedensten Lebewesen, von den Grünalgen bis zu den Vögeln vorhandene Produkt ist wohl Astaxanthin, das dann bei der Isolierung ohne Luftausschluß in Astacin übergeht [R. Kuhn und N. A. Sörensen, B. **72**, 1688 (1939)]. Astaxanthin ist optisch inaktiv (razem. oder meso-Form?).

I. Astacin.

II. Astaxanthin.

Zeaxanthin, $C_{40}H_{56}O_2$, zuerst von P. Karrer (1929) in gelbem Mais entdeckt, wurde auch im Eidotter (neben Lutein) gefunden; für dasselbe wird eine symmetrische Konstitution, mit dem gleichen Kohlenstoffskelet wie in β-Carotin und Rhodo-xanthin, angenommen, und die Konstitution wird, wie folgt, ausgedrückt [P. Karrer, Helv. **13**, 268 (1930); **14**, 614 (1931); **15**, 490 (1932); R. Kuhn und Mitarbeiter, B. **66**, 833 (1933)]:

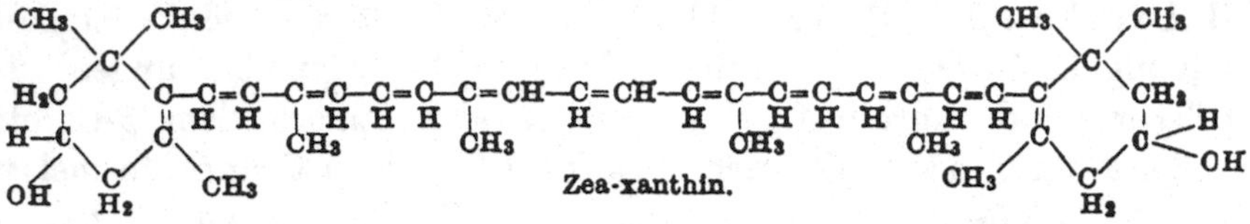

Zea-xanthin.

Krypto-xanthin (Vitamin des Wachstums) $C_{40}H_{56}O$ wurde von R. Kuhn und C. Grundmann [B. **66**, 1746 (1933)] aus den Kelchen und Beeren der Physalis-Arten (neben Physalien), sowie [B. **67**, 593 (1934)] aus gelbem, durch Wachstumswirkung sich kennzeichnenden Mais (neben Carotinen und Zeaxanthin) gewonnen; es wurde als Hydroxy-β-carotin erkannt:

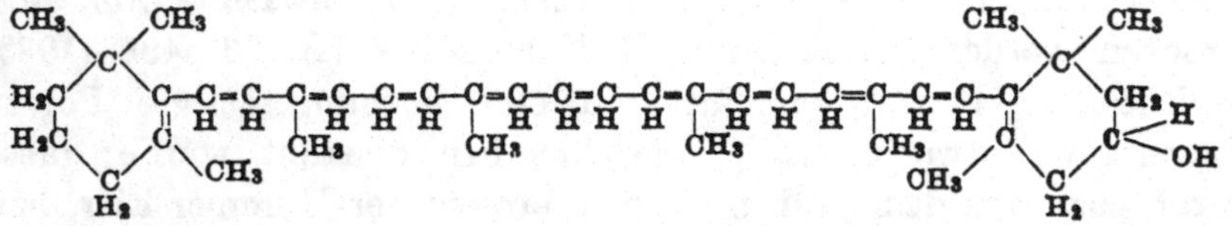

Rubixanthin $C_{40}H_{56}O$, ein mit dem vorigen isomeres Xanthophyll, wurde von R. Kuhn und C. Grundmann [B. **67**, 339 (1934)] aus Hagebutten isoliert, wo der neue Farbstoff neben Lycopin und Carotinen zusammen vorkommt; ihm wird die Konstitution eines Hydroxy-γ-carotins erteilt:

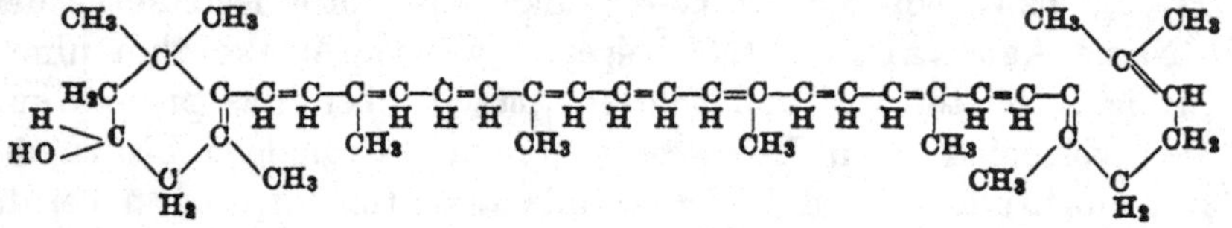

Durch Fettdruck der Kohlenstoffatome C- ist in Zeaxanthin, Kryptoxanthin und Rubixanthin das Vorhandensein von asymmetrischen Kohlenstoffatomen hervorgehoben worden; auffallend ist es nun, daß an allen drei Xanthophyllen kein Drehungsvermögen zu erkennen war [R. Kuhn und Grundmann, B. **67**, 597 (1934)]. Ein optisch inaktives Carotinoid mit Vitamin-A-Wirkung, „Aphanin" $C_{40}H_{54}O$, hat J. Tischer [H. **260**, 257 (1939)] aus Süßwasseralgen isoliert und untersucht.

Es ist bemerkenswert, auf welchen eigenartigen Umwegen die Entdeckung neuer Tatsachen oft zustande kommt. Für die Konstitutionsbestimmung der Xanthophylle (Polyenalkohole) bzw. natürlichen Polyen-Farbstoffe ist die Erkennung der Anwesenheit von asymm. C-Atomen durch das optische Drehungsvermögen von grundlegender Bedeutung (vgl. z. B. die Carotine, L. Zechmeister, s. S. 727). R. Kuhn [B. 63, 1490 (1930)] beobachtet nun für Physalien (d. h. den Di-palmitinsäure-ester des Zeaxanthins), sowie für Perhydro-physalien eine Linksdrehung, ebenso für Zeaxanthin $C_{40}H_{56}O_2$ die Drehung $[\alpha]c = -70^0$. Damit ist ein neues wesentliches Kriterium in den Vordergrund gebracht. Nachdem nun im weiteren Verlauf der Forschung dieses physikalische Hilfsmittel verwendet worden ist, muß festgestellt werden, daß Zeaxanthin aus Physalis optisch inaktiv ist [R. Kuhn und Grundmann, B. 67, 596 (1934); dagegen Zechmeister, B. 72, 1679 (1939)].

Überblickt man das in der obigen kurzen Schilderung der Forschungsergebnisse enthaltene Tatsachenmaterial, so fällt es besonders auf, daß im Verlaufe weniger Jahre (seit etwa 1928) eine so weitgehende Auffindung, chemische, physiologische und physikalische Untersuchung und erschöpfende Konstitutionsbestimmung dieser so verbreiteten und eigenartig aufgebauten Klasse der Polyenfarbstoffe bewältigt werden konnte. Die Zahl und Art der bisher isolierten (etwa 40) natürlichen Carotinoide stellt gewiß nicht die Schlußbilanz auf diesem Forschungsgebiete dar. Offen ist auch das Problem der Genesis dieser Stoffe in der Pflanze und ihrer eigentlichen Bestimmung: aus welchen Ausgangsstoffen und mit welchen Zwischengliedern entstehen und in welchem Bindungszustande bestehen sie in der Pflanze? Bemerkenswert ist das gleichzeitige Vorkommen, z. B. des Rubixanthins als Alkohol mit den Carotinen als Kohlenwasserstoffen und mit dem Lycopin als aliphat. Kohlenwasserstoff, bemerkenswert auch das Auftreten in labilen Formen und in optisch inaktiven Modifikationen (bei Anwesenheit von asymm. C-Atomen). Auffallend ist in den Strukturbildern der symmetrische Bau und die Zusammensetzung aus Isopren-Resten $C=\underset{\underset{C}{|}}{C}-C=C$, wodurch sich der Zusammenhang der Carotinoide mit den Terpenen, mit Campher und Kautschuk ergibt. Andererseits führt der Weg von den Carotinoiden zu den Vitaminen (Vitamin A), und von den Vitaminen (als Wirkungsgruppen) zu Fermenten (z. B. im Vitamin B_2 oder Lactoflavin). Wunderbar ist das gemeinsame Vorkommen von Lactoflavin, Vitamin C, Vitamin B_1, Vitamin K, auch Vitamin A (H. v. Euler und E. Adler, G. Wald u. a.), bzw. Astaxanthin (R. Kuhn) im Auge.

Polyen-Synthesen[1]).

Es ist in mehrfacher Hinsicht lehrreich, das chemische Verhalten der Aldehyde in ihrer Wirkung auf die Entwicklung chemischer

---

[1]) Vgl. die Vorträge von R. Kuhn, Z. angew. Chem. 50, 703 (1937) und Soc. 1938, 605.

Grundvorstellungen über die Reaktionen unter gleichen, sowie homologen Molekülen sich zu vergegenwärtigen. In der anorganischen Chemie war durch Berzelius' dualistische Theorie das Prinzip der elektrischen Polarität maßgebend geworden für die Verbindung von verschiedenen Elementaratomen zu Molekülen, sowie von verschiedenen Molekülen miteinander. Diese Bedingung der Gegensätzlichkeit, z. B. Säure gegenüber Base, kehrt noch 1860 in Berthelots Werk „Chimie organique fondée sur la synthèse" wieder, wenn die Äther (Ester) als Salze, die Alkohole als basenähnliche Stoffe usw. betrachtet werden. Es war daher keineswegs selbstverständlich, daß man dem alten Grundsatz von der Gegensätzlichkeit den neuen gegenüberstellte, daß Gleiches mit Gleichem sich umsetzen könne. Und zwar kann dieser chemische Vorgang zwischen zwei, drei und mehr Molekülen ein und desselben Stoffes mit sich selbst stattfinden, ja, er erfolgt oft sogar beim Stehenlassen, im Tageslicht, freiwillig oder durch Spuren von Fremdstoffen (Katalysatoren). Es ist die Erkenntnis des Mechanismus von Polymerisationsvorgängen, die hier anknüpft, zugleich aber auch die formelmäßige Darstellung derselben teils als kettenförmiger, teils als ringförmiger Gebilde. Eine Art „Autosynthese" spielt sich hier zwischen den einzelnen Molekülen ab.

Lehrreich sind auch die Nebenumstände, die schon früh auf diese Vorgänge gerade bei den Aldehyden hingewiesen haben. Eine ungenaue Beobachtung von A. Baeyer hat zu der Annahme einer Verbindung $C_6H_{10}O_2$ bei der Kondensation von 3 Molekülen Aldehyd $CH_3 \cdot CHO$ geführt; A. Kekulé [B. 2, 365 (1869)] folgert nun hieraus, daß die Synthese des Benzols auf diesem Wege möglich sein sollte. Andererseits hatte A. Lieben durch Einwirkung „schwacher Affinitäten" auf Aldehyd (z. B. durch $ZnCl_2$ oder Salzsäure) einen „Aldehydäther C_4H_6O" erhalten. Als Kekulé diese Versuche wiederholt, findet er „eine höchst stechend riechende Flüssigkeit, die bei 103⁰ bis 105⁰ siedet" und die Zusammensetzung C_4H_6O hat: sie stellt den Crotonaldehyd dar und ihre Bildung „erklärt sich leicht durch folgendes Schema:

$$\begin{matrix} H(O)C{-}CH_3 \\ H(H_2)C{-}COH \end{matrix} \text{ gibt } \begin{matrix} HC{-}CH_3 \\ HC{-}COH \end{matrix} = H_3C{-}CH=CH{-}COH\text{"} \quad \text{(zit. S. 367).}$$

Durch Umsetzung des Aldehyds mit sich selbst (unter Austritt von 1 Mol. H_2O) ist also ein neuer Aldehyd mit verlängerter Kohlenstoffkette gebildet worden. Kekulé will nun die Kette auf C_6 erhöhen, indem er Crotonaldehyd mit Acetaldehyd in der obigen Weise sich umsetzen läßt, unter Bildung von $CH_3{-}CH = CH{-}CH = CH{-}COH$, aus welchem dann C_6H_6 entstehen könnte (Zit. S. 368). Die Polymerisation (Kondensation) von Formaldehyd $HCHO$ zu dem von Butlerow (1861) entdeckten Methylenitan $C_6H_{12}O_6$ läßt nun A. Baeyer [B. 3, 66 (1870)] ebenfalls in Form solcher C_6-Ketten ablaufen, um eine Monose entstehen zu lassen.

Bedeutsam für die Weiterentwicklung dieser Kondensations-probleme waren die Untersuchungen von E. Knoevenagel „über die Kondensation von Acetylaceton mit Aldehyden durch organische Basen" [z. B. Piperidin, Diäthylamin, A. 281, 82 (1894); s. auch S. 110]. Das neue Kondensationsmittel tritt dann entgegen in O. Doebners Synthese der Sorbinsäure $CH_3 \cdot CH : CH \cdot CH : CH \cdot COOH$ durch Erwärmen von Crotonaldehyd + Malonsäure + Pyridin [B. 33, 2140 (1900)]. Der nächste große Fortschritt knüpft an alle voraus-gegangenen Erkenntnisse an, indem durch Selbstkondensation von Acet-aldehyd, bzw. durch Kondensation von Acetaldehyd + Crotonaldehyd unter der „Einwirkung von sekundären Aminen" (z. B. Piperidin) Sorbinaldehyd oder Hexadienal $CH_3 \cdot CH : CH \cdot CH : CH \cdot CHO$, und aus diesem mit einem weiteren Molekül Acetaldehyd das homologe Octatrienal $CH_3 \cdot (CH : CH)_3 \cdot CHO$ erhalten werden [R. Kuhn und M. Hoffer, B. 63, 2164 (1930) und 64, 1977 (1931)]. Kuhn und Hoffer kondensierten nun Hexadienal, bzw. Oktatrienal mit Malon-säure + Pyridin und erhielten die beiden ungesättigten Fettsäuren:

Oktatrien-(2.4.6)-säure, weiß,

$CH_3 \cdot CH : CH \cdot CH : CH \cdot CH : CH \cdot COOH$ und

Dekatetraen-(2.4.6.8)-säure, braunstichig, gelb,

$CH_3 \cdot CH : CH \cdot CH : CH \cdot CH : CH \cdot CH : CH \cdot COOH$

Damit war die Synthese der ersten farbigen ungesättigten Fett-säure verwirklicht worden.

Bei der Fortführung seiner Untersuchungen über Phytol

$$CH_3 \cdot \left(\overset{\mid}{CH} \cdot CH_2 \cdot CH_2 \cdot CH_2 \right)_3 \cdot C : CH \cdot CH_2OH$$
$$\qquad\quad\; CH_3 \qquad\qquad\qquad\quad CH_3$$

trat F. G. Fischer (1930) auch an die Aufbau-Reaktionen terpen-artiger Substanzen mit offener und geschlossener Kette heran; für diese ist die gesetzmäßige Verteilung der verzweigten Methyle und der Doppelbindungen kennzeichnend. Als geeigneter hypothetischer Baustein wurde das Isopren $\overset{CH_3}{\underset{CH_3}{>}}C{-}CH : CH_2$ benutzt, F. G. Fischer [B. 64, 30 (1931)] dagegen erblickte in einem reaktionsfähigen Aldehyd ein dem Tatsächlichen näherkommendes Baumaterial, und zwar in Methylbutenal $\overset{CH_3}{\underset{CH_3}{>}}C : CH \cdot CHO$. Aus diesem ungesättigten Alde-hyd erhielten nun F. G. Fischer und K. Hultzsch [B. 68, 1726 (1935)] durch lineare Kondensation den ersten 5-fach ungesättigten aliphatischen Aldehyd Farnesinal

$$3\, CH_3 \cdot \underset{CH_3}{\overset{\mid}{C}} : CH \cdot CHO \quad \rightarrow \quad CH_3 \cdot \underset{CH_3}{\overset{\mid}{C}} : CH \cdot CH : CH \cdot \underset{CH_3}{\overset{\mid}{C}} : CH \cdot CH : CH \cdot \underset{CH_3}{\overset{\mid}{C}} : CH \cdot CHO,$$

der durch Reduktion in den Alkohol Farnesinol $C_{15}H_{25}OH$ überging und das gleiche Kohlenstoffgerüst besaß wie der um 4 H-Atome reichere natürliche Alkohol Farnesol $C_{15}H_{25}OH$. Fischer, Hultzsch und W. Flaig [B. **70**, 370 (1937)] haben auch die lineare Kondensation des Crotonaldehyds $CH_3 \cdot CH:CH \cdot CHO$ bis zum Dodekapentaenal $CH_3 \cdot (CH:CH)_5 \cdot CHO$ verfolgt, daneben wurde auch die Bildung des Hexadeka-heptaenals $CH_3 \cdot (CH:CH)_7 \cdot CHO$ beobachtet, bei dessen Hydrierung Palmitinaldehyd erhalten wurde.

In Fortführung seiner Polyensynthesen hatte R. Kuhn (1936) die Kondensation von Crotonaldehyd zum Dodekapentaenal und die Kondensation des letzteren mit Malonsäure zu Dodekapentaenal-malonsäure (I) durchgeführt, aus dieser war dann durch CO_2-Abspaltung die goldgelbe Tetradekahexaensäure (II) dargestellt worden [R. Kuhn und C. Grundmann, B. **70**, 1318; vgl. auch F. G. Fischer, B. **70**, 374 (1937)]:

$$I.\ CH_3 \cdot (CH:CH)_5 \cdot CH:C{\textstyle{<}}^{COOH}_{COOH} \rightarrow II.\ CH_3 \cdot (CH:CH)_6 \cdot COOH.$$

Die bisher höchste ungesättigte Fettsäure — aus Hexadekaheptaenal + Malonsäure — entspricht der Formel $CH_3 \cdot (CH:CH)_8 \cdot COOH$ (R. Kuhn, Z. angew. Chem. **50**, 706 (1937); Vortrag, Soc. **1938**, 609). Durch Kondensation von 1 Mol. Zimtaldehyd mit 2 bzw. 3 Mol. Crotonaldehyd ließ sich 11-Phenyl-undeca-pentaenal $C_6H_5 \cdot (CH:CH)_5 \cdot CHO$ als orangefarbige, goldglänzende Verbindung, bzw. (mit 3 Mol. Crotonaldehyd) 15-Phenyl-pentadeca-heptaenal $C_6H_5 \cdot (CH:CH)_7 \cdot CHO$ in weinroten Nadeln erhalten [R. Kuhn und K. Wallenfels, B. **70**, 1331 (1937)].

Polyendicarbonsäuren $HOOC \cdot (CH:CH)_n \cdot COOH$. R. Kuhn und C. Grundmann [B. **69**, 1757, 1979 (1936); **70**, 1318 (1937)] haben in dem bereits von A. Lapworth (1900) und W. Borsche (1932) am Beispiel des Crotonsäureesters durchgeführten Kondensationsverfahren mit Oxalester den Weg zum Aufbau der Polyendicarbonsäuren aus den Estern $CH_3 \cdot (CH:CH)_{n-1} \cdot COOR$ gefunden:

Hexatrien-1,6-Dicarbonsäure $HOOC \cdot (CH:CH)_3 \cdot COOH$, schneeweiß,

Oktatetraen-1.8-dicarbonsäure $HOOC \cdot (CH:CH)_4 \cdot COOH$, lebhaft chromgelb (bzw. goldgelb),

Dekapentaen-1.10-dicarbonsäure $HOOC \cdot (CH:CH)_5 \cdot COOH$, orangestichig, dunkelgelb,

Tetradekaheptaen-1.14-dicarbonsäure $HOOC \cdot (CH:CH)_7 \cdot COOH$, ziegelrot oder Des-crocetin (dasselbe entspricht dem Grundgerüst des natürlichen Crocetins, wobei nur die vier verzweigten Methylgruppen fehlen).

Interessant ist der biologische Weg, der von den Monocarbonsäureamiden (durch Verfütterung in Kaninchen) zu den Dicarbonsäuren führt, indem die endständige Methylgruppe zur Carboxylgruppe oxydiert wird [R. Kuhn, F. Köhler und L. Köhler, H. 247, 197 (1937)], z. B.

$$CH_3 \cdot (CH:CH)_4 \cdot CO \cdot NH_2 \rightarrow HOOC \cdot (CH:CH)_4 \cdot CO \cdot NH_2.$$

Biologische Oxydationen von Methylgruppen zu COOH-Gruppen sind auch am Dimethyl-campher (durch Verfütterung im Hunde) von F. Reinartz [und K. Meessen, B. 72, B., 1 (1939)] festgestellt worden. Bemerkenswert ist die von P. E. Verkade und J. van der Lee (1932) entdeckte „ω-Oxydation" durch den menschlichen Organismus; größere Mengen verabreichten Triundecylins (in kohlenhydratarmer Nahrung) wurden als Undecandisäure im Harn ausgeschieden: die endständige Methylgruppe war oxydiert worden [H. 215, 225 (1933)]:

$$\begin{array}{ccc} CH_3 & & COOH \\ | & & | \\ (CH_2)_9 & \longrightarrow & (CH_2)_9 \\ | & & | \\ COOH & & COOH \end{array}$$

III. Die Diphenyl-polyene von R. Kuhn und A. Winterstein [Helv. 11, 87 (1928)], entsprechend dem Typus $C_6H_5 \cdot [CH:CH]_n \cdot C_6H_5$ [vgl. auch Kuhn und Wallenfels, B. 71, 1889 (1938)]:

Stilben

$C_6H_5 \cdot [CH:CH] \cdot C_6H_5$
farblos

Diphenylbutadien

$C_6H_5 \cdot [CH:CH]_2 \cdot C_6H_5$
gelbstichig

Diphenylhexatrien

$C_6H_5 \cdot [CH:CH]_3 \cdot C_6H_5$
grünstichiggelb

Diphenyloctatetraen

$C_6H_5 \cdot [CH:CH]_4 \cdot C_6H_5$
grünstichig chromgelb

Diphenyldekapentaen

$C_6H_5 \cdot [CH:CH]_5 \cdot C_6H_5$
orangefarbig

Diphenyldodekahexaen

$C_6H_5 \cdot [CH:CH]_6 \cdot C_6H_5$
orangebraun

Diphenyltetradekaheptaen

$C_6H_5[CH:CH]_7 \cdot C_6H_5$
kupferbronzefarbig

Diphenylhexadekaoktaen

$C_6H_5[CH:CH]_8 \cdot C_6H_5$
blaustichig kupferrot

Ferner:

1,22-Diphenyl-dokosaundekaen

$C_6H_5(CH:CH)_{11} \cdot C_6H_5$
violettschwarz

1,30-Diphenyl-triakontapentadekaen

$C_6H_5 \cdot (CH:CH)_{15} \cdot C_6H_5$
grünschwarz

Der letztere Kohlenwasserstoff mit 30 Methingruppen in linearer Verknüpfung ist das höchste bisher erhaltene Polyen [R. Kuhn mit K. Wallenfels, Z. angew. Chem. 50, 707 (1937)], er ist äußerst wenig (mit violettroter Farbe) löslich. Als H. Stobbe [B. 44, 1293 (1911)] erstmalig hervorhob, daß erst drei konjugierte Doppelbindungen zwischen zwei Phenylgruppen Farbe hervorrufen, konnte nicht vorausgesehen werden, welch eine Farbenskala von gelb bis grünschwarz durch eine fortlaufende Verknüpfung von (CH:CH)-Gruppen entstehen würde. [Vgl. auch Kuhn und A. Winterstein: „Zur Kenntnis der Äthylengruppe als Chromophor", Helv. 12, 899 (1929).]

IV. Diphenyl-polyene mit seitenständigen Methylgruppen. R. Kuhn und K. Wallenfels [B. 71, 1891 (1938)] haben von diesem Typus die folgenden Polyene aufgebaut:

1.10-Diphenyl-3.8-dimethyl-dekapentaen

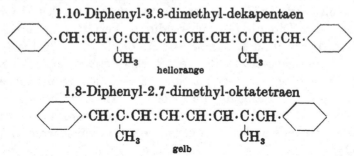

$\cdot CH:CH\cdot C:CH\cdot CH:CH\cdot CH:C\cdot CH:CH\cdot$

$\underset{\text{hellorange}}{\overset{|}{CH_3}} \qquad \overset{|}{CH_3}$

1.8-Diphenyl-2.7-dimethyl-oktatetraen

$\cdot CH:C\cdot CH:CH\cdot CH:CH\cdot C:CH\cdot$

$\underset{\text{gelb}}{\overset{|}{CH_3}} \qquad \overset{|}{CH_3}$

Der erstgenannte Kohlenwasserstoff mit der ungeraden Zahl der konjugierten Doppelbindungen und dem symmetrischen Bau bei 12 aliphatischen C-Atomen entspricht dem **Mittelstück der natürlichen Carotinoide.** Die Einführung der mittelständigen CH_3-Gruppen hat die Farbe nur wenig beeinflußt.

Dimethylpolyene. Von R. Kuhn und C. Grundmann [Z. angew. Chem. **50**, 705 (1937)] wurden synthetisiert:

1,8-Dimethyl-oktatetraen $\qquad$ 1,12-Dimethyl-dodekahexaen

$\underset{\text{schneeweiß}}{CH_3\cdot(CH:CH)_4\cdot CH_3} \qquad \underset{\text{zitronengelb.}}{CH_3\cdot(CH:CH)_6\cdot CH_3}$

Dieses Hexaen ist der erste synthetisch erhaltene, **reinaliphatische Kohlenwasserstoff, der farbig ist.**

V. Tetraphenyl-polyene. Die beiden Anfangsglieder der Reihe ω,ω'-Tetraphenyl-polyene (Tetraphenyl-äthylen und 1.1.4.4-Tetraphenyl-butadien von A. Valeur) sind farblose, gegen Sauerstoff und Brom unempfindliche Kohlenwasserstoffe. Mit zunehmender Verlängerung der Konjugationskette bleibt die Sauerstoffunempfindlichkeit, ebenso wie die Addition von 2 Atomen Alkalimetall erhalten, dagegen tritt eine Gelbfärbung auf. G. Wittig und A. Klein [B. **69**, 2087 (1936)] synthetisierten die folgenden Homologen:

1.1.6.6-Tetraphenyl-hexatrien

$\underset{\text{lichtgelb}}{(C_6H_5)_2\cdot C:CH\cdot CH:CH\cdot CH:C\cdot(C_6H_5)_2}$

1.1.8.8-Tetraphenyl-octatetraen-(1.3.5.7)

$\underset{\text{gelb}}{(C_6H_5)_2\cdot C:CH\cdot CH:CH\cdot CH:CH\cdot CH:C(C_6H_5)_2}$

1.1.10.10-Tetraphenyl-pentadekaen

$\underset{\text{orangegelb}}{(C_6H_5)_2\cdot C:CH\cdot(CH:CH)_3\cdot CH:C(C_6H_5)_2}$

1.1.12.12-Tetraphenyl-dodekahexaen, orangerot.

Diese Polyene sind gegen Luftsauerstoff unempfindlich [G. Wittig, A. **529**, 162 (1937)]. Die gleiche Unempfindlichkeit zeigen auch die **Kuhn**schen Diphenylpolyene.

Theoretisch ist infolge Auflockerung und Verlagerung der Valenz-Elektronen eine Valenz-Tautomerie, bzw. das Auftreten von Verbindungen mit zwei freien Valenzen (Diradikalen) möglich, z. B.: $R_2C::CH:CH::CR_2 \rightleftharpoons R_2C:CH::CH:CR_2$. Magnetochemische Messungen von E. Müller haben jedoch keine oder höchstens 2% Diradikale ergeben; das gleiche Verhalten zeigten die nachbenannten gefärbten Kohlenwasserstoffe (Dimethyde)

(durch Sauerstoff in Sekunden entfärbt). [G. Wittig mit W. Wiemer, A. **483**, 144 (1930); s. auch Wittig, B. **69**, 471, 2087 (1936); s. auch A. **529**, 162 (1937)].

Das 1.6-Dibiphenylen-hexatrien und Di-[Δ^1-cyclohexenyl]-butadiin wurden von R. Kuhn und K. Wallenfels [B. **71**, 1892 (1938)] synthetisiert:

VI. „Kumulene" nennt R. Kuhn Verbindungen, in denen sich eine größere Zahl von Kohlenstoff-Doppelbindungen in ununterbrochener Folge aneinanderreiht, z. B. :C:C:C:C:C:C:C: [R. Kuhn und K. Wallenfels, B. **71**, 783 (1938)]. Es handelt sich hierbei um „starre Stäbe aus Kohlenstoffatomen", und die Lichtabsorption wird (bei gleicher Zahl von Doppelbindungen) durch kumulierte Doppelbindungen noch stärker nach langen Wellen verschoben als durch konjugierte. K. Brand (1921) war es als erstem gelungen, das 3 kumulierte Doppelbindungen enthaltende 1.1.4.4-Tetraphenyl-butatrien-(1.2.3) $\begin{array}{c}C_6H_5\\C_6H_5\end{array}{>}C{=}C{=}C{=}C{<}\begin{array}{c}C_6H_5\\C_6H_5\end{array}$ als gelbe Kristalle zu erhalten; durch Reduktion ging es in das farblose Tetraphenyl-butadien-(1.3) von A. Valeur (1903) über: $(C_6H_5)_2 \cdot C:CH \cdot CH:C \cdot (C_6H_5)_2$. Der Brandsche gelbe Kohlenwasserstoff erwies sich als diamagnetisch (E. Müller, 1938). Weitere farbige Homologe stellte nun R. Kuhn (Zit. S. 783) dar [s. auch Kuhn und Wallenfels, B. **71**, 1510 (1938), ferner R. Kuhn u. G. Platzer, B. **73**, 1410 (1940)]:

Tetraphenyl-hexapentaen $C_{30}H_{20}$,   Dibiphenylen-hexapentaen, $C_{30}H_{16}$

$$\begin{array}{c} C_6H_5 \\ C_6H_5 \end{array}\!\!\!>\!\!C\!\!=\!\!C\!\!=\!\!C\!\!=\!\!C\!\!=\!\!C\!\!=\!\!C\!\!<\!\!\!\begin{array}{c} C_6H_5 \\ C_6H_5 \end{array}$$

scharlachrot

$$>\!\!C\!\!=\!\!C\!\!=\!\!C\!\!=\!\!C\!\!=\!\!C\!\!=\!\!C\!\!<$$

Schmp. 441—442⁰
nahezu schwarz

Es ist interessant, diesen synthetischen Aufbau der Polyene und ungesättigten Fettsäuren vom biologischen Standpunkt aus, im Hinblick auf ihren etwaigen Entstehungsweg in der Natur zu betrachten, sowie gleichzeitig die Möglichkeit einer technischen Verwertung für die Synthese von Fettsäuren (Palmitinsäure, Stearinsäure usw.) zu erwägen. Den Ausgangspunkt würde sinngemäß die Kohle bilden. Dann stellen die Polyensynthesen auch ein Schulbeispiel dafür dar, wie scheinbar nur für den Wissenschaftler interessante chemische Dinge letzten Endes doch in die Fragen des täglichen Lebens einmünden und nutzbringend für das menschliche Wohl sein können:

a) Kohle → Acetylen (aus CaC_2) → Acetaldehyd →
C_x → C_2H_2 → $CH_3 \cdot CHO$ →
→ Crotonaldehyd → Hexadekaheptaenal, rot
→ $CH_3 \cdot (CH:CH) \cdot CHO$ → $CH_3 \cdot (CH:CH)_7 \cdot CHO$

b) Hexadekaheptaenal $\xrightarrow{\text{hydriert}}$ Cetylalkohol $\xrightarrow{\text{oxydiert}}$ Palmitinsäure
$CH_3 \cdot (CH_2)_{14} \cdot CH_2OH$ → $CH_3 \cdot (CH_2)_{14} \cdot COOH$
[R. Kuhn u. C. Grundmann, Z. angew. Chem. 50, 707 (1937).]

Hexadekaheptaenalmalonsäure $\xrightarrow{\text{hydriert}}$

$+CH_2(COOH)_2 \Big\vert$

$\hookrightarrow CH_3 \cdot (CH:CH)_7 \cdot CH:C\!\!<\!\!\begin{array}{c} COOH \\ COOH \end{array}$, violett →

→ $CH_3 \cdot (CH_2)_{15} \cdot CH\!\!<\!\!\begin{array}{c} COOH \\ COOH \end{array}\xrightarrow{\text{destilliert}}$ Stearinsäure $CH_3 \cdot (CH_2)_{16} \cdot COOH$
[R. Kuhn, C. Grundmann und H. Trischmann, H. 248, IV (1937).]

c) β-Ionyliden-acetaldehyd + β-Methyl-crotonaldehyd → β-Cyclocitriliden-dehydrocitral [R. Kuhn und C. J. O. Morris, B. 70, 853 (1937).]

$$\begin{array}{c} CH_3 \quad CH_3 \\ \diagdown C\diagup \\ H_2C \quad\quad C\!-\!CH\!:\!CH\cdot C\!:\!CH\cdot CHO \;+\; \begin{array}{c}CH_3\\CH_3\end{array}\!\!>\!\!C\!:\!CH\cdot CHO \;\rightarrow \\ H_2C \quad\quad\; C \quad\quad\quad CH_3 \\ \diagdown C\diagup\,\diagdown CH_3 \\ H_2 \end{array}$$

$$\begin{array}{c} CH_3 \quad CH_3 \\ \diagdown C\diagup \\ H_2C \quad\quad C\!-\!CH\!:\!CH\cdot C\!:\!CH\cdot CH\!:\!CH\cdot C\!:\!CH\cdot CHO \\ H_2C \quad\quad\; C \quad\quad\quad CH_3 \quad\quad\quad CH_3 \\ \diagdown C\diagup\,\diagdown CH_3 \\ H_2 \quad\quad\underbrace{} \\ \text{reduziert} \rightarrow \text{Vitamin A.} \end{array}$$

Über die charakteristischen Absorptionsspektren der Polyene liegen Untersuchungen von D. Rădulescu und F. Bărbulescu vor [B. **64**, 2225 (1931); s. auch R. Kuhn und A. Winterstein, B. **66**, 211 (1933)]; ausführliche Messungen sind von K. W. Hausser [mit R. Kuhn, A. Smakula, M. Hoffer, A. Deutsch, Z. physik. Chem. (B) **29**, 363 u. f. (1935)], sowie von R. Kuhn [Z. angew. Chem. **50**, 703 (1937); B. **70**, 1323 (1937)] mitgeteilt worden, wobei neue spektroskopische Regeln für Polyene unter Bezugnahme auf natürliche Carotinoide abgeleitet werden konnten. Die Schmelzpunkte zeigen einen regelmäßigen Anstieg und sind annähernd lineare Funktionen der Anzahl n konjugierter Doppelbindungen in jeder homologen Reihe [R. Kuhn und C. Grundmann, B. **69**, 224 (1936)].

Die magnetochemische Untersuchung der Diphenyl- und Tetraphenyl-polyene führte zu dem Schluß, daß die Verbindungen „nicht als Diradikale" zu bezeichnen sind, bzw. die Annahme „des Vorhandenseins einiger Zehntel Prozent einer Diyl-Form (G. Wittig) nicht zutreffend sein kann" [Eug. Müller und J. Dammerau, B. **70**, 2561 (1937)].

Die Kondensationsreaktion des Crotonaldehyds in ihrer Abhängigkeit (bei Zimmertemperatur) von der Konzentration des Katalysators (Piperidinacetat) und von der Natur (und Konzentration) des angewandten Lösungsmittels wurde von H. L. du Mont [und H. Fleischhauer, B. **71**, 1958 (1938); s. auch **72**, 2029 (1939)] untersucht, wobei die Alkohole (mit der reaktionsfähigen, vielleicht Acetale bildenden Gruppe) die größte Kondensationsgeschwindigkeit bedingten. Gleichzeitige Untersuchungen von R. Kuhn und C. Grundmann [B. **71**, 2274 (1938)] ergaben die höchsten Ausbeuten an hochmolekularen Polyenaldehyden a) in den Alkoholen Äthylalkohol und n-Butanol (die in die Reaktionsprodukte eintreten), und b) unter Verwendung (von 26 untersuchten Basen) des Piperidins als Katalysator.

Elftes Kapitel.

Wirkstoffe: Hormonchemie.

> „Wer kann oder mag der arznei ihr end
> ergründen?"   (Paracelsus, 1533).

Unter den Stoffklassen, deren Namen, Wirkung und Verbreitung noch um die Wende des XIX. Jahrhunderts unbekannt waren, die aber in den letzten Jahrzehnten zu einer immer zunehmenden Bedeutung gelangt sind und die chemische Forschung immer mehr angespornt haben, nehmen die Hormone und Vitamine wohl die erste Stelle ein. Bei ihnen handelt es sich um Stoffe, die in außerordentlich geringen Konzentrationen im Organismen-Reich vorkommen, zugleich außerordentlich verbreitet sind und schon in den minimalsten Mengen (gleichsam in homöopathischer Verdünnung) eine außerordentliche Aktivität im lebenden Organismus entfalten. Für die chemische Forschung entstanden hieraus besondere Aufgaben und Schwierigkeiten; es galt, die bisherigen chemischen Arbeitsmethoden sowohl zu einer künstlerischen Feinarbeit als auch zu einer präparativen Kleinarbeit umzubilden, es galt, mengenmäßig und apparativ von der Makrochemie zu einer Mikrochemie überzugehen, um mit den geringsten Mengen die genauesten Ergebnisse für die Zusammensetzung und die chemische Konstitution zu erreichen, um dann den Weg der Synthese zu beschreiten. Erwägt man die enormen Schwierigkeiten bei der Anreicherung und Reindarstellung der Versuchsobjekte und hält diesen gegenüber die bisher erreichten Resultate, so muß man zugeben, daß die moderne Chemie in der stofflichen Bewältigung und Erforschung gerade dieser organischen Naturstoffe eine historische Arbeits- und Leistungsperiode eingeleitet hat. Neben den altbewährten chemischen Verfahren kamen neuartige physiko-chemische und physikalische, sowie biochemische Prüfungsmethoden auf, die notwendig waren, um überhaupt in dieses Reich der Kryptostoffe einzudringen. Die Entdeckung und Isolierung dieser verborgenen Stoffe der organischen Natur weist manche Vergleichspunkte mit der Entdeckung der so lange verborgen gebliebenen Edelgase (Argon-Helium bis Krypton-Xenon-Emanation) in unserer anorganischen luftförmigen Alltagsumwelt dar. Waren doch hier wie dort schon frühzeitig Anzeichen für besondere Wirkungen bekannt und Vermutungen über besondere Stoffe·geläufig, doch hier wie dort scheiterte das „Materialisieren" dieser „Brunnengeister" usw. und Wirkungen an der Unzulänglichkeit der Isolierungs- und Erkennungsmethoden der früheren Experimentalchemie.

„Allein noch wäre zu wünschen, daß zu einem schnelleren Fortschreiten der Physiologie im ganzen die Wechselwirkung aller Teile eines lebendigen Körpers sich niemals aus den Augen verlöre; denn bloß allein durch den Begriff, daß in einem organischen Körper alle Teile auf einen Teil hinwirken und jeder Teil auf alle wieder seinen Einfluß ausübe, können wir nach und nach die Lücken der Physiologie auszufüllen hoffen." Dieses schrieb Goethe als Zukunftsprogramm der Physiologie am Ende des XVIII. Jahrhunderts (1796). Zu Beginn des XX. Jahrhunderts, auf der Stuttgarter Tagung der Gesellschaft Deutscher Naturforscher und Ärzte 1906, hielt der deutsche Mediziner L. Krehl einen Vortrag „Über die Störung der chemischen Korrelationen im Organismus", und der Titel des Vortrages des englischen Physiologen E. H. Starling lautete: „Die chemische Koordination der Körpertätigkeiten." Hier prägte Starling den Begriff der „Hormone", d. h. solcher Stoffe, die im normalen Organismus in bestimmten Organen (Hormoi.drüsen) produziert und von diesen aus direkt in die Blutbahn abgegeben werden, um nun eine spezifische Wirksamkeit in anderen Organen zu entfalten: sie stellen eine „chemische Koordination", eine „chemische Korrelation" der Organe her, und als „chemische Sendboten", „chemical messengers" vermitteln sie die Gemeinschaftsarbeit der Organe. Während nun die Hormone vorwiegend im tierischen Organismus auftreten, sind die Vitamine vorwiegend im Pflanzenreich gefunden worden. Die Bezeichnung „Vitamin" wurde von C. Funk[1]) (1911) geprägt und ist bisher im Gebrauch geblieben, trotzdem sie unter irrtümlichen Voraussetzungen (Vitamin sei ein basischer Stoff, ein Amin) entstand. Die Vitamine werden als Bestandteile unserer Nahrungsmittel von außen zugeführt und haben für den Stoffwechsel bzw. die Erhaltung des Stoffwechselgleichgewichts und der Gesundheit eine ausschlaggebende Bedeutung. Ihrer winzigen Menge nach können sie in der Nahrung nicht als Energielieferanten, sondern nur als Energiewecker, als Katalysatoren für die mit den Nahrungsmitteln selbst verknüpften Reaktionen in .Frage kommen. Die Abgrenzung zwischen Hormon und Vitamin dürfte wesentlich nur einen heuristischen Wert haben und bei vertiefter und verbreiteter Forschung sich immer mehr verwischen. Nach F. Micheel[2]) können nämlich Hunde, Ratten u. a. ohne Zufuhr des antiskorbutischen Vitamins C leben, ohne an Skorbut zu erkranken, trotzdem findet man in den Nebennieren derart ernährter Tiere reichliche Mengen dieses Vitamins (bzw. Ascorbinsäure); dasselbe wird offenbar im Tierkörper erzeugt und wirkt nur als Hormon zur Steuerung des Stoffwechsels. F. Kögl[3]) hat beim Studium der Wuchsstoffe jüngst einen kristallinischen, „Biotin" genannten Körper entdeckt, dessen Zufuhr im Nährmilieu die Wachstumserscheinungen der Hefe außerordentlich steigert; er betrachtet aber das „Biotin" als ein Phyto-Hormon der Zellteilung, „···die strenge Scheidung zwischen Hormonen und Vitaminen ist in den letzten Jahren gefallen, ja man kann geradezu in der Zufuhr eines Vitamins eine natürliche Hormontherapie erblicken."

Beim Aufgeben der Definition Starlings müssen wir — mit A. Bethe (1932) — die Hormone als Stoffe definieren, welche im Stoffwechsel eines Organismus gebildet werden und welche für den Bestand des Individuums oder der Art wichtige Reizwirkungen — im

---

[1]) C. Funk: J. Physiol. 43, 395 (1911); 46, 173 (1913).
[2]) F. Micheel: Z. angew. Chem. 46, 536 (1933).
[3]) F. Kögl: B. 68, A., 16 (1935).

Literatur:

C. Funk, Die Vitamine. 3. Aufl. 1924.

H. Lettré und K. H. Inhoffen: Über Sterine, Gallensäuren und verwandte Naturstoffe. Stuttgart: Ferdinand Enke 1936.

L. F. Fieser: The chemistry of natural products related to phenanthrene. New York: Reinhold Publishing Corporation. 1936.

F. Seitz, Darstellung der Vitaminpräparate. 1939.

produzierenden Organismus oder an anderen Lebewesen — hervorrufen. Ferner ist zu bemerken, daß typische Drüsenhormone (z. B. Follikulin) im Pflanzenreich gefunden worden sind, und ebenso, umgekehrt, Auxine bzw. Phytohormone reichlich im Tierreich. Diese Ansicht vertritt auch H. v. Euler (1935).

A. Adrenalin.

Unter den Hormonen ist das Adrenalin das erste Beispiel gewesen, das als reiner kristallinischer Körper gewonnen, chemisch und pharmakologisch untersucht und alsbald synthetisch dargestellt werden konnte. Seine lehrreiche Entdeckungsgeschichte soll daher eingehender geschildert werden. Im Jahre 1849 beobachtete der Londoner Arzt Th. Addison, daß Kranke, die an Tuberkulose der Nebennieren leiden, eine bronzefarbige Haut haben (sog. Addisonsche oder Bronzekrankheit, 1855 erstmalig beschrieben). Ch. E. Brown-Séquard wies gleich darnach (1856) auf die verhängnisvollen Folgen der Entfernung der Nebennieren hin, während E. Vulpian (1856) die wichtige Beobachtung mitteilte, daß ein Auszug der Nebenniere eine Grünfärbung mit Eisenchlorid und eine rote Färbung mit Jod zeigt. Eine neue Wendung trat 1894 ein, als Oliver und Schafer[1] erstmalig die außerordentliche pharmakologische Wirkung der Nebennierenextrakte — hervorragende Steigerung des Blutdruckes bei intravenöser Injektion — feststellten, dieselbe Beobachtung machte unabhängig auch Szymonowicz (1895). Die nächste Frage war nun: was ist das für ein Stoff, der diese Wirkung ausübt? Den ersten Versuch zu dessen Isolierung unternahm J. J. Abel[2] in Baltimore, indem er ein unlösliches Benzoylderivat des von ihm „Epinephrin" genannten wirksamen Stoffes darstellte, die Entfernung der Benzoylgruppen gelang ihm aber nicht. Die vorhin erwähnte Grünfärbung mit Eisenchlorid deutete O. v. Fürth[3] in Straßburg sachgemäß als durch Brenzcatechin hervorgerufen, er führte Fällungen mit Blei-, Zink- und Eisensalzen aus, doch das von ihm „Suprarenin" genannte wirksame Prinzip konnte er nicht kristallinisch erhalten. Solches gelang aber gleichzeitig (1901) J. Takamine[4] und T. B. Aldrich[5], als sie die Extraktion mit verdünnter Essigsäure ausführten und durch Erhitzen die Proteine koagulierten. Inzwischen sind mehrere Tonnen dieses von Takamine „Adrenalin" genannten Stoffes in Amerika gewonnen worden, und zwar aus Ochsennieren. Um 1000 kg Adrenalin zu erhalten, sind

---

[1] Oliver und Schafer: J. Physiol. **16**, I—IV (1894).
[2] J. J. Abel: Z. physiol. Ch. **28**, 318; **29**, 105; s. auch B. **36**, 1839 (1903).
[3] O. v. Fürth: Z. physiol. Chem. **24**, 142 (1898); **26**, 15 (1898); **29**, 105 (1900); Monatsh. **24**, 261 (1903). Die Molekulargröße war einfach.
[4] J. Takamine: Amer. J. Pharm. **73**, 523 (1901).
[5] T. B. Aldrich: Amer. J. Physiol. **5**, 457 (1901); **7**, 359.

allerdings die Nebennieren von etlichen 30—40 Millionen Ochsen erforderlich! Wie war nun die chemische Konstitution dieses Körpers? Aldrich ermittelte für ihn die einfache [1]) Formel $C_9H_{13}O_3N$. Da die reine Substanz die grüne Brenzkatechinfärbung mit Ferrichlorid gab, so konnten ohne weiteres die zwei Sauerstoff- und die sechs Kohlenstoffatome als zum Brenzkatechinring gehörig bezeichnet werden. Takamine erhielt beim Schmelzen mit Kalihydrat die Protocatechusäure $C_6H_3(OH)_2 \cdot COOH$ (= 3,4-Dihydroxybenzoesäure), O. v. Fürth stellte die Anwesenheit einer Hydroxyl- und einer Methylamingruppe in der (zum Carboxyl oxydierbaren) Seitenkette fest, und da Adrenalin optisch-linksdrehend ist [1]), mußte in der Seitenkette ein asymmetrisches Kohlenstoffatom $\overset{*}{C}$ sein. Dies alles ließ die folgenden Formulierungen [2]) als wahrscheinlich erscheinen (H. Pauly):

$$HO \diagdown \hspace{-0.3em}\langle\hspace{-0.3em}\bigcirc\hspace{-0.3em}\rangle\hspace{-0.3em}\diagup \overset{*}{C}H(OH) \cdot CH_2 \cdot NHCH_3 \quad \text{oder} \quad HO \cdot \langle\hspace{-0.3em}\bigcirc\hspace{-0.3em}\rangle \overset{*}{C}H(NHCH_3) \cdot CH_2OH.$$

Die Synthese des Adrenalins sprach zugunsten der ersteren Formel. Ausgehend von Brenzcatechin, hat Friedr. Stolz [2]) (im Laboratorium von Meister, Lucius und Brüning) im Jahre 1904 die Totalsynthese des Adrenalins verwirklicht:

$$\underset{\text{Brenzkatechin}}{\langle\bigcirc\rangle\text{OH}} \rightarrow \underset{CO \cdot CH_2Cl}{\langle\bigcirc\rangle\overset{OH}{\text{OH}}} \rightarrow \underset{CO \cdot CH_2(NHCH_3)}{\langle\bigcirc\rangle\overset{OH}{\text{OH}}} \rightarrow \underset{CH(OH) \cdot CH_2NHCH_3}{\langle\bigcirc\rangle\overset{OH}{\text{OH}}}$$

Brenzkatechin   Adrenalon („Stryphnon") raz. Adrenalin (=„Suprarenin").

Fast zur selben Zeit führte auch Dakin [3]) in London die Adrenalinsynthese aus. Die therapeutische Prüfung und Vergleichung des natürlichen Adrenalins mit dem synthetischen „Suprarenin" durch Cushny [4]) ergab nun, daß ersteres nahezu die doppelte Wirkung hat als das synthetische. Da das synthetische Suprarenin die razemische (d,l-) Form, das Adrenalin aber die linksdrehende Form darstellt, so erhellt aus dieser verschiedenen Wirkungsstärke [5]), daß die durch Adrenalin affizierten Nervenenden ebenfalls asymmetrisch gebaut und zur Linksform passend sind (s. auch S. 281). Die chemische Technik mußte daher, um ein dem natürlichen Adrenalin gleichwertiges Produkt zu liefern, das synthetische razemische in die optischen Antipoden

[1]) H. Pauly: B. 36, 2947 (1903); 37, 1388 (1904), wo die einfache Formel $C_9H_{13}O_3N$ belegt wird.

[2]) F. Stolz: B. 37, 4149 (1904); D.R.Pat. v. Jahre 1903.

[3]) H. R. Dakin: Proc. Roy. Soc., B. 76, 491, 498 (1905).

[4]) A. R. Cushny: J. Physiol. 37, 130 (1908); 38, 259 (1909).

[5]) Die broncholytische Wirksamkeit des Adrenalins wird aber um das 10fache übertroffen von Isopropylaminomethyl-3,4-dioxyphenylcarbinol (H. Konzett, 1940).

spalten, um das l-Isomere abzutrennen. Solches gelang Flaecher[1]) durch Kristallisation des Bitartrats:

$$2\,d\text{-}\underbrace{\begin{matrix}CHOH\cdot COOH\\CHOH\cdot COOH\end{matrix}} + 2\begin{cases}d\text{-}C_9H_{13}O_3N\\l\text{-}C_9H_{13}O_3N\end{cases} \rightarrow d\text{-}\begin{matrix}CHOH\cdot COOH\cdot(d\text{-})C_9H_{13}O_3N\\CHOH\cdot COOH\end{matrix}$$

löslich in CH_3OH

$$+\,d\text{-}\begin{matrix}CHOH\cdot COOH\cdot(l\text{-})C_9H_{13}O_3N\\CHOH\cdot COOH\end{matrix}$$

unlöslich in CH_3OH

Die lösliche d,d-Kombination wird auf das d-Adrenalin verarbeitet, das durch Erhitzen mit Salzsäure in die Razemform umgewandelt und abermals mit Hilfe von Weinsäure gespalten wird. Vergleichende Messungen über die Wirkung auf den Blutdruck haben ergeben, daß dieses l-Suprarenin identisch mit dem natürlichen Adrenalin ist (E. Abderhalden), sowie daß das natürliche l-Adrenalin anderthalb-mal so wirksam ist als das razemische Produkt (Schultz), und daß die l-Form zwölfmal aktiver ist als die d-Form (Cushny). G. Barger (1878—1939) und H. H. Dale [2]) haben durch ein eingehendes Studium an etlichen 40 aliphatischen und aromatischen Aminen einen etwaigen Zusammenhang zwischen chemischer Konstitution und pharmakologi-scher Wirkung (die dem Adrenalin ähnliche Wirkung nennt Dale „sympathomimetisch") zu finden versucht, sie gelangten zum Schluß, daß eine Verallgemeinerung auf diesem Gebiet besonders gefährlich ist. Schon die einfachsten Typen, die aliphatischen Amine der homo-logen Reihe wiesen Eigenheiten auf: die sympathomimetische Wirkung wird sichtbar beim n-Butylamin, entschiedener wirksam ist n-Amyl-amin, am wirksamsten erweist sich n-Hexylamin, darnach fällt die Wirkung über Heptyl- zu Octylamin usw., um wieder beim Tridecyl-amin einen deutlichen Druckeffekt zu zeigen; Seitenketten wirken erniedrigend [3]).

Das Adrenalin hat auch die Frage nach seiner Muttersubstanz, sowie seinen Ersatz- und Abwandlungsprodukten ausgelöst. Hinsicht-lich der sympathomimetisch wirkenden, als Adrenalinersatz in Frage kommenden Verbindungen wählen wir aus den Untersuchungen von Barger und Dale die folgenden Beispiele:

---

[1]) F. Flaecher: Z. physiol. Chem. **58**, 581 (1908).

[2]) Barger und Dale: J. Physiol. **41**, 19 (1910); Dale und W. E. Dixon: J. Physiol. **39**, 25 (1909).

[3]) Wir möchten auf dieses eigenartige „Oszillieren" der physiologischen Wir-kungen hinweisen und an den Parallelismus derselben mit dem „Oszillieren" der physikalischen Eigenschaften in homologen Reihen erinnern (periodische Schwankungen in den Schmelzpunkten, in der Löslichkeit, Viskosität, Dissoziations-größe, auch im Geruch und Geschmack, sowie im Drehungsvermögen). Räumliche Faktoren dürften in allen diesen Fällen, die meist bei Kettenlängen von 5 (oder 6) bzw. 10 oder 12 Kohlenstoffatomen durch Umkehrpunkte sich auszeichnen, eine maßgebende Rolle spielen. [Vgl. auch D. J. Macht und J. D. Meyer: Amer. J. Bot., **20**, 145 (1933). Die Giftigkeit der normalen aliphatischen Alkohole auf das Wachstum von Lupinus albus steigt bis C_8 der Reihe.]

wenn die relative Aktivität auf den Blutdruck des Isoamylamins
= 1 gesetzt wird, so beträgt dieselbe

für $C_6H_5 \cdot CH_2 \cdot CH_2NH_2$ und $C_6H_5 \cdot CH(OH) \cdot CH_2NH_2 \ldots$ 2—3;

,, p-HO $\cdot C_6H_4 \cdot CH_2 \cdot CH_2N(CH_3)_2$ (Hordenin) ... etwa 1;

,, p-HO $\cdot C_6H_4 \cdot CH_2 \cdot CH_2NH_2$ (Tyramin) und
m-HO $\cdot C_6H_4 \cdot CH_2 \cdot CH_2NH_2 \ldots$ 10;

,, p-HO $\cdot C_6H_4 \cdot CH(OH) \cdot CH_2NH_2 \ldots$ 2;

,, p-HO $\cdot C_6H_4 \cdot CH_2 \cdot CH_2NHCH_3 \ldots$ 10;

,, 3,4-$(HO)_2 \cdot C_6H_3 \cdot CH_2 \cdot CH_2NH_2 \ldots$ 20;

,, 3,4-$(HO)_2 \cdot C_6H_3 \cdot CH_2 \cdot CH_2NHCH_3$ (,,Epinine") ... 100;

,, 3,4-$(HO)_2 \cdot C_6H_3 \cdot CO \cdot CH_2NH_2 \ldots$ 30;

,, 3,4-$(HO)_2 \cdot C_6H_3 \cdot CH(OH) \cdot CH_2NH_2 \ldots$ 1000 (,,Arterenol");

,, 3,4-$(HO)_2 \cdot C_6H_3 \cdot CH(OH) \cdot CH_2NH(CH_3) \ldots$ 700 (synth. ,,Adrenalin").

Außerdem werden als Heilmittel noch benutzt:

p-HO $\cdot C_6H_4 \cdot CH(OH) \cdot CH_2 \cdot NHCH_3$ (,,Sympathol", ,,Synephrin").

Dem Nebennierenhormon Adrenalin in seiner blutdrucksteigernden
und mydriatischen Wirkung ähnlich ist das in den Pflanzen vorkommende Ephedrin, das auch seinem Aufbau nach sich dem

Adrenalin angliedert: ⟨◯⟩—$CH(OH) \cdot CH(CH_3)NH(CH_3)$.

Die in dieser Aufstellung genannten Verbindungen Hordenin
und Tyramin sind Naturprodukte. Das Hordenin (p-Oxyphenyl-
dimethyläthylamin) wurde von Léger[1]) (1906) in den Gersten-
keimlingen entdeckt, das Tyramin (Tyrosamin) p-HO $\cdot C_6H_4 \cdot CH_2 \cdot CH_2 \cdot$
$\cdot NH_2$ extrahierte Barger[2]) (1909) aus dem Mutterkorn (als dessen
wesentlich wirkenden Bestandteil). Barger[2])[3]) hat auch beide Verbindungen synthetisch auf mehreren Wegen dargestellt[4]). Bei der
Vergärung des Tyrosins mit Hefe entdeckte F. Ehrlich[5]) (1911) den
Alkohol p-HO $\cdot C_6H_4 \cdot CH_2 \cdot CH_2 \cdot OH$, den er ,,Tyrosol" nannte, nachher
auch durch Hefe und Schimmelpilze aus Tyramin erhielt und synthe-
tisch darstellte[6]), seine Umwandlung in Hordenin (über das p-Oxy-
phenyläthylchlorid mit Dimethylamin) verlief nahezu quantitativ
(1912). Tyramin und Tyrosol, sowie Hordenin wurden sogleich dem
Arzneischatz einverleibt. Homologe des Hordenins hat J. v. Braun
(1912 u. f.) und Adrenalinderivate mit kernständiger Aminogruppe
haben C. Mannich und G. Berger untersucht [Arch. d. Pharm.
277, 117 (1939)].

[1]) E. Léger: C. r. 142, 108 (1906).
[2]) Barger: J. Chem. Soc. 95, 1123 (1909).
[3]) Barger und G. Walpole: J. Chem. Soc. 95, 1720 (1909).
[4]) Siehe auch K. W. Rosenmund: B. 42, 4778 (1909), 43, 306 (1910), der ebenfalls beide Alkaloide synthetisierte, sowie H. Vosswinckel: B. 45, 1004 (1911), Hordenin-synthese.
[5]) F. Ehrlich: B. 44, 139 (1911).
[6]) F. Ehrlich und P. Pistschimuka: B. 45, 2428 (1912).

B. Ephedra-Alkaloide.

Im Jahre 1887 hatte W. Nagai[1]) in einer seit Jahrtausenden als Fiebermittel geschätzten Pflanze, der Ephedra vulgaris, das erste der zahlreichen Isomeren dieser neuen Alkaloidklasse isoliert und es „Ephedrin" genannt. Die Firma E. Merck-Darmstadt hatte dann aus derselben Gattung Ephedra ein neues Alkaloid „Pseudo-Ephedrin" in größeren Mengen isoliert und dadurch der chemischen Untersuchung durch A. Ladenburg[2]) und Oelschlägel (1889) zugänglich gemacht, für seine Konstitution gaben sie die Formel $C_6H_5 \cdot CH(OH) \cdot CH(CH_3) \cdot NH(CH_3)$. Als eine weitere Quelle für die Ephedrinalkaloide ergab sich nach Nagai[3]) die Pflanze „Ma Huang". Die eingehende Aufarbeitung dieser chinesischen Droge durch Nagai[4]) und Kanao, bzw. Kanao[5]) führte zur Entdeckung des bereits bekannten l-Ephedrins (mit der Ladenburgschen Formel), sowie des (gleich zusammengesetzten) d-Iso-ephedrins, des l-Methyl-ephedrins $C_6H_5CH(OH) \cdot CH(CH_3)N(CH_3)_2$ und seines Isomeren d-Methyl-isoephedrins, dann des d-Nor-isoephedrins $C_6H_5 \cdot CH(OH) \cdot CH(CH_3)NH_2$ und seines Isomeren l-Nor-ephedrins. — Um die Konstitutionsaufklärung durch Synthese des Ephedrins haben sich bemüht E. Fourneau (1904 u. f.), E. Schmidt (1903 u. f.), A. Eberhard (1915), während P. Rabe[6]) (1911) der Nachweis gelang, daß natürliches Ephedrin und Pseudo-Ephedrin stereo- bzw. optisch-isomer und von der Formel $C_6H_5 \cdot CH(OH) CH(CH_3) \cdot NH(CH_3)$ sind. Die Synthesen des Ephedrins, des Pseudo-ephedrins, ihrer optischen Antipoden und Razemkörper haben erstmalig E. Späth[7]) und R. Göhring durchgeführt (1920); ausgehend von Propionaldehyd, über α-Brompropionaldehyd zu 1-Phenyl, 1-methoxy, 2-brompropan zu $C_6H_5 \cdot CH(OCH_3) \cdot CH(CH_3)NH(CH_3)HBr$. Das resultierende razemische Pseudo-ephedrin wurde durch das Weinsäuresalz in den l-Antipoden und d-Antipoden (= natürliches Pseudo-ephedrin von Merck) zerlegt. E. Schmidt (1908) hatte die gegenseitige Umwandlung (beim Erhitzen der Salzsäuresalze) Ephedrin ⇄ Pseudo-ephedrin festgestellt, und Späth mit Göhring erhielten dieser Art aus d-Pseudo-ephedrin das natürliche l-Ephedrin, bzw. aus dem l-Pseudo-ephedrin das synthetische d-Ephedrin, das Vermischen beider aktiven Ephedrine gab das razemische Ephedrin. Die beiden optisch aktiven Pseudo-ephedrine haben den Schmelzpunkt 118 bis 118,7°, übereinstimmend mit dem

---

[1]) Kin-Miura: Berl. Klin. Wochenschr. **38** (1887).
[2]) A. Ladenburg und C. Oelschlägel: B. **22**, 1823 (1889).
[3]) W. Nagai: J. Pharm. Soc. Japan **120**, 109 (1892).
[4]) Nagai und S. Kanao: J. Pharm. Soc. Jap. **559**, 845 (1928); A. **470**, 157 (1929); s. auch S. Smith: J. Chem. Soc. **1927**, 2056.
[5]) Kanao: B. **63**, 95 (1930).
[6]) Rabe, B. **44**, 824 (1911).
[7]) E. Späth und R. Göhring: M. **41**, 319 (1920); B. **58**, 197, 1268 (1925); **61**, 329 (1928).

razemischen, während d- und l-Ephedrin bei 39,5 bis 40,5⁰ schmolzen, dagegen das razemische Ephedrin den Schmp. 73 bis 74⁰ aufwies. Erwähnenswert ist, daß d-Pseudoephedrin beim Erhitzen mit wässer. Bariumhydroxyd keine Umwandlung und Razemisierung erleidet. Der nächste bedeutende Beitrag zur Synthese der Ephedra-alkaloide wurde von Nagai[1]) und Kanao geleistet. Diese Forscher gingen von 1-Phenyl-1-oxy-2-nitropropan $C_6H_5 \cdot CH(OH) \cdot CH(NO_2) \cdot CH_3$ aus und gelangten zu einem inaktiven Gemisch, das (je nach der Weiterführung der Reduktion usw. des genannten Nitropropans) je die drei synthetischen Razemformen [Ephedrin und Pseudo- (oder Iso-)ephedrin], [Nor-ephedrin und Nor-iso-ephedrin] und [Methyl-ephedrin und Methyl-iso-ephedrin] gab. Die Trennung der Razemformen voneinander gab 6 verschiedene d,l-Typen, die einzeln mittels der Weinsäuresalze je 6 d-Formen und je 6 entsprechende l-Modifikationen lieferten, also zusammen wurden die 18 theoretisch möglichen optischen Isomeren synthetisiert und untersucht. Von diesen 18 Isomeren produziert die Natur (nach den bisher vorliegenden Befunden) nur die vorhin genannten 6 (sechs) optisch aktiven Formen, die gemeinsam in der Pflanze „Ma Huang" in Petschili vorkommen:

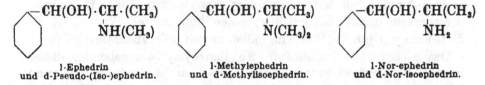

l-Ephedrin
und d-Pseudo-(Iso-)ephedrin.

l-Methylephedrin
und d-Methylisoephedrin.

l-Nor-ephedrin
und d-Nor-isoephedrin.

Die Pflanzenzelle vollführt also gleichsam eine stufenweise Methylierung des NH_2-Restes. Infolge der Anwesenheit von zwei asymmetrischen und verschieden gebauten C-Atomen stellen diese drei Paare je die diastereomeren Formen dar. Bemerkenswert ist die gleichzeitige Entstehung der drei Paare von Diastereomeren in der Ma-Huang-Pflanze. (Ob die gegenseitigen Mengenverhältnisse vom Standort und von den Vegetationszeiten der Pflanzen, von deren Lagerungsverhältnissen usw. abhängen, scheint nicht genauer untersucht worden zu sein.) Bei der Synthese von Späth und Göhring entstand scheinbar nur die eine Form, das razemische Pseudo-ephedrin, während Nagai und Kanao bei der anders geführten Synthese die Razemformen sowohl des Ephedrins als auch des Pseudo-ephedrins erhielten; andererseits gelangte Skita[2]) bei der katalytischen Hydrierung des Acetylbenzoyls $C_6H_5 \cdot CO \cdot COCH_3$ in Gegenwart von Methylamin

$$C_6H_5 - CO \cdot COCH_3 \xrightarrow[H_2]{CH_3NH_2} C_6H_5 \cdot CH(OH) \cdot CH(NHCH_3) \cdot CH_3$$

[1]) Nagai u. Kanao: J. Pharm. Soc. Jap. 559, 845 (1928); A. 470, 157 (1929); S. Smith, Soc. 1927, 2056, isolierte aus Ma-Huang das l-N-Methylephedrin.
[2]) A. Skita: Z. angew. Chem. 42, 501 (1929).

wiederum nur zum razem. Ephedrin, d. h. die Bildung des diastereomeren Pseudo-ephedrins blieb aus. — Über die physiologische Wirksamkeit stimmen die Prüfungsergebnisse seitens verschiedener Autoren nicht ganz überein. Die Blutdrucksteigerung durch l-Ephedrin wird als nahezu gleich (H. Kreitmair, 1929) oder doppelt so groß (Tyroff, 1930) wie durch die synthetische Razemform („Ephetonin", Merck) angegeben, dagegen wirkt die l-Form etwa dreimal stärker als die d-Form des Ephedrins und l-Ephedrin wirkt 35mal stärker als l-Pseudoephedrin (K. K. Chen und Mitarbeiter, 1929). Ausgehend von der linksdrehenden Mandelsäure haben K. Freudenberg[1]) und Mitarbeiter die Konfiguration des l-Ephedrins (und l-Pseudoephedrins) und l-Adrenalins an dem asymm. Brückenkohlenstoff festgelegt [s. auch K. Freudenberg, A. 510, 223 (1934); W. Leithe, B. 65, 660 (1932)].

Über die Muttersubstanz des Adrenalins ist die Arbeitshypothese geäußert worden, daß es mit dem Tyrosin p-HO $\cdot C_6H_4 \cdot CH_2 \cdot CH(NH_2) \cdot$ COOH der Proteine in einem gewissen genetischen Zusammenhang stehe. Liebig[2]) entdeckte das l-Tyrosin (1846) durch alkalische Spaltung der Eiweißkörper (Casein und Albumin), Schulze[3]) fand es (1878) in Keimpflanzen, und seine erste Synthese aus Phenylacetaldehyd über p-Amido-phenylalanin zu p-Oxyphenylalanin (1883) E. Erlenmeyer sen. und P. Lipp[4]) aus; einen bequemeren Weg schlug E Erlenmeyer jun.[5]) (1899) ein, indem er von p-Oxybenzaldehyd (über p-Oxy-α-benzoylamidozimtsäure) zu Benzoyltyrosin gelangte, dieses razemische Produkt mittels Brucin und Cinchoninsäure in d- und l-Benzoyltyrosin spaltete und aus den letzteren durch Hydrolyse das l Tyrosin (identisch mit dem natürlichen) und das d-Tyrosin isolierte. Durch Kondensation von Glycinanhydrid mit p-Oxybenzaldehyd gelangte Sasaki[6]) (1921) zum razem. Tyrosin. Die weite Verbreitung des Tyrosins im Organismen-Reich kann nun einerseits mit den vorhin genannten sympathomimetisch wirkenden 3,4 Dioxy- und 4-Monooxyphenylderivaten, andererseits mit den sogenannten Melaninen im Tier und Pflanzenorganismus verknüpft werden. Daß der Eintritt eines zweiten phenolischen Hydroxyls in das Tyrosin leicht erfolgt, zeigt das Auffinden des 3,4 Dioxyphenylalanins (s. auch S. 619).

$$(HO)_2 \cdot C_6H_3 \cdot CH_2CH(NH_2)COOH$$

in den Saubohnen[7]), die Schwarzfärbung der Hülsen der Saubohne wird durch diese Substanz bewirkt; H. Schmalfuß, Przibram und

[1]) K. Freudenberg, E. Schoeffel und E. Braun: Am. 54, 235 (1932).
[2]) Liebig: A. 57, 127 (1846).
[3]) E. Schulze: B. 11, 711 (1878); s. auch S. 618.
[4]) Erlenmeyer und Lipp: A. 219, 161 (1883).
[5]) Erlenmeyer: A. 307, 138 (1899).
[6]) Takaoki Sasaki: B. 54, 163 (1921).
[7]) M. Guggenheim: Z. physiol. Chem. 88, 276 (1913).

Mitarbeiter [1]) haben das Dioxyphenylalanin („Dopa") in den Kokons des Nachtpfauenauges nachweisen können und die dunkle Ausfärbung der Kokons auf Melaninbildung aus „Dopa" zurückgeführt, es wurde aus den Flügeldecken von Maikäfern als Pigmentbildner isoliert [2]), Raper [3]) faßte es als Zwischenprodukt der Umwandlung von Tyrosin in Melanin bei der Tyrosinase des Mehlwurms, und Schmalfuß [4]) führte den Nachweis, daß p-Tyrosin in Gegenwart von Wasser, Sauerstoff und Tyrosinase über Dioxyphenylalanin in „Melanine" (d. h. braunschwarze bis schwarze Pigmente) übergeht. Die Färbung der Haut wird ebenso wie die Schwarzfärbung von Früchten, Kartoffeln usw. beim Zelltod durch die Melanine bewirkt. In der menschlichen (Leichen-) Haut wurde l-Tyrosin gefunden [5]) und Schmalfuß [6]) konnte als genetische Paare feststellen, daß z. B. in der grünen Hülse der Saubohne nur „l-Tyrosin neben viel l-Dioxyphenylalanin", dagegen in der grünen Hülse des Besenginsters das Paar „Tyramin mit viel Oxytyramin" vorkommt. Daß Tyramin durch Einwirkung von Tyrosinase in 5,6-Dioxyindol und Melanin übergeht, sowie daß auch Adrenalin durch seine Oxydationsprodukte unter den gleichen Bedingungen wie die Dioxyphenylamine in Melanine umgewandelt wird, zeigte J. Stefl [7]). Augenscheinlich sind alle diese Verbindungen im Organismus durch wechselseitige Umwandlungen miteinander verknüpft. Über diese Probleme des Tyrosin-Metabolismus hat jüngst H. S. Raper [8]) eingehendere Ausführungen gemacht und auf die Notwendigkeit der engen Zusammenarbeit von Chemiker und Biologen hingewiesen, um die noch offenen Fragen nur dieser einen von den 30 und mehr Aminosäuren der Proteine zu lösen.

C. Thyroxin (Schilddrüsenhormon).

„Dann wann man etwan zweyerley Gifft einer widerwertigen Natur miteinander vermischt / so werden sie zu einer Artzney und reichen zu keinem Schaden."

Osw. Croll, Von den innerlichen Signaturn. 1623.

Krankheiten und die Mittel ihrer Bekämpfung sind in schlechter und guter Hinsicht Bindeglieder zwischen den Völkern und zwischen den Zeiten. Die moderne Organtherapie erstrebt die Heilung von Krankheiten mittels innerer Darreichung gewisser tierischer Organe oder daraus hergestellter Stoffe (z. B. Schilddrüsenfütterung. Leberdiät usw.), sie nimmt ihren Ausgang von der im Jahre 1882

---

[1]) Schmalfuß, H. Przibram und Mitarbeiter: Biochem. Z. 187, 467 (1927).
[2]) Schmalfuß und H. P. Müller: Biochem. Z. 183, 362 (1927).
[3]) H. S. Raper: Biochem. J. 20, 735 (1926); 21, 89 (1927); Soc. 129, 417 (1927)
[4]) Schmalfuß: Naturwiss. 15, 453 (1927); 16, 209 (1928); B. 62, 2591 (1929).
[5]) Schmalfuß und Mitarbeiter: Biochem. Z. 263, 371 (1933).
[6]) Schmalfuß, A. Heider, K. Winkelmann: Biochem. Z. 259, 465 (1933).
[7]) J. Stefl: C. r. Soc. Biol. 108, 985 (1931).
[8]) H. S. Raper: Soc. 1938, 125.

durch Th. Kocher (1841—1917) in Bern angewandten Heilung
Kropfkranker, deren Kropf operativ entfernt worden war und denen
nun rohe tierische Schilddrüse verabreicht wurde: an Stelle der entfernten krankhaft vergrößerten Schilddrüse soll die gesunde tierische
neubildend wirken. Murray (1891) fand, daß die Injektion eines
Schilddrüsenextraktes gleichsinnig wirkt. Die Frage nach der wirksamen Substanz folgte hierauf zwangsläufig. E. Baumann[1])
(1895) unternahm erstmalig ihre Isolierung, indem er die Schilddrüse
mit Schwefelsäure kochte; er erhielt eine braune amorphe Substanz,
die stark jodhaltig war und die physiologischen Wirkungen der
Schilddrüse zeigte. Damit war der zeitlich erste Schritt zur Isolierung
eines Hormons getan und gleichzeitig die lebenswichtige Funktion
des Elements Jod dargetan. Bedeutsam war der gleichzeitige Nachweis
des ebenfalls organisch gebundenen Jods in den Korallen durch
E. Drechsel[2]). Baumann nannte seine Substanz „Thyrojodin",
Drechsel die seinige „Jodgorgosäure" (aus Gorgonia Carolinii).
Baumann gibt seinen Untersuchungen den charakteristischen Titel
„Über das normale Vorkommen des Jods im Tierkörper," das Thyrojodin (als Thyrojodglobulin und Thyrojodalbumin gebunden) wird
als die einzige wirksame Substanz der Schilddrüse angesehen. Als
ein Spiel des Zufalls ist es zu betrachten, daß die beiden Stoffe nachher
sich als konstitutionsverwandt ergaben. Die Jodgorgosäure wurde als

$$3{,}5 \text{ Dijodtyrosin erkannt}[3]): \quad \text{HO} \underset{J}{\overset{J}{\diamondsuit}} \text{CH}_2 \cdot \text{CH(NH}_2) \cdot \text{COOH}, \quad \text{und}$$

dieses wird durch Hydrolyse auch aus gewöhnlichem Badeschwamm
erhalten[4]), während das Thyrojodin (= Thyroxin) sich als aus
2 Molekülen Dijodtyrosin unter Verlust einer Seitenkette entstanden
darstellte. Unsere Betrachtung durchlief die Reihe: Kropf, Schilddrüse, Korallen, Schwämme → Jod (Thyroxin). Bemerkenswert ist
nun hierbei, wie dieser moderne Forschungs- und Leistungskomplex
Organotherapie-Chemotherapie wiederum entwicklungsgeschichtlich
auf die Vergangenheit zurückgeht, bzw. wie er in ziemlich gerader
Linie sich bis zu dem Totemismus und der uralten Zauberweisheit,
zu der Volksmedizin aller Zeiten, der materia medica des einfachen
Mannes und der Iatrochemiker, sowie der sogenannten „Signaturen"[5])
früherer Jahrhunderte zurückverfolgen läßt. Man denke nur an die
einstige medizinische Verwendung und den Genuß der „Organpräpa-

---

[1]) Baumann: Z. physiol. Chem. 21, 319, 481; 22, 1 (1895—1896).
[2]) Drechsel: Z. Biol. 15, 85 (1896). In tragischer Weise unterbrach der Tod
fast gleichzeitig die beiden erfolgversprechenden Untersuchungsreihen: E. Baumann starb 1896 und E. Drechsel 1897.
[3]) M. Henze: Z. physiol. Chem. 51, 64 (1907).
[4]) H. L. Wheeler u. L. B. Mendel: Journ. Biol. Chem. 7, 1 (1909).
[5]) Vgl. z. B. O. Croll(ius): Von den innerlichen Signaturn. Frankfurt a. M. 1623.

rate": Leber, Galle, Mark, Gehirn, Eier, Hoden usw. [1]), wobei der uralte Grundsatz „similia similibus" bewußt oder instinktmäßig zugrunde lag. Dann erinnere man sich weiter, wie schon Arnaldus von Villanova (um 1250) lehrte, den Kropf durch verkohlte Schwämme zu heilen oder, wie um dieselbe Zeit Thomas von Cantimpré schrieb, daß man Korallenpulver mit Saatgut auf den Acker streuen soll und daß es heilsam sei gegen alle „zehrende Feuchtigkeit" Man beachte auch, daß Paracelsus (und nach ihm die Iatrochemiker) das mit Essig aufgelöste „Korallensalz" gegen die verschiedenartigsten Krankheiten empfahl, und daß noch im XIX. Jahrhundert verkohlte Schwämme und Meerpflanzen als Volksmedizin gegen den Kropf galten. Es war der Genfer Arzt Coindet, der als erster (1820) nach dem wirksamen Stoff in diesen Volksmitteln forschte und die letzteren auf ihren Jodgehalt prüfte: Jod und seine Verbindungen traten danach erstmalig als Heilmittel gegen den Kropf auf. Allerdings fällte noch 1867 der Pariser Arzt St.-Lager über die Mitwirkung der Chemie und der Chemiker bei der Kropfbekämpfung das folgende Urteil: „Puisque les chimistes ignorent complètement la nature du principe goitrigène · · ·, il est inutile de leur demander des conseils à ce sujet." Und doch war es die Chemie, die nachher triumphierte. Um die Jahrhundertwende war das Interesse der Arzneiwissenschaft für Jod wiedererweckt; die anorganischen Jodsalze hatten aber beim medizinischen Gebrauch zu unangenehmen Symptomen (,,Jodismus") geführt. Wohl dadurch veranlaßt, unternahmen E. Fischer und J. v. Mering (1906) die Darstellung eines organischen, leicht resorbierbaren jodhaltigen Präparates: es war das „Sajodin" [= Calciumsalz der Monojodbehensäure $(C_{22}H_{42}JO_2)_2Ca$); analog wurde auch das „Sabromin" gewonnen[2]). Doch auch die Erforschung der Schilddrüse nahm einen erfolgreichen Fortgang: es glückte E. C. Kendall[3]) (1915), erstmalig eine kristallinische Substanz aus der Schilddrüse zu gewinnen, der Jodgehalt derselben war 65% (während Baumanns Thyrojodin nur 5—10% Jod aufwies) und ihre physiologische, sehr große Wirkung von derselben Art wie diejenige der Schilddrüse. Kendall betrachtete irrtümlicherweise seine Substanz als ein Derivat des Oxindols und nannte sie daher „Thyroxin", dessen Formel $C_{11}H_{10}O_3NJ_3$ sein sollte. Aus 3 Tonnen frischer Schilddrüse gewann er 33 g Thyroxin. Das weitere Ziel war: die Darstellungsmethode zu verbessern, die Ausbeuten zu steigern und durch Senkung des Preises die Substanz für die ärztliche Praxis, sowie für die chemische Erforschung zugänglicher zu machen. Diese Aufgabe übernahm und

---

[1]) Vgl. z. B. Will. Marshall: Neueröffnetes wundersames Arzenei-Kästlein ... Leipzig 1894.

[2]) E. Fischer u. J. von Mering: Medizinische Klinik 1906, Nr. 7.

[3]) Kendall: Journ. Biol. Chem. **20**, 501 (1915); **39**, 125 (1919).

führte erfolgreich zu Ende C. R. Harington[1]) in London (University College Hospital Medical School) im Jahre 1926. Zweierlei kam ihm zustatten: erstens ausreichende Mengen von Rohmaterial in Gestalt von getrockneten Schilddrüsen, die ihm „Liebigs Extract of Meat Company, London" lieferte, und zweitens eine ausreichende finanzielle Unterstützung. Das so jodreiche Thyroxin Kendalls wurde (durch Schütteln in alkalischer Lösung mit kolloidem Palladium in einer Wasserstoffatmosphäre) in ein jodfreies Desjodothyroxin. (= Thyronin) umgewandelt, dessen genaue Elementaranalyse und Molekulargewichtsbestimmung zu der rationellen Formel $C_{15}H_{15}O_4N$ führten, bzw. für das Thyroxin die Zusammensetzung $C_{15}H_{11}J_4O_4N$ ergaben. Durch weitere chemische Eingriffe an dem Desjodothyroxin $C_{15}H_{15}O_4N$ konnte die Anwesenheit einer freien NH_2-Gruppe, dann der Charakter einer α-Aminosäure, im besonderen des Tyrosins nachgewiesen werden, und die Formel löste sich auf in die Säure $HO \cdot C_6H_4 \cdot C_7H_6O \cdot CH(NH_2)COOH$. Durch eine vorsichtige Kalischmelze dieser Säure erhielt Harington die Spaltprodukte Hydrochinon, p-Oxybenzoesäure, Oxalsäure, Ammoniak und als Hauptprodukt ein Phenol $C_{13}H_{12}O_2$, für welches die Formel $HO \cdot C_6H_4O \cdot C_6H_4 \cdot CH_3$ wahrscheinlich erschien. Aus diesen Bruchstücken wurde nun die wahrscheinliche Konstitutionsformel des Desjodothyroxins aufgebaut:

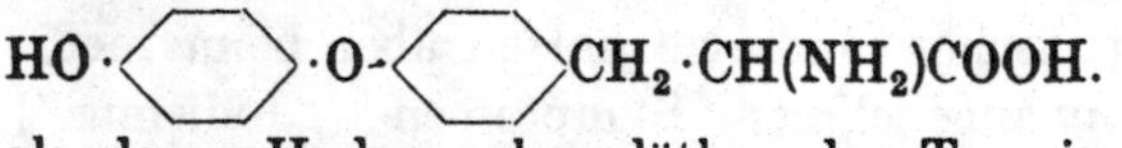

$$HO \cdot \langle \rangle \cdot O \cdot \langle \rangle CH_2 \cdot CH(NH_2)COOH.$$ Hiernach erschien es als der p-Hydroxyphenyläther des Tyrosins, und das Thyroxin als das tetrajodierte Derivat desselben. Der nächste Schritt Haringtons war nun der synthetische Aufbau des Desjodothyroxins bzw. des Thyroxins selbst. Ausgehend vom Handelsprodukt p-Nitroanilin zum Dijodnitranilin zum Trijodnitrobenzol wurde durch weitere 9 Umsetzungsreaktionen die Synthese vollführt (Harington und G. Barger, 1926):

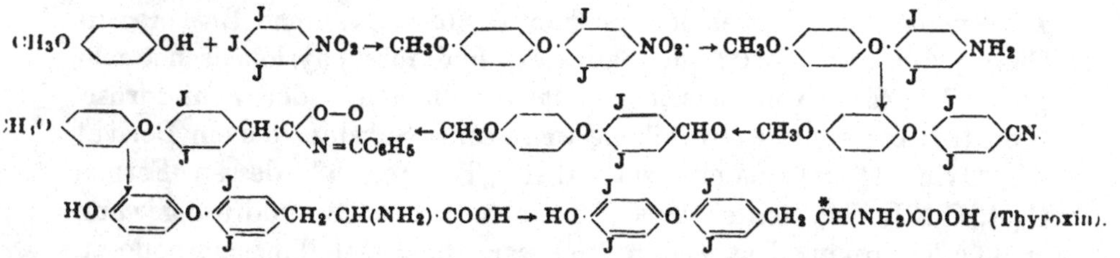

Diese synthetische β-[3:5-Dijodo-4-(3':5'-dijodo-4'-hydroxyphenoxy)phenyl]-α-aminopropionsäure ist chemisch und physiologisch identisch mit dem natürlichen (razemischen) Thyroxin aus der Schilddrüse.

---

[1]) Harington: Biochem. Journ. **20**, 293 (1926); **20**, 300 (1926). Die optische Spaltung des d,l-Thyroxins vollführte Harington 1928 [J. Soc. chem. Ind. **47**, 1346 (1928)]: bei der physiologischen Prüfung erwies sich l-Thyroxin etwa dreimal wirksamer als d-Thyroxin [Biochem. Journ. **22**, 1429; **24**, 456 (1928)].

Durch die technische Darstellung des Thyroxins hat die Chemie eine
große Tat vollbracht und die klinische Behandlung der Schilddrüsen-
krankheiten (Myxödem, Fettsucht u. a.) mit einem neuen wirkungs-
vollen Kampfmittel versehen.

Während die graduelle Hydrolyse des Schilddrüsenmaterials mittels
Bariumhydroxyds das d,l-Dijodotyrosin ergeben hatte (Harington
und S. S. Randall, 1929), führte die enzymatische Hydrolyse zu
einem l-Thyroxin (Harington und W. T. Salter, 1930), aus dessen
Mutterlaugen weiterhin das d-3:5-Dijodtyrosin isoliert werden konnte
[Harington und Randall, Biochem. J. 25, 1032 (1931)]. Diese
beiden, das l-Thyroxin und das d-3:5-Dijodtyrosin sind also die
Bausteine (Aminosäuren) des eigenartigen Proteins der Schilddrüse.

D. Keimdrüsenhormone (Sexualhormone). Weibliches Sexualhormon (Follikelhormon, Oestron; Oestradiol, Pregnandiol).

Im Jahre 1660 schrieb N. Lefebure in seinem weitverbreiteten
chemischen Lehrbuch „Traicté de la Chymie" (t. I, p. 205ff.): „Obgleich der Urin ein Exkrement ist, das man alltäglich auswirft, so ist
in ihm doch ein Salzstoff enthalten, der ganz geheimnisvoll ist und
Tugenden enthält, die nur wenigen Personen bekannt sind." Unter
den „medizinischen Tugenden" rühmt er die Wirkungen des Urins
bei äußeren Krankheiten, bei Erkrankungen der Leber, Milz, Gallen-
blase, bei Wasser- und Gelbsucht, bei schweren Geburten und Wechsel-
fieber usw. Weit in die Vergangenheit zurück reicht der Glaube an
die Heilwirkung von Moschus oder Bisam, Castoreum oder Bibergeil
(„der die Kraft der Nerven und der Gebärmutter stärkt") und Zibeth.
Und ebenso weit verbreitet und alt ist der Gebrauch von Teilen der
Fortpflanzungsorgane, die als Aphrodisiaca und Stimulantia dienten.
Die Chemie hat erst vor wenigen Jahren den Weg zu dieser Gruppe
von Volksmedizin und uraltem Volkswissen zurückgefunden, das
Interesse der modernen Chemie wurde durch die praktischen Beobachtungen der modernen Medizin auf diese Probleme gelenkt.
Erinnert sei an die allmählich sich entwickelnde Lehre von der inneren
Sekretion (Berthold, 1849; Brown-Séquard, 1889) und die
„Spermin"-Präparate (Poehl, 1891). Im Jahre 1927 teilten Aschheim[1]) und Zondek mit, daß es ihnen gelungen sei, durch Implan-
tation von Hypophysenvorderlappen infantile Mäuse zu einer vor-
zeitigen Geschlechtsreife zu bringen und unabhängig und gleichzeitig
wurde dieselbe Beobachtung von M. G. Smith in Baltimore gemacht.
Die erstgenannten Forscher unterschieden zwei (Prolan A und B
genannte weibliche) Sexualhormone; in der Schwangerschaft werden

---

[1]) S. Aschheim u. B. Zondek: Klin. Wochenschr. 6, 1322 (1927); 8, 8 (1928).

überschüssige Hormonmengen durch den Harn ausgeschieden, und ihr Nachweis im Harn kann umgekehrt zum Schwangerschaftsnachweis dienen. Die chemische Reindarstellung des kristallisierten Hormons aus Schwangerenharn setzte sogleich ein, und zwar nahezu gleichzeitig und voneinander unabhängig: Slotta[1]) (1927), Doisy[2]) und C. D. Veler (1928), Wadehn[3]) und Glimm (1929), Marrian[4]) und Parkes (1929), A. Butenandt[5]) (1929), Wieland[6]), W. Straub und T. Dorfmüller (1929). Nachdem Doisy (in Amerika) kurze Mitteilungen über sein Kristallisat (von der hohen Wirksamkeit von 8 Millionen Mäuse-Einheiten) gemacht hatte, konnte Butenandt über sein im Hochvakuum sublimiertes (ebenso stark wirksames) Kristallisat vom Zersetzungspunkt um 240⁰ und von der Formel $C_{16}H_{20}O_2$ oder $C_{23}H_{28}O_3$ mitteilen (1929); gleichzeitig berichtete Marrian über ein bei 233—235⁰ schmelzendes Hormon, dessen Analysen auf $C_{19}H_{30}(OH)_2$ oder $C_{20}H_{32}(OH)_2$ hinwiesen (1929). Dann konnte Butenandt[5]) (1930) nachweisen, daß das reine Hormon den Schmp. 256⁰, eine spezifische Drehung $[\alpha]_D = + 156^0$ und eine Konstitutionsformel $C_{18}H_{22}O_2$ (entsprechend einer HO- und einer CO-Gruppe und 3 Doppelbindungen) habe. Neben diesem „Progynon‟ genannten Stoff wurde[7]) noch ein unwirksamer Begleitstoff „Pregnandiol‟ im Schwangerenharn gefunden, von der vorläufigen Formel $C_{21}H_{36}O_2$ (mit dem Schmp. 234—235⁰) mit 2 Hydroxylgruppen; durch Oxydation erhält man das Diketon „Pregnandion‟ $C_{21}H_{32}O_2$ (Schmp. 123⁰). Das Pregnandiol wird als ein den Sterinen und Gallensäuren chemisch verwandter Körper angesehen und — unter Zugrundelegung der (damaligen) Windaus-Wielandschen Sterinformel — durch das folgende Konstitutionsbild wiedergegeben:

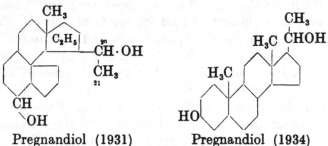

Pregnandiol (1931)   Pregnandiol (1934)

[1]) K. H. Slotta: Deutsche Medizin. Wochenschr. 1927, 2158.

[2]) E. A. Doisy und Mitarbeiter: Proc. Soc. exper. biol. Med. 25, 806 (1928); J. Biol. Chem. 86, 499; 87, 357 (1930); 99, 327 (1933).

[3]) P. Wadehn u. E. Glimm: Biochem. Z. 207, 361 (1929).

[4]) G. F. Marrian u. Parkes: Biochem. J. 23, 1090, 1233 (1929); 24, 435, 1021 (1930); Lancet, August 1932.

[5]) A. Butenandt: Naturwiss. 17, 879 (1929); H. 188, 1 (1930); 191, 127, 140 (1930); B. 63, 659 (1930).

[6]) H. Wieland und Mitarbeiter: H. 186, 97 (1929).

[7]) Butenandt u. Marrian [Z. physiol. Chem. 200, 277 (1931)] isolierten dann gemeinsam das Follikelhormon-Hydrat $C_{18}H_{24}O_3$ (Schmp. 276⁰).

Seinerseits hatte Marrian (1930) durch weitere Reinigung seines wirksamen Hormons dessen Schmelzpunkt auf 281⁰ erhöhen und die Formel $C_{18}H_{24}O_3$ ermitteln können [1]). Die weitere Festlegung der Konstitutionsformel des Pregnandiols erfolgte durch Butenandt [2]) mittels der Darstellung des Grundkohlenwasserstoffs Pregnan $C_{21}H_{36}$ (über Pregnandion) aus Pregnandiol $C_{21}H_{36}O_2$ einerseits, sowie aus der Cholansäure $C_{24}H_{40}O_2$ (diese wieder aus Cholsäure $C_{24}H_{40}O_5$) andererseits: beide erwiesen sich als chemisch und physikalisch identisch, Pregnandiol ist demnach ein neutrales Oxydationsprodukt der Sterine und Gallensäuren und gehört in sterischer Hinsicht zur Reihe des Koprosterins $C_{27}H_{48}O$ und der Cholansäure. Unter Berücksichtigung dieses, sowie des experimentellen Materials von Marrian (1932) und Doisy (1933) konnten dann Butenandt [3]) und Mitarbeiter nach Abbauversuchen des Follikelhormons $C_{18}H_{22}O_2$ (= Progynon, Schmp. 256⁰) für dieses und sein Hydrat $C_{18}H_{24}O_3$ die nachstehende Konstitution sicherstellen (1933):

(a-Folliculin =) a-Follikel-
hormon (,,Oestron")
$C_{18}H_{22}O_2$: Schmp. 256°,
$[a] = +156°$;
8—10 Mill. M.-E./g.

Destillat [4])
über $KHSO_4$

Hydrat $C_{18}H_{24}O_3$ (,,Oestriol")
Schmp. 276°, $[a] = +34,4°$
physiol. 75000 M.-E./g.

KOH-Schmelze
und Se-Dehydr.

Dimethyl-phenanthrol
$C_{16}H_{12}OH$, Schmp. 190—191.

Zn-Staub

1.2-Dimethyl-phen-
anthren $C_{16}H_{14}$,
Schmp. 140°.

Beim Abbau des Follikelhormons erhielt Butenandt [3]) [4]) in glatter Reaktion ein Dimethylphenanthrol [welches nachher (1934) von Haworth [5]) synthetisch dargestellt wurde], sowie das 1.2-Dimethylphenanthren, das sowohl durch ein synthetisch dargestelltes als auch durch ein aus Gallensäure gewonnenes Präparat seiner Konstitution nach gesichert wurde: damit war in diesem Hormon ein partiell hydriertes Phenanthren-System festgestellt, mit einem angehefteten Fünfring, und da zu dieser Zeit (um die Jahreswende

---

[1]) Siehe Fußnote 7 auf S. 760.
[2]) Butenandt: B. 64, 2529 (1931) u. f.
[3]) A. Butenandt, H. A. Weidlich u. H. Thompson: B. 66, 601 (1933).
[4]) Butenandt u. F. Hildebrandt: Z. physiol. Chem. 199, 243 (1931).
[5]) R. D. Haworth u. G. Sheldrick: J. chem. Soc. 1934, 864.

1932) auch die grundlegende Umwälzung in der Konstitutionsauffassung der Sterine und Gallensäuren stattfand, die ebenfalls zu der Annahme eines hydrierten Phenanthrens als Grundtypus hinführte, so waren damit erstmalig experimentell die nahen Beziehungen der Keimdrüsenhormone zu den Sterinen erkenntlich geworden. Diese Erkenntnis wirkte sich naturgemäß auch auf die Erforschung der anderen Sexualhormone fördernd aus. [Eine lehrreiche Schilderung seines eigenen Werdeganges und der eigenartigen Entwicklungswege der Erforschung der Keimdrüsenhormone hat A. Butenandt selbst gegeben: Chem.-Zeitung 61, 16 (1937)].

Follikelhormon tritt nun nicht allein im Harn (während der Schwangerschaft) von Menschen und Säugern [namentlich trächtigen Stuten [1])], sondern auch im normalen Männerharn und reichlich im Harn und in den Hoden von Hengsten [2]) auf, umgekehrt kommt männliches Sexualhormon auch im Frauenharn vor. Die östrogenen Stoffe sind ferner nachgewiesen worden in Bienen, Schmetterlingen usw., ebenfalls im Pflanzenreich, in den Blüten, in der Hefe, in Palmkernen (Butenandt und Jacobi, 1933), in Bitumen [3]) (Torf, Braunkohle, Erdöl). Bei der Wasserabspaltung aus dem Marrianschen Hydrat „Oestriol" erhielt Butenandt noch ein zweites Hormon, „β-Follikelhormon" (1—2 Mill. M.-E/g). Ein „δ-Follikelhormon" $C_{18}H_{22}O_2$ genanntes Kristallisat wurde von Schwenk und Hildebrandt [4]) aus Stutenharn isoliert. Eigenartigerweise befördert Follikelhormon die Ausbildung der Blüte verschiedener Pflanzen [5]) (Hyazinthen usw.), ähnliche oder stärkere Wirkungen rufen auch Equilin [6]), Equilenin u. a. hervor (M. Janot, 1934).

Oestradiol. Durch Reduktion des Oestrons hatten E. Schwenk [7]) und F. Hildebrandt (1933) zwei isomere Oestradiole (Schmp. 172⁰ und 209⁰) erhalten; das niedriger schmelzende Hauptprodukt wurde im Stutenharn [8]) gefunden und aus dem Liquor folliculi der Schweinsovarien [9]) isoliert; es stellt augenscheinlich das wahre Follikelhormon dar und übertrifft in seiner östrogenen Wirkung erheblich das Oestrogen. Über das Vorkommen von Oestradiolen im Harn nichtschwangerer Frauen vgl. R. E. Marker [10]).

---

[1]) B. Zondek: Klin. Wochenschr. 9, 2285 (1930).

[2]) B. Zondek: Ark. Kemi usw. (B) 11, 24 (1934).

[3]) S. Aschheim u. W. Hohlweg: D. Mediz. Wochenschr. 59, 12 (1933).

[4]) F. Schwenk u. F. Hildebrandt: Biochem. Z. 259, 240 (1933).

[5]) W. Schoeller u. H. Goebel: Biochem. Z. 240, 1 (1931); 251, 223 (1932); 272, 215 (1934).

[6]) M. Janot: C. r. 198, 1175 (1934).

[7]) E. Schwenk u. F. Hildebrandt: Naturwissensch. 21, 177 (1933).

[8]) E. Schwenk, B. Whitman und Mitarbeiter: Am. 58, 2652 (1936).

[9]) E. A. Doisy und Mitarbeiter: J. Biol. Chem. 115, 435 (1936).

[10]) R. E. Marker und Mitarbeiter: Am. 60, 1901 (1938).

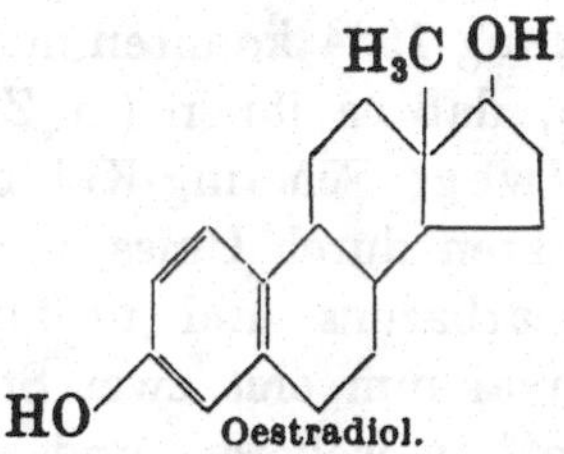

Oestradiol.

Die chemische Konstitutionsforschung hat erwiesen, daß dem Phenanthrenring als einem Grundgerüst zahlreicher Klassen von physiologisch wirksamen Stoffen eine besondere Rolle zukommt, so z. B. bei den Gallensäuren, Sterinen, Herz-Geninen, Alkaloiden der Opiumgruppe (Morphin, Codein), Corydalis-Alkaloiden, dann bei den besprochenen Follikelhormonen (vgl. auch A. Butenandt[1]). Es lag daher nahe, solche den Naturstoffen ähnlich wirkende östrogene Verbindungen künstlich zu bereiten: J. W. Cook[2]) und E. C. Dodds fanden z. B. solche Stoffe in Abkömmlingen des Tetrahydroanthracens (I.) und Dianthracens (II):

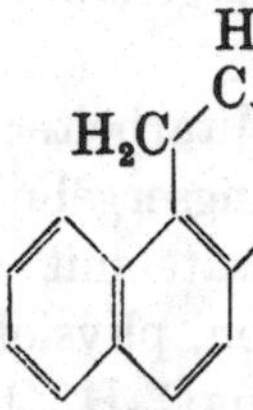

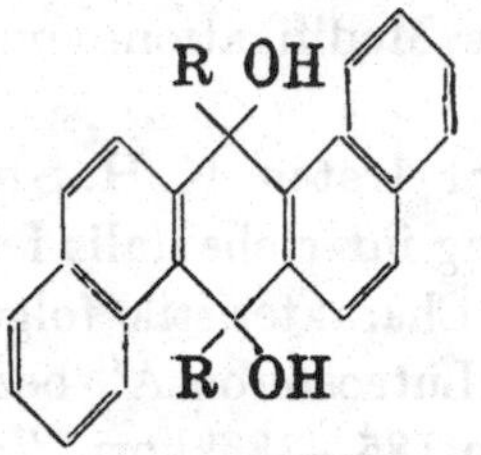

Eine experimentelle Verknüpfung der pflanzlichen Herzgifte (bzw des Strophantidins) mit der Östrongruppe hat A. Butenandt[3]) verwirklicht.

E. Corpus-luteum-Hormon (Schwangerschaftshormon).
(„Luteosteron" = „Progesteron".)

Die Bemühungen zur Gewinnung von Kristallisaten und chemisch einheitlichen Stoffen aus dem Gelbkörper im Ovar wurden von drei Arbeitskreisen [4]) unabhängig und nahezu gleichzeitig aufgenommen: tatsächlich wurden hierbei physiologisch wirksame kristallinische Präparate erhalten, deren chemische Charakterisierung und Konstitution nicht erfolgte. Als Ausgangsmaterial für das gesuchte Hormon kam bisher nur der schwer beschaffbare Gelbkörper in Betracht, die Ausbeuten waren gering und die Trennung der Begleitstoffe im Kristall-

---

[1]) A. Butenandt: B. 66, 603 (1933).

[2]) Cook, Dodds und Mitarbeiter: Nature 131, 56 (1933); Proc. R. Soc. London (B), 114, 272 (1934); weitere synthetische Versuche vgl. Soc. 1935 u. f.

[3]) A. Butenandt u. Th. F. Gallagher: B. 72, 1866 (1939).

[4]) W. M. Allen und Mitarbeiter: J. biol. Chem. 98, 591 (1932); F. L. Hisaw und Mitarbeiter: J. Amer. chem. Soc. 54, 254 (1932); E. Fels u. K. H. Slotta: Zentralbl. f. Gynäkol. 55, 2765 (1931).

gemisch schwierig. Anfang 1934 konnten nun A. Butenandt[1]) und U. Westphal mitteilen, daß es ihnen (in Zusammenarbeit mit W. Schoeller u. W. Hohlweg, Schering-Kahlbaum, Berlin) gelungen ist, aus Gelbkörperextrakten durch Umsatzfällung mit Semicarbazid, Spaltung des Rohsemicarbazons und nachherige Sublimation der Spaltprodukte im Hochvakuum erst zwei Stoffe, kurz darauf noch einen dritten reinen Stoff zu isolieren, und zwar:

1. ein physiologisch unwirksames **Oxyketon** $C_{21}H_{34}O_2$, Schmp. 194[0] unkorr., das durch Oxydation mit Chromsäure in das **Diketon** $C_{21}H_{32}O_2$ (Schmp. 200,5[0] unkorr.) übergeht;

2. einen hochwirksamen Anteil — den **ersten kristallisierten einheitlichen Stoff mit Corpus-luteum-Wirkung** — mit dem Schmp. 128,5[0] (unkorr.), von der Formel $C_{21}H_{30}O_2$ (vielleicht auch $C_{20}H_{28}O_2$) und mit **Diketon**charakter (das Dioxim hatte den Schmp. 243[0]), die isolierte Menge betrug 20 mg; eine nahe Beziehung zu Pregnandiol $C_{21}H_{36}O_2$ erscheint „durchaus möglich", und

3. einen bei 120[0] schmelzenden Körper, der ein Isomeres oder eine polymorphe Modifikation von dem unter 2. genannten Hormon zu sein schien.

Nunmehr traten K. H. Slotta [2]) und Mitarbeiter mit der Veröffentlichung ihrer ebenfalls fertigen Forschungsergebnisse hervor und teilten die Charakteristik folgender Kristallisate mit:

a) ein „Luteosteron A" bezeichnetes Keton, physiologisch unwirksam, Schmp. 185—186[0] korr., Zusammensetzung $C_{20}H_{32}O_2$ oder $C_{21}H_{34}O_2$.

b) ein dem vorigen nahestehendes unwirksames „Luteosteron B":

c) ein **hormonal wirksames** Keton „Luteosteron C", Schmp. 127—128[0] (korr.), bzw. 128[0] [3]), von der Formel $C_{20}H_{28}O_2$ oder $C_{21}H_{30}O_2$. und

d) ein physiologisch aktives „Luteosteron D", vom Schmp. 118 bis 119[0] (korr.), bzw. 120—121[0], isomer [4]) mit dem vorigen.

Die Stoffe 1 und a, 2 und c, 3 und d beider Forschungskreise zeigen eine praktische Übereinstimmung der Eigenschaften (ausgenommen die Formeln). Gleichzeitig erfolgte von beiden Seiten die Aufstellung der Konstitutionsformel für den wirksamen Bestandteil (bei Butenandt unter 2) mit der Formel $C_{21}H_{30}O_2$, bei Slotta unter c und d mit der Formel $C_{21}H_{30}O_2$ (s. die Formeln auf S. 765).

Butenandt [5]) und Mitarbeiter suchten auf synthetischem Wege die Konstitution ihres aktiven Diketons zu klären, indem sie (unter der Voraussetzung der nahen Beziehung zu den Sterinen) vom Stigmasterin durch Abbau zu dem Oxyketon $C_{21}H_{32}O_2$ (Schmp. 190[0])

[1]) A. Butenandt u. U. Westphal: B. 67, 1441 (1934); H. 227, 84 (1934).
[2]) Slotta, H. Ruschig u. E. Fels: B. 67, 1270 (1934).
[3]) Slotta, Ruschig u. Fels: B. 67, 1625 (1934).
[4]) Slotta, Ruschig u. E. Blanke: B. 67, 1950 (1934).
[5]) Butenandt, U. Westphal u. H. Cobler: B. 67, 1614 (1934).

I. bzw. II.

Butenandt[1] (1934).   Butenandt und Westphal[2]).

→

Slotta[3]) (1934).

und zu dessen Oxydationsprodukten ($C_{21}H_{30}O_2$) vordrangen und ein in seiner Wirksamkeit dem natürlichen Hormon (2) nur wenig nachstehendes Gemisch erhielten. Slotta[3]) stützte seine Formel auf die röntgenographische Untersuchung von c) und das Absorptionsspektrum, die auf das Skelet der Sterine hinwiesen, sowie auf den Verbrauch von 3 Mol. Wasserstoff bei der Hydrierung von Luteosteron c) und d); das hierbei entstandene Diolgemisch stimmte überein[4]) mit dem Reduktionsprodukt von Butenandts Oxyketon (Schmp. 191⁰). Der entscheidende Beweis für die Konstitutionsformel II wurde erbracht durch die beiden Synthesen des Corpus-luteum-Hormons (oder Luteosterons), einerseits aus Stigmasterin nach E. Fernholz[5]) und Butenandt-Westphal[2]),[6]), andererseits aus Pregnandiol $C_{21}H_{36}O_2$ nach Butenandt und J. Schmidt[7]). Die zwei sowohl von Slotta als auch von Butenandt entdeckten Formen des Hormons vom Schmp. 128—129⁰ und 120—121⁰ sind polymorphe Modifikationen[2]) ein und desselben Stoffes $C_{21}H_{30}O_2$ von ein und derselben spezifischen Drehung $[\alpha]_D^{20} = + 191{,}5^0$ und physiologischer Wirkung, wobei das künstlich gewonnene Hormon alle Eigenschaften des natürlichen aus Corpus-luteum isolierten zeigt[7]),[4]). Der physiologisch unwirksame Begleitkörper $C_{21}H_{34}O_2$ des Hormons (vom Schmp. 194⁰ nach Butenandt bzw. 185—186⁰ nach Slotta) hat sich als allo-Pregnanol-(3)-on-(20) erwiesen[6]). Neben der Konstitutionsaufklärung der Vielzahl von Stoffen des Corpus luteum ist nicht minder wertvoll der aufgefundene Weg zur künstlichen Herstellung dieses Hormons Progesteron, das nun ein zugänglicheres Werkmaterial für chemische, biochemische und

[1]) Butenandt, U. Westphal u. H. Cobler: B. 67, 1614 (1934).
[2]) Butenandt u. Westphal: B. 67, 1903, 2085 (1934).
[3]) Slotta, Ruschig u. Fels: B. 67, 1625 (1934).
[4]) Slotta, Ruschig u. Blanke: B. 67, 1950 (1934).
[5]) Fernholz: B. 67, 1855, 2027 (1934).
[6]) Butenandt u. L. Mamoli: B. 67, 1897 (1934).
[7]) Butenandt u. J. Schmidt: B. 67, 1901, 2088 (1934).

therapeutische Forschung geworden ist. Eine einheitliche Nomenklatur, und zwar α-Progesteron (Schmp. 128°) und β-Progesteron
(Schmp. 121°) für das reine polymorphe Corpus-luteum-Hormon
wurde 1935 vereinbart [1]).

Die künstliche Darstellung des Schwangerschaftshormons (Progesteron IV) aus Cholesterin-(I) bzw. Dehydro-androsteron-acetat (II)
über 16-Dehydro-progesteron (III) ist jüngst von A. Butenandt (mit
J. Schmidt-Thomé, B. 72, 182 (1939)] bewerkstelligt worden:

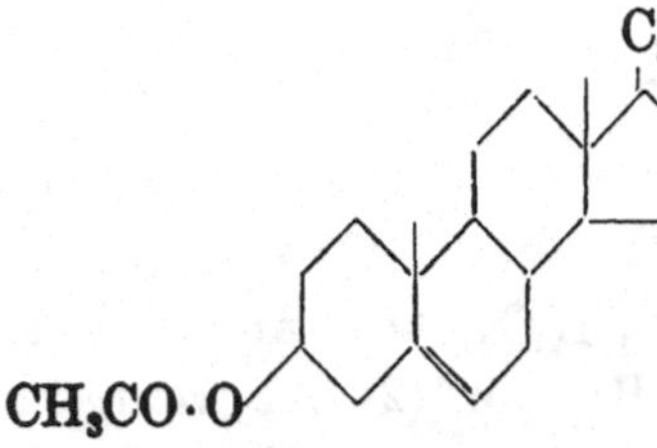

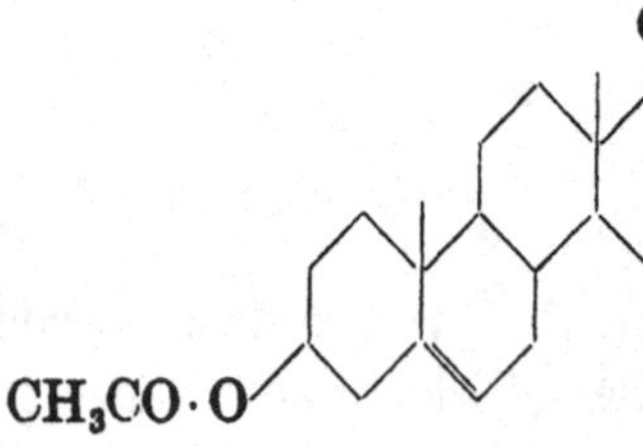

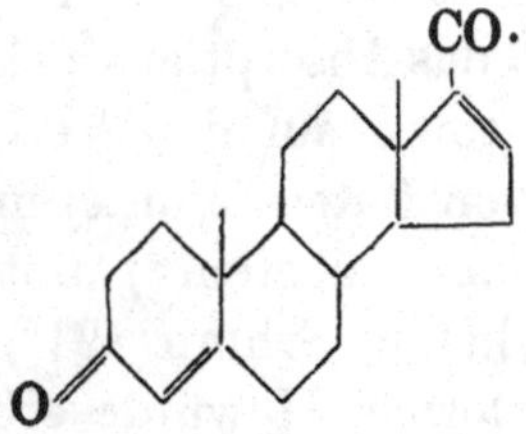

Ein 17-iso-Progesteron (V), das physiologisch keine Progesteron-
wirkung zeigt, haben A. Butenandt, J. Schmidt-Thomé und
H. Paul [B. 72, 1112 (1939)] synthetisiert, während K. Miescher und
H. Kägi [Helv. chim. Acta 22, 184 (1939)] ein Neoprogesteron
dargestellt haben.

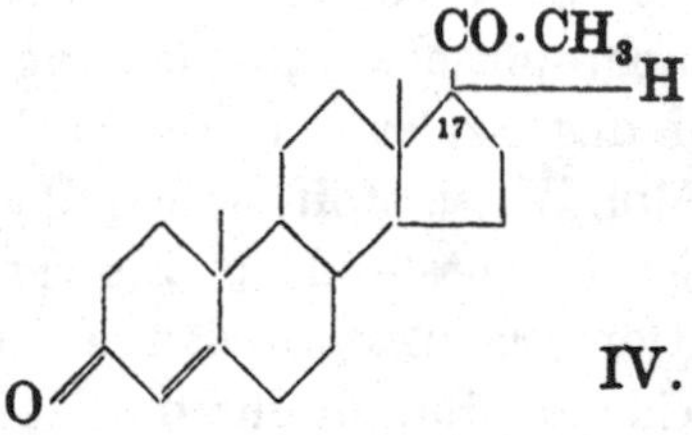

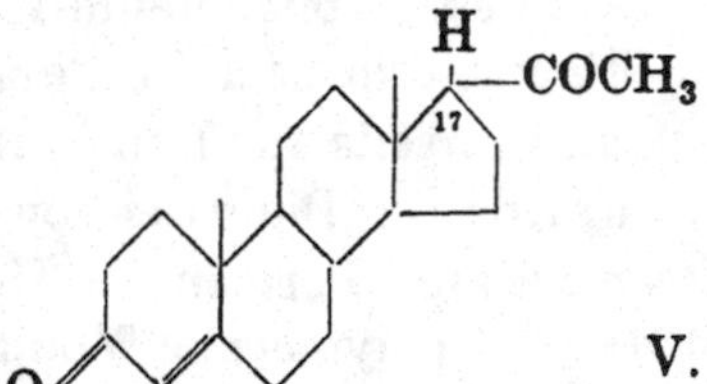

F. Equilin und Equilenin.

Aus Stutenharn hatte (1932) A. Girard[2]) (mit Mitarbeitern) neue
östrogene Hormone isoliert: ,,Equilin`` $C_{18}H_{20}O_2$ und dessen Isomeres,
,,Hippulin``, sowie ,,Equilenin`` $C_{18}H_{18}O_2$. Die Konstitution derselben
und ihre nahe strukturelle Beziehung zu Oestron ergab sich aus den

---

[1]) W. M. Allen, A. Butenandt, G. W. Corner u. K. H. Slotta: B. 68, 1746
(1935).

[2]) Girard: C. r. 194, 909, 1020; 195, 981 (1932). Aus 52 Tonnen Harn wurden
1,5 g Equilenin isoliert!

Untersuchungen von J. W. Cook[1]) (und Mitarbeitern, 1934 u. f.), sowie W. Dirscherl[2]) (und Mitarbeiter, 1935), und zwar:

Oestron.   Equilin.   Equilenin[3]).

R. E. Marker[4]) führte das Equilenin ($[\alpha]_D^{25} = + 83^0$) durch Reduktion über in α- und β-17-Dihydroequilenin (δ-Follikelhormon), sowie in α-Östradiol. Eine Totalsynthese des Equilenins und seiner Isomeren lieferte W. E. Bachmann[5]).

G. Testikelhormone [männliche Sexualhormone, Androsteron[6]), Dehydroandrosteron].

Der Anstoß zu der chemischen Erfassung und Erforschung des männlichen Sexualhormons ging um 1925 von den Untersuchungen des Chikagoer Arbeitskreises über die physiologische Wirksamkeit von zellfreien Hodenextrakten aus (Koch, Moore, Gallagher)[7]); zur quantitativen Auswertung dieses Testikelhormons schuf man den „Hahnenkamm-Test"[8]) unter Benutzung der Tatsache, daß die an jung kastrierten Hähnen ausbleibende Entwicklung des Kammes durch subcutane Darreichung von Hormon behoben werden kann. Zuerst wurden die Keimdrüsenextrakte verwandt; als man aber fand, daß ein wesentlicher Teil des vom Mann produzierten Hormons durch den Harn ausgeschieden wird[9]), wurde der letztere als ein leicht zugängliches Ausgangsmaterial benutzt. Die Reindarstellung des Testikelhormons begann (1930) mit B. Frattini und M. Maino, insbesondere mit A. Butenandt[10]) gemeinsam mit F. Hildebrandt; indem ein

[1]) Cook und Mitarbeiter: Soc. **1934**, 653; **1935**, 445; s. auch B. **69** (A), 47 (1936).

[2]) W. Dirscherl u. F. Hanusch: Z. physiol. Chem. **223**, 13; **236**, 131 (1935).

[3]) Über die Synthese eines „X-Nor-equilenins" vgl. R. Robinson u. A. Koebner, Soc. **1938**, 1994. Versuche zur Synthese von Equilenin haben H. A. Weidlich und M. Meyer-Delius [B. **72**, 1941 (1939)] unternommen.

[4]) R. E. Marker: Am. **60**, 1897, 2438 (1938).

[5]) W. E. Bachmann, W. Cole u. A. L. Wilds: Am. **62**, 824 (1940).

[6]) Vgl. auch K. Tscherning: Chemie und Physiologie der Androsterongruppe. Z. angew. Chem. **49**, 11 (1936).

[7]) Vgl. auch S. Loewe u. H. E. Voß: Klin. Wochenschr. **9**, 481 (1930); Akad. d. Wissensch., Wien 1929.

[8]) F. C. Koch; E. Laqueur (1930); W. Schoeller u. M. Gehrke (1931).

[9]) S. Loewe, H. E. Voß und Mitarbeiter: Klin. Wochenschr. **1928**, 1376; C. Funk und Mitarbeiter: Proc. Soc. Exp.Biol. and Med. **26**, 569 (1929).

[10]) Butenandt: Z. angew. Chem. **44**, 905 (1931); **45**, 324 (1932); Naturwiss. **21**, 54 (1933); Butenandt u. Tscherning: Z. physiol. Chem. **229**, 167 (1934); s. auch B. **68**, 679 (1935).

nach Arbeitsmethoden von W. Schoeller und M. Gehrke vorbereitetes Rohöl aus Männerharn (Schering-Kahlbaum, Berlin) aufgearbeitet wurde, gelang Butenandt[1]) und K. Tscherning (1931) die Isolierung und chemische Charakterisierung dieses Hormons. Mit Hilfe des (schon bei der Reindarstellung des Follikelhormons bewährten) „Entmischungsverfahrens"[2]), durch Abscheidung als Oxim und nachherige Zerlegung desselben, schließlich durch fraktionierte Sublimation im Hochvakuum (bei $1/_{10\,000}$ mm Hg-Druck) und wiederholtes Umkristallisieren, konnte erstmalig das männliche Sexualhormon rein, mit dem Schmelzp. 178⁰, in einer Menge von 15 mg (aus 25 000 l Männerharn) gefaßt werden. Daß schon rein präparativ diese Konzentrierung von 25×10^9 auf 15 mg und die Isolierung des reinen Wirkstoffs eine Hochleistung ist, bedarf keiner Betonung, vielleicht ist es noch bewundernswerter, daß diese 15 mg ausreichten, um die physiologische Wachstumsprüfung, den chemischen Charakter (Keton mit einer Hydroxylgruppe, gesättigte Verbindung) und die Elementaranalyse durchzuführen. Die stickstofffreie Substanz wies auf eine vorläufige Formel $C_{16}H_{26}O_2$ hin (1931), die Nachprüfung an größeren Substanzmengen ließ die Formel $C_{19}H_{30}O_2$ als gesichert erscheinen (1933). Die folgende Konstitutionsformel wird angenommen (I):

Testikelhormon („Androsteron").   cis, trans, trans, trans 3-epi-Oxy-ätio-allocholanon-17.

Durch L. Ruzicka und Mitarbeiter ist dann (1934) die synthetische Bereitung des Androsterons und damit „die erste vollständige Aufklärung eines Sexualhormons" durchgeführt worden[3]). Als Ausgangsmaterial diente epi-Dihydrocholesterin, und das synthetische Androsteron erhielt die genaue sterische Charakterisierung (II).

Die Haupteigenschaften ergaben sich als identisch:

	Schmp.	opt. Drehung	Physiol. Wirkung
Natürliches Androsteron . . .	179—180⁰	$[\alpha]_D = + 93,5^0$	identisch
Künstliches Androsteron . . .	180—181⁰	$[\alpha]_D = + 94,6^0$	

---

[1]) Siehe Fußnote 10 auf S. 767.
[2]) Willstätter: A. **355**, 8 (1907).
[3]) Ruzicka, M. W. Goldberg, J. Meyer, H. Brüngger u. E. Eichenberger: Helv. chim. Acta **17**, 1395 (1934); **18** (1935); **19** (1936). Unter dem Titel: „Über Steroide und Sexualhormone" hat Ruzicka mit seinen Mitarbeitern seine systematischen Untersuchungen fortgeführt [vgl. 58. Mitteil., Helv. chim. Acta **22**, 1294 (1939)].

Außerdem haben Ruzicka und Mitarbeiter noch Stereoisomere des Androsterons (aus Dihydro-cholesterin, Koprosterin und epi-Koprosterin) mit geringerer Wirksamkeit dargestellt. Theoretisch sind insgesamt 128 Isomere von der Androsteronformel möglich.

Bei der (durch äußere Umstände unterbrochenen) Fortführung seiner Untersuchungen hat dann A. Butenandt[1]) (1934) aus männlichem Urin neben Androsteron noch einen zweiten männlichen Prägungsstoff, das Dehydro-androsteron $C_{19}H_{28}O_2$ entdeckt, sowie dessen Konstitution erkannt (1935) und auf seine Bedeutung (als Zwischenglied zwischen Oestron und Androsteron) für die Genese der Keimdrüsen-Hormone hingewiesen (vgl. Testosteron).

H. Testosteron.

Einen dritten männlichen Prägungsstoff entdeckten E. Laqueur[2]) und Mitarbeiter (1935) in Stier-Hoden; sie fanden für dieses „Testosteron" genannte Hormon die Formel $C_{19}H_{30}O_2$ oder $C_{19}H_{28}O_2$ und den Schmp. 154⁰ (korr.), mit einer Rechtsdrehung $[\alpha]_D = + 109^0$. Gleichzeitig hatten L. Ruzicka[3]), sowie A. Butenandt[4]) (dieser zwecks Prüfung der genetischen Zusammenhänge) das Dehydro-androsteron $C_{19}H_{28}O_2$ (I.) durch vorsichtige Dehydrierung in Andro-stendion $C_{19}H_{26}O_2$ (II.) übergeführt[5]); Butenandt fand dasselbe physiologisch äußerst wirksam und führte es in Androstenolon[5]) $C_{19}H_{28}O_2$ (III.) über, gemäß folgender Konstitution:

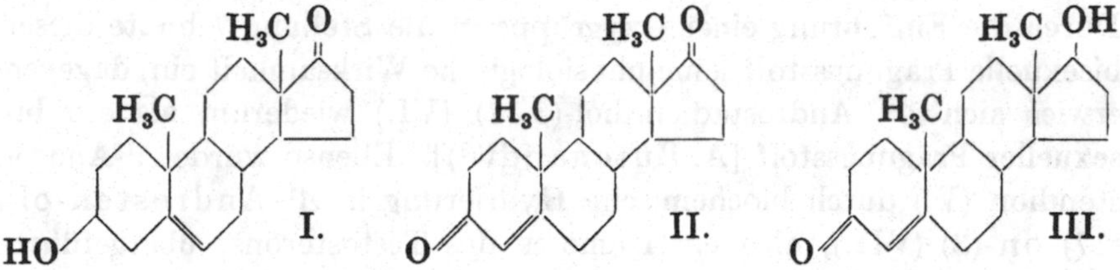

Δ^5-Dehydro-androsteron.　　Δ^4-Androstendion.　　Androstenolon = Testosteron.
I.　　　　　　　　　II.　　　　　　　[Δ^4-Androstenol-(17)-on(3)].　III.

Androstenolon erwies sich als identisch mit Testosteron[5])[3]).

Die weitere Behandlung dieser männlichen Prägungsstoffe führte Butenandt zur Entdeckung von Eigenschaftsänderungen (durch geringfügige chemische Eingriffe), die in wunderbarer Weise die Empfindlichkeit des lebenden Organismus veranschaulichen; es wurden

---

[1]) Butenandt u. H. Dannenbaum: Z. physiol. Chem. **229**, 192 (1934).
[2]) E. Laqueur und Mitarbeiter: Z. physiol. Chem. **233**, 281 (1935).
[3]) L. Ruzicka u. A. Wettstein: Helv. chim. Acta 18, 986, 1264 (1935).
[4]) A. Butenandt, H. Dannenbaum, G. Hanisch u. H. Kudzus: Z. physiol. Chem. **237**, 57 (1935).
[5]) A. Butenandt u. G. Hanisch: B. **68**, 1859 (1935).

dargestellt das Δ^5-Androstendiol (IV.)[1]) und das Δ^1-Androstendion-(3.17) (V.)[2]):

Die physiologische Prüfung ergab das folgende überraschende Verhalten:

1. Aus dem männlichen Prägungsstoff Δ^4-Androstendion (II.) ist lediglich durch die Verschiebung einer Doppelbindung in die $\Delta^{1.2}$-Stellung ein Stoff (V.) mit der starken Wirksamkeit des Follikelhormons geworden[2]), und

2. der männliche Prägungsstoff Dehydroandrosteron (I.) ist durch bloße Reduktion zum Androstendiol IV. in einen Stoff umgewandelt worden, der ausgeprägte weibliche (östrogene) Prägungseigenschaften, zugleich aber auch männliche in sich vereinigt[1]). Durch die Einführung einer Oxygruppe in die Stellung 7 büßte dieser bisexuelle Prägungsstoff seine physiologische Wirksamkeit ein, dagegen erwies sich $\Delta^{5.7}$-Androstadien-diol-(3.17) (VI.) wiederum als ein bisexueller Prägungsstoff [A. Butenandt[3])]. Ebenso wurde Δ^1-Androstendion (V.) durch biochemische Hydrierung in Δ^1-Androsten-ol-(17)-on-(3) (V·II.), also ein Isomeres des Testosterons, übergeführt, und dieses Δ^1-Androstenolon erwies sich als eine hochwirksame östrogene Verbindung [Butenandt[4])].

3. Wird durch Einführung einer Hydroxylgruppe in die 16-Stellung Testosteron III in 16-Oxy-testosteron, bzw. Δ^5-Androstendiol (IV.) in Δ^5-Androsten-triol(3.16.17) umgewandelt, so erweisen sie sich als östrogene Wirkstoffe[5]).

Übergänge aus der Androsteron-Reihe in die Pregnanreihe haben auch A. Serini[6]) und W. Logemann auf chemischem Wege durch-

---

[1]) A. Butenandt: Naturwiss. 1936, 15.
[2]) A. Butenandt u. H. Dannenberg: B. 69, 1158 (1936).
[3]) A. Butenandt, E. Hausmann u. J. Paland: B. 71, 1316 (1938).
[4]) A. Butenandt u. H. Dannenberg: B. 71, 1681 (1938).
[5]) Butenandt, J. Schmidt-Thomé u. Th. Weiß: B. 72, 417 (1939).
[6]) A. Serini u. W. Logemann: B. 71, 1362 (1938).

geführt. Über die auf biochemischem Wege erzielten Übergänge vgl. L. Mamoli, Abschnitt Enzyme, S. 643.

Über Homologe des Testosterons u. ä. vgl. Miescher und Wettstein[1]). Daß auch Abkömmlinge des Diphenyläthans und Stilbens östrogen wirksam sind, hat E. C. Dodds erwiesen [Nature (London) 141, 247 (1938) u. f.; s. auch F. v. Wessely, M. 53, 127 (1940)].

I. Nebennierenrinden-Hormone (Corticosteron).

Die Nebennieren als Ausgangspunkt für das Adrenalin (s. S. 748) erwiesen sich noch als Ursprungsort ganz anders gebauter Hormone. insbesondere bei der chemischen Durchforschung der Nebennierenrinde. Nachdem (etwa 1930) die amerikanischen Forscher Hartman [und Mitarbeiter, Amer. J. Physiol. 95 (1930) u. f.], W. W. Swingle u. J. J. Pfiffner [zit. 96 (1930) u. f.] erstmalig adrenalinfreie Extrakte bereitet und deren therapeutische Wirkung messend verfolgt hatten, wandte sich auch die chemische Forschung diesen unbekannten Wirkstoffen zu. Es gelingt Kendall als erstem, 1934[2]) ein zu dem Cortin (Rindenhormone) gehörendes Kristallisat zu erhalten, das er (1935) als ein Gemisch ansieht; parallel verlaufende Untersuchungen von Wintersteiner und Pfiffner[3]) führen zu verschiedenen, meist inaktiven Kristallisaten. Im Jahre 1936 vermag T. Reichstein[4]) 7 bzw. 9 kristallisierte Fraktionen herauszuholen und an einem darunter befindlichen ungesättigten Diketon (I.) erstmalig den Steroidcharakter der Cortinkristallisate nachzuweisen; darnach stellt Reichstein (1936) für seine reduzierenden Fraktionen die Formel II auf, während gleichzeitig Kendall für ein Kristallisat $C_{21}H_{28}O_5$ die Formel III annimmt; dann findet Reichstein eine Substanz von der $C_{21}O_3$-Gruppe, ferner ein „Corticosteron" genanntes Hormon von starker Cortinwirkung (Schmp. 180—182⁰), während Kendall (1937) unter seinen Substanzen solche vom $C_{21}O_4$-Typus findet, deren eine mit Corticosteron identisch ist; er erteilt dem letzteren die Formel IV. Nachdem Reichstein (1937) das 21-Oxy-progesteron (V.) = Desoxycorticosteron künstlich dargestellt und als einfachsten Vertreter der starken Cortinwirkung erkannt hat, erklärt er sich für die Formel VI des Corticosterons; für die aus Nebennierenrinde isolierte und mit Corticosteron isomere Substanz S hat T. Reichstein[4]) (mit Mitarbeitern, 1939) die Konstitution VII festgestellt.

---

[1]) K. Miescher u. A. Wettstein: Helv. chim. Acta 22, 1262 (1939).

[2]) E. C. Kendall: J. biol. Chem. 109 (1935); 114 u. 116 (1936), 119 u. 120 (1937); 123 u. 124, 459 (1938).

[3]) O. Wintersteiner, J. J. Pfiffner: J. biol. Chem. 105 (1934); 109 u. 111 (1935); 114 (1936).

[4]) T. Reichstein (mit M. Steiger): Helv. chim. Acta 19 (1936); 20 (1937); 21, 1490 (1938); 22, 1107 (1939). Weitere Aufklärungen: T. Reichstein, H. G. Fuchs u. C. W. Schoppee: Helv. 23, 676, 729, 740 (1940).

H₃C, O, I., H₃C, O

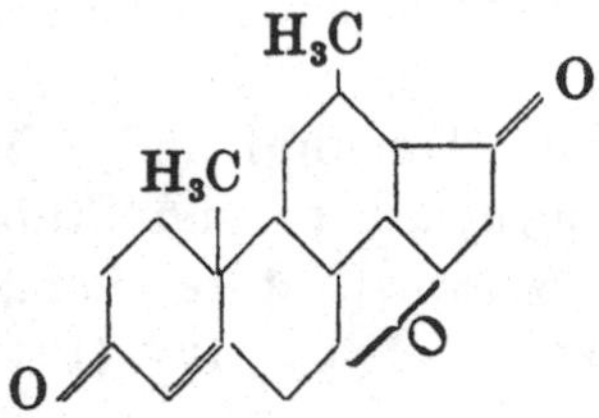

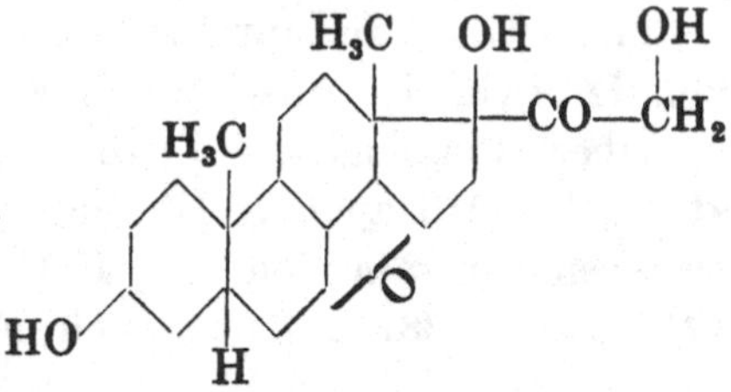

H₃C, OH, OH, CO—CH₂, II., H₃C, HO, H

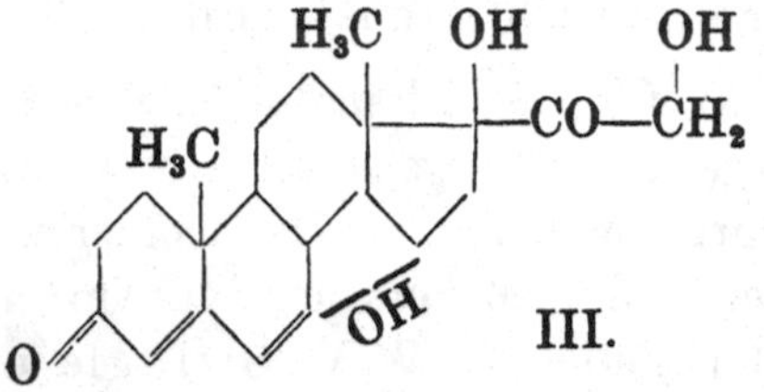

H₃C, OH, OH, CO—CH₂, H₃C, O, OH, III.

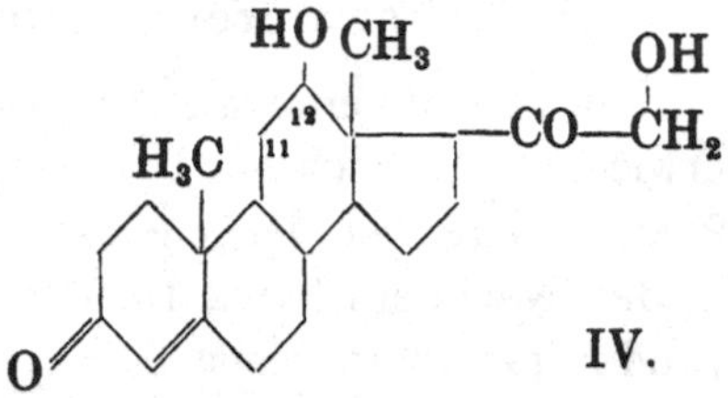

HO CH₃, OH, CO—CH₂, H₃C, 11, 12, O, IV.

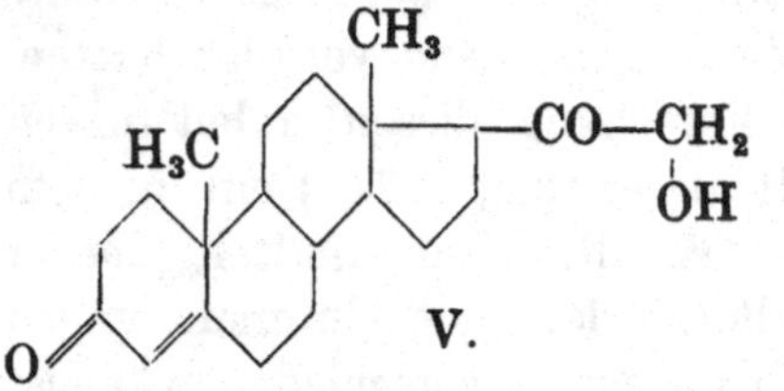

CH₃, CO—CH₂, H₃C, OH, O, V.

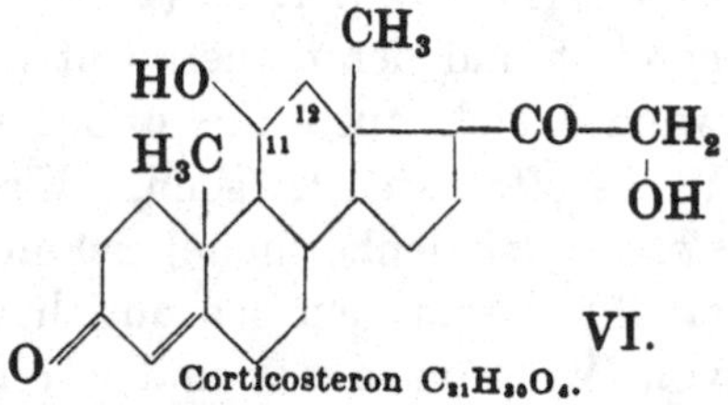

CH₃, HO, CO—CH₂, H₃C, 11, 12, OH, O, VI., Corticosteron C₂₁H₃₀O₄.

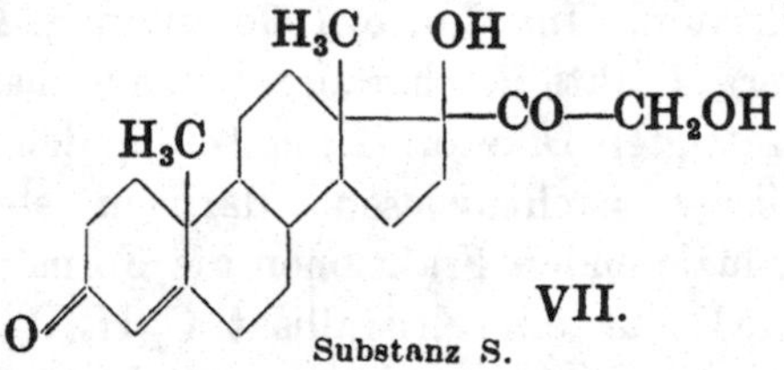

H₃C, OH, CO—CH₂OH, H₃C, O, VII., Substanz S.

Corticosteron als ein für das Leben des Individuums unentbehrliches Hormon unterscheidet sich chemisch nur durch die beiden Hydroxylgruppen von dem Progesteron als dem Schwangerschaftshormon!

Daß die Erforschung der Nebennierenrinden-Hormone und deren Zwischenstoffe noch viel zu erledigen hat, beweist eine Aufstellung von K. Miescher[1]), die neben den Hormonen V und VI noch 10 weitere genauer gekennzeichnete Individuen verzeichnet. Über synthetische Stoffe, die mit den Nebennierenrinden-Hormonen in Beziehung stehen, hat K. Miescher[2]) berichtet.

Über den Ursprung (nicht aus Cholesterin) und die Beziehungen der Steroidhormone untereinander hat R. E. Marker[3]) gearbeitet. als „Vorläufer" der Nebennierenrindenhormone und Sexualhormone

---

[1]) K. Miescher: Z. angew. Chem. **51**, 551 (1938).
[2]) K. Miescher, A. Wettstein u. C. Scholz: Helv. „Über Steroide", 21. Mitteil. **22**, 894 (1939); Homologe des Keimdrüsenhormons, Helv. **23**, 1371 (1940; 28. Mitteil.).
[3]) R. E. Marker: Am. **60**, 1725, 2928, 2931 (1938).

nimmt er das Pregnadien-4,8-diol-17,21-trion-3,11,20 an, dessen Bildung außerhalb der Keimdrüsen stattfindet. Eine biochemische Hydrierung (durch das Coryne-Bacterium Mediolanum) hat L. Mamoli[1]) an dem 21-Acetoxy-pregnenol-(3)-on-(20) durchgeführt und dabei Desoxy-corticosteron erhalten.

K. Bauchspeicheldrüsen-Hormon: Insulin.

Bereits J. von Mering und O. Minkowski hatten 1889 festgestellt, daß die Entfernung des Pankreas (Bauchspeicheldrüse) bei Hunden eine dem menschlichen Diabetes mellitus ähnliche Erkrankung auslöst. Die gedankliche Umstellung von dem entfernten Organ auf die fehlende Sekretion eines bestimmten Stoffes erforderte zwei Jahrzehnte, denn erst 1909 stellte der französische Physiologe R. Lépine diese Vermutung auf. Ein weiteres Jahrzehnt war erforderlich, bis die amerikanischen Forscher F. G. Banting und C. H. Best (1920) die Herstellung eines wirksamen Pankreas-Extraktes entdeckten („Insulin", 1922), und fünf Jahre später glückte J. J. Abel u. E. M. K. Geiling [J. Pharmacol. **25**, 421 (1925) u. f.] die Isolierung eines kristallisierten Insulins, das sich als schwefelhaltig erwies. Welche chemische Zusammensetzung und Konstitution kommt nun diesem Körper zu? C. Funk (1926) gibt die Formel $C_{69}H_{102}O_{22}N_{18}S$ bzw. $C_{74}H_{114}O_{24}N_{20}S$ und erblickt darin ein Polypeptid mit 15 Aminosäuren als Komponenten; Abel (mit Mitarbeitern) stellt (1927) die Formel $C_{45}H_{69}O_{14}N_{11}S$, $3H_2O$ auf. H. Jensen und Geiling (1928), sowie K. Freudenberg und W. Dirscherl (1928) führen eine Acetylierung des Insulins durch, die letztgenannten Forscher finden (1929), daß die physiologische Wirksamkeit nicht an das ganze Proteinmolekül, sondern an eine spezifische Gruppe gebunden ist [s. auch H. **233**, 159 (1935)]. The Svedberg und B. Sjögren fanden (1931) für das kristall. Insulin das Molekulargewicht = 35100, und die Röntgenuntersuchungen durch D. M. Crowfoot (1935 und 1938) ergaben in der rhomboedrischen Zelle nur je ein Molekül (vom mittl. Mol.-Gew. = 39700). Diesem hohen Molekulargewicht entspricht einigermaßen das Ergebnis der elektrometrischen Titration des Insulins durch C. R. Harington und A. Neuberger [Biochem. Journ. **30**, 809 (1936); s. auch 1598]; hiernach enthält Insulin etwa 280—300 Aminosäurereste, im einzelnen 43 (± 2) freie basische Gruppen und etwa 30—35 freie Carboxylgruppen; nach Harington kommen etwa 30% auf Glutaminsäure.

Mit dem Einmünden des Konstitutionsproblems von Insulin. in die große Klasse der natürlichen Eiweißstoffe ist die chemische Forschung vor den Problemkomplex gestellt worden, dessen Lösung mit

---

[1]) L. Mamoli, B. **72**, 1863 (1939).

den bisherigen Methoden nur zu Teilerfolgen geführt hat: wir kennen durch Zerstörung die Bausteine, doch vermögen wir nicht wieder-aufzubauen, da uns die innere Architektur der Riesenmoleküle nur ungenügend bekannt ist.

L. Hormone des Hypophysen-Vorderlappens.

Über diese in ihrer Wirkung so vielseitigen, zu den Eiweißkörpern oder deren höhermolekularen Abbauprodukten gehörenden Stoffe hat W. Ludwig [Z. angew. Chem. **51**, 487 (1938)] einen eingehenden Bericht gegeben.

Anhang. Acetylcholin $(CH_3CO) \cdot OCH_2 \cdot CH_2 \cdot N(CH_3)_3 \cdot OH$; synthetisch von A. Baeyer (1867) erhalten [A. **124**, 325], im Mutterkorn und Hirtentäschelkraut aufgefunden, dann von H. H. Dale und H. W. Dudley (1929) zuerst in der Milz des Rindes und Pferdes entdeckt und auf seine stark blutdrucksenkende und muskelkontra-hierende Wirkung geprüft [J. Physiol. **68**, 97 (1929); **70**, 109 (1930)], wird als das die Darmperistaltik regulierende Hormon angesprochen. Ein weiteres Derivat des Cholins ist das „Lentin"

$$NH_2 \cdot CO \cdot O \cdot CH_2 \cdot CH_2 \cdot N(CH_3)_3 \cdot Cl$$

von E. Merck (1932), das an Wirkung das Acetylcholin übertrifft. Daß die optische Isomerie auch die blutdrucksenkende Wirkung er-heblich beeinflußt, konnte J. v. Braun [mit A. Jacob, B. **66**, 1461 (1933)] an den synthetisch (durch Einbau des d-Fenchons) dar-gestellten Cholin-Derivaten $F \cdot NH \cdot CO \cdot O \cdot (CH_2)_2 \cdot N(CH_3)_3 \cdot J$ zeigen

$$\left(\text{F bedeutet:} \begin{array}{c} CH_3 \\ \diagup \\ \boxed{} \\ CH(CH_3)_2 \end{array} \right) \text{ die rechtsdrehende Form rief eine}$$

vielmal stärkere blutdrucksenkende Wirkung hervor als die Links-Form.

M. Auxine (Wuchsstoffe, Phytohormone).

> „Da alles in der Natur, besonders aber die allgemeinen Kräfte und Elemente, in einer ewigen Wirkung und Gegenwirkung sind, so kann man von einem jeden Phänomen sagen, daß es mit unzähligen andern in Ver-bindung steht."   (Goethe, 1793).

Als vor mehr als hundert Jahren Goethe den Entwicklungsvorgang der Pflanzen nicht — wie seine großen Vorgänger — in die Änderungen der Vegetationskraft, sondern in die Änderungen der Vegetationsstoffe verlegte, oder als vor einem halben Jahrhundert Jul. Sachs (1882), der berühmte Pflanzenphysiologe, „Stoff und Form" verknüpfte und eine stoffliche Beeinflussung bei der Bildung der verschiedenen Pflanzen-teile erwog, da ahnten beide nicht, daß im XX. Jahrhundert chemisch wohldefinierte Individuen als Wuchsstoffe oder Phytohormone entdeckt. untersucht und synthetisch dargestellt sein würden. Den

Ausgangspunkt [1]) bildeten die Beobachtungen von Boysen-Jensen [2])
(1910) und in erweiterter Form von Paál [3]) (1914 ff.), nämlich: wird
ein Haferkeimling dekapitiert, so hört sein Wachstum auf; wird dann
die Spitze wieder darauf befestigt, so fängt das Längenwachstum aufs
neue an, das geschieht aber nicht, wenn man zwischen Spitze und
Stumpf ein Stanniolblättchen oder Glimmerplättchen legt; schneidet
man jedoch aus der Basis ein Zylinderchen aus, so resultiert keine
Wirkung. Ähnliche Beobachtungen werden sicherlich schon vorher
gemacht worden sein, der Gedankenblitz, daß es ein Stoff sei, der
in den Spitzen der Avena- (Hafer-)keimlinge sich ansammelt und
basalwärts wandert, diese stoffliche Verknüpfung der Zellstreckung
stellte sich erst jetzt ein. Daß hier tatsächlich ein Stoff (und nicht
etwa eine Strahlengattung!) wirke, wies Went jun. [4]) (1926) durch
eine einfache und geniale Versuchsänderung nach, indem er statt der
Metall- oder Glimmerplättchen 3%ige Agar-Agarplättchen benutzte:
es erwies sich, daß nunmehr aus den daraufgesetzten abgeschnittenen
Spitzen der Stoff in die Agar-Agarplättchen hineindiffundiert war,
denn kleine Würfelchen aus dieser Agar-Agar auf die dekapitierten
Haferkeimlinge seitlich aufgesetzt, bewirkten Wachstum bzw. Krüm-
mungen derselben. Aus der Diffusionsgeschwindigkeit in Agar-Agar
ließ sich für den Wuchsstoff ein Molekulargewicht von 376 bestimmen,
es handelte sich also um einen relativ einfach zusammengesetzten
Stoff, der beim Trocknen der Agar-Agarblöckchen bei 100⁰ noch seine
Wirksamkeit beibehalten hatte; für die quantitative Auswertung wurde
eine Methode ausgearbeitet, die auf der Größe der durch die Wuchs-
stoffprobe jeweils hervorgerufenen Krümmung des dekapitierten Hafer-
keimlings beruht und durch sogenannte „Avena-Einheiten" wiedergegeben wird: 1 Avena-Einheit entspricht derjenigen Wuchsstoff-
menge, welche bei dem Wentschen Test unter bestimmten Voraussetzungen eine Krümmung von 10⁰ hervorruft.

Damit war durch die Pflanzenphysiologen ein neuartiges Phänomen
in seinen Äußerungen und in seiner Abhängigkeit von einem bisher
unbekannten Wuchsstoff („Auxin") entdeckt, und diese Vorarbeit
machte es nun zur Pflicht, mit chemischen Methoden jenen Stoff zu
fassen und zu erforschen. Es war Fritz Kögl, der (nach seiner Be-
rufung nach Utrecht, 1930) diese Arbeit übernahm und mit bewunderns-
wertem Erfolg meisterte [5]). Zu allererst begann die Suche nach einem

---

[1]) F. A. F. C. Went (Utrecht): Naturw. 21, 1 (1933).
[2]) Boysen-Jensen: Ber. dtsch. botan. Ges. 28 (1910).
[3]) Paál: Dies. Ber. 32 (1914).
[4]) F. W. Went jun.: Proc. Akad. Wetensch. Amsterdam 29 (1927); 32 (1929);
Jahrb. d. Botan. 76 (1932). Vgl. auch F. W. Went u. V. Thimann: Phytohormones.
N. Y. 1937.
[5]) F. Kögl: Proc. Akad. Wetensch. Amsterdam 34, 1411 (1931); Chem. Weekbl.
29, 250, 317 (1932); Naturwiss. 21, 17 (1933); Chem.-Ztg. 1937, 25.

möglichst günstigen Ausgangsmaterial, eine Suche, die einen dramatischen Verlauf hat. Man beginnt mit den Hafer- und Maiskeimlingen. eine Belegschaft von 8 Mädchen vermag in 10 Tagen etwa 100 000 Maispflänzchen zu bewältigen, doch bald zeigt es sich, daß zur Gewinnung von nur $1/4$ g des kristallisierten Wuchsstoffes bei dieser Arbeitsmethode etwa 500 Jahre nötig wären! Ein anderes Ausgangsmaterial war in gewissen Pilzen (N. Nielsen, 1930) gefunden worden. dann fand Kögl auch in der Hefe den Wuchsstoff, und schließlich erwies sich der menschliche Harn als bestes Ausgangsmaterial! Es ist ein eigenes Ding um den Harn. Sagte doch schon Paracelsus: ,,Denn aus des Harns Art und Eigenschaft, mag es nicht alles ergründet werden, es muß mehr darbei sein." Und ist nicht dieser einstige Universalheilstoff zugleich der Ausgangspunkt für die Entdeckung von Ammoniak und Phosphor in der anorganischen Chemie, von Harnstoff, Harnsäure usw. bis zum Androsteron, Follikelhormon und Auxin in der organischen Chemie geworden? Die Gewinnung des kristallinischen Auxins aus dem Harn war ein experimentelles Meisterstück Kögls und beruht wesentlich auf der Säurenatur der gesuchten Verbindung und den Löslichkeitsunterschieden gegenüber den unwirksamen Begleitstoffen (Auxin ist ätherlöslich) [1]. Den Grad der erforderlichen Konzentrierung veranschaulicht die Tatsache, daß das anfängliche Harn-Konzentrat etwa 40×10^4 A.-E. (Avena-Einheiten) pro Gramm, das Endprodukt bzw. kristall. Auxin dagegen 50×10^9 A.-E. pro Gramm aufwies, d. h. das reine Auxin hat eine durchschnittliche Wirksamkeit von 50 Milliarden A.-E. pro Gramm. oder die Krümmung von 10^0 wird bei den Versuchs-Haferpflänzchen durch ein fünfzigmillionstel Milligramm (oder ein fünfzigtausendstel γ) hervorgerufen. Mit den anfangs gewonnenen 250 mg Auxin-Reinsubstanz wurden neben den physiologischen Versuchen auch die Mikroanalysen ausgeführt und eine rationelle Formel $C_{18}H_{32}O_5$ abgeleitet, die Mikromolekulargewichtsbestimmung (nach Rast) ergab im Durchschnitt M = 338, was mit der theoretischen Molekulargröße = 328, sowie mit Wents Diffusionsmessungen (M $\sim$ 350) befriedigend übereinstimmt; zur Frage nach den Funktionen der einzelnen Elemente wurde ermittelt, daß Auxin eine einbasische Säure (also COOH enthaltend) ist, drei alkoholische HO-Gruppen (ein Tri-Ester wurde dargestellt), eine Doppelbindung (ein Dihydroprodukt $C_{18}H_{34}O_5$ wurde gewonnen, es war aber physiologisch unwirksam) und einen Kohlenstoffring enthält, es bildet ein Auxinlacton $C_{18}H_{30}O_4$, dieses zeigt Muta-

---

[1] Um den Abstand zwischen Einst und Jetzt zu veranschaulichen, sei auf die Untersuchungen von Scharling [A. 41, 51; 42, 265 (1842)] verwiesen, der aus konzentriertem Harn ebenfalls durch Ätherextraktion, Salzbildung usw. eine sauer reagierende, harzartige Substanz ,,Omichmyloxyd" erhielt, die bei dem damaligen Stande der chemischen Arbeitsmethoden nicht weiter erforscht werden konnte.

rotation und ist wie Auxin selbst links drehend. Beim Aufbewahren erleidet Auxin eine freiwillige Isomerisation (vielleicht Wanderung der Doppelbindung und sterische Umlagerung), da es ohne Veränderung seiner Zusammensetzung vollkommen unwirksam wird (,,Pseudoauxine" $C_{18}H_{32}O_4$). Die weitere Aufklärungsarbeit[1]) erfuhr dadurch eine Erweiterung, daß es gelang (1933), auch aus pflanzlichen Ausgangsmaterialien kristallisierte Wuchsstoffe zu isolieren, und zwar aus Maiskeimöl und Malz (nach etwa 300000facher Anreicherung), aus denen jeweils zwei wirksame Kristallisate (von je 50×10^9 A.-E. pro Gramm) gewonnen wurden: das eine erwies sich identisch mit dem vorhin geschilderten Harn-Auxin (,,Auxin-a", $C_{18}H_{32}O_5$), das andere aber isomer mit dem obigen Auxinlacton und (im Gegensatz zu diesem) mit Säurenatur, es wurde als Protoauxin oder ,,Auxin-b", $C_{18}H_{30}O_4$. bezeichnet. Eine weitere Überraschung bot die aus Harn isolierte β-Indolylessigsäure[2]) (oder ,,Hetero-auxin"), deren physiologische Wirksamkeit 25×10^9 A.-E. pro Gramm, also die Hälfte des Auxins betrug, trotzdem hier eine Säure von ganz anderer Konstitution vorlag. Und als Kögl[1]) im Zusammenhang mit dem (s. S. 250) ,,Bios"-Problem auf die Suche nach den Wuchsstoffen der Zellteilung ging und Pflanzenextrakte, Hefekochsaft, schließlich Eidotter von Hühnern und chinesisches Trockeneigelb in Zentnern verarbeitete, entdeckte er einen amphoteren Stoff ,,Bios II", aus welchem nach mühseliger Trennung von den Begleitstoffen und Destillation im Hochvakuum ein Kristallisat (580 γ!) mit der Aktivität 25—30 Milliarden A.-E. pro Gramm erhalten wurde, die Anreicherung aus Eigelb mußte auf das 3,1 millionenfache gesteigert werden. Dieses Kristallisat wurde ,,Biotin" genannt (s. auch Vitamin H). In scharfsinniger Weise wurden für Auxin-a (und Lacton) und Auxin-b die folgenden Konstitutionsformeln abgeleitet:

Auxin-a.

$$CH_3 \cdot CH_2 \cdot \overset{H_3C}{\underset{H}{C}} - CH \overset{CH_2}{\diagdown} CH \cdot \overset{CH_3}{\underset{H}{C}} \cdot CH_2 \cdot CH_3$$

$$CH = C - \overset{H}{\underset{OH}{C}} \cdot CH_2 \cdot \overset{H}{\underset{OH}{C}} - \overset{H}{\underset{OH}{C}} - COOH,$$

bzw.

Auxin-a-lacton.

$$C_{13}H_{23} - \overset{H}{C} - CH_2 - \overset{H}{\underset{OH}{C}} - \overset{H}{\underset{OH}{C}} - CO$$
$$\underline{\qquad\qquad\qquad\qquad O \qquad}$$

---

[1]) F. Kögl: Z. angew. Chem. **46**, 166, 401, 469 (1933); Z. physiol. Chem. **214**, 241 (1933); **228**, 113 (1934); **235**, 181, 261 (1935); **242**, 70 (1936); B **68** (A), 16 (1935). Die Auxinwirkung ist von p_H abhängig: J. V. Rakitin u. L. M. Jarkovskaja. C. **1940** II, 3349.

[2]) Heteroauxin führt auch zu Hemmungen des Wachstums: C. **1940** II, 2907.

$$CH_3 \cdot CH_2 \cdot \overset{\underset{\displaystyle CH_3}{|}}{C} \cdot H - CH \overset{\displaystyle CH_2}{\diagdown} CH - \overset{\underset{\displaystyle H}{|}}{\overset{\displaystyle CH_3}{C}} - CH_2 \cdot CH_3$$

Auxin b.

$$CH = \overset{\underset{\displaystyle OH}{|}}{C} - \overset{\underset{\displaystyle \cdot}{\overset{\displaystyle H}{C}}}{} - CH_2 - CO - CH_2COOH$$

$$\text{Hetero-auxin} \atop (\beta\text{-Indolylessigsäure}).$$

Das Auxin weist viele (7) asymmetrische C-Atome auf, läßt also mehrere Isomeriefälle voraussehen; Auxin-a ist schwach linksdrehend und zeigt Mutarotation (Lactonbildung).

Die Zahl und Konstitution der wachstumfördernden Verbindungen hat eine wesentliche Erweiterung erfahren, so z. B. durch die Untersuchungen von F. Kögl (1935), A. E. Hitchcock (1935), F. W. Went (1938); bemerkenswert sind die Wirkungen der Gase Äthylen, Propylen, Butylen, Acetylen (P. W. Zimmerman, W. Crocker und A. E. Hitchcock, 1932 u. f.), und eigenartig ist es, daß die stimulierende Wirkung des Biotins durch Zusatzstoffe, z. B. Vitamin B$_1$ oder Oestron, erhöht wird (F. Kögl; A. J. Cox, 1940); das Problem des „Kreislaufs gewisser Wirkstoffe" zwischen Pflanzen- und Tierreich tritt auf.

Ein interessanter natürlicher Wuchsstoff liegt in der (—)-Pantothensäure (s. S. 620) vor; im Streptobacterium-Test ergab sich die natürliche linksdrehende Form mindestens 30mal wirksamer als ihr Rechts-Antipode [R. Kuhn und Th. Wieland, B. 73, 972 (1940); 74, 218 (1941)]. Es sei hervorgehoben, daß sowohl bei der Pantothensäure als auch beim Adrenalin (S. 749), Ephedrin (S. 754) und Thyroxin (S. 758), also bei diesen natürlichen Wirkstoffen die Linksform stets wirksamer ist als die Rechtsform (s. auch S. 281).

Neuerdings hat man in den Pflanzenextrakten neben den Wuchs-(Wirk-) Stoffen auch natürliche „Hemmstoffe" gefunden (vgl. H. Linser, C. 1940 II, 2907; G. A. Kausche, C. 1940 II, 3198).

Der in dem vorstehenden Kapitel gegebene Querschnitt durch die „Biokatalysatoren" oder „Wirkstoffe" zeigt trotz aller Kürze, wie im Verlauf weniger Jahre die synthetische organische Chemie durch die Isolierung und Darstellung ganz neuartiger Naturstoffe alte Rätsel gelöst hat und durch Synthesen zu neuen rätselhaften Stoffen gelangt ist; damit ist sie an die Lösung grundsätzlicher Fragenkomplexe der Biologie herangetreten. Umgab noch unlängst ein mysteriöser Schleier diese Wirkstoffe hinsichtlich ihres chemischen Wesens bzw. ihrer stofflichen Natur und ihrer Zustandsform, so hat die synthetische Chemie die Vitamine und Hormone in kristallisierbare chemische

Individuen mit festgefügter Molekülstruktur umgewandelt. Doch ist noch mancherlei zu ergänzen und zu entwirren.

Es ist noch offen das Problem, in welchem Zustande die isolierten Wirkstoffe in den Organen und Geweben vorhanden sind; offen sind noch die Fragen nach ihren Aufbaustoffen und den unvermeidlichen Zwischenprodukten; neben den Vorstufen gibt es noch die theoretisch möglichen Raumisomerien u. ä., sowie die gelegentlich entgegengetretenen „Aktivatoren"; zu vertiefen ist auch die weitreichende Frage nach den chemischen und physiologischen Zusammenhängen und Beziehungen der bisher einzeln untersuchten Wirkstoffe. [Vgl. auch A. Butenandt, Neue Probleme der biologischen Chemie. Z. angew. Chem. **51**, 617 (1938); s. auch A. Mittasch: „Über Ganzheit in der Chemie." Z. angew. Chem. **49**, 417 (1936)]. Wenn z. B. in den Produktionsstätten des Follikelhormons drei miteinander verwandte östrogene Wirkstoffe: Oestron, Oestradiol und Oestriol vorkommen, so möchte man neben der chemischen Vorgeschichte derselben auch die physiologische wechselseitige Bedingtheit dieser qualitativ gleichgerichteten, aber quantitativ verschieden wirkenden Stoffe geklärt wissen: ist das natürlich gegebene Ganze nicht wirksamer als die Summe der einzelnen Stoffe? Auf gleichen Jodgehalt bezogen ist die Schilddrüse mehrmals wirksamer als Thyroxin (R. Hunt, 1923), und Thyroxin in isolierter Form ist wasserunlöslich. Bemerkenswert sind die durch ultraviolettes Licht bewirkten chemischen Umwandlungen der Steroidketone in die dimeren Moleküle (ähnlich wie Anthracen in „Paranthracen" übergeht), wobei die $\alpha.\beta$-ungesättigte Ketongruppierung nicht mehr nachweisbar ist, so z. B. in den Photoprodukten von Cholestenon, Progesteron, Testosteron [A. Butenandt und A. Wolff, B. **72**, 1121 (1939); Butenandt und L. Poschmann, B. **73**, 893 (1940)].

Zwölftes Kapitel.
Vitamine.

Die Entdeckung des Vitamins C knüpft an die schon in früheren Jahrhunderten beobachteten Skorbuterkrankungen an, die namentlich in Kriegszeiten, bei Seefahrten usw. auftraten: beginnend mit Entzündungen des Zahnfleisches und Lockerwerden der Zähne und endigend mit allgemeinem Verfall des Körpers. Man erkannte schon früh, daß nicht Mangel an Nahrung, sondern Mangelhaftigkeit derselben die Schuld an diesen Erkrankungen haben müßte, daß nicht so sehr die Menge, als vielmehr die Art der Nahrungsmittel entscheidend ist. Und bemerkenswert ist es wiederum, wie Instinkt und Erfahrung schon vor langer Zeit die Menschen ein Vorbeugungs- und Heilmittel in den Citrusfrüchten finden ließen. Schon Plinius rühmt die „kalte Natur" des Essigs und des Saftes der Citronen; im XIII. Jahrhundert

wird in Italien Zucker mit Wein oder Citronensaft empfohlen, und
Conrad v. Megenberg (um 1350) berichtet über die „Früchte vom
Orangenbaum, deren Saft man in Welschland gegen die Hitze zur
Sommerszeit trinkt".

In dem 1582 gedruckten und Paracelsus zugeschriebenen Werk
„Thesaurus chemicorum" steht das folgende Rezept: „Limonen aus-
gezogen in ein rein vas, darein leg goltfeil; wird uber nacht wasser;
das ist gut für den aussaz und behelt ein menschen jung." Hier treffen
wir die Kombination des vitaminreichen Zitronensaftes mit Spuren
des (kolloidalen) Goldes als Stärkungsmittel an. Rud. Glauber verfaßt 1657 einen „Trost den Seefahrenden" und empfiehlt die Malzwürze als Nahrung und Vorbeugungsmittel bei Skorbut. Um 1700
ist es der große Leibniz, der nach Mitteln ausschaut, um Truppen
bei langen Märschen oder sonstigen großen Anstrengungen frisch und
leistungsfähig zu erhalten, er empfiehlt als ein besonders wirksames
Mittel zur Stärkung Erschöpfter und Übermüdeter Zuckerwasser mit
dem Saft von Citronen, „die aus Spanien jetzt wohlfeil zu beziehen
sind". Um 1720 weist der österreichische Militärarzt Kramer auf die
Notwendigkeit von frischem Obst und Gemüse hin; der Weltumsegler
J. Cook (um 1775) bewahrt durch frische Citronen seine Mannschaft
vor dem Skorbut, und seit 1804 weiß man, daß gerade durch die
Verabreichung von Citronensaft der Skorbut vermieden oder geheilt
werden kann. Es muß also in dem Saft der Citrusfrüchte ein besonderer Stoff oder ein Stoffkomplex vorhanden sein, welcher das Auftreten des Skorbuts verhindert.

Jüngeren Datums ist der Weg, der über die Beriberi-Krankheit
zu den Vitaminen führte. Diese Krankheit kommt in den reiskonsumierenden Ländern Asiens vor, sie äußert sich in Mattigkeit, Lähmung
der unteren Extremitäten usw. und tritt bei einseitiger Ernährung
durch polierten Reis auf. Zuerst stellte der japanische Arzt Takaki
(1885) fest, daß die Erkrankung geheilt wird, wenn man der Nahrung
die vorher entfernte Reiskleie wieder zufügt. In ein neues Stadium
trat dieser Problemkomplex, als Christ. Eykman (1897) im Tierversuch — bei Hühnern und Tauben — durch Fütterung mit poliertem
Reis künstlich Beriberi erzeugen und durch Ernährung mit rohem
ungeschälten Reis die polyneuritischen Symptome beheben konnte:
er ermittelte, daß in der Reiskleie, also in den minderwertigen
Abfallprodukten, jener Stoff vorhanden ist, der nun zusammen mit
dem krankmachenden polierten Reis das Auftreten der Lähmungs-
erscheinungen bei Hühnern verhindert, bzw. sogar die ausgebrochene
Erkrankung zu heilen vermag. Trotzdem sah Eykman hierin nicht
den Hinweis auf einen besonderen wirksamen Stoff, sondern nahm
einen Nahrungsdefekt in den Mineralstoffen an. Holst und Fröhlich
(1907—1912) erzeugten dann experimentell am Meerschweinchen

Skorbut und führten einen Tiertest (Verlauf der Gewichtskurve) für die Auswertung des den wirksamen Stoff enthaltenden Extraktes oder Konzentrats ein. Es folgten die Versuche von W. Stepp (1909; 1911/12) mit Mäusen, deren Wachstum bei lipoidfreier Nahrung studiert wurde. sowie die Versuchsreihen von F. G. Hopkins (1912) an rachitischen Ratten (mit Futtergemischen aus reinsten Nährstoffen); Hopkins zeigte, daß die Milch, bzw. ein in ihr enthaltener Stoff, für das Wachstum junger Ratten erforderlich ist („Feeding Experiments Illustrating the Importance of Accessory Factors in Normal Dietaries". 1912). Zu dieser Zeit (1912) war es, daß Cas. Funk vermeinte, den gegen Beriberi wirksamen Stoff aus Reiskleie isoliert zu haben und dafür den Namen „Vitamin" schuf (für dasselbe gab er die Zusammensetzung $C_{26}H_{20}O_9N_4$ an; 1913). Gleichzeitig fanden E. V. McCollum und M. Davis die Fettlöslichkeit des in der Milch vorhandenen Vitamins (1913), daneben auch ein in Wasser lösliches (1915), denen sie nun die Bezeichnungen Vitamin A und Vitamin B beilegten. Einen neuen Impuls erhielt das fettlösliche Vitamin A durch die Beobachtung von Steenbock u. P. W. Boutwell (1920), daß es im Lebertran vorkommt und sich in dessen unverseifbaren Anteilen anreichert. Die Untersuchung des wasserlöslichen Vitamins B durch J. Goldberger und Mitarbeiter (1924 bis 1926) ergab, daß dasselbe mindestens aus zwei Stoffen besteht, und zwar Vitamin B_1 als ein antineuritisches (Anti-Beriberi-) Vitamin, und Vitamin B_2 als ein antidermatisches (oder Anti-Pellagra-) Vitamin. Das antiskorbutische (und wasserlösliche) Vitamin erhielt nun die Bezeichnung Vitamin C.

Ein Vitamin D wurde von E. Mellanby (1918/19) eingeführt, indem er die Rachitis als eine Mangelkrankheit ansah, Vitamin D ist das antirachitische Vitamin. Demgegenüber wurde durch K. Huldschinsky (1919) eine physikalische Heilmethode (durch Ultraviolettbestrahlung der rachitischen Kinder) ausgeübt: neben die Diätbehandlung trat die Lichtbehandlung der Rachitis. Durch Beobachtungen von H. Steenbock und A. Black (1924) wurde zugunsten der Lichttherapie nachgewiesen, daß die Bestrahlung mit einer (Quecksilber-) Quarzlampe einem inaktiven Muskel Wachstum verleiht, und so machten Steenbock und Heß (1924) den kühnen und erfolgreichen Schritt, die ganze Diät und insbesondere ihre Fettbestandteile zu bestrahlen [1]), wobei die Resultate günstig ausfielen und auf eine Photosynthese des antirachitischen, fettlöslichen Vitamins D hinwiesen. Eine Triplizität der Ereignisse trat 1925 ein: drei Gruppen [2]) von Forschern entdeckten gleichzeitig und unabhängig die Tatsache, daß

---

[1]) H. Steenbock: Science **60**, 224 (1924); A. F. Heß: Science **60**, 269 (1924).
[2]) H. Steenbock u. A. Black: J. Biol. Chem. **64**, 263 (1925); A. F. Heß, M. Weinstock u. D. Helman: J. Biol. Chem. **63**, 303 (1925); O. Rosenheim u. T. A. Webster: Lancet **208**, 1025 (1925).

Cholesterin (oder Phytosterin) durch Bestrahlung antirachitische Eigenschaften erwirbt. Hieraus ergab sich, daß in gewissen Fetten und deren Sterinen eine unwirksame Vorstufe des Vitamins D, ein „Provitamin" vorhanden sei. O. Rosenheim u. T. A. Webster[1]) fanden (1926), daß ein aus Schwämmen isoliertes Sterin, d. h. Ergosterin. nach der Bestrahlung höchst wirksam werde, andererseits daß Cholesterin eine Verunreinigung mit sich führe, die nicht durch Kristallisation, wohl aber durch Bromierung entfernt wurde: das aus dem Dibromid zurückgewonnene Cholesterin konnte durch Bestrahlung nicht mehr antirachitisch gemacht werden [2]). Die gleichzeitigen Untersuchungen von Windaus[3]) und Heß, sowie von Rosenheim[4]) und Webster machten es wahrscheinlich, daß diese das gewöhnliche Cholesterin begleitende Verunreinigung vermutlich Ergosterin ist. Eine wesentliche Klärung wurde durch die Zuhilfenahme des Ultraviolettabsorptionsspektrums erbracht. Durch die gleichzeitigen Untersuchungen (1927) von R. Pohl, Windaus und Heß[3]), Rosenheim[4]) und Webster, J. M. Heilbron ergab sich, daß das Ergosterin tatsächlich eine mit dem „Provitamin" übereinstimmende Ultraviolettabsorption zeigt, auch chemisch sich wie dieses verhält und durch Bestrahlung eine Verschiebung der Absorption nach dem kurzwelligen Teil des Ultravioletts, also in das für Vitamin D charakteristische Gebiet erleidet. Damit schien das ganze Problem auf eine einfache experimentelle Grundlage gestellt: bekannt war der Ausgangsstoff, d. h. Ergosterin [gewinnbar aus Mutterkornfett nach Tanret (1908), aus Pilzfetten, aus Hefefett nach J. McLean (1920)], bekannt war das die Umwandlung zum Vitamin D bewirkende Agens, bekannt waren auch die physikalischen und physiologischen Untersuchungsmethoden, und die Isolierung des reinen kristallisierten Vitamins D stellte sich als eine relativ einfache Aufgabe der präparativen Chemie dar. Diesem einfachen Arbeitsschema gegenüber erwies sich die Wirklichkeit als viel komplizierter, und erst jahrelange mühevolle Untersuchungen brachten Klarheit in die Photosynthese des Vitamins D, wobei man erkannte, in wie erheblichem Maße die photochemische Umwandlung Ergosterin → Vitamin D von der Bestrahlungsart und -dauer abhängt und durch die Bildung von Zwischenprodukten verwickelt wird: die Größe des optischen Drehungsvermögens, des Ultraviolett-Absorptionsvermögens und der antirachitischen Wirksamkeit erlitt während der Bestrahlung die auffallendsten Änderungen, indem die Bestrahlung des Ergosterins sogar zu giftigen Produkten hinführte (1928 f.). Erst 1931 war die Reindarstellung des Vitamins D so weit gediehen

---

[1]) Rosenheim u. Webster: Biochem. J. **20**, 537 (1926).
[2]) Rosenheim u. Webster: J. Soc. Chem. Ind. **45**, 932 (1926).
[3]) Windaus u. A. F. Heß: Nachr. d. Gesellsch. Wiss. Göttingen **175** (1926).
[4]) Rosenheim u. Webster: Biochem. J. **21**, 127, 389 (1927).

daß gleichzeitig und unabhängig in England, Holland und Deutschland nach verschiedenen Methoden gewonnene Präparate bekannt wurden, und zwar von der gleichen Zusammensetzung $C_{27}H_{42}O$ und sämtlich stark antirachitisch:

1. das „Calciferol" genannte Präparat von T. C. Angus[1]) und Mitarbeitern, mit hochantirachitischen Eigenschaften; durch wiederholte Destillation im Hochvakuum gewonnen, zeigte es den Schmelzp. 123—125⁰, eine starke Rechtsdrehung und eine Ultraviolettabsorption bei 270 mμ;

2. ein von Reerink[2]) und Mitarbeitern beschriebenes Präparat, dessen Schmp. 115—117⁰ und dessen Rechtsdrehung erheblich geringer als bei 1. war;

3. ein von A. Windaus[3]) isoliertes Präparat, Vitamin D_1, das auf chemischem Wege gereinigt worden war [und zwar durch Trennung gewisser die Kristallisation erschwerenden Beimengungen durch Addition an Malein- oder Citraconsäureanhydrid[4])], sein Schmp. war 124 bis 125⁰, es war rechtsdrehend und der Größe nach zwischen 1. und 2. liegend, die maximale Ultraviolettabsorption war bei 265—270 mμ. Gleichzeitig konnte Windaus mitteilen (S. 269), daß neben dem durch langwellige Strahlen erhaltenen Vitamin D_1 noch ein Isomeres entsteht. wenn Ergosterin mit dem unfiltrierten Magnesiumlicht bestrahlt wird. Die Aufklärung der Wechselbeziehungen zwischen all diesen Präparaten, sowie die grundlegende Erforschung des Vitamins D (bzw. D_2) führte nun Windaus[5]) mit seinen Mitarbeitern durch.

Vitamin D_2. Das reine „Vitamin D_2" schmilzt bei 115—116⁰, ist in organischen Lösungsmitteln leichter löslich als Vitamin D_1, es ist rechtsdrehend wie dieses, doch von geringerer spezifischer Drehung, und sein charakteristisches Absorptionsmaximum liegt ebenfalls bei 265 mμ. Das ursprüngliche „Calciferol" ähnelt stark dem Vitamin D_1 und letzteres erwirbt beim Erhitzen die Hochdrehung von „Calcoferol alt". Daß dieses entweder eine Additionsverbindung, feste Lösung od. dgl. von reinem „Calciferol" (= Vitamin D_2) und einem sehr hochdrehenden „Pyrocalciferol"·ist, zeigten Angus und Mitarbeiter (1931). „Vitamin D_2" hat sich beim direkten Vergleich mit diesem reinen „Calciferol neu" sowohl im Spektrum, in der Drehung und Absorption, als auch in der antirachitischen Wirkung als identisch erwiesen[5]). Die antirachitische Wirksamkeit des Vitamins D_2, sowie

[1]) T. C. Angus, F. A. Askew, R. B. Bourdillon, H. M. Bruce, R. K. Callow, C. Fischmann, J. St. L. Philpot u. T. A. Webster: Proc. R. Soc. B. 107, 76 (1930); 108, 340, 568 (1931); 109, 488 (1932).

[2]) E. H. Reerink u. A. van Wijk: Biochem. J. 23, 1294 (1929); 25, 1001 (1931).

[3]) Windaus, A. Lüttringhaus u. M. Deppe: A. 489, 252 (1931); s. auch 488, 17 (1930).

[4]) Nach O. Diels u. K. Alder, vgl. Z. angew. Chem. 42, 911 (1929); Windaus: B. 64, 850 (1931).

[5]) Windaus, O. Linsert, A. Lüttringhaus u. G. Weidlich: A. 492, 226 (1932).

die Genauigkeit und Empfindlichkeit der Testmethode werden ersichtlich,. wenn wir erfahren, daß im Rattenversuch noch 0,01 γ (1 γ = $^1/_{1000}$ mg) gut erkannt und bestimmt werden können. Das genaue Studium der Bestrahlungsprodukte[1]) des Ergosterins (mit Magnesiumfunken) führte zur Entdeckung einer ungewöhnlich zahlreichen photochemischen Reihe von isomeren Verbindungen, die nacheinander entstehen und rein darstellbar sind, und zwar [2]):

	Provitamine					
	Ergosterin	→ Lumisterin	→ Tachysterin	→ Vitamin D$_2$	→ Toxisterin	→ Suprasterin I und II
Opt. Drehung . . .	l	d	l	d	l	l d
Ultraviol.-Absorpt.-Maxim..		(280 mμ)	bei 280 mμ	bei 265 mμ	bei 250 mμ	oberhalb 240 mμ
Physiol. Wirksamk.	unwirks.	unwirks.	unwirks.	hochwirks. (antirach.)	äußerst giftig	keine Absorption antirach. unwirks. toxisch
Anzahl von Doppelbindungen . . .	3	3[3])	4[3])	4[3])		

Unter der Bezeichnung „Vigantol" (I.G. Farbenind., E. Merck), „Calciferol" (England), „Viosterol", „Radiosterol", „Präformin" u. a. wird Vitamin D$_2$ therapeutisch und prophylaktisch verwendet.

Das Ergosterin kann als ein Schulbeispiel dafür dienen, wie ein Stoff, der noch vor einem Jahrzehnt das bescheidene Dasein einer chemischen Kuriosität geführt hat und in den Lehrbüchern der organischen Chemie kaum erwähnt wurde, plötzlich zum Mittelpunkt internationaler wissenschaftlicher Forschung von Chemikern und Medizinern werden kann, um alsdann ein Ausgangsmaterial für die chemische Veredelungsindustrie und durch sie ein neues kostbares Heilmittel zu werden; die volkswirtschaftliche Bedeutung desselben wird noch dadurch gesteigert, daß das Vitamin D$_2$ zur Bekämpfung der Rachitis oder englischen Krankheit dient, die gerade den jungen Nachwuchs schädigt.

Wie und von welcher Problemgruppe her erfolgte diese Wandlung?

Es waren das Cholesterin und die Gallensäuren, die bei der wissenschaftlichen Entschleierung der so ungewöhnlichen Vorgänge mit dem Ergosterin eine Schlüsselstellung einnahmen.

Sterine und D-Vitamine.

Der Pariser Apotheker Ch. Tanret (1847—1917) entdeckt 1888 (C. r. **108**, 98) im Fett des Mutterkorns einen neuen Stoff, den er Ergosterin nennt, seine chemische Zusammensetzung wird durch die Formel $C_{26}H_{40}O$ ausgedrückt und der Schmp. 154⁰ nebst starker

---

[1]) Windaus und Mitarbeiter: Zit. S. 226 und A. **493**, 259 (1932); **499**, 188 (1933): Z. physiol. Chem. **215**, 183.

[2]) Vgl. auch O. Linsert (Elberfeld): Medizin und Chemie, II. Bd. S. 281. Leverkusen 1934.

[3]) K. Dimroth: B. **68**, 539 (1935); H. Lettré: A. **511**, 280 (1934).

Linksdrehung mitgeteilt. Zwanzig Jahre später veröffentlicht Tanret eine erneute Untersuchung (1908), worin dem Ergosterin die Formel $C_{27}H_{42}O$ (Schmp. 165⁰) erteilt und neben ihm noch das „Fungisterin" $C_{25}H_{40}O$ (Schmp. 144⁰) aus dem Mutterkornfett isoliert wird. Das wissenschaftliche Interesse für das Ergosterin blieb nach wie vor gering; noch 1928 schrieb man ihm die Formel $C_{27}H_{42}O$ zu. Es war der Weg über das Cholesterin, welcher auch in die Konstitutions-erforschung des Ergosterins einmündete und ihm die Formel $C_{28}H_{44}O$ zuwies.

Cholesterin war bereits 1775 von Conradi (Dissert., Jena) und 1788 von F. A. C. Gren (Dissert. Halle) in den Gallensteinen gefunden und 1815 von Chevreul in Kristallform (Schmp. 137⁰) rein dargestellt worden; seine weite Verbreitung in den Pflanzensamen glaubte 1862 Beneke in Gießen festgestellt zu haben. Demgegenüber nahm O. Hesse (1878) in den Pflanzen ein linksdrehendes „Phytosterin" $C_{26}H_{44}O$ (Schmp. 133⁰, unkorr.) an und erteilte dem Cholesterin die Formel $C_{25}H_{42}O$ (Schmp. 145—146⁰); Gerhardt hatte die Formel $C_{26}H_{44}O$ gewählt. Der russische Chemiker P. Latschinoff (1837 bis 1891) beginnt (nach 1875) eine systematische Untersuchung des Cholesterins mit der Formel „$C_{25}H_{42}O$"; es folgt die Reihe der Unter-suchungen des Cholesterins (1894—1903, 1906—1909) von J. Mauthner (1852—1917) und W. Suida, die zuerst mit der Formel „$C_{27}H_{46}O$", dann auf Grund neuer Analysen mit der Cholesterinformel „$C_{27}H_{44}O$ arbeiten.

Im Jahre 1903 treten nun zwei neue Forscher an die Konstitutions-aufklärung des Cholesterins heran, und jeder von ihnen hat in seiner Weise bahnbrechend gewirkt. — „Über Cholesterin", so lautete die Habilitationsschrift von A. Windaus (Freiburg i. Br. 1903), sowie die Veröffentlichung aus der medizinischen Abteilung des Uni-versitätslaboratoriums zu Freiburg i. Br. [B. 36, 3752 (1903)]; in der III. Mitteil. wird das „Cholesterin $C_{27}H_{44}O$ als kompliziertes Terpen charakterisiert" [B. 37, 3700 (1904)]. Und im Jahre 1903 erscheint auch die erste (gemeinsam mit E. Abderhalden) ausgeführte Arbeit von O. Diels aus dem I. Berliner Universitätslaboratorium „Über den Abbau des Cholesterins" [B. 36, 3177 (1903); s. auch 45, 2228 (1912)]. Die Strukturforschung stand damals im Banne des oxydativen Abbaus. In der XII. Mitteil. [B. 42, 3770 (1909)] konnte Windaus bereits die Formel des „Cholesterins $C_{27}H_{46}O$" auflösen in:

$$(CH_3)_2CH \cdot CH_2 \cdot CH_2 \cdot C_{17}H_{26} \cdot CH:CH_2$$

$$H_2C \underset{\underset{H}{\overset{\displaystyle |}{C}}}{\overset{\diagup \diagdown}{}} CH_2$$
$$H \qquad OH$$

Im selben Jahre hatte er in dem Digitonin einen Körper entdeckt, der mit den Sterinen schwerlösliche Molekularverbindungen 1:1 gibt

(s. S. 155), daher zur Reinigung und Bestimmung der Sterine dienen kann [B. 42, 238 (1909)]. In der XXVI. Mitteil. [B. 52, 162 (1919)] ist bereits die Konstitutionsermittelung des Cholesterins zu der Erkenntnis zweier Ringe im Grundgerüst vorgedrungen, wovon Ring 1 ein Sechsring, Ring 2 ein Fünfring ist, und die Formel des Cholesterins ist nunmehr:

$$C_{18}H_{35}$$

(1919.)   [1917; B. 50, 135 [1]).]

Gleichzeitig (XXVII. Mitteil., B. 52, 170) wird die Isomerie zwischen Cholesten $C_{27}H_{46}$ und Pseudo-cholesten (J. Mauthner), sowie Cholestan $C_{27}H_{48}$ und dem diastereomeren Pseudo-cholestan geklärt. Das Jahr 1919 erwies sich insbesondere noch dadurch bedeutsam, daß es den experimentellen Beweis für die Zusammengehörigkeit von Cholesterin und Cholsäure brachte: A. Windaus und K. Neukirchen [B. 52, 1915 (1919)] konnten zeigen, „daß die Cholsäure ein durch Oxydation gebildetes Abbauprodukt des Cholesterins ist". Das Cholesterin als ein einwertiger, einfach ungesättigter sekundärer Alkohol $C_{26}H_{47}O$ und die gesättigte Trioxy-monocarbonsäure „Cholsäure $C_{24}H_{40}O_5$" als die wichtigste Gallensäure gehören also strukturell zusammen. Auf dem Gebiete der Gallensäurenforschung hatte nun seit 1912 eine selbständig fortschreitende Aufklärungsarbeit durch Heinr. Wieland eingesetzt [vgl. H. 80, 290 (1912)].

Gallensäuren.

Die physiologische Bedeutung der Galle war schon in alter Zeit erkannt worden [2]). Die wissenschaftliche Untersuchung, und zwar mit der Isolierung einzelner Gallensäuren, beginnt bereits Anfang des XIX. Jahrhunderts mit Thénard („Choleinsäure", 1806), Berzelius („Gallenstoff", 1814), Leop. Gmelin („Cholsäure", 1824), Demarçay (eine andere „Cholsäure", 1838). Einen Fortschritt brachten die Untersuchungen von A. Strecker (1848), der die Gmelinsche „Cholsäure" als Glykocholsäure, die Demarçaysche „Chol-

---

[1]) Es sei hervorgehoben, daß die Mikroanalyse von Pregl (s. S. 3) schon 1915 zur Mitwirkung bei der Erforschung der Sterine herangezogen wurde [A. Windaus: B. 48, 860 (1915); 50, 137 (1917)].

[2]) Als Arznei wird die Galle schon im alten Pharaonenreich benutzt; die erste deutsche Naturforscherin Hildegard von Bingen (XII. Jahrh.) empfiehlt die Galle der Fische gegen Augenleiden; in der alten „materia medica" tritt die Galle als Heilmittel gegen Epilepsie, Krebs, Augen- und Ohrenleiden usw. entgegen.

säure" als Cholalsäure $C_{24}H_{40}O_6$ erkannte und die Choleinsäure
= Taurocholsäure isolierte, sowie durch Alkalispaltung aus der Glyko-
cholsäure Glykokoll, aus der Taurocholsäure Taurin (von L. Gmelin
und Tiedemann 1824 entdeckt) neben der Cholalsäure abschied.
Durch Hoppe-Seyler wurde (1859, 1863 u. f.) in der optischen
Rechtsdrehung der Gallensäuren (Gykocholsäure, Cholalsäure) ein
neues physikalisches Kennzeichen erschlossen. Die Cholsäure bzw.
Cholalsäure wurde dann in dem achten Jahrzehnt des vorigen Jahrhunderts ein Mittelpunkt der chemischen Arbeiten, so z. B. bei F.
Baumstark (1873), H. Tappeiner (1873), G. Hüfner (1874), Latschinoff (1877), O. Hammarsten (1881). Latschinoff hatte (1885)
eine „Choleinsäure" entdeckt, F. Mylius isolierte (1886) aus der Galle
eine neue Säure „Desoxycholsäure" $C_{24}H_{40}O_4$, die als ein Isomeres
der „Choleinsäure" angesehen wurde, bis es Wieland [1]) (1916) gelang,
sie als ein merkwürdiges Additionsprodukt der Myliusschen Säure
mit höheren Fettsäuren [2]) zu erkennen. Diese Additionsfähigkeit der
Desoxycholsäure fanden Wieland und Sorge [1]) auch gegenüber den
aromatischen Kohlenwasserstoffen, Aldehyden, Säuren, sowie Phenol,
Salol, Campher, Cholesterin, und sie faßten die „Choleinsäure" als
Typus besonderer und biologisch wichtiger Kombinationsprodukte
(„Choleinsäureprinzip"; s. S. 155) auf. Eine eigenartige Additionsverbindung hatte bereits Mylius (1887) in der blaugefärbten Jodcholsäure
$(C_{24}H_{40}O_5 \cdot I)_4 \cdot HI, H_2O$ entdeckt (s. S. 669). Eine neue Monocarbonsäure
wurde von H. Fischer (1911) in den Rindergallensteinen gefunden:
„Lithocholsäure" $C_{24}H_{40}O_3$. Die erwähnte Fähigkeit der Gallensäuren
zu Additionsprodukten (infolge von An- und Einlagerungen) hat einerseits den älteren Arbeiten einen gewissen Stempel von Unsicherheit
aufgedrückt, andererseits hat sie zur technischen Darstellung von einzelnen medizinischen Kombinationsprodukten hinübergeleitet (z. B.
zum „Cadechol" aus Campher und Desoxycholsäure, von Boeh-
ringer & Sohn, 1920), damit wurden neue Heilmittel geschaffen
und die technische Darstellung der Gallensäuren lieferte weiterhin
das für die wissenschaftliche Konstitutionsforschung notwendige Ausgangsmaterial. Die Cholsäure $C_{24}H_{40}O_5$ und die Cholansäure [3])
$C_{24}H_{40}O_2$ (Wieland) hatten ebenfalls jenen gemeinsamen C_{24}-Rest,
der sich aber von dem C_{27}-Rest des Cholesterins $C_{27}H_{45}OH$ unterschied. Trotzdem waren wiederholt Vermutungen über den chemischen
bzw. genetischen Zusammenhang zwischen Gallensäuren und Cholesterin geäußert worden, zumal beide Stoffe ähnliche Farbenreaktionen
aufwiesen [3]). Beiden konnte daher ein ähnliches oder gleiches Gerüst
von ungesättigten Ringen zugrunde gelegt werden.

---

[1]) Wieland u. H. Sorge: H. 97, 1 (1916).
[2]) Vgl. auch H. Rheinboldt: H. 180, 180 (1929). Siehe auch H. 260, 279 (1939).
[3]) Wieland u. Fr. J. Weil: H. 80, 290 (1912); J. Lifschütz: B. 47, 1459 (1914).

Im Jahre 1919 konnte nun A. Windaus (mit K. Neukirchen), wie vorhin erwähnt, die Brücke zwischen Cholesterin und Cholsäure schlagen:

$$HC(CH_3)_2 \cdot CH_2 \cdot C_{23}H_{36}OH \rightarrow HC(CH_3)_2 \cdot CH_2 \cdot C_{23}H_{39} \quad COOH \cdot C_{23}H_{33} \xrightarrow{(-3 H_2O)} COOH \cdot C_{23}H_{36}(OH)_3$$

(Cholesterin $C_{27}H_{45}OH$) (Cholestan $C_{27}H_{48}$) (Cholatriensäure) (Cholsäure)

$$\downarrow + H_2 \qquad\qquad\qquad\qquad\qquad\qquad \downarrow + 6 H$$

$$HC(CH_3)_2 \cdot CH_2 \cdot C_{23}H_{38}OH \rightarrow HC(CH_3)_2 \cdot CH_2 \cdot C_{23}H_{39} \xrightarrow{+4 O} COOH \cdot C_{23}H_{39}$$

Koprosterin[1]) $C_{27}H_{47}OH$ $\underset{\leftarrow}{\cdot)}$ (Ψ-Cholestan = Koprostan) $\overset{2)}{\underset{\leftarrow}{}}$ Cholansäure

Gleichzeitig stellte Windaus[3]) (1919) erstmalig die aufgelöste Vierringformel des Cholesterins auf (A); ihr folgte bald die Vierringformel von Wieland[2]) (B) und die Konstitutionsformel für Cholsäure (C).

Windaus[4]) (1919). Cholesterin

Wieland (1926).

Cholsäure (Wieland, 1928).

Von grundlegendem Einfluß wurden nunmehr die Untersuchungen von O. Diels über die Dehydrierungsprodukte des Cholesterins: bei

---

[1]) Das Koprosterin wurde 1896 von St. v. Bondzynski in den Faeces entdeckt.

[2]) Wieland, O. Schlichting u. R. Jacobi: H. 161, 80 (1926); B. 59, 2064 (1926). Die grundlegenden Untersuchungen Wielands (seit 1912) finden eine Zusammenfassung in seinem Nobel-Vortrag (1928): „Die Chemie der Gallensäuren"; s. auch Z. f. angew. Chem. 42, 421 (1929), sowie in dem Vortrag B. 67 (A), 27 (1934): „Die Konstitution der Gallensäuren"; vgl. auch E. Dane: Z. angew. Chem. 47, 351 (1934). Die LVII. Mitteil. von Wieland „Über die Gallensäuren" [mit W. Seibert: H. 262, 1 (1939)] beschäftigt sich mit der Trennung der Inhaltsstoffe der Rindergalle.

[3]) Windaus: Nachr. Kgl. Ges. d. Wissensch. Göttingen 1919, 237.

[4]) Windaus: Nachr. Kgl. Ges. d. Wissensch. Göttingen 1919, 287.

der Dehydrierung von Cholesterin mit Palladiumkohle entstand als Hauptprodukt Chrysen[1]), dessen Bildung mit den obigen Formeln schwierig zu vereinigen ist; bei der Dehydrierung von Cholesterin, Cholesterylchlorid und Cholsäure mit Selen erhält man ebenfalls Chrysen, daneben aber noch (1927) zwei charakteristische Kohlenwasserstoffe $C_{16}H_{18}$ (Schmp. 125—126⁰) und $C_{25}H_{24}$ (Schmp. 219⁰), die letzteren wurden auch bei der Dehydrierung des Ergosterins mit Selen erhalten (1930). Dieser Kohlenwasserstoff „Sterin-$C_{18}H_{16}$" ist dann auch von L. Ruzicka (und G. Thomann)[2]) untersucht, bzw. synthetisiert worden, auch G. A. R. Kon[3]), J. W. Cook[4]) und C. L. Hewett, sowie H. Hillemann[5]) haben dessen Synthese ausgeführt.

Zu diesem Zeitpunkt (1932) der Konstitutionsforschung in der Cholanreihe (Sterine, Gallensäuren) erfolgte ein Eingriff in die bisherigen Formulierungen der Ringsysteme, der von außerordentlich befruchtender Wirkung sich erwies. O. Rosenheim und H. King[6]) hatten gerade das Auftreten des Chrysens (s. oben) als nicht vereinbar mit den bisherigen Ringgerüsten bezeichnet und darauf, sowie auf die ebenfalls eine andere Formulierung fordernden Röntgenogramme J. D. Bernals von Chrysen und Cholesterin (Cholsäure) und auf das Ultraabsorptionsspektrum von „Sterin-$C_{18}H_{16}$" fußend, einen perhydrierten Chrysenring A, kurz nachher das Grundgerüst B mit dem Fünfring IV vorgeschlagen:

C.
„Sterin-$C_{18}H_{16}$".

Der Kohlenwasserstoff „$C_{18}H_{16}$" wurde als γ-Methyl-1,2-cyclopenteno-phenanthren gedeutet. Zum gleichen Grundgerüst B gelangten unabhängig (1932) auch Wieland[7]) und E. Dane für die Gallensäuren, und gegenwärtig ist es allgemein angenommen. Den experimentellen Vergleich des synthetischen Kohlenwasserstoffs $C_{18}H_{16}$ mit seinem „Sterin-$C_{18}H_{16}$" führten Diels[8]) und Rickert (1935) durch: das

[1]) Diels u. W. Gädke: B. 60, 140 (1926); Dieselben u. P. Körding: A. 459, 1 (1927); O. Diels u. A. Karstens: A. 478, 129 (1930).
[2]) Ruzicka u. Thomann: Helv. chim. Acta 16, 216 (1933), 812; vgl. dazu O. Diels: B. 66, 487, 1122 (1933); 67, 113 (1934); vgl. auch [5]).
[3]) Kon: Journ. Chem. Soc. 1933, 1081; s. auch S. H. Harper, Kon u. F. C. J. Ruzicka: J. Chem. Soc. 1934, 124; L. Ruzicka: Helv. chim. Acta 17, 200 (1934).
[4]) Cook u. Hewett: Chem. and Ind. 52, 451 (1933); J. Chem. Soc. 1933, 1098.
[5]) H. Hillemann (u. E. Bergmann): B. 66, 1302 (1933); 68, 102 (1935).
[6]) Rosenheim u. King: J. Soc. Chem. Ind. 51, 464, 954 (1932); 1933, 299; 1934, 91, 196; Nature 130, 513 (1932); J. D. Bernal: J. Soc. chem. Ind. 51, 466 (1932).
[7]) Wieland u. Dane: Z. physiol. Chem. 210, 268 (1932); B. 67, (A) 32 (1934).
[8]) Diels u. H.-F. Rickert: B. 68, 267, 325 (1935); vgl. auch Diels Vortrag B. 69 (A), 195 (1936).

„Sterin-$C_{18}H_{16}$" erwies sich als identisch mit dem synthetischen γ-Methyl-1,2-cyclopenteno-phenanthren. (Nur die Kristalle zeigen einen Unterschied; ist „Sterin-$C_{18}H_{16}$" nicht optisch-aktiv, während das synthetische Produkt doch ein Razemkörper ist?) Der Dielssche Kohlenwasserstoff $C_{18}H_{16}$ ist nun noch bei der Dehydrierung von Strophantidin $C_{23}H_{32}O_6$ [Jacobs[1])] und Uzarigenin [Tschesche[2)] erhalten worden, d. h. auch in der Gruppe der Herz-Genine, und er liegt auch zugrunde der Gruppe der Sapogenine; er hat gleichsam ein chemisches Leitfossil für die Zusammengehörigkeit all dieser Gruppen von Naturstoffen abgegeben. Und wenn wir noch darauf hinweisen, daß aus dem Cholestan $C_{27}H_{48}$ (durch Hydrierung von Cholesterin erhalten) durch Oxydation Androstanon[3)] (und aus diesem durch Hydrierung Androsteron = männliches Sexualhormon), und aus dem Stigmasterin (der Sojabohnen) das Corpus-luteum-Hormon dargestellt werden kann[4)], sowie daß auch dieser Gruppe von Hormonen jener Vierring zugrunde liegt, der vermutlich auch das Grundgerüst der Krötengifte[5)] bildet, dann werden wir einen annähernden Begriff von der wissenschaftlichen Reichweite dieses eigenartigen chemischen Formelbildes für die Konstitutionsaufklärung der genannten bedeutsamen Stoffgruppen des Tier- und Pflanzenreiches erhalten. Die folgenden Gruppen von Naturstoffen enthalten das gemeinsame Strukturgerüst D:

CH$_3$ tier. Gallensäuren → Cholesterin → Hormone
H$_3$C (s. S. 759 u. f.),
        pflanzl. Ergosterin → Vitamin D (s. S. 793 u. f.),
        pflanzl. Sterine (Stigmasterin) — Hormone,
        pflanzl. Herzgifte (Sapogenine) → tier. Hautdrüsen
    D. (Krötengift); s. S. 489 u. f.

Das Stigmasterin war als ein neues Phytosterin von Windaus[6)] und A. Hauth (1906) aus Calabar-Bohnen isoliert und durch die Formel $C_{30}H_{48}O$ oder $C_{30}H_{50}O$ gekennzeichnet worden. Erst 1930 tauchten Zweifel an dieser Zusammensetzung auf; die Elementaranalyse und auch die osmotischen Methoden der Molekulargewichtsbestimmung versagen oft für solche hochmolekularen C-H-Verbindungen. So auch im vorliegenden Fall; dagegen lieferte eine quantitative Verseifung des

[1]) W. A. Jacobs: J. biol. Chem. 97, 57 (1932).
[2]) R. Tschesche u. H. Knick: Z. physiol. Chem. 222, 58 (1933); s. auch B. 68, 1412 (1935).
[3]) E. Fernholz u. P. N. Chakravorty: B. 68, 353 (1935); vgl. Ruzicka und Mitarbeiter: Helv. chim. Acta 17, 1389, 1395 (1934), über die Synthese des Androsterons aus epi-Dihydro-cholesterin.
[4]) Fernholz: B. 67, 2027 (1934).
[5]) Wieland, G. Hesse u. H. Meyer: A. 493, 272 (1932); s. auch 513, 1 (1934).
[6]) Windaus u. Hauth: B. 39, 4378 (1906); Windaus u. J. Brunken: Z. physiol. Chem. 140, 48 (1924).

Acetats [nach der Methode von Vesterberg[1]), 1926] das richtige Molekulargewicht und die Formel $C_{29}H_{48}O$ [Sandqvist[1]) und Gorton, 1930]. Nach derselben Methode überprüft nun Windaus[2]) (1932) die rationellen Formeln und findet für Cholesterin $C_{27}H_{46}O$, für Ergosterin und Vitamin $D_2 \ldots C_{28}H_{44}O$, für Stigmasterin $C_{29}H_{48}O$. Entwicklungsgeschichtlich ist die Tatsache dieser Irrungen in den Molekulargewichten und Formeln von Cholesterin, Ergosterin, Stigmasterin einer ernsten Beachtung wert; sie zeigt, wie leicht die gewöhnlich ausreichenden Methoden der Formelbestimmung zu unzulänglichen Ergebnissen führen können, wie schwer solche Irrtümer auszumerzen sind und wie tiefwirkend ihr Einfluß auf die Konstitutionsforschung ist.

Auf Grund des vorhin dargelegten Grundgerüstes (nach Rosenheim-King-Wieland) ist nun das vorbildlich erarbeitete experimentelle Material einerseits von Windaus, andererseits (an den Gallensäuren) von Wieland und ihren Mitarbeitern durch folgende Konstitutionsformeln wiederzugeben (1932—1933):

Cholesterin $C_{27}H_{46}O$:

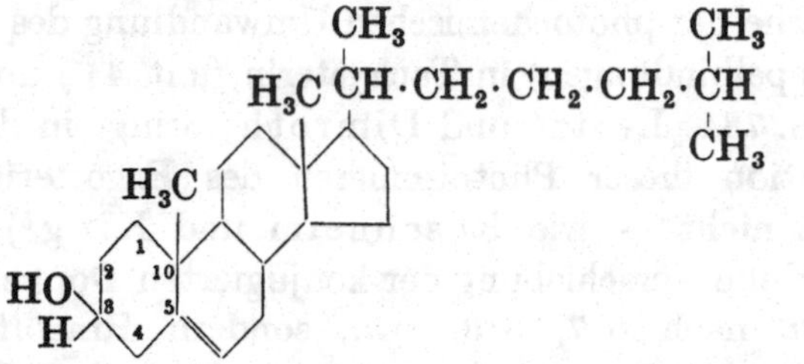

Cholsäure $C_{24}H_{40}O_5$: (3,7,12-Trioxycholansäure)

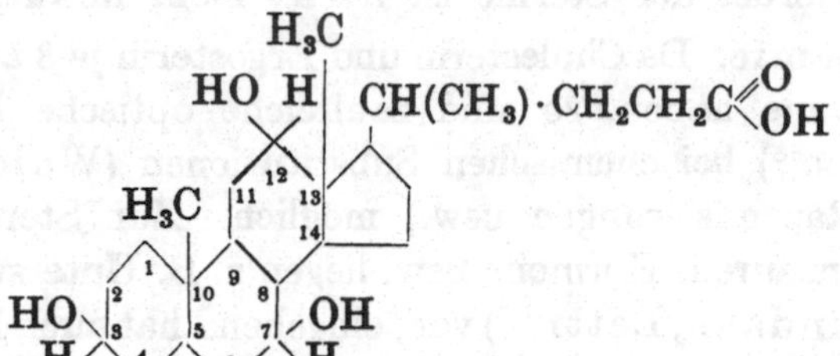

Stigmasterin $C_{29}H_{48}O$:

Androsteron $C_{19}H_{30}O_2$

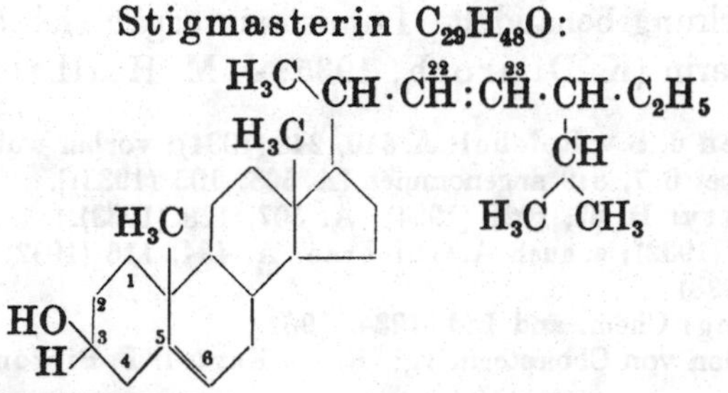

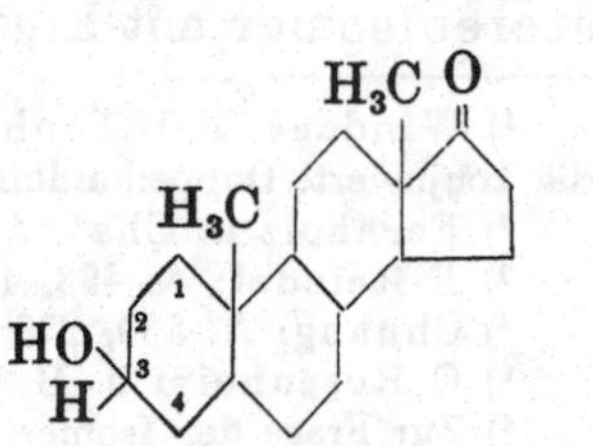

---

[1]) K. A. u. R. Vesterberg. Siehe auch H. Sandqvist u. J. Gorton: B. 63, 1935 (1930).

[2]) Windaus, F. v. Werder u. B. Gschaider: B. 65, 1006 (1932).

Dem Ergosterin $C_{28}H_{44}O$ erteilen Windaus[1]) und Mitarbeiter auf Grund ihrer Untersuchungen die Konstitutionsformel

Der Hydroxylgruppe wird die Stellung C_3 im Ring A, der konjugierten Doppelbindung die Stellung 5,6 und 7,8 im Ring B zugewiesen. Gesichert wurde diese Stellung der HO-Gruppe an C_3 sowohl für das Ergosterin als auch für das Stigmasterin durch E. Fernholz[2]) und Chakravorty (1934), die Seitenkette im Ergosterin hatte F. Reindel[3]) festgelegt (1932). Die Konstitution des gesättigten Stammkohlenwasserstoffs Ergostan $C_{28}H_{50}$ ermittelte C. K. Chuang[4]) (1933).

Die Tatsache der photochemischen Umwandlung des Ergosterins (mit drei Doppelbindungen) in Tachysterin (mit 4 ⌐) und Vitamin D_2 (mit 4 ⌐), s. S. 784, Lettré und Dimroth, bringt in die Frage nach der Konstitution dieser Photoisomeren des Ergosterins ganz neue Momente, da nicht — wie Rosenheim und King[5]) angenommen hatten, eine bloße Verschiebung der konjugierten Doppelbindung etwa von 5:6, 7:8 nach 6:7, 8:9 usw., sondern Ringöffnungen (oder -sprengungen) eingetreten sein müssen, d. h. das Cyclo-pentano-phenanthren-Gerüst der Sterine ist nicht mehr intakt.

Stereochemie. Da Cholesterin und Ergosterin je 8 asymmetrische Kohlenstoffatome haben, so sind zahlreiche optische Isomere bzw. Isomerisationen[6]) bei chemischen Substitutionen (Waldensche Umlagerungen, Razemisierungen usw.) möglich. Zur Stereochemie der Sterine, Gallensäuren, Hormone usw. liegen z. B. Untersuchungen von Wieland, Windaus, Lettré[7]) vor; eingehend hat auch L. Ruzicka[8]) die sterischen Verhältnisse des Ringsystems und deren Beziehungen zu der physiologischen Wirkung behandelt. Lumisterin ergab sich als stereoisomer mit Ergosterin (K. Dimroth, 1935; J. M. Heilbron,

[1]) Windaus, H. H. Innhofen u. S. v. Reichel: A. **510**, 248 (1934); vorher wurde die konjugierte Doppelbindung bei 6:7, 8:9 angenommen [A. **508**, 105 (1933)].

[2]) Fernholz u. Chakravorty: B. **67**, 2021 (1934); A. **507**, 128 (1933).

[3]) F. Reindel: A. **493**, 181 (1932); s. auch A. Guiteras: A. **494**, 116 (1932).

[4]) Chuang: A. **500**, 270 (1933).

[5]) O. Rosenheim u. H. King: Chem. and Ind. **1934**, 196.

[6]) Zur Frage der Isomerisation von Cholesterin vgl. R. de Fazi u. F. Pirrone: Gazz. chim. Ital. **70**, 18 (1940).

[7]) H. Lettré: B. **68**, 766 (1935); s. a. **70**, 450 (1937).

[8]) Ruzicka und Mitarbeiter: Helv. chim. Acta **17**, 1407 (1934); u. **18, 19, 20, 21**.

1935), ebenso mit den beim Erhitzen von Vitamin D_2 (P. Busse, 1933) entstehenden Pyro-Vitaminen „Pyro-calciferol" und „Iso-Pyro-calciferol" [M. Müller, H. **233**, 224 (1935)]. Für diese vier Stereoisomeren geben A. Windaus und K. Dimroth[1]) die sterische Orientierung an den asymm. Kohlenstoffatomen C_9 und C_{10}, — andererseits erörtert J. M. Heilbron[2]) (und Mitarbeiter) die Möglichkeit einer Orientierung an C_3 und C_9 und nimmt die Formeln von Windaus-Dimroth als richtig an. Zur Stereochemie der Sterine und verwandter Naturstoffe äußerten sich auch R. K. Callow und F. G. Young (1936), während V. Caglioti und P. L. Mukherjee[3]) mittels der Fourier-Analyse die Choleinsäure und Desoxycholsäure neubestimmten.

Nun erst war das Tatsachenmaterial so weit angereichert worden, um vom Ergosterin ausgehend die photochemische Reaktionsfolge und die Konstitutionsrätsel aufzuklären. Die Konstitution von Vitamin D_2 (= Calciferol) wurde durch A. Windaus[4]) [mit W. Thiele, A. **521**, 160 (1935); mit W. Grundmann, A. **524**, 295 (1936)], sowie durch J. M. Heilbron (und Mitarbeiter, Soc. **1936**. 905) chemisch sichergestellt, wenngleich gewisse Unstimmigkeiten noch mit den Röntgenmessungen an Kristallen bestehen [J. D. Bernal und D. Crowfoot, J. Soc. Chem. Ind. **54**, 701 (1935)]. Daß auch alle anderen seither als antirachitisch erkannten Vitamine, seien sie in der Natur vorgebildet oder auch durch Bestrahlung der Provitamine gebildet, den gleichen Bau wie das Vitamin D_2 besitzen und nur durch die Seitenkette sich unterscheiden, wurde ebenfalls durch A. Windaus [mit G. Trautmann, H. **247**, 185 (1937); mit M. Deppe und W. Wunderlich, A. **533**, 118 (1938)] nachgewiesen.

---

[1]) Windaus u. K. Dimroth: B. **70**, 376 (1937).

[2]) Heilbron, T. Kennedy, F. S. Spring u. G. Swain: Soc. **1938**, 869; vgl. jedoch Kennedy u. Spring: Soc. **1939**, 250.

[3]) Caglioti u. Mukherjee: Gazz. chim. ital. **69**, 245 (1939).

[4]) Zusammenfassungen seiner grundlegenden Forschungen hat A. Windaus gegeben in seinem Nobel-Vortrag (1928); „Über die Sterine und über ihren Zusammenhang mit anderen Naturstoffen," sowie in dem Bericht (Nachr. d. Kgl. Ges. d. Wissensch. Göttingen, Math.-phys. Kl., III., Bd. 1, 59—83. 1935): „Sterine als Ausgangsstoffe für Hormone, Vitamine und andere physiologisch wichtige Verbindungen." — Eine Serienuntersuchung über die Synthese sterinähnlicher Substanzen hat Rob. Robinson beigesteuert (XXVIII. Mitteil., Soc. **1939**, 1739). Er äußert die Ansicht, daß die Biogenesis der Sterine im Tierkörper stufenweise aus α- oder α,α'-substituierten Acetonen durch Aneinanderlagerung hervorgeht (XIV. Mitteil., Soc. **1937**, 53). Grundlegende Untersuchungen in der Sterinreihe wurden auch von J. M. Heilbron geliefert (z. B. XXXVIII. Mitteil., Soc. **1938**, 1406). Ebenso haben R. E. Marker u. E. Rohrmann zahlreiche Mitteilungen über die Sterine beigesteuert [69. Mitteil., Am. **61**, 2072 (1939)]; synthetische Studien in der Sterin- und Sexualhormongruppe haben Chung-Kong Chuang, Yao-Tseng Huang und Mitarbeiter [seit 1937; III. Mitteil., B. **72**, 949 (1939)] ausgeführt, während G. Haberland [seit 1936; IV. Mitteil. B. **72** 1222 (1939)] Versuche zur Synthese natürlicher Sterine unternommen hat. Einen Überblick über die „Synthesen in der Reihe der Steroide" hat E. Dane gegeben [Z. angew. Chem. **52**, 655 (1939)]. K. Miescher und A. Wettstein haben ihre Studien über „Steroide" (s. S. 775) auch auf „Homologe der Keimdrüsenhormone" ausgedehnt [vgl. die 28. Mitteil. Helv. **23**, 1371 (1940)].

Synthetische Versuche zur Darstellung der antirachitischen Vitamine wurden von K. Dimroth [B. **71**, 1333, 1346, 2658 (1938); **72**, 2043 (1939)] und J.B.Aldersley und G.N.Burkhardt (Soc.**1938**, 545], N.A.Milas und W.L.Alderson [Am.**61**, 2534 (1939)] angestellt.

Vitamin D$_2$. (Rosenheim, 1934.)   (Rosenheim und King, 1935.)

(Heilbron und Spring, 1935.)   (Heilbron, 1936.)

Tachysterin und Vitamin D$_2$ haben nicht wie das Ergosterin 3, sondern 4 Doppelbindungen [Lettré, A. **511**, 280 (1934)]. Lumisterin hat dieselbe Strukturformel wie Ergosterin; bei der Bestrahlung des letzteren treten in der ersten Stufe der Reaktion nur sterische Umwandlungen auf [K. Dimroth, B. **69**, 1123 (1936)]. Die photochemische Spaltung des Ergosterins erfolgt sehr wahrscheinlich in der Stellung 9.10 [Lettré, A. **511** (1934); Z. angew. Chem. 48, 152 (1935); s. auch O. Schmidt, B. **68**, 795 (1935)] und unter gleichzeitiger Verschiebung von Doppelbindungen vollzieht sich die Umbildung: Ergosterin → Lumisterin — Tachysterin — Vitamin D (Windaus u. W.Thiele, A.**521**, 160). R. S. Harris, J.W.M.Bunker und L. M. Mosher [Am. **60**, 2579 (1938)] gelangten auf Grund quantitativer Messungen der Ultraviolettaktivierung von Ergosterin zu dem Ergebnis, daß bei verschiedenen Wellenlängen und Bestrahlungszeiten immer $7,5 \times 10^{13}$ Lichtquanten notwendig sind, um 1 Rachitis-Heileinheit zu erzeugen.

Die nachstehenden Konstitutionsformeln und Umbildungen ließen sich entwickeln:

Ergosterin (= Lumisterin).

Tachysterin (1934).

Vitamin D (1934/35).

Vitamin D₂ (Windaus, 1935/36).

7-Dehydro-cholesterin, Windaus (1936);
[s. auch Windaus, M. Deppe und C. Roosen-Runge, A. 537, 1 (1939)].

$$CH_3$$
$$H_3C \quad CH—CH$$
$$CH$$
$$H_3C \qquad CH—CH_3$$
$$CH—CH_3$$
$$HO· \qquad CH_3$$

Dihydrovitamin D_2 $C_{28}H_{46}O$.
A. Windaus und C. Roosen-Runge, H. 260, 181 (1939).

$$CH_3$$
$$H_3C \quad CH—CH_2$$
$$CH_2$$
$$H_3C \qquad CH_2$$
$$CH—CH_3$$
$$HO· \qquad CH_3$$

Dihydrovitamin D_2.

$$CH_3$$
$$H_3C \quad CH—CH$$
$$CH$$
$$H_3C \qquad CH—CH_3$$
$$CH—CH_3$$
$$HO· \qquad CH_3$$

Dihydrotachysterin $C_{28}H_{46}O$.
F. v. Werder, H. 260, 119 (1939).

Windaus war 1903 von dem Cholesterin ausgegangen, weil man damals von diesem und den Sterinen nicht viel wußte; über die Sterine (und Gallensäuren) gelangte er zu dem chemisch-physiologischen Wunderstoff Vitamin D_2, — um nach mehr als drei Jahrzehnten wieder bei dem Ausgangsstoff anzulangen. Denn höchst bemerkenswert war der Befund vom Jahre 1935 [Windaus, H. Lettré und Fr. Schenck, A. 520, 98 (1935)], als es gelang, aus Cholesterin durch Überführung in 7-Dehydro-cholesterin eine aktivierbare Verbindung, ein Provitamin zu erhalten, dessen antirachitische Grenzdosis 0,75 γ (gegenüber 0,075 γ eines gleichartig bestrahlten Ergosterins) betrug: Sterine von verschiedener Länge der Seitenketten u. a. lassen sich also antirachitisch aktivieren, wenn sie nur die charakteristischen konjugierten Doppelbindungen im Ringe B enthalten.

Vitamin D_3 wurde durch Bestrahlung des Provitamins 7-Dehydrocholesterin von A. Windaus, Fr. Schenk und F. v. Werder [H. 241, 100 (1936)] erhalten, es wurde von H. Brockmann als identisch mit dem Vitamin aus Thunfischleberöl erwiesen (Zit. S. 104). Fr. Schenk (Naturw. 1937, 159) stellte das künstliche Vitamin D_3 kristallinisch dar und H. Brockmann [mit A. Busse, Naturw. 1938, 122; H. 256, 252 (1938)] erhielt es auch aus Thunfischleberöl kristallinisch, begleitet von Vitamin D_2; ebenso konnte er [H. 245, 96 (1937)] das Vitamin D_3 im Heilbutt-Tran nachweisen.

Vitamin D_4 wurde aus 22:23-Dihydroergosterin als Provitamin von A. Windaus und G. Trautmann [H. 247, 185 (1937)] durch UV-Bestrahlung gewonnen.

Über die antirachitischen Provitamine des Tierreichs vgl. A. Windaus, Ges. d. Wiss. Göttingen, 1936; Windaus und F. Bock,

H. 245, 168 (1937); über pflanzliche Provitamine D (hauptsächlich Ergosterin) Dieselben, H. 250, 258 (1937).

Vitamin A (Axerophthol nach P. Karrer).

Die · Konstitutionsaufklärung dieses „fettlöslichen" wachstumsfördernden Vitamins ist erkenntnisgeschichtlich, wegen des eigenartigen Verlaufes, recht lehrreich. Um 1920 wird noch gelehrt, daß die Vitamine durch gewisse Bodenbakterien gebildet und von den Pflanzen assimiliert werden [R. Lecoq, C. 1920 III, 206). Das Vorkommen der Vitamine erstreckt sich daher auf alle Teile der Pflanzen und durch diese auch auf die Tiere. H. Steenbock (mit P. W. Boutwell und E. G. Groß, in Madison, Univ. of Wisconsin) untersucht nun die verschiedenen Pflanzen auf das fettlösliche Vitamin (mittels Wachstums von jungen Ratten); dieses wird gefunden: in Karotten, in gelben, süßen Kartoffeln, ferner im gelben Mais, nicht aber im weißen, so daß das Auftreten des gelben Farbstoffs mit dem fettlöslichen Vitamin verbunden zu sein scheint [J. Biol. Chem. 41, 81 (1920); s. auch 42, 131]; auch weiße Karotten und Tomaten enthalten im Gegensatz zu den gefärbten Arten nur sehr wenig fettlösliches Vitamin (Zit. 51, 63 (1922)]. Daß in getrockneten Tomaten, in Karotten und Kartoffeln dieses Vitamin vorkommt, zeigten durch Fütterungsversuche an jungen Ratten auch Th. B. Osborne und L. B. Mendel [Yale Univers., J. Biol. Chem. 41, 549 (1920)]. Andererseits ergaben die Versuche von O. Rosenheim und J. C. Drummond [London, Univers. Coll., Lancet 198, 862 (1920)], daß Zusatz von Carotin zur Nahrung junger Ratten keine Wirksamkeit besaß; ebenso konnten L. S. Palmer und H. L. Kempster [Columbia Univers. of Minnesota, J. Biol. Chem. 39, 299—337 (1919)] keine Beziehung der Pflanzencarotinoide zu Wachstum, Fruchtbarkeit usw. des Geflügels auffinden. Nachdem nun noch Drummond und Mitarbeiter [Biochem. J. 19, 1047 (1925)] nachgewiesen hatten, daß auch gereinigtes Carotin (vom Schmp. 167,5°) keine wachstumsfördernde Wirkung erkennen läßt, schien das Problem des Zusammenhanges von Carotin und Vitamin A durch das Experiment endgültig und negativ gelöst zu sein. Doch, auch gute Versuche können unzureichend sein, und bessere Versuche können zu andersgearteten Deutungen und Entdeckungen hinführen.

Durch Versuche am Blutserum war H. v. Euler (1928) veranlaßt worden, erneut die Frage nach der wachstumsfördernden Wirkung des Carotins aufzuwerfen und experimentell zu prüfen; die Resultate fielen positiv aus [B. v. Euler, H. v. Euler und H. Hellström, Biochem. Z. 203, 370 (1928)]. Um dieses Ergebnis sicherzustellen, werden die Versuche mit Carotinpräparaten des Züricher Laboratoriums nachgeprüft, und 1929 können H. v. Euler und P. Karrer [mit Mitarbeitern[1])] es als eine bewiesene Tatsache hinstellen, daß reinste Carotinpräparate andauerndes Wachstum an Ratten auslösen. Dieser Befund wurde nun von grundlegender Bedeutung für die A-Vitaminforschung, sowie für den wissenschaftlichen Ausbau der Chemie der Carotinoide (Polyenfarbstoffe).

Im selben Jahre 1929 konnte schon Th. Moore[2]) zeigen, daß Carotin $C_{40}H_{56}$ sich im tierischen Organismus in Vitamin A umwandelt, während P. Karrer[3]) durch chemische Abbaureaktionen Carotin als einen Jononabkömmling erkennt und demnach seine Zugehörigkeit zu der Klasse der Terpene dartut. Damit rückt das schon vor hundert Jahren im Goetheschen Arbeitskreise von Wackenroder[4]) entdeckte Carotin in den Vordergrund der chemischen und biologischen Forschung. So vermögen R. Kuhn und E. Lederer[5]) zu zeigen, daß das „reine" Rübencarotin aus zwei Komponenten besteht, und zwar aus dem optisch aktiven α-Carotin und dem optisch inaktiven β-Carotin, die aber beide sich als biologisch wirksam erweisen[6]), gleichzeitig stellt auch Karrer reines β-Carotin her und gewinnt stark angereicherte α-Carotinpräparate; dann wird im Rübencarotin noch ein drittes, in geringer Menge vorkommendes, biologisch wirksames γ-Carotin entdeckt[7]). Alle 3 Carotine können als Provitamine sich betätigen; als viertes natürlich vorkommendes Provitamin ist das von Kuhn und C. Grundmann[8]) aus Mais isolierte Kryptoxanthin $C_{40}H_{56}O$ anzusehen. Während das β-Carotin als Bestandteil pflanzlicher Nahrung weit verbreitet ist (besonders reich sind die Karotten und Aprikosen), kommt α-Carotin in den meisten Pflanzen nur in geringer Menge vor (reich erweist sich nur das rote Palmöl). Ein besonders geeignetes Ausgangsmaterial für die Isolierung von Vitamin A haben P. Karrer[9]) und Mitarbeiter im Leberöl des Heilbutts und der Makrele gefunden, die verschiedenen Tiere weisen einen verschiedenen Vitamingehalt in den Lebern auf[10]). Karrer (1931) hat aus dem unverseifbaren Anteil der Leberöle (nach vorheriger Anreicherung durch Adsorption an Fasertonerde und nachherige Destillation im Hochvakuum) das Vitamin A als ein hellgelbes

---

[1]) B. v. Euler, H. v. Euler u. P. Karrer: Helv. chim. Acta 12, 278 (1929); H. v. Euler, P. Karrer u. M. Rydbom: B. 62, 2445 (1929).

[2]) Th. Moore: Biochem. Journ. 23, 803 (1929); 24, 692 (1930); 25, 275 (1931).

[3]) P. Karrer: Helv. chim. Acta 12, 1142 (1929); 13, 1084 (1930); 14, 1083 (1931).

[4]) H. W. F. Wackenroder: Geigers Mag. 33, 144 (1831).

[5]) Kuhn u. Lederer: Naturwiss. 19, 306 (1930); B. 64, 1349 (1931).

[6]) Kuhn u. H. Brockmann: B. 64, 1859 (1931); Z. physiol. Chem. 200, 255 (1931).

[7]) R. Kuhn u. H. Brockmann: B. 66, 407 (1933); A. Winterstein: Z. physiol. Chem. 219, 249 (1933).

[8]) Kuhn u. Grundmann: B. 67, 593 (1934); P. Karrer u. W. Schlientz: Helv. 17, 55 (1934); L. Zechmeister u. L. v. Cholnoky: A. 509, 269 (1934).

[9]) P. Karrer, R. Morf u. K. Schöpp: Helv. 14, 1033, 1431 (1931).

[10]) P Karrer, H. v. Euler u. K. Schöpp: Helv. 15, 493 (1932).

viscoses Öl isoliert, das optisch inaktiv, leicht oxydabel und biologisch hoch wirksam ist, die Analysen stimmen auf die Formel $C_{20}H_{30}O$ und Molekulargewichtsbestimmungen weisen auf $M \sim 300$ hin. Der Sauerstoff kommt in Form einer HO-Gruppe vor, die katalytische Hydrierung führt zu 5 Doppelbindungen, die Verwandtschaft mit β-Carotin läßt die Annahme eines β-Jononringes auch in Vitamin A zu. Infolgedessen stellt Karrer die nachstehende A-Vitaminformel auf:

$$H_3C \quad CH_3$$
$$H_2C \quad C{-}CH{=}CH{-}C{=}CH{-}CH{=}CH{-}C{=}CH{-}CH_2OH$$
$$H_2C \quad CH_3 \qquad CH_3 \qquad CH_3$$
$$H_2$$

Vitamin A, $C_{20}H_{30}O$ (,,Axerophthol").

[Neuerdings ist noch ein Faktor A_2, mit 6 Äthylenbindungen und C_{22} zur Diskussion gestellt worden; vgl. E. Lederer u. M. L. Verrier, Bull. soc. chim. biol. 21, 629 (1939); H. v. Euler, Svensk. kem. Tidskr. 51, 136 (1939)] Durch die direkte Synthese des Perhydrovitamins (aus β-Jonon und Bromessigester durch Kondensation, nach Reformatsky) können Karrer und Morf[1]) die obige Formel stützen.

Die von Karrer aufgestellte symmetrische Formel des β-Carotins als der Stammsubstanz hat folgende Gestalt und versinnbildlicht die Entstehung von 2 Mol. Vitamin A durch Wasseranlagerung[2]):

$$H_2C \quad CH_2 \qquad\qquad\qquad OH_2 \downarrow H_2O \qquad\qquad\qquad H_3C \quad CH$$
$$H_2C \quad C{-}CH:CH\cdot C:CH\cdot CH:CH\cdot C:CH\cdot CH:CH\cdot CH:C\cdot CH:CH\cdot CH:C\cdot CH:CH{-}C \quad CH_2$$
$$H_2C \quad CH_3 \qquad CH_3 \qquad\uparrow\qquad CH_3 \qquad CH_3 \qquad CH_2$$
$$H_2 \qquad\qquad \beta\text{-Carotin } C_{40}H_{56}. \text{ (Siehe auch S. 733.)} \qquad H_3C \quad H_2$$

Diese symmetrische Formel wird gestützt (außer durch den chemischen Abbau der beiden β-Jononringe zu Geronsäure usw.) durch den thermischen[3]) Abbau sowie durch die Zurückführung[4]) derselben auf die Formel des Azafrins[5]). Das Fehlen von Vitamin A bewirkt bei Menschen und Ratten Trübung und Verhornung der Augenhornhaut (Xerophthalmie), sowie Resistenzverminderung gegen Infektionen (,,Antiinfektionsvitamin").

Ein kristallisiertes Vitamin A (Schmp. 7,5—8,0⁰) erhielten H. N. Holmes u. R. E. Corbet [Am. 59, 2042 (1937)] aus Fischleberöl. Ein hochschmelzendes Vitamin A vom Schmp. 63—64⁰ gewannen J. G. Baxter u. C. D. Robeson [Science (N. Y.) 92, 202 (1940)]. Als

---

[1]) P. Karrer u. R. Morf: Helv. 16, 557, 625 (1933).
[2]) Nach K. H. Coward u. S. W. F. Underhill (1938) bildet sich wahrscheinlich im Tierkörper aus je 1 Mol. β-Carotin nur 1 Mol. Vitamin A.
[3]) R. Kuhn u. A. Winterstein: B. 65, 1873 (1932); Z. angew. Chem. 47, 315 (1934).
[4]) R. Kuhn u. H. Brockmann: B. 67, 885 (1934); A. 516, 95 (1935).
[5]) R. Kuhn u. A. Deutsch: B. 66, 883 (1933).

ein „Provitamin A" sehen Y. Takeda und T. Ohta [H. 258, 6 (1939)] das von ihnen aus einem Mycobakterium in roten Nadeln isolierte Carotinoid „Leprotin" $C_{40}H_{54}$ (Dehydro-β-carotin?) an.

Synthese von Vitamin A. Die Synthese dieses Epithel-Schutzvitamins A hat R. Kuhn [gemeinsam mit C. J. O. R. Morris, B. 70, 853 (1937)], nach einem für Polyen-Synthesen bewährten Verfahren, mit Hilfe des β-Jonyliden-acetaldehyds (I.) bewerkstelligt und damit erstmalig ein biologisch hochwirksames synthetisches Wachstumsvitamin (II) geliefert (s. auch S. 744):

$$\text{I.}\quad \begin{array}{c} H_3C \qquad CH_3 \\ C \\ H_2C \qquad C-CH:CH\cdot C:CH\cdot CHO \rightarrow \\ H_2C \qquad C \\ C \qquad CH_3 \qquad\qquad CH_3 \\ H_2 \end{array}$$

$$\text{II.} \rightarrow \begin{array}{c} H_3C \qquad CH_3 \\ C \\ H_2C \qquad C-CH:CH\cdot C:CH\cdot CH:CH\cdot C:CH\cdot CH_2OH. \\ H_2C \qquad C \\ C \qquad CH_3 \qquad\quad CH_3 \qquad\qquad CH_3 \\ H_2 \end{array}$$

B-Vitamine.

Die chemische und biologische Untersuchung dieser am längsten bekannten wasserlöslichen Vitamine hat einen unerwarteten Zusammenhang dieser Stoffe mit den Enzymen aufgedeckt.

Aneurin. Der japanische Arzt Takaki stellte (1885) fest, daß die in Ostasien bei der reiskonsumierenden Bevölkerung auftretende Beriberi-Krankheit durch Zugabe von Reiskleie geheilt wird. Die Weiterentwicklung dieser Erscheinung und ihren Einfluß auf die Entstehung der Enzymchemie haben wir bereits (S. 780) geschildert. Das Vitamin B_1 erfuhr seine wissenschaftliche Bearbeitung erst seit 1926, nachdem es B. C. P. Jansen und W. F. Donath [Kon. Akad. d. Wetensch., Amsterdam 35, 923 (1926)] gelungen war, dieses von ihnen „Aneurin" (= Antineurin) benannte Vitamin in kristallisierter Form zu erhalten und dessen Formel $C_6H_{10}ON_2$ anzugeben. Einen wesentlichen Fortschritt bedeutete es, als 1931 A. Windaus und Mitarbeiter dieses Vitamin als schwefelhaltig erkannten und dasselbe auch aus Hefe darstellten. Alsbald konnten A. Windaus, R. Tschesche und H. Ruhkopf (1932) für die Zusammensetzung des aus Reiskleie und Hefe dargestellten Körpers die Formel $C_{12}H_{18}ON_4SCl_2$ für ein Salz und $C_{12}H_{18}ON_4S$ für das Vitamin selbst ermitteln. Gleichzeitige Untersuchungen setzten nun ein. R. R. Williams [mit Mitarbeitern, Am. 57, 229, 1093 (1935)] fand durch Abbau ein saures (pyrimidinringhaltiges) und ein basisches dem Thiazolring (s. S. 290) entsprechendes Bruchstück, aus denen er für das Vitamin B_1 bzw. dessen Chlorhydrat die Formel I ableitete. A. Windaus [und Mitarbeiter, H. 237, 100 (1935)] hatte durch Oxydation ein zweisäuriges Diamin $C_6H_{10}N_4$ isoliert und die Formel II für das Vitamin B_1 aufgestellt:

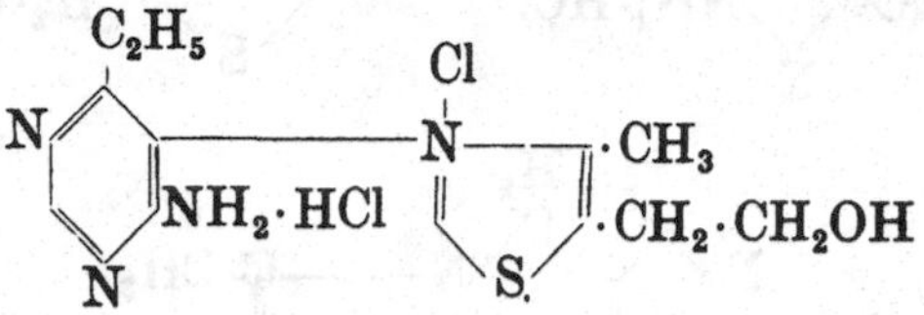

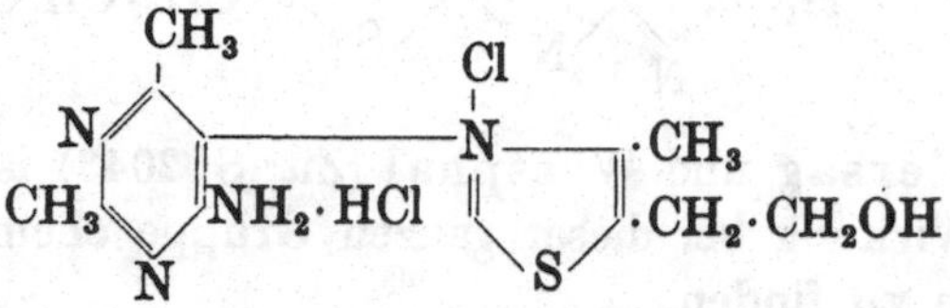

Andererseits hatte G. Barger [mit Mitarbeitern, Nature 136, 259 (1935); B. 68, 2257 (1935)] durch Oxydation des Vitamins B_1 die Entstehung eines blau fluoreszierenden Körpers $C_{12}H_{14}ON_4S$ festgestellt, während R. Kuhn [und Mitarbeiter, H. 234, 196 (1935); B. 68, 2375 (1935)] aus Hefe eine blau fluoreszierende schwefelhaltige Verbindung $C_{12}H_{14}ON_4S$ extrahierte, deren Beziehungen zum Vitamin B_1 und die Identität mit Bargers fluoreszierendem Stoff wurden erkannt, diese Verbindung wurde „Thiochrom" benannt und ihre Entstehung von der Pseudobase des Vitamins B_1 (Formel III) abgeleitet. Dem Thiochrom wurde die Formel IV erteilt:

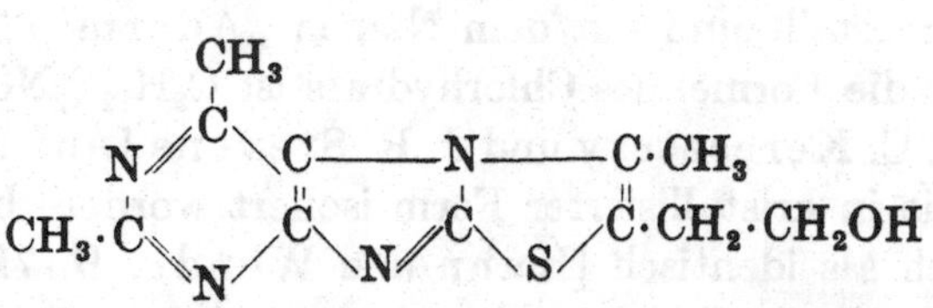

Die richtige Konstitutionsformel V des Vitamins B_1 ergab sich durch die Synthese, welche zuerst H. Andersag und K. Westphal [Patentanmeldung vom 28. Januar 1936, Erwähnung: H. 242, 93 (1936); ausführlich: B. 70, 2035 (1937)], dann auch R. R. Williams und J. K. Cline [Am. 58, 1504 (1936); 59, 530 (1937)] gelang. Die Synthese des Thiochroms und damit dessen Formel VI lieferten A. R. Todd,

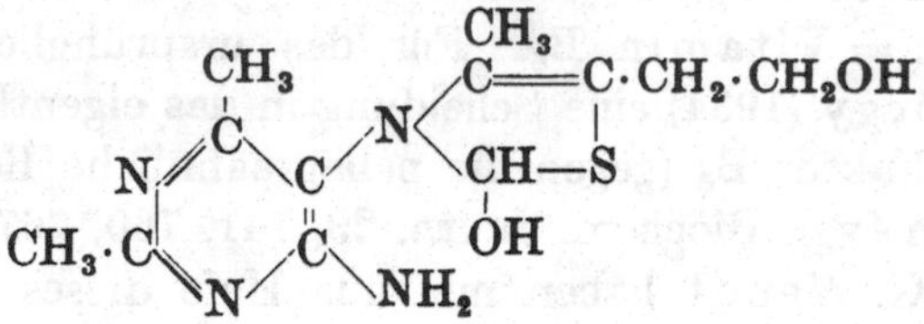

F. Bergel und Mitarbeiter (Soc. 1936, 1601; Synthesen des Aneurins:
Soc. 1937, 364, 1504; 1938, 26):

$$
\text{V.} \quad
\begin{array}{c}
CH_3 \\
N\text{———}CH_2\text{—}N \\
H_3C\cdot\quad NH_2\cdot HCl \\
N
\end{array}
\quad
\begin{array}{c}
Cl \\
\cdot CH_3 \\
\cdot CH_2\cdot CH_2OH \\
S
\end{array}
$$

$$
\text{VI.} \quad
\begin{array}{c}
H_2 \\
C \\
N\diagdown\quad\diagup N\text{———}C\cdot CH_3 \\
H_3C\cdot\quad C \quad \parallel \\
N\quad N\quad S\quad C\cdot CH_2\cdot CH_2OH
\end{array}
$$

Nach Andersag und Westphal (Zit. S. 2043) ist die spezifische
Vitamin-B_1-Wirkung bei dieser ganzen Gruppe chemisch verwandter
Verbindungen zu finden.

Auch T. Hoshino und M. Ohta (Tokyo, 1937) sowie I. Imai und
K. Makino (Dairen, 1937) haben Synthesen des Aneurins (= Oryzanin)
durchgeführt. Eine biogenetische Vorstufe zum Aneurin erblicken
C. R. Harington und R. C. G. Moggridge (Soc. 1939, 443) in der
α-Amino-β-(4-methylthiazol-5)-propionsäure.

Über die Beziehung des Aneurins zu den Fermenten vgl. S. 653 u. f.

Vitamin B_2 (Anti-Pellagra-Vitamine) = Lactoflavin (s. S. 146
und 650 u. f.).

Ein Vitamin B_4 hatte V. Reader (1929) zuerst angenommen;
inzwischen war es angezweifelt, doch auch wiederum (O. L. Kline und
Mitarbeiter, 1936) bejaht worden.

Adermin = Vitamin B_6. Für das ursprüngliche Vitamin B_2
hatte P. György (1934) eine Scheidung in das eigentliche B_2 (Flavin)
und in den Faktor B_6 (gegen die pellagraähnliche Rattendermatitis)
vorgeschlagen [vgl. Biochem. Journ. 29, 741, 760, 767 (1935)]. Rich.
Kuhn und G. Wendt haben nun aus Hefe dieses antidermatische
Vitamin dargestellt und mit dem Namen „Adermin" belegt [B. 71,
780 (1938)]; die Formel des Chlorhydrats ist $C_8H_{12}O_3NCl$. Gleichzeitig
ist es von J. C. Keresztesy und J. R. Stevens [Am. 60, 1267 (1938)]
aus Reiskleie in kristallisierter Form isoliert worden, beide Präparate
erwiesen sich als identisch [Kuhn und Wendt, B. 71, 1118 (1938)].
Die Konstitutionsaufklärung des Adermins führten R. Kuhn und
Mitarbeiter [H. Andersag, K. Westphal und G. Wendt, B. 72,
305—312 (1939)] aus; es wurde als ein Derivat
des β-Oxypyridins, und zwar [über die
Synthese der 2-Methyl-3-methoxy-pyridin-
dicarbonsäure-(4.5)] als 3-Oxy-4.5-di-[oxy-
methyl]-2-methyl-pyridin erkannt:

$$
\begin{array}{c}
CH_2OH \\
C \\
HOH_2C\cdot C\diagup\quad\diagdown C\cdot OH \\
\parallel\quad\qquad\parallel \\
H\cdot C\diagdown\quad\diagup C\cdot CH_3 \\
N
\end{array}
$$

Der Pyridinring im Adermin (Vitamin B_6) ist ähnlich hoch substituiert wie der Benzolring im Vitamin E. Es sei erwähnt, daß auch die Nicotinsäure (Pyridin-3-carbonsäure) bzw. das Nicotinsäureamid, für welches H. v. Euler Vitamincharakter vermutet hatte, auf Grund mehrfacher Untersuchungen (1938) beträchtliche Heilwirkungen bei Pellagraerkrankungen herbeiführt.

Vitamin C.
(Antiskorbutisches Vitamin, Ascorbinsäure.)

Die chemische Aufklärung des Vitamins C geschah verhältnismäßig schnell und gleichsam von einem Seitenpfade her. Während einerseits die eine Gruppe der Forscher mit der Anreicherung und Untersuchung der Vitamin C-Präparate, mit deren Verhalten gegen Oxydationsmittel oder gegenüber Phosphormolybdänsäure (N. Bezssonoff) oder Indophenolderivaten (S. S. Zilva, 1927) usw. beschäftigt war, hatte andererseits A. v. Szent-Györgyi[1]) (1928) die Funktionen der Nebennierenrinde, bzw. die braune Pigmentierung der menschlichen Haut und die mit dem Absterben verknüpfte Braunfärbung gewisser Früchte, mit dem Oxydationsmechanismus und dessen Beschädigung in Verbindung gesetzt; eine reduzierende Substanz als Gegenwirkung schien daher im Preßsaft koexistent zu sein; tatsächlich gelang es ihm, aus der Nebennierenrinde, aus Kohl und Apfelsinen eine Substanz $C_6H_8O_6$ („Hexuronsäure") zu isolieren, die sich durch ihr großes Reduktionsvermögen auszeichnete. Und 1932 konnten Szent-Györgyi[2]), Tillmans[3]) sowie King[4]) zeigen, daß jene Substanz (Ascorbinsäure) $C_6H_8O_6$ identisch mit Vitamin C ist. Die Konstitutionsaufklärung wurde von A. v. Szent-Györgyi, von Haworth[5]), Hirst und Mitarbeitern, von P. Karrer[6]) und Mitarbeitern, von F. Micheel[7]) und Mitarbeitern in kurzer Zeit durchgeführt, und ihr folgte die erfolgreiche Synthese der Ascorbinsäure. Die Synthese geht von natürlichen Zuckern aus, die aber vorher aus der Rechtsform in die Linksform umgewandelt werden müssen. Die erste Synthese wurde gleichzeitig von Reichstein[8]) und Haworth[5]) ausgeführt und ging von d-Galactose über das l-Xyloson zur l-Ascorbinsäure = Vitamin C, die chemisch

---

[1]) Szent-Györgyi: Biochem. J. **22**, 1387 (1928). — Eine Schilderung des dramatischen Verlaufes seiner Arbeiten gibt er in dem Nobel-Vortrag 1937.

[2]) A. Szent-Györgyi: Nature **130**, 576 (1932).

[3]) J. Tillmans: Biochem. Z. **250**, 312 (1932).

[4]) C. G. King: Science, **75**, 357 (1932).

[5]) W. N. Haworth, E. L. Hirst und Mitarbeiter: Soc., London, **1933**, 1270; **1934**, 62, 1556, 1722.

[6]) P. Karrer, H. Salomon, R. Morf, K. Schöpp u. G. Schwarzenbach: Biochem. Z. **258**, 4 (1933); Helv. **16**, 302 (1933).

[7]) F. Micheel, K. Kraft u. W. Lohmann: Z. physiol. Chem. **215**, 215; **216**, 233; **218**, 280; **219**, 253; **222**, 235 (1933); **225**, 275 (1934).

[8]) T. Reichstein: Helv. **16**, 1020 (1933); s. auch **17**, 311 (1934).

und physiologisch völlig identisch waren. F. Micheel[1]) benutzte als Ausgangsmaterial d-Glucose, die über Sorbit -» l-Sorbose → Sorboson → → ... Vitamin C ergab. H. Ohle[2]) und K. Maurer[3]) (Iso-Vitamin C) erhielten nach einem anderen Verfahren ein isomeres Vitamin, das aber — ebenso wie die *d*-Ascorbinsäure — nur schwache antiskorbutische Wirkungen besitzt. Dem Vitamin C kommt die folgende Struktur-formel zu [4]) [5]):

I. 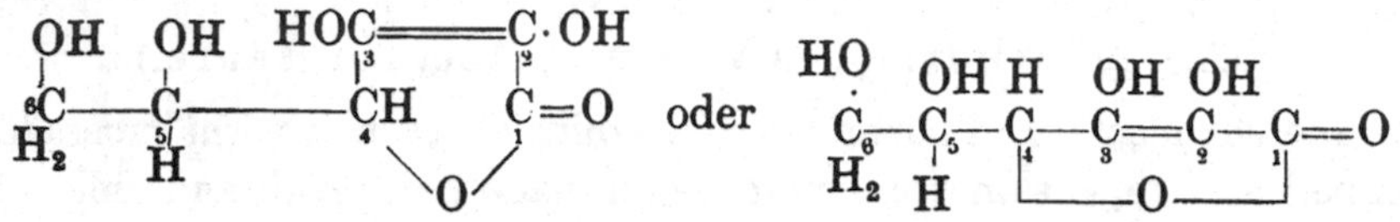
$$\underset{H_2}{\overset{OH}{\underset{5}{\overset{6}{C}}}}\!\!-\!\!\underset{H}{\overset{OH}{\underset{5}{C}}}\!\!-\!\!\overset{HOC\!=\!\!=\!C\cdot OH}{\underset{O}{\underset{4}{CH}\quad \underset{1}{C}=O}}$$
oder
$$\underset{H_2}{\overset{HO}{\underset{6}{C}}}\!\!-\!\!\underset{H}{\overset{OH\ H}{\underset{5}{C}}}\!\!-\!\!\overset{}{\underset{4}{C}}\!\!-\!\!\underset{O}{\overset{OH\ OH}{\underset{3}{C}=\underset{2}{C}}}\!\!-\!\!\overset{}{\underset{1}{C}}=O$$

Auch das Röntgenbild steht mit dieser Formel (I) im Einklang (E. G. Cox, 1933).

Isomere und homologe Vitamine wurden auch von Hirst und Haworth[4]) [6]), T. Reichstein[7]) (1934) u. a. dargestellt, das aus 4 C-Atomen bestehende Analogon hatten F. Micheel und F. Jung synthetisiert (1933). Die natürliche Ascorbinsäure läßt sich in größeren Mengen aus ungarischem Pfeffer gewinnen (J. Banga und A. v. Szent-Györgyi, 1934). Von Peter P. T. Sah[8]) sind Darstellungsmethoden von Vitamin C aus Stärke und aus Rohrzucker angezeigt worden. Durch Kondensation von l-Threose mit Glyoxylsäureester haben B. Helferich[9]) und O. Peters die Synthese des Vitamins C (l-Xylo-ascorbinsäure) verwirklicht.

Vitamin E-Gruppe (Antisterilitätsfaktoren; Fruchtbarkeits-Vitamin, α- und β-Tocopherol).

Amerikanische Physiologen widmeten (seit 1921) ihre Aufmerksam-keit dem Einfluß der Nahrung auf die Fruchtbarkeit und Lactation; so fand B. Sure [J. Biol. Chem. 69, 29—74 (1926)], daß unter den Pflanzenölen Weizen-, Baumwollsaat-, Getreide- und Palmöl die Sterilität verhindern. Versuche zur Konzentration und chemischen Erforschung von H. S. Olcott (1934 u. f.), J. C. Drummond, E. Singer und R. J. Macwalter (1935) wiesen auf einen Alkohol hin:

[1]) Micheel: Naturwiss. 22, 206 (1934); Micheel u. W. Schulte: A. 519, 70 (1935): vgl. auch Z. angew. Chem. 46, 533 (1933); 47, 550 (1934); B. 69, 879 (1936).
[2]) H. Ohle u. H. Erlbach: B. 67, 324 (1934).
[3]) K. Maurer u. B. Schiedt: B. 66, 1054 (1933); 67, 1239 (1934).
[4]) W. N. Haworth, E. L. Hirst und Mitarbeiter: Soc., London, 1933, 1270; 1934, 62, 1556, 1722.
[5]) F. Micheel, K. Kraft u. W. Lohmann: Z. physiol. Chem. 215, 215; 216, 233; 218, 280; 219, 253; 222, 235 (1933); 225, 275 (1934).
[6]) W. N. Haworth, E. L. Hirst u. J. K. N. Jones: Soc. 1938, 710.
[7]) T. Reichstein: Helv. 16, 1020 (1933); s. auch 17, 311 (1934).
[8]) P. P. T. Sah: B. 69, 158 (1936); 70, 498 (1937).
[9]) B. Helferich u. O. Peters: B. 70, 465 (1937).

alsdann isolierten H. M. Evans [mit O. H. Emerson und G. A. Emerson, J. Biol. Chem. 113, 319 (1936)] aus der unverseifbaren Fraktion des Weizenkeimlingöls [1]) einen öligen Alkohol „α-Tocopherol" $C_{29}H_{50}O_2$ mit starker Vitamin E-Wirksamkeit neben einem schwächer wirksamen „β-Tocopherol", sowie „γ-Tocopherol (vgl. auch Olcott und Emerson, 1937). Aus dem Öl von Reiskeimlingen und Weizenkeimlingen stellten A. R. Todd, F. Bergel, H. Waldmann und T. S. Work [(1937); s. auch Soc. 1938, 253] drei Alkohole $C_{30}H_{50}O$ als „α-, β- und γ-Orysterin" dar, während gleichzeitig P. Karrer und H. Salomon [Helv. chim. Acta 20, 424 (1937); mit H. Fritzsche, Helv. chim. Acta 20, 1422 (1937); 21, 309 (1938)] aus demselben Rohmaterial die Alkohole $C_{30}H_{50}O$, „α- und β-Tritisterin" abtrennten und noch ein „Neo-tocopherol" $C_{30}H_{50}O_2$ erhielten. Inzwischen hatte E. Fernholz [J. Am. Ch. Soc. 59, 1154 (1937); 60, 700 (1938)] durch thermische Spaltung aus dem α-Tocopherol das Durohydrochinon $C_{10}H_{14}O_2$ erhalten und Walter John [H. 250, 11 (1937) Göttingen] aus Weizenkeimlingsölen ein „Cumotocopherol" $C_{28}H_{48}O_2$ isoliert (dieses gab bei der thermischen Spaltung Pseudocumolhydrochinon), während für α-Tocopherol die Formel $C_{29}H_{50}O_2$ bestätigt wurde; John [H. 252, 201—224 (1938)] wies dann die Identität des Cumotocopherols mit Evans' β-Tocopherol und mit Karrers Neotocopherol nach und sah α-Tocopherol als das nächst niedrigere Homologe der vorigen an, mit der Formulierung I. (Ähnliches fand O. H. Emerson, Am. 60, 1741 (1938).] Für das α-Tocopherol haben P. Karrer [2]),

Fritzsche, Ringier und Salomon die Cumaranformel (II) vor der Chromanformel III (Fernholz) bevorzugt, aus Trimethylhydrochinon und Phytylbromid konnten sie direkt die (unter II und III

II.

---

[1]) Das pflanzliche Sterin „Sitosterin" $C_{27}H_{44}O$ oder $C_{27}H_{46}O$ (R. Burian, 1897) aus Weizenkeimlingen, von R. J. Anderson (1926) als aus mehreren Komponenten bestehend erkannt, von H. Sandqvist und Hök (1930) im schwedischen Tallöl gefunden und in α- und β-Sitosterin unterschieden, erhielt von Sandqvist und E. Bengtsson [B. 64, 2167 (1931)] die Formel $C_{29}H_{50}O$; daneben kam noch Dihydro-sitosterin vor ($C_{29}H_{52}O$), dieses ist rechtsdrehend, während das Sitosterin aus Tallöl, ebenso wie aus Sojabohnen [A. Windaus u. A. Hauth: B. 39, 4378 (1906)] linksdrehend ist. Aus Roggenkeimlingsöl haben St. W. Gloyer und H. A. Schuette [Am. 61, 1901 (1939)] isoliert: γ- und β-Sitosterin $C_{29}H_{50}O$, neben a_1- und a_2-Sitosterin $C_{29}H_{48}O$. Über a_1- bzw. a_2- und a_2-Sitosterine aus Weizenkeimlingsöl vgl. E. S. Wallis und S. Bernstein [Am. 61, 1903, 2308 (1939)].

[2]) P. Karrer, H. Fritzsche, B. H. Ringier, H. Salomon, Helv. 21, 520, 514 (1938).

HO— $\overset{CH_3\ H_2}{\underset{}{C}}$ ... (III)

$$HO \cdots \overset{CH_3\ H_2}{C} \underset{}{\underset{CH_2}{\diagdown}} \quad CH_3 \qquad \qquad CH_3 \qquad CH_3 \qquad CH_3$$
$$CH_3 \cdots \underset{CH_3}{\underset{O}{}} \quad \overset{|}{C}\!=\!=\!=\!\!\!-CH_3\!-\!(CH_2)_3\!-\!CH\!-\!(CH_2)_3\!-\!CH\!-\!(CH_2)_3\!-\!\overset{|}{C}\!-\!H.$$
$$\text{III.} \qquad \qquad CH_3$$

dargestellte) Verbindung erhalten und deren vielfache Übereinstimmung mit α-Tocopherol feststellen: sie erwies sich als razemisches, in die aktiven Komponenten spaltbares α-Tocopherol [Karrer, Nature 141, 1057 (1938); Helv. chim. Acta 22, 260, 610, 654 (1939)].

Auch A. R. Todd u. F. Bergel mit Mitarbeitern (Soc. 1938, 1382) haben das razem. α-Tocopherol synthetisiert; über die Synthese von niedrigeren Homologen vgl. Todd, Soc. 1935, 542; insbesondere P. Karrer [und Mitarbeiter, Helv. 22, 661, 939, 1139 (1939); 23, 1126 u. f. (1940)], auch über die sterischen Verhältnisse des α-Tocopherols. Beiträge zur „Chemie des Vitamins E" haben auch L. I. Smith und H. E. Ungnade [IV. bis XII. Mitteil., J. org. Chem. 4, 298—362 (1939); XXII. Mitteil., Am. 62, 145 (1940)] geliefert; W. John [mit Mitarbeitern, H. 257, 173; 261, 24 (1939)] hat die Oxydationsprodukte des α-Tocopherols untersucht [vgl. auch W. John, Z. angew. Chem. 52, 413; F. Grandel, Z. angew. Chem. 52, 420, und „Vitamin E-Konferenz", Z. angew. Chem. 52, 427 (1939)].

Vitamin H. Neuerdings ist die Identität dieses Vitamins mit Biotin (s. S. 747 und 777 biologisch festgestellt worden [V. du Vigneaud, D. B. Melville, P. György und C. S. Rose, Science (N. Y.), 92, 62 (1940)].

Vitamin K (antihämorrhagisches Vitamin K_1 = Alfalfa).

Dieses fettlösliche (im Schweineleberfett, Kohl, Spinat vorkommende) Vitamin ist zuerst 1934 von H. Dam[1]) und F. Schønheyder angezeigt worden [vgl. auch H. Dam, Z. angew. Chem. 50, 807 (1937)]. Die gelbe Farbe des öligen Vitamins sprach für seine Zugehörigkeit zu 1,4-Chinonen. Die Isolierung eines hochgereinigten Vitamins K und dessen physikochemische und pharmakologische Untersuchungen führten P. Karrer, H. Dam [und Mitarbeiter, Helv. chim. Acta 22, 310 (1939)] durch; kurz darauf klärten E. A. Doisy, S. A. Thayer [und Mitarbeiter, Am. 61, 1928, 2558 (1939)] durch Abbau und Synthese die Konstitution des Vitamins K_1 (2-Methyl-3-phytyl-1,4-naphthochinon, Formel I) auf, und gleichzeitig führte auch L. F. Fieser die gleiche Synthese durch [Am. 61, 2559, 2561, 3216 (1939)]. ebenso P. P. T. Sah und W. Brüll [B. 73, 1430 (1940)], während

---

[1]) H. Dam u. F. Schønheyder, Biochem. J. 28, 1935 (1934); 29, 1273 (1935). Vgl. auch H. J. Almquist u. E. L. R. Stockstad, J. Biol. Chem. 111, 105 (1935); 114, 241; 115, 589 (1936).

P. Karrer [Helv. chim. Acta 22, 1146 (1939)] das Chinon II synthetisierte und für dieses die Vitamin K-Wirksamkeit nachwies [s. auch
P. Karrer und Mitarbeiter, Helv. 23, 585 u. f. (1940)]:

I.

II.

Ein Vitamin K_2 isolierten Thayer, Doisy und Mitarbeiter [J.
biolog. Chem. 131, 327 (1939)], während K. Makino und Sh. Morii
[H. 263, 80 (1940)] synthetisch ein Vitamin K_2 gewannen. Die Ultraviolettabsorption von Vitamin K_1 und K_2 bestimmten D. T. Ewing
und Mitarbeiter [J. biolog. Chem. 131, 345 (1939)], beide Vitamine
wiesen sehr ähnliche Spektren auf.

Vitamin K-Wirkung konnten E. Fernholz und Mitarbeiter auch
an Derivaten von 2-Methyl-1,4-Naphthochinon und -naphthohydro-
chinon nachweisen [Am. 62, 155 (1940)].

Vitamin P.

Von R. Rusznyak und A. v. Szent-Györgyi wurde 1936 mitgeteilt, daß Paprikapräparate und auch Citronensaft günstige Heilwirkungen bei der hämorrhagischen Diathese ausgeübt haben, und
daß sie eine chemische Verbindung „Citrin" $C_{28}H_{37/38}O_{16}$ oder Per-
meabilitätsvitamin (= Vitamin P) isoliert haben, das ein Citrusflavon
bzw. Flavonolglucosid zu sein scheint. Es wurde von V. Bruckner
und Szent-Györgyi (C. 1937 II, 84) als ein Gemisch von Hesperidin
und einem Eriodictyolglucosid erkannt.

Anhang. Über die biologische Bildung von Wirkstoffen im
Insektenreich (aus Tryptophan) sind von A. Butenandt [mit
W. Weidel und E. Becker, Naturwiss. 28, 63, 447 (1940)] Untersuchungen eingeleitet worden (s. auch Z. f. angew. Chem. 54, 89 u. f.
1941).

Sechster Abschnitt.
Künstliche Farbstoffe,
Naturstoffe und Chemotherapeutika.

Erstes Kapitel.
Struktur der Triphenylmethanfarbstoffe[1]).
Halochromie: Farbstofftheorien.

> „Quae colorant, salia sunt"... „wan wo
> nicht salz in ist, do ist auch kein farben."
> Paracelsus, 1525.

> „Farben sind Taten des Lichts, Taten und
> Leiden. ... Alles Lebendige strebt zur Farbe."
> Goethe (Farbenlehre, 1810).

Die Entwicklungsgeschichte der Farbstofftheorien bzw. der Vorstellungen über die Struktur der Triphenylmethanfarbstoffe im besonderen und über die Ursache der Färbung ist ein lehrreiches Beispiel
für das Zusammenwirken und zwangsläufige Abhängigkeitsverhältnis
von chemischer Technik und reiner chemischer Forschung einerseits,
sowie für die Fruchtbarkeit der Wechselbeziehung zwischen organischer
Experimentalchemie und physikalisch-chemischen Denkmitteln andererseits. Technischer Wert und Erfolg der Farbstoffe wirkt als ein
machtvoller Stimulus auf die wissenschaftliche organische Synthese.

Angeregt durch die Untersuchung über Alizarin und Purpurin
stellten C. Graebe und C. Liebermann (1868) die Frage nach dem
„Wesen gefärbter Körper"; aus der Prüfung der damals bekannten
Typen ergab sich, „... daß die physikalische Eigenschaft der Farbe
abhängt von der Art und Weise, in welcher die Sauerstoff- oder Stickstoffatome gruppiert sind, daß in den gefärbten Verbindungen diese
Elemente in einer innigeren Bindung unter sich enthalten sind als
in den farblosen" [B. 1, 108 (1868)].

O. N. Witt hatte dann 1876 bestimmte Gruppen als Träger der
Farbe herausgehoben, z. B. NO_2- und — N:N —, > CO, sie als chromophore Gruppen bezeichnet und Körper mit solchen Gruppen
Chromogene genannt; damit der gefärbte Stoff nun auch ein Farbstoff wird, muß noch eine (meist salzbildende) auxochrome Gruppe,
z. B. NH_2 — oder HO —, hinzutreten [B. 9, 522 (1876); 21, 325 (1888)].
Eine andere Betrachtungsweise wird durch W. Ostwald (1892) gegeben, und zwar vom Standpunkt der Ionentheorie und der „Indikatoren": das Phenolphthalein wird als ein sehr schwach saurer Indikator angesehen; als undissoziertes Molekül ist es farblos, bei Zusatz
von Alkali — unter Salzbildung und Ionendissoziation [2]) — wird es

---

[1]) Vgl. auch Gr., 354—361 und 361—365 (1920).
[2]) Es sei hier an den von E. Weitz [und Mitarbeitern, Z. f. Elektrochem. 46, 226
(1940)] entdeckten Polarisationseffekt von Al_2O_3 als Adsorbens verwiesen, wobei

rot gefärbt: als Ion ist es intensiv rot. Andererseits ergeben Untersuchungen von Absorptionsspektren chemisch verschieden zusammengesetzter gefärbter Verbindungen (M. Schütze, 1892), daß die Einführung bestimmter chemischer Gruppen oder Atome teils farbvertiefend, „bathochrom", teils farbaufhellend — „hypsochrom" — wirken.

Es war H. E. Armstrong, der (seit 1882, Proc. Chem. Soc., S. 27; 1892 u. f.) die Annahme einer chinoiden Struktur für gefärbte Stoffe empfahl. Insbesondere war es dann R. Nietzki (Chemie der organischen Farbstoffe, S. 108, 141. 1894), der für diese Auffassung eintrat und ihren heuristischen Wert hervorhob. Er wies darauf hin, daß die farblosen Carbinolderivate z. B. der Triphenylmethanfarbstoffe „nicht ganz korrekt, meistens als die Basen der Farbstoffsalze angesehen (werden). In Wahrheit besitzen beide Körperklassen jedoch ganz verschiedene Konstitution, denn während man in den Farbstoffen eine den Chinonen analoge Gruppe annehmen muß, sind die Carbinolkörper einfache Hydroxyl- und Amidoderivate." Ebenso unterstrich er die Tatsache: „Der Übergang der basischen Carbinolkörper in die Farbstoffe ist meist ein allmählicher, und man kann häufig zunächst die Bildung farbloser Salze der ersteren Körper konstatieren." Der Vorgang der „langsamen Neutralisation" der Carbinole durch Säuren (daher der bewußte Hinweis auf die inkorrekte Bezeichnung der Carbinole als Basen) und die Bildung zweier Salztypen, farblos → farbig, sie sind also schon von Nietzki erfaßt worden. Über die ursächlichen Grundlagen der Färbung sagt er (Zit. S. 2):

„Es ist zweifellos, daß die Färbung organischer Kohlenstoffverbindungen durch das Vorkommen gewisser, meist mehrwertiger Gruppen in denselben bedingt wird. Solche Gruppen, welche wohl stets aus mehreren Elementaratomen zusammengesetzt sein müssen, zeigen alle das gemeinsame Verhalten, daß sie Wasserstoff aufzunehmen imstande sind: sie gehören zu den ungesättigten Radikalen. Durch die Aufnahme von Wasserstoff verlieren dieselben die Fähigkeit, Färbung zu erzeugen." Die Gruppe $\rangle C:C\langle$ wird von ihm als Chromophor anerkannt (Zit. S. 5). Und weiterhin verweist er (Zit. S. 108) auf die Verwandtschaft der Triphenylmethanfarbstoffe „mit den Derivaten des Chinons, namentlich mit den Chinonimidfarbstoffen", derzufolge die Schreibweise beider Farbstoffgruppen in Einklang gebracht werden müsse, bzw. es wäre „das Chromophor der Triphenylmethanfarbstoffe durch folgendes Schema auszudrücken: $=C=\langle \rangle =R\langle$, wobei $R\langle$ eine Imidgruppe oder ein Sauerstoffatom bedeutet". Malachitgrün wird z. B. in folgender Weise formuliert:

Phenolphthalein in Benzollösung aus der (farblosen) Lactonform als zinnoberrotes Betain adsorbiert wird. Weiteres: Dieselben, Z. f. Elektrochem. 47, 65 (1941).

$$C_6H_5-C\diagdown\genfrac{}{}{0pt}{}{C_6H_4\cdot N(CH_3)_2}{C_6H_4=N(CH_3)_2Cl}.$$ Damit begann diese sog. „chinoide Farbstofftheorie" ihren Siegeslauf und ihre Weiterentwicklung.

Eine Reihe einzelner Tatsachen und andersgerichteter Untersuchungen griff sogleich in diese Weiterentwicklung ein. Zuerst war es eine (1894) von B. Homolka (1860—1925) gemachte Beobachtung (nämlich die sog. „Homolkasche Base"), der zufolge aus Neufuchsin durch Alkali zwei Rosanilinbasen, eine rote, welche in die gelbliche übergeht, erhalten werden. Dann folgten (seit 1899) die Untersuchungen von A. Hantzsch über „Pseudoammoniumbasen" [mit M. Kalb, B. **32**, 3109 (1899)]. Hantzsch war zu dieser Problemstellung von der Umlagerung echter Ammoniumbasen (mit doppelten oder ringförmigen Bindungen) in Pseudobasen von meistenteils Carbinolcharakter gelangt, als er nach weiteren Beweisen für seine Theorie der Diazoniumsalze (bzw. Hydrate) und deren abnorme Umlagerung in normale Diazoverbindungen Ausschau hielt [B. **32**, 3134 (1899)]. Er fand die folgende Parallelität (s. auch S. 74, 303, 313):

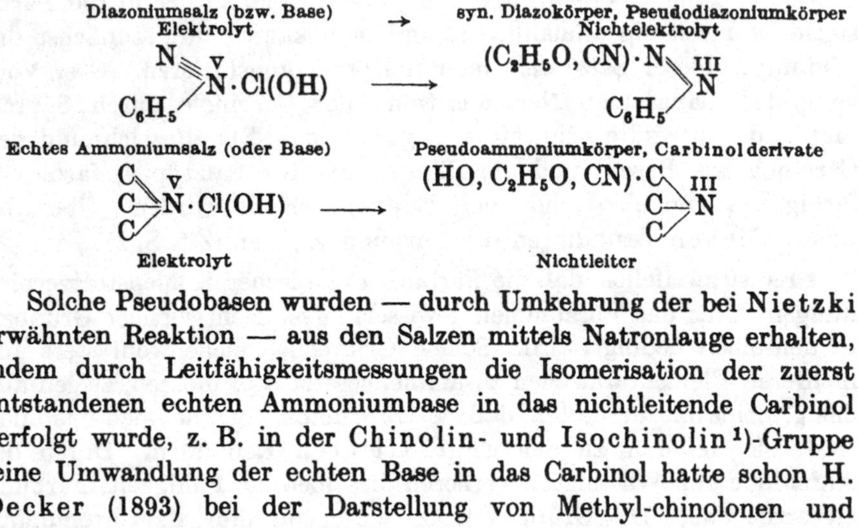

Diazoniumsalz (bzw. Base)   →   syn. Diazokörper, Pseudodiazoniumkörper
Elektrolyt   Nichtelektrolyt

$$\underset{C_6H_5}{\overset{N}{\diagup}}\hspace{-2pt}\genfrac{}{}{0pt}{}{\,}{}\diagdown N\cdot Cl(OH) \longrightarrow (C_2H_5O, CN)\cdot \underset{C_6H_5}{N}\diagdown\overset{III}{N}$$

Echtes Ammoniumsalz (oder Base)   Pseudoammoniumkörper, Carbinolderivate

$$\underset{C}{\overset{C}{\diagup}}\hspace{-2pt}N\cdot Cl(OH) \longrightarrow (HO, C_2H_5O, CN)\cdot\underset{C}{\overset{C}{\diagup}}\overset{III}{N}$$

Elektrolyt   Nichtleiter

Solche Pseudobasen wurden — durch Umkehrung der bei Nietzki erwähnten Reaktion — aus den Salzen mittels Natronlauge erhalten, indem durch Leitfähigkeitsmessungen die Isomerisation der zuerst entstandenen echten Ammoniumbase in das nichtleitende Carbinol verfolgt wurde, z. B. in der Chinolin- und Isochinolin[1])-Gruppe [eine Umwandlung der echten Base in das Carbinol hatte schon H. Decker (1893) bei der Darstellung von Methyl-chinolonen und -isochinolonen angenommen], bei den Acridiniumbasen in Acridole [auch hier hatte Decker (1892) eine Wanderung des Hydroxyls vom N-Atom zum α-C-Atom angenommen], beim Cotarnin (s. S. 458), das nach W. Roser als eine Pseudobase angesprochen werden kann. Dann wurde von A. Hantzsch [gemeinsam mit G. Oßwald, B. **33**, 278 (1900)] die große Gruppe der Farbbasen und deren Umwandlung in farblose Pseudoammoniumhydrate (Carbinole), -cyanide und -sulfonsäure erforscht und Nomenklaturvorschläge gemacht. Die Umwandlung

---

[1]) Isochinolin: von S. Hoogewerff und W. van Dorp im Steinkohlenteer entdeckt (1885); von A. Pictet (1909), H. Decker (1912), E. Späth und Mitarbeitern [B. **63**, 134 (1929), Isochinolin-Derivate] synthetisch dargestellt.

(bzw. Wanderung des Hydroxyls) der Farbstoffbasen der Diphenyl-
und Triphenylmethanreihe in die Pseudoammoniumbasen (Leuko-
hydrate) wird folgendermaßen symbolisiert:

$R_2 : N \cdot Cl$ $R_2 : N \cdot OH$ $R_2 : N$

Farbstoffsalz.   Echte Ammonium-   (Farblose) Pseudo-
farbbase, labil.   ammoniumbase,
Carbinol, stabil.

Nicht in Pseudobasen umwandelbar erwiesen sich die Farbstoffbasen vom Methylenblau [1]) und von den Safraninen [2]). Die Existenz
der echten Methylenblau-Ammoniumbase hatte schon A. Bernthsen
(1883) festgestellt und die Stabilitätsverhältnisse der Safraninbasen
hatten bereits R. Nietzki und R. Otto [B. **21**, 1590 (1888)] ermittelt.
Für die Homolkasche Base stellte Hantzsch [B. **33**, 758 (1900)]
die Konstitution einer Imidbase $(H_2N \cdot C_6H_4)_2 : C \langle \quad \rangle : NH$ auf.

Dann entdeckte A. Bistrzycki (1862—1936) im Jahre 1903
[gemeinsam mit C. Herbst, B. **36**, 2333 (1903)] in dem „Diphenyl-

---

[1]) Die richtige Formel und die chemische Konstitution des (von H. Caro 1876
entdeckten) Methylenblaus wurden von A. Bernthsen ermittelt [B. **16**, 1025, 2896
(1883); s. auch A. **230**, 73 (1885); **251**, 1 (1889)], der auch den Grundkörper der Thiazinfarbstoffe — das Thiodiphenylamin $C_6H_4 \langle \overset{NH}{\underset{S}{}} \rangle C_6H_4$ entdeckte; die Konstitution
des Methylenblaus (Tetramethyldiamidophenazthioniumchlorid) ist hiernach
$\left[(CH_3)_2N \cdot C_6H_3 \langle \overset{N}{\underset{S}{}} \rangle C_6H_3 \cdot N(CH_3)_2 \right]$ Cl. Methylenblau besitzt eine spezifische Affinität
zu Nervenzellen, findet Verwendung in der Gehirn-Therapie und im Modellversuch
zur Nachahmung biologischer Oxydationen (H. Wieland, 1912 u. f.). — Der Thio-
indigo $C_6H_4 \langle \overset{CO}{\underset{S}{}} \rangle C : C \langle \overset{CO}{\underset{S}{}} \rangle C_6H_4$ [P. Friedländer, B. **39**, 1060 (1906); Synthese
aus Thiosalicylsäure von E. Münch, Z. angew. Ch. **21**, 2059 (1908)] stellte eine weitere
Etappe in der Chemie der Schwefelfarbstoffe dar. Über das „Schwefelblau" arbeiteten
A. Binz und C. Räth [B. **58**, 309 (1925)]. Eine Zusammenfassung der „neueren Forschungen auf dem Gebiete der schwefelhaltigen organischen Farbstoffe" gab A.
v. Weinberg [B. **63** (A), 117—130 (1930)], und ebenso lieferte H. E. Fierz-David
wertvolle Materialien zur Konstitution und Systematik der Schwefelfarbstoffe (Natur-
wissenschaft. **1932**, 945).

[2]) Für die Safranine hatte A. Bernthsen (1886) die Formulierung
$H_2N \cdot C_6H_3 \langle \overset{N}{\underset{\underset{C_6H_5}{N}}{}} \rangle C_6H_3 \cdot NH_2$ aufgestellt; F. Kehrmann [B. **47**, 1895 (1914); s. auch
A. **414**, 131] gelangte auf Grund von Absorptions-
spektren zu einer p-chinoiden Formulierung, bzw.
Desmotropie zwischen o- und p-Form [s. auch
„Das 12' bzw. 13 Isomere des Rosindulins, B. **33**,
3276—3307 (1900)].

chinomethan" des Chromogen der Oxytriphenylmethanfarbstoffe, bzw. der Aurin- (Rosolsäure-)Gruppe:

Diphenyl-chinomethan   Aurin   Benzaurin [1])

$$\begin{matrix} C_6H_5 \\ C_6H_5 \end{matrix} \!\! \Big> C : \langle\!\!\!= \!\!\!\bigcirc\!\!\!=\!\!\!\rangle : O \qquad \begin{matrix} HO \cdot C_6H_4 \\ HO \cdot C_6H_4 \end{matrix} \!\! \Big> C : \langle\!\!\!= \!\!\!\bigcirc\!\!\!=\!\!\!\rangle : O \qquad \begin{matrix} HO \cdot C_6H_4 \\ C_6H_5 \end{matrix} \!\! \Big> C : \langle\!\!\!= \!\!\!\bigcirc\!\!\!=\!\!\!\rangle : O$$

  Orangefarben.   Dunkelrot.   Ziegelrot.

An die Homolkasche Base und das Bistrzyckische Diphenyl-chinomethan knüpfte sogleich (1904) A. v. Baeyer [mit V. Villiger, B. **37**, 2848 (1904)] weitere Untersuchungen und Folgerungen an. Die Nietzkische Chinonformel wird als der richtigste Ausdruck für die Konstitution der Triphenylmethanfarbstoffe bezeichnet, wobei die Rolle, welche die aliphatischen Doppelbindungen in den Farbstoffen spielen, durch die Nebeneinanderstellung von J. Thieles Diphenylfulven II [B. **33**, 666 (1900 u. f.)] und Diphenyl-chinomethan I veranschaulicht wird:

    Orangefarben.   Tiefer rot als I.   Braun.

Indem für Diphenyl-chinomethan (I) die Bezeichnung „Fuchson" vorgeschlagen wird, wird sinngemäß Benzaurin [1]) = Oxyfuchsin und Aurin = Dioxyfuchson; das vom Fuchson (I) sich ableitende Imin heißt Fuchsonimin (III), die Homolkasche Base — „als echte Farbbase des Fuchsins" — dementsprechend Diaminofuchsonimin, und die salzsauren Salze der Fuchsonimine erhalten die Benennung Fuchsonimoniumchlorid; das salzsaure Aurin als ein Oxoniumsalz (IV) und das Anilinblau als Fuchsonimoniumchlorid (V) haben dann die folgenden Formeln:

$$\begin{matrix} HO \cdot C_6H_4 \\ HO \cdot C_6H_4 \end{matrix} \!\! \Big> C : \langle\!\!\!= \!\!\!\bigcirc\!\!\!=\!\!\!\rangle : O \!\!<\!\!\begin{matrix} H \\ Cl \end{matrix} \qquad \begin{matrix} C_6H_4 \cdot NH \cdot C_6H_4 \\ C_6H_4 \cdot NH \cdot C_6H_4 \end{matrix} \!\! \Big> C : \langle\!\!\!= \!\!\!\bigcirc\!\!\!=\!\!\!\rangle : N \!\!<\!\!\begin{matrix} H \\ Cl \\ C_6H_5 \end{matrix}$$

----

[1]) Diese Formel wurde dem Benzaurin von seinem Entdecker O. Doebner (1879) erteilt, von ihm jedoch nachher in $C_6H_5 \cdot C(OH) \cdot (C_6H_5 \cdot OH)_2$ umgewandelt [1883 und A. **257**, 70 (1890)]. Daß die letztere Formulierung mit der hochroten Farbe nicht vereinbar ist, sowie daß das Absorptionsspektrum des Benzaurins demjenigen des Diphenyl-chinomethans (des Fuchsons) sehr ähnlich ist und für die ursprüngliche Formel (d. h. für ein p-Oxyfuchson) spricht, hob R. Meyer [B. **46**, 70 (1913); **56**, 98 (1923)] hervor. Als eine Molekülverbindung $\left[C_6H_5 \cdot C \!\!<\!\! \begin{matrix} C_6H_4 \cdot OH \\ C_6H_4 : O \dots H_2O \end{matrix} \right]$ von p-Oxyfuchson und Wasser wurde es von P. Pfeiffer (Organische Molekülverbindungen, S. 77. 1922) hingestellt.

Die Struktur der Triphenylmethanfarbstoffe schien also eindeutig festgestellt zu sein, es waren Imoniumsalze der allgemeinen Formel:

$$\left[\begin{matrix} H_2N\cdot C_6H_4 \\ H_2N\cdot C_6H_4 \end{matrix} \!\!\! >\!\! C =\!\!\!<\!\!\!\bigcirc\!\!\!>\!\!\!= NH_2\right] X.$$

Damit war die erste Entwicklungsperiode der Konstitutionsforschung der Farbstoffe zum Abschluß gekommen. Gleichzeitig bahnte sich aber ein neuer Abschnitt dieser Forschung an, der von neuentdeckten Tatsachen ausging und mit Hilfe anderer theoretischer Vorstellungen die Struktur derselben wichtigen Farbstoffgruppe erfassen wollte, ohne bisher alle Seiten befriedigt zu haben.

Um das Jahr 1900 waren zwei neue Probleme in den Interessenkreis der allgemeinen Chemie getreten: die Vierwertigkeit des Sauerstoffs bzw. die „basischen Eigenschaften" desselben, ferner die Dreiwertigkeit des Kohlenstoffatoms. Die basischen Eigenschaften des Sauerstoffs hatten A. v. Baeyer und V. Villiger zu ihrer bedeutenden Untersuchung: „Dibenzalaceton und Triphenylmethan. Ein Beitrag zur Farbtheorie" geführt [B. **35**, 1189—1212 (1902)]. Dibenzalaceton (ebenso Dianisalaceton) liefert mit Säuren stark gefärbte Salze; der Grund der Färbung ist nicht mit der Entstehung einer chromophoren, z. B. chinoiden Gruppe verknüpft, sondern rührt „von den Eigenschaften des ganzen Komplexes her". Für diese Eigenschaft wird die Bezeichnung „Halochromie" (S. 1190) geprägt [1]); auch das an sich farblose Trianisylmethan und Trianisylcarbinol sind halochrome Substanzen, letzteres gibt außer den gefärbten Carbonium- noch ebenso gefärbte Oxoniumsalze; als farbgebende Ursache ist also in diesen Typen die Salzbildung anzuerkennen. Die Carboniumsalze werden formuliert (s. auch S. 174):

$$\begin{matrix} CH_3O\cdot C_6H_4 \\ CH_3O\cdot C_6H_4 \end{matrix}\!\!>\!\!C\!\!<\!\!\begin{matrix} C_6H_4\cdot OCH_3 \\ Cl \end{matrix} \qquad \begin{matrix} CH_3O\cdot C_6H_4 \\ CH_3O\cdot C_6H_4 \end{matrix}\!\!>\!\!C\!\!<\!\!\begin{matrix} C_6H_4\cdot OCH_3 \\ O\cdot NO_2 \end{matrix}$$

Chlorid, farblos, kein Salz.   Nitrat, gefärbt (Salz ?).

Nach der Aufstellung des Begriffes der „Carboniumvalenz" konstatiert A. v. Baeyer [B. **38**, 574 (1905)], daß „die gefärbten Salze des Triphenylcarbinols, sowie seiner Halogen- und Methoxylderivate ihre Färbung der einfachen Carboniumvalenz" verdanken. Die „Carboniumdoppelbindung" ersetzt in den früheren Formeln die Doppelbindung, und es entstehen nunmehr Formeln der folgenden Art, z. B.:

---

[1]) Nach D. Vorländer [B. **36**, 1485 (1903)] ist jedoch die Färbung der ungesättigten Ketone durch Anlagerung von Säuren keine spezifische Folge der Salzbildung, „ist keine Halochromie"; ferner ist es „sehr wahrscheinlich, daß solche Farbänderungen mit den Ionen und der elektrolytischen Dissoziation wenig zu tun haben, sondern jeder Wechsel in der Farbe der Substanzen wird begleitet von einer Änderung im Sättigungszustand eines oder mehrerer Elemente, aus welchen die Substanzen bestehen".

$$HO \cdot C_6H_4 \diagdown C \diagup \diagdown O; \quad CH_3O \cdot C_6H_4 \diagdown C \diagup C_6H_4 \cdot OCH_3 \quad H_2N \cdot C_6H_4 \diagdown C \diagup C_6H_4 \cdot NH_2$$
$$HO \cdot C_6H_4 \diagup \qquad\qquad CH_3O \cdot C_6H_4 \diagup \diagdown O \cdot SO_3H; \quad H_2N \cdot C_6H_4 \diagup \diagdown Cl$$

Aurin.   Trianisylcarbinolsulfat.   Fuchsin.

Die echte Farbbase des Fuchsins ist $(H_2N \cdot C_6H_4)_3C \diagup OH$, sie bedarf einer gewissen Zeit, um das positive gefärbte Triaminotriphenylmethyl „in das ungefärbte gewöhnliche und nichtmetallische" umzuformen: „es findet schließlich (bei Einwirkung von Alkali auf die Farbstoffchloride) die Umwandlung des Carboniumhydroxyds in ein gewöhnliches Hydroxyd (Carbinolbildung) statt. Man kann dies auch so ausdrücken, daß eine Base in die zugehörige Pseudobase verwandelt wird, aber nicht im Sinne von Hantzsch, welcher diese Umwandelung durch ein Wandern des Hydroxyls vom Stickstoff zum Kohlenstoff erklärt" (S. 581).

Demgegenüber behält A. Hantzsch [B. **38**, 2143 (1905); **39**, 153 (1906)] seine Auffassung bei; er lehnt (bei Gegenwart von Aminogruppen im Molekül) die Oxonium- und Carboniumformulierungen, ebenso wie die Azoxonium- und Azthioniumformeln Kehrmanns ab und gibt nach wie vor den „chinoiden Ammoniumformeln der Farbstoffe" den Vorzug. Doch auch F. Kehrmann verteidigt die Berechtigung seiner Formeln [B. **38**, 2577 (1905)] und setzt erfolgreich die Untersuchung der Phenazoxonium-, Phenazthionium- und Carboxonium-Verbindungen fort [vgl. B. **44**, 3006, 3011, 3505 (1911)]. — Die Streitfrage, welche Onium-Formulierung — ob Ammonium-Oxonium- oder Carbonium-Salze — die richtige „Erklärung" darbietet, bleibt vorläufig offen; neue Farbenphänomene werden bekannt und geben der Forschung neue Fragen auf.

Bei der Fortsetzung seiner chemisch-physikalischen Untersuchungen über die Entstehung farbiger Salze z. B. aus farblosen schwachen Säuren (Pseudosäuren) und ungefärbten Basen gelangte A. Hantzsch (1907 u. f.) zu neuartigen Halochromie-Erscheinungen: Es werden z. B. gelbe, rote, grüne, violette und farblose feste Salze aus Dinitrokörpern u. ä. erhalten [B. **40**, 1523—1572 (1907)]; diese Polychromie" oder „Pantochromie" je nach der Natur der farblosen Kationen erweitert sich zu einer „Chromotropie", Variochromie bzw. Chromoisomerie [B. **42**, 966—1015 (1909)], indem z. B. ein und dasselbe Salz der Pseudosäure Violursäure verschiedene Farben annehmen kann; an sie schließt sich die „Homochrom-Isomerie" (bei Nitranilinen, stereoisomeren Chinonoximen u. a.), bei welcher die Isomeren optisch identisch, chemisch sehr ähnlich, durch Schmelzpunkt und Löslichkeit unterschieden sind [B. **43**, 1651—1685 (1910)]. [Eine weitere Differenzierung der Halochromie führte zur „Solvatochromie", B. **55**, 953 (1922).]

Neue Beiträge zum Problem „Farbe und Konstitution" sollten von seiten der „Chinhydrone" kommen. C. Loring Jackson und D. F.

Calhane [B. 34, 2495 (1902)] hatten bei der Oxydation des p-Phenylen-
diamins grüne und blaue Produkte erhalten. Auf diese Oxydationsprodukte nahm F. Kehrmann (1905) Bezug und erklärte, daß sie
„. . . ohne Zweifel chinhydronartige Additionsprodukte der
schwach gefärbten Diimin-Salze an die Salze der Diamine" sind [B. 38,
3777 (1905)]. Als nun R. Willstätter und J. Piccard [B. 41, 1462
(1908)] den roten Farbstoff von C. Wurster (1879), dem R. Nietzki
die chinonartige Formel $HN = C_6H_4 = N(CH_3)_2Cl$ zuschrieb, untersuchten, mit den echten (farblosen) Chinoniminen verglichen, dem her-
gestellten (farblosen) ganz chinoiden Derivat des Aminodimethylanilins
gegenüberstellten und dieses durch partielle Reduktion wieder in
den roten Farbstoff zurückverwandelten, kamen sie zwangsläufig zu
dem Ergebnis, daß der rote Farbstoff eine Vereinigung einer ganz
chinoiden Komponente mit seiner Leukobase sei, etwa wie Chinon +
Hydrochin $\rightleftarrows$ Chinhydron, und zwar infolge gegenseitiger Absättigung
ihrer Partialvalenzen. Für solche ihrer Zusammensetzung nach teilweisen chinoiden Verbindungen prägt Willstätter die Bezeichnung
„meri-chinoid" (teilweise chinoid), die ganz chinoiden werden dagegen als „holo-chinoid" (ganz chinoid) bezeichnet. Da zwischen dem
Rot von Wurster und dem Fuchsin hinsichtlich der Farbe eine weitgehende Ähnlichkeit besteht, so wird angenommen, daß Fuchsin und
ähnliche Triphenylmethanfarbstoffe ebenfalls aus einem schwach-
farbigen chinoiden Imoniumsalz und einem aromatischen Amin
salzartig zusammengesetzt sind. F. Kehrmann [B. 41, 2340 (1908)]
lehnt sogleich diese Analogien zwischen den Chinoniminen bzw.
Wursterschen Salzen einerseits und den Triphenylmethan-Basen ab;
die Ursache der tiefen Farbe der Chinhydrone verlegt er — im
Sinne der Lehre von O. N. Witt über Chromophore und Auxochrome —
in die Anwesenheit beider bzw. in die Einführung auxochromer
Gruppen (Hydroxyl oder Aminreste) in die chinoiden Substanzen.
Gleichzeitig untersucht K. H. Meyer [B. 41, 2568 (1908)] die „Halochromie der Chinone"; die Bildung „lockerer Additionsverbindungen" mit Säuren oder gewissen Metallhalogeniden wird als die
Ursache der Farbvertiefung der gebildeten Chinonsalze angesehen [1]).
Ein neues Moment in das Problem „Farbe und Konstitution" bringt
P. Pfeiffer hinein [A. 370, 376 (1910 u. f.)]. Als Ausgangspunkt
dienen auch ihm die Halochromie-Erscheinungen bei Verbindungen
mit der Ketogruppe; die Zusammenlagerung mit Säure- und Salz-
molekülen (z. B. $AlCl_3$, $FeCl_3$, $SnCl_4$) unter Farbvertiefung erfolgt
zwischen dem Sauerstoff- und Wasserstoff- (oder Metall-) Atom:

$$RR_1C = O \ldots. HX \quad \text{bzw.} \quad RR_1C = O \ldots. MeX.$$

---

[1]) Dem gegenüber steht die Ansicht von F. Kehrmann [B. 41, 2340, 3396 (1908)],
daß Farbänderungen bei der Salzbildung chinoider Körper auf Konstitutionsänderungen der Chromophore — bei den Chinonen etwa ein Vierwertigwerden des Sauerstoffs und Betätigung von Nebenvalenzen — zurückzuführen sind.

Ähnlich wie die CO-Gruppe verhalten sich die anderen chromophoren Gruppen C:N, C:C, N:O usw., d. h. Gruppen mit mehrwertigen Atomen in gegenseitiger (unvollständiger) Sättigung. Durch die Anlagerung von HX oder MeX werden nun an dem zentralen C-Atom Veränderungen der Affinitätsgröße hervorgerufen, es nähert sich einem Zustande, wie es im dreiwertigen — mit chromophorer Natur begabten — Kohlenstoffatom vorhanden ist.

Etliche Schritte weiter führten dann Untersuchungen von A. Hantzsch [B. **49**, 519 (1916)]; aus dem verschiedenen optischen Verhalten der chinhydronähnlichen molekularen Additionsverbindungen einerseits und der tieffarbigen Derivate bzw. der meri-chinoiden Salze aus Phenazinen und Thiazinen, sowie aus p-Diaminen andererseits folgerte er, daß sie **nicht** analog konstituiert sein können. Für die sogenannten meri-chinoiden Salze stellte er als Diskussionsproblem das folgende auf: „Diese Salze könnten vielleicht überhaupt keine Additionsprodukte, sondern **einheitliche, chemische, monomolekulare Verbindungen mit einem ungesättigten Stickstoff- oder Schwefelatom sein, dessen ungesättigter Zustand zugleich die intensive Farbe dieser Salze nach bekannten Analogien erklären würde**", beispielsweise im Sinne folgender Formeln:

Sog. meri-chinoide		
Phenazonium-	Thianthronium-	Sog.
salze.	salze.	Wurstersche
		Salze.

Die Entscheidung in dieser Frage könnte nach Hantzsch durch Mol- und Leitfähigkeitsbestimmung erbracht werden.

Das erforderliche experimentelle Beweismaterial **gegen** die Chinhydronformulierung und **für** die einfach-molekulare Zusammensetzung solcher meri-chinoider Salze wurde von E. Weitz und Mitarbeitern geliefert und gleichzeitig die theoretisch bedeutsame Schlußfolgerung gezogen: „alle merichinoiden Salze sind monomolekular zu formulieren, als Radikale, die ihnen zugehörigen „Chinhydronbasen" hingegen dimolekular" [B. **57**, 161 (1924)]; **59**, 432 (1926)].

Das Problem: Salznatur und Farbe, bzw. Ursprung der Halochromie, wird dann (seit 1919) von A. Hantzsch auf breiter Basis wieder weitergeführt, wobei gerade der Lichtabsorption (neben der elektrolytischen Leitfähigkeit) die ausschlaggebende Rolle für die Konstitutionsfragen beigelegt und der Begriff der Pseudo- und echten Salze neu begründet wird. Er gelangt zu der Lehre von der „Valenz-

Isomerie" zwischen echten und Pseudo-Haloidsalzen der organischen Ammonium-, Phosphonium-, Arsonium-, Sulfonium- und Oxonium-Salze [B. 52, 1544 (1919); s. auch 54, 2573 (1921)], wobei die echten Salze mit ionogener Bindung der Halogene als Anionen an die komplexen Kationen — also mit indirekter Bindung an die zentralen N-, P-, As-, S- oder O-Atome — farblos auftreten, wenn die Anionen farblos sind: echte Haloidsalze sind

$$\begin{bmatrix} R_1 \\ R_2 \end{bmatrix}\!N\!\begin{matrix} R_3 \\ R_4 \end{matrix}X \quad \begin{bmatrix} R_1 \\ R_2 \end{bmatrix}\!P\!\begin{matrix} R_3 \\ R_4 \end{matrix}X \quad \begin{bmatrix} R_1 \\ R_2 \end{bmatrix}\!As\!\begin{matrix} R_3 \\ R_4 \end{matrix}X \quad \begin{bmatrix} R_1-S\!\begin{matrix} R_2 \\ R_3 \end{matrix} \end{bmatrix}X \quad \begin{bmatrix} R_1-O\!\begin{matrix} R_2 \\ R_3 \end{matrix} \end{bmatrix}X.$$

Pseudo-Haloidsalze, mit nicht-ionogener, also direkter Bindung der Halogene an die mehrwertigen Zentralatome, optisch verschieden von ihren Ionen, daher oft gelb gefärbt:

$$\underset{V}{I-N}\equiv R_4 \quad \underset{V}{I-P}\equiv R_4 \quad \underset{V}{I-As}\equiv R_4 \quad \underset{IV}{I-S}\equiv R_3 \quad \underset{IV}{I-O}\equiv R_3.$$

Für die wechselseitigen Übergänge[1]) gilt die Beziehung:

Elektrolyte, echte (farblose) Haloidsalze $\underset{\text{durch gute Ionisatoren und Verdünn.}}{\overset{\text{durch höhere t, durch Nicht-Ionisatoren}}{\rightleftarrows}}$ Pseudo-Haloidsalze (gelb), Nichtelektrolyte.

Von diesen echten „Oniumsalzen" zog nun Hantzsch die Parallele zu den Carboniumsalzen; unter Zugrundelegung „der chemisch wichtigsten und merkwürdigsten Eigentümlichkeit der Triphenylcarboniumsalze ... ihrer Natur als Elektrolyte" (vgl. oben S. 174, 1902) entwickelt er die Auffassung von den „C-Oniumsalzen" als statisch echten Salzen [B. 54, 2573 (1921)]. Die Parallelität zwischen diesen und den vorigen Oniumsalzen wird voll durchgeführt, indem wiederum unterschieden werden „echte und Pseudo-Haloidsalze", wobei hier die Farbverhältnisse umgekehrt auftreten:

a) echte Haloidsalze oder gelbe Triphenylcarboniumhaloide, und

b) isomere Pseudohaloidsalze oder farblose Triphenylmethylhaloide [vgl. auch B. 63, 1781 (1930)].

---

[1]) Daß diese Scheidung in echte, und Pseudo-Salzformen (und deren Übergänge) nicht ohne weiteres auch im elektrochemischen Verhalten hervortritt, hat P. Walden [Z. ph. Ch. 100, 512, 528 (1922)] gezeigt. Die Elektrolytnatur der Ammoniumhalogenide ist in hohem Maße abhängig und veränderlich 1. von der Alkylierungsstufe, und zwar ist das echte farblose Salz am schwächsten bei mono- < di- < tri- < tetraalkyliertem Ammonium, 2. von dem Anion, d. h. am schwächsten bei Cl < Br < J < ClO₄. Es können also farblose (echte) Salze in einem gegebenen Medium bei hohen Verdünnungen Leitfähigkeitswerte von ganz verschiedener Größenordnung aufweisen, z. B. in Äthylenchlorid, v = 5000 l; Tetraäthylammoniumchlorid λ = 30,35. Diäthylammoniumchlorid λ > Null [P. Walden und G. Busch, Z. ph. Ch. (A) 140, 102 (1929)].

Ähnlich wie für die Oniumsalze erfolgt auch hier die Umlagerung und Formulierung, z. B.

$$\text{Br}\cdot\text{C}{\equiv}(\text{C}_6\text{H}_5)_3 \text{ oder } \begin{array}{c}\text{C}_6\text{H}_5\\\text{C}_6\text{H}_5\end{array}{>}\text{C}{<}\begin{array}{c}\text{C}_6\text{H}_5\\\text{Br(ClO}_4)\end{array} \quad \xrightarrow[\text{(durch Äther)}]{\text{höhere Temp.}}$$

Farbloses Pseudohaloidsalz, esterartig.

$$\left[\begin{array}{c}\text{C}_6\text{H}_5\\\text{C}_6\text{H}_5\end{array}{>}\text{C}{<}\text{C}_6\text{H}_5\right]\text{Br oder } \left[\text{C}{\equiv}(\text{C}_5\text{H}_5)_3\right]\text{Br(ClO}_4)$$

Echtes, farbiges Salz, heteropolar.

Nach F. Kehrmann [B. **55**, 507 (1922)] genügt die Hantzsche Formulierung [(C$_6$H$_5$)$_3$C]Ac nicht, um die intensive Farbe zu erklären, er hält seine Konstitutionsformel vom Jahre 1901 für geeigneter und schreibt sie in Salzionenform

$$\left[(\text{C}_6\text{H}_5)_2\text{C}:\text{C}{<}\begin{array}{c}\text{H H}\\\text{C}{=}\text{C}\\ \\\text{C}{=}\text{C}\\\text{H H}\end{array}{>}\text{CH}\cdot\cdot\right]\cdot\cdot\text{Ac}.$$

Andererseits wird das neutrale Nitrat des Trianisylcarbinols als ein Oxoniumsalz aufgefaßt: $(\text{CH}_3\text{O}\cdot\text{C}_6\text{H}_4)_2\text{C}{<}\begin{array}{c}\\ \\ \end{array}{>}\text{O}{<}\begin{array}{c}\text{CH}_3\\\text{NO}_3\end{array}$, es „ist mutatis mutandis den Imonium-Salzen der Anilin-Farbstoffe ganz analog konstituiert" (Zit. S. 510). Zur Konstitution der Carbonium-Farbstoffe hat H. E. Fierz [mit H. Köchlin, Helv. ch. Acta 1, 211 (1918); s. auch B. **55**, 429 (1922)] die Formulierung als Komplexsalz im Sinne A. Werners, als Carboniumsalz, vorgeschlagen, z. B. Fuchsin: [(H$_2$N · C$_6$H$_4$)$_3$C]Cl.

Für die einfachsten Triphenylmethan- (und Azo-) Farbstoffe leitet A. Hantzsch [B. **52**, 509 (1919)] aus den Absorptionsspektren die konjugiert-chinoide Konstitution ab, indem eine „gleichzeitige Bindung des Säureions an zwei, aber auch nur an zwei Aminogruppen der Farbstoff-Kationen" stattfindet, z. B.

$$\text{R}_2\text{N}\cdot\text{C}_6\text{H}_4\cdot\text{C}{<}\begin{array}{c}\text{C}_6\text{H}_4{:}\text{NR}_2\\\text{C}_6\text{H}_4\cdot\text{NR}_2\end{array}{>}\text{X}.$$

Die starke Lichtabsorption der Kationen dieser Körperklasse führen Hantzsch und A. Burawoy auf konjugierte Systeme zurück [Burawoy, B. **64**, 462, 1635 (1931 u. f.); Burawoy und Hantzsch, B. **63**, 1181 (1930); **64**, 1622 (1931); **66**, 1435 (1933); **67**, 793 (1934); vgl. auch dazu J. Lifschitz (1933) und W. Dilthey mit R. Wizinger, B. **65**, 1329 (1932); **66**, 825 (1933)]. Es erhalten hiernach die heteropolaren Salze (mit den farbigen Kationen) die nachstehenden Konstitutionsformeln [Hantzsch und Burawoy, B. **67**, 793 (1934); **64**, 1633 (1931)]:

$$\left[H-\left\langle\!=\!\right\rangle-C(C_6H_5)=\left\langle\!=\!\right\rangle-H \atop + \right]X^- \qquad \left[\begin{matrix} H_2N\cdot C_6H_4\cdot C:C_6H_4:\overset{+}{N}H_2 \\ NH_2\overset{|}{C}_6H_4 \end{matrix} \right]X^-$$

Triphenylcarbonium-Ion. Fuchsinsalz.

$$\left[\begin{matrix} CH_3O\cdot C_6H_4\cdot C:C_6H_4:\overset{+}{O}CH_3 \\ CH_3O\cdot \overset{|}{C}_6H_4 \end{matrix} \right]X^-.$$

Trianisylcarboniumsalz.

Die Salzlösungen aller p-Amino-azobenzole stellen [Hantzsch, B. **63**, 1760 (1930)] die folgenden Gleichgewichte dar:

$$C_6H_5\cdot N:N\cdot C_6H_4\cdot NR_2HX \rightleftarrows C_6H_5\cdot NH:C_6H_4:NR_2X$$

Gelb, azoid. Rot, chinoid.

K. Brand [und Mitarbeiter, J. pr. Ch. **118**, 97, 123 (1928)] untersuchte Salze vom Typus des Jodgrüns mit zwei und drei quartären
Ammoniumgruppen (als Anion wurde ClO_4^- bevorzugt) und fand, daß
sie sich wie drei- und mehrionige Salze verhalten:

$$I^{-+}\!\!\left[\begin{matrix} (CH_3)_3N\cdot C_6H_4 \\ (CH_3)_3N\cdot C_6H_4 \\ (CH_3)_3N\cdot C_6H_4 \end{matrix}\!\!>\!\!C \right]^+ I^-, \text{ bzw. } ClO_4^{-+}\!\!\left[\begin{matrix} (CH_3)_3N\cdot C_6H_4 \\ (CH_3)_3N\cdot C_6H_4 \\ (CH_3)_3N\cdot C_6H_4 \end{matrix}\!\!>\!\!C \right]^+ ClO_4^-.$$

Eine andere Formulierung der Farbsalze wird von W. Dilthey
und R. Wizinger vertreten [vgl. B. **62**, 1834 (1929); J. pr. Ch. (2)
118, 321 (1928); s. auch R. Wizinger, Organische Farbstoffe, Berlin-
Bonn 1933). Die allgemeine Bildungsgleichung der Farbsalze lautet
hiernach z. B.

$$(CH_3)_2N\cdot\left\langle\!=\!\right\rangle\cdot C(R)_2\cdot OH + HX \rightarrow \left[(CH_3)_2N\cdot\left\langle\!=\!\right\rangle\cdot CR_2 \right]X + H_2O.$$

Der Übergang von dem farblosen Carbinol zum Farbsalz [1]) wird
„in erster Linie mit dem koordinativ ungesättigten, heteropolaren,
in der Formel durch einen kräftigen Punkt bezeichneten C-Atom in
Verbindung" gebracht. Gleichzeitig wird für die farbigen Salze vom
Typus $[(R)_3C\,]X$ die ihren ungesättigten Zustand kennzeichnende
Bezeichnung Carbeniumsalze [2]) vorgeschlagen, während für die
farblosen heteropolaren (ortig abgesättigten) Salze $[R_3C_1Py]Cl$ oder
$[(CH_3O\cdot C_6H_4)_3C(C_6H_5NO_2)]ClO_4$ die Bezeichnung Carboniumsalze reser-
viert wird. Dilthey hatte [J. pr. Ch. (2) **109**, 273 (1925)] eine Chro-
mophor-Theorie veröffentlicht; farbige organische Verbindungen enthalten ein oder mehrere koordinativ ungesättigte Atome, der Übergang eines koordinativ ungesättigten Atoms in den ionoiden Zustand
ist von sprunghafter Farbvertiefung begleitet. R. Wizinger [B. **60**,

---

[1]) Abweichende Vorstellungen werden von J. Lifschitz verteidigt [B. **61**, 1482
(1928); **64**, 161 (1931 u. f.)].
[2]) Diesen Namenwechsel befürwortet auch F. Arndt [B. **63**, 3124 (1930)].

1377 (1927)] hatte alsdann eine Abänderung der bisherigen Anschauungen über Auxochrome vorgenommen und drei Arten unterschieden: 1. positivierende Auxochrome (die bisherige Gruppe um-
fassend), 2. negativierende (die Gruppen —NO, —NO$_2$, —CN, chinoide
Systeme, —C:O, —N:N—, —C:N— u. a.), und 3. amphotere Auxo-
chrome (Aryle und die Gruppe $\rangle$C:C$\langle$). Anschließend daran wird eine
Synthese der Tetraphenyl-äthan-Farbstoffe durchgeführt. Eine
neue Klasse von Carbenium-Farbstoffen stellen ihrerseits die von
W. Dilthey [B. **69**, 1575 (1936)] entdeckten Dehydrenium-Farb-
stoffe dar; er hat auch für Indigo Carbeniumsalzformen entwickelt
[Z. angew. Ch. **54**, 47 (1941)].

E. Weitz [Z. f. Elektrochem. **34**, 540 (1928); s. auch B. **72**, 2102
(1939)] unterscheidet 1. die „chromophoren" ungesättigten bzw. anionischen Gruppen (z. B. $\rangle$C:O; $\rangle$C:NR; $\rangle$C:NR; —C:N; —N:O;
—N$\langle^O_O$ oder —N:N—) und 2. die „auxochromen" oder kationischen
Gruppen (—OR; —SR oder —NR$_2$), die durch eine gerade Anzahl
von abwechselnd doppelt und einfach gebundenen C- (oder N-) Atomen
davon getrennt sind.

Eine zum Teil an A. v. Baeyers Carbonium-Valenz, zum Teil an
A. Hantzsch' optische Untersuchungen anknüpfende Farbstoff-Theorie
hat W. König [J. pr. Ch. (2) **112**, 1 (1925/26)] entwickelt; sie greift
weiter hinaus, indem sie Farbstoffe einbezieht, die weder irgendeinen
Benzolkern, noch einen diesem verwandten Heteroring enthalten, also
keine chinoide Konstitution zulassen: es handelt sich um rein aliphatische Farbstoffe, z. B. vom Typus (Alk.)$_2$N—[CH]$_{\overline{2n-1}}$=N(Alk.)$_2$,
$\overset{|}{X}$
die bei hinreichend großem n, d. h. genügend langer Polymethin-Kette
den Charakter wirklicher Farbstoffe aufweisen müßten. Die Formulierung derartiger Substanzen, wie überhaupt aller Farbsalze, dürfte
nicht asymmetrisch, wie in der soeben gegebenen Formel, sondern
mit abwechselnden positiven und negativen Ladungen sein; zu deren
Versinnbildlichung der Zickzackstrich der Baeyerschen Carbonium-
valenz gebraucht wird, also: (Alk.)$_2$N$\sim$(CH)$\overline{\underset{2n-1}{\sim\sim\sim}}$N(Alk.)$_2$.
$\{\sim\sim\sim \underset{X}{} \sim\sim\sim\}$

Experimentell wurden solche Strepto-Pentamethin-Farbstoffe (mittels der Perchlorate) rein erhalten [W. König und W. Regner, B. **63**,
2823 (1930)], z. B.:

$$\left[(H_3C)_2N—CH—CH—CH—CH—CH—N(CH_3)_2\right]\bar{X} \text{ und}$$

$$\left[H_2C\underset{CH_2\ CH_2}{\overset{CH_2\ CH_2}{\diagup\diagdown}}N—CH—CH—CH—CH—CH—N\underset{CH_2\ CH_2}{\overset{CH_2\ CH_2}{\diagdown\diagup}}CH_2\right]X.$$

Diese Untersuchungen W. Königs bilden eine Fortsetzung der von ihm bereits 1904 mittels der Scholl-v. Braunschen Bromcyan-Reaktion aus Pyridin erhaltenen reinen Strepto-Penthamethin-Farbstoffe[1]); im Zusammenhange damit stehen seine Untersuchungen über die Konstitution der Chinocyanine, insbesondere der Pinacyanole, die wertvoll als Sensibilisierungsfarbstoffe sind [B. **55**, 3293 (1922); s. W. H. Mills u. F. M. Hamer, Soc. **117**, 1550 (1920)], sowie der Indocyanine (Indoleno-cyanine), bzw. des Indoleninrots [B. **57**, 685 (1924)], das ebenfalls ein photographischer Sensibilator ist. Als ein niederes Vinylen-Homologes des Indoleninrots hat R. Kuhn [mit Mitarbeitern, B. **63**, 3176 (1930)] das Indoleningelb erkannt.

Das Gemeinsame dieser formal so verschiedenen Farbstofftheorien ist die Annahme eines farbigen Ions (in den obigen Fällen — eines Kations). Wie einst Hittorf den Satz prägte: „Elektrolyte sind Salze," so könnte man vielleicht im Zusammenhang mit diesem Satz von den besprochenen organischen Farbstoffen sagen: „Farbstoffe sind Elektrolyte und Salze."

Eine eigene Auxochromtheorie hat H. Kauffmann [B. **39**, 1959 (1906)] entwickelt und nachher ausgebaut (vgl. auch sein Buch: Die Auxochrome. Stuttgart 1907; sowie sein Werk: Die Valenzlehre. Stuttgart 1911). Für die Auxochrome wird die Definition gegeben: „Auxochrome sind Atomgruppen, welche kationische Valenzteile zur Verfügung stellen"; als „Kation-Valenz" wird die von einem Rest ausgehende Valenz gegenüber einem Anion bezeichnet, und diese Valenz setzt sich aus dem Zusammenwirken der den einzelnen Atomen angehörigen „kationischen Valenzteile" zusammen [B. **52**, 1426 (1919); vgl. dagegen A. Hantzsch, B. **54**, 2621 (1921)]. Als Ursache der Farbe der Triphenylmethan-Farbstoffe sieht Kauffmann [B. **45**, 781 (1912)] „... die Zersplitterung der Valenz des Zentralkohlenstoffs"; für Parafuchsin ergibt sich hiernach die folgende Formulierung (An bedeutet ein einwertiges Anion):

$$C \underset{\diagdown}{\overset{\diagup}{\underset{\diagdown}{\overset{\diagup}{\ }}}}\begin{array}{l} C_6H_4 \backsim (NH_2) \\ C_6H_4 \backsim (NH_2) \\ C_6H_4 \backsim (NH_2) \end{array} An$$

Ebenso wie Baeyer es hinstellte, sieht auch Kauffmann keinen prinzipiellen, sondern nur einen graduellen Unterschied zwischen der Farbe der Fuchsin-Farbstoffe und der Halochromie der Triphenylcarbinole.

Nach A. Hantzsch [B. **54**, 2620 (1921)] wird die Halochromie (von Triphenyl-methanderivaten) durch diskontinuierliche chemische

---

[1]) Über die physikalisch-chemischen Eigenschaften der chromophoren Gruppen —HC : CH— hat E. Hertel mit H. Lührmann [Z. phys. Ch. (B) **44**, 261 (1939), s. a. Z. f. Elektroch. **47**, 28 (1941)] experimentell-kritische Untersuchungen ausgeführt. Zur reversiblen Polymerisation (s. a. S. 403) und Stereoisomerie von wasserlöslichen Polymethinfarbstoffen lieferte G. Scheibe durch Absorptionsspektren [Z. angew. Ch. **52**, 631 (1939)], und F. Katheder durch Fluoreszenz untersuchungen [Kolloid-Z. **92**, 299 (1940)] Beiträge.

Vorgänge erzeugt, und zwar entweder durch strukturelle Umlagerung (bei der Salzbildung von Pseudosäuren und Pseudobasen), oder durch Anlagerung unter Bildung neuer komplexer Verbindungen mit Hilfe von Nebenvalenzen oder auf Grund konstitutiver Änderungen durch Isomerie zwischen ionogener und nicht-ionogener Bindung (echte und Pseudosalze organischer Basen). S. Skraup [B. **55**, 1073 (1922)] sieht in der hohen Valenzbeanspruchung der Aryle (bei den Carbinolen) die Vorbedingung für die Halochromie; die Halochromie mit Säuren und Metallhalogeniden wird als Funktion der Äthylenbindung angesehen [A. **431**, 243 (1923)]. Nach G. Scheibe [B. **58**, 586, 598 (1925)] können Änderungen des Spektrums eintreten 1. durch Deformation des Moleküls durch die elektrischen Felder der Lösungsmittelmoleküle, ohne Entstehung unpolarer Bindungen, 2. durch Neubildung von unpolaren Bindungen, sei es durch intramolekulare Umlagerungen, sei es durch Reaktionen mit fremden Molekülen [s. auch B. **60**, 1406 (1927)].

Zur „Halochromie" der tieffarbigen Ketone hat R. Wizinger [Z. angew. Ch. **40**, 944 (1927)] eine ionoide Auffassung beigesteuert und als Beispiel das Bianthron angeführt, das die Übergänge blaßgelb $\underset{\text{Kälte}}{\overset{\text{Hitze}}{\rightleftarrows}}$ schwarzgrün aufweist. A. Schönberg [B. **61**, 478 (1928)] gibt für ein solches thermochromes Verhalten ein anderes Beispiel, das CO-freie Dixanthylen: farblos (in flüssiger Luft) $\rightleftarrows$ schwachgelb (bei 15⁰) $\rightleftarrows$ tiefblaugrün (geschmolzen). Auch tiefgefärbte Fulvene zeigen in flüssiger Luft bedeutende Farbaufhellung [E. Bergmann, B. **63**, 2566 (1930)]. Farblose Lösungen von Naphthospiropyranen in Isolatoren färben sich beim Erhitzen (A. Löwenberg, 1926); W. Dilthey und R. Wizinger erklären dies durch intramolekulare Ionisation [B. **59**, 1856 (1926)]; weitere Beispiele: s. R. Wizinger und H. Wenning, Helv. **23**, 247 (1940).

Es sei hier an ähnlich gelagerte Beispiele bei anorganischen Stoffen erinnert, z. B.: Schwefel (farblos in flüssiger Luft) $\rightleftarrows$ gelb (bei 15⁰) $\rightleftarrows$ braun (in der Schmelze), oder rotes HgO (bei 15⁰) → hellgelb (in flüssiger Luft).

Der Einfluß der Stellung von Substituenten im Molekül auf den Farbton tritt z. B. im Falle der Thio-indigo-Farbstoffe [vgl. A. v. Weinberg, B. **63** (A), 127 (1930)] in bemerkenswerter Weise hervor: „Solche Sprünge der Nuance von Isomeren pflegen manche Theoretiker auf Umwandlung chinoider in benzoide Formen zurückzuführen. Hier zeigt sich jedoch die Unzulänglichkeit solcher Hypothesen und es wird deutlich, daß es Deformationen des Benzolkerns und seiner Schwingungen durch Substitution sind, welche die Änderung der Lichtabsorption bewirken" (Zit. S. 127). Die Halochromie hatte A. v. Weinberg (1919) „als eine normale, durch Belastung hervorgerufene Nuancenverschiebung vom Ultragebiet des Spektrums in den sichtbaren Teil" erklärt, wobei er die Doppelbindung auf eine dauernde Schwingung der Atomkerne zurückführt [B. 52, 933 (1919)].

G. N. Lewis (1916) sieht diejenigen Stoffe als gefärbt an, deren Elektronen wenig festgehalten (d. h. die leicht in Kationen übergeführt werden. Eine Verzerrung der Elektronenhülle, bzw. eine Deformierung der Elektronenbahnen wird von J. Meisenheimer (1921) und K. Fajans (1923) als Ursache der Farbvertiefung bei salzartigen Verbindungen angesehen, während W. Biltz (1923) sie in Zusammenhang bringt mit der unvollständigen Beanspruchung der Hauptvalenzkräfte. W. Madelung [Z. El. 37, 212 (1931)] verknüpft nun die Farbe organischer Verbindungen mit der Fähigkeit bestimmter Atomgruppen (d. h. der als Chromophore und Auxochrome bezeichneten), elektronentheoretisch mehrere Grenzformen anzunehmen und in verschiedenen diskreten Zwischenstadien der Anregungszustände aufzutreten. In ähnlicher Weise nimmt N. V. Sidgwick (1934) als wahrscheinliche Ursache der intensiven Farbe der Triphenylmethan- und Cyanin-Farbstoffe die „Oszillation" der Ionenladung in den Ionen der Farbstoffe an.

Einen Überblick über die Beziehungen zwischen Chromophor- und Valenztheorien, bzw. der Elektronentheorie der Valenz hat M. Pestemer gegeben [Ztschr. angew. Chem. 50, 343 (1937)]. Ebenso vermittelt eine sorgfältige historisch-kritische Studie von Th. Förster über „Farbe und Konstitution organischer Verbindungen vom Standpunkt der modernen physikalischen Theorie" [Z. f. Elektrochem. 45, 548—573 (1939)] die quantenmechanische Behandlung des Farbproblems, wobei die empirisch gefundenen Gesetzmäßigkeiten ihre theoretische Begründung erfahren.

Neuartige Phänomene bei der Adsorption an oberflächenaktiven Stoffen hat E. Weitz [mit F. Schmidt, B. 72, 1740, 2099 (1939); Weitz, F. Schmidt und J. Singer, El. 46, 222 (1940); 47, 65 (1941)] entdeckt; es gehen „unpolare oder unvollkommen polare Verbindungen, die ihrer Zusammensetzung bzw. Konstitution nach heteropolar sein sollten oder könnten, bei der Adsorption (z. B. an Kieselgel oder Aluminiumoxyd) in den heteropolaren Zustand" über; wählt. man z. B. die farblosen Triarylmethyl-halogenide in Benzollösung, so treten auf der Oberfläche des Adsorbens sofort die Färbungen auf, die für die Kationen des Triarylmethyls charakteristisch sind. Diese Polarisation wird hervorgerufen durch die an der Oberfläche der (dipolartigen) Adsorptionsmittel vorhandenen starken elektrischen Felder, was den Übergang des Valenzelektrons vom kationischen zum anionischen Teil des Moleküls bedingt. Diese Wirkung übertrifft diejenige der stärksten organischen Ionisierungsmittel und ähnelt dem Effekt der anorganischen Komplexbildner (z. B. $ZnCl_2$, $AlCl_3$, H_2SO_4), insofern sogar der farblose Äther, z. B. $(C_6H_5)_3COCH_3$, durch Kieselgel die Gelbfärbung des $(C_6H_5)_3$C-Kations ergibt. Zahlreiche Abkömmlinge des Triphenylcarbinols zeigen diese Polarisation durch das Auftreten von Farbe; dabei ist mehrfach „die Farbe der Adsorbate der „freien Farbbasen" kaum verschieden von der Farbe der zugehörigen Salze" [B. 72, 2100 (1939)].

Eine eingehende Darstellung und Gegenüberstellung der modernen physikalischen Theorie der Farben zu den klassischen chemischen Theorien vermitteln die Vorträge „Lichtabsorption und Farbe" mit den Diskussionen der D. Bunsen-Ges. [Z. f. Elektroch. 47, 16 bis 80 u. f. (1941); Vorträge von G. Scheibe, S. Rösch, M. Pestemer, E. Hertel, B. Eistert, G. Schwarzenbach, Th. Förster, G. Kortüm, E. Mayer-Pitsch, E. Weitz mit F. Schmidt und J. Singer].

Im Anhang geben wir eine Zusammenstellung der gefärbten ringförmigen Kohlenwasserstoffe (über die farbigen Polyphenyl-polyene vgl. Abschnitt V, S. 737 u. f.), deren Färbung sich über das ganze Spektrum erstreckt. An der Hand dieser zahlreichen Objekte könnte man vielleicht die verschiedenen „Theorien" über Farbe (bzw. Halochromie) auf ihre Tragweite überprüfen.

Anhang.   Gefärbte ringförmige Kohlenwasserstoffe.

Der erste gefärbte Kohlenwasserstoff war der Farbstoff der roten Rüben: das von H. Wackenroder in Jena 1831 entdeckte rote Carotin, welches W. Zeise [A. 62, 380 (1847)] als einen Kohlenwasserstoff $(C_5H_8)n$ (bzw. $C_{40}H_{64}$ gegenüber der heutigen Zusammensetzung $C_{40}H_{56}$) erkannte. Der zweite ebenfalls rote Kohlenwasserstoff wurde 1873 von R. Fittig (bei der Destillation von Diphensäure mit Ätzkalk) entdeckt, 1912 von R. Pummerer analysiert und mit dem Namen „Rubicen" $C_{26}H_{14}$ belegt [B. 45, 296 und 58, 1806 (1925)], alsdann stellte W. Schlenk das Rubicen synthetisch dar [B. 61, 1675 (1928)]. Der dritte wiederum rotgefärbte Kohlenwasserstoff $C_{26}H_{14}$ war 1875 von de la Harpe und W. A. van Dorp (bei der Oxydation von Fluoren) entdeckt worden [B. 8, 1048 (1875)]; seine genaue Untersuchung und Konstitutionsbestimmung gab C. Graebe [B. 25, 3146 (1892); A. 290 und 291 (1896)], er wurde als Di-biphenylenäthylen (Bifluoren) $\begin{smallmatrix} C_6H_4 \\ \vdots \\ C_6H_4 \end{smallmatrix}\!\!>\!\!C:C\!\!<\!\!\begin{smallmatrix} C_6H_4 \\ \vdots \\ C_6H_4 \end{smallmatrix}$ erkannt.

Diese Erkenntnisse vor 1894 wirkten sich sogleich in der Chromophortheorie aus, indem R. Nietzki (Chemie der organischen Farbstoffe, 2. Aufl. 1894, S. 5) unter Hinweis auf „Carotin und Biphenylenäthen" schrieb: „Die früher (1. Aufl. seines Buches, 1888) vertretene Anschauung, daß Kohlenwasserstoffe nicht gefärbt sein können, ist durch das Bekanntwerden mehrerer zweifellos gefärbter Kohlenwasserstoffe unhaltbar geworden;" gleichzeitig hebt er hervor, daß das Bifluoren (s. oben) „als Chromophor zweifellos die Gruppe $>C = C<$"

enthält. Das XX. Jahrhundert hat nun eine reiche Fülle gefärbter Kohlenwasserstoffe beschert, zuerst vorwiegend aus aromatischen Ringen synthetisch aufgebaute Typen, dann aber jene mit langen aliphatischen Ketten ausgestatteten gelben Pflanzenfarbstoffe $C_{40}H_{56}$, sowie die künstlichen Polyenfarbstoffe s. S. 726—745.

Chronologisch stehen an erster Stelle die von Joh. Thiele (1900) entdeckten „Fulvene", z. B.:

$$\begin{array}{ccc} \text{CH:CH} & \text{CH:CH} \diagdown\diagup\text{CH}_3 & \text{CH:CH} \diagdown\diagup\text{C}_6\text{H}_5 \\ \diagdown\diagup\text{CH}_2 & \diagup\text{C}\diagdown & \diagup\text{C}\diagdown \\ \text{CH:CH} & \text{CH:CH} \diagup\diagdown\text{CH}_3 & \text{CH:CH} \diagup\diagdown\text{C}_6\text{H}_5 \end{array}$$

Fulven, gelb.   Dimethylfulven, leuchtend orange.   Tiefrote Kristalle.

„Die Fulvene sind ein interessanter Beweis dafür, daß die Färbung organischer Verbindungen im wesentlichen durch die Art der Anordnung der Doppelbindung bedingt ist" [J. Thiele, B. **33**, 668 (1900); s. auch A. **348**, 1 (1906)].

Gefärbte (synthetische) Ringkohlenwasserstoffe.

Rot: Di-biphenyläthylen $C_{26}H_{16}$ (s. oben); Rubicen $C_{26}H_{14}$ (s. oben); 9,12-Diäthyl-diphensuccindadien-9.11 $C_{20}H_{18}$ [1]); Chalkacen (kupferrot) $C_{30}H_{16}$ [2]); Di-(perinaphthylen)-anthracen (kupferglänzend) $C_{34}H_{18}$ [3]); Violanthren [4]) $C_{34}H_{16}$; Isoviolanthren [4]) (granatrot) $C_{34}H_{16}$; Dibenzcoronen $C_{30}H_{14}$ [4]); Pyranthren [4]) (rötlich-braun) $C_{30}H_{16}$; Diphenyldiphensuccindadien [5]) $C_{28}H_{18}$ (braun); lin. 2,3-Benzanthracen [6]) (Naphthacen, orangefarben) $C_{18}H_{12}$.

Gelb: Acenaphthylen [7]) $C_{12}H_8$; Dekacyclen [8]) (Trinaphthylenbenzol) $C_{36}H_{18}$ (bronzegelb); Fluorocyclen [9]) $C_{48}H_{28}$; 2,2′-Dianthryl [10]) $C_{28}H_{18}$;

[1]) K. Brand (u. K. Trebing): B. **56**, 2544 (1923 u. f.).

[2]) K. Dziewoński: B. **53**, 2173 (1920).

[3]) E. Clar: B. **65**, 1521 (1932).

[4]) R. Scholl: B. **43**, 352 (1910); **67**, 1233 (1934); **65**, 902 (1932).

[5]) K. Brand: B. **45**, 3071 (1912); die XVIII. Mitteil. dieser Reihe: B. **72**, 2175 (1939).

[6]) S. Gabriel: B. **31**, 1279 (1898); E. Clar: B. **65**, 517 (1932).

[7]) Von A. Behr u. W. A. van Dorp [B. **6**, 753 (1873)] beim Überleiten von Acenaphthendampf über erhitztes Bleioxyd in goldgelben Kristallen erstmalig erhalten; die Färbung des Kohlenwasserstoffs erschien damals so ungewöhnlich, daß die Entdecker schrieben: „Es ist nicht wahrscheinlich, daß letztere dem Körper eigentümlich ist; bis jetzt aber war bei mehrmaligem Umkristallisieren eine Abnahme der Färbung nicht zu bemerken." Erst C. Graebe überwand das Vorurteil (s. oben Bifluoren) und bestätigte die Eigenfarbe des Acenaphthylens   [B. **26**, 2354 (1893)]; nach ihm „wird das Gefärbtsein des Acenaphthylens, wie das des roten Kohlenwasserstoffs, des Dibiphenylenäthens, in erster Linie durch den Atomkomplex $> C = C <$ bedingt."

[8]) K. Dziewoński: B. **36**, 968 (1903); durch Dehydrierung des Acenaphthens (mit Schwefel).

[9]) K. Dziewoński: B. **51**, 461 (1918) (aus Acenaphthen und Bleioxyd).

[10]) R. Scholl: B. **52**, 1834 (1919).

Perylen [1]) (peri-Dinaphthylen) $C_{20}H_{12}$, glänzend gelb durch Sublimation, bronzefarben aus Lösungsmitteln; Diphensuccinden [2]) $C_{16}H_{12}$; Biacen [3]) $C_{24}H_{16}$ (rötlich-goldgelb); Anthraceno-anthracen [4]) $C_{26}H_{16}$; Anth-anthren [5]) $C_{22}H_{12}$ (goldgelb); peri-Pyren-1,10(CH_2-)Inden [6]) $C_{19}H_{12}$; 2',3'-Naphtho-1,2-pyren [7]) $C_{24}H_{14}$ (tieforangefarben); 1.2-Benzpyren [7]) $C_{20}H_{12}$; Methylcholanthren [8]) $C_{21}H_{16}$; Coronen [9]) $C_{24}H_{12}$; 1.2.3.4-Dibenzanthracen [10]) $C_{22}H_{14}$; 1.2,6.7-Dibenzanthracen [10]) $C_{22}H_{14}$; 1.4-Dibiphenylen-butadien [11]) $C_{28}H_{18}$, rotgelb; 1.2,7.8-Dibenzanthracen [12]) $C_{22}H_{14}$ (grün-gelb); 1.2,5.6-Dibenzanthracen [12]) $C_{22}H_{14}$ (schwach grünlichgelb), Naphtho-2'.3',1.2-phenanthren [12]) $C_{22}H_{14}$ (grünlich-gelb).

Grün (gelbgrün): 1,2—6,7-Dibenzphenanthren [12]) $C_{22}H_{14}$; 2,3—6,7-Dibenzphenanthren [13]) $C_{22}H_{14}$; 1,12-Benzperylen [14]); Chloren [15]) $(C_{24}H_{13})_x$, dunkelgrün; Pyranthren [16]) $C_{30}H_{16}$ (bei langsamer Kristallisation gelbgrün, durch rasche Kristallisation braun, in Xylollösung gelb mit grüner Fluorescenz), Hexacen $C_{26}H_{16}$ [17]).

Blau: Azulene [18]), z. B. $C_{15}H_{18}$; — lin. 2,3—6,7-Dibenzanthracen [19]) $C_{22}H_{14}$ (= Pentacen, tiefblau); meso-Naphthodianthren [16]) $C_{18}H_{14}$ (dunkelblau); 2.3,4.5-(oder vic.-diperi-) Dibenzcoronen [16]) oder Anthrodianthren $C_{30}H_{14}$ (blauviolett in der Aufsicht, braunrot aus Lösungen).

Violett: Rhodacen [20]) $C_{30}H_{16}$ (dunkelviolett).

Violettbraun: 1,2-Diphenylaceperylen [21]) $C_{34}H_{20}$.

Kastanienbraun: 1.2.3,7.8.9-Dinaphtho-coronen [16]) $C_{36}H_{16}$; hat in roter Lösung eine grüne Fluorescenz.

Braunschwarz: Dibenz-rubicen [16]) $C_{34}H_{18}$ (weist 95,74% C auf!)

---

[1]) R. Scholl: B. **43**, 2202 (1910). A. Zinke und Mitarbeiter: B. **58**, 323 (1925).

[2]) K. Brand: B. **45**, 3071 (1912).

[3]) K. Dziewoński: B. **58**, 2539 (1925).

[4]) E. Clar: B. **62**, 950 (1929).

[5]) R. Scholl: B. **67**, 1232 (1934).

[6]) R. Scholl: B. **69**, 152 (1936).

[7]) J. W. Cook u. C. L. Hewett: Soc. **1933**, 400, 403; nach diesen Autoren gelb, nach A. Winterstein [B. **68**, 1084 (1935)] gelbgrün.

[8]) H. Wieland u. E. Dane: H. **219**, 240 (1933).

[9]) R. Scholl: B. **65**, 913 (1932).

[10]) E. Clar: B. **62**, 359, 157 u. f. (1929).

[11]) W. Wislicenus: B. **48**, 617 (1915).

[12]) E. Clar: B. **62**, 352, 1574 (1929).

[13]) E. Clar: B. **62**, 940, 3021 (1929).

[14]) E. Clar: B. **65**, 846 (1932).

[15]) K. Dziewoński: B. **51**, 457 (1918).

[16]) R. Scholl: B. **67**, 1233, 1238 (1934).

[17]) E. Clar: B. **72**, 1817 (1939). Zur Nomenklatur kondensierter Ringsysteme, B. **72**, 2137 (1939).

[18]) Z. B. Vetiv-azulen von A. St. Pfau u. P. Plattner: Helv. ch. Acta **19**, 858 (1936); **20**, 469 (1937). Siehe auch S. 603.

[19]) E. Clar: B. **63**, 2967 (1930).

[20]) K. Dziewoński: B. **53**, 2173 (1920).

[21]) A. Zinke u. O. Benndorf: M. **56**, 157 (1930).

An Eigenarten sind die genannten Kohlenwasserstoffe reich. So bietet z. B. das anti-diperi-Dibenzcoronen $C_{30}H_{14}$ (I) „die dichteste aromatische Ringpackung dar, die wir kennen" (R. Scholl, 1934); so ist z. B. das „Dinaphthocoronen $C_{36}H_{16}$ (II) mit 96,40% C und 3,60% H der kohlenstoffreichste aller bekannten Kohlenwasserstoffe" [R. Scholl, B. 67, 1231 (1934)].

I. 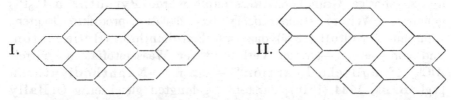 II.

Es sei hervorgehoben, daß die aromatischen löslichen Kohlenwasserstoffe: (vic.-diperi)-Dibenzcoronen $C_{30}H_{14}$ (mit 96,23% C), ebenso das (anti-diperi)-Dibenzcoronen $C_{30}H_{14}$, dann Dinaphthocoronen $C_{36}H_{16}$ (mit 96,40% C) kohlenstoffreicher sind als die meisten Arten des anorganischen (und unlöslichen) Graphits, der als der Grundtypus der aromatischen Gebilde gilt.

Mehrere dieser Verbindungen bilden die Grundkohlenwasserstoffe hochwertiger Farbstoffe. Es ist eine besondere Leistung von R. Scholl, die Methode der Verknüpfung aromatischer Kerne durch Abspaltung aromatisch gebundenen Wasserstoffs mit Aluminiumchlorid ersonnen und angewandt zu haben, zugleich erstrebte er „die Chemie der vielkernigen Systeme als selbständiges Ziel in Richtung gedrungen hochanellierter, womöglich graphitoider oder gar diamantoider Verbindungen zu fördern" (s. auch die obigen Beispiele). Diese grundlegenden Untersuchungen nahmen ihren Ausgang von einer Beobachtung in der Farbenfabrik und mündeten rückwärts als ein reicher Erkenntnisstrom hinein in die technische Synthese neuer Farbstoffe. In der B.A.S. hatte 1901 R. Bohn aus 2-Amino-anthrachinon die weit berühmten Farbstoffe Indanthren und Flavanthren entdeckt; das Indanthren erwies sich als „der echteste Küpenfarbstoff". Es hat dann R. Scholl [mit Mitarbeitern, B. 36 (1903); 40 (1907 u. f.)] durch Synthese die Konstitution von Indanthren und Flavanthren aufgeklärt. Als nun 1904 O. Bally in der B.A.S. wiederum mit 2-Amino-anthrachinon Kondensationsversuche ausführte und neue eigenartige Körper entdeckte, übernahm R. Scholl die Aufklärung der Reaktionsprodukte und gemeinsam mit deren Entdecker die weitere experimentelle Bearbeitung [B. 38, 194 (1905); 44, 1665 (1911)]. Als neuer Grundkörper wurde der von R. Scholl (1904) Benzanthron genannte Vierring aufgestellt: „eines der wissenschaftlich bemerkenswertesten und technisch wichtigsten Zwischenprodukte der Teerfarbenindustrie" [B. 69, 154 (1936); s. auch A. 394, 116 (1912), Konstitution].

Die Aufklärung der Konstitution des Flavanthrens löste 1905 bei
R. Scholl noch eine andere Gedankenreihe und Entdeckung aus,
nämlich den Ersatz des Stickstoffs durch die ÇH-Gruppe, d. h. die
Synthese eines stickstofffreien Methin-Isologen des Flavanthrens:
das Ergebnis war das „Pyranthron", der erstaunlich echte Küpenfarbstoff Indanthren-Goldorange [D.R.P. 1905; B. 43, 346 (1910)];
der zugehörige Grundkohlenwasserstoff wurde Pyranthren $C_{30}H_{16}$
genannt.   Weitere stickstofffreie Kondensationsprodukte folgten;
während R. Scholl (1906) das meso-Benzdianthron (Helianthron)
und von diesem — unter Verlust zweier Wasserstoffatome mittels
$AlCl_3$, „Schollsche Reaktion" — das meso-Naphthodianthron
[vgl. B. 43, 1734 (1910)] darstellte, gelangten gleichzeitig O. Bally
und H. Wolff vom Benzanthron und Chlorbenzanthron zu Viöl-
und Isoviolanthronen: neue Küpenfarbstoffe — Indanthrendunkel-
blau, Indanthrenviolett, Indanthrengrün — kamen in den Handel
[vgl. auch R. Bohns Vortrag, B. 43, 987—1007 (1910)].   Über den Zustand der künstlichen organischen Farbstoffe fünfundzwanzig Jahre
später: G. Kränzlein, Werden, Sein und Vergehen der künstlichen
organischen Farbstoffe.   Stuttgart 1935; über den Werdegang seiner
eigenen Entdeckungen vgl. R. Scholl, Chem.-Zeit. 1937, 26 u. f.
Insbesondere: M. A. Kunz, Die Indanthrenfarbstoffe. Rückblick,
Studien und Ausblick, Z. angew. Chem. 51, 420 (1938); 52, 269 bis
282 (1939).

Einzelne der genannten Ringkohlenwasserstoffe der Anthracen-
reihe haben noch in einer ganz anderen Richtung die wissenschaftliche
Forschung angeregt, und zwar die medizinische Wissenschaft.
Ausgelöst wurde diese Richtung durch die Beobachtung der krebserregenden[1]) Eigenschaften des Steinkohlenteers, des Tonschiefer-
öls und der mineralischen Schieferöle (Yamagiva und Ichikawa,
1915; Tsutsui, 1918).   Einen Hinweis auf die chemische Natur (poly-
cyclische Kohlenwasserstoffe) dieser krebserregenden Verbindungen gab
die Feststellung von E. L. Kennaway (1924), daß die teerigen Produkte
der pyrogenetischen Kondensation von Acetylen oder Isopren, sowie
die (nach G. Schroeter, 1924) aus Tetrahydronaphthalin mittels $AlCl_3$
erhaltenen hochsiedenden Produkte stark krebserregende Fraktionen
lieferten.   Die Anwesenheit der krebserregenden Stoffe in den Gemischen machte sich durch starke Fluorescenz und ein charakteristisches
Fluorescenz-Spektrum wahrnehmbar (W. V. Mayneord, 1927),
und ein ähnliches Spektrum lieferte der aromatische Kohlenwasserstoff 1.2-Benzanthracen[2]).   E. L. Kennaway (1929) und J. W. Cook

---

[1]) Zum Krebsproblem vgl. auch S. 282.
[2]) 1.2-Benzanthracen $C_{18}H_{12}$ wurde von K. Elbs [B. 19, 2211 (1886)] aus Benz-
anthrachinon (Siriusgelb G) erhalten, es besitzt „eine so starke grüngelbe Fluorescenz,
daß man (es) für intensiv grüngelb gefärbt hält." — Die Menge des im Steinkohlenteer-
Pech vorhandenen 1.2-Benzpyrens betrug etwa 0,003%; das 1.2-Benz-anthracen

(seit 1929) begannen nun ein systematisches Durchprobieren der synthetischen und zu 1.2-Benzanthracen in Beziehung stehenden Kohlenwasserstoffe; stark krebserregend erwiesen sich 1.2,5.6-Dibenzanthracen, sowie 5.6-Cyclopenteno-1.2-Benzanthracen (Cook, 1932), weniger stark aber auch 3.4-Benzphenanthren (Cook, 1935); andererseits konnte I. Hieger (1933) aus 2000 kg Steinkohlenteer-Pech[1]) durch systematische Fraktionierung unter Zuhilfenahme des Fluorescenzspektrums einen Kohlenwasserstoff isolieren, der in kürzerer Zeit als die vorhin genannten Verbindungen Tumoren auf der Haut von Mäusen erzeugte und sich als identisch mit synthetischen 1.2-Benzpyren[1]) erwies (J. W. Cook, C. L. Hewett, 1933). Weit stärker krebserregend erwies sich das 5.6-substituierte Benzanthracen-Derivat Methylcholanthren, wenngleich auch Cholanthren selbst ein stark krebserregender Kohlenwasserstoff ist (Cook und Mitarbeiter, 1934 u. f.). In Konstitutionsformeln ausgedrückt, haben wir die folgenden Bilder:

| 1.2-Benzanthracen[1]) (farblos) | 1.2-5.6—Dibenzanthracen[2]) (schwach grünlichgelb) | 1.2-Benzpyren (gelb)[1]) | Methyl-cholanthren[3]) (gelb) |

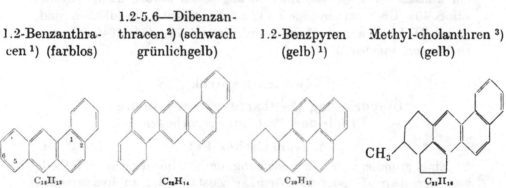

$C_{18}H_{12}$ $\qquad$ $C_{22}H_{14}$ $\qquad$ $C_{20}H_{12}$ $\qquad$ $C_{21}H_{16}$

Bemerkenswert ist die Umwandlung eines normalerweise im Körper vorkommenden Stoffes — der Cholsäure bzw. Desoxy-cholsäure — in das so schädlich wirkende Methyl-cholanthren. Cook hat [vgl. seinen

— wohl die Muttersubstanz der carcinogenen Kohlenwasserstoffe — wurde aus der Chrysenfraktion des Steinkohlenteers isoliert; Benzpyren wurde auch synthetisch dargestellt (J. W. Cook, C. L. Hewett u. I. Hieger: Soc. **1933**, 395). Eine andere Synthese des 1.2-Benzpyrens (dort auch über die Bezifferung als 3.4-Benzpyren) gab A. Winterstein mit H. Vetter u. K. Schön [B. **68**, 1079 (1935)]. Über neue Homologe des 1,2-Benzantracens: J. W. Cook: Soc. **1937**, 393. Krebserregende Wirksamkeit haben auch 1.2-Benzochrysen und 1,2-Dimethylchrysen (C. L. Hewett: Soc. **1938**, **1940**, 293), sowie 1.2-Naphthochrysen [H. Beyer u. J. Richter, B. **73**, 1379 (1940)].

¹) Siehe Fußnote 2 S. 828.

²) Synthese von E. Clar: B. **62**, 352, 357 (1929).

³) Methylcholanthren wurde von H. Wieland (1933) durch Dehydrierung des Nor-cholens erhalten; Cook führte es durch oxydativen Abbau in Antrachinontetracarbonsäure über (1933). L. F. Fieser hat für Methylcholanthren (1935) und Homologe (1937) eine Darstellungsmethode gegeben [Am. **57**, 228, 942 (1935)]. Cholanthrensynthesen gaben J. W. Cook und G. A. D. Haslewood (Soc. **1935**, 667, 767, 770). Cook und G. M. Badger (Soc. **1940**, 409) haben noch weitere Derivate des 1,2-Benzanthracens mit carcinogener Wirksamkeit synthetisiert, einige zeigten Wachstumshemmung (s. auch S. 778).

Vortrag, B. **69** (A), 38—49 (1936)] auf Beziehungen zwischen den krebserregenden Stoffen und dem östruserregenden Hormon Ostron hingewiesen und gezeigt, daß Diole, die in Beziehung zum 9.10-Dihydro-1.2,5.6-dibenzanthracen stehen, qualitativ zahlreiche biologische Wirkungen des Östrons ausüben können, diese Verbindungen haben die allgemeine Konstitution:

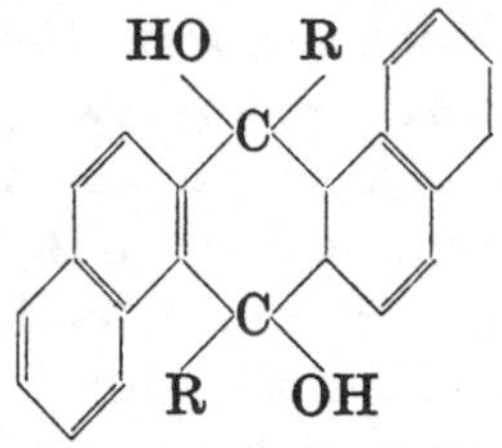

Nachdem durch Versuche (H. Burrows, 1935 und 1936) nachgewiesen ist, daß die durch Östron hervorgerufenen pathologischen Veränderungen in den Geschlechtsorganen auch durch diese Dibenzanthracenderivate bewirkt werden, ist es möglich, „durch geeignete Veränderungen des Moleküls den krebserregenden Kohlenwasserstoff 1.2,5.6-Dibenzanthracen in eine Verbindung umzuwandeln, die als ein künstliches östrogenes Hormon angesehen werden kann" (Cook, Zit. S. 49). Über cancerogene Flavine, die einseitig lipoidlöslich sind, haben H. Lettré und M.-E. Fernholz [B. **73**, 436 (1940)] Untersuchungen angebahnt.

Zweites Kapitel.
Ölhydrierung (Fetthärtung, Tetralin u. a.).
Erdöl- und Fettsäure-Synthesen.

A. Künstliches Fett.

Eine grundlegende Voraussetzung der Sabatierschen Methode war der dampf- oder gasförmige Zustand des zu hydrierenden Stoffes. Es bedeutete daher einen kühnen und praktisch weitreichenden Schritt, als W. Normann (D.R.P. 141029 vom 14. Aug. 1902) den Nickel-Katalysator, erstens zur technischen „Fetthärtung", d. h. „zur Umwandlung ungesättigter Fettsäuren oder deren Glyceride in gesättigte Verbindungen" anbahnte, und zweitens „. . . das Fett oder die Fettsäuren in flüssigem Zustande der Einwirkung von Wasserstoff und der Kontaktmasse . . ." aussetzte. Kulturhistorisch bemerkenswert ist es, daß die praktische Einbürgerung dieses deutschen Verfahrens von England [1]) her (1905/06) erfolgen mußte; 1907 erfolgte die erste Großhärtung von Walöl, während 1909 die erste Anwendung des gehärteten Fettes für Nahrungszwecke einsetzte. Damit begann ein kulturhistorisch bedeutsamer Umbruch in der menschlichen Ernährung, indem die chemische Industrie durch einen synthetischen Veredelungsprozeß die Großerzeugung von lebenswichtigen Fettsubstanzen übernahm. Doch noch in anderer Hinsicht bietet dieses

---

[1]) Schon vor 100 Jahren konnte Goethe den Satz niederschreiben: „Der Engländer ist Meister, das Entdeckte gleich zu nutzen, bis es wieder zu neuer Entdeckung und frischer Tat führt."

Problem eine ernste Lehre und Mahnung. Es ist belehrend zu erfahren [vgl. W. Normann, Chem.-Zeit. **61**, 20 (1937)], daß es die rein wissenschaftlichen Forschungen von Sabatier waren, welche bei Normann (1901) den Gedanken ihrer Anwendung auf die Öle und ihrer Übertragung auf die Praxis auslösten, ein „Denken in Zukunftsproblemen" ließ ihn die Möglichkeit einer Verarmung an Fettbelieferung durch die althergebrachten Quellen vorausschauen. Dramatisch ist der weitere Verlauf, der sich in drei Akte gliedert, und zwar: in die Überwindung der technischen Schwierigkeiten, in die Bekämpfung der menschlichen Vorurteile, und drittens in das Ringen mit den „Nacherfindern". Das Vorurteil gegen das neue Produkt war in Deutschland anfangs so groß, daß es nicht gelang, „irgend einen Abnehmer, weder in der Seifen- noch in der Speisefettindustrie für Versuche mit dem Hartfett ernstlich zu gewinnen", aber im Jahre 1935/36 erzeugte dasselbe Deutschland 4,2 Millionen Doppelzentner dieses Fettes (Margarine). Die Schicksale dieser Erfindung veranschaulichen aber noch die gegenseitige organische Verknüpfung scheinbar isolierter technischer Probleme, denn die Entwicklung der Fetthärtung nahm ihren Aufstieg unmittelbar mit der Luftschiffahrt des Grafen Zeppelin, nämlich mit der Erfindung der für das Starrluftschiff erforderlichen großtechnischen Wasserstoffdarstellung (vgl. auch H. Stadlinger, Chem.-Zeit. **1939**, 8; Wilh. Normann, 1870 bis 1939). Während die Fetthärtung mit relativ niedrigen Drucken (3—15 Atm.) bei mäßigen Temperaturen (160—180⁰) die Absättigung der Doppelbindungen der Fettstoffe erzielt, hat die Technik der Hochdruckhydrierung von Fettstoffen (mit Drucken bis zu 200 Atm. und bei Temperaturen bis 450⁰) die Fabrikation von Kohlenwasserstoffen, Estern (Wachsestern), paraffinähnlichen Fettalkoholen und -glykolen usw. ermöglicht [seit 1928; W. Schrauth, B. **64**, 1314 (1931); Zeitschr. angew. Chem. **46**, 459 (1933)]. Walter Schrauth, 1881—1939.

Technische Bedeutung erlangte auch die Übertragung der Hydrierung mittels Nickel, bzw. Ni + Cu auf Naphthalin zur Darstellung von „Tetralin" $C_{10}H_{12}$ und „Dekalin" $C_{10}H_{18}$ (1915/16, Tetralin-Ges., G. Schroeter), auf Benzol (Cyclohexan C_6H_{12}, Tetralin-Ges. 1916), auf Anthracen (in Okthracen $C_{14}H_{18}$, 1920) und Phenanthren (in Oktanthren = symm. Oktahydro-phenanthren, 1920; G. Schroeter, B. **57**, 1990—2032 (1924); A. **426**, 1 (1922)], auf Phenol (Umwandlung in Cyclohexanol, 1916; Tetralin-Ges., G. Schroeter). Nach der technischen Ni-, bzw. Ni + Cu-Methode entsteht aus Naphthalin als primäres Produkt Tetrahydronaphthalin, während R. Willstätter mittels Platinmohr direkt Dekahydro-naphthalin erhielt [B. **45**, 1471 (1912); **46**, 534 (1913)]. Es ergab sich nachher, daß mit sauerstoffreichem Platinmohr wesentlich Tetrahydro-, mit sauerstoffarmem ohne nachweisbares Zwischenglied Perhydro-naphthalin entsteht, während sauerstofffreies Platin die Hydrierung nicht katalysiert: „es scheint uns nicht möglich zu sein, mit einer einzigen Formel (des Naphthalins) die Reaktionseigentümlichkeiten dieses Gebildes zusammenzufassen" [R. Willstätter u. F. Seitz, B. 56, 1388, 1407 (1923)]. Die cis-trans-Isomerie des Dekahydronaphthalins behandelten W. Hückel (Nachr. d. K. Ges. d. Wiss., Göttingen, 1923) und R. Willstätter und F. Seitz [B. 57, 683 (1924)]. Den Verlauf der katalytischen Hydrierung des Anthracens mit verschiedenen Katalysatoren unter verschiedenen Versuchsbedingungen haben K. Fries und K. Schilling [B. 65, 1494 (1932)] untersucht.

Technische Fettsäuresynthese durch katalytische Oxydation von Kohlenwasserstoffen. Schon P. Bolley (1868) hatte festgestellt, daß Paraffin beim Erhitzen auf 150⁰ an der Luft infolge von Sauerstoffaufnahme pechartig wird; W. H. Perkin sen. [B. 15, 2158 (1882)] beobachtete die Autoxydation des Paraffins bei der „leuchtenden unvollkommenen Verbrennung"; eine technische Verwertung der „Oxydation von Petroleum und ähnlichen Kohlenwasserstoffen zu Säuren und zur Herstellung von Seifen und Estern dieser Säuren" sicherte sich E. Schaal [D.R.P. 32705 vom Jahre 1884; vgl. B. 18, 680 (1885)], wobei die Kohlenwasserstoffe bei Gegenwart von Alkalien, Erdalkalien u. ä. mit einem Luft- oder Sauerstoffstrom bei erhöhter Temperatur, mit oder ohne Druck behandelt werden. Erst die Not des Weltkrieges und insbesondere die Nachkriegszeit führte zu einer Wiederbelebung dieses Forschungsgebietes.

Das Jahr 1920 brachte eine Reihe von unabhängigen Untersuchungen über die Oxydation von Paraffinen zu Fettsäuren, so von C. Kelber [B. 53, 66, 1567 (1920)], der mit Sauerstoff oxydierte und neben niedrigmolekularen Säuren auch Fettsäuren von $C_{10}H_{20}O_2$ bis etwa $C_{22}H_{44}O_2$ erhielt; ferner von L. Ubbelohde (1918) und S. Eisenstein (mit Manganstearat als Katalysator; vgl. C. 1920 II. 22); von H. H. Franck; von Ad. Grün (B. 53, 987) mit sauren Katalysatoren und Luft oder Sauerstoff (intermediäre Bildung explosibler Mol-Oxyde), wobei je nach den Versuchsbedingungen „die ganze Skala der Fettsäuren von den hochmolekularen bis zu den flüchtigen Säuren" erhalten werden kann, daneben Estergemische (Wachse) und Oxyfettsäuren. Von F. Fischer [gemeinsam mit W. Schneider. B. 53, 922 (1920)] wird die Oxydation des Paraffins in druckfesten Stahlapparaten bei etwa 170⁰ mittels eingepreßter Luft, d. h. unter Druck und mit Eisen, Mangan oder Kupfer als Katalysatoren beschleunigt ausgeführt, wobei Fettsäuren mit ungerader Zahl von C-Atomen, und zwar C_{13} bis C_{19}, erhalten wurden. Ein Verfahren zur Herstellung von Fettsäuren aus Montanwachs durch Einwirkung von Ozon hatten sich F. Fischer und H. Tropsch durch das Patent schon

1917 schützen lassen (D.R.P. 346362), während gleichzeitig die Farbenfabriken vorm. Friedr. Bayer & Co. die Darstellung organischer Säuren aus Hexan, Paraffin, Vaselinöl, Erdöl, Naphthenen, in Gegenwart von Alkali- und Erdalkalimetallen, unter Durchleiten von Luft bei 150° sich patentieren ließen (D.R.P. 346520).

Francis Francis und Mitarbeiter [Soc. 121, 498, 1534 (1922); 125, 381 (1924)] oxydierten Paraffin mit Luft oder Sauerstoff bei 100°, weil bei tieferen Temperaturen eine größere Mannigfaltigkeit von Stoffen entsteht; hierbei beobachteten sie eine eigenartige Induktionsperiode, während welcher die Oxydation nicht eintrat, um dann plötzlich ihren Anfang zu nehmen (? Spuren von negativen, O- und N-haltigen Katalysatoren, die durch längere Erwärmung zerstört, bzw. durch positive, thermolytisch gebildete Katalysatoren überkompensiert werden). Ch. Moureu und Ch. Dufraisse mit R. Chaux (Chimie et Industrie, vol. 18, Nr. 1, 1927) haben die Autoxydation von Paraffin und Petroleum mittels positiver und negativer („Antioxygene", s. S. 140) Katalysatoren untersucht; bei 160° ohne Katalysatoren ergab ein Vergleich der Autoxydation die folgende Reihenfolge: Tetrahydronaphthalin > Paraffin > Dekahydronaphthalin > Naphthalin (sehr gering).

Im Jahre 1921 griff die B.A.S.F. mit ihrer reichen Erfahrung in katalytischen Problemen die Fettsäuresynthese an, bereits 1928 konnte in Oppau mit der Herstellung und physiologischen Prüfung der synthetischen Fette begonnen werden, und 1932 hatte die I.G. das zur Zeit ausgeübte technische Oxydationsverfahren aufgefunden (Mischkatalysatoren und niedere Temperaturen 80—120°). Volkswirtschaftlich bedeutsam war der Zusammenschluß (1938) der I.G. mit den Deutsch. Fett-Werken (Henkel, Düsseldorf) und der Märkischen Seifenindustrie (A. Imhausen) in Witten. Während in der ersten Etappe fast ausschließlich das Paraffin aus Braunkohlenteer verwandt, also nur eine „partielle" Fettsäuresynthese technisch verwirklicht wurde, eröffnete sich in der jüngsten Etappe die Möglichkeit einer „totalen" Synthese der Fettsäuren und Fette, und zwar seitdem man Paraffin als Nebenprodukt bei dem F. Fischer-Tropsch-Verfahren [„Kogasin-Synthese" aus $CO + H_2$ (1925)] und dem I.G.-Tieftemperaturhydrierverfahren synthetisch darstellt. [Vgl. F. Fischer, B. 71 (A), 56 (1938); G. Wietzel, Z. angew. Ch. 51, 531 (1938); W. Schrauth, s. 51, 413 (1938); s. auch 46, 459 (1933)]. Über Autoxydation und Ketonabbau der Fette vgl. K. Täufel, Z. angw. Chem. 49, 48 (1936).

Die Zusammensetzung der Fettsäuren eines Fettes, das aus den Oxydationsprodukten des synthetischen — nach dem Fischer-Tropsch-Verfahren erhaltenen — Paraffins gewonnen war, wies eine ununterbrochene Reihe der normalen gesättigten Fettsäuren auf, etwa von $C_8H_{16}O_2$ bis zur Behensäure $C_{22}H_{44}O_2$, und zwar in gleichen

Mengen die gradzahligen mit den ungeradzahligen Säuren, davon Palmitinsäure $C_{16}H_{32}O_2$ etwa 8,1% und Säuren über C_{17} etwa 12% [F. Rennkamp, H. 259, 235 (1939)]. Gleichzeitig hat auch H. Scheller [B. 72, 1917 (1939)] Oxydationsversuche mit Luft, Ozon und Katalysatoren durchgeführt und Fettsäuregemische verschiedener Kettenlänge erhalten. Ein Verfahren zur Synthese von Glyceriden mittels Tritylverbindungen hat P. E. Verkade [Fette und Seife, 45, 457 (1940); Rec. Trav. chim. P.-B. 59, 1123 (1940)] beschrieben.

Biologische Fettsynthese ist erwiesen worden: aus Stärke im pflanzlichen Organismus: W. Pfeffer (1878); aus Eiweiß in Penicilliumarten: C. Nägeli und O. Loew (1880); aus Kohlenhydraten mittels Hefe- und Schimmelpilzen: (P. Lindner 1919 u. f.), H. Haehn und W. Kinttof (1923 u. f.), H. Fink (1937), L. Reichel (1938 u. f.). Hierbei wird der aus Kohlenhydraten abgebaute Acetaldehyd angenommen: M. Nencki (1877), H. v. Euler (1909), J. Smedley (1912), S. Raper (1916), H. Haehn (1921; B. 56, 439. 1923). H. Franzen [H. 112, 302 (1921)] sah den natürlich vorkommenden Hexylenaldehyd (s. auch S. 616) und höhere Homologe als Zwischenglieder der Fettsynthese an; L. Reichel [s. auch Z. angew. Chem. 53, 577 (1940)] läßt die Synthese von Acetaldehyd über Hexadienal zu Hexylenaldehyd bzw. Polyenaldehyden zu Ölsäure und Stearinsäure verlaufen. Vgl. auch S. 744.

B. Erdöl — ein weltwirtschaftliches und wissenschaftlich-technisches Problem.

„All about Oil."
(Titel eines amerik. Buches.)

Eine Mystik umgibt das schon in grauer Vorzeit bekannte Erdöl (Naphtha, Steinöl): die Erdölquellen mit den heiligen und ewigen Feuern sind Orte religiöser Verehrung, sind Kultusstätten im Orient. Nach Jahrtausenden setzt eine gewisse Romantik mit den beginnenden wissenschaftlich-technischen Beschäftigungen mit dem Erdöl (um 1850) ein, um im zwanzigsten Jahrhundert einer gewaltigen Dramatik im weltwirtschaftlichen Ringen um den Besitz der Erdölquellen Platz zu machen.

Die reiche wissenschaftliche Ernte und die großen wirtschaftlichen Erfolge der organischen Synthesen auf dem Gebiete der aromatischen Verbindungen hatten zeitweilig das Interesse für die aliphatische Reihe in den Hintergrund treten lassen: lag doch für die aromatischen Körper eine schier unerschöpfliche und leicht zugängliche Rohstoffquelle in dem Steinkohlenteer vor, und hatte doch auch die chemische Forschung das verbreitete Vorkommen von ringförmigen Verbindungen in der Natur und damit ihre Bedeutung im Haushalt der belebten Welt — erwiesen (man denke nur an die Klasse der Alkaloide, der Farbstoffe, z. B. Alizarin, Indigo, der Terpene und Campher). Doch gegen Ende des Jahrhunderts vollzog sich eine Wandlung, die in kurzer Zeit zu einer Umschichtung der Ansichten über die Erschöpfung der aliphatischen Chemie und zu einem unerwarteten Aufschwung der organischen Synthesen gerade auf diesem Gebiete hinführte. Diese Wandlung ging allmählich von der Praxis aus und wurde von der chemischen Industrie zu einer Glanzleistung ausgebaut.

Wie in der Synthese der aromatischen Verbindungen der Steinkohlenteer der Ausgangspunkt war, so sollte in der neuen synthetischen Chemie der aliphatischen Körper das Erdöl diesen Ausgangspunkt bilden. Der erste Anstoß ging von Nordamerika aus, und zwar durch die Veröffentlichungen von Benj. Silliman jr. über das Petroleumvorkommen in Pennsylvanien (1855) und Californien (1865 u. f.). Ein „Ölfieber" brach aus; dem menschlichen „Lichthunger" kam die gleichzeitige Erfindung verbesserter Petroleumlampen entgegen, nachdem die Raffination und fraktionierte Destillation des Rohöls geeignete Beleuchtungsöle geliefert hatte, und die industrielle Gewinnung und Verarbeitung des Naturöls wurde insbesondere durch die organisatorische Tätigkeit von John D. Rockefeller (Standard Oil Works, 1865; Standard Oil Company, 1870) auf feste Grundlagen gestellt.

Zu den nächsten Folgewirkungen der neuerstandenen amerikanischen Petroleumindustrie gehört die Inangriffnahme der Bewirtschaftung der längstbekannten russischen Erdölvorkommen (Bakuer Naphtha), insbesondere durch die Initiative von Ludw. Nobel, der 1874 die technische Ausbeutung, Raffination und Versendung dieser Naphtha einleitete. Welch eine mengenmäßige Entwicklung inzwischen die Erdölgewinnung in der Welt genommen hat, kann aus den folgenden Zahlenwerten ersehen werden (diese geben die Weltproduktion in Millionen Tonnen wieder):

	1867	1880	1890	1900	1913	1925	1929	1932	1934	1936
etwa	0,5	3,9	10	20	53	149	207	181	208	246 Millionen t

Diese gewaltige Entwicklung der Weltproduktion des Erdöls ist zugleich ein Maßstab der Kraftvermehrung des Menschen: eine „Motorisierung" der Welt ist erfolgt, Myriaden von metallenen Rennern dienen dem Menschen zu Wasser, zu Lande und in den Lüften, sie haben die Begriffe von Entfernungen, von Raum und Zeit umgestaltet. Und doch genießt die Kulturwelt diese technischen Fortschritte nicht ungetrübt: eine Neu- und Nachbildung des Erdöls findet in der Kürze der Jahrhunderte nicht statt, dagegen nimmt der Verbrauch jährlich in gewaltigen Ausmaßen zu. Wie lange noch kann es währen, bis die bisher bekannten Erdölvorkommen erschöpft sind? Die einen schätzen diese Zeit auf 20 Jahre, die andern dehnen sie auf 50 Jahre aus. Nach den gegenwärtigen Schätzungen betragen die bekannten Erdölvorräte der Welt etwa 4 Milliarden t, was bei dem gleichbleibenden Verbrauch von etwa 250 Millionen t jährlich höchstens für 20 Jahre genügen dürfte.

Und so rückt die Schicksalsfrage immer mehr in den Lichtkreis: Was kann dagegen unternommen werden? Die nächste Antwort lautet auch hier: durch chemische Synthese künstlich Erdöl erzeugen!

Parallel sei die Entwicklung der deutschen Benzolerzeugung durch einige Zahlen veranschaulicht.

1862: R. Fittig beginnt seine Synthesen über aromatische Kohlenwasserstoffe, und muß leider feststellen: in Deutschland ist „kein Benzol zu kaufen" [B. 44, 1339 (1911)]. Die Benzolerzeugung beträgt nachher:

(1887) rste Anlage	1890	1901	1908	1916	1924	1927	1937	1938
	4000—5000 t	28000 t	90000 t	260000 t	180000 t	295000 t	485000 t	540000 t

Im Verlaufe von 40 Jahren (1890—1930) hat die deutsche Benzolerzeugung eine hundertfache Zunahme erfahren. Gegenwärtig beträgt die Weltproduktion des Benzols wohl 1 Million t. Es spiegelt sich eine gewaltige Dramatik in diesen Zahlen wieder; die technische Kultur der Menschheit wird von der Chemie beflügelt, und das Wachstum dieser Kultur steigert immerfort die chemische Leistungskraft.

C. Zur Chemie des Erdöls. Petroleum und Naphtha.

Die chemische Wissenschaft hatte diesem so plötzlich aus dem Dunkel der Erde in den Lichtkreis der Weltwirtschaft getretenen Naturstoff nur eine gelegentliche Beachtung geschenkt. Die ältesten Elementaranalysen hatten das Erdöl als einen Kohlenwasserstoff erkannt (Saussure, 1817; Zusammensetzung C_nH_{2n-2} nach Döbereiner, 1819); für das rektifizierte persische Erdöl vom Siedep. 94⁰ ergab sich die Zusammensetzung C_nH_{2n+2} (Blanchet und Sell, 1833), während die italienische Naphtha von Amiano, Siedep. 100—140⁰, die Zusammensetzung C_nH_{2n} aufwies (Pelletier und Walter, 1840). Eine erneute Erforschung der Zusammensetzung des amerikanischen Erdöls setzte in den siebziger Jahren ein und wurde ausgelöst durch das wirtschaftliche Vordringen desselben in England. Während noch 1855 B. Silliman das Erdöl als ein Rohmaterial gepriesen hatte, aus dem viele nützliche Stoffe bereitet werden könnten, und während erst 1859 die Ausbeutung der Petroleumquellen begann, konnte schon 1863 C. Schorlemmer beim Beginn seiner Untersuchungen über die „chemische Konstitution des Steinöls" schreiben, daß „amerikanisches Steinöl in sehr großen Quantitäten in England eingeführt" wurde und daß rektifiziertes Steinöl als „Turpentine Substitute" zur Verwendung gelange [A. 127, 311 (1863)]. Schorlemmer wies (1863—1872) in dem amerikanischen Petroleum die Kohlenwasserstoffe C_nH_{2n+2} nach (z. B. „Propyl-", „Butyl-", „Hexyl-", „Amylwasserstoff"); C. G. Williams (1862 u. f.), sowie E. Ronalds (1865) lieferten weitere Beiträge. Gleichzeitig wurde in Frankreich von Pelouze und Cahours (1863/64) eine eingehende Untersuchung und Identifizierung dieser gesättigten Erdölkohlenwasserstoffe von C_5H_{12} bis $C_{11}H_{24}$ ausgeführt. Jahrzehnte vergingen, bis Ch. A. Mabery umfangreiche Untersuchungen der Erdöle von Nordamerika wieder in Angriff nahm (1897—1906) und feststellte, daß im Gegensatz zu dem pennsylvanischen Petroleum dasjenige von Ohio, Canada und Californien neben den Kohlenwasserstoffen C_nH_{2n+2} noch solche der Reihen C_nH_{2n} und C_nH_{2n-6} enthält, wobei das californische mit C_nH_{2n} dem naphthenhaltigen kaukasischen (russischen) ähnelte. Es war hauptsächlich das Eintreten D. Mendelejeffs (seit 1877), daß endlich auch die russische Naphtha eine wissenschaftliche Bearbeitung erfuhr; er selbst führte eine Reihe physikalischer Untersuchungen aus. Die chemische Untersuchung des russischen Erdöls wurde erst durch F. Beilstein (1880) eingeleitet; die [gemeinsam mit A. Kurbatow, B. **13**, 1818 (1880—1883) ausgeführten] Versuche ergaben den überraschenden Befund, daß — im Gegensatz zu dem pennsylvanischen Erdöl — das russische vorwiegend aus gesättigten Kohlenwasserstoffen der Zusammensetzung C_nH_{2n} besteht, diese also den hydrogenisierten aromatischen Kohlenwasserstoffen entsprechen [1]). Gleichzeitig hatte W. Markownikow (gemeinsam mit W. Ogloblin, 1881) seine Untersuchungen der Bakuer Naphtha begonnen, er hat 1883 (B. **16**, 1878) für diese Kohlenwasserstoffe die Bezeichnung „Naphthene" [2]) (Naphthenol = $C_6H_{11}OH$ = Cyclohexanol, Naphthylen = C_6H_{10} = Cyclohexen usw.) vorgeschlagen und im Laufe der bis zu seinem Tode (1904) fortgeführten Arbeiten zahlreiche Individuen und deren Derivate „aus der Reihe des (cyclischen) Hexamethylens oder der Naphthene", sowie „der Heptanaphthylene oder Methylcyclohexene" isoliert.

Die Konstitutionsaufklärung dieser Ringkohlenwasserstoffe wurde erschwert durch Isomerisationsvorgänge, so z. B. geht das Hexamethylen beim Erhitzen mit Mineralsäuren in Methylcyclopentan über (1897). Ein glückliches Zusammenwirken von Umständen war es, daß zur selben Zeit die wissenschaftliche synthetische Forschung

---

[1]) Diese hatte kurz vorher (1877) Felix Wreden († 1878) dargestellt; diese Untersuchungen blieben nicht ohne Auswirkung auf die folgenden Arbeiten. Daß, umgekehrt, aus kaukasischer Naphtha und Naphtharückständen beim Durchleiten durch erhitzte eiserne Röhren mit Kohle die aromatischen Kohlenwasserstoffe Anthracen. Phenanthren, Naphthalin, Benzol, Toluol usw. sich bilden, hatte der russische Chemiker A. Letny († 1884) bereits 1877—1879 erwiesen.

[2]) Die Bezeichnung „Naphthen" wurde bereits 1837 von Laurent der aus Schieferöl isolierten Fraktion C_9H_{18} (Siedep. 120—122⁰) erteilt; Pelletier und Walter bezeichneten 1840 die bei 115⁰ siedende Fraktion C_8H_{16} (aus italienischer Naphtha) mit „Naphthen".

gerade das Problem der Darstellung und Existenz von Kohlenstoff-ringen bearbeitete (A. v. Baeyer, Spannungstheorie, 1885; W. H. Perkin jr., Ringsynthesen 1885 u. f.; J. Wislicenus, Ringketone, 1893 u. f.). Parallel liefen auch die synthetischen Untersuchungen solcher Polymethylene von O. Aschan (1891 u. f.); N. Zelinsky (1895 u. f.), während andererseits G. Kraemer (1887 u. f.), C. Engler (1887, 1895 u. f.) u. a. das natürliche Vorkommen solcher Ringe im Erdöl und Steinkohlenteer erforschten. Dem großen wissenschaftlichen Interesse und ausgedehnten Vorkommen der Polymethylene oder Cycloparaffine, sowie deren wasserstoffärmeren Derivate (z. B. der Terpene und Campherarten) entsprechend, faßte E. Bamberger (1889) sie unter der Bezeichnung „alicyclische Verbindungen" zusammen. Ein besonderes Kapitel bilden die Naphthensäuren (alkylierte Carbonsäuren der Cyclopentanreihe $C_nH_{2n-2}O_2$), als deren erste Vertreter die Säuren $C_{10}H_{18}O_2$ und $C_{11}H_{20}O_2$ im Bakuer Erdöl von Markow-nikow (1883), und die Säuren $C_7H_{12}O_2$, $C_8H_{14}O_2$ und $C_9H_{16}O_2$ von O. Aschan (1890/91) isoliert wurden. Die chemische Untersuchung aller „Naphthensäuren", die im Erdöl vorkommen und auch der Zusammensetzung $C_nH_{2n-4}O_2$, bzw. $C_nH_{2n+2}O_2$ entsprechen, ist bis zur Gegenwart fortgeführt worden, insbesondere durch J. v. Braun (1875 bis 1939) [A. **490**, 100—178 (1931); s. auch Chemiker-Zeitung **59**, 485 (1935)]. Durch Erhitzen im Hochdruckapparat bei 400⁰ konnten W. Ipatiew u. A. Petrow [B. **63**, 329 (1930)] eine partielle Abspaltung sowohl der Seitenketten als auch der Carboxylgruppen der Naphthen-säuren herbeiführen.

Die Chemie des Braunkohlenteers ist erst spät in Erscheinung getreten. Fr. Heusler (1892) wies nach, daß die niedrig siedenden Braunkohlenteeröle entgegen der herrschenden Ansicht neben relativ geringen Mengen von Paraffinen recht erhebliche Mengen von aromati-schen Kohlenwasserstoffen enthalten; ferner stellte er (1895) in der bis 180⁰ siedenden Teerfraktion neben wenig Naphthenen etwa 35—40 % Äthylenkohlenwasserstoffe (Hexylen, Heptylen usw.) fest [B. **28**, 488 (1895)]. Es sei erwähnt, daß schon C. G. Williams (1858 u. f.) solche Äthylenkohlenwasserstoffe (Hexylen, Amylen) auch in den Destillaten der Bogheadkohle nachwies.

Schon A. Bauer hatte (1861) beobachtet, daß Olefine (z. B. Amylen C_5H_{10}) durch Chlorzink bei 100⁰ oder Schwefelsäure eine Kondensation (Bildung von Di- und Triamylen) erleiden. Dann hatte F. Abel (engl. Pat., 1877) die Tatsache festgestellt, daß Petroleum durch Aluminiumchlorid bei 100—500⁰ umgewandelt wird in Gase, leichte Öle und schwere paraffinhaltige Öle. G. Gustavson (1886) wies dann für ungesättigte Kohlenwasserstoffe diese Aufspaltung durch Alu-miniumchlorid in gesättigte und wasserstoffärmere Produkte nach. Fr. Heusler (1896) konnte durch Aluminiumchlorid auch die ungesättigten Kohlenwasserstoffe von Braunkohlenteeröl u. a. in hochmolekulåre Schmieröle überführen. Daß Aluminiumchlorid schon in der Kälte aus Olefinen (Amylen) Naphthene und Schmieröl bildet, zeigte O. Aschan (1902) und bestätigten C. Engler und O. Routala (1909). Daß auch das niedrigste Olefin — das Äthylen — durch Katalysatoren bei Temperaturen von 240—275⁰ und Drucken von 70 Atm. und mehr zu petroleumartigen Produkten „polymerisiert" wird, wurde durch W. Ipatiew und O. Routala (1913) bewiesen, Zinkchlorid als Katalysator ergab Paraffinkohlenwasserstoffe, Olefine und Naphthene, also übereinstimmend mit den Kondensationsprodukten des Amylens; Aluminiumchlorid rief schon bei gewöhnlicher Temperatur die Polymerisation hervor, Tonerde ergab vorwiegend hochsiedende Produkte.

Eine andere Arbeitsrichtung suchte die Mitwirkung der Katalysatoren auszuschalten und nur die Wärmewirkung bei den Kohlenwasserstoffen festzustellen: unter Anwendung höherer Temperaturen und bei höheren Drucken wurden einerseits die Dissoziationsvorgänge, andererseits die Polymerisationsvorgänge von paraffinischen und olefinischen Kohlenwasserstoffen untersucht.

Th. E. Thorpe und S. Young berichten erstmalig über die Zersetzung von Paraffin unter Druck durch Wärme [A. 165, 1 (1873)]. L. M. Norton und C. W. Andrews [B. 19, Ref. 393 (1886)] erhielten aus normalem Hexan bei etwa 600⁰ Äthylen, Propylen, Buten, Amylen, Hexylen, Benzol und durch Brom nicht absorbierbare Gase; n-Pentan verhielt sich ebenso. A. G. Day (Jahresber. 1886, 574) konnte seinerseits aus Äthylen beim Erhitzen auf 400⁰ neben schwerer flüchtigen Polymerisationsprodukten auch Methan und Äthan erhalten. F. Haber [B. 29, 2691 (1896)] untersuchte die pyrogene Zersetzung aliphatischer Kohlenwasserstoffe und fand als primäre Produkte kleinere paraffinische und größere olefinische Spaltstücke.

Einen eigenen Weg hatte inzwischen die Praxis der Erdölraffination beschritten, indem sie den sogenannten Cracking-Prozeß anwandte. Schon 1897 schrieb C. Engler [in seiner Arbeit „Zersetzung hochmolekularer Kohlenwasserstoffe durch mäßige Hitze", B. 30, 2908 (1897)], „daß schon seit Jahren in vielen Petroleum-Raffinerien schwere Öle des Rohpetroleums dadurch auf leichte Öle, die dann als Brennöl Mitverwertung finden, verarbeitet werden, daß man deren Dämpfe an den (oberen heißen) Wandungen der Destillierapparate oder in anderer Weise etwas überhitzt, wobei sie in leichtere und schwerere Teile zerfallen". Der Gedanke des Prozesses war vielleicht weniger neu als der Weg, der zu seiner Anwendung führte. Es wird der Zufall als Mithelfer bei der Entdeckung des Verfahrens herangezogen, indem berichtet wird, daß durch die Unaufmerksamkeit eines Meisters in Pennsylvanien in einem Erdöldestillationskessel eine

Überhitzung eingetreten sei, als deren überraschendes Ergebnis eine erhöhte Ausbeute an den wertvollen niedrigsiedenden Benzinkohlenwasserstoffen erhalten worden war. Ein anderes Verfahren zur Spaltung von hochsiedenden Petroleumölen, sowie von schweren Braunkohlenölen hatte H. Krey patentieren lassen, es ist die Destillation unter Überdruck. C. Engler konnte (1897) nachweisen, daß in den Crackingölen des galizischen Petroleums aromatische Kohlenwasserstoffe, Olefine (Hexylen bis Dekylen), Paraffinkohlenwasserstoffe (Hexan bis Dekan) und Naphthene (Hexa- bis Undekanaphthen) gebildet worden waren. Im Druckdestillat der schweren Braunkohlenöle erwiesen sich ebenfalls paraffinische Kohlenwasserstoffe (Pentan bis Nonan) neben Olefinen, Naphthenen und Benzolkohlenwasserstoffen. Im weiteren Verfolg seiner ausgedehnten Untersuchungen über die Zusammensetzung und Entstehung des Erdöls hat C. Engler (gemeinsam mit O. Routala, 1909) synthetisch die genannten Produkte herzustellen versucht: durch Druckerhitzung (auf etwa 335⁰, wobei der Druck etwa 35 Atm. betrug) konnte er Amylen und Hexylen in Paraffine (C_5H_{12} bis C_8H_{18}) und Naphthene (C_9H_{18} bis etwa $C_{15}H_{30}$) umwandeln; umgekehrt ließ sich zeigen, daß sowohl das künstliche Schmieröl als auch natürliches Bakuer Zylinderöl bei Druckerhitzung auf etwa 400⁰ (Druck etwa 100 Atm.) rückwärts sich in leichte Paraffine, in Olefine und Naphthene umbilden (1910). Dann wurde durch W. Ipatiew (1911) der Nachweis erbracht, daß schon eine „Polymerisation des Äthylens bei 350—380⁰ und bei hohem Drucke" zu Kohlenwasserstoffen führt, die aus Grenzkohlenwasserstoffen, Äthylen- und Polymethylen-Kohlenwasserstoffen (diese vorwiegend in den höheren Fraktionen) bestehen [B. **44**, 2978 (1911)].

W. Ipatiew hat (mit seinen Mitarbeitern V. J. Komarewsky, A. v. Grosse u. a.) in grundlegender Weise die Chemie der pyrogenetischen Dissoziations-, Kondensations- und Polymerisationsreaktionen der Kohlenwasserstoffe unter Druck (s. a. S. 127, 403, 828 u. 838), mittels Katalysatoren (neben Metalloxyden insbesondere Aluminiumchlorid, Berylliumchlorid, Phosphorsäure usw.), weiterentwickelt und die Olefine in Naphthene umgewandelt (vgl. auch C. **1940** I und II).

R. Schultze [Z. angew. Chem. **49**, 268, 284 (1936)] lieferte Beiträge zu „Thermodynamischen Gleichgewichten von Kohlenwasserstoffreaktionen" beim Spaltprozeß bzw. bei der destruktiven Hydrierung.

Literatur:

O. Aschan: Chemie der alicyclischen Verbindungen. Braunschweig 1905.
O. Aschan: Naphthenverbindungen, Terpene, Campherarten. 1929.
Carleton Ellis: The Chemistry of Petroleum Derivates. New York 1934.
C. Engler u. H. Hoefer: Das Erdöl. 2. Aufl. von J. Tausz, 1929 u. f. (vielbändig) (I. Aufl. 1909—1925 in 5 Bänden).
E. Erdmann u. M. Dolch: Die Chemie der Braunkohle. 1927.
S. Nametkin: Die Umlagerung alicyclischer Kerne ineinander. Stuttgart 1926.
M. Naphtali: Chemie, Technologie und Analyse der Naphthensäuren. 1927.

M. Rakusin: Die Polarimetrie des Erdöls. Geschichte und gegenwärtige Entwicklung. Berlin 1910.

R. A. Wischin: Die Naphthene. 1901.

Siehe auch das S. 123 zitierte Werk von W. Ipatiew (1936).

D. Technische Erdölsynthese („Verflüssigung der Kohle").

> „Also ‚Vermehrung des inneren Wertes
> der Kohle' sollte die Losung ... sein."
>
> E. Fischer, 1912.

Eine wie enge und organische Verbundenheit zwischen Technik, Wissenschaft und Wirtschaft besteht, sei durch die folgenden Hinweise veranschaulicht. Wir möchten sagen: der mechanische Dieselmotor (1893) ist einer der gewaltigsten „Motoren" der Gegenwartswirtschaft und der Völkerschicksale sowie einer der wirksamsten geistigen Katalysatoren der Chemieentwicklung geworden. Als notwendige Brennstoffe dieses Wärmemotors dienen Petroleum (Erdöl), Braunkohlenöle usw. In dem Maße, wie die Verwendung dieses Motors sich geweitet und über die Welt ausgebreitet hat, sind auch der Verbrauch des Motoröls und seine Nachfrage allerorts außerordentlich gestiegen. Ungeahnte Verwendungsmöglichkeiten erschloß dieser Motor, eine „Motorisierung der Welt", in der Atmosphäre, Litho- und Hydrosphäre zugleich: Flugzeug, Kraftanlagen und Kraftwagen, Schifffahrt, Tauchboot für Über- und Unterwasserfahrt usw.; diese maschinentechnischen Großleistungen der letzten Jahrzehnte haben Lebens- und Wirkungsbereich des Menschen gewandelt und das Bild der Landschaft umgestaltet. Die neuen maschinentechnischen Erfindungen und Konstruktionen bedingten neue anorganische hochwertige Baustoffe (Metalle und Legierungen), zu deren Schneiden und Schweißen „atomarer" Wasserstoff, zu deren Bearbeitung Hartmetallwerkzeuge erforderlich sind; für Chemiker und Metallforscher erwuchsen hierbei neue Aufgaben und Leistungen[1]. Die „Motorisierung" erzeugte aber auch das Bedürfnis nach organischen Großprodukten, z. B. nach Kautschuk, nach Kunstharzen und Lösungsmitteln für Lackzwecke, nicht zuletzt nach Motorölen — und ein neuer Strom von synthetischen Problemen erwuchs für die organische Chemie. Diese Probleme nahmen den Charakter von nationalen Schicksalsfragen an, von Fragen um „Sein oder Nichtsein", wenn und weil es sich um Völker handelte, die an diesen Naturstoffen — Kautschuk, Erdöl Harzen — arm sind. Und darum sagten wir, daß die Erfindung des deutschen Ingenieurs Rud. Diesel (1858—1913) die ganze Welt in

---

[1] Bemerkenswert ist die parallele Entwicklung der Leichtmetallproduktion, wobei Deutschlands Erzeugung an der Spitze steht:

		Aluminium			Magnesium	
Weltproduktion	1929	280000 t	1938	580000 t	1938	25000 t
Deutschland	1929	33000 t	1938	165000 t	1938	14000 t

Bewegung gesetzt und auch die deutsche Chemie der Gegenwart mit einem neuen Daseinsinhalt, zugleich aber mit gewaltigen nationalen Pflichten gekennzeichnet hat.

Welches Rohmaterial, das zugleich billig und in ausreichenden Mengen vorhanden ist, stand nun den deutschen Chemikern für ihre schöpferische Aufgabe zur Verfügung? Es waren die deutsche Steinkohle und Braunkohle, sowie deren Destillationsprodukte. An dieses Naturprodukt und Rohmaterial knüpfen auch die beiden synthetischen Großerfolge an: die Darstellung des künstlichen Erdöls und des künstlichen Kautschuks. Beide nehmen den gleichen Verlauf: im Anfang eine gelassene analytische Vorarbeit, die auf das Verhalten (gegenüber der erhöhten Temperatur) der natürlichen Erdöle und Kautschukarten gerichtet ist, auf die Zerlegung in einfachere individuelle Bestandteile als Zwischenprodukte; daran schließen sich die Versuche der Rückwärtsverwandlung der letzteren in Stoffe, die den Ausgangsmaterialien gleich oder ähnlich sind. Es folgt das Aufsuchen geeigneter Rohstoffe, die dieselben Zwischenprodukte liefern: und nun wird der Weg des Aufbaus aus den letzteren zu den gewünschten Naturstoffen beschritten, bzw. die chemische Technik schreitet über die Natur hinaus: sie erschafft synthetische Produkte, die den Erzeugnissen der Natur überlegen sind.

Eine gewisse Romantik umgibt diese vielseitige und bis an die Wurzeln des deutschen Kulturlebens reichende Bedeutung der Steinkohle. Klang es nicht märchenhaft, als im Jahre 1795 der Arzt (und Dichter der „Jobsiade") K. A. Kortum in Bochum schrieb, daß er das Ding kenne, welches die Alchemisten gesucht und so rätselhaft beschrieben haben und „worauf genau alles paßt, was sie vom Subjekt des Steins (der Weisen) sagen. Es ist die Steinkohle". Und welch eine Fülle an chemischen Schätzen ist nicht inzwischen der Steinkohle entlockt worden! Ist es denn nicht wunderbar und mit einem poetischen Zauber umgeben, daß die Chemie überhaupt diese ungeahnten Schätze — Farbstoffe, Heilstoffe, Duftstoffe, Harze usw. — aus der Steinkohle oder dem Steinkohlenteer gewinnen kann, oder daß die Chemie der Gegenwart jene fossile, vor Jahrhunderttausenden abgestorbene Welt in den unerschöpflichen Born für die Synthesen von Stoffen der lebenden Natur umwandelt?

Eine neue Zeit, ein neuer Abschnitt der organischen Chemie bricht an, die Chemie der Kohle, und wegweisend für diese neue Arbeitsepoche sind die Worte, die der große deutsche Synthetiker Emil Fischer an den Anfang dieser Arbeit setzte:

„Wie schön wäre es nun, wenn man aus den festen Brennmaterialien durch einen passenden Reduktionsprozeß auf ökonomische Weise flüssige Brennstoffe herstellen könnte! Mir scheint hier ein fundamentales Problem der Heizstoffindustrie vorzuliegen, zu dessen

Lösung alle Hilfsmittel der modernen Wissenschaft und Technik in Bewegung gesetzt und alle Möglichkeiten durchprobiert werden sollten. . . . Das bisher Gesagte gilt für die Steinkohle. Aber manches läßt sich übertragen auf Braunkohle und Torf. . . . Es liegt deshalb der Gedanke nahe, auch hier die Verkokung im Wasserstoffstrom womöglich bei Gegenwart eines Katalysators zu versuchen, denn die Aussicht, auf diese Art die Menge der flüssigen Kohlenwasserstoffe zu erhöhen, dürfte hier noch größer sein als bei der Steinkohle.“ E. Fischer, 1912.

Diese programmatischen Gedanken entwickelte Emil Fischer am 29. Juli 1912 in einem Werbe-Vortrag zugunsten der Errichtung eines Kaiser-Wilhelm-Institutes für Kohlenforschung zu Mülheim (Ruhr). Und nun zwei Jahrzehnte später ein anderes Wort:

„Außer anderen Druckverfahren geringerer Bedeutung hat die Kohlehydrierung in den letzten Jahren besonderes Interesse gewonnen. . . . Nach Erwerb der grundlegenden Patente von Bergius ist dieses Verfahren in Oppau und Leuna . . . in großem Umfang in Betrieb genommen worden und liefert zur Zeit 120000 t Benzin pro Jahr.“ (Siehe nachher M. Pier, S. 848.)

So sprach C. Bosch am 21. Mai 1932 in seinem Nobelvortrag in Stockholm; dem Wunsch und Programm von 1912 stand die vollbrachte Tat und gewaltige Leistung von 1932 gegenüber!

Den Übergang leichter, hauptsächlich aus Paraffinen und Olefinen bestehender Öle durch hohe Temperatur in schwere, an aromatischen Kohlenwasserstoffen reiche, unter Abspaltung von gasförmigen Kohlenwasserstoffen, freiem Wasserstoff und Kohlenstoff, zeigten die Versuche von C. Liebermann und O. Burg [B. 11, 723 (1878)]. J. Klaudy und J. Fink [M. 21, 118 (1900/01)] erhielten aus den Petroleum-Crack-Produkten einen „Cracken“ $C_{24}H_{18}$ genannten Kohlenwasserstoff, den andererseits E. Börnstein [B. 39, 1238 (1906)] neben Methylanthracen auch in Destillationsprodukten (bei Tieftemperatur) nachweisen konnte. Börnstein hat [B. 35, 4324 (1902)] das Problem der Zersetzung der Steinkohlen bei möglichst niedrig gehaltener Temperatur erfaßt und bearbeitet, wobei er die überraschende Tatsache entdeckte, daß — im Gegensatz zu den bei hohen Temperaturen gewinnbaren und an aromatischen Kohlenwasserstoffen reichen Steinkohlenteeren — „bei schwacher, gerade zur Aufrechterhaltung der Zersetzung hinreichender Erhitzung . . . leichte, wasserstoffreiche und paraffinhaltige Teere entstehen“ [B. 39, 1242 (1906)]. Später bearbeiteten R. V. Wheeler und Mitarbeiter dieses Problem [Soc. 105, 141, 2562 (1914); 107, 1318 (1915)]. Die Bezeichnung „Urteer“[1]) für Tieftemperaturteer wird von Fritz Hoffmann, Berndorf (1918) vorgeschlagen.

---

[1]) Zur Frage nach der Zusammensetzung des „Urteers“ vgl. auch F. Schütz: B. 57, 619, 623 (1924).

Andererseits hatte A. Pictet (mit Mitarbeitern) seit 1911 die Destillation der Steinkohle unter vermindertem Druck (15—17 mm) aufgenommen und im Vakuumteer der Steinkohle von Montrambert dieselben Kohlenwasserstoffe ($C_{10}H_{20}$ und $C_{11}H_{22}$) wie im canadischen Erdöl gefunden [B. 46, 3342 (1913); 48, 927 (1915)]. Franz Fischer und W. Gluud haben dann (1917) die Tieftemperatur-Verkokung sowohl in technischer als auch in chemischer Hinsicht ganz wesentlich gefördert, indem sie ein Steinkohlen-Paraffin (Abscheidung der Glieder $C_{23}H_{48}$ bis $C_{29}H_{60}$), sowie ein Steinkohlen-Benzin (Petroläther, Leicht- und Schwer-Benzin) gewinnen konnten [B. 52, 1035 bis 1068 (1919); Ges. Abhandl. zur Kenntnis d. Kohle 1, 211 (1917)]. Tern [B. 52, 1836 (1919)] hatte 1910 eine Großapparatur für Tieftemperatur-Verkokung gebaut. Im Zusammenhang mit diesen Untersuchungen steht auch die Arbeit von F. Fischer und Konrad Keller über die trockene Destillation der Steinkohle bei erhöhten Wasserstoffdrucken und Temperaturen, wobei fast 75% der Kohle verflüchtigt wurden, unter Bildung von flüchtigen Kohlenwasserstoffen, Teer und Ammoniakwasser [Ges. Abh. z. Kenntnis d. Kohle 1, 148 (1917)]. Vorher (1913) hatten J. N. Pring u. M. D. Fairlie mitgeteilt, daß Kohlenstoff bei hohem Wasserstoffdruck und hoher Temperatur als Methan sich verflüchtigt. Die Zersetzungsdestillation von Braunkohlenteer unter Druck, sowie bei gewöhnlichem Druck lieferte Benzin und Treiböl, wobei die Druckerhitzung größere Ausbeuten lieferte [Fr. Fischer und W. Schneider, Ges. Abh. z. Kenntnis d. Kohle 1, 114 (1917); 2, 36 (1917); 3, 122 (1918)]. Eine Hydrierung verschiedener Kohlenarten mit Jodwasserstoffsäure bei Temperaturen über 200° ergab petroleumartige Flüssigkeiten [F. Fischer und H. Tropsch, Ges. Abh. z. Kenntnis d. Kohle 2, 154 (1918)].

I. Das Problem der Umwandlung der Kohle in Öl durch Hydrierung nimmt immer festere Gestalt an, gemeinsam mit H. Schrader berichtet Fr. Fischer über die Hydrierung mittels Natriumformiat und mittels Kohlenoxyd [vgl. C. 1921 IV, 374, 1117). Da nun Kohle in Kohlenoxyd und Wasserstoff vergast wird, aus Kohlenoxyd und Basen Formiatbildung und aus Formiaten rückwärts eine thermische Zersetzung zu flüssigen Verbindungen erfolgt, so unternahmen F. Fischer und H. Tropsch (1889—1935) durch Vereinigung von Bildung und Zersetzung der Formiate zu einem Prozeß und unter Anwendung von Eisenspänen + Alkali als Katalysator eine indirekte Umwandlung der Kohle in flüssige Motorenbetriebsstoffe: der Weg über die Formiate wurde durch Vergasung der Kohle zu Wassergas (CO + H_2) ersetzt und hierbei primär (bei 400—450° und einem Hochdruck über 100 Atm.) ein kohlenwasserstoffarmes (Säuren, Aldehyde, Ketone und Alkohole, sowie Ester enthaltendes) Produkt „Synthol" erhalten, das sekundär, durch Druck-Erhitzen auf

400—450⁰, sich in ein Gemisch von Kohlenwasserstoffen (gesättigten, naphthenartigen) umwandelt, dieses Gemisch wird „Synthin" (= synthetisches Benzin) genannt [B. **56**, 2428 (1923); D.R.P. 411216 (1922)]. Den Weg zum synthetischen Erdöl skizzieren F. Fischer und Tropsch folgendermaßen: „Aus der Kohle zunächst: Halbkoks, Urteer, Urbenzin und Urgas; aus dem Halbkoks: Wassergas, Ammoniak, Schwefelwasserstoff; aus dem Wassergas: Prosynthol, Synthol und evtl. Synthin" (1923).

An Stelle der bisherigen Hochdruckkatalyse (und in Gegenüberstellung zu Bergius' abbauender Druckhydrierung) treten nun F. Fischer und H. Tropsch im Jahre 1925 mit einer aufbauenden katalytischen Synthese des Erdöls bei gewöhnlichem Druck aus den Vergasungsprodukten der Kohlen (hauptsächlich Wassergas $CO + H_2$) hervor. „Von einer ähnlichen Bedeutung wie die Kohlensäureassimilation in der Natur scheint die Kohlenoxyd-Reduktion für die Technik zu werden" [B. **59**, 831 (1926)]. Als Katalysatoren wurden Metalle der 8. Gruppe (am wirksamsten erwies sich Eisen) unter Zusatz von Aktivatoren (Chromoxyd, Zinkoxyd usw.) verwandt. Als theoretischer Leitgedanke galt, „daß der primäre Vorgang die Bildung kohlenstoffreicher Carbide ist, die vermutlich auf ein Atom zweiwertiges Metall mindestens ein Atom Kohlenstoff enthalten" (Zit. S. 853). Diese „synthetische Herstellung von Erdöl-Kohlenwasserstoffen durch katalytische Reduktion und Hydrierung des Kohlenoxyds bei gewöhnlichem Druck" führte zu folgenden Produkten der „Kogasin-Synthese": sog. „Gasol" (Äthan, Propan, ein Teil Butan), Benzin, Petroleum und (mit alkalisiertem Eisen-Kupfer-Kontakt) Paraffin [Zit. S. 925 (1926); s. auch Engl. Pat. 255818 (1926); Brennstoff-Chemie 7, 97 (1926); F. Fischer, B. **71** (A), 56 (1938)].

II. Dieses chemische Ringen um das Problem des künstlichen Erdöls aus Kohle, kurz als „Verflüssigung der Kohle" bezeichnet, ist — wie die geschilderten Untersuchungen zeigen — reich an dramatischen Momenten. Es kann aber auch den Charakter eines Wettstreits im Entdecken annehmen, wenn nämlich dasselbe Problem zur selben Zeit an verschiedenen Orten von verschiedenen Entdeckern in voneinander unabhängiger Weise einer Lösung entgegengeführt wird. Eine solche Duplizität oder Multiplizität des schöpferischen Gedankens und Geschehens kann der Entdeckertätigkeit eine gewisse Tragik beimischen, denn auch beim „olympischen Wettrennen" gelangen nicht alle Teilnehmer gleich schnell und glücklich zum Ziel.

Ausgehend von dem Gasgemisch $\left.\begin{array}{l} CO + H_2 \\ CO_2 + H_2 \end{array}\right\}$ hatten (bereits 1913 u. f.) A. Mittasch und Chr. Schneider (D.R.P. 293787, 295202) bzw. C. Bosch, Mittasch, C. Krauch u. Chr. Schneider (D.R.P.

307 580 vom 22. 6. 1913) eine zielbewußte Anwendung von Mischkatalysatoren (mit Alkalien aktivierte Oxyde der Metalle der 8. Gruppe) zur Druckhydrierung zwecks Darstellung von einem Kohlenwasserstoffgemisch (künstliches Erdöl) und Alkohol-Aldehydgemisch durchgeführt, auch die Carbide der Eisenmetalle waren für dieselben Synthesen vorgesehen worden (B.A.S.F., D.R.P. 295 203. 1914).

Dasselbe Gasgemisch wurde dann durch Druckhydrierung bei erhöhter Temperatur mittels besonderer Katalysatoren (Zinkoxyd-Chromoxyd, Fernhaltung von freiem Eisen bzw. Eisencarbonyl) in neuen Versuchen von A. Mittasch, Mathias Pier und Karl Winkler zur ·technischen Methanolsynthese vervollkommnet (Am. P. 1 558 559 vom 6. 9. 1923; F.P. 571 356 vom 1. 10. 1923; D.R.P. 415 686, 441 433 vom Jahre 1923 an B.A.S.F.), während Otto Schmidt und Joh. Ufer gleichzeitig dieselbe Synthese mit aktiviertem Kupfer erreicht hatten (B.A.S.F., Franz. P. 571 355 vom 1. 10. 1923). Dank dieser Synthese ist der einstige „Holzspiritus" zum reinen Methanol und dieses „. . . eines der billigsten Produkte der chemischen Industrie geworden. Es dürften mindestens 40 000 Tonnen im Jahre nach der Hochdrucksynthese erzeugt werden" [C. Bosch, 1932[1])].

III. Unabhängig von den vorhergeschilderten Wegen zur Synthese des Erdöls entwickelte sich der folgende, von Friedr. Bergius beschrittene und mit Konsequenz verfolgte Weg. Bemerkenswert war der Gedankengang und das Versuchsergebnis von A. Pictet, der, nach dem Schicksal der pflanzlichen Eiweißkörper und Alkaloide in der fossilen Kohle forschend, zur Extraktion von Steinkohle schritt und dabei ein Gemisch von hydroaromatischen Kohlenwasserstoffen erhielt, diese also in der „Steinkohle" präexistieren [B. 44, 2486 (1911); s. auch 46, 3342 (1913)]. Diese Tatsachen, sowie der revolutionierende Aufruf von E. Fischer (1912, vgl. oben) dürften nicht ohne eine geistige Nachwirkung geblieben sein. „Ich nahm an (schreibt Bergius), daß unsere künstliche Kohle eine Verbindung von Kohlenstoff, Wasserstoff und Sauerstoff ist — daß Kohle nicht Kohlenstoff ist, war damals noch nicht ganz selbstverständlich —, deren Struktur gewissen ungesättigten Verbindungen terpenartigen Charakters ähnlich sein müsse, und daß diese Verbindung in der Lage sein müßte, Wasserstoff in nicht unbeträchtlicher Menge aufzunehmen. Durch Wasserstoffaufnahme müßte sich eine solche Verbindung der Klasse der schweren Erdöl-Kohlenwasserstoffe nähern" (F. Bergius, Nobelpreis-Vortrag, 1932). Diese auf den ersten Blick befremdende, beim tieferen Erwägen jedoch nicht unwahrscheinliche Arbeitshypothese eröffnete Bergius den Weg zu seinem „Kohlenverflüssigungs-

---

[1]) Im Jahre 1937 wurden in den Vereinigten Staaten 31,81 Millionen Gallonen synthetisches Methanol gewonnen.

Verfahren", nachdem (1913) die Versuche mit der Cellulosekohle ergeben hatten, daß diese mit Wasserstoff unter etwa 150 Atm. Druck und bei 400—450⁰ zu etwa 80% in gasförmige, flüssige und benzolähnliche Stoffe übergeführt wurde. Die Wiederholung dieser Versuche mit natürlicher Kohle ergab praktisch das gleiche Resultat: die erste Patentanmeldung erfolgte im Herbst 1913. Eingehendere Untersuchungen der geeignetsten Kohlensorten zeigten, daß Kohlen mit einem Kohlenstoffgehalt weniger als 85% der Trockensubstanz sich leichter hydrieren lassen, sowie daß diese Hydrierung durch Zusatz eines hochsiedenden Verteilungsmittels (Mineralöle, Teere u. ä., zwecks Verteilung der Reaktionswärme) günstig beeinflußt wird. Eine Reihe von Patenten schützt diese Befunde (D.R.P. 299783, vom 23. 8. 1916; 303272, vom 25. 12. 1914; 303901, vom 25. 12. 1914; 307671, vom 8. 7. 1915; St. Löffler, D.R.P. 303332, vom 1. 4. 1915, usw.). In den Jahren 1915 bis 1925 wird dann von F. Bergius die technische Apparatur zur Druckhydrierung von Kohle und Öl entwickelt, und das „Berginverfahren" gewinnt immer mehr Beachtung [s. auch R. v. Walther, Z. angew. Chem. **34**, 329 (1921)].

IV. In ein neues Stadium trat die „Kohleverflüssigung", als (1925) die soeben geschaffene „I.G. Farbenindustrie A.-G." die grundlegenden Patente von Bergius erwarb und nun dieses Verfahren mit den Erfahrungen der B.A.S.F. in der Hochdrucktechnik und Katalysatorenherstellung verschmolz. Es galt die Hydrierungsgeschwindigkeit zu erhöhen, um unerwünschte Spaltungen und Kondensationen zu verringern: dies konnte durch Verwendung geeigneter Katalysatoren erreicht werden; diese Katalysatoren mußten giftfest sein, aber auch die Eignung zur Reaktionslenkung aufweisen. Die größte Aktivität zeigten die Metalle der 6. Gruppe, besonders Molybdän und Wolfram, deren Wirksamkeit durch bestimmte Zusätze (Oxyde, Sulfide usw.) noch gesteigert werden kann (M. Pier, W. Rumpf, C. Krauch). Durch zahlreiche Patente aus dem Jahre 1925 sicherte sich die „I.G." ihre neuen Erkenntnisse auf dem Gebiete der Kohleveredelung und katalytischen Druckhydrierung [vgl. auch C. Krauch und M. Pier, Z. angew. Ch. **44**, 953 (1931)[1]]. In seinem Nobelpreis-Vortrag am 21. 5. 1932 konnte C. Bosch mitteilen, daß die Kohlehydrierung „in Oppau und Leuna auf Grund unserer Erfahrungen in der Hochdrucktechnik und Katalysatorenherstellung in großem Umfang in Betrieb genommen (ist) und liefert zur Zeit 120000 t Benzin pro Jahr. Auch wurde es von der Mehrzahl der großen Ölfirmen erworben zur Hydrierung schwer verarbeitbarer Rohöle". Gleichzeitig berichtete C. Bosch, daß die Harnstoffsynthese (D.R.P. 295075 von 1915, 301279 von

---

[1] Vgl. auch W. Boesler, Leuna: Die Entwicklung und der heutige Stand des I.G.-Hydrierungsverfahrens. Chem.-Zeit. **64**, 81 (1940).

1916 u. a. m.) aus Kohlensäure und Ammoniak technisch durchgeführt worden ist: „Nach diesem Verfahren können wir in unserem Werk Oppau etwa 40000 t Harnstoff jährlich erzeugen." Die letztgenannte Angabe veranschaulicht eindringlich den Wandel des chemischen Wissens und Könnens im Laufe eines Jahrhunderts: im Jahre 1828 ist die winzige Menge des von Fr. Wöhler zufällig erhaltenen künstlichen Harnstoffs eine wissenschaftliche Kostbarkeit, und im Jahre 1932 erzeugt die deutsche Industrie tonnenweise den künstlichen Harnstoff, der als Stickstoffdünger Verwendung findet.

V. In letzter Zeit ist auch das F. Fischer-Tropsch-Verfahren einer großtechnischen Anwendung zugeführt worden; die im Herbst 1934 gegründete Braunkohle-Benzin A.G. hat bereits im Herbst 1936 drei Werke nach diesem Verfahren „Ruhrbenzin" in Betrieb setzen können. [Siehe auch A. Spilker, Z. angew. Chem. 46, 457 (1933), sowie den Vortrag von F. Fischer, B. 71 (A), 56 (1938).]

Für die Bewältigung der wirtschaftspolitischen Anforderungen Deutschlands ist es ein Glücksumstand besonderer Art, daß bereits seit Jahrzehnten deutsche Forscher die Vorarbeit für eine Gewinnung von Öl (Treibstoff) aus Kohle geleistet hatten und nunmehr der chemischen Industrie mehrere Hydrierverfahren zur Verfügung stellen können. Für deren Leistungsfähigkeit spricht der Umstand, daß 1937 in Deutschland rund 800000 bis 900000 t Benzin aus eigenen Rohstoffen durch katalytische Druckhydrierung hergestellt wurden [M. Pier, Z. angew. Chem. 51, 603 (1938)].

In welchem Betrage, mengenmäßig, die Kohle gleichsam „das tägliche Brot" der modernen materiellen Kultur, bzw. die Spenderin von Kraft und Stoff zugleich geworden ist, soll durch die nachstehenden Zahlen veranschaulicht werden. Die Weltförderung der Steinkohlen betrug in Millionen t (metr. Tonnen):

im Jahre	1895	1913	1929	1932	1936	1937	1938
	586	1216	1325	955	1226	1290	1194 Millionen t

Die Förderung Deutschlands betrug in Millionen t:

	im Jahre 1880	1890	1895	1913	1929	1932	1937	1938
an Steinkohlen . . .	47	70	79	141	177	115	185	187 Mill. t
an Braunkohlen . . .	12	19	25	ca. 70	178	126	188	201 Mill. t

Mit der Gesamtförderung von (187 + 201) = 388 Mill. t übertrifft Deutschland den größten Kohlenerzeuger USA. mit 354 Mill. t.

Die Vorräte Großdeutschlands an Braunkohle beziffern sich auf mehr als 80 Milliarden t, diejenigen der Steinkohle auf mehr als 200 Milliarden t, demnach könnte der Bedarf an Braunkohle etwa 400 Jahre, derjenige an Steinkohle etwa 1000 Jahre reichen.

Der Umsatzwert der Welterzeugung von Stein- und Braunkohle, verglichen mit dem Umsatzwert der Weltproduktion von

Metallen (Roheisen, Gold, Silber, Kupfer, Zink, Zinn) stellt sich annähernd folgendermaßen dar:

	Stein- und Braunkohle	Metalle	Verhältnis
m Jahre 1910/11	11,4 Milliarden Mk.	7,6 Milliarden Mk.	1,50
„ „ 1928/29	27 „ „	15,8 „ „	1,71

Es verdient beachtet zu werden, daß die ursprüngliche Namengebung „Katalyse" durch die Entwicklung der katalytischen Vorgänge überholt worden ist. Entsprechend dem Worte $\varkappa\alpha\tau\alpha$ (= auseinander, abwärts, z. B. Kation) bedeutet Katalyse die durch Auseinanderbringen oder Trennen bewirkten Vorgänge (Prototyp: Zuckerspaltung durch Mineralsäuren oder Diastase). Die Meistzahl der Anwendungen betrifft aber eine Katalyse durch Vereinigung, Zusammenlagerung, Umlagerung. Polymerisation. Man denke nur an die Groß-Synthesen: Kontakt-Schwefelsäure, Ammoniak, Salpetersäure, Methanol, Erdöl, Kautschuk.

Einen gewissen Maßstab für die Bedeutung der „Katalyse" im naturwissenschaftlichen Weltbild des zwanzigsten Jahrhunderts können wir den Nobelpreisen für Chemie entnehmen, die seit 1901 verteilt worden sind. Für ihre katalytischen und enzymatischen Forschungen, bzw. deren Anwendungen wurden durch die Zuerkennung des Nobelpreises ausgezeichnet: die Physikochemiker W. Ostwald (1909) und F. Haber (1919), die Organiker P. Sabatier (1912) und V. Grignard (1912), die Enzymforscher E. Buchner (1907), A. Harden (1929) und H. v. Euler-Chelpin (1929), die angewandten Chemiker C. Bosch (1931) und Fr. Bergius (1931).

Drittes Kapitel.

Isopren ⇄ Kautschuk.

$$n\,C_5H_8 \rightleftarrows (C_5H_8)\,n$$

1860 beschreibt Williams[1]) die Bildung eines „Isopren" genannten Kohlenwasserstoffs (etwa 5%) bei der trockenen Destillation des Kautschuks und bei relativ niedriger Temperatur; er stellt auch die Formel C_5H_8 für „Isopren" auf und findet, daß dasselbe sich an der Luft verdickt. Die gleiche Bildungsweise beobachtete auch Bouchardat[2]) (1875), der zugleich den umgekehrten Vorgang, nämlich die Kondensation 1. des Isoprens zu Dipenten: $2\,C_5H_8 \rightarrow C_{10}H_{16}$, und 2. des Isoprens (durch Säuren zu Kautschuk: $n\,C_5H_8 \rightarrow (C_5H_8)_n$ verwirklichte[3]). Tilden[4]) (1882) bestätigte die Bildung des Isoprens bei der trockenen Destillation des Parakautschuks, wies Isopren auch

---

[1]) C. G. Williams: J. pr. Ch. 83, 188 (1861); Jahresber. 1860, 494.
[2]) G. Bouchardat: C. r. 80, 1446 (1875); Bull. soc. ch. (2) 24, 108 (1875).
[3]) G. Bouchardat: C. r. 89, 1117 (1879).
[4]) W. A. Tilden: Jahresber. 1882, 410, 906; J. chem. Soc. 45, 411 (1884).

unter den Spaltprodukten des Terpentinöls (beim Durchleiten durch glühende Röhren) nach und gab dem Isopren die Konstitutionsformel $CH_2 = C(CH_3) — CH = CH_2$, β-Methylbutadien, die noch heute gültig ist. Wallach [1]) beobachtete ebenfalls unter den Destillationsprodukten des Parakautschuks Isopren. sowie dessen Übergang durch Polymerisation in $C_{10}H_{16}$. $C_{15}H_{24}$. $C_{20}H_{32}$ usw. Indem er [2]) die terpenartigen Kohlenwasserstoffe in Hemiterpene oder Pentene C_5H_8 (Isopren), eigentliche Terpene $C_{10}H_{16}$ und Polyterpene $(C_5H_8)_x$ einteilte, erkannte er und vertrat als erster die Ansicht von dem genetischen Zusammenhang all dieser Stoffe. Limonen und Dipenten blieben (beim Erhitzen auf 300⁰) unverändert [Harries [3])], während Isopren bei derselben Temperatur (unter Druck) in Dipenten überging [Ipatiew [4])]. Umgekehrt liefern gerade Limonen und Dipenten beim Erhitzen ihrer Dämpfe auf höhere Temperatur reichlich Isopren [Staudinger [5]) und Klever; Harries [6]) und Gottlob]. Die Dimerisation des Isoprens C_5H_8 zu den Kohlenwasserstoffen $C_{10}H_{16}$ kann nun in verschiedener Anordnung erfolgen [7]), vgl. auch S. 594 u. f.:

Dipenten

Dipren

Das Dipren $C_{10}H_{16}$ hatte Aschan [8]) (1924) als das Endprodukt einer freiwilligen, bei Zimmertemperatur langsam verlaufenen Dimeri-

[1]) O. Wallach: A. 227, 295 (1885); 238, 88 (1887); 239, 49 (1887).
[2]) O. Wallach: B. 24, 1527 (1891).
[3]) C. (D.) Harries: B. 35, 3259 (1902).
[4]) W. Ipatiew: J. pr. Ch. (2) 55, 1 u. f. (1897). Hier auch Synthese des Isoprens. S. auch W. Euler: J. pr. Ch. (2) 57, 151 (1898). Von den russischen Chemikern hat insbesondere A. Faworsky (seit 1887) und seine Schule das Studium der ungesättigten Kohlenwasserstoffe gepflegt, so namentlich S. Lebedew (seit 1908) mit seiner Kautschuk-Synthese; schon vorher hatte J. Kondakow (1901) die Polymerisation des Dimethylbutadiens zu einem kautschukähnlichen Produkt erreicht.
[5]) Staudinger u. H. W. Klever: B. 44, 2212 (1911).
[6]) Harries u. Gottlob: A. 383, 228 (1911).
[7]) Aschan: A. 461, 12 (1928); Wagner-Jauregg: A. 488, 176 (1931).
[8]) O. Aschan: A. 439, 221 (1924); s. auch B. 57, 1959 (1924).

sation entdeckt; Wagner-Jauregg [1]) wies andere Bildungs- und
Entstehungsweisen nach und zeigte [1]) weiterhin, daß aus Isopren
synthetisch (außer Dipenten und Dipren auch Sesqui- und Polyterpene erhalten werden können, die bei der Selendehydrierung
1,2,5-Trimethylnaphthalin lieferten, sowie daß auch α-Terpineol und
1,8-Cineol, und ebenfalls olefinische Terpene Geraniol und Linalool
durch Synthese aus Isopren gebildet werden (s. auch S. 598). — Die
Reaktion Kautschuk → Isopren verläuft unvollständig: durch die
Destillation im Vakuum bei 275—320⁰ wurden 3—1%, durch Destillation beim Atmosphärendruck im Kohlensäurestrom 4,3% Isopren erhalten [2]), durch besondere Vorkehrungen konnte die Ausbeute
auf etwa 17% gesteigert werden [3]).

A. Über die Konstitution des Kautschuks [4]).

Im Jahre 1900 veröffentlichte C. O. Weber [5]) eine Abhandlung
„Über die Natur des Kautschuks", die er mit den folgenden Worten
einleitete: „Die großen experimentellen Schwierigkeiten des Arbeitens
mit kolloidalen Substanzen sind ohne Zweifel in erster Linie für die
auffallend langsame Entwicklung der Chemie desselben verantwortlich.... Dies gilt von keinem Kolloid in höherem Maße als von dem
unter dem Namen Kautschuk bekannten Naturprodukt, welches das
wichtigste Rohmaterial einer ... hochentwickelten Industrie bildet.
Steht doch nicht einmal die Elementarzusammensetzung des Kautschuks, unzweifelhaft fest, bzw. gilt es noch als unentschieden, ob der
Kautschuk ein Gemenge verschiedener Substanzen oder ein technisch
einheitliches Produkt ist." Aus einer großen Zahl von Analysen an
gereinigtem Kautschuk verschiedener Herkunft findet Weber das
konstante Verhältnis $C:H = 10:16$, der Kautschukkohlenwasserstoff
„Polypren" ist also $(C_{10}H_{16})_n$. Unter Bezugnahme auf die von Gladstone [6]) und Hibbert (1888) erstmalig dargestellten Halogen-Kaut-
schukderivate $C_{10}H_{14}Cl_8$ [7]) und $C_{10}H_{16}Br_4$, sowie auf Grund des von
denselben Forschern am Kautschuk ermittelten Lichtbrechungsvermögens folgert Weber, daß das Polyprenmolekül $C_{10}H_{16}$ drei
Doppelbindungen enthält. „Es folgt hieraus die in bezug auf die

---

[1]) Th. Wagner-Jauregg: A. **488**, 176 (1931); **496**, 52 (1932).
[2]) Staudinger und Mitarbeiter: Helv. **5**, 785 (1922); **9**, 549 (1926).
[3]) H. Ll. Bassett u. H. G. Williams: Soc. **1932**, 2324.
[4]) C. D. Harries: Untersuchungen über die natürlichen und künstlichen Kautschukarten. Berlin: Julius Springer 1919. — H. Staudinger: Die hochmolekularen organischen Verbindungen Kautschuk und Cellulose. Berlin: Julius Springer 1932. —
R. Pummerer: Z. f. angew. Ch. **47**, 111 (1933). — Fr. Ullmann: Enzyklopädie der
technischen Chemie, Bd. VI, 491. 1930.
[5]) C. O. Weber: B. **33**, 779 (1900); **35**, 1947 (1902) u. f.
[6]) J. H. Gladstone u. W. Hibbert: Soc. 1888, 679.
[7]) *Neuerdings ist dieser* „Chlorkautschuk" ein Industrieprodukt geworden: seit
1931 als „Dupren" von der amerikanischen Du Pont Company fabriziert.

Konstitution des Polyprens wichtige Annahme, daß dasselbe keine
ringförmigen, sondern nur offene (olefinische) Kohlenstoffketten enthält. Demgemäß wäre also der Kautschuk in der Reihe
der olefinischen Terpene den Polyterpenen in der Reihe der Cyclo-
terpene analog und es wäre das Isopren gewissermaßen als die Muttersubstanz beider Reihen zu betrachten" (Zit. S. 786). Weber stellte
noch ein Kautschukdihydrochlorid [1]) $[C_{10}H_{16} \cdot 2HCl]_n$ und ein Tetra-
oxyphenyl-polypren $[C_{10}H_{16}(OC_6H_5)_4]_n$ dar, ersteres verlor leicht beim
Erhitzen oder beim Behandeln mit warmen organischen Basen die
Salzsäure (1900).

Zu dieser Zeit war C. Harries [2]) mit der Untersuchung des Succin-
dialdehyds $O:CH \cdot CH_2 \cdot CH_2 \cdot CH:O$ beschäftigt; der letztere polymerisiert sich leicht zu einer glasigen Modifikation, die „mit gewissen
Kolloiden einige Ähnlichkeit besitzt (Harries verweist hierbei auf die
Mitteilung Webers vom Jahre 1900), und es interessierte mich deshalb,
in diesem einfachen Falle die Abhängigkeit der Molekulargröße von
Temperatur und Lösungsmitteln zu untersuchen" (Zit. S. 1185). Es
wird die Polymerie des Aldehyds $[M]_5$ und seine Depolymerisation
beim Erhitzen in M_3 und M_1 in Parallele gesetzt zum Kautschuk, dessen
Molekeln $[M]_x$ ebenfalls zerfallen in $M..$, M_2 (Dipenten) und M_1 (Isopren).
Damit scheint das Interesse Harries für das Kautschukproblem ausgelöst worden zu sein, nachdem er noch kurz vorher die Einwirkung
von salpetriger Säure auf Kautschuk untersucht und einen gelben in
Essigsäureester löslichen Körper von der empirischen Zusammensetzung $C_{40}H_{62}N_{10}O_{24}$ (osmotisches Molargewicht M = 1713 bis 1143)
abgeschieden hatte. Mit dem Jahre 1902 beginnt eine andauernde, auf
die Konstitutionsaufklärung des Kautschuks gerichtete Arbeit. Durch
geeignete Behandlung des Parakautschuks mit salpetriger Säure wird
als ein Abbauprodukt das „Nitrosit C" $C_{20}H_{30}N_6O_{14}$ (osmotisches
Molekulargewicht in Aceton M = 651) erhalten; da das aliphatische
Terpen Myrcen $C_{10}H_{16}$ (nach dem Erhitzen im Rohr auf 300° und
nachherigen Behandeln mit Salpetrigsäure) ein ähnliches „Nitrosit C"
liefert, so hält Harries es für wahrscheinlich, „daß der Parakaut-
schuk ein Abkömmling der aliphatischen Terpenkörper ist.
Es findet somit die Ansicht von Weber Bestätigung" [B. 35, 3257,
4431 (1902); 36, 1937 (1903)]. Die „Nitrosite" führten wohl zu einem
Abbau, aber über den Bau des Kautschuks selbst gaben sie keinen
Aufschluß. Und so suchte denn Harries im Jahre 1903 nach einer
neuen „Methode, um einen einwandfreien Abbau des Kautschuk-
Moleküls zu bewirken; er fand diese in der Oxydationswirkung des

---

[1]) Das Dihydrochlorid spielte nachher als Ausgangsprodukt für den „α-Isokautschuk" eine maßgebende Rolle.
[2]) C. Harries: B. 34, 1488 (1901); 35, 1183 (1902) — Carl Dietr. Harries
(1866—1923). Lebensbeschreibung von R. Willstätter: B. 59 (A) 123—157 (1926).

Ozons"[1]). Diesen Weg betrat Harries wohl unter dem Einfluß der zu jener Zeit bearbeiteten Autoxydationsvorgänge[2]), die er[3]) auf die Terpene zu übertragen begonnen hatte. Alkohole wurden dabei zu Aldehyden oxydiert, ungesättigte Körper gaben unter Aufspaltung der Doppelbindung ebenfalls Aldehyde bzw. Ketone. Mit Hilfe eines von Siemens und Halske gebauten Ozon-Apparates erschien es möglich, die Oxydation mit Ozon „als Hilfsmittel zur Bestimmung der Stellung der doppelten Bindung" zu benutzen[4]).

Was zuerst einfach und eindeutig erschien, wurde jedoch bei der Übertragung auf andere Typen mit doppelten Bindungen immer vieldeutiger. Zwei Problemkomplexe tauchten auf: erstens lagert sich Ozon nur am Ort der Doppelbindung an, und zweitens, welche Konstitution haben die entstehenden „Ozonide"? Damit verschob sich die Lösung des ursprünglichen Kautschukrätsels immer weiter und vergesellschaftete sich mit dem allgemeinen Problem der Ozonwirkung auf organische Verbindungen überhaupt. des Ergebnis dieser über ein Jahrzehnt ausgedehnten Untersuchungen füllte ein umfangreiches Buch[5]). Die anfänglichen Ergebnisse über die Zusammensetzung und Konstitution der „Ozonide" entsprachen folgenden Formeln (1904):

und Spaltung durch Wasser.

$$\text{I.} \quad \text{>C} \overline{} \underset{O_4}{} \text{C< } + H_2O = \text{>C}:O + O:C\text{< } + H_2O_2,$$

$$\text{bzw. II.} \quad \text{>C} \overline{} \underset{O_3}{} \text{C< } = \text{>C}\underset{O}{\overset{O}{<}} + O:C\text{<}$$

Aus refraktometrischen Messungen am Äthylen-ozonid und Ölsäure-

ozonid ergab sich eine andere Bindung (1910):

und zugleich die Erkenntnis, daß mit der Addition eines Ozonmoleküls an die Doppelbindung die Grenze der Absättigung mit Sauerstoff nicht erreicht ist. „Dadurch wird die allgemeine Anwendbarkeit des Ozons zum Nachweis der Anzahl der Doppelbindungen stark beeinträchtigt." Es ließ sich die Aufnahme von 4 Atomen Sauerstoff, bisweilen sogar von 5 Atomen, wahrscheinlich machen,

[1]) C. Harries: B. 37, 2709 (1904) („Über den Abbau des Parakautschuks vermittelst Ozon"); s. auch B. 37, 850 (1904).

[2]) Vgl. Engler: B. 33, 1097, 1100 (1900). A. v. Baeyer: B. 33, 1569 (1900).

[3]) C. Harries: B. 34, 2105 (1901).

[4]) C. Harries: B. 36, 1933 (1903).

[5]) C. Harries: Untersuchungen über das Ozon und seine Einwirkung auf organische Verbindungen (1903|bis 1916).–Berlin: Julius Springer 1916. Vgl. auch die zusammenfassenden Abhandlungen: A. 343, 311 (1905); 374, 288 (1910); 410, 1 (1915).

z. B. im ,,Ölsäure-überozonid" $(C_{18}H_{34}O_7)_n$. Die Ozonid-Methode hat
Harries mit seinen Mitarbeitern auch zur Konstitutionsbestimmung
von Terpenen benutzt, z. B. von Limonen (1907), Pinen (1908),
Camphen (1908), Farnesol (1913). Bemerkenswert war auch das
Verhalten von aromatischen Kernen, so gab Benzol — ähnlich einem
Triolefin — ein Triozonid (1904), Naphthalin nur ein Diozonid (1905).
Als allgemeines Ergebnis der umfangreichen Untersuchungen ergab
sich, daß die Ozonid-Methode wohl eines großen Anwendungsgebietes
fähig ist, daß sie aber in allen komplizierteren Fällen ,,verlangt von
Fall zu Fall eine individuelle experimentelle Behandlung" (Harries).

Die Übertragung der Ozon-Methode auf Kautschuk lieferte nun
Harries (1904) ein ,,Diozonid" $(C_{10}H_{16}O_6)_x$, bzw. $C_{25}H_{40}O_{15}$, und ein
,,Dioxozonid" $(C_{10}H_{16}O_8)_x$. Beim Kochen mit Wasser entstanden aus
dem Diozonid hauptsächlich zwei Produkte: Lävulinaldehyd und
Lävulinsäure $CH_3 \cdot CO \cdot CH_2 \cdot CH_2 \cdot CHO$ und $CH_3 \cdot CO \cdot CH_2 \cdot CH_2 \cdot COOH$,
die für die Atomgruppe $CH_3 \cdot C \cdot CH_2 \cdot CH_2 \cdot CH$ beweisend sind. Wenn
diese Produkte allein auftreten, ,,so muß der Kautschuk-Kohlenwasser-
stoff aus einem Kohlenstoff-Ring bestehen und nicht, wie bisher
angenommen wurde, aus einer offenen Kohlenstoff-Kette". Dementsprechend prägt Harries seine Konstitutionsformel des Parakautschuks (1905):

$$\left[\begin{array}{c} CH_3 \cdot C\!\!-\!\!-\!\!CH_2\!\!-\!\!CH_2\!\!-\!\!CH \\ CH\!\!-\!\!CH_2\!\!-\!\!CH_2\!\!-\!\!C \cdot CH_3 \end{array} \right]_x,$$

d. h. er nimmt einen polymeren Äthylring, bzw. ein durch Partialvalenzen kondensiertes 1.5-Dimethyl-cyclooctadien-(1.5) an. ,,Die
Größe dieses physikalischen Moleküls bleibt noch zu bestimmen.
Die Polymerie muß aber durch einfache lose Addition der einzelnen
Dimethylcyclooctadien-Moleküle zustande kommen" [1]. Zugunsten·der
obigen Formulierung sprach das Verhalten des von R. Willstätter [2]
(1905) entdeckten α-Cyclooctadiens C_8H_{12}, das die größte Neigung
zur Polymerisation besitzt und ein Diozonid gibt, welches in seinem
Verhalten dem des Butadienkautschuks gleicht [Harries, A. **395**,
260 (1913)].

Die Cyclooctadien-Formel des Kautschuks hatte fast ein Jahrzehnt
ihre Geltung gehabt, als sie durch Harries selbst eine Erschütterung
erfuhr [3]. Das von Weber (1900, s. oben) zuerst dargestellte Kautschukdihydrochlorid $C_{10}H_{16} \cdot 2HCl$ verlor beim Erhitzen mit Pyridin u. ä. den

[1] C. Harries: B. **38**, 1195 (1905); s. auch **37**, 2708 (1904). — R. Pummerer
[B. **64**, 816 (1931)] konnte bis etwa 90% solcher Derivate der Lävulinreihe fassen.
[2] R. Willstätter u. H. Veraguth: B. **38**, 1975 (1905); **40**, 957 (1907).
[3] C. Harries u. E. Fonrobert: B. **46**, 733 (1913); **46**, 2590 (1913); **47**, 784
(1914); A. **406**, 173 (1914). Die Additionsverbindungen des Kautschuks mit Halogen-
wasserstoffsäuren hatten schon 1911 F. W. Hinrichsen und E. Kindscher hergestellt [B. **46**, 1283 (1913)].

Chlorwasserstoff und lieferte an Stelle des Ausgangsmaterials einen „α-Isokautschuk", welcher bei der Ozonid-Spaltung als wichtigste Spaltprodukte ein aliphatisches Diketon, ein Triketon und Tetraketon aufwies, d. h. Ketten von 7, 11 und 15 Kohlenstoffatomen. Dieses Ergebnis sprach für einen 16-Kohlenstoffring $C_{20}H_{32}$ oder einen 20-Kohlenstoffring $C_{25}H_{40}$ mit 5 Isoprengerüsten. Unter Bevorzugung der letzteren Annahme stellte nun Harries die nachstehende Konstitutionsformel des Kautschuks auf (1914):

$$CH_2 \left\langle \begin{matrix} \overset{CH_3}{\overset{|}{CH_2-C=CH-CH_2-CH_2-\overset{CH_3}{\overset{|}{C}}=CH-CH_2-CH_2}} \\ CH=C-CH_2-CH_2-CH=C-CH_2-CH_2-CH \\ \underset{CH_3}{} \quad\quad\quad \underset{CH_3}{} \end{matrix} \right\rangle C \cdot CH_3 .$$

Da jedoch die Gliederzahl noch nicht feststeht, „so könnte man an den punktierten Linien Zahlen für die einzusetzenden Reste ... $CH_2 \cdot C(CH_3):CH \; CH_2$ ... anbringen und das Ganze in Klammern mit dem entsprechenden Index setzen, der die Größe des polymeren Moleküls des Kautschuks wiedergibt".

$$\left[\begin{matrix} \overset{CH_3}{\overset{|}{CH_2 \cdot C = CH \cdot CH_2}} \\ CH_2 \cdot CH = C - CH_2 \\ \underset{CH_3}{} \end{matrix} \right]_n$$

Das Schlußwort seiner Untersuchungen über den Kautschuk ist psychologisch bezeichnend für den Forscher Harries, sowie kennzeichnend für das ganze wissenschaftliche Problem: „Wenn man die Resultate der vorliegenden Untersuchungen überblickt, so kann man sich eines niederdrückenden Gefühls nicht erwehren. Das Geheimnis der Natur des Kautschuks ist zwar gelichtet, indessen ist es trotz großer Erfahrungen, Anwendung der feinsten Methoden, bester technischer Hilfsmittel und größter Materialmengen nicht möglich gewesen, endgültig Aufschluß über die Konstitution seines Moleküls zu gewinnen. Man kann mit Bestimmtheit sagen, daß auf den bisher eingeschlagenen Wegen nichts weiter herauszuholen ist"[1].

C. Harries hatte (in seinem zusammenfassenden Werk „Untersuchungen über die natürlichen und künstlichen Kautschukarten", S. 48. 1919) die folgende Ansicht geäußert: „Es wäre wichtig, die Reduktion des Kautschuks zu realisieren, weil der Hydrokautschuk sich wahrscheinlich im Hochvakuum destillieren und daraus seine Konstitution leicht einwandfrei beweisen lassen würde. Diese Reduktion ist aber bisher nicht geglückt." Allerdings liegen Versuche von Berthelot vor, der durch Jodwasserstoff im Bombenrohr bei 280⁰ ein Gemisch von hochsiedenden Paraffinkohlenwasserstoffen erhalten hatte (1869); dann haben auch Harries[2] und Fr. Evers (1921) diese

[1] C. Harries: A. 406, 199 (1914).
[2] C. Harries: B. 56, 1050 (1923).

Reduktion des Kautschuks (über sein Hydrochlorid) mit Zink ausgeführt und einen nichtkolloiden Hydrokautschuk von der Zusammensetzung $C_{35}H_{62}$ oder $C_{40}H_{70}$ isoliert. Einen Fortschritt leiteten erst die Untersuchungen von H. Staudinger[1]) (gemeinsam mit J. Fritschi) ein, als die Reduktion mit Wasserstoff und Platin als Katalysator, unter einem Druck von etwa 100 Atmosphären, bei 270°, ausgeführt wurde: der entstandene Hydrokautschuk besaß die Zusammensetzung $(C_5H_{10})_x$ und wies alle kolloidalen Eigenschaften des Kautschuks auf. Für die Konstitution werden die folgenden Formelbilder angenommen:

Kautschuk

$$
\begin{array}{ccc}
CH_3 & CH_3 & CH_3 \\
| & | & | \\
\ldots CH_2 \cdot C{=}CH \cdot CH_2 \cdot CH_2 \cdot C{=}CH \cdot CH_2 \ldots \ldots CH_2 \cdot C{=}CH \cdot CH_2 \ldots
\end{array}
$$

$$
\begin{array}{ccc}
CH_3 & CH_3 & CH_3 \\
| & | & | \\
\ldots CH_2 \cdot CH \cdot CH_2 \cdot CH_2 \cdot CH_2 \cdot CH \cdot CH_2 \cdot CH_2 \ldots \ldots CH_2 \cdot CH \cdot CH_2 \cdot CH_2 \ldots
\end{array}
$$

Hydrokautschuk

Diese Anschauung über die Konstitution des Kautschuks vertrat Staudinger[2]) (s. S. 391) schon 1920. „Es reihen sich bei Polymerisationsvorgängen, die zu Kolloidmolekeln führen, die ungesättigten Molekeln gleichartig in so langen Ketten aneinander, daß die ungesättigte Natur der Endglieder — bzw. der ganzen Molekel — gegenüber seiner Größe nicht mehr hervortritt" (1922). Staudinger nimmt hierbei an, daß „Hunderte von Isoprenmolekeln gleichartig aneinander gebunden (sind) und so die Kautschukmolekel gebildet haben", dadurch unterscheidet er sich von den früheren Forschern (C. O. Weber, 1900; O. Ditmar, 1904; S. Pickles, 1910), die eine ähnliche kettenförmige Struktur, jedoch mit geringer Kettengliederzahl, annahmen. Pickles betrachtet als Mindestzahl acht Isoprenmoleküle. Die Zersetzung des Hydrokautschuks $(C_5H_{10})_x$ im Hochvakuum lieferte als höchstsiedenden Anteil den Kohlenwasserstoff $C_{50}H_{100}$ (kryosk. Mol.-Gew. in Benzol = 684—698) und als niedrigstes Spaltprodukt ein Penten [Methyläthyl-äthylen $(C_2H_5)(CH_3)C{:}CH_2$]. „Der Hydrokautschuk $(C_5H_{10})_x$ leitet sich vom asymm. Methyl-äthyl-äthylen C_5H_{10} ab, so wie der Kautschuk $(C_5H_8)_x$ vom Isopren C_5H_8"[3]). Daß das Molekulargewicht des Hydrokautschuks größenordnungsmäßig demjenigen des hochpolymeren Kautschuks entspricht, dient ebenfalls als Stütze für die Kettenstruktur des letzteren; bei der Hydrierung scheinen noch Nebenreaktionen (Cyclisierungen) einherzulaufen [Staudinger[4]) und G. V. Schulz].

---

[1]) H. Staudinger u. J. Fritschi: Helv. 5, 785 (1922).
[2]) H. Staudinger: B. 53, 1082 (1920).
[3]) H. Staudinger: B. 57, 1205 (1924).
[4]) H. Staudinger u. G. V. Schulz: B. 68, 2329 (1935).

Gleichzeitig mit den Hydrierungsversuchen Staudingers hatte
(1922) auch R. Pummerer[1]) (gemeinsam mit P. A. Burkard) die
Hydrierung (mit Platinmohr und Wasserstoff in Lösung, bei 70—80⁰)
des Kautschuks durchgeführt; das Ergebnis entsprach der Gleichung:
$[C_5H_8]_x + x H_2 = [C_5H_{10}]_x$ und führte zu der Schlußfolgerung, „daß
entweder ein Ringsystem oder eine außerordentlich lange Kette von
Isoprenmolekülen vorliegt, bei der x > 20 ist". Viscosimetrische Versuche, sowie ultramikroskopische Beobachtungen zeigten, daß Kautschuklösungen, die erhitzt und nachher abgekühlt waren, ihr ursprüng-
liches Bild nicht verändert hatten, bzw. daß eine etwaige Depolymerisation rasch reversibel ist.

R. Pummerer und H. Pahl unterscheiden den in Äther löslichen
Anteil als „Sol-Kautschuk" (mit niedrigerem Erweichungspunkt) von
dem schwer löslichen Anteil „Gel-Kautschuk" (durch „übermolekulare
Kräfte" aggregiert)[2]). Durch Untersuchungen der Ultraviolett-Absorption ließ sich [entgegen einer von Staudinger (1925) geäußerten
Ansicht] das Vorhandensein von auch nur Spuren dreiwertiger Kohlenstoffatome[3]) nicht nachweisen, und Bestimmungen des (osmotischen)
Molekulargewichts[4]) in Campher (bei 178⁰) und Menthol (bei 43⁰)
ergaben ein von der Temperatur unabhängiges Molekulargewicht
M = 1100—1600 (1927), bzw. etwa 1000—1300 (1929), was im Sinne
der Harriesschen Anschauung von einem Kautschuk-Stammkohlen-
wasserstoff auf ein solches Kautschukmolekül $(C_5H_8)_{16-24}$ hinweisen
dürfte. Diese kryoskopisch gefundenen Werte müssen jedoch zu
niedrig erscheinen, weil eine erhebliche Solvatation und die Abscheidung
von Mischphasen aus Kautschuk und Solvens das Ergebnis fälschen.
K. H. Meyer und H. Mark[5]) erhielten (1928) durch Messungen des
osmotischen Druckes von Kautschuk in Benzol und Chlorbenzol
Werte, die auf eine Micellengröße von rund 150000 bis 350000 hinwiesen[6]). Diese Forscher haben durch Auswertung des Röntgen-
diagramms von gedehntem Kautschuk Aussagen über den Aufbau
des letzteren und die cis-Formel machen können: mit steigender
Dehnung nimmt der Anteil der die Substanz aufbauenden gittermäßig
geordneten Atome zu, sie bilden Kristallite (Micellen) von regel-
mäßigem inneren Aufbau; der Elementarkörper ist aus acht Isoprenresten zusammengesetzt. Da die „Strukturmolekel" des Kautschuks z. B.
wegen dessen physikalischen Eigenschaften nicht durch den einfachen

---

[1]) R. Pummerer u. P. A. Burkard: B. 55, 3458 (1922).

[2]) R. Pummerer u. H. Pahl: B. 60, 2152 (1927).

[3]) G. Scheibe u. R. Pummerer: B. 60, 2160 (1927). Vgl. jedoch Staudinger:
B. 62, 2913 (1929).

[4]) R. Pummerer und Mitarbeiter: B. 60, 2167 (1927); 62, 2628 (1929).

[5]) K. H. Meyer u. H. Mark: B. 61, 1939 (1928).

[6]) Gleichzeitige osmotische Messungen an benzol. Kautschuklösungen führten
H. Kroepelin u. W. Brumshagen zu M ~ 200000 [B. 61, 2441 (1928)].

Elementarkörper begrenzt wird, müssen die Hauptvalenzen über denselben herausgreifen und den ganzen Kristallit durchziehen; es ist dann die Länge des Kristallites gleichbedeutend mit der Mindestlänge der Hauptvalenzketten. „Wir haben somit in der Länge der Ketten. die wir auf 300—600 Å, entsprechend 75—150 Isopren-Resten, einschätzen, ein Mindestmaß für die den Chemiker interessierende „Strukturmolekel" des Kautschuks. Es ist hiebei zu bemerken, daß osmotische Messungen, beispielsweise Gefrierpunktserniedrigung, über diese Größe nichts aussagen, da nicht einzelne Hauptvalenzketten osmotisch wirken, sondern Aggregate von solchen (Micellen). Der osmotisch gemessene Wert kann somit ein Vielfaches desjenigen Wertes betragen, der den einzelnen Hauptvalenzketten durchschnittlich zukommt" (Zit. S. 1943).

Neben diesen eindeutigen Aussagen zugunsten langer Ketten von Isoprenresten, die durch Hauptvalenzen zusammengehalten werden, steht die Ansicht von R. Pummerer[1]) (1927), nach welcher dem Kautschuk sowohl die Formel einer Kette mit endständigem Ring, als auch die Formel eines großen in sich geschlossenen Ringsystems zukommen könnte. Wenn im Kautschuk-Molekül eine sehr lange offene Kette mit der endständigen Gruppe —CH:C(CH$_3$)·CH:CH$_2$ vorliegt, sollte bei der Ozon-Spaltung Methylglyoxal $\overset{H}{\underset{O}{>}}$C·CO·CH$_3$ entstehen. Dasselbe wurde neuerdings durch Überozonisierung des Kautschuks erhalten, jedoch lieferte auch Methylheptenon, das kein Methylglyoxal geben darf, unter ähnlichen Bedingungen solches in ähnlichem Betrage[2]).

Beim Abbau des Kautschuks bzw. bei der Guttapercha können durch Erhitzen, vor allem durch Einwirkung von Zink und Chlorwasserstoff (Cyclisieren!) pulverförmige, leicht lösliche und niederviscose Cycloprodukte erhalten werden. Diese hemi-kolloiden Cyclo-Kautschuke zeigen (kryosk. in Benzol) je nach der Darstellungstemperatur Molekulargewichte von M > 15000 bis M = 2500 (Darstell.-Temp. 207°, im ersten Fall 80°). Daß diese Werte bestimmten Molekülen entsprechen und nicht durch Assoziationen vorgetäuscht sind, dafür spricht die Tatsache, daß die einzelnen Cyclo-Kautschuke nach ihrer Autoxydation die Viscosität und das Durchschnittsmolekulargewicht kaum geändert hatten [Staudinger[3]) und Bondy].

Schon C. Harries war 1905 bei der quantitativen Spaltung der Ozonide von Kautschuk und Guttapercha auf „ein nicht erwartetes, sonderbares Resultat" gestoßen, nämlich, daß das konstante Verhältnis zwischen Lävulinaldehyd und Lävulinsäure bei beiden nicht

[1]) R. Pummerer: B. **60**, 2171 (1927); **62**, 2647 (1929).
[2]) R. Pummerer und Mitarbeiter: B. **69**, 170 (1936).
[3]) Staudinger u. H. F. Bondy: B. **62**, 2411 (1929); s. auch A. **468**, 1 u. f. (1929).

gleich ist, sondern daß auch die beiden Ozonide nicht gleich sind, am wahrscheinlichsten „stereoisomer (cis-trans) sein müssen" [B. 38, 3986 (1905)]. Ein Vierteljahrhundert später gelangt H. Staudinger[1]) bei der Untersuchung von Kautschuk, Guttapercha und Balata zu dem Ergebnis, „daß zwei Reihen polymer-homologer Polyprene bestehen: einerseits Kautschuk und seine hemi-kolloiden Abbauprodukte, andererseits Guttapercha und Balata und ihre Abbauprodukte". Die Unterschiede werden auf verschiedene stereoisomere Modifikationen zurückgeführt, und zwar auf die „cis[2])-Modifikation des Polyprens" in Guttapercha und Balata, bzw. die trans-Modifikation im Kautschuk:

$$
\text{cis-}\quad
\begin{array}{c}
\text{H}_3\text{C} \\
\text{—CH}_2
\end{array}\!\!\!>\!\!\text{C}=\!\text{C}\!<\!\!\!
\begin{array}{c}
\text{H} \\
\text{CH}_2\text{—CH}_2
\end{array}\!\!\!>\!\!\text{C}=\!\text{C}\!<\!\!\!
\begin{array}{c}
\text{H} \\
\text{CH}_2\text{—CH}_2
\end{array}\!\!\!>\!\!\text{C}=\!\text{C}\!<\!\!\!
\begin{array}{c}
\text{H} \\
\text{CH}_2\text{—CH}_2
\end{array}\!\!\!>\!\!\!\begin{array}{c}\text{H}_3\text{C}\\ \end{array}\!\!\text{C}=
$$

$$
\text{trans-}\quad
\begin{array}{c}
\text{H}_3\text{C} \\
\text{—CH}_2
\end{array}\!\!\!>\!\!\text{C}=\!\text{C}\!<\!\!\!
\begin{array}{c}
\text{CH}_2\text{—CH}_2 \\
\text{H}
\end{array}\!\!\!>\!\!\text{C}=\!\text{C}\!<\!\!\!
\begin{array}{c}
\text{H} \\
\text{CH}_2\text{—CH}_2
\end{array}\!\!\!>\!\!\text{C}=\!\text{C}\!<\!\!\!
\begin{array}{c}
\text{CH}_2\text{—CH}_2 \\
\text{H}
\end{array}\!\!\!>\!\!\!\begin{array}{c}\text{H}_3\text{C}\\ \end{array}\!\!\text{C}=
$$

Br. Holmberg [B. 65, 1350 (1932)] konnte Thio-glykolsäure bei gewöhnlicher Temperatur mit Kautschuk zu einer Verbindung von der annähernden Formel $[C_5H_9 \cdot S \cdot H_2 \cdot COOH]_n$ vereinigen. Während Balata sich im großen ganzen wie Kautschuk verhielt, zeigte Guttapercha ein abweichendes Verhalten, indem sie mit Thio-glykolsäure kaum merklich reagierte. Dieses steht nun im Widerspruch zu den obigen Aussagen, wonach Balata und Guttapercha miteinander identisch[3]) und mit Kautschuk geometrisch isomer sind.

Eine andere Formulierung des Isoprenkautschuks vertreten J. Risi und D. Gauvin (C. 1936 II. 284):

$$
\underset{\underset{\text{CH}_3}{|}}{\text{CH}_3\text{—CH}=\!\text{C}\text{—CH}_2}\text{—}\!\left[\text{CH}_2\text{—CH}\underset{\underset{\text{CH}_3}{|}}{\quad\text{C—CH}_2}\right]_x\!\underset{\underset{\text{CH}_2\text{—CH—CH}_3}{|}}{\text{C}=\!\text{CH}}
$$

Neue Beiträge zur Chemie des natürlichen Kautschuks (aus Hevea brasiliensis) hat K. C. Roberts (Soc. 1938. 215. 219, 2032) geliefert; es wurde als Hauptbestandteil (95—98%) ein Kohlenwasserstoff „Caoutchene" bzw. Octaterpen $C_{80}H_{128}$ und etwa 2—5% eines Alkohols „Caoutchol", bzw. Octaterpendihydrat $C_{80}H_{130}(OH)_2$ isoliert. die beide in schmelzendem Kampfer das einfache Molekulargewicht aufwiesen.

Nach Staudinger besteht also der Kautschuk „aus einem Gemisch gleichartig gebauter hochmolekularer Kohlenwasserstoffe, die sich durch den Polymerisationsgrad unterscheiden. also aus einem

---

[1]) Staudinger: B. 63, 927 (1930).

[2]) Über die cis-Formel des Kautschuks s. auch K. H. Meyer, B. 61, 1942 (1928); 70, 274 (1937).

[3]) Auch die röntgenographischen Untersuchungen von Balata und Guttapercha ergeben deren Ähnlichkeit bzw. Identität [P. Rosbaud u. E. A. Hauser, El. 33, 511 (1927)].

Gemisch polymerhomologer Polyprene" [A. 468, 1 (1929)]. Ganz allgemein gesagt, die Hochmolekularen sind nicht aus Molekülen einheitlicher Größe aufgebaut, sondern bestehen „aus einem Gemisch von Polymer-homologen, also aus Makromolekülen", so „daß man hier nicht vom Molekulargewicht, sondern vom Durchschnitts-Molekulargewicht einer Verbindung zu sprechen hat" [B. 68, 2358 (1935)]. Wie groß war nun dieses „Durchschnitts-Molekulargewicht", bzw. welche physikalischen Meßmethoden ließen zuverläßliche Zahlenwerte erwarten? Schon vor längerer Zeit hatte Caspari[1] (1914) sorgfältige osmotische Messungen an Benzollösungen durchgeführt und dabei Molekulargewichte um M = 100000 für den Kautschuk ermittelt.

Wo. Ostwald [Koll.-Z. 23, 68 (1918)] hat nun gezeigt, daß bei der Osmose von Solen neben dem van't Hoffschen normalen osmotischen Druck noch der sog. Quellungs- oder Solvationsdruck zu berücksichtigen ist und durch eine allgemeinere „Solvatationsgleichung" erfaßt werden kann. Mit dieser korrigierten Gleichung wurden aus den vorliegenden Untersuchungen (von Adair, Caspari, Duclaux, Kroepelin und Brumshagen, Kunitz) die osmotisch ermittelten Molekulargewichte M als Limeswerte bestimmt [Wo. Ostwald, Koll.-Z. 49, 72 (1929)][2]:

	M (Limeswert)
Kautschuk [Caspari[1]]: in Benzol frisch	129000
in Benzin frisch	94200
Kautschuk [Kroepelin[3] und Brumshagen), in Benzol, acetonextrahiert	340000 [4]
Guttapercha [Caspari[1]], in Benzol	37000
Nitrocellulose [Duclaux[5]], in Aceton	41400
Gelatine [Kunitz[6]]	73200
Hämoglobin [Adair[7]], s. auch oben S. 628	63000

Über anomale Diffusionskoeffizienten und „Zusatzkräfte" s. auch Wo. Ostwald und A. Quast, Koll.-Z. 51, 273, 361 (1930).

Im Einklang mit diesen osmometrischen Molekulargewichten stehen die viscosimetrisch ermittelten Werte [H. Staudinger und E. O. Leupold, B. 67, 304 (1934); s. auch Z. El. 40, 442 (1934)]:

---

[1]) W. A. Caspari: Soc. 105, 2139 (1914).

[2]) Über den für hochmolekulare Fadenmoleküle erforderlichen molaren osmotischen „Zusatzdruck" vgl. H. Staudinger u. G. V. Schulz: B. 68, 2336 (1935).

[3]) H. Kroepelin u. W. Brumshagen: B. 61, 2441 (1928); Koll.-Z. 47, 294 (1929).

[4]) K. H. Meyer u. H. Mark [B. 61, 1946 (1928)] haben unter Berücksichtigung des Eigenvolums der solvatisierten Teilchen osmotisch für unbehandelten Crêpe-Kautschuk ein Mol.-Gewicht von 350000 ermittelt, wobei 1 g Kautschuk 20—40 g Benzol bindet.

[5]) J. Duclaux: C. r. 152, 1580 (1911).

[6]) M. Kunitz: J. Gen. Physiol. 10, 811 (1927).

[7]) G. S. Adair: Proc. R. Soc. 108, 627 (1925 u. f.).

	Gereinigter Kautschuk, benzollöslich	Gereinigter Kautschuk, ätherlöslich	Mastizierter Kautschuk	Balata	Abgebaute Balata (hemikolloid)
Polymerie-Grad .	$[C_5H_8]_{1300}$	$[C_5H_8]_{930}$	$[C_5H_8]_{300}$	$[C_5H_8]_{590}$	$[C_5H_8]_{100}$
Molek.-Gew. gef .	88000	64000	20000	40000	6800

Dieselben Präparate zu 100% reduziert: $(C_5H_8)x + xH_2 = (C_5H_{10})x$
(Hydro-Kautschuk, -Balata).

Molek.-Gew. gef. .	78000	63000—69000	—	41000	6000

T. Midgley, A. L. Henne, M. W. Shepard und Renoll [Am. 57, 2318 (1935)] schließen aus analytischen Befunden und aus dem Vorhandensein einer Hydroxylgruppe auf mindestens $M = 40000$.

Für die Makromoleküle des Kautschuks entwirft Staudinger [Z. angew. Chem. 49, 804 (1936)] das folgende Bild (s. a. S. 859, 391):

$$\ldots -CH_2-\underset{\underset{CH_3}{|}}{C}=CH-CH_2-CH_2-\underset{\underset{CH_3}{|}}{C}=CH-CH_2-CH_2-\underset{\underset{CH_3}{|}}{C}=CH-CH_2-\ldots$$

Polymeriegrad: 2000; Mol.-Gew.: 136000; Zahl der Atome im Molekül: 26000; Kettenlänge in Å: 8000 (= 0,8 μ).

Nach den Ergebnissen der Ultrafiltrationen von Kautschuklösungen berechnen K. H. Meyer und J. Jeannerat [Helv. chim. Acta 22, 19 (1939)] die Länge der fadenförmig angenommenen Kautschukmoleküle = 1,2 μ.

W. H. Carothers [Trans. Farad. Soc. 32, 46 (1936)] schätzt (im Zusammenhang mit der Vulkanisation durch 0,15% Schwefel nach G. Bruni) für ein Kautschukmolekül mindestens 5000 Doppelbindungen. Die Untersuchungen von Roberts (s. S. 859; 1938), bzw. die Isolierung des Polyterpens $C_{80}H_{128}$ mit dem Mol.-Gew. = 1088, weisen wieder auf die umstrittenen Fragen nach dem Bau und der Größe des „Kautschukmoleküls" zurück und erfordern neue eingehende Nachprüfungen.

Zu den noch offenen Problemen gehört auch der Aufbau des Kautschuks in der lebenden Pflanze aus den primären Assimilationsprodukten (CO_2 und H_2O) und die physiologische Bestimmung dieses Kohlenwasserstoffs für die Pflanze selbst.

B. Technische Kautschuk-Synthesen.

Die Weltproduktion des Natur-Roh-Kautschuks hat während der letzten drei Jahrzehnte, im Zusammenhang mit der Ausweitung der Automobilindustrie, die folgende Entwicklung genommen:

1882	1905	1915	1925	1930	1935	1936
19500 t	59500 t	169000 t	504000 t	800000 t	⟩ 700000 t	⟩ 1000000 t

Die Versorgung Deutschlands mit Kautschuk betrug 1928 etwa 41000 t und stieg auf 60000 t im Jahre 1934.

Periodisch auftretende Verknappungen bzw. Preissteigerungen lebenswichtiger Natur- und Rohstoffe als Folge von wirtschaftlichen Monopolen, Börsenmanövern u. dgl. wirken sich oftmals und mittelbar als wertvolle Keime in der chemischen Gedankenwelt aus, indem sie der chemischen Forschung eine zukunftweisende Richtung geben und neue Aufgaben enthüllen. Um die Jahrhundertwende hatten die Zustände auf dem Stickstoffmarkt die Mahnrufe von Crookes und Wilh. Ostwald ausgelöst (s. auch S. 124): sie mündeten in die technische Synthese des Ammoniaks ein. Im ersten Jahrzehnt des neuen Jahrhunderts, als noch Harries den mühevollen Pfad der Konstitutionsaufklärung des Kautschuks wandelte, ertönen auch Stimmen (z. B. A. E. Dunstan), die dringend mahnen, die Synthese des Kautschuks durchzuführen. Der Ruf findet eine geistige Resonanz in Fritz Hofmann (Vorstand der Elberfelder Farbenfabriken), verdichtet sich zu Arbeitsideen und Experimentalarbeiten, die durch Carl Duisberg die materielle Unterlage erhalten und — im September 1909 kann Hofmann erstmalig die Bildung des Butadienkautschuks schauen [F. Hofmann, Umschau 40, 202 (1936)]; die grundlegenden Patente der Elberfelder Farbenfabriken über die Wärmepolymerisation von Isopren zu wirklich kautschukartigen Substanzen konnten schon im August und September 1909 angemeldet werden (vgl. auch E. Konrad, Z. angew. Chem. 49, 799). Es wurden auch die substituierten Butadiene untersucht und das verhältnismäßig leicht zugängliche Dimethylbutadien $CH_2 : C(CH_3) \cdot C(CH_3) : CH_2$ zur Grundlage einer technischen Synthese des Methylkautschuks gemacht (G. Merling, 1910—1912). Dieser synthetische Kautschuk kam bereits 1913 in den Handel; der Preis des Naturkautschuks war damals von Mk. 10.— (1910) bis auf etwa Mk. 30.— je Kilo hinaufgetrieben worden. Die Konkurrenz des Plantagenkautschuks trat alsbald in Wirksamkeit, der Preis ging auf Mk. 4.— herunter, und damit verringerte sich auch das Interesse an der Herstellung des künstlichen Kautschuks; das Kilo Plantagenkautschuk kostete im Jahre 1935 nur noch Mk. 0,68! Der Weltkrieg hat jedoch die deutsche Fabrikation des Methylkautschuks (Jonas, E. Tschunkur in Leverkusen) nicht lahmgelegt, darüber hinaus hat er aber als ein ernstes Memento die Bedeutung des Kautschuks für kommende Zeiten, sowie die Überzeugung von der technischen Bewältigung der Kautschuk-Synthese hinterlassen. So sagte schon 1918 Carl Duisberg [Z. f. Elektroch. 369 (1918)]: „Das Ziel ist gesteckt. Es ist nicht mehr wie früher, wie manche geglaubt und behauptet haben, unerreichbar. Auch die Arbeit lohnt, gilt es doch der chemischen Industrie neue Gebiete zu erschließen, die an Größe und Bedeutung alle bisher der Natur abgerungenen bei weitem übertreffen. In unserem kohlenreichen Lande mit seiner hochentwickelten chemischen und physikalischen Wissenschaft und Industrie ist der beste Boden, um dieses Produkt der tropischen Sonne künstlich von der Steinkohle zu dem hochmolekularen Kolloid aufzubauen. Beharrlichkeit wird auch hier zum Ziele führen."

Und so geschah es auch: Im Jahre 1927 erfolgte der Neubeginn der Kautschukarbeiten, 1934 war das Problem gelöst und 1936 wurde das Produkt in der vervollkommneten Gestalt des „Buna"-Kautschuks (I.G.Farbenindustrie Leverkusen) zur technischen Krönung gebracht.

War anfangs die „Synthese des Kautschuks" nur ein reizvolles wissenschaftliches Problem, so erschien der Gedanke einer technischen Synthese als ein an eine chemische Romantik erinnerndes Beginnen. Doch mit dem Bekanntwerden der Erfolge deutscher Forschung (seit 1909) fand eine bemerkenswerte Umwandlung der Ansichten in der internationalen chemischen Welt statt; es setzte eine eifrige Forschungsarbeit ein: in England, z. B. durch W. H. Perkin jun., Matthews und Strange, in Rußland z. B. I. Ostromisslensky, S. Lebedew.

Aus der Lebensgeschichte des Kautschuks seien die folgenden Daten vermerkt:

1736 Vor zwei Jahrhunderten wird der Naturkautschuk durch Bouguer und Condamine in Europa erstmalig bekanntgemacht (1736).

1827—1837. Die ersten wissenschaftlichen Untersuchungen setzen vor hundert Jahren ein: Faraday (1827) führt die ersten Elementaranalysen des gereinigten Kautschuks aus und findet seine Zusammensetzung ähnlich derjenigen des Terpentinöls ($C_{10}H_{16}$); C. Himly, Dissert. in Göttingen (1835), Gregory (1835), Bouchardat (1837) zerlegen — durch fraktionierte Destillation (über Natrium) — den Kautschuk in verschiedene Kohlenwasserstoffe, darunter die von 33 bis 44⁰ siedende Fraktion „Eupion" nach Himly (Isopren siedet bei 34⁰) und das bei 171⁰ siedende Kautschin $C_{10}H_{16}$ nach Himly (Kautschin = Dipenten nach Wallach).

1839 N. Hayward und Ch. Goodyear patentieren ihre Entdeckung der Vulkanisation des Kautschuks.

1862 Friedr. Wöhler [A. 124, 220 (1862)] stellt erstmalig Calciumcarbid dar: „Kohlenstoffcalcium" — „diese Verbindung hat die merkwürdige Eigenschaft, sich mit Wasser in Kalkhydrat und Acetylengas zu zersetzen".

1909 Fritz Hofmann erhält erstmalig synthetischen Kautschuk.

1927—1936 Die I.G.Farbenindustrie führt die technische Synthese des „Buna"-Kautschuks aus.

Das amerikanische Dupren (Du Pont Company) erhält das Vinylacetylen (nach der Entdeckung von Nieuwland) beim Einleiten von

Technische Synthese des Buna-Kautschuks.

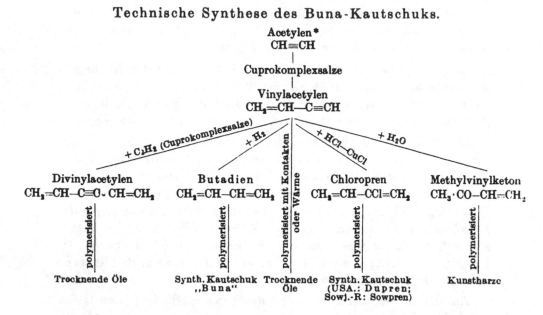

Acetylen in eine konzentrierte Kupferchlorür- ($+ NH_4Cl$)-Lösung; die Anlagerung des Halogens an den mittelständigen Kohlenstoff ergab [nach W. H. Carothers, Am. **55**, 789 (1933); Trans. Faraday Soc. **32**, 42 (1936)] die technisch wertvollsten Produkte der Diene. Die neuere Entwicklung der Acetylenchemie (mit dem vorstehenden Schema der „Buna" usw.) hat O. Nicodemus [Z. angew. Chem. **49**, 787 (1936)] geschildert. Die Jahresproduktion des als Ausgangsmaterial dienenden Calciumcarbids CaC_2 wird für 1934 mit 3 Millionen Tonnen Weltproduktion, darunter Deutschland mit etwa 600000 Tonnen, angegeben.

Über die Art des Polymerisationsvorganges beim Zusammentritt der Butadien-Moleküle sind verschiedene Ansichten geäußert worden; so läßt H. Staudinger sie sich regelmäßig in 1.4-Stellung, sowie unregelmäßig in 1.2-Stellung aneinanderlagern, unter Bildung von dreidimensionalen Makromolekülen [B. **67**, 1171 (1934); Z. angew. Chem. **49**, 806 (1936)]. Grundsätzlich die gleiche Ansicht vertritt auch R. Pummerer für den Bau des Buna-Kautschuks [Kautschuk **10**, 148 (1934)], während nach K. Ziegler und K. Bähr in der Hauptsache die 1.2-Stellung vorwaltet [B. **61**, 257 (1928); Z. angew. Chem. **49**, 502 (1936)], bzw. die Temperatur entscheidend ist, indem eine Erhöhung der Temperatur die 1.4-Eingliederung, eine Abkühlung die 1.2-Addition begünstigt [K. Ziegler, H. Grimm und R. Willer, A. **542**, 90 (1939); s. auch oben S. 402].

*) Neben den fast ausschließlich aus dem Grundstoff Cellulose aufgebauten Kunstfasern (mit einer Weltproduktion von rund 1 Million t im Jahre 1939 sind neuerdings auch synthetische Fasern aus Polyvinylchlorid $(CH_2:CHCl)_x$ aufgekommen.

Viertes Kapitel.

Chemotherapeutika.

„Nicht als die sagen alchimia mache gold, mache silber; hie ist das fürnemen mach arcana, und richte dieselbigen gegen den Krankheiten."

Paracelsus (Paragranum, 1530).

„Welche Unmassen von Tod und Krankheit dadurch beseitigt worden sind, daß der Arzt Robert Koch in Wollstein (Schlesien) auf den Einfall kam, durch sehr starke Verdünnung der bakterienhaltigen Flüssigkeiten ihre Kolonien auf den Gelatinekulturplatten so zu vereinzeln, daß eine jede Kolonie nur eine einzige Art enthielt, läßt sich auch nicht annähernd mehr schätzen (W. Ostwald, Große Männer, S. 362. 1927).

Die moderne Arzneimittelsynthese, bzw. die moderne Chemotherapie, die von den Elementen der 5. Gruppe des periodischen Systems — Stickstoff, insbesondere Arsen, Antimon und Wismut — sowie von den Edelmetallen Gold und Silber ausgeht, hat ihre Entwicklung vorwiegend beim Zusammenwirken der modernen Chemie, Bakteriologie und Medizin empfangen. Die Genesis der einzelnen Erfindungen steht meist in Abhängigkeit von dem zur Zeit vorhandenen Tatsachenmaterial, wobei die Erfindungsidee teils zwangsläufig sich ergibt, teils durch einen neckischen Zufall uns zuflattert, teils aber auch durch einen kühnen Gedanken („Abenteuer der Vernunft" nach Kant) oder infolge der „Fördernis durch ein einziges geistreiches Wort" (nach Goethe) sich offenbart. Bei einer geschichtlichen Darstellung dieser Ergebnisse der jüngsten Arbeitsperiode muß nun der Geschichtsschreiber oftmals feststellen, daß manches von dem, was als eine oft mühereiche Errungenschaft oder Erkenntnis unserer Zeit gewertet wird, vergessenes altes Geistesgut ist. Schon Paracelsus (1493—1541) sagte vom Arsen: „Ob gleichwol ein ding gift ist, es mag in kein gift gebracht werden, als ein exempel von dem arsenico, der der höchsten gift eines ist und ein drachma ein ietlichs ross tötet; feur in mit sale nitri, so ist es kein gift mer: zehen pfunt genossen ist on schaden ..." (Die dritte Defension, 1537). Worum geht es hier? Die höchst giftige arsenige Säure (Arsenik As_2O_3) wird durch Salpeter oxydiert zum ungiftigen Arsenat $KAsO_3$. An einer anderen Stelle heißt es von den Versuchen zur Entgiftung des Arseniks: „aber in dem ligt es am aller meristen, das er getöt werde, das ist, von seim leben genomen ... So vil hab ich im arsenico gefunden, so er fix ist, so verleurt er sein gift, der arzneischen tugent on schaden" (Von den Natürlichen Dingen, 1525). Über den Mechanismus der Reaktion zwischen Heilstoffen und Organismus hatte schon Paracelsus sich ein Bild zurechtgelegt, das eine spezifische Affinität zwischen Heilstoff und aufzusuchendem Krankheitsstoff vorhanden sein läßt, infolgedessen

beide sich verbinden und vom Körper ausgewaschen werden:
„Ich gestehe — sagt er —, daß solch gifft allein dahin gericht sey,
seines gleichen zu suchen, die fixen und sonsten unheilbaren
morbos herfür zu bringen, zu suchen und zu vertreiben, nit daß
es den morbum lass würcken, und schaden thun, sondern daß es als
ein feind der kranckheit, seines gleichen materiam an sich ziehe
und solche radicaliter consumir und außwasche" (Manuale). Man
denke an das Antimon (Stibium), dessen Verbindungen schon vor
Jahrtausenden im Orient als Augenheilmittel, als trocknende, blut-
stillende, fäulnishemmende Medizinen benutzt wurden. Wiederum war
es Paracelsus, der die „unerschöpflichen Tugenden" des Antimons
pries; sein „Mercurius vitae" sollte entstehen, wenn man Quecksilber
(Mercurius) „sublimiert mit Antimonio, daß sie beide aufsteigen, und
eins werden"; also eine Art Kombinationstherapie im modernen Sinne.
Ein Jahrhundert nach Paracelsus ist es insbesondere der sogenannte
Basilius Valentinus, dessen „Triumphwagen Antimonii" (Leipzig,
1604; Frankfurt 1770) die Antimontherapie begeistert anpries. Für
die Heilung innerer Krankheiten heißt es: „Dann da das Centrum der
Kranckheit inwendig zu befinden, so muß eine Suchung geschehen
durch die Artzney, welche solch Centrum inwendig suchen,
angreiffen, zertheilen und restauriren möge." Es wird gelehrt,
„wie eine rechte Anatomia im Antimonio anzustellen", bzw. wie „für
allen Dingen dem Antimonio sein Gifft benommen, und also mit ihm
procedirt und verfahren werden" muß. Diese Prozeduren der „Entgiftung" beruhen auf den verschiedenen Oxydationsstufen des Antimons, sowie auf den verschiedenen Zuständen (ob amorph oder glasig)
der Oxyde und auf der Verbindung des Antimons mit Chlor, Schwefel,
Essigsäure usw. Indem das Antimon „ein Herr in der Medizin" genannt wird, heißt es, mit scharfer Unterscheidung des sublimierenden
Antimonoxyds Sb_2O_3 vom nicht flüchtigen (fixen) Sb_2O_4 und Sb_2O_5:
„Sein fliegender Geist ist gifftig, und purgiret mit Beschwerung,
nicht ohne Schaden des Leibes, seine bleibende Fixigkeit purgiret
auch, aber nicht nach voriger Meynung, bringet keinen Stuhlgang,
sondern suchet nur die Kranckheit, wo auch anzutreffen, dann es
durchwandert den gantzen Leib, sammt allen Gliedern . . ." („Vom
großen Stein der Uhr-alten". 1599). Von den Edelmetallen ist es das
Gold, das schon Paracelsus als „Aurum potabile" (d. h. in verschieden-
farbiger kolloider Lösung) mit weitestreichender Heilwirkung aus-
stattete. Oswald Croll(ius) in Anhalt gab ein Verfahren für die
Darstellung eines roten Aurum potabile und des Aurum volatile
(= Knallgold) bekannt (Basilica chymica, 1609), gleichzeitig beschrieb
er ein „schweißtreibendes Antimonium", das durch Kombination
von Antimonoxyden und Goldchlorid entstanden, geschmacklos und
ohne Purgier- und Brechwirkung sein sollte: „wirdt in den Frantzosen,

Pestilentz, Wassersucht, Fiebern, Schmertzen dess Miltzens und zu dem Stein gebraucht." Um 1650 empfiehlt Rud. Glauber eine graßgrüne (kolloide?) Silberlösung als Argentum potabile, sowie ein goldgelbes Aurum potabile „ohne Corrosiv bereitet". Kurz vorher hat Mynsicht in Schwerin in dem Brechweinstein eine organische Antimonverbindung, den Tartarus stibiatus bekanntgegeben (Thesaurus et armamentarium medico-chymicum, Hamburg 1631) und damit eine neue Verbindungsform des Antimons dem Arzneimittelschatz_dauernd einverleibt.

Dieser Rückblick in die Vergangenheit zeigt uns, wie emsig und bewußt schon vor Jahrhunderten die Krankheiten und Seuchen mit Hilfe von Arsen- und Antimonverbindungen, sowie mit Gold und Silber behandelt wurden; wie man sich bemühte, durch Abänderung der Darstellungsverfahren immer besser oder spezifisch wirkende Stoffe zu gewinnen, Stoffe, die „entgiftet", „corrigiert" (nach Crollius) oder ihrer schädlichen Nebenwirkungen entkleidet waren; wie der Grad der „Entgiftung" schon als abhängig von der Verbrennung bzw. Oxydationsstufe erkannt worden war (Arsenigsäure giftiger als Arsensäure, ebenso $Sb_2O_3 > Sb_2O_4$ und Sb_2O_5), wie aber die Bindung mit organischen Säuren (z. B. Antimonoxyd mit dem Weinstein-Tartarus), bzw. die Bildung von Komplexverbindungen diese „Giftwirkung" verringert, letztens, wie der Zustand bzw. die Überführung in die amorphe und kolloide Form ebenfalls die Heilwirkung beeinflußt und wie man schon eine Kombinationstherapie anbahnte: sogar ein Bild von der Wirkungsweise, dem Aufsuchen des „Centrums der Kranckheit inwendig" und dem Angriff derselben durch die Arznei hatte man einst; nachher sprach man von „Verankerung" und einem „chemischen Zielen" auf die Zellbakterien vermittelst der Pharmaka.

Wenn wir unter Chemotherapie die Bekämpfung von Infektionserregern (Spirochäten, Plasmodien, Bakterien u. ä.) mit Chemikalien, die soviel als möglich parasitrop und so wenig als möglich organotrop sind, verstehen, so ist entwicklungsgeschichtlich neben einer Jahrhunderte langen, empirisch arbeitenden Vorstufe die erst durch Rob. Koch (1843—1910) ermöglichte wissenschaftliche Arbeitsperiode zu unterscheiden[1]. Chemotherapeutisch gingen schon die Alten vor, als sie die Entstehung der Krankheiten auf gewisse Keime, Samen u. a. derselben zurückführten, und als sie z. B. gegen die Syphilis mit Quecksilber oder gegen das Fieber mit Chininextrakt vorgingen. Doch erst mit der Sichtbarmachung dieser vermuteten Krankheitserreger durch Rob. Koch konnte eine zielgerichtete Bekämpfung der letzteren und der Seuchen beginnen (Tuberkelbazillus, 1882, der Choleraerreger, 1883/84 entdeckt), und erst eine neugeschaffene bakteriologische

---

[1] Vgl. auch G. Lockemann: Z. angew. Chem. **45**, 273 (1932).

Methodik R. Kochs konnte ihm diese Kleinwesen offenbaren: die
Anfärbung der Krankheitserreger unter dem Mikroskop mit Anilinfarben war der geniale Kunstgriff, und dieser Färbevorgang war
wohl eine der kulturhistorisch denkwürdigsten Nutzanwendungen der
synthetischen Farbstoffe. Es lag nahe, die Farbstoffe auch auf ihre
Heilwirkung zu probieren, und so wurde z. B. 1890 Auramin zur
Wunddesinfektion, 1891 Methylenblau gegen Malaria empfohlen.

Im Jahre 1904 begann auch P. Ehrlich[1] (1854—1915), gemeinsam
mit K. Shiga, mit Trypanosomen infizierte Mäuse durch Anwendung
von Farbstoffen zu heilen; wirksam erwiesen sich die beiden Tetrazo-
körper, von ihm Trypanrot und Trypanblau benannt:

Trypanrot

Trypanblau

Beide hochmolekularen Stoffe sind Kolloide oder Semikolloide von
starker Färbekraft, zudem erwies sich Trypanrot als unwirksam auf
Trypanosomen in vitro, außerdem erwies es sich unwirksam auf dieselben Trypanosomen in einer Ratte. Ehrlich gab daher die Versuche
mit Farbstoffen auf und wandte sich der Prüfung der Arsenverbindungen zu. Zuerst wurde eine Kombinationstherapie versucht:
Trypanrot wurde mit arsenigsaurem Natrium kombiniert und ergab
bei Mäusen und beim Affen eine Tötung der Trypanosomen. Wie
verhalten sich nun andere Arsenpräparate? Wie kam er überhaupt
zur Anwendung der Arsenverbindungen gegen die Trypanosomen, diese
Erreger der afrikanischen Schlafkrankheit? Auch dieses Problem lag
damals „in der Luft", und die Heilwirkung der Arsenpräparate hatte
eine interessante historische Entwicklung durchgemacht.

---

[1] Vgl. den Vortrag von P. Ehrlich: B. 41, 3831 (1908); 42, 17 (1909); A. v. Weinberg (Nekrolog auf Ehrlich): B. 49, 1223 (1916); Ehrlich u. S. Hata: Die experimentelle Chemotherapie der Spirillosen. Berlin: Julius Springer 1910; M. Nierenstein:
Organische Arsenverbindungen und ihre chemotherapeutische Bedeutung. Stuttgart:
Ferdinand Enke 1912. Siehe auch den Vortrag von H. Schloßberger: Der gegenwärtige Stand unserer Kenntnisse von der therapeutischen Wirkung organischer
Arsenverbindungen, B. 68, A. 149—163 (1935). — Zur Frage der Deutung des Er-
scheinungskomplexes der Entgiftung von Toxin durch Antitoxin in der Immuno-
chemie, im Zusammenhang mit der „Seitenkettentheorie" Ehrlichs, s. auch W. Biltz:
Z. angew. Chem. 41, 169 (1928).

Arsenverbindungen.

Den Ausgangspunkt bilden die klassischen Untersuchungen Bunsens (1837—1843) über das Kakodyl und die von ihm dargestellte Kakodylsäure $(CH_3)_2As \overset{v}{<} \overset{O}{_{OH}}$; über diese hatte Bunsen (1837) die eigenartige Tatsache feststellen können, daß die Säure trotz des hohen Arsengehalts „keine oder wenigstens nur sehr unbedeutende giftige Eigenschaften zeigt", wo doch die freie arsenige Säure und ihre Salze so ausgeprägt giftig sind. Zur Erklärung dieser Divergenz nimmt er (1843) an, „. . . daß die Verbindungsweise des Arseniks im Kakodyl eine andere ist als in seinen unorganischen Verbindungen. Indem es darin aufgehört hat, für sich einen Angriffspunkt der Verwandtschaft zu bilden, hat es zugleich seine Reaktion auf den Organismus verloren". Es ist also die Verbindungsweise (Valenzstufe usw.) des Arsens maßgebend für die physiologische Wirkung; hatte nicht schon Paracelsus etwas Ähnliches gefunden? In den folgenden Jahrzehnten hat das medizinische Interesse nur vereinzelt der Kakodylsäure gegolten (Jochheim, 1865; C. Schmidt und Chomse, 1872; H. Schulze, 1879), bis A. Gautier (1899) sie in die Therapie einführte: er fand das Na-Kakodylat wirksam gegen Sumpffieber und das Na-Salz der Methylarsonsäure $CH_3 \cdot As \overset{(ONa)_2}{<} \overset{}{O}$ als „Arrhenal" wirksam gegen Malaria (1902).

Als nächste wenig giftige Verbindung des fünfwertigen Arsens trat das sog. Arsensäureanilid $C_6H_5NH \cdot AsO_3H_2$ in die Medizin ein. Untersuchungen über die Entstehung des kurz vorher entdeckten Farbstoffs Fuchsin waren es, die 1860 Béchamp[1]) zur Auffindung und nachher (1863) zur Ausarbeitung eines Darstellungsverfahrens führten. Jahrzehnte nachher (1902) wurde die Natriumverbindung dieses Körpers unter der Bezeichnung „Atoxyl" als therapeutisch wertvoll erkannt [Schild, Kionka, Blumenthal, Henius[2])]. Gleichzeitig wiesen Laveran und Mesnil (1902) nach, daß Trypanosomen bei Injektion von Arsenigsäure rasch aus dem Blute verschwinden. Ehrlich und Shiga (1904) wandten das weniger giftige Atoxyl an, ohne an ihrem (zufällig arsenfesten) Trypanosomenstamm eine Wirkung zu beobachten. Erst Thomas[3]) (und Breinl) blieb es vorbehalten, die günstige Atoxylwirkung bei der Bekämpfung der Trypanosomen nachzuweisen. Rob. Koch konnte diese Wirkung in Ostafrika bei der Bekämpfung der Schlafkrankheit bestätigen (1906—1907), während gleichzeitig P. Uhlenhuth die Heilwirkung des Atoxyls bei (Hühner-) Syphilis feststellte. Den Erreger der menschlichen Syphilis hatte kurz

---

[1]) Béchamp: C. r. **56**, 1, 1172 (1863); **50**, 870 (1860).
[2]) Henius: Beiträge zur Behandlung der Chlorose. Dissert. Gießen 1902.
[3]) Thomas: Proc. R. Soc. B. **76**, 513 (1905), schon 1903 in vitro auf die Trypanosomen untersucht.

vorher (1905) F. Schaudinn entdeckt, und so übertrugen C. Levaditi und McIntosh (1907) die Atoxylbehandlung auch auf die menschliche Syphilis, das Ergebnis war jedoch wegen der mehrfachen Gesundheitsstörungen unbefriedigend. Nun nahm P. Ehrlich wieder seine Studien mit Atoxyl auf. Chemisch[1]) sah man das Atoxyl als

anilido-arsensaures Natrium $C_6H_5 \cdot NH \cdot As{=}O{\underset{\diagdown OH}{\overset{\diagup ONa}{}}}$ an, doch P. Ehrlich

u. A. Bertheim [2]) [sowie gleichzeitig B. Moore, M. Nierenstein und J. L. Todd[3])] wiesen nach, daß es das Natriumsalz der p-Aminophenyl-

arsinsäure (= Arsanilsäure) $NH_2 \cdot C_6H_4 \cdot AsO{\underset{\diagdown OH}{\overset{\diagup ONa}{}}}$ ist. Durch die Fest-

stellung der chemischen Natur des Atoxyls ergab sich ohne weiteres die Möglichkeit, nach chemischen Methoden Eingriffe an dem Atoxyl-Molekül vorzunehmen und die bisherigen Erfahrungen über die pharmakologische Wirkung bestimmter Gruppen und Bindungsarten auch auf das Atoxyl zu übertragen. War ja doch durch die vorangegangenen wertvollen Untersuchungen von A. Michaelis nicht nur eine Reihe von interessanten Umsetzungsreaktionen dieser aromatischen Arsine, sondern auch eine außergewöhnlich große Zahl verschiedener Typen dieser drei- und fünfwertigen Arsenverbindungen erschlossen worden (1875—1915). Eine auffallende Beobachtung Ehrlichs gab seinen weiteren grundlegenden Untersuchungen die Richtung: im Jahre 1907 konstatierte er, daß Atoxyl in vitro keinen Einfluß auf Trypanosomen hat. Hieraus folgerte Ehrlich, daß im Organismus das Atoxyl primär eine Umwandlung erfahren muß, damit nun sekundär das umgewandelte Produkt jene parasitentötende Wirkung ausüben kann. Bot nicht die alte Erfahrung Bunsens (s. oben) schon eine valenzchemische Deutung dar, zumal C. Binz[4]) bereits 1879 gezeigt hatte, daß der Organismus die Arsensäure zu Arsenigsäure zu reduzieren vermag? Wohl im Rahmen dieser Erfahrungen richtete Ehrlich seine ganze Aufmerksamkeit auf die Darstellung und chemotherapeutische Wirkung der aromatischen Verbindungen des dreiwertigen Arsens. Unter der großzügigen Unterstützung der deutschen chemischen Großindustrie begann nun Ehrlich mit seinen geschickten chemischen Mitarbeitern (insbesondere mit Alfr. Bertheim, Ludw. Benda, Paul Karrer, K. Shiga und S. Hata aus Japan) die mühevolle systematische Durchforschung der nach vielen Hunderten dargestellten Reduktionsprodukte der Arsanilsäure, wobei als Grundformen die von A. Michaelis (1881) erhaltenen Verbindungen Phenyl-

[1]) E. Fourneau: Journ. Pharm. Chim. (6) 25, 332 (1907).
[2]) Ehrlich u. Bertheim: B. 40, 3292 (1907).
[3]) Moore, Nierenstein u. Todd: Biochem. Journ. 2, 324 (1907).
[4]) C. Binz u. Schulz: Arch. exper. Pathol. Pharmakol. 11, 200 (1879).

arsenoxyd $C_6H_5 \cdot AsO$ und Arsenobenzol[1]) $C_6H_5 \cdot As = As \cdot C_6H_5$ entgegentreten. (Gibt es nicht cis- und trans-Isomerien bei den Arsenverbindungen ?)

Zu den Derivaten des Arsenobenzols führte ein Analogieschluß, indem Ehrlich schon vorher seine chemotherapeutischen Untersuchungen mit dem auf Trypanosomen wirkenden Azofarbstoff Trypanrot eröffnet hatte; er sah die Azogruppe — N = N — als maßgebend an. Als ein vorläufiger Abschluß dieser Arsenforschungen erschien 1910 das vielgenannte „Salvarsan" oder „Ehrlich-Hata 606"[2]), d. h. das salzsaure Salz des p,p'-Dioxy-m,m'-diamino-arsenobenzols

$$\text{HO}\cdot\underset{NH_2}{\bigcirc}As{=}As\cdot\underset{NH_2}{\bigcirc}OH \quad_3).$$

Zur selben Klasse gehörten: „Spirarsyl", das Natriumsalz des Arsenophenylglycins:

$$\text{NaOOC}\cdot CH_2 \cdot HN\bigcirc As{=}As\bigcirc NH \cdot CH_2COONa$$

im Tierversuch bei jeder Trypanosomenart wirksam, ferner 1912 „Neo-Salvarsan" oder „Ehrlich-Hata 914", in welchem die NH_2-Gruppe der Salvarsanbase in —$NH \cdot CH_2OSONa$ umgewandelt ist, dann „Silbersalvarsan" von Ehrlich und Karrer:

$$\text{NaO}\cdot\underset{NH_2}{\bigcirc}As{=}As\underset{NH_2}{\bigcirc}ONa \cdot Ag_2O,$$

das nach W. Kolle und H. Ritz im Tierversuch wirksamer ist als Salvarsan; „Neo-Silbersalvarsan" von A. Binz, W. Kolle und H. Bauer (1918, 1922)[4]); „Myo-Salvarsan" (Na-Salz der Dioxydiaminoarsenobenzoldimethansulfosäure, W. Kolle [1927][5]), I.G.Farben.),

$$\text{NaO}{-}\overset{O}{\overset{\|}{S}}\cdot OCH_2 \cdot NH \qquad\qquad HNCH_2O\cdot\overset{O}{\overset{\|}{S}}{-}ONa$$
$$\text{HO}\cdot\bigcirc As{=}As\cdot\bigcirc OH$$

Ferner „Solu-Salvarsan" (= 3-Acetylamino-4-oxybenzolarseno-4'-acetylamino-2'-phenoxyessigsaures Natrium):

---

[1]) A. Michaelis u. C. Schulte: B. 14, 912 (1881); s. auch 46, 1742 (1913).
[2]) Ehrlich u. Hata: Die experimentelle Chemotherapie der Spirillosen. Berlin: Julius Springer 1910.
[3]) Ehrlich u. Bertheim: B. 45, 756 (1912).
[4]) A. Binz: Z. angew. Chem. 33 (1920) und 34 (1921); D. mediz. Wochenschr. 44, 1177, 1211 (1918); Klin. Wochenschr. 2, 259 (1923).
[5]) Kolle: D. mediz. Wochenschr. 53, 1475 (1927).

$$HO\cdot\underset{HN(COCH_3)}{\overset{OCH_2COONa}{\diagup}}As=As\cdot\underset{}{\overset{}{\diagup}}NH(COCH_3)$$

(Streitwolf, Fehrle und Hermann).

Während alle diese Verbindungen im Sinne Ehrlichs das drei-wertige Arsen als das klinische Wirkungszentrum brachten, vollzog sich gleichzeitig eine Rückkehr zum fünfwertigen Arsen, und zwar infolge der Untersuchungen von E. Fourneau u. C. Levaditi an Deri-vaten des Atoxyls. Als wertvoll in der Prophylaxe und Therapie der Syphilis erwies sich das Na-Salz der 3-Acetylamino-4-oxy-1-arsinsäure, unter der Bezeichnung „Stovarsol" oder „190-Fourneau" (1921), bzw.

„Spirocid" (I.G.Farb.) oder Ehrlich 594: $HO\cdot\underset{NH(CH_3CO)}{\overset{}{\diagup}}As{\overset{ONa}{\underset{OH}{\diagdown}}}O$,

das aus Benda's[1]) 3-Nitro-4-oxy-1-arsinsäure herstellbar ist. Das „Spirocid" war bereits von Ehrlich untersucht, jedoch wegen seiner Neurotoxie nicht beim Menschen geprüft worden. Fourneau zog es nach mehr als einem Jahrzehnt wieder ans Licht. Auch die Phenyl-diarsinsäuren sind von Fourneau (1933 u. f.) therapeutisch ver-

wertet worden, z. B. als „Fourneau 801": $H_2O_3As{\overset{}{\diagup}}\underset{AsO_3H_2}{\overset{}{\diagup}}NH_2$

Im Rockefeller-Institut wurde von Jacobs und Heidelberger[2]) das „Tryparsamid" genannte Präparat in der Therapie der Trypanosen bzw. bei der Schlafkrankheit als wertvoll gefunden, es ist das Na-Salz der N-Phenylglycinamid-p-Arsinsäure (Ehrlich 549):

$$NH_2\cdot CO\cdot CH_2\cdot NH{\overset{}{\diagup}}As{\overset{ONa}{\underset{OH}{\diagdown}}}O$$

Auch hier liegt eine schon von Ehrlich geprüfte Verbindung vor, deren therapeutische Wirkung anders gelagert war. In allen Fällen ist die p-Stellung zum As-Atom durch die HO- oder Aminogruppe besetzt, wobei die Hydroxylgruppe bei den Syphilismitteln, die N-haltige Gruppe bei den Trypanosomenmitteln anzu-treffen ist.

Ein neues Prinzip wurde von A. Binz[3]) und C. Räth (seit 1921) in die Synthese der arsenhaltigen Chemotherapeutika eingeführt. Binz

---

[1]) L. Benda: B. **44**, 3293, 3578 (1911).
[2]) W. A. Jacobs u. M. Heidelberger: J. Amer. chem. Soc. **41**, 1440 (1919); **43**, 1632 (1921).
[3]) A. Binz u. C. Räth: A. **453** (1927) bis **489** (1931); Z. angew. Chem. **43**, 453 (1930).

ging hierbei von der folgenden Arbeitshypothese aus (die ihn auch nachher zu der Entdeckung des Selectans hinführte): therapeutisch wirksam ist das am Benzolring gebundene Arsen, obwohl dem Benzolring selbst keine Beeinflussung infektiöser Erkrankungen zuzuschreiben ist, andererseits zeigt das Chinin (bei der Malaria), daß ein Ringsystem schon wirksam ist, wenn es neben Kohlenstoff auch Stickstoff enthält. Können dann nicht erhöhte Heileffekte erzielt werden, wenn man Arsen oder andere physiologisch wirksame Elemente statt in Benzolringe in heterocyclische, stickstoffhaltige Ringe einführt? Der Benzolring wird also durch den Chinolin- oder Pyridinring ersetzt, und es werden asymmetrische heterocyclisch-aromatische, heterocyclisch-aliphatische oder rein heterocyclische Arsenoverbindungen hergestellt, z. B.:

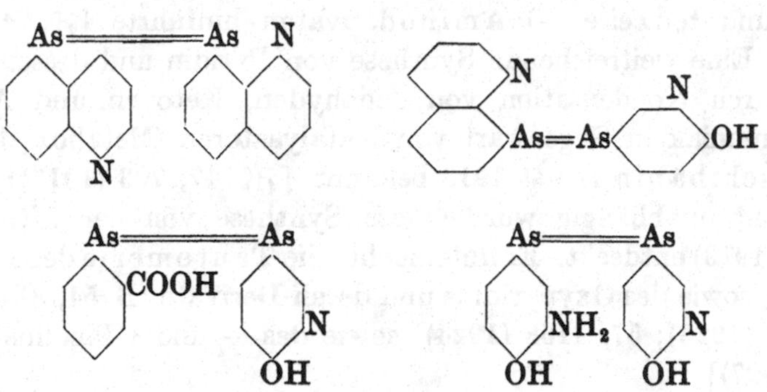

As══════As N

As══As OH

As══════As COOH

N OH

As══════As NH₂ N

OH OH

Ebenso sind 2-Amino-, 2-Oxy- und 2-Halogenopyridin-5-Arsinsäuren, Arsinoxyde, sowie die entsprechenden Derivate der Chinolinreihe gewonnen worden. Die Arsenderivate des 2-Oxypyridins haben sich als wirksam gegen Trypanosomen erwiesen, und z. B. die 2-Pyridon-5-

Arsinsäure NH·
$$\overset{}{\underset{O}{\big\langle}}\;As\overset{ONa}{\underset{OH}{\Big\langle}}O$$
übertrifft (nach C. von Noorden) an

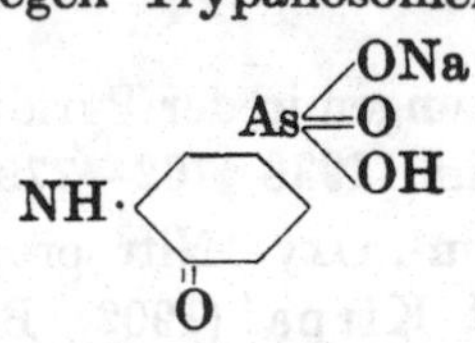

Verträglichkeit alle bisherigen Arsenpräparate. Unter der Bezeichnung „B.R. 68", „B.R. 34" usw. finden Vertreter dieser neuen Körperklasse therapeutische Verwendung[1]).

Eine andersgeartete Verkettung des Arsenatoms mit dem C-Atom der aliphatischen Carbonsäuren führte E. Fischer (1913) durch, indem er aus der Behenolsäure das Heilmittel „Elarson" (= Chlorarsino-

behenolsäure) darstellte [A. **403**, 106 (1914)]:
$$\underset{AsO\quad Cl}{-C\!\!=\!\!C-}$$
III

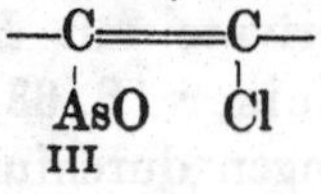

[1]) Vgl. G. Giemsa: Z. angew. Chem. **41**, 732 (1928).

Pyridin und seine Derivate; Jodpyridone.

Die vorhin erwähnten Untersuchungen an synthetischen Heilmitteln mit Pyridinringen haben das Interesse für die wissenschaftliche Bearbeitung des Pyridins und seiner Abkömmlinge neu belebt. und umgekehrt, die neuen Ergebnisse haben wiederum das Material für technische Anwendungen geliefert. Über den Umfang dieser chemischen Erfolge gibt uns Rechenschaft das Werk: H. MaierBode und J. Altpeter, Das Pyridin und seine Derivate in Wissenschaft und Technik. Halle 1934.

Das zuerst von W. Marckwald [B. 27, 1317 (1894)] gewonnene α-Aminopyridin fand durch die Untersuchungen von A. E. Tschitschibabin (seit 1913) eine eingehende Bearbeitung, er entdeckte für Pyridin und dessen Homologe die Reaktion mit Natriumamid, die zu α- (und teilweise β-) Aminoderivaten hinführte [Ж. 46, 1216 (1914)]. Eine weitreichende Synthese von Pyridin und dessen Homologen durch Kondensation von Aldehyden, Ketonen und Acetylen mit Ammoniak in Gegenwart von Katalysatoren (Metalloxyden) gab Tschitschibabin zuerst 1913 bekannt [Ж. 47, 703 (1915)]; gleichzeitig und unabhängig wurde diese Synthese von der „Rhenania" (D.R.P. 1913) entdeckt. Er untersuchte die Tautomerie des α-Aminopyridins, sowie des Oxypyridins und deren Derivate [B. 54, 814 (1921); 56, 1879 (1923); 57, 1158 (1924)] sowie des α- und γ-Picolins [B. 60, 1607 (1927)]:

α-Aminopyridin   α-Pyridonimid   α-Oxypyridin   Pyridon   α-Picolin   α-Pyridonmethid

Eine Zusammenfassung seiner Untersuchungen in der Pyridinreihe gab Tschitschibabin 1936 (Bull. Soc. chim. 1936, 762—779).

Das γ-Amino-pyridin, dessen Brom-, Oxy-, Nitroprodukte usw. wurden durch die Untersuchungen von A. Kirpal (1902), B. Emmert und W. Dorn (1915), besonders von E. Koenigs [und Mitarbeitern, B. 54, 1357 (1921); 57, 1172—1187 (1924); 61, 1022 (1928); 64, 1049 (1931) erschlossen.

Die Bromierung des Pyridins (in Abhängigkeit von der Temperatur) hat J. P. Wibaut (1923) untersucht, während B. Oddo [Gazz. chim. ital. 39 I, 649 (1909 u. f.)] und Bergstrom (1930) die Synthese der Pyridinderivate mit Hilfe der magnesium-organischen, K. Ziegler und H. Zeiser [B. 63, 1847 (1930)] mittels der lithium-organischen Verbindungen durchführten.

Unter den Amino-pyridinen ist in seinen Reaktionen das β- oder 3-Aminopyridin (mit der Aminogruppe in meta-Stellung zum Ring-

Stickstoff) dem Anilin vergleichbar und als Ausgangsmaterial für therapeutisch wirksame Präparate wertvoll; Methoden für seine Darstellung gaben C. Räth [A. 486, 95 (1931)], insbesondere H. Maier-Bode [D.R.P., 1932; B. 69, 1534 (1936); s. auch Binz und O. v. Schickh, B. 68, 315 (1935)], sowie unabhängig J. P. Wibaut [Rec. Trav. ch. de P.-B. 55, 122 (1936)]. Nach Maier-Bode wird 3-Brom-pyridin (sowie 3.5-Dibrom-pyridin) durch wässer. Ammoniak (mittels $CuSO_4$ als Katalysator) in das Aminoprodukt umgewandelt.

Mit dem Jahre 1922 beginnen nun jene Untersuchungen von A. Binz und Mitarbeitern über Arsenierung und Jodierung des Pyridins und dessen Derivate, die sowohl präparativ als auch therapeutisch von grundlegender Bedeutung waren. [Vgl. auch Z. angew. Chem. 44, 835 (1931); 45, 713 (1932); 48, 425 (1935).]

A. Binz und Räth[1]) hatten durch die Synthese der 2-Pyridon-5-arsinsäure (s. S. 873) einen Erfolg erzielt, der zur Einführung auch anderer Elemente in die 5-Stellung des Pyridons ermutigte. Es wurde (1927) das 5-Jod-2-pyridon dargestellt, das sich als Salz des tautomeren 2-Oxy-5-jod-pyridins in Natronlauge löst:

$$HN \underset{O}{\overset{J}{\langle \; \rangle}} \quad \xrightarrow{+NaOH} \quad N \cdot \underset{ONa}{\overset{J}{\langle \; \rangle}}$$

(„Arsen und Jod werden durch Pyridonringe entgiftet").

Das Präparat (C_5H_4NOJ) erwies sich (nach der Durchprüfung seitens H. Dahmens) als geeignet zur Bekämpfung der Mastitis, der Streptokokkeninfektion des Kuheuters, und wurde (1927) unter der Bezeichnung „Selectan" in die tierärztliche Praxis eingeführt[2]). Zu dieser Anwendungsart des jodhaltigen Präparats, d. h. zur Behandlung der erkrankten Milchdrüsen durch Jodpräparate führte einerseits die bekannte antiseptische Wirkung des Jods, andererseits die Erfahrung, daß Jodsalze sowohl den Milchertrag der Kühe als auch die Qualität der Milch steigern. Die volkswirtschaftlich so vielsagende Anwendbarkeit des Selectans veranlaßte nun Binz und Räth, nach anderen, vielleicht noch wirksameren Verbindungen vom Selectantypus zu suchen. Es wurden 74 Verbindungen synthetisiert. Wirksam gegen die Mastitis der Kühe erwies sich z. B. N-Methyl-5-jod-pyridon

$$CH_3N \cdot \underset{O}{\overset{J}{\langle \; \rangle}}, \text{ das in Wasser löslich und neutral ist (\,,Selectan neutral");}$$

die Prüfung am Menschen ergab die Verwendbarkeit gegen Strepto-

---

[1]) A. Binz u. C. Räth: A. 478, 22 (1930).
[2]) G. Giemsa: Z. angew. Chem. 41, 734 (1928); Wollersheim: Z. angew. Chem. 41, 147 (1928).

kokkeninfektion, wobei die Ausscheidung größtenteils durch die Niere erfolgte. Diese Tatsachen schlugen nun die Brücke zu einer anderen wichtigen Anwendung der Jodpräparate, nämlich zur Sichtbarmachung von Nieren und Harnwegen im Röntgenbilde. Seinem großen Atomgewicht entsprechend könnte das Jod in seinen Verbindungen sehr wohl als Kontrastmittel dienen. Große intravenöse Gaben von Natriumjodid waren (1923) bereits verwandt worden, ohne befriedigende Resultate zu erzielen, eine Kombination des Natriumjodids mit Harnstoff (Roseno) ergab eine bessere Anreicherung des Salzes in der Niere, doch bewirkte die Einführung größerer Mengen Jodionen häufig Intoxikationen. Das geeignete Präparat fand Binz in dem (bereits 1926 dargestellten) 5-Jod-2-pyridon-N-essigsaurem

Natrium $\underset{J}{\overset{O}{\underset{5\ 6}{\overset{3\ 2}{4\ \ \ \ 1}}}}$ N·CH$_2$COONa , das bei der Erprobung am Menschen

eine gute Verträglichkeit und ausgezeichnete röntgenologische Ergebnisse aufwies: als „Uroselectan" findet das Präparat (seit 1930 bzw. Dez. 1929) eine klinische Verwendung zur Wiedergabe (im Röntgenbild) von Nieren und Harnwegen [1]).

Schon vor der Einführung der Jodpyridonverbindungen war eine (von den Behringwerken vertriebene) Jodchinolinverbindung unter der Bezeichnung „Yatren" als Darmdesinfiziens empfohlen worden; P. Mühlens u. W. Menk (1923) erkannten sie als ein Spezifikum gegen Amöbendysenterie. Die Giftigkeit der verschiedenen Jodpräparate wird aus der nachstehenden Zusammenstellung ersichtlich [1]):

	Uro-selectan	NaJ	Selectan	Yatren[2])	Alival[2])
Jodgehalt	42,1	84,7	51	28	62,8
Dosis toxica in g J pro 1 kg Ratte (intravenös)	3,27	0,6—1,2	0,51	0,07	0,037

Dem Uroselectan in der Kontrastwirkung überlegen sind die neueren Jodpräparate „Abrodil" JCH$_2$SO$_3$Na (H. Bronner u. J. Schüller I.G.Farb.-Ind.) und „Uroselectan B" (Na-Salz der N-Methyl-3,5-dijodchelidamsäure, M. Dohrn u. P. Diedrich, Schering-Kahlbaum) sowie „Perabrodil" (Diäthanolaminsalz der 3,5-Dijod-4-oxopyridin-N-essigsäure; I.G.Farb.-Ind.)[4]).

----

[1]) Binz, Räth u. A. v. Lichtenberg: Z. f. angew. Chem. **43**, 452 (1930); O. v. Schickh: Z. angew. Chem. **46**, 488 (1933).

[2]) Die Formel des Yatrens ist $\underset{N\ \ OH}{\overset{J}{\bigotimes}}$ SO$_3$H .

[3]) „Alival" ist α-Jodhydrin, CH$_2$J·CHOH·CH$_2$OH.

[4]) Zur „Geschichte des Uroselectans": A. Binz: Z. f. Urologie **31**, 73 (1937); s. auch B. **70** (A), 127 (1937).

Antimonverbindungen.

Die Verbindungen des Antimons[1]) gewannen ein neues thera-peutisches Interesse, als 1907 Plimmer und Thomson die anti-parasitären (trypanociden) Eigenschaften des Brechweinsteins ent-deckten: mit Trypanosomen infizierte Ratten wurden durch Ein-spritzung von Brechweinstein für eine gewisse Zeit von den Parasiten befreit. Und nun begann, etwa von 1910 an, eine sich steigernde Anwendung dieser Verbindung bei der Heilung von tierischen und menschlichen Trypanosen. Neben der Heilung von Hunderttausenden, die an den tropischen Seuchen erkrankt waren, führte die Brechwein-steintherapie leider auch bei Tausenden zu schweren Schädigungen. Der bei den dreiwertigen Arsenverbindungen so erfolgreich betretene Weg der direkten Bindung mit dem Kohlenstoffatom legte nun den Analogieschluß nahe, auch solche Antimonkohlenstoffverbindungen synthetisch darzustellen, andererseits stand noch der Weg offen, den schwachen Komplexbildner Weinstein durch stärkere organische Kom-plexbildner zu ersetzen (z. B. Brenzkatechin), dann aber lag — wie beim Arsen — auch die Möglichkeit einer Wirkung des fünfwertigen an Kohlenstoff gebundenen Antimons vor. Es sind insbesondere die weit-ausgreifenden Untersuchungen von Hans Schmidt, P. Uhlenhuth und P. Kuhn[2]), welche hier führend und klärend gewirkt haben. An Komplexverbindungen des dreiwertigen Antimons wurde das Anti-mosan (661) als ein die Mäusetrypanosomiasis ohne Rezidiv sicher heilendes Mittel erkannt, bei der Behandlung der Bilharziaseuche in Ägypten ergaben sich aber (neben dem bakteriellen „Wasserfehler") Nebenwirkungen, die dem Kaliumion des Antimosans zukommen und bei Verwendung des Natriumsalzes (Neo-Antimosan-Fuadin) gänzlich verschwanden (Khalil, 1930):

Antimosan („Heyden 661").

Fuadin (Neo-Antimosan)

Neo-Stibosan

Anknüpfend an die bereits 1886 von A. Michaelis[3]) und Mit-arbeitern dargestellten aromatischen Antimonverbindungen Triphenyl-

[1]) Vgl. den Vortrag von H. Schmidt· Z. angew. Chem. **43**, 963 (1930); vgl. auch B. **57**, 1142 (1924); **59**, 555, 560 (1926); A. **421**, 189, 231 (1920); **429**, 149 (1922).
[2]) Uhlenhuth, Kuhn u. Schmidt: Arch. f. Schiffs- u. Tropenhygiene **1925**, 634.
[3]) A. Michaelis u. A. Reese: A. **233**, 39 (1886); **242**, 164 (1887; Tritolylstibine).

stibin $(C_6H_5)_3Sb$, Triphenylstibinhydroxyd $Sb(C_6H_5)_3(OH)_2$, Diphenyl-stibinsäure $(C_6H_5)_2Sb{<}^O_{OH}$ usw., wurde nun eine Reihe von Abkömm-lingen der Phenylstibinsäure $C_6H_5 \cdot Sb{=}O$ mit fünfwertigem Antimon synthetisiert und geprüft. H. Schmidt (im Laboratorium von Heyden) stellte die p-Aminophenylstibinsäure dar, das Natriumsalz derselben war aber sehr labil und wurde von Schmidt und Uhlen-huth 1913 wieder verlassen. Aus den gemeinsamen Untersuchungen von Schmidt, Uhlenhuth und Kuhn ging dann weiter hervor p-acetyl-aminophenylstibinsaures Natrium $(CH_3CO)NH{\langle}{\rangle}SbO$ mit OH und ONa.

Dieses „Stibenyl" genannte Derivat des fünfwertigen Antimons wurde von Caronia (1915) in Italien gegen Kala-azar geprüft. Dem Stibenyl folgte „Heyden 471" oder „Stibosan" = p-acetyl-m-chlor-phenylstibinsaures Natrium $(CH_3CO)HN \cdot {\langle}{\rangle}Sb \cdot O$ dessen her-vorragende Wirkung von L. E. Napier in Indien (1923 ff.) festgestellt wurde. Ein anderes Präparat stellte in Indien Brahmachari (1922)[1] durch Einwirkung von Harnstofflösung auf p-Aminophenylstibinsäure her, als „Ureastibamine" kam es in Gebrauch. Dann gelang es H. Schmidt (in Gemeinschaft mit F. Eichholtz u. W. Roehl), von dem „Heyden 693" genannten stabileren Diäthylaminsalz der p-Amino-phenylstibinsäure zu „Heyden 693b" oder „Neostibosan" (I.G. Farbenindustrie) zu gelangen, indem kolloidchemische und komplex-chemische Faktoren mitberücksichtigt wurden: eine außerordentliche Entgiftung des Präparates war eingetreten (Napier, 1929) und es wird zur Bekämpfung der indischen Kala-azar-Endemie angewandt. H. Schmidt hat auch die den Arsenverbindungen ähnlichen Ver-bindungen des dreiwertigen Antimons, insbesondere das Analogon des Salvarsans, d. h. Dioxydiaminostibinobenzol synthetisiert, doch erwies sich dieses als zu labil[2].

Es sei erwähnt, daß Ehrlich und P. Karrer[3] auch die eigen-artigen Typen $R \cdot As = Sb \cdot R$ und $R \cdot As = Bi \cdot R$ synthetisch verwirk-licht haben, also Arseno-stibinobenzol und Arseno-bismuto-benzol, sowie deren Derivate, z. B.

$HO \cdot {\langle}{\rangle}As:SbC_6H_5$ und $HO \cdot {\langle}{\rangle}As:Sb \cdot {\langle}{\rangle}NH \cdot COCH_3$
$NH_2 \cdot HCl$ $NH_2 \cdot HCl$

---

[1] Brahmachari: Indian J. med. Res. **10**, 492, 948 (1922).
[2] Vgl. auch D.R.P.-Anm. C 21428 IV 12q (1913).
[3] P. Ehrlich u. P. Karrer: B. **46**, 3564 (1913). Über aromatische Arsen-Antimon-verbindungen s. auch H. Schmidt, Fußnote 1, S. 877).

Trotz der günstigen Heilwirkungen gegenüber mit Trypanosomen infizierten Tieren hat das letztere Salz keine klinische Verwendung gefunden. Interessant ist die Tatsache, daß zeitweilig auch die anorganischen Präparate der alten Jatrochemie wiederum Beachtung und Anwendung fanden, so das Antimontrioxyd (Trixidin), das W. Kolle, W. Schürmann und Hartoch empfahlen, sowie das kolloide Antimonsulfid, das Rogers vorschlug[1]).

Wismutverbindungen.

Die antiparasitären Wirkungen des Wismuts wurden erst spät aufgedeckt bzw. unlängst wiederentdeckt. Diente einst das Antimonsulfid = Stimmi als schwarze Augenschminke, so wurde das weiße Magisterium Bismuthi (oder basisches Wismutnitrat, Spanisch-Weiß) in früheren Zeiten als weißes Schminkmittel benutzt, beide dienten aber zugleich als Arzneimittel, im besonderen das Magisterium als Darmdesinfiziens.

Es waren A. E. Robert u. B. Sauton[2]), welche 1914 fanden, daß man mit Wismutnatriumtartrat Geflügelspirochätose heilen könne. Als nun R. Sazerac u. C. Levaditi 1921 mit einem Bismutyltartrat Heilerfolge auch bei Kaninchensyphilis erzielten und (gemeinsam mit L. Fournier und L. Guénot) gleiche Erfolge bei menschlicher Syphilis feststellen konnten, gewannen die Wismutverbindungen eine erhöhte Untersuchung und therapeutische Verwendung in der Syphilisbehandlung. Als zeitlich und seiner Wirkung nach voranstehendes Antiluetikum trat (1922) das (basische Kalium-Natrium-Bismutyltartrat =) Trépol von Sazerac und Levaditi[3]) auf; als „Natrol" (Natriumbismutyltartrat) empfahl sich ein brasilianisches Präparat; unter dem Namen „Nadisan" brachte die Firma Kalle ein mit (kolloidalem) Wismuthydroxyd übersättigtes Kaliumbismutyltartrat in den Verkehr; andere Präparate stellten (komplexe) Wismutsalze anderer organischer Säuren dar, weiterhin wurde Wismuthydroxyd allein („Muthanol"), schließlich Wismut selbst (fein verteilt, metallisch — „Neotrépol", oder in kolloider Form) geprüft. Nach G. Giemsa[4]) steigt der therapeutische Wert der verschiedenen Wismuttartrate mit dem Wismutgehalt, am wirksamsten erwies sich (am Syphiliskaninchen) ein sogenanntes Natriumtribismutyltartrat $COONa \cdot CHO(BiO) \cdot CHO(BiO) \cdot COO(BiO) \cdot 2 H_2O$ (?).

Giemsa[4]) hat auch das von A. Michaelis[5]) erstmalig dargestellte Wismuttriphenyl $(C_6H_5)_3 \cdot Bi$ geprüft und gefunden, daß es Spirochäten

---

[1]) Über Pyridin-Antimonverbindungen vgl. A. Binz und Mitarbeiter: B. **69**, 1529 (1936).

[2]) Robert u. Sauton: Ann. Inst. Pasteur **30**, 261 (1916).

[3]) Levaditi: Presse médic. **30**, 633 (1922); vgl. auch Z. angew. Chem. **44**, 292 (1931).

[4]) Giemsa: Z. angew. Chem. **37**, 765 (1924).

[5]) A. Michaelis u. A. Marquardt: A. **251**, 323 (1889).

und Trypanosomen angreift. Weitere Derivate des Triphenylwismuts sind unlängst von R. Adams[1]) und Mitarbeitern dargestellt worden. Ungefähr 250 verschiedene Wismutpräparate veranschaulichen die Bedeutung, die man in der Therapie der Luesbehandlung diesem Element beilegt[2]).

Ein Rückblick auf die Verbindungen der Elemente der fünften Gruppe Vb des periodischen Systems überzeugt leicht, in wie hervorragender Weise gerade in den Elementen Arsen, Antimon und Wismut die chemotherapeutischen Eigenschaften aufgespeichert sind, trotzdem diese Elemente bisher nicht als lebensnotwendige körperaufbauende Bestandteile angesehen werden. Hinsichtlich der chemotherapeutischen Fähigkeiten gilt, was H. Schmidt[3]) sagt: ,,Diese Fähigkeiten sind beim Arsen und Antimon vielseitiger als beim Wismut, am vielseitigsten beim Antimon.'' War es nicht Paracelsus, der vor vier Jahrhunderten die ,,unerschöpflichen Tugenden'' des Antimons verkündete?

Es hatte schon 1868 der Bonner Pharmakologe Carl Binz zur Erklärung der Chinin-Wirkung bei Malaria einen Wirkungsmechanismus angenommen, der nachher auch für die chemotherapeutischen Präparate übernommen worden ist (z. B. von P. Ehrlich): das Chemikal vernichtet direkt die Hauptmenge der im erkrankten Organismus vorhandenen Erreger und die abgetöteten Mikroorganismen wirken ihrerseits als Reiz auf die natürlichen Abwehrkräfte des Organismus, die dann die Abtötung der etwa noch vorhandenen Erreger herbeiführen [s. auch H. Schloßberger, B. 68 (A), 152 (1935)].

Quecksilber- und Goldverbindungen.

Eine gewisse Entwertung auf dem Gebiete der Heilmittel hat das Quecksilber oder der Mercurius erfahren. Noch 1612 schrieb man: ,,Mercurius ist in allen chymischen Büchern vorn und hinten, er hat alles gethan, macht jedermann viel zu schaffen, greift manchem tief in den Seckel und ins Gehirn'' (M. Ruhland, Lexikon Alchemiae, Frankfurt 1612). Noch 1779 führte die Pharmacopoea Borussica 16 Quecksilberpräparate auf. Die moderne Chemotherapie hat aus diesem einstigen mit alchemistischer Mystik umgebenen Metall nur wenig herausholen können. Die modernen antiluetischen Arsen- und Wismutpräparate haben die viel giftigeren Quecksilberpräparate ersetzt. Man hat versucht, auch das Quecksilberatom zum Zentrum von organischen Verbindungen zu machen und dadurch zu entgiften. Eine große Zahl chemisch interessanter organischer Quecksilberverbindungen und -reaktionen wurde erschlossen; zuerst kennen wir die Untersuchungen von M. Kutscheroff, der 1881 die eigenartige Reaktion der Acetylen-

---

[1]) R. Adams u. J. V. Supniewski: Am. 48, 507 (1926).
[2]) O. v. Schickh: Z. angew. Chem. 48, 367 (1935).
[3]) H. Hörlein, H. Schmidt: Medizin und Chemie I, S. 125. Leverkusen 1933.

kohlenwasserstoffe mit Quecksilberoxyd und dessen Salzen entdeckte, bzw. die Wasseranlagerung an jene Kohlenwasserstoffe unter dem Einfluß der Quecksilbersalze feststellte (s. S. 97). Es folgten die Untersuchungen von L. Pesci (seit 1892), O. Dimroth [seit 1898; s. auch B. 54, 1504 (1921)], K. A. Hofmann [seit 1898; s. auch B. 38 (1906)], G. Denigès (1898), E. Biilmann (seit 1900); der letztere untersuchte auch das Verhalten der stereoisomeren Carbonsäuren, wobei nur die cis-Formen mit Hg-acetat Additionsverbindungen an der Doppelbindung lieferten [vgl. B. 43, 574 (1910)]. Eingehende Untersuchungen solcher organischen Hg-Komplexverbindungen veröffentlichten W. Schrauth und W. Schoeller (seit 1908), wobei auch die Giftwirkung geprüft wurde [vgl. B. 53, 634, 2144 (1920)], während W. Manchot (seit 1913) insbesondere die Anlagerung der ungesättigten Kohlenwasserstoffe u. ä. erforschte [A. 399 (1913) bis 421 (1920)].

Es ist bisher nicht gelungen, auch die dem Arsenotypus $R \cdot As = As \cdot R$ ähnlich gebauten Quecksilberverbindungen ⟨ ⟩—Hg—⟨ ⟩ in pharmakologisch den ersteren gleichwertige Präparate umzugestalten [W. Schulemann[1])].

Gold. Die Heilkraft des Goldes war ein ärztlicher Glaubenssatz ebenso im Altertum wie im Zeitalter der Jatrochemie; noch im Jahre 1746 lehrte ein englischer Forscher: „It (gold) is a most noble subject for medicine, in the hands of an expert artist" (W. Lewis, Course of practical Chemistry. London, 1746). Es kam auch zu neuen Ehren in der modernen Chemotherapie; seit Rob. Koch (1890) in Reagensglasversuchen die starke Giftigkeit der anorgan. Goldsalze für den Tuberkelbazillus erwiesen hatte, ist eine Reihe von organischen Goldverbindungen synthetisiert worden und das Gold hat sich als eines der wichtigsten Heilmittel der Tuberkulose[2]) erwiesen. Die therapeutische Wirkung der Goldpräparate hat sich auch erstreckt auf die tuberkulösen Hauterkrankungen, auf Lupus, Lepra („Antileprol"); dann konnte noch für die Wirkung von Goldverbindungen auf die Spirochäten des Rückfallfiebers und der Syphilis der Nachweis erbracht werden (Bruck und Glück, 1913; Levaditi, 1925; Feldt, 1916; Krantz; Steiner und Fischl), ebenso auf Pneumokokken, Streptokokken, Milzbrand u. a. Für die Tuberkuloseheilung ist das von Feldt synthetisierte und klinisch geprüfte „Krysolgan" eingehend untersucht worden [Moellgaard[3])]; Moellgaard hat dann das „Sanocrysin" in die Therapie eingeführt; von gutem Erfolg hat sich das „Triphal" (I.G.Farbenindustrie) erwiesen, eine weitgehende prak-

[1]) W. Schulemann: Medizin und Chemie, II. Bd., S. 42. Leverkusen 1934; O. v. Schickh: Z. angew. Chem. 48, 367 (1935); 46, 485 (1933).
[2]) Vgl. R. Schnitzer: Z. angew. Chem. 43, 744 (1930); vgl. jedoch H. Schloßberger: Z. angew. Chem. 50, 407 (1937).
[3]) Moellgaard: Chemotherapy of tuberculosis. Kopenhagen 1924.

tische Verwendung finden „Solganal" [Feldt[1]) und W. Schöller, 1926], bzw. „Solganal B" und „Lopion".

Die chemische Zusammensetzung der genannten Stoffe ist die folgende:

Krysolgan = 4-Amino-2-aurothio-phenolcarbonsaures Natron $H_2N \cdot \langle\hspace{-4pt}\bigcirc\hspace{-4pt}\rangle \cdot COONa$; SAu

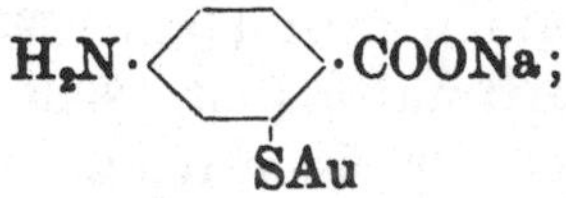

Sanocrysin = Natriumsalz der Aurothioschwefelsäure $Na(AuS_2O_3) \cdot Na_2S_2O_3$;

Triphal (I.G.Farbenf.) Natriumsalz der Auro-thiobenzimidazolcarbonsäure
$\langle\hspace{-4pt}\bigcirc\hspace{-4pt}\rangle \cdot COONa$
HN   N
    C
    S $\cdot$ Au

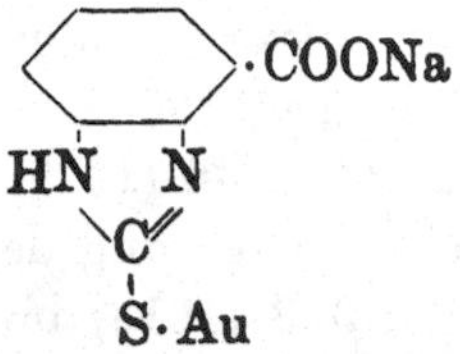

Solganal = Di-Natriumsalz der 4-Sulfomethylamino-2-auro-mercapto-benzol-1-sulfosäure
$C_6H_3(SAu) < \begin{matrix} SO_3Na \\ NCH_2SO_3Na \cdot \\ H \end{matrix}$

Lopion = Auro-allylthioharnstoff-benzoe-saures Natrium
$\langle\hspace{-4pt}\bigcirc\hspace{-4pt}\rangle \begin{matrix} -COONa \\ -NH \cdot [C_3H_5NC(SAu)] \end{matrix}$

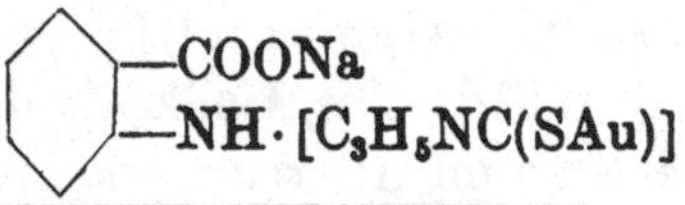

Solganal B = Aurothioglucose $CH_2OH \cdot CH \cdot (CH_2OH)_3 \cdot CH(SAu) \cdot O$.

Das einwertige Goldatom ist durch die Thiogruppe mit dem Kohlenstoff verbunden.

Es sei angefügt, daß auch Farbstoffe eine Heilwirkung bei Tuberkulose ausüben, besonders bewährten sich Azinfarbstoffe (z. B. Indaminblau) [2]) [3]). Die mit den genannten Goldverbindungen ausgeführten Heilungen betreffen eine spezifische Desinfektion (bei Lues, Lepra und anderen bakteriellen Krankheiten).

Germanin. Prontosile.

Im Kampfe mit der Schlafkrankheit hat das Präparat „Bayer 205" oder „Germanin" eine Sonderstellung zu beanspruchen, nicht allein wegen seiner hervorragenden Schutzwirkung und Bedeutung, sondern auch wegen seiner chemischen Zusammensetzung, da es weder das giftige Arsen, noch Antimon oder Wismut enthält, demnach einem neuen Typus angehört und der Chemotherapie neue Ausgangspunkte eröffnete. Seine Entdeckungsgeschichte ist psychologisch reizvoll und kann als Beweis dafür dienen, wie ein durch Widerspruch erzeugter kühner Gedanke, der sich in einem geistreichen Wort entlädt, der

[1]) A. Feldt: Klin. Wochenschr. 1926, Nr. 8; 1928, Nr. 2; Medizin. Welt 4, 390. 437 (1930).
[2]) G. Meißner u. E. Hesse: Arch. exper. Pathol. Pharmakol. 1928 u. 1930.
[3]) Martenstein: Z. f. Tuberkulose 53, 467 (1929).

Antrieb und Führer bei einer neuen Entdeckung werden kann[1]). In den „Farbenfabriken" war in weiterer Verfolgung der durch **Ehrlichs** Trypanrot (s. S. 869) gewiesenen Forschungsrichtung eine Reihe neuer Elementenkombinationen in die Farbstoffe eingebaut worden, so hatte man z. B. die Diazofarbstoffe Afridolblau und Afridolviolett dargestellt:

Afridolviolett

$$\left[\begin{array}{c} H_2N \quad OH \\ \text{NaSO}_3 \cdot \bigcirc\bigcirc \cdot N{=}N \cdot \bigcirc NH \\ SO_3Na \end{array} \right]_2 CO,$$

d. h. eine Art Harnstoff $\begin{array}{c} \diagup NHR \\ CO \\ \diagdown NHR \end{array}$

Im Jahre 1913 wurden von Dr. W. Röhl die vorhandenen Azofarbstoffe therapeutisch geprüft und neue Kombinationen gewünscht. Dem wissenschaftlichen Leiter des chemischen Laboratoriums erschienen die fortdauernden Neuforderungen als eine unproduktive Belastung, und er tat die Frage, ob denn die Farbstoffe medizinisch überhaupt irgendeine praktische Bedeutung gewinnen könnten? Auf diese Frage von Dr. B. Heymann[1]) antwortete Röhl, daß die Farbstoffe zwar eine gute Wirkung zeigten, daß man aber den Menschen doch nicht blau färben könne. Auf diesen Einwand erfolgte die energische Gegenäußerung Heymanns: „Wenn das das einzige Hindernis ist, dann werden wir Ihnen mal Produkte herstellen, die nicht färben und doch vielleicht dasselbe leisten wie die Farbstoffe." Also „Farbstoffe" (vom Typus des Trypanblaus), die nicht färben! Es ist belehrend, die Gedankengänge zu verfolgen, die blitzartig im Geiste des Antwortgebers sich einstellten und einen neuen experimentellen Weg beleuchteten. Die Farbstoffe färben also das Gewebe der tierischen Organe an, werden also dort aufgespeichert, gleichzeitig äußert sich die therapeutische Wirkung: ist die Färbung nur das sinnfällige Erkennungszeichen für die Haftung des Stoffes an den Geweben, dann ist das Wesentliche die durch bestimmte chemische Komponenten bedingte Haftung, und deren Folgeerscheinung muß dann die therapeutische Wirkung sein. Damit wurde die bisherige Vormachtstellung der Azogruppe —N = N— gebrochen, es begann ein **neuer Abschnitt** in der therapeutischen Chemie, Harnstoffderivate, bzw. aromatische Harnstoffsulfosäuren traten in den Brennpunkt der experimentellen Arbeit. B. Heymann, R. Kothe und O. Dressel haben in gemeinsamer Arbeit eine Unzahl von Kombinationen (d. h. gegen 2000) aufgebaut und sie durch Röhl der therapeutischen Prüfung unterziehen lassen; hatte doch z. B. der Harnstoff

---

[1]) B. Heymann: Z. angew. Chem. **37**, 585 (1924); s. auch Giemsa: Z. angew. Chem. **41**, 731 (1928).

HO_3S SO_3H

·OH   HO·

NH—CO—   NH—CO—NH·   —CO—NH·

SO_3H SO_3H

tatsächlich eine, wenn auch praktisch noch ungenügende Einwirkung auf die mit Trypanosomen infizierte Maus ausübt. Schritt auf Schritt wurden neue Moleküle miteinander kombiniert, neue unerwartete Erfahrungen wurden gesammelt, alte Analogieschlüsse (z. B. die Rolle der aktiven. Hydroxyl- und Aminogruppen im Molekül) mußten verlassen werden. Endlich war das große Werk so weit gelungen, daß seit 1916 die Erprobung des „Bayer 205" durchgeführt werden konnte. Die ersten Versuche am Menschen, der in Südafrika durch Trypanosomen infiziert worden war, wurden 1921 im Hamburger Tropeninstitut von P. Mühlens u. W. Menk unternommen und ergaben Heilung, und ebenso führten Versuche an Tier- und Menschenmaterial im Innern Afrikas, wohin F. K. Kleine und W. Fischer eine Expedition unternommen hatten, zu Ergebnissen, „die an biblische Heilungen erinnerten" Im Jahre 1923/24 haben dann die I.G.Farbenfabriken das Präparat unter der Bezeichnung „Germanin" in die Welt hinausgehen lassen. Seiner Zusammensetzung nach (I.G.Farb.) ist es „der Harnstoff einer m-Aminobenzoyl-m-amino-p-methylbenzoyl-1-naphthylamin-4.6.8-trisulfosäure", bzw. das Natriumsalz dieser Säure.

Die weite Verbreitung der Trypanosomenerkrankung z. B. der Rinder, bzw. der Schlafkrankheit, die verheerende Wirkung dieser Erkrankungen bei Tieren und Menschen, die Heilung durch das Germanin und die prophylaktische Wirkung desselben machen dieses Erzeugnis zu einem Faktor von weltwirtschaftlicher Bedeutung. Psychologisch begreifbar ist es, daß dieser außerordentliche Erfolg der deutschen synthetischen Forschung zur Nachahmung und Nacharbeitung reizte. Und so erschienen 1924 Untersuchungen von E Fourneau[1] und Mitarbeitern aus dem Pariser „Institut Pasteur" welche ein Präparat beschrieben, das in seiner Heilwirkung den Germanin ähnlich, bzw. seinem Aufbau nach mit diesem identisch sei Unter der Bezeichnung „Fourneau 309" oder „Moranyl" kam e in den Handel und Fourneau erteilt ihm die folgende Formel $C_{51}H_{34}O_{23}N_6S_6Na_6$, entsprechend einem Molekulargewicht = 1428, was die Annahme eines kolloidalen Zustandes in Lösung nahelegt, zumal der Aufbau an denjenigen der Polypeptide erinnert. Heymann macht den Hinweis, daß bereits die geringsten Änderungen in dem

---

[1] E. Fourneau, M. u. Mme Tréfouel: Ann. Inst. Pasteur **37**, 551 (1923); **38**, 81 (1924).

Riesenatomkomplex des Germanins die Veranlassung zu einer durch-
greifenden Änderung des chemotherapeutischen Bildes werden können:
rückwärts kann daraus auf die gewaltige[1]) und vom Erfinderglück
begünstigte Arbeitsleistung, die gerade diesen Aufbau treffen
ließ, geschlossen werden. Denn es handelte sich um ein Suchen ohne
bekannte Gesetzmäßigkeiten, um ein chemisches Pfadfindertum. Mit
Resignation bekennt Heymann: „Wir müssen leider sogar gestehen,
daß wir uns nach jahrelanger Arbeit von der Erkenntnis des Zusammenhanges zwischen chemischer Konstitution und therapeutischer Wirkung
weiter entfernt sehen als je" (Zit. S. 587). Und zehn Jahre später, oder
fünfundzwanzig Jahre nach Ehrlichs Forderung: „Der Chemotherapeut muß chemisch zielen lernen", bekannte auch sein hervorragender Mitarbeiter L. Benda[2]), daß wir diesem Ideal inzwischen
nicht nähergekommen sind. „Im gewissen Sinne haben wir uns sogar
davon entfernt." So z. B. hatte man in der Akridinreihe ein gutes
Schlafkrankheitsmittel zu finden gehofft. „Wir hatten auf Trypanosomen gezielt, diese aber nur gestreift, dagegen die Bakterien getroffen."
Auf Grund seiner Erfahrungen bei der Entdeckung der „Surfene"
schrieb H. Jensch[3]): „Es läßt sich daher darüber streiten, ob man
auf der Suche nach neuen Heilmitteln sich mehr von Einfällen oder
von dem gesammelten Erfahrungsschatz leiten lassen soll. Eines aber
läßt sich nicht bestreiten: daß in jedem Fall ein sehr hohes Maß von
Geduld sich hinzugesellen muß." Also auch beim Entdecken und
Erfinden des modernen Chemikers gilt der Rat, den Mephistopheles
dem wissensdurstigen Faust erteilt: „Nicht Kunst und Wissenschaft
allein, Geduld will bei dem Werke sein" (Goethe).

Prontosil (1935); Uliron (1937). In der Entwicklungsgeschichte
der Chemie begegnen wir nicht nur der wiederholt erwähnten Tatsache
der Wiederentdeckung und wissenschaftlichen Verarbeitung alten verschütteten Volkswissens von Heilstoffen und Heilwirkungen, sondern
auch der Umwertung scheinbar wertloser chemischer Verbindungen, die — durch Synthese als „neue Körper" dargestellt — zu
einem geruhigen Dasein, neben den zahllosen anderen Körpern, in den
„Beilstein" ihren Einzug hielten. War es nicht so, daß z. B. das von
A. Michaelis im Jahre 1881 entdeckte Arsenobenzol erst im Jahre
1910 zu dem Salvarsan das Grundgerüst darbieten sollte? Hatte
nicht schon 1860 Fr. Wöhler an dem von seinem Schüler Niemann
isolierten Cocain die gefühllosmachende Wirkung mitgeteilt, und wurde

---

[1]) Es stimmt nachdenklich, daß etwa 2000 Verbindungen hergestellt und auf
Trypanosomenwirkung geprüft wurden, ehe man in dem Germanin das gesuchte
Präparat fand, und von etwa 6000 aromatischen Arsenverbindungen, die hergestellt
und geprüft worden sind, haben kaum ein Dutzend als Arzneimittel Eingang gefunden.

[2]) H. Hörlein, L. Benda: Medizin und Chemie, I. Bd., S. 52. 1933 und II. Bd.
S. 59. 1934; Z. angew. Chem. 46, 85 (1933).

[3]) H. Jensch: Z. angew. Chem. 50, 895 (1937).

nicht erst 1880 durch E. Koller das schmerzlindernde Cocain in die Operationstechnik eingeführt? Im Jahre 1908 wird von P. Gelmo das (p-)Sulfanilsäureamid $H_2N \cdot O_2S \cdot \langle\rangle \cdot NH_2$ als ein „neuer Körper" dargestellt [1]): erst 1935 wird es in ein Chemotherapeutikum für Streptokokken-Erkrankungen umgewertet. Im Jahre 1909 wird von H. Hörlein in dem Farbstoff „Chrysoidin" (Diaminoazobenzol) eine Aminogruppe durch die Sulfonamidgruppe ersetzt, um die Walk- und Waschechtheit der Farbstoffe dieses Typus zu erhöhen, doch erst das Jahr 1935 erbringt durch Domagks Entdeckung der hervorragenden Heilmittel für Streptokokken [2]), der Prontosile [3]), den Nachweis für die therapeutische Bedeutung der Sulfonsäureamidgruppe in p-Stellung. Unwillkürlich drängt sich die Frage auf: Wie viele der im „Beilstein" aufgespeicherten Verbindungen mögen noch auf eine ähnliche Auf- erweckung aus ihrem Dornröschenschlaf zu neuer, dem Allgemeinwohl dienenden Wirksamkeit harren?

Die nachstehenden Formelbilder veranschaulichen den chemischen Aufbau der Prontosilklasse (einer Gemeinschaftsarbeit von F. Mietzsch und J. Klarer):

$$H_2N \cdot O_2S \cdot \langle\rangle \cdot N:N \cdot \langle\rangle \cdot NH_2$$
$$NH_2$$

Prontosil rubrum

$$H_2N \cdot O_2S \cdot \langle\rangle \cdot \overset{OH}{\underset{NaO_3S \cdot}{N:N \cdot \langle\rangle}} \cdot \overset{NH \cdot OC \cdot CH_3}{\cdot SO_3Na}$$

Prontosil solubile

$$H_2N \cdot \langle\rangle \cdot SO_2 \cdot NH_2$$

Prontosil album

Ferner:

$$H_2N \cdot \langle\rangle \cdot SO_2 \cdot NH \cdot \langle\rangle \cdot SO_2 \cdot N(CH_3)_2$$

Diseptal A, „Uliron"

$$H_2N \cdot \langle\rangle \cdot SO_2 \cdot NH \cdot \langle\rangle \cdot SO_2 \cdot NHCH_3$$

Diseptal B

$$H_2N \cdot \langle\rangle \cdot SO_2 \cdot NH \cdot \langle\rangle \cdot SO_2 \cdot NH_2$$

Diseptal C

---

[1]) Vgl. auch A. Binz: B. 70 (A), 127 (1937).
[2]) G. Domagk: Z. angew. Chem. 48, 657 (1935).
[3]) F. Mietzsch: B. 71 (A), 15 (1938) (Vortrag: „Zur Chemotherapie der bakteriellen Infektionskrankheiten"). Weitere synthetische Verbindungen mit der Gruppe-SO$_2$NHR lieferten L. N. Goldyrew u. L. J. Posstowski (C. 1939 I, 4934), A. Mangini (C. 1940 II, 1580; 1941 I, 891 u. f.).

Die Entdeckung der Prontosile hat einen außerordentlichen Widerhall nicht ı ur in der internationalen medizinischen [1]) Welt, sondern auch in den internationalen Kreisen der Chemiker-Pharmakologen gefunden, bei den letzteren setzte sogleich eine Nacharbeit ein, wobei die Versuche auch auf aromatische Sulfone, bzw. Disulfide, Sulfide, Sulfoxyde u. ä. ausgedehnt wurden; auch diesen Schwefelverbindungen kommen gute therapeutische Wirkungen zu (Levaditi, E. Fourneau und Tréfouel, Nitti, Bovet; Girard und Mitarbeiter; 1935 u. f.). Derivate des „Prontosil album" sind u. a. das „Dagenan", „Substanz 693", oder Sulfapyridin (oder 2-Sulfanilamidopyridin), das Sulfathiazol; vgl. auch C. 1939 u. 1940.

<h2 style="text-align:center">Chininähnliche synthetische Verbindungen.
Plasmochin; Atebrin.</h2>

Nachdem vor 300 Jahren durch die Volksmedizin der amerikanischen Indianer die Chinarinde dem europäischen Arzneischatz zugeführt und im Jahre 1820 das Chinin isoliert worden war, hatte Liebigs Wort (1844), „daß es uns gelingen wird, Chinin und Morphin ... mit allen ihren Eigenschaften hervorzubringen", wie ein geistiger Katalysator die Forschung der folgenden Jahrzehnte beeinflußt, angefangen mit dem jugendlichen W. H. Perkin, der dabei das Mauvein entdeckte (1856), weiterhin mit der Entdeckung des jugendlichen L. Knorr (Antipyrin, 1883), bis hinan zu den Versuchen der deutschen chemischen Großindustrie, die durch Synthese billigere, gleichsinnig wirkende Verbindungen künstlich zu erzeugen und damit das Chinin zu vertreten unternahm. Auch volkswirtschaftlich spielte das Chinin mit einem Jahresumsatz von vielen Millionen RM. eine bedeutende Rolle. Mittlerweile war die Konstitution des Chinins aufgeklärt worden. Betrachtet man die Chininformel (s. auch S. 452):

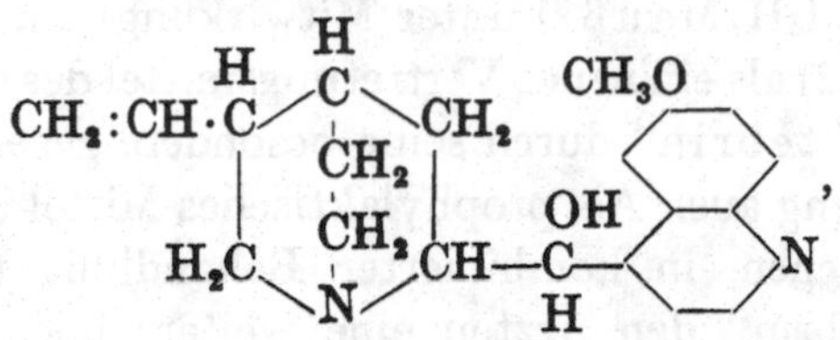

so liegt die Frage nahe, ob in dem Chininmolekül der komplizierte Piperidinring nicht durch einfacher gebaute Reste mit dem Chinolinring verbunden werden kann, ohne daß die spezifischen physiologischen Wirkungen grundlegend verändert werden. Das „Plasmochin" [2])

---

[1]) Vgl. auch H. Hörlein: Proc. R. Soc. Med. 29, 313 (1936); Practitioner 139, 635 (1937).

[2]) H. Hörlein, Naturwiss. 14, 1154 (1926); Z. angew. Chem. 41, 586 (1928); s. auch Richtlinien zur Nacherfindung von Plasmochin und Atebrin, D. mediz. Wochenschr. 1935, 315.

(Alkylamino-p-methoxychinolin, Bayer & Co.) stellt nun ein solches, die Chininwirkung zum Teil überragendes Präparat dar: es bringt nicht nur die ungeschlechtlichen Formen der Malaria, die Schizonten relativ schnell aus dem Blute zum Verschwinden, sondern beseitigt auch die (von Chinin nur ungenügend angegriffenen) geschlechtlichen Formen der Malariaparasiten, die sogenannten Gameten; dabei betragen die wirksamen Dosen nur den zehnten bis zwanzigsten Teil der üblichen Chinindosen.   Für seine Darstellung wurde einerseits angegeben, daß 6-Methoxy-8-aminochinolin mit $(C_2H_5)_2N \cdot (CH_2)_3CH(CH_3)Cl$ umgesetzt wird, andererseits wird es als eine Verbindung von 8-δ-Diäthylamino-α-methylbutylamino-6-methoxychinolin mit 1:1'-Methylen-2:2'-dinaphthyl-3:3'-dicarbonsäure bezeichnet [1].   Die Synthese des „Plasmochins" wurde von W. Schulemann [2] im Verein mit F. Schönhöfer und A. Wingler in Elberfeld bewerkstelligt, wobei Dr. W. Roehl als Chemotherapeut, F. Sioli und P. Mühlens als Mediziner mitwirkten.   Seit 1926 ist „Plasmochin" in der Therapie der Menschenmalaria im Gebrauch.   Für seinen chemischen Aufbau wird neuerdings von autoritativer Seite die folgende Formel mitgeteilt [3]:

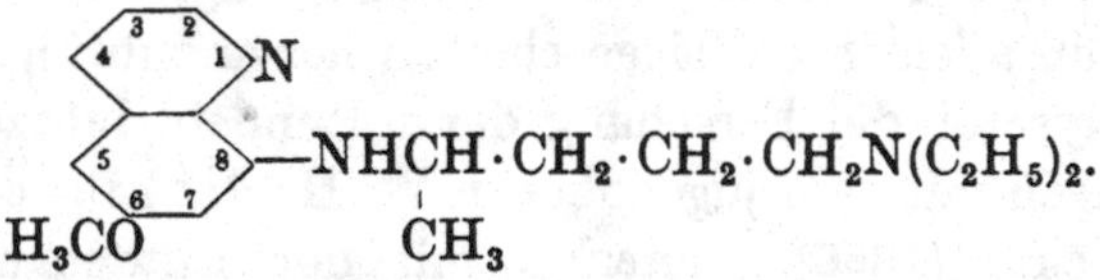

Der Erfolg des Plasmochins wurde Lehrmeister für die Synthese eines andersgebauten Malariamittels: als besonders wirksam in Verbindung mit dem Chinolinkern hatte sich der lange basische Rest erwiesen, ferner lagen ja Erfahrungen über die sehr guten therapeutischen Wirkungen des Acridinrings (im Rivanol mit den Substituenten in 2-6-9-Stellungen) vor, sollten diese kombinierbaren Erfahrungselemente nicht des Versuches wert sein? Und so versuchten und entdeckten F. Mietzsch und H. Mauß [3] unter Mitwirkung von W. Kikuth das „Atebrin" (1932) als ein neues Vertretungsmittel des Chinins; zeichnet sich doch das „Atebrin" durch seine besondere gegen die Schizonten gerichtete Wirkung aus.   Als prophylaktisches Mittel oder bei malariainfizierten Menschen, in kombinierter Behandlung mit Plasmochin, bietet das „Atebrin" den Ärzten eine weitere hochwirksame Waffe im Kampf gegen die Malaria [4] [5].   Die Grundsubstanz des „Atebrins"

---

[1] J. L. Knunjantz, G. W. Tschelinzew u. a.: Bull. Acad. Sc., U.R.S.S., **1934**, Nr. 1, 153ff.

[2] Siehe Fußnote 2, S. 887.

[3] F. Mietzsch u. H. Mauß: Z. angew. Chem. **47**, 633 (1934); B. **69**, 641 (1936); s. auch Klin. Wschr. **1933**, 1276; Ind. Med. Gaz. **71**, 521 (1936).

[4] E. Hecht: Arch. exper. Pathol. Pharmakol. **170**, 328 (1933); C. Tropp u. W. Weise: Arch. exper. Pathol. Pharmakol. **170**, 339 (1933).

[5] W. Junge: Arch. Schiffs- u. Tropenhyg. **37**, 294 (1933); s. auch Mollow: Arch. Schiffs- u. Tropenhyg. **37**, 291 (1933).

ist das 2-Methoxy-6-chlor-9-aminoacridin (I); in dessen Aminogruppe wurden nun basische Reste mit Seitenketten von verschiedener Länge, Verzweigung und Substitution eingeführt und therapeutisch geprüft, sie wiesen alle eine mehr oder weniger deutliche Wirksamkeit gegen Malaria auf. Als wirksamstes erwies sich das 2-Methoxy-6-chlor-9-α-diäthylamino-δ-pentylaminoacridin(II), genannt „Atebrin" [1]:

I. $N\underset{Cl}{\overset{OCH_3}{\bigcirc}}$—$NH_2$ II. $N\underset{Cl}{\overset{OCH_3}{\bigcirc}}$—$NH \cdot CH \cdot CH_2 \cdot CH_2 \cdot CH_2 \cdot N(C_2H_5)_2$
CH_3

„Atebrin" (I.G.Farben).

Einfachere Chinolinderivate kamen in großer Zahl als Ersatzmittel für Chinin in Vorschlag, z. B. „Kairin" (O. Fischer, 1882), „Thallin" [Zd. Skraup (1885), von Jackson in den Arzneischatz eingeführt], „Analgen" [Vis (1891), von Loebel in die Therapie eingeführt]:

Kairin   Thallin   Analgen   Atophan

Während bei den drei genannten Chinolinderivaten es sich um Salzbasen handelt, stellt das (von Schering 1911 eingeführte) „Atophan" einen Säuretypus dar (2-Phenyl-4-chinolincarbonsäure). Es dient als Gichtmittel und Antineuralgicum infolge seiner Harnsäure ausschwemmenden Wirkung. Bemerkenswert ist die Feststellung von J. v. Braun [2]), daß die pharmakologische Wirkung konstitutiv an die unmittelbare Bindung der Carboxylgruppe am stickstoffhaltigen Ring geknüpft ist, wobei es unwesentlich ist, ob es sich um die Stellung 3 oder 4 handelt. „Novatophan" ist der Äthylester des Atophans, „Arcanol" ist Atophan + Aspirin.

Eine neue Synthese von Chinolinderivaten (durch Kondensation von Arylimidchloriden, sowie Arylamiden) haben J. v. Braun [3]) und A. Heymons gefunden.

---

[1]) Mietzsch u. Mauß: Z. angew. Chem. 47, 633 (1934); B. 69, 641 (1936); s. auch Klin. Wschr. 1933, 1276; Ind. Med. Gaz. 71, 521 (1936).
[2]) J. v. Braun: B. 60, 1253, 2551 (1927).
[3]) J. v. Braun: B. 63, 3191 (1930); 64, 227 (1931).

Die große chemotherapeutische Wandlungsfähigkeit des Chinolinmoleküls erhellt auch daraus, daß es zu einem Lokalanästhetikum von großer Wirksamkeit umgebildet worden ist, und zwar ist es das „Percain" [1]) (K. Miescher):

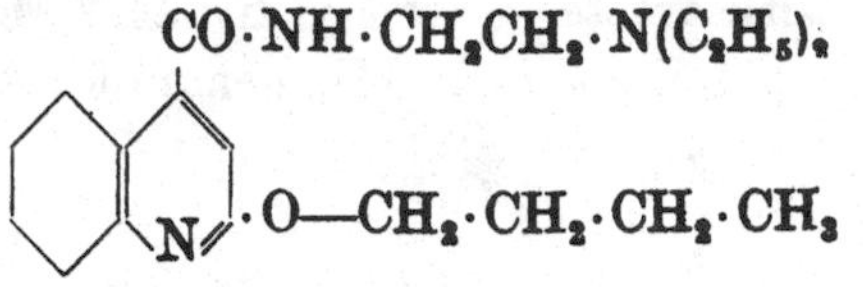

$$CO \cdot NH \cdot CH_2CH_2 \cdot N(C_2H_5)_2$$

$$N \cdot O{-}CH_2 \cdot CH_2 \cdot CH_2 \cdot CH_3$$

Neue Chemotherapeutika wurden in der γ- oder 4-Aminochinolin-Reihe (I) erschlossen, nachdem es sich gezeigt hatte, daß auch das ms-Amino-acridin (II) stark bakterizid wirkt. Es wurden die Heilmittel „Surfene" (gegen Trypanosomen, afrikanische Viehseuchen usw.) (Formel III und IV) herausgearbeitet [H. Jensch [2]) und R. Schnitzer, Frankfurt a. M.-Höchst]:

I. 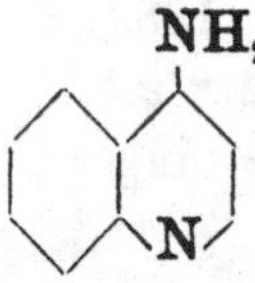 NH_2 II. 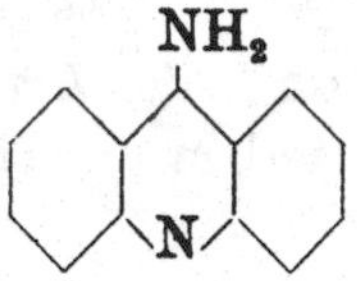 NH_2 III. 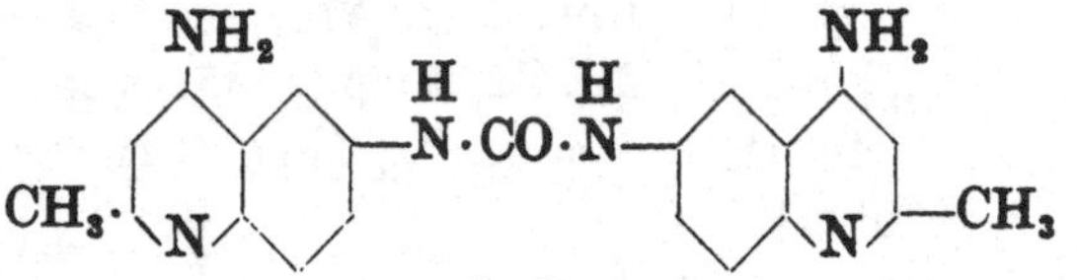 NH_2 ... H H ... NH_2
$-N \cdot CO \cdot N-$
CH_3 CH_3

Surfen

IV. 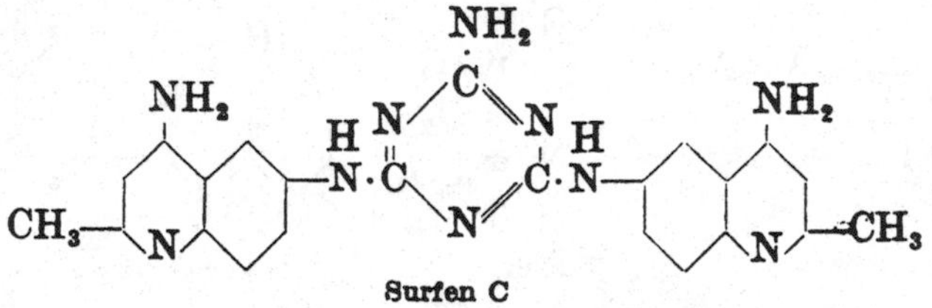 NH_2 ... NH_2
CH_3 CH_3

Surfen C

Von den Acridinfarbstoffen haben einige schon frühzeitig wegen ihrer antibakteriellen Eigenschaften eine medizinische Bedeutung erlangt. Benda [3]) hatte (1912) gegen die Trypanosomen ein 3,6-Diamino-10-methylacridiniumchlorid (= Trypaflavin) synthetisiert. Browning [4]) erkannte die wertvollen antibakteriellen Eigenschaften desselben (als „Acriflavine" wird es in England fabriziert). Gegen den Diphtheriebacillus wirksam erwies sich (Langer) 2,7-Dimethylamino-10-methylacridiniumchlorid [= Flavicid [5])], während das Hydrochlorid des 2-Aethoxy-6,9-diaminoacridins (das Lactat = Rivanol, I.G.Farb.) als ein Wundantiseptikum [6]), bzw. bei sog. Tiefenantisepsis und Amöbendysenterie sich bewährt hat (Morgenroth):

[1]) K. Miescher: Helv. chim. Acta 15, 169 (1932).
[2]) H. Jensch: Z. angew. Chem. 50, 891 (1937).
[3]) L. Benda: B. 45, 1787 (1912).
[4]) C. H. Browning, 1917.
[5]) H. Langer, 1922.
[6]) J. Morgenroth, 1919 u. f.

$$\text{H}_2\text{N} \quad \text{NH}_2 \qquad \text{CH}_3 \quad \text{N} \quad \text{Cl}$$

Trypaflavin.

$$\text{H}_3\text{C} \quad \text{CH}_3 \qquad (\text{CH}_3)_2\text{N} \quad \text{NH}_2 \qquad \text{CH}_3 \quad \text{N} \quad \text{Cl}$$

Flavicid.

$$\text{NH}_2 \qquad \text{H}_2\text{N} \quad \text{OC}_2\text{H}_5 \qquad \text{H} \quad \text{N} \quad \text{Ac}$$

Rivanol (Roser und Jensch).

$$\text{CH}_3\cdot\text{CH}_2\cdot\text{CH} \quad \text{CH}_2 \quad \text{CH}_2 \qquad \text{C}_2\text{H}_5\text{O} \qquad \text{OH} \qquad \text{H}_2\text{C} \quad \text{CH}_2 \quad \text{CH}\text{—}\text{C}\text{—}\text{C} \quad \text{N} \qquad \text{H}$$

Optochin.

Die Einführung der Äthoxygruppe in den Acridinring wurde veranlaßt durch die Erfahrungen J. Morgenroths über die Wirkung der Äthoxygruppe in dem Hydrochininmolekül bzw. in dem entmethylierten Molekül desselben (= Dihydrocuprein): Äthylhydrocuprein („Optochin") ergab ein Mittel gegen Pneumococcusinfektion, Isoamylhydrocruprein („Eucupin") ist wirksam bei Diphtherie, Iso-octylhydrocruprein („Vuzin") — gegen Streptococcus (Furunkulose). Über den Einfluß verschiedener chemischer Eingriffe in dem Chininmolekül auf die pharmakologische Wirkung bei menschlicher Malaria hat Giemsa[1]) Untersuchungen angestellt, er bekennt, „daß insbesondere auch dem Nachspüren von Gesetzmäßigkeiten, die zwischen (der chemotherapeutischen Wirkung und) chemischer Konstitution bestehen könnten, größere Erfolge nicht beschieden gewesen sind". Empirie, wohl auch „chemisches Gefühl" und frischer Wagemut sind immer noch gute Weggenossen des Entdeckers und Erfinders. Über die Zusammenhänge zwischen der chemischen Struktur und dem therapeutischen Effekt bei Derivaten des Chinolins (1933 u. f.) und Acridins (1935 u. f.) sind auch von O. J. Magidson [und Mitarbeiter, vgl. B. 69, 396 (1936)] Untersuchungen angestellt worden.

Über die Therapeutika der Chinolin-, Acridin- und Isochinolin-Reihe, vgl. auch H. Hörlein, Medizin und Chemie, Bd. I, 1933 (Leverkusen) und Bd. II, 1934.

[1]) G. Giemsa: Z. angew. Chem. 41, 731 (1928).

Siebenter Abschnitt.
Synthesen unter physiologischen Bedingungen.

„Die Natur ist aller Meister Meister." Goethe (1788).

„Wir sehen nämlich, daß die Natur mit den aller-
einfachsten Mitteln eine unendliche Menge von
Erscheinungen hervorbringt." Th. v. Grotthuss (1815).

„Es muß darum äußerst wünschenswert erscheinen,
Mittel und Wege der Forschung aufzufinden, mehr
als die bisherigen geeignet, um zum Verständnis der so
feinen chemischen Vorgänge zu führen, welche in der
lebendigen Thier- und Pflanzenwelt stattfinden."

C. F. Schönbein (1863).

In der jüngsten Vergangenheit ist mehrfach das Wort gefallen:
die organische Chemie hat keine großen Probleme mehr, sie hat sich
durch ihre Überproduktion erschöpft. Dieser Ansicht kann man unschwer die andersgeartete Ansicht entgegenhalten: nicht die organische
Chemie und ihre Probleme haben sich erschöpft, sondern ihre Methoden
und die damit zusammenhängende Problemstellung, und die Zeit der
großen Probleme ist gerade jetzt angebrochen. Denn das größte
Problem der wissenschaftlichen organischen Chemie ist nach wie vor:
die in der organischen Natur vorkommenden Stoffe aus denselben
Ausgangsmaterialien außerhalb der lebenden Zelle unter Bedingungen
aufzubauen, die den zarten Arbeitssynthesen der Natur möglichst
nahekommen. Das bisher Geleistete stellt wesensmäßig die gewaltige
Vorarbeit dar, die auch eine Beantwortung der Frage: „Was kann
die Natur erzeugen?" einschließt. „Wie erzeugt sie alles das?" Daß
zur Lösung dieser Frage andere Arbeitswege ersonnen, sowie mühevoll und geduldig erprobt und wohl auch von anderen chemischen
Vorstellungen begleitet werden müssen, darf als naheliegend vorausgesetzt werden.

Die Bearbeitung und Lösung dieser Fragen hat in erster Reihe
dem menschlichen Erkenntnistrieb zu genügen. Doch dem theoretischen Wert gliedert sich — insbesondere in der gegenwärtigen Ge-
schichtsepoche — ein weitausgreifender praktischer Wert solcher Erkenntnisse an. Das wirtschaftspolitische Weltbild formt nämlich in der
Gegenwart hinsichtlich des zwischenstaatlichen Austausches von Roh-
und Naturstoffen einen paradoxen Zustand: Es erzeugt die Natur
ununterbrochen und oftmals überreich die lebenswichtigen organischen
Rohstoffe, und trotzdem herrscht bei einem Teil der Kulturvölker ein
Mangel an diesen Stoffen, während ein anderer Teil von dem Überfluß
erdrückt wird oder sogar diesen Überfluß in frevelhafter Weise vernichtet. Zwangsläufig tritt nun die Chemie an die Beseitigung dieses
Mangels heran, indem sie mittels ihrer schöpferischen Potenz diese
fehlenden und in größten Ausmaßen erforderlichen Stoffe künstlich

zu fabrizieren unternimmt. Die chemischen Methoden entsprechen keineswegs den Methoden der Natur; die Natur arbeitet gleichsam nach „Geheimverfahren", scheinbar mühelos, mit geringstem äußeren Energieaufwand, in verdünnten wässerigen Lösungen und bei gewöhnlicher Temperatur. Arbeitet sie nicht billig und gut? Lassen sich diese natürlichen Methoden nicht ergründen und alsdann in die chemische Technik übertragen?

Und so entsteht eine neue Problemstellung der organischen Chemie als folgerichtiges Ergebnis zweier sich überschneidender Entwicklungslinien, einerseits der wissenschaftlichen organischen Synthese, andererseits der internationalen Rohstoffwirtschaft.

Für die „Biologie" dieser neuen Problemstellung ist es lehrreich, die vorausgegangenen Ansätze in der Entwicklung sich zu vergegenwärtigen. Zuerst richtete man das Augenmerk auf die Ausgangsstoffe, die bei der natürlichen Synthese in den Pflanzen maßgebend beteiligt sein könnten, und zwar handelte es sich hierbei um die Klasse der Alkaloide. A. Pictet (1900; 1905) und A. Winterstein (mit G. Trier, 1910) verlegen die Biosynthese in Umsetzungen der in den Pflanzen vorhandenen Aminosäuren (Eiweißkörper) und Kohlenhydrate, welche unter der Wirkung von besonders energiereichen Agenzien in der lebenden Zelle in die reaktionsfähige Form umgewandelt werden.

Interessant ist auch ein bisher kaum beachteter Hinweis aus älterer Zeit. Als Ludw. Claisen im Jahre 1891 seine Synthese der in den Pflanzen vorkommenden Aconitsäure mitteilte, schrieb er [B. **24**, 120 (1891)]: „Diese Synthese erfolgt sehr leicht; sämtliche Phasen derselben vollziehen sich bei gewöhnlicher oder nur wenig erhöhter Temperatur, so daß man fast glauben möchte, daß auch in der Natur die Bildung der Aconitsäure sowohl wie der ein Molekül Wasser mehr enthaltenden Citronensäure auf ähnliche Weise zustande kommt. Salze der Essigsäure und Oxalsäure finden sich ja in den meisten Pflanzensäften; beide Säuren könnten sich ja direkt miteinander verbinden, oder sie könnten, was wahrscheinlicher ist, zunächst zu Oxalessigsäure $CO_2H \cdot CH_2 \cdot CO \cdot CO_2H$ zusammentreten, aus welcher dann durch weitere Umwandlung die anderen Pflanzensäuren hervorgehen". (Siehe auch S. 647.) Aus photochemischen und katalytischen Versuchen kam dann E. Baur [B. **46**, 852 (1913)] zu dem biologisch bemerkenswerten Schluß, daß „man von der Oxalsäure, dem wahrscheinlich ersten Produkt der Assimilation, zu den Kohlenhydraten (bzw. über die Pflanzensäuren als Vorstufen) übergehen kann". Vom biologischen Standpunkt beachtenswert sind auch die Befunde von G. Bredig und S. R. Carter [B. **47**, 541, 546 (1914)], daß unter milden Bedingungen Carbonate und Kohlendioxyd zu Ameisensäure reduziert werden können.

Und O. Diels hat im Zusammenhang mit seiner grundlegenden Entdeckung der „Dien-Synthesen" sich folgendermaßen geäußert: „Man kann sich danach dem Eindruck nicht verschließen, daß im lebenden Organismus auch das Aufbauprinzip aus Dienen, oder wie ich den Komplex dieser Vorgänge bezeichnen möchte, die ‚Dien-Synthesen' eine vielleicht ebenso bedeutsame Rolle spielen wie etwa die Aldol-Kondensation oder andere, teilweise zur Sprache gebrachte synthetische Wege." [Z. angew. Chem. **42**, 912 (1929); s. auch B. **69** (A), 195 (1936).] Tatsächlich haben Diels und K. Alder (seit etwa 1926) eine Fülle von solchen unter den mildesten Bedingungen verlaufenden Synthesen in den verschiedenartigsten Körperklassen beigebracht [vgl. auch Diels, Fortschr. Chem. organ. Naturstoffe **3**, 1 (1939)].

Es war wohl zuerst Rob. Robinson, der 1917 darauf hinwies, daß alle bisherigen Deutungen der Synthesen natürlicher Alkaloide auf Reaktionen zurückgeführt werden, für welche praktisch „keine Parallele in der synthetischen organischen Chemie unter den in der Pflanze wirkenden Bedingungen vorhanden ist". Er knüpfte hierbei an die vorbildliche Tropin-Synthese von R. Willstätter [A. **317**, 204 (1901); **236**, 1 (1903)] an. Diese verläuft über das Reaktionsschema:

Korksäure → Suberon → Cycloheptatrien → Tropidin → Pseudotropin →

$$\rightarrow \text{Tropinon:} \quad
\begin{array}{c}
\text{CH} \;|\!-\!|\; \text{CH}_2 \\
\text{CH}_2 \;\overline{+} \\
\quad\quad \text{NCH}_3 \;\; \text{CO} \\
\text{CH}_2 \;\underline{+} \\
\text{CH} \!-\!|\!-\! \text{CH}_2
\end{array}
\quad \rightarrow \text{Tropin:} \quad
\begin{array}{c}
\text{CH}_2\!-\!\text{CH}\!-\!-\!\text{CH}_2 \\
| \quad\quad\quad \text{NCH}_3 \;\; \text{CHOH} \\
\text{CH}_2\!-\!\text{CH}\!-\!\text{CH}_2
\end{array}$$

R. Robinson [Soc. **111**, 762 (1917)] erhebt nun den Einwand, daß diese Snthese zu kompliziert sei, um einen wirtschaftlichen Wert zu haben. Der offensichtliche „Symmetriegrad und die Architektur" der Tropinonformel legen ihm den Gedanken nahe, daß eine gewisse einfache Reaktion mit entsprechenden zugänglichen Materialien gute Ausbeuten geben müßte; eine etwaige Hydrolyse an den punktierten Stellen würde das Molekül aufspalten in Bernsteinsäuredialdehyd, Methylamin und Aceton. Der Versuch wird gemacht: in verdünnter wässeriger Lösung wird das Gemisch der genannten drei Stoffe bei gewöhnlicher Temperatur eine halbe Stunde stehengelassen; — bei der Aufarbeitung wird tatsächlich (wenn auch in geringer Ausbeute) Tropinon erhalten. Nun wird anstatt Aceton das Calciumsalz der Acetondicarbonsäure — unter den übrigen gleichen Bedingungen — zur Reaktion gebracht: wiederum wird Tropinon erhalten. Hier treten in bewußter Weise zu den möglichen Ausgangsstoffen noch die tatsächlichen, bzw. naturgegebenen Versuchsbedingungen hinzu; das Medium Wasser, niedrige Versuchstemperatur, annähernd neutrale

Reaktion des Systems. Dieses Modell der Biosynthese findet durch Versuche in vitro eine Bestätigung, und Robinson schließt aus der Einfachheit der geschilderten Tropinonsynthese, daß sie „. . . is probably the method employed by the plant" [Soc. 111, 877 (1917)]. Im Anschluß hieran entwickelt R. Robinson [Zit: S. 876—899 (1917)] seine „Theorie des Mechanismus der phytochemischen Synthese" von Alkaloiden, die wegen ihrer einfachen Voraussetzungen einen großen Wahrscheinlichkeitsgrad hat und eine experimentelle Nachprüfung gestattet. Die Vereinigung des Kohlenstoffs mit Kohlenstoff wird auf zwei Prozesse zurückgeführt, erstens auf die Aldolkondensation, zweitens: auf die ihr ähnliche Carbinol-amin-kondensation, welche aus einer Vereinigung von Aldehyd oder Keton mit Ammoniak oder Amin hervorgeht, also die Gruppe $—\overset{|}{C}(OH)\cdot N\big\langle$ enthält und weiterhin mit Substanzen des Typus $—\overset{|}{C}H\cdot CO$ reagiert. Als Ausgangsstoffe werden vorausgesetzt: Ammoniak und Formaldehyd, Ornithin $H_2N\cdot CH_2\cdot (CH_2)_2\cdot CH(NH_2)\cdot COOH$, Lysin $H_2N\cdot CH_2\cdot (CH_2)_3\cdot CH(NH_2)\cdot COOH$, sowie Abbauprodukte der Kohlenhydrate (Aceton, bzw. Acetondicarbonsäure, Diacetylaceton u. ä.); die ferneren Veränderungen des durch Kondensation entstandenen Alkaloid-Grundgerüstes erfolgen durch Oxydationen oder Reduktionen, sowie durch Wasserverlust unter Bildung eines aromatischen Ringes oder gelegentlich eines Äthylenderivats. Von diesen Annahmen ausgehend, entwirft nun Robinson ein Bild von der Genesis der Hauptgruppen der Alkaloide, z. B.:

Pyrrolidin-Gruppe I: ausgehend vom Ornithin über Succin-

dialdehyd zu Hygrin
$$\begin{array}{c} N\cdot CH_3 \\ H_2C \diagup \quad \diagdown CH\cdot CH_2\cdot COCH_3 \\ H_2C\!\!-\!\!CH_2 \end{array}$$
bzw. Cuskhygrin:

$$\begin{array}{cc} N\cdot CH_3 & NCH_3 \\ H_2C\diagup\quad CH\cdot CH_2\cdot CO\cdot CH_2\cdot CH\quad CH_2 \\ H_2C\!\!-\!\!CH_2 \qquad H_2C\!\!-\!\!CH_2 \end{array}$$
und Tropinon (s. oben) → Tropin,

Hyoscyamin → Cocain;

Piperidin-Gruppe II: ausgehend vom Lysin über Amino-alkohol [vgl. K. Heß, B. 50, 368, 380 (1917)] zu Methylpelletierin I (s. oben S. 438 u. f.) usw.

zu Coniin

$$\begin{array}{c} H_2 \\ C \\ H_2C\diagup\quad \diagdown CH_2 \\ I. \\ H_2C\diagdown\quad \diagup CH\cdot CH_2\cdot CO\cdot CH_3 \\ N \\ CH_3 \end{array} \longrightarrow \begin{array}{c} H_2 \\ C \\ H_2C\diagup\quad \diagdown CH_2 \\ H_2C\diagdown\quad \diagup CH\cdot CH_2\cdot CH_2\cdot CH_3 \\ N \\ H \end{array}$$

zu Conhydrin   zu γ-Conicein

$$\rightarrow \quad \begin{matrix} & \overset{H_2}{C} & \\ H_2C & & CH_2 \\ H_2C & & CH\cdot CH(OH)\cdot CH_2\cdot CH_3 \\ & \underset{H}{N} & \end{matrix} \qquad \rightarrow \quad \begin{matrix} & \overset{H_2}{C} & \\ H_2C & & CH \\ H_2C & & C\cdot CH_2\cdot CH_2\cdot CH_3 \\ & \underset{H}{N} & \end{matrix}$$

Isochinolin-Gruppe III: ausgehend von Ammoniak, Formaldehyd, einem reaktionsfähigen Acetonderivat und Acetylglykolaldehyd über ein Kondensationsprodukt zum Ringschluß (Aldolkondensation) zu einer aromatischen Base, die zu 3,4-Dihydroxy-phenyl-äthylamin und 3,4-Dihydroxy-phenyl-acetaldehyd hinüberleitet. Die Haupttypen sind: Morphin, Thebain, Bulbocapnin, Norlaudanosin, Papaverin, Hydrastin, Berberin, Narcotin, Corydalin u. a. Siehe auch S. 455 u. f.

Eine experimentelle Stütze für seine Darlegungen erbrachte R. Robinson [gemeinsam mit R. C. Menzies, Soc. **125**, 2163 (1924)] durch die Synthese des (von Ciamician und Silber als Tropinon-homologes erkannten) von G. Piccinini genauer formulierten Pseudo-Pelletierins, und zwar aus Glutardialdehyd, dem Calciumsalz der Acetondicarbonsäure und Methylamin — in wässeriger Lösung bei Zimmertemperatur. Ein weiteres Beispiel ergab die Kondensation des Adipindialdehyds [nach R. Criegee, B. **64**, 260 (1931), Oxydation mit Blei(IV)-Salzen] genau in der obigen Weise zu N-Methylhomo-granatolin I (R. Robinson und B. K. Blount, Soc. **1932**, 1429; s. auch 2485):

$$\begin{matrix} CH_2\cdot CH_2\cdot CHO \\ CH_2\cdot CH_2\cdot CHO \end{matrix} \rightarrow I. \begin{matrix} CH_2\cdot CH_2\cdot CH\!-\!\!-\!\!-\!CH_2 \\ \Big| \quad\quad NCH_3 \quad CH\cdot OR. \\ CH_2\cdot CH_2\cdot CH\!-\!\!-\!\!-\!CH_2 \end{matrix}$$

Alkaloide der Indolgruppe.

Im Jahre 1890 hatte R. Neumeister aus Eiweiß und Trypsin ein „Tryptophan" genanntes Abbauprodukt erhalten (s. S. 618); F. G. Hopkins u. S.W. Cole stellten dasselbe rein dar (1901) und A. Ellinger [mit C. Flamand, B. **40**, 3029 (1907)] erbrachte durch die Synthese des razemischen Tryptophans den Beweis für die Konstitutionsformel I

I. (Indol)$\cdot CH_2\cdot CH(NH_2)\cdot COOH$ II. (Indol)$CH_2\cdot CH_2 NH_2$

[Indolyl-(3)-alanin]. Durch Einwirkung von Fäulnisbakterien ging Tryptophan in Indolyl-(3)-äthylamin (II) (Tryptamin) über (A. J. Ewins und P. P. Laidlaw, 1910); eine leicht zugängliche Synthese teilten R. Majima und T. Hoshino [B. **58**, 2042 (1925)] mit. Diese Base hat eine erhöhte Bedeutung gewonnen, als man sie als Gerüst verschiedener zur Indolgruppe gehörender Alkaloide erkennen lernte, z. B. von Harmalin und Harmin sowie Harman, ferner von Evodiamin und Rutaecarpin, Physostigmin oder Eserin, Yohimbin, Bufotenin, Abrin, Gramin.. Nach R. Robinson gehört auch Strychnin zu der „Tryptophan-Armee". Andererseits erwies sich die im Harn vorkommende und durch bakteriellen Abbau des Tryptophans entstehende β-Indolyl-essigsäure = Hetero-auxin als ein Wuchsstoff (s. S. 777). Ein Methylbetain des l-Tryptophans wurde schon früher in der Natur aufgefunden und als Hypaphorin (in einem javanischen Baum) erkannt [P. van Romburgh und G. Barger, Soc. **99**, 2068 (1911)]:

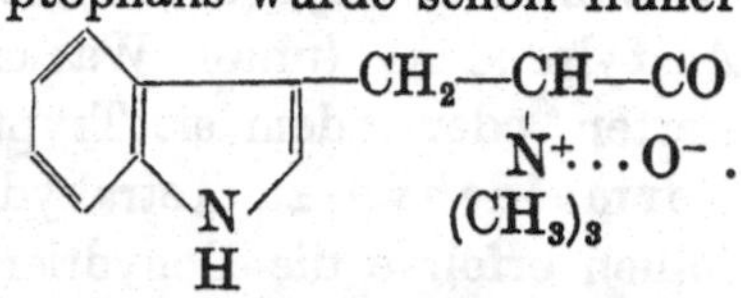

Harmalin und Harmin wurden zwei in der turkestanischen Steppenraute (Peganum Harmala) von F. Goebel (1841) und C. J. Fritzsche (1847 u. f.) aufgefundene Alkaloide genannt. Ihre eingehende chemische Untersuchung wurde erst von O. Fischer begonnen [B. **18**, 400 (1885), fort geführt bis B. **47**, 106 (1914)], die Konstitutionsaufklärung und Synthese lieferten jedoch W. H. Perkin jun. und R. Robinson (I. Untersuchung 1912, Soc. **101**, 1775; IX. Untersuchung und Synthese des Harmalins, Soc. **1927**, 1), indem sie (1912) erstmalig einen Pyridinkern mit einem Pyrrolkern annahmen, dann die Konstitutionsformeln aufstellten [Soc. **115**, 940, 942 (1919)]:

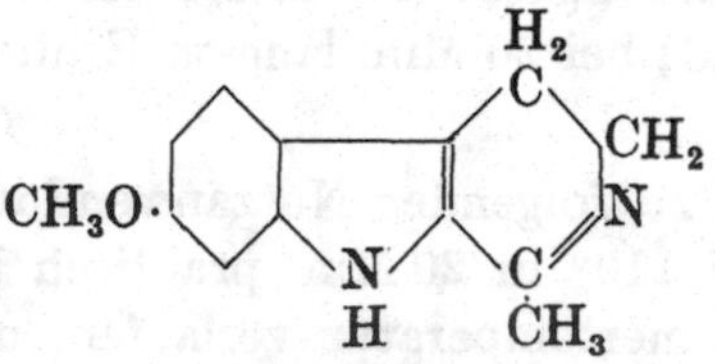

Harmalin

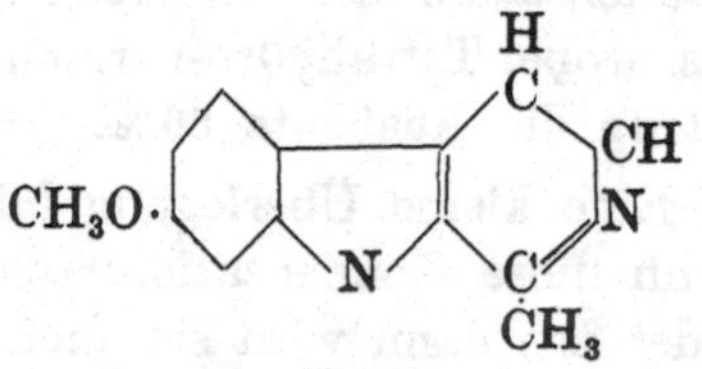

Harmin

und schließlich (1927) als richtig bewiesen[1]). Dem Dreiringsystem gaben sie (S. 970) den Namen „Carbolin", bzw. 4-Carbolin (Norharman) dem beistehenden System, das den Harmala-Alkaloiden zugrunde liegt; Harmin ist

also 11-Methoxy-3-methyl-4-carbolin. Die Base Harman $C_{12}H_{10}N_2$ hatte O. Fischer (1901) durch die Eliminierung der Methoxygruppe aus Harmin erhalten, Perkin und Robinson [Soc. **119**, 1616 (1921)] erhielten sie auch aus Tryptophan durch Kondensation mit Acetaldehyd, oder aus Tryptophan + Alanin durch gleichzeitige Oxydation. Das Harman konnte dann durch E. Späth [M. **40**, 351 (1919); **41**, 401 (1920)] auch als Naturprodukt nachgewiesen und mit den Pflanzenbasen

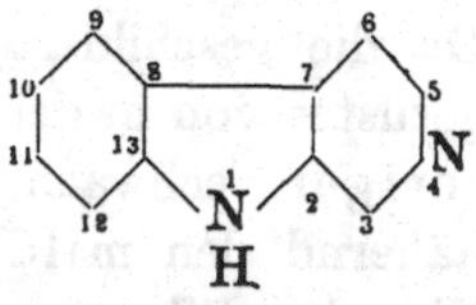

---

[1]) Über die Synthese von 5-, bzw. 3-Carbolinbasen vgl. R. Robinson: Soc. **1934**, 1639; **1938**, 2013. Für die Carboline wurde die Bezeichnung „Anhydronium-Basen" vorgeschlagen [Derselbe: Soc. **127**, 1607 (1925)]. Neue Synthesen des 3-Carbolins (Norharmans) und des 5-Carbolins gab E. Späth [mit K. Eiter, B. **73**, 719 (1940)].

Aribin und Loturin (O. Hesse) identifiziert werden. Andererseits konnte das Alkaloid Banisterin (oder Yagein, Telepathin — gegen Kopfgrippe) als identisch mit Harmin erkannt werden (F. Elger, 1928; I. Wolfes und K. Rumpf, 1928), was auch röntgenographisch von K. Brückl (1930) bestätigt wurde. Neue Synthesen von Harmalin, Harmin und Harman, sowie von 4-Carbolinen lieferten E. Späth und E. Lederer [B. 63, 120, 2102 (1930)], indem sie von dem oben erwähnten Indolyl-(3)-äthylamin (Tryptamin) ausgingen und dessen Acetylprodukt (unter Wasserverlust) zu Dihydro-harman kondensierten, oder indem sie Tryptamin in verdünnter Schwefelsäure mit Formaldehyd zu Tetrahydro-4-carbolin kondensierten, in beiden Fällen erfolgte die Dehydrierung durch Palladium-Mohr, z. B.:

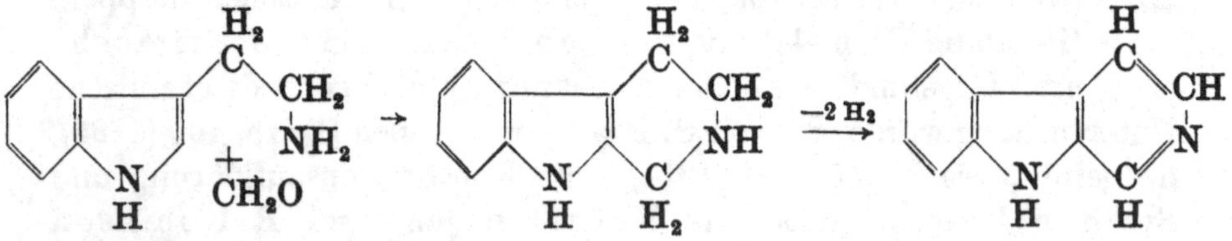

Gleichzeitig führten S. Akabori und K. Saito [B. 63, 2245 (1930)] die Synthese von Harman und Harmin in verdünnter wässeriger Schwefelsäure, ebenfalls mit Tryptamin als Ausgangsmaterial, durch Kondensation mit Acetaldehyd (beim langsamen Erhitzen bis 110⁰) aus, wobei Tetrahydro-harman entstand; bei 20 Min. langem Erhitzen betrug die Ausbeute 86%.

Eine kleine Überlegung führt nun zu folgender Nutzanwendung: wenn diese Kondensationsreaktion bei 110⁰ in 20 Min. praktisch beendet ist, dann wird sie auch bei Zimmertemperatur verlaufen, und zwar mit verkleinerter Geschwindigkeit und binnen vielen Stunden. Da die geschilderte chemische Reaktion zur Bildung eines Grundgerüstes von in der Natur verbreiteten Alkaloiden führt und in wässeriger, schwach saurer Lösung stattfindet, so entspräche sie annähernd den milden Bedingungen, die für die Vorgänge in der lebenden Pflanze maßgebend sind.

Dann sei erwähnt; daß die Knoevenagelschen Kondensationen [B. 27, 2345 (1894 u. f.); s. auch S. 110] vom Typus des Acetessigesters bzw. Malonsäureesters mit Aldehyden, die durch kleine Mengen von Aminen (oder nach H. D. Dakin auch von Aminosäuren, 1909) beschleunigt werden, verstärkt werden durch Säurezusatz [K. C. Blanchard und Mitarbeiter, Am. 53, 2809 (1931)]. Gleichzeitig hatte F. G. Fischer [B. 64, 2825 (1931)] beobachtet, daß auch Aldolkondensationen durch Aminosäurezusatz beschleunigt werden, wenn man die wässerige Lösung bei 20–30⁰ „in der Nähe des Neutralpunktes hält", bzw. „zwischen $p_H = 7$ und 8".

Evodiamin und Rutaecarpin wurden (1916) von Y. Asahina und S. Mayeda isoliert; ihre Konstitution ist (nach Y. Asahina, R. H. F. Manske und R. Robinson, Soc. **1927**, 1708):

Evodiamin ; Rutaecarpin

Physostigmin (Eserin) wurde von Jobst und Hesse (1900) entdeckt; seine Konstitution haben G. Barger und E. Stedman (1923 u. f.) erforscht; gemeinsam mit R. Robinson [Soc. **127**, 249 (1925); s. auch **1932**, 298—336] stellten sie die Formel auf:

$$CH_3 \cdot NHCO \cdot O$$

Durch Untersuchungen von F. Straus [A. **401**, 358 (1913 u. f.)], Max und Mich. Polonovski (1918—1924), E. Späth [B. **58**, 518 (1925)] sind die Reaktionen des Eserins, durch P. L. Julian u. J. Pikl [Am. **57**, 563, 755 (1935)] sowie T. Hoshino und Mitarbeiter [A. **516**, 81; **520**, 11 (1935)] die Konstitution synthetisch festgelegt worden.

Abrin $C_{12}H_{14}O_2N_2$ wurde von N. Ghatak und R. Kaul (aus den Samen von Abrus praecatorius) rein isoliert; T. Hoshino [A. **520**, 31 (1935)] fand es identisch mit synthetischem Mono-methyltryptamin (I)

I. II.

Gramin $C_{11}H_{14}N_2$ wurde von H. v. Euler u. G. Hellström (1932) isoliert und als eine Indolbase (1933) erkannt, die den Namen „Gramin" erhielt (1935); für die Konstitution des Gramins wurde die vorstehende Formel (II) vorgeschlagen [A. **520**, 4 (1935)]: Es ist identisch mit dem „Donaxin" von A. Orechoff [B. **68**, 436 (1935)]. Vgl. jedoch: Wieland und C. Y. Hsing, A. **526**, 188 (1936).

Bei seinen zahlreichen und grundlegenden Alkaloidsynthesen hat E. Späth auch die Frage nach der Biogenese gelegentlich gestreift; so weist er bei der Untersuchung der Alkaloide der Angostura-Rinde darauf hin, „daß bei der Synthese dieser Stoffe in der Pflanze dasselbe Benzol-Derivat, und zwar wahrscheinlich ein Abkömmling der Anthranilsäure (d. h. o-Aminobenzoesäure), als gemeinsames Ausgangsmaterial fungiert" [B. **62**, 2246 (1929)]. Dann hebt er [gemeinsam mit F. Berger, B. **63**, 2098 (1930)] „eine für die Phytochemie bemerkenswerte Synthese des d,l-Tetrahydro-papaverins" hervor: unter ausdrücklicher Bezugnahme auf den in der Pflanze möglichen Mechanismus der Bildung derartiger Alkaloide mit Isochinolin-Ring wird durch Kondensation des Homoveratryl-amins mit Homoveratrumaldehyd bei gewöhnlicher Temperatur (allerdings in Ätherlösung) über die Schiffsche Base das razemische Tetrahydro-papaverin synthetisiert. [Siehe auch E. Späth, B. **68**, 1126 (1935).]

Ein anderes Beispiel für eine in der Pflanze mögliche Umsetzung stellt die Synthese von Pegen-(9) und von Peganin(A) durch Erhitzen von o-Amino-benzylamin mit α-Oxybutyrolacton dar [E. Späth und Mitarbeiter, B. **69**, 256 (1936)]:

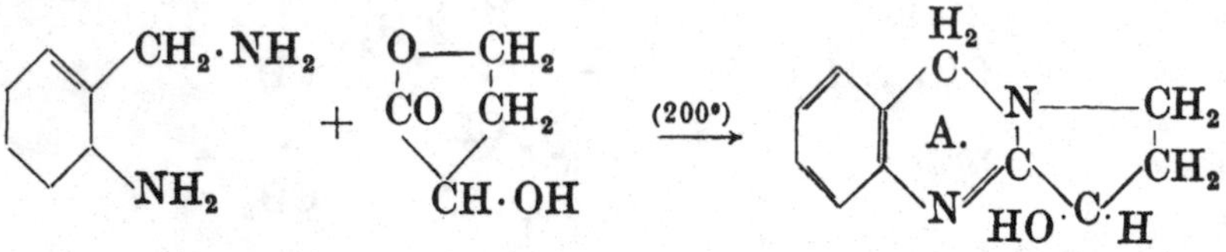

Mit „Peganin" $C_{11}H_{12}ON_2$ wurde von E. Späth [B. **67**, 45 (1934)] ein in Peganum Harmala von E. Merck gefundenes Alkaloid bezeichnet. Mit „Vasicin" $C_{11}H_{12}ON_2$ hatte J. N. Sen (1924) ein in Adhatoda vasica vorkommendes Alkaloid benannt; ihm wurde die Konstitution (I)

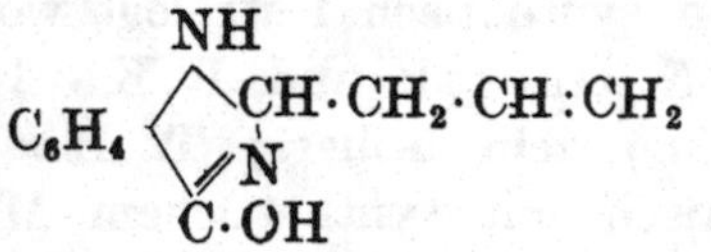

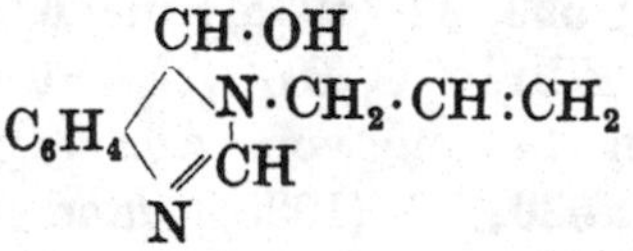

zugeschrieben (T. P. Ghose, J. N. Ray und Mitarbeiter, Soc. **1932**, 2740), während Späth dem Peganin die Konstitution (II) erteilte (Zit. S. 48), er konnte auch die Identität beider Alkaloide erweisen [B. **67**, 868 (1934)]. Auch R. Adams mit Mitarbeitern [Am. **56**, 2780 (1934)] fanden sie identisch und erteilten ihnen die Konstitution (III):

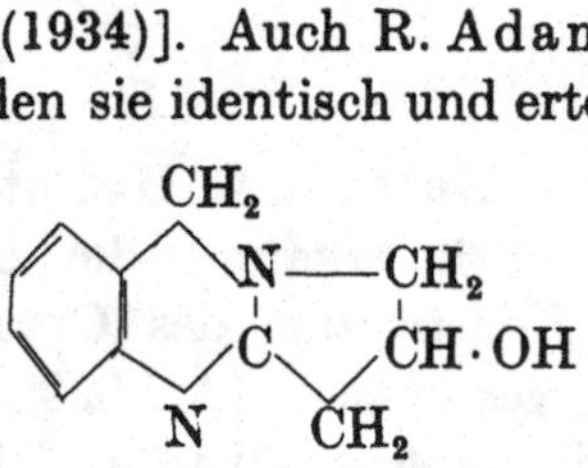

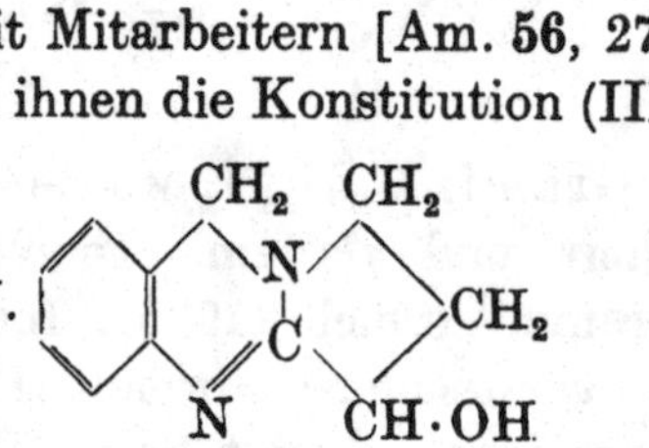

Die Frage wurde entschieden, als E. Späth [B. **68**, 699; s. auch 497 (1935); **69**, 759 (1936)] erstmalig die Synthese des Peganins (Vasicins) durchführte und die Konstitution (IV) bewies. Kurz nachher gelangten auch R. Adams und Mitarbeiter [Am. **57**, 951

(1935)] zu derselben Konstitutionsformel, während J. N. Râу und Mitarbeiter (Soc. **1935**, 1277) aus der Synthese des Vasicins die gleiche Konstitution ableiteten. Über die aktiven Formen des Peganins und deren leichte Razemisierung vgl. E. Späth, B. **68**, 1384 (1935); **69**, 384 (1936). (Siehe auch S. 260.)

Carnegin $C_{13}H_{19}O_2N$ (aus Riesenkakteen) wurde 1928 von G. Heyl entdeckt; E. Späth [B. **62**, 1021 (1929)] wies durch Synthese die

Konstitution

$$CH_3O \cdot \\ CH_3O \cdot \quad \overset{}{\underset{H \quad CH_3}{C}} N \cdot CH_3$$

nach; auffallenderweise ist das natürliche Carnegin optisch inaktiv; vgl. auch Pellotin, S. 467 u. 260.

Salsolin $C_{11}H_{15}O_2N$ wurde von A. Orechoff [B. **66**, 841 (1933)] entdeckt; E. Späth, F. Kuffner und A. Orechoff [B. **67**, 1214 (1934)] klärten durch Synthese die Konstitution (I) auf:

$$I. \quad \overset{H_2}{\underset{HO \cdot}{\underset{CH_3O \cdot}{\overset{C}{}}} \quad \overset{CH_2}{\underset{NH}{}} \\ H \overset{C}{} CH_3}$$

$$II. \quad \overset{H_2}{\underset{CH_3O \cdot}{\underset{CH_3O \cdot}{\overset{C}{}}} \quad \overset{CH_2}{\underset{NH}{}} \\ H \overset{C}{} CH_3}$$

Das Salsolidin (Orechoff, 1937) haben E. Späth u. F. Dengel [B. **71**, 113 (1938)] synthetisiert und in die optischen Antipoden gespalten (II).

Yohimbin wurde von L. Spiegel (1896) entdeckt und untersucht, wobei (1911) neben dem Alkaloid von der Formel $C_{22}H_{28}N_2O_3$ noch ein „Meso-yohimbin" $C_{21}H_{26}N_2O_3$ aufgefunden wurde [B. **48**, 2077, 2084 (1915)]. E. Fourneau und H. J. Page hatten (1914) auch für Yohimbin die Formel $C_{21}H_{26}O_2N_3$ aufgestellt und es für identisch bzw. isomer mit Quebrachin (von O. Hesse, 1882) und Corynanthin erklärt. Es folgten dann G. Hahn [seit 1926, B. **59**, **60**, **61**, **63** (1930); **67**, 686 (1934); A. **520**, 128 (1935)], G. Barger [Soc. **107**, 1025 (1915); **123**, 1038 (1923); Helv. **16**, 1343 (1933)], C. Scholz [Helv. **18**, 923 (1935)], J. P. Wibaut [Rec. Tr. Pays-Bas **51**, 1 (1932)].

Nach H. Heinemann [B. **67**, 15 (1934)] beträgt die Zahl der bisher in der Yohimbehe-Rinde bekannten Basen $C_{21}H_{26}N_2O_3$ (die aber meist mit Wasser und Alkohol kristallisieren) acht, deren optisches Drehungsvermögen teils nach rechts, teils nach links gerichtet ist. G. Barger sieht als wahrscheinliche Grundstoffe (für die phytochemische Bildung des Yohimbins) das Tryptophan und Tyrosinreste an und stellt die nachstehende Konstitutionsformel I auf (1933). G. Hahn [B. **67**, 686 (1934)] stützt durch Dehydrierungs- und Umwandlungsergebnisse dieses Grundgerüst des Yohimbins bis auf die Stellung der Hydroxylgruppe. Dann gehen G. Hahn und H. Ludewig [B. **67**, 2031 (1934)] an die Synthese zuerst des Yohimbols, vorerst

wird die Synthese des Tetrahydro-harmans (IV) „unter physiologischen
Bedingungen" aus Tryptamin und Acetaldehyd bei 25⁰ in wässeriger
Lösung und bei $p_H = 5,2$ bis 6,2, durchgeführt. Nunmehr schreiten
G. Hahn und H. Werner [A. 520, 107, 130 (1935); s. auch B. 71,
2194 (1938)] zur Synthese des Hexadehydro-yohimbols, und zwar
„unter physiologischen Bedingungen" bei 25⁰ aus 3-[3-Oxybenzyl]-
3,4,5,6-tetrahydro-4-carbolin-chlorhydrat (aus Tryptamin-chlorhydrat
+ (m-)Oxyphenyl-brenztraubensäure) und Formaldehyd in wässeriger,
schwach saurer Lösung; sie gelangen außerordentlich leicht zu Hexa-
dehydro-yohimbol II und stellen für Yohimbin die Formel III auf:

G. Hahn und H. J. Schuls [B. 71, 2138 (1938)] haben auch
Tetrahydropapaverin (VII.) mit Formaldehyd „unter physiologischen
Verhältnissen" zu β-Norcoralydin (V.) kondensiert; ebenso wurden
[mit A. Hansel, B. 71, 2192 (1938)] Yobyrinsysteme (z. B. 5.6.3.14-
Tetrahydro-yobyrin, VI) dargestellt.

G. Hahn hat den synthetischen Weg ausgeweitet, indem er einerseits neben dem Tryptamin auch andere Oxy-phenyl-äthylamine,
andererseits neben den biogenen Aldehyden auch α-Ketosäuren „unter

physiologischen Bedingungen" zu den entsprechenden Tetrahydro-isochinolin-carbonsäuren kondensierte [B. **69**, 2627 (1936); mit F. Rumpf, B. **71**, 2141 (1938); mit A. Hansel, B. **71**, 2163 (1938) (Lichtwirkung)].

Eine Sonderstellung in der Bearbeitung dieses Problemkomplexes der „Synthese unter physiologischen Bedingungen" nimmt C. Schöpf ein. Er hat diese Bezeichnung geprägt und sie begrifflich definiert, indem er die synthetischen Nachahmungen der Biogenese bewußt auf die in der lebenden Zelle obwaltenden Verhältnisse zurückführte, bzw. alle aggressiven Reagenzien (z. B. Alkalien, konz. Säuren u. ä.), höhere Temperaturen, sowie organische Lösungsmittel von vornherein ausschaltete, dagegen alle Synthesen bei relativ niedriger Temperatur (etwa 25⁰) und in verdünnten wässerigen Lösungen ablaufen ließ. Als ein neues Moment von grundsätzlicher Bedeutung trat die Erkenntnis und Verwendung der Rolle der Wasserstoffionen-Konzentration (p_H-Werte) hinzu, wobei $p_H \sim 7$, d. h. um den Neutralpunkt zu liegen hat. Er hat dann (seit 1932) unter Anlehnung an die vorangegangenen Ergebnisse in systematischer Weise durch Experimentalarbeiten auf dem Gebiete der Alkaloidsynthesen die neuen Grundsätze geprüft und bestätigt, sowie wegweisend für ähnlich gelagerte Untersuchungen gewirkt.

Gemeinsam mit G. Lehmann [A. **497**, 1 (1932)] begann C. Schöpf diese Biosynthesen unter dem Titel: „Synthesen und Umwandlungen von Naturstoffen unter physiologischen Bedingungen"; indem er an die kurz vorher von E. Späth [B. **62**, 2244 (1929)] in der Angostura-Rinde aufgefundene und synthetisierte neue Alkaloidbase 2-n-Amyl-4-methoxy-chinolin, bzw. 2-n-Amylchinolin anknüpft, kann er letzteres direkt aus o-Aminobenzaldehyd und n-Hexoylessigsäure (in wässeriger Lösung, bei 25⁰, zu 70—75 %, jedoch $p_H = 7$—9) erhalten, während bei $p_H = 13$ **keine Decarboxylierung** stattfindet:

(Amyl-chinolin)

C. Schöpf hat für die Alkaloide der Angostura-Rinde mit Chinolin-(bzw. γ-Oxychinolin-) Ringen die Biogenese „unter physiologischen Bedingungen" verwirklicht, indem er (statt der Anthranilsäure nach Späth) o-Amino-benzaldehyd (bzw. o-Amino-benzoylessigsäure) als Ausgangsmaterial wählte und dasselbe mit β-Ketosäuren (bzw. Aldehyden) kondensierte [C. Schöpf mit G. Lehmann, A. **497**, 7 (1932); mit K. Thierfelder, A. **518**, 127 (1935)].

Die Synthese der Tropaalkaloide, bzw. des Tropinons (Ia) und des Pseudopelletierins (Ib) [C. Schöpf mit G. Lehmann, A. **518**, 1 (1935); bzw. mit W. Arnold, Z. angew. Chem. **50**, 783 (1937)] „unter physiologischen Bedingungen" erfolgte leicht aus Succindialdehyd + Methylamin + Acetondicarbonsäure; es betrug nach 3 Tagen bei 20⁰ die Ausbeute an Tropinon 90% bei $p_H = 5$ (und nur 3% bei $p_H = 13$!); Glutardialdehyd + Methylamin + Acetondicarbonsäure + Puffer ergaben nach 8 Tagen bei 25⁰ das Maximum der Ausbeute (74—76%) Pseudopelletierin (Ib) bei $p_H = 5$—7. Aus Glutardialdehyd + Methylamin + 2 Mol. Benzoylessigsäure wurde bei $p_H = 4$ 55% reines Lobelanin (II), bzw. etwa 90% Rohbase erhalten [mit G. Lehmann, A. **518**, 1 (1935)].

$$
\text{Ia.} \quad
\begin{array}{c}
\text{CO} \\
\text{CH}_2 \qquad \text{CH}_2 \\
\text{CH-N——CH} \\
\text{CH}_3 \\
\text{CH}_2\text{—CH}_2
\end{array}
\qquad\qquad
\text{Ib.} \quad
\begin{array}{c}
\text{CO} \\
\text{H}_2\text{C} \qquad \text{CH}_2 \\
\text{CH—N—CH} \\
\text{H}_2\text{C} \quad \text{CH}_3\text{CH}_2 \\
\text{CH}_2
\end{array}
$$

$$
\text{II.} \quad
\begin{array}{c}
\text{CH}_3 \\
\text{N} \\
\text{C}_6\text{H}_5\text{—CO—CH}_2\text{—CH} \quad \text{CH—CH}_2\text{—CO—C}_6\text{H}_5 \\
\text{H}_2\text{C} \qquad \text{CH}_2 \\
\text{C} \\
\text{H}_2
\end{array}
$$

(Siehe auch S. 442.)

Auch die Alkaloidbasen Carnegin III und Salsolin IV wurden bei Zimmertemperatur und $p_H = 5$ aus β-(3,4-Dioxyphenyl)-äthylamin bis zu 83% Ausbeute gewonnen [C. Schöpf und H. Bayerle, A. **513**, 190 (1934); s. auch **534**, 297 (1938)]:

$$
\begin{array}{c}
\text{H}_2 \\
\text{C} \\
\text{HO·} \qquad \text{CH}_2 \\
\text{HO·} \qquad \text{NH}_2 \\
+ \text{OCH·CH}_3
\end{array}
\quad\rightarrow\quad
\begin{array}{c}
\text{H}_2 \\
\text{C} \\
\text{HO·} \qquad \text{CH}_2 \\
\text{HO·} \qquad \text{NH} \\
\text{H} \quad \text{C} \quad \text{CH}_3
\end{array}
\quad\longrightarrow
$$

Nor-Salsolin (s. auch S. 901).

$$
\text{III.} \quad
\begin{array}{c}
\text{H}_2 \\
\text{C} \\
\text{CH}_3\text{O·} \qquad \text{CH}_2 \\
\text{CH}_3\text{O·} \qquad \text{N·CH}_3 \\
\text{H} \quad \text{C} \quad \text{CH}_3
\end{array}
\qquad\qquad
\text{IV.} \quad
\begin{array}{c}
\text{H}_2 \\
\text{C} \\
\text{HO·} \qquad \text{CH}_2 \\
\text{CH}_3\text{O·} \qquad \text{NH} \\
\text{H} \quad \text{C} \quad \text{CH}_3
\end{array}
$$

Ebenso bewerkstelligte C. Schöpf mit F. Oechler [A. **523**, 1 (1936)] die Synthese des Vasicins (V) (Peganins) unter „physiologischen Bedingungen"; ausgegangen wurde von o-Aminobenzaldehyd, Allylamin und Formaldehyd (mit $p_H = 4.8$—5.2):

$$\text{[Benzol]}\begin{array}{l}CHO\\NH_2\end{array} + \begin{array}{l}NH_2 \cdot CH_2 \cdot CH : CH_2\\+ CH_2O\end{array} \quad \left(\text{bzw.} \begin{array}{l}NH_2{-}CH_2\\CHO \quad CH_2\\HO{\diagdown}C{\diagup}H\end{array}\right) \rightarrow$$

Auch die Synthese des Rutaecarpins (VI.) und seines methylierten Begleitprodukts Evodiamin (VII.) hat C. Schöpf [mit H. Steuer, Z. angew. Chem. **50**, 800 (1937)] „unter physiologischen Bedingungen" durchgeführt, wobei das Dihydro-norharman (aus N-Formyltryptamin) mit o-Aminobenzaldehyd, bzw. o-Methylamino-benzaldehyd kondensiert wurde (s. auch S. 899):

VI. [Struktur] VII. [Struktur]

Zu der Frage der Biogenese der Alkaloide hat R. Robinson sich in ausführlicher Weise unlängst geäußert (Soc. **1936**, 1079). Er schließt auch die von C. Mannich [Arch. Pharm. **255**, 261 (1917); **264**, 741 (1927); B. **57**, 1108 (1924); A. **453**, 177 (1927)] erschlossenen Kondensationen (bzw. die Ketonbasen) von Aldehyden (Ketonen und Ketosäuren) mit Aminen in die phytochemischen Prozesse ein. J. Gadamer hatte (1927) die Ansicht geäußert, daß die Alkaloide parallel dem Eiweißaufbau entstehen, wobei die Hauptalkaloide eine vom Klima und Boden abhängige Entstehung, sowie eine biologische Bedeutung haben. G. Barger [IX. Internat. Kongr. für reine und angewandte Chemie, Madrid 1934, t. IV, sect. III, A u. B, S. 97) nimmt als Vorläufer einer großen Gruppe von Isochinolin-Alkaloiden das Tyrosin (p-Oxyphenylalanin $HO \cdot C_6H_4 \cdot CH_2 \cdot CH(NH_2) \cdot COOH$) an, entgegen R. Robinson, der die Aminosäuren als solche Vorläufer ansieht. Nach C. Schöpf [Z. angew. Chem. **50**, 801 (1937)] sind es die α-Aminosäuren des Eiweißes, die im Organismus einen Abbau 1. in biogene Amine erfahren, z. B. $R \cdot CH(NH_2) \cdot COOH \rightarrow R \cdot CH_2 \cdot NH_2$, und 2. über α-Ketosäuren in Aldehyde übergehen, z. B. $R \cdot CH(NH_2) \cdot COOH \rightarrow$ $\rightarrow R \cdot CO{-}COOH \rightarrow R \cdot CHO + CO_2$. Die oben gegebenen experimentellen Beispiele sprechen zugunsten dieser Annahmen.

Im Hinblick auf diese Rolle der Aminosäuren ist die Frage naheliegend, ob auch wirklich in den Pflanzen die den betreffenden Alkaloiden entsprechenden Aminosäuren in maßgebender Weise präformiert werden, z. B. in der Steppenraute das Tryptophan und Tryptamin

als Ausgangsmaterial für die Harmala-Alkaloide? Muß denn der
Weg des Abbaus vom Eiweis über die Aminosäuren als den primären
Stoffen verlaufen, oder kann der Alkaloidaufbau nicht synchron
und primär von den biosynthetisch erzeugten Aldehyden und Aminen
einerseits zu Aminosäuren und Eiweißkörpern, andererseits zu den
Alkaloidkondensationen führen? (Vgl. auch die natürliche Synthese
der Aminosäuren nach F. Knoop; s. auch S. 645 u. f.)

Allerdings meint Cl. Schöpf, daß die von ihm und seinen Mitarbeitern ausgeführten „Synthesen die genaue Nachahmung der
Biosynthesen darstellen. Die bearbeiteten Alkaloide erscheinen demnach als zufällige Reaktionsprodukte der Zelle, die sich bilden, wenn
die entsprechenden Ausgangsmaterialien in einer Zelle nebeneinander
entstehen" (1934; Internat. Kongr. f. reine u. angew. Chemie, Madrid,
t. V, Gruppe IV, Sekt. A u. B, S. 198). Gleichzeitig und bei demselben
Anlaß (S. 36) äußerte sich R. Robinson: „The conclusions have
something to do, no doubt, with the mechanism of synthesis in the
plant but they do not assist us to describe the detail of these mysterious
operations." Mit einer ähnlichen Zurückhaltung urteilte E. Späth
[B. 69, 378 (1936)]: „Aber auch bei solchen Reaktionsbedingungen
kann nicht angenommen werden, daß sie das Wesentliche der Synthese
im lebenden Organismus vorstellen." In dem großen Drama dieser
Synthese der Natur stellen die „Synthesen unter physiologischen Bedingungen" für die gewählten Stoffindividuen nur den letzten be-
wundernswerten Akt (mit dem „happy end") dar, indem sie mit den
bereits als vorhanden angenommenen mehr oder weniger komplizierten
Aldehyden, Ketonsäuren, Aminen usw. operieren. Den einfach gewählten Stoffsystemen der Versuche in vitro steht die lebende Natur
mit ihren sich immer neu bildenden Vielstoffsystemen und gekoppelten
Reaktionen gegenüber. Doch weit bedeutsamer ist der Einwand bzw.
die Forderung, die Friedr. Mohr (1868) erhob: „Es handelt sich nicht
darum, Stärke, Zucker, Chinin aus organischen oder anorganischen
Stoffen herzustellen, sondern den Weg zu finden, auf welchem die
Natur diese Stoffe aus Kohlensäure, Wasser und Ammoniak bildet."

Die Schwierigkeit dieses Problems darf den forschenden Chemiker
nicht dazu führen, weder das Problem selbst und den gewaltigen Reiz
seiner Lösung zu übersehen, noch viel weniger an einer solchen Lösung
zu zweifeln. Mahnte doch schon Goethe: „Ob nicht Natur zuletzt
sich doch ergründe?" Neben der zu erstrebenden Erkenntnis dieser
biologischen Wege ist es noch die Ernährungsfrage der Kulturmensch-
heit, die zwangsläufig die Chemie der Zukunft vor die Aufgabe stellen
wird, z. B. die Fette aus der Kohlensäure (der Luft, der Heizungs-
anlagen usw.) und Wasserdampf synthetisch und großtechnisch
darzustellen.

Schlußwort.
Zur Chemiehistorik überhaupt.
I.

Als der unbesoldete außerordentliche Universitäts-Professor der
Geschichte Friedrich Schiller vor anderthalb Jahrhunderten (1789)
sein Lehramt in Jena antrat, geschah dies mit der Vorlesung: „Was
heißt und zu welchem Ende studiert man Geschichte?" Die
Antwort lautete: „Aus der Geschichte erst werden Sie lernen, einen
Wert auf die Güter zu legen, denen Gewohnheit und unangefochtener
Besitz so gern unsere Dankbarkeit rauben." Von der Bedeutung der
Geschichte der Wissenschaften sagte Goethe: „Die Geschichte der
Wissenschaft ist die Wissenschaft selbst." Eine Geschichte der organischen Chemie soll hiernach biologisch den Hauptinhalt dieses Wissens-
gebietes widerspiegeln, d. h. sie soll nicht einen stationären Wissens-
zustand, nicht — etwa wie das Lehrbuch — nur das zur Zeit Erreichte
und Gewordene als Endprodukt, sondern zugleich die Dynamik
des Forschers, das Werden mit Ausgangspunkt und Zwischenstufen
der Entwicklung schildern. Nicht allein das „Was?", sondern auch
das „Wie?" soll verlebendigt werden. Dies entspricht der genetischen
Methode der Unterweisung in der wissenschaftlichen Chemie. Im
genetischen Zusammenhang gleiten die vielgestaltigen Probleme an
unserem geistigen Auge vorüber; wir lernen die Größe der aufgewen-
deten Arbeit und den geistigen Energieverbrauch kennen; die vielen
Namen der beteiligten Forscher werden in dem Bewußtsein der
jetzigen Generation verlebendigt, und mit den Namen erkennt sie den
Anteil der einzelnen Völker an dem Ausbau der organischen Chemie,
in diesem Anteil prägt sich aber das wissenschaftliche Interesse und
die schöpferische Potenz der betreffenden Nationen aus. „Die Geschichte der Wissenschaften ist eine große Fuge, in der die Stimmen
der Völker nach und nach zum Vorschein kommen", so urteilte Goethe,
und — setzen wir dieses Bild fort — die Geschichte der organischen
Chemie zeigt, daß in dieser „großen Fuge" die Hauptstimme oder
Haupttonart mit dem „Dux" durch die deutsche Forschung vertreten werden. Damit ist die Vergangenheit lebensnah und die Forschung vergangener Zeiten zum Erbgut gegenwärtiger Geschlechter
geworden. Denn die Geschichte der organischen Chemie zeigt ja den
ständigen Aufstieg zu immer neuen und erweiterten Erkenntnissen
und Ausblicken im Reiche der organischen Stoffwelt. Hatte doch

schon Plato gesagt: „Und doch sind die Dinge erkennbar!" Der
Glaube an die Ausweitungsmöglichkeiten unserer Erkenntnisse soll
auch in uns stets lebendig sein. Aus diesem Glauben und dem Wissen
um den tatsächlich erreichten Fortschritt, sowie um den Reichtum
der noch offenen Probleme soll Begeisterung für die chemische
Forschung und Wissenschaft erstehen, denn mahnend sagt ein Dichter-
wort: „Wenn die Begeisterung stirbt, sterben die Götter." Wenn
einst die alchemistischen „Adepten" dem vermeintlichen Geheimwissen
ihrer sagenhaften „Alten" erfolglos nachspürten, so, und doch anders,
sollen heute die Jünger der Chemie auf das Wissen und die Erfolge
ihrer „Alten", der Meister der jüngsten chemischen Entwicklungsperiode sich stützen und zur Nacheiferung im eigenen schöpferischen
Weiterbau angeregt werden.

Der Entwicklungsgang der organischen Chemie hat inzwischen
ein beschleunigtes Tempo angenommen, ähnlich der Geschwindigkeits-
zunahme beim freien Fall. Was anfangs je als ein einfacher Einzelfall
erschien, wandelte sich bei weiterer Forschung in das Ausgangsglied
von neuen Reihen oder ganzen Stoffklassen um: so wurde z. B. aus
einem oder wenigen Zuckern eine Zuckerchemie, aus einem Hormon
eine Chemie der Hormone, aus einem Vitamin eine ganze Reihe von
Vitaminen, usw. Dann aber trat nach der Differenzierung der verschiedenen Stoffklassen die Erkenntnis ihrer chemischen Wechselbeziehungen, bzw. ihrer gemeinsamen Abstammung von einem „Grundgerüst" hinzu: die Vielheit und Vielfältigkeit strebte zurück zu einer
Gemeinsamkeit und übergeordneten Einheitlichkeit.

Noch ein anderes lehrt die Geschichte; während ihres einhundert-
jährigen Bestehens hatte die organische Chemie sich vorwiegend auf
die Synthese der hunderttausende naturfremder Verbindungen eingestellt und dadurch gleichsam eine organische Gegennatur zur
Natur geschaffen. Wohl war diese Arbeit nützlich, denn nur durch
sie wurde der Organiker zum Kenner und Meister der so vielgestaltigen
Vorgänge und Baugerüste der organischen Verbindungen, und erst die
an diesen Modellen gewonnenen Erfahrungen lieferten dem Organiker
die Waffen zum Großangriff auf die organischen Naturstoffe.
Die Erforschung der letzteren führte nun die organische Chemie hinaus
aus ihrer früher eingenommenen Stellung, wo sie lebensfern als ein
isolierter Wissenszweig, gleichsam „ein Ding an sich", die Synthese
„neuer Körper" kultivierte. Man übersah zeitweilig, daß die Naturwissenschaften nur als Ganzheit ein Bild der „Natur" liefern, daß
jede mit jeder andern Disziplin als Gebende und Empfangende verbunden ist. Und so zeichnen sich als fernere Aufgaben der organischen
chemischen Forschung ab: ein noch engerer Anschluß an die von der
lebenden Natur erzeugten und zum Leben gehörenden Stoffe. Doch
neben dem Stoffproblem, bzw. dem Fragenkomplex: was erzeugt

die Natur ? tritt noch eindringlicher das „Wie erzeugt sie die Stoffe ?"
an die Forschung heran. Es gilt, dem Wesen der chemischen Vorgänge in der lebenden Zelle und dem Kräftespiel dort immer näher-
zukommen, wie überhaupt unsere Kenntnisse vom gesamten Ablauf
jeder chemischen Wechselwirkung zu erweitern.

Der große Fortschritt der organischen Chemie betrifft nicht allein
die Fülle neuer und neuartiger Stoffe und deren physiologische und
biologische Wirkung, sowie wirtschaftliche Bedeutung: er betrifft
auch die Klärung oder Erweiterung alter, sowie die Formung neuer
Begriffe, ebenso aber auch die Vervollkommnung der Untersuchungsmethoden; dadurch wurden auch geringste Stoffmengen
der Erforschung zugänglich: mit dieser Erweiterung und Verfeinerung
der „Sinne" des Chemikers erschloß sich aber dem menschlichen
Wissensdrange ein neues Reich der Arbeit und der Rätsel, eine Welt
neuer organischer Stoffe in der lebenden Natur (vielleicht auch in der
Hydrosphäre und Atmosphäre ?).

II.

Im einzelnen lehrt uns die Chemiegeschichte auch die Ausgangspunkte und die Wege kennen, welche zu den Entdeckungen hinleiteten.
Man kann nun die Frage erheben: Wessen bedarf der glückliche
Entdecker und erfolgreiche Forscher ? Man muß forschen und arbeiten,
man muß aber auch Glück haben und vom „Zufall" begünstigt sein.

Als Zufall — diesen „stillen Teilhaber" (oder Gesellschafter)
vieler Entdeckungen — bezeichnen wir das Erscheinen in unserem
Wahrnehmungskreis eines meist nicht vorausgesehenen und unge-
suchten Tatsachenkomplexes an Stelle eines gesuchten. Wir müssen
also etwas gesucht haben, dann aber müssen wir das Glück und die
Gabe mitbringen, die neue Erscheinung mit blitzschneller geistiger
Umstellung zu erschauen und festzuhalten, sowie auf Wert und Nutzen
zu beurteilen. Schopenhauer spricht von dem Zufall als dem Geber,
„der die königliche Kunst versteht, einleuchtend zu machen, daß
gegen seine Gunst und Gnade alles Verdienst ohnmächtig ist und
nichts gilt". Die alten Alchemisten bezeichneten das Finden ihres
„Steins" als eine „Gnade Gottes" oder — „so Allah es will". Zufall
und Glück beim Finden könnte man mit dem Delphischen Orakel
vergleichen, von welchem der griechische Philosoph Heraklit sagte:
„Der Delphische Gott offenbart weder, noch verbirgt er, sondern er
deutet an"; die Folgerungen aus dem Orakel hat der Empfänger
selbst zu ziehen. Und ähnlich verlegten auch die Alchemisten das
Finden ihres „Steins" in die persönlichen Eigenschaften des Suchers
oder „Künstlers". So lehrte schon der sog. Geber (XIII. Jahrh.),
daß der „Künstler" besitzen müsse: einen tiefen Geist, Gelehrsamkeit,
gesunde Glieder, Forschungseifer und Fleiß, Geduld sowie Geld, er

soll die Stoffe so anwenden, „wie wir sie nach dem Vorbild der
Natur vermischen und verändern". Nach vielen Jahrhunderten
lautet ein Wort Liebigs: „Die Natur redet mit uns in einer eigentüm-
lichen Sprache, in der Sprache der Erscheinungen, auf Fragen gibt
sie jederzeit Antwort, diese Fragen sind die Versuche. Ein Versuch
ist der Ausdruck eines Gedankens, entspricht die hervorgerufene
Erscheinung dem Gedachten, so sind wir einer Wahrheit nahe; das
Gegenteil davon beweist, daß die Frage falsch gestellt, daß die Vorstellung unrichtig war" (1840). Und im XX. Jahrhundert lehrt ein
anderer großer Chemiker und Entdecker:

„Was macht den großen Naturforscher? Er braucht außer Geduld
und Energie noch etwas anderes, er soll sich anpassen, er soll also
nicht herrschen, sondern er soll gehorchen, er soll sich nach dem
Erhorchten ummodeln" (Adolf Baeyer, 1905). Wir sehen, daß die
chemischen Meister und Lehrer zu allen Zeiten ein Höchstmaß von
geistigen, seelischen und körperlichen Eigenschaften für die Jünger
der Chemie forderten. Unter diesen Eigenschaften kehren Geduld,
Fleiß, Energie, Forschungseifer immer wieder. Nach einem Lessing-
Wort heißt es: „Genie ist Fleiß", während der Verfasser der 36bändigen
Naturgeschichte, G. L. L. Buffon, erklärte: „Genie ist nichts als eine
bedeutende Anlage zur Geduld." Der große Dichter formte das in
dem Spruch: „Nicht Kunst und Wissenschaft allein, Geduld will
bei dem Werke sein" (Goethe). Wiederum anders bei A. Schopenhauer: „Das Genie versteht die Natur auf halbe Worte", und der
romantische Dichter und Denker Jean Paul (Fr. Richter) führt
gleichsam erläuternd aus: „Das Genie unterscheidet sich eben dadurch,
daß es die Natur reicher und vollständiger sieht ..., mit jedem Genie
wird uns eine neue Natur erschaffen." So kann man denn schließen,
daß das Gesamtwerk des modernen Chemikers, das auf die Erschließung
der Stoffe und Kräfte der Natur und die Schaffung neuer stofflicher
Individuen gerichtet ist, stets von dem Odem des Genies durchflutet
wird. Dieses Schöpfertum des Chemikers, insbesondere des Synthetikers
der reinen und angewandten Chemie, hebt ihn empor in das Reich
der bildenden Künste. Hießen die alten Chemiker-Alchemisten
„Künstler" und „Philosophen", so sind es die modernen Chemiker
in einem viel höheren und weiteren Sinn: wenn nach Aristoteles
die Materie ihr aktuelles Sein erst durch die Annahme der Form
($\varepsilon\iota\delta\nu\varsigma$, $\mu\nu\varrho\varphi\acute{\eta}$) erlangt, so sind die chemischen Synthetiker die fruchtbarsten Formgeber und Künstler. Die Frage: „Was macht den großen
Chemiker?" könnten wir zusammenfassend beantworten (mit den
5 G's): Geist (Genie), Geduld, Genauigkeit, Glück (Zufall) und eventuell
Geld [1]).

---

[1]) Einige Beispiele sollen das Gesagte veranschaulichen. Um die Waschechtheit
des Farbstoffs Chrysoidin zu verbessern, hatte H. Hörlein (1909) in demselben eine

III.

Überblickt man nun andererseits die großen Leistungen der organischen Chemie während des geschilderten Zeitraums, indem man nach dem chemischen Charakter und der Genesis dieser Leistungen fragt, so erkennt man eine Reihe von Zusammenhängen, die eine getrennte, wenn auch kurze Betrachtung verdienen. Da ist es zuerst die Frage nach den entwicklungsgeschichtlichen Bindungen zwischen Gegenwart und Vergangenheit; dann ist es die Rolle des Experiments und der präparativen chemischen Arbeit gegenüber der Theorie und der rechnenden Chemie; ferner ist noch die Wechselbeziehung im Geben und Nehmen zwischen der reinen Chemie und der chemischen Großindustrie zu streifen.

Es ist nicht alles originell, was jüngsten Datums ist, und nicht alles, was im modernen wissenschaftlichen Gewande entgegentritt, ist wesensmäßig neues Gedankengut. Wir sollten nicht übersehen, daß die Chemie von heute gleichsam die algebraische Summe alles chemischen Sinnens und Schaffens der Generationen vorangegangener Epochen ist: in dem lebensvollen Pulsschlag der heutigen Chemie schwingen mit die erfolgreichen, wie die unvollkommenen Handlungen unserer Vorgänger. Vergessen wir nicht das eigenartige Wort eines A. Kekulé: „Etwas absolut Neues ist niemals gedacht worden, sicher nicht in der Chemie. Wir stehen alle auf den Schultern unserer Vorgänger; ist es da auffallend, daß wir eine weitere Aussicht haben als sie?" (1890).

Goethe als der große Dichter und Naturforscher kannte auch die Biologie der wissenschaftlichen Ideen; mahnend klingen seine Worte: „Es ist viel mehr schon entdeckt als man glaubt." „Alles Gescheite ist schon gedacht worden; man muß nur versuchen, es noch einmal zu denken." Oder: „Die jetzige Generation entdeckt immer, was die alte schon vergessen hat" (1810).

Amidogruppe durch die Sulfonamidgruppe ersetzt: das „Prontosil" lag damit fertig vor, doch erkannt als Heilmittel wurde es erst nach Jahrzehnten durch unmittelbare Tierexperimente von Domagk. Um das eine Germanin zu finden, mußten etwa 2000 Verbindungen hergestellt und durchprobiert werden, und um zu den wirksamsten Antisyphilitica (Salvarsan u. ä.) zu gelangen, wurden gegen 6000 aromatische Arsenverbindungen systematisch geprüft. Wohl hatte Adolf Baeyer schon um 1880 die Synthese des Indigo-Farbstoffes entdeckt, doch erforderte die technische Darstellung eine Vorarbeit von 20 Jahren, und diese Vorarbeiten kosteten rund 18 Millionen RM. Den künstlichen Kautschuk hatte Fr. Hofmann bereits 1909 im Reagensglase, doch die technische Darstellung eines „Buna"-Kautschuks erfolgte erst 1936. Die „Verflüssigung der Kohle" zum künstlichen Erdöl durch Friedr. Bergius einerseits, durch Franz Fischer andererseits, hat sie nicht Jahrzehnte der geduldigsten, genauesten, geistvollsten und auch kostspieligen Versuchsarbeit bedurft? Es ist nicht nur für künftige Erfinder, sondern auch für die gegenwärtigen Nutznießer der genannten chemischen Großtaten gut, sich dauernd und mahnend vorzuhalten, daß große und technisch grundlegende Erfindungen nicht in einem „Schnellverfahren" gemacht werden, und nach „Kopierverfahren" gelangt man zu keinen großen Entdeckungen.

Und als Wilh. Ostwald die hundertjährige Geschichte der
Elektrochemie analytisch-kritisch behandelt hatte (Elektrochemie.
Ihre Geschichte und Lehre. 1152 Seiten. 1895), gelangte er zu dem
bemerkenswerten Bekenntnis:

„Es gibt wirklich nicht sehr viel Neues unter der Sonne; zahllose
Dinge, die uns gegenwärtig neu erscheinen, sind Gegenstände von Er-
wägungen und Versuchen früherer Forscher gewesen, und andererseits
liegen in der älteren Literatur zahllose Beobachtungen und Gedanken
verborgen, welche jederzeit zu neuem Leben erstehen können, sowie
die Verhältnisse ihre fruchtbare Entwicklung gestatten" (Zit. S. VI).

So sprach der Mitschöpfer der klassischen physikalischen Chemie
und Elektrochemie, der hervorragende Experimentalforscher und
Organisator. Bedarf es eines eindringlicheren Beweises für den Wert
der chemiegeschichtlichen Studien, für deren Bedeutung als
einer verschütteten alten Quelle, die eine Forschung der Gegenwart
neu befruchten kann ? [1]).

Unmittelbar ergibt sich hieraus, daß eine jede Geschichtsschilderung
der Chemie nicht allein das Geleistete und zur Zeit Erreichte berücksichtigen, sondern auch das Unterlassene, sowie nicht zu Ende Geführte
aus den vergangenen Perioden beachten soll. Denn für die „gescheiten"
Gedanken und großen Ideen gibt es — nach den obigen Aussprüchen
zu urteilen — eine gewisse Beschränkung als Folge des immanenten
Inhalts des menschlichen Geistes. Daher gleichsam das „Gesetz der
Erhaltung" dieser Ideen, das eine dauernde Wiederkehr derselben unter wechselnder Gestalt und unter zeitlich veränderten
Umständen bedingt.

„Die Idee ist unabhängig von Raum und Zeit, die Naturforschung
ist in Raum und Zeit beschränkt" (Goethe, 1806). Vielleicht darf
man diesen Satz erweitern: die Anwendung der gleichen Idee auf
Tatsachen und neue Versuche, sowie deren Ausdeutung und Ausweitung sind 'aber gebunden an den Einzelmenschen, sie sind
individuell und auch von Volk zu Volk verschieden. Und weiter:
„Und doch ziehen manchmal gewisse Gesinnungen und Gedanken
schon in der Luft umher, so daß mehrere sie erfassen können ...
gewisse Vorstellungen werden reif durch eine Zeitreihe" (Goethe,
1817). Und wie eine Bestätigung dazu — das Wort Kekulés (1890):
„Gewisse Ideen liegen zu gewissen Zeiten in der Luft: wenn der Eine
sie nicht ausspricht, tut es ein anderer." Es kann aber auch die gleiche
Idee in mehreren Köpfen gleichzeitig „aufgefangen" werden, dies führt
dann zu einer Duplizität der Entdeckung und zu Prioritätsstreitig-

---

[1]) Daß alte Volksweisheit auch Ausgangspunkte für neues chemisches Wissen
bietet, hat P. Walden in einem Vortrage gezeigt [Chemiker-Zeitung **60**, 565 (1936)],
und daß altbekannte Naturstoffe neue physiologische Wirkungen offenbaren, wies
R. Kuhn in einem Vortrage nach [Z. f. angew. Chem. **53**, 309 (1940)].

keiten, obwohl jeder der Entdecker selbständig die „in der Luft"
liegende Idee empfangen und verarbeitet hat. Es gibt also in der
Chemie gewisse zeitlose und nicht·ortsgebundene Ideen, doch auch
ebensolche Ideale. Denken wir nur an die alte „Transmutation der
Metalle" und umgekehrt, an die „destructio auri", an das „sol sine
veste" (Orschall, 1684) oder die „Radikalauflösung" (Compass der
Weisen, 1782): dem allen steht gegenüber die moderne „Zertrümmerung
der Atome" und Neubildung. Ein anderes Dauerideal galt dem
„Lebenselixier", dem die „Lebensverlängerung" und „Verjüngung"
bringenden „Xerion" der alten chemischen „Philosophen": bezwecken
nun letzten Endes nicht auch die modernen chemischen und biochemischen Forschungen über Heilstoffe gegen Seuchen und Krankheiten, über Vitamine, Hormone usw. das gleiche Ziel der Lebensverlängerung, der Erhaltung der Jugendkraft und Lebensfreude?
Ein anders formuliertes Ideal hat Paracelsus aufgewiesen, indem
er schrieb (Paragranum, 1530):

„Dan die natur ist so subtil und so scharpf in iren dingen, das sie
on grosse kunst nicht vil gebrauchet werden; dan sie gibt nichts an
tag, das auf sein stat vollendet sei, sonder der mensch muss es vollenden, disc vollendung heisset alchimia" (d. h. chemia).

Und zwei Jahrhunderte nach Paracelsus lehrte ein anderer
gelehrter Arzt und Chemiker, H. Boerhaave: „Die Chemie erzeugt
Neues, was die Natur nicht gibt" (Chemia producit nova, quae per
naturam non dantur. 1732).

Wenn die organische chemische Synthese der Gegenwart durch
ihre künstlichen Farbstoffe, Heilstoffe, Textilstoffe, Harze, Kautschuk,
Erdöle usw. eine Mannigfaltigkeit von· Stoffen schafft, die über die
von der Natur erzeugte hinausgeht und Eigenschaften besitzt, die
solche der Naturstoffe übertreffen, ist dies dann nicht eine Erweiterung und Vollendung.der Natur durch die Chemie?

Hinsichtlich der theoretischen Grundlagen und der Denkmittel
der organischen Chemie während des verflossenen Halbjahrhunderts
ist die Tatsache beachtenswert, daß ein gewisser Konservatismus bei
allem bedeutenden Fortschritt diese Periode kennzeichnet. Wie im
biologischen Geschehen, so auch in dem Organismus der Chemie stehen
neben dem Gesetz der Entwicklung die Gesetze der Erhaltung und
der Anpassung. Atom-, Molekular- und Valenz-Theorie der klassischen
Periode, haben sie sich nicht bis zur Gegenwart wesensgemäß erhalten?
Ist der Kekulésche Benzolring nicht noch gegenwärtig der Zauber-
ring? Und ist es nicht zugleich lehrreich zu sehen, wie in allen Fällen
die Anpassung an die Vierwertigkeit des Sauerstoffs, die Dreiwertigkeit des Kohlenstoffs, Zweiwertigkeit des Stickstoffs usw. erfolgte? Wohl sagte Kekulé anläßlich des 25jährigen Jubiläums
seiner Benzoltheorie (1890), daß „. . . länger als 25 Jahre sich auch

die meisten Theorien nicht halten". Man ist geneigt, dem entgegen-
zuhalten, daß im XX. Jahrhundert die mittlere Lebensdauer nicht
nur bei Menschen, sondern auch bei wissenschaftlichen Theorien zu-
genommen hat, teils weil diese von vorneherein eine bessere wissenschaftliche Fundierung erhalten haben, teils weil sie ein besseres
Anpassungsvermögen besitzen. Nicht allein dürfen wir (1940) das
75jährige Jubiläum der Benzoltheorie begehen, auch die Lehre
van't Hoffs von der „Lagerung der Atome im Raume" (seit 1874),
die Lehre V. Meyers von der „sterischen Hinderung" (1894) und
A. Werners Koordinationstheorie (1894 u. f.) dürfen bereits auf mehr
als 40, bzw. 50 Jahre ihres Bestehens zurückblicken. Arrhenius'
elektrolytische Dissoziationstheorie (1887) und die Lehre von der
Elektroaffinität (R. Abegg, 1899 u. f.), sowie die Ansicht von der
Ionisation sog. organischer „Nichtelektrolyte" (etwa seit 1900) sind
nach erfolgter Anpassung an die moderne Elektronenlehre auch heute
noch Bestandteile chemischer Denk- und Forschungsmittel.

Die Geschichtsschreibung muß nun weiterhin feststellen, daß
gegenüber dem geradezu ungeheuren Stoffbestand mit den bahnbrechenden Leistungen in Wissenschaft und Wirtschaft der Bestand
der organischen Chemie an Theorien ein sehr kleiner ist. Es besteht
die beachtenswerte Tatsache, daß gerade die deutsche organische
Chemie in dem verflossenen Halbjahrhundert ihre großen Erfolge in
der Erforschung und Synthese der organischen Naturstoffe mit Hilfe
dieser wenigen Theorien der klassischen Chemie und dank einer immer
weiter entwickelten Experimentierkunst errungen hat. Es ist
also das sinn- und kunstvolle Experiment, das die deutsche organische
Chemie groß gemacht hat. Daß die Vervollkommnung der Arbeitsmethoden [1]) und die vielseitige Einfügung der physikalisch-chemischen,
bzw. physikalischen Untersuchungsmethoden die chemische Isolierung,
Kennzeichnung und Konstitutionsermittlung wesentlich gefördert
haben, steht ebenfalls fest.

Gegen das voreilige oder überwuchernde Theorienmachen hat
schon der große Experimentator und Entdecker H. Davy [2]) seine
warnende Stimme erhoben: „Solche Theorien sind die Träume miß-
brauchter Genialität . . . nur eine Zusammenstellung von Wörtern,
die aus bekannten Erscheinungen hergenommen und mit Hilfe un-
bestimmter sprachlicher Ähnlichkeit auf unbekannte Erscheinungen
angewandt werden." Beachtung sollten auch die Worte eines A.

---

[1]) Der hochentwickelten deutschen Apparatentechnik ist hierbei besonders zu
gedenken. Die Organisation der Ausstellungen chemischer Apparate („Achema")
wurde 1920 durch Max Buchner (gest. 1934) begründet. Im Jahre 1926 erfolgte die
Gründung der „Deutschen Gesellschaft für chemisches Apparatewesen" („Dechema").
die gemeinschaftlich mit dem Verein Deutscher Chemiker (VDCh) das Organ „Die
Chemische Fabrik". (13. Jahrg. 1940) besitzt. Die Zeitschrift „Chemische Apparatur" erscheint im 27. Jahrg. 1940.

[2]) W. Ostwald: Große Männer, I. Bd., S. 28. 1927.

Schopenhauer finden: „In den Wissenschaften will Jeder, um sich geltend zu machen, etwas Neues zu Markte bringen: dies besteht oft bloß darin, daß er das bisher geltende Richtige umstößt, um seine Flausen an die Stelle zu setzen: bisweilen gelingt es auf kurze Zeit, und dann kehrt man zum alten Richtigen zurück." Und weiter heißt es: „Demgemäß ist Simplizität stets ein Merkmal nicht allein der Wahrheit, sondern auch des Genies gewesen." Daß diese „Simplizität" auch für die (oft mit dem schwierigsten mathematischen Rüstzeug und in großer Breite auftretenden) modernen physikalischen Theorien, sofern sie auf chemische Probleme angewandt werden, wünschenswert und durchführbar sei, möchte man aus den Worten des großen mathematischen Physikers L. Boltzmann (1844—1906) schließen: „Auch in der theoretischen Physik muß sich jeder große Gedanke ohne Mathematik ausdrücken lassen."

Die klassischen Leistungen eines Liebig und Wöhler, eines Rob. Bunsen und A. W. Hofmann, eines Emil Fischer und Adolf Baeyer sind leuchtende Vorbilder, sie sind nicht aus dem Theoretisieren, sondern aus dem Experimentieren hervorgegangen. Gab doch Liebig dem jungen Theoretiker Ch. Gerhardt den Rat: „Tatsachen, immer neue Tatsachen: dies sind die einzigen dauerhaften Verdienste, die nicht vorübergehen." Und der große Meister der organischen Synthese, Emil Fischer, lehrte (1912): „Einfachheit ist der Grundsatz aller Experimentalwissenschaft. Nur wer einfachen und bescheidenen Sinnes sich den großen Wundern der Natur nähert, darf hoffen, in tiefgründiger und ausdauernder Arbeit ihre Rätsel zu lösen." Als erfahrener Lehrer stellte E. Fischer für seine chemischen Jünger die Vorschrift auf: „Man wird dringend gewarnt, sich bei Beobachtung der Erscheinungen, der Ausführung von Analysen und anderen Bestimmungen durch Theorien oder sonstige vorgefaßte Meinungen irgendwie beeinflussen zu lassen"[1]).

Die chemischen Forscher sollen sich „einfachen und bescheidenen Sinnes ... den großen Wundern der Natur" nähern: hin zur Natur, oder auch: zurück zur Natur. „Die Natur tut nämlich nichts überflüssig und ist im Gebrauch der Mittel zu ihren Zwecken nicht verschwenderisch", so lehrte der große Im. Kant. Gerade in der gegenwärtigen Epoche der organischen Chemie mit der verstärkten und bewußten Hinwendung der Forschung zu den Vorgängen und Stoffen der lebenden Natur sollten diese Mahnworte der Großen beachtet werden. Es ist eine tiefsinnige Lehre, die der Altmeister und Schöpfer der Indigosynthese, Adolf Baeyer, anläßlich der Feier seines 70. Geburtstages (1905) aussprach[2]): „Das, was wir tun in den Naturwissenschaften, das ist eben eine Anpassung ... Wir müssen die

---

[1]) G. Bugge: Buch der großen Chemiker, II, 408. 1930.
[2]) Vgl. G. Bugge: Buch der großen Chemiker, II, 321 u. f. (1930).

Natur behorchen, wir müssen andächtig ihrer Entfaltung nachgehen, ihr Wesen, so viel wir können, in uns aufnehmen, und dann wird allmählich und allmählich unser Denken den Vorgängen der Natur entsprechender." Es ist also gleichsam das „Prinzip der Anpassung" — in den Arbeitszielen sowie in der Arbeits- und Denkweise, die alle auf die Einfachheit und Ökonomie der Natur ausgerichtet sind — das die großen Synthetiker und Denker lehren.

IV.

Doch noch eine andere Art der Anpassung hat die organisch-chemische Forschung und Synthese zwangsläufig zu befolgen. Denn auch für den chemischen Forscher gilt das Wort Goethes:

„Was jeder Tag will, sollst du fragen;
Was jeder Tag will, wird er sagen."

Und der Volksmund erweitert diese Lehre: „Ein Tag ist des andern Schulknabe." Die Wissenschaft, insbesondere die chemische, schwebt nicht im luftleeren Raum, ihre Probleme und Objekte sind natur- und lebensnah. Insbesondere ist es die organische Chemie, die wesensmäßig bzw. definitionsgemäß auf das organische Leben eingestellt ist, daher auch in ihrer Forschung den größtmöglichen Kontakt mit der Dynamik des gesamten Lebens zu beobachten hätte. Wenn Goethe die Bezeichnung „Scheidekünstler" (= Chemiker) durch die Bezeichnung „Einigungskünstler" ersetzen wollte, so paßt die letztere gerade für den modernen Organiker als Synthetiker, diesen „Einigungskünstler" zwischen dem schöpferischen Wirken der leben-den Natur und der nachschaffenden chemischen Kunst; die organi-sche Chemie nimmt eine Schlüsselstellung ein zwischen der belebten und unbelebten Natur, zwischen dem Organischen und Anorganischen, vermag sie doch aus Steinen, Wasser, Kohle usw. in technischer Groß-synthese wertvollste organische Stoffe nachzuschaffen: sie eint die Wissenschaft mit der Technik. „Technik ist heute organisierte Wissen-schaft," lautet ein Wort von C. Bosch; diese Technik ist auch eine Art Sammellinse der „Forderungen des Tages" in deren Allgemeinheit, und höchste Technik entspringt und entspricht auch dem bestorgani-sierten Volkswohl. Es ist doch wohl so, daß jedes Volk sich seine Wissenschaft und seine Technik erkämpft und erarbeitet, demnach beide auch auf die soziale Volksordnung verpflichtet sind. Je enger sich die Wechselbeziehungen zwischen der reinen Forschung und den Anwendungen derselben in der Technik gestalten, um so wirkungs-voller ist das gegenseitige Geben und Empfangen, um so bedeutungs-voller auch die Rolle beider in der „totalen Existenz" der Volks-gemeinschaft.

V.

Mit der Eingliederung der reinen und angewandten Chemie in den Ablauf des wirtschaftlichen und politischen Lebens eines Volkes wird nun die Chemie eine Mitgestalterin der Kultur, und die Chemiegeschichte als ein wesentlicher Bestandteil der Kultur- und politischen Geschichte dokumentiert dann auch das Leistungsvermögen der einzelnen Völker, bzw. das jeweilige nationale „chemische Potential" im internationalen Konkurrenzkampf, in Friedens- und Kriegszeiten. Im Jahre 1915 hielt der bedeutende englische Organiker und Wissenschaftler W. H. Perkin jr. in der Chem. Society eine Präsidentenrede über das Thema: „The Position of the Organic Chemical Industry" [Soc. 107, 557 (1915)] und sagte folgendes: „We must, I think, agree, that one of the main reasons for the rise and development of the German chemical works is the appreciation on the part of the manufacturer of the value of science in connexion with industry, and the recognition of the great importance of a close alliance between the works and the research laboratories of the universities and leading technical institutions of the country." Der dieses sprach, war ein Schüler von J. Wislicenus und (1882—1886) von A. Baeyer in München.

Etwa ein Jahrzehnt später (1926) nahm ein anderer englischer Organiker, A. W. Crossley, wiederum in einer Präsidentenansprache (Soc. 1926, 978) das Wort zur Rolle der Forschung „for the general welfare of the nation"; das Thema lautete: „Cooperation of Science and Industry." Der Redner (ein ehemaliger Schüler Emil Fischers) war ein maßgebendes Mitglied des Komitees für die chemische Kriegführung Englands gewesen und hatte in hervorragendem Maße Erfahrung und Einblick beim Wiederaufbau der Industrie gewinnen können. Er ruft nicht allein nach der Forschung in England, sondern „research on well-ordered and organised lines" tut not. Als besonders vordringliche Forschungsprobleme werden hervorgehoben: Brennstoffe, Baustoffe, Beleuchtung forstliche Produkte, Nahrungsmittel und Kälteerzeugung, ferner: Erforschung des Wesens und der Konstitution der Baumwollfaser, des Kautschuks, der Harze, Strukturänderung einer Legierung in Abhängigkeit von der chemischen Konstitution und der mechanischen und Wärmebehandlung. So in dem an allen Naturprodukten überreichen „Siegerstaat" und englischen Imperium.

Und noch ein drittes Wort aus dem Munde eines englischen Gelehrten und Chemikers. Im Jahre 1927 schrieb H. E. Armstrong (1855—1937), der ein Schüler von H. Kolbe in Leipzig gewesen und in der deutschen chemischen Welt wohlbekannt war, folgendes: „.Deutschland kann sich heute beglückwünschen zu dem festen Streben und Erfolg, mit welchem während der letzten fünfzig Jahre die Wissenschaft, besonders die Chemie und das Ingenieurwesen, auf die Technik angewandt worden sind. Wenn es seine Stellung behalten will, wird es sein akademisches System stärken müssen, damit die Ausbildung in der Chemie weit ernster und gründlicher, rechtschaffener und logischer, nicht spekulativ und oberflächlich gehandelt wird" [Chem.-Zeitung 51, 116 (1927)].

Wir verzeichnen auch diese Worte als ein historisch wertvolles Dokument. Der Geschichtsschreiber der organischen Chemie kann seinerseits nur als ein objektives Ergebnis immer wieder feststellen, daß alle während des verflossenen Halbjahrhunderts geleisteten chemisch-schöpferischen Arbeiten auf dem Gebiete der Konstitutionsaufklärung und der wissenschaftlichen sowie technischen Großsynthesen von organischen Naturstoffen bzw. Kunststoffen ausschließlich durch die Vertreter der klassisch-präparativen Chemie vollbracht worden sind. Wie ein Mahnwort tönt es aus den Reihen der deutschen Technik:

„Noch mehr als bisher sollte meines Erachtens die klassische Chemie wieder zur Geltung kommen und mehr experimentiert als gerechnet werden, unter Beachtung der Warnung Alexander von Humboldts vor über 100 Jahren, ‚vor einer Chemie, in der man sich nicht die Hände naß macht' [O. Nicodemus, Z. angew. Chem. 49, 794 (1936)].

Man sollte sieh auch als werdender Chemiker das Meistersingerwort zur Richtschnur nehmen: „Die Meisterregeln lernt bei Zeiten, daß sie getreulich euch begleiten!" Vor etwa 200 Jahren schrieb ein deutscher Meister der Arzneiwissenschaft und Chemie, Georg Ernst Stahl (1660—1734): „Wenn diese Kunst (d. h. die Chemie) soll erlernet werden, muß man deren Gründe oder Fundamenta scientifica wohl ins Gedächtniß, Ohren und Gemüthe fassen; die operationes aber, Hand-Arbeiten und Hand-Griffe, muß man mit Augen sehen, und mit Händen selbst tractiren" (Chymia rationalis et experimentalis, S. 2. 1729). Die organischen Chemiker Deutschlands mögen sich dieser Mahnungen deutscher Meister auch fernerhin bewußt bleiben; das Primat sei stets die experimentelle Arbeit und die wirkende Forschung. „Wenn man aber arbeitet, so ist man stets sicher, Entdeckungen zu machen, gleichgiltig, von wo man ausgeht" (J. Liebig).

Namenverzeichnis.

Bei der großen Zahl von Eigennamen und der oft verschiedenartig in der Literatur vorkommenden Schreibweise war es nicht zu vermeiden, daß sich im Text falsche Vornamen und andere Schreib- und Druckfehler eingeschlichen haben. Eine genaue, gelegentlich der Zusammenstellung des Namenregisters gemachte Überprüfung, bei der in vielen Fällen bis auf die Originalliteratur zurückgegangen wurde, ergab die im Namenverzeichnis ange ürte Schreibweise als die richtige. Auch Druckfehler (z. B. R. Robertson auf S. 96 statt R. Robinson) wurden bei dieser Gelegenheit richtiggestellt.

Printed in the United States
By Bookmasters